FESTIGKEITSLEHRE

VON

GEORGE FILLMORE SWAIN, LL. D.
PROFESSOR AN DER HARVARD UNIVERSITÄT, NEW YORK

AUTORISIERTE ÜBERSETZUNG

VON

DR.-ING. A. MEHMEL
HANNOVER

MIT 463 TEXTABBILDUNGEN

BERLIN
VERLAG VON JULIUS SPRINGER
1928

ISBN-13:978-3-642-89402-2 e-ISBN-13:978-3-642-91258-0
DOI: 10.1007/978-3-642-91258-0

Softcover reprint of the hardcover 1st edition 1928

Vorwort.

Das vorliegende Buch ist der erste Band eines Handbuches der Ingenieurwissenschaften. Der Verfasser, George Fillmore Swain, war lange Jahre beratender Ingenieur (consulting engineer) der Massachusetts Railroad Commission und ist nun Professor of Civil Engineering an der Harvard University; seine Vorlesungen bilden das Gerippe des Handbuches.

Der Stoff, den der erste Band behandelt, ist umfangreicher, als man seinem Titel nach annehmen möchte. Außer der eigentlichen Festigkeitslehre sind die Grundzüge der Mechanik starrer Körper, der Balken auf zwei Stützen, der Gerberträger, der durchlaufende Träger, die Nietverbindungen, die Grundzüge der Knicklehre, einzelne Gebiete der Materialprüfung und schließlich die Elemente des Eisenbetons behandelt.

Wenn den deutschen Fachgenossen das Swain'sche Buch durch die Übertragung ins Deutsche näher gebracht werden soll, so darf dies durch die Eigenart in der Darstellung begründet werden. Es sei an dieser Stelle auf das einleitende Kapitel hingewiesen, in dem Swain grundsätzlich zu den beiden wichtigsten Hilfsmitteln des wissenschaftlich arbeitenden Ingenieurs, der Mathematik und dem Versuch, Stellung nimmt. Man kann ihm nicht ganz unrecht geben, wenn er, Karl Pearson, den englischen Historiker der Elastizitätstheorie, zitierend, sagt, daß „der Mathematiker zu oft die Elastizitätstheorie identifizierte mit der Auflösung von bestimmten Differentialgleichungen, deren Konstanten häufig dadurch bestimmt wurden, daß er eine willkürliche und nicht selten praktisch unmögliche Kraftverteilung annahm". Swain wendet sich aber ebenso gegen die mißbräuchliche Anwendung des Versuchs: es werde „häufig experimentiert, um das Denken zu ersparen". Der Reiz und der pädagogische Wert der Swain'schen Darstellungsweise liegt in der Anschaulichkeit, mit der dem Leser der behandelte Stoff geboten wird. Swain liebt es, auf die praktische Auswirkung und die Anwendungsmöglichkeiten der gewonnenen Erkenntnisse hinzuweisen, und sichert sich so das Interesse des Ingenieurs.

Wiederholungen werden in manchen Abschnitten gelegentlich vorkommen. Swain hält dies jedoch nicht so sehr für einen Fehler: für den Studierenden nach dem Grundsatz „repetitio est mater studiorum", für den jungen Ingenieur, der das Werk als Nachschlagebuch benutzt, im Interesse der Geschlossenheit der einzelnen Kapitel.

Das Buch wendet sich, wie Swain in seiner Vorrede sagt, nicht nur an den Bauingenieur, da gute Kenntnisse in der Festigkeitslehre und verwandten Wissensgebieten auch bei Maschinenbauern und Elektrotechnikern zur sicheren Grundlage des Könnens gehören sollten.

Die vorliegende Übertragung ins Deutsche stellt keine wörtliche Übersetzung dar. In der Gruppierung und Darstellung des Stoffes im einzelnen habe ich mich vielfach dem in der deutschen Fachliteratur Üblichen angelehnt, hoffe jedoch, dabei die Eigenart der Swain'schen Darstellung gewahrt zu haben. Nur an einigen Stellen bin ich grundsätzlich von Swain abgewichen, z. B. bei der Behandlung des gelochten Zugstabes.

Für ein abgekürztes Studium des Buches gibt Swain folgende Anleitung:

Kapitel II kann bei guten statischen Kenntnissen überschlagen werden.

Von Kapitel III können die Abschnitte 1—3 überschlagen bzw. brauchen nur zum Nachschlagen benutzt zu werden. Abschnitt 4,9 bis 4,13 kann überschlagen werden.

Kapitel IV: Abschnitte 11—13 überschlagen.

Kapitel V: Abschnitte 5c und 5d, 20—25, bei sehr gedrängter Zeit auch 5f—51 überschlagen.

Kapitel VI: Abschnitt 5 überschlagen.

Kapitel VII: Abschnitt 5 überschlagen.

Kapitel VIII: Abschnitt 12—18 überschlagen.

Kapitel IX: Abschnitt 11—13, 15—17 überschlagen. Das Kapitel kann auch erst im Anschluß an Kapitel X durchgearbeitet werden.

Kapitel X: Abschnitt 10—11, 17, 18—23 überschlagen.

Kapitel XI: Der größte Teil des in diesem Kapitel behandelten Stoffes findet sich im allgemeinen nicht in Lehrbüchern über Festigkeitslehre, sondern in denen über Statik. Der Verfasser hat sich jedoch zu dieser Einteilung auf Grund persönlicher Erfahrungen entschlossen. Abschnitte 9c—9h, 11—14 und 19 können überschlagen werden.

Kapitel XII enthält Anwendungsbeispiele zu Kapitel X. Es kann also im Notfall ganz überschlagen werden.

Kapitel XIII: Abschnitte 4—6, 15 und 16 überschlagen.

Kapitel XIV und XV: Nichts überschlagen.

Kapitel XVI: Abschnitte 27—29 überschlagen.

Kapitel XVII: Abschnitte 3, 15, 17, 18, 23, 24 überschlagen.

Kapitel XVIII: Abschnitte 8—10 überschlagen.

Kapitel XIX: Kann ganz überschlagen werden.

Kapitel XX: Kann ganz oder von Abschnitt 3—8 überschlagen werden.

Kapitel XXI—XXIV: Entweder alles oder nichts überschlagen.

Zum Schluß noch einige Worte über das verwendete Maßsystem. Im allgemeinen habe ich die englischen Maße in die Maße des cm-kg-Systems umgerechnet; nur in besonderen Fällen, wenn es von Wert erschien, die Zahlenwerte des Originals wiederzugeben, z. B. gelegentlich bei Wiedergabe von Versuchswerten, habe ich die englischen Maße übernommen. Zum Verständnis seien deshalb die Gegenwerte der vorkommenden englischen Maße genannt:

$$1'' \text{ (inch)} = 2{,}54 \text{ cm},$$

$$1' \text{ (foot)} = 12'' = 30{,}48 \text{ cm},$$

$$1 \text{ pound} = 0{,}454 \text{ kg}.$$

Hannover, im Juni 1928.

Dr.-Ing. **A. Mehmel.**

Inhaltsverzeichnis.

Betrachtungen über den Wert mathematischer Untersuchungen, des Versuchswesens und des gesunden Menschenverstandes auf dem Gebiet der technischen Mechanik.

Untersuchungen auf dem Gebiete der Festigkeitslehre oder allgemein der Mechanik bedingen den Gebrauch zweier unentbehrlicher Werkzeuge, der Mathematik und des Versuchs. Im folgenden mögen Betrachtungen angestellt werden über das Wesen und die Wirkungsgrenzen dieser beiden Hilfsmittel.

Kein aufmerksamer Leser wird den Verfasser eines Vorurteils gegen die mathematische Wissenschaft zeihen können. Die Mathematik wird stets und ausgiebig im folgenden als eine notwendige Hilfswissenschaft zur Lösung der behandelten Probleme benutzt werden; indessen wird die Mathematik eben stets als Hilfswissenschaft, als Diener, nie als Herr betrachtet werden.

Kein Laster kann schlimmer sein als eine übertriebene oder falsch angewandte Tugend. So wirkt sich auch für den Ingenieur eine übertriebene oder mißverstandene Anwendung der mathematischen Wissenschaft als ein schlimmer Fehler aus. Diese Ansicht möge ausdrücklich betont werden, da man häufig in Ingenieurkreisen die Vorstellung findet, daß der mathematische Apparat überhaupt nicht übertrieben werden könnte. Der mathematische Apparat arbeitet mit absoluter Genauigkeit auf Grund der Voraussetzungen und Daten, auf denen die mathematischen Überlegungen aufgebaut sind. Sind die Voraussetzungen und die Daten richtig, so ist das Ergebnis unbedingt korrekt. Aber bereits eine geringe Ungenauigkeit in den Voraussetzungen kann einen großen Fehler in dem Resultat bewirken. Die Gefahr in der Benutzung des mathematischen Apparates besteht darin, daß er an sich so interessant ist, daß er die Aufmerksamkeit von den Voraussetzungen physikalischer Natur häufig ablenkt.

Nun sind gerade die grundlegenden Annahmen für die Untersuchungen auf dem Gebiete der technischen Mechanik oft mathematisch schwer zu fassen und infolgedessen in ihrer mathematischen Formulierung ungenau. Der physikalisch geschulte, gesunde Menschenverstand sollte nie außer acht gelassen werden. Er wird häufig das Resultat qualitativ, wenn nicht bis zu einem gewissen Grade quantitativ, angeben können. Die unbedingte Exaktheit von mathematischen Entwicklungen verführt leicht zu blindem Glauben an die Genauigkeit der

Ergebnisse auch in physikalischer Hinsicht, die aber, wie bereits gesagt, nur bei strenger Richtigkeit der Rechnungsgrundlagen vorhanden ist. Ein einseitiger fortgesetzter Gebrauch des mathematischen Apparates ohne gleichzeitige sorgfältige physikalische Überlegungen verführt den Ingenieur leicht dazu, Rechnungsergebnisse als richtig anzusehen, deren physikalische Unmöglichkeit auf der Hand liegt. Aus der gleichen Einstellung heraus findet man häufig die Ansicht, daß ein Resultat ein um so größeres Vertrauen verdient, je länger und komplizierter der mathematische Weg war. Es ist etwas ähnliches daran wie an der Statistik. Es gibt viele Leute, die durch ein großes statistisches Material überwältigt werden, während es doch erwiesen ist, daß Statistiken häufig, um nicht zu sagen in den meisten Fällen, lügen, weil versäumt wurde, alle beeinflussenden Faktoren zu berücksichtigen, vielfach dieses auch unmöglich ist. So kann fast alles durch Statistiken bewiesen werden, wenn man nur in der Auswahl der benutzten Unterlagen die nötige Vorsicht walten läßt; und ähnlich kann auch auf dem Gebiet der technischen Mechanik sehr vieles auf mathematischem Wege bewiesen werden, wenn man nur die Annahmen der Berechnungen entsprechend wählt. Der Durchschnittsmensch empfindet eine gewisse Furcht vor allen komplizierten Zusammenhängen, und mangelnde geistige Beweglichkeit im Verein mit ungenügender geistiger Schulung führt ihn dazu, die Richtigkeit von Untersuchungen anzuerkennen, die mittels eines großen wissenschaftlichen Aufwandes durchgeführt sind.

Sir W. Hamilton[1], ein bekannter Philosoph, behauptet, daß er unter den Mathematikern die leichtgläubigsten Menschen (credulous to a fault) gefunden hat. Er führt das darauf zurück, daß der Mathematiker gewöhnt ist, durchaus abstrakt zu denken, so daß er die Fähigkeit verliert, Realitäten richtig zu beurteilen. Er meint weiter: „Mathematics affords us no assistance, either in conquering the difficulties or in avoiding the dangers which we encounter in the great field of probabilities wherein we live and move.“ Er behauptet auch, daß die Mathematik von allen wissenschaftlichen Disziplinen die geringste Zahl geistiger Fähigkeiten ausbildet oder jedenfalls die Fähigkeiten des Menschen nur ungleichmäßig und einseitig entwickelt. Offenbar schießt Hamilton mit diesem Urteil über das Ziel hinaus. Der Verfasser ist aber auch der Ansicht, daß der Mathematiker dazu neigt, zu verkennen, daß die im Leben auftauchenden Probleme selten mathematisch exakt zu fassen sind, und daß er leicht vergißt, die unvermeidlichen Fehler in der Voraussetzung der Rechnung in ihrer Auswirkung auf das Resultat gewissenhaft zu prüfen und zu beachten. So wird vielfach der gesunde Menschenverstand aus- und dafür der mathematische Apparat eingeschaltet. Auch John Stuart Mill sagt, daß die Mathematik studiert werden müsse „in such a manner that the intellekt is aware of what it is about, and does not go to sleep over allgebraical symbols.“ Das eben ist die Gefahr: Der Verstand ist gewöhnlich so konzentriert

[1] Edinbourgh Review 1837.

auf den mathematischen Apparat, daß er den physikalischen Sinn der Rechnung häufig vergißt. Karl Pearson[1], der Historiker der Elastizitätslehre, sagt: „Wir finden selbst bei Mathematikern von der Bedeutung eines Lamé nicht selten, daß sie versäumen, klar die physikalischen Grundlagen und Voraussetzungen zu beachten, auf denen sie die rechnerischen Untersuchungen eines physikalischen Problems aufbauen. Die Geschichte der Elastizitätstheorie gibt viele Beispiele für Unstimmigkeiten zwischen dem Ergebnis der mathematischen Berechnung und der physikalischen Erscheinung. Der Mathematiker hat zu oft die Elastizitätstheorie identifiziert mit der Auflösung von bestimmten Differentialgleichungen, deren Konstanten häufig dadurch betimmt wurden, daß er eine willkürliche und nicht selten praktisch unmögliche Kraftverteilung annahm."

Die moderne Entwicklung der Mathematik hat hauptsächlich in Richtung der Analysis stattgefunden, während auch die heutige Geometrie im wesentlichen noch die Geometrie des Euclid ist, wenn von neueren, aber wenig benutzten geometrischen Systemen, z. B. dem Gauß'schen, abgesehen wird. Die Analysis gleicht einer Maschine. Sind einmal die Gleichungen aufgestellt, was natürlich gewisse physikalische Überlegungen erfordert, so ist die weitere mathematische Behandlung zwangläufig gegeben, um nicht zu sagen mechanischer (im Sinne maschineller) Natur, und entbehrt völlig der Anschaulichkeit. Die heutige Tendenz geht dahin, möglichst alle Arbeitsleistungen zu mechanisieren; der Verfasser möchte hierzu in eine gewisse Parallele die Vorliebe für analytische und die Vernachlässigung der geometrischen Untersuchungsmethoden setzen, welch letztere einen erheblich größeren Aufwand an Anschauung erfordern.

Selbstverständlich ist sich der Verfasser wohl darüber klar, wie weit die analytischen Methoden entgeistet sind und wieweit sie hochwertige geistige Arbeit erfordern. Sein allgemeines, oben mitgeteiltes Urteil bleibt jedoch bestehen.

Es sei also nochmals betont, daß die Mathematik nur so lange Wert für den Ingenieur behält, als er sich der physikalischen Voraussetzungen bewußt ist und er aus einer mathematischen Gleichung stets den physikalischen Sinn herauszulesen imstande ist. Ein mathematisches Ergebnis sollte nicht lediglich dazu dienen, um für die praktische Anwendung die Buchstaben durch Zahlen zu ersetzen. Der Student sollte sich daran gewöhnen, die mathematischen Ergebnisse zu diskutieren. Häufig findet man jedoch selbst bei Lehrern der Mathematik die Ansicht, daß man sich nicht viel um den Sinn eines mathematischen Ausdrucks kümmern möge, sondern daß man nur lernen solle, was „mit diesem Ausdruck anzufangen" sei, mit anderen Worten, zu lernen, wie die mathematische Maschine zu bedienen, aber nicht, was ihr Sinn ist. Dann möge man sich nicht wundern, wenn man Ingenieure

---

[1] Todhunter, A History of the Theory of Elasticity and of the Strength of Materials. Edited and completed by Karl Pearson Cambridge University. Press. 1886, vol. 1, p. 626.

findet, die keinen klaren Begriff beispielsweise des Ausdrucks $\frac{d^2y}{dx^2}$ haben, wie es der Verfasser häufig gefunden hat.

Die meisten Ingenieure sind hilflos ohne ihre Bücher. Wenn sie die Elemente der Rechnung und die grundlegenden Annahmen klar durchschauten, dann müßten sie die wichtigsten Gleichungen mühelos stets ableiten können; beispielsweise müßte jederzeit leicht die Formel für eine auf Torsion beanspruchte Welle etwa wie folgt abgeleitet werden können: Grundlegende Annahme ist, daß die Spannung linear abhängig von dem Abstande von der Achse ist. Die Fläche eines unendlich kleinen Kreisringes beträgt $dF = 2\pi \cdot r \cdot dr$; nenne ich die Spannung in der Entfernung Eins von der Achse c, so ist die den Kreisring beanspruchende Kraft $dP = 2\pi \cdot c \cdot r^2 \cdot dr$, das Moment $dM = 2\pi \cdot c \cdot r^3 \cdot dr$; das gesamte Moment ergibt sich aus der Integration zu $M = \frac{1}{2}\pi \cdot c \cdot R^4$ und die größte Ringspannung zu $\sigma = \frac{M}{\frac{1}{2}\pi \cdot R^3}$.

Diese Formel braucht also nicht auswendig behalten, noch in irgendeinem Buche nachgeschlagen zu werden. Das gleiche gilt für sehr viele Ableitungen, die in diesem Buche enthalten sind.

Eine derartige Lehr- und Lernmethode würde für den Studenten die Berechnung vieler Zahlenbeispiele unnötig machen. In den amerikanischen Schulen wird nach Ansicht des Verfassers zu viel Wert auf die Durchrechnung von Zahlenbeispielen gelegt, wobei die Studierenden mehr oder wenig nur Zahlen in fertige Formen einsetzen. Dagegen tritt die physikalische Schulung und die Schulung des gesunden Menschenverstandes sowie die Beschäftigung mit den Elementen des technischen Wissens und deren geistige Durchdringung zurück.

Diese Überlegungen sollen selbstverständlich nicht dazu führen, die mathematischen Wissenschaften für den Ingenieur abzulehnen, die Mathematik ist vielmehr ein unentbehrliches Werkzeug. Es soll nur vor der mißbräuchlichen Verwendung gewarnt werden, wie sie leider häufig an unseren technischen Lehranstalten zu beobachten ist.

Neben der Mathematik nenne ich als zweites unentbehrliches Werkzeug für den Ingenieur den Versuch. Es gibt keinen anderen Weg, um Materialeigenschaften festzustellen, oder überhaupt die grundlegenden physikalischen und chemischen Gesetzmäßigkeiten zu finden. Auch wenn mittels dieser so gewonnenen Bausteine weitere Gesetze aufgebaut werden, so ist der Versuch unentbehrlich, um die so gewonnenen Ergebnisse zu kontrollieren. Es ist aber auch möglich, im Versuchswesen zu übertreiben. Wir leben heute in der Zeit der Versuche, der Laboratorien, in der Zeit des Wiegens und des Messens.

Vor 50 oder 60 Jahren gab es an unseren Hochschulen noch nicht eine einzige Materialuntersuchungsanstalt und nur ganz wenig physikalische und chemische Laboratorien. Der Studierende der Chemie betrieb sein Studium in der Weise, daß er Vorlesungen hörte, die Lehrbücher studierte und zusah, wie der Professor experimentierte. Dann jedoch erkannte man, daß diese Ausbildung unzureichend war, und daß der Student selbst experimentieren muß, nicht nur, um die Gesetzmäßigkeiten klar und anschaulich zu begreifen, sondern auch, um die Kunst des Experimentierens zu lernen. In unserer Zeit schlägt das Pendel nun nach der anderen Seite aus: An allen Hochschulen sind große Laboratorien für Physik, Chemie und Materialprüfungen entstanden. Man begegnet mehr und mehr der Einstellung, daß der Versuch die beste Methode überhaupt ist, etwas zu lernen, mit dem Erfolg, daß häufig experimentiert wird, um das Denken zu ersparen. Das Versuchswesen als vorwiegende Lern- und Lehrmethode wird sogar auf Gebiete übertragen, wo es ganz unangebracht ist: Sprache, Geschichte, selbst Mathematik wird mit Versuchen gelehrt. So bewiesen die Kinder des Verfassers in der Mathematikstunde den Satz, daß die Summe der Winkel jedes Dreiecks konstant ist und 180° beträgt, mittels eines Versuchs, in dem sie mit einem Winkelmesser die Summe der Winkel ausmaßen! Abgesehen von der demoralisierenden Wirkung einer derartigen Unterrichtsmethode, die auch die geringste Denktätigkeit ausschaltet, ist in dem genannten Fall noch dazu gar nichts bewiesen; denn die Messung wird kaum jemals den genauen Wert 180° ergeben, ferner nur einige wenige der unendlich vielen mögliche Dreiecke erfassen; dem Schüler bleibt unter Umständen der Eindruck, daß der zu beweisende Satz keine strenge, sondern nur angenäherte Gültigkeit besitzt. Der Zusammenhang zwischen metrischem System und dem englischen Fuß-Zollsystem wird den Schülern dadurch beigebracht, daß sie irgendwelche Längen erst nach dem metrischen System, dann nach dem Fuß-Zollsystem ausmessen und die beiden Resultate vergleichen, anstatt die Aufgabe rein rechnerisch zu lösen, indem 1 m gleich 39,37 Zoll gesetzt wird.

Es soll ausdrücklich betont werden, daß hier nur die mißbräuchliche Anwendung von Versuchen gegeißelt und nicht etwa der Versuch als solcher abgelehnt wird. Die Ermittlung von physikalischen Konstanten, wie z. B. von Festigkeitswerten, Elastizitätsmoduln, Reibungsziffern, Konstanten in hydraulischen Formeln und dergl. ist natürlich nur durch den Versuch möglich.

Einer ähnlichen Gefahr wie der Mathematiker, der über den mathematischen Apparat die physikalischen Zusammenhänge und die grundlegenden Annahmen vergißt, kann auch der Versuchsingenieur unterliegen. Nur so ist es möglich, daß häufig kritiklos Versuchsergebnisse veröffentlicht werden, deren Unrichtigkeit oder gar Unmöglichkeit auf der Hand liegt. Es soll auch nicht unerwähnt bleiben, daß sehr viel Versuche Modellversuche sind, wie z. B. fast alle Versuche auf dem Gebiete des Wasserbaus, die meisten Knickversuche u. a. m. Rückschlüsse auf die in der Wirklichkeit bestehenden Verhältnisse sind oft recht schwierig. (Ähnlichkeitsgesetz von Newton, Barba.)

Der Ingenieur sollte grundsätzlich jedes Versuchsergebnis mit kritischen Augen betrachten, sich Rechenschaft darüber geben, ob es richtig und innerhalb welcher Grenzen es richtig sein kann, zum mindesten, ob es plausibel erscheint, und Mißtrauen jedem Versuch entgegenbringen, dessen Ergebnis seinem Gefühl widerspricht. Natürlich kann das Gefühl irren, und namentlich dem Anfänger wird dieses oft widerfahren. Dann muß eben das Gefühl durch Erfahrung richtig ausgebildet werden, bis es sich mit der Wahrheit in Übereinstimmung befindet.

Zum Schluß möge eine feine Bemerkung von Aristoteles angeführt werden, daß es das Zeichen eines gebildeten Geistes ist, sich mit der Genauigkeit eines Resultates zufrieden zu geben, die der Natur des untersuchten Gegenstandes entspricht, und dort keine strenge Gesetzmäßigkeit zu fordern, wo die vorhandenen Mittel nur eine Annäherung an die Wahrheit gestatten. In den meisten Fragen aus dem Gebiete der technischen Mechanik ist eine strenge mathematische Genauigkeit nicht zu erzielen.

I. Einführung.

Die Werke, die der Ingenieur schafft, können ganz allgemein in zwei Klassen eingeteilt werden: in Bauwerke und in Maschinen. Die Bauwerke sind in Ruhe, im Gleichgewichtszustand; die Maschinen sind in Bewegung, entweder als Ganzes sowohl wie in einzelnen Teilen (Lokomotiven u. dgl.) oder nur in einzelnen Teilen (stationäre Maschinen). Die Maschinen können in drei Unterabteilungen eingeteilt werden: Krafterzeugungsmaschinen, Kraftübertragungsmaschinen, wie Zahnradgetriebe, Riementriebe, und Verarbeitungsmaschinen, wie Werkzeugmaschinen, Webmaschinen u. dgl.

Oder um eine genauere Begriffsbestimmung zu geben, kann man sagen:

Ein Bauwerk soll bekannte Lasten (Kräfte) unter Wahrung des Gleichgewichtszustandes aufnehmen.

Eine Maschine soll unter der Einwirkung bekannter Kräfte eine gewünschte Arbeit leisten, einen Effekt erzielen; dieses wird durch Bewegung erreicht. Da das Wesen der Wirkungsweise einer Maschine in den Bewegungen der ganzen Maschine oder ihrer einzelnen Teile begründet ist, so erhellt daraus die Bedeutung der Kinematik, die indessen mehr als ein Teil der Geometrie als der Mechanik anzusprechen ist. Aber sowohl bei Bauwerken wie bei Maschinen erfordern Entwurf und Konstruktion der Einzelteile wie des Ganzen die Kenntnis der Grundsätze der Statik, der Festigkeitslehre und der Dynamik, also der Mechanik. Die Dynamik tritt zwar bei Bauwerken an Bedeutung zurück; will man jedoch die Kraftwirkung beweglicher Lasten ganz erfassen (Eisenbahnbrücken, Kranbahnen), so ist die Berücksichtigung der dynamischen Einwirkungen (Stöße, Schwingungen) erforderlich. Ein großer Teil der Aufgaben der Dynamik läßt sich durch das d'Alembertsche Prinzip lösen, das darauf beruht, durch zusätzliche Kräfte einen gleichwertigen Gleichgewichtszustand zu schaffen.

Die äußeren Lasten oder Kräfte, die auf einen Körper einwirken, erzeugen innere Kräfte, die bestrebt sind, den Zusammenhang zwischen den einzelnen kleinen Teilchen des belasteten Körpers aufzuheben (Spannungen). Dadurch werden Formänderungen erzeugt. Jeder Konstruktionsteil muß so bemessen werden, daß die Spannungen und die dadurch bedingten Formänderungen unterhalb einer bestimmten Grenze bleiben, so daß weder ein Bruch noch unerwünscht große Formänderungen eintreten. Der vorliegende erste Band des Handbuchs der Baukonstruktionen handelt über die Zusammenhänge zwischen den äußeren Kräften und den Spannungen, die Zusammenhänge zwischen den Spannungen untereinander sowie die Zusammenhänge zwischen den Spannungen und den Formänderungen. Es werden die unter gegebenen äußeren Kräften in Bau- und Maschinenteilen auftretenden Spannungen und Formänderungen, ferner wird das Verhalten der verschiedenen Baustoffe unter verschiedenen Beanspruchungen, wie es sich im Versuch gezeigt hat, besprochen. Es wird weiter dargelegt, wie sich die Materialeigenschaften mit der Zusammensetzung des Materials — hier ist hauptsächlich an Eisen gedacht —, mit der Herstellung und der mechanischen und thermischen Vorbehandlung ändern. Hiermit gelangen wir an ein Grenzgebiet, das vielfach als ein besonderes Wissensgebiet betrachtet wird. Es sind die technologischen Wissenschaften, die sich mit dem Vorkommen der Baustoffe, den Herstellungs- und Verarbeitungsmethoden sowie ihren chemischen und physikalischen Eigenschaften befassen. Es ist dies ein außerordentlich wichtiger Teil der technischen Wissenschaften, mit dem sich jeder Ingenieur vertraut machen sollte.

Zum Schluß sei noch einiges über die Kräfte gesagt. Die äußeren angreifenden Kräfte werden, wie oben bereits gesagt, stets als gegeben angenommen bzw. sie müssen, bevor man an die eigentliche Aufgabe herantritt, bestimmt werden. Dies liegt durchaus nicht immer ganz klar, und es bedarf oft gründlicher Untersuchungen, um zu zutreffenden Annahmen zu gelangen.

Diese aktiven oder angreifenden äußeren Kräfte rufen die widerstehenden, die Reaktionskräfte hervor, die eine Bewegung des Systems durch die angreifenden Kräfte verhindern und das Gleichgewicht des Systems sichern. Die angreifenden und die widerstehenden Kräfte werden vielfach gemeinsam als äußere Kräfte bezeichnet, da sie mechanisch gleichwertig sind.

Die angreifenden äußeren Kräfte können stets eingeteilt werden in Eigengewichts- und Nutzlasten. Das Eigengewicht kann genau erst nach Vollendung des Entwurfs bestimmt werden. Bei der praktischen Durchführung muß man über das Eigengewicht Annahmen machen und diese u. U. später verbessern.

Es kann somit folgendes Schema für die Kräfte aufgestellt werden:

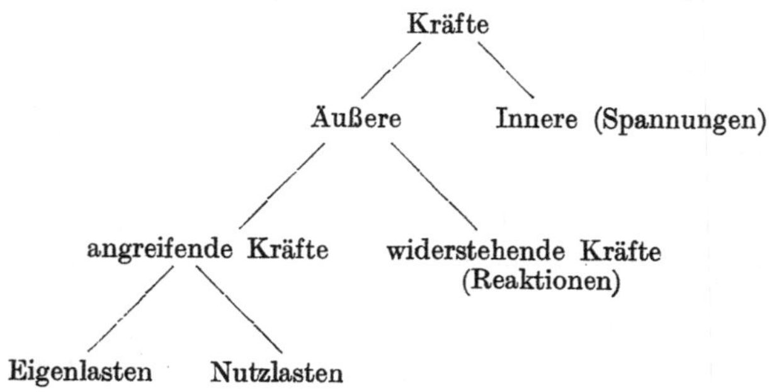

II. Die wesentlichen Sätze der Mechanik starrer Körper.

1. Kraft, Moment.

Eine Kraft ist eindeutig bestimmt, wenn ein Punkt ihrer Wirkungslinie sowie die Größe und Richtung ihrer auf ein gegebenes Koordinatensystem bezogenen Komponenten gegeben ist. Hierbei wird die Richtung durch das Vorzeichen in der Weise gekennzeichnet, daß die Kraftkomponenten, die in den positiven Richtungen der Koordinatenachsen wirken, das positive Vorzeichen, die Komponenten, die in den negativen Richtungen der Achsen wirken, das negative Vorzeichen erhalten. Zerlegt man eine Kraft nicht in ihre Komponenten, so braucht man zu ihrer Bestimmung wieder einen Punkt ihrer Wirkungslinie, die Neigung ihrer Wirkungslinie sowie ihre Richtung (die in einer und derselben Wirkungslinie um 180^0 verschieden sein kann), also ebenfalls drei Bestimmungsgrößen.

Das Moment einer Kraft in bezug auf einen Punkt (Momentenbezugspunkt) ist definiert als das Produkt aus Kraft $\times$ Hebelarm, wobei unter Hebelarm die Länge des von dem Momentenbezugspunkt auf die Wirkungslinie der Kraft gefällten Lotes verstanden wird. Der Drehsinn eines Momentes wird durch die Bezeichnungen „rechtsdrehend" oder „linksdrehend" bestimmt: Ein Moment ist rechtsdrehend, wenn sich die Kraft um den Bezugspunkt im Sinne des Uhrzeigers dreht, wobei der Beschauer vor dem Plan und der Uhr stehend gedacht ist.

2. Resultierende von mehreren Kräften in der Ebene.

Die Resultierende zweier Kräfte in der Ebene geht durch deren Schnittpunkt und ist nach Richtung und Größe durch die Diagonale des Kräfteparallelogramms bestimmt. Die Resultierende einer beliebigen Zahl von Kräften in der Ebene kann durch wiederholte Anwendung dieses Verfahrens gefunden werden: Die Resultierende R_{1-2} der ersten beiden Kräfte P_1 und P_2 wird mit der dritten Kraft P_3 zu einer Resultierenden R_{1-3}, diese mit der vierten Kraft zu einer Resultierenden R_{1-4} zusammengesetzt usf.

In dieser Weise sind in Abb. 1 die Kräfte P_1, P_2, P_3 zu einer Resultierenden R_{1-3} vereinigt worden:

Die Kräfte P_1, P_2, P_3 sind ihrer Größe nach durch die Strecken $\overline{AB}$, $\overline{AC}$ und $\overline{EG}$ (die in irgendeinem sog. Kräftemaßstab — 1 cm $= n$ kg — aufgetragen sind), ihre Wirkungslinien durch die Geraden AB, AC, EG, ihre Richtungen durch die eingezeichneten Pfeile angegeben. Die Resultierende R_{1-2} von P_1 und P_2 geht durch deren Schnittpunkt A; die Diagonale $\overline{AD}$ des Parallelogramms $ABCD$ gibt die Größe (in eben demselben Kräftemaßstab gemessen), der Pfeil die Richtung von R_{1-2} an. In gleicher Weise werden nunmehr R_{1-2} und P_3 zusammengesetzt: Der Schnittpunkt der beiden Wirkungslinien ist E, die Diagonale des Kräfteparallelogramms $\overline{EH}$ liefert die gesuchte Resultierende R_{1-3} nach Größe und Richtung.

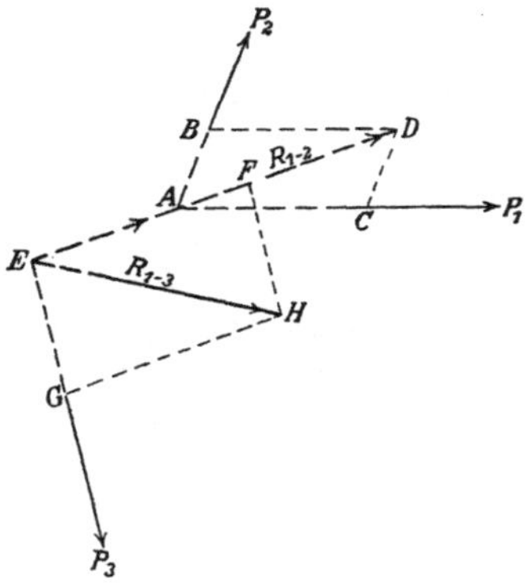

Abb. 1.

P_1, P_2, P_3 sind Komponenten der Kraft R_{1-3}.

Diese Methode versagt, wenn der Schnittpunkt der gegebenen Kräfte weit außerhalb des Zeichenblattes fällt; ferner führt sie zu sehr ungenauen Ergebnissen, wenn der Schnittwinkel zweier Wirkungsgeraden flach und damit der Schnittpunkt zeichnerisch nicht scharf zu bestimmen ist. In der graphischen Statik wird das Verfahren des Seilecks und Krafteeks gezeigt, das unter allen Umständen brauchbar ist.

Ist die Resultierende aller auf einen Körper einwirkenden Kräfte eine Einzelkraft, die durch den Schwerpunkt des Körpers geht, so entsteht eine Translation des Körpers in der Richtung der Kraft. Geht die Einzelkraft nicht durch den Schwerpunkt des Körpers, so kann sie durch eine im Schwerpunkt angreifende Kraft und ein zusätzliches Drehmoment ersetzt werden: es entsteht eine Translation und eine Rotation.

Zwei einander parallele Kräfte schneiden sich im Unendlichen, die Wirkungslinie der Resultierenden verläuft parallel zu denen der beiden Einzelkräfte. Sind die beiden Kräfte parallel und gleich gerichtet, so wirkt die Resultierende in der gleichen Richtung und zwar zwischen den beiden Einzelkräften; der Größe nach ist sie gleich ihrer Summe. Sind die beiden Einzelkräfte parallel und entgegengesetzt gerichtet, so wirkt die Resultierende in der Richtung der größeren und zwar außerhalb der beiden Einzelkräfte auf der Seite der größeren; der Größe nach ist sie gleich der Differenz der beiden Einzelkräfte. Allgemein gesprochen, ist die Resultierende von parallelen Einzelkräften diesen wiederum parallel und ihrer Größe nach gleich ihrer algebraischen Summe Die Lage der Wirkungslinie ergibt sich nach dem Grundsatz, daß die Resultierende einer Gruppe von Kräften so bestimmt ist, daß diese die gleiche äußere Wirkung auf den der Krafteinwirkung unterworfenen Körper ausübt wie die Einzelkräfte und gleichzeitig das einfachst mögliche mechanische System darstellt. Mithin muß die Resultierende in bezug auf ein beliebiges, aber gleiches Koordinatensystem die gleichen Komponenten in Richtung der Achsen haben und auf einen beliebigen aber gleichen Punkt als Bezugspunkt das gleiche Moment ausüben wie die Einzelkräfte. Wenn also zwei parallele Kräfte P_1 und P_2

nach Abb. 2 mit den Wirkungslinien ab und cd in gleicher, durch die Pfeile angegebener Richtung wirken, so ist $R_{1-2} = P_1 + P_2$, wirkt parallel zu ab und cd und im Abstand $e_1 = \frac{P_2 \cdot l}{P_1 + P_2}$ von P_1 zwischen P_1 und P_2 [folgt aus der Momentengleichung auf ab, nämlich $P_2 \cdot l$

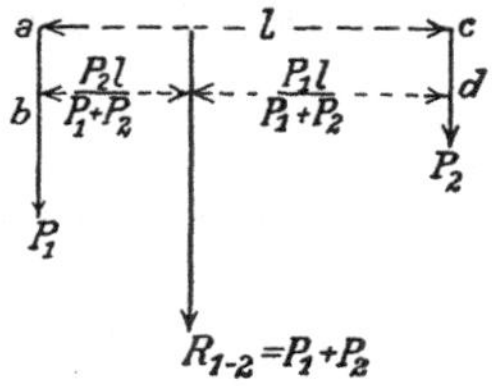

Abb. 2.

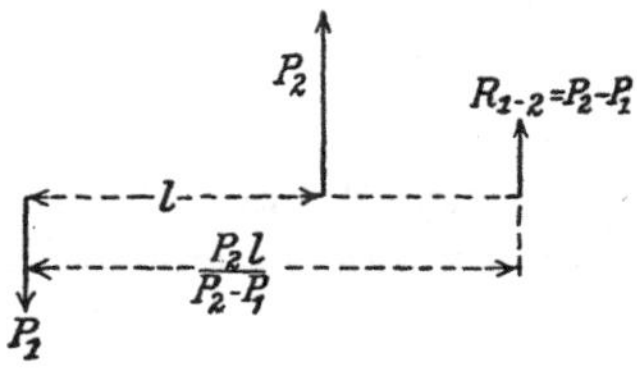

Abb. 3.

$= (P_1 + P_2) \cdot e_1]$. Sind P_1 und P_2 parallel aber entgegengesetzt gerichtet (Abb. 3), wobei $P_2 > P_1$ ist, so wirkt die Resultierende $R_{1-2} = P_2 - P_1$ in der Richtung von P_2 in einer Entfernung $e_1 = \frac{P_2 \cdot l}{P_2 - P_1}$ von P_1, womit $e_1 > l$, da

$$(P_2 - P_1) < P_2 .$$

Die Resultierende zweier paralleler, gleich großer, aber entgegengesetzt gerichteter Kräfte ist Null. Wir haben dann ein sogenanntes Kräftepaar (Abb. 4). Ein Kräftepaar ist ein reines Moment, das versucht, dem Körper, der seiner Wirkung unterworfen ist, eine Drehbewegung zu geben. Die Rotationsachse steht dabei senkrecht auf der Wirkungsebene des Kräftepaares. Der Größe nach ist das Moment eines Kräftepaares gleich dem Produkt aus einer der beiden Kräfte $\times$ ihrem senkrechten Abstand: $M = P \cdot h$. Ein Kräftepaar kann auf kein einfacheres Kräftesystem zurückgeführt werden; alle Kräftepaare in der gleichen Ebene sind, sofern sie ein gleichgerichtetes und gleich großes Drehmoment haben, einander gleichwertig und können ohne Änderung des Gleichgewichtszustandes miteinander vertauscht werden. Diese Äquivalenz gilt jedoch nur bezüglich des Gleichgewichts-, nicht aber bezüglich des Spannungs- und des Deformationszustandes[1].

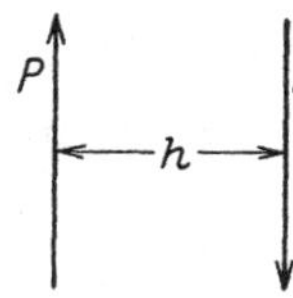

Abb. 4.

Um rechnerisch die Resultierende einer Gruppe von Kräften in der Ebene zu finden, legt man der Betrachtung an beliebiger Stelle der Ebene ein (meist rechtwinkliges) Koordinatensystem mit dem Ursprung O zugrunde und zerlegt jede Kraft in zwei Komponenten H

[1] Anmerkung. Während die Resultierende einer Gruppe von Kräften stets die gleiche äußere Wirkung (d. h. die gleiche Bewegung) auf einen Körper erzeugt wie die entsprechende Gruppe der Einzelkräfte, so können die inneren Wirkungen (Spannungen und Deformationen) von Resultierender einerseits und und Einzelkräften andrerseits voneinander sehr verschieden sein. Ein Körper sei beispielsweise unter der Einwirkung von äußeren Kräften in Ruhe, d. h. die

und V parallel zu den Koordinatenachsen. Die (algebraische) Summe der Momente aller Komponenten auf einen beliebigen Punkt der Ebene, z. B. den Koordinatenursprung O, sei

$$M_R = \sum M,$$

entsprechend die Summe aller Horizontal- und Vertikalkomponenten

$$H_R = \sum H; \qquad V_R = \sum V,$$

dann ist der Winkel α der Wirkungslinie der Resultierenden gegen die Horizontale bestimmt durch

$$\tan\alpha = \frac{V_R}{H_R}$$

ihre Größe durch

$$R = \sqrt{H_r^2 + V_r^2},$$

ihre Lage durch den senkrechten Abstand d der Wirkungslinie von dem Momentenbezugspunkt O

$$d\sqrt{H_r^2 + V_r^2} = M_R.$$

Im allgemeinen wird man die letzte Gleichung entbehren können, denn in den meisten praktisch vorkommenden Fällen genügt es, von der Resultierenden die Größe und den Schnittpunkt mit einer gegebenen Linie l zu kennen. Zu diesem Zwecke benutzt man ein rechtwinkliges Koordinatensystem mit der einen Achse parallel zu l oder mit l zusammenfallend und zerlegt R in Komponenten $\sum H$ und $\sum V$ parallel den Achsen (Abb. 5). Das Moment der Komponenten in bezug auf irgendeinen Punkt A auf l sei $\sum M_A$. Die Kräftezerlegung von R in $\sum V$ und $\sum H$ kann man in jedem Punkt der Wirkungslinie vornehmen, ohne $\sum M$ zu beeinflussen; so sei die Zerlegung in D vorgenommen. Dann muß wieder

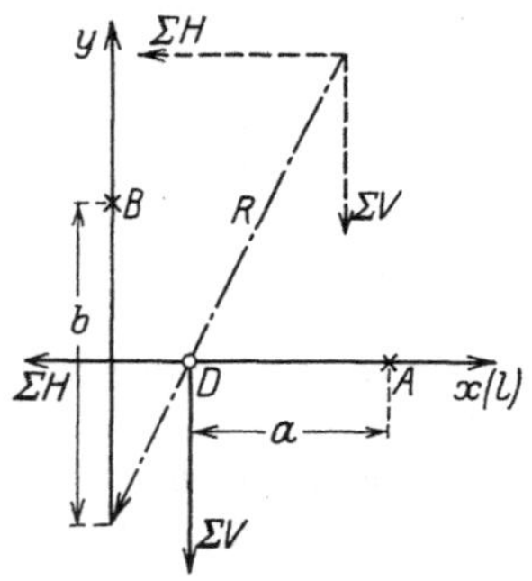

Abb. 5.

$$\sum V \cdot a + \sum H \cdot 0 = \sum M_A$$

sein, also

$$a = \frac{\sum M_A}{\sum V}.$$

---

angreifenden Kräfte seien gleich den widerstehenden; dabei kann je nach der Art und Größe der beiden Lastgruppen (der angreifenden und der widerstehenden) das eine Mal der Körper zerstört werden, das andere Mal kann er die Kräfte übertragen, obwohl beide Male nach Voraussetzung die Resultierende der äußeren Kräfte gleich, nämlich gleich Null, ist.

Entsprechend würde

$$b = \frac{\sum M_B}{\sum H}$$

die Entfernung des Durchstoßpunktes der Resultierenden durch y von einem angenommenen Momentenbezugspunkt B bedeuten. Diese Überlegung wird praktisch sehr oft vorkommen.

3. Die Zerlegung einer Kraft in Komponenten in der Ebene.

Die Zerlegung einer Kraft in Komponenten ist die Umkehrung der Aufgabe, verschiedene Kräfte zu einer Resultierenden zu vereinigen.

Die Aufgabe, eine Kraft in Komponenten zu zerlegen, hat unendlich viele Lösungen. Die Bedingungen, die zugleich notwendig und hinreichend sind, heißen

$$H_R = \sum H; \quad V_R = \sum V; \quad M_R = \sum M.$$

Wenn eine Kraft in zwei Komponenten zerlegt wird, müssen alle drei Kräfte in einer Ebene liegen, ihre Wirkungslinien müssen sich in einem Punkt schneiden, und die Strecken, die ihre Größe und Richtung angeben, müssen ein geschlossenes Dreieck bilden. In Abb. 1 z. B. stellt $\overline{AD}$ Größe und Richtung der Resultierenden, $\overline{AC}$ und $\overline{CD}$ (nicht etwa $\overline{CA}$ und $\overline{DC}$!) Größe und Richtung der Komponenten dar[1]. Das Kräftedreieck hat nur mit Größe und Richtung, nichts aber mit der Lage der Wirkungslinien der Kräfte zu tun.

Eine gegebene Kraft kann in beliebig viele Komponenten zerlegt werden, die ihrerseits wieder, wenn man ein Koordinatensystem zugrunde legt, in zwei Gruppen parallel zu den beiden Koordinatenachsen zerlegt werden können. Die Vieldeutigkeit der Aufgabe kann durch verschiedene Forderungen eingeschränkt werden, z. B. seien gegeben:

a) die Wirkungslinien der Komponenten in ihren Richtungen,

b) die Größe der einen und die Richtung der Wirkungslinie der anderen Komponente,

c) die Größe beider Komponenten.

Der Studierende mache sich diese drei Fragen ganz klar und gebe sich z. B. Rechenschaft darüber, ob die Aufgaben unter a), b), c) eindeutig sind, bzw. wie viele Bestimmungsstücke jeweils zur Eindeutigkeit fehlen.

Eine gegebene Kraft kann nicht in zwei Komponenten zerlegt werden, deren Wirkungslinien untereinander parallel, jedoch mit der Wirkungslinie der gegebenen Kraft einen Winkel einschließen.

---

[1] Anmerkung: Wenn man sagt: $\overline{AB}$ stellt die Kraft R in Größe und Richtung dar, so heißt das, daß R in der Richtung von A nach B wirkt. Für die numerische Behandlung müßte natürlich noch der Kräftemaßstab angegeben sein in der Form 1 cm = n kg.

Eine gegebene Kraft R kann jedoch in zwei Komponenten zerlegt werden, deren Wirkungslinien sowohl untereinander als zur Wirkungslinie von R parallel sind. Wenn die Wirkungslinien beider Komponenten auf der gleichen Seite von R liegen, so haben die Komponenten entgegengesetzte Richtung, die größere von ihnen liegt näher an R und hat deren Richtung. Liegt R zwischen den Wirkungslinien der Komponenten, so sind diese beiden mit R gleichgerichtet; die näher an R liegende ist dabei die größere. Die Größe der Komponenten wird mit dem Momentensatz bestimmt (vgl. S. 5).

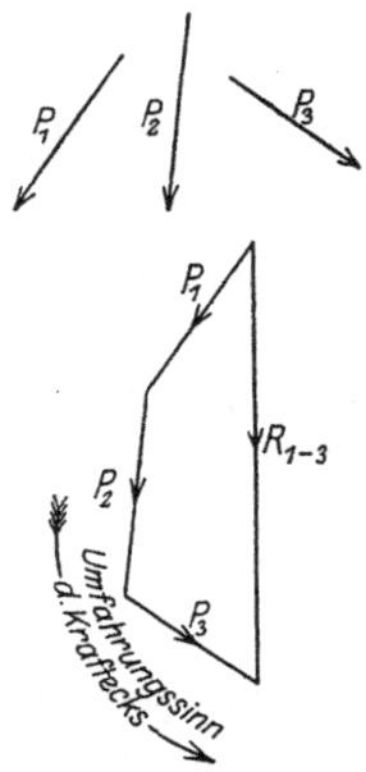

Abb. 6.

Soll eine gegebene Kraft R in drei oder mehr Komponenten zerlegt werden, so sind diese in ihrer Lage nicht mehr auf eine Ebene beschränkt. Wir betrachten jedoch nur den Fall, daß alle Kräfte in einer Ebene wirken.

Die Bedingungsgleichungen sind bereits genannt worden (S. 7). Die graphischen Beziehungen werden noch genauer später erörtert werden. Hier soll nur so viel gesagt werden, daß, wenn man die Einzelkräfte in Größe und Richtung in beliebiger Reihenfolge zu dem sogen. Krafteck aneinander reiht — entsprechend wie in Abb. 1 die beiden Kräfte P_1 und P_2 zum Kraftdreieck ACD —, die Resultierende der Größe nach durch die Strecke zwischen Anfangs- und Endpunkt des Kraftecks und ihre Richtung durch die Umkehrung des Umfahrungssinnes bestimmt ist (Abb. 6).

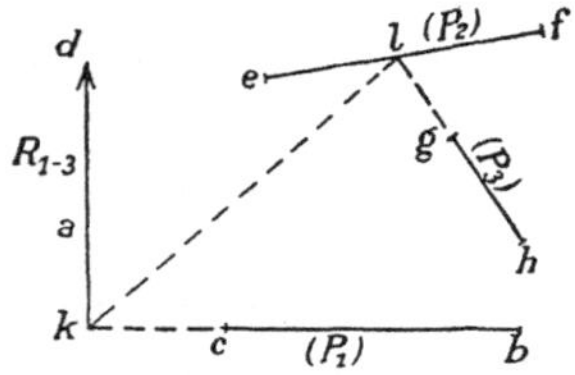

Abb. 7.

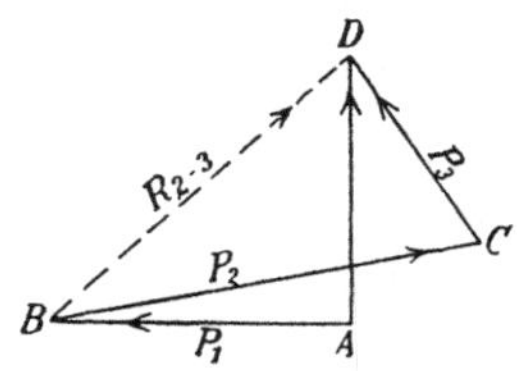

Abb. 7a.

Es sei die Aufgabe gestellt, eine Kraft R_{1-3} in drei Komponenten zu zerlegen, deren drei Wirkungslinien gegeben sind (vgl. Abb. 7 und 7a).

ad sei die Wirkungslinie von R, cb, ef und gh die Wirkungslinien der gesuchten Komponenten. Die Strecke $\overline{AD}$ stelle die Größe von R dar. Zuerst wird R in zwei Komponenten P_1 und R_{2-3} zerlegt, wobei R_{2-3} die Resultierende von P_2 und P_3 ist. P_1 und R_{2-3} müssen sich in k mit R_{1-3} schneiden. Ferner muß R_{2-3} durch den Schnittpunkt l von ef und gh gehen, da R_{2-3} die Resultierende von P_2 und P_3 sein soll. Mit den beiden Punkten k und l ist die Wirkungslinie von R_{2-3} bestimmt. Somit kann das Kräftedreieck aus R_{1-3}, P_1 und R_{2-3} und anschließend das Kräftedreieck aus

R_{2-3}, P_2 und P_3 gezeichnet werden, womit die gesuchten Komponenten P_1, P_2, P_3 gefunden sind. Die Lösung ist nur möglich, wenn sich die Wicklungslinien von P_1, P_2, P_3 nicht in einem Punkt schneiden.

Es mögen noch folgende weitere Aufgaben, die die Zerlegung einer gegebenen Kraft in drei Komponenten in einer Ebene zum Gegenstand haben, genannt werden:

Ist die Zerlegung möglich, wenn gegeben sind

a) Die Wirkungslinien zweier Komponenten und die Größe der dritten?

b) Die Größe jeder der drei Komponenten?

c) Die Wirkungslinie einer Komponenten und die Größe der beiden andern?

d) Die Wirkungslinien der drei Komponenten und die Größe einer von ihnen?

Sind die Lösungen der vier Aufgaben a) bis d) eindeutig? Wenn nicht, welches weitere Bestimmungsstück würde Eindeutigkeit bedingen?

4. Gleichgewicht von Kräften in einer Ebene.

Die Bedingungen für das Gleichgewicht von Kräften folgen aus den bisher besprochenen Sätzen, da im Gleichgewichtsfall die Resultierende gleich Null ist.

1. Ist eine Gruppe von Kräften im Gleichgewicht, so ist ihre Resultierende gleich Null, und jede einzelne Kraft ist mit umgekehrtem Richtungssinn Resultierende aller übrigen.

2. Wenn eine im Gleichgewicht befindliche Gruppe von Kräften in zwei Teilgruppen geteilt wird, so sind die Resultierenden der beiden Teilgruppen einander entgegengesetzt gleich und haben die gleiche Wirkungslinie.

3. Die Kräfte einer Gleichgewichtsgruppe ergeben, in beliebiger Reihenfolge von einem beliebigen Anfangspunkt aus unter Beachtung von Größe und Richtung der Kräfte zu einem Kraftecke aneinander gereiht, einen geschlossenen Linienzug.

4. Die algebraische Summe der Momente der Kräfte einer Gleichgewichtsgruppe in bezug auf irgendeinen beliebigen Punkt der Ebene ist Null.

5. Einem Kräftepaar kann nur durch ein anderes Kräftepaar von gleicher Größe und entgegengesetztem Drehsinn das Gleichgewicht gehalten werden. Die beiden Kräftepaare können dabei in der gleichen Ebene oder in zwei parallelen Ebenen wirken.

6. Die analytischen Gleichgewichtsbedingungen für Kräfte in einer Ebene, deren Wirkungslinien durch einen Punkt gehen, sind

$$\sum H = 0\,; \quad \sum V = 0\,.$$

Die graphische Gleichgewichtsbedingung für diesen Fall fordert ein geschlossenes Krafteck.

7. Die analytischen Gleichgewichtsbedingungen für Kräfte in einer Ebene, deren Wirkungslinien nicht durch einen Punkt gehen, sind

$$\sum H = 0; \quad \sum V = 0; \quad \sum M = 0.$$

Dieser Fall erfordert graphisch zwei Bedingungen: erstens muß das Krafteck geschlossen sein; nimmt man, zweitens, eine Kraft P_n aus der Gruppe P_1 bis P_n aus und zeichnet für die übrigen die Resultierende $R|_1^{n-1}$, so müssen $R|_1^{n-1}$ und P_n einander entgegengesetzt gleich sein und dieselbe Wirkungslinie haben[1]. (Ohne die zweite Bedingung, also nur mit $\sum H = 0$ und $\sum V = 0$ könnte die Resultierende ein Kräftepaar sein, also $M \gtrless 0$).

5. Die Resultierende aus einem Kräftepaar und einer Kraft.

Zur Lösung dieser Aufgabe erinnere sich der Leser, daß ein Kräftepaar in seiner Wirkungsebene oder in einer dazu parallelen Ebene beliebig verschoben werden kann, daß weiterhin die Größe der Kräfte unter gleichzeitiger Veränderung ihres Abstandes beliebig angenommen werden kann, derart, daß M Größe und Drehungssinn beibehält.

Um also die Resultierende aus einem Kräftepaar $M = P \cdot h$ und einer Kraft Q zu finden, verwandle man das gegebene Kräftepaar in ein gleichwertiges, dessen Kräfte der Größe nach gleich Q sind, also

$$P \cdot h = Q \cdot h'.$$

Dann verschiebe man dieses neue Kräftepaar in der Ebene derart, daß die gegebene Kraft Q mit der ihr entgegengesetzt gerichteten des Kräftepaares eine gleiche Wirkungslinie erhält; diese beiden Kräfte heben sich dann auf, und es bleibt als Resultierende eine Kraft $R = Q$ von gleicher Größe und Richtung wie die gegebene, von dieser jedoch im Abstand $h' = \frac{M}{Q}$ entfernt. Oder, in anderen Worten, eine Einzelkraft Q wird durch Hinzufügen eines Momentes M parallel um den Betrag $\frac{M}{Q}$ verschoben. Die Verschiebungsrichtung hängt von dem Drehsinn des Momentes ab und kann ohne Schwierigkeiten bestimmt werden.

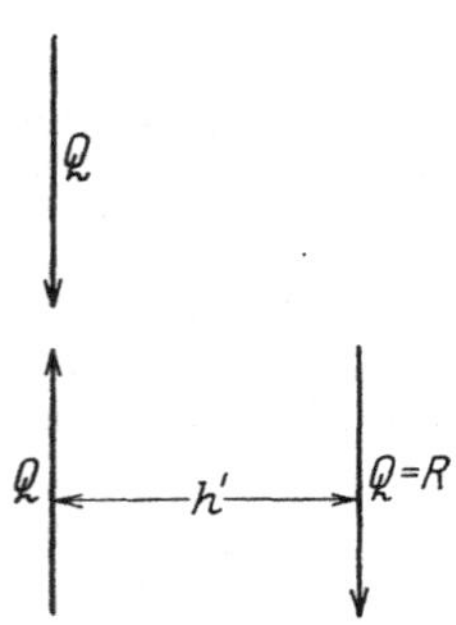

Abb. 8.

Entsprechend kann eine Einzelkraft Q zerlegt werden in ein Moment M und eine gleichgerichtete, gleichgroße Kraft Q im Abstand

[1] Anmerk. d. Übers.: Das Seileck ist in diesem Kapitel, das wie oben bemerkt, auf Vollständigkeit und systematischen Aufbau keinen Anspruch erhebt, sondern nur die Hauptsätze mehr in Form einer Wiederholung bringen will, nicht erörtert. Die zweite graphische Gleichgewichtsbedingung wäre sonst kürzer als Forderung des geschlossenen Seilecks zu fassen.

$h = \frac{M}{Q}$ von der gegebenen Einzelkraft. Dies ist ohne weiteres, auch ohne auf das Vorhergehende Bezug zu nehmen, verständlich. Es sei in Abb. 8 $Q = R$ als Einzelkraft gegeben. Es wird offenbar an dem Kräftesystem nichts geändert, wenn man in der Entfernung h' zwei entgegengesetzt gleiche Kräfte von der Größe Q anbringt; diese teile man nun in der Weise auf, daß man die eine mit der gegebenen Kraft $Q = R$ zu einem Kräftepaar zusammenfasst. (Es sei hier darauf hingewiesen — vgl. S. 5 —, daß durch eine derartige Operation wohl der Gleichgewichts- bzw. der Bewegungszustand, nicht aber die Spannungen und Formänderungen des der Kraftwirkung unterworfenen Körpers unbeeinflußt bleiben.)

Aufgaben.

a) Bestimme die Resultierende einer senkrecht nach unten wirkenden Kraft P und eines linksdrehenden Moments M.

b) Bestimme die Resultierende einer horizontalen, von rechts nach links wirkenden Kraft P und eines rechtsdrehenden Momentes M.

c) Verschiebe eine senkrechte Kraft $P = 100$ kg um 2 m nach rechts. Welches zusätzliche Moment ist hierfür notwendig?

d) Ein Körper befinde sich unter der Einwirkung eines Kräftepaares im Gleichgewicht. Wird das Gleichgewicht gestört, wenn das Kräftepaar in eine parallele Ebene verschoben wird?

6. Kräfte im Raum.

Die Gesetze über Zusammensetzen, Zerlegen, Gleichgewicht sind ähnlich wie die für Kräfte in der Ebene. Es werden jedoch im allgemeinen analytische Methoden bevorzugt.

Man lege der Betrachtung ein (meist rechtwinkliges) räumliches Koordinatensystem mit dem Ursprungspunkt O und den Achsen OX, OY, OZ zugrunde. Die Bewegung eines der Wirkung einer beliebigen räumlichen Kräftegruppe unterworfenen Körpers kann offenbar jeweils zerlegt werden in drei Translationen in der X-, der Y- und der Z-Richtung und in drei Rotationen mit der X-, der Y- und der Z-Richtung als Achsen. Somit muß eine beliebige räumliche Kräftegruppe zerlegt werden können in drei Kräfte in der X-, der Y-, der Z-Richtung und in drei Momente M_x, M_y, M_z mit der X-, der Y-, der Z-Richtung als Achsen. Nimmt man diese Zerlegung zunächst für jede Einzelkraft der betrachteten Kräftegruppe vor und bildet dann die Resultierenden (mit dem Index $_R$ bezeichnet), so erhält man die sechs Gleichungen

$$X_R = \sum X; \qquad Y_R = \sum Y; \qquad Z_R = \sum Z,$$

$$M_{Rx} = \sum M_x; \quad M_{Ry} = \sum M_y; \quad M_{Rz} = \sum M_z.$$

Da im Gleichgewichtsfall ein Körper weder eine Translation noch eine Rotation erfahren darf, dies aber nur möglich ist, wenn in den Translationsrichtungen keine Kräfte und in den Rotationsrichtungen keine Momente wirken, so folgen aus den obigen sechs Gleichungen die sechs Gleichgewichtsbedingungen im Raum

$$X_R = 0; \qquad Y_R = 0; \qquad Z_R = 0,$$

$$M_{Rx} = 0; \quad M_{Ry} = 0; \quad M_{Rz} = 0.$$

Gehen alle Kräfte der räumlichen Kräftegruppe durch einen Punkt, so erfolgt keine Drehung um irgendeine durch diesen Punkt gelegte Achse. Die Resultierende ist in diesem Fall durch drei Gleichungen, und zwar

$$X_R = \sum X; \qquad Y_R = \sum Y; \qquad Z_R = \sum Z$$

bestimmt und geht durch den gemeinsamen Schnittpunkt der Komponenten.

Beliebige Kräftepaare (in der Ebene und im Raume) können zu resultierenden Kräftepaaren zusammengesetzt werden.

Die Resultierende von Kräftepaaren in der Ebene oder in parallelen Ebenen ist gleich der algebraischen Summe der Momente.

Zwei Kräftepaare M_1 und M_2 in verschiedenen Ebenen, die zueinander geneigt sind, werden, um das resultierende Moment zu finden, zunächst durch Kräftepaare mit gleichem Hebelarm ersetzt, sodann wird jedes in seiner Ebene so verschoben, daß ihre Hebelarme in der Schnittlinie der Wirkungsebenen aufeinanderfallen. Die Kräfte liegen dann paarweise in zwei parallelen Ebenen, die senkrecht auf den beiden Wirkungsebenen stehen, und können zusammengesetzt werden. Die Wirkungsebene des resultierenden Momentes ist durch die Wirkungslinien beider Kraftresultierenden bestimmt.

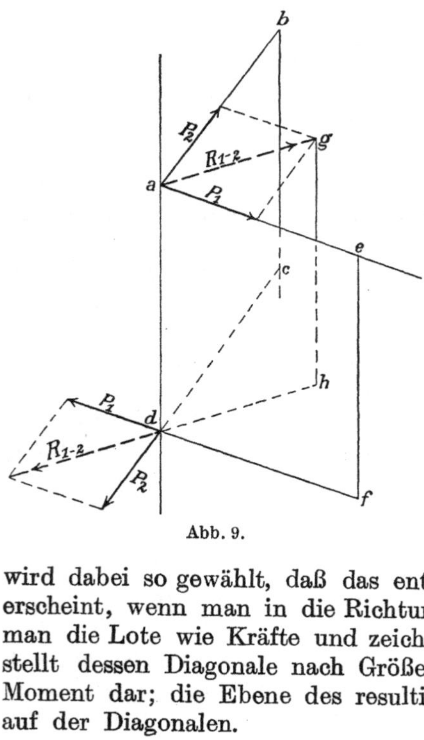

Abb. 9.

Nach einer andern Betrachtungsweise stellen wir die beiden Momente nach Größe und Richtung als zwei Lote $\overline{OA}$ und $\overline{OB}$ dar, die in einem beliebigen Punkt O der Schnittlinie der beiden Wirkungsebenen auf den Wirkungsebenen errichtet werden. Die Lote sind also gleichzeitig die Drehachsen der Momente. Die Richtung des Lotes wird dabei so gewählt, daß das entsprechende Moment rechtsdrehend erscheint, wenn man in die Richtung AO bzw. BO blickt. Behandelt man die Lote wie Kräfte und zeichnet das Kräfteparallelogramm, so stellt dessen Diagonale nach Größe und Richtung das resultierende Moment dar; die Ebene des resultierenden Moments steht senkrecht auf der Diagonalen.

In Abb. 9 sind $aefd$ und $abcd$ die Wirkungsebenen der Kräftepaare $P_1 \cdot \overline{ad}$ und $P_2 \cdot \overline{ad}$, deren resultierendes Moment ist $R_{1-2} \cdot \overline{ad}$ und wirkt in der Ebene $aghd$.

Eine räumliche Gruppe von mehr als zwei Kräftepaaren kann durch entsprechend häufige Anwendung des Verfahrens zu einem resultierenden Moment zusammengesetzt werden.

7. Zusammenfassung.

Nach dem Vorhergehenden ist es klar, daß eine beliebige Kräftegruppe in der Ebene entweder zu einer Einzelkraft oder zu einem Moment zusammengefaßt werden kann. Der Rechnungsweg ist dabei kurz folgender: Man lege der Rechnung ein Koordinatensystem zugrunde und bestimme für jede Einzelkraft aus der Kräftegruppe die Komponenten in der X- und der Y-Richtung. Es wird dann

$$X_R = \sum X \quad \text{und} \quad Y_R = \sum Y.$$

Ferner stelle man die Summe der Momente sämtlicher Komponenten in bezug auf einen beliebigen Punkt der Ebene, z. B. den Koordinatenanfangspunkt, auf. Die Größe der Resultierenden findet man dann aus

$$R = \sqrt{X_R^2 + Y_R^2},$$

die Neigung gegen die X-Achse aus

$$\tan\alpha = \frac{Y_R}{X_R},$$

den Abstand von dem als Momentenbezugspunkt gewählten Koordinatenanfangspunkt auf der X-Achse zu

$$x = \frac{M}{Y_R},$$

auf der Y-Achse zu

$$y = \frac{M}{X_R}.$$

Die Resultierende geht durch diese beiden Punkte, wobei wieder

$$\frac{y}{x} = \tan\alpha = \frac{Y_R}{X_R}$$

ist.

Ist bei einer gegebenen Kräftegruppe $X_R = 0$ und $Y_R = 0$, M aber $\gtrless 0$, so ist die Resultierende ein Kräftepaar mit dem Moment M.

In ähnlicher Weise können die Kräfte einer räumlichen Kräftegruppe vereinigt werden. Wir beziehen hierbei den Raum auf ein rechtwinkliges Koordinatensystem mit dem Ursprung O und den Achsen OX, OY, OZ. Betreffs der Vorzeichen sei folgendes festgesetzt: Das Koordinatensystem sei rechtsgängig, d. h. beim Einschrauben einer rechtsgängigen Schraube in der Z-Richtung schwenkt man von der $+X$- zur $+Y$-Achse, dabei weist die Schraubenspitze in die Richtung der $+Z$-Achse. Kräfte parallel den Achsen sind positiv, wenn sie die Richtung von O nach $+X$, $+Y$ oder $+Z$ haben. Momente mit den Koordinatenachsen als Drehachsen sind positiv, wenn sie dem Beschauer, der längs der betreffenden positiven Achse nach O zu schaut, rechtsdrehend erscheinen. Die XY-Ebene sei so gewählt, daß alle Einzelkräfte der betrachteten Kräftegruppe in ihr einen Durchstoßpunkt haben. In ihrem Durchstoßpunkt x, y (Abb. 10) mit der XY-Ebene werde jede Einzelkraft in drei Komponenten X, Y, Z parallel den Koordinatenachsen zerlegt. Es sind dann

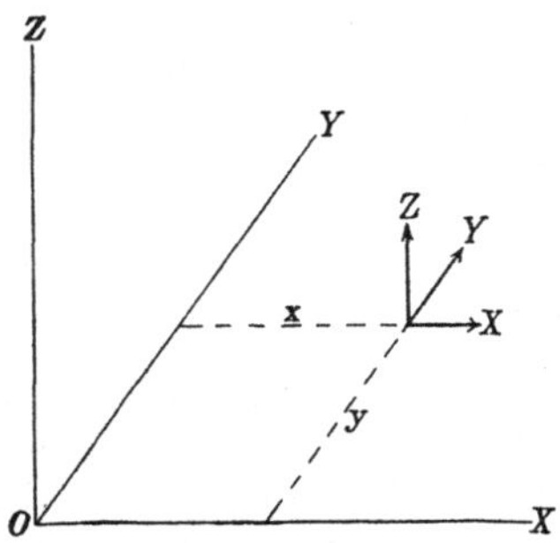

Abb. 10.

$$X_R = \sum X,$$
$$Y_R = \sum Y,$$
$$Z_R = \sum Z$$

die Resultierenden parallel den drei Koordinatenachsen. Die Momente in bezug auf die drei Achsen sind durch die Gleichungen dargestellt

$$M_x = -\sum Z \cdot y,$$
$$M_y = \sum Z \cdot x,$$
$$M_z = \sum (X \cdot y - Y \cdot x).$$

Die Resultierende der räumlichen Kräftegruppe besteht daher aus

1. Einer Einzelkraft

$$R = \sqrt{X_R^2 + Y_R^2 + Z_R^2},$$

deren Richtung und Sinn durch die Diagonale des Parallelepipeds mit den Seitenlängen X_R, Y_R, Z_R dargestellt ist. Der Durchstoßpunkt x_0, y_0 von R durch die XY-Ebene ist durch die Gleichungen bestimmt

$$x_0 = \frac{M_y}{Z_R},$$
$$y_0 = -\frac{M_x}{Z_R}.$$

Hiermit ist die Einzelkraft R eindeutig bestimmt.

2. Einem Kräftepaar in der XY-Ebene von der Größe

$$M_1 = M_z - X_R \cdot y_0 + Y_R \cdot x_0 .$$

Fällt der Punkt x_0, y_0 so, daß

$$\sum (X \cdot y - Y \cdot x) = X_R \cdot y_0 - Y_R \cdot x_0$$

wird, dann besteht die Resultierende der Kräftegruppe nur aus einer Einzelkraft.

Wird $R = \sqrt{X_R^2 + Y_R^2 + Z_R^2} = 0$, während M_x oder M_y oder M_x und M_y von Null verschieden sind, so ist die Resultierende der Kräftegruppe das Moment M_1 und ein zweites Moment M_2 in einer zu XY senkrechten Ebene. Für $M_x = 0$, $M_y \lesseqgtr 0$ liegt die Wirkungsebene von M_2 parallel zu XZ; für

$$M_x \gtrless 0, \quad M_y = 0$$

liegt die Wirkungsebene von $M_2 = M_x$ parallel zu YZ; für

$$M_x \gtrless 0, \quad M_y \gtrless 0$$

bildet die Wirkungsebene von M_2 mit OX einen Winkel α, der durch

$$\tan \alpha = -\frac{M_x}{M_y}$$

bestimmt ist.

Die Momente M_1 und M_2 können zu einem resultierenden Moment zusammengefaßt werden, dessen Wirkungsebene zu XY geneigt verläuft.

Wir können also folgende drei Grundfälle unterscheiden:

Die Resultierende einer räumlichen Kräftegruppe kann sein

1. Eine Einzelkraft und ein Moment; die Wirkungslinie der Einzelkraft verläuft zu der Momentenebene geneigt (allgemeinster Fall).
2. Eine Einzelkraft.
3. Ein Moment.

Der Fall 1. kann auch in anderer Form dargestellt werden. Man zerlege die Einzelkraft R — das Koordinatensystem sei wieder so angenommen, daß die XY-Ebene von der Wirkungslinie von R durchstoßen wird — in ihre Komponenten Z_R und $\sqrt{X_R^2 + Y_R^2}$ derart, daß der Durchstoßpunkt x_0, y_0 von Z_R durch XY den Gleichungen

$$x_0 = \frac{\sum Z \cdot x}{Z_R}; \quad y_0 = \frac{\sum Z \cdot y}{Z_R}$$

genügt, und daß das Moment von $\sqrt{X_R^2 + Y_R^2}$ in bezug auf OZ durch $M_z = \sum(X \cdot y - Y \cdot x)$ bestimmt ist. Oder man zerlege M in zwei Komponent-Momente, von denen das eine M' in einer Ebene senkrecht zu R, das andere M'' in einer Ebene durch R liegt. Vereinigt man R mit M_1'' zu einer resultierenden Einzelkraft, so haben wir wieder als Resultierende der Kräftegruppe eine Einzelkraft und ein Moment, diesmal jedoch in einer Ebene senkrecht zu R.

Es sei noch eine letzte Fassung dieser Zusammenhänge gebracht wie folgt: Der Raum sei wieder auf ein Koordinatensystem mit dem Ursprung O und den Achsen OX, OY, OZ bezogen. Jede Einzelkraft der Kräftegruppe sei in drei Komponenten X, Y, Z parallel zu OX, OY, OZ zerlegt; diese Komponenten seien in drei Kräften parallel zu OX, OY, OZ vereinigt:

$$X_R = \sum X; \quad Y_R = \sum Y; \quad Z_R = \sum Z.$$

Die Resultierende der Kräftegruppe besteht dann aus einer Einzelkraft

$$R = \sqrt{X_R^2 + Y_R^2 + Z_R^2}$$

durch O, nach Größe, Richtung und Sinn als Diagonale eines Parallelepipeds mit den Kantenlängen X_R, Y_R, Z_R bestimmt, sowie drei Kräftepaaren

$$M_x = -\sum Z \cdot y \quad \text{(in der } YZ\text{-Ebene)},$$

$$M_y = \sum Z \cdot x \quad \text{(in der } XZ\text{-Ebene)},$$

$$M_z = \sum (X \cdot y - Y \cdot x) \quad \text{(in der } XY\text{-Ebene)}.$$

Es braucht zum Schluß dieses Abschnittes wohl kaum darauf hingewiesen zu werden, daß die Wahl des Koordinatensystems ganz beliebig ist[1].

8. Über analytische Methoden für die Vereinigung von Kräften.

Unter Benutzung der oben behandelten Sätze möge an einem Beispiel die Zerlegung einer Einzelkraft auf rechnerischem Wege gezeigt werden (vgl. Abb. 11).

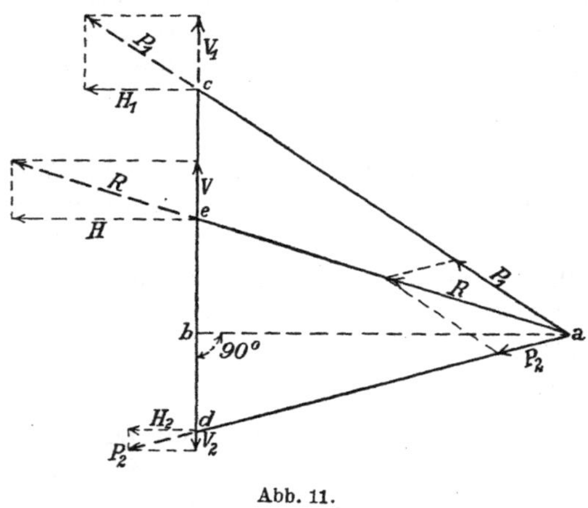

Abb. 11.

Die Einzelkraft R wirke in der Richtung ae und sei der Größe nach bekannt. Sie soll in Komponenten mit den Wirkungslinien ac und ad zerlegt werden. Dies ist auf zeichnerischem Wege mittels des Kräfteparallelogramms bei a geschehen. Gewöhnlich sind die Strecken $\overline{ac}$, $\overline{ad}$, $\overline{ab}$, $\overline{bc}$, $\overline{bd}$, $\overline{ce}$, $\overline{ed}$ unserer Abb. 11 am Bauwerk gegeben. Durch Anwendung des Momentensatzes, daß die Summe der Momente der Komponenten gleich dem Moment der Resultierenden in bezug auf den gleichen Drehpunkt sind, ergibt sich

$$H_2 = H \cdot \frac{\overline{ce}}{\overline{cd}},$$

$$H_1 = H \cdot \frac{\overline{ed}}{\overline{cd}},$$

[1] Föppl (Vorlesungen über technische Mechanik, Bd. II) zeigt in einer einfachen Überlegung, daß sich eine beliebige Anzahl windschiefer Kräfte stets in zwei windschiefe Kräfte zusammenfassen läßt; diese beiden Kräfte nennt er ein „Kraftkreuz". Die oben mitgeteilten Zusammenhänge lassen sich aus dem „Kraftkreuz" leicht entwickeln. (Anm. d. Übers.)

$$V_1 = H_1 \cdot \frac{\overline{cb}}{\overline{ab}},$$

$$V_2 = H_2 \cdot \frac{\overline{db}}{\overline{ab}}.$$

Damit sind die Komponenten von P_1 und P_2 in zwei zueinander senkrechten Wirkungslinien gegeben, und die Aufgabe ist gelöst.

Die analytisehen Methoden haben meistens den Vorzug größerer Genauigkeit und leichterer Ausführbarkeit.

9. Das d'Alembertsche Prinzip.

Das d'Alembertsche Prinzip gestattet, die Untersuchung der an irgendeinem in Bewegung befindlichen, materiellen System wirkenden Kräfte so durchzuführen, als ob das System in Ruhe wäre.

Wenn sich jedes Teilchen des betrachteten Systems mit konstanter Geschwindigkeit in einer geraden Linie bewegt, so befindet sich das System im Gleichgewicht. Aber wenn sich ein Teilchen, dessen Gewicht dw sei, zu irgendeiner Zeit mit der Beschleunigung b in einer bekannten Richtung fortbewegt, dann wirkt auf es eine Kraft in dieser Richtung von der Größe

$$dP = \frac{dw}{g} \cdot b,$$

wobei g die Erdbeschleunigung ist (Kraft = Masse $\times$ Beschleunigung). Wenn man nun, außer den andern auf das Teilchen wirkenden Kräften, auf das Teilchen eine Kraft dP' wirken läßt, die entgegengesetzt gleich dP, also

$$dP' = -dP = -\frac{dw \cdot b}{g}$$

ist, so kann das Teilchen als im Gleichgewicht befindlich betrachtet und untersucht werden. Es kann also irgendein materielles System, das durch äußere Kräfte eine Bewegung erfährt, der statischen Untersuchung dadurch zugänglich gemacht werden, daß man auf jedes Teilchen von dem Gewicht dw und der Beschleunigung b eine zusätzliche Kraft

$$dP' = -\frac{dw \cdot b}{g}$$

wirken läßt, wobei das negative Vorzeichen besagt, daß die Richtung der Kraft dP' der der Beschleunigung entgegengesetzt ist.

10. Spannungen.

Spannungen sind Kräfte, die auf eine Fläche, meist auf die Flächeneinheit bezogen sind. Wenn der Studierende also mit Spannungen zu tun hat, so muß er eine deutliche Vorstellung haben jeweils von der Größe und der Richtung der Kraft sowohl wie von der Fläche, auf die die Kraft wirkt. Die beiden Elemente Kraft und Fläche sind wesentlich für die richtige Vorstellung. Wenn nicht ausdrücklich anders bemerkt, ist die Fläche eben.

Die resultierende innere Kraft oder die resultierende Spannung kann in zwei Komponenten zerlegt werden, eine normal oder senkrecht zur Fläche (Zug- oder Druckspannung) und eine in oder tangential zu der Fläche (Schubspannung); letztere wird im allgemeinen noch einmal in zwei zu den Achsen eines rechtwinkligen Koordinatensystems parallele Komponenten geteilt. Es ist danach klar, daß es zwei und nur zwei Arten von Spannungen geben kann, nämlich Normal- und Tangentialspannungen. Die Normalspannungen können hierbei von der Fläche weg wirken mit dem Bestreben, die Einzelteilchen auseinanderzuziehen — Zugspannungen —, oder sie können auf die Fläche zu wirken — Druckspannungen. Bei den Schubspannungen dagegen ist die Richtung von keiner Wesensbedeutung. Man denke an ein Buch, das man auf einem Tisch nach verschiedenen Richtungen hin- und herschiebt! Der Materialwiderstand gegen Schub kann dagegen in verschiedenen Richtungen sehr wohl verschieden sein. Teilt man, wie oben geschehen, die Normalspannungen in Zug- und Druckspannungen ein, so kann man sagen, daß es drei und nur drei Arten von Spannungen gibt: Druck-, Zug- und Schubspannungen (Scherspannungen). Wenn sich eine Kraft P gleichmäßig auf eine Fläche F verteilt, so geht die Resultierende der Spannungen durch den Schwerpunkt der Fläche F, wobei die Spannungen den Wert

$$\sigma = \frac{P}{F}$$

haben. Verteilt sich die Kraft nicht gleichmäßig über die Fläche, so muß zur Ermittlung der Spannungen an jedem Punkt der Quotient aus Kraft und Fläche jeweils für unendlich kleine zugehörige Kraft- und Flächengrößen

$$\sigma = \frac{dP}{dF}$$

bestimmt werden.

Die Verteilung einer Kraft P über eine ebene Fläche F wird im allgemeinen in der Weise dargestellt, daß senkrecht zu jedem Punkt von F die zugehörigen Spannungen in irgendeinem Maßstab 1 cm $= n$ kg/cm² aufgetragen werden (Abb. 12). Die Verbindungsfläche der Endpunkte dieser Lote ist entweder eine ebene (F_1 und F_2) oder eine krumme Fläche (F_3). Im ersteren Falle (F_1 und F_2) ist die Spannungsverteilung linear, im speziellen Fall F_1 ist sie gleichmäßig. Im Fall F_3 folgt die Spannungsverteilung einem komplizierteren Gesetz, das durch die die Fläche F_3 ausdrückende Funktion ausgesprochen werden könnte. (Es wird im allgemeinen bei der hier besprochenen Darstellungsweise der Spannungsverteilung über eine Fläche stillschweigend angenommen, daß σ nur eine Funktion von x und nicht von y ist, wobei XY ein recht-

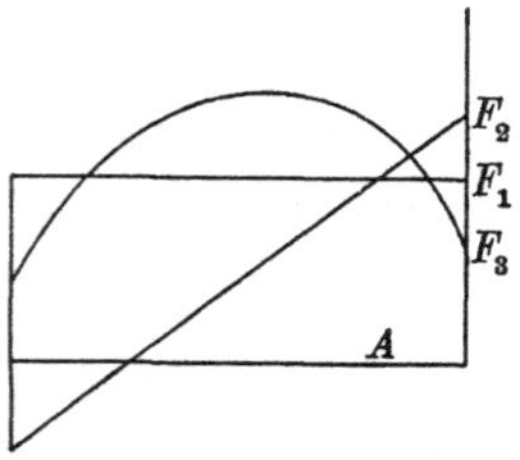

Abb. 12.

winkliges Koordinatensystem in der Ebene der betrachteten Fläche F ist, deren Y-Achse normal auf der Bildebene steht.)

Der zwischen den Ebenen F und F_1 (bzw. F und F_2 bzw. F und F_3) eingeschlossene Rauminhalt ist gleich der auf F wirkenden Kraft P; die Resultierende der Spannungen geht durch den Schwerpunkt dieses Raumes.

Die auf eine nicht ebene Fläche wirkende Kraft verteilt sich in der Weise über die Fläche, daß die in jedem Flächenelement wirkende Kraft dP in eine Normalkomponente dN und eine Tangentialkomponente dT zerlegt und hierauf die zugehörigen Spannungen

$$\sigma = \frac{dN}{dF},$$
$$\tau = \frac{dT}{dF}$$

bestimmt werden.

Die in diesem Abschnitt angeschnittenen Fragen werden in späteren Kapiteln dieses Buches noch eingehend behandelt werden.

11. Reibung.

Ein Körper A liege auf einer Ebene F; er möge im Gleichgewicht sein und dabei auf F eine Kraft P ausüben wobei P mit der Normalen auf F den Winkel α einschließe und in eine Horizontalkomponente T und eine Normalkomponente N zerlegt werde. T versucht, dem Körper eine auf F gleitende Bewegung zu geben. Der Kraft T wird durch die Reibung das Gleichgewicht gehalten. Bei gleichbleibendem N wachse T, es wächst dann der Winkel α nach der Tangensfunktion

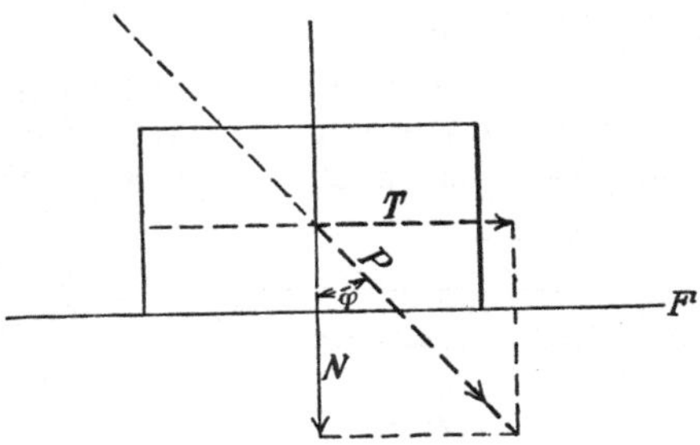

Abb. 13.

$$\tan\alpha = \frac{T}{N}.$$

Hat $\frac{T}{N}$ und damit α einen gewissen Wert α_R erreicht, so fängt der Körper an zu gleiten. Dieser Winkel $\alpha_R = \varphi$ wird der Reibungswinkel und seine trigonometrische Tangente $\tan\varphi$ der Reibungskoeffizient genannt (Abb. 13). Zur Bestimmung von φ kann folgende einfache Versuchsanordnung dienen (Abb. 14): Ein Körper von bekanntem Gewicht P befinde sich auf einer Ebene F, deren Neigung gegen die Horizontale beliebig verändert werden kann. Dann sind die bei einer bestimmten Neigung α wirkenden Kräfte N und T bestimmt zu

$$T = P \cdot \sin\alpha,$$
$$N = P \cdot \cos\alpha.$$

F wird so lange gegen die Horizontale gedreht, bis der Körper eben zu gleiten anfängt. Der zugehörige Winkel φ ist dann der Reibungswinkel, $\tan\varphi = \frac{T}{N}$ der Reibungskoeffizient. Bei dieser Versuchsanordnung wird φ direkt, $\tan\varphi$ indirekt bestimmt.

Eine andere Versuchsanordnung, die aus Abb. 15 klar hervorgeht, führt zu direkter Bestimmung von $\tan\varphi$ und indirekter Bestimmung von φ. Das Gewicht T wird so lange vergrößert, bis gerade Gleiten eintritt. Der Reibungskoeffizient ist dann wieder gegeben durch

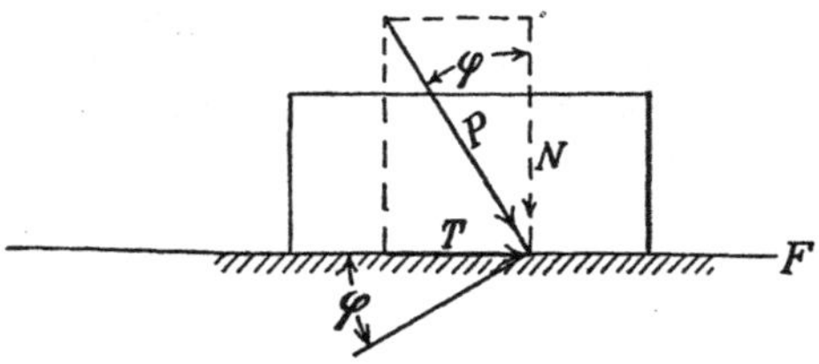

Abb. 14.

$$\tan\varphi = \frac{T}{N}.$$

Der Reibungskoeffizient ist abhängig von den beiden Materialien, ihrer Rauhigkeit, der Schmierung, dem Druck, der Temperatur, der Bewegungsgeschwindigkeit. In der Annäherung, die für die Zwecke des Ingenieurs im allgemeinen genügt, kann für trockene Berührungsflächen und geringe Drücke und Geschwindigkeiten das Reibungsgesetz zwischen festen Körpern ungefähr folgendermaßen ausgesprochen werden:

1. Der Reibungskoeffizient hängt von der Rauhigkeit der beiden Oberflächen sowie von der Art der beiden Materialien ab. Die Rauhigkeit allein ist nicht maßgebend. Körper aus verschiedenen Stoffen, jedoch mit gleicher Rauhigkeit, haben verschiedene Reibungskoeffizienten. Die Härte und die Struktur der Körper scheinen von großem Einfluß zu sein.

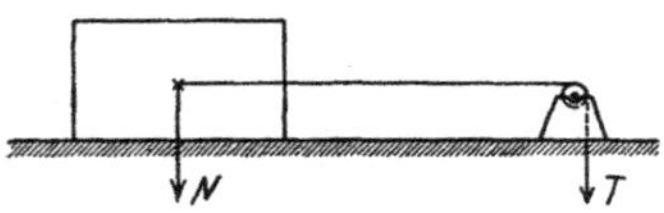

Abb. 15.

2. Der Reibungskoeffizient ist, innerhalb gewisser Grenzen, unabhängig von der spezifischen Pressung. Es wird also z. B. bei einer Versuchsanordnung nach Abb. 15 die gleiche Kraft T notwendig sein, um einen Backstein von dem Gewicht N ins Gleiten zu bringen, gleichgültig, ob der Stein auf der Breit- oder der Schmalseite liegt.

Das Gesetz ist für sehr kleine und sehr hohe Drücke nicht mehr gültig. Im ersteren Fall wird die Adhäsion einen großen Teil des Gleitwiderstandes ausmachen und die Reibung größer erscheinen lassen, im letzteren Fall kann sich die Oberfläche irgendwie mechanisch verändern und damit den Reibungskoeffizienten beeinflussen.

3. Der Reibungskoeffizient der Bewegung wird im allgemeinen als unabhängig von der Geschwindigkeit der Bewegung angenommen. Dies ist auch nicht streng richtig, namentlich nicht für sehr kleine und sehr große Geschwindigkeiten.

In Wirklichkeit ist der Reibungskoeffizient am größten, wenn die Gleitbewegung gerade anfängt. Bei Eintritt der Bewegung sinkt er dann plötzlich; mit zunehmender Geschwindigkeit nimmt er weiterhin ab, jedoch in geringerem Maß als die Geschwindigkeit der Gleitbewegung zunimmt. Nachstehend seien hierfür einige Versuchsergebnisse über die Reibung zwischen Eisenbahnwagenrädern und gußeisernen Bremsschuhen mitgeteilt:

Zuggeschwindigkeit in km/Std.	27,4;	33,9;	43,5;	50,0;	59,7;	82,2
Reibungskoeffizient	0,16;	0,15;	0,13;	0,11;	0,10;	0,08

Es soll hier kurz darauf hingewiesen werden, daß die Gesetze über die Reibung zwischen einer Flüssigkeit und einem festen Körper ganz andere sind.

Bei der Reibung zwischen zwei festen Körpern ist — mit den oben erwähnten Vorbehalten — die Reibungskraft (nicht etwa der Reibungskoeffizient)

direkt proportional der Normalkraft,
unabhängig von der Größe der Berührungsfläche,
unabhängig von der Geschwindigkeit,

während bei der Reibung zwischen einem flüssigen und einem festen Körper die Reibungskraft

unabhängig von der Normalkraft,
direkt proportional der Berührungsfläche,
abhängig von der Geschwindigkeit ist.

Der Reibungskoeffizient für zwei feste Körper, die — beispielsweise als Konstruktionsteile einer Maschine — dauernd aufeinandergleiten, wird mit der Zeit abnehmen, da die Rauhigkeiten der Oberflächen abgeschliffen werden.

Werden die Reibungsflächen zweier fester Körper geschmiert, so treten ganz neue Gesetzmäßigkeiten auf, die sich denen für die Reibung zwischen einer Füssigkeit und einem festen Körper nähern. So kann die Reibungskraft unabhängig von dem Druck, für niedere Drücke linear abhängig von der Geschwindigkeit werden. Von außerordentlichem Einfluß kann die Temperatur sein, indem sie die Viskosität des Schmiermittels beeinflußt. Die Rauhigkeit der Oberflächen der beiden festen Körper wird nur noch eine geringe Bedeutung haben. Hier kann der Reibungskoeffizient auch mit der Zeit größer werden.

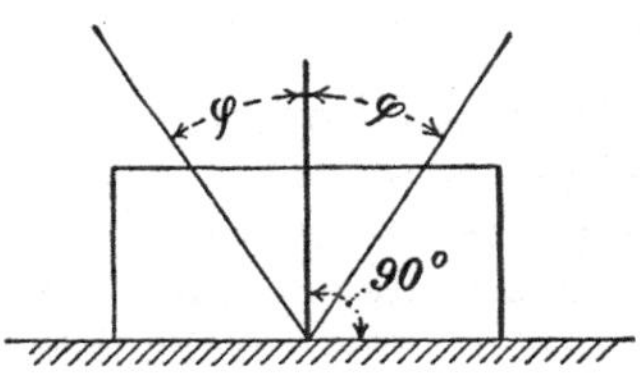

Abb. 16.

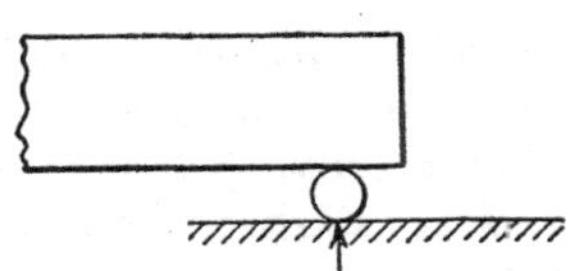

Abb. 17.

Immer ist die Reibung der Ruhe größer als die der Bewegung.

Aus obigem folgt: Befindet sich ein Körper nach Abb. 16 in Ruhe, so muß die Resultierende — von der angenommen sei, daß sie durch den Schwerpunkt der Berührungsfläche geht — aller von dem Körper auf die Berührungsebene einwirkenden Kräfte innerhalb eines Reibungskegels liegen, dessen Winkel an der Spitze 2φ beträgt.

Wird die Reibung zwischen Körper und Berührungsfläche gleich Null, so muß die Resultierende senkrecht zur Berührungsfläche stehen.

Ist ein Körper nach Abb. 17 auf einer Rolle gelagert, so wird für praktische Zwecke die (rollende) Reibung gleich Null gesetzt. Das heißt also, daß die Rolle nur senkrechte Kräfte von dem Körper auf die Unterstützungsfläche übertragen kann. Dies gilt natürlich sowohl für den Fall der Ruhe wie für den der Bewegung.

Diese wenigen Grundsätze über die Reibung sollte sich der Studierende gewissenhaft zu eigen machen.

12. Zahlenwerte des Reibungskoeffizienten der Ruhe für feste Körper (ohne Schmierung).

Der Bauingenieur wird sich — abgesehen von wenigen Gebieten, z. B. bei beweglichen Brücken — kaum mit der Reibung der Bewegung oder der Reibung zwischen geschmierten Oberflächen zu befassen haben. Ihn interessiert in erster Linie die Reibung der Ruhe zwischen festen Körpern mit trockenen Oberflächen.

Die Reibung der Ruhe wird hauptsächlich mit Versuchen nach den beiden Methoden gemessen, die aus den Abb. 14 und 15 hervorgehen (vgl. auch den hierzu gehörigen Text auf S. 19 und 20). In der folgenden Tafel sind einige Zahlenwerte für Koeffizienten der ruhenden Reibung angegeben:

Metall auf Metall	0,15 ÷ 0,25
Metall auf Holz	0,20 ÷ 0,60
Metall auf Stein	0,30 ÷ 0,70
Holz auf Holz	0,20 ÷ 0,50
Holz auf Stein	0,40 ÷ 0,60
Stein auf Stein	0,60 ÷ 0,75
Backstein auf Backstein	0,50 ÷ 0,75
Backstein auf Stein	0,60 ÷ 0,75
Beton auf Beton	ungefähr 0,65
Mauerwerk auf Kies	„ 0,60
Mauerwerk auf trockenem Lehm . .	„ 0,50
Mauerwerk auf Sand	„ 0,40
Kies auf feuchtem Lehm	„ 0,33
Erde auf Erde	0,25 ÷ 0,10

Es ist zu beachten, daß die vorliegenden Zahlenwerte innerhalb weiter Grenzen angegeben sind. Das hängt u. a. damit zusammen, daß unter sonst gleichen Verhältnissen die Gestaltung der Oberfläche einen sehr starken Einfluß auf die Größe des Reibungskoeffizienten ausübt.

13. Rollende Reibung (Abb. 18).

Der Koeffizient der rollenden Reibung ist wieder definiert als

$$\tan\varphi = \frac{H}{N},$$

wobei H die Horizontalkraft bedeutet, die den Körper gerade ins

Rollen bringt, wenn auf ihn senkrecht zur Unterstützungsfläche die Kraft N wirkt.

Wenn das Rad — das den rollenden Körper darstellen soll — die Unterstützungsfläche nur in einem Punkt bzw. einer Linie — je nachdem, ob man dem Rad nur die zwei Dimensionen in der Bildebene oder ihm auch eine Dimension normal zur Bildebene gibt — berührt, so ist $\varphi = 0$, da die geringste Horizontalkraft eine Drehung hervorrufen muß. In Wirklichkeit findet die Berührung in einer Linie bzw. Fläche $b\,c$ statt. Dementsprechend findet eine Drehung erst statt, wenn die Resultierende aus N und H aus dem Bereich $b\,c$ herausfällt. Der Grenzwert von H, der eben Drehung hervorruft, bestimmt sich unter Vernachlässigung kleiner Größen zweiter Ordnung aus

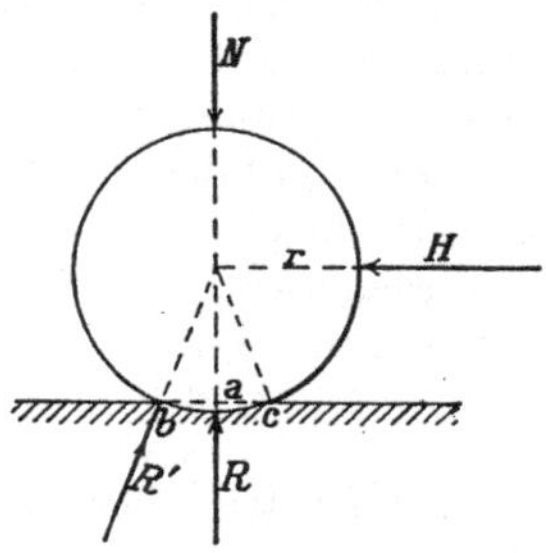

Abb. 18.

$$H \cdot r = N \cdot \overline{a\,b},$$

zu

$$H = N \cdot \frac{\overline{a\,b}}{r}.$$

Der Reibungskoeffizient wird zu

$$\tan \varphi = \frac{H}{N} = \frac{\overline{a\,b}}{r}$$

gefunden. Er ist immer sehr klein und kann für metallische Körper zu Null angenommen werden.

14. Zylinder- und Kugelgelenke.

Wenn ein Körper auf einem reibungslosen Zylindergelenk aufliegt, derart, daß er sich ohne Widerstand um den Zylinder drehen kann, dann muß für den Fall des Gleichgewichts die Resultierende aller Kräfte, mit denen der Körper auf den Zylinder einwirkt, durch die Achse des Zylinders hindurchgehen. Besteht zwischen Zylinder und Körper eine Reibung mit dem Koeffizienten $\tan \varphi$, so muß, wenn Gleichgewicht erhalten werden soll, die von dem Körper auf den Zylinder ausgeübte Kraft P durch einen mit dem Radius $r \cdot \sin \varphi$ um die Zylinderachse a geschlagenen Kreis hindurchgehen. Die Grenzlage für P ist die Tangente an diesen Reibungskreis (in Abb. 19 gestrichelt eingezeichnet). Für die Zwecke des Bauingenieurs genügt es im allgemeinen, Reibungslosigkeit anzunehmen.

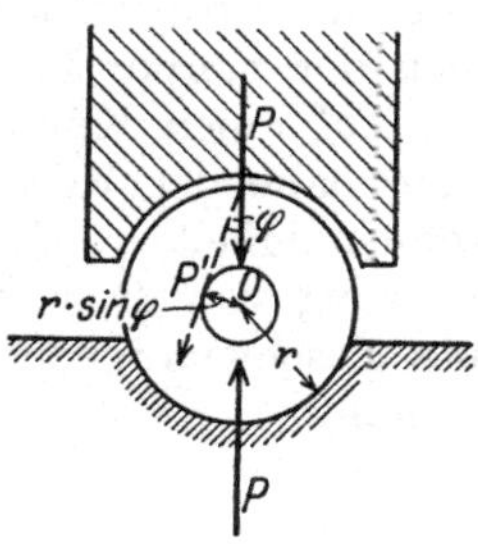

Abb. 19.

Ganz analog sind die Verhältnisse bei einem Kugelgelenk. Bei Reibungslosigkeit muß für den Gleichgewichtszustand die von dem

Körper auf das Gelenk ausgeübte Kraft P durch den Kugelmittelpunkt, bei Annahme einer Reibung mit dem Koeffizienten φ muß P durch eine konzentrische Kugel (Reibungskugel) mit dem Radius $r \cdot \sin \varphi$ gehen, wobei die Grenzlage wieder durch die Tangente an die Reibungskugel bestimmt ist. Aber ebenso wie bei den Zylindergelenken wird bei den Kugelgelenken im allgemeinen Reibungslosigkeit angenommen.

Die Zylinder- und Kugelgelenke werden im Bauwesen mit dem Zweck verwendet, einer Kraft — z. B. einer Stabkraft oder einer Widerlagerkraft — für den Gleichgewichtsfall den Weg durch einen bestimmten Punkt vorzuschreiben.

15. Kinetik: Dynamische Grundgleichung, Energie, Arbeit.

Dieses Gebiet der Mechanik liegt dem Bauingenieur meist ferner. Trotzdem sollte er die Grundgesetze kennen. An dieser Stelle kann das Gebiet nur andeutungsweise gestreift werden.

Eine auf einen Körper wirkende Kraft ruft, wenn ihr nicht durch eine andere gleiche, aber entgegengesetzt gerichtete Kraft das Gleichgewicht gehalten wird, eine gleichmäßig beschleunigte Bewegung des Körpers in Richtung der Kraft hervor. Die Beschleunigung ist hierbei

$$b = \frac{P}{m},$$

wobei P die wirkende Kraft, m die Masse des Körpers ist. Es sei hier nochmals auf den Unterschied zwischen Gewicht und Masse hingewiesen. Das Gewicht eines Körpers ist die Kraft, mit der die Masse des Körpers von der Erde angezogen wird, ist also nach obigem durch die Gleichung definiert

$$G = m \cdot g$$

($G =$ Gewicht, $g =$ Erdbeschleunigung). Das Gewicht ist abhängig von der Erdbeschleunigung g, also abhängig von dem Ort, an dem sich der Körper befindet. Die Masse m ist dagegen eine Konstante.

Auf einen Körper von der Masse m wirke eine Kraft P. Außerdem habe der Körper, bevor P wirkte, in Richtung von P eine Geschwindigkeit v_1. Nach einer Zeit t habe der Körper infolge der Einwirkung von P — und zwar unter der Einwirkung nur von P — die Geschwindigkeit v_2 in Richtung von P. Dann besteht die Beziehung

$$P \cdot t = m(v_2 - v_1).$$

Dies ist die sogenannte dynamische Grundgleichung.

Das Produkt aus Kraft und dem Weg, den der Körper in der Richtung der Kraft zurückgelegt hat, stellt die Arbeit der Kraft dar

$$\mathfrak{A} = P \cdot s$$

($\mathfrak{A} =$ Arbeit, $P =$ Kraft, $s =$ Weg in Richtung der Kraft).

Diese Arbeit ist nicht verloren gegangen, sondern ist umgewandelt worden, z. B. in Bewegungsenergie (kinetische Energie). Da die kinetische Energie durch den Ausdruck $\frac{m \cdot v^2}{2}$ dargestellt ist, besteht die Beziehung

$$P \cdot s = \frac{m}{2}(v_2^2 - v_1^2).$$

Wird der Kraft P durch eine gleiche, aber entgegengesetzt gerichtete Kraft das Gleichgewicht gehalten, so findet keine Bewegung des Körpers statt, sondern P ruft innere Kräfte (Spannungen) zwischen den einzelnen Körperteilchen und damit Formänderungen hervor. Es wird also auch in diesem Fall Arbeit geleistet, weil sich die Angriffspunkte der äußeren Kräfte verschieben; die Arbeit der äußeren Kräfte ist gleich der Arbeit der innern Kräfte, die diese bei der Verschiebung der Körperteilchen leisten. Man spricht hier auch vielfach von äußerer und innerer Arbeit. Ist der Körper elastisch, so nimmt er, wenn die Wirkung der Kräfte aufhört, seine ursprüngliche Gestalt wieder an. Bei der Entlastung wird dann die gleiche innere und äußere Arbeit mit entgegengesetztem Vorzeichen geleistet wie bei der Belastung. Das Gesetz von der Erhaltung der Energie besagt, daß keine Energie verloren geht, sondern daß sie nur in eine andere Form umgewandelt werden kann: zum Beispiel Bewegungsenergie in Wärme oder in Energie der Lage (potentielle Energie). Der Vorgang kann dabei umkehrbar oder nicht umkehrbar sein. Ein vom Boden aufgehobener Körper hat Energie der Lage (potentielle Energie) entsprechend der Arbeit, die nötig war, ihn in seine Lage zu heben. Er kann seine Energie jederzeit in Form von Bewegungsenergie von gleicher Größe abgeben, wenn er wieder herabfällt. Die Deformationsarbeit irgendwelcher äußerer Kräfte auf einen Körper ist, soweit die Formänderungen elastischer Natur sind, in potentielle Energie (Spannungsenergie), soweit sie unelastischer oder plastischer Natur sind, in Wärme umgewandelt worden. Der erstere Vorgang ist umkehrbar, der zweite ist nicht umkehrbar.

Diese Betrachtungen haben, obwohl sie etwas abwegig zu sein scheinen, für den Bauingenieur große Bedeutung, wie sich noch herausstellen wird.

Aufgaben.

1. Eine gegebene Kraft ist in zwei Komponenten zu zerlegen. Es ist für die Bedingungen unter b) bis g) zu entscheiden, ob und ob eine oder mehrere Lösungen möglich sind und wieviel, welches gegebenenfalls die Gründe für Mehrdeutigkeit der Aufgaben sind.

a) Welchen Bedingungen müssen die Komponenten genügen?

b) Beide Wirkungslinien sind gegeben.

c) Gegeben ist die Wirkungslinie der einen Komponente und eine Gerade parallel zu der Wirkungslinie der andern Komponente.

d) Zu den Daten unter c) ist noch der Sinn einer der beiden Komponenten gegeben.

e) Gegeben ist die Wirkungslinie der einen Komponente und ein Punkt auf der Wirkungslinie der andern.

f) Gegeben ist die Wirkungslinie der einen und die Größe der andern Komponente.

g) Gegeben sind beide Komponenten der Größe nach.

2. Eine gegebene Kraft ist in drei Komponenten zu zerlegen.

a) Müssen alle drei Komponenten in einer Ebene liegen?

Unter der Annahme, daß alle drei Komponenten in einer Ebene liegen, seien gegeben

b) die drei Wirkungslinien der Komponenten,

c) die Wirkungslinien zweier Komponenten und ein Punkt auf der Wirkungslinie der dritten,

d) die Wirkungslinien zweier Komponenten und eine Gerade parallel zur Wirkungslinie der dritten,

e) die Wirkungslinien zweier Komponenten und die Größe der dritten,

f) die Wirkungslinie der einen Komponente und die Größe der beiden andern,

g) die Wirkungslinie der einen Komponente, ein Punkt auf der Wirkungslinie der zweiten und die Größe der dritten,

h) die drei Komponenten ihrer Größe nach.

3. Eine gegebene Kraft ist in vier Komponenten in einer Ebene zu zerlegen.

a) Wie viele Komponenten müssen die Resultierende schneiden?

Gegeben sind

b) die Wirkungslinien der vier Komponenten,

c) die Wirkungslinien von drei Komponenten und die Größe der vierten,

d) die Wirkungslinien von drei Komponenten und ein Punkt auf der Wirkungslinie der vierten,

e) die Wirkungslinien von zwei Komponenten und die Größe der beiden andern.

4. Ein Körper befindet sich auf einer geneigten Ebene im Gleichgewicht. Gib den Ausdruck für die Horizontalkraft, die den Körper eben bergauf zum Gleiten bringt!

Literaturangaben.

An amerikanischer Literatur werden für das Kapitel folgende Angaben gemacht:

Church, Irving P.: „Mechanics of Engineering, John Wiley and Sons, N. Y. (Mechanik der starren Körper, Festigkeitslehre, Hydraulik).

Du Bois, A. Jay: „The Mechanics of Engineering", vol. 1, John Wiley and Sons 1902. (Ein ausgezeichnetes Buch, vielleicht etwas schwer verständlich, über Mechanik und Festigkeitslehre.)

Fuller and Johnson: „Applied Mechanics", John Wiley and Sons, N. Y. 1915. (Der 1. Band dieses sehr empfehlenswerten Buches behandelt Statik und Dynamik in einem für den Studierenden i. A. ausreichenden Umfang.)

Johnson, L. J.: „Statics", John Wiley and Sons. (Ein ausgezeichnetes Buch.)

Maurer, E. R.: „Technical Mechanics", Third edition, John Wiley and Sons, 1909. (Für die Zwecke des Bauingenieurs sehr gut geeignet.)

Slocum, S. E.: „The Theory and Practice of Mechanics", Henry Holt and Co. 1913. (Das Buch ist klar und kurz geschrieben und vermeidet die anmaßende Schwerverständlichkeit mancher anspruchsvollerer Bücher.)

III. Einige geometrische Beziehungen.

Der Studierende des Bauingenieurwesens muß sich eine gewisse Kenntnis über die geometrischen Eigenschaften von Flächen und Linien aneignen. Es möge ihm zunächst der Hinweis an dieser Stelle genügen. Beim weiteren Studium des Buches wird er sich selbst von der Notwendigkeit überzeugen. Wir werden uns in diesem Kapitel mit folgenden Fragen beschäftigen: 1. Längen von krummen Linien; 2. Inhaltsbestimmungen von Flächen; 3. Schwerpunktsbestimmungen von Flächen; 4. Trägheitsmomente von Flächen, Trägheitsradien, Zentrifugalmomente.

1. Die Länge von krummen Linien.

1. Länge eines Kreisbogens.

Es ist

$$s = r \cdot \alpha,$$

wenn s die Länge des Bogens, r der Radius des Kreises, α der zugehörige Zentriwinkel ist. Es kommt jedoch häufig vor, daß nicht r und α, sondern die Sehne und der Stich gegeben sind. In diesem Falle kommt folgende Näherungsrechnung in Frage:

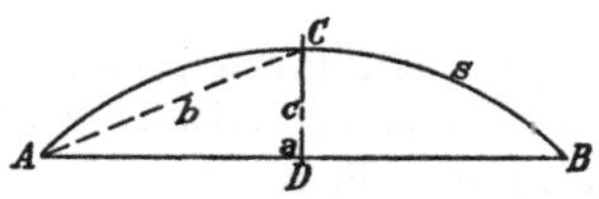

Abb. 20.

In Abb. 20 sei s die Länge des Bogens $\overline{ACB}$, $a = \overline{AB}$, $b =$ Sehne $\overline{AC}$. Dann kann s durch die Näherungsformel ausgedrückt werden

$$s = \frac{8b - a}{3}. \tag{1}$$

Der Fehler beträgt bis zu einem Zentriwinkel von 60^0 weniger als 0,1% des wahren Wertes von s.

Eine einfache zeichnerische Methode, die Länge eines Kreisbogens zu bestimmen, zeigt Abb. 21. ACB sei der Kreisbogen, dessen Länge gesucht ist, O der Kreismittelpunkt. Man bestimmt den Punkt D auf der Sehne AB in der Entfernung $\frac{l}{3}$ von B und zieht den Radius $\overline{ODC}$. Dann ist die gesuchte Länge des Kreisbogens $\overline{ACB}$

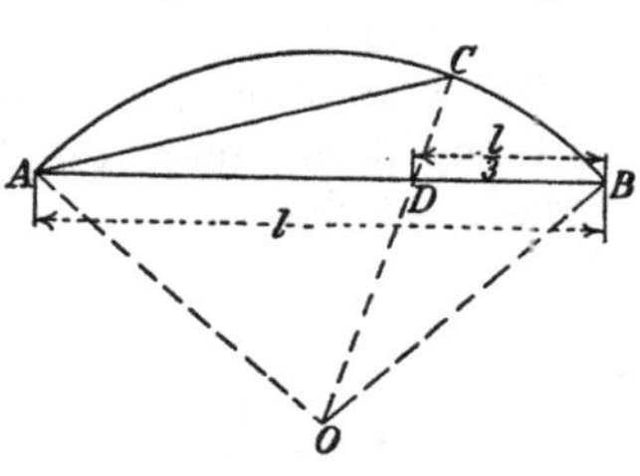

Abb. 21.

$$s = \frac{3}{2}\overline{AC}.$$

Bei einem Zentriwinkel von 90^0 beträgt der Fehler nicht mehr als 0,5%, bei einem Zentriwinkel von 40^0 nicht mehr als 0,01% des wahren Wertes, d. h. er liegt innerhalb der Zeichnungsgenauigkeit[1].

[1] Taylor and Thomson, „Concrete: Plain and Reinforced", third ed. p. 728.

2. Länge eines Parabelbogens (Abb. 22).

Die Länge eines Bogenelements bestimmt sich zu

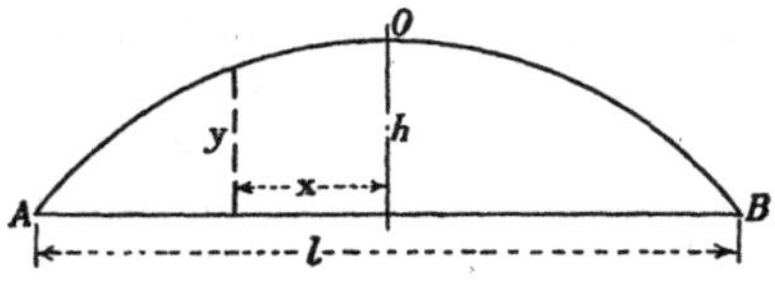

Abb. 22.

$$ds = \sqrt{dx^2 + dy^2} = dx\sqrt{1 + \left(\frac{dy}{dx}\right)^2},$$

$$y = h - \frac{4hx^2}{l^2},$$

$$\frac{dy}{dx} = -\frac{8hx}{l^2}.$$

Setzt man diesen Wert in die erste Gleichung ein, so erhält man für die Bogenlänge s den Ausdruck

$$s = 2\int_0^{\frac{l}{2}} \left(1 + \frac{64h^2x^2}{l^4}\right)^{\frac{1}{2}} \cdot dx$$

$$= \frac{l}{2}\left(1 + \frac{16h^2}{l^2}\right)^{\frac{1}{2}} + \frac{l^2}{8h}\ln\left[\frac{4h}{l} + \left(1 + \frac{16h^2}{l^2}\right)^{\frac{1}{2}}\right]. \qquad (2)$$

In den meisten Fällen ist es jedoch unnötig, mit dieser genauen Formel zu arbeiten. Um zu einem brauchbaren Näherungswert zu kommen, lösen wir die Wurzel unter dem Integral nach einer Reihe auf und erhalten

$$s = 2\int_0^{\frac{l}{2}} \left(1 + \frac{32h^2x^2}{l^4} - \frac{512h^4x^4}{l^8} + \ldots\right) dx$$

$$= l\left(1 + \frac{8}{3}\cdot\frac{h^2}{l^2} - \frac{32}{5}\cdot\frac{h^4}{l^4} + \cdots\right)$$

$$= l\left(1 + \frac{8}{3}n^2 - \frac{32}{5}n^4 + \cdots\right), \qquad (3)$$

wenn $n = \frac{h}{l}$.

Da in den praktisch vorkommenden Fällen n immer ein kleiner Wert ist, kann man die Reihe bereits mit dem zweiten Glied abbrechen, so daß

$$s = l\left(1 + \frac{8}{3}n^2\right) \qquad (4)$$

wird.

Der Fehler, den man durch Vernachlässigung des dritten Gliedes macht, beträgt 0,07% für $n = \frac{1}{10}$; für $n = \frac{1}{5}$ beträgt der Fehler 1%, liegt also auch dann noch innerhalb häufig genügender Rechengenauigkeit.

2. Flächeninhalte.

1. Eine durch gerade Linien begrenzte Fläche kann stets in Parallelogramme und Dreiecke, oder nur in Dreiecke aufgeteilt wer-

den. Eine durch krumme Linien begrenzte Fläche kann näherungsweise in der gleichen Weise aufgeteilt werden, wobei jeweils ein kleines Kurvenstück durch eine Gerade ersetzt wird. Die Genauigkeit wird hierbei um so größer, je kleiner die Teilflächen gewählt werden. Genügt dies nicht, so kann die durch krumme Linien begrenzte Fläche stets in Parallelogramme, Dreiecke und Bogensegmente oder in Dreiecke und Bogensegmente aufgeteilt werden, wobei die Bogensegmente hinreichend genau als Kreisbogen- oder Parabelbogensegmente betrachtet werden können.

2. Kreisbogensegment (Abb. 23).

Bogenlänge $\widehat{AB} = 2r \cdot \alpha$,

Sehnenlänge $\overline{AB} = 2r \cdot \sin\alpha$,

$\overline{OD} = r \cdot \cos\alpha$,

$\overline{AF} = r \cdot \tan\alpha$,

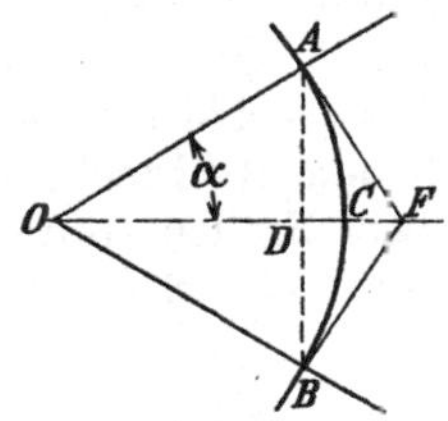

Abb. 23.

$$\text{Fläche } \overline{OADB} = \frac{r^2 \cdot \sin 2\alpha}{2}, \tag{5}$$

$$\text{Fläche } \overline{OACB} = r^2 \cdot \alpha, \tag{6}$$

$$\text{Fläche } \overline{ACBD} = r^2 (\alpha - \sin\alpha \cdot \cos\alpha), \tag{7}$$

$$\text{Fläche } \overline{ACBF} = r^2 (\tan\alpha - \alpha). \tag{8}$$

3. Parabelbogensegment (Abb. 24).

AB sei die Achse, A der Scheitel, $\overline{ADBG}$ ein beliebiges, zur Achse symmetrisches Bogensegment, dann ist

Abb. 24.

$$\text{Fläche } \overline{ADBG} = \frac{2}{3} \text{ Fläche } \overline{FEDG}. \tag{9}$$

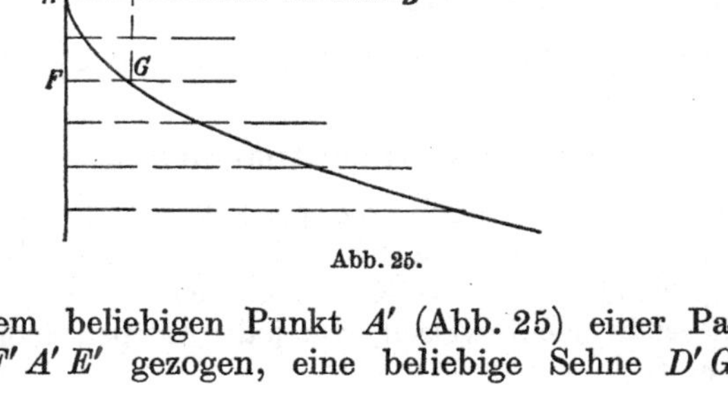

Abb. 25.

An einem beliebigen Punkt A' (Abb. 25) einer Parabel sei die Tangente $F'A'E'$ gezogen, eine beliebige Sehne $D'G'$ parallel zu

$F' A' E'$ und durch A', D', G' Parallelen zur Achse AB. Dann ist

$$\text{Fläche } \overline{A' D' C' G'} = \frac{2}{3} \text{Fläche } \overline{F' E' D' G'}\,. \tag{10}$$

In fast allen praktischen Fällen genügt es, den flachen Bogen einer beliebigen Kurve als Parabelbogen zu betrachten und den Flächeninhalt des Segments (vgl. Abb. 20) $\overline{ACBD}$ zu zwei Dritteln des Produktes aus der Sehne $\overline{AB}$ und des Mittellotes $\overline{CD}$ auf der Sehne zu bestimmen. Bei einem Kreisbogen mit dem Zentriwinkel $2\alpha = 60^0$ — also durchaus keinem sehr flachen Bogen — hat z. B. das Verhältnis der Flächeninhalte des Segments und des unbeschriebenen Rechtecks den Wert 0,676 statt 0,667; bei Angabe von nur zwei Stellen hinter dem Komma stimmen schon beide Werte überein. Für $2\alpha = 90^0$ verhalten sich die beiden Flächeninhalte wie 0,69 und für $2\alpha = 180^0$ (Halbkreis) wie 0,7854.

Zahlentafeln mit genauen Werten finden sich in allen Handbüchern.

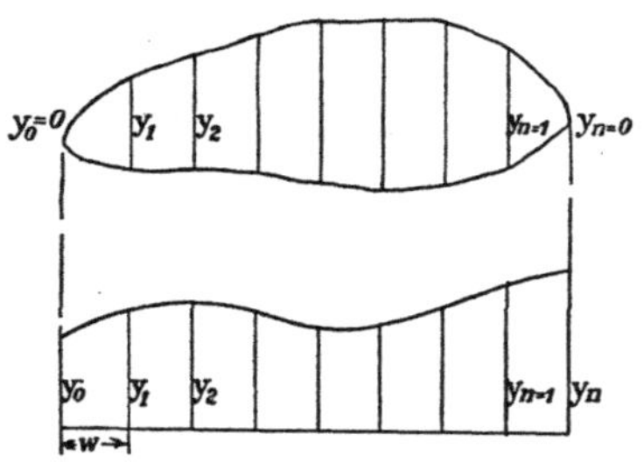

Abb. 26.

4. Wenn die Umgrenzungslinie der Fläche sehr unregelmäßig ist, wie z. B. in Abb. 26, so kann ihr Flächeninhalt folgendermaßen bestimmt werden: Die Fläche wird durch parallele Linien in gleiche Abstände w unterteilt. Man erhält dann die Fläche zu (Trapezregel)

$$F = w\left(\frac{y_0 + y_1}{2} + \frac{y_1 + y_2}{2} + \cdots + \frac{y_{n-1} + y_n}{2}\right)$$

$$= w\left(\frac{y_0}{2} + y_1 + y_2 + \cdots + y_{n-1} + \frac{y_n}{2}\right). \tag{11}$$

Nach der Simpson'schen Regel wird

$$F = \frac{w}{3}(y_0 + 4\,y_1 + 2\,y_2 + 4\,y_3 + \cdots + 2\,y_{n-2} + 4\,y_{n-1} + y_n). \tag{12}$$

Die Simpson'sche Regel setzt eine gerade Zahl von Flächenstreifen voraus.

Nach der Durand'schen Regel wird

$$F = w\,(0{,}4\,y_0 + 1{,}1\,y_1 + y_2 + y_3 + \cdots + y_{n-2} + 1{,}1\,y_{n-1} + 0{,}4\,y_n). \tag{13}$$

3. Schwerpunktsbestimmungen.

1. Der Schwerpunkt eines Körpers ist der Punkt, durch den jeweils die Resultierende der Gewichte der einzelnen Körperelemente hindurchgeht, gleichgültig, in welcher Lage sich der Körper befindet. Es ist statisch leicht nachzuweisen, daß jeder Körper einen derartigen Punkt haben muß.

Der Schwerpunkt einer Fläche kann als Schwerpunkt einer Platte von unendlich kleiner Stärke, der Schwerpunkt einer Linie kann als der Schwerpunkt eines Stabes von unendlich kleinem Querschnitt, dessen Achse die gegebene Linie ist, betrachtet werden. Den Flächen- und Linienelementen werden dann — beliebige — Gewichte proportional zugeordnet.

Um den Schwerpunkt zu bestimmen, läßt man also alle gegebenen Kräfte in einer beliebigen aber gleichen Richtung wirken und bestimmt die Lage der Resultierenden (etwa graphisch durch Kraft- und Seileck oder analytisch durch den Momentensatz). Das gleiche führt man für eine zweite beliebige aber gleiche Richtung der Kräfte durch. Der Schnittpunkt der beiden Resultierenden ist der Schwerpunkt. Die Resultierende muß für jede andere beliebige Richtung der Kräfte stets durch den gleichen Punkt, den Schwerpunkt, gehen. Dies gilt, wie bereits gesagt, sowohl für räumliche Gebilde, für Flächen und für Linien.

Liegen die Kräfte alle in einer Ebene, so geht man zweckmäßig so vor: Man legt in die Ebene ein rechtwinkliges Koordinatensystem mit den Achsen OX und OY und gibt den Kräften nacheinander die Richtung parallel zu OY und dann zu OX.

df sei das Gewicht eines Elementes, F das Gesamtgewicht, x und y der Abstand eines Elementes von der OY- und der OX-Achse.

Stellt man das Moment der Elemente für die beiden gewählten Kraftrichtungen parallel zur X- und zur Y-Achse in bezug auf OY und OX bzw. auf O nacheinander auf, so erhält man mit

$$\left.\begin{aligned} x_0 &= \frac{\int x \cdot df}{\int df} = \frac{M_y}{F} \\ y_0 &= \frac{\int y \cdot df}{\int df} = \frac{M_x}{F} \end{aligned}\right\} \tag{14}$$

die Koordinaten des gesuchten Schwerpunktes.

Handelt es sich um den Schwerpunkt einer Fläche, so kann man die Gleichungen (14) auch so schreiben

$$\left.\begin{aligned} x_0 &= \frac{\int\int x \cdot dx\,dy}{\int\int dx\,dy} = \frac{M_y}{F} \\ y_0 &= \frac{\int\int y \cdot dx\,dy}{\int\int dx\,dy} = \frac{M_x}{F}\,. \end{aligned}\right\} \tag{14a}$$

Aus den Gleichungen (14) folgt, daß für $x_0 = 0$ das Moment $M_y = 0$ wird, d. h. für jede durch den Schwerpunkt gelegte Linie als Bezugsachse wird die Summe der Momente der Elemente zu Null.

Auf den vorstehenden Überlegungen beruhen folgende Sätze:

a) Wenn eine Linie, Fläche oder ein Körper eine Symmetrielinie oder -fläche besitzt, so muß der Schwerpunkt auf der Symmetrielinie oder -fläche liegen. Denn jedem Element auf der einen Seite der Symmetrieachse entspricht im gleichen senkrechten Abstand auf der andern Seite ein gleiches Element, so daß in bezug auf die Symmetrieachse sich die Momente der Elemente aufheben, also $\sum M = 0$ wird, d. h. der Schwerpunkt liegt auf der Symmetrieachse.

b) Hat eine Linie oder eine Fläche zwei Symmetrieachsen, so liegt der Schwerpunkt auf deren Schnittpunkt.

c) Der Schwerpunkt eines Körpers mit zwei Symmetrieflächen liegt auf der Schnittlinie dieser beiden Flächen. Hat ein Körper drei Symmetrieflächen, so schneiden sich diese drei Flächen in einem Punkt; dieser Punkt ist der Schwerpunkt.

d) Wird ein Körper (oder Fläche oder Linie) in zwei beliebige Teile geteilt, so liegt der Schwerpunkt des Ganzen auf der Verbindungslinie der Schwerpunkte der beiden Einzelteile.

e) Eine Fläche (z. B. ein Dreieck) möge eine Linie enthalten (z. B. die Verbindungslinie eines Eckpunktes mit dem Mittelpunkt der gegenüberliegenden Seite), die die Eigenschaft besitzt, daß jedem Element auf der einen ein gleiches Element auf der andern Seite in gleichem senkrechtem Abstand entspricht (man betrachte einen Flächenstreifen parallel zur obengenannten gegenüberliegenden Seite). Dann muß der Schwerpunkt der ganzen Fläche auf dieser Linie liegen, da diese durch die Schwerpunkte aller Flächenstreifen hindurchgeht, in die man die Gesamtfläche zerlegen kann.

Satz a) und Satz e) können auch so ausgesprochen werden: Wenn jedem Element einer Linie, Fläche oder eines Körpers ein gleiches Element so entspricht, daß die Verbindungslinien der Schwerpunkte der beiden gleichen Elemente durch eine Linie oder Fläche halbiert werden, dann liegt der Gesamtschwerpunkt auf dieser Linie oder Fläche.

Diese Sätze genügen zur Lösung aller Schwerpunktsaufgaben. Durch die Beherrschung von grundlegenden Sätzen möge der Studierende trachten, sein Gedächtnis von besonderen Lösungsmethoden zu entlasten. Zum Beispiel wird der Studierende jederzeit in der Lage sein, mit Hilfe obiger Grundsätze den Schwerpunkt eines Trapezes zu finden: er liegt einmal auf der Verbindungslinie der Mittelpunkte der beiden parallelen Seiten; dann liegt er auf der Verbindungslinie der Schwerpunkte der beiden Dreiecke, in die das Trapez aufgeteilt werden kann; der Schwerpunkt ist also der Schnittpunkt dieser beiden Linien.

2. Beispiele für die Bestimmung von Schwerpunkten.

a) Linien. Der Schwerpunkt einer Geraden liegt in ihrem Mittelpunkt.

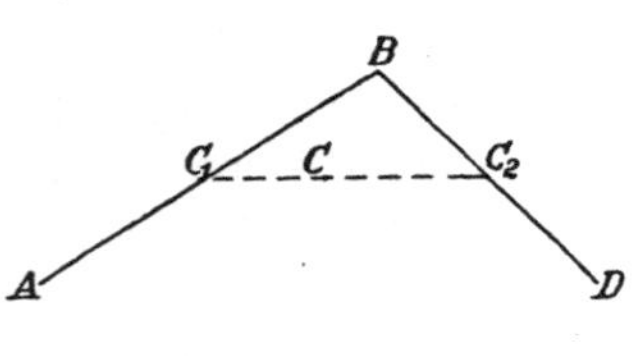

Abb. 27.

Der Schwerpunkt C zweier Geraden liegt auf der Verbindungslinie ihrer Mittelpunkte C_1 und C_2 und teilt die Strecke $\overline{C_1 C_2}$ im umgekehrten Verhältnis der Längen (Abb 27). Es verhält sich also

$$\overline{C_1 C} : \overline{C C_2} = \overline{BD} : \overline{AB}$$

oder

$$\overline{C_1 C}:\overline{C_1 C_2} = \overline{BD}:(\overline{BD}+\overline{AB}).$$

Der Schwerpunkt eines Kreisbogens (Abb. 28) liegt auf der Symmetrieachse OD, der Winkelhalbierenden von $\sphericalangle AOB$. Ein Bogenelement $r\cdot d\varphi$ hat von der OY-Achse den Abstand $r\cdot\cos\varphi$. Nach Gleichung (14) ergibt sich

$$\overline{OC} = x_0 = \frac{\int\limits_{-\alpha}^{+\alpha} r^2\cdot\cos\varphi\, d\varphi}{2\,r\,\alpha} = \frac{r\cdot\sin\alpha}{\alpha}. \quad (15)$$

Für $2\alpha = \frac{\pi}{2}$ wird

$$x_0 = \frac{2\,r\sqrt{2}}{\pi} = 0{,}9\,r.$$

Für $2\alpha = \pi$ wird

$$x_0 = \frac{2\,r}{\pi} = 0{,}637\,r.$$

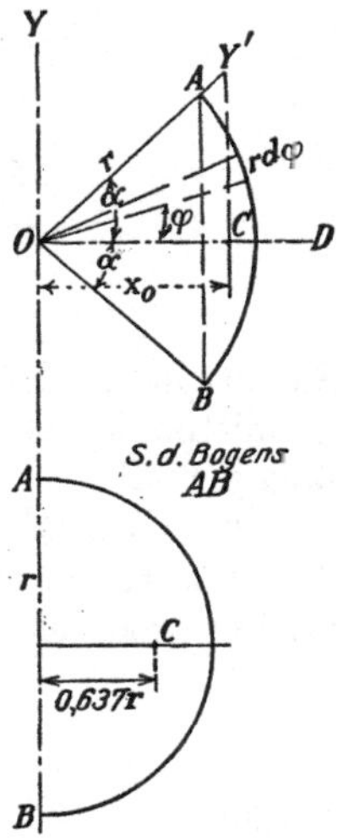

Abb. 28.

Der Versuch, die Lage des Schwerpunktes von andern Kurven, z. B. eines Parabelbogens, in geschlossener Form darzustellen, führt zu schwierigeren Ausdrücken. Gewöhnlich genügt es hierfür, einen flachen Bogen als Kreisbogen zu betrachten.

b) Flächen. **α) Das Rechteck.** Der Schwerpunkt liegt in der Mitte, also im Schnittpunkt der zwei Diagonalen. Er ist auch nach Satz a) oder e) auf S. 32 durch den Schnittpunkt der Verbindungslinien der Mittelpunkte je zweier gegenüberliegender Seiten bestimmt.

β) Das Dreieck. Der Schwerpunkt liegt jeweils auf einer Mittellinie, d. h. der Linie, die einen Eckpunkt mit der Mitte der gegenüberliegenden Seite verbindet (Abb. 29), da z. B. die von A ausgehende Mittellinie die Schwerpunkte aller Streifen ab parallel zu BD verbindet. Der Schwerpunkt ist also durch den Schnittpunkt der drei Mittellinien bestimmt. Er teilt die Mittellinien im Verhältnis 1 : 2. Da jede Fläche mit geraden Umgrenzungslinien in Dreiecke geteilt werden kann, kann der Schwerpunkt einer jeder derartigen Fläche mit Hilfe dieser Konstruktion gefunden werden. Für bestimmte geradlinig umgrenzte Flächen gibt es jedoch besondere Verfahren.

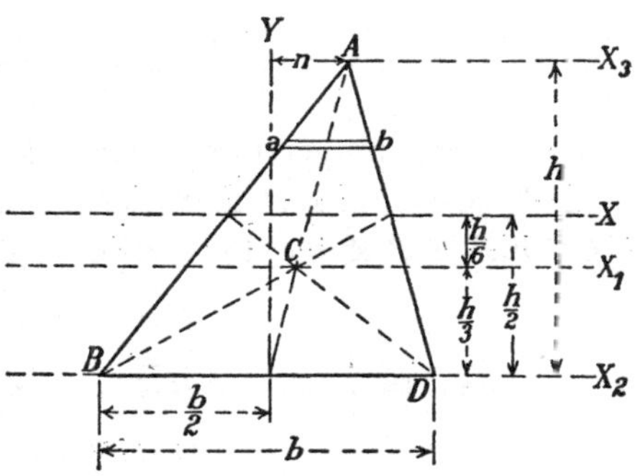

Abb. 29.

γ) **Das Trapez.** Hierfür sind verschiedene Verfahren üblich:

Man verlängere nach Abb. 30 b_1 nach beiden Seiten um b und b nach beiden Seiten um b_1. Der Schwerpunkt liegt dann auf dem

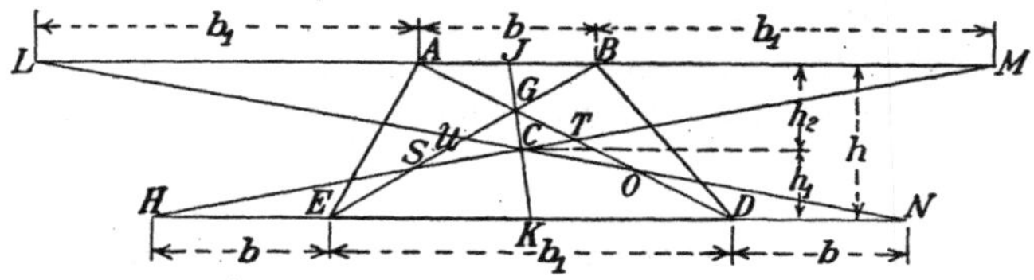

Abb. 30.

Schnittpunkt $\overline{LN}$ mit $\overline{HM}$. Als Kontrolle mag dienen, daß dieser Schnittpunkt auf der Mittellinie der beiden parallelen Trapezseiten liegen muß.

Die Richtigkeit der Konstruktion ist leicht einzusehen. Man teilt das Trapez durch die Diagonale $\overline{EB}$ in zwei Dreiecke. Mit den Bezeichnungen der Abb. 30 muß dann sein

$$\frac{b+b_1}{2}\cdot h\cdot h_1=\frac{b\cdot h}{2}\cdot\frac{2}{3}h+\frac{b_1\cdot h}{2}\cdot\frac{h}{3},$$

daraus

$$\frac{h_1}{h}=\frac{2b+b_1}{3(b+b_1)}.$$

Entsprechend

$$\frac{h_2}{h}=\frac{2b_1+b}{3(b+b_1)};$$

durch Division erhält man

$$\frac{h_1}{h_2}=\frac{2b+b_1}{2b_1+b}=\frac{\overline{HN}}{\overline{LM}}, \tag{16}$$

was der oben mitgeteilten Konstruktion entspricht.

$\overline{HM}$ schneidet $\overline{EB}$ in S, so daß sich bei Betrachtung der Dreiecke $\overline{HES}$ und $\overline{SBM}$ die Proportion ergibt

$$\overline{ES}:\overline{SB}=b:b_1.$$

Aus den Dreiecken $\overline{ABG}$ und $\overline{EDG}$ ergibt sich

$$\overline{GB}:\overline{GE}=b:b_1,$$

daraus folgt

$$\overline{ES}=\overline{BG}.$$

Entsprechend

$$\overline{DO}=\overline{AG}.$$

Ferner halbiert $\overline{HM}$ die Diagonale $\overline{AD}$, da

$$\overline{AM}=\overline{HD}=b+b_1,$$

also wird auch $\overline{GO}$ durch $\overline{HM}$ halbiert. Hieraus folgt eine zweite Konstruktion (Abb. 30):

Man ziehe die Diagonalen $\overline{EB}$ und $\overline{AD}$, ferner die Mittellinie $\overline{JK}$. Von D trage man $\overline{AG}$ bis O ab, bestimme den Mittelpunkt T von $\overline{GO}$; entsprechend trage man $\overline{ES} = \overline{GB}$ von E ab und bestimme U als Mittelpunkt von $\overline{SG}$. Der Schnittpunkt von $\overline{UO}$ und $\overline{ST}$ ist der Schwerpunkt. Er muß auf $\overline{JK}$ liegen.

Der Beweis für die zweite Konstruktion kann wie folgt erbracht werden:

Die Dreiecke $\overline{AES}$ und $\overline{AGB}$ sind flächengleich (gleiche Grundlinien $\overline{ES} = \overline{GB}$, gemeinsame Höhe); ihre Schwerpunkte sowohl wie der des Dreiecks $\overline{ASG}$ liegen auf einer Geraden parallel zu $\overline{EB}$. Da die Schwerpunkte von $\overline{AES}$ und $\overline{ABG}$ von dem Schwerpunkt des Dreiecks $\overline{ASG}$ gleich weit entfernt sind, so ist der Schwerpunkt von $\triangle \overline{ASG}$ gleichzeitig der Schwerpunkt von $\triangle \overline{EAB}$. Entsprechend fällt der Schwerpunkt von $\triangle \overline{DSG}$ mit dem von $\triangle \overline{EBD}$ zusammen. Also fällt der Schwerpunkt des Trapezes mit dem von $\triangle \overline{ASD}$ zusammen und liegt auf dem Schnittpunkt von $\overline{JK}$ mit $\overline{ST}$.

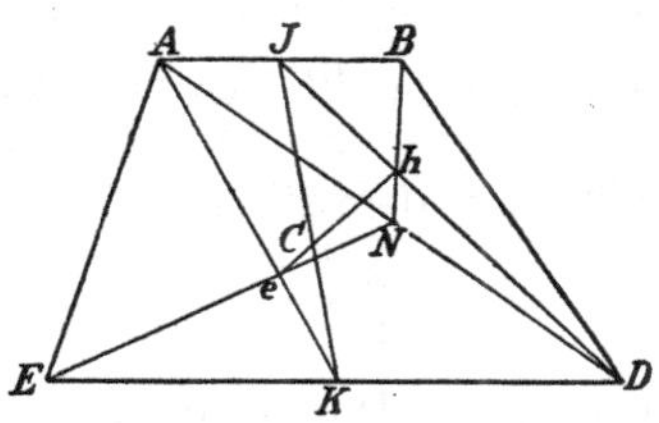

Abb. 31.

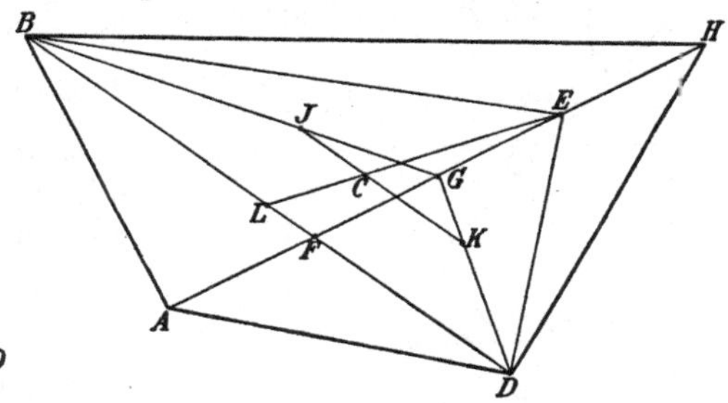

Abb. 32.

Eine dritte Konstruktion (Abb. 31) folgt unmittelbar aus den Sätzen d) und e) auf S. 32.

Man bestimme den Schwerpunkt h von $\triangle \overline{ABD}$ als Schnittpunkt der Mittellinien $\overline{DJ}$ und $\overline{BN}$, den Schwerpunkt e von $\triangle \overline{AED}$ als Schnittpunkt von $\overline{AK}$ und $\overline{EN}$; der Schnittpunkt von $\overline{he}$ und der Mittellinie $\overline{JK}$ ist der Schwerpunkt des Trapezes.

Da bei dieser Konstruktion ziemlich viele Schnittpunkte zu bestimmen sind, so möge man sie im Interesse der Genauigkeit nur da anwenden, wo zu spitze Schnittwinkel nicht vorkommen.

δ) **Beliebiges Viereck** (Abb. 32). Man ziehe die beiden Diagonalen $\overline{AH}$ und $\overline{BD}$ mit dem Schnitttpunkt F. Von H trage man $\overline{EH} = \overline{AF}$ ab, der Schwerpunkt C von $\triangle \overline{EBD}$ ist dann gleichzeitig der Schwerpunkt C des Vierecks $\overline{ABHD}$. Zum Beweise bestimme man G als Mittelpunkt von $\overline{AH}$ und damit von $\overline{FE}$. Dann liegt der

Schwerpunkt von $\triangle \overline{BFE}$ auf BG in J so, daß $\overline{BJ} = \frac{2}{3}\,\overline{BG}$ und gleichzeitig muß J der Schwerpunkt von $\triangle \overline{BAH}$ sein. Entsprechend fallen die Schwerpunkte von $\triangle \overline{DEF}$ und $\triangle \overline{DHA}$ im Punkt K zusammen so, daß $\overline{DK} = \frac{2}{3}\,\overline{DG}$ ist. Also liegt der Schwerpunkt von $\triangle \overline{EBD}$ auf $\overline{JK}$ derart, daß

$$\overline{JC} : \overline{CK} = \triangle \overline{EFD} : \triangle \overline{EFB},$$

und da

$$\frac{\triangle \overline{EFD}}{\triangle \overline{EFB}} = \frac{\triangle \overline{DAH}}{\triangle \overline{BAH}},$$

so fallen die Schwerpunkte von $\triangle \overline{EBD}$ und des Vierecks $\overline{ABHD}$ in C zusammen.

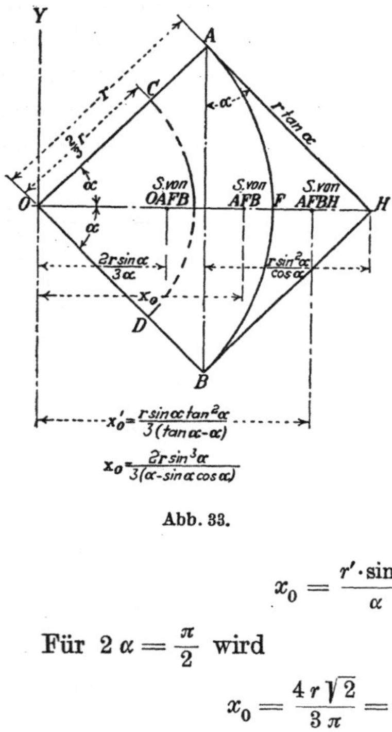

Abb. 33.

ε) **Kreissektor** (Abb. 33). Man denke sich den Kreissektor $\overline{OAFB}$ aus einer unendlichen Zahl von gleichschenkligen Dreiecken mit den Seiten r, r, $r \cdot d\varphi$ zusammengesetzt.

Der Schwerpunkt eines jeden dieser Teildreiecke befindet sich im Abstand $r' = \frac{2}{3}r$ von O. Also muß der Schwerpunkt des Sektors mit dem Schwerpunkt des Kreisbogens CD mit dem Radius

$$r' = \frac{2}{3}r$$

zusammenfallen. Dieser liegt auf der Winkelhalbierenden OF in einem Abstand von O (vgl. Gl. (15)).

$$x_0 = \frac{r' \cdot \sin\alpha}{\alpha} = \frac{2 \cdot r \cdot \sin\alpha}{3\,\alpha}. \tag{17}$$

Für $2\alpha = \frac{\pi}{2}$ wird

$$x_0 = \frac{4\,r\sqrt{2}}{3\,\pi} = 0{,}6\,r; \qquad F = \frac{\pi}{4}r^2.$$

Für $2\alpha = \pi$ wird

$$x_0 = \frac{4\,r}{3\,\pi} = 0{,}425\,r; \qquad F = \frac{\pi}{2} \cdot r^2.$$

ζ) **Kreissegment** (Abb. 33). Das Segment $\overline{AFB}$ ist die Differenz des Sektors $\overline{OAFB}$ und des Dreiecks $\overline{OAB}$.

Daraus folgt

$$F = \alpha \cdot r^2 - r^2 \cdot \sin\alpha \cdot \cos\alpha$$
$$= r^2(\alpha - \sin\alpha \cdot \cos\alpha),$$

(vgl. Gl. (7))

$$\left.\begin{aligned} x_0 &= \frac{\dfrac{\alpha \cdot r^2\, 2\, r \sin\alpha}{3\,\alpha} - r^2 \cdot \sin\alpha \cdot \cos\alpha \cdot \dfrac{2}{3}\, r \cos\alpha}{r^2(\alpha - \sin\alpha \cdot \cos\alpha)} \\ &= \frac{2\, r \sin^3\alpha}{3\,(\alpha - \sin\alpha\cos\alpha)}\,. \end{aligned}\right\} \tag{18}$$

Das außenliegende Kreissegment ($\overline{AFBH}$ in Abb. 33). Die Fläche des Vierecks $\overline{OAHB}$ ist

$$F_1 = r^2 \tan\alpha\,.$$

Daraus folgt

$$\begin{aligned} \overline{AFBH} = F &= r^2 \tan\alpha - \alpha\, r^2 \\ &= r^2(\tan\alpha - \alpha)\,, \end{aligned}$$

(vgl. Gl. (8)).

Zur Bestimmung der Momente von F_1 in bezug auf OY teile man die Fläche in die beiden Dreiecke $\triangle\,\overline{OAB}$ und $\triangle\,\overline{HAB}$. Dann ist das Moment von F_1 in bezug auf OY bestimmt durch

$$\begin{aligned} M_{1y} &= r^2 \cdot \sin\alpha \cdot \cos\alpha \cdot \frac{2}{3}\, r \cdot \cos\alpha \\ &\quad + r \sin\alpha \left(\frac{r \cdot \sin^2\alpha}{\cos\alpha}\right)\left(r \cdot \cos\alpha + \frac{r \cdot \sin^2\alpha}{3\cos\alpha}\right) \\ &= \frac{r^3 \sin\alpha}{3}(1 + \sec^2\alpha)\,. \end{aligned}$$

Das Moment des Sektors $\overline{OAFB}$ in bezug auf OY ist

$$M_{2y} = \alpha\, r^2 \cdot \frac{2\, r \cdot \sin\alpha}{3\,\alpha} = \frac{2}{3}\, r^3 \cdot \sin\alpha\,.$$

Hieraus folgt für

$$\left.\begin{aligned} x_0' &= \frac{M_{1x} - M_{2x}}{F} = \frac{\dfrac{r^3 \sin\alpha}{3}(1 + \sec^2\alpha) - \dfrac{2}{3}\, r^3 \sin\alpha}{r^2(\tan\alpha - \alpha)} \\ &= \frac{r \sin\alpha}{3} \cdot \frac{\sec^2\alpha - 1}{\tan\alpha - \alpha} = \frac{r \sin\alpha \tan^2\alpha}{3(\tan\alpha - \alpha)}\,. \end{aligned}\right\} \tag{19}$$

Parabolisches Segment (Abb. 34).

Für O als Koordinatenanfangspunkt und Scheitel der Parabel und OG als Parabelachse gehorcht die Kurve dem Gesetz

$$y = a\, x^2\,.$$

Das äußere Segment $\overline{ODB}$ ist also bestimmt durch

$$\int_0^{x_1} y\, dx = a \int_0^{x_1} x^2\, dx = \frac{a\, x_1^3}{3} = \frac{x_1 \cdot y_1}{3} = \frac{1}{3}\, \overline{OG} \cdot \overline{OD}\,.$$

Daraus

$$\text{Parabelfläche } \overline{OGB} = \frac{2}{3}\,\overline{OG}\cdot\overline{BG}$$

und

$$\text{Parabelfläche } \overline{AOB} = \frac{2}{3}\,\overline{AB}\cdot\overline{OG}\,.$$

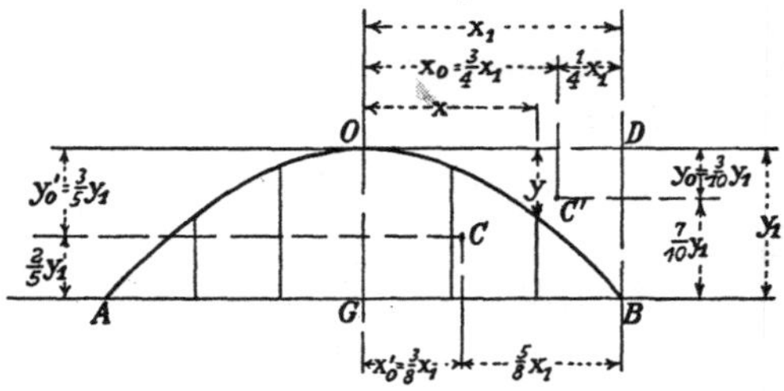

Abb. 34.

Die Entfernung des Schwerpunktes C' der Fläche $\overline{ODB}$ von OG ist

$$x_0 = \frac{3\int\limits_0^{x_1} x\cdot y\cdot dx}{x_1\cdot y_1} = \frac{3\,a\int\limits_0^{x_1} x^3\,dx}{x_1\cdot y_1} = \frac{3}{4}\,\frac{a\,x_1^3}{y_1} = \frac{3}{4}\,x_1\,. \tag{20}$$

Die Entfernung des Schwerpunktes der Parabelfläche $\overline{OGB}$ von $\overline{OG}$ wird folgendermaßen bestimmt: Das Moment von $\overline{OGB}$ in bezug auf OG ist

$$M_y = x_1\cdot y_1\cdot\frac{x_1}{2} - \frac{1}{3}\,x_1\cdot y_1\cdot\frac{3}{4}\,x_1\,,$$

$$x_0' = \frac{M_y}{F} = \frac{x_1^2\,y_1}{4\cdot\frac{2}{3}\,x_1\,y_1} = \frac{3}{8}\,x_1\,. \tag{21}$$

Der Abstand des Schwerpunktes der Parabelfläche $\overline{ODB}$ von OD ist

$$y_0 = \frac{3\int\limits_0^{x_1} y\,dx\cdot\frac{y}{2}}{x_1\cdot y_1} = \frac{3\,a^2\int\limits_0^{x_1} x^4\,dx}{2\,x_1\,y_1} = \frac{3\,a^2\,x_1^4}{10\,y_1} = \frac{3}{10}\,y_1\,. \tag{22}$$

Der Schwerpunktsabstand der Parabelfläche $\overline{OGB}$ von OD ist bestimmt durch die Gleichung:

$$x_1\cdot y_1\cdot\frac{y_1}{2} - \frac{x_1\cdot y_1}{3}\cdot\frac{3}{10}\,y_1 = \frac{2}{3}\,x_1\cdot y_1\cdot y_0'\,,$$

$$y_0' = \frac{3}{5}\,y_1\,. \tag{23}$$

Der Schwerpunkt der Fläche $\overline{AOB}$ liegt auf der Symmetrieachse OG und ebenfalls in einem Abstand $\frac{3}{5}\,y_1$ von O.

Die Sinuskurve (Abb. 35).

Die Gleichung der Kurve lautet

$$y = \sin x,$$

wobei, obwohl selbstverständlich, bemerkt sei, daß x in Bogenlängen zu messen ist:

$$360^0 = 2\pi = 6{,}28318;$$
$$1^0 = 0{,}0174533.$$

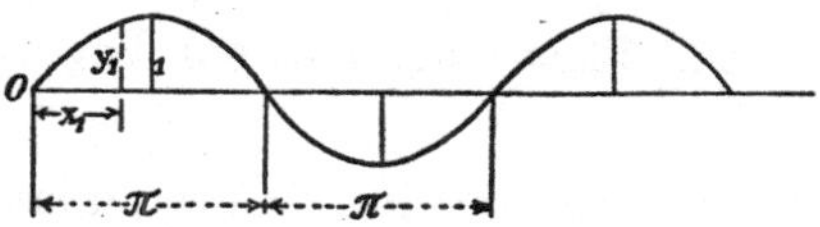

Abb. 35.

Die Kurve hat die Periode 2π. Eine halbe Periode ist in Abb. 36 dargestellt mit der Länge l. Dann muß die Gleichung heißen

$$y = d \cdot \sin\left(\frac{x}{l} \cdot \pi\right). \tag{24}$$

Dies soll kurz dargelegt werden. Die Koordinaten der reinen Sinuskurve der Abb. 35 seien x_1 und y_1, die der Kurve auch Abb. 36 seien x und y.

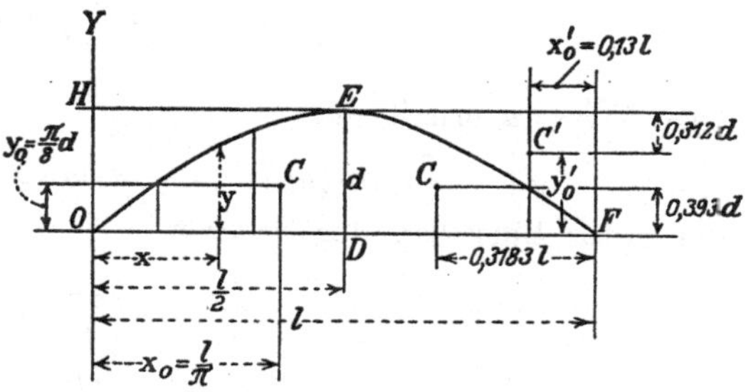

Abb. 36.

Dann ist

$$y_1 = \sin x_1,$$
$$x : l = x_1 : \pi,$$
$$y : d = y_1 : 1,$$

Daraus

$$x_1 = \frac{x}{l} \cdot \pi,$$

$$y_1 = \frac{y}{d} = \sin\left(\frac{x}{l} \cdot \pi\right)$$

und

$$y = d \cdot \sin\left(\frac{x}{l} \cdot \pi\right).$$

Für gleiches l und d ergibt eine Nebeneinanderstellung mit einer Parabel

	$x = \frac{l}{8}$	$\frac{l}{4}$	$\frac{3}{8} l$	$\frac{l}{2}$
Parabel: $y =$	$0{,}4375\, d$	$0{,}75\, d$	$0{,}94\, d$	d
Sinuskurve: $y =$	$0{,}38\, d$	$0{,}707\, d$	$0{,}92\, d$	d

Die Sinuskurve liegt also innerhalb der Parabel.

Die Fläche $\overline{OEF}$ ist

$$\left.\begin{aligned} F &= \int_0^l y \cdot dx = d \int_0^l \sin\left(\frac{\pi x}{l}\right) dx = \frac{d \cdot l}{\pi} \int_0^l \sin\left(\frac{\pi x}{l}\right) \frac{\pi}{l} \cdot dx \\ &= -\frac{d \cdot l}{\pi} \cos \pi + \frac{d \cdot l}{\pi} \cdot \cos 0 = \frac{2\, d \cdot l}{\pi}. \end{aligned}\right\} \tag{25}$$

Die Fläche des umgeschriebenen Rechtecks ist

$$F_1 = d \cdot l;$$

daraus

$$F = \frac{2}{\pi} \cdot F_1 = 0{,}6366\, F_1, \tag{26}$$

d. h. etwas weniger, als wenn die Kurve eine Parabel wäre.

Die Fläche des äußeren Bogensegments beträgt

$$F_2 = 0{,}3634\, F_1.$$

Der Abstand des Schwerpunktes C des halben Segmentes $\overline{ODE}$ von OY bestimmt sich aus der Gleichung

$$\frac{x_0 \cdot d \cdot l}{\pi} = \int_0^{\frac{1}{2}l} y\, dx \cdot x = d \int_0^{\frac{l}{2}} x \cdot \sin\left(\frac{\pi x}{l}\right) dx$$

$$= \frac{d\, l^2}{\pi^2} \int_0^{\frac{l}{2}} \frac{\pi}{l} \cdot x \cdot \sin\left(\frac{\pi x}{l}\right) \frac{\pi}{l}\, dx.$$

Mit $\frac{\pi \cdot x}{l} = u$ erhält man

$$\int u \sin(u)\, du = -u \cdot \cos u + \sin u$$

oder unter Einsetzen der Grenzen

$$\frac{x_0 \cdot d \cdot l}{\pi} = \frac{d\, l^2}{\pi^2}\left[-\frac{\pi x}{l} \cdot \cos\left(\frac{\pi x}{l}\right) + \sin\left(\frac{\pi x}{l}\right)\right]_{x=0}^{x=\frac{l}{2}}$$

$$\frac{x_0 \cdot d \cdot l}{\pi} = \frac{d\, l^2}{\pi^2}$$

$$x_0 = \frac{l}{\pi} = 0{,}3183\, l. \tag{27}$$

Zur Bestimmung des Schwerpunktsabstandes von OD dient die Gleichung

$$y_0 \frac{d \cdot l}{\pi} = \int_0^{\frac{l}{2}} y \cdot dx \cdot \frac{y}{2}$$

$$= \int_0^{\frac{l}{2}} \frac{d^2 \cdot \sin^2\left(\frac{\pi x}{l}\right)}{2} \cdot dx$$

$$= \frac{d^2 \cdot l}{2\pi} \int_0^{\frac{l}{2}} \sin^2\left(\frac{\pi \cdot x}{l}\right) \frac{\pi}{l} \cdot dx$$

$$= \frac{d^2 \cdot l}{2\pi}\left[\frac{\pi \cdot x}{2l} - \frac{1}{2} \sin\left(\frac{\pi x}{l}\right) \cos\left(\frac{\pi x}{l}\right)\right]_{x=0}^{x=\frac{l}{2}}$$

$$= \frac{d^2 \cdot l}{8};$$

daraus

$$y_0 = \frac{\pi \cdot d}{8} = 0{,}3927\, d. \tag{28}$$

Der Schwerpunkt des ganzen Segments $\overline{OEF}$ liegt auf der Symmetrieachse ED und im Abstand $y_0 = \frac{\pi \cdot d}{8}$ von OF.

Der Schwerpunkt C' des äußeren Segments $\overline{OHE}$ wird aus den Gleichungen gefunden

$$\left.\begin{aligned} x_0' \cdot d \cdot l \left(\frac{1}{2} - \frac{1}{\pi}\right) &= \frac{d \cdot l}{2} \cdot \frac{l}{4} - \frac{d \cdot l}{\pi} \cdot \frac{l}{\pi}, \\ x_0' &= l \frac{\pi^2 - 8}{4\pi^2 - 8\pi} = 0{,}13\, l; \\ y_0' \cdot d \cdot l \left(\frac{1}{2} - \frac{1}{\pi}\right) &= \frac{d \cdot l}{2} \cdot \frac{d}{2} - \frac{d \cdot l}{\pi} \cdot \frac{d \cdot \pi}{8}, \\ y_0' &= \frac{d \cdot \pi}{4\pi - 8} = 0{,}688\, d. \end{aligned}\right\} \tag{29}$$

Diese Ergebnisse sind in Abb. 36 eingetragen und mögen mit denen für die Parabel verglichen werden.

Die Bestimmung der Schwerpunkte von krummen Flächen und von Körpern kommen im Bauingenieurwesen nicht häufig vor. Es soll deshalb an dieser Stelle nicht darauf eingegangen werden.

4. Trägheitsmomente, Trägheitsradien, Zentrifugalmomente.

1. Das Trägheitsmoment einer ebenen Fläche in bezug auf eine Achse (Trägheitsachse) in der gleichen Ebene ist bestimmt als die Summe der Produkte aus jedem Flächenelement mit dem Quadrat des zugehörigen lotrechten Abstandes von der Trägheitsachse.

Wird mit J das Trägheitsmoment, mit dF das Flächenelement, mit y der Abstand von der Trägheitsachse bezeichnet, so lautet die Gleichung

$$J = \int y^2\, dF = \iint y^2\, dx\, dy. \tag{30}$$

Jede gerade Linie in der Ebene kann Trägheitsachse werden. Das Trägheitsmoment einer und derselben Fläche ist von der Lage der Trägheitsachse nach Gl. (30) abhängig.

Eine Fläche hat in bezug auf eine Achse außerhalb ihrer Ebene kein Trägheitsmoment.

Das Trägheitsmoment einer (geraden oder gekrümmten) Strecke in bezug auf eine Trägheitsachse, die in einer Ebene mit ihr liegt, ist die Summe der Produkte aus jedem Streckenelement mit dem Quadrat des zugehörigen lotrechten Abstands von der Trägheitsachse.

Das Trägheitsmoment eines Körpers in bezug auf eine (beliebige) Ebene ist die Summe der Produkte aus jedem

Körperelement mit dem Quadrat des zugehörigen Abstands von der Bezugsebene.

Für die Untersuchung von Baukonstruktionen werden fast ausschließlich Trägheitsmomente von ebenen Flächen gebraucht.

2. **Trägheitsmomente in bezug auf parallele Trägheitsachsen.** Das Trägheitsmoment einer ebenen Fläche F in bezug auf eine Trägheitsachse BB (Abb. 37) sei J. Gesucht wird das Trägheitsmoment J_1 in bezug auf eine Achse $B_1B_1 \parallel BB$ im Abstand a.

Es ist

$$J = \int y^2 \, dF,$$

$$J_1 = \int (y \pm a)^2 \, dF,$$

$$= J + a^2 F \pm 2a \int y \, dF.$$

Für den Fall, daß BB durch den Schwerpunkt geht, ist

$$\int y \, dF = 0$$

und es wird

$$J_1 = J_0 + a^2 F. \tag{31}$$

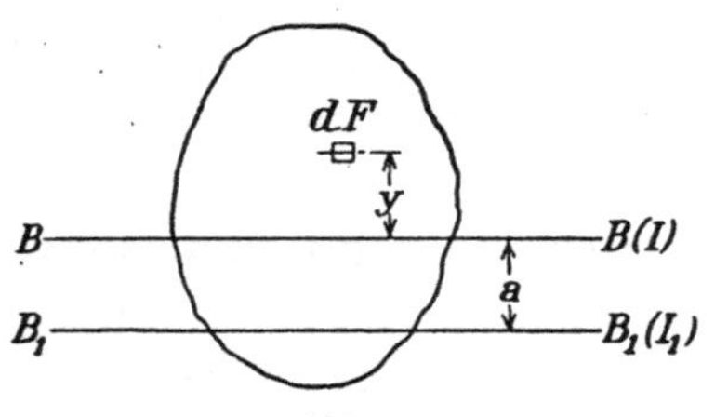

Abb. 37.

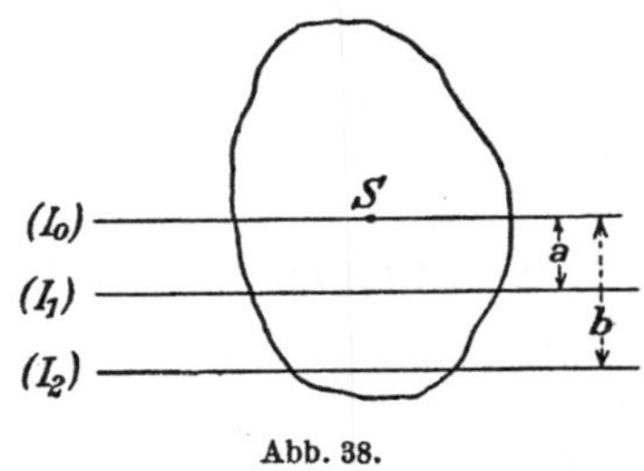

Abb. 38.

Durch den Index 0 wird angezeigt, daß sich J auf eine Schwerachse bezieht.)

Das Gesetz aus Gl. (31) besagt, daß das Trägheitsmoment einer ebenen Fläche in bezug auf eine beliebige Trägheitsachse in ihrer Ebene gleich ist der Summe aus dem Trägheitsmoment in bezug auf die Schwerachse parallel zu der Trägheitsachse und dem Produkt aus Fläche und Quadrat des Abstandes zwischen Schwerachse und Trägheitsachse.

Wenn man die Trägheitsmomente einer ebenen Fläche in bezug auf eine Schar von parallelen Achsen betrachtet, so erreicht das Trägheitsmoment in bezug auf die Schwerachse als Trägheitsachse ein Minimum.

Es sei das Trägheitsmoment J_1 einer ebenen Fläche in bezug auf eine Achse im Abstand a vom Schwerpunkt S (Abb. 38) gegeben; es soll das Trägheitsmoment J_2 in bezug auf eine parallele Achse im Abstand b von S gefunden werden.

Es ist

$$J_2 = J_1 - a^2 \cdot F + b^2 \cdot F. \tag{32}$$

3. Der Trägheitsradius i einer ebenen Fläche F in bezug auf eine beliebige Trägheitsachse in ihrer Ebene ist bestimmt durch die Gleichung

$$i^2 = \frac{J}{F}, \tag{33}$$

worin J das Trägheitsmoment von F in bezug auf die gleiche Trägheitsachse ist.

Bezeichnet man mit i_0 den Trägheitsradius in bezug auf eine Schwerachse als Trägheitsachse, so ist der Trägheitsradius i_1 in bezug auf eine zur Schwerachse parallele Achse mit dem Abstand a gegeben durch

$$i_1 = \sqrt{\frac{J_1}{F}} = \sqrt{\frac{J_0 + a^2 F}{F}} = \sqrt{i_0^2 + a^2}. \tag{34}$$

Entsprechend Gl. (32) und Abb. 38 wird

$$i_2 = \sqrt{i_1^2 - a^2 + b^2}. \tag{35}$$

Diese Größen können zeichnerisch leicht mit Hilfe von rechtwinkligen Dreiecken ermittelt werden.

Es sei darauf hingewiesen, daß die Dimension eines Flächenträgheitsmomentes eine Länge in der vierten Potenz ist; der Trägheitsradius ist eine Länge in der ersten Potenz, worauf schon der Name hinweist.

4. Als Anwendung einiger der oben mitgeteilten Sätze sollen einige einfache Beispiele gezeigt werden.

Das Trägheitsmoment eines Rechtecks in bezug auf die Schwerachse parallel zur Seite b (Abb. 39) ist

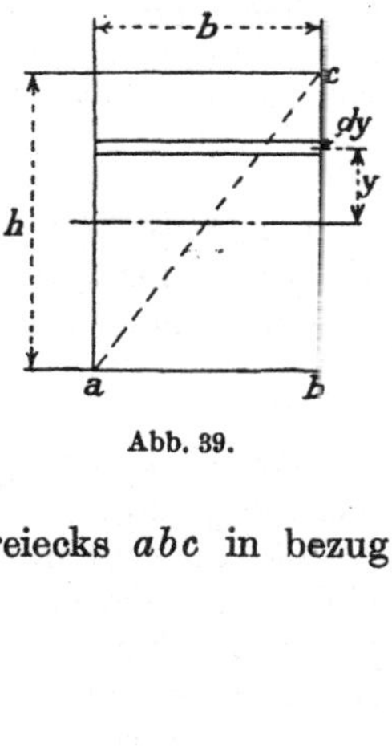

Abb. 39.

$$J_0 = \int_{-\frac{h}{2}}^{+\frac{h}{2}} b \cdot y^2 \cdot dy = b\left(\frac{h^3}{24} + \frac{h^3}{24}\right) = \frac{bh^3}{12}.$$

Daraus folgt, daß das Trägheitsmoment des Dreiecks abc in bezug auf die gleiche Achse

$$J = \frac{bh^3}{24}$$

und in bezug auf seine Schwerlinie

$$J_0 = \frac{bh^3}{24} - \frac{bh}{2} \cdot \frac{h^2}{36} = \frac{bh^3}{36}$$

ist. Für die Grundlinie ab als Trägheitsachse wird

$$J = \frac{bh^3}{36} + \frac{bh}{2} \cdot \frac{h^2}{9} = \frac{bh^3}{12},$$

hat also den gleichen Wert wie J_0 des Rechtecks.

5. Das Zentrifugalmoment einer ebenen Fläche, bezogen auf ein rechtwinkliges Koordinatensystem in der gleichen Ebene, ist bestimmt als die Summe der Produkte aus jedem Flächenelement mit dessen beiden Koordinaten, also

$$Z = \int x \cdot y \cdot dF = \iint x\,y\,dx\,dy\,.$$

Eine entsprechende Definition kann für die Zentrifugalmomente von (geraden oder gekrümmten) Strecken gegeben werden.

Wie oben bei der Eörterung über die Trägheitsmomente untersuchen wir nun die Beziehungen zwischen den Werten Z für die gleiche Fläche F bei Parallelverschiebungen des Koordinatensystems.

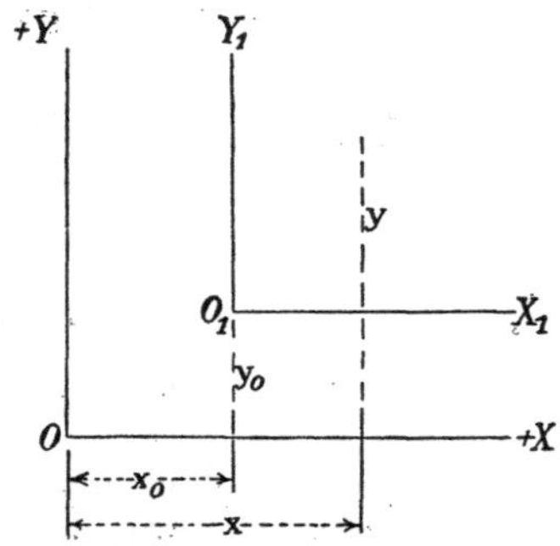

Abb. 40.

6. Die Veränderung von Z bei Parallelverschiebung des Koordinatensystems. Es sei Z das Zentrifugalmoment einer gegebenen Fläche F, bezogen auf ein beliebiges rechtwinkliges Koordinatensystem in der gleichen Ebene mit den Achsen OX und OY (Abb. 40). Für ein Koordinatensystem mit den Achsen OX_1 und OY_1, die gegen OX und OY parallel um y_0 bzw. x_0 verschoben sind, hat das Zentrifugalmoment den Wert

$$\begin{aligned} Z_1 &= \int (y - y_0)(x - x_0)\,dF \\ &= Z + x_0 \cdot y_0 \cdot F - y_0 \int x\,dF - x_0 \int y\,dF\,. \end{aligned}$$

Für O als Schwerpunkt erhält das Zentrifugalmoment (entsprechend wie das Trägheitsmoment) die Bezeichnung Z_0. Eine Parallelverschiebung um x_0, y_0 liefert dann ein

$$Z_1 = Z_0 + x_0 \cdot y_0 \cdot F\,. \tag{36}$$

Sowohl x_0 wie y_0 können positiv oder negativ sein. Es folgt aus Gleichung (36):

Ist das Zentrifugalmoment Z_0 einer ebenen Fläche auf ein rechtwinkliges Achsenkreuz bezogen, dessen Ursprung mit dem Schwerpunkt der Fläche zusammenfällt, und erleidet das Achsenkreuz eine Parallelverschiebung derart, daß der Ursprung in den ersten oder dritten Quadranten des alten Achsenkreuzes fällt (x_0 und y_0 haben gleiches Vorzeichen), so nimmt der Wert des Zentrifugalmomentes zu; fällt der neue Ursprung in den zweiten oder vierten Quadranten (x_0 und y_0 haben verschiedene Vorzeichen), so nimmt der Wert des Zentrifugalmomentes ab.

Z_1 kann also für jede Parallelverschiebung des Achsenkreuzes leicht berechnet werden.

Es ist ferner leicht einzusehen, daß für jedes Achsenkreuz, dessen eine Achse eine Symmetrieachse von F ist, das Zentrifugalmoment von F den Wert Null haben muß, da jedem Element auf der einen Seite der Symmetrieachse ein anderes Element mit entgegengesetztem Vorzeichen auf der anderen Seite der Symmetrieachse entspricht.

Denkt man sich eine beliebige Anzahl von rechtwinkligen Achsenkreuzen dadurch entstanden, daß die eine Achse fest liegen bleibt, die andere aber parallel verschoben wird, und geht die feste Achse durch den Schwerpunkt von F, so ist für alle diese Achsenkreuze

$$Z = Z_0,$$

da x_0 bzw. y_0 den Wert Null hat. In anderen Worten: Geht eine Achse des rechtwinkligen Achsenkreuzes durch den Schwerpunkt von F, so ist die Größe des Zentrifugalmoments von der Lage der andern Achse unabhängig.

7. Polares Trägheitsmoment. Das polare Trägheitsmoment einer ebenen Fläche F, bezogen auf ein rechtwinkliges Achsenkreuz, ist die Summe der Produkte aus jedem Flächenteil $\times$ Quadrat des Abstandes von dem Koordinatenursprung. Also

$$J_p = \int (x^2 + y^2)\, dF = J_x + J_y. \tag{37}$$

Das polare Trägheitsmoment einer ebenen Fläche in bezug auf einen beliebigen Punkt ihrer Ebene ist gleich der Summe der Trägheitsmomente in bezug auf zwei beliebig gerichtete, aufeinander rechtwinklig stehende Achsen, deren Ursprung in jenem Punkt liegt, also

$$J_x + J_y = J_x' + J_y'. \tag{38}$$

8. Beziehungen zwischen Trägheitsmomenten und Zentrifugalmomenten einer Fläche in bezug auf rechtwinklige Achsenkreuze (in der Ebene), die den gleichen Ursprungspunkt, aber verschiedene Richtungen haben. Es sei O (Abb. 41) ein beliebiger Punkt in der Ebene einer gegebenen ebenen Fläche F; J_x und J_y seien die Trägheitsmomente von F in bezug auf das rechtwinklige Achsenkreuz OX, OY mit dem Ursprung in O. Ein anderes rechtwinkliges Achsenkreuz OX_1, OY_1 habe den gleichen Ursprung O, sei aber gegen OX, OY um den Winkel α gedreht. Es sollen die Beziehungen zwischen J_x, J_y und J_x', J_y', den Trägheitsmomenten von F in bezug auf das gedrehte Achsenkreuz, gesucht werden.

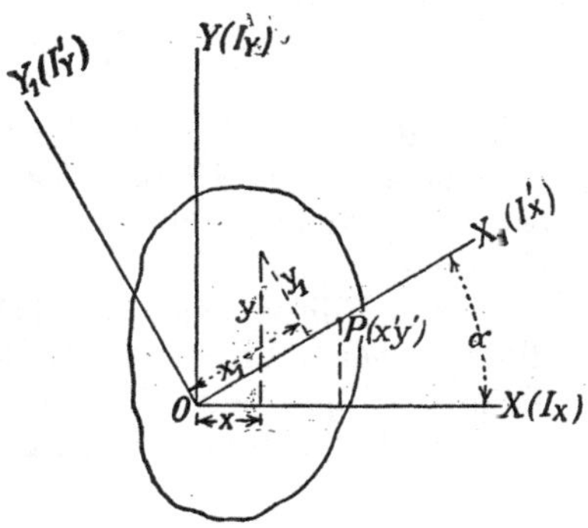

Abb. 41.

Die Beziehungen zwischen den Koordinaten sind (x und y werden auf OX_1 und OY_1 projiziert):

$$x_1 = y \cdot \sin\alpha + x \cdot \cos\alpha,$$
$$y_1 = y \cdot \cos\alpha - x \cdot \sin\alpha.$$

Daraus

$$\begin{aligned} J_x' &= \int y_1^2\, dF = \int (y \cdot \cos\alpha - x \cdot \sin\alpha)^2\, dF \\ &= J_x \cdot \cos^2\alpha + J_y \cdot \sin^2\alpha - Z \sin 2\alpha, \end{aligned} \tag{39}$$

worin $Z = \int x\, y\, dF$ das Zentrifugalmoment ist.

Entsprechend ist

$$Z' = \int x_1 y_1\, dF = \frac{(J_x - J_y)\sin 2\alpha}{2} + Z\cos 2\alpha. \tag{40}$$

Da sich eine beliebige Verschiebung eines Koordinatensystems stets auf eine bzw. zwei Parallelverschiebungen und eine Drehung zuführen läßt, so kann nunmehr die Veränderung von J und Z bei beliebiger Verschiebung des Koordinatensystems ermittelt werden.

9. Trägheitsellipse. Um die Veränderung von J_x mit α zu verfolgen, trage man auf der x-Achse jeweils von O eine Strecke ab, die umgekehrt proportional zu $\sqrt{J_x}$ ist, also auf OX_1 trage man $\overline{OP} = \frac{c}{\sqrt{J_x'}} = s$ ab; dabei ist c ein beliebiger, aber konstanter Proportionalitätsfaktor.

x', y' seien die Koordinaten von P, bezogen auf OX und OY. Dann ist

$$\sin\alpha = \frac{y'}{s};$$

$$\cos\alpha = \frac{x'}{s}.$$

Diese beiden Werte in Gl. (39) eingesetzt, ergibt

$$J_x' = J_x \cdot \frac{x'^2}{s^2} + J_y \cdot \frac{y'^2}{s^2} - \frac{2\,Z \cdot x' \cdot y'}{s^2}. \tag{41}$$

Durch diese Gleichung ist die Bewegung des Punktes P mit veränderlichem α bestimmt. Sie stellt einen Kegelschnitt dar; da offenbar J_x' stets ein endlicher Wert sein muß, muß es die Gleichung einer Ellipse sein.

Diese Ellipse heißt die Trägheitsellipse für den Punkt O und für die gegebene Fläche F. Jedem Punkt der Ebene ist für F eine Trägheitsellipse zugeordnet.

Um die Achsen der Ellipse zu finden, setze man

$$\frac{d\,J_x'}{d\,\alpha} = 0,$$

das ergibt aus Gl. (39)

$$-2\,J_x \cos\alpha \cdot \sin\alpha + 2\,J_y \cdot \sin\alpha \cdot \cos\alpha - 2\,Z\cos 2\alpha = 0,$$

$$\tan 2\alpha = \frac{2\,Z}{J_y - J_x}. \tag{42}$$

Vergleicht man Gl. (42) mit Gl. (40), so ist offensichtlich, daß Z' den Wert Null annehmen muß, damit Gl. (42) erfüllt sein kann. Dies gilt für die Hauptachsen aller Trägheitsellipsen, die jedem beliebigen Punkt der Ebene zugeordnet sind.

Es folgt also der Satz:

Jedem Punkt in der Ebene einer gegebenen ebenen Fläche ist eine Trägheitsellipse für diese Fläche zugeordnet; in bezug auf die Hauptachsen der Trägheitsellipse nimmt das Zentrifugalmoment der Fläche den Wert Null an. Diese Achsen sind gleichzeitig die Achsen des größten und kleinsten Trägheitsmoments.

Da das Zentrifugalmoment für jedes rechtwinklige Achsenkreuz, dessen eine Achse Symmetrieachse der Fläche ist, den Wert Null hat, wobei die Lage der zweiten Achse beliebig ist, so folgt:

Ist eine Achse Symmetrieachse der Fläche, so bildet diese mit jeder andern senkrecht auf ihr stehenden Achse die Hauptachsen.

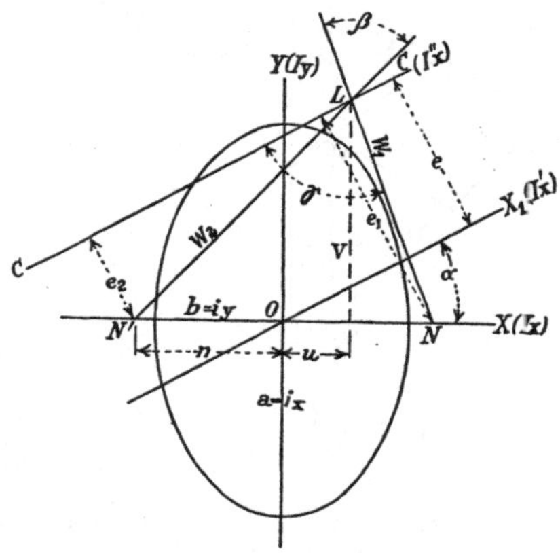

Abb. 42.

10. Für einen beliebigen Punkt O (Abb. 42) lege man das Achsenkreuz so, daß die Achsen OX und OY für eine gegebene Fläche F Hauptachsen sind. Dann ist in bezug auf diese Achsen $Z = 0$. Für eine gegen OX um α gedrehte Achse OX_1 ist dann nach Gl. (39)

$$J_x' = J_x \cdot \cos^2\alpha + J_y \cdot \sin^2\alpha \tag{43}$$

und das Zentrifugalmoment für die Achsen OX_1 und OY_1

$$Z' = \frac{J_x - J_y}{2} \cdot \sin 2\alpha \quad \text{(vgl. Gl. 40)}. \tag{44}$$

In Abschnitt 6 war gezeigt, daß für eine Verschiebung eines Achsenkreuzes, dessen eine Achse durch den Schwerpunkt von F geht, um x_0, y_0 zwischen den Zentrifugalmomenten von F die Beziehung besteht

$$Z_1 = Z_0 + x_0 \cdot y_0 \cdot F.$$

Waren die Achsen des Achsenkreuzes vor der Verschiebung Hauptachsen, so ist

$$Z_0 = 0$$

und es folgt

$$Z_1 = x_0 \cdot y_0 \cdot F \tag{45}$$

oder in Worten:

Das Zentrifugalmoment einer Fläche in bezug auf ein rechtwinkliges Achsenkreuz, das zu den Hauptachsen der Trägheitsellipse parallel verschoben ist, ist gleich dem Produkt aus der Fläche und den Verschiebungen der Achsen.

Für einen Punkt O und eine Fläche F sei die Trägheitsellipse gezeichnet. OX und OY seien die Hauptachsen, a und b die Halbmesser, OX_1 ein beliebiger Strahl durch O. An den Schnittpunkten von OX_1 mit der Ellipse seien die Tangenten gezogen, ferner die Tangenten an den Endpunkten des zu OX_1 konjugierten Durchmessers. Dieses Tangentenviereck ist bekanntlich ein Parallelogramm. Die Fläche des Parallelogramms ist

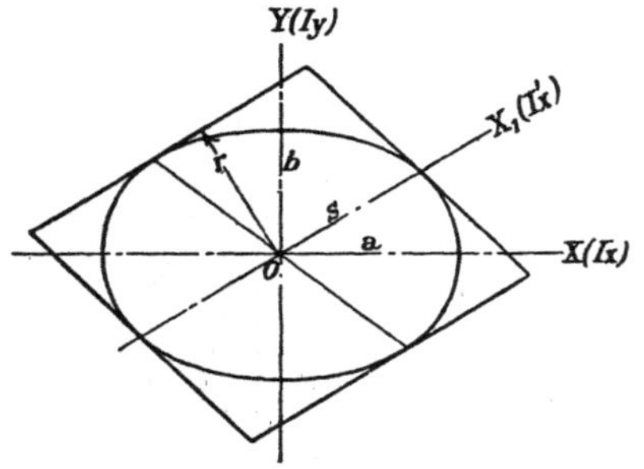

Abb. 43.

$$f = 4rs,$$

wobei die Bedeutung von r und s aus Abb. 43 hervorgehen. Weiterhin sei daran erinnert, daß alle zu konjugierten Achsen gehörigen Tangentenparallelogramme flächengleich sind, also daß

$$s \cdot r = a \cdot b;$$

daraus

$$r = \frac{a \cdot b}{s} = a \cdot b \cdot \frac{\sqrt{J_x'}}{c} = \frac{c}{\sqrt{J_x}} \cdot \frac{c}{\sqrt{J_y}} \cdot \frac{\sqrt{J_x'}}{c} = \frac{c \cdot \sqrt{J_x'}}{\sqrt{J_x \cdot J_y}}. \tag{46}$$

Da J_x und J_y für jede gegebene Ellipse konstant sind, so gibt die Gleichung (46) den Zusammenhang zwischen den Veränderlichen r und J_x'. r ist danach linear proportional zu $\sqrt{J_x'}$, d. h. linear proportional zu dem Trägheitsradius der Fläche F in bezug auf OX_1. Die Konstante c kann beliebig gewählt werden. Wird

$$c = \sqrt{\frac{J_x \cdot J_y}{F}}$$

gewählt, so wird

$$r = i = \sqrt{\frac{J_x'}{F}}, \tag{47}$$

stellt also unmittelbar den Trägheitsradius in bezug auf OX_1 dar. Für diesen Fall stellt weiterhin der Halbmesser a den Trägheitsradius in bezug auf OY und der Halbmesser b den Trägheitsradius in bezug auf OX dar. Eine so konstruierte Ellipse hat also die Eigenschaft, daß die senkrechte Entfernung zwischen einer beliebigen Achse OX_1 und der Tangente parallel zu OX_1 den Trägheitsradius in bezug auf OX_1 darstellt. Jeder Halbmesser ist der Trägheitsradius in bezug auf den ihm zugeordneten anderen Halbmesser.

11. Zentralellipse, Fixpunkte. Liegt der Ursprung O des Achsenkreuzes im Schwerpunkt der Fläche, und sind die Halbmesser der Trägheitsellipse so gewählt, daß sie Trägheitsradien darstellen, dann heißt die Ellipse Zentralellipse, und die Achsen der Ellipse heißen die Hauptachsen der Fläche. Die kleine Achse der Zentralellipse ist die Bezugsachse, die von allen Schwerachsen als Bezugs-

achsen das größte Trägheitsmoment, die große Achse ist die Bezugsachse, die von allen beliebigen Bezugsachsen das kleinste Trägheitsmoment liefert.

Jede Symmetrieachse muß durch den Schwerpunkt gehen und eine Achse der Zentralellipse sein.

Abb. 42 zeigt eine Zentralellipse. OX und OY sind die Hauptachsenrichtungen. Die große Achse ist

$$a = i_x,$$

d. h. der Trägheitshalbmesser in bezug auf die OX-Achse, die kleine Achse ist

$$b = i_y,$$

d. h. der Trägheitshalbmesser in bezug auf die OY-Achse. Die Gleichungen (43) und (44) geben den Zusammenhang zwischen J_x' und Z' für jede Drehung von OX_1 gegen OX. Für jede Achse parallel zu OY im Abstand d ist das Trägheitsmoment $J = J_y + d^2 \cdot F$. Also gibt es zwei Punkte N und N' auf OX in gleichem Abstand von O, durch die zwei Parallele zu OY gezogen werden können, für die als Bezugsachsen die Trägheitsmomente gleich werden dem Trägheitsmoment bezogen auf OX, demnach

$$J_x = J_y + d^2 F;$$

daraus

$$d = \sqrt{i_x^2 - i_y^2} = \overline{ON} = \overline{ON'}. \tag{48}$$

Die Trägheitsmomente, die auf zwei rechtwinklige Achsen mit dem Ursprung in N oder N' und einer Parallelverschiebung $x = \pm \overline{ON}$, $y = O$ gegen XY, bezogen sind, sind also gleich. Hieraus folgt nach Gl. (43), daß die Trägheitsmomente bezogen auf alle Achsen durch N oder N' gleich sind (da $\cos^2\alpha + \sin^2\alpha = 1$).

Das Zentrifugalmoment bezogen auf die Achsen OX und OY ist Null. Nach Gl. (45) ist es für parallele Achsen durch N oder N' ebenfalls Null, da $y_0 = 0$. Also verschwindet Z nach Gl. (40) für alle rechtwinkligen Achsenkreuze mit N oder N' als Ursprung.

Dieses wichtige und interessante Ergebnis kann folgendermaßen ausgesprochen werden:

In jeder Ebene gibt es inbezug auf eine Fläche in der Ebene zwei Punkte, die auf der Hauptachse des größten Trägheitsmomentes in gleicher Entfernung $d = \sqrt{i_x^2 - i_y^2}$ (Entfernung des Schwerpunktes von den Brennpunkten der Zentralellipse) von dem Schwerpunkt liegen, und die die Eigenschaft besitzen, daß jede Gerade, die durch sie gelegt ist, als Bezugsachse das gleiche Trägheitsmoment liefert, und daß für jedes rechswinklige Achsenkreuz, das den Ursprung in einem der beiden Punkte hat, das Zentrifugalmoment verschwindet. Diese Punkte nennen wir die Festpunkte der Fläche.

12. Die Beziehungen zwischen den Festpunkten und den Trägheitsellipsen, die anderen Punkten der Ebene zugeordnet sind. Es sei (Abb. 42) OX_1 irgendeine Achse durch den

Schwerpunkt einer Fläche. OX_1 schließe mit OX, der kleinen Hauptachse, den Winkel α ein. L sei ein beliebiger Punkt der Ebene mit den Koordinaten u und v. Durch L werde zu OX_1 im Abstand e eine Parallele CC gezogen. J_x'' sei das Trägheitsmoment in bezug auf CC. Dann folgt aus Gl. (31) und (39), da das Zentrifugalmoment für die Hauptachsen verschwindet,

$$J_x'' = F(i_x^2 \cdot \cos^2\alpha + i_y^2 \cdot \sin^2\alpha + e^2) = F[i_x^2 + e^2 - (i_x^2 - i_y^2)\sin^2\alpha]. \quad (49)$$

Da die Abszisse des Festpunktes N

$$n = \sqrt{i_x^2 - i_y^2},$$

so folgt

$$J_x'' = F(i_x^2 + e^2 - n^2 \cdot \sin^2\alpha). \quad (50)$$

Dieses ist vielleicht der einfachste Ausdruck für das Trägheitsmoment in bezug auf irgendeine Achse.

Von N und N' fälle man die Lote e_1 und e_2 auf CC. Dann ist

$$e_1 = e + n \cdot \sin\alpha,$$
$$e_2 = e - n \cdot \sin\alpha,$$
$$e_1 \cdot e_2 = e^2 - n^2 \cdot \sin^2\alpha.$$

Damit wird

$$J_x'' = F(i_x^2 + e_1 \cdot e_2). \quad (51)$$

Dieser Ausdruck wird dann besonders brauchbar, wenn e_1 und e_2 gegebene Größen sind.

Man verbinde L mit N und N'; $\overline{LN} = w_1$, $\overline{LN'} = w_2$, $\sphericalangle NLN' = \beta$. Der veränderliche Winkel zwischen CC und LN sei γ.

Dann ist

$$e_1 = w_1 \cdot \sin\gamma,$$
$$e_2 = w_2 \cdot \sin(\gamma - \beta)$$

und damit

$$J_x'' = F[i_x^2 + w_1 \cdot w_2 \cdot \sin\gamma \cdot \sin(\gamma - \beta)]. \quad (52)$$

Mit γ als Veränderlicher (d. h. die Achse CC rotiert um L) hat J_x'' seine Grenzwerte für

$$\gamma = \frac{\beta}{2} \quad \text{bzw.} \quad \gamma = \frac{\beta}{2} + \frac{\pi}{2}$$

und

$$\gamma = \frac{\beta}{2} + \pi \quad \text{bzw.} \quad \gamma = \frac{\beta}{2} + \frac{3}{2}\pi.$$

In Worten: Wenn die Punkte O, N, N' gegeben sind, so halbieren die Achsen der Trägheitsellipse inbezug auf die gleiche Fläche, aber inbezug auf irgendeinen beliebigen Punkt L der Ebene die Winkel zwischen NL und $N'L$.

13. Trägheitskreis. Wenn J_x, J_y, Z für irgendein rechtwinkliges Achsenkreuz gegeben sind, so liefern die Gleichungen (39) und (40) die J- und Z-Werte für irgendein anderes rechtwinkliges Achsen-

kreuz, das mit dem ersten den Winkel α bildet und den gleichen Ursprung hat. Diese Gleichungen führen zu einer gebräuchlichen geometrischen Konstruktion:

J_x sei das größere der zwei auf die gegebenen rechtwinkligen

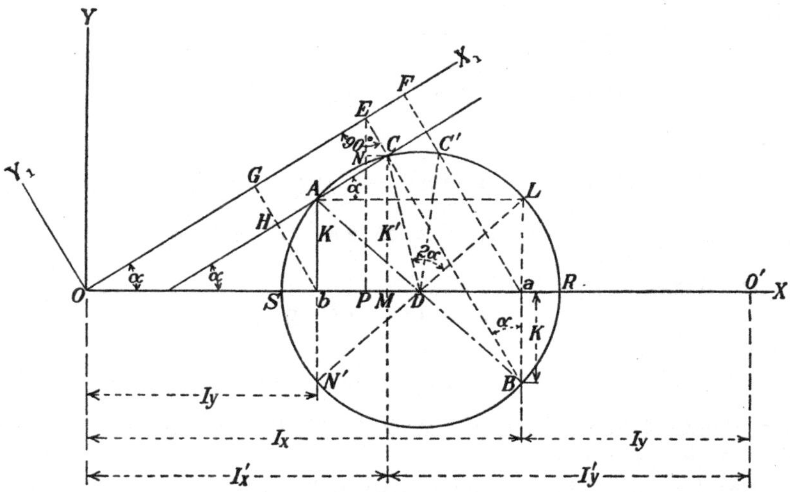

Abb. 44.

Achsen OX und OY bezogenen Trägheitsmomente (Abb. 44). Man trage in irgendeinem Maßstabe $\overline{Oa} = J_x$ von O auf OX ab, $\overline{Ob} = \overline{aO'} = J_y$, ferner errichte man in b auf OX das Lot und trage darauf $Z = \overline{bA}$ ab (positiv nach oben, negativ nach unten); desgleichen errichte man in a das Lot (nach unten) auf OX und trage darauf $\overline{aB} = \overline{bA}$ ab.

Mit $\overline{AB}$ als Durchmesser schlage man den Kreis um D. Dann ist

$$\overline{OD} = \frac{J_x + J_y}{2},$$

$$\overline{bD} = \overline{aD} = \frac{J_x - J_y}{2}.$$

Durch A ziehe man $\overline{AC}$ parallel zur Achse OX_1, die mit OX den Winkel α bildet. Verbinde C mit B, $\overline{CB} \perp \overline{AC}$, da $\overline{AB}$ ein Kreisdurchmesser ist. Ziehe $\overline{AL} \parallel OX$, verlängere $\overline{Ab}$ bis N', dann ist (seinem Absolutwert nach)

$$\overline{bN'} = \overline{aL} = Z$$

und

$$\sphericalangle CDL = 2\alpha.$$

Verlängere $\overline{BC}$ bis E, fälle von b und a auf OX_1 die Lote $\overline{bG}$ und $\overline{aF}$, von C und E auf OX die Lote $\overline{CM}$ und $\overline{EP}$.

Dann ist

$$\overline{OM} = \overline{OP} + \overline{PM} = \overline{OE} \cdot \cos\alpha + \overline{CE} \cdot \sin\alpha,$$

$$\overline{MC} = \overline{EP} - \overline{EN} = \overline{OE} \cdot \sin\alpha - \overline{CE} \cdot \cos\alpha,$$

ferner

$$\overline{OE} = \overline{OF} - \overline{FE} = J_x \cdot \cos\alpha - Z \cdot \sin\alpha,$$

$$\overline{CE} = \overline{Gb} - \overline{Hb} = J_y \cdot \sin\alpha - Z \cdot \cos\alpha.$$

Damit wird

$$\overline{OM} = J_x \cdot \cos^2\alpha + J_y \cdot \sin^2\alpha - Z \cdot \sin 2\alpha = J_x' \quad (\text{Gl. } (39)),$$

$$\overline{CM} = \frac{J_x - J_y}{2} \cdot \sin 2\alpha + Z \cdot \cos 2\alpha = Z' \quad (\text{Gl. } (40)).$$

Da ferner

$$J_x + J_y = J_x' + J_y' \quad (\text{Gl. } 38),$$

so ist

$$J_y' = \overline{MO'}.$$

Das größte Trägheitsmoment ist $\overline{OR}$, die Bezugsachse verläuft parallel zu AR durch O.

Das kleinste Trägheitsmoment ist $\overline{OS}$, die Bezugsachse verläuft parallel zu AS durch O.

Dies sind die beiden Hauptachsen; das auf diese bezogene Zentrifugalmoment hat den Wert Null.

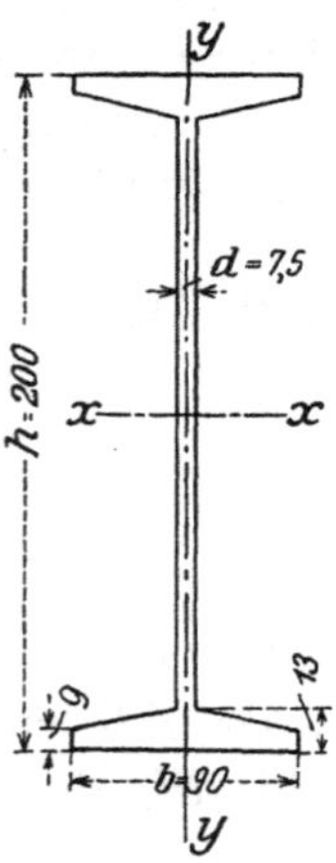

Abb. 45.

14. Zahlenbeispiele für Walzeisenprofile. In den Handbüchern sind für die gebräuchlichen Walzeisenprofile im allgemeinen die Abmessungen, der Flächeninhalt, die Lage des Schwerpunktes, die Trägheitsmomente für verschiedene Achsen, die Lage der Hauptachsen u. a. m. angegeben. Ist letzteres nicht der Fall, so beachte man, daß man nur die Trägheitsmomente und das Zentrifugalmoment in bezug auf zwei beliebige rechtwinklige Schwerachsen zu bestimmen braucht; dann kann man nach den oben angegebenen Gleichungen die Hauptachsen und die Hauptträgheitsmomente finden.

Für das in Abb. 45 dargestellte I-Profil sei das Hauptträgheitsmoment J_x gesucht. Die Hauptachsen sind durch die Symmetrieachsen gegeben: die eine geht durch den Schwerpunkt des Profils parallel den Stegseiten, die andere durch den Schwerpunkt senkrecht zur ersten.

Die Aufgabe wird in der Weise gelöst, daß zunächst das Trägheitsmoment für das Rechteck mit den Seitenlängen 200 mm und 90 mm berechnet wird; hiervon werden die Trägheitsmomente eines Rechtecks mit den Seitenlängen 174 mm und 82,5 mm und von vier Dreiecken mit Grundflächen von 41,25 mm und Höhen von 4 mm abgezogen. Alle Trägheitsmomente sind natürlich auf die X-Achse bezogen.

Also

$$\frac{9{,}0 \cdot 20{,}0^3}{12} = \quad 6000 \text{ cm}^4$$

$$-\frac{8{,}25 \cdot 17{,}4^3}{12} = -\ 3630 \text{ cm}^4$$

$$-\left[4 \cdot \frac{0{,}4^3 \cdot 4{,}125}{12} + 4 \cdot \frac{0{,}4 \cdot 4{,}125}{2} \cdot (8{,}70 + 0{,}13)^2\right] = -\ \ 258 \text{ cm}^4$$

$$J_x = \quad 2112 \text{ cm}^4$$

Die Abrundung der Ecken ist hierbei unberücksichtigt geblieben.

Als zweites Beispiel diene das Winkelprofil der Abb. 46. Die Fläche beträgt

$$F = (6 + 3{,}5)\frac{1}{2} = 4{,}75 \text{ cm}^2.$$

Die Koordinaten des Schwerpunktes werden bestimmt zu

$$\frac{3 \cdot 0{,}25 + 1{,}75 \cdot 2{,}25}{4{,}75} = 0{,}99 \text{ cm},$$

$$\frac{3 \cdot 3 + 1{,}75 \cdot 0{,}25}{4{,}75} = 1{,}99 \text{ cm}.$$

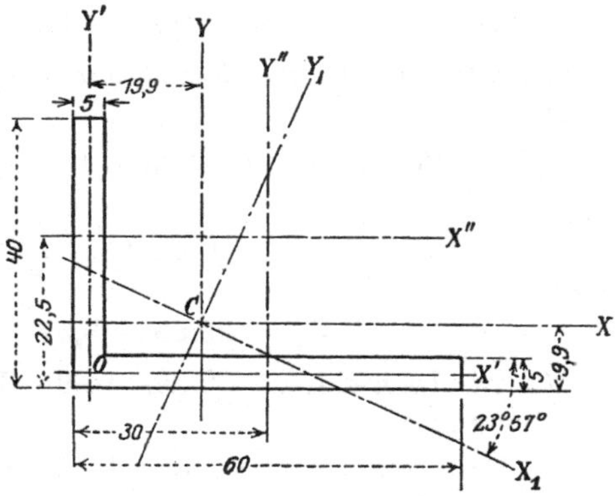

Abb. 46.

Zunächst ermitteln wir die J-Werte für zwei winkelrechte Schwerachsen parallel zu den Seiten des Winkelprofils:

$$J_x \text{ (in bezug } CX) = \frac{6 \cdot 0{,}5^3}{12} + 3 \cdot 0{,}74^2 + \frac{0{,}5 \cdot 3{,}5^3}{12}$$
$$+ 1{,}75 \cdot 1{,}26^2 = 6{,}26 \text{ cm}^4,$$

$$J_y \text{ (in bezug } CY) = \frac{0{,}5 \cdot 6^3}{12} + 3 \cdot 1{,}01^2 + \frac{3{,}5 \cdot 0{,}5^3}{12} + 1{,}75 \cdot 1{,}74^2$$
$$= 17{,}39 \text{ cm}^4.$$

Für die Bestimmung von Z in bezug auf CX und CY beachte man, daß Z für OX' und OY' verschwindet, da OX' und OY' für je einen Winkelschenkel Symmetrieachsen sind. Die Koordinaten von O in bezug auf CX und CY sind

$$x_0 = -1{,}74,$$
$$y_0 = -0{,}74,$$

also wird nach Gl. (3)

$$O = Z + 1{,}74 \cdot 0{,}74 \cdot 4{,}75,$$
$$Z = -\ 6{,}12 \text{ cm}^4.$$

Bemerkung: Auf dem gleichen Wege wäre man zu diesem Resultat gelangt, wenn man die beiden anderen Symmetrieachsen für die Winkelschenkel, nämlich $X'' Y''$, betrachtet hätte. Hier ergibt sich

$$x_0 = 1{,}01,$$
$$y_0 = 1{,}26,$$
$$1{,}01 \cdot 1{,}26 = 0{,}74 \cdot 1{,}74.$$

Die Hauptachsen ergeben sich (Gl. (40))

$$\tan 2\alpha = \frac{2Z}{J_y - J_x} = -\frac{12{,}24}{17{,}39 - 6{,}27} = -1{,}1007,$$
$$2\alpha = -47^0\,54' \quad \text{bzw.} \quad 132^0\,6',$$
$$\alpha = -23^0\,57' \quad \text{bzw.} \quad 66^0\,3',$$
$$\sin\alpha = -0{,}4059; \quad \cos\alpha = 0{,}9139; \quad \sin 2\alpha = -0{,}742.$$

Damit wird das Hauptträgheitsmoment in bezug auf die CX_1-Achse (Gl. (39))

$$J_x' = 6{,}26 \cdot 0{,}9139^2 + 17{,}39 \cdot 0{,}4059^2 - 6{,}12 \cdot 0{,}742 = 3{,}57 \text{ cm}^4.$$

Da

$$J_x + J_y = J_x' + J_y',$$

wird

$$J_y' = 23{,}65 - 3{,}57 = 20{,}08 \text{ cm}^4.$$

J_x' ist das kleinste, J_y' das größte Trägheitsmoment in bezug auf eine Schwerachse.

15. Die Bestimmung der Schwerpunkte und Trägheitsmomente von Flächen kann auch auf rein zeichnerischem Weg erfolgen. Diese Methoden sollen jedoch hier nicht behandelt werden.

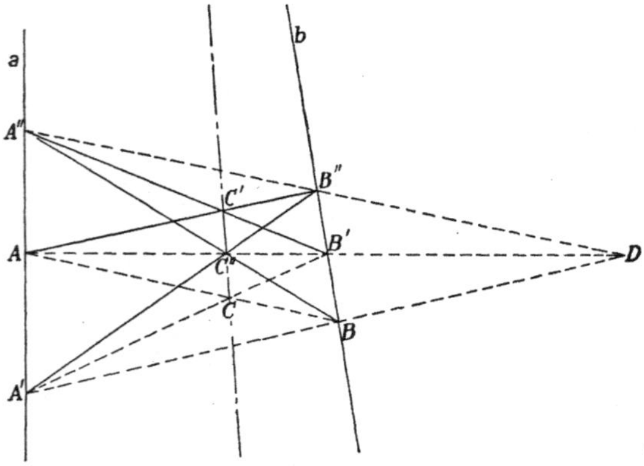

Abb. 47.

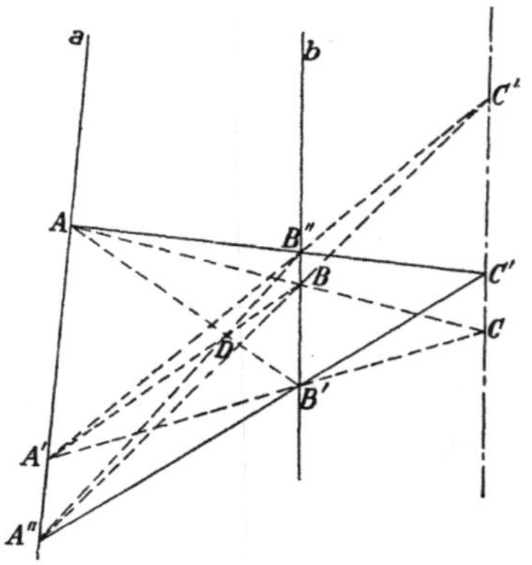

Abb. 48.

16. Eine Gerade durch einen gegebenen Punkt und durch den Schnittpunkt zweier Geraden zu ziehen, wobei der Schnittpunkt der beiden Geraden nicht mehr auf das Zeichenblatt fällt. Da diese Aufgabe häufig vorkommt, so soll die folgende Lösung kurz angegeben werden:

a und b seien die gegebenen Geraden, C der gegebene Punkt (Abb. 47). Durch C lege man die beliebigen Geraden $\overline{AB}$ und $\overline{A'B'}$. $\overline{AB'}$ und $\overline{A'B}$ schneiden sich in D. Durch D lege man die beliebige Gerade $\overline{DB''A''}$, dann zeichne man $\overline{B'A''}$ und $\overline{AB''}$ (oder $A'B''$ und $A''B$), die sich in C' (oder C'') schneiden. Die Gerade durch die Punkte C, C'', C' geht durch den Schnittpunkt von a und b.

Die Konstruktion ist auch anwendbar, wenn C außerhalb der Geraden a und b liegt (Abb. 48).

IV. Spannung und Verzerrung. Verhalten des Materials.

1. Spannung.

Ein fester Körper unterliege den Einwirkungen äußerer Kräfte, die entweder an seiner Oberfläche oder, wie die Schwerkraft, an jedem einzelnen Körperelement angreifen, und befinde sich dabei im Gleichgewicht.

Denkt man sich den Körper in zwei Teile zerschnitten, so ist offensichtlich, daß im allgemeinen die beiden Körperhälften in ihren Schnittflächen aufeinander Kräfte ausüben. Dies sind die inneren Kräfte, mit denen die einzelnen Körperteilchen aufeinander einwirken und danach trachten, den Zusammenhang untereinander aufzuheben. Die inneren Kräfte brauchen nicht immer durch äußere Kräfte hervorgerufen zu sein.

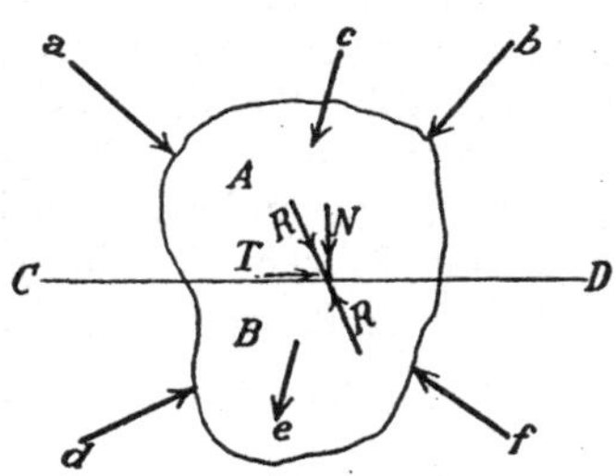

Abb. 49.

Der Körper in Abb. 49 sei, wie dargestellt, durch äußere Kräfte belastet. Nun denke man sich einen Schnitt CD geführt, der den Körper in zwei Teile A und B teilt. Wenn sich der Körper in Ruhe befindet, müssen alle äußeren Kräfte — a, b, c, d, e, f — untereinander im Gleichgewicht sein. Die Resultierende von a, b, c ist dann entgegengesetzt gerichtet und von gleicher Größe wie die Resultierende von d, e, f. Die Resultierende von a, b, c ist die Kraft, mit der A auf B wirkt, und mit der gleichen, aber entgegengesetzt gerichteten Kraft wirkt B auf A. Jede von den beiden resultierenden Kräften ist gleich der Summe der inneren Kräfte, die den Querschnitt CD beanspruchen, und deren Verteilung über den Querschnitt später noch näher betrachtet werden soll. Da der Querschnitt beiden Körperhälften angehört, so nehmen die inneren Kräfte entgegengesetzte Richtungen an, je nachdem man die eine oder die andere Körperhälfte betrachtet.

Die Richtung der inneren Resultierenden R kann normal oder geneigt zum Querschnitt sein. Im zweiten Fall kann R in zwei Komponenten, N und T, zerlegt werden. N wirkt normal, T tangential zum Querschnitt. Andere Kräfte außer Normal- und Tangentialkräften können nicht auftreten.

Die Normalkraft kann entweder vom Querschnitt weg wirken mit dem Bestreben, A und B voneinander weg zu entfernen; dann ist N eine Zugkraft. Oder die Normalkraft wirkt auf den Querschnitt zu mit dem Bestreben, A und B aufeinander zu drücken, dann ist N eine Druckkraft.

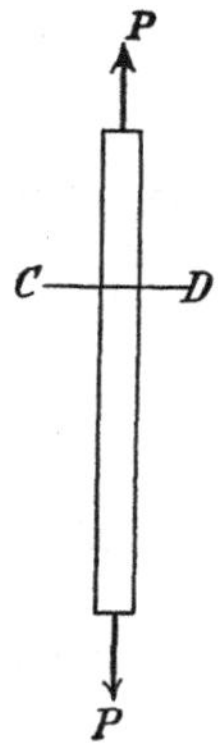

Abb. 50a.

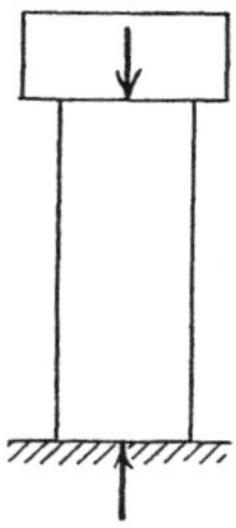
Abb. 50b.

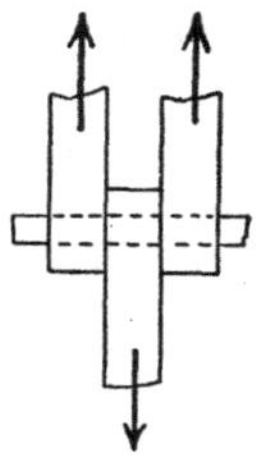
Abb. 50c.

Die Tangentialkraft ist bestrebt, A auf B und B auf A in entgegengesetzter Richtung gleiten zu lassen. Man nennt sie eine Scher- oder Schubkraft.

Es gibt also offenbar nur drei Arten von inneren Kräften: Zug-, Druck- und Scherkräfte.

Ein Stab mit einem Zuggriff an jedem Ende (Abb. 50a) ist ein einfaches, anschauliches Beispiel für Zugbeanspruchung, eine Säule, die nach Abb. 50b eine Last trägt, ein Beispiel für Druckbeanspruchung, eine Schere, die einen Körper schneidet, ein Beispiel für Scherbeanspruchung; ein anderes Beispiel für Scherbeanspruchung zeigt Abb. 50c, etwa eine Bolzenverbindung darstellend.

Wird die Kraft durch den Querschnitt dividiert, auf den sie wirkt, so gibt der Quotient $\frac{P}{F}$ die mittlere Kraft pro Flächeneinheit oder die mittlere Spannung an. Die Spannung wird jedoch im allgemeinen nicht an jedem Querschnittselement gleich sein, sondern wird innerhalb des Querschnitts CD eine Funktion des Ortes sein. Den wirklichen Wert der Spannung an einem Punkt erhält man, indem man die an dem betrachteten Punkt auf eine unendlich kleine Fläche wirkende Kraft durch das zugehörige Flächenelement dividiert,

$$\sigma = \frac{dP}{dF}.$$

An jedem Punkt eines Querschnitts, der durch Normal- und Tangentialkräfte beansprucht wird, kann man also eine Normal-, eine Tangential- und eine resultierende Spannung feststellen.

Greift eine Normalkraft derart am Schwerpunkt des Querschnitts an, wie es z. B. bei dem Stab in Abb. 51a der Fall ist, daß die Zugkräfte an beiden Enden gleichmäßig verteilt sind, so kann angenommen werden, daß sich die Kraft gleichmäßig über CD verteilt, so daß die

Spannungen an allen Punkten von CD gleich sind. Selbst wenn die Kraft am Ende des Stabes konzentriert im Schwerpunkt der Fläche angreift, etwa nach Abb. 51b, kann angenommen werden, daß die Spannungen über CD gleichmäßig verteilt sind. Daß das unter Umständen nicht genau zutrifft, lehrt die Anschauung: Bei einem Belastungsbild nach Abb. 51b trifft es sicher nicht für den Endquerschnitt zu, und man wird sich erst eine gewisse Strecke von diesem entfernen müssen, bis man gleichmäßige Spannungsverteilung über den Stabquerschnitt findet.

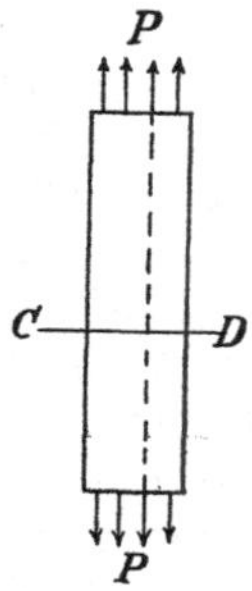

Abb. 51a.

Abb. 51b.

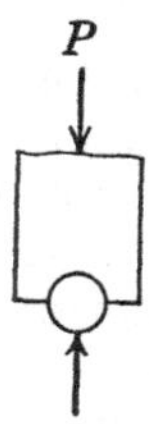

Abb. 52.

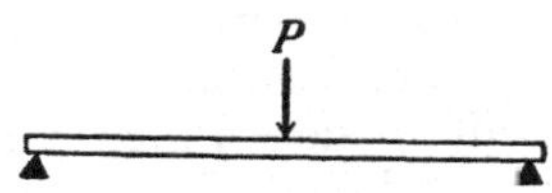

Abb. 53.

Der betrachtete Querschnitt braucht nicht eben zu sein; es ist häufig nötig, die Spannungsverteilung über eine krumme Fläche zu untersuchen, z. B. bei einem Lastfall nach Abb. 52.

Von einem nach Abb. 53 beanspruchten Balken sagt man, daß er Biegungsbeanspruchungen erleidet. Das heißt nun nicht, daß bei Biegung andere als die oben erwähnten drei Arten von Spannungen auftreten; auch die Biegungsspannungen sind Zug-, Druck- und Scherspannungen. (Letztere sind nicht immer vorhanden.) Der Name „Biegungsspannungen" sagt nur über die Ursache der Spannungen etwas aus. Entsprechend spricht man von Torsionsspannungen; auch diese sind Normal- und Tangentialspannungen, und der Name „Torsionsspannungen" besagt nur etwas über ihre Ursache, nämlich daß sie durch Torsion hervorgerufen werden.

Die Dimension einer Spannung ist kg/cm² (t/cm², t/m²). Der Student sollte sich daran gewöhnen, in seiner Anschauung stets den Begriff der Kraft mit dem der Fläche zu verbinden, auf die die Kraft wirkt. Bei der Untersuchung von Spannungen betrachten wir nur ebene Flächen. Auch wenn die Kraft auf eine krumme Fläche wirkt, kann man das betrachtete Flächenelement jeweils so klein machen, daß es mit genügender Genauigkeit als eben bezeichnet werden darf.

Die Spannung über einen Querschnitt wird, wie bereits bemerkt, im allgemeinen an jedem Punkt verschieden sein. Die Größe der Spannung kann durch eine Strecke in Richtung der Kraftwirkung ausgedrückt werden, die von dem betrachteten Punkt aus in irgendeinem passenden Maßstab abgetragen wird. Normalkräfte würden also durch Strecken gekennzeichnet, die senkrecht zum Querschnitt stehen. Dieses Darstellungsprinzip versagt aber bei der bildlichen Wiedergabe von Tangentialspannungen. Diese werden deshalb bei bildlichen Darstellungen der Spannungsverteilung ebenfalls senkrecht zum Querschnitt aufgetragen.

In Abb. 54 stelle ab die betrachtete Querschnittsfläche dar, die gekrümmte Linie cd gebe die Spannungsverteilung über ab an. Dann ist die Spannung an irgendeinem Punkt von ab die — in einem anzugebenden Maßstab gemessene — lotrechte Entfernung von ab und cd an jenem Punkt. Allgemein: Ist an jedem Punkt einer Fläche F die dort herrschende Spannung — Normal- oder Tangentialspannung — senkrecht zu F in einem beliebigen, aber gleichen Maßstab aufgetragen, so bilden die Endpunkte aller dieser Lote eine Fläche H, die eben oder gekrümmt ist, und die die Spannungsverteilung angibt. Die auf F wirkende (Normal- oder Tangential-) Kraft ist durch den von den Flächen F und H eingeschlossenen Raum dargestellt und greift in dem Punkt von F an, der lotrecht unter dem Schwerpunkt des zwischen F und H liegenden Raumes liegt. Es sei mit p die Spannung bezeichnet, dann ist die gesamte Kraft

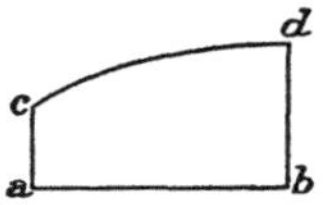

Abb. 54.

$$P = \int p \cdot dF,$$

und dies ist der Raum zwischen F und H. Ferner ist die Entfernung der Kraft P von irgendeiner Achse in F, wenn die variable Entfernung eines wandernden Punktes von der Achse mit x bezeichnet ist,

$$x_0 = \frac{\int p \cdot x \cdot dF}{\int p \cdot dF}.$$

In Abb. 54 gibt die Linie cd eine Spannungsverteilung über eine Fläche und zwar über ein Rechteck an, falls jeder Schnitt parallel zur Zeichenebene das gleiche Spannungsbild liefert; die Fläche $\overline{abcd}$ stellt die Kraft P dar, die auf das Rechteck mit den Seiten $\overline{ab}$ und 1 wirkt, wobei P durch den Schwerpunkt der Fläche $abcd$, im Abstand $\frac{1}{2}$ von der Zeichenebene, parallel zu ihr, geht. Ist $cd \parallel ab$, so ist die Spannung gleichmäßig verteilt; ist cd eine Gerade, jedoch nicht parallel zu ab, so spricht man von geradliniger Spannungsverteilung.

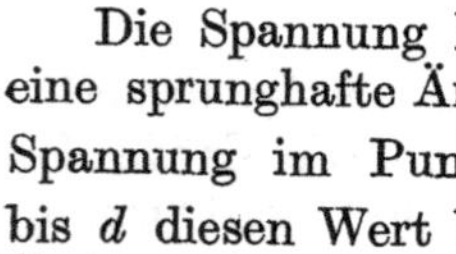

Abb. 55.

Die Spannung kann sich von Punkt zu Punkt nur stetig ändern, eine sprunghafte Änderung ist nicht denkbar. So soll in Abb. 55 die Spannung im Punkte a den Wert $\overline{ac}$ haben; dann kann sie nicht bis d diesen Wert beibehalten und dort auf $\overline{de}$ springen, sondern die Änderung wird sich etwa nach der gestrichelten Linie vollziehen. Der Aufstieg kann sehr steil sein, das hängt von den elastischen und plastischen Eigenschaften des Materials ab. Eine äußere Kraft oder Flächenpressung kann dagegen an einem Punkt oder einer Linie sprungweise den Wert ändern. Die Gesetze, die die Spannungsverteilung über eine ebene Fläche bestimmen, sind in Kapitel IX erörtert.

In Abb. 56 sei $\overline{abcd}$ ein Flächenelement, auf das eine Kraft $\overline{Oe} = P$ einwirkt. P werde in die Normalkraft N und die Tangentialkraft T zerlegt. Eine Zerlegung in andersgeartete Kräfte ist, wie bereits dargelegt, nicht möglich. Während bei den Normalkräften jeweils zu untersuchen ist, ob sie als Druck- oder Zugkräfte wirken, weil es sich um grundsätzlich andere Kraftwirkungen handelt, spielt die Richtung der Tangentialkräfte keine Rolle, sofern das Material homogen ist. Ist das Material nicht homogen, d. h. verhält es sich bei gleichartigen und gleichgroßen Kraftangriffen nach verschiedenen Richtungen verschieden, etwa wie Holz, so würde die Richtung auch der Tangentialkräfte — quer zur Faser oder längs zur Faser — für die Anstrengung des Materials von Bedeutung sein. Es kann dann T in zwei Komponenten parallel zu den Achsen eines winkelrechten Achsenkreuzes in $abcd$ zerlegt werden. So kann die Kraft P stets in drei Komponenten parallel zu den Achsen eines räumlichen rechtwinkligen Koordinatensystems X, Y, Z zerlegt werden; eine Komponente ist eine Normalkraft, zwei Komponenten sind Tangentialkräfte.

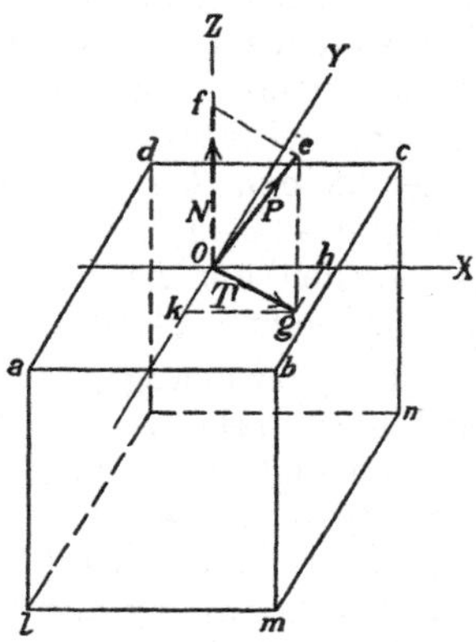

Abb. 56.

Wir haben also ihrer Wirkungsweise nach folgende allgemeine Einteilung von Kräften

Kräfte { normal gerichtet { Zug / Druck.
Kräfte { tangential gerichtet

2. Verzerrung (Deformation).

Jede Kraft, die in einem Gleichgewichtssystem wirkt, erzeugt eine Gestaltsänderung, eine Verzerrung. Kein Körper ist absolut starr, sondern jede, auch die kleinste Kraft bewirkt irgendeine Gestaltsänderung. Unter sonst gleichen Umständen wird die Verzerrung um so größer sein, je größer die Kraft ist; Kraft und Verzerrung müssen sich aber nicht im gleichen Verhältnis ändern. Eine Zugkraft ruft eine Verlängerung oder Dehnung, eine Druckkraft eine Verkürzung, eine Scherkraft eine Verschiebung hervor.

Ein Material wird elastisch genannt, wenn die Gestaltsänderung mit dem Aufhören der Kraft, die sie erzeugt hat, wieder völlig verschwindet, der Körper also seine ursprüngliche Gestalt wieder einnimmt. Es wird mancherorts die Meinung vertreten, daß dies, genau genommen, bei keinem Material, mag die Beanspruchung noch so niedrig sein, der Fall sei; ein Teil der Formänderungen, die bleibende Formänderung, bleibe nach dem Verschwinden auch der kleinsten Beanspruchung. (Vgl. hierüber IV, 15.) Bei manchen Materialien treten die bleibenden Formänderungen in meßbarer Größe erst hervor, wenn die Spannungen eine gewisse Grenze, die sog. Elastizitätsgrenze, überschritten haben, bei andern sind die bleibenden Formänderungen auch nach einer kleinen Beanspruchung bereits deutlich festzustellen. Ein Material heißt plastisch, wenn die gesamte Formänderung nach dem Verschwinden der Kraft, die sie erzeugte, als bleibende Formänderung zurückbleibt. Plastische Materialien sind als Baustoffe unbrauchbar.

Die Beziehungen zwischen Spannung und Verzerrung sind für den Ingenieur sehr wichtig; sie bilden den eigentlichen Gegenstand der Festigkeitslehre. Die Festigkeitslehre sucht die Spannungen und Verzerrungen an jedem Punkt eines Körpers zu bestimmen, der durch gegebene äußere Kräfte belastet ist. Hierher gehört die Frage, bei welcher Spannung und Verzerrung Bruch oder dauernde Beschädigung erfolgt, wie der Bruch vor sich geht, ganz allgemein, welche physikalischen Erscheinungen mit den verschiedenen Spannungen unter verschiedenen Umständen verbunden sind.

3. Eigenschaften von festen Körpern.

Zu den Eigenschaften von festen Körpern, die für den Ingenieur wichtig sind, gehören folgende:

Über die Elastizität ist das Notwendige bereits oben bemerkt.

Der Begriff der Plastizität ist auch schon erklärt.

Sowohl die Plastizität wie die Elastizität kommen in der Reinheit der Definition nur selten vor. Die Formänderungen sind im allgemeinen teils elastisch, teils plastisch, d. h. von den gesamten Formänderungen geht nur ein Teil, nämlich die elastischen Formänderungen, beim Verschwinden der Kraft wieder zurück. Einige Stoffe, z. B. Metalle, die innerhalb gewisser Spannungsbereiche unter gewöhnlichen Verhältnissen überwiegend oder auch rein elastisches Verhalten zeigen, werden bei steigenden Temperaturen plastischer. Das gleiche tritt bei wachsenden Beanspruchungen ein.

Die Dehnbarkeit eines Materials bezieht sich auf die bleibenden Verlängerungen (Zug). Ein Stab aus dehnbarem Material kann in dünnen Draht ausgezogen werden, ohne zu zerreißen.

Die Fähigkeit, bleibende Verlängerungen und bleibende Verkürzungen einzugehen, hängt sehr eng mit dem Begriff der Zähigkeit zusammen (vgl. unten); sie kann verschieden sein, je nachdem ob es sich um eine Verkürzung oder Verlängerung oder Verschiebung handelt. Die Dehnbarkeit kann durch den Quotienten aus Spannung durch Formänderung, ähnlich wie der Elastizitätsmodul (vgl. Abschnitt 4), gemessen werden; sie wird indessen gewöhnlich auf andere Weise bestimmt, nämlich mit Hilfe des Quotienten aus der Länge eines gezogenen Stabes bei dem Bruch durch die ursprüngliche Stablänge

$$\frac{l+\Delta l}{l}.$$

Diese beiden Methoden, ein Maß der Dehnbarkeit zu bestimmen, sind grundsätzlich verschieden. Die letztere gibt die Zahl, die in der deutschen Materialprüfung als Bruchdehnung bezeichnet wird[1].

Die Hämmerbarkeit ist die Eigenschaft, die es gestattet, daß der Körper zu dünnen Blättern ausgehämmert wird, ohne zerstört zu werden. So kann Gold in sehr dünne Blätter ausgehämmert werden. Die Hämmerbarkeit hängt offenbar mit der Zähigkeit und Weichheit des Materials zusammen.

Steifigkeit ist die Eigenschaft, die den Körper nur geringe Deformationen unter der Einwirkung von Kräften eingehen läßt, d. h. ein Körper ist steif, wenn große Kräfte nur kleine Formänderungen hervorrufen, gleichgültig, ob diese Formänderung elastisch oder plastisch ist. Als Maß für die Steifigkeit kann der Quotient aus Spannung und Formänderung, beides auf die Einheit bezogen, dienen (vgl. Abschn. 4 dieses Kapitels). Je größer dieser Quotient ist, um so steifer ist das Material.

Härte ist eine wichtige Materialeigenschaft, deren Definition jedoch schwierig und wenig einheitlich ist. So wird sie als Widerstandsfähigkeit gegen Einkerben durch den Stoß oder Schlag eines Kegels oder einer Kugel aus irgendeinem bestimmten Stoff bestimmt. Sie wird auch als Widerstandsfähigkeit gegen Schneiden oder Ritzen definiert. Wenn ein Material ein anderes ritzt, selbst aber von dem andern nicht geritzt wird, so ist es das härtere von beiden. Auf diesem Prinzip kann eine Härteskala aufgebaut werden. Jedes Material dieser Härteskala ritzt das über ihm, nicht aber das unter ihm stehende. Das unterste Material dieser Skala ist das härteste. Indessen ist die Widerstandsfähigkeit gegen Einkerben nicht immer proportional der gegen Ritzen. Wieder ein anderes Kriterium für die Härte ist der Widerstand gegen Abschürfen; er kann dadurch gemessen werden, daß man das abgeschürfte Material mißt, das sich bei irgendeinem entsprechenden (normierten) Versuch (Abnutzungsversuch) ergibt. Ein weiterer Maßstab für die Härte wird häufig in einer hohen Elastizitätsgrenze gesehen, also einem hohen Spannungswert, unterhalb dessen keine bleibenden Deformationen auftreten; dabei würde also Härte mit Widerstandsfähigkeit gegenüber bleibenden Formänderungen gleichgesetzt. Diese Deutung hat keine unmittelbare Beziehung zu den andern drei genannten.

---

[1] Anmerkung d. Übers.: Bei der Angabe der Bruchdehnung muß die Länge der Meßstrecke stets angegeben werden, da die Verlängerung sich, namentlich kurz vor dem Bruch, durchaus nicht gleichmäßig über die ganze Stablänge zu verteilen, sondern sich auf ein kurzes Stück zu sammeln pflegt, so daß der Quotient

$$\frac{l+\Delta l}{l}$$

um so größer wird, je kleiner man die Meßstrecke macht.

Härte ist nicht gleichbedeutend mit Sprödigkeit. Ein harter Stahl kann auch zäh sein.

Elastisches Arbeitsvermögen ist die (potentielle) Energie, die ein elastischer Körper aufzunehmen vermag, wenn er belastet wird, und die er abgibt, wenn er bei Entlastung seine frühere Gestalt annimmt.

Manchmal wird nicht nur die Arbeit betrachtet, die der Körper in Form von Spannungsenergie potentiell aufspeichert (also unterhalb der Elastizitätsgrenze die ganze Formänderungsarbeit, oberhalb der Elastizitätsgrenze der Teil der Arbeit, der den elastischen Formänderungen entspricht), sondern die gesamte Formänderungsarbeit, die bis zum Bruch des Körpers aufgewendet wird.

Es muß hier in diesem Zusammenhang der Begriff der Formänderungsarbeit kurz erläutert werden. Mehr darüber findet sich in Abschnitt 27 dieses Kapitels. Arbeit ist Kraft $\times$ Weg in der Kraftrichtung, Formänderungsarbeit also Kraft $\times$ Formänderung. Nehmen wir an, daß Kraft und Formänderung einander proportional sind, daß also die Kraft mit der Formänderung von O auf ihren Endwert P anwächst, so ist die mittlere Kraft $\frac{P}{2}$, die Arbeit also

$$\mathfrak{A} = \frac{P}{2} \cdot \Delta,$$

wobei Δ der Endwert der Formänderung ist.

Wird die Kraft P plötzlich, also stoßweise, aufgebracht, so wirkt sie von Anfang des Formänderungsvorganges an in ihrer vollen Größe, der Körper gerät dann in Schwingungen.

Sprödigkeit. Ein spröder Körper hat beim Bruch eine nur geringe Formänderung erlitten, er besitzt nur geringes plastisches Arbeitsvermögen, er ist wenig plastisch. Sprödigkeit ist nicht das gleiche wie Härte. Es ist das Gegenteil von Plastizität, Dehnbarkeit, Zähigkeit. Ein spröder Körper zeigt geringe Widerstandsfähigkeit gegenüber Stößen.

Zähigkeit. Ein zäher Körper verlangt eine große Formänderungsarbeit bis zum Bruch. Der Begriff der Zähigkeit schließt die der Plastizität, Dehnbarkeit, großen Arbeitsvermögens ein. Ein zäher Körper ist gegenüber Stößen sehr widerstandsfähig.

Die Zähigkeit oder Sprödigkeit eines Körpers ist für sein Verhalten gegenüber Kraftangriffen außerordentlich wichtig. Darauf soll noch eingegangen werden.

Festigkeit (einer bestimmten Art, wie Zug-, Druck-, Scherfestigkeit) ist die größte Spannung (der betreffenden Art), die der Körper bis zum Bruch erträgt. Dabei ist vorausgesetzt, daß die Kraft allmählich, nicht stoßweise aufgebracht wird. Die Festigkeit sollte, der Definition entsprechend, auf den Bruchquerschnitt bezogen werden, der im allgemeinen von dem ursprünglichen verschieden sein wird. Gewöhnlich geschieht das jedoch nicht, sondern es wird der Festigkeitsbestimmung der ursprüngliche Querschnitt zugrunde gelegt (vgl. IV, Abschnitt 17).

4. Elastizitätsmodul.

Wird ein Stab aus homogenem Material mit konstantem Querschnitt nach Abb. 51a auf Zug beansprucht, so werden alle Teile bis zu einer gewissen Spannungsgrenze gleichmäßig gedehnt. Die Verlängerung des Stabes durch eine Kraft P wird proportional der Länge sein; die Verlängerung möge ferner proportional der Kraft P sein, solange die Spannung unterhalb eines Wertes bleibt, den man die Proportionalitätsgrenze nennt, und sei rein elastisch. Führen wir noch den Querschnitt als Veränderliche ein, so wird die Formänderung umgekehrt proportional der Größe des Querschnitts sein. Die Abhängigkeit von P und F kann man auch so deuten, daß man sagt, die Formänderung ist proportional der Spannung $\frac{P}{F}$.

Wir haben also

$$\Delta l = \frac{P \cdot l}{F} \cdot \alpha,$$

wobei α eine Materialkonstante ist, die für jedes Material zu bestimmen ist. Diese Materialkonstante wird meistens in der Form

$$\alpha = \frac{1}{E}$$

geschrieben, so daß das Gesetz lautet

$$\Delta l = \frac{P \cdot l}{E \cdot F};$$

daraus

$$E = \frac{P}{F} \cdot \frac{l}{\Delta l} = \frac{\sigma}{\varepsilon}, \qquad (1)$$

worin σ die Kraft pro Flächeneinheit, also die Spannung, ε die Formänderung pro Längeneinheit, die spezifische oder bezogene Formänderung bedeutet.

E heißt der Elastizitätsmodul (in Amerika auch Young's Modulus nach dem amerikanischen Forscher Young genannt). Da ε eine Verhältniszahl von zwei Längen, also eine unbenannte Zahl ist, hat E die Dimension einer Spannung.

Wenn $\varepsilon = 1$ wäre, so hätte E den Wert σ, d. h. E ist die Spannung, unter deren Wirkung sich die ursprüngliche Länge im Zugversuch verdoppelt, vorausgesetzt, daß dabei die Proportionalitätsgrenze nicht überschritten wird. In Wirklichkeit ist die Proportionalitätsgrenze bei den gebräuchlichen Baustoffen schon bei einer viel geringeren bezogenen Formänderung erreicht, so daß diese Erklärung der Zahl E praktisch nicht anwendbar ist. Sie vermittelt aber eine gute Anschauung.

Druckspannungen erzeugen Verkürzungen. Der Elastizitätsmodul für Druck braucht nicht der gleiche zu sein wie der für Zug. Für Stahl stimmen die beiden Elastizitätsmoduln nahezu überein; für praktische Rechnungen wird diese Übereinstimmung meist auch bei den andern Baustoffen angenommen.

Das Gesetz, daß Spannung und Formänderung in linearem Zusammenhang stehen, heißt Hooke'sches Gesetz. Hooke faßte dieses Gesetz im Jahre 1678 in die Form: „Ut tensio, sic vis." Mit praktisch ausreichender Genauigkeit trifft es für gewisse Stoffe zu, z. B. bei Stahl bis zur Proportionalitätsgrenze; für die meisten Baustoffe trifft es jedoch auch mit der obigen Einschränkung auf die praktisch ausreichende Genauigkeit nicht zu, z. B. für Gußeisen, Holz, Beton, die meisten natürlichen Steine. Eine Gültigkeit mit absoluter Genauigkeit hat das Gesetz wohl überhaupt nicht.

Bei Gültigkeit des Hooke'schen Gesetzes ist E konstant. Für Stahl trifft dies innerhalb der Proportionalitätsgrenze zu, bei andern Materialien gar nicht; gilt das Hookesche Gesetz nicht, dann ändert sich E mit der Spannung[1].

5. Zahlenwerte für *E*.

Die E-Werte für verschiedene Eisen- und Stahlsorten innerhalb der Elastizitäts- und Proportionalitätsgrenze sowie für Stoffe, die keine E- und P-Grenze haben, innerhalb kleinerer Spannungen, gibt folgende Zusammenstellung:

Material	E in kg/cm² (Druck und Zug)
Schmiedeeisen . .	2000000
Flußstahl	2100000
Gußeisen	1000000 (mit beträchtlichen Schwankungen)
Bauholz . . . . . (längs zur Faser)	70000—140000 (mit großen Schwankungen)
Beton	140000—300000 (mit großen Schwankungen)

[1] Anmerkung des Übersetzers: Swain bezieht den Elastizitätsmodul nicht in aller Schärfe auf die elastischen Formänderungen, wie dies in der deutschen Technik bekanntlich seit Bach üblich ist. Vgl. Bach: Elastizität und Festigkeit: Die Bestimmung des E-Moduls für Beton, Gußeisen, Leder u. a. Stoffe, die zunächst keine ausgesprochene Elastizitäts- und Proportionalitätsgrenze haben. So sagt Swain in Abschnitt 3 dieses Kapitels unter dem Absatz „Steifigkeit": A body is stiff if a large load produces a small deformation, independent of whether the deformation is elastic or permanent. The larger E is, the greater is the stiffness. Diese beiden Sätze sind offenbar nur miteinander verträglich, wenn E nicht nur auf die elastischen, sondern auf die gesamten (elastischen + plastischen) Formänderungen bezogen ist.

Entsprechend der deutschen Auffassung ist oben auch verdeutscht: E ist konstant „innerhalb der Proportionalitätsgrenze", während im amerikanischen Text steht: „For steel, since the unit stress varies as the unit strain up to the elastic limit, E is constant up to that limit." Folgerichtig hätte hier stehen müssen proportional statt elastic limit. Dies erklärt aber Swain vorher in einer Anmerkung: „No distriction is commonly made between proportional and elastic limit, though strictly speaking the proportional limit is that up to which stress and strain are proportional, while elastic limit is that up to which there is no permanent set." Da der deutsche Sprachgebrauch die beiden Begriffe strenger scheidet, ist jeweils bei der Verdeutschung der sinnentsprechende, deutsche Ausdruck gebraucht.

Die E-Werte schwanken zum Teil beträchtlich für ein und dasselbe Material. Die gleichmäßigsten Werte gibt Schmiedeeisen und Flußstahl. Bei Gußeisen schwanken die Werte schon beträchtlich. Für Holz sind die Werte sehr verschieden nach der Art des Holzes, seinem Feuchtigkeitsgehalt usf. Bei Beton schwanken die Werte ebenfalls sehr stark mit dem Alter, Art der Zuschlagstoffe, Mischungsverhältnis, Wasserzusatz, Lagerung usf.

Ein Stab aus Flußstahl mit einer Zugspannung von 1000 kg/cm² würde also um

$$\varepsilon = \frac{\sigma}{E} = \frac{1000}{2100\,000} = \frac{1}{2100}$$

seiner ursprünglichen Länge verlängert werden. Wenn die Elastizitätsgrenze des Materials bei 2100 kg/cm² und unterhalb der Proportionalitätsgrenze liegt, so würde der Stab eine Verlängerung von $\frac{1}{1000}$ seiner Länge innerhalb seines elastischen Bereichs ertragen können.

6. Querkontraktion; Poisson'sche Zahl.

Wenn ein Stab nach Abb. 57a gezogen wird, so erfährt sein Querschnitt eine Verminderung (Kontraktion) in der Weise, daß sich, wenn z. B. der ursprüngliche Querschnitt ein Rechteck mit den Seitenlängen b und h war, sowohl b wie h pro Längeneinheit um ein Maß verkürzen, das einen Bruchteil, mit $\frac{1}{m}$ bezeichnet, von der spezifischen Verlängerung der Fasern in der Richtung der Zugkraft ausmacht, allgemein

$$\varepsilon_q = -\frac{1}{m}\varepsilon. \tag{2}$$

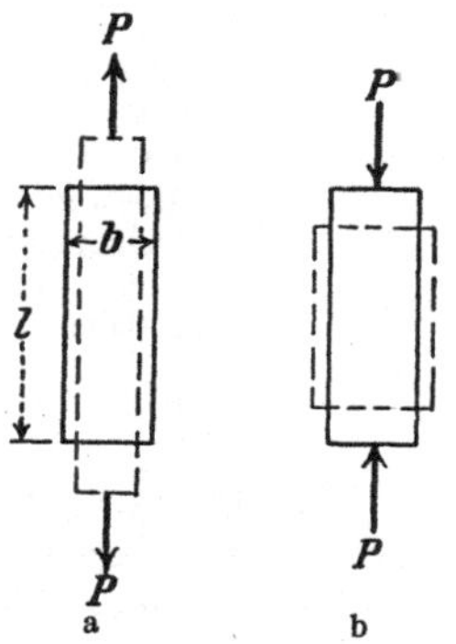

Abb. 57.

Darin ist ε_q die Längenänderung der Längeneinheit in der Querrichtung, ε die in der Kraftrichtung. $\frac{1}{m}$ ist die Poisson'sche Konstante, der Querkontraktionskoeffizient, neuerdings auch Querzahl genannt. Im Falle der Abb. 57 würde sein

$$\varepsilon = \frac{P}{E \cdot F} \quad \text{oder} \quad \frac{\sigma}{E}$$

$$\varepsilon_q = -\frac{1}{m} \cdot \varepsilon,$$

also die Verkürzung der Seite a

$$\Delta a = \frac{1}{m} \cdot \frac{P \cdot a}{E \cdot F}.$$

Wenn das Material homogen ist, ist die Querzahl in allen Richtungen der Querschnittsebene gleich groß.

Ist P eine Druckkraft, so erfährt der Querschnitt eine Vergrößerung entsprechend der Gl. (2). Dabei kann die Zahl $\frac{1}{m}$ je nach dem Material für Druck und Zug gleich oder verschieden sein. In der Festigkeitslehre wird im allgemeinen sowohl für E wie für $\frac{1}{m}$ im Zug- und Druckbereich mit gleichen Werten gerechnet.

Die Querzahl ist kleiner als 1. Für Eisen und Stahl schwankt $\frac{1}{m}$ zwischen $\frac{1}{3}$ und $\frac{1}{4}$, oder m zwischen 3 und 4. Ein gebräuchlicher Wert ist $\frac{1}{m} = 0{,}3$.

Der Querschnitt des oben erwähnten Stabes mit einer Zugspannung von 1000 kg/cm² würde also Verkürzungen von $\frac{0{,}3}{2100} = \frac{1}{7000}$ seiner linearen Abmessungen aufweisen.

Die Zahlenwerte von m bzw. $\frac{1}{m}$ sind schon deshalb nicht einheitlich, weil ihre Bestimmung sehr schwierig ist. Dazu kommen die unvermeidlichen Streuungen des Materials.

Material	Querzahl [1]
Glas	0,2451
Stahl	0,2686
Kupfer	0,3270
Messing	0,3275
Deltametall	0,3399
Blei	0,4282
Natürliche Gesteine	0,25 (roher Durchschnittswert)
Beton	0,08÷0,18

Man begegnet häufig bei Studierenden der Ansicht, daß die Querkontraktion durch Kräfte, in Richtung der Querkontraktion, verursacht sein müsse, also z. B. durch Kräfte senkrecht auf eine Ebene, die in Abb. 51a durch eine gestrichelte Linie dargestellt ist. Es könnten nun entweder Druckkräfte sein, die die Körperelemente nach innen drücken, oder Zugkräfte, die sie nach innen ziehen. Nehmen wir an, es seien Druckkräfte, die die einzelnen Körperteilchen nach der Achse zu bewegen. Ein Teilchen unmittelbar rechts neben der Achse wurde also von einem andern rechts neben ihm nach links gedrückt, dieses wieder von einem dritten rechts neben ihm nach links gedrückt usf.; so kommt man nach der Oberfläche D, wo aber offenbar keine Kraft wirkt. Die Annahme, daß Zugkräfte wirksam sind, läßt sich durch ähnliche anschauliche Überlegungen plausibel widerlegen. Wir wollen jetzt die Frage nach statischen Gesetzen behandeln.

Denken wir uns einen Schnitt senkrecht zur Zeichenebene nach Lage der punktierten Linie in Abb. 51a geführt, so muß offenbar die

[1] Nach Johnsons: Materials of Construction. S. 4, 255, 480.

Summe aller in der Schnittfläche wirkenden Kräfte Null sein. Da keine äußeren Kräfte (Aktionen und Reaktionen) in der Querrichtung wirken, so wäre eine Kraftverteilung auf der Schnittfläche also statisch nur so denkbar, daß Zug- und Druckkräfte gleich groß und außerdem so verteilt wären, daß das Moment verschwindet. Da keine Stelle der Schnittfläche bevorzugt ist, ist nicht einzusehen, warum hier Druck- und dort Zugkräfte auftreten sollten. Die Querkontraktion ist also eine spannungslose Deformation.

Entsprechende Überlegungen lassen sich für die Querschnittsvergrößerung bei axialer Druckbeanspruchung anstellen (Abb. 57b).

Es gibt also Deformationen, die nicht durch Kräfte in Richtung der Deformationen erzeugt werden.

7. Elastische Längenänderungen des mehrachsigen Spannungszustandes.

Bei den bisher besprochenen Belastungsfällen nach den Abb. 50a, 50b, 51a, 52 und 57 läßt sich durch jeden Punkt des Körpers ein räumliches rechtwinkliges Achsenkreuz derart legen, daß dessen eine Ebene senkrecht zur angreifenden Kraft P steht. Dann wirken nach dem oben Ausgeführten (Abschn. 6) in den beiden andern Ebenen des Achsenkreuzes keine Kräfte. Einen derartigen Spannungszustand nennt man einen einachsigen Spannungszustand.

Ist der Belastungsfall derart, daß sich ein rechtwinkliges X-, Y-, Z-System so legen läßt, daß die Spannungen in jedem Punkt des Körpers in einer Ebene verschwinden, oder mit anderen Worten, daß die Wirkungslinien sämtlicher Kräfte in parallelen Ebenen liegen, so spricht man von einem zweiachsigen Spannungszustand.

Der allgemeinste Spannungszustand ist der dreiachsige. Es wirken in allen drei Ebenen Kräfte, wie man das Koordinatensystem auch legen mag.

Wir sahen, daß eine Normalspannung in ihrer Kraftrichtung eine spezifische Längenänderung

$$\varepsilon = \frac{\sigma}{E} \tag{1}$$

und in der Ebene senkrecht zu ihrer Kraftrichtung spezifische Längenänderungen (für jede beliebige Richtung in dieser Ebene)

$$\varepsilon_q = -\frac{1}{m}\cdot\frac{\sigma}{E} \tag{2}$$

hervorruft.

Wirken also an einem Punkt eines Körpers die Normalspannungen σ_x, σ_y, σ_z parallel den Achsen eines rechtwinkligen Achsenkreuzes (σ_x bedeute hierbei die Normalspannung auf die Ebenen $x =$ konst., σ_y die Normalspannungen auf die Ebenen $y =$ konst., σ_z die auf die Ebenen $z =$ konst.)[1], so gelten für die durch σ_x, σ_y, σ_z erzeugten

[1] Im allgemeinen Fall wirken in den Ebenen $x =$ konst., $y =$ konst., $z =$ konst. auch Tangentialspannungen. Wir betrachten jedoch zunächst nur Normalspannungen.

spezifischen Längenänderungen die Gleichungen

$$\left.\begin{aligned}\varepsilon_x &= \frac{\sigma_x}{E} - \frac{1}{m}\cdot\frac{\sigma_y}{E} - \frac{1}{m}\cdot\frac{\sigma_z}{E},\\ \varepsilon_y &= -\frac{1}{m}\cdot\frac{\sigma_x}{E} + \frac{\sigma_y}{E} - \frac{1}{m}\cdot\frac{\sigma_z}{E},\\ \varepsilon_z &= -\frac{1}{m}\cdot\frac{\sigma_x}{E} - \frac{1}{m}\cdot\frac{\sigma_y}{E} + \frac{\sigma_z}{E}.\end{aligned}\right\}\qquad(3)$$

Löst man diese drei Gleichungen nach σ_x, σ_y, σ_z auf, so erhält man

$$\left.\begin{aligned}\sigma_x &= \frac{m\cdot E\,[\varepsilon_y + \varepsilon_z + (m-1)\,\varepsilon_x]}{m^2 - m - 2},\\ \sigma_y &= \frac{m\cdot E\,[\varepsilon_x + \varepsilon_z + (m-1)\,\varepsilon_y]}{m^2 - m - 2},\\ \sigma_z &= \frac{m\cdot E\,[\varepsilon_x + \varepsilon_y + (m-1)\,\varepsilon_z]}{m^2 - m - 2}.\end{aligned}\right\}\qquad(4)$$

Für $m = 4$ beispielsweise

$$\left.\begin{aligned}\sigma_x &= \frac{2}{5}\,E\,(3\,\varepsilon_x + \varepsilon_y + \varepsilon_z),\\ \sigma_y &= \frac{2}{5}\,E\,(3\,\varepsilon_y + \varepsilon_z + \varepsilon_x),\\ \sigma_z &= \frac{2}{5}\,E\,(3\,\varepsilon_z + \varepsilon_x + \varepsilon_y).\end{aligned}\right\}\qquad(5)$$

Die (gedachte) Spannung σ_x', die allein, also für $\sigma_y = 0$ und $\sigma_z = 0$, die gleiche spezifische Längenänderung ε_x (Gl. (3)) erzeugen würde, wäre also

$$\sigma_x' = \sigma_x - \frac{\sigma_y}{m} - \frac{\sigma_z}{m}.\qquad(6)$$

σ_x' nennt man die Ersatzspannung oder die reduzierte Spannung.

Für einen zweiachsigen Spannungszustand inbezug auf die Ebene $z =$ konst., d. h. für den Fall, daß die Spannungen in der Ebene $z =$ konst. verschwinden, also hier $\sigma_z = 0$, wird

$$\left.\begin{aligned}\varepsilon_x &= \frac{\sigma_x}{E} - \frac{1}{m}\cdot\frac{\sigma_y}{E},\\ \varepsilon_y &= \frac{\sigma_y}{E} - \frac{1}{m}\cdot\frac{\sigma_x}{E},\\ \varepsilon_z &= -\frac{1}{m}\cdot\frac{\sigma_x}{E} - \frac{1}{m}\cdot\frac{\sigma_y}{E},\end{aligned}\right\}\qquad(3\,\text{a})$$

und

$$\left.\begin{aligned}\sigma_x &= \frac{m\cdot E}{m^2-1}\,(\varepsilon_y + m\cdot\varepsilon_x),\\ \sigma_y &= \frac{m\cdot E}{m^2-1}\,(\varepsilon_x + m\cdot\varepsilon_y).\end{aligned}\right\}\qquad(4\,\text{a})$$

Für $m = 4$ wird

$$\left.\begin{aligned} \sigma_x &= \frac{4}{15} E\,(\varepsilon_y + 4\,\varepsilon_x)\,, \\ \sigma_y &= \frac{4}{15} E\,(\varepsilon_x + 4\,\varepsilon_y)\,. \end{aligned}\right\} \qquad (5\,\mathrm{a})$$

8. Schubspannungen am unendlich kleinen rechtwinkligen Parallelepiped.

Abb. 58 zeige ein rechtwinkliges Parallelepiped mit den Seiten $\overline{Oa} = dx$, $\overline{Ob} = dy$, $\overline{Oc} = dz$; gleichzeitig sei O der Ursprung eines rechtwinkligen Koordinatensystems X, Y, Z; drei Seiten des Parallelepipeds liegen in den Achsen des Achsenkreuzes.

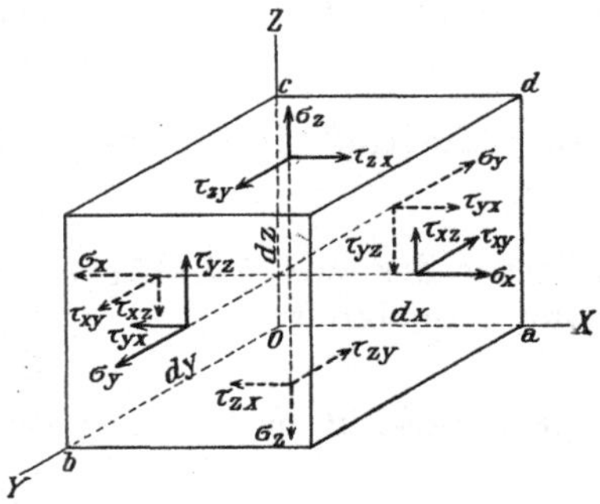

Abb. 58.

Die in den sechs Seitenflächen wirkenden Spannungen seien in Komponenten parallel zu den Achsen des Achsenkreuzes zerlegt, so daß auf jede Seite eine Normal- und zwei Tangentialspannungen wirken (vgl. Kapitel IV, Abschnitt 1).

Zur Erklärung der Bezeichnungen der Kräfte mögen folgende Bemerkungen dienen:

Die Normalkräfte erhalten einen Index, der der beanspruchten Ebene entspricht, also z. B. hat die Normalspannung in der Ebene XY, d. h. der Ebene $z =$ konst., die Bezeichnung σ_z. Die Scherspannungen erhalten zwei Indizes, von denen der erste die Ebene, der zweite die Richtung in dieser Ebene angibt, also wirkt z. B. τ_{xy} in der Ebene $x =$ konst. parallel zur Y-Achse.

Die Spannungen sind Funktionen des Ortes; es werden also beispielsweise die Spannungen in den Ebenen $z =$ konst. (XY-Ebenen) bei verschiedenen z voneinander verschieden sein. Betrachten wir so z. B. σ_z als Funktion von z. Es sei σ_z die Normalspannung in der Ebene $z =$ konst. für $z = 0$; in der Ebene $z = dz$ hat sodann die Normalspannung den Wert

$$\sigma_z + \frac{\partial \sigma_z}{\partial z} \cdot dz\,.$$

$\frac{\partial \sigma_z}{\partial z}$ ist die trigonometrische Tangente der σ_z-Funktion über z, d. h. stellt das Maß der Änderung von σ_z über die Einheit von z dar, wenn innerhalb dieser Strecke keine Richtungsänderung eintritt; $\frac{\partial \sigma_z}{\partial z} \cdot dz$ ist also die Zunahme von σ_z über die Strecke dz. Mathematisch ausgedrückt: $\frac{\partial \sigma_z}{\partial z}$ ist die partielle erste Ableitung von σ_z über z.

Für unsere Betrachtung können wir gleich den Grenzübergang ausführen und die Zunahmen der Spannungen in den um dx, dy und dz entfernten Ebenen gleich Null setzen. Damit werden die Spannungen an je zwei einander gegenüberliegenden Seiten entgegengesetzt gleich, da sich das Körperelement im Gleichgewicht befinden soll.

Die das Prisma beanspruchenden Kräfte sind 18 Kräfte (in jeder Seite 3 Kräfte) von denen 9 paarweise gleich sind.

Es sind dies in jeder der zwei XY-Ebenen ($z =$ konst.)
eine Normelkraft:

$$\sigma_z \cdot dx \cdot dy\,,$$

eine Scherkraft in Richtung der OX-Achse:

$$\tau_{zx} \cdot dx \cdot dy\,,$$

eine Scherkraft in Richtung der OY-Achse:

$$\tau_{zy} \cdot dx \cdot dy\,,$$

in jeder der zwei YZ-Ebenen ($x =$ konst.)
eine Normalkraft:

$$\sigma_x \cdot dy \cdot dz\,,$$

eine Scherkraft in Richtung der OZ-Achse:

$$\tau_{xz} \cdot dy \cdot dz\,,$$

eine Scherkraft in Richtung der OY-Achse:

$$\tau_{xy} \cdot dy \cdot dz$$

und in jeder der zwei XZ-Ebenen ($y =$ konst.)
eine Normalkratf:

$$\sigma_y \cdot dx \cdot dz\,,$$

eine Scherkraft:

$$\tau_{yz} \cdot dx \cdot dz\,,$$

eine Scherkraft:

$$\tau_{yx} \cdot dx \cdot dz\,.$$

Das Gewicht des Körperelements ist von der dritten Ordnung unendlich klein, nämlich Raumgewicht multipliziert mit den drei Seitenlängen, die soeben angeschriebenen Kräfte dagegen sind von der zweiten Ordnung unendlich klein, so daß das Gewicht vernachlässigt werden kann.

Die Normalkräfte stehen untereinander im Gleichgewicht, da

$$\sum X = 0\,, \qquad \sum Y = 0\,, \qquad \sum Z = 0$$

und die Summe ihrer Momente um die X-, Y- und Z-Achse nullwertig sind:

$$\sum M_x = 0\,, \qquad \sum M_y = 0\,, \qquad \sum M_z = 0$$

(die Kräfte gehen alle durch den Schwerpunkt des Elements).

Die Scherkräfte erfüllen auch die Bedingung

$$\sum X = 0, \quad \sum Y = 0, \quad \sum Z = 0;$$

weiterhin müssen auch die Summen ihrer Momente um die X-Achse, um die Y-Achse und um die Z-Achse nullwertig sein

$$\sum M_x = 0, \quad \sum M_y = 0, \quad \sum M_z = 0.$$

Es bleiben also von den sechs Gleichgewichtsbedingungen im Raum nur drei. Diese ergeben (Momente um die X-Achse drehend, $M_x = 0$):

$$-\tau_{zy} \cdot dx \cdot dy \cdot dz + \tau_{yz} \cdot dx \cdot dz \cdot dy = 0.$$

Daraus folgt

$$\tau_{zy} = \tau_{yz}. \tag{6a}$$

Offenbar müssen diese beiden Kräfte der Schnittlinie ihrer Wirkungsflächen entweder beide zustreben oder beide von ihr weg wirken.

$M_y = 0$ ergibt entsprechend

$$\tau_{xz} = \tau_{zx}. \tag{6b}$$

$M_z = 0$ ergibt

$$\tau_{xy} = \tau_{yx}. \tag{6c}$$

Dieses außerordentlich wichtige Ergebnis kann folgendermaßen ausgesprochen werden:

A n jedem beliebigen Punkt eines Körpers sind in zwei aufeinander senkrechten Ebenen die Schubspannungskomponenten senkrecht zu der Schnittlinie der beiden Ebenen einander gleich. Die Schubspannungen wirken dabei entweder beide auf die Schnittlinie der Ebenen zu, oder sie wirken beide von der Schnittlinie weg.

Der erste Teil des Satzes kann auch, von einem räumlichen rechtwinkligen Achsenkreuz ausgehend, folgendermaßen gefaßt werden:

Werden durch irgendeinen Punkt O eines Körpers als Ursprung drei aufeinander senkrecht stehenden Ebenen gelegt, so sind die Tangentialkomponenten (der in dem Punkt wirkenden Spannung) in zwei von diesen Ebenen parallel zur dritten Ebene einander gleich.

Es kann also an irgendeinem Punkt eines Körpers nicht nur in einer Ebene eine Schubspannung wirken; es muß zum mindesten in einer weiteren Ebene ein Schubspannung vorhanden sein. In Kap. V wird noch mehr darüber zu sagen sein. Es soll jedoch ausdrücklich vor einigen verbreiteten Irrtümern gewarnt werden: es sind nicht die Schubspannungen schlechthin in zwei zueinander senkrechten Ebenen einander gleich, sondern nur die Schubspannungskomponenten einer bestimmten Richtung, nämlich senkrecht zur Schnittlinie der beiden Ebenen. Weiterhin: Wirkt in einer Ebene eine Schubspannung τ, so muß **nicht** in **allen** Ebenen senkrecht zu ihr ebenfalls eine Schubspannung wirken, sondern nur in den Ebenen, auf deren Schnittlinie mit der ersten Ebene eine Komponente der Schubspannung τ senkrecht steht, also nicht in allen den senkrechten Ebenen, die zur Richtung der Schubspannung τ parallel laufen.

Für den (sehr häufigen) Sonderfall des zweiachsigen Spannungszustandes ergeben sich diese Zusammenhänge in folgender Weise:

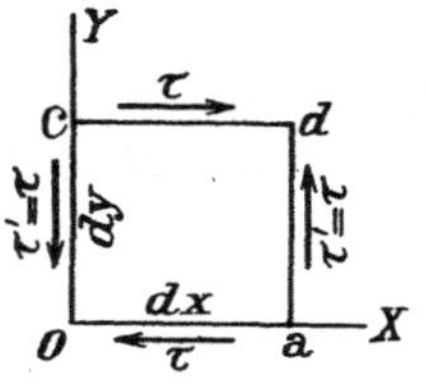

Abb. 59.

Wir stellen zunächst den zweiachsigen Spannungszustand in der Art her, daß wir die Normalspannungen σ_z, ferner die Schubspannung τ_{zx} und τ_{zy} verschwinden lassen, also die Ebene $z =$ konst. spannungsfrei machen. Dann verschwinden auch τ_{xz} und τ_{yz}. In diesem Fall brauchen wir also bloß die Projektion des Prismas auf die XY-Ebene zu betrachten. Dies ist in Abb. 59 geschehen. Die Normalkräfte sind, da sie sich gegenseitig aufheben, nicht eingezeichnet. Es ist leicht einzusehen, daß die Schubspannungen zwei im Gleichgewicht befindliche Kräftepaare sein müssen, also

$$\tau \cdot dx \cdot dy = \tau' \cdot dy \cdot dx\,,$$
$$\tau = \tau'\,.$$

Die Ausdehnung in Richtung der dritten Achse (Z-Achse) ist zu Eins angenommen.

Über den Richtungssinn zweier Schubspannungen in zwei aufeinander senkrechten Ebenen gilt das oben Gesagte.

9. Reine Scherbeanspruchungen im zweiachsigen Spannungszustand.

Es mögen, wie in Abb. 59 dargestellt, auf das Körperelement nur Scherspannungen, keine Normalspannungen wirken. Wir betrachten wieder einen zweiachsigen Spannungszustand, so daß die Spannungen für die Ebenen $z =$ konst. verschwinden. $\tau = \tau'$ wie oben gezeigt. Führen wir einen Diagonalschnitt $\overline{Od}$, so muß die auf $\overline{Od}$ wirkende Kraft eine Normalkraft sein, die entgegengesetzt gleich der Resultierenden aus τ und τ' ist (Abb. 60), d. h. es ist eine Druckkraft

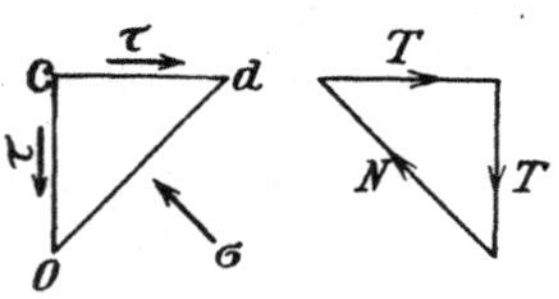

Abb. 60.

$$N = \tau\sqrt{2}\,.$$

Da die Diagonalfläche $\overline{Od}$ des Würfels mit der Seitenlänge Eins einen Flächeninhalt von der Größe $\sqrt{2}$ hat, ist die Normalspannung in $\overline{Od}$

$$\sigma = \tau\,.$$

In der Diagonalfläche $\overline{ca}$ herrscht eine Zugspannung ebenfalls von der Größe

$$\sigma = \tau\,.$$

Kehren die Schubspannungen in Abb. 59 ihre Vorzeichen um, so tun dies auch die Normalspannungen in $\overline{O\,d}$ und in $\overline{c\,a}$, d. h. in $\overline{O\,d}$ herrscht dann Zug, in $\overline{c\,a}$ Druck.

Es folgt also der Satz: Wirken im zweiachsigen Spannungszustand an einem Punkt in zwei aufeinander senkrecht stehenden Ebenen reine Scherspannungen, so wirken in den unter 45° geneigten beiden Ebenen reine Normalspannungen, und zwar in der einen Druck, in der andern Zug.

Dieser Satz gilt, wohlgemerkt, nur für reine Scherspannungen, also nicht für den Fall, daß in $\overline{O\,a}$ und $\overline{O\,c}$ außerdem noch Normalspannungen wirken.

10. Verzerrungszustand für den Fall reiner Scherbeanspruchungen im zweiachsigen Spannungszustand.

Der Verzerrungszustand ist in Abb. 61 dargestellt. Da auf die Seiten $\overline{a\,b}$, $\overline{b\,c}$, $\overline{c\,d}$, $\overline{d\,a}$ keine Normal-, sondern nur Schubspannungen wirken, so müssen sie ihre ursprünglichen Längen beibehalten und sich nur gegeneinander verschieben. Denkt man sich die Seite $\overline{d\,c}$

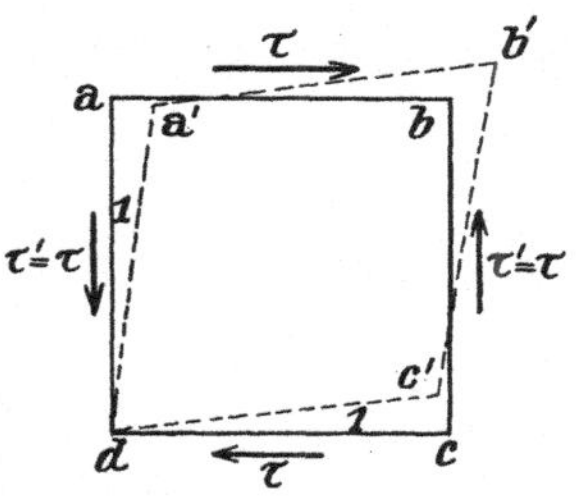

Abb. 61.

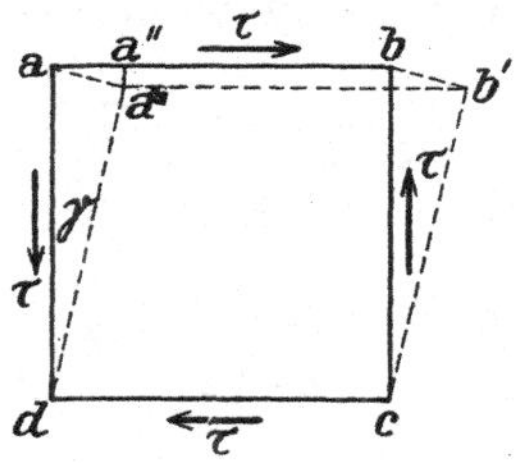

Abb. 62.

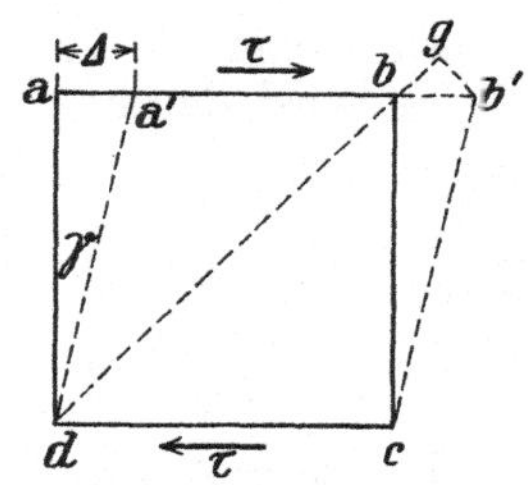

Abb. 63.

festgehalten, so wird der Verzerrungszustand durch Abb. 62 wiedergegeben. Dabei bewegt sich a auf einem Kreise um d mit dem Radius $\overline{d\,a}$. Da der Verschiebungswinkel γ sehr klein ist, wird der Bogen durch die Sehne $a\,a'$ ersetzt. Also

$$\overline{a\,a'} = \overline{d\,a} \cdot \gamma .$$

Ferner ist

$$\sphericalangle\, a''\,a\,a' = \frac{\gamma}{2},$$

damit

$$\overline{a''\,a'} = \overline{a\,a'} \cdot \frac{\gamma}{2} = \overline{d\,a} \cdot \frac{\gamma^2}{2}$$

von der zweiten Ordnung klein, während $a\,a'$ von der ersten Ordnung klein ist. Es darf mithin die senkreckte Verschiebung $\overline{a''\,a'}$ vernachlässigt und als Verzerrungsbild Abb. 63 angesehen werden:

$$\overline{a\,a'} = \varDelta = \gamma \cdot \overline{a\,d} .$$

Die auf die Einheit bezogene Verschiebung ist also gleich dem Verschiebungswinkel γ. Bilden wir entsprechend dem Elastizitätsmodul bei Längenänderungen hier den Gleitmodul G, also das Verhältnis

$$G = \frac{\text{Spannung}}{\text{Verschiebungswinkel}},$$

so erhalten wir

$$G = \frac{\tau}{\gamma} = \frac{\tau \cdot \overline{ad}}{\overline{aa'}}. \tag{7}$$

Da gleichzeitig mit der Belastung nach Abb. 61 Druck- bzw. Zugspannungen in den Diagonalen auftreten, deren Absolutbetrag gleich dem der Scherspannungen ist, so ist die spezifische Verlängerung von $\overline{db}$

$$\varepsilon = \frac{\tau}{E} + \frac{1}{m} \cdot \frac{\tau}{E} = \frac{\tau}{E}\left(1 + \frac{1}{m}\right) = \frac{\tau}{E} \cdot \frac{m+1}{m}.$$

Die gesamte Verlängerung $\overline{bg}$ von $\overline{db}$ beträgt also

$$\overline{bg} = \frac{\tau}{E} \cdot \frac{m+1}{m} \cdot \overline{ad}\, \sqrt{2}.$$

Da $\overline{bg}$ eine sehr kleine Strecke ist, kann man

$$\overline{db'} = \overline{dg}$$

setzen, wobei die Tangente an die Stelle des Kreisbogens getreten ist.

Es wird damit

$$\overline{bg} = \frac{\overline{bb'}}{\sqrt{2}} = \frac{\overline{aa'}}{\sqrt{2}}$$

und

$$G = \frac{\tau \cdot \overline{ad}}{\overline{aa'}} = \frac{\tau \cdot \overline{ad}}{\overline{bg} \cdot \sqrt{2}} = E \cdot \frac{m}{2(m+1)}. \tag{8}$$

Für $m = 4$ wird

$$G = \frac{2}{5} E. \tag{9}$$

Aus Gl. (7) folgt

$$\gamma = \frac{\tau}{G}, \tag{10}$$

der Verschiebungswinkel infolge einer Scherspannung τ.

Da $\overline{abcd}$ und $\overline{a'b'cd}$ flächengleich sind, so folgt daraus, daß die reine Scherbeanspruchung keine Volumenveränderung hervorruft (unter Vernachlässigung der kleinen Größen zweiter Ordnung); daraus folgt, daß das Volumen eines Körperelements unverändert bleibt, wenn in zwei aufeinander senkrechten Ebenen gleich große Normalspannungen herrschen, von denen die eine eine Zug-, die andere eine Druckspannung ist.

(Diese beiden Spannungszustände (nämlich reine Scherbeanspruchung in einem und gleiche, entgegengesetzte Normalspannungen in einem anderen Paar von senkrechten Ebenen, wobei die beiden Ebenenpaare um 45° gegeneinander verdreht sind) sind statisch und elastisch äquivalent. D. Übers.)

11. Volumenveränderungen infolge von Spannungen.

Was von den Scherspannungen im zweiachsigen Spannungszustand, die parallel einer Ebene $z =$ konst. wirken, gilt, gilt auch für die Scherspannungen parallel den Ebenen $x =$ konst. und $y =$ konst., d. h. man kann allgemein sagen, daß (im beliebigen Spannungszustand) Scherspannungen keine Volumenveränderungen hervorrufen. Es bleibt also zu untersuchen, welche Volumenveränderungen von den Normalspannungen erzeugt werden.

Ein rechtwinkliges Parallelepiped mit den Seitenlängen l, a und b sei durch eine in Richtung l zentrisch wirkende Zugkraft P beansprucht. Dadurch würden die Seiten folgende Abmessungen erhalten $\left(\text{mit } \frac{P}{E} = k \text{ und } a \cdot b = F\right)$:

$$l' = l + \frac{P \cdot l}{E \cdot F} = l + \frac{k \cdot l}{a \cdot b},$$

$$a' = a - \frac{P \cdot a}{m \cdot E \cdot F} = a - \frac{k}{m \cdot b},$$

$$b' = b - \frac{P \cdot b}{m \cdot E \cdot F} = b - \frac{k}{m \cdot a}.$$

Damit wird der neue Querschnitt

$$F' = \left(a - \frac{k}{m \cdot b}\right)\left(b - \frac{k}{m \cdot a}\right) = a\,b - \frac{2\,k}{m} + \frac{k^2}{m^2 \cdot a \cdot b}.$$

Das letzte Glied kann wieder vernachlässigt werden, da es von der zweiten Ordnung klein ist.

Die Volumenveränderung ist

$$\Delta V = \left(a\,b - \frac{2\,k}{m}\right)\left(l + \frac{k \cdot l}{a \cdot b}\right) - a \cdot b \cdot l = k \cdot l\left(1 - \frac{2}{m}\right) - \frac{2\,k^2 \cdot l}{m \cdot a \cdot b}.$$

Das letzte Glied wird wieder vernachlässigt. Die spezifische Volumenveränderung oder die Veränderung pro Volumeneinheit erhält man durch den Ausdruck

$$\varepsilon_v = \frac{\Delta V}{V},$$

also

$$\varepsilon_v = \frac{k}{a \cdot b}\left(1 - \frac{2}{m}\right) = \frac{P}{E \cdot F}\left(1 - \frac{2}{m}\right) = \frac{\sigma}{E}\left(1 - \frac{2}{m}\right). \tag{11}$$

Für $m = 4$ wird

$$\varepsilon_v = \frac{\sigma}{2\,E}.$$

Für $m = 2$ wird

$$\varepsilon_v = 0,$$

d. h. Stoffe mit $m = 2$ sind unter der Einwirkung von irgendwelchen Spannungen volumenbeständig[1].

---

[1] Anmerkung d. Übers: Da in der deutschen Literatur die Zusammenfassung $k = \frac{P}{E}$ nicht gebräuchlich, sondern mit der Zusammenfassung $\varepsilon = \frac{\sigma}{E}$ eine ent-

12. Volumenelastizitätsmodul.

Der Volumenelastizitätsmodul E_v ist definiert als der Quotient aus einem hydrostatischen (auf die Flächeneinheit bezogenen) Druck (oder Zug) und der zugehörigen Volumenveränderung. Wir wollen unserer Untersuchung einen Würfel mit der Seitenlänge Eins zugrunde legen, der allseitig von der Zugspannung p beansprucht wird (Abb. 64).

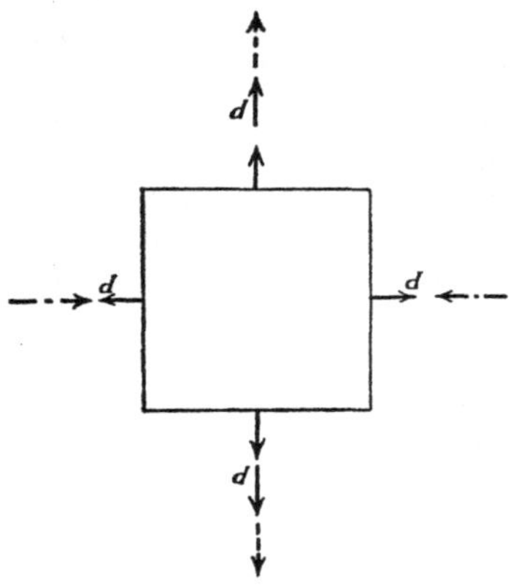

Abb. 64.

Zunächst fügen wir an die Ober- und Unterseite je eine Zugkraft $1 \cdot p$, an den beiden in Abb. 64 zur Zeichenebene senkrechten Flächen je eine Druckkraft $1 \cdot p$ zu (in Abb. 64 gestrichelt). Dadurch wird an dem Volumen des Würfels nichts geändert (vgl. Abschn. 10 unten). Das gleiche geschieht ferner entsprechend an den Seitenflächen parallel zu der Zeichenebene. Auch hierdurch wird an dem Volumen des Würfels nichts geändert, wenn gleichzeitig wieder an der Ober- und Unterseite je eine Zugkraft $1 \cdot p$ angebracht wird.

Wir haben also jetzt einen Würfel vor uns, der nur an zwei gegenüberliegenden Seiten jeweils mit einer Zugkraft $1 \cdot 3\,p$ belastet ist[1].

sprechende Ableitung dieser Zusammenhänge üblich ist, so soll diese kurz gezeigt werden.

Es wird

$$l' = l\,(1 + \varepsilon)\,,$$

$$a' = a\left(1 - \frac{\varepsilon}{m}\right),$$

$$b' = b\left(1 - \frac{\varepsilon}{m}\right),$$

damit

$$V' = a\,b\,l\left(1 - \frac{2\,\varepsilon}{m} + \varepsilon\right),$$

wobei die Glieder mit höheren Potenzen von ε vernachlässigt sind:

$$\Delta V = V' - V = a \cdot b \cdot l\left(1 - \frac{2\,\varepsilon}{m} + \varepsilon\right) - a \cdot b \cdot l = a \cdot b \cdot l\left(\varepsilon - \frac{2\,\varepsilon}{m}\right),$$

$$\varepsilon_v = \frac{\Delta V}{V} = \varepsilon - \frac{2\,\varepsilon}{m} = \varepsilon\left(1 - \frac{2}{m}\right). \tag{11a}$$

Führt man für ε wieder

$$\varepsilon = \frac{P}{E \cdot F}$$

ein, so erhält man

$$\varepsilon_v = \frac{P}{E \cdot F}\left(1 - \frac{2}{m}\right). \tag{11}$$

[1] Anmerkung d. Übers.: Dieser Belastungszustand ist natürlich nur in bezug auf die Volumenveränderung, also volumenelastisch, gleichwertig mit dem ursprünglichen Stadium des hydrostatischen Zuges.

Nach Gl. (11) wird, da für den Einheitswürfel $\Delta V = \varepsilon_v$,

$$\varepsilon_v = \Delta V = \frac{3\,p}{E}\left(1 - \frac{2}{m}\right) = 3\,\varepsilon\left(1 - \frac{2}{m}\right)$$

und damit der Volumenelastizitätsmodul

$$E_v = \frac{p}{3\,\varepsilon\left(1 - \frac{2}{m}\right)} = \frac{E \cdot m}{3\,m - 6}. \tag{12}$$

13. Beziehungen zwischen E, G und E_v.

In Abschnitt 10 wurde zwischen E und G die Beziehung gefunden

$$G = \frac{E \cdot m}{2\,(m+1)}. \tag{8}$$

Gl. (12) gibt die Beziehung zwischen E und E_v. Aus diesen beiden Gleichungen ergibt sich eine Beziehung zwischen E_v und G.

$$E_v = \frac{2 \cdot G \cdot (m+1)}{3\,m - 6}. \tag{13}$$

Drückt man m durch die Größen E und G aus Gl. (8) aus, so erhält man

$$m = \frac{2\,G}{E - 2\,G} \tag{14}$$

und damit

$$E_v = \frac{E \cdot G}{9\,G - 3\,E}, \tag{15}$$

$$E = \frac{9\,G \cdot E_v}{G + 3\,E_v}. \tag{16}$$

Drückt man aus Gl. (12) die Größe m nach E und E_v aus, so erhält man

$$m = \frac{6 \cdot E_v}{3\,E_v - E} \tag{17}$$

und aus (14) und (17) den noch fehlenden Ausdruck für G

$$G = \frac{3\,E \cdot E_v}{9\,E_v - E}. \tag{18}$$

Diese Beziehungen ermöglichen es, die Querzahl m ohne Messung von Querdehnungen zu finden; das ist deshalb von Vorteil, weil diese Messungen schwierig sind, dagegen die Bestimmung von E und G verhältnismäßig leichter ist. (G wird zweckmäßig durch einen Torsionsversuch bestimmt, wobei die Verdrehung gemessen wird.) Dies gilt, wie alle vorstehenden Ableitungen, natürlich nur für die homogenen Materialien, die dem Hooke'schen Gesetze folgen.

14. Zulässige Spannungen.

Die Spannungen, die bei einer gegebenen (ungünstigsten) Belastung in einem Bauteil auftreten, dürfen eine bestimmte Höhe, die zulässige Spannung, nicht überschreiten.

Die zulässige Spannung ist nur ein Bruchteil derjenigen Spannung, die den Bruch herbeiführen würde, der Bruchspannung. Die Bruchspannung ist zunächst für jedes Material verschieden; aber auch für ein und dasselbe Material ist sie kein konstanter Wert, sondern abhängig von der Art der Belastung (einmalige kurz dauernde, ständige, häufig wiederholte), dem Spannungszustand usw. (Vgl. hierzu Kap. XXIII.) Der Quotient aus Bruchspannung und zulässiger Spannung heißt Sicherheitskoeffizient. Man muß aus verschiedenen Gründen mit einem Sicherheitskoeffizienten rechnen:

a) Ungenauigkeiten der Berechnung, die sowohl in den Annahmen wie in der Durchführung begründet sein können.

b) Die Nutzlasten können größer werden.

c) Wirkung von Stößen und Schwingungen.

d) Ungleichmäßiges Material.

e) Materialfehler.

f) Schwächungen des Materials durch Zerfall, wie Rosten des Eisens oder Faulen des Holzes.

Die Höhe des Sicherheitskoeffizienten wird auch durch die Schwere der möglichen Folgen eines Einsturzes bestimmt sein.

Diese Punkte werden noch ausführlich in späteren Kapiteln zu besprechen sein. Die Festsetzung eines Sicherheitsgrades und von zulässigen Spannungen ist keine einfache Sache. Im allgemeinen ist dies in behördlichen Vorschriften geschehen; diese Vorschriften sind einem ständigen Wechsel unterworfen, der durch Verbesserungen in Berechnung, Material und Konstruktion sowie durch größere Erfahrung und Materialkenntnis bedingt ist.

15. Spannungs-Formänderungsdiagramm.

Das Spannungs-Formänderungsdiagramm wird fast ausschließlich für Normalspannungen und Längenänderungen des einachsigen Spannungszustandes aufgestellt. Es wird dabei ein Stab mit einem Querschnitt F einer allmählich wachsenden Druck- oder Zugkraft ausgesetzt, wobei die Verkürzungen bzw. Verlängerungen einer bestimmten Strecke des Stabes, der Meßstrecke, gemessen werden. Die Spannungen mit den zugehörigen spezifischen Längenänderungen werden in einem $\sigma - \varepsilon$-Koordinatensystem aufgetragen (Abb. 65)[1]. Die Form der $\sigma - \varepsilon$-Linie wird beeinflußt von der Art des Materials, bei einem und demselben Material von dessen Vorbehandlung, von der Art der Spannung und von verschiedenen anderen Einflußfaktoren; davon wird noch ausführlicher die Rede sein. In Abb. 65 sind Diagramme eines weichen, auf Zug beanspruchten Stahles aufgezeichnet. Wie wir gesehen haben, wird infolge der Querdehnung der Querschnitt eines auf Zug beanspruchten Stabes kleiner. Die Spannungen der $\sigma - \varepsilon$-Diagramme sind nun im allgemeinen auf den ursprünglichen, nicht deformierten Querschnitt bezogen. Da der wirkliche Querschnitt beim

[1] Anmerk.: In der englischen Literatur ist es üblich, die ε-Werte auf der Ordinaten- und die σ-Werte auf der Abszissenachse abzutragen.

Zugstab immer kleiner ist, sind die wirklichen Spannungen größer als die errechneten; beim Druckstab sind umgekehrt die auf den ursprünglichen Querschnitt bezogenen Spannungen größer als die wirklichen. Wissenschaftlichen Untersuchungen sollten die wirklichen Spannungen zugrunde gelegt werden. Für praktische Fälle der

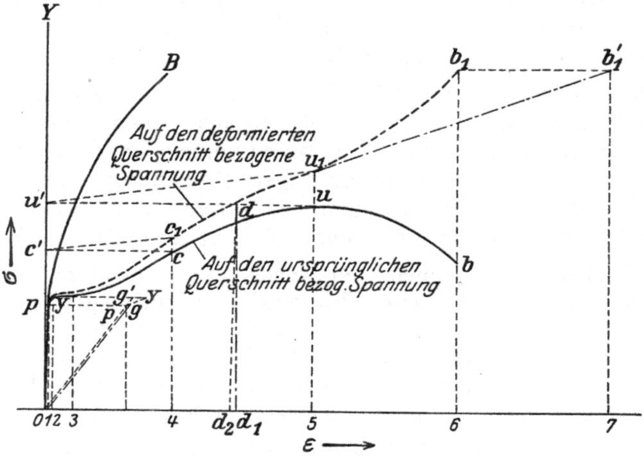

Abb. 65.

Spannungsberechnung spielt der Unterschied zwischen ursprünglichem und deformiertem Querschnitt deshalb keine Rolle, weil die Spannungen i. A. unterhalb der Elastizitätsgrenze bleiben werden und damit die Querschnittsveränderung eine zu vernachlässigende Größe sein wird.

Verfolgen wir die Formänderungen des Zugstabes mit zunehmender Spannung:

Wenn das Material gleichmäßig ist, so wird sich, zunächst wenigstens, der Stab auf seiner ganzen Länge gleichmäßig dehnen. Bis zu einer gewissen Spannung, der Proportionalitätsgrenze, nehmen die Dehnungen in linearem Verhältnis mit den Spannungen zu (Punkt p in Abb. 65). Ein anderer Punkt in der $\sigma - \varepsilon$-Ebene ist dadurch ausgezeichnet, daß bis dahin keine bleibenden (plastischen) Formänderungen eintreten. Diese Spannung nennt man die Elastizitätsgrenze. Für zähes Eisen fällt die Proportionalitäts- vielfach mit der Elastizitätsgrenze zusammen. Bei anderen Eisen- oder Stahlarten liegt die Elastizitätsgrenze manchmal über, manchmal unter der Proportionalitätsgrenze. Es wird mancherorts die Meinung vertreten, daß bei allen Materialien auch die kleinsten Beanspruchungen bereits bleibende Formänderungen hervorrufen, und daß es nur eine Frage der Feinheit der Meßinstrumente ist, diese Formänderungen festzustellen. Nach dieser Auffassung gäbe es überhaupt keine Elastizitätsgrenze. In der Tat sind schon weit unterhalb der normalen Elastizitätsgrenze plastische Deformationen festgestellt worden. Diese Erscheinungen sind jedoch nach der Ansicht des Verfassers keine Bestätigung der oben ausgeführten Annahme, sondern sie lassen sich sehr wohl mit dem Vorhandensein einer Elastizitätsgrenze in Einklang bringen. So kann z. B. der Stab eine wenn auch noch so schwach gekrümmte Achse gehabt haben, so daß dann zusätzliche Biegungsspannungen auftreten; diese können unter Umständen lokale Überbeanspruchungen und damit plastische Formänderungen zur Folge haben. Die zusätzlichen Biegungsspannungen können auch ihren Grund in einem exzentrischen Kraftangriff haben[1].

Ferner lassen sich vorzeitige bleibende Formänderungen manchmal durch kleine Materialfehler, unhomogene Stellen oder auch durch Vorspannungen im Material — z. B. hervorgerufen durch den Walzprozeß — erklären. Die Vorspannungen können (vgl. auch Kap. XIX) u. U. die Höhe der Elastizitätsgrenze erreichen, so daß dann die kleinste Belastung bereits bleibende Formänderungen zur Folge hat.

Der Verfasser ist vielmehr der Ansicht, daß ein guter, fehlerfreier, homogener, zäher Stahl, dessen Probestab einwandfrei geformt und frei von Vorspannungen ist, unter der Voraussetzung einer genauen Versuchsdurchführung sich innerhalb eines gewissen Spannungsbereiches als vollkommen elastisch erweisen wird.

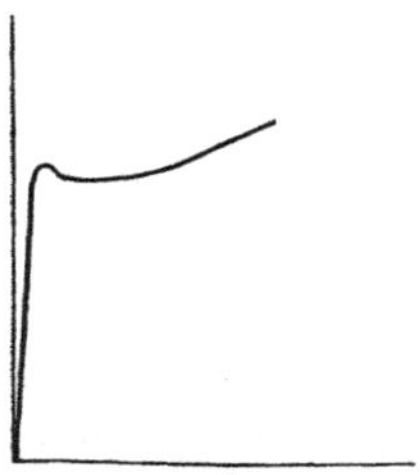

Abb. 66.

Wir lassen jetzt die Spannung über die Proportionalitäts- und Elastizitätsgrenze wachsen. Beim Punkt y, der mehr oder weniger über p liegt, findet plötzlich eine große Dehnungszunahme statt, während die Kraft kaum wächst oder gar abnimmt; die dem Punkt y zugeordnete Spannung ist die Streckgrenze oder Fließgrenze. Die Streckgrenze ist die Spannung, bei der das Material stark plastisch wird und zu „fließen" beginnt. Hat das Fließen einmal begonnen, so geht es, wie bereits oben bemerkt, ohne Erhöhung der Kraft, manchmal unter Kraftabnahme weiter. Abb. 66 zeigt diese Vorgänge deutlich. Das Fließen an der Streckgrenze ist gleichmäßig über die ganze Stablänge verteilt. Die Längenänderung an der Streckgrenze übersteigt um ein Mehrfaches die ganze Längenänderung, die der Stab bis dahin erfahren hat. So hat bei einem gewöhnlichen Flußeisen mit einer Elastizitätsgrenze von z. B. 2100 kg/cm² und einem Elastizitätsmodul $E = 2\,100\,000\,\mathrm{kg/cm^2}$ die spezifische Längenänderung bei $\sigma = 2100\,\mathrm{kg/cm^2}$ den Betrag $\varepsilon = \frac{1}{1000}$ erreicht, während die spezifische Längenänderung beim Strecken das 10- bis 20fache dieses Wertes erreicht. Je härter der Stahl ist, um so höher liegt die Streckgrenze, und um so geringer ist das Maß des Streckens.

Da also die Deformationen bis zur Streckgrenze sehr klein sind, ist in Abb. 65 der Teil der $\sigma - \varepsilon$-Kurve bis zur Streckgrenze mit

[1] Anmerkung d. Übers.: Dies wird sogar fast nicht zu vermeiden sein, da eine theoretisch genau zentrische Kraftwirkung selbst bei der sorgfältigsten Versuchsdurchführung kaum erreichbar ist.

dem gleichen σ-, jedoch einem größeren ε-Maßstab herausgezeichnet worden.

Der Stab sei mit einer Spannung, die zwischen Elastizitäts- und Streckgrenze liegt, beansprucht. Beim Entlasten fällt die $\sigma - \varepsilon$-Linie nicht mehr mit der Belastungs-$\sigma - \varepsilon$-Linie $O\,p$ zusammen, sondern verläuft parallel zu $O\,p$. Es ist eine bleibende Formänderung $\overline{O\,1}$ eingetreten, die jedoch, wenn man den Körper in Ruhe läßt, ganz oder teilweise wieder verschwinden kann. Wird die gleiche Spannung unmittelbar darauf wieder aufgebracht, so kann man beobachten, daß die Elastizitätsgrenze bis zu jener Spannung gehoben ist.

Nach dem Strecken steigt die $\sigma - \varepsilon$-Linie wieder an, sie verläuft jedoch stets flacher als in dem Bereich $\overline{O\,p}$, d. h. die Formänderungen nehmen schneller zu als im elastischen Bereich. Bei einem Punkt u wird dann der Größtwert der Spannung erreicht. Von jetzt ab ist die Dehnung nicht mehr gleichmäßig über die ganze Stablänge verteilt, sondern es erscheint an einem Punkt eine Einschnürung, die mit dem bloßen Auge deutlich erkennbar ist („a“ in Abb. 67).

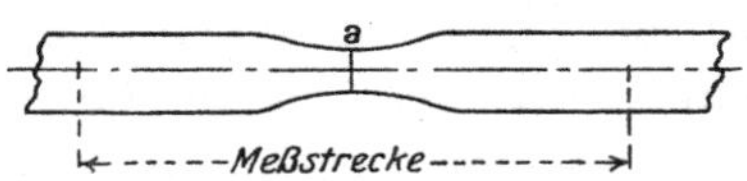

Abb. 67.

Die Last nimmt unausgesetzt bis zum Bruch ab, der an der Einschnürungsstelle erfolgt. Manchmal treten auch mehr als eine Einschnürungsstelle auf, bis die Kraft endgültig den schwächsten Punkt wählt und den Stab dort zerstört. Die Bruchspannung liegt bei b und ist (unter Zugrundelegung des ursprünglichen Querschnitts) kleiner als die Größtspannung; sie wird jedoch eigentlich nie gemessen, da sie schwer festzustellen ist und kaum praktisches Interesse hat. Im allgemeinen wird nicht die Spannung $\overline{b\,6}$, sondern die Spannung $\overline{u\,5}$, also die größte erreichte Spannung unter Zugrundelegung des ursprünglichen Querschnitts, als Bruchfestigkeit bezeichnet.

Spröde Materialien wie Gußeisen, harter Stahl, Backsteine, natürliche Steine, Beton, ferner Holz haben keine ausgesprochene Streckgrenze und zeigen auch keine Einschnürung.

Ein Material kann elastisch sein, ohne dem Hooke'schen Gesetz zu folgen. So nehmen z. B. nach Untersuchungen von Morley die Dehnungen bei gewalztem Aluminium von Anfang an schneller zu als die Spannungen; dabei zeigt sich eine deutliche Elastizitätsgrenze. Die Elastizitätsgrenze kann also nicht unmittelbar aus einem $\sigma - \varepsilon$-Diagramm entnommen werden.

16. Die wirklichen Spannungen im Spannungs-Formänderungsdiagramm.

Die stark ausgezogene Linie der Abb. 65 gibt die Spannungen, die auf den ursprünglichen Querschnitt bezogen sind. Der wirkliche Querschnitt könnte bei verschiedenen Laststufen gemessen werden. Dies geschieht jedoch bei den üblichen Materialprüfungen nicht. Nach dem Bruch (Zugversuch) werden die beiden Teile zusammengelegt, und der Bruchquerschnitt wird zur Bestimmung der Querschnittsverminderung gemessen. Es können jedoch auch ohne Quermessungen bei verschiedenen Laststufen unter gewissen Voraussetzungen der wirkliche Querschnitt und damit die wirklichen Spannungen ermittelt werden. Wir sahen, daß für den elastischen Bereich die Querzahl m für Eisen zwischen 3 und 4 liegt, so daß elastische Deformationen das Volumen ändern derart, daß das Volumen beim Zugversuch vergrößert, beim Druckversuch vermindert wird. Für die plastischen Deformationen hingegen soll mit genügender Genauigkeit $m = 2$, also Volumenkonstanz angenommen werden. Wenn man im Punkt d entlastet, so geht die Entlastungs-$\sigma - \varepsilon$-Linie etwa parallel zu $O\,p$ zurück, und der Abstand $\overline{O\,d_2}$ zeigt die bleibende Dehnung nach einer Belastung mit $\sigma = \overline{d_1\,d}$ an. Nehmen wir für den Stab das gleiche Material wie oben an, so wäre z. B. für $\sigma = \overline{d_1\,d} = 3500$ kg/cm² die elastische spez. Dehnung $\overline{d_1\,d_2} = \varepsilon_e = 0{,}00167$, dagegen die plastische spez. Dehnung nach dem Diagramm der Abb. 65

$$\overline{O\,d_2} = \varepsilon_p \approx 0{,}15\,.$$

Insgesamt überwiegen also die plastischen Formänderungen ganz erheblich, deshalb kann man näherungsweise (unter Annahme $m = 2$ für plastische Dehnungen, vgl. oben) sagen, daß das Volumen des Stabes bis zum Bruch keine Veränderung erfährt. Dieser Ansatz liefert für jede Spannung den zugehörigen Querschnitt.

Es sei mit l die ursprüngliche Länge, mit Δl die gesamte Dehnung, mit F der ursprüngliche Querschnitt, mit F' der verminderte Querschnitt bezeichnet.

Dann ist, solange sich die Formänderungen gleichmäßig über den Stab erstrecken, d. h. solange keine Einschnürung stattfindet,

$$F \cdot l = F' \cdot (l + \Delta l)$$

$$\frac{F'}{F} = \frac{l}{l + \Delta l}\,,$$

daraus

$$\frac{F - F'}{F} = \frac{\Delta l}{l + \Delta l} \tag{19}$$

und

$$F' = \frac{F}{1 + \frac{\Delta l}{l}} \tag{19a}$$

die wirkliche Spannung

$$\sigma' = \frac{P}{F'} = \frac{P}{F}\left(1 + \frac{\Delta l}{l}\right), \tag{20}$$

oder

$$\sigma' = \sigma(1 + \varepsilon), \tag{20a}$$

wobei σ die auf den ursprünglichen Querschnitt bezogene Spannung, ε die Abszisse des betreffenden Punktes der ausgezogenen $\sigma - \varepsilon$-Linie ist. Damit kann aus dem $\sigma - \varepsilon$-Diagramm für jede Laststufe die wirkliche Spannung errechnet werden.

Geometrisch ergibt Gl. (20a) folgende Konstruktion der σ'-Werte: Man trage von O nach links $\overline{O X_1} = 1$ im Maßstab der ε Werte auf, projiziere den Punkt c, dessen zugehöriges σ' bestimmt werden soll, auf die σ-Achse nach c', verbinde X_1 mit c' bis zum Schnitt mit der Senkrechten durch c, also mit c_1; dann ist die Strecke $\overline{4 c_1}$ der gesuchte Wert σ', da

$$\frac{\overline{X_1 4}}{1} = \frac{1+\varepsilon'}{1} = \frac{\sigma'}{\sigma}.$$

Diese Ableitungen gelten bis zum Punkt u, wo die Einschnürung beginnt. Die wirklichen Spannungen des Zugversuchs liegen alle höher als die auf den ursprünglichen Querschnitt bezogenen Spannungen.

Über u hinaus versagt die oben abgeleitete Rechnung, da die Querschnittsverminderung über den Stab nicht mehr gleich ist. Im Bereich zwischen u und b müßte zur Bestimmung von σ' jeweils der Querschnitt an der Einschnürungsstelle gemessen werden. Dies wird jedoch kaum möglich sein bis auf den zum Punkt b zugehörigen Querschnitt, den Bruchquerschnitt.

17. Über bezogene Längenänderung und bezogene Querschnittsänderung.

Die Ergebnisse von Feinmessungen (Messungen von Deformationen) werden in gewissen Fällen gern in Hundertteilen der ursprünglichen (Meß-)Längen angegeben, also z. B. die prozentuale Verlängerung durch einen Ausdruck

$$100 \cdot \frac{\Delta l}{l}.$$

Diese Ausdrucksweise wird vorzugsweise benutzt, um die Bruchdehnung eines Zugstabes zu bezeichnen. Die Bruchdehnung besteht aus zwei Teilen: aus einer über die Meßlänge l gleichmäßig verteilten Dehnung, die also proportional der Länge und bei gleichem σ unabhängig vom Querschnitt ist, und ferner aus einer örtlichen Dehnung, die durch die Einschnürung bedingt ist, und die unabhängig von der Meßlänge l, aber abhängig von dem Querschnitt ist derart, daß sie mit wachsendem Querschnitt zunimmt. Es folgt also

$$\Delta l = c + k \cdot l,$$

wobei c mit F nach irgendeinem Gesetz wächst, und k eine Konstante ist, oder

$$\text{prozentuale Bruchdehnung} = 100\left(\frac{c}{l} + k\right). \tag{21}$$

Die Bruchdehnung nimmt mit wachsendem Querschnitt zu und nimmt mit wachsender Meßlänge ab. Damit also die Resultate über Bruchdehnungen untereinander vergleichbar sind, müssen die Probestäbe normierte Längen und Querschnitte haben.

Nun haben Stäbe gleichen Materials unter gleichen Versuchsbedingungen die gleiche Bruchdehnung, wenn sie geometrisch ähnlich sind. Dies ist das Ähnlichkeitsgesetz von Barba[1]. Das heißt, daß Zugstäbe dann in bezug auf ihre Bruchdehnung vergleichbar sind, wenn sich die Meßlänge im Verhältnis der Quadratwurzel aus der Querschnittsfläche ändert, also

$$\frac{\sqrt{F}}{l} = \text{konst.},$$

bei Stäben mit kreisförmigem Querschnitt muß das Verhältnis von Länge und Querschnittsradius konstant sein. Diese Bedingung ist jedoch bei Versuchen durchaus nicht immer erfüllt. Barba fand für Eisenstäbe, daß für das Verhältnis $q = \frac{\text{Meßlänge}}{\text{Querschnittsdurchmesser}} = 20$ die Bruchdehnung ungefähr zwei Drittel der Bruchdehnung für $q = 5$ betrug. Für gleiche Verhältnisse q fand er gleiche Bruchdehnungen.

Die spezifische Dehnung ist nach Beginn der Einschnürung an jedem Punkt des Stabes verschieden; am größten ist sie da, wo der Querschnitt seinen kleinsten Wert hat (Abb. 67). Da die Dehnung nicht mehr gleichmäßig über den ganzen Stab vor sich geht, so muß die spezifische Dehnung durch einen Differentialquotienten ausgedrückt werden,

$$\varepsilon = \frac{d\Delta l}{dl}.$$

Der Wert ε an der Einschnürungsstelle kann unter der Annahme gleichbleibenden Stabvolumens errechnet werden, wenn der Einschnürungsquerschnitt bekannt ist.

l' sei die gedachte (ideelle) Länge nach der Deformation unter der Annahme, daß die Formänderungen sich bis zum Bruch gleichmäßig über die ganze Stablänge verteilen, und daß der Querschnitt des so deformierten Stabes dem Einschnürungsquerschnitt F' gleich sei. Dann ist

$$F \cdot l = F' \cdot l';$$

$$l' = \frac{F \cdot l}{F'}.$$

Die Zunahme der Länge

$$l' - l = l\left(\frac{F}{F'} - 1\right)$$

und die bezogene Längenänderung

$$\varepsilon = \frac{F}{F'} - 1 = \frac{d\Delta l}{dl}. \tag{22}$$

Dies ist die wirkliche bezogene Dehnung an der Einschnürungsstelle. Der Wert ist um ein Mehrfaches größer als der der gewöhnlich angegebenen Bruchdehnung.

[1] Mémoires de la Société des Ingénieurs Civils 1880, p. 682.

Der gestrichelte Kurventeil $u_1 b_1$ in Abb. 65 entspricht also nicht den tatsächlichen Verhältnissen. Links von u ist die Deformation gleichmäßig über die Meßlänge verteilt, $\varepsilon = \frac{\Delta l}{l}$ ist nicht nur ein Mittelwert über die ganze Länge, sondern die wirkliche bezogene Dehnung an jeder Stelle. Dagegen ist $\overline{O\,6}$ nur ein Mittelwert; der wirkliche Wert ε an der Einschnürungsstelle, der dem auf den Einschnürungsquerschnitt bezogenen $\sigma = \overline{6\,b_1}$ entspricht, ist nach Gl. (22) zu berechnen. Also müssen wir zu $\sigma = \overline{6\,b_1}$ das zugehörige $\varepsilon = \frac{F}{F'} - 1 = \overline{O\,7}$ auf der ε-Achse auftragen, um den richtigen Punkt b_1' zu finden. Der Kurventeil $u_1 b_1'$ ist in den Punkten u_1 und b_1' nunmehr richtig bestimmt; die Zwischenpunkte könnten nur dadurch gefunden werden, daß man jeweils den Querschnitt mißt. Dies ist aber sehr schwierig, wenn nicht unmöglich[1].

Um Zahlen anzugeben, so kann die in der üblichen Weise mit $\varepsilon = \frac{\Delta l}{l}$ angegebenen Bruchdehnung $\overline{O\,6}$ vielleicht 0,25 oder 25% betragen, während die wirkliche Dehnung nach Gl. (22) vielleicht den vierfachen Wert, also 100%, erreichen mag. Die richtige $\sigma - \varepsilon =$ Linie wird etwa die Form nach Abb. 68 haben.

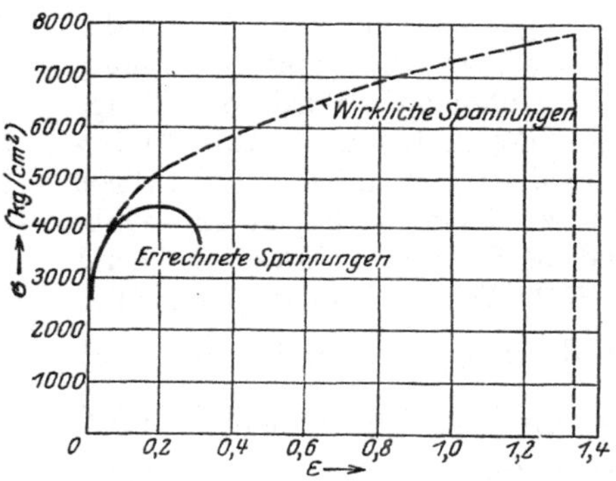

Abb. 68.

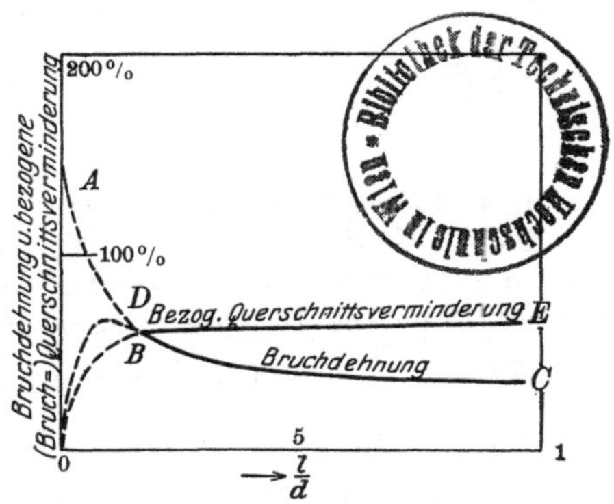

Abb. 69.

Im Gegensatz zur Dehnung ist die bezogene Querschnittsverminderung an der Einschnürungsstelle, also für den Bruch, ziemlich unabhängig von l und F und gibt deshalb ein zutreffenderes Bild von der Zähigkeit eines Materials. Zwischen Dehnung und Querschnittsverminderung an der Einschnürungsstelle gibt es keinen gesetzmäßigen Zusammenhang.

In Abb. 69 sind für einen weichen Stahl die Werte der Bruch-

[1] Anmerkg.: Wenn in Gl. (20) bzw. (20a) für $\frac{\Delta l}{l}$ der Wert bei Einschnürung nach Gl. (22) eingesetzt wird, erhält man die wirkliche Spannung zu $\sigma' = \frac{P}{F'}$, wie zu erwarten.

dehnung und Bruchquerschnittsverminderung in Abhängigkeit von dem Verhältnis

$$\frac{\text{Ursprüngliche Meßlänge}}{\text{Ursprünglicher Querschnittsdurchmesser}} = \frac{l}{d}$$

aufgetragen. Man sieht, wie die Querschnittsverminderung etwa von dem Abszissenwert 2 ab ziemlich parallel der Abszissenachse verläuft, also, wie oben gesagt, von l und F ziemlich unabhängig ist. (Abszissenwerte unter 2 kommen für die Überlegungen über die Querschnittsverminderung eigentlich nicht in Betracht, dagegen wohl für die Überlegungen über die Bruchdehnungen.) In der Kurve der Bruchdehnungen ist der Wert $\overline{OA}$ der nach Gl. (22) ausgerechnete, also der für eine unendlich kleine Meßlänge dl. Die Kurve der Bruchdehnungen verläuft asymptotisch an den Wert der bezogenen Dehnung, der den nicht eingeschnürten Stabteilen zu eigen ist, also an den Wert $100 \cdot k$ in Gl. (21). (Dieser Wert macht $l = \infty$; bei unendlich großer Meßstrecke ist die Einschnürung für die Ermittlung der Bruchdehnung ohne Bedeutung.)

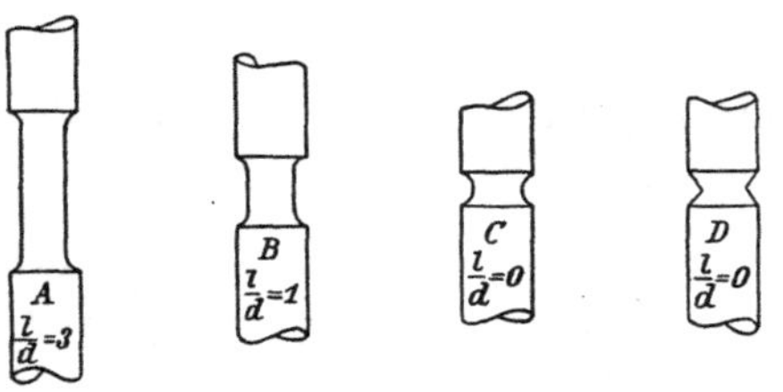

Abb. 70.

Innerhalb gewisser Grenzen ist der Teil $\overline{ub}$ des Diagramms in Abb. 65 von der Länge des geprüften Stabes abhängig. Wird die Länge des Stabes nach Abb. 70 immer kleiner gemacht, so wird für Abb. 70 C und 70 D l praktisch Null. Werden so geformte Probestäbe zerrissen, so ist die Einschnürung teilweise oder ganz gehindert, und die Bruchfestigkeit erscheint größer. Die Bruchdehnungskurve CBO (Abb. 69) ist in ihrem Teil $\overline{BO}$ für $\frac{l}{d} < 2$ aufgetragen, worin l die Länge des Stabes bedeutet, während in dem Teil $\overline{AB}$ l die Meßlänge bedeutet. (In dem Teil $\overline{BC}$ bedeutet l ebenfalls die Meßlänge, d. h. für $\frac{l}{d} > 2$ spielt die Stablänge für die Bruchdehnung keine Rolle mehr.) Der gekerbte Probekörper (70 D) mit $l = 0$ würde praktisch ohne Bruchdehnung zerrissen werden.

Zahlenwerte für die Bruchdehnung sind offenbar ohne Bedeutung, wenn nicht Meßlänge und Querschnitt normiert sind und gleichzeitig das Verhältnis $\frac{\text{Stablänge}}{\text{Querschnitt}}$ einen Mindestwert besitzt.

Der Verlauf der Spannungs-Dehnungskurve wird von diesen Abmessungen stark beeinflußt.

Das Spannungs-Dehnungsdiagramm für einen gekerbten Stab nach 70 D kann nicht aufgenommen werden, da die Länge des Stabes mit dem kleinsten Querschnitt Null ist. Wenn das Diagramm aufgenommen werden könnte, würde es nicht etwa dem Linienzug $Opyub$ der Abb. 65, sondern würde eher dem Linienzug B in der gleichen

Abbildung entsprechen. Es kann sich sogar eher noch mehr einem geradlinigen Verlauf über Op hinaus bis zur Bruchfestigkeit nähern. Die Behinderung der Querdehnung ändert die Spannungs-Dehnungslinie in der Weise, daß sie die Krümmung vermindert und die Kurve der Geradenform nähert. Mit zunehmender Stablänge nähert sich die $\sigma - \varepsilon$-Linie der Form $O\,p\,y\,u\,b$, bis die Stablänge ausreicht, um dem Material eine vollständige Einschnürung zu ermöglichen.

Die einzelnen Eisenarten verhalten sich beim Zerreißversuch sehr verschieden. Walzeisen zeigt eine geringere Einschnürung und eine gleichmäßigere Dehnung über die ganze Stablänge als gewöhnliches Flußeisen oder auch als kohlenstoffreicher Stahl; manganhaltiges Eisen dehnt sich noch gleichmäßiger als Walzeisen.

Es soll noch bemerkt werden, daß auch $\sigma' = \frac{P}{F'}$ streng genommen nicht die wirkliche größte Spannung, sondern nur eine mittlere Spannung ist, da sich die Kraft P infolge der Einschnürung nicht gleichmäßig, sondern in der Weise über den Querschnitt verteilt, daß die Spannungen am Rande größer sind als in der Mitte.

Bei einem zähen Eisen beträgt der Winkel der Einschnürung mit der Richtung der Zugkraft beim Bruch etwa 45^0 bis 55^0. Der Bruch erfolgt ziemlieh genau in der Mitte der Einschnürung. Die Bruchflächen können wieder aneinander gelegt werden, um so die Bruchdehnung zu bestimmen. Dies kann im allgemeinen genauer geschehen als die Bestimmung der Bruchfläche F'.

18. $\sigma - \varepsilon$ - Diagramm spröder Stoffe. Druckversuch.

Ein zähes Material zeigt nicht immer ein plötzliches Fließen an der Streckgrenze. Das Fließen kann, wie in Abb. 71, Diagramm A, allmählich erfolgen. Die Gestaltung des $\sigma - \varepsilon$-Diagramms kann bei einem und demselben Material außerordentlich variiert werden durch Vorbehandlung des Materials (mittels Wärme oder mechanischer Behandlung). Vgl. hierzu Abb. 71.

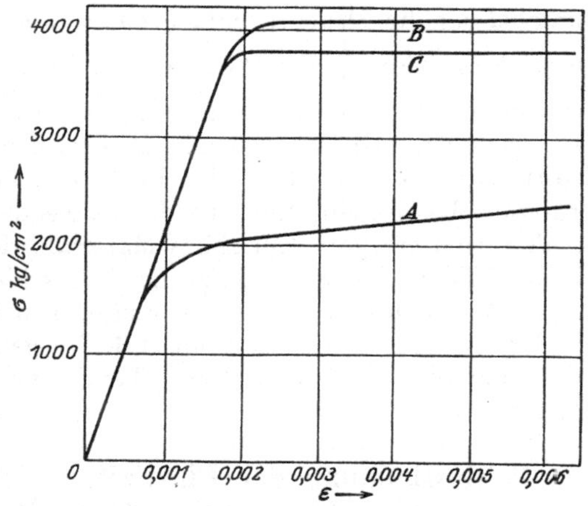

Abb. 71.

A: Gußstahl ohne Vorbehandlung.
B: Der gleiche Gußstahl, in Öl abgeschreckt.
C: Wie B, dann wieder auf 500^0 C erhitzt.

Spröde Stoffe wie Gußeisen liefern im allgemeinen ein $\sigma - \varepsilon$-Diagramm, das von Anfang an gekrümmt ist und der ε-Achse die hohle Seite zuweist, ohne Streckgrenze und ohne Einschnürung. Der Elastizitätsmodul E ist nicht konstant, sondern nimmt mit zunehmender Spannung ab. Da oft die Krümmung der $\sigma - \varepsilon$-Linie innerhalb eines gewissen Bereiches von O aus nur schwach ist, kann E innerhalb dieses Bereiches dann als konstant angenommen werden. Von Anfang an sind bleibende Formänderungen festzustellen.

Das $\sigma - \varepsilon$-Diagramm für den Druckversuch sieht im allgemeinen dem für den Zugversuch ähnlich. Die Erscheinungen, die dabei zu beobachten sind, sind jedoch zum Teil verschieden. Der Querschnitt nimmt im Druckversuch zu. Das Fließen setzt im allgemeinen nicht so unvermittelt ein, es sei denn, daß der Druck nicht zentrisch wirkt und so zusätzliche Biegungsspannungen vorhanden sind. Es ist jedoch schwierig, diese Zusatzspannungen zu vermeiden, und daraus ergibt sich auch die Schwierigkeit, schlanke Stäbe ohne Ausknicken bis zum Bruch zu prüfen. Dadurch ist man praktisch gezwungen, ziemlich gedrungene Körper zu verwenden. Ein zähes Material wird bis zum Bruch beträchtliche Formänderungen auch in der Querrichtung erfahren. Da die Querbewegung jedoch an den beiden Endflächen durch die Reibung an den Druckbacken der Prüfmaschine behindert wird, baucht der Körper aus, es entsteht ein faßförmiges Verzerrungsbild. Dadurch wird die Spannungsverteilung an den beiden Körperenden beeinflußt. Ist die Länge klein im Verhältnis zu den Querschnittsabmessungen, so macht sich der Einfluß der Behinderung der Querdehnung in einer Erhöhung der Bruchfestigkeit bemerkbar. Man unterscheidet deshalb bei einem und demselben Material Würfel- und Prismenfestigkeit, wobei die Prismenfestigkeit mit zunehmendem $\frac{l}{d}$ abnimmt. Da keine Einschürung des Querschnitts eintritt, fehlt der (scheinbare) Spannungsabfall am Ende des Zugdiagramms. Es ist oft unmöglich, die Druckfestigkeit eines zähen Materials zu bestimmen, besonders wenn $\frac{l}{d}$ des Probekörpers kleiner als 1 ist; die Formänderungen nehmen sowohl in der Längs- wie in der Querrichtung dauernd zu, ohne daß der Zusammenhang zwischen den einzelnen Teilen zerstört wird, und an Stelle der Bruchfestigkeit wird die Festigkeit bestimmt, die im Hinblick auf die Verwendung unerlaubt große Formänderungen erzeugt. Ein zähes Material bricht im Druckversuch nicht in zwei Teile, wie es im Zugversuch geschieht. Spröde Stoffe dagegen ergeben im Druckversuch regelrechte Bruchstücke und zeigen Bruchbilder, deren Flächen etwa unter 45^0 gegen die Kraftrichtung geneigt sind, die also in den Wirkungsebenen der größten Schubspannungen liegen.

19. Bestimmung der Elastizitäts-, Proportionalitäts- und Streckgrenze durch Messungen.

Die genaue Bestimmung der Elastizitäts- und der Proportionalitätsgrenze — also der Spannungen, unterhalb deren keine bleibenden Formänderungen auftreten und Spannungen und Formänderungen linear proportional sind — hängt in erster Linie von der Genauigkeit der Meßinstrumente ab. Die zu messenden Formänderungen sind sehr gering, und der Möglichkeiten, Fehler zu machen, gibt es dementsprechend viele. (Vgl. Kapitel XXI.) Wird die Last in der Prüfmaschine in der Weise gesteigert, daß gleiche Spannungsintervalle

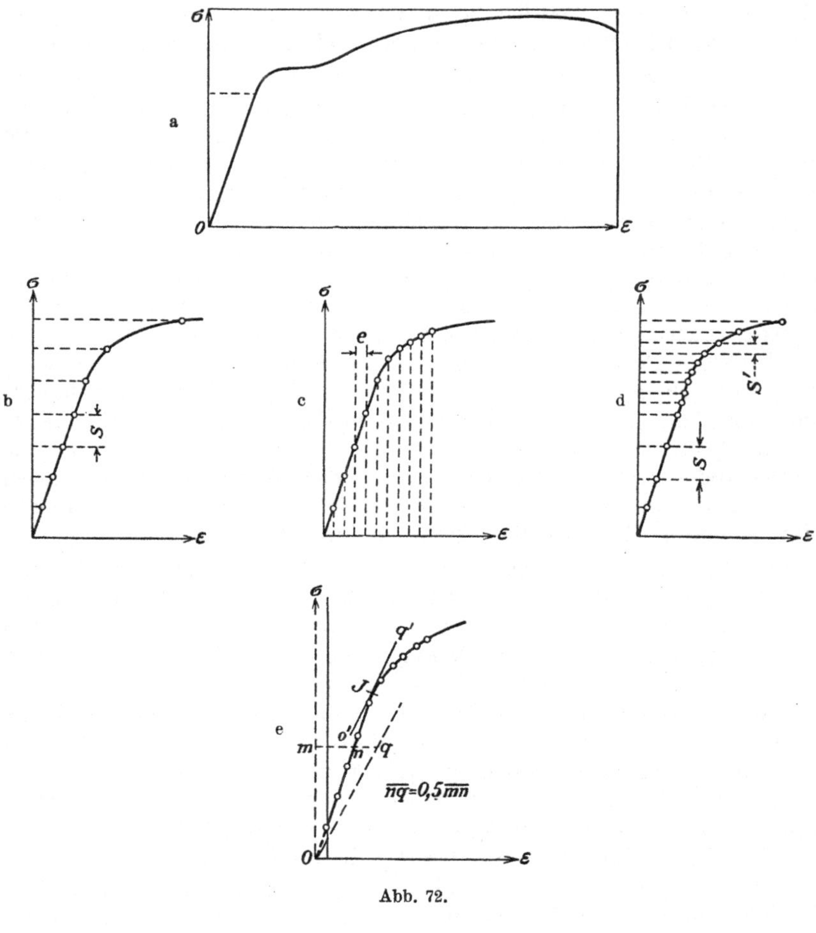

Abb. 72.

entstehen, so ist der Punkt im $\sigma - \varepsilon$-Diagramm, wo die Gerade in eine Kurve übergeht, also die Proportionalitätsgrenze, schwierig zu bestimmen, wenn die Intervalle nicht sehr klein genommen werden (Abb. 72b). Werden die Punkte des $\sigma - \varepsilon$-Diagramms so bestimmt, daß gleiche Dehnungsintervalle zugrunde gelegt werden, so ist die Lage der Proportionalitätsgrenze schon genauer festzulegen (Abb. 72c). Von großer Bedeutung ist es natürlich, wie groß die gleichmäßigen σ- bzw. ε-Intervalle gewählt werden. Eine untere Grenze dafür ist durch die praktische Versuchsdurchführung in zeitlicher Hinsicht bedingt. Ein gleichmäßiges σ-Intervall läßt sich im allgemeinen leichter einhalten als ein gleiches ε-Intervall. Es ist daher empfehlenswert, mit gleichen, aber ziemlich großen σ-Intervallen bis in die Nähe der Proportionalitätsgrenze zu gehen und dann kleinere Intervalle zu wählen. (Abb. 72d). Beobachtungsfehler werden sich nie vermeiden lassen, so daß die Punkte der $\sigma - \varepsilon$-Linie bis zur Proportionalitätsgrenze nie genau auf einer Geraden liegen werden, wodurch die Schwierigkeit einer genauen Bestimmung der Proportionalitätsgrenze vergrößert wird.

Diese Schwierigkeiten haben zu einer Methode geführt, die auf einen Vorschlag von J. B. Johnson[1] zurückgeht und ziemlich häufig angewendet wird, obwohl sie einer gewissen Willkür nicht entbehrt und das Wesen der Dinge kaum trifft. Johnson bestimmt die Proportionalitätsgrenze als den Punkt, wo die trigonometrische Tangente des Neigungswinkels der $\sigma - \varepsilon$-Linie mit der σ-Achse den 1,5fachen (manchmal wird auch ein anderer Zahlenwert genommen) Wert hat als am Koordinatenursprung. Abb. 72e zeigt eine derartige Konstruktion: $\overline{mq} = 1{,}5\,\overline{mn}$; ist die ausgezogene Linie als $\sigma - \varepsilon$-Linie bestimmt, so wird die Tangente gezogen, die parallel zu Oq läuft. Der Punkt J ist dann als Proportionalitätsgrenze bestimmt. Johnson nennt sie die „augenscheinliche Proportionalitätsgrenze" („apparent elastic limit"; vgl. auch Anm. auf S. 64). Manchmal wird die Proportionalitätsgrenze als die Spannung bestimmt, bei der die ersten bleibenden Formänderungen (oder auch eine bleibende Formänderung von einer bestimmten Größe) auftreten. Jedoch ist dadurch offenbar nicht die Proportionalitäts-, sondern die Elastizitätsgrenze gefunden[2].

Zur Bestimmung der Elastizitätsgrenze ist es notwendig, den Körper jeweils wieder zu entlasten, um festzustellen, ob bleibende Deformationen eingetreten sind. Die mit diesem Verfahren verbundenen größeren versuchstechnischen Schwierigkeiten und der größere Zeitaufwand werden in der Praxis oft unangenehm empfunden.

Ist das $\sigma - \varepsilon$-Diagramm kontinuierlich gekrümmt, dann ist keine eigentliche Streckgrenze vorhanden. Wird in einem solchen Fall trotzdem eine Streckgrenze bestimmt, so tut man den Dingen Gewalt an; es wird die Streckgrenze z. B. dahin gelegt, wo die spezifische Dehnung einen gewissen Wert, etwa $\varepsilon = 0{,}005$, erreicht hat. Aber, wie Unwin richtig sagt, hat eine derartig definierte „Streckgrenze" keine Bedeutung; der wichtige Punkt ist dann die Elastizitätsgrenze. Die meisten Stahl- und Eisenarten haben aber eine deutliche Streckgrenze. Der Beginn des Fließens ist im Versuch leicht festzustellen, wie jeder weiß, der einmal einen solchen Versuch durchgeführt hat. Es soll noch darauf hingewiesen werden, daß manchmal in der Praxis die Streckgrenze fälschlich als Elastizitäts- oder Proportionalitäts-

[1] Am. Soc. Test. Mat. Vol. XXII, Pt. I, p. 518.

[2] Über den Wert der Bestimmung der Elastizitätsgrenze sind die Meinungen verschieden. Unwin ist der Ansicht, daß sie wertlos ist, während Moore und Seely (Proceedings of the American Society f. Testing Materials 1916, 426—423) der Bestimmung der Spannung, wo die erste, deutlich wahrnehmbare bleibende Deformation auftritt, also der Elastizitätsgrenze, große Bedeutung geben. Der Verfasser teilt diese Ansicht jedoch nicht.

grenze bezeichnet wird. Wenn ein Material eine deutlich ausgesprochene Streckgrenze hat, so ist diese für den entwerfenden Ingenieur außerordentlich wichtig, wichtiger als die Elastizitäts- und Proportionalitätsgrenze.

Über Meßgeräte und Meßmethoden ist in Kapitel XXI einiges gesagt.

20. Einwirkung der Versuchsdauer auf die Gestalt der $\varepsilon - \sigma$-Linie.

Die Deformationen, besonders die plastischen, sind nicht unmittelbar nach dem Aufbringen der Kraft in ihrer vollen Größe da. Wenn also nach Abb. 73 auf einen (Zug-) Stab aus zähem Eisen eine Spannung $\overline{Oc}$ oberhalb der Elastizitätsgrenze wirkt und einige Zeit wirkend bleibt, so nimmt die Dehnung während der Dauer der Beanspruchung noch zu, derart, daß, falls $\overline{Oc}$ nicht zu groß ist, das Maß der Zunahme gegen

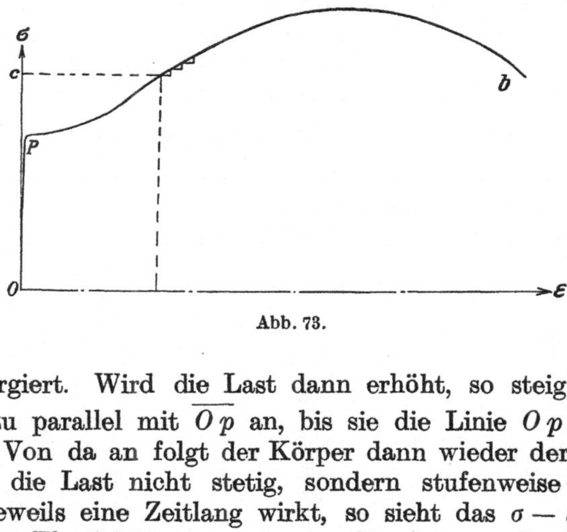

Abb. 73.

Null konvergiert. Wird die Last dann erhöht, so steigt die $\sigma - \varepsilon$-Linie nahezu parallel mit $\overline{Op}$ an, bis sie die Linie Opb wieder erreicht hat. Von da an folgt der Körper dann wieder der Linie Opb. Wenn also die Last nicht stetig, sondern stufenweise aufgebracht wird und jeweils eine Zeitlang wirkt, so sieht das $\sigma - \varepsilon$-Diagramm oberhalb der Elastizitätsgrenze treppenförmig aus, die Begrenzungslinien der einzelnen Stufen sind parallel der ε-Achse bzw. parallel der $\overline{Op}$-Linie. Ist die Belastungsdauer auf jeder Laststufe nur kurz, so wird die Bruchfestigkeit kaum beeinflußt sein; sind jedoch die Belastungszeiten jeweils genügend groß, so findet man die Bruchfestigkeit vermindert, d. h. eine Beanspruchung unterhalb der Bruchfestigkeit kann, wenn sie genügend lange wirkt, bei zähen Materialien unter Umständen den Bruch herbeiführen. Dies bedeutet in Abb. 73, daß die Horizontale einer Treppenstufe so groß werden kann, daß sie die Kuppe der $\overline{Opb}$-Linie abschneidet und in deren fallenden Ast übergeht.

Aus diesen Zusammenhängen erklärt es sich, daß bei großer Belastungsgeschwindigkeit (Belastungsgeschwindigkeit = Zunahme der

Spannung in der Zeiteinheit, also $v = \frac{d\sigma}{dt}$) eine größere Bruchfestigkeit erreicht wird, als wenn die Last langsam vergrößert wird. Dies gilt namentlich für zähe Materialien, die einen großen plastischen Formänderungsbereich haben. (Ist die Last ständig, so ist die Belastungsgeschwindigkeit Null, $\frac{d\sigma}{dt} = 0$). Dem entgegen wirkt die Verfestigung des Materials, die bei Beanspruchungen über die Streckgrenze hinaus stattfinden kann (vgl. Abschn. 22); es ist möglich, daß dieser Einfluß den festigkeitmindernden einer kleinen Belastungsgeschwindigkeit überwiegt, so daß z. B. eine lange wirkende Spannung oberhalb der Streckgrenze das Material derart verfestigt, daß die Bruchfestigkeit nachher höher liegt, als wenn der Körper von vornherein mit einer stetig und schnell zunehmenden Belastung zerstört worden wäre.

Im allgemeinen jedoch ist das $\sigma - \varepsilon$-Diagramm um so flacher — für die ε-Achse als Abszissen- und die σ-Achse als Ordinaten-Achse —, je kleiner die Belastungsgeschwindigkeit war. Eine große Belastungsgeschwindigkeit hat gewöhnlich eine geringere Bruchdehnung zur Folge, da das Material gewissermaßen keine Zeit hat, die großen Formänderungen einzugehen; manchmal aber tritt auch gerade das Gegenteil ein: mit wachsendem $\frac{d\sigma}{dt}$ tritt zwar die örtliche Einschnürung zurück, aber die über die ganze Länge des Stabes sich gleichmäßig erstreckende Dehnung nimmt zu[1].

Spröde Stoffe verhalten sich nicht einheitlich. Gußeisen z. B. erträgt nach Hodgkinson eine dicht in der Nähe der Bruchfestigkeit (Bruchfestigkeit im Sinne dieser Ausführungen ist die bei einmaliger kurzdauernder Beanspruchung bestimmte Festigkeit) liegende Spannung unbegrenzt lange. Holz kann auf die Dauer nur eine Spannung ertragen, die erheblich unterhalb der Bruchfestigkeit liegt.

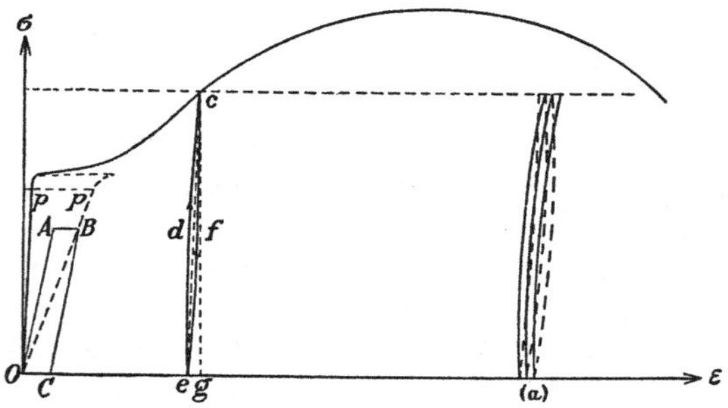

Abb. 74.

Selbst unterhalb der Proportionalitäts- und der Elastizitätsgrenze übt die Belastungsgeschwindigkeit auf die Gestaltung der $\sigma - \varepsilon$-Linie einen Einfluß aus. Eine sehr große Belastungsgeschwindigkeit (jedoch keine stoßförmige Belastung!) erzeugt einen Kurvenast $\overline{OA}$, der steiler ist als der gewöhnliche Ast $\overline{Op}$ (vgl. Abb. 74). Bleibt die Last in A ruhend, so fließt der Stab sehr bald nach B auf der gewöhnlichen Linie Op.

[1] Proc. Inst. C. E., vol. 89, p. 120; Annales des Ponts et Chaussées 1890.

Eine sehr schnelle Entlastung zeigt die umgekehrte Erscheinung: die Entlastungskurve verläuft parallel zu $\overline{OA}$ nach C, wo kurze Zeit eine bleibende Dehnung festzustellen ist, die aber sehr bald auf Null zurückgeht. (Die Linienzüge durch die Punkte O, A, B, C sind verzerrt mit einem größeren ε-Maßstab zur besseren Deutlichkeit herausgezeichnet.) Eine sehr rasche Belastung bis zum Bruch kann das Bild der $\sigma - \varepsilon$-Linie von Grund auf ändern, so daß sie sich von der Gestalt $\overline{Opub}$ in Abb. 65 entfernt und sich der Gestalt $\overline{OB}$ nähert, also kürzer, steiler und höher wird. Dabei wird die Streckgrenze verwischt und die Bruchfestigkeit gehoben. Die große Belastungsgeschwindigkeit gibt dem Material keine Zeit, die an Hand von Abb. 65 beschriebenen Deformationen einzugehen.

Die Erhöhung der Bruchfestigkeit durch eine große Belastungsgeschwindigkeit zeigt sich bei spröden und bei zähen Körpern, obwohl die Erscheinung bei den letzteren ausgesprochener ist. Professor D. A. Abrams hat diese Frage für Beton untersucht[1]. Er prüfte insgesamt 270 Probekörper im Alter von 28 Tagen mit drei verschiedenen Mischungsverhältnissen, nämlich 1 : 3, 1 : 5 und 1 : 9 (in Raumteilen). Die Probekörper hatten zylindrische Gestalt mit einer Höhe von 30 cm und einem Querschnittsdurchmesser von 15 cm. — Die Körper wurden auf Druck geprüft. Betrug die Deformationsgeschwindigkeit, also die Geschwindigkeit, mit der sich die Druckbacken der Prüfmaschine aufeinander zu bewegten, 0,38 cm pro Minute, so waren die Druckfestigkeiten um 6%, 14% und 20% höher als bei einer Geschwindigkeit von 0,015 cm pro Minute. Je fetter die Mischung war, um so empfindlicher zeigte sich die Festigkeit in bezug auf die Deformationsgeschwindigkeit. Die oben angegebenen Prozentzahlen beziehen sich in ihrer Reihenfolge auf die Mischungen 1 : 9, 1 : 5, 1 : 3. Abrams fand weiter, daß die ersten 88 Hundertteile der Bruchfestigkeit beliebig rasch aufgebracht werden können, und daß die Bruchfestigkeit nur von der Belastungsgeschwindigkeit der letzten 12 Hundertteile beeinflußt wird. (Dies Verhältnis würde natürlich für ein zähes Material anders sein. Im Gegensatz zu einem solchen hat Beton keine Streckgrenze und nur ein geringes Arbeitsvermögen.) Bei seinen Druckfestigkeitsprüfungen geht Abrams auf Grund dieser Untersuchungen so vor, daß er — um Zeit zu sparen und doch praktisch brauchbare Ergebnisse zu erzielen — bis auf 50% bis 75% der Bruchfestigkeit mit sehr großer Geschwindigkeit und dann bis zum Bruch mit einer Deformationsgeschwindigkeit von 0,03 bis 0,06 cm pro Minute belastet. Es soll hier darauf aufmerksam gemacht werden, daß bei gleicher Geschwindigkeit des Antriebs trotzdem die Geschwindigkeit, mit der sich die beiden Druckbecken aufeinander zu bewegen, verschieden ist, je nachdem ob die Maschine leer läuft, ob ein harter oder ein weicher Körper gedrückt wird; je größer der Widerstand ist, den die Druckbacken finden, um so größer sind die Deformationen

---

[1] Engineering and Cement World, Jan. 15, 1918.

im Getriebe der Maschine, die auf den Gang der Druckbacken verlangsamend wirken.

Aus diesen Erörterungen geht die Notwendigkeit hervor, bei Materialprüfungen die Belastungsgeschwindigkeit zu normieren, um vergleichbare Resultate zu erzielen.

21. Die Hysteresisschleife.

Oberhalb der Elastizitätsgrenze würde die Schleife $OABC$ der Abb. 74, die durch rasche Be- und Entlastung erhalten worden war, deutlicher erscheinen. Bei rasch wiederholten Belastungen oberhalb der Elastizitäts- und Proportionalitätsgrenze fand Bairstow, daß die obere Hälfte $\overline{cf}$ der Entlastungslinie und die untere Hälfte $\overline{ed}$ der Belastungslinie gekrümmt, während $\overline{fe}$ und $\overline{dc}$ gerade und einander parallel sind. Einen Linienzug $OABC$ oder $edcf$ nennt man eine Hysteresisschleife. Bei Eisen und Stahl findet sich die Hysteresisschleife nicht immer; ihr Vorhandensein hängt von dem Material und der Belastungsgeschwindigkeit ab. Ist die Hysteresisschleife geschlossen, wie bei der Schleife $OABC$ oder $edcf$, so heißt das, daß die Belastung die bleibende Dehnung nicht vergrößert hat. Schließt sich die Schleife nicht, so bedeutet das eine Vermehrung der bleibenden Dehnung. Erzeugt nun jede Lastwiederholung eine neue offene Hysteresisschleife (Abb. 74a), d. h. eine Zunahme der bleibenden Dehnung, so muß der Körper schließlich zerstört werden.

Tritt eine Hysteresisschleife auf, dann wird nicht die ganze Formänderungsarbeit, die bei der Belastung dem Körper zugeführt wurde, beim Entlasten in Form von Spannungsenergie zurückgewonnen, sondern ein Teil der Arbeit ist in eine andere Energieform, in Wärme, übergeführt worden. Betrachten wir hierzu die Schleife $edcf$. Wenn $\overline{cg}$ die Ordinate des Punktes e ist, dann stellt die Fläche $\overline{edcg}$ die dem Körper bei der Belastung von O auf c zugeführte Formänderungsarbeit dar; die bei der Entlastung zurückgewonnene Energie der Spannung ist die Fläche $\overline{cfeg}$, also ist die Arbeit von der Größe der Fläche $\overline{edcf}$ nicht zurückgewonnen, sondern muß in eine andere Energieform verwandelt worden sein. Allgemein kann man sagen: Tritt eine Hysterisisschleife (offen oder geschlossen) auf, so wird der Teil der Formänderungsarbeit, der durch die Fläche der Schleife dargestellt wird, nicht als Spannungsenergie zurückgewonnen, sondern wird in Wärme umgewandelt.

Wird ein Körper wiederholt belastet, wobei jeweils geschlossene Hysteresisschleifeu auftreten mögen, so muß der Körper dauernd Energie aufnehmen. Es erscheint fraglich, ob eine derartige Belastung schließlich den Bruch herbeiführen kann, obwohl laut Voraussetzung eine Zunahme der bleibenden Formänderungen nicht stattfindet.

Wird ein zähes Eisen mit der Spannung $\overline{gc}$ oberhalb der Streckgrenze beansprucht, entlastet und unmittelbar darauf wieder belastet, so findet man die Proportionalitätsgrenze sehr stark, oft bis auf Null, erniedrigt, während die Streckgrenze bis auf die Höhe der Vorspannung $\overline{g\,c}$ gehoben ist. Der gerade untere Teil von $\overline{e\,d\,c}$ ist dann (vgl. oben) kürzer als $\overline{O\,p}$ bzw. $\overline{e\,d\,c}$ ist von Anfang an gekrümmt. Das Material ist durch die Beanspruchung über die Streckgrenze hinaus in eine Art plastischen Zustands geraten, und seine Formänderungen nehmen bei sofortiger nochmaliger Belastung schneller zu als die Spannungen (vgl. hierzu Abschnitt 30 über die Struktur von Eisen und Stahl). Läßt man jedoch dem Körper nach der Beanspruchung auf $\overline{g\,c}$ nur kurze Zeit, etwa einige Minuten, Ruhe, oder erwärmt man ihn einige Minuten lang durch Eintauchen in siedendes Wasser, so findet man die Proportionalitätsgrenze gehoben, und zwar über die ursprüngliche hinaus bis zu oder nahezu bis zu der Höhe der Vorspannung, und die Spannungs-Dehnungslinie verläuft von e bis c oder nahezu bis c gerade.

22. Die Erhöhung der Proportionalitätsgrenze durch Kaltrecken.

Wie oben dargelegt, wird bei einem zähen Eisen oder Stahl die Proportionalitätsgrenze durch eine Beanspruchung oberhalb der Streckgrenze (Kaltrecken) mit nachfolgender Ruhepause oder mäßigem Erhitzen etwa auf die Höhe der Verspannung gehoben. Vernachlässigt man die Erscheinung der Hysteresisschleife, so kann man sagen: Ist ein Körper kalt gereckt, so liegt die darauffolgende Ent- und Belastungslinie parallel zu $O\,p$ bis zu der Höhe der Verspannung, und von da ab geht die Belastungslinie in die normale $\sigma - \varepsilon$-Linie über. Manchmal jedoch, besonders wenn die Ruhepause nach dem Kaltrecken länger war (24 Stunden oder mehr), ist die Proportionalitäts- und die Streckgrenze über die Vorspannung c etwa bis nach c' (Abb. 75) gehoben, hinter c' findet dann erneutes Fließen und der Übergang etwa in die normale $\sigma - \varepsilon$-Linie statt. Zuweilen findet jedoch auch eine Erhöhung der Bruchspannung (Punkt u in Abb. 65) statt. Mäßige Erwärmung von etwa 100° C fördert die hier beschriebenen Erscheinungen (Abb. 76).

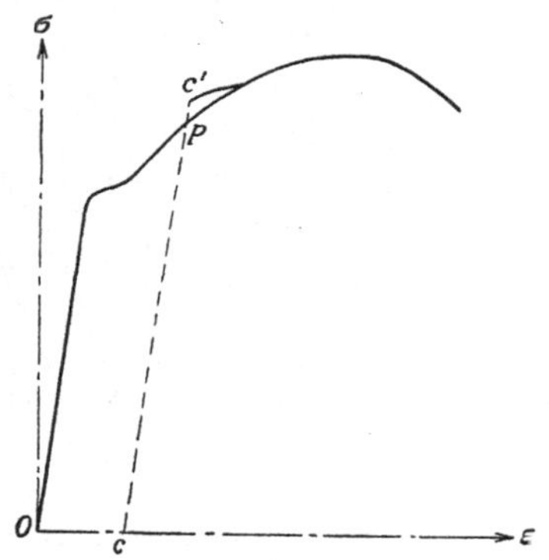

Abb. 75.

23. Verfestigung von Eisen und Stahl durch Kaltrecken.

Die Erscheinung, daß die Streck-, Elast.- und Proportionalitätsgrenze bei Eisen durch Kaltrecken gehoben werden kann, wird oft als „Verfestigung durch Kaltrecken" bezeichnet. Mit „Verfestigung" ist hier (vgl. Abschnitt 3) die Erhöhung der Proportionalitätsgrenze und eine entsprechend verringerte Dehnbarkeit gemeint. Es ist mit dieser „Verfestigung" durchaus nicht notwendig ein vergrößerter Widerstand gegen Einkerben oder Abnützung oder Bruch verbunden, obwohl auch dies in manchen Fällen zu beobachten ist[1].

Die Versteifung durch Kaltrecken verschwindet vollständig wieder, wenn das Material ausgeglüht wird.

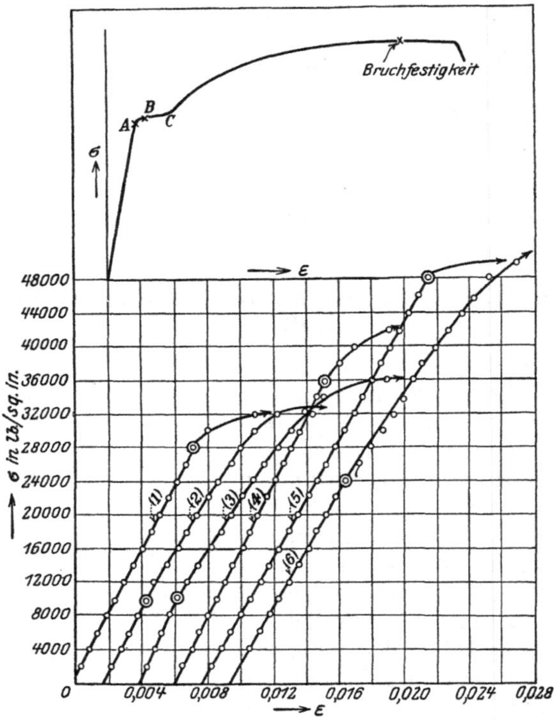

Abb. 76.

σ—ε-Linien eines und desselben Probestabes.

(1) σ—ε-Linie des gewöhnlichen Zugversuchs.
(2) σ—ε-Linie, unmittelbar nach (1) aufgenommen,
(3) σ—ε-Linie, unmittelbar nach (2) aufgenommen.
(4) σ—ε-Linie, nach 8 tägiger Ruhepause hinter (3) aufgenommen.
(5) σ—ε-Linie, nach 42 tägiger Ruhepause hinter (4) aufgenommen.
(6) σ—ε-Linie, unmittelbar nach (5) aufgenommen.

Vielfach ist Handelseisen bei der Bearbeitung Beanspruchungen ausgesetzt worden, die über der Elastizitätsgrenze des Materials im ursprünglichen Zustand lagen, wodurch die Elastizitätsgrenze und die Proportionalitätsgrenze nach oben verschoben wurden. Durch weiteres Kaltrecken können diese beiden Grenzen bis nahe an die Bruchfestigkeit herangeschoben werden; sie können jedoch auch durch entgegengesetzt gerichtete Beanspruchungen erniedrigt werden, d. h. die Proportionalitäts- (und Elastizitäts-) Grenze auf Zug kann durch Druckbeanspruchungen erniedrigt werden, und umgekehrt.

[1] Anmerkung d. Übers.: Es wäre deshalb vielleicht korrekter, in solchen Fällen von einer Versteifung zu sprechen.

In der Nähe eines gestanzten Loches oder einer Stelle, wo Material sonstwie abgeschert wurde, ist also das Material versteift. Das ist unter Umständen sehr unerwünscht, z. B. bei Nietlöchern, wo im Interesse einer gleichmäßigen Spannungsverteilung (vgl. Abschnitt 26) das Material zähe sein soll. Bei gestanzten Nietlöchern wird deshalb gern das die Öffnung umrandende Material weggeschnitten.

Ewing sagt in seinem Buch „Strength of Materials":

„Wenn man einen Stab aus zähem Eisen zunächst bis zu seiner Streckgrenze beansprucht, ihn dann auf 100° C erwärmt, um die gehobene Proportionalitäts- und Streckgrenze zu erzielen, ihn dann bis zu seiner neuen Streckgrenze belastet und ihn wieder auf 100° C erwärmt usw., dann kann die Streckgrenze schrittweise bis zur Bruchfestigkeit gehoben werden. So wird schließlich der Stab, trotzdem er ursprünglich in hohem Maß die Fähigkeit besaß, plastische Formänderungen einzugehen, wie spröder Stahl brechen, mit verhältnismäßig geringer Bruchdehnung und Querschnittsverminderung, und unter einer Last, die weit höher liegt, als die normale Bruchlast[1]."

24. Ursprüngliche und natürliche Elastizitätsgrenze.

Die Elastizitätsgrenze von Walzeisen im Anlieferungszustand wurde von Bauschinger als „ursprüngliche Elastizitätsgrenze" bezeichnet. Durch wiederholte abwechselnde Druck- und Zugbeanspruchungen selbst unterhalb der ursprünglichen Elastizitätsgrenze kann diese erniedrigt werden, bis das Material auf Druck und auf Zug eine gleich hohe Elastizitätsgrenze hat. Diese wurden von Bauschinger die natürlichen Elastizitätsgrenzen genannt. Eine derartige Beanspruchung, die in regelmäßigen Zeitabständen von einer Zugspannung durch Null auf eine gleichgroße Druckspannung wechselt, nennt man Schwingungsbeanspruchung. Im weiteren Sinn des Wortes kann man auch noch von Schwingungsbeanspruchung sprechen, wenn Zug- und Druckbeanspruchung nicht den gleichen Absolutwert haben; eine solche Schwingungsbeanspruchung hat dann eine Verschiebung der natürlichen Elastizitätsgrenzen zur Folge in der Weise, daß die auf der Seite der größeren Spannung liegende Grenze erhöht, die andere dagegen erniedrigt wird.

25. Arbeit und Arbeitsvermögen.

Eine Kraft, die auf einen Körper wirkt, leistet auch dann Arbeit, wenn dieser sich im Gleichgewicht befindet; denn der Körper wird deformiert, und damit ist der Kraft ein Weg zugeordnet. Kraft $\times$ Formänderung in Richtung der Kraft $=$ Formänderungsarbeit. Ist der Körper vollkommen elastisch, so daß er nach der Entlastung seine ursprüngliche Gestalt wieder einnimmt, so gibt er während der Entlastung die in ihm als potentielle Energie oder auch Spannungsenergie aufgespei-

[1] Anmerkung d. Übers.: Die Festigkeit braucht trotzdem nicht gehoben zu sein, da die Einschnürung fehlt und damit der Bruchquerschnitt größer ist.

cherte Arbeit wieder ab (unter Vernachlässigung einer etwa vorhandenen Hysteresisschleife). Diese Fähigkeit, Spannungsenergie aufzuspeichern und wieder abzugeben, heißt elastisches Arbeitsvermögen. Das elastische Arbeitsvermögen eines Körpers wird also durch den Betrag der Formänderungsarbeit angegeben, die der Körper aufnehmen und wieder abgeben kann.

Wird ein Stab (allmählich) mit der Zugkraft P belastet, so ist die Gesamtarbeit durch Summierung zu bestimmen, da ja die Kraft allmählich von O auf den Endwert P ansteigt. Nehmen wir innerhalb der Elastizitätsgrenze lineare Proportionalität zwischen Kräften und Deformationen an, also die Proportionalitätsgrenze oberhalb der Elastizitätsgrenze, so wird die elastische Formänderungsarbeit

$$\mathfrak{A} = \int_0^\delta P_x \cdot dx = \int_0^\delta \frac{P \cdot x}{\delta} \cdot dx = \frac{P\,\delta}{2};$$

mit

$$\delta = \frac{P \cdot l}{E \cdot F}$$

wird

$$\mathfrak{A} = \frac{P^2 \cdot l}{2\,E \cdot F}. \tag{23}$$

Dies ist die elastische Formänderungsarbeit des ganzen Stabes. Beziehen wir die Arbeit auf die Volumeneinheit des Stabes, so wird

$$\mathfrak{A}' = \frac{\mathfrak{A}}{V}$$

und da $V = F \cdot l$ ist,

$$\mathfrak{A}' = \frac{P^2}{2\,E \cdot F^2} = \frac{1}{2}\,\sigma \cdot \varepsilon. \tag{24}$$

Ist ein Formänderungsdiagramm also auf σ und ε, d. h. die Spannungen und Dehnungen der Einheit, bezogen — wie das meist der Fall ist —, so stellt der Inhalt der Fläche, gebildet aus der $\sigma - \varepsilon$-Linie bis zur Elastizitätsgrenze und der ε-Achse, die auf die Raumeinheit bezogene elastische Formänderungsarbeit des Körpers bis zur Elastizitätsgrenze dar.

Steigt die Spannung über die Elastizitätsgrenze, so bleibt die Definition der Formänderungsarbeit bestehen. Der Unterschied ist, daß der Körper nicht mehr die ganze Formänderungsarbeit aufspeichert, sondern daß ein Teil in eine andere Energieform, in Wärme, übergeführt wird. Da das Hooke'sche Gesetz nicht mehr gilt, der gesetzmäßige Zusammenhang zwischen σ und ε nicht in analytischer, sondern nur in graphischer Form in der $\sigma - \varepsilon$-Linie vorliegt, kann die Lösung des Integrals für die gesamte Formänderungsarbeit der Raumeinheit des Körpers

$$\mathfrak{A}' = \int_0^\varepsilon \sigma_x \cdot dx$$

nicht in geschlossener Form angegeben werden. Geometrisch läßt es sich dagegen, wenn die $\sigma - \varepsilon$-Linie vorliegt, leicht angeben als die

Fläche zwischen der ε-Achse und der $\sigma-\varepsilon$-Linie bis zu jenem σ, für das die Arbeit bestimmt werden soll[1].

In diesem Zusammenhang soll auch der Begriff des Moduls des Arbeitsvermögens genannt werden, und zwar unterscheidet man den Modul des elastischen Arbeitsvermögens = Formänderungsarbeit der Raumeinheit bis zur Elastizitätsgrenze und ferner den Modul des gesamten Arbeitsvermögens = gesamte Formänderungsarbeit der Raumeinheit bis zum Bruch. Diese beiden stellen also die Arbeit dar, die die Raumeinheit des Körpers aufzunehmen vermag, bis die Elastizitätsgrenze erreicht ist bzw. der Bruch eintritt. Das ist für die Beurteilung der Widerstandsfähigkeit gegen Stoßkräfte von großer Bedeutung.

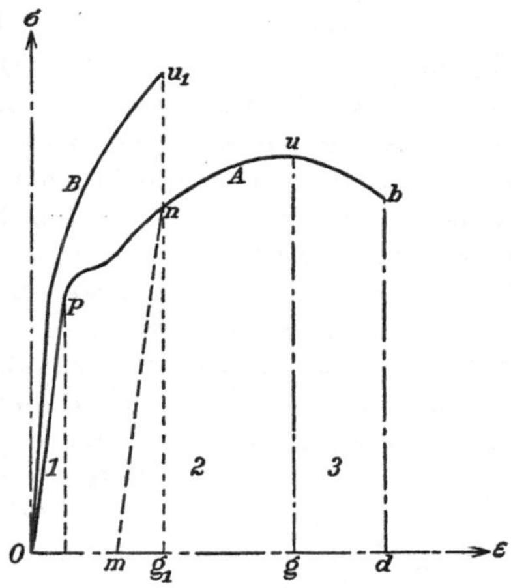

Abb. 77.

Es ist jedoch darauf hinzuweisen, daß das Arbeitsvermögen keine Materialkonstante ist, da die Form der $\sigma-\varepsilon$-Linie, die ja der Bestimmung des Arbeitsvermögens zugrunde liegt, von der Belastungsgeschwindigkeit sehr stark abhängt. (Vgl. in Abschnitt 16 über den Einfluß der Belastungsgeschwindigkeit auf die $\sigma-\varepsilon$-Linie.) Bei stoßförmiger Belastung — und diese ist für die Anwendung der beiden Moduli des Arbeitsvermögens ein sehr wichtiges Gebiet —, wird die $\sigma-\varepsilon$-Linie von der normalen Gestalt A in Abb. 77 abweichen und sich mehr der Form B nähern. Diese Tatsache ist nicht immer gebührend beachtet worden, und darauf ist eine ganze Anzahl von Irrtümern und abwegigen Erörterungen über Stoßversuche zurückzuführen.

26. Wert und Bedeutung der (plastischen) Dehnbarkeit.

Bauwerke und Maschinen sind in den seltensten Fällen ausschließlich ruhender Belastung, also statischer Belastung, ausgesetzt. Die Lasten bewegen sich, und diese Bewegungen sind von Stößen begleitet, deren kinetische Energie (Arbeit der Bewegung) von dem Bauwerk sicher aufgenommen werden muß. Daraus folgt, daß das Arbeitsvermögen, also die Fähigkeit, Arbeit aufzunehmen, eine sehr bedeutungsvolle Materialeigenschaft ist. Sie hängt offenbar von Festigkeit und Dehnbarkeit ab. Ein Material von großer Festigkeit, das jedoch spröde, wenig dehnbar ist, kann somit ganz unbrauchbar sein. Je nach dem Verwendungszweck kann die Festigkeit oder die Dehnbarkeit

[1] Anmerkung d. Übers.: Daher wird die $\sigma-\varepsilon$-Linie vielfach auch Arbeitslinie genannt.

des Materials wichtiger sein. Je höher die Festigkeit und die Elastizitätsgrenze ist, um so höher können die Spannungen aus ruhender Belastung zugelassen werden, um so kleiner werden die Querschnitte und um so geringer das Gewicht. Da jedoch im allgemeinen erhöhte Dehnbarkeit geringere Festigkeit zur Folge hat, wird die Rücksicht auf mögliche Stoßbeanspruchungen bei der Auswahl des Materials dem Streben nach hoher Festigkeit, kleinen Querschnitten und kleinem Gewicht entgegenwirken.

Bei einer kurzen Brücke überwiegt die bewegliche Belastung gegenüber dem Eigengewicht. Daher überwiegt hier die Rücksicht auf die Stoßbeanspruchungen, und Dehnbarkeit des Materials wird eher anzustreben sein als hohe Festigkeit. Bei großen Spannweiten jedoch tritt die bewegliche Last hinter dem Eigengewicht der Konstruktion zurück; hier werden Stoßbeanspruchungen nur von mehr untergeordneter Bedeutung sein, so daß eine hohe Festigkeit und eine hohe Elastizitätsgrenze erstrebenswert sind. Bei Brücken mit kurzen Spannweiten wird also das zähe Flußeisen, bei Brücken mit großen Spannweiten werden hochwertige Stahllegierungen oder kohlenstoffreichere Stähle, also Materiale von großer Bruchfestigkeit, hoher Elastizitätsgrenze, aber geringer Dehnbarkeit, in Betracht kommen.

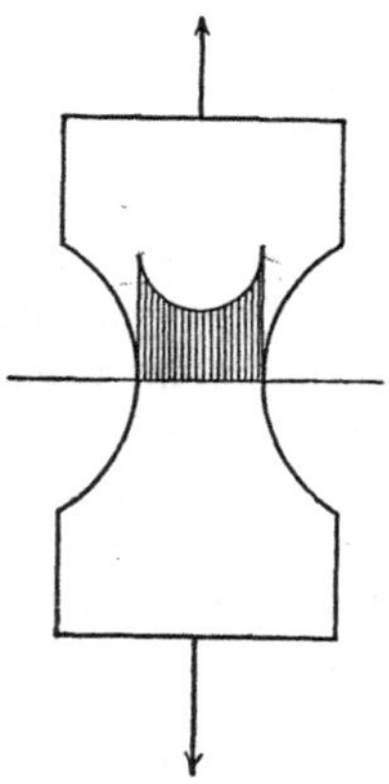

Abb. 78.

Plastische Dehnbarkeit ist weiterhin von großem Wert, wenn die Kraftverteilung über einen Querschnitt nicht gleichmäßig, sondern derart erfolgt, daß örtliche Beanspruchungen über die Elastizitätsgrenze hinaus auftreten. Wenn ein nach Abb. 78 geformter Körper auf Zug beansprucht wird, so sind in dem kleinsten Querschnitt die Spannungen entsprechend dem Spannungsdiagramm so verteilt, daß sie außen am größten sind und nach der Mitte zu abnehmen (vgl. Kap. VI). Wenn nun die Spannung an den äußeren Fasern über die Elastizitätsgrenze bis zur Streckgrenze anwächst, so geht das Material bei zunehmender Last an diesen Stellen weitere Deformationen unter geringerer Erhöhung der Spannungen ein, während die Spannungen der inneren Fasern schneller wachsen. Durch die plastische Dehnbarkeit des Materials ist also eine gleichmäßigere Spannungsverteilung gewährleistet, sobald örtliche Überbeanspruchungen, d. h. stellenweise Spannungen auftreten, die nicht mehr im rein-elastischen Gebiet liegen. Wird der Körper bis zum Bruch belastet, so wird die mittlere Festigkeit $\frac{P}{F'}$ sich weit mehr der wirklichen Bruchfestigkeit nähern, als wenn das Material spröde gewesen wäre.

27. Der Modul des Arbeitsvermögens.

In Abschnitt 25 sind die Moduli des elastischen und des gesamten Arbeitsvermögens als Flächen des $\sigma - \varepsilon$-Diagramms definiert worden.

Es soll an dieser Stelle nochmals betont werden, daß das $\sigma-\varepsilon$-Diagramm keine reine Materialkonstante ist, sondern von der Belastungsgeschwindigkeit stark beeinflußt wird. Der Modul des gesamten Arbeitsvermögens setzt sich also zusammen (Abb. 77) aus dem Modul des elastischen Arbeitsvermögens (Fläche 1), dann der Formänderungsarbeit während einer hauptsächlich plastischen Dehnung (Fläche 2) und schließlich der Formänderungsarbeit während der Einschnürung (Fläche 3).

Der Modul des elastischen Arbeitsvermögens ist seiner Größe nach (vgl. Abschn. 25)

$$\text{Fläche } 1 = \frac{P^2}{2E \cdot F^2} = \frac{\sigma_e^2}{2 \cdot E}, \tag{24a}$$

worin σ_e = Elastizitätsgrenze ist.

Der Modul des gesamten Arbeitsvermögens ist als Maß für die Zerstörungsarbeit z. B. für Erdbebengebiete sehr wichtig. Im allgemeinen wird, wie es auch oben geschehen ist, die „statische" $\sigma-\varepsilon$-Linie seiner Bestimmung zugrunde gelegt. Häufig wird indessen die Formänderungsarbeit während der Einschnürung, also Fläche 3, nicht mit berücksichtigt, da ihre Bestimmung ungenau zu sein pflegt. Nun liegt vielfach das $\sigma-\varepsilon$-Diagramm nicht vor, wohl aber die Bruchdehnung $\varepsilon_z = \overline{Od}$ und die Bruchfestigkeit $\sigma_z = \overline{db}$ (Abb. 77). Als Faustformel für den Modul des gesamten Arbeitsvermögens wird dann häufig der Ausdruck benutzt

$$\mathfrak{A} = k \cdot \sigma_z \cdot \varepsilon_z,$$

worin k mit der plastischen Dehnbarkeit des Materials zunimmt und im allgemeinen $\frac{1}{2} < k < \frac{2}{3}$, bei sehr großer Zähigkeit auch $\frac{2}{3} < k < 1$ gewählt wird.

Für eine $\sigma-\varepsilon$-Linie nach Abb. 77 *B*, also für sehr große Belastungsgeschwindigkeit, nehme man an

$$\mathfrak{A} = \frac{2}{3}\, \overline{u_1 g_1} \cdot \overline{O g_1}.$$

Kaltrecken nimmt dem Material einen Teil seiner ursprünglichen Zähigkeit, seines ursprünglichen gesamten Arbeitsvermögens. In Abb. 77 wird durch Belastung auf $\sigma = \overline{g_1 n}$, also über die Streckgrenze hinaus, der Modul des elastischen Arbeitsvermögens auf die Fläche $m\,n\,g_1$ (ursprünglich Fläche 1) vergrößert, der Modul des gesamten Arbeitsvermögens dagegen um die Fläche $O\,n\,m$ verkleinert.

Die obigen Erörterungen erklären es, daß man in der letzten Zeit den Schlagproben in der Materialprüfung mehr und mehr Bedeutung beimißt. (Vgl. oben die Bemerkungen über die Abhängigkeit der $\sigma-\varepsilon$-Linie von der Belastungsgeschwindigkeit.) Man will auf direktem Versuchswege den Modul des gesamten Arbeitsvermögens bei Stoßbeanspruchung bestimmen. (Vgl. Kap. XXI.)

28. Materialeigenschaften.

Die in Abschnitt 3 dieses Kapitels besprochenen Materialeigenschaften sollen an Hand der Abb. 77 erörtert werden.

Die Elastizität ist um so größer, je kleiner der Elastizitätsmodul E, also je flacher die Linie $\overline{Op}$ ist und je höher die Elastizitätsgrenze liegt, also je größer die Fläche 1 ist. Als Maß für die Elastizität kann mithin der Modul des elastischen Arbeitsvermögens dienen.

Die plastische Dehnbarkeit wächst mit der Entfernung $\overline{Od}$ (Abb. 77).

Die Steifigkeit nimmt mit E und steigender Elastizitäts- und Proportionalitätsgrenze zu.

Härte kann eine hohe Elastizitätsgrenze bedeuten, ist aber kein genau definierter Begriff. (Vgl. Kap. XXI.)

Das auf die Raumeinheit eines Körpers bezogene Arbeitsvermögen, der Modul des Arbeitsvermögens, ist durch die Fläche zwischen der ε-Achse und der Linie $\overline{Op}$ oder der Linie $\overline{Ob}$ dargestellt, je nachdem ob es sich um das elastische oder das gesamte Arbeitsvermögen handelt. (Vgl. hierzu die Bemerkung in Abschn. 25.)

Die Sprödigkeit ist um so größer, je kleiner $\overline{Od}$ ist.

Das Maß der Zähigkeit wird in etwa durch den Modul des gesamten Arbeitsvermögens gekennzeichnet (Abb. 77).

Die Festigkeit wird durch die Strecke $\overline{ug}$ dargestellt (Abb. 77).

Diese und andere Bezeichnungen von Materialeigenschaften werden häufig ziemlich nachlässig gebraucht, woraus dann Mißverständnisse entstehen. Der Verfasser ist sich darüber klar, daß der technische Sprachgebrauch nicht einheitlich ist, daß also mit den gleichen Bezeichnungen an verschiedenen Stellen verschiedene Begriffe verbunden werden. Es muß aber gefordert werden, daß jeweils der Sinn einer Bezeichnung klar definiert wird.

Die folgende Zusammenstellung zeigt Forderungen der American Society for Testing Materials an zwei Stähle je nach ihrem Verwendungszweck.

Material		Zugfestigkeit kg/cm²	Streckgrenze kg/cm²	Bruchdehnung für 20,3 cm Meßlänge %	Bruchdehnung für 5,1 cm Meßlänge %	Querschnittsverminderung
Brückenstahl (Flußstahl)	Tragglieder	3870 bis 4570	0,5 · Zugfestigkeit	$\frac{105450}{\text{Zugfestigkeit}}$	22	
	Nieten	3230 bis 3940	0,5 · Zugfestigkeit	$\frac{105450}{\text{Zugfestigkeit}}$		
Bau-Nickelstahl	Tragglieder	5980 bis 7030	3520	$\frac{105450}{\text{Zugfestigkeit}}$		25
	Nieten	4920 bis 5630	3160	$\frac{105450}{\text{Zugfestigkeit}}$		40

29. Stoßförmige Belastung.

Wird ein Körper stoßweise belastet, so ruft die Kraft größere Spannungen und Deformationen hervor, als wenn sie allmählich aufgebracht wird. Der Stab in Abb. 79 werde mit der Zugkraft P belastet. Wird die Last allmählich aufgebracht, d. h. wächst die Last von Null auf ihren Endwert P so langsam, daß die Verlängerung des Stabes in jedem Zeitpunkt der wirkenden Kraft proportional ist, so wird die Verlängerung des Stabes

$$\Delta l = \frac{P \cdot l}{E \cdot F}.$$

Die Formänderungsarbeit (vgl. Abschn. 25) ist, sofern die Spannung noch unterhalb der Proportionalitätsgrenze liegt,

$$\mathfrak{A} = \frac{1}{2} P \cdot \Delta l$$

und wird durch die Fläche $\overline{OP'S}$ in dem Diagramm der Abb. 80 dargestellt. (In dem Diagramm sind nicht die Spannungen und spezifischen Dehnungen, sondern die Kräfte und Verlängerungen aufgetragen). Die von der Kraft während ihres Wachsens von O auf P geleistete Formänderungsarbeit ist von dem Stab in Form von potentieller Energie restlos aufgespeichert worden. Wird P jedoch stoßweise aufgebracht, so wirkt P bereits bei Beginn der Deformation in voller Größe. Hat die Verlängerung den Wert Δl erreicht, so ist die potentielle (Spannungs-) Energie die gleiche wie vorhin, also $\mathfrak{A} = \frac{1}{2} P \cdot \Delta l$, dagegen ist die Formänderungsarbeit der Kraft P

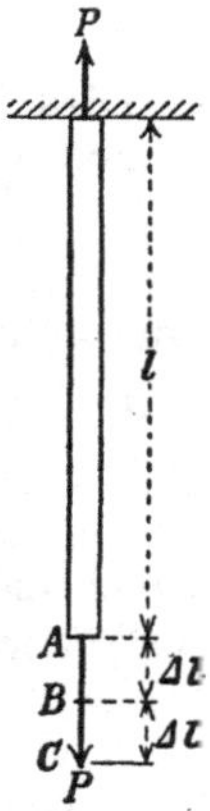

Abb. 79.

$$\mathfrak{A}_1 = P \cdot \Delta l$$

und wird durch die Fläche $\overline{OPP'S}$ dargestellt. Bei einer Verlängerung Δl ist also nur die Hälfte der Formänderungsarbeit von dem Stab als Energie der Lage aufgespeichert, die andere Hälfte muß somit als Energie der Bewegung (kinetische Energie) wirken.

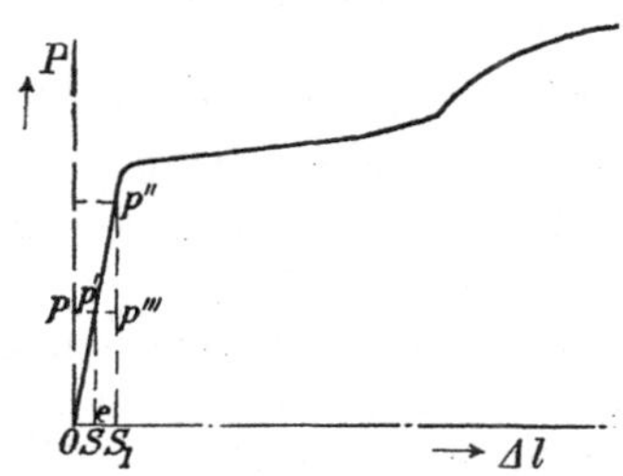

Abb. 80.

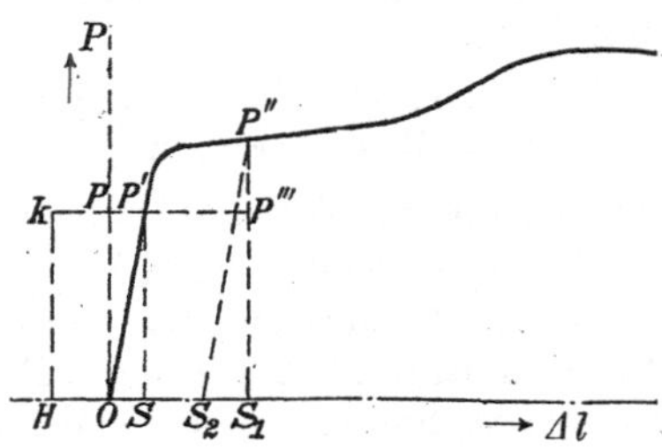

Abb. 80a.

Diese verursacht eine weitere Verlängerung bis zum Punkt C (in Abb. 79), der noch zu bestimmen ist. Nehmen wir an, wir hätten die Lage von C, und die Strecke $\overline{OS_1}$ in Abb. 80 entspräche der Strecke $\overline{AC}$ in Abb. 79. Dann ist die Formänderungsarbeit der Kraft P auf dem Wege $\overline{OS_1} = \overline{AC}$ durch die Fläche $\overline{OPP'''S_1}$ dargestellt. Diese Arbeit ist nunmehr ganz in potentielle (Spannungs-) Energie von der Größe der Fläche $\overline{OP''S_1}$ umgewandelt, also

$$\text{Fläche } \overline{OP''S_1} = \text{Fläche } \overline{OPP'''S_1},$$

dies ist nur möglich, wenn

$$\triangle \overline{OPP'} = \triangle \overline{P'P''P'''},$$

oder

$$\overline{OS_1} = 2\overline{OS}.$$

Dies gilt natürlich nur, wenn die dem Punkt P'' entsprechende Spannung, also

$$\sigma = \frac{2P}{F}$$

innerhalb der Proportionalitätsgrenze liegt.

Ist

$$\sigma = \frac{P}{F}$$

größer als die halbe Proportionalitätsgrenze (Abb. 80a), so möge die Verlängerung durch die stoßförmig aufgebrachte Last P

$$\Delta l = \overline{OS_1}$$

sein. Die Lage von S_1 bzw. von P'' auf der $\sigma - \varepsilon$-Linie, die natürlich bekannt sein muß, findet man durch eine entsprechende Überlegung wie vorhin. Die gesamte Formänderungsarbeit von P, dargestellt durch die Fläche $\overline{OPP'''S_1}$, muß gleich der vom Stabe aufgenommenen Arbeit $\overline{OP'P''S_1}$, also $\triangle \overline{OPP'} = \text{Fläche } \overline{P'P''P'''}$ sein. Damit ist P'' und S_1 bestimmt. Wird die Proportionalitätsgrenze durch die Deformation über die ursprüngliche hinaus bis P'' gehoben, so wird der Stab durch die stoßförmige Belastung die bleibende Verlängerung $\overline{OS_2}$ erleiden.

Die Last P habe zu Beginn der Deformation noch eine kinetische Energie z. B. dadurch, daß sie aus einer Höhe h fällt. Dann kann der Punkt P'' dadurch bestimmt werden, daß, für $h = \overline{OH}$, Fläche $\overline{P'P''P'''} = \text{Fläche } \overline{OHkP'}$ wird.

Diese Zusammenhänge können auch mit Hilfe des d'Alembert'schen Prinzips behandelt werden. Dieses besagt, daß ein in Bewegung befindliches System einem Gleichgewichtssystem statisch gleichwertig ist, wenn zu den äußeren Kräften die Massenkräfte zugefügt werden, d. h. jedes Element des Systems mit einer Kraft belastet wird, die die Größe des Produktes aus der Masse des Elements und seiner Beschleunigung hat und deren Sinn dem der Beschleunigung entgegengesetzt ist. Wenn die Kraft P gleich in ihrer vollen Größe auf den Stab in Abb. 79 wirkt, so ist am Anfang der Formänderung kein elastischer Widerstand und damit keine Spannung vorhanden. Also bewegt sich die Last P mit der Erdbeschleunigung g abwärts. Vernachlässigt man die Masse des Stabes[1], so muß man sich eine zusätzliche, am Angriffspunkt von P wirkende, entgegengesetzt gerichtete Kraft denken von der Größe

$$-\frac{P}{g}\cdot g = -P.$$

Es ist also zu Beginn des Prozesses keine Spannung im Stab, was mit unserer Voraussetzung übereinstimmt. Sobald die Verlängerung größer als Null wird, tritt eine innere Stabkraft proportional der Verlängerung auf; die Beschleunigung von P wird dadurch vermindert. Innerhalb der Verlängerungswerte 0 und $2\,\Delta l$ habe P die Beschleunigung a, dann ist die innere Stabkraft

$$S = P - \frac{P}{g}\cdot a.$$

Für die Grenzen $\delta_{=0}^{=\Delta l}$ hat a die Grenzen $a_{=g}^{=0}$. Wird $\delta > \Delta l$, so wird a negativ, die Bewegung wird verzögert, so daß die Stabkraft zu

$$S = P + \frac{P}{g}\cdot a$$

wird. Für die Grenzen $\delta_{=\Delta l}^{=2\Delta l}$ hat a die Grenzen $a_{=0}^{=-g}$. Für $a = -g$, also für die Verlängerung $\delta = \overline{AC} = 2\Delta l$ ist

$$S = 2P.$$

Am Punkt C beginnt also der umgekehrte Vorgang wie vorhin am Punkt A, und das Stabende schwingt so zwischen A und C. Infolge von Reibung (innere Reibung, Luftwiderstand) wird jedoch die Energie der Bewegung in Wärme umgewandelt, und das Stabende kommt in B zur Ruhe.

Die Wirkung von plötzlicher (die Kraft wirkt gleich in voller Größe) und von fallender Belastung (die Kraft wirkt gleich in voller Größe, verbunden mit einer kinetischen Energie) kann nach diesen Grundsätzen bestimmt werden. Die Ergebnisse können aber nur dann auf Genauigkeit Anspruch erheben, wenn das der betreffenden Belastungsart entsprechende $\sigma - \varepsilon$-Diagramm jeweils ermittelt wird.

Es soll hier auf einen fehlerhaften Ansatz hingewiesen werden, der häufig von Studierenden gemacht wird. Danach wird die Stabkraft $\overline{P''S_1}$ bei fallender Last P so bestimmt, daß die potentielle Energie des Stabes, nämlich Fläche $\overline{OP''S_1}$, der kinetischen Energie der fallenden Last P beim Auftreffen auf den Körper fälschlich gleich-

[1] Anmerkung d. Übers.: Dies wird dann zulässig sein, wenn das Gewicht des Stabes gegenüber der Last P verschwindet.

gesetzt wird. Dieser Ansatz übersieht nämlich, daß der Last P außer der kinetischen Energie auch Formänderungsarbeit, nämlich Fläche $\overline{OPP'''S_1}$ zugeordnet werden muß, wobei wiederum der Vorbehalt zu machen ist, daß die wahre Fläche $\overline{OPP'''S_1}$ für fallende Belastung anders gestaltet sein wird als die des gewöhnlichen Zugversuchs.

Steht der Stab bereits unter der Einwirkung einer ruhenden Last G, z. B. seines Eigengewichts, so muß die plötzlich aufgebrachte Kraft P sowohl die eigene Masse wie die Masse von G beschleunigen derart, daß in jedem Zeitpunkt die Massen von P und G gleiche Beschleunigungen haben. Die Beschleunigung wird also geringer sein, als wenn P allein vorhanden wäre. Das Produkt aus Beschleunigung und den beschleunigten Massen muß jedoch in beiden Fällen gleich sein.

30. Die Lüders'schen Linien.

Im einachsigen Spannungszustand treten in den Ebenen, die unter 45^0 gegen die Kraftrichtung geneigt sind, die größten Scherkräfte auf. Da es keine reinen Scherbeanspruchungen sind, sondern auf allen Ebenen, die gegen die Kraftrichtung geneigt sind, Normalspannungen wirken, so fällt die Ebene, in der die Gefahr des Abscherens am größten ist, nicht mit der Ebene der größten Scherspannung zusammen. Bei Zugbeanspruchung ist der Neigungswinkel zur Richtung der Normalkraft der auf Abscheren gefährdeten Ebene im allgemeinen etwas größer, bei Druck etwas kleiner als 45^0. Bleibende Längenänderungen müssen also auch bleibende Verschiebungen zur Folge haben. Ist die Streckgrenze des auf Zug beanspruchten Materials erreicht, so erfolgt auch eine

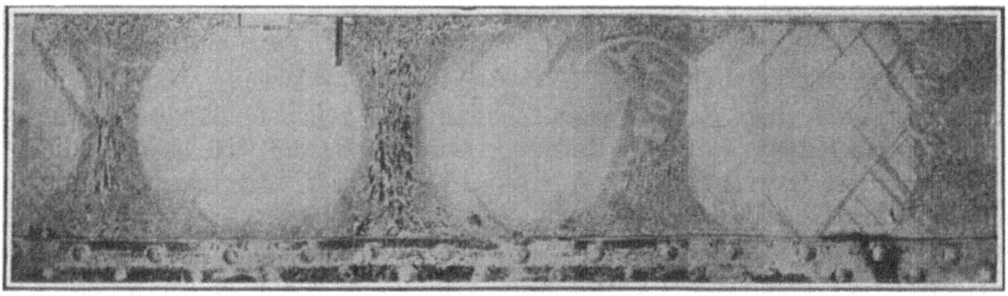

Abb. 81. Lüders'sche Linien.

plastische Verschiebung; diese macht sich durch feine Risse in der Walzhaut des Eisens in der Richtung der Verschiebungsebenen bemerkbar. Diese Linien heißen „Lüders'sche-Linien" (nach dem deutschen Ingenieur Lüders, der sie zuerst beobachtete). Sie wurden ebenfalls von Hartmann festgestellt[1]. Selbst wenn die Walzhaut entfernt und die Oberfläche poliert ist, können diese Linien in polarisiertem Licht beobachtet werden (Abb. 81).

[1] Hartmann, L.: Distribution des Déformations dans les Métaux soumis à des Efforts. Paris: Berger-Levrault 1896.

In jedem einzelnen Kristall des Gesamtgefüges findet diese Verschiebung statt. Die Verschiebungslinien oder Gleitlinien (slip bands) können mit den Methoden der Metallographie deutlich beobachtet werden. Auf einem kleinen Stück des Metalls wird eine ebene Fläche sorgfältig poliert, mit einer verdünnten Säure geätzt, damit das Gefüge zutage tritt und dann unter einem Mikroskop unter reflektiertem Lichte betrachtet. Durch verschiedene Ätztiefe der einzelnen Kristalle treten ihre Begrenzungslinien deutlich hervor, so daß dann die einzelnen Kristalle gut beobachtet werden können.

Wenn die flüssige Eisenmasse erstarrt, so kristallisiert sie aus. Die einzelnen Kristalle sind jedoch nicht gleichgerichtet, noch sind sie dicht an dicht gelagert. Nach der Theorie von Beilby (amorphous cement theory of Beilby), die zwar noch keine allgemeine Anerkennung gefunden hat, aber eine brauchbare Erklärung für viele Erscheinungen liefert, sind die Zwischenräume zwischen den Kristallen mit einer schnell erhärtenden, nichtkristallinen, amorphen Paste ausgefüllt, die eine größere Festigkeit erreicht als die Kristalle selber. Das zeigt deutlich jede Bruchfläche, da der Bruch durch die Kristalle hindurch und nicht um sie herum geht; bei höheren Temperaturen nimmt die Festigkeit der Pasten allerdings stärker ab als die der Kristalle.

Bei einer Deformation findet, in den verschiedenen Kristallen je nach ihrer Lage in verschiedenen Ebenen, Gleiten statt. Ist die Deformation elastisch, so können die einzelnen Teilchen nach Aufhören der deformierenden Kraft ihre frühere Gestalt wieder einnehmen. Ist jedoch die Elastizitätsgrenze überschritten, so ist ein Teil der Formänderung nichtelastisch; dies kommt dadurch zustande, daß ein Teil der Kristalle zu amorphem Material zerrieben wird. Gleich darauf erstarrt dieses Material zu der Festigkeit der anderen Paste und verhindert in seiner Ebene eine weitere nichtelastische Formänderung. Steigt die Beanspruchung, so gleiten Teilchen in anderen Ebenen aneinander vorbei, wo es ursprünglich schwieriger war. Diese Hypothese liefert eine befriedigende Erklärung für die Erscheinung der elastischen und nichtelastischen Formänderungen und der sog. Verfestigung durch Kaltrecken[1].

31. Die Neumann'schen Linien.

Der Ingenieur ist häufig vor die Aufgabe gestellt, den Ursachen von Brüchen bei Brückenkonstruktions- oder Maschinenteilen nachzugehen. Es wird oft von Wert sein, zu wissen, ob der Bruch plötzlich durch einen Stoß oder eine Explosion oder aber allmählich durch „statische“ Belastung erfolgte. Derartige Fragen erfordern eine enge Vertrautheit mit den Materialeigenschaften, der Wirkung der verschiedenen Beanspruchungen und ihren äußeren Symptomen.

---

[1] Da hier diese Fragen nur kurz gestreift werden können, so sei auf Rosenhain: „Introduction to Physical Metallurgy“, besonders Kapitel XI, hingewiesen.

Von den meisten Fachleuten auf dem Gebiete der Metallurgie wird die Ansicht vertreten, daß ein Bruch durch plötzliche, stoßweiße Beanspruchungen am Bruchgefüge zu erkennen sei; es erscheinen dann quer über die einzelnen Kristalle Gruppen von parallelen Linien, die von Gleitlinien deutlich zu unterscheiden sind. Diese Linien werden als Neumann'sche Linien bezeichnet.

Eine derartige Untersuchung sollte stets von einem erfahrenen Metallurgen ausgeführt werden. Es ist jedoch mit dem Nachweis von Neumann'sche nLinien allein nicht getan. Eine Brücke kann z. B. infolge zu schwacher Ausbildung wichtiger Teile einstürzen. Beim Einsturz finden natürlich weiterhin Stöße statt, unter deren Einwirkung andere Teile zerstört werden, und die dann die Neumann'schen Linien zeigen können. Es muß in solchen Fällen zunächst einwandfrei festgestellt werden, von welchen Teilen die Zerstörung ausgegangen ist, und nur das Ergebnis der Untersuchung dieser Teile wird maßgebend sein. Es ist eben oft schwer, Ursache und Wirkung zu unterscheiden. Ein Eisenbahnwagen mag entgleist und eine gebrochene Achse gefunden sein; ist die gebrochene Achse die Ursache der Entgleisung oder hat die Entgleisung den Bruch der Achse bewirkt?

V. Spannungen und Verzerrungen in verschiedenen Ebenen an einem Punkt.

1. Allgemeines.

Aus Erörterungen des vorigen Kapitels geht hervor, daß im allgemeinen nicht ausschließlich eine Art Spannung in einem Körper wirken kann. An irgendeinem gegebenen Punkt eines Körpers greifen in verschiedenen Ebenen, die man durch den Punkt legen kann, gewöhnlich Spannungen verschiedener Art, Richtung und Größe an. Die Kenntnis der Beziehungen zwischen diesen Spannungen und den entsprechenden Verzerrungen ist von grundlegender Wichtigkeit für den Ingenieur. In dem vorliegenden Kapitel werden diese Zusammenhänge untersucht.

Wir haben bereits eine allgemeingültige Methode kennengelernt, innere Kräfte zu untersuchen, nämlich die Schnittmethode. Diese besteht bekanntlich darin, in der Fläche (oder den Flächen), deren Spannungen man untersuchen will, den Zusammenhang des Körpers durch einen Schnitt aufzuheben; von den beiden Körperteilen, die man so erhält, denkt man sich den einen nun entfernt und bringt statt seiner äußere Kräfte an derart, daß ein statisch (unter Umständen, je nach dem Zweck der Untersuchung, auch elastisch) gleichwertiger Zustand entsteht. Die neu angebrachten äußeren Kräfte müssen also das Gleichgewicht des übriggebliebenen Teils erhalten. Auf diese Weise lassen sich dann innere Kräfte nach den Gesetzen des Gleichgewichts wie äußere Kräfte behandeln.

Ist der Schnitt als Querschnitt geführt — das Wort „Querschnitt" soll hierbei nur die Art, nicht die Richtung des Schnittes charakterisieren —, dann erhält man durch die Anwendung der Gleichgewichtsbedingungen Beziehungen zwischen inneren und äußeren Kräften.

Ist der Schnitt als Rundschnitt, d. h. als ein in sich geschlossener Schnitt, geführt, wobei der eine der beiden Körperteile vor dem Schnitt vollständig von dem andern umgeben war, so ergeben die Gleichgewichtsbedingungen Beziehungen zwischen inneren Kräften untereinander (nicht zwischen inneren und äußeren Kräften), da auf den vor dem Schnitt völlig eingeschlossenen Körperteil außer Fernkräften (Erdanziehung, magnetische Kräfte) nur innere Kräfte wirken können.

Will man die Beziehungen der Spannungen an einem Punkte in verschiedenen Ebenen durch diesen Punkt untersuchen, dann muß das betrachtete Körperelement an diesem Punkt unendlich kleine Abmessungen haben; damit aber kann, wie in Abschnitt 8 des vorigen Kapitels gezeigt wurde, sein Eigengewicht gegenüber den inneren Kräften vernachlässigt werden. Ferner soll nochmals darauf hingewiesen werden, daß, da die Abmessungen unendlich klein sind, die Kräfte auf einer ebenen Oberfläche gleichmäßig verteilt sind und im Schwerpunkte der Fläche angreifen.

Im vorigen Kapitel sind bereits einige Beziehungen von inneren Kräften untereinander behandelt worden, so in Abschnitt 8 die Beziehungen von Scherspannungen in zwei aufeinander senkrechten Ebenen im zwei- und dreiachsigen Spannungszustand, in Abschnit 9 die Beziehungen zwischen reinen Scherspannungen und Normalspannungen im zweiachsigen Spannungszustand.

Von den 9 Spannungen, die auf das Körperelement in Abb. 58 wirken, sind 6 paarweise gleich (Kap. IV, Abschn. 8), so daß noch 6 voneinander verschiedene Spannungen vorhanden sind, nämlich

$$\sigma_x, \sigma_y, \sigma_z, \tau_{xy}, \tau_{yz}, \tau_{zx}.$$

Sind diese 6 Spannungen bekannt, so ist der Spannungszustand am Punkt O eindeutig bestimmt. Es können dann die Spannungen auf einer beliebigen anderen Ebene durch 0, z. B. der Ebene abc in Abb. 82, angegeben werden, was kurz dargelegt werden soll:

$Oabc$ sei eine dreiseitige Pyramide mit unendlich kleinen Seitenlängen. O sei der Ursprung eines rechtwinkligen Achsenkreuzes, die Seiten $\overline{Oa}, \overline{Ob}, \overline{Oc}$ mögen mit den Achsen zusammenfallen; ferner seien die 6 Spannungsgrößen gegeben; dann können die auf den Seitenflächen $\overline{Oac}, \overline{Obc}, \overline{Oab}$ wirkenden Normal- und Scherkräfte, letztere jeweils in 2 rechtwinkeligen Komponenten angegeben, bestimmt werden. Jede der 3 Kräfte, die auf jeder der 3 Seiten wirken, geht durch den Schwerpunkt der betreffenden Seite hindurch, also durch e bzw. f bzw. g. Diese 9 Kräfte, in denen 6 unabhängige Spannungsgrößen enthalten sind, stehen im Gleichgewicht mit der auf die Seitenfläche $\overline{abc}$ wirkenden resultierenden Kraft, die in dem Schwerpunkt von $\overline{abc}$, im Punkt h, angreift. Diese resultierende Kraft möge in h in 3 Komponenten parallel zu OX, OY, OZ zerlegt werden. Stellen wir nunmehr in bezug auf die Wirkungslinien dieser 3 Komponenten die 6 Gleichgewichtsbedingungen für das ganze Kräftesystem des Körperelements auf, so ergeben die 3 Momentengleichungen

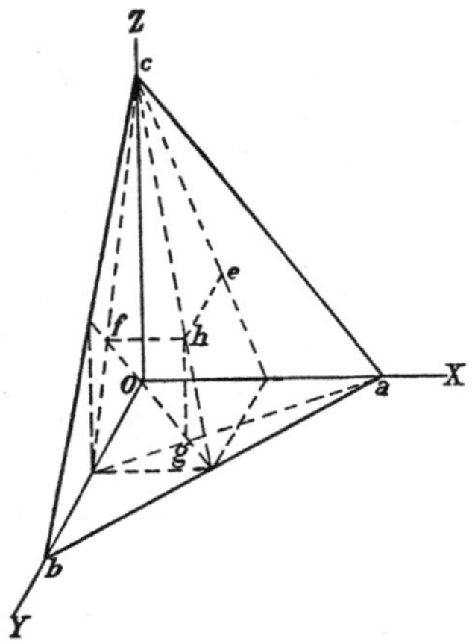

Abb. 82.

$$\sum M_x = 0; \quad \sum M_y = 0; \quad \sum M_z = 0$$

das Ergebnis, das bereits in Abschnitt 8 des vorigen Kapitels vorliegt, nämlich

$$\tau_{xy} = \tau_{yx}, \quad \tau_{yz} = \tau_{zy}, \quad \tau_{zx} = \tau_{xz}$$

(also absolut gleich, mit umgekehrtem Drehungssinn in bezug auf das Körperelement). Da wir diese Beziehungen bereits dadurch ausgenutzt haben, daß wir nur 6 unabhängige Spannungen eingeführt haben, so lassen sich durch die 3 übrigbleibenden Gleichgewichtsbedingungen

$$\sum X = 0, \quad \sum Y = 0, \quad \sum Z = 0$$

die auf die Seitenfläche $\overline{abc}$ wirkenden 3 Kraftkomponenten bestimmen, d. h. der Spannungszustand von $\overline{abc}$ läßt sich nach den 6 Spannungen der andern 3 Seiten der Pyramide ausdrücken.

Der Spannungszustand an irgendeinem Punkt O eines Körpers ist somit vollständig gegeben, wenn die 6 unabhängigen Spannungen, bezogen auf irgendein beliebiges räumliches rechtwinkliges Koordinatensystem, dessen Ursprung in O liegt, bekannt sind.

Für den Sonderfall des zweiachsigen Spannungszustandes (d. h. alle Kräfte wirken parallel zu einer Ebene) folgt also, daß der Spannungszustand an irgendeinem Punkt O eines Körpers vollständig gegeben ist, wenn die 3 unabhängigen Spannungen, bezogen auf ein beliebiges ebenes rechtwinkliges Achsenkreuz mit dem Ursprung in O, bekannt sind.

2. Konjugierte Spannungen.

Wir betrachten wieder einen zweiachsigen Spannungszustand, alle Kräfte wirken parallel zur Zeichenebene (Abb. 83) und befinden sich untereinander im Gleichgewicht. Der Rhombus sei der Grundriß eines geraden Parallelepipeds senkrecht auf der Zeichenebene; die Seitenlängen seien von einer unendlich kleinen Einheit.

Auf den Seiten $\overline{ab}$ und $\overline{cd}$ wirken parallel zu $\overline{ad}$ und $\overline{bc}$ die Kräfte p. Diese beiden Kräfte mögen untereinander im Gleichgewicht stehen; dann müssen auch die auf $\overline{ad}$ und $\overline{bc}$ wirkenden Kräfte p_1 einander das Gleichgewicht halten, sie müssen also gleich groß und entgegengesetzt gerichtet sein und in einer Wirkungsgeraden liegen. Da jede der beiden Kräfte im Schwerpunkt, also in der Mitte ihrer Seite angreift, so wirken sie aus leicht einzusehenden geometrischen Gründen parallel den Seiten $\overline{ab}$ und $\overline{cd}$. Das Gewicht des Körpers ist, wie nachgewiesen, für diese Betrachtung ohne Belang.

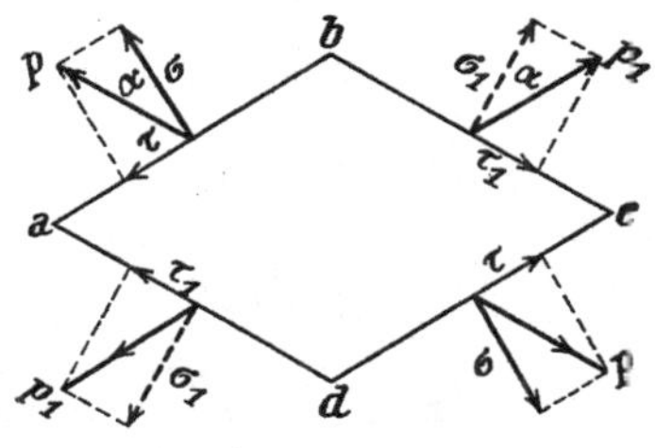

Abb. 83.

p und p_1 nennt man konjugierte Spannungen. Man kann das so aussprechen:

Zu der resultierenden Spannung p, die an irgendeinem Punkt O eines Körpers auf eine beliebige Ebene E durch O wirkt, findet man die konjugierte Spannung dadurch, daß man auf einer der Spannung p parallelen Ebenen E_1 durch O die resultierende Spannung p_1 bestimmt, wobei dann p_1 parallel E läuft. p und p_1 sind konjugierte Spannungen. Die Normalkomponenten von konjugierten Spannungen können entweder beide Druck- oder beide Zugspannungen oder die eine eine Druck- und die andere eine Zugspannung sein.

Konjugierte Spannungen müssen mit den Normalen ihrer Wirkungsebenen den gleichen Winkel bilden. Dieser Winkel sei α (Abb. 83); σ und p_1 werden in ihre Normal- und Tangentialkomponenten $\sigma, \tau, p_1, \tau_1$ zerlegt. Dann ist

$$\tan\alpha = \frac{\tau}{\sigma} = \frac{\tau_1}{\sigma_1},$$

$$\frac{\sigma}{\sigma_1} = \frac{\tau}{\tau_1}. \tag{1}$$

Sind zwei Spannungen konjugiert, so verhalten sich ihre Normalkomponenten zueinander wie ihre Tangentialkomponenten.

3. Spannungen an einer freien Oberfläche eines Körpers.

Es sei $\overline{Oab}$ in Abb. 84 die Oberfläche eines Körpers am Punkt O, auf die keine äußeren Kräfte wirken. Dies nennt man eine freie Oberfläche. Durch O seien weiter die 2 Ebenen Obc und Oac so gelegt, daß Oa, Ob, Oc mit den Achsen eines räumlichen rechtwinkligen Koordinatensystems mit dem Ursprung in O zusammenfallen. abc sei eine beliebige Ebene durch den Körper.

Nun untersuchen wir die Gleichgewichtsbedingungen für das Körperelement $O\,a\,b\,c$, dessen Seitenlängen wieder unendlich klein zu denken sind, damit die Kräfte jeweils über die Seiten gleichmäßig verteilt betrachtet werden können. Da auf $\overline{O\,a\,b}$ nach Voraussetzung keine Kräfte wirken, müssen die drei auf die Seiten $\overline{O\,a\,c}$, $\overline{O\,b\,c}$ und $\overline{a\,b\,c}$ wirkenden Kräfte miteinander im Gleichgewicht stehen, ihre Wirkungsgeraden müssen also einen gemeinsamen Schnittpunkt haben. Da

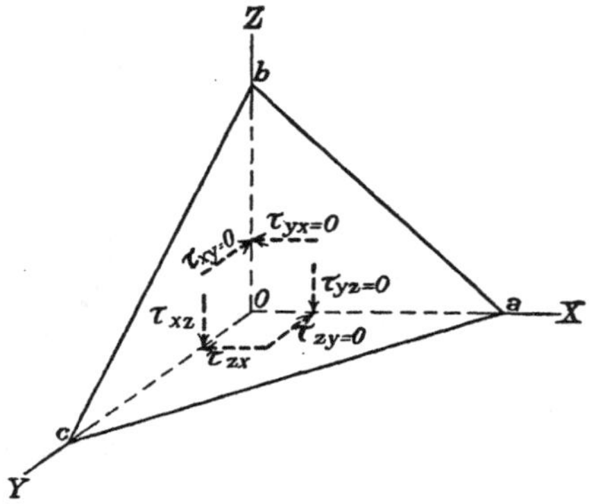

Abb. 84.

$$\tau_{yx} = 0\,,$$

ist

$$\tau_{xy} = 0\,,$$

d. h. die resultierende Kraft auf der Fläche $O\,b\,c$ (Ebene $x = 0$) hat keine Komponente in der Richtung der Y-Achse, ihre Wirkungslinie ist also parallel der Fläche $\overline{O\,a\,b}$ (Ebene $y = 0$). Entsprechend muß auch die resultierende Kraft auf der Fläche $\overline{O\,a\,c}$ (Ebene $z = 0$) parallel zu $\overline{O\,a\,b}$ wirken. Da die Kräfte auf den Flächen $\overline{O\,a\,c}$ und $\overline{O\,b\,c}$ einen Schnittpunkt haben, so liegen sie in einer Ebene parallel zu der Fläche $\overline{O\,a\,b}$. Die Wirkungslinie der resultierenden Kraft der Fläche $\overline{a\,b\,c}$ muß, damit Gleichgewicht bestehen kann, dann ebenfalls in dieser Ebene liegen; die Ebene geht durch die Schwerpunkte der Seiten $\overline{O\,a\,c}$, $\overline{O\,b\,c}$, $\overline{a\,b\,c}$:

Wirken an einem Punkt der Oberfläche eines Körpers keine äußeren Kräfte, so sind an diesem Punkt die Kräfte in irgendeiner durch den Punkt gelegten Ebene parallel zur Oberfläche gerichtet; bei gekrümmter Oberfläche sind die Kräfte parallel der Tangentialebene in diesem Punkt gerichtet.

Ist die Körperoberfläche $O\,a\,b$ bei O keine freie Oberfläche, sondern wirkt auf sie eine Normalkraft, so wirken die resultierenden Kräfte der Flächen $\overline{O\,a\,c}$ und $\overline{O\,b\,c}$ weiterhin in einer Ebene, die parallel zu $O\,a\,b$ durch die Schwerpunkte von $\overline{O\,a\,c}$ und $\overline{O\,b\,c}$ geht. Die resultierende Kraft der Fläche $\overline{a\,b\,c}$ wird hingegen eine Komponente normal zur Oberfläche $O\,a\,b$ haben, die der Normalkraft entgegengesetzt gleich ist.

Wirkt an irgendeinem Punkt O der Oberfläche eines Körpers eine äußere Kraft normal zur Oberfläche, so sind in allen durch O gehenden zur Oberfläche senkrechten Ebenen die Kräfte in O parallel zur Oberfläche gerichtet. In allen anderen Ebenen durch O wirken dagegen die Kräfte in O zur Oberfläche geneigt.

4. Anwendung zu 3.

Abb. 85 stelle einen Vertikalschnitt durch einen Damm dar. Wir wollen den Spannungszustand in einer horizontalen Schnittfuge $\overline{ab}$ betrachten. In $\overline{ab}$ wirken innere Kräfte, deren Resultierende gleich und entgegengesetzt gerichtet der Kraft G sein muß, wobei G die Summe der Kräfte oberhalb $\overline{ab}$ ist. Die Richtung der inneren Kräfte auf $\overline{ab}$ wird sich über $\overline{ab}$ etwa in der Weise ändern, wie es die Pfeile in Abb. 85 darstellen; an den Punkten a und b müssen die Kräfte jedenfalls parallel der Oberfläche, bei c senkrecht zu ab verlaufen, wenn die Senkrechte durch c Symmetrielinie ist. Das Bildungsgesetz der Kräfte ist nicht bekannt. Es wird vielfach angenommen, daß nur Normalspannungen, gleichmäßig über $\overline{ab}$ verteilt, auftreten. Dies ist aber offenbar irrig.

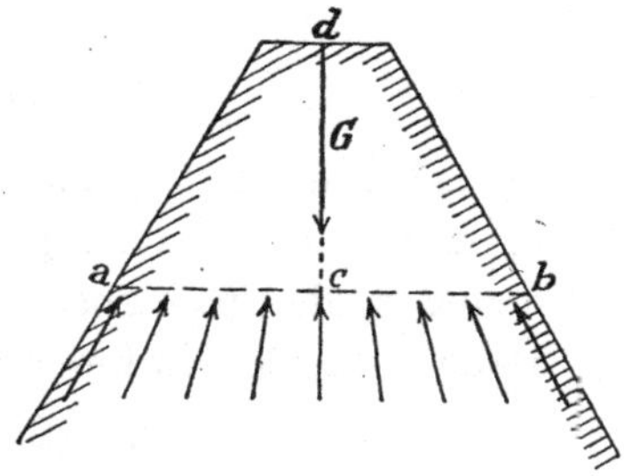

Abb. 85.

5. Beziehungen im zweiachsigen Spannungszustand zwischen den Kräften, die an einem Punkt O in verschiedenen Ebenen durch O wirken.

a) Allgemeine Ableitungen.

Durch O als Ursprung sei ein rechtwinkliges Achsenkreuz OX, OY gelegt (Abb. 86). Die Kräfte wirken alle parallel zur Zeichenebene. Das Dreieck $\overline{Oab}$ sei der Querschnitt eines geraden Prismas, das senkrecht zur Zeichenebene steht. Die Höhe des Prismas und die Seite $\overline{Oa}$ seien von einer unendlich kleinen Einheit. $\overline{Oa}$ liegt auf der X-, $\overline{Ob}$ auf der Y-Achse.

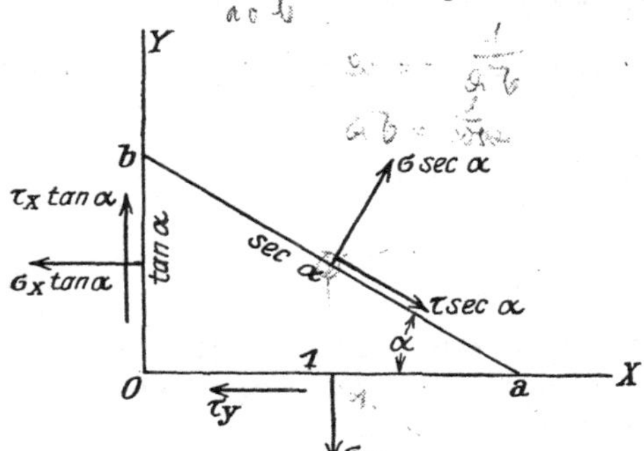

Abb. 86.

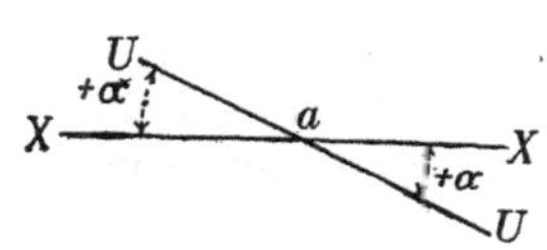

Abb. 87.

Der Winkel α, im Sinne des Uhrzeigers gegen die OX-Richtung gemessen, soll veränderlich sein. Man denkt sich also eine Ebene senkrecht zur Bildebene mit der Spur UU, die ursprünglich in der Ebene Oa lag (Abb. 87), um a im Sinne des Uhrzeigers drehend, wobei der rechte Winkel zur Bildebene erhalten bleibt. Bis UU wieder in Oa fällt, hat α alle Werte zwischen 0 und π angenommen. Für alle Lagen von UU mit den Werten $0 < \alpha < \frac{\pi}{2}$ sollen die Kräfte am Punkt O untersucht werden.

Mit $\overline{Oa} = 1$ wird

$$\overline{Ob} = \tan\alpha,$$

$$\overline{ba} = \sec\alpha.$$

Es seien σ_y und τ_y die Spannungen in O in der Ebene $y = 0$.
σ_x und τ_x die Spannungen in O in der Ebene $x = 0$.
σ und τ die Spannungen in O in der (sich drehenden) Ebene ab.
Dann sind die Kräfte, wirkend auf die

Seite $\overline{Oa}$: σ_y, τ_y,

" $\overline{Ob}$: $\sigma_x \cdot \tan\alpha$, $\tau_x \cdot \tan\alpha$,

" $\overline{ab}$: $\sigma \cdot \sec\alpha$, $\tau \cdot \sec\alpha$.

Das Gewicht wird als Größe höherer Ordnung klein vernachlässigt.

Das positive Vorzeichen erhalten Normalkräfte, wenn sie Zugkräfte sind, Scherkräfte, wenn sie das Körperelement im Uhrzeigersinn zu drehen suchen. Zunächst erhalten alle Kräfte positives Vorzeichen; ergibt die Rechnung das negative, so heißt das, daß die betreffende Kraft in der der angenommenen Richtung entgegengesetzten wirkt.

Da wir für das Körperelement Gleichgewicht voraussetzen, so muß

$$\sum X = 0, \quad \sum Y = 0, \quad \sum M = 0$$

sein. Setzen wir die letzte Bedingung für den Schwerpunkt von $\overline{ab}$ an, so erhalten wir

$$\frac{\tau_y \cdot \tan\alpha}{2} + \frac{\tau_x \cdot \tan\alpha}{2} = 0.$$

Daraus

$$\tau_x = -\tau_y, \tag{2}$$

ein Ergebnis, das bereits bekannt ist. Das negative Vorzeichen zeigt, daß τ_x und τ_y beide auf O zu- oder beide von O wegwirken müssen.

Die beiden andern Gleichgewichtsbedingungen ergeben

$$\sigma_x \cdot \tan\alpha + \tau_y - \tau \cdot \sec\alpha \cdot \cos\alpha - \sigma \cdot \sec\alpha \cdot \sin\alpha = 0,$$

$$\sigma_y - \tau_x \cdot \tan\alpha + \tau \cdot \sec\alpha \cdot \sin\alpha - \sigma \cdot \sec\alpha \cdot \cos\alpha = 0;$$

mit $\tau_x = -\tau_y$ wird

$$\sigma_x \cdot \tan\alpha + \tau_y - \tau - \sigma \cdot \tan\alpha = 0, \tag{3}$$

$$\sigma_y + \tau_y \cdot \tan\alpha + \tau \cdot \tan\alpha - \sigma = 0. \tag{4}$$

Hieraus ergibt sich nach einigen Umformungen

$$\sigma = \sigma_x \cdot \sin^2 \alpha + \sigma_y \cdot \cos^2 \alpha + \tau_y \cdot \sin 2\alpha, \tag{5}$$

$$\tau = \frac{\sigma_x - \sigma_y}{2} \cdot \sin 2\alpha + \tau_y \cdot \cos 2\alpha. \tag{6}$$

Gl. (5) kann auch geschrieben werden

$$\sigma = \sigma_y - \sigma_y \cdot \sin^2 \alpha + \sigma_x - \sigma_x \cdot \cos^2 \alpha + \tau_y \cdot \sin 2\alpha. \tag{5a}$$

Durch Addition von (5) und (5a) erhält man

$$\sigma = \frac{\sigma_x + \sigma_y}{2} + \frac{\sigma_y - \sigma_x}{2} \cdot \cos 2\alpha + \tau_y \sin 2\alpha. \tag{7}$$

Gln. (5) und (6) oder (7) und (6) geben die σ- und τ-Werte für die Ebene ab in Abhängigkeit von $\alpha, \sigma_x, \sigma_y, \tau_y$.

Bildet man aus Gl. (7) die erste Ableitung von σ über α und vergleicht diesen Wert mit Gl. (6), so erkennt man leicht, daß

$$\frac{d\sigma}{d\alpha} = 2\tau, \tag{8}$$

daß also für positive τ-Werte die σ-Werte mit wachsendem α zunehmen.

Wird $\alpha > \frac{\pi}{2}$, so befindet sich das Element $\overline{Oab}$ auf der andern Seite der Y-Achse (Abb. 88). Die Festsetzungen für die Vorzeichen bleiben unverändert. Zeichnet man wieder lauter positive Kräfte ein, so sieht man, daß sich gegenüber Abb. 86 die Richtungen entsprechender Kräfte teilweise umgekehrt haben; so wirkt in Abb. 88 τ_y entgegengesetzt wie σ_x, während nach Abb. 86 τ_y und σ_x gleiche Richtung hatten, usf. Für $\alpha > \frac{\pi}{2}$ werden die Werte $\cos\alpha$, $\tan\alpha$, $\sec\alpha$ negativ. Es bleiben die Gln. (2), (3) und (4) und demnach alle abgeleiteten Gleichungen für Werte $0 < \alpha < \pi$ gültig.

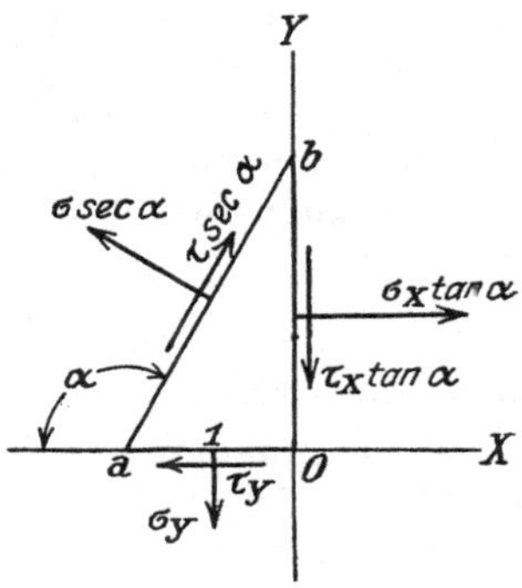

Abb. 88.

Auf das Körperelement der Abb. 86 wirken die 6 Spannungen σ_x, σ_y, τ_x, τ_y, σ, τ, denen 3 Gleichgewichtsbedingungen gegenüberstehen. Es müssen also 3 von diesen 6 Größen als bekannt angenommen werden. In unserm Fall nehmen wir σ_x, σ_y, τ_x an.

b) Hauptspannungen.

Die Ebene, für die σ zu einem Maximum wird, findet man durch die Bedingung

$$\frac{d\sigma}{d\alpha} = 0$$

aus Gl. (5) oder (7), z. B. aus (7)

$$0 = (\sigma_x - \sigma_y) \sin 2\alpha + 2\tau_y \cos 2\alpha. \tag{9}$$

Für diese Ebene verschwindet also, wie aus Gl. (6) hervorgeht, die Scherspannung; der Wert von α aus Gl. (9), der die Bezeichnung α_0 erhalten möge, wird bestimmt aus

$$\tan 2\alpha_0 = \frac{-2\tau_y}{\sigma_y - \sigma_x}. \tag{10}$$

Die Tangensfunktion ist in π periodisch, die Gleichung ist also erfüllt für

$$\alpha_0, \; \alpha_0 + \frac{\pi}{2}, \quad \alpha_0 + \pi, \; \ldots.$$

Es gibt somit zwei aufeinander rechtwinklig stehende Ebenen durch O, für die σ einen Grenzwert erreicht. In jeder der beiden Ebenen verschwinden die Scherspannungen. Die Normalspannungen der beiden Ebenen heißen die Hauptspannungen am Punkte O; die eine stellt den Größtwert, die andere den Kleinstwert aller σ-Werte am Punkt O dar. Die zweite Ableitung $\frac{d^2\sigma}{d\alpha^2}$ gibt mit ihrem Vorzeichen die Ebene des Maximums und des Minimums an:

$$\frac{d^2\sigma}{d\alpha^2} = -2(\sigma_y - \sigma_x)\cos 2\alpha - 4\tau_y \sin 2\alpha.$$

(dem positiven Vorzeichen der zweiten Ableitung entspricht das Minimum, dem negativen das Maximum).

Für den Sonderfall $\sigma_y = 0$, $\sigma_x > 0$, $\tau_x > 0$ wird $\tau_y < 0$, $\tan 2\alpha_0 > 0$, d. h. α_0 liegt zwischen 0 und 45^0 bzw. zwischen 90^0 und 135^0; damit haben dann $\sin 2\alpha$ und $\cos 2\alpha$ das gleiche Vorzeichen und zwar für das kleinere α das positive, für das größere α das negative, also

$$\frac{d^2\sigma}{d\alpha^2} = 2\sigma_x \cdot \cos 2\alpha + 4\tau_x \sin 2\alpha,$$

d. h. für $0^0 < \alpha < 45^0$ wird die zweite Abgeleitete positiv, also σ zu einem Minimum, und für $90^0 < \alpha < 135^0$ wird σ zu einem Maximum. Es folgt:

Für einen zweiachsigen Spannungszustand lassen sich durch jeden Punkt O eines Körpers zwei rechtwinklig aufeinander stehende Ebenen so legen, daß die Normalspannung auf der einen in O größer, die auf der andern kleiner wird als die Normalspannung in O auf allen andern Ebenen durch O. Die Scherspannung in O verschwindet auf diesen beiden Ebenen. Die Größtwerte der Normalspannungen heißen die Hauptspannungen in O.

Setzt man den aus Gl. (10) gewonnenen α_0-Wert in Gl. (5) oder (7) ein, so erhält man den Größt- und den Kleinstwert der Normalspannungen an dem betreffenden Punkt, vorausgesetzt, daß man die Normal- und die Scherspannungen in zwei beliebigen anderen Ebenen durch den Punkt kennt.

Aus Gl. (10) bestimmen wir die Werte $\sin 2\alpha$ und $\cos 2\alpha$. Es wird nach Abb. 89

$$\sin 2\alpha_0 = \frac{\pm 2\tau_y}{\sqrt{4\tau_y^2 + (\sigma_y - \sigma_x)^2}}, \tag{11}$$

$$\cos 2\alpha_0 = \frac{\pm(\sigma_y - \sigma_x)}{\sqrt{4\tau_y^2 + (\sigma_y - \sigma_x)^2}}. \tag{12}$$

Durch Einsetzen in Gl. (7) wird, wenn mit σ_1 und σ_2 die Hauptspannungen bezeichnet werden,

$$\left.\begin{matrix}\sigma_1\\ \sigma_2\end{matrix}\right\} = \frac{\sigma_x + \sigma_y}{2} \pm \frac{1}{2}\sqrt{(\sigma_y - \sigma_x)^2 + 4\tau_y^2}. \tag{13}$$

Der positive Wurzelwert liefert $\sigma_1 = \sigma_{\max}$, der negative $\sigma_2 = \sigma_{\min}$.

Der Wert τ aus Gl. (6) wird für $\alpha = \alpha_0$, also durch Einsetzen von (11) und (12) zu Null, wie man sich leicht überzeugen kann.

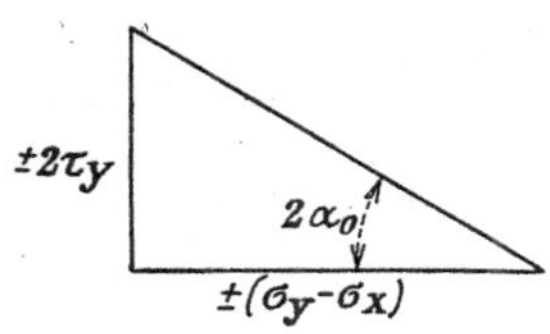

Abb. 89.

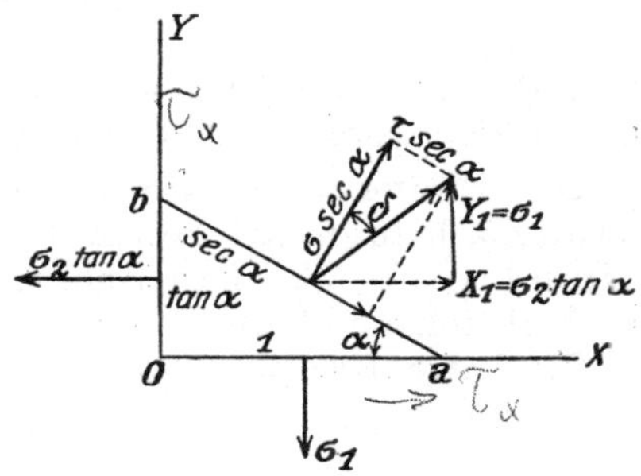

Abb. 90.

Aus Gl. (13) folgt

$$\sigma_1 + \sigma_2 = \sigma_x + \sigma_y, \tag{14}$$

d. h. die algebraische Summe der Normalspannungen in zwei rechtwinklig aufeinander stehenden Ebenen im gleichen Punkt ist konstant.

Werden in Abb. 90 die Ebenen der Hauptspannungen als Achsen gewählt, so daß

$$\sigma_x = \sigma_2, \quad \sigma_y = \sigma_1, \quad \tau_x = -\tau_y = 0$$

wird, dann erhält man aus Gl. (5), (6) und (7)

$$\sigma = \sigma_2 \cdot \sin^2\alpha + \sigma_1 \cdot \cos^2\alpha = \frac{\sigma_1 + \sigma_2}{2} + \frac{\sigma_1 - \sigma_2}{2}\cos 2\alpha. \tag{5b}$$

$$\tau = -\frac{\sigma_1 - \sigma_2}{2}\sin 2\alpha. \tag{6b}$$

Sind die Hauptspannungen einander gleich, $\sigma_1 = \sigma_2$, so wird

$$\sigma = \sigma_1 = \sigma_2; \quad \tau = 0,$$

d. h. die Spannung in jeder Ebene durch den Punkt ist normal gerichtet und gleich groß.

Die Scherspannung wird zu einem Größtwert, wenn (aus Gl. (6b))

$$\frac{d\tau}{d\alpha} = 0 = (\sigma_1 - \sigma_2)\cdot\cos 2\alpha$$

oder

$$\cos 2\alpha = 0,$$

$$\alpha = 45^0 \quad \text{oder} \quad 135^0 *.$$

Es wird für $\alpha = 45^0$ (gegen die Richtung der Ebene der Hauptspannungen)

$$\tau_{\max} = -\frac{\sigma_1 - \sigma_2}{2}, \tag{15}$$

für $\alpha = 135^0$

$$\tau_{\max} = \frac{\sigma_1 - \sigma_2}{2}, \tag{16}$$

d. h. der absolute Größtwert der Scherspannungen ist gleich der halben algebraischen Differenz der beiden Hauptspannungen.

Die Ebenen, für die die Scherspannung einen Größtwert erreicht, bilden mit den Achsen der Hauptspannungen einen Winkel von 45⁰. Die Scherspannungen in beiden Ebenen sind gleich groß und haben verschiedene Vorzeichen.

Sind die Hauptspannungen entgegengesetzt gleich,

$$\sigma_1 = -\sigma_2,$$

so wird

$$\sigma = \sigma_1\cdot\cos 2\alpha$$

$$\tau = \sigma_1\cdot\sin 2\alpha,$$

für $\alpha = 45^0$ bzw. 135^0

$$\sigma = 0$$

$$\tau = -\sigma_1 \quad \text{bzw.} \quad \tau = \sigma_1,$$

d. h. auf den beiden unter 45^0 gegen die Ebenen der Hauptspannungen geneigten Ebenen wirkt reine Scherspannung von gleicher Größe wie die Hauptspannnng. Dieses Ergebnis stimmt mit Kap. IV, Abschnitt 10 überein.

Die Resultierende von σ und τ, wie sie aus Gl. (6) und (7) oder (5b) und (6b) erhalten werden, ist jeweils die resultierende Spannung auf *ab*. Führt man in das Gleichungspaar (5b, 6b) $\alpha_1 = \alpha + \frac{\pi}{2}$ ein, so findet man die Spannungen auf einer um 90^0 gedrehten Ebene.

---

* Anmerkung d. Übers.: Die τ-Werte für $\alpha = 45^0$ und 135^0 sind absolut gleich und haben verschiedenes Vorzeichen. Da das Vorzeichen nur die Richtung, nicht die Art der Scherspannungen ändert, so werden beide Werte als Größtwerte bezeichnet. Der absolute Kleinstwert für die Scherspannung ist $\tau = 0$ und erscheint, wie gezeigt, in der Ebene der Hauptspannungen.

Nennt man deren resultierende Spannungen p_1 und p_2, so wird

$$p_1^2 + p_2^2 = \sigma_1^2 + \sigma_2^2. \tag{14a}$$

Die Summen der Quadrate der resultierenden Spannungen auf zwei beliebigen, aufeinander rechtwinklig stehenden Ebenen sind konstant und gleich der Summe der Quadrate der Hauptspannungen.

c) Spannungsellipse.

Man wähle in Abb. 90 die Ebenen der Hauptspannungen als Achsen des rechtwinkligen Achsenkreuzes OX, OY, so daß

$$\sigma_1 = \sigma_y, \quad \sigma_2 = \sigma_x$$

wird, und, da für die Ebenen $x = 0$ und $y = 0$ somit die Scherspannungen verschwinden, ist

$$\tau_x = -\tau_y = 0.$$

Damit erhielten wir (Gl. (5b) und (6b))

$$\left.\begin{aligned} \sigma &= \sigma_1 \cdot \cos^2\alpha + \sigma_2 \cdot \sin^2\alpha, \\ \sigma &= \frac{\sigma_1 + \sigma_2}{2} + \frac{\sigma_1 - \sigma_2}{2} \cdot \cos 2\alpha, \end{aligned}\right\} \tag{5b}$$

$$\tau = -\frac{\sigma_1 - \sigma_2}{2} \cdot \sin 2\alpha. \tag{6b}$$

Anstatt die resultierende Kraft auf $\overline{ab}$ in eine Normal- und eine Tangentialkraft zu zerlegen, möge man sie in eine Komponente X_1 parallel der X-Achse und in eine Komponente Y_1 parallel der Y-Achse zerlegen.

Aus Gründen des Gleichgewichts muß sein

$$X_1 = \sigma_2 \cdot \tan\alpha,$$

$$Y_1 = \sigma_1.$$

Da die Fläche, auf die diese beiden Kräfte wirken, den Wert $1 \cdot \sec\alpha$ hat, entsprechen ihnen die Spannungen

$$\sigma_x' = \frac{\sigma_2 \cdot \tan\alpha}{\sec\alpha} = \sigma_2 \cdot \sin\alpha, \tag{17}$$

$$\sigma_y' = \frac{\sigma_1}{\sec\alpha} = \sigma_1 \cdot \cos\alpha. \tag{18}$$

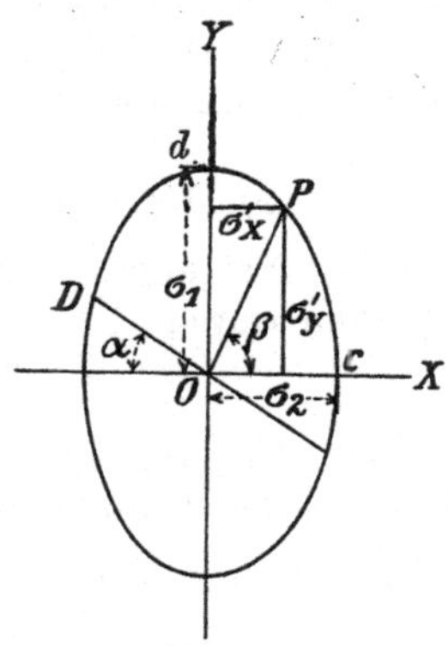

Abb. 91.

In Abb. 91 sei $\overline{Oc} = \sigma_2$ der Wert der kleineren Hauptspannung, die auf die Ebene $x = 0$ wirkt, $\overline{Od} = \sigma_1$ der Wert der größeren Hauptspannung, die auf die Ebene $y = 0$ wirkt. Wenn dann die resultierende Spannung auf irgendeine Ebene OD nach Größe und Richtung als Strecke $\overline{OP}$ aufgetragen ist, dann müssen die Koordinaten von P

den Spannungen σ_x' und σ_y' nach Größe und Richtung entsprechen. Da

$$\frac{n_x'^2}{n_2^2} + \frac{n_y'^2}{n_1^2} = \sin^2\alpha + \cos^2\alpha = 1$$

ist, so liegt der Punkt P auf einer Ellipse, der Spannungsellipse, mit $2\sigma_1$ als großer und $2\sigma_2$ als kleiner Achse.

Der Winkel, den OP mit OX bildet (in der Richtung, wie Abb. 91 zeigt), ist bestimmt durch

$$\tan\beta = \frac{\sigma_y'}{\sigma_x'} = \frac{\sigma_1}{\sigma_2}\cdot\cot\alpha$$

oder

$$\tan\alpha\cdot\tan\beta = \frac{\sigma_1}{\sigma_2}. \tag{19}$$

Da σ_1 und σ_2 von α und β unabhängig sind, α und β in Gl. (19) gegeneinander vertauscht werden können, so hat $\overline{OD}$ in bezug auf $\overline{OP}$ die gleiche Bedeutung wie $\overline{OP}$ in bezug auf $\overline{OD}$, d. h. $\overline{OP}$ bedeutet nicht nur nach Größe und Richtung die resultierende Spannung der Ebene OD, sondern es bedeutet auch $\overline{OD}$ nach Größe und Richtung die resultierende Spannung auf der Ebene OP. $\overline{OP}$ und $\overline{OD}$ sind konjugierte Spannungen.

Aufgabe: Es ist zu beweisen, daß $\overline{OP}$ und $\overline{OD}$ keine konjugierten Halbmesser der Ellipse sind.

Die Spannungsellipse zeigt, daß für je zwei Ebenen, die in bezug auf die Hauptachsen symmetrisch liegen, Größe und Neigung der resultierenden Spannung gleich sind, und daß die Richtungen der Spannungen ebenfalls symmetrisch in bezug auf die Hauptachsen sind. Da die resultierende Spannung auf OD die gleiche Neigung hat wie die auf OP, so gibt es insgesamt vier Ebenen durch O mit gleicher Neigung der resultierenden Spannung, nämlich OD, OP und die beiden hierzu symmetrischen Ebenen.

d) Die Neigung der resultierenden Spannung.

Die Neigung ϑ der resultierenden Spannung auf ab (Abb. 90) ist gegeben durch

$$\tan\vartheta = \frac{\tau}{\sigma}. \tag{20}$$

Die Neigung ist, absolut, ein Minimum, nämlich $\vartheta = 0$, für die Ebenen der Hauptspannungen, wo τ verschwindet, und ist ein Maximum für die Ebenen, wo $\tan\vartheta = \frac{\tau}{\sigma}$ ein Maximum wird.

Es sei α_1 der Winkel einer Ebene mit $\left(\frac{\tau}{\sigma}\right)_{\max}$. Man findet α_1 in der Weise, daß man aus Gl. (5b) und (6b) die Werte für σ und τ in Gl. (20) einsetzt, dann nach α differentiiert und den Differentialquotienten zu Null macht. Führt man dieses durch, so erhält man α_1 aus der Beziehung

$$\cos 2\alpha_1 = -\frac{\sigma_1 - \sigma_2}{\sigma_1 + \sigma_2}. \tag{21}$$

Für $\sigma_1 > \sigma_2$ ist somit $\cos 2\alpha_1$ stets negativ. Gl. (21) wird von zwei Werten $2\alpha_1$ befriedigt (Abb. 92), nämlich

$$2\alpha_1 = 180^0 - \gamma$$

und

$$2\alpha_1 = 180^0 + \gamma,$$

oder

$$\alpha_1 = \begin{cases} 90^0 - \frac{\gamma}{2} = 45^0 + \frac{\varphi}{2} \\ 90^0 + \frac{\gamma}{2} = 135^0 - \frac{\varphi}{2}. \end{cases}$$

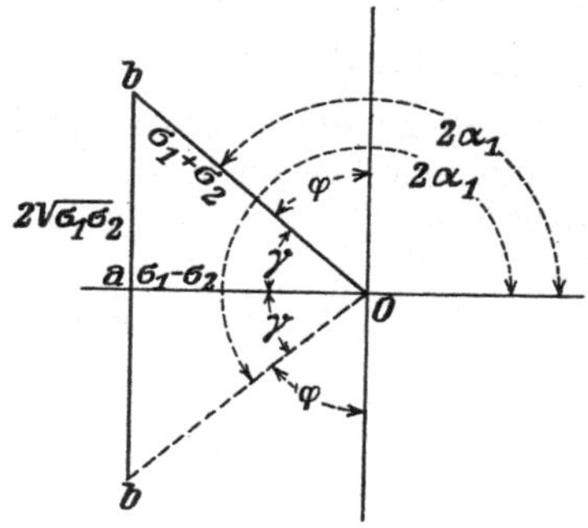

Abb. 92.

Zeichnet man ein rechtwinkliges Dreieck mit der einen Kathete $\overline{Oa} = \sigma_1 - \sigma_2$ und der Hypotenuse $\overline{Ob} = \sigma_1 + \sigma_2$, so ist

$$\overline{ab} = \sqrt{(\sigma_1 + \sigma_2)^2 - (\sigma_1 - \sigma_2)^2} = 2\sqrt{\sigma_1 \cdot \sigma_2}.$$

Mit diesen Werten wird

$$\sin 2\alpha_1 = \pm \frac{2\sqrt{\sigma_1 \cdot \sigma_2}}{\sigma_1 + \sigma_2},$$

$$\cos 2\alpha_1 = -\frac{\sigma_1 - \sigma_2}{\sigma_1 + \sigma_2},$$

und aus Gl. (20), (5b) und (6b)

$$\tan \vartheta_{max} = \frac{\tau}{\sigma} = -\frac{(\sigma_1 - \sigma_2) \cdot \sin 2\alpha_1}{(\sigma_1 + \sigma_2) + (\sigma_1 - \sigma_2)\cos 2\alpha_1} = \mp \frac{\sigma_1 - \sigma_2}{2\sqrt{\sigma_1 \cdot \sigma_2}}. \quad (22)$$

Es ist darauf zu achten, daß α_1 (vgl. z. B. Abb. 91) im Sinne des Uhrzeigers gegen OX gemessen wird. Die beiden Ebenen mit der größten Neigung ihrer resultierenden Spannung sind immer in bezug auf die Hauptachsen symmetrisch.

Es können zwei Fälle unterschieden werden:

a) σ_1 und σ_2 haben gleiches Vorzeichen, d. h. sie sind beide Zug- oder beide Druckspannungen. Auf beiden Ebenen der größten Kraftneigung ϑ sind die Absolutwerte von ϑ gleich groß, nämlich (Abb. 92)

$$\vartheta_{max} = \sphericalangle\, Oba,$$

da

$$\tan \sphericalangle\, Oba = \frac{\sigma_1 - \sigma_2}{2\sqrt{\sigma_1 \cdot \sigma_2}}$$

(vgl. Gl. 22). Auf der einen der beiden Ebenen hat aber die Scherspannung das Bestreben, das Körperelement rechts, auf der andern Ebene hat sie das Bestreben, links zu drehen. Für $\alpha_1 > 90^0$ liegt das Körperelement in der Lage von Oab in Abb. 88.

b) Haben σ_1 und σ_2 entgegengesetzte Vorzeichen — wobei wieder mit σ_1 die absolut größere Hauptspannung bezeichnet ist —, so wird in Gl. (21) $\cos 2\alpha > 1$, und in Gl. (22) wird die Wurzel imaginär.

Die Gleichungen liefern also keine mechanische Lösung. Das liegt daran, daß in diesem Fall die größte Kraftneigung $\vartheta = 90^0$, also in Gl. (20) $\tan\vartheta = \frac{\tau}{\sigma} = \infty$ wird; es gibt also dann zwei Ebenen symmetrisch zu den Ebenen der Hauptspannungen, auf denen die Normalspannungen verschwinden und nur Scherspannungen wirken. Der Winkel α_0 der beiden Ebenen gegen OX ergibt sich aus Gl. (5b) mit $\sigma = 0$

$$\sigma_1 \cdot \cos^2\alpha_0 - \sigma_2 \cdot \sin^2\alpha_0 = 0\,,$$

$$\tan\alpha_0 = \pm\sqrt{\frac{\sigma_1}{\sigma_2}}\,. \tag{23}$$

e) Beispiele.

a) In Abb. 90 mögen σ_x und σ_y in den Ebenen Ob und Oa verschwinden und nur Scherspannungen in der Weise wirken, daß τ_x den Sinn der positiven Y-Richtung hat (vgl. Abb. 93), also der Spannungszustand ist gegeben durch

$$\sigma_x = \sigma_y = 0\,, \qquad \tau_y = -\tau_x\,;$$

τ_x hat das Bestreben, das Element rechts, $-\tau_y$ hat das Bestreben, links zu drehen.

Aus Gl. (5) und (6) folgt

$$\sigma = -\tau_x \cdot \sin 2\alpha\,,$$

$$\tau = -\tau_x \cdot \cos 2\alpha\,.$$

Aus Gl. (10)

$$\tan 2\alpha_0 = \pm\infty\,,$$

also

$$\alpha_0 = 45^0 \quad \text{oder} \quad 135^0.$$

Für $\alpha = 45^0$ wird

$$\sigma = -\tau_x\,, \quad \tau = 0\,.$$

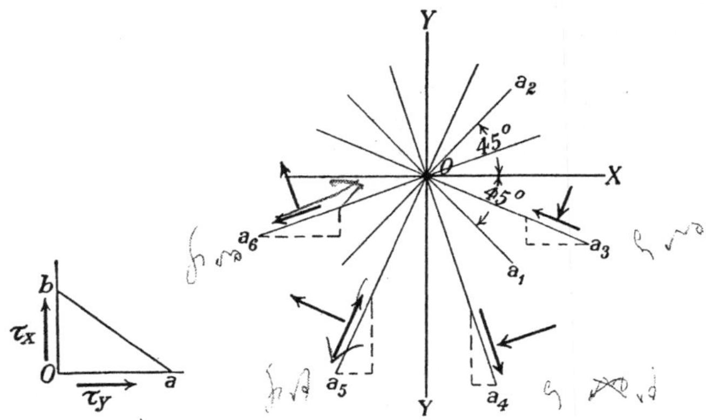

Abb. 93.

In der Ebene Oa_1 der Abb. 93 wirkt also eine Druckspannung von der Größe τ_x, die Scherspannung verschwindet.

Für $\alpha = 135^0$ wird

$$\sigma = \tau_x\,, \quad \tau = 0\,.$$

In der Ebene Oa_2 wirkt also eine Zugspannung von der Größe τ_x, die Scherspannung verschwindet. (Vgl. Kap. IV, Abschn. 8.)

In irgendeiner Ebene Oa_3 zwischen OX und Oa_1, also für $0 < \alpha < 45$, wirkt eine Druckspannung und eine links drehende Scherspannung.

In irgendeiner Ebene Oa_4 zwischen OY und Oa_1 mit $45 < \alpha < 90^0$ wirkt eine Druckspannung und eine rechts drehende Scherspannung.

In irgendeiner Ebene Oa_5 zwischen OY und Oa_2 mit $90^0 < \alpha < 135^0$ wirkt eine Zugspannung und eine rechts drehende Scherspannung.

In irgendeiner Ebene Oa_6 zwischen Oa_2 und OX mit $135^0 < \alpha < 180^0$ wirkt eine Zugspannung und eine links drehende Scherspannung.

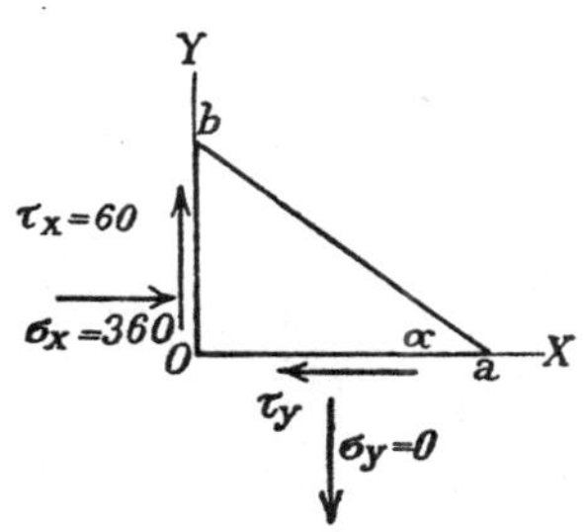

Abb. 94.

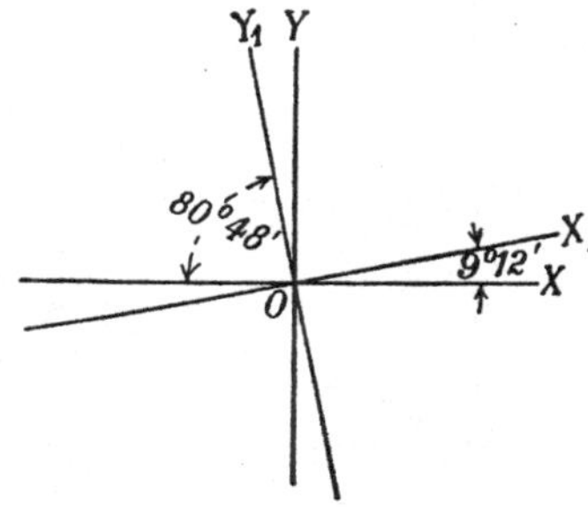

Abb. 95.

b) Wir betrachten den in Abb. 94 ohne Rücksicht auf die Vorzeichen dargestellten Spannungszustand.

$$\sigma_x = -360 \text{ kg/cm}^2,$$
$$\sigma_y = 0,$$
$$\tau_x = 60 \text{ kg/cm}^2,$$
$$\tau_y = -60 \text{ kg/cm}^2.$$

Nach Gl. (7) und (6) wird

$$\sigma = \frac{\sigma_x}{2} - \frac{\sigma_x}{2} \cdot \cos 2\alpha - \tau_x \sin 2\alpha ,$$

$$\tau = \frac{\sigma_x}{2} \sin 2\alpha - \tau_x \cdot \cos 2\alpha .$$

Nach Gl. (10) wird

$$\tan 2\alpha_0 = \frac{2\tau_x}{\sigma_x} = -\frac{120}{360} = -\frac{1}{3};$$

$$\alpha_0 = 80^0 48' \quad \text{oder} \quad 170^0 48'.$$

Für die Hauptachse OY_1 (Abb. 95) mit $\alpha_0 = 80^0 48'$ wird

$$\sigma_1 = -180 \cdot (1 - \cos 161^0 36') - 60 \cdot \sin 161^0 36'$$
$$= -370 \text{ kg/cm}^2 \text{ (Druck)}.$$

Für die Hauptachse OX_1 mit $\alpha_0 = 170^0 48'$ wird

$$\sigma_2 = -180\,(1 - \cos 341^0 36') - 60 \cdot \sin 341^0 36'$$
$$= +10 \text{ kg/cm}^2 \text{ (Zug)}.$$

Der Wert von σ_2 geht auch aus Gl. (14) hervor

$$\sigma_1 + \sigma_2 = \sigma_x + \sigma_y ,$$
$$\sigma_2 = 370 - 360 = 10 \text{ kg/cm}^2 .$$

f) Der Spannungskreis.

Die in den vorhergehenden Abschnitten behandelten Zusammenhänge haben eine einfache geometrische Darstellung gefunden, die dem Studierenden eine gute Anschauung der abstrakten mathematischen Darstellungen geben kann und ein ausgezeichnetes Beispiel graphischer Methoden ist (Abb. 96).

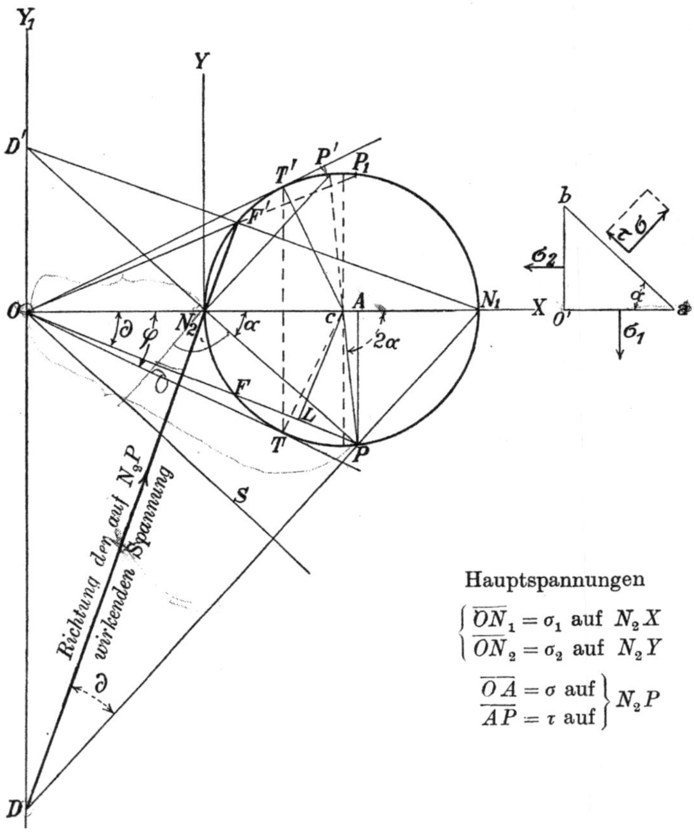

Abb. 96.

α) Beide Hauptspannungen seien Zugspannungen. Vom Ursprungspunkt O eines rechtwinkligen Achsenkreuzes OX, OY trage man in irgendeinem Maßstabe

$$\overline{ON_1} = \sigma_1 = \sigma_{\max} \text{ (größere Hauptspannung),}$$
$$\overline{ON_2} = \sigma_2 = \sigma_{\min} \text{ (kleinere Hauptspannung).}$$

Über $\overline{N_1 N_2}$ als Durchmesser wird der Kreis beschrieben, dessen Mittelpunkt C ist. Dann ist

$$\overline{OC} = \frac{\sigma_1 + \sigma_2}{2}; \quad \overline{N_2 C} = \frac{\sigma_1 - \sigma_2}{2}.$$

OX sei die Ebene (bzw. die Spur der auf der Zeichenebene rechtwinklig stehenden Ebene; alle Kräfte des zweiachsigen Spannungszustandes wirken parallel zur Zeichenebene), auf die σ_1 wirkt. Durch N_2 lege man die Gerade N_2P unter dem Winkel α gegen OX, oder parallel zu ab (in der Nebenfigur). Dann ist $\sphericalangle PCN_1 = 2\alpha$ und nach Gl. (5 b) und (6 b) ist

$$\overline{OA} = \sigma,$$

$$\overline{AP} = \tau \text{ (negativ, weil unterhalb } OX\text{)}.$$

Dieses sind die Normal- und Tangentialspannungen auf einer Ebene parallel zu N_2P; die resultierende Spannung ist OP, ihre Neigung ist $\vartheta = \sphericalangle AOP$.

Kennt man also die beiden Hauptspannungen an irgendeinem Punkt in einem Körper nach Größe und Richtung, so findet man mittels des Spannungskreises den Spannungszustand einer beliebigen Ebene durch den Punkt. In Abb. 96 ist N_2 der betrachtete Punkt des Körpers, die unendlich vielen Strahlen N_2P, die durch N_2 gezogen werden können, entsprechen den Ebenen, die man durch den Punkt N_2 des Körpers senkrecht zur Zeichenebene legen kann. Normalspannungen sind positiv (Zugspannungen) rechts von OY_1, Scherspannungen sind positiv oberhalb OX. Die Scherspannung $\overline{AP}$ auf der Ebene $\overline{N_2P}$ ist negativ; dieses Ergebnis stimmt mit den Ausführungen in Abschn. 6 überein. (Für $\sigma_2 < \sigma_1$ und $\alpha < 45^0$ wird τ nach Gl. (6 b) negativ.) Für die Ebene N_2N_1 oder OX hat die Normalspannung den Wert $\overline{ON_1}$, und die Scherspannung verschwindet; für die Ebene N_2Y hat die Normalspannung den Wert $\overline{ON_2}$, und die Scherspannung verschwindet wieder. Die Scherspannung erreicht ihre (absoluten) Größtwerte für Ebenen N_2P, die unter 45^0 gegen N_2X geneigt sind; der absolute Größtwert beträgt

$$\tau_{\max} = \frac{\sigma_1 - \sigma_2}{2} \quad \text{(vgl. Gl. (6 b))}.$$

Für $\alpha = 45^0$ wird die Scherspannung negativ, für $\alpha = 135^0$ positiv.

Die Richtung der resultierenden Spannung auf N_2P kann auch zeichnerisch gefunden werden. Man zieht N_1P bis zum Schnittpunkt mit OY_1 in D; dann ist DN_2 die gesuchte Richtung. Dies ist leicht einzusehen: $\sphericalangle DON_2$ und $\sphericalangle DPN_2$ sind rechte Winkel; ein Kreis über $\overline{DN_2}$ als Durchmesser geht also durch O und P, damit wird $\sphericalangle PDN_2 = \sphericalangle PON_2 = \vartheta$ (Peripheriewinkel über der gleichen Sehne). $\overline{OP}$ wirkt auf N_2P bzw. ab im Sinne von D nach N_2 (vgl. Nebenfigur Abb. 96), d. h. die Normalspannung $\overline{OA}$ ist eine Zugspannung (+), die Scherspannung $\overline{AP}$ ist linksdrehend (—).

Aus Abb. 96 kann eine Reihe weiterer, rechnerisch gefundener Beziehungen abgelesen werden.

Für zwei beliebige, aufeinander rechtwinklig stehende Ebenen durch N_2, z. B. N_2P und N_2P', hat die Scherspannung offenbar die gleiche Größe, aber umgekehrte Vorzeichen, da $\overline{P'P}$ ein Durchmesser ist.

Die größte Kraftneigung $\varphi = \vartheta_{max}$ haben die Ebenen $N_2 T$ und $N_2 T'$, wobei T und T' Tangentenpunkte des Kreises für Strahlen von O aus sind. Es ist, da $\sphericalangle N_1 N_2 T = \sphericalangle N_2 T C = \alpha_1$, $\sphericalangle O C T = 180^0 - 2\alpha_1$, $\sphericalangle N_1 C T = 2\alpha_1$ und

$$\cos 2\alpha_1 = \cos \sphericalangle N_1 C T = \cos(90^0 + \sphericalangle C O T)$$
$$= -\sin \sphericalangle C O T = -\frac{\overline{CT}}{\overline{OC}} = -\frac{\sigma_1 - \sigma_2}{\sigma_1 + \sigma_2}.$$

Dies war zu beweisen. (Vgl. Gl. (21).)

Für die Ebene $N_2 T'$ ist nachzuweisen, daß $\alpha_1 = \sphericalangle O N_2 T'$ ist. Ist dies richtig, dann ist

$$\alpha_1 = 180^0 - \sphericalangle C N_2 T',$$
$$2\alpha_1 = 360^0 - 2\sphericalangle C N_2 T'$$
$$= 180^0 + \sphericalangle O C T',$$

damit

$$\cos 2\alpha_1 = -\cos O C T' = -\sin C O T' = -\frac{\overline{CT'}}{\overline{OC}} = -\frac{\sigma_1 - \sigma_2}{\sigma_1 + \sigma_2}.$$

Mit der größten Kraftneigung φ wird

$$\tan\varphi = \frac{\overline{CT}}{\overline{OT}} = \frac{\overline{CT'}}{\overline{OT'}} = \pm \frac{\sigma_1 - \sigma_2}{\sqrt{4\sigma_1 \cdot \sigma_2}},$$

was mit Gl. (22) übereinstimmt.

β) Beide Hauptspannungen seien Druckspannungen.

$\overline{ON_1} = \sigma_1$ und $\overline{ON_2} = \sigma_2$ werden entsprechend unserer Vorzeichenfestlegung (vgl. oben) links von O aus abgetragen, die Abbildung liegt auf der anderen Seite der Achse OY_1 als in Abb. 96. Auch für die Scherspannungen gelten die obigen Vorzeichenregeln, d. h. unterhalb OX haben sie das negative, oberhalb OX das positive Vorzeichen. Die Scherspannung auf der Ebene $N_2 P$ wird positiv (Gl. (6b)). Man kann auch Abb. 96 für den vorliegenden Fall benutzen, wenn man festlegt, daß Druckspannungen rechts von O aufgetragen werden und Scherspannungen unterhalb OX das positive Vorzeichen erhalten. Abb. 96 kann bei dieser Vorzeichenfestsetzung für alle die Fälle benutzt werden, wo die Hauptspannungen das gleiche Vorzeichen haben.

γ) Die beiden Hauptspannungen haben verschiedene Vorzeichen. (Abb. 97.)

Es gelten die allgemeinen Vorzeichenregeln wie unter a). Von O wird nach rechts $\overline{ON_1}$ = Hauptzugspannung, nach links $\overline{ON_2}$ = Hauptdruckspannung aufgetragen. Der betrachtete Punkt des Körpers ist wieder N_2. Für irgendeine Ebene $N_2 P$ hat die Normalspannung den Wert $\overline{OA}$ und die Scherspannung den Wert $\overline{AP}$.

Die Kraftneigung hat die Größe von $\sphericalangle AOP$, und die Richtung der resultierenden Spannung ist durch die Richtung von D nach N_2 gegeben, wobei der Punkt D in genau gleicher Weise gefunden wird wie unter a).

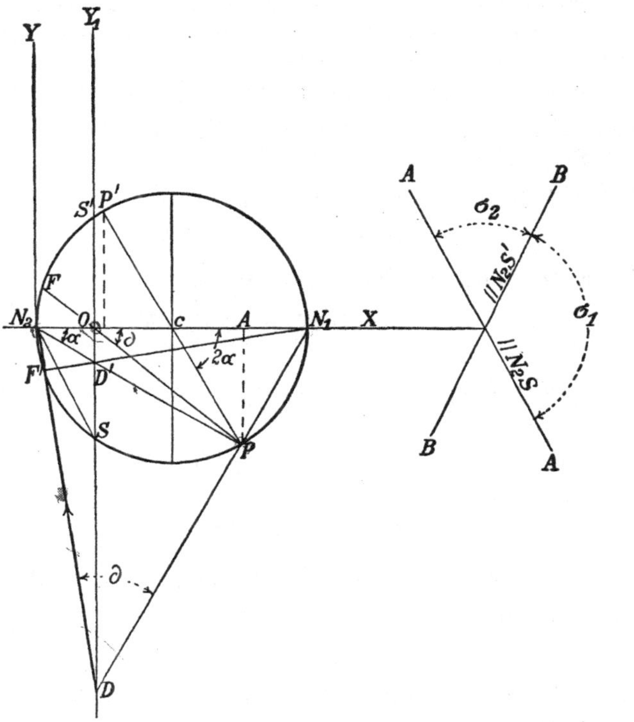

Abb. 97.

Es wird dem Studierenden empfohlen, sich die Zusammenhänge der Abb. 97 in gleicher Weise klar zu machen, wie das für Abb. 96 geschehen ist.

g) Konjugierte Spannungen im Spannungskreis.

Der Spannungskreis gibt in übersichtlicher Weise die Zusammenhänge zwischen konjugierten Spannungen.

In Abb. 96 hat auf der Ebene $N_2 P$ die Spannung den Wert $\overline{OP}$ mit der Richtung DN_2.

Man verlängere DN_2 bis zum Schnittpunkt F' mit dem Kreis, ziehe $N_1 F'$ bis zum Schnitt mit OY_1 in D' und verbinde D' mit N_2; dann hat

in der Ebene $N_2 F'$ (parallel zur Kraftrichtung auf $N_2 P$)
die Spannung den Wert $\overline{OF'}$
mit der Richtung $D' N_2$.

Es ist nun noch nachzuweisen, daß $D'N_2$ in der gleichen Geraden liegt wie N_2P.

Im $\triangle DD'N_1$ sind DF' und ON_1 Lote von zwei Eckpunkten auf die beiden gegenüberliegenden Seiten. Ihr Schnittpunkt ist N_2. N_2P steht senkrecht auf der dritten Seite und geht durch den Schnittpunkt der beiden Dreieckshöhen, muß also selbst die dritte Dreieckshöhe sein und damit durch D' gehen.

Die Spannungen $\overline{OP}$ und $\overline{OF'}$ sind also konjugiert: $\overline{OP}$ wirkt auf die Ebene N_2P parallel zur Ebene N_2F', und $\overline{OF'}$ wirkt auf die Ebene N_2F' parallel zur Ebene N_2P.

Die Kraftneigung auf der Ebene N_2P ist

$$\vartheta = \sphericalangle PDN_2 = \sphericalangle PON_2.$$

Die Kraftneigung auf der Ebene N_2F' ist

$$\vartheta = \sphericalangle F'D'N_2 = \sphericalangle F'ON_2.$$

Da

$$\sphericalangle F'D'N_2 = 90^0 - \sphericalangle D'N_2F' = 90^0 - \sphericalangle DN_2P$$

und

$$\sphericalangle PDN_2 = 90^0 - \sphericalangle DN_2P,$$

so folgt

$$\sphericalangle PDN_2 = \sphericalangle F'D'N_2,$$

d. h. die Kraftneigungen konjugierter Spannungen sind gleich.

Damit wird auch

$$\sphericalangle PON_2 = \sphericalangle F'ON_2,$$

und der Punkt F, der zweite Schnittpunkt des Strahles OP mit dem Kreise, muß so liegen, daß

$$\overline{N_2F} = \overline{N_2F'}$$

und damit

$$\overline{OF} = \overline{OF'}$$

ist; FF' steht senkrecht auf OX. Entsprechend liegt der Punkt P_1, der zweite Schnittpunkt des Strahles OF' mit dem Kreise, so, daß

$$\overline{OP} = \overline{OP_1}$$

und PP_1 senkrecht auf OX steht.

Wir sehen also: Schneidet ein beliebiger Strahl OP den Kreis in F und P, so stellen $\overline{OF}$ und $\overline{OP}$ konjugierte Spannungen dar, wobei $\overline{OF}$ auf die Ebene N_2F' und $\overline{OP}$ auf die Ebene N_2P wirkt. Die Kraftneigung ist die gleiche, nämlich $\vartheta = \sphericalangle N_2OP$.

Das Verhältnis von zwei konjugierten Spannungen zueinander kann durch ihre Kraftneigung ϑ und die größte Kraftneigung am Punkt N_2, nämlich $\vartheta_{\max} = \varphi$, ausgedrückt werden.

Es seien

$$\overline{OP} = p_1,$$
$$\overline{OF} = p_2$$

zwei beliebige konjugierte Spannungen.

Von C fälle man das Lot CL auf OP.

Dann ist

$$\frac{p_1 + p_2}{2} = \overline{OL} = \overline{OC} \cdot \cos\vartheta,$$

$$p_1 \cdot p_2 = \overline{OT^2} = \overline{OC^2} \cdot \cos^2\varphi = \sigma_1 \cdot \sigma_2. \tag{24}$$

($\overline{OT}$ ist mittlere Proportionale zwischen $\overline{OF}$ und $\overline{OP}$.)

Man sieht leicht die Identität ein

$$p_2 \equiv \frac{p_1 + p_2}{2} - \sqrt{\left(\frac{p_1 + p_2}{2}\right)^2 - p_1 \cdot p_2},$$

da

$$\sqrt{\left(\frac{p_1 + p_2}{2}\right)^2 - p_1 \cdot p_2} = \frac{p_1 - p_2}{2}.$$

Damit wird

$$p_2 = \overline{OC}\left(\cos\vartheta - \sqrt{\cos^2\vartheta - \cos^2\varphi}\right),$$

und entsprechend

$$p_1 = \overline{OC}\left(\cos\vartheta + \sqrt{\cos^2\vartheta - \cos^2\varphi}\right),$$

woraus

$$\frac{p_2}{p_1} = \frac{\cos\vartheta - \sqrt{\cos^2\vartheta - \cos^2\varphi}}{\cos\vartheta + \sqrt{\cos^2\vartheta - \cos^2\varphi}}. \tag{25}$$

Gl. (25) gibt das Verhältnis der kleineren zur größeren von zwei konjugierten Spannungen an.

Gl. (25) ist unter der Voraussetzung abgeleitet, daß die beiden Hauptspannungen gleiche Vorzeichen haben. Ist dies nicht der Fall, ist also

$$\sigma_1 = -\sigma_2,$$

so gibt es ein Paar von Ebenen mit reiner Scherbeanspruchung, also mit $\vartheta_{max} = \varphi = 90^0$ (vgl. Abschn. 5d). In diesem Fall versagt Gl. (25). Es bleibt dann Gl. (24)

$$p_1 \cdot p_2 = \sigma_1 \cdot \sigma_2,$$

die den Zusammenhang zwischen einem beliebigen Paar konjugierter Spannungen und den Hauptspannungen ausdrückt, wobei die algebraischen Werte einzusetzen sind.

h) Zusammenfassung.

Aus den vorhergehenden Erörterungen dieses Kapitels sind im folgenden einige Sätze zusammengestellt, deren sichere Kenntnis erforderlich ist.

1. Aus Gl. (14) folgt, daß die algebraische Summe der auf zwei beliebige aufeinander rechtwinklige Ebenen wirkenden Normalspannungen konstant und gleich der Summe der Hauptspannungen ist.

2. Das Produkt zweier konjugierter Spannungen ist konstant und gleich dem Produkt der beiden Hauptspannungen (Gl. (24)).

3. Haben die beiden Hauptspannungen gleiche Vorzeichen, so hat die Normalspannung auf allen Ebenen das gleiche Vorzeichen wie die Hauptspannungen (Abb. 96 u. Gl. (5b)).

4. Verschwindet auf einer Ebene die Normalspannung, so daß dort reine Scherbeanspruchung vorhanden ist, so haben die beiden Hauptspannungen verschiedene Vorzeichen (Abb. 96 u. 97).

5. Verschwindet auf einer Ebene sowohl die Normal- wie die Scherspannung, so ist diese Ebene eine der beiden Hauptebenen, und es liegt dann ein einachsiger Spannungszustand vor (reiner Zug oder reiner Druck).

6. Haben die Normalspannungen auf einem Paar rechtwinklig aufeinanderstehender Ebenen verschiedene Vorzeichen, so haben auch die Hauptspannungen verschiedene Vorzeichen (Abb. 96 u. 97).

7. Haben die Normalspannungen auf zwei rechtwinklig aufeinanderstehenden Ebenen gleiches Vorzeichen, so brauchen zwar die Hauptspannungen nicht das gleiche Vorzeichen zu haben, jedoch hat die größere der beiden Hauptspannungen das gleiche Vorzeichen wie die beiden betrachteten Normalspannungen (Gl. (14))[1].

8. Haben beide Hauptspannungen gleiches Vorzeichen und gleiche Größe, so schrumpft der Spannungskreis auf einen Punkt zusammen. Die Normalspannung auf allen Ebenen hat Größe und Vorzeichen der Hauptspannungen. Die Scherspannung verschwindet in allen Ebenen.

9. Sind beide Hauptspannungen Zugspannungen, so ist die Scherspannung für alle Ebenen mit $0 < \alpha < 90^0$ negativ und für alle Ebenen mit $90^0 < \alpha < 180^0$ positiv. Das Umgekehrte gilt, wenn beide Hauptspannungen Druckspannungen sind.

10. Haben die beiden Hauptspannungen entgegengesetzte Vorzeichen, so gibt es zwei Ebenen, in denen die Normalspannungen verschwinden und nur Scherspannungen wirken ($\overline{N_2 S}$ und $\overline{N_2 S'}$ in Abb. 97). Dies ist die Umkehrung von (4). Rechnerisch wird (Gl. (5b))

$$\tan \sphericalangle O N_2 S = \tan \sphericalangle O N_2 S' = \sqrt{-\frac{\sigma_1}{\sigma_2}}.$$

[1] Vgl. hierzu auch Abschn. 5i.

Die Wurzel ist nur reell, wenn σ_1 und σ_2 verschiedene Vorzeichen haben, was mit dem Obigen und (4) übereinstimmt.

Ist $\sigma_1 = -\sigma_2$, so liegen die Ebenen reiner Scherbeanspruchung unter 45^0 gegen die Hauptebenen geneigt.

Der Wert der Scherspannung in den Ebenen, wo die Normalspannung verschwindet, ist $\tau = \sqrt{\sigma_1 \cdot \sigma_2}$, wobei die Absolutgrößen von σ_1 und σ_2 einzusetzen sind. Dies geht aus Abb. 97 und aus Gl. (5b) und (6b) hervor.

11. Der absolute Größtwert der Scherspannung beträgt die halbe (algebraische) Differenz der beiden Hauptspannungen (Gl. (15) und (16) und Abb. 96 und 97).

12. Haben beide Hauptspannungen das gleiche Vorzeichen, so haben die Normalkomponenten jedes Paares konjugierter Spannungen das gleiche Vorzeichen. Haben die Normalkomponenten eines Paares konjugierter Spannungen verschiedene Vorzeichen, so gilt dies auch von den Hauptspannungen, und zwar stimmt das Vorzeichen der größeren Hauptspannung mit dem der größeren konjugierten Spannung überein.

Es soll noch einmal darauf hingewiesen werden, daß sich diese Erörterungen auf einen zweiachsigen Spannungszustand beziehen.

i) Bestimmung der Hauptspannungen durch den Spannungskreis.

Es seien die Normal- und Scherspannungen, die auf ein Paar rechtwinklig aufeinanderstehender Ebenen wirken, gegeben. Die Hauptachsen und die Hauptspannungen sollen bestimmt werden.

Man mache sich noch einmal an Abb. 96 und 97 klar, daß die größere Hauptspannung $\sigma_1 \doteq \overline{ON_1}$ auf die Ebene OX (bzw. N_2X) und die kleinere Hauptspannung $\sigma_2 = \overline{ON_2}$ auf die Ebene OY_1 (bzw. N_2Y) wirkt, und daß die resultierende Spannung, die auf eine beliebige Ebene N_2P wirkt, den Wert $\overline{OP}$ hat. Sind nun in Abb. 98 die rechtwinklig aufeinanderstehenden Ebenen N_2P und N_2P' mit ihren Spannungen σ und τ bzw. σ' und τ' gegeben und die Hauptachsen und Hauptspannungen gesucht, so ist die Aufgabe die umgekehrte, die den Abb. 96 und 97 zugrunde lag. Von O tragen wir auf einem beliebigen Strahl OX den Wert $\overline{OA} = \sigma$ und $\overline{OA'} = \sigma'$, in A und A' senkrecht auf OX die Größen $\overline{AP} = \tau$ und $\overline{A'P'} = \tau'$ auf (unter Einhaltung unserer Vorzeichenregel). Über $\overline{PP'}$ als Durchmesser wird der Spannungskreis geschlagen, der uns $\overline{ON_1} = \sigma_1$ und $\overline{ON_2} = \sigma_2$ der Größe und dem Vorzeichen nach liefert. Der Neigungswinkel der Hauptachsen gegen das gegebene Ebenenpaar ist durch $\sphericalangle N_1N_2P = \sphericalangle \alpha$ gegeben. Sind die Strahlen N_2P und N_2P' parallel dem gegebenen Ebenenpaar, dann stellen die Strahlen N_2X und N_2Y die Hauptebenen dar, die um α gegen das gegebene Ebenenpaar verdreht sind. Da man jedoch zunächst eben den Winkel α sucht, so wird man zweckmäßig die Strahlen OX und

OY_1 parallel dem gegebenen Ebenenpaar wählen, derart, daß σ und τ auf OX (bzw. N_2X) und σ' und τ' auf OY_1 (bzw. N_2Y) wirken. Dann sind die den Hauptachsen parallelen Strahlen ebenfalls um α zu drehen, d. h. die Strahlen N_2P'' und N_2P''' sind die Hauptebenen, wobei P'' durch Verlängerung von PA über A und P''' durch Verlängerung von $P'A'$ über A' hinaus bis zum Schnitt mit dem Kreise gefunden werden, da dann

$$\sphericalangle N_1N_2P'' = \sphericalangle \alpha \text{ ist.}$$

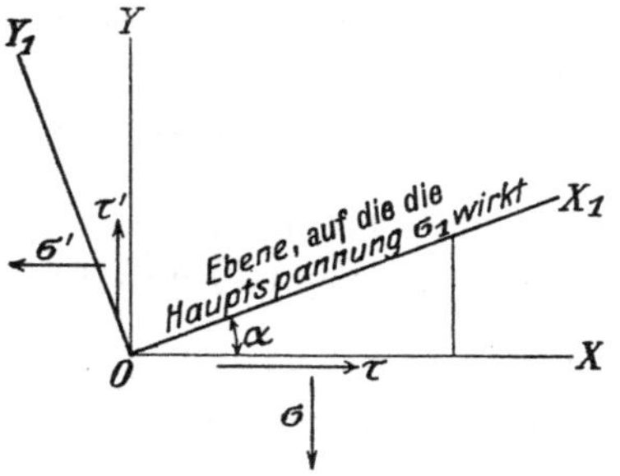

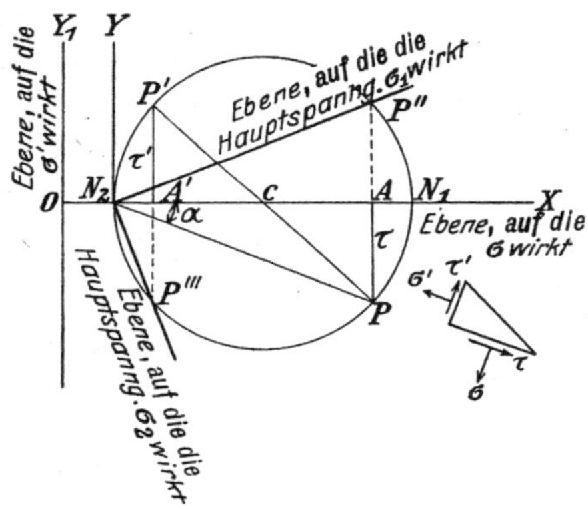

Abb. 98.

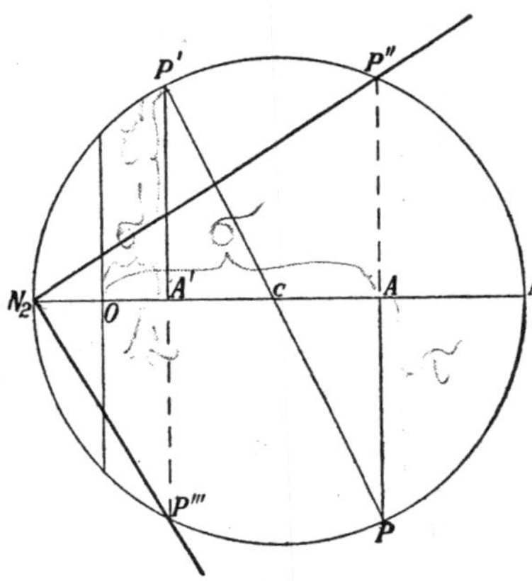

Abb. 99.

In Abb. 98 stellen in der oberen Figur die Strahlen OX und OY das gegebene rechtwinklige Ebenenpaar der, zu dem parallel in der unteren Figur die Strahlen OX und OY_1 gezogen sind. $OX_1 \parallel N_2P''$ und $OY_1 \parallel N_2P'''$ sind die gesuchten Hauptachsen.

In Abb. 99 fällt mit $\sigma = \overline{OA}$ und $\sigma' = \overline{OA'}$ (beide Spannungen haben gleiches Vorzeichen) O in den Kreis hinein. Die Konstruktion der Hauptspannungen und Hauptachsen ist im übrigen die gleiche wie in Abb. 98: $\overline{ON_1} = \sigma_1$, $\overline{ON_2} = \sigma_2$ nach Größe und Vorzeichen, N_2P'' ist die Hauptebene, auf die σ_1, N_2P''' ist die Hauptebene, auf die σ_2 wirkt, falls das Strahlenpaar $A'N_1$ und $A'P'$ parallel dem gegebenen Ebenenpaar mit σ und σ' gelegt war. An dieser Stelle soll auf Satz 7 in Abschnitt 5h nochmals eingegangen werden.

Es ist

$$\overline{OC} = \frac{\sigma + \sigma'}{2}\left(= \frac{\sigma_y + \sigma_x}{2}\right).$$

(Unsern bisherigen Bezeichnungen σ_x und σ_y entsprechen die hier gewählten σ' und σ.)

$$\overline{OA} = \sigma\,(= \sigma_y), \qquad \overline{AP} = \tau\,(= \tau_y);$$

$$\overline{AC} = \frac{\sigma - \sigma'}{2}\left(= \frac{\sigma_y - \sigma_x}{2}\right).$$

Damit wird

$$\overline{CP} = \overline{CP'} = \sqrt{\tau_y^2 + \left(\frac{\sigma_y - \sigma_x}{2}\right)^2}.$$

Die Hauptspannungen haben verschiedene Vorzeichen, wenn

$$\sqrt{\tau_y^2 + \frac{(\sigma_y - \sigma_x)^2}{4}} > \frac{\sigma_x + \sigma_y}{2},$$

oder wenn

$$\tau_y^2 > \sigma_x \cdot \sigma_y.$$

Ist $\tau_y^2 = \sigma_x \cdot \sigma_y$, so verschwindet eine Hauptspannung, und der Punkt O liegt auf dem Kreise mit $\overline{PP'}$ als Durchmesser.

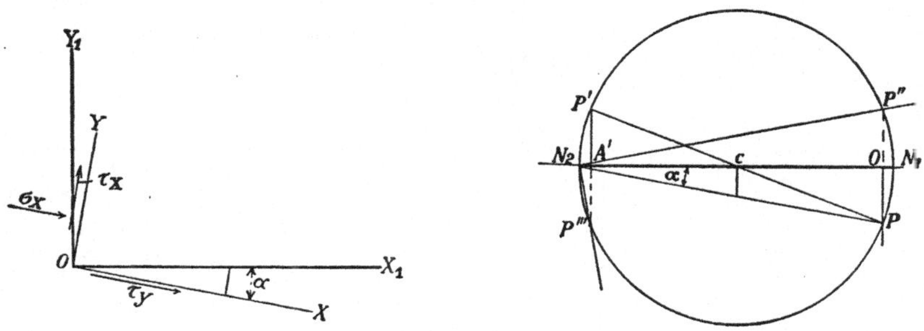

Abb. 100.

Als weiteres Beispiel betrachten wir an dieser Stelle noch einmal das Zahlenbeispiel in Abschnitt 5e. Dort war gegeben (vgl. Abb. 94)

$$\sigma_x = -360\,\text{kg/cm}^2, \qquad \tau_x = 60\,\text{kg/cm}^2,$$

$$\sigma_y = 0, \qquad \tau_y = -\tau_x = -60\,\text{kg/cm}^2.$$

Man zeichne (Abb. 100) $\overline{OP} = \tau_y = -60$, $\overline{OA'} = \sigma_x = -360$, $\overline{A'P'} = 60$, und schlage über $\overline{PP'}$ als Durchmesser den Kreis. Dann ist die kleinere Hauptspannung $\overline{ON_1} = 10\,\text{kg/cm}^2$ (Zug), und die größere Hauptspannung ist $\overline{ON_2} = -370\,\text{kg/cm}^2$ (Druck). $N_2 N_1$ ist die Ebene, auf die $\overline{ON_1}$ wirkt, also eine Hauptebene, wenn $N_2 P$ die Ebene mit $\sigma_y = 0$ und $\tau_y = -60\,\text{kg/cm}^2$ ist (entsprechend Abb. 100 links). Liegt jedoch diese Ebene horizontal nach Abb. 94, d. h. um den Winkel α gedreht, so erhält man auch die beiden Hauptebenen aus Abb. 100 rechts durch Drehung von $N_2 N_1$ mit N_2 als Drehpunkt um α, d. h.

N_2P'' und N_2P''' geben die Lage der Hauptachsen an. Der Winkel α ist bestimmt durch

$$\tan\alpha = \frac{60}{370} = 0{,}1622\,,$$

$$\alpha = 9^0\,12'.$$

k) Allgemeine Darstellung des Spannungskreises.

In Abschnitt 5f sind die Spannungskreise (Abb. 96 u. 97) gezeichnet unter der Voraussetzung, daß die Hauptspannungen bekannt sind. Auch in Abschnitt 5i (vgl. Abb. 98, 99, 100) sind wir erst auf die Hauptspannungen gegangen. Es läßt sich aber auch ein Spannungskreis (Abb. 101) allgemeiner Art zeichnen, der nicht auf die Hauptspannungen zurückgeht, sondern die allgemeinen Beziehungen zwischen den Spannungen an einem Punkt in verschiedenen

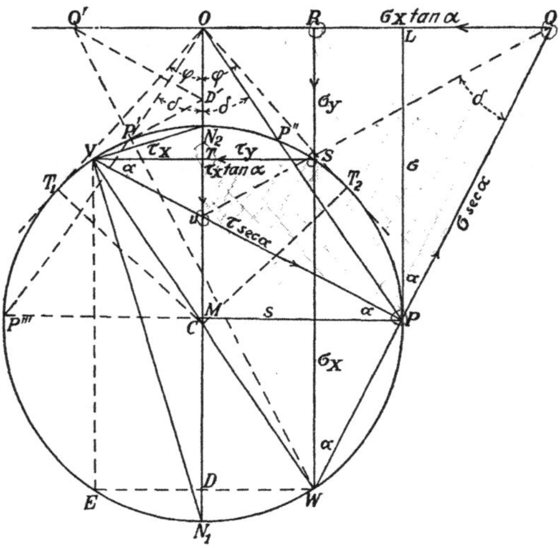

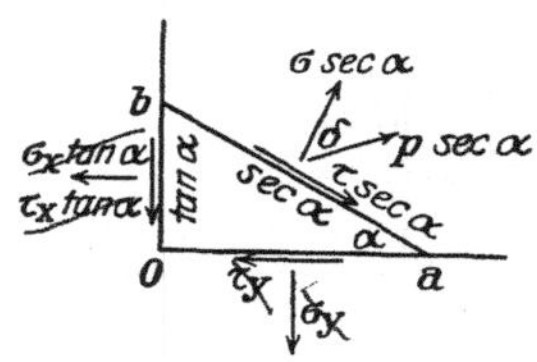

Abb. 101.

Ebenen durch den Punkt benutzt, also die Beziehungen, die in Abschnitt 5a erörtert sind.

Oab stelle wieder ein Körperelement (am Punkt O) dar, dessen Seite $\overline{Oa}$ von einer unendlich kleinen Einheit sei, senkrecht stehe auf $\overline{Ob}$ und mit $\overline{ab}$ den (veränderlichen) Winkel α einschließe. Es erhalten zunächst alle Normalspannungen das positive Vorzeichen, werden also als Zugspannungen eingeführt. Dann sind 6 auf das Element Oab wirkende Kräfte im Gleichgewicht, für die 3 Gleichgewichtsbedingungen zur Verfügung stehen.

$$\sum M = 0$$

liefert wieder

$$\tau_x = -\tau_y\,.$$

Damit bleiben noch 5 unbekannte Spannungsgrößen mit 2 Bestimmungsgleichungen, so daß wir 3 Spannungen annehmen können. Um ihre Beziehungen auf geometrischem Wege untersuchen zu können, zeichnen wir für die 6 Kräfte (nicht die Spannungen!) das Kräftepolygon $TUPQRST$, in dem, wie oben bemerkt, 3 Kräfte gegeben bzw. willkürlich angenommen sein müssen.

Zieht man die anderen Linien in Abb. 101, so erscheint der Winkel α mehrmals, wie leicht zu ersehen ist. Senkrecht zu OQ sollen die Normalspannungen, senkrecht zu ON_1 die Scherspannungen aufgetragen werden, wobei die Richtungen OQ und ON_1 die positiven Richtungen sind. Dann ergibt sich

$\overline{VT}$ (negativ) $= \tau_x$ (links drehend),

$\overline{VT} = \overline{TS}$; $\overline{TS} = \tau_y$ (positiv, rechts drehend),

$\overline{RW} = \sigma_x$ (da $\overline{RQ} = \sigma_x \cdot \tan\alpha$ und $\sphericalangle RWQ = \alpha$),

$\overline{RS} = \sigma_y$,

$\overline{PM} = \tau$ (da $\overline{PU} = \tau \cdot \sec\alpha$ und $\sphericalangle VPM = \alpha$),

$\overline{OM} = \overline{LP} = \sigma$ (da $\overline{PQ} = \sigma \cdot \sec\alpha$ und $\sphericalangle QPL = \alpha$),

$\overline{OP} = p$ (die resultierende Spannung auf ab).

Da $\sphericalangle VSW$ und $\sphericalangle VPW$ rechte Winkel sind, so kann durch die Punkte V, S, P und W ein Kreis mit $\overline{VW}$ als Durchmesser geschlagen werden. Ändert α stetig seinen Wert, so wandert p auf dem ganzen Kreise herum; für jedes α werden dann die zugehörigen Strecken $\overline{OM}$, $\overline{MP}$ und $\overline{OP}$ die Normal-, die Tangentialspannung und die resultierende Spannung auf ab darstellen, wobei $VP \parallel ab$ ist.

Es ist also

$\overline{ON_1} = \sigma_1$ die größte Normalspannung auf einer Ebene, die parallel VN_1 liegt, und auf der die Scherspannung verschwindet,

$\overline{ON_2} = \sigma_2$, die kleinste Normalspannung auf einer Ebene, die parallel VN_2 liegt, und auf der ebenfalls die Scherspannung verschwindet,

d. h. $\overline{ON_1}$ und $\overline{ON_2}$ sind die Hauptspannungen.

Der Spannungskreis nach Abb. 101 zeigt die Beziehungen der Spannungen an einem Punkt im zweiachsigen Spannungszustand in etwas anderer, jedoch womöglich noch anschaulicherer Form als der Spannungskreis der Abb. 96 und 97, da hier nur geometrische Beziehungen ausgewertet sind.

Von den 6 Spannungsgrößen σ_x, σ_y, τ_x, τ_y, σ, τ können (unter Beachtung der Beziehung $\tau_x = -\tau_y$) drei beliebig angenommen, so daß 10 Fälle möglich sind, für die wir nunmehr den Spannungskreis festlegen wollen:

1. Gegeben sind σ_x, σ_y, τ_x;

man mache

$$\overline{OT} = \sigma_y,$$
$$\overline{OD} = \sigma_x,$$
$$\overline{TV} = \tau_x,$$
$$\overline{TS} = \overline{TV},$$
$$\overline{DE} = \overline{DW} = \overline{TV}.$$

Dann ist $\overline{VW}$ der Durchmesser des Spannungskreises.

2. Gegeben sind τ_x, σ, τ;
man mache

$$\overline{OM} = \sigma,$$
$$\overline{MP} = \tau,$$

ziehe $PV \parallel ab$, wobei V der Schnittpunkt des Strahles PV mit der Parallelen im Abstand τ_x von M ist. Da $\overline{PV}$ eine Sehne des gesuchten Kreises ist, bestimmt der Schnittpunkt des Mittellotes auf $\overline{PV}$ mit $\overline{OM}$ den Mittelpunkt.

3. Gegeben σ_y, τ_x, τ;
man mache

$$\overline{OT} = \sigma_y,$$
$$\overline{TV} = \tau_x,$$
$$\overline{TS} = \tau_y (= -\tau_x),$$

ziehe durch V einen Strahl parallel zu ab, und bestimme den Punkt P auf diesem Strahl so, daß $\overline{PM} = \tau$ wird. Damit ist der Kreis festgelegt.

4. Gegeben sind σ_y, τ_x, σ; man gehe wie unter 3. vor und benütze zur Bestimmung von P die Beziehung $\overline{OM} = \overline{LP} = \sigma$.

5. Gegeben sind σ_x, τ_x, σ;
man mache

$$\overline{OD} = \sigma_x,$$
$$\overline{DE} = \tau_x,$$
$$\overline{DW} = \overline{DE},$$

ziehe durch W einen Strahl senkrecht auf ab, und bestimme P auf diesem Strahl durch die Bedingung

$$\overline{PL} = \sigma.$$

Mit $\overline{PW}$ ist eine Sehne und damit der Kreis bestimmt.

6. Gegeben sind σ_x, τ_x, τ; man gehe vor wie unter 5.; der Punkt P wird durch die Bedingung bestimmt

$$\overline{PM} = \tau.$$

7. Gegeben sind σ_x, σ, τ;
man mache

$$\overline{OM} = \sigma,$$
$$\overline{MP} = \tau,$$
$$\overline{OD} = \sigma_x,$$

ziehe durch P den Strahl $\perp ab$, durch D den Strahl $\perp OD$, damit ist W bestimmt.

8. Gegeben sind σ_y, σ, τ;

man mache
$$\overline{OT} = \sigma_y,$$
$$\overline{OM} = \sigma,$$
$$\overline{MP} = \tau,$$

ziehe durch P den Strahl $\parallel ab$, durch T den Strahl $\perp OT$, damit ist V bestimmt.

9. Gegeben sind σ_x, σ_y, τ;

man mache
$$\overline{OT} = \sigma_y,$$
$$\overline{OD} = \sigma_x,$$
$$\overline{OL} = \tau,$$

und ziehe durch L den Strahl $\perp OL$, durch T den Strahl $\perp OT$, durch D den Strahl $\perp OD$. Es ist nun der Punkt P auf dem Strahl durch L so zu bestimmen, daß die Strahlen $\parallel ab$ und $\perp ab$ durch P auf den Strahlen durch T und D gleiche Abschnitte $\overline{TV}$ und $\overline{DW}$ abschneiden. Diese Aufgabe kann durch Rechnung oder durch Zeichnung durch die Bedingungsgleichung

$$(\tau_x + \tau) \tan \alpha + (\tau - \tau_x) \cot \alpha = \overline{TD}$$

gelöst werden, da damit $\tau_x = \overline{TV}$ gegeben ist. Ferner liegt C in der Mitte von $\overline{TD}$.

10. Gegeben sind σ_x, σ_y, σ;

man mache
$$\overline{OT} = \sigma_y,$$
$$\overline{OD} = \sigma_x,$$
$$\overline{OM} = \sigma,$$

ziehe Strahlen durch $M \perp OM$, durch $D \perp OD$, durch $T \perp OT$. Es ist nun der Punkt P auf dem Strahl durch M wieder so zu bestimmen, daß er der gleichen Bedingung genügt wie unter 9. Aus

$$\overline{TM} \cdot \cot \alpha - \overline{MD} \cdot \tan \alpha = 2\,\tau_x$$

findet man $\tau_x = \overline{TV}$ durch Rechnung oder Zeichnung. Ferner liegt C in der Mitte von $\overline{TD}$.

Haben die Spannungen andere Vorzeichen als die hier angenommenen, so macht das gar keine Schwierigkeiten. Es ist nur festzuhalten, daß positive (Zug-)Normalspannungen von der Achse OQ nach unten, negative (Druck-)Normalspannungen nach oben, positive (das Element rechts drehende) Scherspannungen von der Achse ON_1 nach rechts, negative (links drehende) Scherspannungen nach links aufgetragen werden.

Die größte Kraftneigung $\vartheta_{\max} = \varphi$ haben offenbar die resultierenden Spannungen der Ebenen VT_1 und VT_2, für die

$$\tan \varphi = \tan \vartheta_{\max} = \left(\frac{\tau}{\sigma}\right)_{\max} = \tan \sphericalangle\, T_1 O N_2$$

ist; es ist ferner aus geometrischen Gründen

$$\overline{OT_1}^2 = \overline{ON_1} \cdot \overline{ON_2} = \sigma_1 \cdot \sigma_2,$$

$$\tan\varphi = \pm \frac{\sigma_1 - \sigma_2}{2 \cdot \sqrt{\sigma_1 \cdot \sigma_2}} \quad \text{(vgl. Gl. (22))}.$$

Der Winkel α_1, den die Ebene der größten Kraftneigung VT_1 mit der Ebene der größeren Hauptspannung VN_1 einschließt, hat den Wert $\sphericalangle \frac{T_1 C N_1}{2}$ (Zentri- und Peripheriewinkel). Damit wird

$$2\alpha_1 = \sphericalangle T_1 C N_1$$

und

$$\cos 2\alpha_1 = -\cos \sphericalangle T_1 C O = -\sin \sphericalangle T_1 O C = -\frac{\sigma_1 - \sigma_2}{\sigma_1 + \sigma_2}$$

(vgl. Gl. (21)),

da

$$\overline{CT_1} = \frac{\sigma_1 - \sigma_2}{2}$$

und

$$\overline{OC} = \frac{\sigma_1 + \sigma_2}{2}.$$

Auf einer der Ebene VP parallelen Ebene (Abb. 101) hat die resultierende Spannung den Wert $\overline{OP}$, ihre Richtung ist die der resultierenden Kraft, die die beiden Komponenten $\sigma \cdot \sec\alpha$ und $\tau \cdot \sec\alpha$ hat, also $\overline{QU}$. Die Punkte Q und U sind leicht zu bestimmen. Man verlängere $\overline{WP}$ bis Q; der Punkt U ist festgelegt als Schnittpunkt von $\overline{PV}$ mit $\overline{ON_1}$.

Die resultierende Spannung auf einer Ebene parallel zu VP hat die Richtung QU. Um die Spannung auf einer Ebene parallel zu QU zu finden, ziehe man die Gerade $VD' \parallel QU$, die den Kreis in P' und ON_1 in D' schneidet; ferner ziehe man die Gerade WP', die OQ in Q' schneidet. Dann hat die resultierende Spannung auf VD' die Richtung $Q'D' \parallel VP$. Die Neigungen der resultierenden Spannungen auf VP und VP' müssen gleich sein; die Neigung auf VP ist gegeben durch $\sphericalangle UQP = \sphericalangle UOP$, die Neigung auf VP' durch $\sphericalangle D'Q'P' = \sphericalangle D'OP'$. Damit wird

$$\sphericalangle N_2 O P = \sphericalangle N_2 O P',$$

und die Größen zweier konjugierter Spannungen sind jeweils durch Strecken $\overline{OP}$ und $\overline{OP''}$ einer Sekante durch O dargestellt. Offensichtlich gibt es 4 Ebenen mit einer gegebenen Kraftneigung ϑ, nämlich die Ebenen (bzw. Ebenen parallel zu) VP, VP'', VP', VP''', und diese Ebenen sind symmetrisch in bezug auf die Hauptebenen VN_1 und VN_2, da $\sphericalangle P'VN_2 = \sphericalangle N_2VP''$. Diese Ergebnisse stimmen mit denen aus Abschnitt 5g überein. Das Verhältnis zweier konjugierter Spannungen kann ebenfalls aus Abb. 101 entnommen werden.

Der Spannungskreis nach Abb. 101 gibt also eine erschöpfende Darstellung des zweiachsigen Spannungszustandes.

l) Eine weitere geometrische Methode, die Beziehungen zwischen den Spannungen des zweiachsigen Spannungszustandes zu bestimmen, wenn die Hauptspannungen gegeben sind.

Der Spannungskreis nach Abb. 96 liefert noch eine weitere geometrische Methode, um die Beziehungen zwischen den Spannungen des zweiachsigen Spannungszustandes zu bestimmen.

Es ist dort der Spannungskreis für den Fall gezeichnet, daß die beiden Hauptspannungen gleiches Vorzeichen haben. Es war

$$\text{die größere Hauptspannung } \sigma_1 = \overline{O N_1} \quad \text{(wirkend auf } O X\text{)},$$

$$\text{die kleinere Hauptspannung } \sigma_2 = \overline{O N_2} \quad \text{(wirkend auf } O Y_1\text{)}.$$

Wir betrachten nun die Spannungen am Punkt O (nicht am Punkt N_2). Auf irgendeiner Ebene $O S \parallel N_2 P$ hat die resultierende Spannung die Größe $\overline{O P}$, ihre Richtung ist $D N_2$, wobei D als Schnittpunkt der Geraden $N_1 P$ mit $O Y'$ gefunden wird (oder man verlängert $N_2 P$ bis zum Schnittpunkt D' mit $O Y_1$ und zieht $D' F' N_1$, dann ist die Richtung durch $N_2 F'$ gegeben).

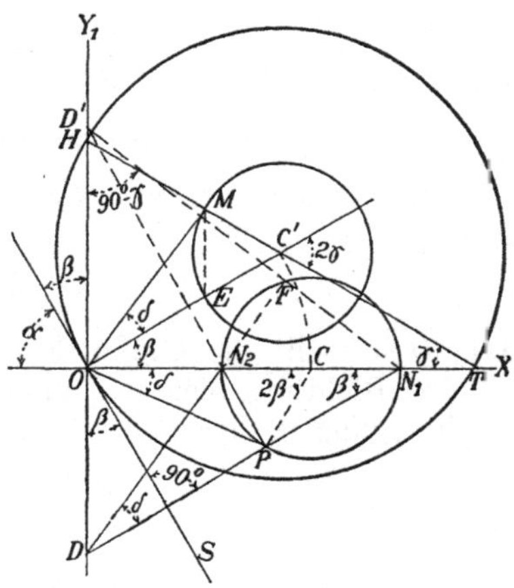

Abb. 102.

In Abb. 102 sei der Spannungskreis gezeichnet wie in Abb. 96. Es sei Größe und Richtung der resultierenden Spannung auf $O S$ gesucht. Man ziehe durch O einen Strahl $\perp O S$ und mache

$$\overline{O C'} = \overline{O C} = \frac{\sigma_1 + \sigma_2}{2}$$

und schlage um C' den Kreis mit

$$r = \frac{\sigma_1 - \sigma_2}{2},$$

also mit dem gleichen Radius, den der Spannungskreis um C hat. Um C' als Mittelpunkt schlage man weiter den Kreis mit dem Radius $\overline{C O}$, der $O X$ in T schneidet. T verbinde man mit C' bis zum Punkt M. Dann ziehe man $O M$.

Wir untersuchen nun die geometrischen Beziehungen der Figur. Es soll zunächst nachgewiesen werden, daß $\overline{O P} = \overline{O M}$ ist.

Der Winkel des Strahles $O S$ mit $O Y_1$ sei

$$\beta = 90^0 - \alpha, \quad \sphericalangle O T M = \gamma,$$

dann ist

$$\sphericalangle O N_1 D = \beta, \quad \text{da} \quad O S \parallel N_2 P$$

und damit

$$\sphericalangle N_2 C P = 2\beta.$$

Weiter ist

$$\sphericalangle O C' M = 2\gamma$$

und damit

$$\sphericalangle C' M E = \frac{180^0 - 2\gamma}{2} = 90 - \gamma = \sphericalangle O H T,$$

also ist

$$M E \parallel O Y_1.$$

Bilden wir in $\triangle O H C'$ die Summe der Winkel, so wird

$$180^0 = 90^0 - \beta + 90^0 - \gamma + 2\gamma$$

oder

$$\beta = \gamma.$$

Da

$$\overline{O C} = \overline{O C'},$$

$$\overline{C' M} = \overline{C P},$$

$$\sphericalangle O C' M = \sphericalangle O C P,$$

so folgt

$$\overline{O M} = \overline{O P},$$

d. h. $\overline{O M}$ stellt die Größe der resultierenden Spannung auf $O S$ dar.

Die Richtung dieser Spannung war nach Abb. 96 durch $D N_2$, die Kraftneigung ϑ durch $\sphericalangle P O C = \sphericalangle P D N_2$ gegeben. Nun ist

$$\sphericalangle C' O M = \sphericalangle C O P = \vartheta$$

und

$$O M \parallel D N_2,$$

also gibt $\overline{O M}$ sowohl Größe als Richtung der resultierenden Spannung auf $O S$.

Es ist leicht einzusehen, daß für $\alpha = 0$ die Konstruktion eine Spannung normal zu $\overline{O X}$ von der Größe $\overline{O N_1}$ und für $\alpha = 90^0$ eine Spannung normal zu $\overline{O Y_1}$ von der Größe $O N_2$ liefert.

Der Studierende möge zur Übung diese Konstruktion durchführen, wenn

a) die Hauptspannungen beide das negative Vorzeichen,

b) die Hauptspannungen verschiedene Vorzeichen haben.

6. Das Spannungsellipsoid.

Der dreiachsige Spannungszustand soll nicht im einzelnen untersucht, sondern es sollen nur einige Beziehungen herausgegriffen werden.

1. Legt man durch einen beliebigen Punkt eines Körpers zwei beliebige Ebenen E_1 und E_2 mit den zugehörigen resultierenden Span-

nungen p_1 und p_2, so ist die auf E_2 senkrecht gerichtete Komponente von p_1 ebenso groß wie die auf E_1 senkrecht gerichtete Komponente von p_2. Dabei sind die Komponenten entweder beide auf die Schnittlinie von E_1 und E_2 hin- oder beide weggerichtet[1]. Der Studierende überzeuge sich von der Richtigkeit des Satzes.

2. Denkt man sich durch einen beliebigen Punkt eines Körpers alle möglichen Ebenen gelegt und in dem Punkt die zu jeder Ebene zugehörige Spannung nach Größe und Richtung aufgetragen, so bilden die Endpunkte dieser gerichteten Größen ein Ellipsoid. Jeweils drei konjugierte Radien stellen die Spannungen auf drei rechtwinklig aufeinanderstehenden Ebenen durch den Punkt dar.

3. Die drei Halbachsen des Ellipsoids stellen die drei Hauptspannungen dar; diese wirken auf drei Ebenen, in denen die Scherspannung verschwindet. Man kann also durch jeden Punkt eines Körpers drei rechtwinklig aufeinanderstehende Ebenen legen, auf denen nur eine Normalspannung, keine Scherspannung wirkt. Die eine der drei Hauptspannungen ist die größte, eine andere die kleinste aller am Punkte auftretenden Normalspannungen.

4. An jedem beliebigen Punkt eines Körpers ist für drei aufeinander senkrecht stehende Ebenen die Summe der Quadrate der Spannungen konstant und damit gleich der Summe der Quadrate der drei Hauptspannungen.

5. An jedem beliebigen Punkt eines Körpers ist für drei aufeinander senkrecht stehende Ebenen die Summe der Normalspannungen konstant und damit gleich der Summe der Hauptspannungen.

6. Die Scherspannungen erreichen Größtwerte auf drei Ebenenpaaren. Jedes dieser Ebenenpaare besteht aus zwei aufeinander senkrechten Ebenen, deren Schnittlinie mit einer Hauptachse zusammenfällt; die Winkel zwischen den beiden anderen Hauptachsen werden durch das Ebenenpaar halbiert. Die Scherspannungen auf den beiden Ebenen jedes dieser Ebenenpaare ist gleich. Sind die drei Hauptspannungen σ_1, σ_2, σ_3, so ist die Scherspannung des Ebenenpaares, dessen Schnittlinie mit der ersten Hauptachse zusammenfällt,

$$\tau_1 = \pm \frac{\sigma_2 - \sigma_3}{2}.$$

Entsprechend

$$\tau_2 = \pm \frac{\sigma_3 - \sigma_1}{2}; \qquad \tau_3 = \pm \frac{\sigma_1 - \sigma_2}{2}. \tag{26}$$

Die größten Scherspannungen sind senkrecht auf die Schnittlinie ihres Ebenenpaares gerichtet.

In den Gesetzmäßigkeiten des dreiachsigen Spannungszustandes sind die des zweiachsigen Spannungszustandes natürlich enthalten[2].

[1] Anmerkung d. Übers.: Dieser Satz schließt die Gleichheit der Scherspannungen in zwei aufeinander senkrechten Ebenen ein.

[2] Eine eingehende Erörterung des dreiachsigen Spannungszustandes findet sich in Grashof: „Elastizität und Festigkeit", Berlin 1878.

7. Die Spannungen als Funktionen des Orts.

Wenn man die Beziehungen der Spannungen, die an **einem** Punkt auf verschiedene Ebenen durch den Punkt wirken, in der Weise untersucht, wie es hier geschehen ist, so kann man die Veränderung der Spannung über die unendlich kleinen Ortsveränderungen (unendlich kleinen Seiten des Körperelements) vernachlässigen. Untersuchen wir jedoch die Gesetze, nach denen sich die Spannungen als Funktionen des Orts ändern, also die Beziehungen der Spannungen an **verschiedenen** Punkten, so werden gerade die Veränderungen der Spannungen über unendlich kleine Ortsveränderungen zu betrachten sein.

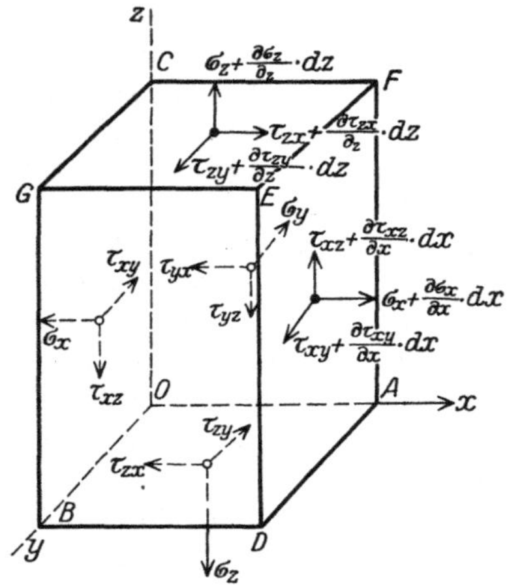

Abb. 103.

Es soll im folgenden kurz auf die drei sogenannten **Grundgleichungen** eingegangen werden.

Es seien OX, OY, OZ die Achsen eines rechtwinkligen Koordinatensystems. Als Körperelement betrachten wir ein gerades vierseitiges Prisma mit den Seiten dx, dy, dz, von dem drei Seiten in die Systemachsen fallen (Abb. 103). Auf jeder Seite des Elements sei die resultierende Kraft in drei Komponenten parallel den Systemachsen zerlegt, also in eine Normal- und zwei Scherkräfte. Normalkräfte sollen das positive Vorzeichen erhalten, wenn sie vom Element weg wirken (Zug). Die Normalspannungen für die Ebenen $x = 0$, $y = 0$, $z = 0$ seien σ_x, σ_y, σ_z. Dann haben die Spannungen auf den Ebenen $x =$ konst. $= dx$ (Ebene $ADEF$), $y =$ konst. $= dy$, $z =$ konst. $= dz$ die Werte $\sigma_x + \frac{\partial \sigma_x}{\partial x} \cdot dx$, $\sigma_y + \frac{\partial \sigma_y}{\partial y} \cdot dy$, $\sigma_z + \frac{\partial \sigma_z}{\partial z} \cdot dz$.

Die Normalkräfte auf den Seiten des Parallelepipeds betragen demnach

auf der Seite $\overline{OBGC}$: $\sigma_x \cdot dy \cdot dz$,

auf der Seite $\overline{ADEF}$: $\left(\sigma_x + \frac{\partial \sigma_x}{\partial x} \cdot dx\right) dy \cdot dz$,

auf der Seite $\overline{OAFC}$: $\sigma_y \cdot dz \cdot dx$,

auf der Seite $\overline{BDEG}$: $\left(\sigma_y + \frac{\partial \sigma_y}{\partial y} \cdot dy\right) dz \cdot dx$,

auf der Seite $\overline{OABD}$: $\sigma_z \cdot dx \cdot dy$,

auf der Seite $\overline{CFEG}$: $\left(\sigma_z + \frac{\partial \sigma_z}{\partial z} \cdot dz\right) dx \cdot dy$.

Auf die Ebene $OAFC$, Ebene $y = 0$, wirkt eine Scherspannung parallel zu OZ, deren Größe τ_{yz} sei (auf der Ebene $y =$ konst, in der Richtung z), die Scherkraft ist also $\tau_{yz} \cdot dz \cdot dx$; auf der gegenüberliegenden Ebene $BDEG$ hat die Scherspannung parallel OZ die Größe

$$\tau_{yz} + \frac{\partial \tau_{yz}}{\partial y} \cdot dy,$$

die Scherkraft ist also

$$\left(\tau_{yz} + \frac{\partial \tau_{yz}}{\partial y} \cdot dy\right) dz \cdot dx.$$

Entsprechendes gilt für die andern Seiten und Richtungen. Die Scherspannung erhalte das positive Vorzeichen, falls das Moment der beiden zugehörigen Scherspannungen auf gegenüberliegenden Seiten rechtsdrehend ist, wenn man die positive Bezugsachse entlang nach O sieht. So wirken z. B. die beiden Scherspannungen τ_{yz} in bezug auf die X-Achse rechtsdrehend, wenn der Beschauer seinen Platz so wählt, daß er die X-Achse entlang nach O sieht, τ_{yz} erhält also das positive Vorzeichen. Da nach dem Gesetz der Gleichheit der Scherspannungen in zwei rechtwinklig aufeinanderstehenden Ebenen $\tau_{yz} = \tau_{zy}$ ist, so erhalten wir für die sechs Seiten des Parallelepipeds folgende Scherkräfte:

auf der Seite $\overline{OBCG}$: $\tau_{xy} \cdot dy \cdot dz$,
$\tau_{xz} \cdot dy \cdot dz$;

auf der Seite $\overline{ADEF}$: $\left(\tau_{xy} + \frac{\partial \tau_{xy}}{\partial x} \cdot dx\right) dy \cdot dz$,
$\left(\tau_{xz} + \frac{\partial \tau_{xz}}{\partial x} \cdot dx\right) dy \cdot dz$;

auf der Seite $\overline{OAFC}$: $\tau_{xy} \cdot dz \cdot dx$,
$\tau_{yz} \cdot dz \cdot dx$;

auf der Seite $\overline{BDEG}$: $\left(\tau_{xy} + \frac{\partial \tau_{xy}}{\partial y} \cdot dy\right) dz \cdot dx$,
$\left(\tau_{yz} + \frac{\partial \tau_{yz}}{\partial y} \cdot dy\right) dz \cdot dx$;

auf der Seite $\overline{OABD}$: $\tau_{xz} \cdot dx \cdot dy$,
$\tau_{yz} \cdot dx \cdot dy$;

auf der Seite $\overline{EFCG}$: $\left(\tau_{xz} + \frac{\partial \tau_{xz}}{\partial z} \cdot dz\right) dx \cdot dy$,
$\left(\tau_{yz} + \frac{\partial \tau_{yz}}{\partial z} \cdot dz\right) dx \cdot dy$.

Von den sechs Gleichgewichtsbedingungen

$$\sum X = 0, \qquad \sum Y = 0, \qquad \sum Z = 0,$$
$$\sum M_x = 0, \qquad \sum M_y = 0, \qquad \sum M_z = 0$$

haben wir die letzten drei bereits benutzt, um die Zahl der Schubspannungen von sechs auf drei herabzusetzen. Es stehen uns demnach noch die ersten drei Gleichgewichtsbedingungen zur Verfügung.

chreiben wir dem Prisma noch eine in seinem Schwerpunkt angreifende, auf die Raumeinheit bezogene Massenkraft mit den Komponenten X, Y, Z zu, so erhalten wir folgendes Gleichungssystem:

$$\left.\begin{aligned} \frac{\partial \sigma_x}{\partial x} + \frac{\partial \tau_{xy}}{\partial y} + \frac{\partial \tau_{xz}}{\partial z} + X &= 0, \\ \frac{\partial \sigma_y}{\partial y} + \frac{\partial \tau_{xy}}{\partial x} + \frac{\partial \tau_{yz}}{\partial z} + Y &= 0, \\ \frac{\partial \sigma_z}{\partial z} + \frac{\partial \tau_{xz}}{\partial x} + \frac{\partial \tau_{yz}}{\partial y} + Z &= 0. \end{aligned}\right\} \qquad (27)$$

8. Verzerrungszustand eines Punktes im zweiachsigen Spannungszustande.

Wir betrachten irgendeinen Punkt P eines Körpers. Wird der Körper durch Kräfte beansprucht, so wird sich der Punkt P im allgemeinen bewegen. Es interessiert uns jedoch an dieser Stelle nicht die Gesamtverschiebung des Punktes, sondern die Verzerrung, d.h. die Relativverschiebung gegenüber seiner unmittelbaren Umgebung. Denken wir uns nun P als Mittelpunkt einer kleinen Kugel aus dem Körper herausgeschnitten; wenn jeder Punkt in dieser Kugel die gleiche Verschiebung erleidet wie P, so ist innerhalb der Kugel keine Verzerrung vorhanden, sondern P hat lediglich eine Ortsveränderung erfahren, ohne Verzerrungen und ohne Spannungen. Das Ziel unserer vorliegenden Untersuchung ist, die Verzerrung in P in jeder Richtung, d. h. den Verzerrungszustand am Punkte P zu bestimmen.

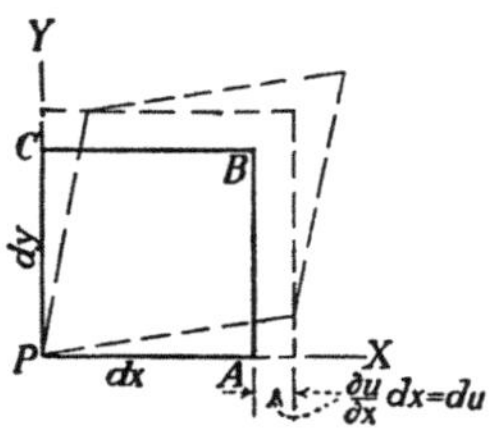

Abb. 104.

Es seien (Abb. 104) PX und PY die Achsen eines rechtwinkligen Achsenkreuzes mit P als Ursprung; u und v seien die Bewegungen von P in der X- bzw. Y-Richtung. Wir betrachten wieder ein rechtwinkliges Parallelepiped mit den Seitenlängen dx, dy und 1. (Die Seite von der Länge 1 steht normal zur Bildebene, alle Kräfte wirken parallel zur Bildebene.)

Der Punkt A wird sich sowohl nach der X- wie nach der Y-Richtung mehr verschieben als P, und zwar wird er sich nach der X-Richtung um $u + du$, in der Y-Richtung um $v + dv$ bewegen. Das Maß der Veränderung von u über x ist $\frac{\partial u}{\partial x}$, also

$$du \text{ (in der Richtung } X) = \frac{\partial u}{\partial x} \cdot dx,$$

und

$$dv \text{ (in der Richtung } Y) = \frac{\partial v}{\partial x} \cdot dx.$$

Offensichtlich ist $\frac{\partial u}{\partial x} = \varepsilon_x$, die spezifische Dehnung am Punkt P in der X-Richtung.

Entsprechend bewegt sich C in der Y-Richtung um

$$v + dv = v + \frac{\partial v}{\partial y} \cdot dy$$

und in der X-Richtung um

$$u + du = u + \frac{\partial u}{\partial y} \cdot dy,$$

worin $\frac{\partial v}{\partial y} = \varepsilon_y$ die Dehnung am Punkt P in der Y-Richtung ist.

Die Änderung des Winkels APC (Verdrehung des Körperelements durch Tangentialspannungen, vgl. hierzu Kap. IV, Abschn. 10) beträgt demnach

$$\gamma_{xy} = \frac{\partial u}{\partial y} + \frac{\partial v}{\partial x}.$$

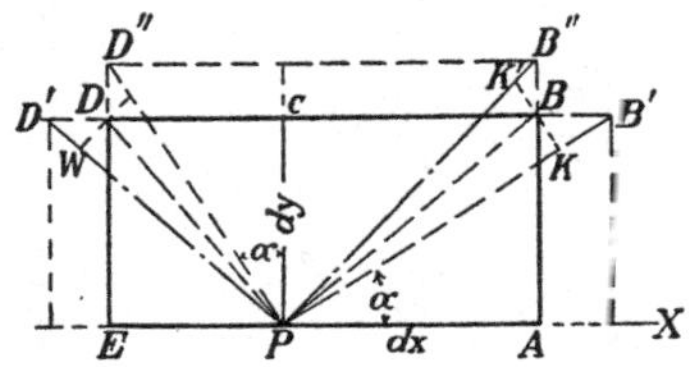

Abb. 105.

Nun betrachte man wieder das Körperelement $\overline{PABC}$ (Abb. 105) mit einem derart angrenzenden Element $\overline{PCDE}$, daß $\sphericalangle DPB = 90^0$ ist. Wir wollen nunmehr die Dehnung in der Ebene PB und die Veränderung von $\sphericalangle BPD$ untersuchen.

Die Dehnung ε in der Richtung PB ist

$$\varepsilon = \frac{\text{neue Länge von } \overline{PB} - \text{ursprüngliche Länge von } \overline{PB}}{\text{ursprüngliche Länge von } \overline{PB}}.$$

Der Punkt B erreicht seine neue Lage durch zwei Translationen und eine Rotation:

1. Bewegung von B in der X-Richtung;
2. Bewegung von B in der Y-Richtung;
3. Drehung des Strahles PB um P.

Zu 1.: Es sei $\overline{BB'}$ die Bewegung von B in der X-Richtung, also

$$\overline{BB'} = \varepsilon_x \cdot dx.$$

Zieht man $BK \perp PB'$, so findet man unter Vernachlässigung unendlich kleiner Größen höherer Ordnung und unter Beachtung, daß $\sphericalangle PB'B = \alpha$, die Komponente von ε_x in der Richtung PB:

$$\varepsilon_1 = \frac{\overline{KB'}}{\overline{PB}} = \frac{\varepsilon_x \cdot dx \cdot \cos^2\alpha}{dx} = \varepsilon_x \cdot \cos^2\alpha.$$

Zu 2.: Entsprechend findet man die Komponente von ε_y ($\overline{BB''}$ ist die Bewegung von B in der Y-Richtung) in der Richtung PB zu

$$\varepsilon_2 = \varepsilon_y \cdot \sin^2\alpha.$$

Zu 3.: Wie bei unserer Untersuchung in Kap. IV halten wir bei der Verdrehung EPA fest und vernachlässigen von der zweiten Ordnung kleine Größen derart, daß (Abb. 104) die Linienzüge DCB und $D'''C'B'''$ nach der Verdrehung ineinander fallen. Es ist:

$$\overline{DD'''} = \overline{CC'} = \overline{BB'''} = \gamma_{xy} \cdot dy.$$

Mit

$$BK'' \perp PB''' \quad \text{und} \quad D'''N'' \perp PD$$

wird

$$\varepsilon_3 = \frac{\overline{K''B'''}}{\overline{PB}} = \frac{\gamma_{xy} \cdot dy \cdot \cos\alpha \cdot \sin\alpha}{dy} = \gamma_{xy} \cdot \sin\alpha \cdot \cos\alpha .$$

Damit wird

$$\varepsilon = \varepsilon_1 + \varepsilon_2 + \varepsilon_3 = \varepsilon_x \cdot \cos^2\alpha + \varepsilon_y \cdot \sin^2\alpha + \gamma_{xy} \cdot \sin\alpha \cdot \cos\alpha . \qquad (28)$$

In ähnlicher Weise findet man die Verdrehung der Ebenen PB und PD gegeneinander (gegen die Ebenen PA und PC um α geneigt).

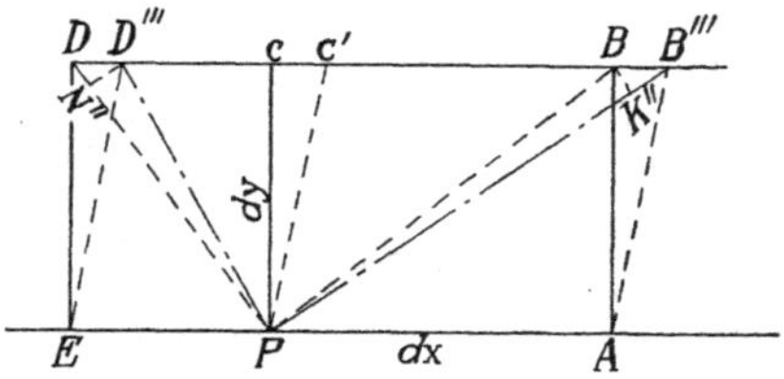

Abb. 106.

Die gesuchte Veränderung von $\sphericalangle DPB$ wird wieder mittels dreier Einzelveränderungen ermittelt unter (der bisherigen Annahme, daß ε_x, ε_y spezifische Verlängerungen und γ_{xy} eine Winkelvergrößerung darstellen).

1. Die Verschiebung von B nach B' (Abb. 105), also in der X-Richtung, vergrößert $\sphericalangle CPB$ um

$$\frac{\overline{BK}}{\overline{PB}} = \frac{\varepsilon_x \cdot dx \cdot \sin\alpha \cdot \cos\alpha}{dx} = \varepsilon_x \cdot \sin\alpha \cdot \cos\alpha .$$

Gleichzeitig verschiebt sich D nach D' ebenfalls in der X-Richtung. Diese Verschiebung vergrößert $\sphericalangle CPD$ um

$$\frac{\overline{DW}}{\overline{PD}} = \frac{\varepsilon_x \cdot (dx) \cdot \cos\alpha \cdot \sin\alpha}{(dx)} = \varepsilon_x \cdot \sin\alpha \cdot \cos\alpha ,$$

wobei $\overline{EP}$ als unendlich kleine Größe (dx) eingeführt wurde.

Der Winkel $\sphericalangle DPB$ ist also insgesamt um

$$2\,\varepsilon_x \cdot \sin\alpha \cdot \cos\alpha = \varepsilon_x \cdot \sin 2\,\alpha$$

infolge der Dehnung in der X-Richtung vergrößert worden.

2. Entsprechend wird $\sphericalangle DPB$ infolge der Dehnung in der Y-Richtung um

$$2\,\varepsilon_y \cdot \sin\alpha \cdot \cos\alpha = \varepsilon_y \cdot \sin 2\,\alpha$$

verkleinert.

3. Infolge der Winkeländerung γ_{xy} des Winkels $\sphericalangle CPA$ nimmt der Winkel $\sphericalangle CPB$ (vgl. Abb. 106) um

$$\frac{\overline{BK''}}{\overline{PB}} = \frac{\gamma_{xy} \cdot dy \cdot \sin^2\alpha}{dy} = \gamma_{xy} \cdot \sin^2\alpha$$

zu und der Winkel $\sphericalangle CPD$ um

$$\frac{\overline{D'''N''}}{\overline{DP}} = \frac{\gamma_{xy} \cdot dy \cdot \cos^2\alpha}{dy} = \gamma_{xy} \cdot \cos^2\alpha$$

ab.

Superponieren wir die einzelnen Winkelveränderungen, so erhalten wir die Veränderung γ des rechten Winkels $\sphericalangle DPB$, der gegen das (X, Y)-System um α verdreht ist, zu

$$\gamma = (\varepsilon_y - \varepsilon_x)\sin 2\alpha + \gamma_{xy}\cdot\cos 2\alpha, \tag{29}$$

wobei ε_x und ε_y als spezifische Verlängerungen, γ bei Verkleinerung des ursprünglichen Winkels das positive Vorzeichen erhalten.

Drücken wir ε_x, ε_y und γ_{xy} nach den Verschiebungen aus, so gehen Gleichung (28) und (29) über in

$$\varepsilon = \frac{\partial u}{\partial x}\cdot\cos^2\alpha + \frac{\partial v}{\partial y}\cdot\sin^2\alpha + \left(\frac{\partial u}{\partial y} + \frac{\partial v}{\partial x}\right)\cdot\sin\alpha\cdot\cos\alpha, \tag{30}$$

$$\gamma = 2\left(\frac{\partial v}{\partial y} - \frac{\partial u}{\partial x}\right)\sin\alpha\cdot\cos\alpha + \left(\frac{\partial u}{\partial y} + \frac{\partial v}{\partial x}\right)\cdot\cos 2\alpha\,^*. \tag{31}$$

9. Verzerrungszustand eines Punktes im dreiachsigen Spannungszustand.

Ähnliche Beziehungen können für den Verzerrungszustand eines Punktes im dreiachsigen Spannungszustand abgeleitet werden.

Wir legen durch P als Ursprung ein rechtwinkliges räumliches Koordinatensystem X, Y, Z und denken uns in P aus dem Körper ein Parallelepiped mit den Seitenlängen dx, dy, dz so herausgeschnitten, daß drei Seiten in die Koordinatenachsen fallen. $\sphericalangle BPX = \alpha$, $\sphericalangle BPY = \beta$, $\sphericalangle BPZ = \gamma$ (Abb. 107). Die Bewegungen von P, wenn der Körper belastet wird, seien u, v, w in der X-, Y- und Z-Richtung. Dann sind die Bewegungen u_1, v_1, w_1 des Punktes B in der X-, Y- und Z-Richtung gegeben durch

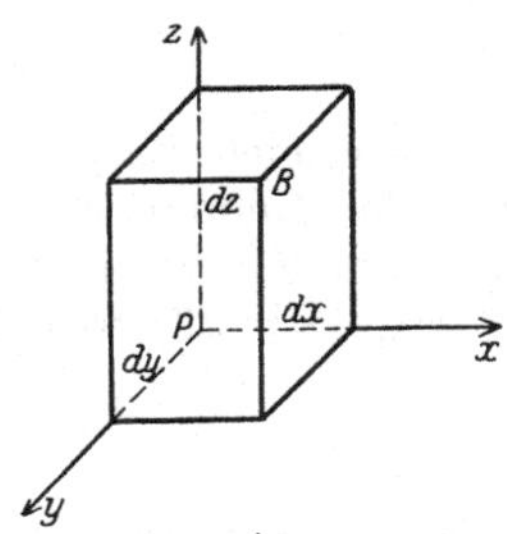

Abb. 107.

$$\left.\begin{aligned} u_1 &= u + \frac{\partial u}{\partial x}\cdot dx + \frac{\partial u}{\partial y}\cdot dy + \frac{\partial u}{\partial z}\cdot dz,\\ v_1 &= v + \frac{\partial v}{\partial x}\cdot dx + \frac{\partial v}{\partial y}\cdot dy + \frac{\partial v}{\partial z}\cdot dz,\\ w_1 &= w + \frac{\partial w}{\partial x}\cdot dx + \frac{\partial w}{\partial y}\cdot dy + \frac{\partial w}{\partial z}\cdot dz. \end{aligned}\right\} \tag{32}$$

Ferner wird

$$\left.\begin{aligned} \varepsilon = {}&\frac{\partial u}{\partial x}\cdot\cos^2\alpha + \frac{\partial v}{\partial y}\cdot\cos^2\beta + \frac{\partial w}{\partial z}\cdot\cos^2\gamma\\ &+ \left(\frac{\partial v}{\partial z} + \frac{\partial w}{\partial y}\right)\cos\beta\cdot\cos\gamma + \left(\frac{\partial w}{\partial x} + \frac{\partial u}{\partial z}\right)\cos\gamma\cdot\cos\alpha\\ &+ \left(\frac{\partial u}{\partial y} + \frac{\partial v}{\partial x}\right)\cdot\cos\alpha\cdot\cos\beta. \end{aligned}\right\} \tag{33}$$

---

* Anmerkung d. Übers.: Diese Verzerrungsgleichungen entsprechen den Spannungsgleichungen (5) und (6) in Kapitel IV.

Mit

$$\left.\begin{array}{l} \varepsilon_x = \dfrac{\partial u}{\partial x}, \quad \varepsilon_y = \dfrac{\partial v}{\partial y}, \quad \varepsilon_z = \dfrac{\partial w}{\partial z}, \\ \gamma_{xy} = \dfrac{\partial u}{\partial y} + \dfrac{\partial v}{\partial x}, \quad \gamma_{xz} = \dfrac{\partial w}{\partial x} + \dfrac{\partial u}{\partial z}, \quad \gamma_{yz} = \dfrac{\partial v}{\partial z} + \dfrac{\partial w}{\partial y} \end{array}\right\} \tag{34}$$

wird

$$\left.\begin{array}{l} \varepsilon = \varepsilon_x \cdot \cos^2\alpha + \varepsilon_y \cdot \cos^2\beta + \varepsilon_z \cdot \cos^2\gamma \\ + \gamma_{xy} \cdot \cos\alpha \cdot \cos\beta + \gamma_{xz} \cdot \cos\alpha \cdot \cos\gamma + \gamma_{yz} \cdot \cos\beta \cdot \cos\gamma . \end{array}\right\} \tag{35}$$

ε_x, ε_y, ε_z sind positiv als bezogene Verlängerungen in der X-, Y-, Z-Richtung, γ_{xy} ist positiv als Verkleinerung des Winkels zwischen den Ebenen $X = 0$ und $Y = 0$, γ_{xz} ist positiv als Verkleinerung des Winkels zwischen den Ebenen $X = 0$, $Z = 0$, γ_{yz} ist positiv als Verkleinerung des Winkels zwischen den Ebenen $Y = 0$, $Z = 0$.

10. Hauptdehnungen.

Bildet man in Gleichung (28) die erste Ableitung nach α und läßt sie zu Null werden, so erhält man

$$\frac{\partial \varepsilon}{\partial \alpha} = 0 = (\varepsilon_y - \varepsilon_x) \sin 2\alpha + \gamma_{xy} \cdot \cos 2\alpha . \tag{36}$$

Vergleicht man Gl. (36) mit Gl. (29), so erhellt, daß in den Ebenen, wo die Dehnungen ε zu einem Größtwert oder einem Kleinstwert werden, die Verdrehungen γ verschwinden.

Aus Gl. (36) folgt für α, das die Grenzwerte der Dehnungen liefert,

$$\tan 2\alpha = \frac{\gamma_{xy}}{\varepsilon_x - \varepsilon_y}; \tag{37}$$

dies Ergebnis besagt, daß die Grenzwerte in aufeinander senkrechten Ebenen vorkommen. Also:

Im zweiachsigen Spannungszustand kann man durch jeden Punkt zwei aufeinander senkrecht stehende Achsen so legen, daß die Dehnung in Richtung der einen größer, in Richtung der andern kleiner wird als in allen andern Achsen durch den Punkt. Diese Achsen heißen Hauptdehnungsachsen. In diesen Achsen verschwinden die Verdrehungen.

Legt man das Achsenkreuz in die Hauptdehnungsachsen, so gehen Gl. (28) und (29) über in

$$\varepsilon = \varepsilon_x \cdot \cos^2\alpha + \varepsilon_y \cdot \sin^2\alpha, \tag{38}$$

$$\gamma = (\varepsilon_y - \varepsilon_x) \sin 2\alpha . \tag{39}$$

Gl. (39) zeigt, daß γ für $\alpha = 45^0$ und 135^0 zu einem absoluten Größtwert wird, nämlich zu

$$\gamma_{\max} = \varepsilon_y - \varepsilon_x \; (\text{bzw. } \varepsilon_x - \varepsilon_y). \tag{40}$$

Die Ebenen, in denen γ absolute Größtwerte erreicht, halbieren den Winkel der Hauptdehnungsebenen.

Zur Veranschaulichung dieser Zusammenhänge betrachten wir die vier in P angrenzenden Körperelemente (Abb. 108). Es seien PX, PY (und PZ senkrecht zur Bildebene) die Hauptdehnungsachsen, wobei $\varepsilon_y > \varepsilon_x$ sein möge. Dann hat in der Ebene PB (PB ist eigentlich die Spur der senkrecht zur Bildebene stehenden Ebene) γ seinen positiven Größtwert

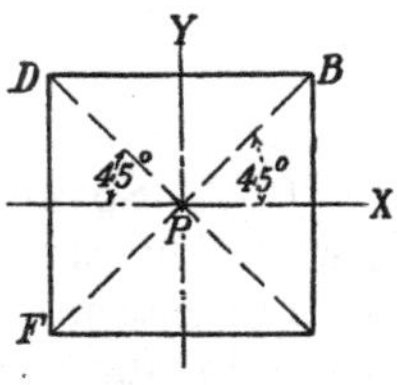

Abb. 108.

$$\gamma_{\max} = \varepsilon_y - \varepsilon_x,$$

d. h. der Winkel zwischen PB und PD wird kleiner. Dies muß auch infolge der Querdehnung der Fall sein, da die Dehnung in der Y-Richtung größer ist als die in der X-Richtung.

Für $\alpha = 135^0$ oder für die Ebene PD ist der (absolute) Größtwert der Verdrehung

$$\gamma_{\max} = \varepsilon_x - \varepsilon_y,$$

also negativ, der Winkel zwischen PD und PF wird größer.

Zur Erläuterung der Begriffe sei festgestellt: Spricht man von einer Verdrehung γ in einer Ebene, die um α gegen PX geneigt ist, so heißt das, daß sich der ursprünglich rechte Winkel zwischen zwei Ebenen, von denen die eine gegen PX um α, die andere um $90^0 + \alpha$ geneigt ist, um den Betrag γ geändert hat.

Für zwei beliebige aufeinander rechtwinklig stehende Ebenen ist die Summe der Dehnungen konstant oder

$$\varepsilon + \varepsilon' = \varepsilon_x + \varepsilon_y. \tag{41}$$

11. Hauptdehnungen und Hauptspannungen.

Wir haben gesehen, daß man durch jeden Punkt eines Körpers drei rechtwinklig aufeinanderstehende Ebenen legen kann, auf die (an jenem Punkt) nur Normal- und keine Tangentialspannungen wirken, und daß auf einer dieser drei Ebenen die Normalspannung ein Maximum, auf einer zweiten ein Minimum erreicht. Im zweiachsigen Spannungszustand kann man entsprechend zwei Ebenen durch jeden Punkt legen, auf denen die Normalspannungen ein Maximum bzw. Minimum erreichen und die Scherspannungen verschwinden. Die Normalen auf diesen Ebenen heißen die Achsen der Hauptspannungen.

Weiter haben wir gesehen, daß man durch einen Punkt drei rechtwinklig aufeinanderstehende Achsen legen kann, längs denen nur eine Dehnung stattfindet, keine Verdrehung, d. h. der Winkel dieser drei Achsen bleibt bei der Verzerrung erhalten.

Dies sind die Achsen der Hauptdehnungen.

Da in den Ebenen der Hauptspannungen keine Scherspannungen auftreten, so müssen die Winkel in diesen Ebenen bei der Verzerrung erhalten bleiben. Daraus folgt, daß die Achsen der Hauptspannungen mit den Achsen der Hauptdehnungen zusammenfallen.

VI. Zug und Druck im einachsigen Spannungszustand.

1. Allgemeines.

Dieser Spannungszustand sei im folgenden kurz „reiner Zug“ bzw. „reiner Druck“ genannt.

Ein Körper ist auf reinen Zug oder reinen Druck beansprucht, wenn in allen Querschnitten die resultierende innere Kraft normal zum Querschnitt gerichtet ist und durch den Schwerpunkt hindurch geht.

Der gewöhnliche Fall der reinen Normalbeanspruchung ist der, daß ein Stab mit gerader Achse von zwei gleich großen, entgegengesetzt gerichteten Kräften beansprucht wird, die an seinen beiden Endflächen gleichmäßig verteilt angreifen.

Nach der oben gegebenen Definition kann jedoch reiner Druck oder reiner Zug auch bei einem Stab mit gekrümmter Achse oder auch bei einem Stab vorliegen, an dem die Kräfte anders als an seinen Endflächen gleichmäßig verteilt angreifen.

Wir betrachten den häufigsten Fall des Stabes mit gerader Achse und mit an den Endflächen gleichmäßig verteilten, gleich großen, entgegengesetzt gerichteten Kräften. Wirken diese beiden Kräfte voneinander weg, so ist der Stab auf Zug, wirken sie aufeinander zu, so ist der Stab auf Druck beansprucht. Ist der Querschnitt über die ganze Länge des Stabes konstant, so wirken in jedem Querschnitt nur gleichmäßig verteilte Normalspannungen, und zwar ist jeder Querschnitt gleich beansprucht, wenn man von der Wirkung des Eigengewichts absieht. Wird ein Stab nach Abb. 109 auf reine Normalkraft beansprucht, so können in keinem außer dem mittleren Querschnitt bloß Normalspannungen auftreten; die Spannung am Rande muß, da die Seitenflächen freie Oberflächen sind, parallel den Seitenflächen verlaufen (vgl. Abb. 109 die kleine Figur rechts), d. h. die Spannung hat dort eine Normal- und eine Tangentialkomponente; die letztere nimmt nach dem Schwerpunkt des Querschnittes zu auf Null ab (vgl. Kap. V). Da an den Endflächen nur gleichmäßig verteilte Normalkräfte wirken (für einen ideal durchgeführten Versuch), so müssen die Tangentialspannungen in den Querschnitten nahe den Endflächen verschwinden, trotzdem die freie Oberfläche zum Querschnitt geneigt ist; eine genaue Kenntnis des Spannungsverlaufes besitzen wir jedoch nicht.

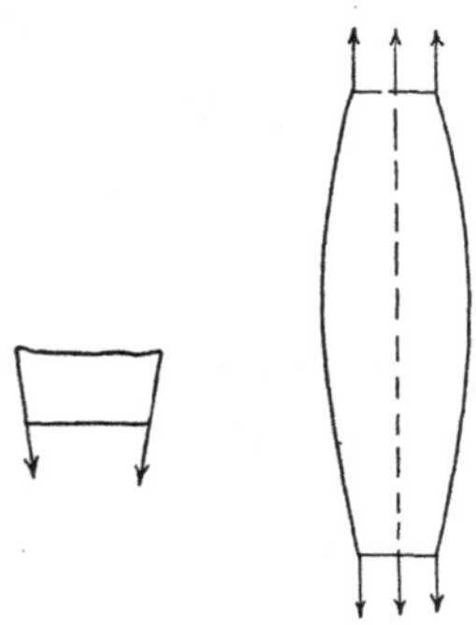

Abb. 109.

Der Einfluß des Eigengewichts, von dem oben schon die Rede war, macht sich je nach der Lage des Stabes bei der Versuchsdurchführung in verschiedener Weise geltend. Ist die Stabachse vertikal, so erhält jeder Querschnitt eine zusätzliche Druckkraft, die dem Gewicht des oberhalb des Querschnitts liegenden Stabteils gleich ist. Ist die Stabachse nicht vertikal, so liegt reiner Zug bzw. reiner Druck nur in bezug auf die äußeren Kräfte und die Komponente des Eigengewichts in Richtung der Stabachse vor; die Eigengewichtskomponente senkrecht zur Stabachse dagegen biegt den Stab, d. h. der Stab ist dann durch Biegung und Normalkraft beansprucht. Biegung wird in Kap. X, Biegung und Normalkraft in Kap. XIII behandelt. Zunächst möge es genügen, die beiden Lastfälle einander zu superponieren. Das Eigengewicht wird in den Untersuchungen dieses Kapitels stets vernachlässigt, d. h. die Stäbe werden gewichtslos gedacht.

Wenn bei einem Druckstab das Verhältnis von Länge zu Querschnittsbreite ein gewisses Maß übersteigt, so bleibt die Achse nicht gerade, es tritt zusätzliche Biegung durch die äußeren Kräfte auf. Darüber wird in Kap. XVII gehandelt.

2. Stäbe mit konstantem Querschnitt. (Prismatische Stäbe).

Greifen die Kräfte nur an den beiden Endflächen an, so ist die (Normal-)Spannung in jedem Querschnitt gleichmäßig verteilt und gleich, nämlich

$$\sigma = \frac{P}{F}. \tag{1}$$

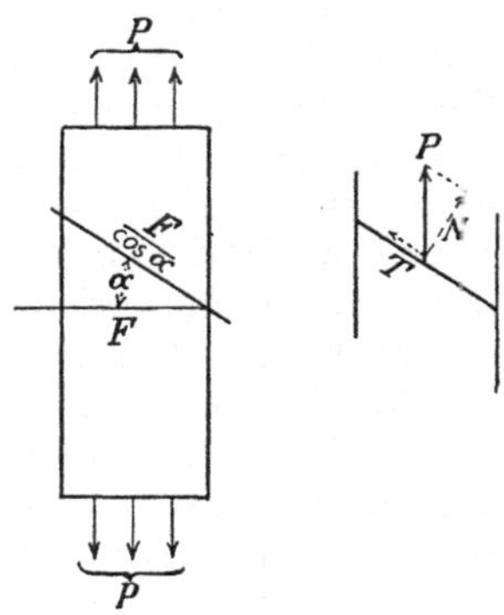

Abb. 110.

Scherspannungen treten nicht auf. Es ist dies ein Sonderfall der Gl. (8) in Kap. IX. Es sind jedoch in anderen Ebenen als den Querschnittsebenen auch Scherspannungen vorhanden (Abb. 110). In einer um α gegen eine Querschnittsebene geneigten Ebene hat P eine Normal- und eine Tangentialkomponente, nämlich

$$N = P \cdot \cos\alpha\,,$$
$$T = P \cdot \sin\alpha\,,$$

mithin, da die Fläche, auf die diese Kräfte wirken, die Größe hat

$$F' = \frac{F}{\cos\alpha},$$

so ist die Normal- und Scherspannung auf F'

$$\sigma_\alpha = \frac{P\cdot\cos^2\alpha}{F} = \sigma\cdot\cos^2\alpha, \tag{2}$$

$$\tau_\alpha = \frac{P\cdot\sin\alpha\cdot\cos\alpha}{F} = \frac{1}{2}\sigma\cdot\sin 2\alpha\,. \tag{3}$$

Diese Gleichungen gelten (bis auf das Vorzeichen) für Druck- und Zugstäbe.

σ_α wird ein Größtwert für $\alpha = 0$, d. h. für eine Querschnittsfläche. Gl. (2) geht dann in Gl. (1) über, und die Scherspannung verschwindet. Der Größtwert der Scherspannung wird für $\alpha = 45^0$ erreicht, es wird dann

$$\tau_{\max} = \tau_{\alpha=45} = \frac{1}{2}\frac{P}{F} = \frac{1}{2}\cdot\sigma\,.$$

Für $\alpha = 90^0$ wird

$$\sigma = 0\,,$$

$$\tau = 0\,.$$

Denken wir uns also in irgendeinem Punkt des Stabes ein räumliches rechtwinkliges Koordinatensystem so, daß die eine Ebene mit der Querschnittsebene zusammenfällt, so verschwinden die Spannungen auf zweien dieser Ebenen, es liegt also ein einachsiger Spannungszustand vor.

3. Der Bruchvorgang beim Zug- und Druckversuch.

Ein Zugstab aus homogenem Material muß durch Zerreißen in einer Querschnittsfläche zerstört werden, also durch Überwinden der Zugfestigkeit, wenn nicht seine Scherfestigkeit derart ist, daß er vorher in einer zur Achse geneigten Ebene (beim Zugstab ist der Neigungswinkel größer, beim Druckstab kleiner als 45^0) abgeschert wird. Ein Flußeisenstab von rechteckigem Querschnitt bricht im allgemeinen in einer Querschnittsfläche, aber der Bruch ist oft an den Stabseiten abgeschrägt, so daß es den Anschein hat, als ob erst ein Abscheren und dann ein Zerreißen des (durch das Abscheren geschwächten) Querschnitts stattgefunden hätte. Ein Stab mit kreisförmigem Querschnitt bricht ähnlich, teils zeigt die Bruchstelle die geneigte Fläche der Abscherung, teils die zur Stabachse senkrechte Zerreißfläche.

Bei Holz ist ein richtiger Trennungsbruch schwer zu erhalten, weil die Holzfasern eine große Zugfestigkeit besitzen, aber nur einen geringen Widerstand gegen Gleiten leisten. Namentlich bei grober Faserung ist die Scherfestigkeit gering, und der Bruch erfolgt längs einer oder mehrerer geneigter Ebenen. Unhomogenitäten, Verschiedenheiten in der Faserung, verschieden starkes Haften der Fasern aneinander bewirken oft ganz unregelmäßige Bruchbilder; lange Fasern werden oft herausgerissen. Ein reiner Trennungsbruch wird im allgemeinen nur erzielt, wenn der Zerreißquerschnitt sehr klein und geradfaserig gewählt wird.

Zugkörper aus Zement weisen teils Trennungs-, teils Gleitbrüche, teils ganz unregelmäßige Bruchflächen auf. (Vgl. Kap. XXIII.)

Bei der Untersuchung des Bruchvorganges beim Druckversuch muß man gedrungene Stäbe, d. h. Stäbe, die bei zentrischem Druck nicht ausbiegen, betrachten.

Zement, Beton, Backsteine, natürliche Gesteine brechen gewöhnlich derart, daß pyramiden- oder keilförmige Stücke an den Enden herausgebrochen werden. Der übrige Teil des Körpers sieht dann ebenfalls keil- oder pyramidenartig aus. Ist die Fähigkeit des Körpers, elastische und plastische Verlängerungen einzugehen, sehr gering, so kann der Körper infolge der Querdehnung in mehrere, nahezu parallele Bruchstreifen zerfallen[1].

Holz zeigt im Druckversuch nicht immer ausgesprochene Gleit- oder Trennungsflächen, sondern häufig findet man die einzelnen Fasern ausgeknickt. Gegen Beanspruchungen quer zur Faser zeigt Holz wesentlich geringere Widerstandsfähigkeit als gegen Beanspruchungen längs zur Faser. Druck quer zur Faser hat ein allmähliches Nachlassen des inneren Zusammenhangs, mehr ein Fließen als ein Brechen zur Folge; die Bestimmung der Festigkeit erfolgt dann mehr oder weniger willkürlich.

Zähe Stoffe, wie Flußeisen, haben — wenn gedrungene Körper geprüft werden — oft überhaupt keinen deutlichen Bruch: Die Verkürzung in der Druckrichtung und die Ausbauchung durch die Querdehnung nimmt dauernd zu, ohne daß eine eigentliche Zerstörung erfolgt. Die Oberfläche erscheint gerunzelt. Manchmal wirkt sich die Querdehnung in der Weise aus, daß von der Oberfläche nach der Achse gerichtete Risse eintreten. Manchmal biegen einzelne Fasern aus, besonders wenn die Form des Körpers dieses Ausknicken begünstigt, z. B. bei Winkeleisen. Druckstäbe, deren Abmessungen so sind, daß Knicken eintritt, sind in Kap. XVII behandelt.

Gußeisen verhält sich ähnlich wie die oben erwähnten spröden Stoffe (künstliche und natürliche Steine); der Bruch tritt im Druckversuch meistens längs einer geneigten Ebene ein, wobei der Körper in zwei keilförmige Stücke zerfällt.

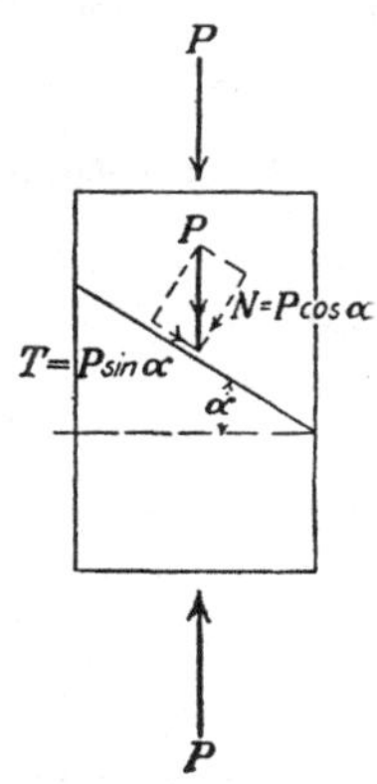

Abb. 111.

Betrachten wir einen Gleitbruch des Druckversuches. Außer der Scherkraft ist noch eine andere Tangentialkraft vorhanden, nämlich die Reibung infolge der Normalkraft (Abb. 111). Bezeichnen wir die Scherfestigkeit des Materials mit τ_B und mit μ den Reibungskoeffizienten, so muß, falls Gleiten eintreten soll, die Scherkraft $T = P \cdot \sin\alpha$ der Gleichung genügen

$$P \cdot \sin\alpha = \tau_B \cdot F \cdot \sec\alpha + \mu \cdot P \cdot \cos\alpha \,. \tag{4}$$

Daraus

$$P = \frac{\tau_B \cdot F}{\sin\alpha \cdot \cos\alpha - \mu \cdot \cos^2\alpha} \,. \tag{5}$$

Der Wert α, bei dem das Gleiten eintreten wird, ist derart zu bestimmen, daß er P zu einem Minimum macht. Wir finden aus $\frac{dP}{d\alpha} = 0$

$$= \cos 2\alpha + \mu \cdot \sin 2\alpha \,,$$

$$\cot 2\alpha = -\mu \,,$$

$$\mu = \tan(2\alpha - 90^0) = \tan\varphi \,,$$

[1] Anmerkung d. Übers.: Von großem Einfluß auf den Bruchvorgang ist die Versuchsanordnung und Durchführung. Vgl. hierüber A. Föppl: Vorlesungen über Technische Mechanik III, 9. Aufl., S. 67 f.

worin φ der Reibungswinkel ist;

$$2\alpha - 90^0 = \varphi,$$

$$\alpha = 45^0 + \frac{\varphi}{2}. \qquad (6)$$

Die Ebene, auf der die Gefahr des Abscherens am größten ist, ist also um $\frac{\varphi}{2}$ gegenüber der Ebene der größten Scherspannung nach der Längsachse zu geneigt.

Reibung entsteht zwar durch eine Druckkraft; führen wir aber eine Art negativer Reibung durch eine Zugkraft ein, so finden wir für den Zugstab folgendes in Übereinstimmung mit dem Versuch:

Eine Zugkraft vermindert den Scherwiderstand, hat also die entgegengesetzte Wirkung einer Druckkraft, die ihn erhöht; beim Zugstab ist die Gefahr des Abscherens auf einer Ebene am größten, die flacher ist als 45^0, also mit der Längsachse einen Winkel $> 45^0$ einschließt. Der Versuch zeigt, je nach dem Wert φ, Werte für α von etwa 35^0. Es ist also Gl. (5) für den Druck- und den Zugstab gültig, wobei μ für Druck positiv, für Zug negativ wird[1].

Aus Gl. (5) erhält man nach Division durch F, wobei $\frac{P}{F} = \sigma_d$ = Druckfestigkeit des Materials bedeutet,

$$\tau_B = \sigma_d(\sin\alpha \cdot \cos\alpha - \mu \cdot \cos^2\alpha). \qquad (7)$$

Mit

$$\mu = \tan\varphi = -\cot 2\alpha = -\frac{\cos^2\alpha - \sin^2\alpha}{2 \cdot \sin\alpha \cdot \cos\alpha} \qquad (8)$$

wird

$$\left.\begin{aligned} \tau_B &= \frac{1}{2}\sigma_d \cdot \cot\alpha, \\ \sigma_d &= 2\,\tau_B \cdot \tan\alpha. \end{aligned}\right\} \qquad (9)$$

Die folgende Zusammenstellung ist aus Johnson: „Materials of Construction“ entnommen. Die Versuchswerte stammen von Charles Bouton an der Washington-Universität aus dem Jahre 1891.

Material	Zugfestigkeit kg/cm²	Elastiz.-Modul kg/cm²	Zahl der Versuche (Druckvers.)	Winkel α der Ebene des Gleitbruches in Graden	Reibungswinkel der Ruhe in Graden	Berechn. Wert $45^0 + \frac{\varphi}{2}$	Abweich. v. Versuchswert
Gußeisen . .	1550	100000	24	54,8 ± 0,2	20,6	55,3	− 0,5
Gußeisen . .	1400	460000	24	55,0 ± 0,2	16,9	53,4	+ 1,6
Kalkstein . .	—	—	4	62,2	33,4	61,7	+ 0,5
Straßenasphalt	—	—	3	59,7	27,3	58,6	+ 1,1
Backsteine . .	—	—	4	58,2	27,0	58,5	+ 0,3

[1] Vgl. hierüber „Laws of Failure of Solid Bodies due to Stress“ von Chido Sunatani, Technology Reports of the Tohoku Imperial University, Bd. III, Nr. 1, November 1922.

4. Zugstäbe mit Einkerbungen.

Die Resultierende der inneren Kräfte in jedem Querschnitt muß P sein, und, wenn die Einkerbung symmetrisch zur Längsachse liegt, so geht die Resultierende in jedem Querschnitt der Einkerbung durch den Schwerpunkt, braucht jedoch nicht gleichmäßig verteilt zu sein. Die Kraft in einem Querschnitt $a\,a$ (Abb. 112) ist die gleiche wie in einem Querschnitt $b\,b$; es ist aber offensichtlich, daß die Spannung über $a\,a$ nicht gleichmäßig verteilt sein kann, und dies ist um so ausgesprochener der Fall, je näher $a\,a$ an $c\,c$ liegt. Denn der Kraftfluß in den äußeren Fasern wird eben durch die Einkerbung gestört derart, daß in der Nähe der plötzlichen Querschnittsveränderung die Querschnitte der Kerbstelle in den äußeren Fasern stärker beansprucht sind als in den Fasern in der Umgebung der Achse[1].

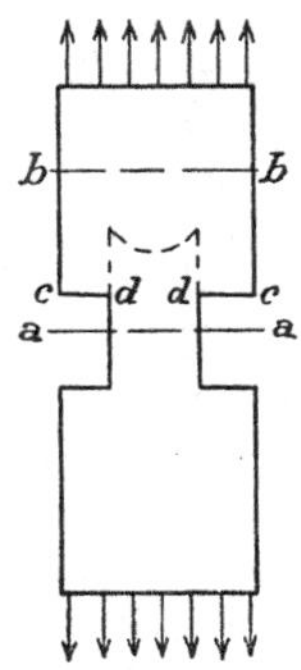

Abb. 112.

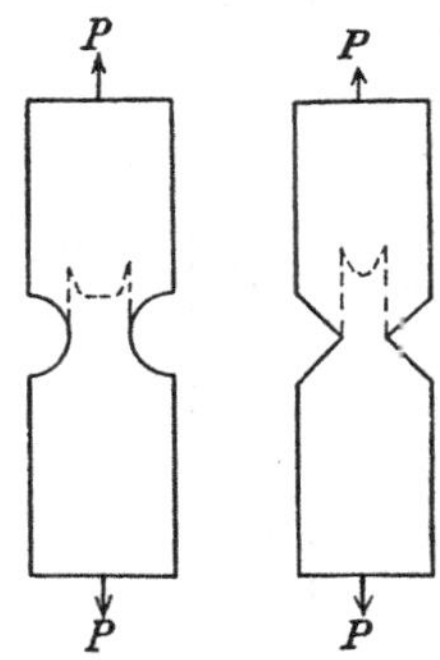

Abb. 113.

Ist die Einkerbung gekrümmt, so daß die Querschnittsveränderung stetig ist, so ist die Kraftverteilung regelmäßiger und die Erhöhung der Spannung der äußeren Fasern gegenüber der der inneren Fasern an der Stelle der Querschnittsverengung geringer. Mit der Entfernung von der Einschnürungsstelle nimmt die Unregelmäßigkeit der Spannungsverteilung ab, so daß sich, wenn die Kerbe genügend lang ist, die Kraft allmählich wieder gleichmäßig über die Querschnitte verteilt. Sehr stark ist die Wirkung der Einschnürung bei einer dreieckigen Kerbe (Abb. 113), und zwar um so mehr, je spitzer der Kerbwinkel ist.

Das Maß der Spannungserhöhung an den Ecken einer Kerbe hängt von der Querschnittsverminderung, der Formgebung u. a. m. ab und läßt sich rechnerisch kaum erfassen.

Es genügt nicht, die Spannungsverteilung zu untersuchen, sondern man muß die Verzerrungen ebenfalls beachten, um die Widerstandsfähigkeit des Körpers an einer Einschnürung zu beurteilen.

Die äußeren Fasern des geschwächten Querschnitts bei $d\,d$ (Abb. 111) sind in ihrer Verformung durch die benachbarten Fasern des ungeschwächten Querschnitts $c\,c$, die nur eine geringe Spannung haben, gehindert. Dadurch wird ihre Widerstandsfähigkeit erhöht, so daß in bezug auf die Tragfähigkeit des Querschnitts $d\,d$ zwei entgegengesetzt wirkende Einflüsse festzustellen sind. Es kann sogar eine erhöhte Widerstandsfähigkeit von $d\,d$ resultieren.

---

[1] Vgl. hierzu Preuß: Zeitschr. d. Ver. d. Ing. 1913, S. 664, Mitteilungen über Forschungsarbeiten auf d. Geb. d. Ingenieurwesens, Bd. 126, S. 54. Johnson: Materials of Construction, S. 663.

5. Querschnitte von gelochten Stäben.

Die Löcher sind meist Niet- oder Bolzenlöcher, wohl auch Löcher, die aus betrieblichen Gründen angebracht werden, z. B. Mann- oder Handlöcher in Kesseln und Behältern.

Es ist für die grundsätzliche Überlegung gleichgültig, ob der Stab auf Druck oder Zug beansprucht ist. Das Loch wird in den Querschnitten in seiner Umgebung, ähnlich wie eine Einkerbung, eine unregelmäßige Spannungsverteilung bewirken derart, daß der kleinste Querschnitt hiervon am meisten betroffen wird. Die Spannungen an den Punkten $d\,d$ sind größer, die an den Randpunkten kleiner als die mittlere Spannung des Querschnitts (Abb. 114). Die Spannungsverteilung ist offenbar von der Größe des Lochdurchmessers und seinem Verhältnis zur Stabbreite abhängig. Gleichzeitig mit der Spannungserhöhung tritt bei d aber auch wieder wie bei der Einschnürung ein vermehrter Widerstand gegen Verformung auf, der zum Teil oder u. U. auch ganz den Einfluß der Spannungserhöhung auf die Widerstandsfähigkeit des Querschnitts aufhebt.

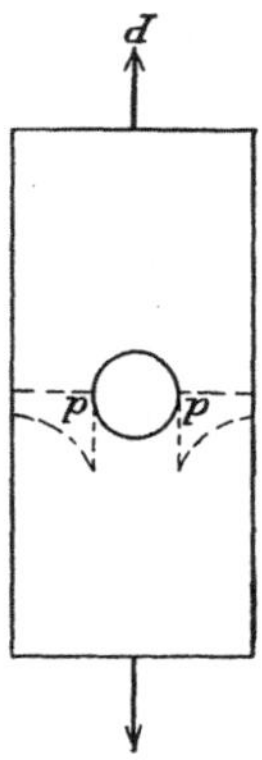

Abb. 114.

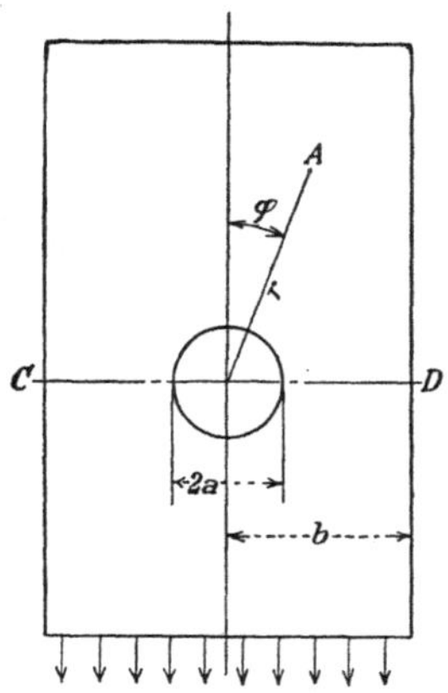

Abb. 115.

Die Kraftverteilung in Nietverbindungen ist in Kap. XVI behandelt. Es soll hier nur auf einen häufigen Denkfehler aufmerksam gemacht werden, daß nämlich in einer Nietverbindung durchaus nicht der Querschnitt mit den meisten Löchern auch der schwächste sein muß, weil die Stabkraft u. U. in einer Nietverbindung nicht in allen Querschnitten gleich sein wird.

Eine befriedigende Lösung der Aufgabe, die Spannungsverteilung in gelochten Stäben zu bestimmen, ist dem Verfasser nicht bekannt. Man hat auch Messungen vorgenommen (z. B. Preuß, vgl. Literaturangabe oben), um der Lösung näherzukommen. Die Ergebnisse sind aber nicht überzeugend. Föppl[1] gibt eine Lösung nach Kirsch an (Abb. 115), die im Gültigkeitsbereich des Hookeschen Gesetzes lautet:

$$\left.\begin{aligned}
\sigma_r &= \frac{1}{2}\,p\left\{1-\frac{a^2}{r^2}+\left(1-\frac{4\,a^2}{r^2}+\frac{3\,a^4}{r^4}\right)\cos 2\,\varphi\right\},\\
\sigma_t &= \frac{1}{2}\,p\left\{1+\frac{a^2}{r^2}-\left(1+\frac{3\,a^4}{r^4}\right)\cos 2\,\varphi\right\},\\
\tau_{rt} &= \frac{1}{2}\,p\left\{-1-\frac{2\,a^2}{r^2}+\frac{3\,a^4}{r^4}\right\}\sin 2\,\varphi\,.
\end{aligned}\right| \qquad (10)$$

[1] Föppl: Techn. Mechanik, Bd. 5, 4. Aufl., S. 347f.

Hierbei bedeutet

σ_r die Normalspannung bei A auf einer Ebene senkrecht zu dem zugehörigen Strahl r,

σ_t die Normalspannung bei A auf einer Ebene in dem zugehörigen Strahl r,

τ_{rt} die Scherspannung in A in beiden oben genannten Ebenen senkrecht zu ihrer Schnittlinie,

p die mittlere Normalspannung des ungeschwächten Querschnitts.

Es ist angenommen, daß der Lochdurchmesser klein ist im Verhältnis zur Querschnittsbreite, so daß die Spannungsverteilung in der Umgebung des Loches ebenso ausfällt, als wenn das Loch in einer unendlich breiten Blechtafel angebracht wäre.

Für den Querschnitt $\overline{CD}$, $\varphi = 90^0$, wird

$$\left.\begin{aligned} \sigma_r &= \frac{3\,p}{2}\left(\frac{a^2}{r^2} - \frac{a^4}{r^4}\right), \\ \sigma_t &= \frac{p}{2}\left(2 + \frac{a^2}{r^2} + \frac{3\,a^4}{r^4}\right), \\ \tau_{rt} &= 0\,, \end{aligned}\right\} \tag{11}$$

und am Lochrand mit $a = r$ wird

$$\left.\begin{aligned} \sigma_r &= 0\,, \\ \sigma_t &= 3\,p\,, \end{aligned}\right\} \tag{12}$$

d. h. die Normalspannung am Lochrand in der Querschnittsebene hat den dreifachen Wert der mittleren Normalspannung des ungeschwächten Querschnitts.

Es ist klar, daß die Formeln — entsprechend der Voraussetzung — keine strenge Gültigkeit haben können, wenn die Querschnittsbreite nicht als unendlich groß gegenüber dem Lochdurchmesser betrachtet werden kann. Das geht sofort aus Gl. (12) hervor: In diesem Fall kann die Spannung am Lochrand nicht bloß abhängig von p und unabhängig von der Größe des Lochdurchmessers sein. Zu dem gleichen Ergebnis kommt man, wenn man die Summe der Normalspannungen in dem kleinsten Stabquerschnitt (durch den Lochmittelpunkt) bildet, die gleich der Stabkraft P sein muß:

$$P = 2\int_a^b \sigma_t \cdot d \cdot dr = p \cdot d\left(2\,b - \frac{a^2}{b} - \frac{a^4}{b^3}\right),$$

worin d = Dicke des Stabes. Da nun offenbar

$$P = 2\,p \cdot d \cdot b$$

sein muß, so gilt obige Gleichung nur, wenn die Glieder mit höheren Potenzen verschwinden, also

$$-\frac{a^2}{b} - \frac{a^4}{b^3} = 0$$

oder b gegenüber a unendlich groß ist.

Da diese Bedingung für durchlochte Stäbe stets nur näherungsweise erfüllt sein wird, so haben die Gleichungen (10), (11), (12) nur den Wert von Näherungslösungen.

Es sei noch eine andere Näherungslösung angegeben, die jedoch den tatsächlichen Verhältnissen weniger gerecht wird.

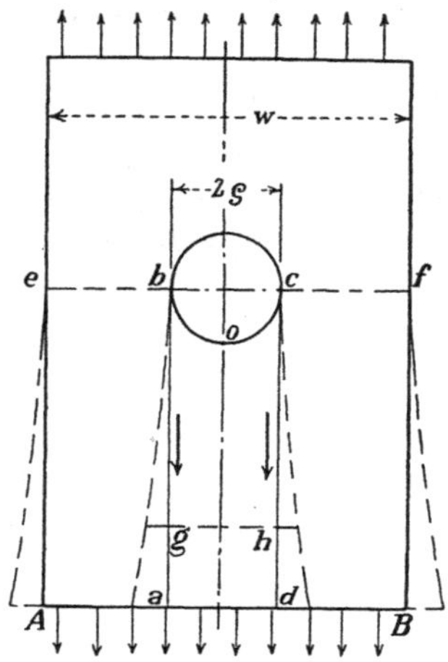

Abb. 116.

Die äußeren (Zug-)Kräfte seien gleichmäßig über die Endflächen verteilt (Abb. 116). Da in $\overline{bc}$ der Zusammenhang des Stabes unterbrochen ist, so versuchen die äußeren Kräfte den Teil $\overline{abcd}$ aus dem Verband herauszureißen. Dem widerstreben Scherspannungen in den Fugen $\overline{ab}$ und $\overline{cd}$, die also dem auf $\overline{ad}$ entfallenden Anteil der äußeren Kraft das Gleichgewicht halten müssen. Ist p die Kraft pro Flächeneinheit auf der Endfläche, T die Scherkraft in $\overline{ab}$ und $\overline{cd}$, d die Dicke des Stabes und 2ϱ der Lochdurchmesser, so wird

$$T = p \cdot \varrho \cdot d.$$

Die Spannungsverteilung der Fuge $\overline{eb}$ kann man sich nun so vorstellen, daß erstens eine gleichmäßig verteilte Spannung von der Größe

$$\sigma_p = \frac{p \cdot w}{w - 2\varrho}$$

und zweitens Biegungsspannungen vorhanden sind, die durch das von der oben errechneten Tangentialkraft erzeugte Moment (vgl. Abb. 117) hervorgerufen werden

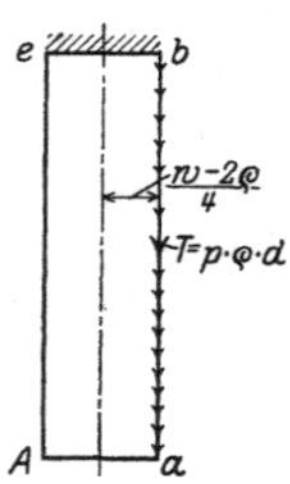

Abb. 117.

$$M = T \cdot \frac{w - 2\varrho}{4} = \frac{p \cdot 2\varrho \cdot d\,(w - 2\varrho)}{8}.$$

Daraus ergibt sich eine Randspannung

$$\sigma_b = \frac{M}{J} \cdot \frac{w - 2\varrho}{4} = \frac{6\,p \cdot \varrho}{w - 2\varrho}, \tag{13a}$$

durch Superposition die größte Zugspannung

$$\sigma = \sigma_p + \sigma_b = p \cdot \frac{w + 6\varrho}{w - 2\varrho}, \tag{13}$$

σ ist also jetzt von w und ϱ abhängig. Für

$$w = 8\varrho$$

wird

$$\sigma = \frac{7}{3} \cdot p.$$

Für

$$w = 20\varrho$$

wird

$$\sigma = \frac{13}{9} \cdot p\,.$$

Daß diese Ableitung nur eine Näherung ist, liegt auf der Hand. Durch das oben angenommene Biegungsmoment $M = \frac{2p \cdot \varrho \cdot d(w - 2\varrho)}{8}$ müßte eine Deformation des betrachteten Balkens nach der gestrichelten Linie eintreten. Diese Deformation ist durch den Zusammenhang des Materials in der Fuge $\overline{ab}$, der in der Ableitung nicht berücksichtigt ist, nicht möglich. Es werden also in $\overline{ab}$ Zugkräfte auftreten, die dem Moment entgegenwirken. Eine Krümmung durch Biegung, etwa nach der gestrichelten Linie in Abb. 116, könnte jeweils nur soweit erfolgen als die Fasern $\overline{gh}$ gedehnt werden. Es ist also jedenfalls klar, daß die Biegungsspannungen in der Faser $\overline{eb}$ durch Formel (13a) zu groß angegeben werden.

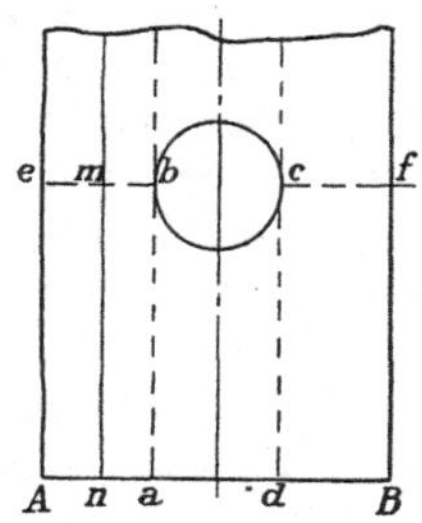

Abb. 118.

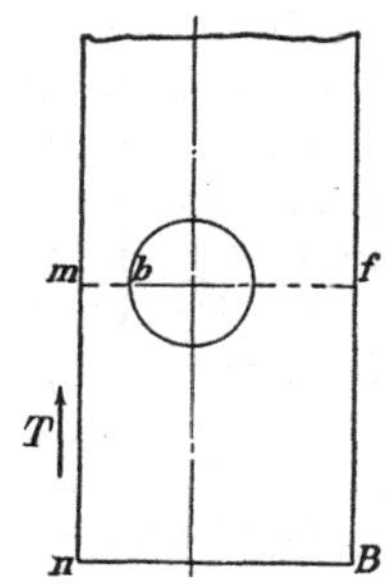

Abb. 119.

Fragen wir uns nun einmal, welche Wirkung es hätte, wenn man von dem durchlochten Stab in Abb. 118 den Streifen längs der Linie mn (mit den zugehörigen Anteilen der äußeren Kraft am Ende) wegnähme, also nunmehr einen Stab mit einem aus der Stablängsachse herausfallenden Loch betrachtete. Da die Spannungen in dem Querschnitt $\overline{ef}$ von e nach b bzw. von f nach c zunehmen, müssen in den Fasern senkrecht zu eb Scherspannungen vorhanden sein, die den Zuwachs der Normalspannungen übertragen. Das gleiche ist grundsätzlich in allen Querschnitten zwischen $\overline{ef}$ und $\overline{AB}$ der Fall, nur abgeschwächt, da die Unterschiede der Normalspannungen und damit die Scherspannungen in einem Querschnitt mit der Entfernung vom Loch abnehmen. Wir können uns also den abgeschnittenen Teile $\overline{mnA}$ durch Scherkräfte in der Fläche $\overline{nm}$ des stehengebliebenen Teils ersetzt denken, wobei T in Abb. 119 die Resultierende jener Scherkräfte sei.

Die Scherkraft ruft über $\overline{mf}$ Druckspannungen hervor und übt auf den Querschnitt $\overline{mf}$ ein Moment aus, das offenbar auf $\overline{mb}$ ebenfalls Druckspannungen erzeugt. Insgesamt also ist die Zugspannung in b für den Fall nach Abb. 118 geringer, als wenn man den Streifen links von mn wegnimmt, ohne ihn durch eine Scherkraft auf mn zu ersetzen.

Es sind mehrfach Versuche gemacht worden, die Formänderungen und damit die Spannungsverteilung in gelochten Stäben zu messen. Oben sind z. B. die Versuche von Preuß erwähnt. Der Verfasser ist jedoch nicht überzeugt, daß die Versuche ausreichend sind, uns einen einwandfreien Einblick in den Kraftverlauf zu gewähren. Vor kurzer Zeit hat Professor Coker[1] die Spannungserhöhung in der Nähe des Loches durch optische Messungen nachgewiesen, die auf der Entdeckung von Sir David Brewster im Jahre 1816 beruhen, daß ein Körper aus Glas, der Spannungen ausgesetzt wird, in polarisiertem Licht unter bestimmten Umständen eigenartige Lichterscheinungen zeigt. Coker benutzte Zelluloidkörper. Die Methode sei kurz dargestellt: Ein Lichtstrahl (bzw. ein paralleles Lichtstrahlenbündel) wird durch ein Nikolprisma linear polarisiert und durch ein Glimmerplättchen durchgeschickt, dessen Achse gegenüber der Achse des Nikols um 45^0 gedreht ist, und das mit einer Phasenverschiebung von einer Viertel-Wellenlänge den Lichtstrahl zirkular polarisiert. Wird der zirkular polarisierte Lichtstrahl dann in den Zelluloidbalken geleitet, der unter Biegungsspannung steht, so tritt eine Doppelbrechung ein. Der Effekt der Doppelbrechung, d. h. die Verzögerung des außerordentlichen Strahles, ist für einen und denselben Körper proportional den Hauptspannungsdifferenzen. Der Strahl ist zirkular polarisiert, wenn die beiden Hauptspannungen gleich oder wenn gar keine Spannungen vorhanden sind, der Strahl ist linear polarisiert, wenn die Verzögerung eine Viertel-Wellenlänge, und schließlich ist der Strahl elliptisch polarisiert, wenn die Verzögerung eine ungerade Zahl von Achtel-Wellenlängen beträgt. Das Licht wird sodann wieder durch ein (Viertel-Wellen-) Glimmerplättchen und durch ein Nikolprisma geleitet, die beide senkrecht zu dem ersten Plättchen bzw. Prisma stehen. Beträgt die Verzögerung des außerordentlichen Strahles eine Wellenlänge, d. h. sind beide Hauptspannungen gleich oder verschwinden beide, so wird der Lichtstrahl ausgelöscht, wenn er einfarbig ist. Beträgt die Verzögerung eine halbe Wellenlänge, so geht das ganze Licht durch das Nikolprisma, für andere Verzögerungen liegt die Helligkeit zwischen diesen beiden Extremwerten. Da die Verzögerungen bei verschiedenen Farben verschieden groß sind, so entsteht bei weißem Licht ein Farbenband, dessen Gestaltung bei einem und demselben Körper nur von der Differenz der Hauptspannungen abhängt. Coker maß die Querdehnung und fand daraus mit bekanntem m (= Querzahl) die Summe der Hauptspannungen. Damit (mit bekannter Summe und Differenz) waren dann die Hauptspannungen bestimmt. Verschwindet eine Hauptspannung, z. B. an einer freien Oberfläche, so muß nach Coker das Farbenband die zweite Hauptspannung, die parallel zur freien Oberfläche wirkt, liefern. Da jedoch das Farbenband nur von der Phasenverschiebung, nicht aber von dem Absolutwert der Verzögerung abhängt, so muß eine unendliche Zahl von Differenzenwerten der Hauptspannungen das gleiche Farbenband erzeugen. Der Verfasser glaubt deshalb nicht, daß man mit dieser Methode quantitative, wohl aber in gewissen Fällen qualitative Ergebnisse erzielen kann. Coker sagt selbst, daß ein Körper an einem Punkt sehr hoch beansprucht sein kann, ohne

[1] Cohn, Photo-elasticity for engineers, General Electric Reviuo, Nov. and Dec. 1920 and Jan. 1921.

mit der oben beschriebenen Methode Farbenwirkungen zu zeigen, womit er offenbar den Fall gleicher Hauptspannungen meint. Ferner sagt er, daß es noch kein sicheres Kriterium für Zug- und Druckspannungen gäbe.

Der Verfasser ist jedoch von dieser Methode nicht überzeugt. Guten Resultaten stehen andere unglaubhafte gegenüber. Jedenfalls liegen auf diesem Gebiete noch viel ungelöste Fragen vor, die der Klärung bedürfen. Coker, der schon genannte Forscher, arbeitet eifrig, und es ist von ihm nach seinen bisherigen Erfolgen noch manches zu erhoffen. Die Versuchs-Apparate, die Coker benutzte, sind von der „General Electric Co., Schenectady, N. Y.“ geliefert.

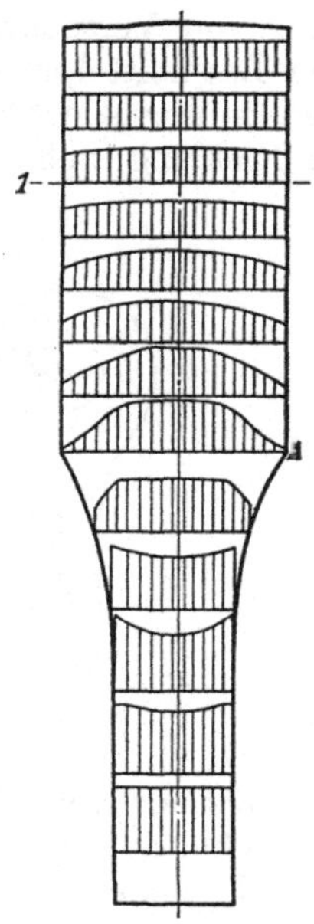

Abb. 120.

Coker findet für einen breiten durchlochten Zugstab nach Abb. 116 bei b eine Zugspannung σ_r von der dreifachen Größe der mittleren Zugspannung des ungeschwächten Querschnitts und bei o eine Druckspannung σ_t von der gleichen Größe der mittleren Zugspannung. Dieses Ergebnis stimmt mit den Föpplschen Gleichungen überein, wenn man $a = r$ und $\varphi = 90^0$ bzw. 0^0 macht.

Coker fand weiterhin, daß die Zugspannungen an den Außenseiten des gelochten Zugstabes im geschwächten Querschnitt einen Kleinstwert annehmen, ja, daß sogar dort Druck auftreten kann, wenn der Lochdurchmesser im Verhältnis zur Gesamtquerschnittsbreite sehr groß wird. So untersuchte er einen 5,2 Zoll breiten Zugstab mit einem Loch von 5 Zoll Durchmesser; die Spannung an den Randfasern des kleinsten Querschnitts betrug Null, der Spannungsverlauf bis zum Lochrand war linear. Für Zugstäbe mit elliptischen Löchern findet Coker die Spannung am Lochrand des kleinsten Querschnitts bestätigt mit

$$\sigma = p\left(\frac{1 + 2a}{b}\right)^*,$$

worin a die Ellipsenachse senkrecht und b die Ellipsenachse parallel zur Zugrichtung sind; da mit gegen Null gehendem b die Spannung σ gegen Unendlich geht, was offenbar der Anschauung und der Erfahrung widerspricht, so kann die Gleichung sicher nicht allgemeingültig sein. Coker zieht aus seinen Untersuchungen u. a. den Schluß, daß er für Durchlochungen von Zugstäben elliptische Löcher empfiehlt.

Coker hat die Spannungsverteilung im englischen Normal-Zugstab untersucht (Abb. 120). Oberhalb des Punktes A im verstärkten Teil

* Inglis: Stresses in a plate due to the presence of cracks and sharp corners. Proceedings Inst. Naval Arch. 1913.

ist die größte Spannung durchweg in den mittleren Fasern, im geschwächten Teil verschiebt sich die größte Spannung allmählich zu den Rändern.

Die Frage der Spannungsverteilung in einem durchlochten Zugstab findet bei Augenstäben eine weitere Anwendung. Dieses sind Stäbe, die am Ende durchlocht sind, um einen Bolzen zur Verbindung mit anderen Konstruktionsteilen aufnehmen zu können. Um den gelochten Querschnitt nicht schwächer als die anderen Querschnitte zu gestalten, ist er verbreitert. (Vgl. Abb. 120 a, b, c.) Aus einer großen Zahl von Versuchen geht hervor, daß die Querschnittsfläche durch den Lochmittelpunkt zu diesem Zweck größer gemacht werden muß als der normale Stabquerschnitt, was mit den obigen Ausführungen im Einklang steht. Wird der Lochquerschnitt um 33 bis 40% stärker

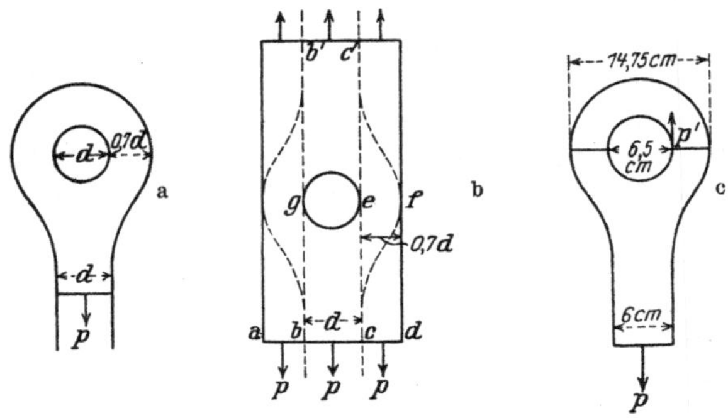

Abb. 120 a bis c.

gemacht als der Stabquerschnitt, so zerreißt der Stab nicht im Lochquerschnitt, sondern wie ein gewöhnlicher Zugstab; dabei kann der Lochdurchmesser von der gleichen Größe sein wie der Stabquerschnitt. Nehmen wir diesen Fall einmal an (Abb. 120a), und machen wir den Lochquerschnitt um 40% größer als den Stabquerschnitt mit der Breite d, so wird die Stabbreite zu beiden Seiten des Loches je $0{,}7\,d$.

Ein durchlochter Zugstab kann in der Richtung der Kraft in drei Abschnitte ab, bc, cd eingeteilt werden (vgl. Abb. 120b): Es möge angenommen werden, daß der Kraftfluß in den Streifen $\overline{ab}$ und $\overline{cd}$ ungestört von dem Loch geschieht und in dem Querschnitt $\overline{ef}$ eine gleichmäßig verteilte Spannung p herrscht (hinsichtlich des auf den Streifen $\overline{bc}$ entfallenden Anteils der äußeren Kraft). Die Kraft in dem Streifen $\overline{bc}$ muß um das Loch herumfließen, ebenso wie in dem Augenstab die Kraft um das Bolzenloch fließt. In dem Stab nach Abb. 120b jedoch schließt sich der Kraftfluß im Gegensatz zum Augenstab nicht um das Loch, sondern die Kraft kehrt hinter dem Loch in den Streifen $\overline{b'c'}$ zurück. Ist $\overline{ef} > 0{,}7\,\overline{bc}$, so ist die zusätzliche Spannung bei e durch den Kraftfluß aus dem Streifen $\overline{bc}$ kleiner als p, so daß die Gesamtspannung bei e kleiner als $2p$ ist und mit zunehmendem Verhältnis von Stabbreite zu Lochdurchmesser abnimmt.

Es ist nun zu beachten, daß es für die Spannungsverteilung von Einfluß sein muß, ob in dem Loch ein Bolzen oder Niet steckt, oder ob das Loch frei ist. Nun kommen freie Löcher kaum vor, es sei als Mann- oder Armlöcher in Kesseln od. dgl., und auch da sind sie durch Ringe aus Profileisen ausgesteift, die eine ähnliche versteifende Wirkung für das Loch haben wie die Niete oder Bolzen. Deshalb sind die Spannungs-Berechnungen unter Annahme freier Löcher zu ungünstig, und mancher Konstruktionsteil, der rechnerisch überbeansprucht ist, hat jahrelang einwandfrei gehalten.

Die obigen Ausführungen sollen noch durch eine weitere Betrachtung ergänzt werden.

Ein Augenstab nach Abb. 120c von 6 cm Breite und 2 cm Dicke habe einen Lochdurchmesser von 6,5 cm; der Gesamtdurchmesser betrage 14,75 cm, so daß auf beiden Seiten neben dem Loch je ein 4,125 cm breiter Streifen Material vorhanden ist. Die mittlere Spannung im Lochquerschnitt beträgt $\frac{6}{8{,}25} \cdot p = 0{,}727\,p$, wenn p die mittlere Spannung des Stabes (in einem Querschnitt 6×2) ist. Der Lochquerschnitt ist um $\frac{2{,}25}{6} \cdot 100 = 37{,}5\,\%$ größer als der Stabquerschnitt. Wird mit p die Bruchspannung bezeichnet, so muß beim Bruch des Stabes die Spannung an dem Lochrand kleiner als p sein, wenn, wie Versuche dies zeigen, der Bruch in dem eigentlichen Stab stattfindet (wobei allerdings von der vergrößerten Tragfähigkeit des Materials am Lochrand abgesehen ist. D. Übers.). Es sei p' die Spannung am Lochrand, dann ist

$$p' < p$$

und

$$p = 1{,}375\text{fache mittlere Spannung}$$

im Lochquerschnitt.

Es wird gegenüber den hohen Lochrandspannungen, die sich aus den Gleichungen ergeben, vielfach eingewendet, daß die Gleichungen nur innerhalb des elastischen Bereiches gelten, und daß ein Ausgleich der Spannungen stattfindet, wenn die Fließgrenze örtlich überschritten wird. (Etwa wie bei einer Nietverbindung.) Beachtet man jedoch, daß jedes Überschreiten der Streckgrenze diese hebt, so kann bei geeigneter Be- und Entlastung der Gültigkeitsbereich der Gleichungen bis nahe an die Bruchfestigkeit herangerückt werden. (Das Überschreiten der Fließgrenze könnte indessen insofern Einfluß auf die Spannungsverteilung haben, als die plastische Formänderung aus dem kreisrunden Loch z. B. ein elliptisches Loch macht. Dann soll noch einmal darauf hingewiesen werden, daß die Größe von p allein kein Bild über die Bruchgefahr gibt, da an der Stelle der größten Spannung gleichzeitig die Formänderungen behindert sind. D. Übers.)

6. Stäbe mit Schraubengewinden.

Die Schraubenwindungen am Ende eines (runden) Stabes können verschieden geformt sein. Der Querschnitt einer Windung kann V-förmig sein, oder die Ecke des V kann abgerundet sein (Whitworth-Gewinde), oder die Ecke kann gerade abgeschnitten sein (Sellers-

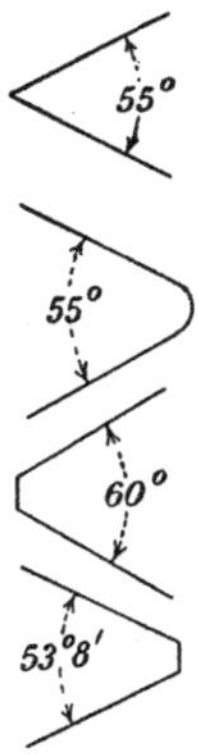

Abb. 121.

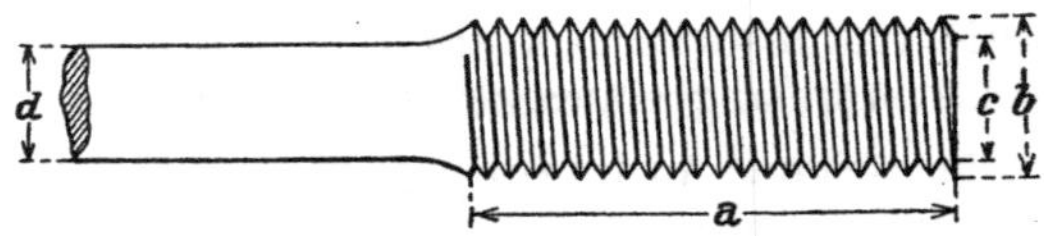

Abb. 121 a.

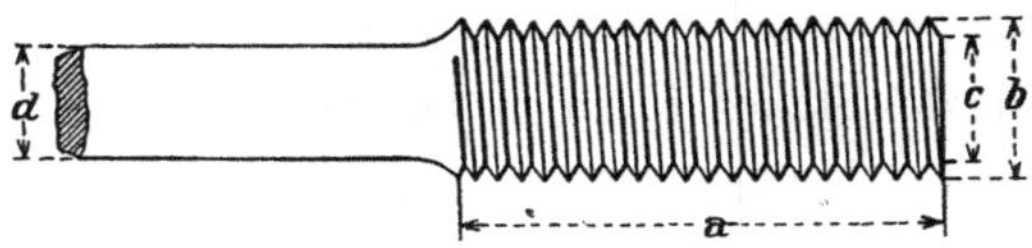

Abb. 121 b.

Gewinde und das deutsche Gewinde). (Vgl. Abb. 121.) Die Tragfähigkeit von Schraubengewinden ist von Martens in Berlin-Lichterfelde untersucht worden. Die Durchmesser der untersuchten Stäbe betrugen bis zu 2,5 cm.

Es ist oben darauf hingewiesen, daß ein gekerbter Stab an der Kerbe einen erhöhten Formänderungswiderstand findet. Dies trifft auch für einen Stab mit Schraubengewinden zu. Die Zugfestigkeit, bezogen auf den kleinsten Querschnitt an der Kerbe, war bis zu 14% höher als die von glatten Stäben gleichen Querschnitts. Ein ausgesprochener Unterschied bezüglich der verschiedenen Windungsformen ließ sich dabei nicht feststellen. Wurde außer der Zugkraft durch Anziehen der Schraubenmutter gleichzeitig der Stab auf Torsion beansprucht, so sank natürlich die Bruchzuglast.

Da bei Stäben mit Schraubengewinden sehr häufig Zug und Torsion gleichzeitig auftreten wird, außerdem der Stab durch die Kerben gegen wiederholte Belastungen empfindlicher wird, so ist es üblich, die Enden der Stäbe, in die die Schraubengewinde hineingeschnitten werden, zu verstärken, so daß der Kerbquerschnitt etwas stärker ist als der Querschnitt des übrigen Stabes. Die folgenden Zahlentafeln geben die von der American Bridge Company normierten Abmessungen von Stäben mit rundem und quadratischem Querschnitt. Wird das Schraubengewinde in ein nicht verstärktes Stabende eingeschnitten, so soll sich die Größe des der Spannungsberechnung zugrunde zu legenden Querschnitts nach (vgl. folgende Tabelle) dem dem betreffenden b-Wert entsprechenden d-Wert richten.

Stäbe mit rundem Querschnitt (Abb. 121a).

Stab			Stabverstärkung				
						Fläche	
Durchmesser d (in Zoll)	Querschnitt-Fläche (in Qu.-Zoll)	Gewicht (Pfund je Fuß)	Durchmesser b (in Zoll)	Länge a (in Zoll)	Durchmesser c (in Zoll)	Querschn d. Stabverstärkung (Durchm. c) in Qu.-Zoll	Mehr an Querschn. als d. Stabquerschn. in %
$^3/_4$	0,442	1,50	1	4	0,838	0,551	24,7
$^7/_8$	0,601	2,04	$1^1/_4$	4	1,064	0,890	48,0
1	0,785	2,67	$1^3/_8$	4	1,158	1,054	34,2
$1^1/_8$	0,994	3,38	$1^1/_2$	4	1,283	1,294	30,2
$1^1/_4$	1,227	4,17	$1^5/_8$	4	1,389	1,515	23,5
$1^3/_8$	1,485	5,05	$1^3/_4$	4	1,490	1,744	17,5
$1^1/_2$	1,767	6,01	2	$4^1/_2$	1,711	2,300	30,2
$1^5/_8$	2,074	7,05	$2^1/_8$	$4^1/_2$	1,836	2,649	27,7
$1^3/_4$	2,405	8,18	$2^1/_4$	5	1,961	3,021	25,6
$1^7/_8$	2,761	9,39	$2^3/_8$	5	2,086	3,419	23,8
2	3,142	10,68	$2^1/_2$	$5^1/_2$	2,175	3,716	18,3
$2^1/_8$	3,547	12,06	$2^5/_8$	$5^1/_2$	2,300	4,156	17,2
$2^1/_4$	3,976	13,52	$2^7/_8$	6	2,550	5,108	28,4
$2^3/_8$	4,430	15,06	3	6	2,629	5,428	22,5
$2^1/_2$	4,909	16,69	$3^1/_4$	$6^1/_2$	2,879	6,509	32,6
$2^5/_8$	5,412	18,40	$3^1/_4$	$6^1/_2$	2,879	6,509	20,3
$2^3/_4$	5,940	20,19	$3^1/_2$	7	3,100	7,549	27,1
$2^7/_8$	6,492	22,08	$3^3/_4$	7	3,317	8,641	33,1
3	7,069	24,03	$3^3/_4$	7	3,317	8,641	22,2
$3^1/_8$	7,670	26,07	4	$7^1/_2$	3,567	9,993	30,3
$3^1/_4$	8,296	28,21	4	$7^1/_2$	3,567	9,993	20,5
$3^3/_8$	8,946	30,42	$4^1/_4$	8	3,798	11,330	26,6
$3^1/_2$	9,621	32,71	$4^1/_4$	8	3,798	11,330	17,8
$3^5/_8$	10,321	35,09	$4^1/_2$	$8^1/_2$	4,028	12,741	23,4
$3^3/_4$	11,045	37,55	$4^3/_4$	$8^1/_2$	4,255	14,221	28,8
$3^7/_8$	11,793	40,10	$4^3/_4$	$8^1/_2$	4,255	14,221	20,6

Stäbe mit quadratischem Querschnitt (Abb. 121b).

Stab			Stabverstärkung				
						Fläche	
Seitenlänge d der quadrat. Querschnitts-Fläche	Querschnitts-Fläche (in Qu.-Zoll)	Gewicht (Pfund je Fuß)	Durchmesser b (in Zoll)	Länge a (in Zoll)	Durchmesser c (in Zoll)	Querschn. d. Stabverstärkung (Durchm. c) in Qu.-Zoll	Mehr an Querschn. als d. Stabquerschn. in %
$^3/_4$	0,563	1,91	$1^1/_8$	4	0,939	0,693	23,2
$^7/_8$	0,766	2,60	$1^1/_4$	4	1,064	0,890	16,2
1	1,000	3,40	$1^1/_2$	4	1,283	1,294	29,4
$1^1/_8$	1,266	4,30	$1^5/_8$	4	1,389	1,515	19,7
$1^1/_4$	1,563	5,31	$1^7/_8$	$4^1/_2$	1,615	2,049	31,1
$1^3/_8$	1,891	6,43	2	$4^1/_2$	1,711	2,300	21,7
$1^1/_2$	2,250	7,65	$2^1/_4$	5	1,961	3,021	34,3
$1^5/_8$	2,641	8,98	$2^3/_8$	5	2,086	3,419	29,5
$1^3/_4$	3,063	10,41	$2^1/_2$	$5^1/_2$	2,175	3,716	21,3
$1^7/_8$	3,516	11,95	$2^3/_4$	$5^1/_2$	2,425	4,619	31,4

Stab			Stabverstärkung				
Seitenlänge *d* der quadrat. Querschnitts-Fläche	Querschnitts-Fläche (in Qu.-Zoll)	Gewicht (Pfund je Fuß)	Durchmesser *b* (in Zoll)	Länge *a* (in Zoll)	Durchmesser *c* (in Zoll)	Fläche	
						Querschn. d. Stabverstärkung (Durchm. *c*) in Qu.-Zoll	Mehr an Querschn. als d. Stabquerschn. in %
2	4,000	13,60	$2^{7}/_{8}$	6	2,550	5,108	27,7
$2^{1}/_{8}$	4,516	15,35	3	6	2,629	5,428	20,2
$2^{1}/_{4}$	5,063	17,21	$3^{1}/_{4}$	$6^{1}/_{2}$	2,879	6,509	28,6
$2^{3}/_{8}$	5,641	19,18	$3^{1}/_{2}$	7	3,100	7,549	33,8
$2^{1}/_{2}$	6,250	21,25	$3^{3}/_{4}$	7	3,317	8,641	38,3
$2^{5}/_{8}$	6,891	23,43	$3^{3}/_{4}$	7	3,317	8,641	25,4
$2^{3}/_{4}$	7,563	25,71	4	$7^{1}/_{2}$	3,576	9,993	32,1
$2^{7}/_{8}$	8,266	28,10	$4^{1}/_{4}$	8	3,798	11,330	37,1
3	9,000	30,60	$4^{1}/_{4}$	8	3,798	11,330	25,9
$3^{1}/_{8}$	9,766	33,20	$4^{1}/_{2}$	$8^{1}/_{2}$	4,028	12,741	30,5
$3^{1}/_{4}$	10,563	35,91	$4^{3}/_{4}$	$8^{1}/_{2}$	4,255	14,221	34,6

VII. Schub.

1. Wirkung einer Scherkraft.

Wenn eine auf eine ebene Fläche wirkende Kraft eine Komponente in der Ebene hat, so ist diese die auf die Fläche wirkende Scherkraft. Die mittlere Scherspannung ist gleich der Scherkraft, dividiert durch die Fläche. Reiner Schub wirkt dann in einer Fläche, wenn auf diese Fläche außer der Scherkraft keine Normalkraft wirkt.

Schub allein kann in einem Körper nicht auftreten. Reine Abscherung ist, wie in Kapitel IV gezeigt wurde (vgl. auch Abschn. 2 dieses Kapitels), stets mit Zug- und Druckkräften verbunden, die durch die reine Abscherung erzeugt werden. Vielfach ist Abscherung ohne gleichzeitige Biegung praktisch nicht zu erzielen. Man betrachte hierzu den Be-

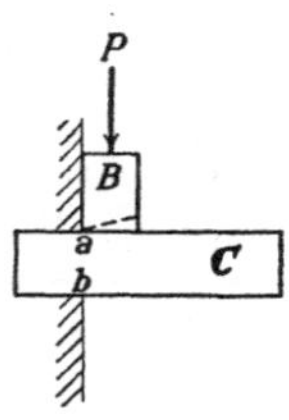

Abb. 122.

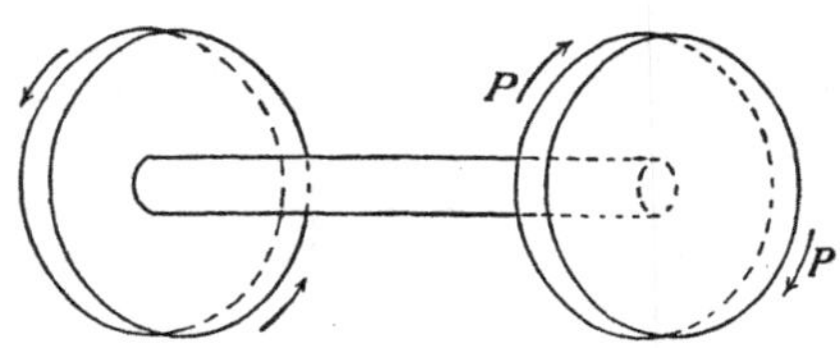

Abb. 123.

lastungsfall nach Abb. 122. Der eingespannte Balken C werde im Einspannungsquerschnitt $\overline{a\,b}$ durch eine schneidenförmig aufgebrachte Last P beansprucht. Es wäre in dem Querschnitt $\overline{a\,b}$ reine Abscherung vorhanden, wenn sowohl die Last in a als die Reaktion in b wirklich schneidenförmig, d. h. ohne Breitenausdehnung, auf den Balken wirken würden. Dies ist aber ausgeschlossen, da einer solchen Belastung eine unendlich große Flächenpressung an der Angriffsstelle entsprechen würde. Es wird also eine Deformation in der Weise eintreten, daß die Last auf einer Fläche angreift, damit ist aber notwendig Biegung verbunden, die um so größer unter sonst gleichen Umständen ist, je größer die Abplattung an den theoretischen Schneiden ist.

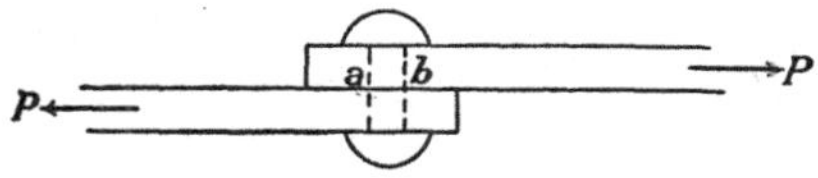

Abb. 124.

Reiner Schub kann praktisch nur durch Verdrehung oder Torsion erzeugt werden (Abb. 123). Wird ein Stab an seinen beiden Enden durch zwei gleich große, entgegengesetzt gerichtete Torsionsmomente belastet, dann verschwindet in jedem Querschnitt die Resultierende der Normal- und die Resultierende der Tangentialspannungen, vielmehr sind die letzteren so verteilt, daß ein Moment in der Ebene des Querschnitts wirkt, das von der gleichen Größe ist wie das äußere Verdrehungsmoment. Biegung tritt hier nicht auf.

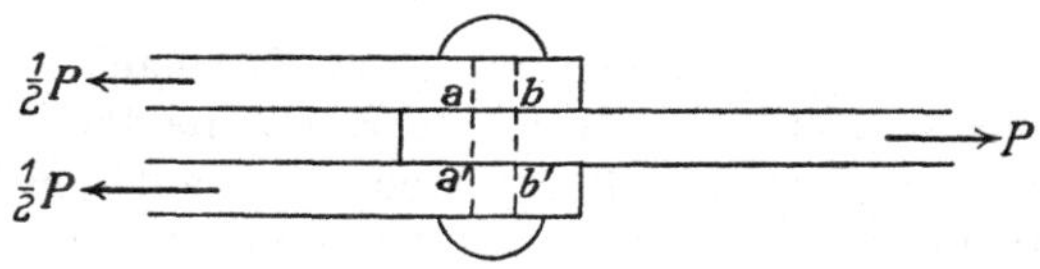

Abb. 125.

Ein angenähert reiner Schub (etwa nach Abb. 122) entsteht beim Schneiden mit einer Schere, oder bei Nietverbindungen nach Abb. 124 und 125. Dort herrscht in den Querschnitten $\overline{ab}$ Schub. Man kann hier die gleichen Betrachtungen anstellen wie auf S. 166 in Anlehnung an Abb. 122. Bei der Nietverbindung in Abb. 124 ist es, ohne auf die Deformation einzugehen, klar, daß neben Schub auch Biegung auftritt, da von vornherein die Kräfte P ein Kräftepaar bilden.

Der Niet nach Abb. 124 heißt ein einschnittiger, der nach Abb. 125 ein zweischnittiger Niet, nach der Anzahl der Querschnittsflächen, die auf Abscheren beansprucht sind. Die Biegungsbeanspruchung der Niete wird meist in der Rechnung vernachlässigt.

2. Reine Abscherung kann nicht ohne gleichzeitigen Zug und Druck auftreten.

Der Leser wird auf die Abschnitte 9, 10 und 11 des Kapitels IV verwiesen. Es mögen indessen hier die wichtigsten Zusammenhänge kurz wiederholt werden.

Wenn in irgendeiner Ebene an einem beliebigen Punkt eines Körpers eine Scherspannung τ wirkt, so wirken in allen auf dieser Ebene rechtwinklig stehenden Ebenen ebenfalls Scherspannungen mit Ausnahme der Ebene, die parallel zu τ liegt. In zwei beliebigen aufeinander senkrechten Ebenen sind die Komponenten der Scherspannungen, die senkrecht zur Schnittlinie der Ebene gerichtet sind, einander gleich, wobei sie entweder beide auf die Schnittlinie zu oder beide von der Schnittlinie weg wirken. Es möge in Abb. 126

bei f in der Zeichenebene eine Scherspannung $\tau = \overline{ef}$ wirken und in zwei Komponenten $\overline{ea}$ und $\overline{af}$ zerlegt werden, senkrecht auf zwei beliebige Ebenen ab und cb, die mit der Zeichenebene ein rechtwinkliges räumliches Achsensystem bilden sollen. Das gleiche ist in

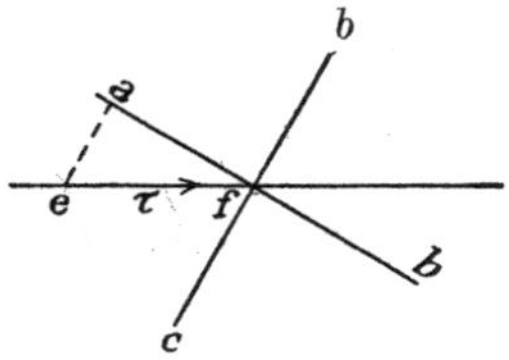

Abb. 126.

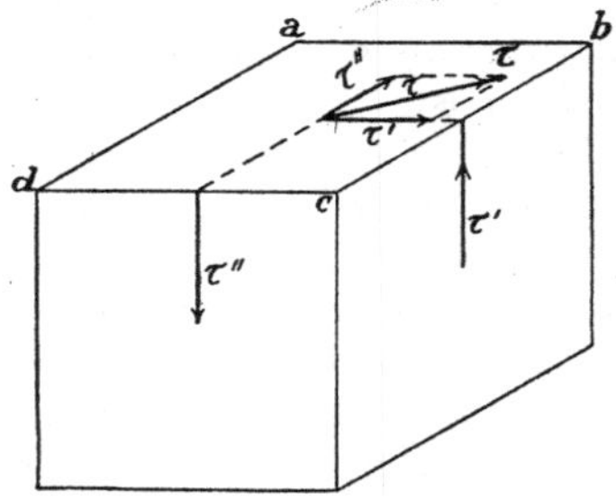

Abb. 127.

Abb. 127 in Parallelprojektion dargestellt. τ wirkt auf die Kopffläche des Würfels und ist in die Komponenten τ' und τ'', senkrecht auf cb und ab, zerlegt. Es müssen dann auf den Seitenflächen die gleichen Spannungen τ' und τ'' vorhanden sein in der in der Abb. 127 angegebenen Richtung. (In den zwei nicht sichtbaren Seitenflächen und der Unterfläche sind natürlich auch die entsprechenden Scherspannungen vorhanden.)

3. Eine falsche Schlußfolgerung.

Man mag zunächst glauben, daß man, beim zweiachsigen Spanungszustand, für zwei beliebig geneigte Ebenen AB und BC die Gleichheit der Scherspannungen mit der gleichen Methode wie für zwei rechtwinklig aufeinander stehende Ebenen nachweisen kann (Abb. 128):

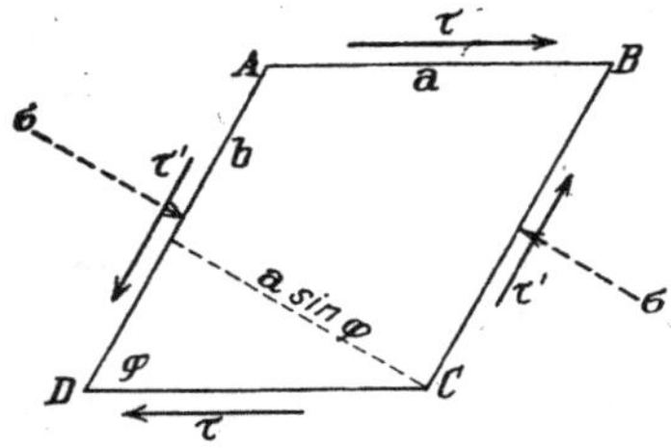

Abb. 128.

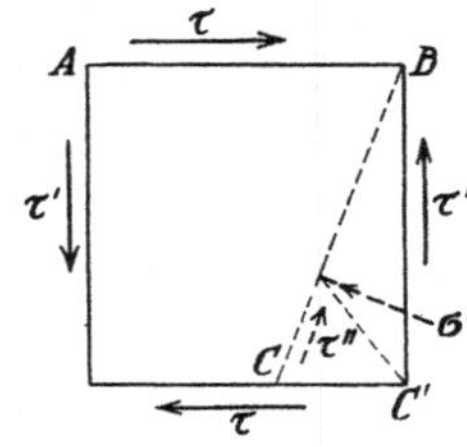

Abb. 129.

Es sei τ die Scherspannung auf AB und CD und τ' auf BC und AD, dann ist die Summe der Momente der Scherkräfte um $D = 0$, nämlich

$$\tau \cdot a \cdot b \cdot \sin\varphi - \tau' \cdot b \cdot a \cdot \sin\varphi = 0$$

und daraus

$$\tau = \tau' .$$

Diese Ableitung gilt nur für den Fall, daß auf die beiden Ebenen AB und BC reiner Schub wirkt.

Dieses ist jedoch unmöglich. An einem Punkt in einem festen Körper kann auf zwei zueinander geneigten Ebenen nicht reiner Schub wirken. Sind die Ebenen nicht geneigt, sondern aufeinander rechtwinklig, dann ist, wie wir wissen, $\tau = \tau'$, gleichgültig, ob gleichzeitig auf AB und BC' Normalkräfte wirken oder nicht (Abb. 129), da die Wirkungslinie dieser Normalkräfte (für unendlich kleine Seitenlängen des Rechtecks) paarweise zusammenfallen und die Kräfte selbst paarweise und entgegengesetzt gerichtet sind. Auf BC wirkt auch dann eine Normalkraft, wenn auf AB und BC' keine Normalkräfte vorhanden sind: die auf BC wirkende Kraft muß die Resultierende sein von $\tau' \cdot \overline{BC'}$ (in Richtung BC' wirkend) und von $\tau \cdot \overline{CC'}$ (in Richtung von CC' wirkend), und diese Resultierende kann wieder in eine Druckkraft σ'' und eine Scherkraft τ'' auf BC zerlegt werden. Daher kann in Abb. 128 auf AB und BC kein reiner Schub vorhanden sein, vielmehr müssen in beiden Ebenen Normalspannungen wirken. Die Normalkräfte gegenüberliegender Seiten werden aber keine gemeinsame Wirkungslinie haben, so daß sie ein Moment erzeugen, womit die obige Momentengleichung für den Punkt D weitere Glieder erhält und damit $\tau \neq \tau'$ wird.

Wenn das Körperelement $\overline{ABCD}$ ein selbständiger Körper wäre, dann wären die betrachteten Kräfte keine inneren, sondern äußere Kräfte, und dann wäre es natürlich auch möglich, auf $\overline{AB}$ und $\overline{BC}$ lediglich die Kräfte $\tau \cdot a$ und $\tau' \cdot b$ aufzubringen; in diesem Fall würden die Gleichgewichtsbedingungen erfordern, daß $\tau = \tau'$ wird. Ist aber das Element $\overline{ABCD}$ inmitten eines Körpers und seinen Seitenflächen nicht von äußeren, sondern von innern Kräften beansprucht, so müssen auf $\overline{AB}$ und $\overline{BC}$ neben den Scherspannungen auch Normalspannungen wirken, d. h. $\tau \neq \tau'$.

4. Verzerrungen durch Scherspannungen.

Der Leser möge sich erinnern (vgl. Kapitel IV), daß die durch Schub bewirkte Verzerrung eine Verschiebung ist, und daß diese Verschiebung nicht durch eine Längenänderung, sondern durch eine Winkeländerung zu messen ist. Ferner möge der Leser sich erinnern, daß der Gleitmodul mit dem Elastizitätsmodul durch die Querzahl m funktionell verbunden, beispielsweise für $m = 4$ der Gleitmodul $G = \frac{2}{5} E$ wird.

5. Elastische Formänderungsarbeit einer Scherkraft.

Wir betrachten ein Prisma mit der Grundfläche dF und der Höhe dl. In dF möge die Scherspannung τ wirken (Abb. 130). Die elastische Formänderungsarbeit der auf die Flächeneinheit bezogenen Kraft τ, falls diese allmählich aufgebracht wird, ist dann

$$d\mathfrak{A} = \frac{\tau \cdot dF}{2} \cdot dl \cdot \tan\gamma; \tag{1}$$

mit

$$\tan\gamma = \frac{\tau}{G}$$

wird

$$d\mathfrak{A} = \frac{\tau^2 \cdot dF \cdot dl}{2G}. \tag{1a}$$

Dieser Ausdruck, über den Querschnitt integriert, von dem dF ein Element ist, ergibt die Arbeit der Scherkräfte in einer Schicht von der Höhe dl; dies wieder über die Länge integriert, ergibt die Gesamtarbeit, oder

$$\mathfrak{A} = \frac{1}{2G}\int_0^l dl \int_0^F \tau^2 \cdot dF. \tag{2}$$

Nimmt man eine gleichmäßige Verteilung der Scherspannungen über den Querschnitt an, was in vielen Fällen genügt, so wird

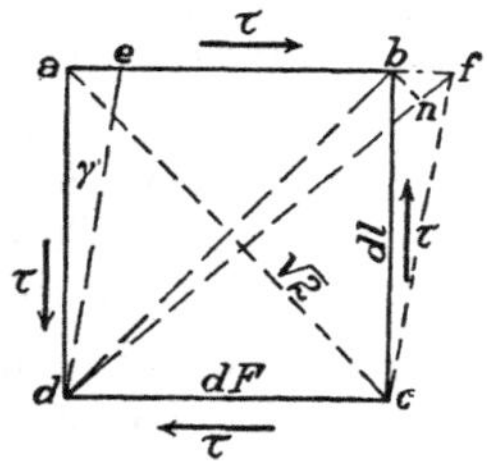

Abb. 130.

$$\tau = \frac{T}{F}$$

und

$$\mathfrak{A} = \frac{1}{2G}\int_0^l \frac{T^2}{F} \cdot dl. \tag{3}$$

Soll die gesamte Formänderungsarbeit eines Körpers bestimmt werden, der durch Normalkräfte und Scherkräfte beansprucht wird, so kann die Arbeit der Scherspannungen durch die Arbeit der durch die Scherspannungen hervorgerufenen Normalspannungen ersetzt werden. Betrachten wir wieder ein Prisma nach Abb. 130. Die Grundfläche dF möge in der Zeichenebene liegen, ihre Seitenlängen seien da; die Seitenlänge senkrecht zur Zeichenebene sei wieder dl. Die Arbeit der Scherkräfte wird durch Gl. (1) angegeben. Betrachten wir nun statt der Arbeit der Scherkräfte die der Normalkräfte, die durch die reine Scherbeanspruchung erzeugt werden. Die Zugspannung auf ac ist τ, die Fläche, auf die sie wirkt, ist $da \cdot dl \sqrt{2}$, also ist die Zugkraft $\tau \cdot da dl \sqrt{2}$, und die mittlere Kraft zur Errechnung der Arbeit (bei allmählicher Belastung) ist

$$\frac{\tau \cdot da \cdot dl \sqrt{2}}{2}.$$

Der Weg der Kraft in der Diagonalen ist

$$\overline{nf} = \frac{\tau \cdot da\, dl \sqrt{2}\, da \cdot \sqrt{2}}{da \cdot dl \cdot \sqrt{2}\, E}\left(1 + \frac{1}{m}\right) = \frac{\tau \cdot da \cdot \sqrt{2}}{E}\left(1 + \frac{1}{m}\right).$$

Da der Weg der Zugkraft bei a und c Null ist, so ist der mittlere Weg

$$\frac{\tau \cdot da \cdot \sqrt{2}}{2E}\left(1 + \frac{1}{m}\right);$$

also ist die Arbeit der Zugkraft

$$d\mathfrak{A}_z = \frac{\tau^2 \cdot dF \cdot dl \left(1 + \frac{1}{m}\right)}{2E}.$$

Die Arbeit der Druckkraft ist die gleiche, die Gesamtarbeit der Normalkräfte ist also

$$d\mathfrak{A} = \frac{\tau^2 \cdot dF \cdot dl \left(1 + \frac{1}{m}\right)}{E}.$$

Mit

$$E = 2\,G\left(1 + \frac{1}{m}\right)$$

wird

$$d\mathfrak{A} = \frac{\tau^2 \cdot dF \cdot dl}{2\,G},$$

also übereinstimmend mit Gl. (1).

In anderen Worten: man darf bei der **Bestimmung der Formänderungsarbeit** nur **unabhängige Kräftegruppen** berücksichtigen und nicht etwa solche nebeneinander, von denen die eine durch die andere bedingt wird. So bestimmt man die Arbeit eines Zugstabes nur unter Berücksichtigung der Normalkräfte, obwohl Scherkräfte vorhanden sind; bestimmt man die Arbeit von Scherkräften, so muß die Arbeit der Kräfte unberücksichtigt bleiben, die durch jene Scherkräfte bedingt sind. Sucht man die Arbeit eines gebogenen Balkens, so müssen die Arbeiten der Zug-, Druck- und Scherkräfte summiert werden, da diese drei Kräftearten alle durch die Biegung, und nicht die eine durch die andere erzeugt werden.

6. Beziehungen zwischen Zug-, Druck- und Scherfestigkeit.

Mörsch[1] findet auf folgendem Weg eine Beziehung zwischen Zug-, Druck- und Scherfestigkeit. Er ersetzt die Scherkraft in der Weise durch Zug- und Druckkräfte, daß er sich den Querschnitt unendlich

Abb. 131.

fein gezahnt denkt, derart, daß in den aufeinander rechtwinklig stehenden Ebenen der Zähne nur Druck- und Zugkräfte wirken. Den Winkel α (vgl. Abb. 131 rechts) bestimmt Mörsch auf Grund der Annahme, daß beim Bruch die Zug-, Druck- und Scherfestigkeit des Materials gleichzeitig erreicht ist. Durch Anwendung der Gleichgewichtsbedingungen

[1] Der Eisenbetonbau, 1920, I, 1, S. 84.

ergibt sich, wenn t die Scherfestigkeit, σ_d die Druckfestigkeit, σ_z die Zugfestigkeit bedeutet,

$$c^2 \cdot \tau_B^2 = a^2 \cdot \sigma_{Bd}^2 + b^2 \cdot \sigma_{Bz}^2 .$$

$\sum H = 0$ ergibt

$$b \cdot \sigma_{Bz} \cdot \frac{b}{c} = a \cdot \sigma_{Bd} \cdot \frac{a}{c},$$

daraus

$$b^2 \cdot \sigma_{Bz} = a^2 \cdot \sigma_{Bd} .$$

Durch Einsetzen in die erste Gleichung erhält man

$$c^2 \cdot \tau_B^2 = b^2 \cdot \sigma_{Bd} \cdot \sigma_{Bz} + a^2 \cdot \sigma_{Bd} \cdot \sigma_{Bz} = \sigma_{Bd} \cdot \sigma_{Bz} (a^2 + b^2),$$

woraus

$$\tau_B = \sqrt{\sigma_{Bd} \cdot \sigma_{Bz}} .$$

Diese Ableitung, so einfach und klar sie erscheint, ist falsch. Wenn, wie angenommen, in c reiner Schub herrscht, so erscheinen die Hauptspannungen (d. h. die Grenzwerte der Zug- und Druckspannungen) in Ebenen, die gegen c unter 45^0 geneigt sind. In jeder andern Ebene, also in a und b der Abb. 131, wirken sowohl Normal- als auch Scherspannungen. Letztere sind aber bei der Mörsch'schen Ableitung gänzlich vernachlässigt.

VIII. Verdrehung oder Torsion.

1. Definition.

Ein Stab wird auf Torsion oder Verdrehung beansprucht, wenn zwei gleich große, entgegengesetzt gerichtete Momente in zwei Ebenen senkrecht zur Stabachse auf ihn wirken. Zwischen diesen beiden Ebenen wirkt in jedem Querschnitt das gleiche Verdrehungsmoment. Ist der Stab in mehr als zwei Ebenen — senkrecht zur Stabachse — Verdrehungsmomenten ausgesetzt, so ist das Verdrehungsmoment jeweils zwischen 2 jener Ebenen gleich, ebenso wie die Scherkraft zwischen 2 Lasten gleich ist. Legt man einen Schnitt durch den Stab, so ist die resultierende äußere Kraft auf der einen Seite des Schnittes ein Kräftepaar, das in einer Ebene senkrecht zur Stabachse wirkt.

Im Maschinenbau werden auf Verdrehung beanspruchte Stäbe Wellen genannt. Im folgenden sollen zunächst Wellen mit kreisförmigem Querschnitt untersucht werden.

2. Torsionsspannungen.

Die in Abb. 132 dargestellte Welle sei an ihrem rechten Ende durch ein Verdrehungsmoment M_T, im Sinn des Uhrzeigers drehend, beansprucht, dem am linken Ende durch ein gleich großes, entgegengesetzt gerichtetes Moment das Gleichgewicht gehalten wird. Nun führe man an einer beliebigen Stelle ED einen Querschnitt, und denke sich den rechten, gestrichelten Teil entfernt. Da die Resultierende der äußeren Kräfte ein Kräftepaar in einer Ebene parallel zum betrachteten Querschnitt ist, so können auf den Querschnitt keine Nor-

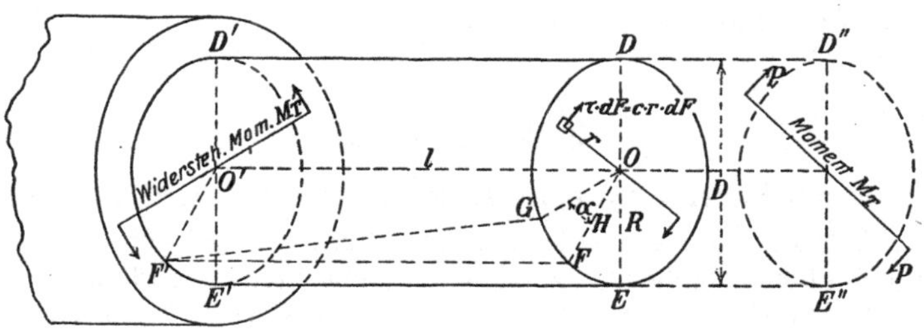

Abb. 132.

mal-, sondern nur Tangentialspannungen wirken, deren Resultierende ein Kräftepaar mit dem Moment M_T sein muß. Aus Gründen der Symmetrie muß an jedem Punkt des Querschnitts die Scherspannung normal zu dem zugehörigen Radius r wirken; ihr Richtungssinn muß derart sein, daß das Moment um O im Sinn des Uhrzeigers dreht. Ferner sei die Größe der Scherspannung an jeder Stelle proportional dem Radius r, also wenn man mit τ_1 die Spannung in der Entfernung 1 von O bezeichnet, so sei $\tau = r \cdot \tau_1$. Das Verdrehungsmoment des Querschnitts beträgt also

$$M_T = \tau_1 \int_0^R r^2 \cdot dF\,^*. \tag{1}$$

Das Integral stellt das polare Trägheitsmoment des Querschnitts in bezug auf den Mittelpunkt O dar. (Jedes Flächenelement ist mit dem Quadrat seines Abstandes von O multipliziert; s. Kap. III.) Die Integration wird ausgeführt, indem man von einem Kreisring von der Breite dr in einem Abstand r von O ausgeht. Es wird

$$J_p = \int_0^R r^2 \cdot dF = 2\,\pi \int_0^R r^3\,dr = \frac{\pi R^4}{2}, \tag{2}$$

$$M_T = \tau_1 \cdot J_p = \frac{\tau_1 \cdot \pi \cdot R^4}{2}. \tag{3}$$

Die Scherspannung τ in einem beliebigen Abstand r wird

$$\tau = r \cdot \tau_1, \tag{4}$$

* Anmerkung: Die geradlinige Spannungsverteilung von O nach der Kreisperipherie trifft nur zu, wenn jeder Durchmesser nach der Deformation eine Gerade bleibt. Ist dies nicht der Fall, dann sind die Verschiebungen und damit die Spannungen nicht linear mit der Entfernung r von O verbunden. In diesem Fall würden Scherspannungen in Zylinderflächen um O auftreten, die das Bestreben hätten, aus der Welle kleinere Zylinder herauszuscheren. Derartige Beanspruchungen müssen z. B. auftreten, wenn der Durchmesser einer Welle sprungweise wechselt. Für Wellen mit konstantem Durchmesser wird allgemein die lineare Spannungsverteilung angenommen.

und die größte Scherspannung am Rande

$$\tau_{\max} = R \cdot \tau_1 = \frac{M_T}{J_p} \cdot R = \frac{2\,M_T}{\pi R^3} = \frac{16\,M_T}{\pi D^3}, \tag{5}$$

worin D der Durchmesser der Welle ist.

3. Verzerrung.

Unter der Einwirkung eines Torsionsmomentes wird ein beliebiger Radius $\overline{OF}$ in die Lage $\overline{OG}$ um den Winkel α gedreht, und die ursprünglich ebene Fläche $O\,O'\,F'\,F$ geht in eine Schraubenfläche $O\,O'\,F'\,G$ über. Irgendein Punkt H des Halbmessers $O\,F$ beschreibt einen Kreisbogen von der Größe $r \cdot \alpha$, worin r die Entfernung $\overline{OH}$ ist. Wird mit l die Entfernung $\overline{O\,O'}$ der beiden betrachteten Querschnitte bezeichnet, so ist die auf die Einheit bezogene Verdrehung einer Faser im Abstand r von O

$$\gamma = \frac{\alpha \cdot r}{l}, \tag{6}$$

und die zugehörige Spannung τ wird

$$\tau = \frac{\alpha \cdot r}{l} \cdot G \tag{7}$$

und

$$\tau_{\max} = \frac{\alpha \cdot R}{l} \cdot G. \tag{8}$$

Hieraus und aus Gl. (3) wird, da $\tau_1 = \frac{\tau_{\max}}{R}$ ist,

$$M_T = \frac{\tau_{\max}}{R} \cdot J_p = \frac{\alpha \cdot J_p}{l} \cdot G = \frac{\alpha \cdot G}{l} \cdot \frac{\pi R^4}{2}. \tag{9}$$

$$\alpha = \frac{l \cdot M_T}{J_p \cdot G} = \frac{2\,l \cdot M_T}{\pi\,G \cdot R^4} = \frac{\tau_{\max} \cdot l}{G \cdot R}. \tag{10}$$

Jeder vor der Torsion ebene Querschnitt einer Welle (mit kreisförmigem Querschnitt) bleibt auch nach der Torsion eben; er wird gegen einen benachbarten Querschnitt verdreht so, daß die beiden Flächen parallel bleiben. Denkt man sich auf der Welle Kreise jeweils in einer Querschnittsebene in beliebigen, aber gleichen Abständen und senkrecht dazu Zylindererzeugende in den gleichen Abständen gezeichnet, so ist die Oberfläche der Welle in Quadrate aufgeteilt. Nach der Torsion sind die Quadrate in gleiche Rhomben übergegangen. Die Verdrehung einer Längsfaser im Abstand 1 von der Wellenachse beträgt (vgl. oben)

$$\gamma = \frac{\alpha}{l} = \frac{M_T}{G \cdot J_p} = \frac{\tau_{\max}}{R \cdot G} = \frac{2\,M_T}{\pi \cdot G \cdot R^4} = \frac{32\,M_T}{\pi \cdot G \cdot D^4}. \tag{11}$$

4. Kraftübertragung durch Wellen.

Bei der Kraftübertragung, leistet das Moment M Arbeit. Denkt man sich das Moment durch ein Kräftepaar erzeugt, dessen Hebelarm R ist, und dessen eine Kraft $\frac{M_T}{R}$ in der Achse, die andere am Umfang der Welle tangential angreift, so leistet nur die erstere Arbeit, und zwar beträgt die Arbeit bei jeder Umdrehung

$$A = 2\,\pi\,R \cdot \frac{M_T}{R} = 2\,\pi \cdot M_T{}^*.$$

Führt man als Dimensionen kg und cm ein, so ist, da

$$1\ \mathrm{PS} = 7500\ \mathrm{cmkg/sec}$$

ist, die bei einer Umdrehungszahl N in der Minute übertragene Leistung in PS

$$\left.\begin{aligned} \mathrm{PS} &= \frac{2\,\pi \cdot M_T \cdot N}{7500 \cdot 60} \\ &= \frac{\pi \cdot \tau_{\max} \cdot J_p}{R} \cdot \frac{N}{225000} = \frac{\pi^2 \cdot \tau_{\max} \cdot N \cdot R^3}{450000}\,. \end{aligned}\right\} \tag{12}$$

$$M_T = \frac{450000\ (\mathrm{PS})}{2\,\pi \cdot N} = \frac{71656\ (\mathrm{PS})}{N} = \frac{\tau_{\max} \cdot J_p}{R} = \frac{\tau_{\max} \cdot \pi \cdot R^3}{2}, \tag{13}$$

worin (PS) die zu übertragende Anzahl der PS bedeutet.

Diese Gleichungen geben die Zusammenhänge zwischen Torsionsmoment, Leistung, höchstzulässiger Torsionsspannung, Umdrehungszahl der Welle und dem Durchmesser.

So findet man z. B. den Größtwert der Torsionsspannung zu

$$\tau_{\max} = \frac{45641\ (\mathrm{PS})}{N \cdot R^3} = \frac{365128\ (\mathrm{PS})}{N \cdot D^3} = \frac{71656\ (\mathrm{PS}) \cdot R}{N \cdot J_p}\,. \tag{14}$$

Der Durchmesser einer Welle, von der eine gegebene Leistung mit gegebener Umdrehungsgeschwindigkeit und gegebener zulässiger Torsionsspannung verlangt wird, errechnet sich zu

$$D = \sqrt[3]{\frac{365128\ (\mathrm{PS})}{N \cdot \tau_{\max}}} \approx 71{,}5\,\sqrt[3]{\frac{1\ (\mathrm{PS})}{N \cdot \tau_{\max}}}\,. \tag{15}$$

5. Hohle Wellen.

Für eine hohle Welle mit dem äußeren Radius R_1 und dem inneren Radius R_2 gelten die obigen Ableitungen unter Einsetzen des entsprechenden Trägheitsmomentes[2]:

$$J_p = \frac{\pi}{2}\left(R_1{}^4 - R_2{}^4\right).$$

* Anmerkung d. Übers.: Das gleiche Resultat erhält man, wenn man die Arbeit des Moments als Moment × Winkel aufstellt.

[2] Anmerkung d. Übers.: Der äußere und der innere Kreis müssen dabei konzentrisch sein, sonst bleiben die Querschnitte nicht eben, und die Zusammenhänge werden verwickelter.

$$\tau_{\max} = \frac{2\,M_T \cdot R}{\pi\,(R_1^4 - R_2^4)}\,. \tag{5a}$$

$$\alpha = \frac{\tau_{\max} \cdot l}{R \cdot G} = \frac{2\,M_T \cdot l}{\pi \cdot G\,(R_1^4 - R_2^4)}\,. \tag{10a}$$

$$\tau_{\max} = \frac{143312\,(\mathrm{PS})\,R_1}{\pi \cdot N\,(R_1^4 - R_2^4)}\,. \tag{14a}$$

6. Torsionssteifigkeit.

Die Steifigkeit einer einem Verdrehungsmoment ausgesetzten Welle wird bestimmt als das Verhältnis des Verdrehungsmomentes zu der Verdrehung zweier im Abstand 1 gelegenen Querschnitte

$$\frac{M_T \cdot l}{\alpha} = J_p \cdot G\,.$$

Die Verdrehung ist also bei dem gleichen Moment um so kleiner, je größer J_p und G sind, und umgekehrt.

7. Spannungen bei reiner Torsionsbeanspruchung.

In jedem (kreisförmigen) Querschnitt einer auf reine Torsion beanspruchten Welle herrschen nur Scherspannungen, und zwar an jedem Punkt senkrecht zu dem zugehörigen Radius gerichtet; ihre Größe ist der Entfernung vom Mittelpunkt linear proportional. Normalspannungen wirken nicht in dem Querschnitt. In jedem Längsschnitt durch die Achse müssen ebenfalls Scherspannungen wirken (nach dem Satz der Gleichheit der Scherspannungen in zwei aufeinander senkrechten Ebenen), und zwar parallel zur Achse. Also können durch jeden Durchmesser eines Querschnitts zwei Ebenen, unter 45^0 gegen die Querschnittsebene geneigt, gelegt werden, in denen reine Normalspannungen wirken, in der einen Ebene Zug, in der anderen Druck, beide von gleicher absoluter Größe. Dieses sind die Hauptspannungen in jedem Punkt eines Querschnittes.

In einer hölzernen Welle wirken die parallel zur Achse gerichteten Scherspannungen längs zur Faser. Da die Scherfestigkeit längs zur Faser geringer als die quer zur Faser ist (bei Zug- und Druckfestigkeit ist es umgekehrt), so werden derartige Wellen häufig durch Längsrisse zerstört. Ähnliche Verhältnisse liegen oft bei Schmiedeeisen vor, wenn die Längsfasern aufgeschweißt sind.

8. Zusammengesetzte Festigkeit.

Im allgemeinen haben die Wellen die Aufgabe, Bewegungen zu übertragen. Die äußeren Kräfte sind selten so angebracht, daß sie ein am Umfang der Welle wirkendes Kräftepaar bilden (wie z. B. nach Abb. 132), daß also ein reines Torsionsmoment wirkt. Meistens werden es Einzelkräfte sein, die am Umfang angreifen, z. B. der Seilzug bei einer Winde od. dgl. Dabei braucht die Richtung der Kraft nicht senkrecht zur Wellenachse zu sein.

Nehmen wir eine Kraft P in beliebiger Richtung (nicht senkrecht oder parallel zur Achse, also einen allgemeinen Fall) an einem beliebigen Punkt, jedoch nicht in der Achse, wirkend an. Wir zerlegen P in eine Komponente (a) parallel und eine (b) senkrecht zur Achse. (a) kann ersetzt werden durch eine Normalkraft (a_1) in der Längsachse, die Zug oder Druck, und ein Kräftepaar normal zum Querschnitt (a_2), das eine Biegung der Welle erzeugt; (b) kann ersetzt werden durch eine Kraft (b_1), deren Wirkungslinie durch die Achse geht, und ein Kräftepaar tangential zum Querschnitt, das ein Torsionsmoment erzeugt. Die Welle wird also durch Biegungsmomente (infolge von Querkräften und exzentrischen Längskräften), Normalkräfte und Verdrehungsmomente beansprucht. Darüber wird in Kapitel XIII mehr zu sagen sein. In dem vorliegenden Kapitel beschäftigen wir uns nur mit reiner Torsionsbeanspruchung. Es mag jedoch an dieser Stelle gut sein, sich qualitativ über die Spannungen in einer Welle, die wie oben beschrieben belastet ist, klar zu werden.

In jedem Querschnitt herrschen an jedem Punkt mit Ausnahme des Mittelpunktes Scherspannungen senkrecht zu dem zugehörigen Radius und in linearer Verteilung vom Mittelpunkt zum Querschnittsumfang. Ferner wirken an jedem Punkt, mit Ausnahme der Extrempunkte, Scherspannungen durch Querkräfte, an jedem Punkt, mit Ausnahme der auf der Nullinie gelegenen, Biegungsnormalspannungen und an jedem Punkt Normalspannungen aus der Normalkraft.

In jeder Längsschnittebene durch die Achse wirkt an jedem Punkt eine Scherspannung, die der Scherspannung an demselben Punkt in der Querschnittsebene gleich ist. Normalspannungen wirken in den Längsschnittebenen nicht bezw. werden vernachlässigt.

9. Formänderungsarbeit.

Die Kräfte P bzw. die beiden Torsionsmomente M_T leisten bei reiner Torsion nach Abb. 132 Formänderungsarbeit, indem sie die beiden Querschnitte, an denen sie angreifen, gegeneinander verdrehen. Die mittlere Kraft (bei „allmählicher“ Belastung) ist $\frac{P}{2}$, der Verdrehungswinkel ist α (Gl. (10)), l die Entfernung der beiden betrachteten Querschnitte; der von jeder Kraft P zurückgelegte Weg, auf dem sie Arbeit leistet, ist

$$R \cdot \alpha,$$

also wird

$$\left.\begin{aligned} \mathfrak{A} &= \frac{P}{2} \cdot 2 \cdot R \cdot \alpha = \frac{M_T}{2} \cdot \alpha = \frac{M_T^2 \cdot l}{2\, J_p \cdot G} \\ &= \frac{M_T^2 \cdot l}{\pi\, G \cdot R^4} = \frac{\tau_{\max}^2 \cdot J_p \cdot l}{2\, G \cdot R^2} = \frac{\pi \cdot \tau_{\max}^2 \cdot l \cdot R^2}{4\, G} = \frac{\tau_{\max}^2}{4\, G} \cdot V, \end{aligned}\right\} \qquad (16)$$

wobei

$$V = \pi \cdot R^2 \cdot l = \text{Volumen der Welle ist.}$$

Gl. (16) gibt die elastische Formänderungsarbeit eines beliebigen Teiles mit dem Volumen V einer auf Torsion beanspruchten Welle, deren größte Scherspannung τ_{max} beträgt. Versteht man unter τ_{max} die Elastizitätsgrenze der Torsion, so stellt Gl. (16) das elastische Torsions-Arbeitsvermögen der Welle und $\frac{\tau_{max}^2}{4\,G}$ das elastische Torsions-Arbeitsvermögen der Raumeinheit des Körpers dar.

Hat eine Welle verschiedene Querschnitte und ist über l mit verschiedenen Torsionsmomenten und verschiedenen τ_{max} beansprucht, so findet man ihr Arbeitsvermögen durch Summierung über die verschiedenen Bereiche.

10. Die Spiralfeder.

Vielleicht tritt die praktisch häufigste und beste Annäherung an die reine Torsion bei Spiralfedern auf (Abb. 133). Sie werden dadurch hergestellt, daß man einen Draht mit konstantem Windungsabstand um einen Zylinder windet. Wird die Feder durch 2 gleich große entgegengesetzt gerichtete Kräfte P, z. B. Zugkräfte, in ihrer Achse belastet, so wirkt, wenn R der Radius der Feder ist, in jedem Querschnitt ein Torsionsmoment $M_T = P \cdot R$, mit Ausnahme des oberen und unteren Endes der Feder. Wäre dies die einzige Beanspruchung, so läge reine Torsion vor; es hat jedoch außerdem noch jeder Querschnitt eine Scherkraft von der Größe $P \cdot \cos\alpha$ und eine Normalkraft von der Größe $P \cdot \sin\alpha$ (α = Neigung der Windung gegen die Horizontale) aufzunehmen. Im allgemeinen werden jedoch Querkraft und Normalkraft vernachlässigt und die Beanspruchung der Feder als reine Torsion behandelt.

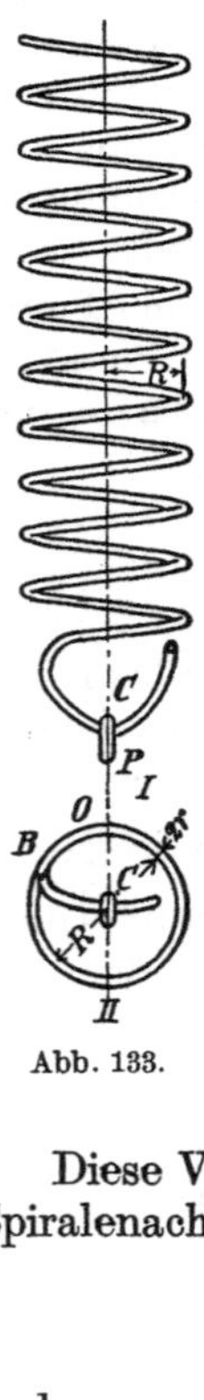

Abb. 133.

Unter der Einwirkung des Torsionsmomentes $P \cdot R$ wird jeder Querschnitt der Spiralfeder um $d\alpha$ gegen den um ds entfernten Nachbarquerschnitt verdreht. Nach Gl. (10) wird

$$d\alpha = \frac{2\,P \cdot R \cdot ds}{\pi \cdot r^4\,G},$$

worin r der Halbmesser des Spiraldrahtes ist.

Diese Verdrehung hat eine Verlängerung $d\Delta l$ in der Richtung der Spiralenachse zur Folge von der Größe $R \cdot d\alpha$, so daß

$$d\Delta l = \frac{2\,P \cdot R^2}{\pi \cdot r^4 \cdot G} \cdot ds$$

und

$$\Delta l = \frac{2\,P \cdot R^2 \cdot s}{\pi \cdot r^4 \cdot G}, \tag{17}$$

worin s die Gesamtlänge der Spiralfeder bezeichnet, also bei n Windungen

$$s = n \cdot 2\,\pi \cdot R\,.$$

Damit wird

$$\Delta l = \frac{4\,n \cdot P \cdot R^3}{r^4 \cdot G}\,. \tag{18}$$

Es möge nun auch die Scherkraft berücksichtigt werden, wobei wegen der Kleinheit von α die Querkraft $P \cdot \cos\alpha = P$ angenommen sei. Bei einer mittleren Scherspannung $\tau = \frac{P}{\pi \cdot r^2}$ beträgt die Verdrehung auf die Einheit $\frac{\tau}{G} = \frac{P}{\pi \cdot r^2 \cdot G}$, und die Längenänderung der Spiralenachse wird

$$\Delta l' = \frac{2\,n \cdot P \cdot R}{r^2 \cdot G}\,. \tag{19}$$

Die gesamte Verlängerung der Achse durch Torsion und Scherkraft beträgt also

$$\Delta l + \Delta l' = \frac{2\,n \cdot P \cdot R}{G \cdot r^2}\left(1 + \frac{2\,R^2}{r^2}\right). \tag{20}$$

Diese Gleichung kann dazu benutzt werden, den Gleitmodul G zu bestimmen, indem man die Längenänderung der Achse einer Spiralfeder mißt. Ein derartiger Versuch soll hier mitgeteilt werden[1].

Eine Spiralfeder von der Gesamtlänge $s = 612{,}14$ cm, einem Durchmesser des Drahtes $d = 3{,}15$ cm und einem Spiralenhalbmesser $R = 8{,}13$ cm wurde mit einer in ihrer Achse wirkenden Druckkraft $P = 2268$ kg belastet. Die Verkürzung betrug 11,79 cm. Nach Gl. (17) wird unter Vernachlässigung der durch die Scherkraft erzeugten Deformation

$$\Delta l = \frac{2 \cdot 2268 \cdot 612{,}14 \cdot 8{,}13^2}{3{,}1416 \cdot \left(\frac{3{,}15}{2}\right)^4 \cdot G} = 11{,}79\,.$$

Daraus folgt

$$G = 805\,940 \text{ kg/cm}^2.$$

Berücksichtigt man nach Gl. (20) auch die Deformation durch die Scherkraft, so wird

$$11{,}79 = \frac{2268 \cdot \left[\left(\frac{3{,}15}{2}\right)^2 + 2 \cdot 8{,}13^2\right] \cdot 612{,}14}{3{,}1416 \cdot \left(\frac{3{,}15}{2}\right)^4 \cdot G}\,,$$

und daraus

$$G = 820\,400 \text{ kg/cm}^2.$$

Die beiden Werte für G zeigen, daß man den formändernden Einfluß der Scherkraft vernachlässigen darf (bei großem $\frac{R}{r}$!)

Bestimmt man außer G auch E, so läßt sich aus diesen beiden Materialkonstanten die Querzahl m errechnen. Mit $E = 2\,109\,000$ kg/cm²,

[1] „Tests of Metals at Watertown Arsenal" U. S. Ordnance Dept., p. 151, 1905.

$G = 820400$ und der Beziehung

$$G = \frac{E}{2(1+m)}$$

wird

$$m = 0{,}285.$$

Bisher ist die Formänderung durch die Normalkraft außer acht geblieben. In Wirklichkeit ist also die auf die Wirkung der Torsion und der Querkraft zurückzuführende Verkürzung etwas kleiner als 11,79 cm, so daß unter Berücksichtigung der Normalkraft sich ein etwas größerer Wert für G und damit ein etwas kleinerer Wert für m ergeben würde. Mit $m = 0{,}25$ und $E = 2109000$ kg/cm² ergibt sich $G = 843600$ kg/cm². Der Wert $m = 0{,}25 = \frac{1}{4}$ dürfte im allgemeinen für die Zwecke des Ingenieurs genügend genau sein[1].

11. Das Verhalten des Materials bei Torsionsbeanspruchung.

Ein Material verhält sich im Torsionsversuch ähnlich wie im Zug- und Druckversuch; die Zunahme der Verdrehungswinkel mit wachsender Torsionsbeanspruchung geschieht analog der Zunahme der Dehnungen oder Verkürzungen bei wachsender Zug- oder Druckspannung.

In einer Welle aus Stahl oder Eisen nimmt bis zu einer gewissen Grenze der Verdrehungswinkel linear proportional mit der Torsionbeanspruchung zu; diese Grenze ist die Schubelastizitätsgrenze. Oberhalb dieser Grenze nimmt die Verdrehung schneller zu als die Torsion, es treten bleibende Formänderungen (bleibende Verdrehungen) ein, und oft ist ein Fließen zu beobachten wie bei einem Material mit deutlich ausgeprägter Streckgrenze im Zugversuch. Dies erscheint auch durchaus einleuchtend, da bei reiner Torsion in den Hauptspannungsrichtungen unter 45^0 Druck und Zug auftritt, so daß ein Material mit einer Fließgrenze im Zug- oder Druckversuch auch eine solche im Torsionsversuch aufweisen muß. Die Fließgrenzen im Torsions- und im Zugversuch brauchen nun nicht etwa bei der gleichen Spannung aufzutreten: Im Zugversuch wirken an Normalspannungen nur Zugspannungen, bei Torsion jedoch senkrecht zur Zugrichtung noch Druckspannungen, die die Dehnungen infolge der Querdehnung und dann vielleicht das elastische und plastische Verhalten des Materials beeinflussen. Es ist ferner zu bedenken, daß sich die errechneten Scherspannungen der tordierten Welle u. U. weiter von der Wirklichkeit entfernen als die errechneten Zugspannungen des Zugstabes. Die Spannungs-Formänderungs-Diagramme des Zugstabes und der tordierten Welle verhalten sich oberhalb der Elastizitätsgrenze zueinander wie eine ungedämpfte zu einer gedämpften Schwingung, das Diagramm der Welle verläuft ausgeglichener. Das hat darin

[1] Anmerkung d. Übers.: In Deutschland wird für Schmiedeeisen und Stahl meist mit $m = \frac{3}{10}$ gerechnet.

seinen Grund, daß bei der Welle nur die Randfasern die maximale Spannung haben, während die Fasern des Zugstabes sämtlich gleich stark beansprucht sind. Es wird also oberhalb der Elastizitätsgrenze bei der Welle ein Spannungsausgleich über den Querschnitt stattfinden in der Weise, daß die Deformation und auch die Spannungserhöhung der äußeren Fasern langsamer und die der inneren Fasern schneller verlaufen. Die inneren Fasern entlasten also die äußeren, sowie diese mit ihrer Spannung die Elastizitätsgrenze überschreiten. Nimmt man statt einer massiven Welle eine hohle Welle mit geringer Wandstärke, so nähert sich das Spannungs-Formänderungs-Diagramm der tordierten Welle mehr dem eines Zugstabes.

Es soll nun kurz untersucht werden, innerhalb welcher Grenzen die Größe des aufgenommenen Torsionsmomentes von dem nach den oben abgeleiteten Formeln, die nur innerhalb des elastischen Bereiches gültig sind, abweicht, wenn dieser Bereich überschritten wird.

Es ist innerhalb der Elastizitätsgrenze die Scherspannung in einer Entfernung r vom Mittelpunkt

$$\tau = \frac{\tau_{\max} \cdot r}{R},$$

und in einem Kreisring von der Breite dr und der Entfernung r vom Mittelpunkt ist die gesamte Scherkraft

$$T = 2\,\pi \cdot r \cdot dr \cdot \frac{\tau_{\max} \cdot r}{R},$$

und ihr Moment auf den Mittelpunkt

$$d\,M_T = \frac{2\,\pi\,r^3\,\tau_{\max} \cdot d\,r}{R}.$$

Das gesamte Torsionsmoment erhält man durch Integration dieser Gleichung innerhalb der Grenzen O und R:

$$M_T = \frac{\pi \cdot R^3 \cdot \tau_{\max}}{2}. \tag{5}$$

Überschreiten die Randfasern die Elastizitäts- und dann die Streckgrenze, so daß man ihre weiteren Formänderungen als rein plastisch betrachten kann, so ist die Spannungsverteilung (Abb. 134) nicht mehr linear von c nach a, etwa in einer Verteilung nach der Linie $c\,b$, sondern die Zunahme des Moments muß nunmehr allein von den Fasern aufgenommen werden, die noch elastische Spannungsenergie aufzuspeichern vermögen. Ein Kreisring nach dem andern von a nach c fortschreitend fällt jedoch hierfür aus. Eine Spannungsverteilung nach der Linie $c\,e\,d$ z. B. wäre also dann vorhanden, wenn die Fasern zwischen a und f sämtlich die Spannung der Fließgrenze $\overline{ef}$, also gleiche Spannung hätten (unter Annahme der Proportionalität bis zur Fließgrenze). Der Grenzfall wäre eine gleichmäßige

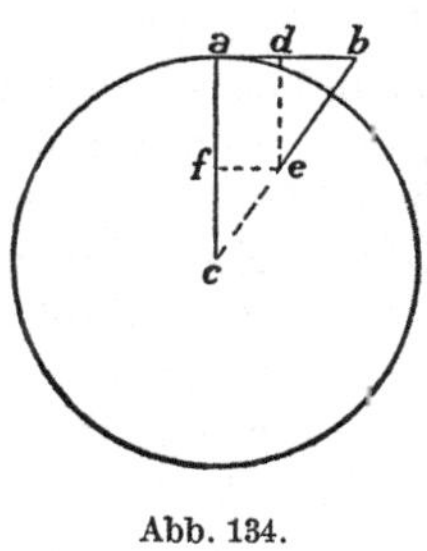

Abb. 134.

Spannungsverteilung über den ganzen Querschnitt von der Größe der Fließspannung. Bezeichnen wir mit τ_F die Fließspannung, so nimmt der tordierte Querschnitt, wenn wir wieder die Fließspannung gleich der Prop.- und Elastizitätsgrenze setzen, und wenn gerade die äußerste Faser die Spannung τ_F erreicht hat, ein Moment auf

$$M_T = \frac{\pi R^3 \cdot \tau_F}{2};$$

der Größtwert des Moments träte bei gleichmäßig verteilter Fließspannung über den ganzen Querschnitt ein und wäre

$$M' = \int_0^R 2\pi r^2 \cdot dr \cdot \tau_F = \frac{2}{3}\pi R^3 \cdot \tau_F, \tag{5 a}$$

oder um ein Drittel größer als bei linearer Spannungsverteilung mit dem gleichen Spannungsgrößtwert.

In Abschn. 33 von Kap. X ist über diesen Gegenstand noch einiges zu finden.

12. Torsionsbeanspruchung nicht kreisförmiger Querschnitte.

Wellen zur Übertragung von Bewegungsenergie haben wohl in den allermeisten Fällen kreisförmigen Querschnitt; es kommt jedoch Torsion auch bei anderen Konstruktionsteilen vor, wobei es sich dann um rechteckige oder irgendwelche andern Querschnittsformen handeln kann. Es ist vielfach üblich, auch für andere als kreisförmige Querschnitte die oben abgeleiteten Gleichungen zu benützen; es wird dann wieder für J_p das polare Trägheitsmoment des Querschnitts in bezug auf seinen Schwerpunkt, für r der jeweilige Abstand eines betrachteten Querschnittspunktes von dem Schwerpunkt eingeführt. Daß dies falsch ist, kann leicht eingesehen werden.

Wenn ein kreisförmiger ebener Querschnitt auf reine Torsion beansprucht wird, so bleibt er eben, und die Scherspannung in jedem Punkt ist senkrecht zu dem zugehörigen Radius gerichtet. Am Umfang wirkt die Scherspannung parallel zur Oberfläche bzw. in der Richtung der Tangente (vgl. Kap. V, Abschn. 5). Deshalb kann die Scherspannung eines beliebigen, nicht kreisförmigen Querschnitts nicht in jedem Punkt rechtwinklig auf der zugehörigen Verbindungslinie mit dem Schwerpunkt stehen; jedenfalls kann dies nicht an den an der Oberfläche gelegenen Punkten der Fall sein, und da die Kraftrichtung eine stetige Funktion des Orts ist, muß dies auch noch für Punkte, die nicht an der Oberfläche liegen, zutreffen. Hat die Umfangslinie des Querschnitts Ecken, z. B. in einem rechteckigen Querschnitt, so müßte die Scherspannung an einer Ecke — da es sich um eine freie Oberfläche handelt — beiden anstoßenden Seiten der Umfangslinie parallel sein, was offenbar unmöglich ist; es kann also an einer Ecke keine Scherspannung wirken, sondern allenfalls eine Normalspannung. Die Erzeugende durch einen Endpunkt wird unter der Einwirkung eines Torsionsmomentes nun zu einer Spirale; so z. B. die Erzeugende durch A des in Abb. 135 im Querschnitt dargestellten Prismas. Da nun in A keine Tangentialspannung, sondern nur eine Normalspannung wirken kann, so muß daselbst die Querschnittsebene senkrecht zur (verformten) Erzeugenden stehen, also aus der ursprünglichen Ebene verdreht sein. Es kann also der Querschnitt nicht eben bleiben. Einzelne Querschnittsteile werden hinter die ursprüngliche Querschnittsebene zurückgedrückt, andere vorgezogen werden. Ähnliche Verhältnisse liegen bei einem elliptischen Querschnitt nach Abb. 136 vor.

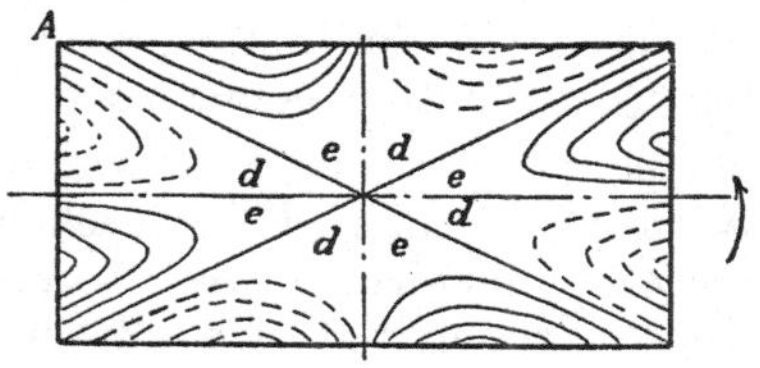

Abb. 135.

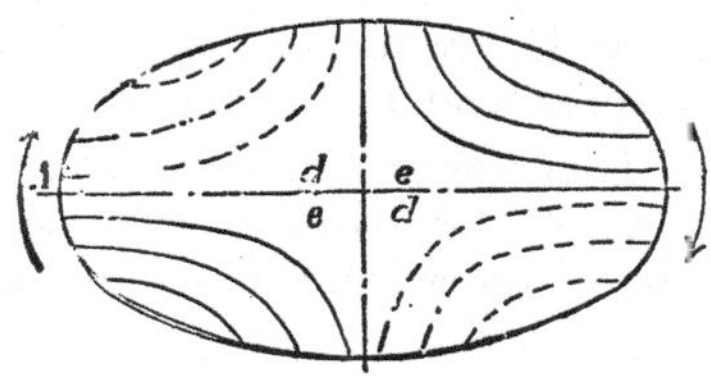

Abb. 136.

Eine Theorie der Torsionsbeanspruchung ist ausführlich von de St. Venant aufgestellt worden. Die Rechnung ist mit einem erheblichen mathematischen Apparat durchgeführt und für den Ingenieur nicht immer leicht verständlich. Die grundlegenden Annahmen stimmen zum Teil kaum mit den Verhältnissen in der Wirklichkeit überein. Die St. Venantschen Ausführungen haben daher in erster Linie mathematisches Interesse zu beanspruchen. Der Ingenieur muß ihnen zwar die gebührende Beachtung widmen, muß sich aber davor hüten, die Ergebnisse kritiklos und ohne genaues Verständnis der zugrunde gelegten Annahmen zu übernehmen, sondern muß in jedem einzelnen Fall prüfen, wie weit die tatsächlichen Verhältnisse von denen der Rechnung abweichen, und welchen Einfluß dies auf die Ergebnisse hat. Derartige sehr gründliche Untersuchungen hat Todhunter[1] durchgeführt.

13. Allgemeine Theorie der Torsionsbeanspruchung.

Die allgemeine Theorie der Torsionsbeanspruchung für beliebige Querschnitte soll im folgenden kurz umrissen werden.

Das Torsionsmoment in irgendeinem Querschnitt ist gleich der algebraischen Summe der Torsionsmomente, die links oder rechts von dem betrachteten Querschnitt an dem tordierten Stabe angreifen; daher ist das Torsionsmoment zwischen zwei äußeren Momenten konstant (analog zur Querkraft). Zwei auf einer Geraden parallel zur Achse gelegene Punkte zweier Querschnitte, die um ein Differential

[1] Todhunter: History of the theorie of elasticity and of the strength of materials. Cambridge University Press, 1886.

dx voneinander entfernt sind, werden sich unter dem Einfluß der Torsion gegeneinander verdrehen. Die auf die Einheit bezogene Verzerrung ist die relative Verschiebung dieser beiden Punkte in der Querschnittsebene, dividiert durch die Entfernung dx der beiden Querschnitte. Diese Verschiebung wird über den Querschnitt eine Funktion des Orts sein und sich von Punkt zu Punkt ändern und wird mindestens für einen Punkt, den Querschnittsschwerpunkt, verschwinden. Hat ein Querschnitt zwei aufeinander rechtwinklig stehende Symmetrieachsen, so bleiben die Achsen gerade und ihr rechter Winkel auch nach der Torsion erhalten, da nicht einzusehen ist, welche Richtung für die Verzerrung bevorzugt sein sollte. Die Verdrehung zweier Querschnitte gegeneinander wird durch die Verdrehung zweier entsprechender Symmetrieachsen in den Querschnitten gemessen.

Den Verdrehungen entsprechen Scherspannungen, und zwar stehen diese beiden Größen für isotrope[1] Körper, die dem Hookeschen Gesetz folgen, untereinander in linearem Zusammenhang. Die Theorie der Torsion beschäftigt sich mit der Aufgabe, für ein gegebenes Torsionsmoment die gegenseitige Verdrehung zweier Querschnitte, den Verzerrungszustand und den Spannungszustand für beliebige Querschnitte zu finden.

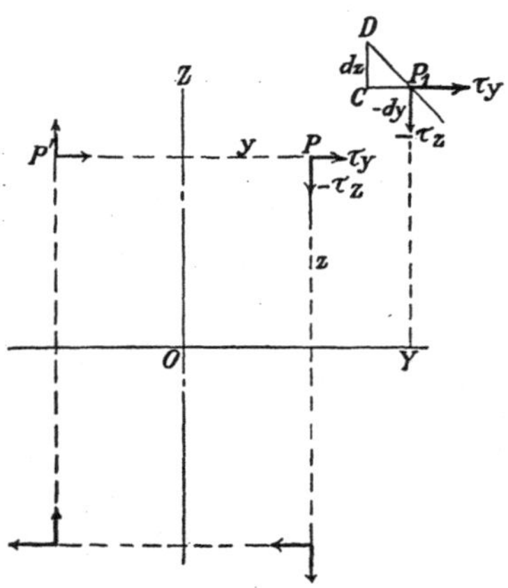

Abb. 137.

Betrachten wir einen Querschnitt in der Zeichenebene mit dem Schwerpunkt O und mit zwei rechtwinkligen Symmetrieachsen OY und OZ. Der Querschnitt habe sonst beliebige Gestalt. Die Achse OX sei die Stabachse und senkrecht zur Zeichenebene gerichtet (Abb. 137). An jedem Punkt P mit den Koordinaten x, y, z wirken Scherspannungen von der Größe τ_y und τ_z parallel zu der y- bzw. z-Achse. Über das Vorzeichen soll vereinbart sein, daß die Scherspannungen positiv sind, wenn sie in der positiven Richtung der zu ihnen parallelen Koordinatenachse wirken (dabei ist der gezeichnete Querschnitt zugehörig zu dem Stabteil hinter der Zeichenebene gedacht). Die eingezeichneten Spannungen sind also τ_y und $-\tau_z$. Sie sind Funktionen von y und z; wegen Symmetrie muß τ_y an dem Punkt P' gleich und τ_z entgegengesetzt gerichtet sein wie an dem Punkt P, da die Verdrehung an allen Punkten des Querschnittes gleich gerichtet sein muß. Also,

wechselt y das Vorzeichen, so behält τ_y sein Vorzeichen, τ_z wechselt sein Vorzeichen,

---

[1] Isotrope Körper zeigen (für eine und dieselbe Art der Beanspruchung) in jeder Richtung gleiches elastisches Verhalten. Bei allen Erörterungen dieses Buches ist Isotropie vorausgesetzt.

wechselt z das Vorzeichen, so ändert τ_y sein Vorzeichen, τ_z behält sein Vorzeichen.

Nehmen wir an, daß τ_y und τ_z hinreichend genau durch algebraische Funktionen von y und z ausgedrückt werden können, so darf

die Funktion τ_y nur gerade Potenzen von y und ungerade Potenzen von z,

die Funktion τ_z nur ungerade Potenzen von y und gerade Potenzen von z

enthalten.

Man kann dies mathematisch so ausdrücken, daß τ_y gerade in Beziehung auf y und ungerade in Beziehung auf z, τ_z ungerade in Beziehung auf y und gerade in Beziehung auf z ist.

Beschränkt man sich in den Reihen auf Glieder unter der 4. Potenz, so müssen die Ausdrücke für τ_y und τ_z folgende Form haben:

$$\left.\begin{aligned} \tau_y &= n\cdot z + n_1\cdot z\cdot y^2 + n_2\cdot z^3, \\ \tau_z &= m\cdot y + m_1\cdot y\cdot z^2 + m_2\cdot y^3. \end{aligned}\right\} \tag{21}$$

Die Konstanten n, n_1, n_2, m, m_1, m_2 müssen so bestimmt werden, daß die Gleichungen folgenden Bedingungen genügen:

1. Das Moment der inneren Kräfte des betrachteten Querschnitts muß dem äußeren Moment das Gleichgewicht halten.

2. Die auf ein kleines Element $dx\cdot dy\cdot dz$ wirkenden Kräfte müssen im Gleichgewicht sein.

3. Die Spannung an einem Oberflächenpunkt muß parallel zur (freien) Oberfläche gerichtet sein. (Vgl. Kap. V, Abschn. 3.)

Wenn es nicht möglich ist, die sechs Konstanten der Gl. (21) auf Grund dieser Randbedingungen zu bestimmen, so muß entweder die Zahl der Reihenglieder vermindert oder vermehrt werden, je nachdem, ob zu viele Randbedingungen oder zu viele Konstanten vorhanden sind.

Zu der Randbedingung (1), die, ebenso wie (2), eine Gleichgewichtsbedingung ist, ist noch zu bemerken, daß das innere Moment des betrachteten Querschnitts entweder dem äußeren Moment das Gleichgewicht hält, also entgegengesetzt gleich ist, oder mit dem äußeren Moment in Größe und Richtung übereinstimmt. Dies hängt davon ab, ob man den Querschnitt zugehörig zu dem abgeschnittenen Körperteil betrachtet, an dem das betrachtete äußere Moment wirkt, oder den anderen. Es seien A und B die durch den Schnitt getrennten Körperteile. Das äußere Torsionsmoment M greife in A an, dann ist das innere Moment in der zu B gehörigen Schnittfläche $-M_T$, in der zu A gehörigen Schnittfläche $+M_T$.

15. Anwendung der Randbedingungen.

Die erste Randbedingung führt bei reinem Torsionsmoment M_T zu den Gleichungen

$$\int \tau_y\cdot dF = 0;\quad \int \tau_z\cdot dF = 0;\quad \int (\tau_y\cdot z - \tau_z\cdot y)\cdot dF = M_T, \tag{22a, b, c}$$

die den Bedingungen

$$\sum X = 0, \quad \sum Y = 0, \quad \sum M = 0$$

entsprechen.

Die Integrale erstrecken sich über den ganzen Querschnitt; es sind die Werte für τ_y und τ_z aus Gl. (21) einzusetzen. Es werden dann die beiden ersten Gleichungen von (22), nämlich $\sum X = 0$, $\sum Y = 0$, unter allen Umständen aus Symmetriegründen erfüllt. Die dritte ($\sum M = 0$) wird mit J_y und J_z als Trägheitsmomenten bezüglich der Y- und Z-Achse zu

$$\left. \begin{aligned} n \cdot J_y - m \cdot J_z + (n_1 - m_1) \int y^2 \cdot z^2 \cdot dF + n_2 \int z^4 \cdot dF \\ - m_2 \int y^4 \cdot dF = M_T . \end{aligned} \right\} \quad (23)$$

Die zweite Bedingung führt zu den Cauchyschen Gleichungen (Kap. V, Abschn. 21). Beachtet man, daß für unsern Fall σ_x, σ_y, σ_z, τ_x, X, Y, Z verschwinden, so wird

$$\left. \begin{aligned} \frac{d\tau_y}{dy} + \frac{d\tau_z}{dz} = 0; \\ \frac{d\tau_y}{dx} = 0; \quad \frac{d\tau_z}{dx} = 0. \end{aligned} \right\} \quad (24\text{a, b, c})$$

Gl. (24a) wird mit den Werten aus Gl. (21)

$$\left. \begin{aligned} 2\, n_1 \cdot z \cdot y + 2\, m_1 \cdot z \cdot y = 0, \\ n_1 + m_1 = 0. \end{aligned} \right\} \quad (25)$$

Gl. (24b u. c) sind auf jeden Fall erfüllt, wenn man beachtet, daß die Konstanten von x unabhängig sind, da wir einen Querschnitt in einem Stabteil mit konstantem Moment betrachten.

Für die Auswertung der dritten Bedingung betrachte man Abb. 137. Die Linie $P_1 D$ bezeichne die Berandung des Körpers bei P_1. P_1 ist also ein Oberflächenpunkt.

Es ist

$$\overline{P_1 C} = -dy; \quad \overline{CD} = dz.$$

Dann muß sein, da es sich um eine freie Oberfläche handelt,

$$\frac{\tau_y}{-\tau_z} = \frac{-dy}{dz} \quad \text{oder} \quad \frac{\tau_z}{\tau_y} = \frac{dz}{dy}. \quad (26)$$

Diese Bedingung führt zu Werten der Konstanten, die von der Gestalt des Querschnitts abhängen. τ_y und τ_z sind also Funktionen von y und z, die von der Querschnittsausbildung abhängig sind. Die Gl. (23), (25) und (26) müssen in jedem Fall erfüllt sein[1].

---

[1] Anmerkung d. Übers.: Der vorstehend gegebene Rechnungsgang stellt eine Näherungslösung dar. Alle andern als Kreisquerschnitte, die auf Torsion beansprucht sind, können in Spannungs- und Verzerrungszustand nur mit Hilfe der Elastizitätstheorie bestimmt werden. Die nachfolgend gegebene Näherungs-

16. Der elliptische Querschnitt.

Es werde ein elliptischer Querschnitt mit den Halbmessern b und c in der Y- bzw. der Z-Richtung (Abb. 138) untersucht, dessen Umrandung also der Gleichung genügt

$$\frac{y^2}{b^2} + \frac{z^2}{c^2} = 1.$$

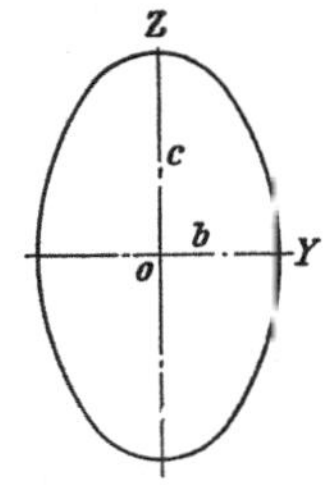

Abb. 138.

Daraus erhält man durch Differentiation

$$\frac{y \cdot dy}{b^2} + \frac{z \cdot dz}{c^2} = 0,$$

$$\frac{dz}{dy} = -\frac{c^2}{b^2} \cdot \frac{y}{z}.$$

Aus Gl. (21) und (26) erhält man für einen Punkt der Oberfläche

$$\frac{m + m_1 \cdot z^2 + m_2^2 \cdot y^2}{n + n_1 \cdot y^2 + n_2^2 \cdot z^2} = -\frac{c^2}{b^2}. \tag{27}$$

Diese Gleichung sowie Gl. (23) und (25) müssen befriedigt sein.

Legen wir

$$\left.\begin{aligned} \tau_y &= n \cdot z, \quad \tau_z = m \cdot y \\ \text{oder} \quad m_1 &= m_2 = n_1 = n_2 = 0 \end{aligned}\right\} \tag{21a}$$

zugrunde, dann erhalten wir aus Gl. (27)

$$m \cdot b^2 + n \cdot c^2 = 0.$$

Mit

$$J_y = \frac{\pi}{4} \cdot b \cdot c^3; \quad J_z = \frac{\pi}{4} \cdot c b^3, \tag{28}$$

wird sodann

$$m \cdot J_z + n \cdot J_y = 0.$$

Gl. (25) ist durch unsere zugrunde gelegte Annahme befriedigt, nach der m_1 und n_1 verschwinden.

Aus Gl. (23) folgt dann

$$n \cdot J_y - m \cdot J_z = M_T. \tag{29}$$

Die Gleichungen (21a), (28) und (29) stellen also die Lösung für den elliptischen Querschnitt dar. Sie ist, um dies zu wiederholen, auf der Annahme aufgebaut, daß $\tau_y = n \cdot z$ und $\tau_z = m \cdot y$.

---

lösung für den elliptischen Querschnitt stimmt in ihren Resultaten mit denen überein, die man durch die Methode der Elastizitätstheorie erhält. Wendet man dagegen die Näherungslösung auf rechteckige Querschnitte an, so kommt man zu Ergebnissen, die durch die genaue Rechnung nach der Elastizitätstheorie nicht bestätigt werden. Vgl. Föppl: Vorlesungen über Techn. Mechanik III, 9. Aufl., 9. Abschnitt, S. 335 ff.

Aus diesen Gleichungen folgt:

$$n = \frac{M_T}{2\,J_y}, \tag{30}$$

$$\tau_y = n \cdot z = \frac{M_T \cdot z}{2\,J_y}, \tag{31}$$

$$m = -\frac{M_T}{2\,J_z}, \tag{32}$$

$$\tau_z = m \cdot y = -\frac{M_T \cdot y}{2\,J_z}, \tag{33}$$

$$\tau = \sqrt{\tau_y^2 + \tau_z^2} = \frac{M_T}{2}\sqrt{\frac{z^2}{J_y^2} + \frac{y^2}{J_z^2}}, \tag{34}$$

$$= \frac{2\,M_T}{\pi \cdot b \cdot c}\sqrt{\frac{y^2}{b^4} + \frac{z^2}{c^4}}. \tag{34a}$$

Die resultierende Scherspannung τ wächst mit y und z und ist an irgendeinem Oberflächenpunkt am größten. Schreibt man Gl. (34a) in der Form

$$\tau = \frac{2\,M_T}{\pi \cdot b^2 \cdot c}\sqrt{\frac{y^2}{b^2} + \frac{z^2}{c^2} \cdot \frac{b^2}{c^2}}$$

so muß mit $b < c$, da

$$\frac{y^2}{b^2} + \frac{z^2}{c^2} = 1,$$

der Ausdruck unter der Wurzel kleiner als 1 sein.

Beachtet man, daß für den Oberflächenpunkt am Ende der kurzen Achse

$$y = b, \qquad z = 0$$

und am Ende der langen Achse

$$y = 0, \qquad z = c,$$

dann wird die resultierende Scherspannung am Ende der kurzen Achse

$$\tau = \tau_{\max} = \frac{2\,M_T}{\pi\, b^2 \cdot c}, \tag{35}$$

am Ende der langen Achse

$$\tau = \frac{2\,M_T}{\pi \cdot b \cdot c^2} = \tau_{\max} \cdot \frac{b}{c}. \tag{36}$$

Für einen Kreis ist

$$b = c = r$$

und

$$J_y = J_z; \quad J_y + J_z = 2\,J_y = J_p = \frac{\pi\, r^4}{2},$$

damit wird

$$\tau = \frac{M_T}{J_p} \cdot \sqrt{y^2 + z^2},$$

$$\tau_{\max} = \frac{M_T \cdot r}{J_p} = \frac{2\,M_T}{\pi \cdot r^3} = \frac{16\,M_T}{\pi\, d^3},$$

was mit den für den Kreisquerschnitt abgeleiteten Gleichungen übereinstimmt.

17. Der rechteckige Querschnitt.

Für einen rechteckigen Querschnitt mit den Seiten $2b$ und $2c$ (Abb. 139) ist

$$J_y = \frac{4}{3}\, b \cdot c^3,$$

$$J_z = \frac{4}{3}\, b^3 \cdot c.$$

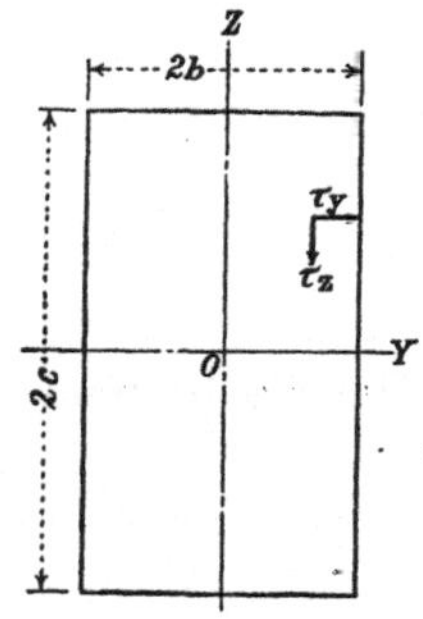

Abb. 139.

Die Oberflächenbedingung verlangt, daß an allen Oberflächenpunkten längs der vertikalen Seite

$$\tau_y = 0$$

und an den Oberflächenpunkten der horizontalen Seite

$$\tau_z = 0$$

wird; oder

$$\tau_y = 0 \quad \text{für} \quad y = \pm b \text{ für alle Werte } z,$$

$$\tau_z = 0 \quad \text{für} \quad z = \pm c \text{ für alle Werte } y.$$

Aus Gl. (21):

$$0 = n \cdot z + n_1 \cdot z \cdot b^2 + n_2 \cdot z^3 \text{ für alle Werte } z$$

oder

$$n_2 = 0; \qquad n_1 = -\frac{n}{b^2}.$$

Entsprechend wird

$$m_2 = 0; \qquad m_1 = -\frac{m}{c^2}.$$

Daraus folgt

$$\left.\begin{aligned} \tau_y &= n \cdot z \left(1 - \frac{y^2}{b^2}\right), \\ \tau_z &= m \cdot y \left(1 - \frac{z^2}{c^2}\right). \end{aligned}\right\} \qquad (21\text{b})$$

Diese Gleichung im Verein mit Gl. (23) und (25) stellt die Lösung dar.

Mit

$$\int y^2 \cdot z^2 \cdot dF = \frac{4}{9}\, c^3 \cdot b^3 = \frac{1}{3}\, J_y \cdot b^2 = \frac{1}{3}\, J_z \cdot c^2$$

wird Gl. (23)

$$n \cdot J_y - m \cdot J_z = \frac{3}{2} M_T. \qquad (23\text{a})$$

Gl. (25) wird

$$\frac{n}{b^2} + \frac{m}{c^2} = 0$$

oder, mit $\frac{4}{3}\, b \cdot c = \frac{J_y}{c^2} = \frac{J_z}{b^2}$ dividierend,

$$n \cdot J_y + m \cdot J_z = 0. \qquad (25\text{a})$$

Aus Gl. (23a) und (25a) findet man

$$\left.\begin{aligned} n &= \frac{3}{4}\,\frac{M_T}{J_y}\,,\\ m &= -\frac{3}{4}\,\frac{M_T}{J_z}\,,\\ \tau_y &= \frac{3}{4}\,\frac{M_T}{J_y}\cdot z\left(1-\frac{y^2}{b^2}\right),\\ \tau_z &= -\frac{3}{4}\,\frac{M_T}{J_z}\cdot y\left(1-\frac{z^2}{c^2}\right). \end{aligned}\right\} \qquad (37)$$

Die resultierende Scherspannung wird

$$\left.\begin{aligned} \tau &= \frac{3}{4}\cdot M_T\sqrt{\frac{y^2}{J_z^2}\left(1-\frac{z^2}{c^2}\right)^2+\frac{z^2}{J_y^2}\left(1-\frac{y^2}{b^2}\right)^2}\\ &= \frac{9}{16}\cdot\frac{M_T}{b\cdot c}\sqrt{\frac{y^2}{b^4}\left(1-\frac{z^2}{c^2}\right)^2+\frac{z^2}{c^4}\left(1-\frac{y^2}{b^2}\right)^2}\\ &= \frac{9}{16}\cdot\frac{M_T}{b^2\cdot c}\sqrt{\frac{y^2}{b^2}\left(1-\frac{z^2}{c^2}\right)^2+\frac{z^2}{c^2}\cdot\frac{b^2}{c^2}\left(1-\frac{y^2}{b^2}\right)^2}\,. \end{aligned}\right\} \qquad (38)$$

Der Ausdruck unter der Wurzel nimmt mit 1 seinen größten Wert für $z = 0$, $y = \pm b$ an, so daß

$$\tau_{\max} = \frac{9}{16}\,\frac{M_T}{b^2\cdot c} \qquad (39)$$

in der Mitte der größeren Querschnittsseite am Rande auftritt.

In der Mitte der kleineren Querschnittsseite am Rande mit $y = 0$, $z = \pm c$ wird

$$\tau = \frac{9}{16}\,\frac{M_T}{b\cdot c^2} = \frac{b}{c}\cdot\tau_{\max}\,. \qquad (40)$$

An den Ecken wird mit $y = \pm b$, $z = \pm c$

$$\tau = 0,$$

stimmt also mit den Überlegungen in Abschnitt 13 überein.

18. Die Ausnutzung verschiedener Querschnittsformen.

Es sei mit F die Querschnittsfläche bezeichnet. Es wird dann

für die Ellipse

$$\tau_{\max} = \frac{2\,M_T}{F\cdot b} \quad (F = \pi\cdot b\cdot c,\ b = \text{kleiner Halbmesser}),$$

für den Kreis

$$\tau_{\max} = \frac{4\,M_T}{F\cdot d} \quad (d = \text{Durchmesser}),$$

für das Rechteck

$$\tau_{\max} = \frac{9}{4}\,\frac{M_T}{F\cdot b} \quad (2\,\text{b} = \text{kleinere Seite}).$$

Für gegebene Werte M_T und F wird $\tau_{\max}$ für die Ellipse um so kleiner werden, je größer b wird. Das Optimum ist erreicht, wenn die Ellipse zum Kreis wird. Für das Rechteck wird τ_{max} um so kleiner, je größer b wird $\left(\text{da } b \cdot c = \frac{F}{4} = \text{konst.}\right)$, oder wenn das Rechteck zum Quadrat wird.

Wenn ein Kreis- und ein Quadratquerschnitt flächengleich sind, also

$$\frac{\pi d^2}{4} = l^2; \qquad l = \frac{d}{2}\sqrt{\pi},$$

dann ist für das Quadrat

$$\tau_{max} = \frac{9}{2}\,\frac{M_T}{l \cdot F} = \frac{9}{\sqrt{\pi}} \cdot \frac{M_T}{F \cdot d};$$

es verhalten sich also die Größtspannungen eines kreisförmigen und eines quadratischen Querschnitts bei gleichem F und M

$$\frac{\tau_{max\,(Quadrat)}}{\tau_{max\,(Kreis)}} = \frac{9}{4 \cdot \sqrt{\pi}},$$

$$\tau_{max\,(Quadrat)} = 1{,}269 \cdot \tau_{max\,(Kreis)}\,.$$

Das hängt damit zusammen, daß einzelne Teile des quadratischen Querschnitts schlecht oder gar nicht (an den Ecken) ausgenützt sind.

Der kreisförmige Querschnitt ist also für eine Welle der günstigste Querschnitt.

Der kreisringförmige Querschnitt würde nach theoretischen Erwägungen der Festigkeitslehre noch günstiger sein als der Kreisquerschnitt. So hat z. B. ein Kreisringquerschnitt mit den Radien r und $0{,}8\,r$ nur die 0,366fache Maximalspannung eines flächengleichen Kreisquerschnitts mit gleichem Torsionsmoment. Kreisringquerschnitte werden jedoch aus praktischen Gründen wenig ausgeführt.

Wie oben gezeigt wurde, ist bei dem elliptischen und dem rechteckigen Querschnitt die größte Scherspannung am Rande und zwar an der Stelle, die dem Querschnittsschwerpunkt am nächsten liegt. Das gleiche gilt für unregelmäßige Querschnitte. Einschnürungen sind darum bei Wellen besonders gefährlich. Andrerseits sind auch Verstärkungen, etwa durch Rippen, schädlich; sie erhöhen nicht etwa die Widerstandsfähigkeit einer Welle, sondern schwächen sie im Gegenteil, im Gegensatz zu den bei Balken und Säulen bestehenden Verhältnissen.

In Kapitel X sind noch einige Betrachtungen über Torsionsbeanspruchungen eingefügt, die im Zusammenhang mit Kapitel VIII zu lesen sind. Der Leser, der bis jetzt der Führung dieses Buches gefolgt ist, ist aber noch nicht in der Lage, die Betrachtungen in Kap. X ganz zu verstehen.

IX. Die Verteilung einer auf eine ebene Fläche wirkenden Normalkraft (Spannungen bleiben dabei unterhalb der Elastizitätsgrenze).

1. Methodisches.

Hat man mit Hilfe der Methoden der Statik die äußeren auf einen Körper wirkenden Kräfte bestimmt, so muß man für jeden Punkt des Körpers den Spannungszustand, d. h. Größe und Richtung der in jedem Punkt in jeder Ebene wirkenden Spannungen festlegen. Die Spannungen dürfen dabei über einen gewissen Betrag nicht hinausgehen, der je nach dem verwendeten Material und dem Konstruktionsteil verschieden ist und vielfach durch behördliche Vorschriften festgelegt ist.

Wir wollen auf diese kurz dargelegte Methodik etwas näher eingehen. Der Ingenieur muß sich zunächst darüber klar werden, welche Art von Lasten das Bauwerk beanspruchen wird. Eine nur selten aufgebrachte Last kann ohne Schaden für die Konstruktion größer sein als eine ständig oder gar häufig wiederholt wirkende Last. Dies ist u. U. sehr wohl zu berücksichtigen, um auf der einen Seite zwar sicher, auf der anderen Seite aber auch nicht unwirtschaftlich zu bauen.

Die angreifenden Kräfte werden nicht immer ihrer Lage nach festliegen, vielmehr werden sie häufig — bis auf das Eigengewicht — beweglich sein, z. B. bei einer Brücke; dann muß der Ingenieur die (für die Beanspruchung eines bestimmten Stabes oder Querschnitts) ungünstigste Laststellung bestimmen. Nach Ermittlung der Reaktionen kann dann die gesuchte ungünstigste Kraftwirkung und damit der Spannungszustand festgelegt werden.

Der Gang der Rechnung wäre also etwa folgender:

1. Bestimme das System der Nutzlast.

2. Bestimme die ungünstigste Stellung des Nutzlastsystems für irgendeinen betrachteten Querschnitt (die Kenntnis der Einwirkung auf einen Querschnitt wird in der Regel nicht genügen, vielmehr wird man eine ganze Anzahl Querschnitte in dieser Weise untersuchen müssen).

3. Bestimme die Reaktionen für diese ungünstigste Nutzlaststellung und für das Eigengewicht.

4. Bestimme die auf den betrachteten Querschnitt wirkenden Kräfte.

5. Bestimme die Verteilung jener Kräfte über den Querschnitt und den Spannungszustand an jedem Punkt des Querschnitts.

Das vorliegende Kapitel wird über die wichtige Frage der Verteilung einer gegebenen Kraft über einen gegebenen Querschnitt handeln. Dazu bedient man sich der stets anwendbaren Schnittmethode. Diese besteht darin, daß man sich den Körper mittels eines Schnittes durch den betrachteten Querschnitt in zwei Teile geschnitten und den einen Teil entfernt denkt. Es kann sowohl der eine wie der andere Teil entfernt gedacht werden. Durch diesen Kunstgriff werden die inneren, von dem entfernten auf den stehenbleibenden Teil wirkenden Kräfte zu äußeren Kräften gemacht, die mit den andern auf den betrachteten Teil wirkenden äußeren Kräften im Gleichgewicht stehen und mit Hilfe der Gleichgewichtsbedingungen sodann zu erfassen sind.

2. Die Art der untersuchten Zusammenhänge.

Wird ein Rundschnitt geführt, d. h. ein Schnitt, der ein Körperteilchen aus dem Innern des Körpers so herausschneidet, daß die Schnittflächen nicht die Körperoberfläche schneiden, dann ergeben uns die für jenes Körperelement angesetzten Gleichgewichtsbedingungen Beziehungen zwischen den auf den Flächen des Elements wirkenden inneren Kräften und dem Eigengewicht des Elements; dieses ist die einzige äußere Kraft (abgesehen von etwaigen anderen Massenkräften). Die Kraft, die auf eine Fläche des Elements wirkt, ist hinsichtlich ihrer Größenordnung das Produkt aus einer (stets) endlichen Spannung und zweier Längen; das Gewicht ist das Produkt aus einem (stets) endlichen Raumgewicht und dreier Längen. Daraus folgt, daß bei der Betrachtung eines Elements mit linearen Ausdehnungsmaßen von der Größe von Differentialen das Gewicht gegenüber den Flächenkräften stets vernachlässigt werden darf, da es von einer höheren Ordnung klein ist. Die Untersuchung des Gleichgewichtszustandes eines durch Rundschnitt gewonnenen Körperelements liefert also die Beziehungen zwischen den Spannungen an einem Punkte in verschiedenen Ebenen. Dieses ist eine ganz allgemeine Methode zur Untersuchung der Zusammenhänge zwischen inneren Kräften; sie ist in Kapitel V angewendet worden.

Ist das herausgeschnittene Körperelement zum Teil von der Körperoberfläche begrenzt, auf die äußere Kräfte wirken (Teilschnitt), so liefert die Gleichgewichtsuntersuchung Beziehungen zwischen den äußeren Kräften, die auf die der Körperoberfläche angehörende Fläche des Elements, und zwischen den inneren Kräften, die auf die übrigen Flächen des Elements wirken.

Ist der Körper durch einen Trennschnitt in zwei Teile getrennt, so geben die Gleichgewichtsbedingungen Beziehungen zwischen den inneren Kräften und der resultierenden äußeren Kraft, die auf den betrachteten Schnitt wirken, also Beziehungen zwischen inneren und äußeren Kräften.

Die Schnittmethode ist eine Methode von allgemeiner Gültigkeit zur Bestimmung von inneren Kräften in einem Körper, wobei man je nach der Art der gesuchten Zusammenhänge einen Rundschnitt, einen Teilschnitt oder einen Trennschnitt führt. Ist die Wahl der Begrenzungsflächen frei, so wird man der Einfachheit halber ebene Flächen wählen. In diesem Kapitel werden wir uns mit den Beziehungen zwischen inneren und äußeren Kräften, also mit der Frage beschäftigen, welche Spannungen an beliebigen Punkten des Körpers durch gegebene äußere Kräfte erzeugt werden. Wir führen (vgl. oben) einen Trennschnitt; die geschnittene Körperfläche nennt man einen Querschnitt (Definition eines speziellen Begriffs Querschnitt siehe unter Abschnitt 5). Die in dem Querschnitt angreifende resultierende innere Kraft muß der Resultierenden der äußeren Kräfte, die auf den durch den Schnitt abgetrennten Körperteil wirken, das Gleichgewicht halten und kann also mit Hilfe der Gleichgewichtsbedingungen gefunden werden. Es tritt dann die Frage auf, wie sich diese Kraft über den Querschnitt verteilt, also die Frage nach Größe und Richtung der Spannungen an jedem Punkt des Querschnitts. Die Schnittrichtung ist an und für sich beliebig; wir werden später sehen, wie sie zweckmäßig gewählt wird. Es muß das Bestreben sein, die Schnittfläche der ungünstigsten, d. h. der größten Beanspruchungen jeweils zu finden.

In Kapitel II ist auseinandergesetzt, wie man die Resultierende von gegebenen Kräften findet.

Wirken alle Kräfte in einer Ebene, wie dies am häufigsten der Fall ist oder doch angenommen wird, so ist die Resultierende der auf einer Seite des Schnittes wirkenden Kräfte entweder eine Einzelkraft oder ein Kräftepaar.

Die Einzelkraft schneidet die Querschnittsebene in irgendeinem Punkt der Schnittlinie der Querschnitts- und der Kräfteebene, wobei der Punkt innerhalb oder außerhalb der Querschnittsfläche liegen kann. In jenem Punkt kann dann die Kraft in eine Normal- und Tangentialkraft in bezug auf den Querschnitt zerlegt werden.

Ein Kräftepaar besteht aus zwei gleich großen, entgegengesetzt gerichteten Kräften, deren Wirkungslinien parallel zueinander liegen. Da die Größe durch Kraft $\times$ Hebelarm bestimmt ist, kann man die beiden Faktoren, ohne an der Kraftwirkung etwas zu ändern, variieren, wenn das Produkt konstant bleibt. Läßt man den Hebelarm gegen Unendlich gehen, so geht die Kraft gegen Null.

Eine Kraft oder ein Kräftepaar, in der Ebene des Querschnitts tangential wirkend, erzeugt Scherspannungen (vgl. Kap. V, VII, VIII). Betr. die Resultierende eines räumlichen Kraftsystems vgl. Kap. II.

3. Darstellung des allgemeinen Rechnungsganges für ein ebenes Kraftsystem.

Es sei ein unter der Einwirkung äußerer Kräfte stehender, im Gleichgewicht befindlicher Körper durch einen Trennschnitt in zwei Teile A und B zerlegt; der Teil A sei entfernt. Soll der Teil B im Gleichgewicht bleiben, so muß die Resultierende aller auf B wirkenden äußeren Kräfte gleich und entgegengerichtet sein

a) der Resultierenden aller auf A wirkenden äußeren Kräfte und

b) der Resultierenden aller inneren Kräfte, die von A auf B ausgeübt werden, und die wir uns als äußere Kräfte in der zu B gehörigen Schnittfläche angebracht denken.

Die Resultierende aller auf B wirkenden äußeren Kräfte sei die Kraft $\overline{a\,b}$, in a angreifend (Abb. 140). Man zerlege $\overline{a\,b}$ in drei Komponenten parallel den Achsen eines rechtwinkligen Koordinatensystems $O\,X$, $O\,Y$,

OZ, wobei OX und OY in der Querschnittsebene liegen und O der Querschnittsschwerpunkt sei; $\overline{ac}$ sei die Normalkomponente N, $\overline{ae}$ und $\overline{af}$ die Tangentialkomponenten T_x und T_y. Der Punkt a habe die Koordinaten x_1 und y_1*.

In a' und in O bringe man zwei gleich große, entgegengesetzt gerichtete Kräfte N in der Z-Richtung, in a' ferner zwei gleich große, entgegengesetzt gerichtete Kräfte T_x in der X-Richtung und am Punkt a'' zwei gleich große, entgegengesetzt gerichtete Kräfte T_y an. Die Lage der Punkte a' und a'' geht klar aus Abb. 140 hervor. Die Kraft $\overline{ab}$ ist dann äquivalent elf Kräften, die sich in drei Einzelkräfte und drei Kräftepaare wie folgt zusammenfassen lassen:

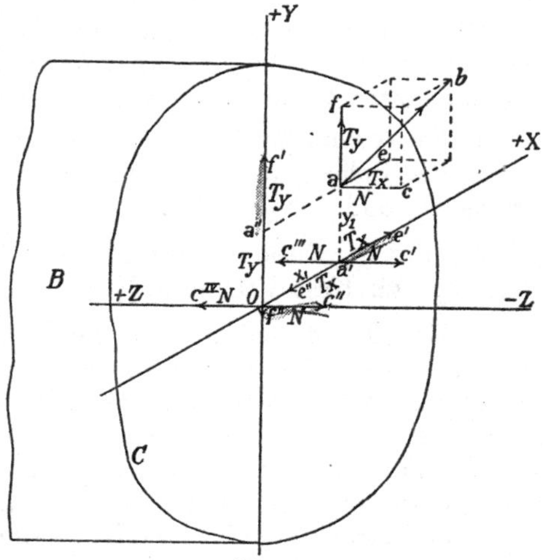

Abb. 140.

1. Eine Normalkraft $\overline{Oc''} = N$, die in O angreift und, wie wir sehen werden, gleichmäßig über den Querschnitt verteilte Normalspannungen erzeugt (in vorliegendem Falle Druckspannungen).

2. Eine Tangentialkraft $\overline{a'e'} = T_x$, in O angreifend, die den Teil B in der Richtung OX von A abzuscheren sucht.

3. Eine Tangentialkraft $\overline{a''f'} = T_y$, in O angreifend, die B in der Richtung OY von A abzuscheren sucht.

Die Kräfte 2. und 3. erzeugen Scherspannungen in dem Querschnitt.

4. Ein Kräftepaar, das B um die Achse OZ zu drehen sucht und das aus zwei Kräftepaaren resultiert: einem Kräftepaar mit den Kräften $\overline{ae}$ und $\overline{a'e''}$ und dem absoluten Momentenwert $T_x \cdot y_1$ sowie einem Kräftepaar mit den Kräften $\overline{af}$ und $\overline{a''f''}$ und einem absoluten Momentenwert $T_y \cdot x_1$.

---

* Anmerkung: Wegen der Wichtigkeit der Zusammenhänge soll noch einmal dargelegt werden: Innere Kräfte in einer Querschnittsfläche eines Körpers sind dadurch bedingt, daß der Resultierenden der äußeren Kräfte, die auf einem der beiden durch den Querschnitt getrennten Körperteile wirken, durch Flächenkräfte, in dem zu dem anderen Körperteil gehörenden Querschnitt wirkend, das Gleichgewicht gehalten werden muß. Um nur mit äußeren Kräften rechnen zu müssen, hat man sich einen der beiden Körperteile entfernt zu denken. Dabei muß man sich klar sein, welcher Teil entfernt ist und welcher betrachtet wird. Dabei ist an sich keiner der beiden Teile vor dem andern bevorzugt; man wird im allgemeinen den Teil stehen lassen, bei dem die Betrachtung am einfachsten ist, also den, an dem die wenigsten äußeren Kräfte angreifen. Die Flächenkräfte, die man bei der Untersuchung des einen bzw. des andern Teiles erhält, sind einander gleich, jedoch entgegengesetzt gerichtet.

5. Ein Kräftepaar, das B um die Achse OX zu drehen versucht mit dem absoluten Momentenwert $N \cdot y_1$.

6. Ein Kräftepaar, das B um die Achse OY zu drehen sucht mit dem absoluten Momentenwert $N \cdot x_1$.

Die Verteilung der Spannungen muß die statische Bedingung erfüllen, daß diese die gleichen resultierenden Kräfte und Kräftepaare wie die unter 1. bis 6. genannten ergeben. Die Aufgabe ist:

a) die Normalspannungen durch die bei a wirkende Normalkraft N,

b) die Scherspannungen durch die bei a wirkenden Tangentialkräfte T_x und T_y zu finden.

In diesem Kapitel wird nur der Teil a) der Aufgabe behandelt. Betr. b) vgl. Kap. VIII und X.

In Kap. II ist bereits von der gebräuchlichen Art die Rede gewesen, wie die Verteilung von Spannungen über eine ebene Fläche F dargestellt wird. Es wird in jedem Punkt der Fläche die dort wirkende Spannung in irgendeinem Spannungsmaßstab senkrecht aufgetragen. Die Endpunkte aller dieser Lote liegen auf einer Fläche V, die eben oder gekrümmt sein kann. Ist V eben und parallel zu F, so ist die Kraft, im betrachteten Fall die Normalkraft gleichmäßig verteilt und die Spannung an jedem Punkt ist $\frac{N}{F}$. Ist V eben, aber nicht parallel zu F, so schneidet die Ebene V die Ebene F in einer geraden Linie, die inner- oder außerhalb der Fläche F liegen kann. Auf dieser Schnittlinie verschwinden die Normalspannungen, sie heißt neutrale Achse oder Nullinie (abgekürzt N.L.). Die Normalspannungen sind auf jeder Geraden auf F linear veränderlich mit Ausnahme auf allen Geraden parallel zur N.L. Ihre Größe ist in jedem Punkt proportional der Entfernung des Punktes von der N.L. Eine derartige Verteilung nennt man eine lineare Spannungsverteilung. Ist V eine krumme Fläche, so ist die Spannungsverteilung weder gleichmäßig noch linear.

In jedem Fall ist N proportional dem Volumen des zwischen den Flächen F und V eingeschlossenen Raumes und geht durch den Schwerpunkt dieses Raumes hindurch. Denn jedes senkrecht auf F stehende Raumelement (Raumprisma) stellt ein Kraftelement dar, und da N die Resultierende aller dieser Kraftkomponenten ist, muß N durch den Schwerpunkt des Raumkörpers gehen, der die Gesamtheit der Elemente darstellt.

Wir haben also bezüglich der Verteilung von N drei statische Bedingungen: Die Summe der Flächenkräfte muß gleich N sein, ihre Resultierende muß durch a (Abb. 140) gehen und N gleichgerichtet sein. Jede Spannungsverteilung, die diesen Bedingungen genügt, ist statisch möglich. Es wäre z. B. mit diesen statischen Bedingungen durchaus verträglich, wenn an einer Stelle Zugspannungen und ringsherum nur Druckspannungen wirken, obwohl eine derartige Kraftverteilung unmöglich ist. Entsprechendes kann von der Verteilung von T_x und T_y über F gesagt werden.

Es stelle $\overline{a\,b}$ Abb. 141 eine rechteckige Querschnittsfläche mit der Ausdehnung 1 senkrecht zur Zeichenebene dar. Die Spannungen sollen nur in der Richtung $a\,b$, nicht aber senkrecht zu $a\,b$ veränderlich sein. N wirke im Schwerpunkt der Fläche, der durch e dargestellt sei. Dann sind die Spannungsverteilungen nach den Linien $c\,d$, $c_1\,d_1$, $c_2\,d_2$, $c_3\,d_3$, $c_4\,d_4$ ... $c_n\,d_n$ statisch möglich, sofern das Volumen $a\,c_n\,d_n\,b$ (in dem richtigen Maßstab gemessen) den Wert von N unter Berücksichtigung des Vorzeichens ergibt und sein Schwerpunkt sich senkrecht über e befindet. Dabei braucht die Verteilung natürlich nicht etwa symmetrisch zu e zu sein. Die Symmetrie der Kraftverteilung ist nur ein Spezialfall hinsichtlich der Erfüllung der statischen Bedingung, daß der Schwerpunkt des Körpers $a\,c_n\,d_n\,b$ sich über e befinden muß. Die Kraftverteilung nach $c_4\,d_4$ zeigt sogar zwei Nullinien.

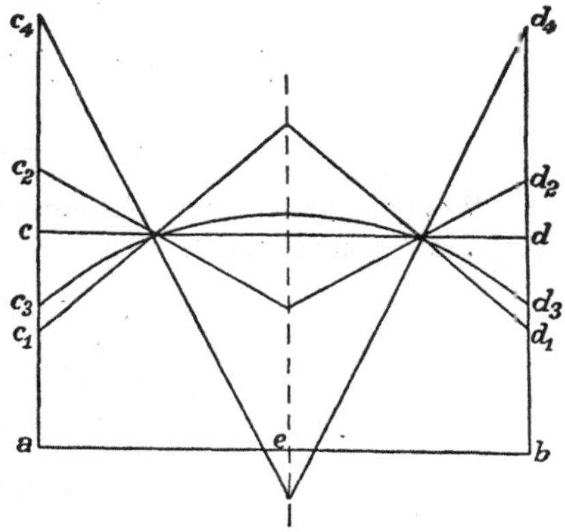

Abb. 141.

Das Problem der Spannungsverteilung kann also durch die Methoden der Statik allein nicht gelöst werden; man ist gezwungen, durch weitere physikalische Bedingungen oder durch auf dem Versuchsweg gewonnene Erkenntnisse dem wirklichen Gesetz der Verteilung näher zu kommen. Diese Annahmen werden später behandelt werden.

4. Allgemeine Gleichungen.

In einem Querschnittsteilchen $df = dx \cdot dy$ einer auf ein rechtwinkliges Achsenkreuz $O\,X$, $O\,Y$ bezogenen Querschnittsfläche mögen die Normalspannung σ und die Scherspannungen τ_x und τ_y (in der X- bzw. Y-Richtung) wirken. Die Kräfte, die das Flächenteilchen beanspruchen, sind dann

$$dN = \sigma \cdot df,$$
$$dT_x = \tau_x \cdot df,$$
$$dT_y = \tau_y \cdot df.$$

Faßt man diese Kräfte als die Kräfte auf, die von A auf B ausgeübt werden, so hält ihre Resultierende der Kraft $\overline{a\,b}$ (Abb. 140) das Gleichgewicht. Diese Bedingung ist die einzige, die irgendwelchen Beziehungen statischer Art zugrunde liegen kann. Bevor wir sie mathematisch ausdrücken, müssen wir ein Übereinkommen über die Vorzeichen treffen. Wir wollen Scherkräfte und Scherspannungen positiv bezeichnen, wenn sie in der positiven Richtung der ihnen parallelen Achsenrichtung des Koordinatensystems wirken; Normalkräfte und -spannungen seien positiv als Zugkräfte und -spannungen. Momente seien positiv genannt, wenn sie dem Beschauer rechtsdrehend erscheinen, der von der positiven Seite der jeweiligen Drehachse gegen den Ursprungspunkt hin sieht.

Die sechs Gleichgewichtsbedingungen lauten

$$\sum X = 0; \quad \sum Y = 0; \quad \sum Z = 0;$$

$$\sum M_x = 0; \quad \sum M_y = 0; \quad \sum M_z = 0.$$

Wendet man diese Gleichungen auf den allgemeinen Fall der Abb. 140 an, so ergibt sich

$$\int \tau_x \cdot df + T_x = 0, \tag{1}$$

$$\int \tau_y \cdot df + T_y = 0, \tag{2}$$

$$\int \sigma \cdot df - N = 0, \tag{3}$$

$$-\int \sigma \cdot y \cdot df + N \cdot y_1 = 0, \tag{4}$$

$$\int \sigma \cdot x \cdot df - N \cdot x_1 = 0, \tag{5}$$

$$-\int \tau_x \cdot y \cdot df + \int \tau_y \cdot x \cdot df - T_x \cdot y_1 + T_y \cdot x_1 = 0. \tag{6}$$

Bezeichnen wir mit M_x, M_y, M_z die Momente der äußeren auf B wirkenden Kräfte in bezug auf die X-, Y-, Z-Achse unter Beachtung der oben gegebenen Vorzeichenregeln, so kann man die sechs Gleichungen schreiben

$$\int \tau_x \cdot df = -T_x, \tag{1}$$

$$\int \tau_y \cdot df = -T_y, \tag{2}$$

$$\int \sigma \cdot df = N, \tag{3}$$

$$\int \sigma \cdot y \cdot df = N \cdot y_1 = +M_x, \tag{4}$$

$$\int \sigma \cdot x \cdot df = N \cdot x_1 = -M_y, \tag{5}$$

$$\int \tau_x \cdot y \cdot df - \int \tau_y \cdot x \cdot df = -T_x \cdot y_1 + T_y \cdot x_1 = +M_z. \tag{6}$$

In bezug auf die Vorzeichen besagen diese Gleichungen nichts anderes, als daß eine Kraft T_x, die auf B in der Wirkungsgeraden $+OX$ angreift, Scherspannungen erzeugt, die in der entgegengesetzten Richtung auf B wirken; daß eine Kraft T_y, auf B in $+OY$ wirkend, Scherspannungen erzeugt, die in der entgegengesetzten Richtung auf B wirken; daß eine Normalkraft in B, die von B wegwirkt, Zugspannungen hervorruft; daß ein rechtsdrehendes Moment M_x auf B um die X-Achse oberhalb OX, also für positive y-Werte, Zugspannungen, daß ein rechtsdrehendes Moment M_y auf B für positive x-Werte Druckspannungen hervorruft, und daß ein rechtsdrehendes Moment M_z auf B positive τ_x- und negative τ_y-Spannungen für positive x- und y-Werte hervorruft. Der Leser mache sich diese Zusammenhänge wegen ihrer Wichtigkeit deutlich klar.

Wir haben also sechs Gleichungen, in denen die drei unbekannten Spannungen σ, τ_x, τ_y vorkommen, die wieder Funktionen des Ortes sind, also von x und y abhängen. Die Gleichungen (1), (2) und (6) betreffen nur die Scherspannungen, während (3), (4) und (5) nur über die Normalspannungen etwas aussagen. Wären die Scherspannungen gleichmäßig über den Querschnitt verteilt, so erhielte man aus Gl. (1) und (2)

$$\tau_x = -\frac{T_x}{F}; \qquad \tau_y = -\frac{T_y}{F}$$

und die Resultierende der Scherspannungen in der X- und der Y-Richtung ginge durch O, den Querschnittsschwerpunkt. Dies würde jedoch Gl. (6) nicht befriedigen bis auf den Fall, daß die Punkte a und O zusammenfallen. Zunächst wollen wir von der Erörterung der Gl. (1), (2) und (6) absehen und uns nur mit den Gl. (3), (4) und (5) beschäftigen. Diese drei Gleichungen können erst benützt werden, wenn wir eine Funktion des Ortes, also die Abhängigkeit der σ-Werte von x und y, zugrunde legen. Da wir drei Gleichungen haben, so muß die gesuchte Funktion zwischen σ und x und y derart sein, daß drei zu bestimmende Konstanten darin vorkommen.

Es sind natürlich unendlich viele Funktionen möglich. Nehmen wir z. B. an

$$\sigma = a + b \cdot x + c \cdot x^2.$$

Diese Funktion würde σ zu einer Abhängigen nur von x und von y unabhängig machen, d. h. alle Punkte jeweils auf einer Parallelen zu OY hätten das gleiche σ. Eine derartige Annahme wäre töricht, da allgemein die x-Richtung vor der y-Richtung nicht bevorzugt sein kann. Rein mathematische Überlegungen führen nicht zum Ziel, wir müssen die physikalischen Grundlagen prüfen. Es ist jedenfalls offensichtlich, daß σ in der gleichen allgemeinen Weise von x und von y abhängig sein muß. Da σ im Koordinatenursprung einen endlichen Wert haben kann, so hat die Spannungsfunktion unter Annahme eines Potenzgesetzes die Formen

$$\sigma = a + b\,x + c\,y, \tag{7}$$

oder

$$\sigma = a + b\,x^2 + c\,y^2,$$

oder allgemein

$$\sigma = a + b\,x^n + c\,y^n.$$

Jedes Gesetz außer dem ersten nach Gl. (7) würde für die Spannungsverteilung eine krumme Fläche ergeben. Die lineare Spannungsverteilung ist jedoch offenbar die einfachste mögliche. Legen wir sie unseren Ableitungen zugrunde, so nehmen die Gl. (3), (4) und (5) folgende Formen an:

$$N = a \iint dx\,dy + b \iint x \cdot dx \cdot dy + c \iint y\,dx\,dy,$$

$$N \cdot y_1 = M_x = a \iint y\,dx\,dy + b \iint x \cdot y \cdot dx\,dy + c \iint y^2 \cdot dx \cdot dy,$$

$$N \cdot x_1 = -M_y = a \iint x \cdot dx \cdot dy + b \iint x^2 \cdot dx \cdot dy + c \iint x \cdot y \cdot dx\,dy.*$$

Haben wir (vgl. oben) als Koordinatenursprung den Querschnittsschwerpunkt gewählt, so bestehen folgende Beziehungen:

$$\iint x\,dx\,dy = \iint y\,dx\,dy = 0,$$

$$\iint x^2\,dx\,dy = J_y,$$

$$\iint y^2\,dx\,dy = J_x,$$

$$\iint x\,y\,dx\,dy = Z,$$

ferner ist $$\iint dx\,dy = F.$$

J_x und J_y sind die Trägheitsmomente des Querschnitts in bezug auf die X- und die Y-Achse, Z ist das Zentrifugalmoment in bezug auf die X- und Y-Achse. Die Gl. (3), (4) und (5) nehmen nunmehr die Form an

$$N = a \cdot F,$$

$$N \cdot y_1 = b \cdot Z + c \cdot J_x,$$

$$N \cdot x_1 = b \cdot J_y + c \cdot Z.$$

Daraus geht hervor

$$a = \frac{N}{F},$$

$$b = N \cdot \frac{J_x \cdot x_1 - Z \cdot y_1}{J_x \cdot J_y - Z^2},$$

$$c = N \cdot \frac{J_y \cdot y_1 - Z \cdot x_1}{J_x \cdot J_y - Z^2}$$

und schließlich

$$\sigma = \frac{N}{F} + \frac{N \cdot x\,(J_x \cdot x_1 - Z \cdot y_1)}{J_x \cdot J_y - Z^2} + \frac{N \cdot y\,(J_y \cdot y_1 - Z \cdot x_1)}{J_x \cdot J_y - Z^2}.** \qquad (8)$$

Dies ist der allgemeine Ausdruck für die Normalspannung an einem beliebigen Punkt (x, y) eines in einem beliebigen Punkt (x_1, y_1) durch eine Normalkraft beanspruchten Querschnitts unter Annahme linearer Spannungsverteilung, wobei der Querschnitt auf ein rechtwinkliges Achsenkreuz X, Y mit dem Ursprungspunkt im Querschnittsschwerpunkt bezogen ist.

---

* Anmerkung: Die Betrachtungen dieses Kapitels gelten, wie ausdrücklich bemerkt sein soll, nur innerhalb des elastischen Bereiches und des Hooke'schen Gesetzes. Spannungszustände, für die diese beiden Voraussetzungen nicht zutreffen, sind in Kap. X, Abschn. 36 erörtert. In den Abschn. 29 und 30 des Kap. X ist dargelegt, warum diese Spannungsverteilung bei Gültigkeit der beiden oben genannten Voraussetzungen zutrifft, wenn in dem betrachteten Querschnitt nur Normalspannungen wirken, und daß weiterhin die Verteilung der Normalspannungen unbeeinflußt davon bleibt, wenn der Querschnitt außerdem von ungleichmäßig verteilten Scherspannungen beansprucht wird.

** Diese Gleichung wurde von dem Verfasser zuerst in „Van Nostrands Engineering Magazine" 1880 in dem Aufsatz: „A general formula for the normal stress in beams of any shape" veröffentlicht.

Für den Punkt $(x, y) = 0$ wird

$$\sigma = \frac{N}{F} = a .$$

Es ist also unter Annahme linearer Spannungsverteilung die Normalspannung im Querschnittsschwerpunkt stets gleich der mittleren Spannung.

Die Konstante b gibt das Maß der Änderung der Normalspannung in jeder Parallelen zu OX (wenn man um die Einheit in der X-Richtung fortschreitet).

Die Konstante c gibt das Maß der Änderung der Normalspannung in jeder Parallelen zu OY (wenn man um die Einheit in der Y-Richtung fortschreitet).

Sind die Achsen des rechtwinkligen Achsenkreuzes Hauptachsen, so verschwindet Z und Gl. (8) wird zu

$$\sigma = \frac{N}{F} + \frac{N \cdot x \cdot x_1}{J_y} + \frac{N \cdot y \cdot y_1}{J_x} \tag{9}$$

oder da, im Absolutbetrage,

$$N \cdot x_1 = M_y; \qquad N \cdot y_1 = M_x ,$$

so wird, in Absolutbeträgen,

$$\sigma = \frac{N}{F} + \frac{M_y \cdot x}{J_y} + \frac{M_x \cdot y}{J_x} . \tag{10}$$

Unter Beachtung unserer Vorzeichenregeln wird

$$\sigma = \frac{N}{F} - \frac{M_y \cdot x}{J_y} + \frac{M_x \cdot y}{J_x} . \tag{10 a}$$

In jedem einzelnen Fall wird die Vorzeichenfrage durch Überlegung leicht zu entscheiden sein. Um die Aufmerksamkeit darauf zu lenken, wird es gut sein, die beiden letzten Ausdrücke der Gl. (9) mit doppeltem Vorzeichen zu versehen:

$$\sigma = \frac{N}{F} \pm \frac{N \cdot x \cdot x_1}{J_y} \pm \frac{N \cdot y \cdot y_1}{J_x} \tag{11}$$

oder

$$\sigma = \frac{N}{F} \pm \frac{M_y \cdot x}{J_y} \pm \frac{M_x \cdot y}{J_x} . \tag{12}$$

Diese Gleichungen, die also lineare Spannungsverteilung, den Koordinatenursprung im Querschnittsschwerpunkt und Hauptachsen voraussetzen, geben die allgemeinen Beziehungen zwischen Normalspannungen und äußeren Kräften.

Geht die Kraftebene durch eine der beiden Hauptachsen, so erhält man die meistgebrauchten Beziehungen

$$\sigma = \frac{N}{F} \pm \frac{M_x \cdot y}{J_x} \tag{13 a}$$

bzw.

$$\sigma = \frac{N}{F} \pm \frac{M_y \cdot x}{J_y} . \tag{13 b}$$

Da die Koordinatenachsen willkürlich gewählt werden können, so ist es üblich geworden, sie in die Hauptachsen zu legen, so daß im folgenden von Gl. (9) ausgegangen werden kann.

Die Annahme linearer Spannungsverteilung führt für den Fall, daß die Normalkraft im Querschnittsschwerpunkt angreift, zu dem Ergebnis gleichmäßiger Spannungsverteilung. Es ist wichtig, darauf hinzuweisen, daß dies durchaus nicht immer zutrifft, z. B. bei einem Zugstab in den Querschnitten, die sich in der unmittelbaren Nähe einer Einkerbung befinden (vgl. Kap. VI). Die Annahme linearer Spannungsverteilung ist also in manchen Fällen sicher unzutreffend, so immer, wenn plötzlich Querschnittsveränderungen vorkommen. Die angenommene Kraftverteilung darf jedenfalls nie mit anderen physikalischen Gesetzmäßigkeiten im Widerspruch stehen.

5. Biegungsnormalspannungen.

Mit Hilfe der im vorigen Abschnitt angegebenen Gleichungen lassen sich in jedem Punkt eines beliebigen Querschnitts eines von bekannten äußeren Kräften beanspruchten Körpers die Normalspannungen angeben, unter der Annahme linearer Spannungsverteilung und homogenen Materials. Offenbar muß sich das Gesetz der Spannungsverteilung ändern, wenn der Querschnitt Material mit verschiedenem Elastizitätsmodul enthält (also nicht homogen ist), z. B. teils Eisen, teils Holz oder Beton. Derartige Fälle sollen später behandelt werden. Die Untersuchungen dieses Kapitels setzen homogenes Material voraus.

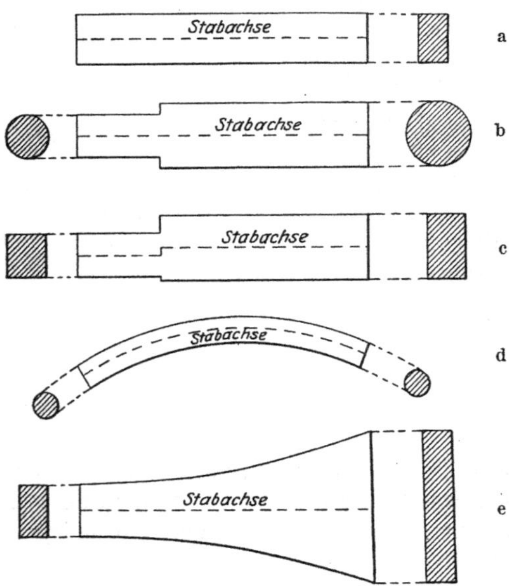

Abb. 142.

Es ist bereits erwähnt worden, daß sehr viele im Bauwesen vorkommende Konstruktionsteile annähernd prismatisch sind und ihre Längsabmessungen groß im Vergleich zu den Querschnittsabmessungen sind. Oft sind es gerade Prismen, d. h. Körper mit konstantem Querschnitt und gerader Achse (die Achse ist der geometrische Ort der Querschnittsschwerpunkte und steht auf jedem Querschnitt senkrecht). Häufig jedoch ist der Querschnitt über die Stablänge veränderlich. Sieht man von gekrümmten Stäben ab (vgl. unten), so kann bei Querschnittsänderungen die Achse eine Gerade bleiben oder aus einer Anzahl von parallelen Geraden bestehen. Der Mensch besitzt im allgemeinen ein gute Vorstellung über den Verlauf der Achse eines Stabes. Abb. 142a zeigt einen Stab mit konstantem Querschnitt und gerader Achse, Abb. 142b einen Stab mit sprungweise veränderlichem Querschnitt und gerader Achse, Abb. 142c einen Stab mit sprungweise veränderlichem Querschnitt und einer Achse, die aus zwei parallelen Geraden, also auch mit einer Unstetigkeit, besteht. Der Stab nach Abb. 142d ist ein gekrümmter Stab mit konstantem Querschnitt, der Stab nach Abb. 142e hat einen stetig veränderlichen Querschnitt und eine gerade Achse.

Ein gerader Stab möge so definiert werden: man denkt ihn sich dadurch entstanden, daß eine ebene Fläche parallel derart verschoben wird, daß sich ihr Schwerpunkt auf einer Geraden (oder auf einer Folge von nahe beieinander liegenden parallelen Geraden) bewegt, wobei die ebene Fläche konstant sein oder sich stetig oder auch sprungweise verändern kann. Die Fläche steht während ihrer Bewegung stets senkrecht zu der Leitgeraden.

Entsprechend dieser Definition ist ein Stab nach Abb. 142e ein gerader Stab.

Ein gekrümmter Stab hat eine gekrümmte Achse. Sein Querschnitt kann konstant oder veränderlich sein. Die Definition eines gekrümmten Stabes kann ganz analog der des geraden Stabes gegeben werden. Es bewegt sich eine Fläche längs einer gekrümmten Linie derart, daß ihr Schwerpunkt in der Linie liegt und sie selbst in jeder Lage senkrecht zu dem betreffenden Linienelement bzw. der Tangente an die Linie steht, wobei die Fläche konstant sein oder sich stetig oder sprungweise ändern kann.

Wir werden später sehen, daß die Kraftverteilung über den Querschnitt bei einem krummen Stabe von der bei einem geraden Stabe verschieden sein kann, oder mit andern Worten, daß die Spannungsverteilung in dem Querschnitt eines krummen Stabes nicht linear zu sein braucht. Nimmt man aber lineare Spannungsverteilung über den Querschnitt eines krummen Stabes an, so gelten die Gln. (8) und (9), da ihnen keine Voraussetzung über die Form der Stabachse, sondern lediglich über die Art der Kraftverteilung zugrunde liegt.

Es mögen für die Anwendung der Gln. (8) bzw. (9) einige Sonderfälle betrachtet werden:

a) Die Normalkraft N greift im Querschnittsschwerpunkt an, die Scherkräfte T_x und T_y verschwinden. Es ist

$$x_1 = y_1 = 0$$

und damit

$$M_x = M_y = 0\,.$$

Die Normalkraft ist dann gleichmäßig mit der Spannung

$$\sigma = \frac{N}{F}$$

über den Querschnitt F verteilt. Dieser Fall heißt zentrische (mittige) Normalbeanspruchung.

b) $$T_x = 0\,, \quad T_y = 0\,,$$

N ist von Null verschieden, greift jedoch nicht im Querschnittsschwerpunkt an. Wie in dem allgemeinen Fall, wo auch die Scherkräfte von Null verschieden sind, gibt auch hier Gl. (9) bzw. (11) oder (12) die Verteilung der Normalspannung an. Trotzdem also die Berechnung der Normalspannungen sich in nichts von der in dem allgemeinen Fall unterscheidet, hat dieser Belastungsfall einen besonderen Namen erhalten; er wird exzentrische (außenmittige) Normalbeanspruchung genannt.

c) $$N = 0\,, \quad M_x = 0\,, \quad M_y = 0\,.$$
$$T_x \neq 0\,, \quad T_y \neq 0\,, \quad M_z \neq 0\,.$$

Dies bedeutet reine Scherbeanspruchung durch eine in der Querschnittsebene wirkende Tangentialkraft. Dieser Fall wird vorläufig nicht behandelt.

d) $$N = 0\,, \quad M_x \neq 0\,, \quad M_y \neq 0\,.$$

Sind M_x, M_y und M_z von Null verschieden, so liegt Biegung mit Torsion vor; sind M_x und M_y von Null verschieden, verschwindet dagegen M_z, so liegt nur Biegung vor. Zum klaren Verständnis sei folgendes ausgeführt:

In dem allgemeinen Fall, der den Gln. (11) und (12) zugrunde liegt, greift eine Normalkraft N im Querschnittsschwerpunkt an, außerdem ist der Querschnitt durch ein Moment $M = N\sqrt{x_1^2 + y_1^2}$ beansprucht, oder, anders ausgedrückt, der Querschnitt ist durch eine Normalkraft beansprucht, die im Punkt (x_1, y_1) angreift (Schwerpunkt $x, y = 0$). Das Moment M kann in zwei Komponenten zerlegt werden, parallel der X-Achse und parallel der Y-Achse, dessen Absolutwerte

$$M_x = N \cdot y_1\,,$$
$$M_y = N \cdot x_1$$

betragen, wie oben auseinandergesetzt.

Würde nur die Normalkraft N wirken und das Moment M verschwinden, so wäre der Querschnitt gleichmäßig auf Druck bzw. Zug beansprucht, und ein gerader Stab z. B. würde auch nach der Deformation gerade bleiben. Das zusätzliche Moment M verbiegt den Stab außerdem noch.

Ist die Resultierende aller äußeren Kräfte auf einer Seite des Querschnittes parallel zur Schnittebene (vgl. oben unter d)), so hat sie keine Normalkomponente N, es wirkt ein Kräftepaar, also ein Moment, und eine Tangentialkraft auf den Querschnitt. Liegt die Resultierende in der Querschnittsebene selbst, so liegt reine Scherung vor, wenn die Stabachse in der Kraftebene liegt; ist dies nicht der Fall, so ist der Querschnitt auf Scherung und Torsion beansprucht.

Reine Biegung liegt vor, wenn der Querschnitt nur durch ein Kräftepaar beansprucht wird, dessen Wirkungsebene senkrecht zum Querschnitt liegt und die Stabachse enthält.

Der häufigste Fall der Biegung ohne Normalkraft, mit dem wir uns zu beschäftigen haben werden, ist die Biegung durch Querkräfte (vgl. oben), also daß der Querschnitt durch ein Moment und eine Scherkraft (Querkraft) beansprucht wird. Man kann sich diesen Fall so entstanden denken, daß die Normalkomponente der den Querschnitt schneidenden Resultierenden $\overline{a\,b}$ (Abb. 140) immer kleiner wird, während gleichzeitig ihr Schnittpunkt mit der Querschnittsebene immer weiter von der Achse längs der Linie $O\,a$ wegrückt, derart, daß das Moment der Normalkomponente in bezug auf die Achse konstant bleibt. Wenn N gegen Null geht, geht sein Hebelarm gegen Unendlich, oder die Resultierende ist parallel zum Querschnitt. Biegung durch Querkräfte tritt also auf, wenn auf einen geraden Stab lauter Kräfte senkrecht zu seiner Achse wirken und die Wirkungslinie jeder Kraft durch die Stabachse geht. Dabei kann dann die Linie $O\,a$ in jedem Querschnitt eine verschiedene Richtung haben. Im einfachsten Fall der Biegung durch Querkräfte liegen alle Kräfte in einer Ebene, die die Stabachse enthält.

6. Definition des Balkens.

Mit „Balken“, im weitesten Sinn des Wortes, wird ein Körper bezeichnet, der auf Biegung beansprucht ist, d. h. ein Körper, der einen oder mehrere Querschnitte enthält, bei denen der Kraftangriff normal, jedoch nicht zentrisch erfolgt.

Es soll bemerkt werden, daß der Begriff „Balken“ nicht immer so weit gefaßt wird, wie dies die obige Definition tut. Manchmal werden nur gerade Stäbe, bei denen ein oder mehrere Querschnitte auf Biegung beansprucht sind, als Balken bezeichnet. Manchmal werden nur solche Stäbe als Balken definiert, deren Biegung durch Querkräfte erzeugt ist, oder solche, die reine Biegung erleiden. Stäbe, die ausschließlich durch exzentrisch angreifende Druckkräfte beansprucht sind, werden im allgemeinen nicht als Balken, sondern als Druckstäbe bezeichnet.

7. Einiges über die zeichnerische Darstellung.

Eine Skizze sollte stets die Betrachtungen über Kräfte unterstützen. Nehmen wir (vgl. oben) einen Fall der Biegung durch Querkräfte, und zwar den einfachsten, daß alle Kräfte in einer Ebene liegen. Diese Ebene sei die Zeichenebene. Der zu untersuchende Querschnitt sei $c - c$ (Abb. 143). Wir verfahren in der bekannten Weise, daß wir durch $c - c$ einen Schnitt legen, einen Teil des Balkens entfernen, indem wir statt seiner die Kräfte als äußere auf den stehenbleibenden Teil anbringen, die bisher als innere Kräfte von *II* auf *I* gewirkt haben. In diesem Fall nehmen wir *II* weg und lassen *I* stehen, weil auf *I* nur eine Kraft, die Auflagerkraft *A* wirkt. Die Wirkung von *A* kann man sich ersetzt denken durch ein Kräftepaar mit dem Moment $M = A \cdot x$ und der Scherkraft $Q = A$ (Abb. 143).

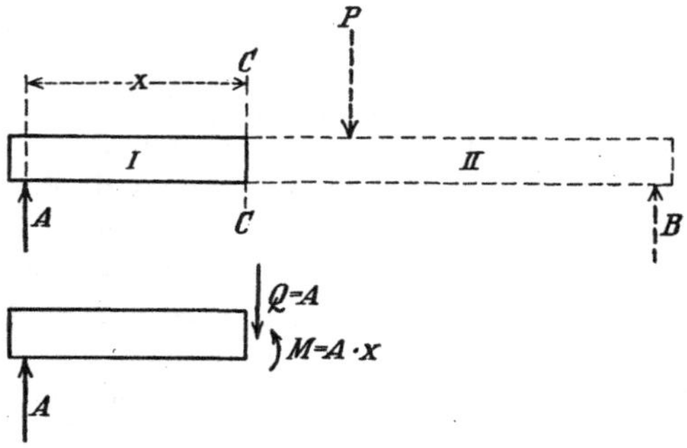

Abb. 143.

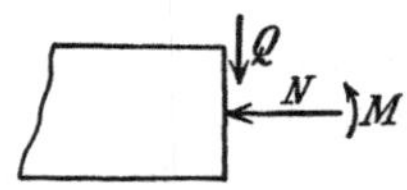

Abb. 144.

Die von *II* auf *I* wirkenden Kräfte sind diesen entgegengesetzt gleich. Die auf den Querschnitt $c - c$ wirkenden Kräfte sind also eine Scherkraft $Q = A$ und ein Moment $M = A \cdot x$; diesen beiden Kräften hält die Kraft *A* das Gleichgewicht, die im Abstand x von $c - c$ parallel zu $c - c$ wirkt, deren Schnittpunkt mit der Querschnittsebene also in eine unendlich große Entfernung von der Achse gerückt ist. Das auf $c - c$ (von *II* auf *I*) wirkende Moment ist durch einen gekrümmten Pfeil mit dem entsprechenden Richtungssinn angedeutet.

In jedem Fall läßt sich die Beanspruchung eines Querschnitts nach Abb. 144 zerlegen in eine zentrisch angreifende Normalkraft, eine Tangential- oder Scherkraft mit einer Wirkungslinie durch den Schwer-

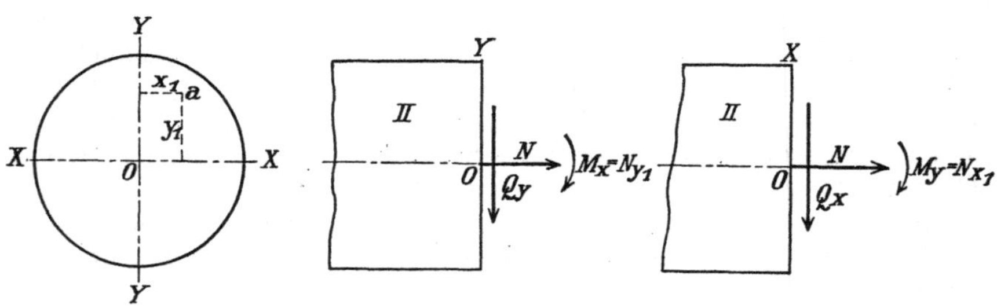

Abb. 145.

punkt, ein Kräftepaar normal zur Querschnittsebene (Biegungsmoment), dessen Moment *M* ist, und ein Kräftepaar tangential zur Querschnittsebene, letzteres ist in Abb. 144 nicht mit dargestellt. Diese Kräfte sind mit den äußeren Kräften, die auf den betrachteten Trägerteil wirken, im Gleichgewicht. Wirken die äußeren Kräfte alle in einer Ebene durch eine Hauptachse des Querschnitts, so wird die Zeichenebene zweckmäßig in die Kräfteebene gelegt. Aus dieser einen Darstellung ist dann alles ersichtlich. Ist dies nicht der Fall, wie z. B.

in Abb. 145a, so wird die Zeichenebene ebenfalls in eine Hauptquerschnittsebene gelegt und durch einen Grundriß (Abb. 145a) und zwei Schnitte (Abb. 145b und 145c) die Kraftwirkung auf den Querschnitt veranschaulicht.

8. Die neutrale Achse oder die Nullinie (N.L.).

In Abb. 146 ist eine Spannungsverteilung (der Normalspannungen) über einen rechteckigen Querschnitt in schiefer Parallelprojektion dargestellt. Man vergleiche hierzu den 4. Abschnitt dieses Kapitels. In

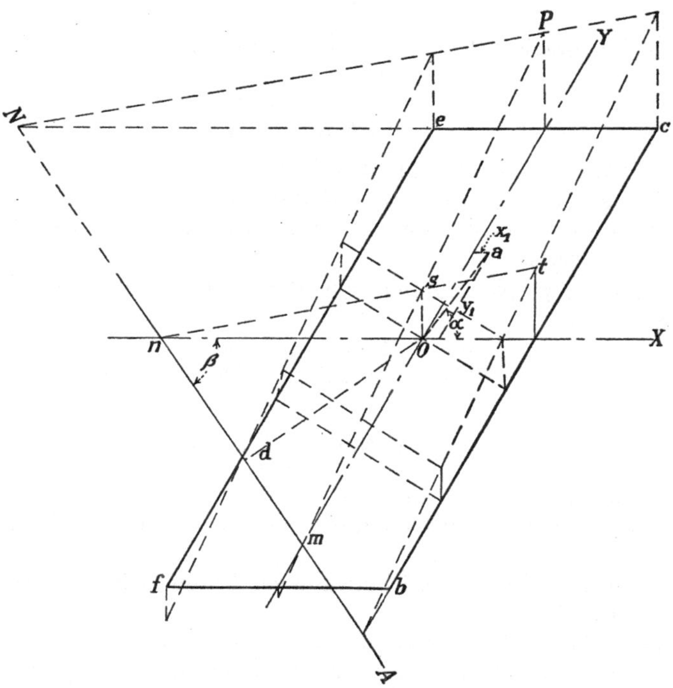

Abb. 146.

der Querschnittsebene gibt es eine gerade Linie, die Nullinie, die der geometrische Ort aller Punkte ist, in denen die Normalspannung verschwindet. Längs allen andern Geraden als den Parallelen zur Nullinie findet eine Veränderung der Normalspannungen linear mit der Entfernung von der N.L. statt.

Die Nullinie kann inner- oder außerhalb der Querschnittsfläche liegen. Im ersten Fall scheidet sie auf der Querschnittsfläche das Gebiet der Druck- von dem der Zugspannungen, im zweiten Fall haben die Normalspannungen über den ganzen Querschnitt das gleiche Vorzeichen, das von dem Vorzeichen der Normalkraft N abhängt.

Die Gleichung der Nullinie erhält man, wenn man die Gl. (11) nullwertig macht:

$$\frac{1}{F} + \frac{x \cdot x_1}{J_y} + \frac{y \cdot y_1}{J_x} = 0 \tag{14}$$

oder

$$1 + \frac{x \cdot x_1}{i_y^2} + \frac{y \cdot y_1}{i_x^2} = 0$$ [1].

Die Nullinie schneidet also die Hauptachse OY in einem Punkte m, dessen Entfernung von O

$$\overline{Om} = -\frac{J_x}{F \cdot y_1} = -\frac{i_x^2}{y_1}, \tag{15}$$

und die Hauptachse OX in einem Punkt n, dessen Entfernung von O

$$\overline{On} = -\frac{J_y}{F \cdot x_1} = -\frac{i_y^2}{x_1} \tag{16}$$

beträgt. Dabei ist i_x der Trägheitsradius des Querschnitts in bezug auf OX oder die Achse der Zentralellipse in der Y-Richtung, i_y der Trägheitsradius in bezug auf OY oder die Achse der Zentralellipse in der X-Richtung.

Der Winkel β der Nullinie mit der X-Achse ist durch die Beziehung gegeben

$$\tan\beta = \frac{i_x^2 \cdot x_1}{i_y^2 \cdot y_1} = \frac{i_x^2}{i_y^2} \cdot \cot\alpha \tag{17}$$

oder

$$\tan\alpha \cdot \tan\beta = \frac{i_x^2}{i_y^2}. \tag{17a}$$

Der Durchstoßpunkt a der Resultierenden durch den Querschnitt liegt stets gegenüber dem Quadranten, der von der Nullinie gekreuzt wird.

Aus den vorhergehenden Überlegungen lassen sich folgende Sätze zusammenfassen:

1. Liegt die Nullinie außerhalb der Querschnittsfläche, so haben die Normalspannungen über den ganzen Querschnitt das gleiche Vorzeichen.

2. Liegt die Nullinie innerhalb des Querschnitts, so haben die Normalspannungen des Querschnittteils, der den Durchstoßpunkt der Kraft enthält, das gleiche, die des andern Querschnittteils das entgegengesetzte Vorzeichen wie die Normalkraft N.

3. Die (absolut) größte Spannung hat der Querschnittspunkt, der die größte (lotrechte) Entfernung von der Nulline hat.

---

[1] Anmerkung: Dies ist die Gleichung der Antipolaren des Punktes $(x_1\ y_1)$ in bezug auf die Zentralellipse. Wenn man durch den Punkt a mit den Koordinaten $(x_1\ y_1)$ die Tangenten an die Zentralellipse zieht, so ist die Sehne durch die Tangentenberührungspunkte die Polare des Punktes a in bezug auf die Zentralellipse. Die Antipolare ist die in bezug auf O zur Polaren symmetrische Gerade; sie ist die Polare des Punktes $(-x_1, -y_1)$.

4. Dann und nur dann, wenn die Nullinie im Unendlichen liegt, sind die Normalspannungen gleichmäßig über den Querschnitt verteilt.

5. Die Lage der Nullinie ist nicht von der Größe der Normalkraft, sondern nur von der Lage des Durchstoßpunktes a abhängig.

6. Wandert der Durchstoßpunkt a auf einer Geraden durch den Schwerpunkt, so verschiebt sich die Nullinie parallel (vgl. Gl. (17)). In andern Worten, wenn die Kräfteebene die Stabachse enthält, so hat die Nullinie für eine und dieselbe Kräfteebene stets die gleiche Neigung.

9. Beziehungen zwischen der Nullinie und dem Durchstoßpunkt der Kraft.

Es sollen im folgenden die Beziehungen zwischen der Lage der Nullinie, der Lage des Durchstoßpunktes, ferner zwischen der Lage der Nullinie, der Größe von N und der Größe der Spannungen näher untersucht werden.

Der (senkrechte) Abstand der N.L. von O ist durch die Gleichung gegeben

$$\frac{1}{d} = F\sqrt{\frac{x_1^2}{J_y^2} + \frac{y_1^2}{J_x^2}} = \sqrt{\frac{x_1^2}{i_y^4} + \frac{y_1^2}{i_x^4}}. \tag{18}$$

Da in der Gleichung der Nullinie (Gl. (14)) x und x_1 sowie y und y_1 untereinander vertauschbar sind, ergeben sich folgende Beziehungen:

1. Ist $N_1 - N_1$ die zu einem bestimmten Durchstoßpunkt a_1 zugeordnete Nullinie, so geht die einem andern, auf $N_1 - N_1$ gelegenen Durchstoßpunkt a_2 zugeordnete Nullinie $N_2 - N_2$ durch a_1.

2. Wandert der Durchstoßpunkt a längs einer Geraden l, so rotiert die N.L. um einen Punkt p; l ist dabei die zu p als Durchstoßpunkt zugeordnete N.L.

3. Umgekehrt, rotiert die N.L. um einen Punkt p, so wandert der zugehörige Durchstoßpunkt längs einer Geraden l, die die zu p als Durchstoßpunkt zugehörige N.L. darstellt.

Die Gleichung der Zentralträgheitsellipse, d. h. der Ellipse, in der i_y und i_x die Halbmesser in der X- bzw. der Y-Richtung sind (Abb. 147), lautet

$$\frac{x^2}{i_y^2} + \frac{y^2}{i_x^2} = 1,$$

woraus

$$\frac{dy}{dx} = -\frac{x \cdot i_x^2}{y \cdot i_y^2}.$$

Bringt man die Gerade Oa zum Schnitt mit der Ellipse bei dem Punkte c mit den Koordinaten (x_2, y_2), dann ist der Winkel β der Tangente an c gegen OX durch die Gleichung gegeben

$$\tan\beta = -\frac{x_2}{y_2}\cdot\frac{i_x^2}{i_y^2} = -\frac{x_1}{y_1}\cdot\frac{i_x^2}{i_y^2}.$$

Durch diese Gleichung (Gl. (17)) ist aber auch der Winkel der Nullinie gegen OX bestimmt.

Hieraus folgt:

Bringt man die Verbindungslinie zwischen Querschnittsschwer- und Durchstoßpunkt der Kraft mit der Zentralträgheitsellipse zum Schnitt, so ist die N.L. parallel zu der Tangente in dem Schnittpunkt.

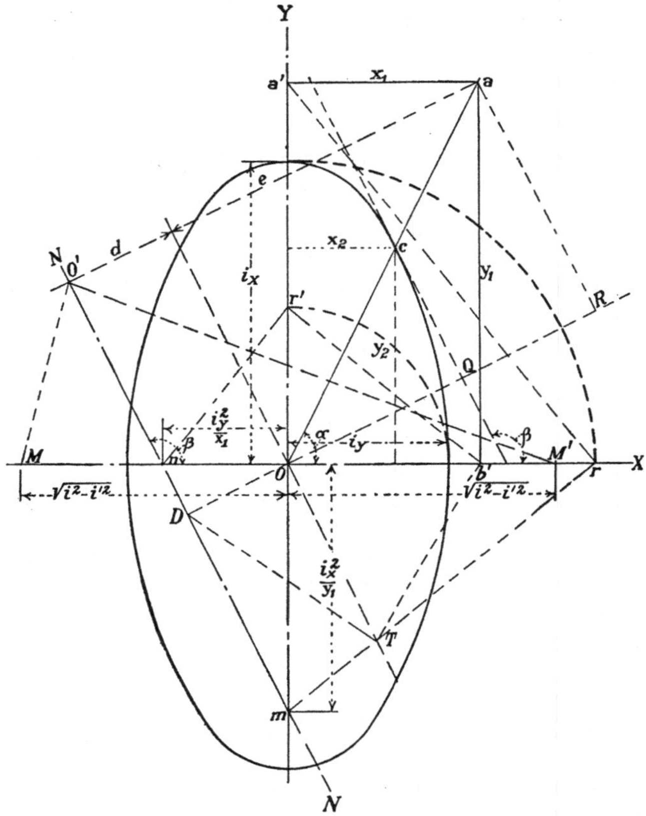

Abb. 147.

Oder: Die N.L. ist parallel dem Durchmesser der Zentralträgheitsellipse, der der Verbindungslinie zwischen Schwerpunkt und Durchstoßpunkt konjugiert ist.

Im Fall der Biegung ohne Normalkraft ist der Winkel β, den die N.L. mit der Hauptachse OX, im Sinne des Uhrzeigers gemessen, einschließt, nach Gl. (17) gegeben, wobei α den Winkel der Kräfteebene mit OX, wider den Sinn des Uhrzeigers gemessen, darstellt. Die N.L. muß in diesem Fall durch den Schwerpunkt des Querschnitts gehen.

In den oben mitgeteilten Erörterungen sind die Zusammenhänge auf ein rechtwinkliges Achsenkreuz durch den Schwerpunkt bezogen. Im folgenden soll durch die Wahl eines andern Koordinatensystems die Darstellung variiert werden.

Von dem Durchstoßpunkt a fälle man das Lot auf die N.L. mit dem Fußpunkt O' (Abb. 147), und stelle nun die Gleichgewichtsbedingungen in bezug auf das Achsenkreuz $O'a$ und $O'N$ mit den Koordinaten v und w auf. Unter Annahme linearer Spannungsverteilung ist

$$\sigma = c \cdot v,$$

worin c eine Konstante ist, die die Spannung in der Entfernung 1 von der N.L. darstellt.

Es ist

$$\int \sigma \cdot df = N = c \int v \cdot df. \tag{19}$$

$$\int \sigma \cdot v \cdot df = N(e + d) = c \int v^2 \cdot df. \tag{20}$$

$$\int \sigma \cdot w \cdot df = O = c \int v \cdot w \cdot df. \tag{21}$$

Da O der Querschnittsschwerpunkt ist, so wird

$$\int v \cdot df = F \cdot d$$

und

$$c \int v \cdot df = c \cdot F \cdot d = N. \tag{22}$$

Bezeichnet man mit J_1 das Trägheitsmoment des Querschnitts in bezug auf die N.L., so wird

$$c \int v^2 \cdot df = c \cdot J_1 = N(e + d). \tag{23}$$

Das Zentrifugalmoment des Querschnitts in bezug auf die Achsen $O'N$ und $O'a$ verschwindet nach Gl. (21). Deshalb müssen diese beiden Achsen für den Punkt O' die Achsen der Trägheitsellipse sein. In Kap. III ist dargelegt, daß die Trägheitsachsen den Winkel zwischen den von O' nach zwei Festpunkten, M und M', gezogenen Strahlen, also den Winkel $MO'M'$, halbieren; demnach muß in diesem Fall die N.L. den Winkel $MO'M'$ halbieren.

Ferner finden wir aus Gl. (22) und (23)

$$c = \frac{N}{F \cdot d},$$

$$e + d = \frac{c \cdot J_1}{N} = \frac{J_1}{F \cdot d}.$$

$N(e + d) = M_1$ ist das Moment der Normalkraft in bezug auf die N.L., es wird damit

$$M_1 = c \cdot J_1,$$

$$c = \frac{M_1}{J_1},$$

und die Randspannung an einem Randpunkt in der senkrechten Entfernung v_1 von der N.L. beträgt

$$\sigma_{\max} = \frac{M_1}{J_1} \cdot v_1, \tag{24}$$

also ganz entsprechend der für Biegung ohne Normalkraft, mit der Kräfteebene durch eine Hauptachse, geltenden Beziehung.

Das Ergebnis der Gl. (24) erhält man auch, wenn man die übliche Betrachtung des auf Biegung ohne Normalkraft (vgl. oben) beanspruchten Balkens anstellt:

$$M_1 = N(e + d) = \int c\, v^2 \cdot df = c \cdot J_1 ,$$

$$c = \frac{M_1}{J_1} ,$$

$$\sigma_{\max} = \frac{M_1}{J_1} \cdot v_1 .$$

Man kann deshalb Gl. (24) unter Annahme linearer Spannungsverteilung als die allgemeine Gleichung für die Normalspannungen in einem Querschnitt bezeichnen, wobei M_1, J_1, v_1 auf die N.L. bezogen sind. Gl. (24) ist also den Gl. (8), (9), (11) gleich geordnet.

10. Bestimmung der Nullinie.

Ist der Durchstoßpunkt a von N gegeben, so ist die N.L. durch die Abschnitte

$$\overline{Om} = -\frac{i_x^2}{y_1}, \quad \overline{On} = -\frac{i_y^2}{x_1}$$

leicht festgelegt. (Gl. (15) und (16)).

Die Strecken $\overline{Om}$ und $\overline{On}$ können auch leicht geometrisch konstruiert werden. Auf OX trage man von O die Strecke i_x ab, so daß $\overline{Or} = i_x$; in r errichte man auf ra' das Lot, das OY in m schneidet. Entsprechend trage man von O auf OY die Strecke i_y bis r' ab, und errichte auf $r'b'$ in r' das Lot, das OX in n trifft. Der Beweis ist leicht zu führen und soll dem Leser überlassen bleiben.

Die N.L. kann ebenfalls mittels der Zentralträgheitsellipse bestimmt werden; diese Konstruktion ist jedoch nicht ganz so einfach wie die oben angegebene Lösung, die nur die Kenntnis von i_x und i_y, also die Kenntnis der Hauptachsen, der darauf bezogenen Trägheitsmomente und der Querschnittsfläche voraussetzt.

Wir haben gesehen, daß mit J_1 als Trägheitsmoment in bezug auf die N.L. (Abb. 147)

$$d + e = \frac{J_1}{F \cdot d}$$

wird.

Bezeichnet man mit i den Trägheitsradius in bezug auf eine Achse durch O parallel zur Nullinie, d. h. die senkrechte Entfernung $\overline{OQ}$ von O zur Tangente an die Zentrallelipse in c, so ist

$$J_1 = F \cdot i^2 + F \cdot d^2 = F(i^2 + d^2) .$$

Daraus

$$d + e = \frac{i^2 + d^2}{d}$$

und

$$d = \frac{i^2}{e}. \tag{25}$$

Es ergibt sich daraus folgende Konstruktion: Man ziehe die Gerade Oa bis zum Schnittpunkt c mit der Zentralellipse. In c lege man die Tangente an die Ellipse, ziehe durch a eine Parallele aR zur Tangente, und fälle von O auf die Tangente das Lot $\overline{OQ}$. Auf der Parallelen durch O zur Tangente trage man $\overline{OQ} = \overline{OT}$ ab, ziehe $OR \perp OT$ und errichte in T das Lot auf RT, das die Gerade OQR in D trifft: dann ist $\overline{OD} = d$, die Nullinie geht durch D und ist parallel der Tangente in c. Die Konstruktion ist auf die Beziehung $d = \frac{i^2}{e}$ begründet und möge von dem Leser nachgewiesen werden.

11. Der Kern.

Der Kern eines Querschnitts ist der geometrische Ort aller Punkte, für die als Kraftangriffspunkte die den Querschnitt beanspruchende Normalkraft lauter Normalspannungen gleichen Vorzeichens hervorruft. Um also den Kern zu finden, läßt man die N.L. um den Querschnitt derart wandern, daß sie ihn stets tangiert, aber nie schneidet, und sucht die zu jeder Lage der N.L. zugehörigen Durchstoßpunkte a der Kraft auf. Die so gefundenen Punkte a bilden die Umrandung des Kerns. Es folgt:

Jeder geraden Umrandungslinie des Querschnitts entspricht ein Eckpunkt in der Umrandung des Kerns, und jedem Eckpunkt in der Umrandung des Querschnitts entspricht eine gerade Umrandungslinie des Kerns. Ist die Umrandungslinie des Querschnitts stetig gekrümmt, so ist es auch die des Kerns.

Die Konstruktion des Kerns kann also auf die Aufgabe zurückgeführt werden, für eine gegebene N.L. den zugehörigen Durchstoßpunkt a der Kraft zu finden. Mit der N.L. sind auch die Abschnitte $\overline{Om}$ und $\overline{On}$ (vgl. Abb. 147) gegeben, die die N.L. von O aus auf der Y- und der X-Achse abschneidet. Aus Gl. (15) und (16) folgen dann die Koordinaten (x_1, y_1) des Punktes a zu

$$x_1 = -\frac{i_y^2}{\overline{On}},$$

$$y_1 = -\frac{i_x^2}{\overline{Om}}.$$

12. Beispiele. Kernflächen verschiedener Querschnittsformen.

1. Rechteck (Abb. 148).

Die erste Stellung der N.L., zu der wir den zugehörigen Durchstoßpunkt suchen, sei die in der Geraden cd. Der Abschnitt auf der Y-Achse ist $\overline{Oe} = -\frac{h}{2}$, daraus folgt

$$y_1 = \frac{h}{6} = \overline{Og},$$

und g ist der gesuchte Durchstoßpunkt. Um in die Lage bd zu kommen, rotiert die N.L. um d; währenddessen wandert der Durchstoßpunkt auf einer geraden Linie und befindet sich in h, wenn die N.L. in bd ist. h ist dadurch bestimmt, daß

$$\overline{Oh} = x_1 = -\frac{b}{6}$$

ist.

Verfolgt man auf diese Weise den weiteren Weg der N.L. längs der Umrandung des Rechtecks, bis sie wieder in cd ist, so erhält man als Kernfläche das in Abb. 148 schraffierte Parallelogramm $ghkn$, worin

$$\overline{gk} = \frac{h}{3}, \quad \overline{hn} = \frac{b}{3}$$

ist. Daraus folgt die bekannte Regel, daß die Kraft in einem Rechteckquerschnitt im mittleren Drittel angreifen muß, damit die Spannungen über den ganzen Querschnitt das gleiche Vorzeichen haben. Dies „mittlere Drittel" ist jedoch richtig als die schraffierte Parallelogrammfläche $ghkn$ zu verstehen, und nicht etwa als die Fläche $t\,t'\,t''\,t'''$ oder gar $l\,l'\,l''\,l'''$.

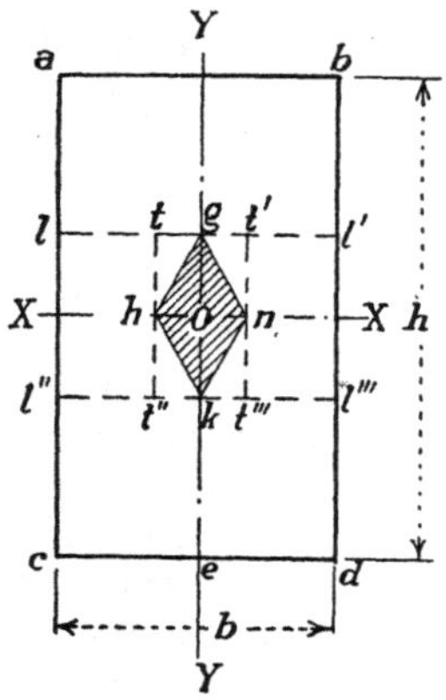

Abb. 148.

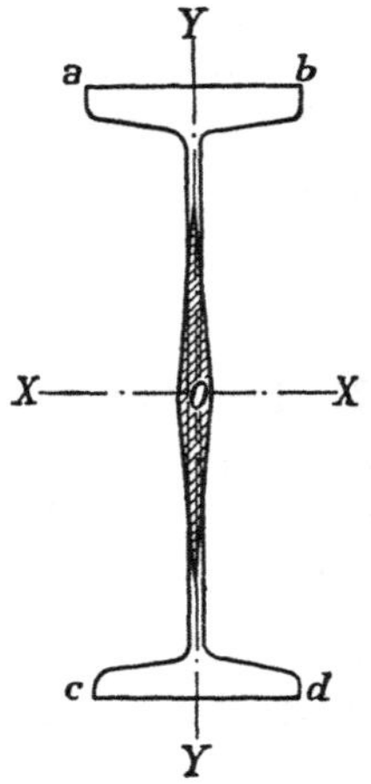

Abb. 149.

2. I - förmiger Querschnitt

Wir betrachten den Träger nach Abb. 149, der ein I-Profil mit

$$h = 20 \text{ cm},$$
$$b = 9 \text{ cm},$$
$$F = 33{,}5 \text{ cm}^2,$$
$$g = 26{,}30 \text{ kg/m},$$
$$J_x = 2142 \text{ cm}^4, \quad J_y = 117 \text{ cm}^4$$

sei. Liegt die N.L. in cd, so liegt der Durchstoßpunkt a auf der Y-Achse in der Entfernung

$$y_1 = \frac{J_x}{F \cdot 10} = \frac{2142}{335} = 6{,}39 \text{ cm}.$$

Während sich die N.L. um d dreht, wandert der Durchstoßpunkt auf einer Geraden. Ist die N.L. in der Linie db, so liegt a auf der X-Achse in einer Entfernung

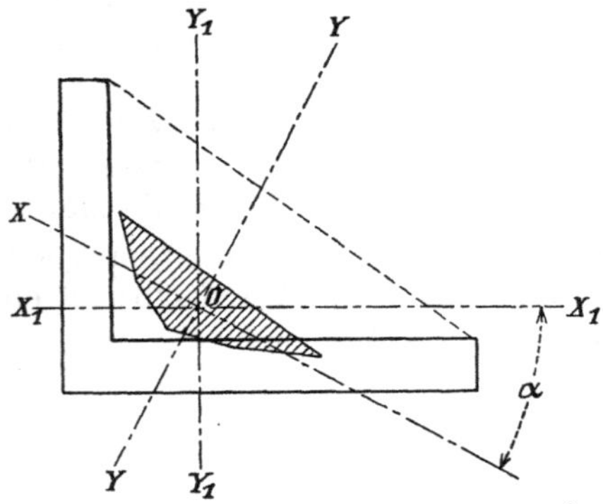

Abb. 150.

$$x_1 = -\frac{117}{33{,}5 \cdot 4{,}5} = 0{,}78 \text{ cm}.$$

Der Kern ist also ein Parallelogramm, dessen lange Diagonale 12,78 cm und dessen kurze Diagonale 1,56 cm lang ist.

3. Winkelquerschnitt (Abb. 150).

Zum Schluß soll noch ein Winkelquerschnitt in allgemeiner Form behandelt werden. Die zahlenmäßige Durchrechnung eines Beispiels bleibe dem Leser überlassen.

Für das gegebene Profil wird zunächst der Schwerpunkt O bestimmt. (Vgl. Kap. III.) Die durch O parallel den Schenkeln gelegten Achsen OX_1 und OY_1 sind beliebige rechtwinklige Schwerpunktsachsen. Um die Neigung α der Hauptachsen gegen $X_1 Y_1$ zu finden, benutzen wir die Beziehung

$$\tan 2\alpha = \frac{2Z}{J_y - J_x}.$$

Damit sind die Hauptachsen gefunden und es können die darauf bezogenen Trägheitsmomente J_{x_1} und J_{y_1} und damit i_{x_1} und i_{y_1} bestimmt werden, womit die Aufgabe gelöst ist.

13. Bestimmung von Spannungen mit Hilfe des Kerns.

Mit Hilfe des Kerns lassen sich einfache Ausdrücke für die Spannungswerte angeben.

Es sei in Abb. 151 die äußere Ellipse die Querschnittsumrandung, die mittlere Ellipse die auf den Schwerpunkt O bezogene Trägheitsellipse, die innere Ellipse sei der Querschnittskern. Die zu dem Durchstoßpunkt a gehörige N.L. sei N—N; durch O und a seien die Linien N_1 und N_4 parallel zu N—N gezogen, ferner seien die zu N—N parallelen Tangenten an den Querschnitt in c und an die Trägheitsellipse in e (N_3 und N_2) gezeichnet. Der zu c gehörige Punkt des Kerns sei k. N_1 und a sind um e, N und N_1 um d von einander entfernt. Der Abstand zwischen N_1 und N_2 ist i, der Trägheitsradius des Querschnitts in bezug auf N_1 (vgl. Abschn. 21, Kap. III). Die größte Entfernung einer Querschnittsfaser von N_1 ist der senkrechte Abstand z von N_1 und N_3.

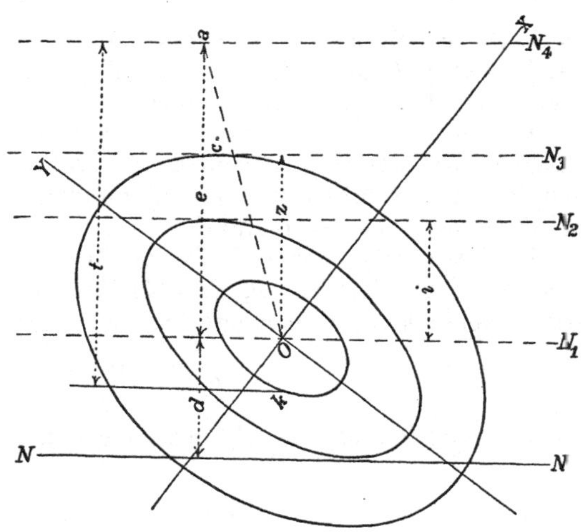

Abb. 151.

Nach Abschnitt 9 dieses Kapitels ergibt sich die Normalspannung in c zu

$$\sigma_{\max} = \frac{M_1(z+d)}{J_1} = \frac{N(e+d)(z+d)}{F(i^2+d^2)}, \tag{24}$$

worin J_1 und M_1 auf die Nullinie $N-N$ bezogen sind.

Die Randspannung kann auch durch Überlagerung der Spannungszustände aus zentrischer Normalkraft und Biegung gewonnen werden

$$\sigma_{\max} = \frac{N}{F} \pm \frac{N \cdot e \cdot z}{F \cdot i^2}. \tag{26}$$

Daß die Ausdrücke nach Gl. (24) und Gl. (26) identisch sind, ist leicht einzusehen.

Es ist nach Gl. (25)

$$d = \frac{i^2}{e}.$$

Da k der zugehörige Durchstoßpunkt zur N.L. N_3 ist, so ist

$$z = \frac{i^2}{t - e},$$

worin t der senkrechte Abstand von k nach N_4 ist.

Daraus

$$i^2 + e \cdot z = t \cdot z,$$

und mit Gl. (26)

$$\sigma_{\max} = \frac{N}{F} \cdot \frac{i^2 + e \cdot z}{i^2} = \frac{N \cdot t \cdot z}{F \cdot i^2} = \frac{M' \cdot z}{J}, \qquad (27)$$

worin M' das Moment von N in bezug auf die Achse durch k parallel zur N.L. und J das Trägheitsmoment in bezug auf N_1 ist. M' nennt man auch das Kernpunktsmoment.

Bezieht man das Moment der Normalkraft auf den Kernpunkt, welcher der der N.L. parallelen Tangente an den Querschnitt zugeordnet ist, so erhält man die Spannungen in der gleichen Form wie bei Biegung ohne Normalkraft.

Für den allgemeinen Fall der Biegung mit Normalkraft stehen uns also drei Gleichungen, Gl. (24), (26) und (27) zur Verfügung. Sie seien nochmals zusammengestellt:

$$\sigma_{\max} = \frac{M_1 \cdot v_1}{J}, \qquad (24)$$

die drei Größen M_1, v_1, J_1 beziehen sich alle auf die Nullinie.

$$\sigma_{\max} = \frac{N}{F} + \frac{M \cdot z}{J}, \qquad (26)$$

die drei Größen M, z, J beziehen sich alle auf die der Nullinie parallele Schwerachse.

$$\sigma_{\max} = \frac{M' \cdot z}{J}, \qquad (27)$$

die Größen z und J sind die gleichen wie in Gl. (26), M' ist das Moment, bezogen auf den zugehörigen Kernpunkt (Kernpunktsmoment).

Für den praktischen Gebrauch ist keine der drei Gleichungen bevorzugt; es ist in jedem einzelnen Fall die geeignetste zu wählen.

14. Geometrische Bestimmung von Spannungen.

Liegt der Angriffspunkt der Kraft auf einer Querschnittshauptachse, so kann die Spannungsverteilung mit einer einfachen, viel gebräuchlichen Konstruktion bestimmt werden.

Es handle sich um einen rechteckigen Querschnitt, der normal zur Bildebene liegt, von der Höhe h und der Breite $b = 1$ (Abb. 152). Die Bildebene legen wir durch die angreifende Kraft und die zugehörige Hauptachse. Die Normalkraft N greife in a an. Im Schwerpunkt c trage man senkrecht zu h die mittlere Spannung $\sigma = \frac{N}{F} = \overline{cs}$ auf.

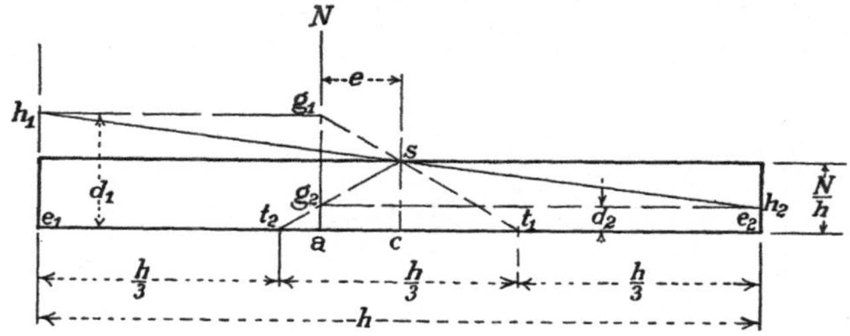

Abb. 152.

Die Drittelpunkte t_1 und t_2 verbinde man mit s, wodurch man die Punkte g_1 und g_2 auf der Wirkungslinie von N erhält. Dann ist

$$\overline{a g_1} = \sigma_{\max},$$
$$\overline{a g_2} = \sigma_{\min},$$

wobei unter $\sigma_{\max}$ und $\sigma_{\min}$ die algebraischen Grenzwerte zu verstehen sind. Die Linie $h_1 h_2$ gibt die Spannungsverteilung an.

Der Beweis für die Konstruktion ist leicht zu erbringen.

Es ist mit den Bezeichnungen von Gl. (11)

$$y_1 = e, \quad x_1 = 0, \quad y = \frac{h}{2}, \quad J_x = \frac{h^3}{12},$$

und damit

$$\sigma_{\max} = \frac{N}{h} + \frac{6\,N \cdot e}{h^2} = \frac{N}{h}\left(1 + \frac{6\,e}{h}\right),$$
$$\sigma_{\min} = \frac{N}{h} - \frac{6\,N \cdot e}{h^2} = \frac{N}{h}\left(1 - \frac{6\,e}{h}\right).$$

Es verhält sich nun

$$\frac{\overline{a g_1}}{\overline{c s}} = \frac{\sigma_{\max}}{\frac{N}{h}} = \frac{\frac{h}{6} + e}{\frac{h}{6}},$$

$$\sigma_{\max} = \frac{N}{h}\left(1 + \frac{6\,e}{h}\right),$$

und ferner

$$\frac{\overline{a g_2}}{\overline{c s}} = \frac{\sigma_{\min}}{\frac{N}{h}} = \frac{\frac{h}{6} - e}{\frac{h}{6}},$$

$$\sigma_{\min} = \frac{N}{h}\left(1 - \frac{6\,e}{h}\right).$$

Eine allgemeinere Konstruktion, bei der über die Form des Querschnitts nichts mehr und über die äußeren Kräfte wie bisher vorausgesetzt ist, daß die Kräfteebene durch die Wirkungslinie der Normalkraft und eine Hauptachse geht, zeigt Abb. 153. Der Querschnitt liege wieder senkrecht zur Zeichenebene, und diese wieder in der Kräfteebene.

Die Entfernung des Durchstoßpunktes a von dem Schwerpunkt sei e; t_1 und t_2 seien die Schnittpunkte der Kernfläche mit der Haupt-

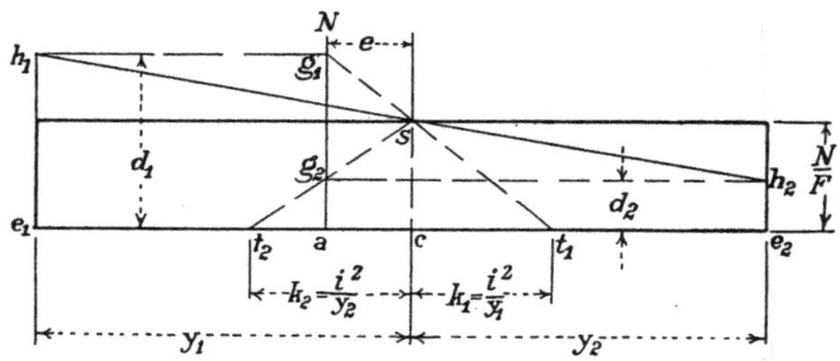

Abb. 153.

achse $\overline{e_1 e_2}$ in den Entfernungen k_1 und k_2 vom Schwerpunkt c. t_1 ist der Durchstoßpunkt für den Fall, daß die Spannung in e_1 verschwindet; oder

$$O = \frac{N}{F} - \frac{N \cdot k_1 \cdot y_1}{J} = \frac{N}{F} - \frac{N \cdot k_1 \cdot y_1}{F \cdot i^2},$$

$$k_1 = \frac{i^2}{y_1}$$

und entsprechend

$$k_2 = \frac{i^2}{y_1}.$$

Mit a als Durchstoßpunkt wird

$$\sigma_{\max} = \frac{N}{F} + \frac{N \cdot e \cdot y_1}{F \cdot i^2},$$

$$\sigma_{\min} = \frac{N}{F} - \frac{N \cdot e \cdot y_2}{F \cdot i^2}.$$

Man trage in c senkrecht auf $e_1 e_2$ die mittlere Spannung $\sigma = \frac{N}{F} = \overline{c s}$ auf, ziehe $\overline{t_1 s}$ und $\overline{t_2 s}$, die die Wirkungslinie von N in g_1 und g_2 schneiden.

Dann verhält sich

$$\frac{\overline{a g_1}}{\overline{c s}} = \frac{\sigma_{\max}}{\frac{N}{F}} = \frac{\frac{i^2}{y_1} + e}{\frac{i^2}{y_1}},$$

$$\sigma_{\max} = \frac{N}{F}\left(1 + \frac{e \cdot y_1}{i^2}\right),$$

ferner

$$\frac{\overline{a g_2}}{\overline{c s}} = \frac{\sigma_{\min}}{\frac{N}{F}} = \frac{\frac{i^2}{y_2} - e}{\frac{i^2}{y_2}},$$

$$\sigma_{\min} = \frac{N}{F}\left(1 - \frac{e \cdot y_2}{i^2}\right)$$

Die Spannungsverteilung ist durch die Gerade $h_1 h_2$ angegeben.

Der zweite, allgemeinere Fall, in dem über die Form des Querschnitts nichts vorausgesetzt ist, unterscheidet sich also von dem Fall des rechteckigen Querschnitts grundsätzlich nicht, es müssen nur die entsprechenden Kernpunktsabstände ermittelt und eingesetzt werden.

Die nach Abb. 152 und 153 gegebenen Konstruktionen sind nicht rein geometrisch, da gewisse Größen, wie z. B. die mittlere Spannung, rechnerisch zu bestimmen sind.

Für den Fall der Biegung ohne Normalkraft soll im folgenden ein rein geometrisches Verfahren zur Spannungsermittlung angegeben werden. Es ist

$$\sigma = \frac{M_x \cdot y}{J_x} + \frac{M_y \cdot x}{J_y},$$

wobei sämtliche Größen auf die Hauptachsen bezogen sind. Deren Kenntnis sei vorausgesetzt. Wir betrachten z. B. ein I-Profil, Abb. 154, das durch ein in der Ebene $O N$ wirkendes Moment $\overline{M}$ beansprucht sei.

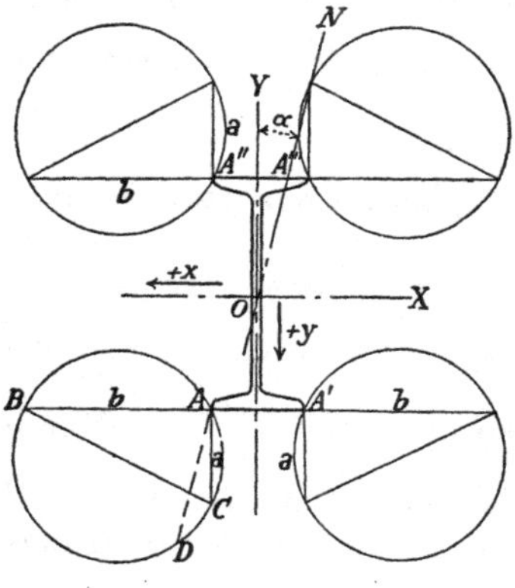

Abb. 154.

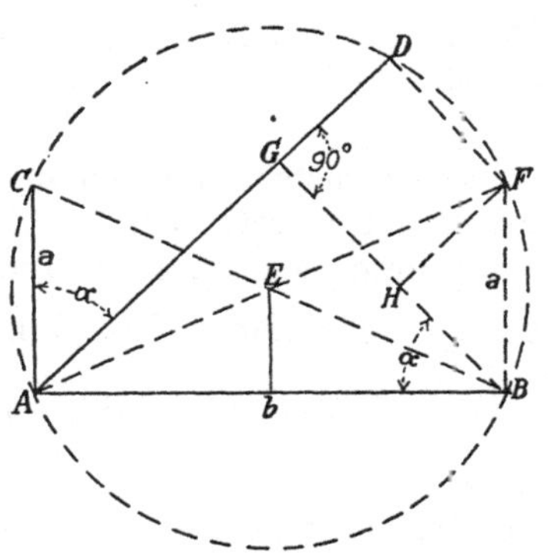

Abb. 155.

$O N$ bilde mit der Y-Achse einen Winkel α. Das Moment kann auch in einer beliebigen Ebene parallel zu $O N$ wirken, da durch eine Parallelverschiebung der Momentenwirkungsebene lediglich Torsionsbeanspruchungen erzeugt werden, die Verteilung der Normalspannungen, die hier nur betrachtet wird, davon jedoch unbeeinflußt bleibt.

Dann ist

$$M_x = M \cdot \cos \alpha,$$

$$M_y = M \cdot \sin \alpha,$$

$$\sigma = \frac{M \cdot y \cdot \cos \alpha}{J_x} + \frac{M \cdot x \cdot \sin \alpha}{J_y} = M(a \cdot \cos \alpha + b \cdot \sin \alpha), \qquad (28)$$

worin $a = \frac{y}{J_x}$ und $b = \frac{x}{J_y}$ für einen gegebenen Querschnittspunkt Konstante bedeuten. Diese Gleichung zeigt den Zusammenhang zwischen der Normalspannung an einem bestimmten Punkt und der Neigung der Momentenwirkungsebene.

Die Vorzeichen sind sorgfältig zu beachten. Das Moment wird positiv bezeichnet, wenn es oberhalb der X-Achse bzw. rechts von der Y-Achse Druck erzeugt. Geben wir einer Zugspannung das positive Vorzeichen, so müssen wir, um Übereinstimmung mit dem Vorzeichen für die Momente zu erzielen, die X-Richtung von O nach links und die Y-Richtung von O nach unten positiv machen. Geben wir der X-Richtung von O nach rechts und der Y-Richtung von O nach oben das positive Vorzeichen, so müssen wir die Druckspannungen positiv machen, damit die Vorzeichenregel für die Momente gewahrt bleibt ($M_x(+)$, wenn oberhalb OX Druck, $M_y(+)$, wenn rechts von OY Druck).

Gl. (28) ist die Gleichung eines Kreises in Polarkoordinaten bezogen auf einen Peripheriepunkt. Man mache in Abb. 155 $\overline{AB} = b$ und $a = \overline{AC} \perp AB$. Über $\overline{BC}$ als Durchmesser schlage man den Kreis, ziehe $\overline{AF}$ durch den Mittelpunkt E und $\sphericalangle CAD = \alpha$. Dann ist auch $\overline{BF} = a$, $\perp BA$. Ferner lege man $\overline{BG} \perp AD$ und $\overline{FH} \perp GB$. Dann ist $\sphericalangle ABG = \alpha$, $\overline{AG} = b \cdot \sin \alpha$, $\overline{GD} = \overline{HF} = a \cdot \cos \alpha$ und damit

$$\overline{AD} = b \cdot \sin \alpha + a \cdot \cos \alpha.$$

Die Konstruktion behält natürlich Gültigkeit, wenn man a und b miteinander vertauscht.

Führen wir diese Untersuchung für den linken Eckpunkt A des I-Profils für ON als Momentenwirkungsebene durch. $a = \frac{y}{J_x}$ und $b = \frac{x}{J_y}$ werden nach Abb. 154 abgetragen, und mit $\overline{BC}$ als Durchmesser wird der Kreis geschlagen. Ziehe $\overline{AD} \parallel ON$, dann ist AD die Normalspannung in A für das Moment $M = 1$ in der Wirkungsebene ON.

Für den Punkt A' ist a positiv, b negativ, so daß a nach unten, b nach rechts aufgetragen wird; für A'' ist b positiv und a negativ, b wird also nach links und a nach oben aufgetragen; für A''' haben a und b beide das negative Vorzeichen.

Die Art der Normalspannung an einem Punkt eines Balkens, ob Druck oder Zug, kann i. A. ohne Vorzeichenüberlegungen, durch Betrachtung der angreifenden Kräfte sicher bestimmt werden.

15. Spannungsverteilung über einen nicht homogenen Querschnitt.

Wenn im folgenden von nicht homogenen Körpern bzw. Querschnitten gesprochen werden soll, so sind damit nicht die Unhomogenitäten bezüglich kleiner Körperelemente gemeint, denn in diesem Sinn gibt es wohl überhaupt kaum homogene Körper; es sollen vielmehr, sozusagen, grobe Unhomogenitäten betrachtet werden, z. B. einen Betonbalken, der mit einem Eisenstab in seiner Längsrichtung bewehrt ist. Ein ebener Querschnitt dieses bewehrten Betonbalkens braucht zwar nach der Deformation nicht eben zu bleiben, muß aber eine kontinuierliche Fläche bleiben, in der jeder Punkt den ursprünglichen Zusammenhang mit seiner Umgebung beibehält. Sonst wäre ja eine Zerstörung eingetreten. Es müssen also zwei benachbarte Fasern des Körpers, die eine eine Betonfaser, die andere eine Eisenfaser, die gleichen Formänderungen erleiden, und deshalb müssen die Spannungen in den beiden Fasern sich direkt wie die Elastizitätsmoduli der beiden Stoffe verhalten ($\varepsilon \cdot E = \sigma$). Das Material mit dem größeren Elastizitätsmodul bedarf einer größeren Spannung, um das gleiche Formänderungsmaß zu erreichen wie das Material mit dem kleineren Elastizitätsmodul.

Daraus folgt, daß die Spannungsverteilung über einen nicht homogenen Querschnitt grundsätzlich mit den bisher angewandten Methoden bestimmt werden kann. Ein Teil des Querschnitts habe den Elastizitätsmodul E, der andere Teil den Elastizitätsmodul E_1, wobei $E_1 > E$. Man denke sich nun jedes Element des steiferen Materials im Verhältnis $\frac{E_1}{E}$ vergrößert — dabei aber doch nur den gleichen Raum wie vorher ausfüllend —, und behandle diesen neuen Querschnitt wie einen homogenen Querschnitt mit dem Elastizitätsmodul E mittels der in diesem Kapitel erörterten Formeln. Nehmen wir z. B. an, daß der größere Teil eines Querschnitts F_b aus Beton mit $E_b = 140\,000$ kg/cm², der kleinere Teil $F_e = 1$ cm² aus Eisen mit $E_e = 2\,100\,000$ bestehe. Wir denken uns nun den Eisenquerschnitt von 1 cm² durch $1 \cdot \frac{2\,100\,000}{140\,000} = 15$ cm² Betonquerschnitt ersetzt, diese jedoch auf einer Fläche von 1 cm² vereinigt. Unter diesen Annahmen ermittle man die Fläche und die Trägheitsmomente des Querschnittes und verfahre dann wie bei einem homogenen Querschnitt. Wird der Querschnitt z. B. bei Ermittlung des Trägheitsmoments in Elemente zerlegt, deren jedes kleiner ist als 1 cm², so teile man auch $F_e = 1$ cm² in Elemente und multipliziere jedes mit 15, ohne ihm im Querschnitt dafür mehr Platz zu geben. Hat man für den so homogen gemachten Querschnitt die Spannungen ermittelt, so muß man zur Bestimmung der tatsächlichen Eisenspannung die an jener Stelle berechnete Spannung mit 15 multiplizieren.

Beispiel. In einen rechteckigen Betonquerschnitt sei ein I-Profil eingebettet (Abb. 156). Es sei J_b das Trägheitsmoment und F_b die Fläche des Betonquerschnitts, J_e und F_e die entsprechenden Werte des Eisenquerschnitts

(J_b und J_e bezogen auf die X-Achse), $\frac{E_e}{E_b} = \frac{2100000}{140000} = 15$. Wir bezeichnen

$$15\,F_e = F',$$

$$15\,J_e = J'$$

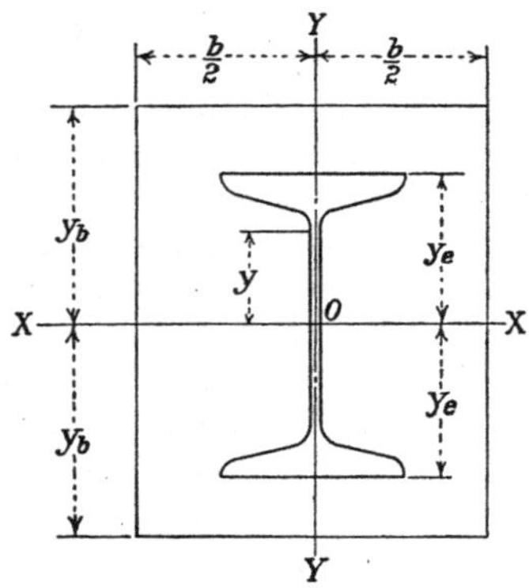

Abb. 156.

die auf Beton reduzierte Fläche und das Trägheitsmoment des Eisenquerschnitts. Es greife in dem Schwerpunkt O eine Normalkraft N an. Die Spannungen der Betonfasern σ_b und die der Eisenfasern σ_e sind über den Beton- bzw. den Eisenquerschnitt dann gleichmäßig verteilt, derart, daß

$$\sigma_b = \frac{N}{F_b + F'},$$

$$\sigma_e = 15 \cdot \frac{N}{F_b + F'} \qquad (29)$$

ist.

Greift N auf der Y-Achse in der Entfernung y von O an, so ist der Querschnitt durch ein Moment $M = N \cdot y$ und eine Normalkraft N beansprucht. Dann ist

$$\sigma_{b\,\max} = \frac{N}{F_b + F'} + \frac{N \cdot y \cdot y_b}{J_b + J'}, \qquad (30)$$

$$\sigma_{b\,\min} = \frac{N}{F_b + F'} - \frac{N \cdot y \cdot y_b}{J_b + J'}, \qquad (31)$$

$$\sigma_{e\,\max} = 15\left[\frac{N}{F_b + F'} + \frac{N \cdot y \cdot y_e}{J_b + J'}\right], \qquad (32)$$

$$\sigma_{e\,\min} = 15\left[\frac{N}{F_b + F'} - \frac{N \cdot y \cdot y_e}{J_b + J'}\right]. \qquad (33)$$

Treten Zugkräfte auf, d. h. ist

$$\frac{N}{F_b + F'} < \frac{N \cdot y \cdot y_b}{J_b + J'},$$

so wird im allgemeinen angenommen, daß der Beton keine Zugspannungen übernimmt, d. h. daß er von der Nullinie ab im Bereich der Zugspannungen gerissen ist. Unter dieser Annahme ändert sich die Lage der N.L. und ebenfalls die Formeln zur Spannungsberechnung. Darüber ist in Kapitel XV nachzulesen.

16. Weitere Untersuchungen.

Die Untersuchungen über die Spannungsverteilung über einen Querschnitt wird am Schluß des nächsten Kapitels zu Ende geführt, da der Leser erst in die Theorie der Biegung eingeführt werden soll. Der Leser sollte nicht daran vorbeigehen, da diese Ergänzung zum vorliegenden Kapitel für das Verständnis notwendig ist.

17. Geschichtliches.

Die Erkenntnisse über die Lage der Nullinie und die Spannungsverteilung über einen Querschnitt haben eine lange geschichtliche Entwicklung durchgemacht.

Galilei nahm an, daß sich der Balken um seine äußerste Faser zu drehen suche, daß also jede Faser auf Zug beansprucht sei (Abb. 157). Offenbar hatte er noch nicht erkannt, daß $\sum H = 0$. Es mag für manchen Leser ein Trost sein, daß dieser bedeutende Mann einen Elementarsatz unserer heutigen Statik nicht erfaßt hatte, wobei jedoch zu bedenken ist, daß er von 1564 bis 1642 lebte, vor Newton, dem Entdecker der Gravitationsgesetze.

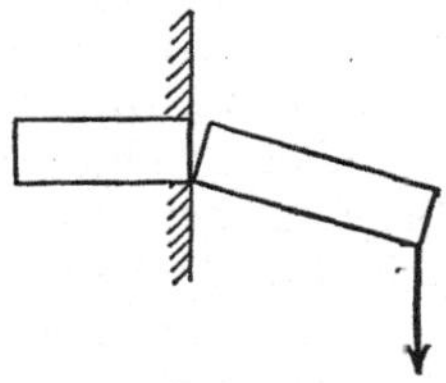

Abb. 157.

Marriotte (1620 bis 1684) nahm die neutrale Achse in der mittleren Höhe an.

Parent hat als erster die Lage der N.L. mittels der Überlegung $\sum H = 0$ für Biegung ohne Normalkraft bestimmt (um 1710).

Coulomb leitete mit der gleichen Überlegung die Lage der N.L. für symmetrische Querschnitte ab.

Navier (1785 bis 1836) zeigte zuerst, daß bei Biegung ohne Normalkraft die N.L. durch den Schwerpunkt des Querschnittes geht; er leitete auch die Beziehung $M = \frac{\sigma \cdot J}{y}$ ab. Er nahm jedoch noch fälschlich an, daß die N.L. stets senkrecht zur Kräfteebene stehe. Persy wies als erster darauf hin, daß dies nur für besondere Fälle zutrifft. Bresse benutzte erstmalig die Trägheitsellipse zur Bestimmung der N.L.; er führte auch den Begriff des Kerns in seinem Buch „Résistance des Matériaux“ (1854) ein.

18. Literaturangaben.

Bresse leitet in seinem obengenannten Buch (3. Auflage 1880) die allgemeinen Beziehungen für die Lage der N.L. ab, führt den Begriff des Kerns ein, wendet ihn aber nicht zur Ermittlung der Randspannungen an.

Ritter, W.: Anwendungen der graphischen Statik, I, Zürich 1888. Hier findet sich die Anwendung des Kerns auf die Spannungsermittlung,

Müller-Breslau: Graphische Statik der Baukonstruktionen Band 1.

Mohr: Abhandlungen aus dem Gebiete der technischen Mechanik.

Johnson, L. J.: The determination of unit stresses in the general case of flexure. Journ. Assoc. Eng. Societies 1902.

Derselbe: An Analysis of general flexure in a straight bar of uniform crosssection. Transact. Am. Soc. C. E. 1906.

Der Leser, der sich in den Stoff vertiefen will, wird auf diese Quellen hingewiesen.

Der Verfasser ist nicht ausschließlich dem Gedankengang eines der erwähnten Forscher gefolgt, sondern hat sich bestrebt, jeweils den klarsten und einfachsten Weg zu gehen, und das Gedächtnis möglichst wenig zu belasten.

X. Die Theorie der Biegung.

1. Definitionen.

Unter Biegung ohne Normalkraft, oder einfach Biegung, wird im allgemeinen die Biegung durch Querkräfte verstanden; d. h. die Resultierende der äußeren Kräfte auf einer Seite eines beliebigen

Querschnittes wirkt parallel zu dem Querschnitt, aber nicht in der Querschnittsebene selbst; es wird auch so ausgedrückt: die Resultierende schneidet die Querschnittsebene im Unendlichen.

Die Biegung ohne Normalkraft kann auch die Biegung durch ein reines Kräftepaar senkrecht zum Querschnitt sein. Diesen Fall nennt man reine Biegung.

Wenn nichts anderes bemerkt, werden wir im folgenden unter Biegung stets Biegung durch Querkräfte verstehen, ferner die Gültigkeit des Hooke'schen Gesetzes und Elastizität voraussetzen.

Unter Querschnitt soll die durch einen Schnitt senkrecht zur Körperachse entstehende Fläche verstanden werden.

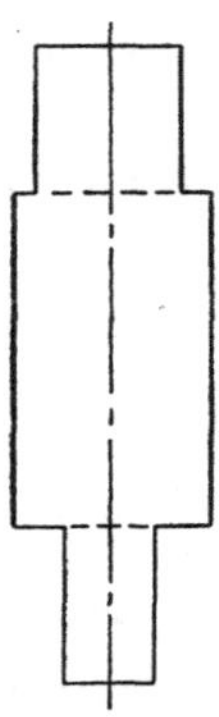

Abb. 158.

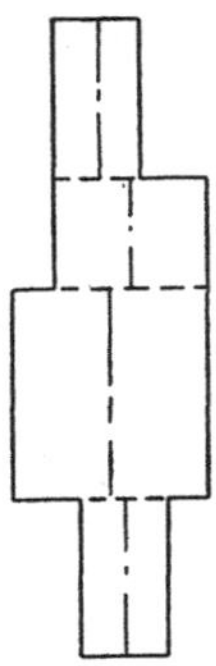

Abb. 158 a.

Die Achse ist der geometrische Ort aller Querschnittsschwerpunkte. Die Achse ist identisch mit der elastischen Linie eines deformierten Balkens.

Querschnittsflächen und Achsen hängen deshalb miteinander zusammen; zur Bestimmung des einen hat man die Kenntnis des andern Stückes notwendig. Jedes muß deshalb durch einen Prozeß allmählicher Annäherung gefunden werden mit Ausnahme der Körper, bei denen die Anschauung zur Bestimmung von Achse und Querschnitt genügt, z. B. prismatischen Stäben u. dgl.; beinahe bei allen gebräuchlichen Konstruktionsgliedern im Bau- und Maschinenwesen sind Achse und Querschnitt ohne Näherungsverfahren ohne weiteres bestimmbar.

Ändert sich der Querschnitt über die Länge des Stabes stetig, so hat die Achse ebenfalls keine Unstetigkeitspunkte. Ändert sich jedoch der Querschnitt über die Länge des Stabes nicht stetig, d. h. „springt" der Querschnitt (vgl. Abb. 158 u. 158 a), so kann die Achse Unstetigkeitspunkte haben (Abb. 158 a), braucht es jedoch nicht (Abb. 158). In allen praktisch vorkommenden Fällen macht die Bestimmung von Querschnitt und Achse keinerlei Schwierigkeiten.

2. Die äußeren Kräfte.

Die in Kapitel IX erörterten Zusammenhänge ermöglichen es, die Spannungsverteilung irgendeines auf Biegung beanspruchten Querschnittes festzulegen, wenn die äußeren Kräfte bekannt sind. Auf der einen Seite des Querschnittes wirke die Einzelkraft Q parallel zur Querschnittsebene und um e von ihr entfernt; diese kann ersetzt werden durch eine Tangentialkraft Q in der Querschnittsebene und einem Kräftepaar aus zwei Kräften parallel zum Querschnitt mit dem Moment $M = Q \cdot e$, dessen Wirkungsebene senkrecht zum Querschnitt steht. Dieses Kräftepaar kann in seiner Wirkungsebene beliebig gedreht werden und kann deshalb aus zwei Kräften senkrecht zum Querschnitt bestehend gedacht werden.

Bei der Biegung durch Querkräfte ist also die Resultierende der äußeren Kräfte Q auf einer Seite des Querschnitts äquivalent einer Scherkraft in der Querschnittsebene von der Größe Q und einem Kräftepaar senkrecht zur Querschnittsebene mit dem Moment $M = Q \cdot e$, worin e den Abstand der Resultierenden vom Querschnitt bedeutet (Abb. 159). Die Größe der Scherkraft ist eindeutig bestimmt, während die Größe der Kräfte N des Kräftepaares M zunächst nicht bekannt ist, sondern lediglich die Bedingungen erfüllen muß

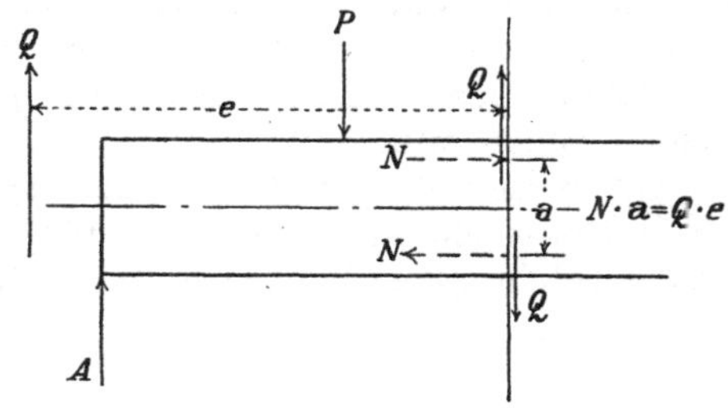

Abb. 159.

$$N \cdot a = Q \cdot e = M. \tag{1}$$

Durch die Resultierende Q der äußeren Kräfte lege man eine Ebene senkrecht zum Querschnitt; die Scherkraft wirkt dann in der Schnittlinie L dieser beiden Ebenen, die Kräfte N greifen senkrecht zum Querschnitt an zwei Punkten der Schnittlinie an.

Im allgemeineren Fall wird L nicht durch den Querschnittsschwerpunkt O hindurchgehen, sondern in einem senkrechten Abstand c von O entfernt sein. Es kann dann die Scherkraft Q in L zerlegt werden in eine um c parallel zu L verschobene, durch O wirkende Scherkraft und ein Torsionsmoment in der Querschnittsebene von der Größe $M_T = Q \cdot c$. Dieses Moment versucht den Querschnitt um die Achse zu verdrehen. Es wirken dann auf einen Querschnitt folgende Kräfte:

1. eine Scherkraft gleich und parallel zu Q, der Resultierenden der äußeren Kräfte des betrachteten Balkenteils, in der Richtung von Q und mit einer Wirkungslinie durch den Querschnittsschwerpunkt;

2. ein Torsionsmoment (in der Querschnittsebene) von der Größe $M_T = Q \cdot c$;

3. ein Kräftepaar, dessen Wirkungsebene senkrecht zum Querschnitt steht und ein Moment $M = Q \cdot e$ ausübt. Das Moment $Q \cdot c$ ist ein Torsionsmoment, das Moment $Q \cdot e$ ist ein Biegungsmoment. (Über Torsion vergleiche Kapitel VIII.)

3. Balken, Belastung, Lagerung.

Über die Definition des Begriffes „Balken“ möge auf den Abschnitt 6 des vorhergehenden Kapitels verwiesen werden.

Balken können sich voneinander hinsichtlich ihres Materials, ihrer Gestalt, ihrer Belastung und ihrer Lagerung unterscheiden. Der Einfluß des Materials erstreckt sich auf die Größe der zulässigen Spannungen und auf die Formänderungen, die von den elastischen Konstanten des betreffenden Materials abhängig sind. Hinsichtlich der

Gestalt der Balken ist zu sagen, daß sie entweder konstanten oder veränderlichen Querschnitt, daß sie eine gerade oder eine gekrümmte Achse haben können; der Querschnitt wird manchmal über die Länge des Balkens so veränderlich gemacht, daß man Balken gleicher Festigkeit, d. h. für eine bestimmte Belastung in allen Querschnitten gleiche Randspannungen erhält; dies wird im allgemeinen nur näherungsweise möglich sein.

Die Belastung erfolgt entweder durch Einzellasten (konzentrierte Lasten) oder durch verteilte Lasten. Genau gesprochen, kann eine Last nicht in einem Punkte konzentriert sein, denn mit einem solchen

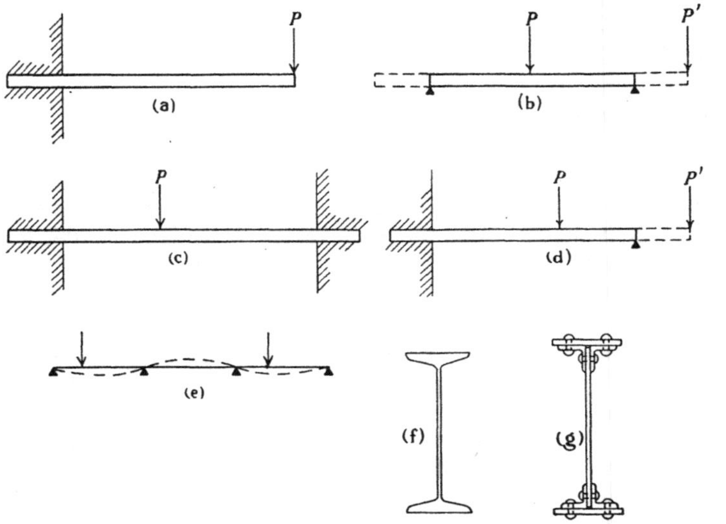

Abb. 160.

Lastangriff wäre eine unendlich große Spannung an dem Oberflächenpunkt des Lastangriffs verbunden: es wird also an dem Angriffspunkte der Kraft eine derartige Formänderung eintreten, daß sich die Kraft auf eine wenn auch kleine Fläche verteilt. In der Rechnung werden dagegen Einzellasten als punkt- bzw. schneidenförmig angreifende Lasten betrachtet. Eine verteilte Last kann gleichmäßig verteilt sein, d. h. die Last pro Längeneinheit des Balkens ist konstant, oder sie kann ungleichmäßig verteilt sein; das Verteilungsgesetz der Kraft muß natürlich bekannt bzw. angenommen sein, bevor der Balken statisch untersucht werden kann.

Ein Balken kann in sehr verschiedener Weise gelagert sein.

Der einfachste Fall ist der „Balken auf zwei Stützen“, auch „einfacher Balken“ genannt, bei dem senkrechte Kräfte nur senkrechte Reaktionen an den Enden hervorrufen können. Aus Gründen des Gleichgewichts (für horizontalen Kraftangriff) muß ein Lager fest sein. Das andere Lager muß horizontal verschieblich sein, da sonst infolge der Deformation vertikale Kräfte auch horizontale Reaktionen hervorrufen würden. Der Balken wird sich unter der Einwirkung der Belastung deformieren derart, daß die Endtangenten der Biegelinie mit der ursprünglichen Stabachse einen Winkel bilden.

Die Balkenenden können nun so gelagert sein, daß diese Verdrehung unmöglich wird, d. h. es muß ein Reaktionsmoment wirksam sein, das diese Verdrehung wieder aufhebt. Dieses wird durch eine „*Einspannung*“ bewirkt. Ist die Einspannung nur an einem Ende vorhanden und das andere Ende frei (Abb. 160a), so haben wir einen *Freiträger*. Ist der Balken an beiden Enden eingespannt, so heißt er ein *beiderseits eingespannter* Träger (Abb. 160c). Der Träger kann auch an einem Ende eingespannt und am andern Ende frei drehbar gelagert sein (Abb. 160d).

Man spricht von „*fester*“ Einspannung, wenn die Drehbewegung des Balkenendes vollständig verhindert ist. Oft wird die feste Einspannung nicht zu erreichen sein, z. B. wenn sie durch die Auflast einer Mauer geschieht. Die der Drehung widerstehende Mauer wird selbst Formänderungen in der Weise eingehen, daß sie einer Drehbewegung des Balkenendes bis zu einem gewissen Grad nachgibt.

Allgemein kann man sagen, daß „feste“ Einspannung vorliegt, wenn das Einspannmoment so groß ist, daß es eine Verdrehung der Endtangente verhindert; bei „*teilweise*“ oder „*elastisch*“ eingespannten Auflagern ist das Einspannmoment nicht genügend groß, um die Drehung vollständig zu verhindern.

Ein Balken auf zwei Stützen oder ein einerseits eingespannter, andrerseits frei drehbar gelagerter Träger kann über seine Auflager hinausragen (Abb. 152b und 152d). Solche Träger nennt man *Kragträger*. Manchmal wird der Begriff „Kragträger“ nur auf den auskragenden Balkenteil angewendet; es erscheint jedoch besser, den ganzen Träger als Kragträger und den auskragenden Teil als *Kragarm* zu bezeichnen.

Ein *durchlaufender* (kontinuierlicher) Träger ist ein Träger, der an mehr als zwei Punkten unterstützt ist (Abb. 152e). Er kann als eine Aufeinanderfolge von einfachen Balken aufgefaßt werden, an deren Enden Kräftepaare von solcher Größe angreifen, daß die Achsen der Balken eine stetige Neigung haben. Ein durchlaufender Träger kann also in einfache Balken aufgelöst werden, deren Enden elastisch eingespannt sind.

4. Gegenstand der Untersuchungen.

Es treten im wesentlichen drei Fragen bei der Theorie der Biegung hervor:

a) Bestimmung der *Spannungen*,

b) Bestimmung der *Formänderungsarbeit*,

c) Bestimmung der *Formänderungen*.

In den praktisch häufigsten Fällen sind die Balken gerade Stäbe mit konstantem oder symmetrisch zur Achse veränderlichem Querschnitt (so daß die Achse gerade bleibt). Ferner liegen die äußeren Kräfte meist in einer Ebene derart, daß die Stabachse in ihr liegt. In diesem Fall verschwindet das Torsionsmoment.

5. Biegungsnormalspannungen.

Die in Kapitel IX abgeleiteten Gleichungen geben über die Biegungsnormalspannungen erschöpfend Auskunft. Für den hier betrachteten Fall, daß die Normalkraft N verschwindet, wird unter Zugrundelegen der Querschnittshauptachsen als Koordinatenachsen (Zentrifugmom. verschwindet)

$$\sigma = \frac{M_y \cdot J_x \cdot x + M_x \cdot J_y \cdot y}{J_x \cdot J_y} = \frac{M_y \cdot x}{J_y} + \frac{M_x \cdot y}{J_x}. \tag{2}$$

Liegen die Kräfte in einer Ebene und enthält diese die Y-Achse, oder, allgemeiner, geht die Resultierende der äußeren Kräfte des betrachteten Balkenteils durch die Y-Achse, so verschwindet M_y und es wird

$$\sigma = \frac{M_x \cdot y}{J_x}. \tag{2a}$$

Es sei hier der einfachste und am häufigsten vorkommende Fall nochmals behandelt, nämlich der des symmetrischen Querschnitts, die Kräfte greifen alle in einer Symmetrieebene des Balkens an.

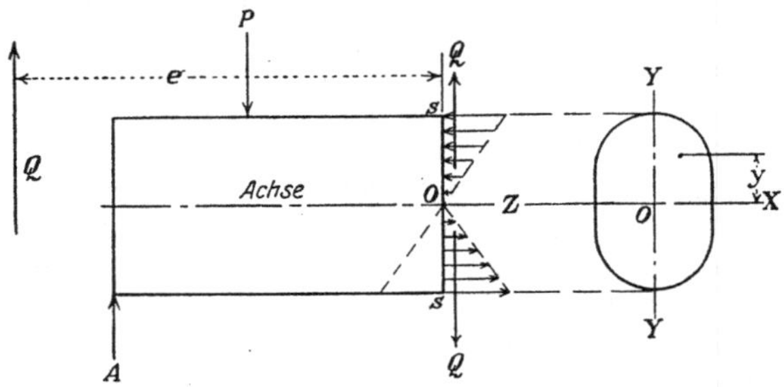

Abb. 161.

Man betrachte den Balken nach Abb. 161. Die Querschnittsebene ist $s - s$, die Resultierende der äußeren Kräfte links von $s - s$ ist Q, deren Wirkungslinie parallel zu $s - s$ im Abstand e liegt. Abb. 161 rechts zeigt den Querschnitt, $Y - Y$ ist eine Balkensymmetrieebene, gleichzeitig Zeichenebene und Kräfteebene. O ist der Querschnittsschwerpunkt.

Die statischen Gleichungen, die zur Verfügung stehen, lauten

$$\sum X = 0; \quad \sum Y = 0; \quad \sum Z = 0;$$
$$\sum M_x = 0; \quad \sum M_y = 0; \quad \sum M_z = 0.$$

OY und OZ liegen in der Zeichenebene, OX steht senkrecht zur Zeichen- und liegt in der Querschnittsebene.

Wegen der Symmetrie des Querschnitts muß die N.L. parallel zur X-Achse, d. h. senkrecht zur Kräfteebene, sein.

Die Gleichung $\sum X = 0$ besagt, daß die resultierende Tangentialkraft des Querschnitts in der X-Richtung verschwinden muß. An irgendeinem Punkt des Querschnittes kann möglicherweise eine horizontale Scherspannung wirken; die Summe der tangentialen Flächenkräfte muß jedoch in der X-Richtung verschwinden.

Die Gleichung $\sum Y = 0$ sagt aus, daß die Summe der tangentialen Flächenkräfte entgegengesetzt gleich der Scherkraft Q sein muß.

Diese beiden Gleichungen sagen etwas über die Größe der Resultierenden der Tangentialkräfte, nichts aber über ihre Verteilung aus.

Die Gleichung $\sum Z = 0$ besagt, daß die Summe der normal gerichteten Flächenkräfte verschwinden muß, da die äußeren Kräfte keine Komponente in der Z-Richtung besitzen.

Wir haben in Kapitel IX gesehen, daß es plausibel ist, lineare Verteilung der Normalspannungen über den Querschnitt anzunehmen. Wir kennen jedoch noch nicht die Lage der N.L. Ist σ die Normalspannung in der Entfernnng y von OX, so folgt aus dem Gesetz der linearen Spannungsverteilung $\sigma = c \cdot y$, worin c eine Konstante ist und die Spannung in der Entfernung Eins von der N.L. darstellt. Ist df ein Flächenteilchen, so ist die Resultierende der normalen Flächenkräfte

$$\int \sigma \cdot df = c \int y \, df = 0,$$

$$\int y \cdot df = 0,$$

woraus folgt, daß für Biegung ohne Normalkraft die N.L. durch den Schwerpunkt des Querschnitts gehen muß. Dies gilt unabhängig von der Form des Querschnitts, da wir keine andere Voraussetzung als die der linearen Spannungsverteilung gemacht haben.

Da nur Kräfte in der $Y - Z$-Ebene wirken, fordern die Gleichungen

$$\sum M_y = 0; \qquad \sum M_z = 0,$$

daß die Summe der Momente der inneren Kräfte um die Y- und die Z-Achse verschwindet.

Die Gleichung

$$\sum M_x = 0$$

liefert

$$Q \cdot e = M_x = \int \sigma \cdot df \cdot y = c \int y^2 \, df = c \cdot J = \frac{\sigma \cdot J}{y}. \tag{3}$$

M_x ist das Moment aller äußeren Kräfte auf der einen Seite des Querschnitts in bezug auf OX und heißt das Biegungsmoment. Die algebraischen Größt- und Kleinstwerte der Biegungsnormalspannungen treten mithin an den am weitesten von der N.L. entfernten Querschnittspunkten auf. Bezeichnet man die größte Entfernung mit y_1, so wird

$$\sigma_{\substack{\max\\\min}} = \pm \frac{M \cdot y_1}{J}. \tag{3a}$$

Der Ausdruck $\frac{J}{y_1}$ heißt der Querschnittsmodul. Er hängt nur von den Querschnittsabmessungen ab.

Den Gl. (3) und (3a) liegt wieder keine andere Annahme zugrunde, als die der linearen Spannungsverteilung. Diese Annahme trifft zu, wenn folgende drei Voraussetzungen erfüllt sind:

1. Vor der Biegung ebene Querschnitte bleiben auch nach der Biegung eben.

2. Gültigkeit des Hooke'schen Gesetzes, die Spannungen sind linear proportional den Verzerrungen. Für Eisen als Baustoff heißt das, daß an keiner Stelle die Proportionalitätsgrenze überschritten werden darf.

3. Der Elastizitätsmodul ist für Zug- und Druckbeanspruchungen gleich groß.

Jeder Querschnitt des Balkens hat eine N.L.; der geometrische Ort aller Nullinien ist die neutrale Fläche, die von einem Ende des Balkens zum andern Ende durchgeht.

Die Resultierende der normalen Flächenkräfte eines Querschnitts bei Biegung ohne Normalkraft ist ein Kräftepaar, dessen Moment dem Biegungsmoment der äußeren Kräfte das Gleichgewicht hält.

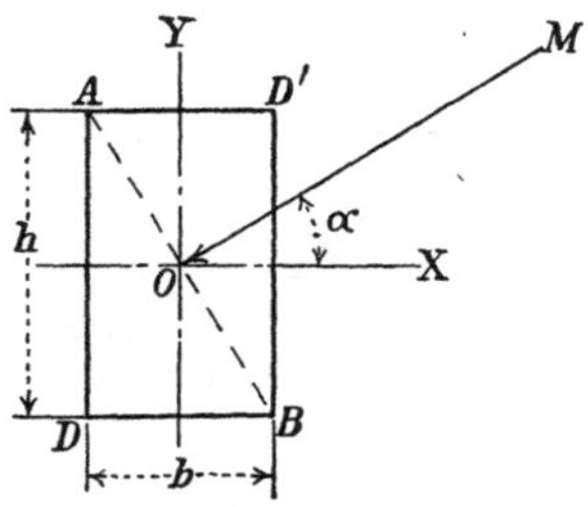

Abb. 162.

Ein Biegungsmoment soll das positive Vorzeichen erhalten, wenn es den Balken hohl nach oben biegt, also die oberen Fasern drückt und die unteren zieht. Diese Vorzeichenregel läßt sich auch so ausdrücken, daß bei Betrachtung des linken Trägerteiles ein rechtsdrehendes, bei Betrachtung des rechten Trägerteiles ein linksdrehendes Moment der äußeren Kräfte positiv ist. Eine Scherkraft ist positiv, wenn sie links vom Schnitt nach oben — also den linken Teil nach oben, den rechten nach unten verschieben will —, rechts vom Schnitt nach unten wirkt.

Es ist manchmal von Wichtigkeit, zu wissen, in welcher Wirkungsebene ein gegebenes Biegungsmoment für einen gegebenen Querschnitt die größten Randspannungen erzeugt. Die Ebene ist dadurch bestimmt, daß der zugehörige Modul $\frac{y_1}{J}$ zu einem Maximum wird. Es braucht dies nicht notwendig die Ebene durch die größere Hauptachse zu sein, d. h. die N.L. braucht nicht mit der kleinen Hauptachse zusammenzufallen. Betrachten wir einen rechteckigen Querschnitt nach Abb. 162. Es sei der Neigungswinkel α der Wirkungsebene gesucht, in der das Moment M die größten Randspannungen erzeugt.

Es ist

$$M_x = M \cdot \sin\alpha,$$

$$M_y = M \cdot \cos\alpha.$$

Die größte Spannung hat der Punkt D bzw. D' mit

$$\sigma = \frac{6\,M \cdot \sin\alpha}{b\,h^2} + \frac{6\,M \cdot \cos\alpha}{h\,b^2},$$

$\frac{d\sigma}{d\alpha} = 0$ ergibt

$$\tan\alpha = \frac{b}{h},$$

d. h. die gesuchte Ebene steht auf der Diagonalen $\overline{AB}$ senkrecht, und

$$\sigma_{\max} = \frac{6M\sqrt{b^2+h^2}}{b^2 \cdot h^2}.$$

6. Die Belastungslinie.

Die Einzellasten, die auf einen Balken wirken, werden durch Pfeile in dem Richtungssinn der Kraft angegeben und meist mit P und einem Index bezeichnet. Ist die Last verteilt, so wird sie im allgemeinen in der Weise dargestellt, daß man an jeder Stelle des Balkens die dort wirkende, auf die Längeneinheit bezogene Belastung senkrecht zur Balkenachse in irgendeinem beliebigen, aber über den Balken konstanten Maßstab aufträgt. Der geometrische Ort der Endpunkte dieser Lote ist die Belastungslinie. Die zwischen zwei Balkenpunkten wirkende Balkenbelastung ist die in dem entsprechenden Maßstab gemessene Fläche, begrenzt von der Balkenachse und der Belastungslinie.

Einzellasten (konzentrierte Lasten), zu denen bei punkt- oder schneidenförmiger Lagerung auch die Reaktionen gehören, kann man sich durch eine Belastungslinie dargestellt denken, die aus einzelnen Rechtecken von unendlich kleiner Breite und unendlich großer Höhe besteht. Dann kann man allgemein sagen, daß jede Belastung durch eine Belastungslinie dargestellt werden kann.

Von oben nach unten wirkende Kräfte werden oberhalb, entgegengesetzt wirkende Kräfte unterhalb der Balkenachse angetragen.

7. Momenten- und Querkraftlinien.

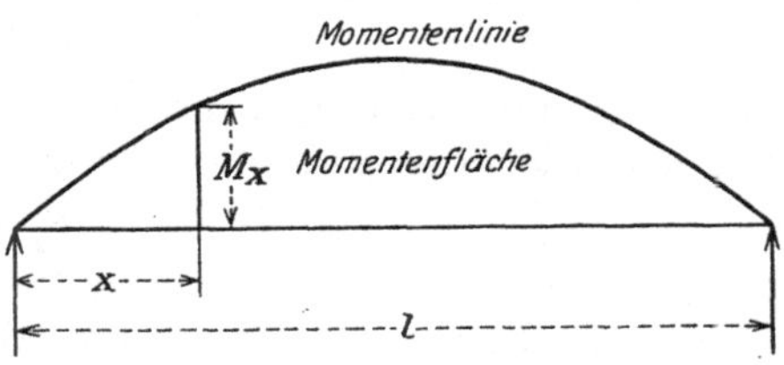

Abb. 163.

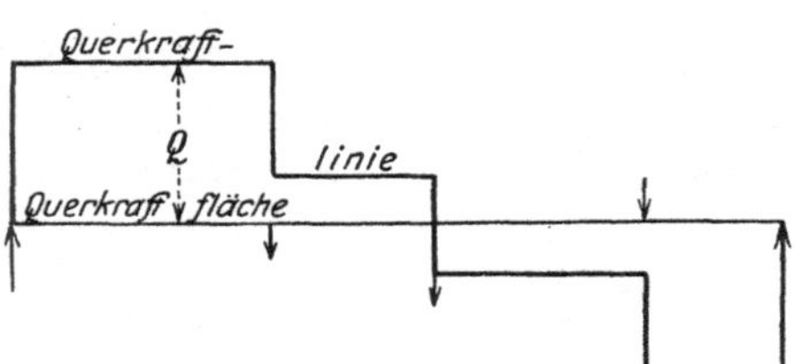

Abb. 164.

Zur Bestimmung der größten Spannung in jedem Schnitt muß für eine gegebene Belastung das Biegungsmoment an jeder Stelle bekannt sein. Ist das Moment als Funktion des Orts bestimmt und tragen wir diese in einem beliebigen Maßstab graphisch über der Balkenachse als Abszissenachse auf, so erhalten wir die sogenannte Momentenlinie. So ist in Abb. 163 M_x, in dem betreffenden Momentenmaßstab gemessen, das Moment an der um x vom linken Auflager entfernten Stelle. Die gekrümmte Linie ist die Momentenlinie, die Fläche zwischen Momentenlinie und Balkenachse heißt die Momentenfläche.

Entsprechend trägt man die Querkräfte an jeder Stelle des Balkens zu einer Querkraftlinie auf. (Abb. 164.) Eine Ordinate Q mit ihrem Vorzeichen gibt die Querkraft an dem betr. Punkt an.

Im einzelnen soll in Kap. XI auf Momente und Querkräfte beim Balken eingegangen werden. In diesem Kapitel werden nur allgemeine Beziehungen erörtert.

8. Beziehungen zwischen Moment und Querkraft beim Balken.

Es sei in Abb. 165 ein Balkenteil links vom Schnitt $s - s$ dargestellt. A ist der Auflagerdruck, P_1 und P_2 sind die Lasten, die auf den Trägerteil wirken. Der betrachtete Trägerteil werde als Trägerstumpf bezeichnet.

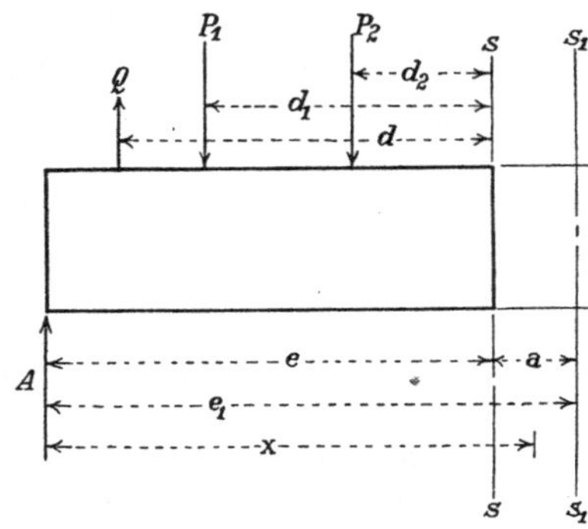

Abb. 165.

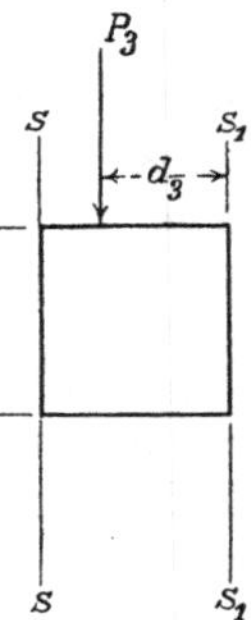

Abb. 166.

Die Resultierende der äußeren Kräfte für den Trägerstumpf ist

$$Q = A - P_1 - P_2.$$

Sie wirkt links von A, wenn $A > (P_1 + P_2)$, im andern Falle rechts von A. Die Scherkraft in $s - s$ ist Q, das Biegungsmoment

$$M = A \cdot e - P_1 \cdot d_1 - P_2 \cdot d_2.$$

Betrachtet man einen andern Querschnitt $s_1 - s_1$ rechts von $s - s$ in der Entfernung a, dann hat, wenn zwischen $s - s$ und $s_1 - s_1$ keine Kräfte wirken, die Querkraft bei $s_1 - s_1$ die Größe Q und das Moment die Größe $M + Q \cdot a$.

Greifen zwischen den beiden Schnitten $s - s$ und $s_1 - s_1$ Einzelkräfte an, z. B. (Abb. 166) P_3 in der Entfernung d_3 von $s_1 - s_1$, dann ist in $s_1 - s_1$ die Querkraft

$$Q_1 = Q - \Sigma P_3 \tag{4}$$

und das Moment

$$M_1 = M + Q \cdot a - \Sigma P_3 \cdot d_3. \tag{5}$$

Greift statt der Einzellasten zwischen den beiden Schnitten eine verteilte Last $p = f(x)$ an, dann ist bei $s_1 - s_1$ die Querkraft

$$Q_1 = Q - \int_{ss}^{s_1 s_1} p \cdot dx \tag{6}$$

und das Moment

$$M_1 = M + Q \cdot a - \int_{ss}^{s_1 s_1} p\,dx\,(e_1 - x), \tag{7}$$

worin x die Entfernung der Last $p \cdot dx$ vom linken Auflager ist.

Ist

$$e_1 - e = a = dx,$$

d. h. sind die beiden Querschnitte unendlich nahe benachbart, so wird unter Vernachlässigung der Größen, die von der zweiten Ordnung klein sind,

$$Q_1 = Q - p \cdot dx,$$

$$M_1 = M + Q \cdot dx - \frac{p \cdot dx^2}{2}$$

$$= M + Q \cdot dx.$$

Daraus folgt

$$Q_1 - Q = dQ = -p \cdot dx,$$

$$\frac{dQ}{dx} = -p, \tag{8}$$

$$M_1 - M = dM = Q \cdot dx,$$

$$\frac{dM}{dx} = Q. \tag{9}$$

Die erste Ableitung des Moments nach x stellt also die Scherkraft dar. Da man eine Funktion nur innerhalb eines Stetigkeitsbereiches differentiieren darf, so gilt die Gl. (9) nicht für solche Balkenpunkte, wo eine Einzelkraft angreift.

Aus Gl. (8) und (9) folgt

$$\frac{d^2 M}{dx^2} = -p. \tag{10}$$

Die Gl. (4) bis (10) sollen nachstehend diskutiert werden[1].

Betrachten wir die Gl. (4) bis (7). Bei der Bestimmung von Momenten und Querkräften geht man im allgemeinen so vor, daß man von dem Ende des Trägerstumpfs, also von dem Lager, ausgeht. Die Gl. (4) bis (7) zeigen, daß man jeden andern Punkt, an dem Querkraft und Moment bekannt sind, zum Ausgangspunkt wählen und nur den Balkenteil zwischen jenem Punkt und dem Schnitt betrachten kann. Diese Methode kann u. U. Vorteile bieten.

Es ist offenbar, daß die Querkraft in einem unbelasteten Balkenbereich konstant sein muß, ferner daß sie sich an der Stelle einer Einzellast um den Betrag dieser Last ändert, d. h. die Q-Funktion eine Unstetigkeit hat. Ein nur durch Einzellasten belasteter Balken

[1] Anm.: Es sei hier darauf hingewiesen, daß es unumgänglich notwendig ist, den mechanischen Sinn von mathematischen Ausdrücken zu erfassen. Nur so erhalten sie Leben, und der Studierende entgeht der Gefahr des geistlosen Auswendiglernens von Formeln.

hat also eine Querkraftslinie nach Abb. 164. $\frac{dM}{dx}$ ist zwischen zwei Einzellasten konstant, das besagt, daß M eine lineare Funktion von x sein muß; die Neigung dieser Geraden hat den Wert Q. An den Stellen, wo Einzellasten wirken, und nur da, hat die Momentenlinie Eckpunkte. Für ein Kräftesystem von Einzellasten besteht die Momentenlinie aus einer Aufeinanderfolge von Geraden mit den Knickpunkten in den Wirkungslinien der Kräfte, die Querkraftlinie aus einer Aufeinanderfolge von Linien parallel zur Balkenachse mit Unstetigkeiten an den Wirkungslinien der Kräfte.

Greifen die Lasten verteilt an, gleichmäßig oder ungleichmäßig, so verläuft die Querkraftlinie im Lastbereich stetig. Bei gleichmäßiger Verteilung ($p =$ konst.) ist die Querkraftlinie eine Gerade; die trigonometrische Tangente ihres Neigungswinkels hat die Größe der auf die Längeneinheit bezogenen Belastung p. Ist die Last ungleichmäßig verteilt, so ist die Querkraftslinie eine stetig gekrümmte Linie; die Tangente an jedem Punkt schließt mit der x-Achse (Balkenachse) einen Winkel ein, dessen trigonometrische Tangente durch die an jenem Punkt pro Längeneinheit wirkende Belastung p_x bestimmt ist. Demnach muß die Momentenlinie für gleichmäßig und ungleichmäßig verteilte Belastung eine stetig gekrümmte Linie sein. Unstetigkeitspunkte hat die Neigung der Momentenlinie nur da, wo die Querkraftlinie unstetig ist, also unter Einzellasten. Die Tangente an irgendeinem Punkt der Momentenlinie schließt mit der Stabachse einen Winkel ein, der dadurch bestimmt ist, daß seine trigonometrische Tangente gleich der Querkraft an jenem Punkt ist.

Aufgabe: Für einen Balken mit Einzellasten und verteilten Lasten sind Momenten- und Querkraftlinie zu bestimmen und die oben erörterten Beziehungen zu untersuchen.

Aus Gl. (9) folgt weiterhin

$$\int dM = \int Q \cdot dx,$$

also die (algebraische) Zunahme des Moments zwischen zwei Balkenpunkten ist durch die (algebraische) Querkraftfläche zwischen diesen Punkten bestimmt. Der Momentenwert an irgendeinem Punkt kann z. B. derart errechnet werden, daß man die Querkraftkurve von dem nächstgelegenen Momentennullpunkt bis an jenen Punkt integriert, d. h. die Querkraftfläche bestimmt.

Die Querkraftfläche zwischen zwei Punkten, die das gleiche Moment haben, ist (algebraisch) nullwertig.

Aus Gl. (9) ist ferner ersichtlich, daß das Moment an der Stelle einen Größt- oder Kleinstwert erreicht, wo die Querkraft verschwindet, oder (unter einer Einzellast) wo die Querkraft aus dem positiven in das negative Gebiet springt. Diese Beziehung liefert ein Verfahren zur Bestimmung der Momentengrößtwerte, indem man die Punkte ermittelt, an denen die Querkraft jene Bedingungen erfüllt. Es können mehrere derartige Punkte vorhanden sein. Man hat dann für jeden dieser Punkte den Momentenwert zu errechnen.

9. Verteilung der Scherkraft über den Querschnitt. Scherspannungen in einem Längsschnitt (parallel zur neutralen Fläche).

Die Gleichgewichtsbedingungen sagen nichts über die Verteilung der Scherkraft über den Querschnitt aus, sondern geben nur Größe und Richtung der Resultierenden der tangentialen Flächenkräfte. Die Gleichgewichtsbedingungen liefern jedoch eine indirekte Methode zur Bestimmung der Scherspannungen. Wir benutzen den Satz von der Gleichheit der Scherspannungen in zwei aufeinander senkrechten Ebenen und führen die Aufgabe auf die Bestimmung der Scherspannungen in Ebenen zurück, die auf der Querschnittsebene senkrecht stehen.

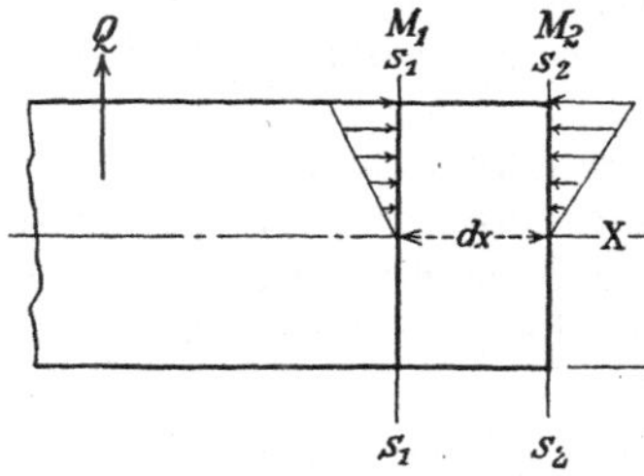

Abb. 167.

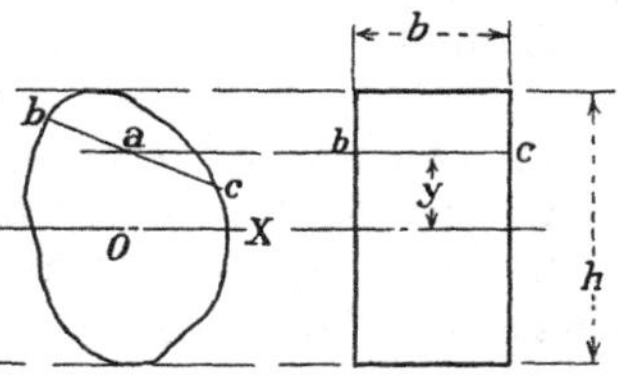

Abb. 167 a.

Man führe irgendeinen Längsschnitt $b\,a\,c$ parallel zur Balkenachse und betrachte den oberhalb dieses Schnittes zwischen den Querschnitten $s_1 - s_1$ und $s_2 - s_2$ gelegenen Balkenteil (Abb. 167). Die auf diesen Balkenteil wirkenden horizontalen Kräfte sind die Biegungsnormalspannungen in den Querschnittflächen und die Scherspannungen in den Längsschnittflächen. Die Summe dieser Kräfte muß verschwinden. Es seien M_1 und M_2 die Momente in den Schnitten $s_1 - s_1$ und $s_2 - s_2$. Es ist dann an irgendeinem Punkt in der Entfernung y von der N.L. in dem Schnitt $s_1 - s_1$ die Normalspannung

$$\sigma = \frac{M_1 \cdot y}{J_1},$$

worin J_1 das auf die N.L. bezogene Querschnittsträgheitsmoment bedeutet. Die auf dem zu $s_1 - s_1$ gehörigen Flächenteil des betrachteten Balkenstückes wirkende Normalkraft hat also den Wert

$$N_1 = \int \frac{M_1 \cdot y \cdot df}{J_1} = \frac{M_1}{J_1} \int y \cdot df = \frac{M_1}{J_1} \cdot \mathfrak{S}_1,$$

worin $\mathfrak{S}_1$ das statische Moment des über dem Horizontalschnitt gelegenen Querschnitteils in bezug auf die N.L. bedeutet. Entsprechend ist

$$N_2 = \frac{M_2}{J_2} \cdot \mathfrak{S}_2 .$$

Nehmen wir konstanten Balkenquerschnitt und $s_1 - s_1$ unendlich nahe zu $s_2 - s_2$ benachbart, bezeichnen wir ferner mit T die auf die Längeneinheit der Längsschnittfläche wirkende Tangentialkraft, so wird mit $\sum H = 0$

$$N_2 - N_1 = T \cdot dx = \frac{\mathfrak{S}}{J} \cdot dM = \frac{\mathfrak{S}}{J} \cdot Q \cdot dx .$$

Die Tangentialkraft pro Längeneinheit wird damit

$$T = \frac{Q \cdot \mathfrak{S}}{J} . \tag{11}$$

Da der für die Ableitung von Gl. (11) benutzte Wert der Normalspannung σ allgemein gültig und unabhängig von Querschnittsform und Belastung ist, so trifft das gleiche auch für den Wert T zu.

Die Gleichung gibt uns jedoch keine Auskunft darüber, wie sich die Tangentialkraft T über die Breite verteilt. Allgemein kann diese Frage auch nicht beantwortet werden, wohl aber in besonderen Fällen.

Hat der Querschnitt eine Symmetrieachse, die in der Kräfteebene liegt, und liegt $b\,a\,c$ ebenfalls symmetrisch zu dieser Achse, dann ist die Verteilung der Scherkraft symmetrisch in bezug auf die Symmetrieachse. Aber auch hier läßt sich über die Spannungsverteilung im einzelnen nichts aussagen.

Ein Spezialfall, in dem dies möglich ist, ist der des rechteckigen Querschnitts, wenn die Kräfteebene parallel dem einen und damit die N.L. parallel dem andern Seitenpaar liegt und der Schnitt $b\,a\,c$ parallel der N.L. geführt ist. Da nämlich jeder der Kräfteebene parallele Querschnittsstreifen gleichmäßig an der Übertragung der Biegungsnormalspannungen beteiligt ist, so muß die Scherspannung gleichmäßig über die Breite $b - c$ (Abb. 167a) verteilt sein.

Es wird somit

$$\tau = \frac{T}{b} = \frac{Q \cdot \mathfrak{S}}{b \cdot J}$$

die Scherspannung in einer Höhe y (die in der Größe $\mathfrak{S}$ enthalten ist) des Querschnitts.

Führen wir die Gleichung aus, so wird

$$J = \frac{b \cdot h^3}{12},$$

$$\mathfrak{S} = \int_y^{\frac{h}{2}} b \cdot dy \cdot y = \frac{b}{2}\left(\frac{h^2}{4} - y^2\right)$$

und

$$\tau = \frac{3\,Q}{2\,b \cdot h}\left(1 - \frac{4\,y^2}{h^2}\right). \tag{12}$$

Dies ist die Gleichung einer Parabel, die ihren Scheitel im Querschnittsschwerpunkt hat, wo mit $y = 0$

$$\tau_{\max} = \frac{3\,Q}{2\,b \cdot h} \tag{13}$$

wird. Dieser Wert ist das 1,5fache des Wertes, der einer gleichmäßigen Verteilung der Scherkraft über den Querschnitt entsprechen würde.

Die auf die Längeneinheit bezogene Tangentialkraft eines Längsschnittes ist der auf die Höheneinheit bezogenen Tangentialkraft eines Querschnittes an der Schnittlinie der beiden Ebenen gleich, ihr Wert wird von Gl. (11) angegeben. Wenn wir also für parallele Streifen des Querschnitts den Wert T bestimmen und in irgendeinem Kräftemaßstab senkrecht zur Querschnittsfläche auftragen, so erhalten wir eine gekrümmte Fläche. Der von der gekrümmten Fläche eingeschlossene Raum muß gleich der Querkraft sein, oder

$$\int_{-y_2}^{+y_1} \frac{Q \cdot \mathfrak{S}}{J} \cdot dy = \frac{Q}{J} \int_{-y_2}^{+y_1} \mathfrak{S} \cdot dy .$$

Es ist nun

$$\int_{-y_2}^{+y_1} \mathfrak{S} \cdot dy = \int_{-y_2}^{+y_1} b \cdot y^2 \cdot dy = J .$$

Damit wird

$$\int_{-y_2}^{+y_1} \frac{Q \cdot \mathfrak{S}}{J} \cdot dy = Q .$$

Beim rechteckigen Querschnitt ist diese Kurve eine Parabel mit der größten Ordinate $\frac{3\,Q}{2\,h}$ in der N.L., entsprechend einer Spannung daselbst von $\tau_{\max} = \frac{3\,Q}{2\,b \cdot h}$. Die Integration, also die Parabelfläche, muß wieder die Querkraft ergeben. Dies ist hier ohne Integration leicht einzusehen, da die Parabelfläche $\frac{2}{3}$ Scheitelhöhe $\times$ Länge, also $Q = \frac{2}{3} \cdot \frac{3\,Q}{2\,h} \cdot h$ ist.

Frage: Es sei $M_{\max}$ eines Balkens in der Entfernung x von einem Auflager gegeben. Der Querschnitt sei rechteckig. Kann auf Grund dieser Angaben die größte Scherspannung im Querschnitt ermittelt werden? Warum nicht? Welche Angaben fehlen, um die Aufgabe eindeutig zu machen?

Es möge wiederholt werden, daß Gl. (11) es ermöglicht, die auf die Längeneinheit bezogene Tangentialkraft T in irgendeinem Längsschnitt (parallel zur Längsachse) eines Balkens von beliebigem Querschnitt zu errechnen, dagegen kann die Verteilung von T der Breite nach nur in besonderen Fällen angegeben werden.

Die Beziehungen für die Scherspannungen im allgemeinen Fall der Biegung — Biegung mit Normalkraft, Durchstoßpunkt nicht in einer Hauptachse — sind ebenso einfach abzuleiten. Die resultierende Kraft R mit den Komponenten N, Q_x, Q_y wirke nach Abb. 168 in a. N erzeugt gleichmäßig verteilte Normalspannungen, ferner Biegungsnormalspannungen entsprechend den Momenten M_x und M_y bezogen auf die X- bzw. Y-Achse.

Es ist also an irgendeinem Punkt (x, y)

$$\sigma = \frac{N}{F} + \frac{M_x \cdot y}{J_x} + \frac{M_y \cdot x}{J_y}.$$

Stetigkeitsbereiche vorausgesetzt, ist

$$\frac{dM_x}{dx} = Q_y; \qquad \frac{dM_y}{dx} = Q_x.$$

Der Zuwachs der Biegungsnormalspannung der gleichen Faser in der Entfernung dx beträgt

$$d\sigma = \frac{dM_x \cdot y}{J_x} + \frac{dM_y \cdot x}{J_y} = \frac{Q_y \cdot dx \cdot y}{J_x} + \frac{Q_x \cdot dx \cdot x}{J_y}.$$

Der entsprechende Zuwachs an Normalkraft oberhalb des Schnittes, der durch die Tangentialkraft in der Längsschnittfläche aufzunehmen ist, beträgt (die Integrale erstrecken sich auf den Querschnittsteil oberhalb cd)

$$\left.\begin{aligned} T \cdot dx &= \iint \frac{Q_y \cdot dx \cdot y}{J_x} df + \iint \frac{Q_x \cdot dx \cdot x}{J_y} \cdot df, \\ T &= \frac{Q_y \cdot \mathfrak{S}_x}{J_x} + \frac{Q_x \cdot \mathfrak{S}_y}{J_y}, \end{aligned}\right\} \qquad (14)$$

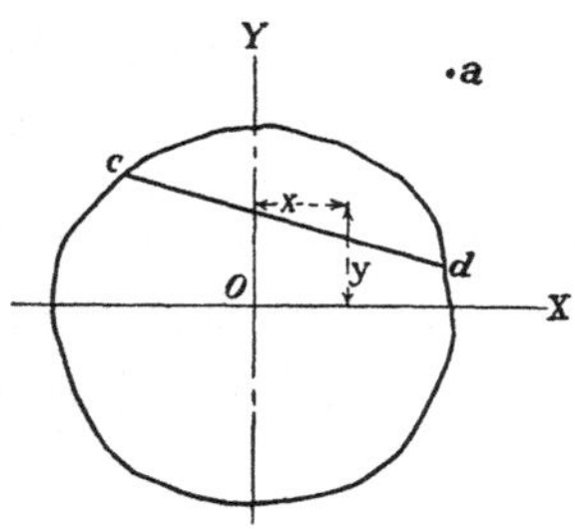

Abb. 168.

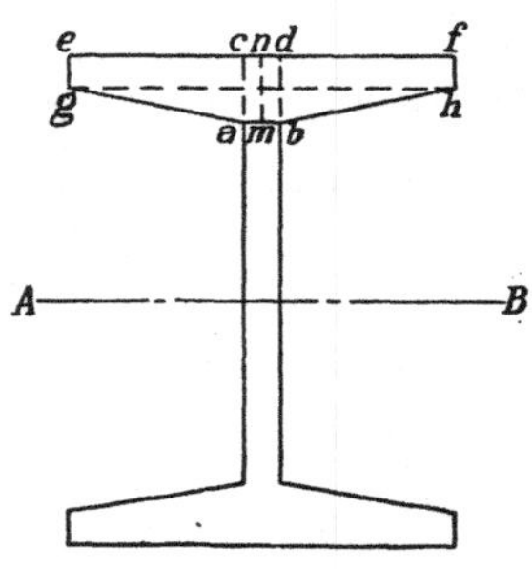

Abb. 169.

worin $\mathfrak{S}_x$ und $\mathfrak{S}_y$ die statischen Momente der Querschnittsfläche oberhalb cd in bezug auf die X- bzw. Y-Achse sind.

Man findet vielfach die Ansicht, daß die Scherspannungen in einem Querschnitt, der zwar nicht rechteckig, wohl aber aus rechteckigen Elementen zusammengesetzt ist, innerhalb jener rechteckigen Elemente nach Gl. (12) verteilt seien. Daß dies nicht notwendig der Fall ist, möge an einem Beispiel gezeigt werden. Der Querschnitt nach Abb. 169 sei durch Biegung aus Querkräften in einer Symmetrieachse beansprucht, so daß $A-B$ die N.L. ist. Der Einfachheit halber sind die Profilecken nicht abgerundet. In der Längsschnittfläche durch $\overline{ac}$ herrscht eine auf die Längeneinheit bezogene Tangentialkraft von der Größe

$$T_{a-c} = \frac{Q \cdot \mathfrak{S}}{J},$$

worin $\mathfrak{S}$ das statische Moment der Fläche $\overline{aceg}$ in bezug auf die N.L. ist. Die gleiche Kraft T wirkt in $\overline{bd}$. In $\overline{ab}$ ist die Tangentialkraft

$$T_{a-b} = \frac{Q \cdot \mathfrak{S}}{J},$$

worin $\mathfrak{S}$ das statische Moment der Fläche $\overline{abfe}$ in bezug auf die N.L. ist. Die Kraft T_{a-b} kann man sich in zwei Komponenten zerlegt denken: Die eine Komponente, die allein vorhanden wäre, wenn der Querschnitt oberhalb $\overline{ab}$ die Form $\overline{abdc}$ hätte, ist über $\overline{ab}$ gleichmäßig verteilt; die andere Komponente jedoch, die von den Querschnittsteilen $\overline{ecag}$ und $\overline{bdfh}$ in $\overline{ab}$ hineingeleitet wird, verteilt sich nicht gleichmäßig, vielmehr ist die größte aus ihr entstehende Spannung in den Punkten a und b. Das gleiche gilt für alle Stegquerschnitte, wobei jedoch die Ungleichmäßigkeit der Spannungsverteilung nach $A-B$ zu allmählich gedämpft wird.

Es sei

$\mathfrak{S}_1$ = statisches Moment der Fläche $\overline{bdfh}$,

$\mathfrak{S}_2$ = statisches Moment der Fläche $\overline{acfhb}$,

$\mathfrak{S}_3$ = statisches Moment der Fläche $\overline{mnfhb}$

in bezug auf die N.L. $A-B$.

Dann ist die auf die Längeneinheit bezogene Tangentialkraft in $\overline{bd}$

$$T_{b-d} = \frac{Q \cdot \mathfrak{S}_1}{J},$$

in $\overline{ab}$

$$T_{a-b} = \frac{Q\,(\mathfrak{S}_1 + \mathfrak{S}_2)}{J},$$

in $\overline{nmb}$

$$T_{n-m-b} = \frac{Q \cdot \mathfrak{S}_3}{J}.$$

Da mn eine Symmetrieachse ist, können dort offenbar keine Scherspannungen wirken, also muß sein

$$T_{m-b} = \frac{Q \cdot \mathfrak{S}_3}{J}.$$

Dieses Ergebnis ist auch auf anderem Wege leicht zu gewinnen. Es muß sein

$$T_{a-m} = T_{b-m} = \frac{Q\,(\mathfrak{S}_1 + \mathfrak{S}_2)}{2 \cdot J}.$$

Mit $\frac{\mathfrak{S}_1 + \mathfrak{S}_2}{2} = \mathfrak{S}_3$ folgt die obige Beziehung für T_{m-b}.

Um nun zu untersuchen, wie die Scherspannungen über $\overline{mb}$ verteilt sind, betrachten wir den in Abb. 170 herausgezeichneten Balkenteil. Die Summe der Momente aller darauf wirkenden Kräfte in bezug auf irgendeine Achse, wozu wir $n-m$ wählen, muß verschwinden. Wir berücksichtigen nur die in Abb. 170 eingezeichneten Kräfte und vernachlässigen etwa vorhandene Normalkräfte auf den Seiten $\overline{m\,n\,n'\,m'}$ und $\overline{b\,d\,d'\,b'}$ sowie eine parallel zu $m\,b$ wirkende Scherkraft in $\overline{m\,b\,b'\,m'}$. Es handelt sich also um folgende Kräfte:

1. die Scherkraft $\frac{Q \cdot \mathfrak{S}_3}{J} \cdot dx$, in $\overline{m\,b\,b'\,m'}$ normal zur Bildebene,

2. die Scherkraft $\frac{Q \cdot \mathfrak{S}_1}{J} \cdot dx$, in $\overline{b\,b'\,d'\,d}$ normal zur Bildebene,

3. die Scherkraft in $\overline{m\,b\,d\,n}$ und in $\overline{m'\,b'\,d'\,n'}$, parallel zur Bildebene,

4. die Differenz der Normalkräfte in $\overline{m\,b\,d\,n}$ und in $\overline{m'\,b'\,d'\,n'}$ $\frac{(\mathfrak{S}_3 - \mathfrak{S}_1)\,Q}{J} \cdot dx$, normal zur Bildebene wirkend.

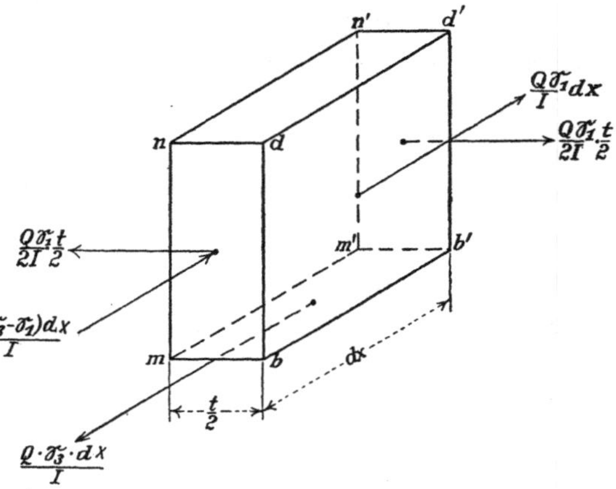

Abb. 170.

Die horizontalen Scherspannungen in der Fläche $\overline{d'\,b'\,m'\,n'}$ müssen an den Punkten der Linie $d'\,b'$ denen in der Fläche $\overline{d\,b\,b'\,d'}$ gleich sein, und zwar sind sie bestimmt durch $T_{d'-b'} = \frac{Q \cdot \mathfrak{S}_1}{J}$. Von $d'\,b'$ müssen sie bis $n'\,m'$ auf Null abnehmen. Das Verteilungsgesetz ist nicht bekannt. Nimmt man linearen Verlauf an, so ist die auf $\overline{m'\,n'\,d'\,b'}$ wirkende Tangentialkraft $T = \frac{Q \cdot \mathfrak{S}_1}{2 \cdot J} \cdot \frac{t}{2}$, wenn t die Stegstärke bedeutet. Die entsprechende Tangentialkraft in $\overline{n\,m\,b\,d}$ ist um ein Differential davon verschieden, was aber hier vernachlässigt werden kann.

Nunmehr sind alle Kräfte unter 1—4 bestimmt. Die Momentengleichung um $m\,n$ ergibt, wenn der unbekannte Hebelarm der Kraft $\frac{Q \cdot \mathfrak{S}_3 \cdot dx}{J}$ mit d bezeichnet wird,

$$- \frac{Q \cdot \mathfrak{S}_1}{J} \cdot dx \cdot \frac{t}{2} + \frac{Q \cdot \mathfrak{S}_1}{2 \cdot J} \cdot \frac{t}{2} \cdot dx$$
$$- \frac{Q \cdot (\mathfrak{S}_3 - \mathfrak{S}_1)}{J} \cdot dx \cdot \frac{t}{4} + \frac{Q \cdot \mathfrak{S}_3}{J} \cdot dx \cdot d = 0\,.$$

Daraus

$$d = \frac{1}{4} \cdot t.$$

Unter der obigen Annahme, daß die Scherspannungen in den Flächen $\overline{n'd'b'm'}$ und $\overline{ndmb}$ von Null bei $n'm'$ auf ihren Größtwert bei $b'd'$ linear anwachsen, greift die resultierende Scherkraft des halben Stegquerschnitts in der Mittellinie an, d. h. die Scherspannungen sind wahrscheinlich linear verteilt.

Wir können über die Verteilung der Scherspannungen in den Flächen $\overline{mndb}$ und $\overline{m'n'd'b'}$ auch andere Annahmen, z. B. die eines Parabelgesetzes, machen, d. h. also, daß die Scherspannungen in jeder zu mb bzw. $m'b'$ parallelen Linie in den beiden Flächen sich parabelförmig so ändert, daß die Scheitel der Parabeln

a) auf der Linie mn (bzw. $m'n'$),

b) „ „ „ db (bzw. $d'b'$)

liegen.

Im ersten Fall beträgt der Mittelwert ein Drittel, im zweiten Fall

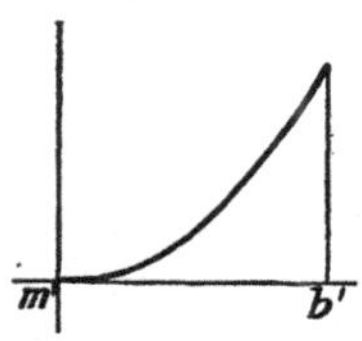

Abb. 171.

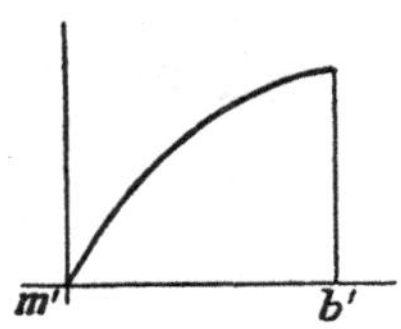

Abb. 172.

zwei Drittel des Größtwertes (Abb. 171 und 172).

Entsprechend finden wir:

Fall a)

$$\frac{d}{t} = \frac{1}{4} + \frac{\mathfrak{S}_1}{12\,\mathfrak{S}_3},$$

Fall b)

$$\frac{d}{t} = \frac{1}{4} - \frac{\mathfrak{S}_1}{12\,\mathfrak{S}_3}.$$

Der Wert $\frac{\mathfrak{S}_1}{\mathfrak{S}_3}$ liegt für die Normal-I-Profile zwischen 0,85 und 0,9, für breitflanschige Profile annähernd 1.

Rechnen wir überschläglich $\frac{\mathfrak{S}_1}{\mathfrak{S}_3} = 1$, so wird für

Fall a)

$$d = \frac{1}{3} t,$$

Fall b)

$$d = \frac{1}{6} t.$$

Die Ableitungen und Betrachtungen dieses Abschnittes haben keine große praktische Bedeutung, indessen sind sie zum Verständnis des Problems der Verteilung einer Tangentialkraft über einen Querschnitt sehr förderlich.

10. Normalspannungen in Längsschnittebenen eines Balkens.

In Abschn. 9 ist darauf hingewiesen, daß in den Flächen $\overline{m\,n\,n'\,m'}$ und $\overline{b\,d\,d'\,b'}$ (Abb. 170), also in Längsschnittflächen des T-Balkens, Normalspannungen vorhanden sein können. Dies trifft auch tatsächlich zu, und zwar derart, daß in Balkenmitte Zug- und an den Balkenenden Druckspannungen wirken. Dies ist leicht einzusehen.

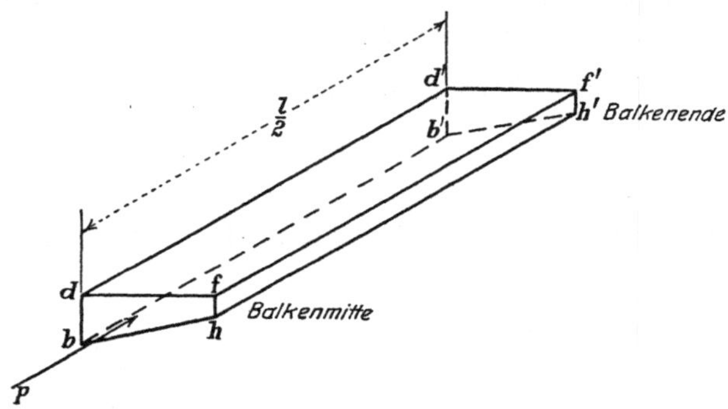

Abb. 173.

Die Querschnittsflächen $\overline{b\,d\,f\,h}$ (Abb. 169) sind an den Enden eines einfach gelagerten Balkens bei Biegung durch Querkräfte spannungslos und haben — bei positiven Momenten — ihre größten Druckspannungswerte an der Stelle des größten Momentes. Nehmen wir nun symmetrische Belastung an, dann verschwinden in Balkenmitte auf der Fläche $\overline{b\,d\,f\,h}$ die Scherspannungen. Es möge also der in Abb. 173 dargestellte Balkenteil als ein Freiträger aufgefaßt werden, der in $\overline{b\,d\,d'\,b'}$ eingespannt ist, eine freie Länge $\overline{d\,f}$ hat und mit einer verteilten Last normal zu $b\,d\,f\,h$ belastet ist. In der Fläche $\overline{b\,d\,d'\,b'}$ wirken also Biegungsnormalspannungen, und zwar von db bis zur Mitte von $\overline{d\,d'}$ und $\overline{b\,b'}$ Zug und von da bis $\overline{d'\,b'}$ Druck. Die Kraft P, die in $\overline{b\,d\,f\,h}$ angreift, ist die Resultierende der auf dieser Fläche angreifenden Biegungsdruckspannungen und beträgt

$$P = \int \frac{M \cdot y}{J} \cdot b \cdot dy = \frac{M}{J} \int b \cdot y \cdot dy = \frac{M \cdot \mathfrak{S}_1}{J}.$$

Mit l als Balkenspannweite, $\overline{d\,b} = d$, c als Hebelarm von P in bezug auf $\overline{d\,b}$ wird die Randspannung in der Fläche $b\,d\,d'\,b'$ zu

$$\sigma_{\substack{\max\\ \min}} = \pm \frac{M}{W} = \pm \frac{M \cdot \mathfrak{S}_1}{J} \cdot c \cdot \frac{6 \cdot 4}{d \cdot l^2} = \pm \frac{24\, M \cdot \mathfrak{S}_1 \cdot c}{J \cdot d \cdot l^2}. \qquad (15)$$

oder unter Annahme gleichmäßiger Biegungsdruckspannungen σ_1 über $\overline{bdfh} = F_1$

$$\sigma_{\min}^{\max} = \pm \frac{24 \cdot F_1 \cdot \sigma_1 \cdot c}{d l^2}. \tag{16}$$

Bei den Normal-I-Profilen verhalten sich die Spannungen aus Gl. (15) bzw. (16) zu den Randspannungen in einer Querschnittsfläche $\overline{bdfh}$, je nach der Spannweite l, für die gebräuchlichen Abmessungen etwa wie $\frac{1}{200}$ bis $\frac{1}{1000}$, können also unbedenklich vernachlässigt werden. Sie werden in der Literatur vielfach gar nicht erwähnt.

Es ist vielleicht von Interesse, diese Berechnungsweise für den Fall zu diskutieren, daß das größte Moment nicht in Balkenmitte auftritt, also daß die Belastung nicht symmetrisch ist. Ohne weiteres kann jedenfalls das Verfahren nicht angewandt werden, da man für einen und denselben Punkt zwei verschiedene Spannungswerte erhalten würde, je nachdem, welchen der beiden Balkenteile man betrachtet. Die betrachtete Normalspannung würde also an der Stelle des Größtmomentes springen. Dies ist aber (vgl. Kap. V) unmöglich. Es muß mithin an der Stelle des Größtmomentes eine Scherkraft parallel zu $\overline{df}$ in Abb. 173 angenommen werden, die das Moment in bezug auf den längeren Trägerteil vergrößert und in bezug auf den kürzeren Trägerteil verkleinert, derart, daß die Normalspannungen stetig verlaufen.

Das hier beschriebene Verfahren kann nicht zur Berechnung der Normalspannungen in dem Schnitt $\overline{m n n' m'}$ (Abb. 170) angewendet werden, da zu dem Moment in bezug auf eine in der Ebene $m n n' m'$ liegende Bezugsachse auch Tangentialspannungen einen Beitrag liefern würden, deren Verteilung aber nicht bekannt ist.

11. Verteilung der Scherkräfte in Längsschnitten von Balken mit nicht kreisrundem Querschnitt.

Wir sahen, daß beim rechteckigen Querschnitt die Scherspannungen in einem zur N.L. parallelen Längsschnitt über die Breite gleichmäßig verteilt sind, wenn die N.L. mit einer Hauptachse zusammenfiel. Dieses Ergebnis galt, wie wir weiter sahen, nicht unbedingt für entsprechende Schnitte des I-Trägers.

Wir betrachten nun einen kreisförmigen Querschnitt nach Abb. 174 und legen einen Längsschnitt von der Breite b parallel zur N.L. Die auf die Längeneinheit bezogene Scherkraft in diesem Schnitt beträgt

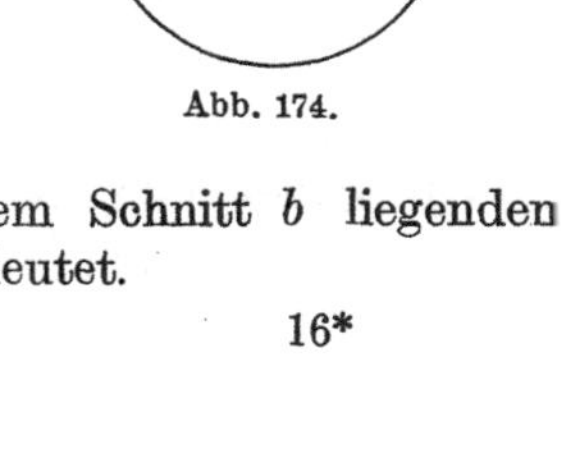

Abb. 174.

$$T = \frac{Q \cdot \mathfrak{S}}{J},$$

worin $\mathfrak{S}$ das statische Moment der über dem Schnitt b liegenden Querschnittsfläche in bezug auf die N.L. bedeutet.

Es wird nun häufig mit einer gleichmäßigen Verteilung der Scherspannungen über b gerechnet. Es ist leicht nachzuweisen, daß dies nicht richtig sein kann. Man denke sich an der Querschnittsoberfläche in der Entfernung y ein Flächenelement in Form eines rechtwinkligen Dreiecks herausgeschnitten (Abb. 174) mit den beiden Katheten dx und dy, wobei $dy = dx \cdot \tan\alpha$. Dann ist die auf die Längeneinheit bezogene Scherkraft in den zu dx und dy gehörigen Längsschnittflächen

$$dT = \frac{Q \cdot d\mathfrak{S}}{J} = \frac{Q}{J}\left(\frac{dx \cdot dy}{2}\right) \cdot y = \frac{Q \cdot y}{2\,J}\, dx^2 \cdot \tan\alpha .$$

Die mittlere Scherspannung auf diesen Längsschnittflächen wäre also

$$\tau = \frac{Q \cdot \mathfrak{S}}{J(dx + dy)} = \frac{Q \cdot y}{2 \cdot J} \cdot dx \cdot \frac{\tan\alpha}{1 + \tan\alpha},$$

ist also eine Größe von der ersten Ordnung klein. In jeder der beiden zur dx oder dy gehörigen Längsschnittflächen verschwinden also die Scherspannungen an der Oberfläche. Damit entfällt die Möglichkeit einer über b gleichmäßigen Verteilung der Kraft T. Man möge es sich auch anschaulich klarmachen, daß ein Längsschnittselement in der Mitte von b eine größere Scherspannung haben muß als ein Element an der Seite, da eine größere Querschnittsfläche ihm überlagert, deshalb die Differenz der Biegungsnormalkräfte und damit die dieser das Gleichgewicht haltende Scherkraft größer werden muß.

12. Zahlenbeispiel für die Verteilung der Scherspannungen im I-Querschnitt.

Einen typischen I-Querschnitt zeigt Abb. 175. Der Steg ist verhältnismäßig schwach, der größere Teil der Querschnittsfläche ist an den äußeren Enden akkumuliert, um ein großes Trägheitsmoment und damit große Biegungssteifigkeit zu erzielen. Im allgemeinen wird angenommen, daß die Scherkräfte ganz von dem Steg übertragen werden. Im folgenden soll zahlenmäßig der Kräfteverlauf an einem Beispiel etwas näher verfolgt werden.

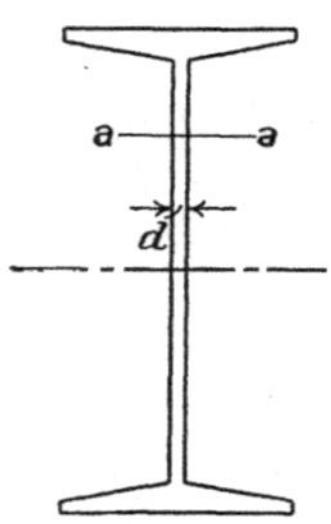

Abb. 175.

Die auf die Höheneinheit bezogene Scherkraft in einem Schnitt $a-a$ beträgt

$$T = \frac{Q \cdot \mathfrak{S}}{J}.$$

Die mittlere Scherspannung ist also

$$\tau = \frac{Q \cdot \mathfrak{S}}{d \cdot J}.$$

Wir wollen nun das I-Profil Nr. 20 (Abb. 176) mit

$$F = 33{,}5\ \text{cm}^2 \quad \text{und} \quad J_x = 2142\ \text{cm}^4$$

untersuchen. Wir vernachlässigen dabei die abgerundeten Ecken und nehmen scharfe Ecken an. Das Trägheitsmoment für das der Rechnung zugrunde gelegte Profil mit scharfen Ecken beträgt

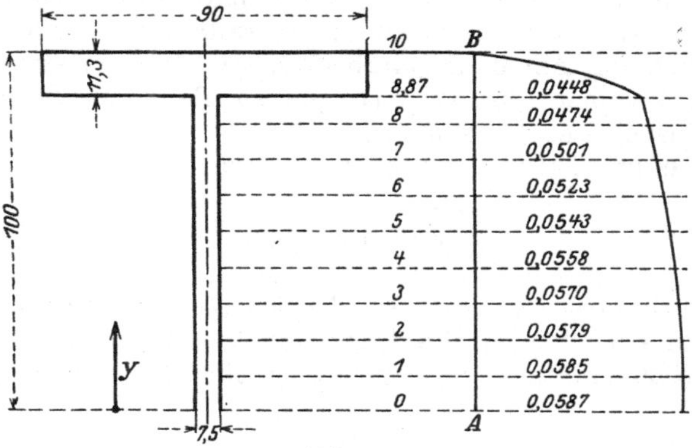

Abb. 176.

$$J_x = \left(\frac{9\cdot 10^3}{3} - \frac{8{,}25\cdot 8{,}87^3}{3}\right)\cdot 2 = 2166 \text{ cm}^4$$

gegen

$$2142 \text{ cm}^4,$$

also ein Fehler von 1,12 %.

y (cm)	$\mathfrak{S}$	$\frac{\mathfrak{S}}{J}$	$\frac{\mathfrak{S}}{J\cdot d}$	Werte der in den einzelnen Flächenelementen übernommenen Scherkraftanteile ($Q=1$)
0	125,50	0,0587	0,0783	0,0586
1	125,22	0,0585	0,0780	0,0582
2	124,00	0,0579	0,0773	0,05745
3	122,13	0,0570	0,0760	0,0564
4	119,50	0,0558	0,0746	0,05505
5	116,12	0,0543	0,0724	0,0533
6	112,00	0,0523	0,0698	0,0512
7	107,13	0,0501	0,0668	0,04875
8	101,50	0,0474	0,0633	0,0401
8,87	96,00	0,0448	0,0598	0,0338
10	0	0	0	$^1/_2\, Q\ (Q=1) = 0{,}5129$

Die von den einzelnen Flächenelementen übernommenen Scherkraftbeträge sind durch lineare Interpolation ermittelt worden, also z. B. der auf das Stegelement zwischen $y = 3$ und $y = 4$ entfallende Scherkraftbetrag bestimmt sich zu

$$\frac{0{,}0558 + 0{,}0570}{2}\cdot 1{,}0 = 0{,}0564 .$$

Der Scherkraftanteil des letzten Elementes ist nicht durch lineare Interpolation, sondern unter der Annahme bestimmt worden, daß die Kurve parabelförmig verläuft, also

$$1{,}13\cdot 0{,}0448\cdot\frac{2}{3} = 0{,}0338 .$$

Der Gesamtwert der Scherkraftanteile muß bei genauer Rechnung 0,5 ergeben. In unserm Zahlenbeispiel ist er etwas größer. Das kommt daher, daß das Trägheitsmoment etwas kleiner angenommen wurde, als dem zugrunde gelegten Querschnitt mit den scharfen Ecken entspricht; ferner wird der letzte Scherkraftanteil zwischen $y = 8{,}87$ und $y = 10{,}0$ bei Annahme parabelförmigen Verlaufs etwas zu groß; schließlich kommen die Ungenauigkeiten der (mit Rechenschieber durchgeführten) Rechnung hinzu.

Die Reduktion auf $J = 2166\ \text{cm}^4$ würde ergeben

$$\frac{0{,}5129}{2166} \cdot 2142 = 0{,}507\,.$$

Die Fläche zwischen AB und der Kurve entspricht der auf das halbe Profil entfallenden Querkraft (für $Q = 1$).

Die größte mittlere Scherspannung für das untersuchte Profil beträgt

$$\tau_{\max} = \frac{0{,}0587}{0{,}75} \cdot Q = 0{,}0783\, Q\,.$$

Die von dem Steg aufgenommene Scherkraft beträgt

$$100 \cdot \frac{0{,}5129 - 0{,}0338}{0{,}5129} \cong 93{,}5\,\%\ \text{von}\ Q\,.$$

Rd. 6,5 % von Q werden von den Flanschen aufgenommen.

Nimmt man an, wie meist in praktischen Fällen, daß sich die ganze Scherkraft gleichmäßig nur auf den Steg verteilt, so wird die mittlere Scherspannung

$$\tau = \frac{Q}{20 \cdot 0{,}75} = 0{,}0667\, Q$$

oder rd. 85 % von der größten mittleren Scherspannung.

Je niedriger der Balken, um so größer ist der Scherkraftanteil der Flanschen!

13. Verzerrung eines Querschnittes durch Querkräfte.

Nehmen wir eine lineare Spannungsverteilung über den Querschnitt bei Normalkräften und die Gültigkeit des Hooke'schen Gesetzes an, so folgt daraus: Bleibt ein vor der Verzerrung ebener Querschnitt auch nach der Verzerrung eben, so gilt dies für alle Querschnitte; und umgekehrt, bleibt nur ein vor der Verzerrung ebener Querschnitt nach der Verzerrung nicht eben, so bleibt kein Querschnitt eben. Im Falle des Ebenbleibens stehen die Querschnitte nach der Verzerrung senkrecht zur neutralen Fläche.

Wir untersuchen nun die Verzerrung eines ebenen Querschnitts durch Scherkräfte. Wirkt an einem Element von der Höhe dv die Scherspannung τ_1, so ist der Verschiebungswinkel

$$\gamma_1 = \frac{\tau_1}{G}$$

und die Verschiebung

$$\gamma_1 \cdot dv = \frac{\tau_1}{G} \cdot dv .$$

Das nächste Element von der Höhe dv würde wieder eine Verschiebung

$$\gamma_2 \cdot dv = \frac{\tau_2}{G} \cdot dv$$

erleiden usf. Die Summe der Verschiebungen würde die Horizontalverschiebung von a' (Abb. 177) sein, vorausgesetzt, daß a und $\overline{a\,b}$ ihre Lagen nicht ändern.

Ist $\overline{a\,b}$ die N.L., so ist dort die Scherspannung am größten. Wir

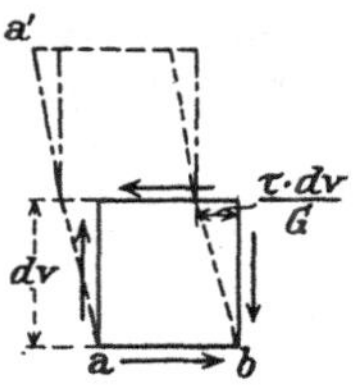

Abb. 177.

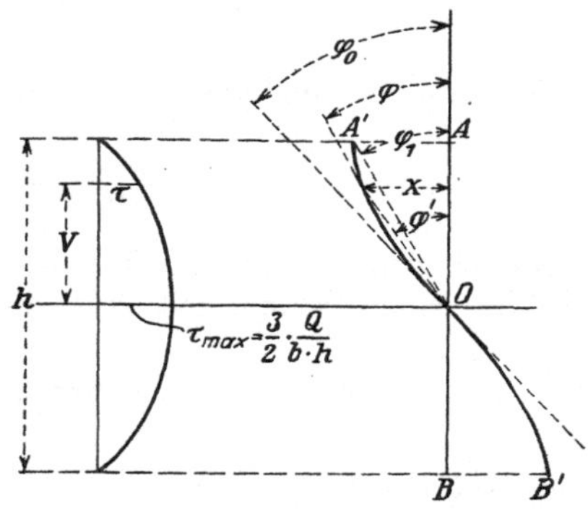

Abb. 178. Abb. 178a.

haben gesehen, daß die Verteilung der Scherspannungen nur bei einem Rechteckquerschnitt unter gewissen Voraussetzungen über den Kraftangriff genau zu bestimmen ist, und zwar geschieht die Verteilung über h nach einer Parabel (Abb. 178), deren Pfeil die Höhe hat

$$\tau_{\max} = \frac{3}{2} \frac{Q}{b \cdot h} .$$

In einer Entfernung v von der N.L. ist

$$\tau = \frac{3}{2} \frac{Q}{b \cdot h} \left[1 - \frac{v^2}{\left(\frac{h}{2}\right)^2} \right] = \tau_{\max} \left[1 - \left(\frac{2\,v}{h}\right)^2 \right] .$$

Es wird also die Horizontalverschiebung des Punktes a' in der Entfernung v von der N.L.

$$x = \int\limits_0^v \frac{\tau}{G}\, dv = \int\limits_0^v \frac{\tau_{\max}}{G} \left[1 - \left(\frac{2\,v}{h}\right)^2 \right] dv = \frac{\tau_{\max}}{G} \left(v - \frac{4\,v^3}{3\,h^2} \right) .$$

Der ursprünglich ebene Querschnitt wird also durch eine Scherkraft so verzerrt, daß eine in ihm senkrecht zur N.L. liegende Gerade zu einer kubischen Parabel wird (Abb. 178a).

Der Verschiebungswinkel eines Elements in der Entfernung v von der N.L., d. h. der Neigungswinkel der Tangente an dem betreffenden Punkt der kubischen Parabel, ist bestimmt durch

$$\tan \varphi = \frac{\tau}{G}.$$

An den Querschnittsrändern verschwindet τ, damit wird dort $\varphi = 0$, d. h. an den Rändern hat der Querschnitt die ursprüngliche Neigung, die Tangenten in A' und B' un die kubische Parabel sind parallel $\overline{AB}$ und senkrecht zur Stabachse. An der N.L. erreicht φ seinen Größtwert mit

$$\tan \varphi_{\max} = \frac{3}{2} \cdot \frac{Q}{b \cdot h} \cdot \frac{1}{G}.$$

Die Horizontalverschiebung $\overline{AA'} = \overline{BB'}$ beträgt $\left(v = \frac{h}{2}\right)$

$$x_{\max} = \frac{1}{3} \frac{\tau_{\max} \cdot h}{G} = \frac{Q}{2\, b \cdot G}.$$

Die von O nach einem Punkt der Verzerrungskurve gezogene Sekante bildet einen Winkel mit AB, der bestimmt ist durch

$$\tan \varphi' = \frac{x}{v} = \frac{\tau_{\max}}{G}\left(1 - \frac{4\, v^2}{3\, h^2}\right).$$

Für die Sekante $\overline{OA'}$ wird

$$\tan \varphi_1 = \frac{2}{3} \cdot \tau_{\max} \cdot \frac{1}{G} = \frac{2}{3} \tan \varphi_{\max} = \frac{Q}{b \cdot h \cdot G}.$$

14. Die elastische Arbeit bei Biegung durch Querkräfte.

Jede auf einen Körper wirkende Kraft ruft, wie wir gesehen haben, eine Formänderung hervor. Die Art und die Größe der Formänderung für den gleichen Körper hängen von Art und Größe der Kräfte ab. Während der Formänderung leisten die äußeren Kräfte Arbeit, weil sich ihre Angriffspunkte während der Formänderung verschieben, vorausgesetzt, daß die Verschiebungswege eine Komponente in der Richtung der Kraft haben. Die inneren Kräfte leisten auch Arbeit, weil auch ihre Angriffspunkte infolge der Verzerrung des Körpers ihre Lage ändern. Aus dem Gesetze der Erhaltung der Energie geht hervor, daß die von den äußeren Kräften geleistete Arbeit gleich der von den inneren Kräften geleisteten Arbeit sein muß, oder kurz

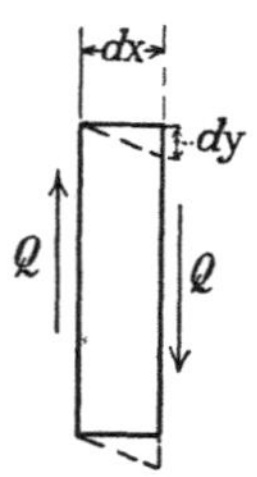

Abb. 179.

Äußere Arbeit = Innere Arbeit.

Sollen keine Schwingungen entstehen, so müssen die Kräfte so aufgebracht werden, daß sie von Null auf ihren Endwert allmählich anwachsen, d. h. daß in jedem Augenblick zwischen äußeren und inneren Kräften Gleichgewicht besteht.

Hat das Bauwerk unnachgiebige Widerlager, oder läuft es auf reibungslosen Rollen, so ist die von den Reaktionen geleistete Arbeit Null, und die äußere Arbeit wird allein von den aktiven äußeren Kräften geleistet.

Da die Kräfte von Null auf ihren Endwert anwachsen, ist die von einer äußeren Kraft geleistete Arbeit gleich dem Produkt aus dem Mittel der während des Deformationsvorganges wirkenden Kraft (d. h. dem halben Endwert der Kraft) $\times$ der Verschiebungkomponente δ in Richtung der Kraft, also

$$\text{äußere Arbeit} = \frac{1}{2} P \cdot \delta .$$

Der gleiche Ausdruck gilt für die von einer inneren Kraft geleistete Arbeit, wobei die Verschiebung des von der inneren Kraft beanspruchten Elements in Richtung der inneren Kraft eingesetzt werden muß.

Die inneren Kräfte sind entweder Zug-, Druck- oder Scherkräfte. Wir müssen deshalb die von diesen 3 Kraftarten geleisteten Arbeit bestimmen.

Die Arbeit einer Zugkraft. — Eine Faser von dem Querschnitt F und der Länge l werde durch eine Zugkraft P beansprucht, die von Null auf ihren Endwert allmählich anwächst. Dann ist die elastische Formänderungsarbeit

$$\mathfrak{A} = \frac{1}{2} P \cdot \delta = \frac{1}{2} P \cdot \frac{P \cdot l}{E \cdot F} = \frac{1}{2} \frac{P^2 \cdot l}{E \cdot F}. \tag{17}$$

Die Arbeit einer Druckkraft. — Die Gl. (17) gilt offenbar auch für den Fall, daß P eine Druckkraft ist, da dem negativen Vorzeichen der Kraft auch ein negatives Vorzeichen der Verschiebung entspricht. Für E ist der Druckelastizitätsmodul einzusetzen. Vorausgesetzt ist, daß keine Ausbiegung der gedrückten Faser (Stabes) stattfindet.

Die Arbeit einer Scherkraft. — Es sei in Abb. 179 ein Balkenelement von der Länge dx dargestellt, auf dessen Querschnittsflächen eine Scherkraft Q wirke. Diese Kraft wird, wie wir gesehen haben, nicht gleichmäßig über den Querschnitt verteilt sein; es sei die Scherspannung an irgendeinem Punkte des Querschnitts mit τ bezeichnet. Unter der Einwirkung der Scherkräfte Q wird sich der rechte Querschnitt gegenüber dem linken um dy verschieben und die von der — allmählich aufgebrachten — Scherkraft Q geleistete Arbeit beträgt

$$\mathfrak{A} = \frac{1}{2} Q \cdot dy .$$

Die auf ein Flächenelement wirkende, innere Scherkraft beträgt $\tau \cdot df$, und die Verschiebung ist $\frac{\tau}{G} dx$; die Arbeit beträgt also

$$\frac{1}{2}\frac{\tau}{G}dx\cdot\tau\cdot df=\frac{1}{2}\tau^2\cdot\frac{df\cdot dx}{G}.$$

Die Gesamtarbeit der inneren Scherkräfte, die der äußeren Arbeit gleich sein muß, beträgt

$$\mathfrak{A}=\frac{1\cdot dx}{2G}\int\tau^2\cdot df=\frac{1}{2}Q\cdot dy,$$

woraus folgt

$$\frac{dy}{dx}=\frac{\int\tau^2\cdot df}{G\cdot Q}=n\frac{Q}{G\cdot F}, \tag{18}$$

worin n eine Konstante ist, die der ungleichmäßigen Verteilung der Scherspannungen Rechnung trägt, da bei der Integration der Gl. (18) eine gleichmäßige Verteilung zugrunde gelegt ist. (Für gleichmäßige Verteilung wird $\tau=\frac{Q}{F}$ und $n=1$.)

Die von einem (prismatischen) Körperelement von der Grundfläche df und der Höhe dx aufgenommene innere Arbeit durch Scherkräfte beträgt also

$$d\mathfrak{A}=\frac{1}{2}\frac{\tau^2\cdot df\cdot dx}{G}=\frac{1}{2}\frac{\tau^2\cdot dV}{G}, \tag{18a}$$

worin dV das Volumen des Körperelements ist.

Mit Hilfe dieser Elemente läßt sich die Verschiebung irgendeines Punktes eines gegebenen Gleichgewichtssystems berechnen. Wir werden darauf noch zurückkommen.

Zunächst wollen wir nun die gesamte bei Biegung durch Querkräfte entstehende Formänderungsarbeit ausdrücken.

a) Arbeit der Normalkräfte.

Das Biegungsmoment in dem betrachteten Querschnitt sei M. Es muß dann die Arbeit der Normalkräfte, die zwischen diesem und einem unendlich benachbarten Querschnitt wirken, sein, wenn man in Gl. (17) $\frac{P}{F}=\sigma$, $l=dx$ setzt,

$$d\mathfrak{A}_N=\frac{1}{2E}\sigma^2\cdot df\cdot dx=\frac{1}{2E}\frac{M^2\cdot y^2}{J^2}df\cdot dx,$$

$$\mathfrak{A}_N=\frac{1}{2E}\int_0^l M^2\,dx\int_{-y_2}^{+y_1}\frac{y^2\cdot df}{J^2}; \tag{19}$$

das erste Integral erstreckt sich über die ganze Balkenlänge, das zweite über den ganzen Querschnitt. Mit $\int y^2\,df=J$ folgt

$$\mathfrak{A}_N=\frac{1}{2E}\int_0^l\frac{M^2\,dx}{J}.$$

Nimmt man J über die Balkenlänge konstant an, so kann man $\frac{1}{J}$ vor das Integral setzen

$$\mathfrak{A}_N = \frac{1}{JE}\int_0^l \frac{M^2 \cdot dx}{2}. \tag{19a}$$

Das Integral kann als das statische Moment der Momentenfläche in bezug auf die x-Achse (Balkenachse) gedeutet werden.

b) Arbeit der Scherkräfte.

Es wurde oben gezeigt, daß es im allgemeinen nicht möglich ist, die Scherspannung an jedem Punkt eines Querschnittes anzugeben. Infolgedessen ist es auch nicht möglich, die durch Scherkräfte erzeugte Formänderungsarbeit genau anzugeben (Gl. (18)). Die auf die Höheneinheit bezogene Scherkraft in einer durch den Querschnitt gelegten Geraden ist

$$T = \frac{Q \cdot \mathfrak{S}}{J}.$$

Die mittlere Scherspannung also

$$\tau = \frac{Q \cdot \mathfrak{S}}{b \cdot J}$$

(vgl. Abschn. 9). Legen wir diese mittlere Spannung der Formänderungsarbeit zugrunde, so erhalten wir

$$d\mathfrak{A}_T = \frac{1}{2}\frac{Q \cdot \mathfrak{S}}{b \cdot J} \cdot b \cdot dy \cdot \frac{Q \cdot \mathfrak{S}}{b \cdot J} \cdot \frac{1}{G} \cdot dx$$

$$\mathfrak{A}_T = \frac{1}{2\,G}\int_0^l Q^2\,dx \int_{-y_2}^{+y_1} \frac{\mathfrak{S}^2\,dy}{b \cdot J^2}. \tag{20}$$

Das erste Integral ist wieder über die Länge des Balkens, das zweite über den Querschnitt zu erstrecken[1].

Die allgemeine Lösung nach Gl. (20) ist ziemlich unhandlich.

Für den rechteckigen Querschnitt wird

$$\int_{-\frac{h}{2}}^{+\frac{h}{2}} \frac{\mathfrak{S}^2 \cdot dy}{b \cdot J^2} = \frac{1}{b \cdot h}.$$

Und damit

$$\mathfrak{A}_T = \frac{1}{2\,b\,h\,G}\int_0^l Q^2 \cdot dx. \tag{21}$$

[1] Frage: Muß auch die Arbeit der Scherkräfte in den Längsschnitten berücksichtigt werden?

$\left(\frac{1}{b \cdot h \cdot G}\right.$-faches statisches Moment der Querkraftfläche in bezug auf die X-Achse$\left.\right)$.

Gl. (21) gilt für $n = 1$; für rechteckige Querschnitte wird $n = 1{,}2$, so daß man erhält

$$\mathfrak{A}_T = \frac{6}{10\, b \cdot h \cdot G} \int_0^l Q^2 \cdot dx\,. \tag{21a}$$

15. Die Biegelinie eines Balkens unter Vernachlässigung der Querkräfte.

Die ursprünglich gerade Achse eines Balkens ist nach der Biegung gekrümmt. Ein positives Moment drückt die obere und zieht die untere Faser, dementsprechend ist die Biegelinie im Bereich von positiven Momenten nach oben hohl, umgekehrt bei negativen Momenten nach unten hohl. Wirken keine Momente, so bleibt die ursprünglich gerade Achse gerade.

Im folgenden sollen die Gesetzmäßigkeiten der Biegelinie für reine Biegung untersucht werden.

In Kap. IX ist gezeigt worden, daß, wenn alle Kräfte in einer Ebene wirken, die N.L. nur dann senkrecht zur Kräfteebene steht, wenn diese durch eine Hauptachse geht. Nun ist die Normalspannung eines Querschnittes an allen auf einer Parallelen zur N.L. liegenden Punkten gleich groß und damit auch die dort auftretende, auf die Längeneinheit bezogene Längenänderung. Es folgt daraus, daß sich, wenn nur ein Balkenelement von der Länge dx belastet ist, alle Punkte der Stabachse in der zu der neutralen Fläche senkrechten Ebene durchbiegen (man beachte, daß die Belastung eines Balkenelements den ganzen Balken in Spannung versetzt). Fällt die Kräfteebene — konstanten Querschnitt vorausgesetzt — nicht mit einer Hauptebene zusammen, so biegt sich die Stabachse nicht in der Kräfteebene, sondern in einer Ebene senkrecht zur neutralen Achse durch, die in allen Querschnitten die gleiche Richtung hat, wenn wieder nur ein Element dx belastet ist. Der allgemeine Fall der Biegung durch Querkräfte, bei dem der Balken veränderlichen Querschnitt besitzt und die Kräfte nicht in einer Ebene liegen, müßte so behandelt werden, daß für jede einzelne Last Größe und Richtung der Durchbiegung eines jeden Balkenpunktes bestimmt würde. Durch Superposition ergäbe sich dann die endgültige Lage jedes Punktes der Biegelinie. Dieser allgemeine Fall ist jedoch praktisch von keiner großen Bedeutung, und wir werden uns im folgenden auf den gebräuchlichsten Fall beschränken, daß die Kräfte alle in einer Ebene liegen und die Kräfteebene durch eine Querschnittshauptachse hindurchgeht. Die Zeichenebene wird ebenfalls in die Kräfteebene gelegt, so daß sich die Biegelinie in der Zeichenebene befindet.

Abb. 180 zeigt ein Element von der Länge ds eines geraden Balkens, das unter der Einwirkung eines Momentes verzerrt ist. Da wir Biegung ohne Normalkräfte behandeln, so ist die Länge der neutralen Faser ds nach der Biegung unverändert. $c'd' \parallel ab$ ist die ursprüngliche Lage von cd in bezug auf ab. Unter der üblichen Annahme, daß die Spannungen und Längenänderungen proportional der Entfernung von der N.L. sind, haben die Randfasern in der Entfernung y_1 und y_2 von der N.L. die Biegungsnormalspannungen (absolute Werte)

$$\sigma_1 = \frac{M \cdot y_1}{J},$$

$$\sigma_2 = \frac{M \cdot y_2}{J}.$$

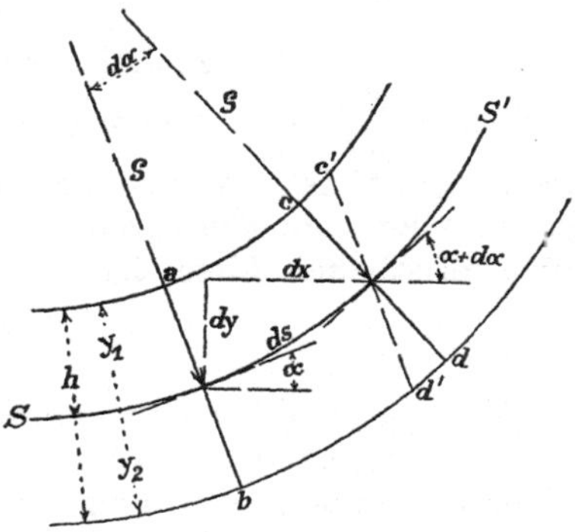

Abb. 180.

Die entsprechenden bezogenen Längenänderungen sind

$$\overline{cc'} = \varepsilon \cdot ds = \frac{M \cdot y_1}{E \cdot J} \cdot ds,$$

$$\overline{dd'} = \varepsilon \cdot ds = \frac{M \cdot y_2}{E \cdot J} \cdot ds,$$

damit

$$\overline{cc'} + \overline{dd'} = \frac{M \cdot h}{E \cdot J} \cdot ds.$$

Es sei ϱ der Krümmungsradius an dem betrachteten Balkenpunkt; dann ist

$$\frac{\varrho}{ds} = \frac{h}{\overline{cc'} + \overline{dd'}},$$

daraus

$$\frac{1}{\varrho} = \frac{M}{E \cdot J}.$$

Nun ist die Gleichung für den Krümmungsradius allgemein

$$\frac{1}{\varrho} = \frac{\frac{d^2 y}{dx^2}}{\left(1 + \frac{dy^2}{dx^2}\right)^{\frac{3}{2}}} *.$$

* Anmerkung: Es erscheint nicht überflüssig, die Ableitung dieser Gleichung zu wiederholen, damit der Leser die späteren vereinfachenden Annahmen klar durchschaut. Es ist

$$\varrho \cdot d\alpha = ds,$$

$$\varrho = \frac{ds}{d\alpha} = \frac{\frac{ds}{dx}}{\frac{d\alpha}{dx}},$$

$$\frac{ds}{dx} = \sqrt{1 + \left(\frac{dy}{dx}\right)^2},$$

$$\tan \alpha = \frac{dy}{dx},$$

Legen wir die gerade Stabachse in die X-Achse und machen ferner $ds = dx$ oder in andern Werten

$$\left(\frac{dy}{dx}\right)^2 = 0$$

(dies ist zweifellos zulässig, wie auch jede zahlenmäßige Rechnung ergibt, da $\frac{dy}{dx}$, der Neigungswinkel der Biegelinie, bereits ein sehr kleiner Wert ist, das Quadrat also von einer höheren Ordnung klein gegen 1 zu vernachlässigen ist), so daß wir die Gleichung der Biegelinie (elastischen Linie) haben

$$\frac{d^2y}{dx^2} = \frac{M}{E \cdot J}. \tag{22}$$

Von dieser Gleichung ausgehend, werden im allgemeinen die Gesetzmäßigkeiten der elastischen Linie behandelt, wobei nur die Formänderung infolge von Biegungsnormalspannungen berücksichtigt ist.

Der Gleichung (22) liegen also folgende Voraussetzungen zugrunde:

1. Die Krümmungen sind so gering, daß

$$dx = ds; \quad \tan\alpha = \alpha.$$

2. Die Spannungen liegen innerhalb des rein elastischen Bereiches; es gilt das Hooke'sche Gesetz.

3. Die Normalspannungen sind linear proportional ihrem Abstande von der Nullinie.

4. Vor der Biegung ebene Querschnitte bleiben nach der Biegung eben (vgl. Abschnitte 28, 29 und 30), d. h. wir vernachlässigen die Formänderuugen durch Querkräfte.

Die Gleichung (22), etwas ausführlicher geschrieben, lautet:

$$\frac{\text{Änderung der Neigung der Balkenachse zwischen zwei unendlich benachbarten Balkenpunkten}}{dx} = \frac{M}{E \cdot J}$$

oder

$$\text{Änderung der Neigung der Balkenachse zwischen zwei unendlich benachbarten Balkenpunkten} = \frac{M \cdot dx}{E \cdot J}, \tag{23}$$

worin

M = das Moment an dem betrachteten Balkenpunkt,

J = das Trägheitsmoment des Querschnitts an jenem Punkt

und E = der Elastizitätsmodul ist.

---

daraus

$$\frac{d\alpha}{dx} = \frac{\frac{d^2y}{dx^2}}{1+\tan^2\alpha} = \frac{\frac{d^2y}{dx^2}}{1+\left(\frac{dy}{dx}\right)^2},$$

$$\varrho = \frac{\left[1+\left(\frac{dy}{dx}\right)^2\right]^{\frac{3}{2}}}{\frac{d^2y}{dx^2}}.$$

Die Frage der Vorzeichenregelung für Gl. (22) bedarf einer gewissen Erörterung.

Wir haben ein Biegungsmoment als positiv bezeichnet, das die oberen Fasern eines horizontalen Balkens drückt; die Biegelinie eines durch positive Momente beanspruchten Balkens ist deshalb nach oben hohl gekrümmt (vgl. Abb. 181). Es seien OX und OY die positiven Richtungen unseres Achsenkreuzes. Bei dieser Wahl der Vorzeichen ist y, die Biegungsordinate, über die ganze Länge eines durch positive Momente beanspruchten Balkens negativ, und nimmt von O nach c, seinem Absolutwert nach dauernd zu, algebraisch dauernd ab, d. h. $\frac{dy}{dx}$ ist zwischen O und c negativ. Rechts von c nimmt y seinem Absolutwert nach ab, algebraisch aber zu, so daß $\frac{dy}{dx}$ positiv ist. In andern Worten, wenn wir von O nach rechts, in der positiven X-Richtung wandern, so nimmt der Winkel α, dessen trigonometrische Tangente den Wert $\frac{dy}{dx}$ hat, seinem Absolutwert nach bis zum Punkte c ab. Rechts von c nimmt der Absolutwert von α zu. Über dem ganzen Balkenbereich ist jedoch $\frac{d^2y}{dx^2}$ positiv. Nach diesen Vereinbarungen ist deshalb die Gl. (22) auch hinsichtlich ihrer Vorzeichen richtig. Wird jedoch die positive Richtung von Y nach unten angenommen, gleichzeitig die positive Richtung von X nach rechts beibehalten, so wird die Gleichung lauten

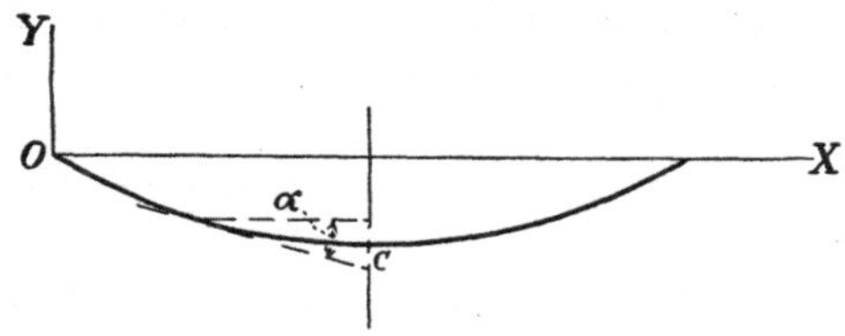

Abb. 181.

$$\frac{d^2y}{dx^2} = -\frac{M}{E \cdot J}.$$

Im folgenden wird wie bisher ein Biegungsmoment als positiv bezeichnet, wenn die oberen Fasern gedrückt, die unteren gezogen sind, oder wenn das resultierende Moment aller äußeren Kräfte links vom Schnitt rechtsdrehend ist: ferner nehmen wir die positive X-Richtung nach rechts und die positive Y-Richtung nach oben an[1]. (In der deutschen Literatur ist es im allgemeinen üblich, die positive Y-Richtung nach unten anzunehmen. Der Übers.)

16. Die Momentenlinie.

Im folgenden soll die aus Gl. (23) hervorgehende mechanische Bedeutung der Momentenlinie näher untersucht werden.

---

[1] Frage: Es sei M positiv, wenn die obere Faser des Balkens gezogen wird; die X-Richtung bleibt positiv nach rechts, die Y-Richtung sei positiv nach unten; welches sind die Vorzeichen der Gl. (22)?

Unter den im vorigen Abschnitt angegebenen Einschränkungen und Annahmen hatten wir die Differentialgleichung der elastischen Linie gefunden

$$\frac{d^2 y}{d x^2} = \frac{d \alpha}{d x} = \frac{M}{E \cdot J},$$

worin α (vgl. Abb. 181) die Neigung der Tangente an dem Punkt (x, y) gegen die X-Achse so klein ist, daß $dx = ds$ wird (vgl. oben).

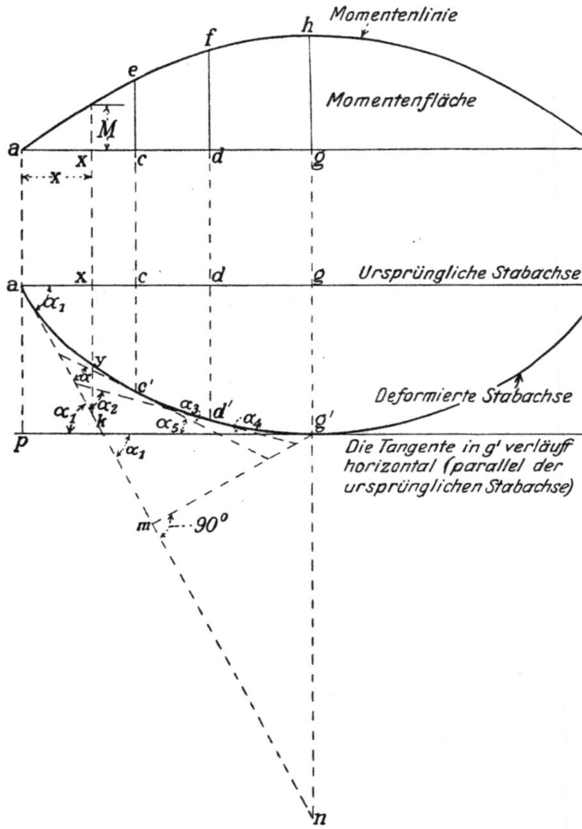

Abb. 182.

In Abb. 182 sei die Linie $a\,e\,f\,h\,b$ die Momentenlinie des Balkens $a\,b$ für eine gegebene Belastung; die ursprünglich gerade Balkenachse sei nach der Biegung in die gekrümmte Linie $a\;c'\;d'\;g'\;b$ (stark verzerrt) übergegangen. Wie eben gezeigt, ist dann die Zunahme des Winkels α über dem Streckenelement dx

$$d\alpha = \frac{M \cdot dx}{E \cdot J} = \frac{\text{Momentenfläche über dem Element } dx}{E \cdot J}.$$

Hieraus folgt durch Integration, daß die Zunahme des Neigungswinkels zwischen zwei Punkten c und d der Biegelinie durch die über $\overline{cd}$ liegende Momentenfläche (Fläche $\overline{c\,e\,f\,d}$) dividiert durch $E \cdot J$ dargestellt ist. (Eine mit $\frac{1}{E \cdot J}$ multiplizierte Momentenfläche nennt man eine reduzierte Momentenfläche). Oder

Hauptsatz I.

Der Winkel, den die Tangenten an zwei Punkten der Biegelinie miteinander einschließen, ist durch den algebraischen Wert der zwischen diesen beiden Punkten liegenden reduzierten Momentenfläche bestimmt.

Zeichnen wir in Abb. 182 an den Punkten c, d und g der Momentenfläche die Ordinaten $\overline{ce}$, $\overline{df}$ und $\overline{gh}$ und die Tangenten an die entsprechenden Punkte der Biegelinie c', d' und g', so stellt die reduzierte

Fläche $\overline{a\ c\ e}$ den Absolutwert des Winkels α,
Fläche $\overline{a\ d\ f}$ den Absolutwert des Winkels α_2,
Fläche $\overline{a\ g\ h}$ den Absolutwert des Winkels α_1,
Fläche $\overline{c\ d\ f\ e}$ den Absolutwert des Winkels $\alpha_2 - \alpha = \alpha_3$

dar.

Vielfach wird die X-Achse so gelegt, daß sie mit der Tangente an dem Maximum (bzw. Minimum) der Biegelinie zusammenfällt. In diesem Fall erhält man unmittelbar die Neigung eines Punktes der Biegelinie gegenüber der X-Achse, z. B. die des Punktes d' als

$$\alpha_4 = \text{Fläche } \overline{g\ h\ f\ d},$$

die Neigung bei c'

$$\alpha_5 = \text{Fläche } \overline{c\ g\ h\ e}$$

und die Neigung bei a

$$\alpha_1 = \text{Fläche } \overline{a\ g\ h}.$$

In andern Worten: die reduzierte Momentenfläche zwischen dem Maximum bzw. Minimum der Biegelinie und einem beliebigen Punkt b der Biegelinie gibt den Winkel der Tangente am Punkte b gegenüber der ursprünglichen Balkenachse an.

Beachten wir nun, daß das Moment an irgendeinem Punkte eines Balkens durch den algebraischen Wert der Querkraftsfläche zwischen dem Balkenauflager und jenem betrachteten Punkt bestimmt ist, so folgt: Der Neigungswinkel der Tangente an irgendeinem Punkt b der Biegelinie gegen die Tangente an einem Auflagerpunkt ist durch das statische Moment der Querkraftfläche zwischen jenen beiden Punkten in bezug auf den Punkt b bestimmt.

Neigungswinkel der Biegelinie und Durchbiegung stehen in engem gesetzmäßigem Zusammenhang; die Momentenlinie bestimmt nicht nur die Neigung, sondern auch die Durchbiegung.

Es werde ein Balkenelement am Punkt c (Abb. 183) von der Länge dx durch die darauf wirkenden inneren Kräfte so deformiert, daß die beiden ursprünglich parallelen Querschnittsflächen um den Winkel $d\alpha$ gegeneinander verdreht werden. Der Einfluß dieser Verdrehung in bezug auf die Durchbiegung eines Punktes d in der Entfernung a von c beträgt $a \cdot d\alpha$. Die auf c' bezogene Durchbiegung von d' ist also die Summe dieser Einflüsse von c bis d. Bezeichnet man mit x den Abstand eines beliebigen Punktes von d zwischen d und c, so ist jeder Einfluß auf die Durchbiegung von d' bestimmt durch $x \cdot d\alpha$, wobei $d\alpha$ die jeweilige Verdrehung des Balkenelements an der Stelle x ist. Nun ist $d\alpha$ an jeder Stelle des Balkens die Momentenfläche über dx*.

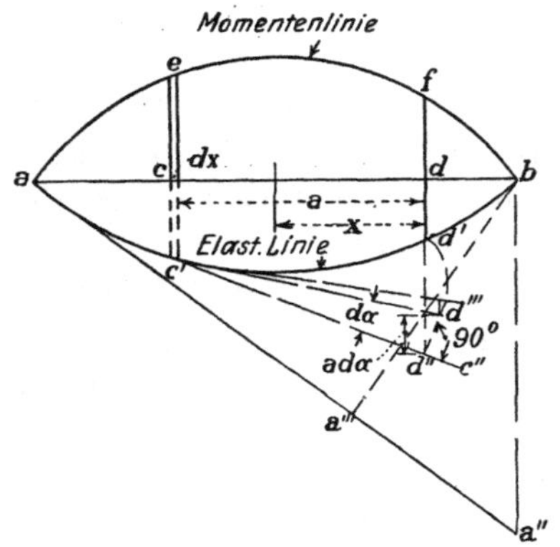

Abb. 183.

Genau genommen ist $\overline{d'' d'''} = a \cdot d\alpha$ und nicht die zwischen den beiden Tangenten auf der Vertikalen liegende Strecke. Da die Ableitung aber voraussetzt, daß $dx = ds$, so ist diese Ungenauigkeit zu vernachlässigen. Wenn also aa'' die Richtung der Tangente in a an die elastische Linie und $ba'' \perp ba$, $ba''' \perp aa''$ ist, so liegt unseren Ableitungen die Annahme zugrunde, daß $ba'' = ba'''$ ist. Im allgemeinen sind die Durchbiegungen so klein, daß diese Annahme bis auf Größen von zu vernachlässigender Größenordnung zutrifft.

Aus diesen Überlegungen folgt der

Hauptsatz II.

Ein beliebiger Punkt d eines Balkens senkt sich bei gegebener Belastung derart, daß die Entfernung seiner neuen Lage d' von der an einen andern Punkt c' der Biegelinie gezogenen Tangente — entweder in der Richtung senkrecht zur Tangente oder in der Richtung senkrecht zur ursprünglichen Stabachse — durch das statische Moment der reduzierten Momentenfläche zwischen c und d in bezug auf d bestimmt ist.

Die vorstehenden Ergebnisse mögen im folgenden in eine mathematische Form gebracht werden (vgl. Abb. 182).

---

* Anmerkung: Es ist offensichtlich, daß nur Deformationen von Balkenelementen zwischen c und d Durchbiegungen von d' in bezug auf c' bzw. die Tangente an c' hervorrufen können. Stellt man sich vor, daß nur ein einziges Balkenelement, z. B. das bei c', verzerrt würde, so daß die Tangente in der Richtung $c'\,c''$ verliefe, so läge der Punkt d' in d''. (Man beachte, daß $ds = dx$, also Bogen = Projektion gesetzt ist.) Die Verbindung eines jeden Elements dx zwischen c' und d' hebt nun den Punkt d'' bis d'.

Die Differentialgleichung der elastischen Linie lautet

$$\frac{d^2y}{dx^2} = \frac{M}{E \cdot J}.$$

Durch zweimalige Integration erhält man das allgemeine Integral

$$y = \iint \frac{M}{E \cdot J} \cdot dx^2.$$

Führen wir Grenzen ein, so erhält man

$$\frac{dy}{dx}\,(\text{bei } d) - \frac{dy}{dx}\,(\text{bei } c) = \int_c^d \frac{M}{E \cdot J} \cdot dx = \frac{\text{Fläche } c\,d\,f\,e}{E \cdot J}$$

oder

$$\frac{dy}{dx}\,(\text{bei } d) = -\alpha_4 = \frac{\text{Fläche } \overline{c\,d\,f\,e}}{E \cdot J} + \frac{dy}{dx}\,(\text{bei } c) = \frac{\text{Fläche } \overline{c\,d\,f\,e}}{E \cdot J} - \alpha_5$$

$$\frac{\text{Fläche } \overline{c\,d\,f\,e}}{E \cdot J} = \alpha_5 - \alpha_4 = \alpha_3.$$

Dies Ergebnis entspricht dem Satz I (man beachte, daß $\frac{dy}{dx}$ zwischen a und g negativ ist).

Integrieren wir innerhalb der Grenzen a und d, so erhalten wir

$$\frac{dy}{dx}\,(\text{bei } d) = -\alpha_4 = \frac{\text{Fläche } \overline{a\,d\,f}}{E \cdot J} + \frac{dy}{dx}\,(\text{bei } a) = \frac{\text{Fläche } \overline{a\,d\,f}}{E \cdot J} - \alpha_1$$

$$\frac{\text{Fläche } \overline{a\,d\,f}}{E \cdot J} = \alpha_1 - \alpha_4 = \alpha_2.$$

Allgemein gilt für irgendeinen Punkt in der Entfernung x von a

$$\frac{dy}{dx} = \frac{\text{Momentenfläche über } \overline{a\,x}}{E \cdot J} - \alpha_1 = \frac{F_x}{E \cdot J} - \alpha_1 = \int_0^x \frac{M \cdot dx}{E \cdot J} - \alpha_1.$$

Integrieren wir innerhalb der Grenzen 0 bis x zum zweiten Male, so erhalten wir

$$y = \int_0^x \left[\int_0^x \frac{M \cdot dx}{E \cdot J} - \alpha_1\right] dx = \frac{1}{E \cdot J} \int_0^x F_x \cdot dx - \alpha_1 \cdot x$$

$$= \frac{\text{Statisches Moment der Momentenfläche } F_x \text{ in bezug auf den Punkt } x}{E \cdot J} - \alpha_1 \cdot x.$$

Der Absolutwert von $\alpha_1 \cdot x$ ist durch die Strecke $\overline{xk}$, y durch die Strecke $\overline{xy}$ mit dem negativen Vorzeichen dargestellt. Damit wird

$$\frac{\text{Statisches Moment von } F_x \text{ in bezug auf } x}{E \cdot J} = \overline{x\,k} - \overline{x\,y} = \overline{y\,k},$$

was dem Satz II entspricht.

Aus Satz II folgt ein einfacher Ausdruck für die Entfernung irgendeines Punktes c' der Biegelinie von der Tangente an einen beliebigen Punkt d' der Biegelinie (x ist die Entfernung eines Punktes auf $\overline{cd}$ von c)

$$\delta = \int_{c'}^{d'} \frac{M \cdot x \cdot dx}{E \cdot J},$$

so daß sich die Durchbiegung durch eine einmalige Integration ergibt.

Satz I und II in Verbindung mit Gl. (22) sind die Grundlage für alle kommenden Betrachtungen über die Formänderungen von Balken und sollten von dem Studierenden durchaus beherrscht werden.

17. Elastische Gewichte.

Die Formänderungen eines Balkens können bei gegebener Momentenfläche mittels eines weiteren Verfahrens ermittelt werden, das aus den besprochenen Zusammenhängen leicht hervorgeht.

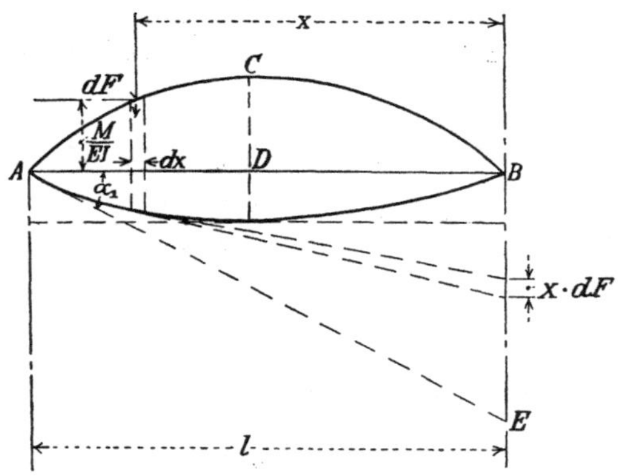

Abb. 183 a.

Es sei in Abb. 183a die Kurve $A\,C\,B$ die Kurve der durch $E \cdot J$ dividierten Momentenwerte über den Balken, die einer gegebenen Belastung entspricht. Die Kurve unterhalb $\overline{A\,B}$ sei die gesuchte Biegelinie.

Es ist

Veränderung der Neigung über dx = reduzierte Momentenfläche dF

$$= \frac{M \cdot dx}{E \cdot J}.$$

Nun stelle man sich den Balken AB mit der zu der gegebenen Belastung gehörigen reduzierten Momentenfläche belastet vor. Diese Belastung heiße die elastische Belastung. Nach Abschnitt 8 ist dann $d\,F$ die Änderung der Querkraft aus der elastischen Belastung über $d\,x$. Hieraus folgt im Verein mit Satz I, daß die Neigung der Biegelinie an jedem Punkt des Balkens durch die Scherkraft des mit der reduzierten Momentenfläche belasteten Balkens bestimmt ist, vorausgesetzt, daß dies für einen beliebigen Punkt nachgewiesen wird. Dieser Nachweis ist z. B. für den Auflagerpunkt A leicht zu führen. Man ziehe die Tangenten an zwei um dx entfernte Punkte der elastischen Linie, wobei das Element dx um x von B entfernt sein möge. Dann ist der Winkel, den die beiden Tangenten einschließen, gegeben durch $d\,F = \frac{M \cdot dx}{E \cdot J}$, und der Abschnitt, den die Tangenten auf der Vertikalen durch B abschneiden, beträgt $x \cdot d\,F$.

Es wird

$$\int_0^l x \cdot dF = \overline{EB}$$

= Moment der elastischen Belastung in bezug auf B und

$$\frac{1}{l}\int_0^l x \cdot dF = \alpha_1$$

= elastischer Auflagerdruck in A, was zu beweisen war.

Ferner möge M' das Moment an irgendeinem Punkt aus der elastischen Belastung sein. Dann ist

$$\frac{\text{Änderung der Durchbiegung über } dx}{dx}$$

= Neigung = Scherkraft aus der elastischen Belastung.

Nach Abschnitt 8 ist

$$\frac{\text{Änderung von } M' \text{ über } dx}{dx}$$

= Scherkraft aus der elastischen Belastung.

Daraus folgt, daß die Durchbiegung des Balkens an jedem Punkt unter einer gegebenen Belastung gleich dem Moment an jenem Punkt ist, wenn man die der gegebenen Belastung entsprechende reduzierte Momentenfläche als Belastung auffaßt. Dies gilt wiederum unter der Voraussetzung, daß es für einen beliebigen Punkt des Balkens nachgewiesen ist. Dieser Nachweis ist für einen Auflagerpunkt leicht zu bringen.

Diese wenigen Sätze genügen, um das Wesentliche der elastischen Gewichte ohne großen mathematischen Apparat darzustellen.

Der Ausdruck „elastische Belastung" bzw. „elastische Gewichte" rührt daher, daß die auf die Längeneinheit des Balkens bezogene Belastung $\frac{M}{E \cdot J}$ die Änderung der Neigung der elastischen Linie darstellt, und daß die Scherkräfte und Momente aus den elastischen Gewichten die Neigung und die Ordinaten der Biegelinie bestimmen. Das Verfahren stammt von Otto Mohr[1].

Beispiele.

1. Balken mit einer Einzellast in der Mitte (Abb. 183b).

Die elastische Belastung ist die durch $E \cdot J$ dividierte (reduzierte) dreieckförmige Momentenfläche. Die Neigung der elastischen Linie am Auflager ist der Auflagerdruck der elastischen Belastung

$$\alpha_1 = \frac{P \cdot l^2}{16\, E \cdot J};$$

[1] Beitrag zur Theorie der Holz- und Eisenkonstruktionen. Zeitschr d. Arch. u. Ing.-Ver. zu Hannover, 1868.

die Neigung an irgendeinem beliebigen Punkt der Biegelinie ist durch die Scherkraft der elastischen Belastung bzw. durch die zwischen jenem Punkt und der Balkenmitte liegende reduzierte Momentenfläche dargestellt.

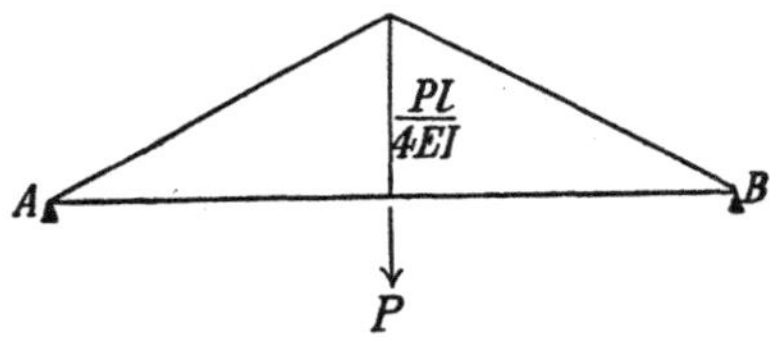

Abb. 183b.

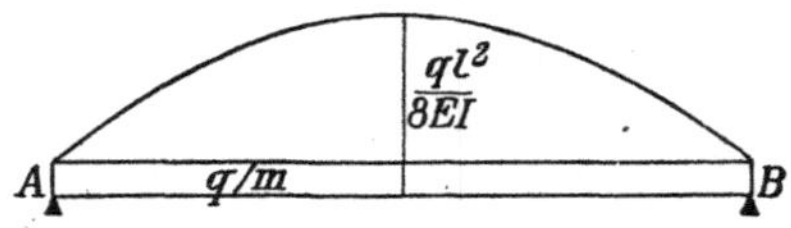

Abb. 183c.

Die Durchbiegung in der Mitte beträgt (Moment der elastischen Belastung in bezug auf die Mitte)

$$\delta_{\max} = \frac{P \cdot l^2}{16\, E \cdot J}\left(\frac{l}{2} - \frac{l}{6}\right) = \frac{P\, l^3}{48\, E \cdot J}.$$

3. Gleichmäßig verteilte Belastung (Abb. 183c).

Die Neigung der elastischen Linie am Auflager beträgt

$$\alpha_1 = \frac{q\, l^2}{8\, E \cdot J} \cdot \frac{2}{3} \cdot \frac{l}{2} = \frac{q\, l^3}{24\, E \cdot J}.$$

Die Durchbiegung in der Mitte beträgt

$$\delta_{\max} = \frac{q\, l^3}{24\, E \cdot J}\left(\frac{l}{2} - \frac{3}{8} \cdot \frac{l}{2}\right) = \frac{5 \cdot q \cdot l^4}{384\, E \cdot J}.$$

18. Berechnung der Formänderungen des vollwandigen und Fachwerk-Balkens mittels der elastischen Formänderungsarbeit[1].

Die Berechnung von Formänderungen mittels der elastischen Formänderungsarbeit ist in ihrer Anwendungsmöglichkeit unbeschränkt. Zur Darlegung der Methode möge ein Fachwerkträger benutzt werden (Abb. 184).

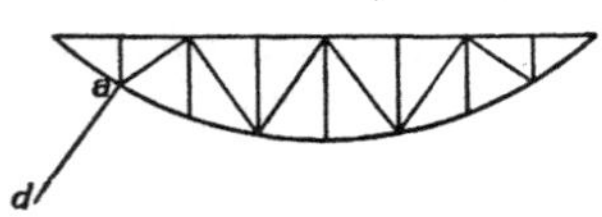

Abb. 184.

Es werde nach der Verschiebung eines beliebigen Knotenpunktes a in einer beliebigen Richtung ad unter gegebenen Lasten gefragt. Diese Verschiebung kommt offenbar dadurch zustande, daß die einzelnen Stäbe des Fachwerks sich deformieren. Es werde wieder die Annahme gemacht, daß die Deformationen rein elastisch seien. Es ist oben gezeigt worden, daß die Arbeit der äußeren Kräfte der der inneren Kräfte gleich sein muß. Um die innere Arbeit zu bestimmen, müssen wir über die Kraftverteilung in der Konstruktion Annahmen machen. Bei Fachwerken ist die übliche Annahme, daß die Stäbe nur durch (über die Länge eines Stabes konstante) Normalkräfte beansprucht sind. Die innere Arbeit eines Fachwerks wird dann durch Summie-

[1] Diese Methode soll erst in einem späteren Band ausführlich besprochen werden; an dieser Stelle wollen wir uns mit der Darstellung des Grundsätzlichen begnügen.

rung der Arbeiten der einzelnen Stäbe gefunden. Bei vollwandigen Systemen dagegen sind die inneren Kräfte sowohl über jeden Querschnitt als auch über die Systemachse veränderlich, so daß man die Arbeiten von Elementen von unendlich kleinem Querschnitt und unendlich kleiner Länge bestimmen und die gesamte innere Arbeit durch Integration finden muß.

Die Arbeitsgleichung besagt:

Summe der Arbeiten der äußeren Kräfte
= gleich Summe der Arbeiten der inneren Kräfte.

Wir denken uns nun als einzige Kraft an dem System angreifend eine Kraft von der Größe Eins, und zwar an dem Punkt a in Richtung $a\,d$ der gesuchten Verschiebung. Es sei δ' die Verschiebung von a in Richtung $a\,d$ unter Einwirkung der Last Eins. Bezeichnen wir mit S' eine Stabkraft infolge jener Last Eins in a, so ist

$$\mathfrak{A} = \frac{\delta'}{2} = \sum \frac{S'}{2} \times \text{Änderung der Stablänge infolge der Last Eins;} \tag{24}$$

die Summation hat über alle Stäbe zu erfolgen.

Der Faktor $\frac{1}{2}$ erscheint sowohl bei der inneren wie bei der äußeren Arbeit, weil die Last allmählich aufgebracht wird. Es wird also

$$\delta' = \sum S' \times \text{Änderung der Stablänge.} \tag{25}$$

Um von δ' auf die gesuchte Durchbiegung infolge der gegebenen äußeren Lasten zu kommen, halten wir uns vor Augen, daß irgendeine Verschiebung in ihren Ursachen rein geometrisch betrachtet werden kann, daß die Größe und Richtung einer Verschiebung nur abhängig ist von den Längenänderungen der Stäbe, gleichgültig wie man sich diese entstanden denkt. Es gibt also Gl. (25) die Verschiebung von a in der gesuchten Richtung $a\,d$ unter der Einwirkung der gegebenen äußeren Kräfte, wenn die Änderungen der Stablängen infolge der gleichen gegebenen äußeren Kräfte — und nicht infolge der Kraft Eins — eingesetzt werden. Bezeichnet man die Stabkräfte aus der gegebenen Belastung mit S, mit l die Länge, mit F den Querschnitt eines Stabes, so sind die Änderungen der Stablängen $\Delta l = \frac{S \cdot l}{E \cdot F}$, und es wird die gesuchte Verschiebung

$$\delta = \sum \frac{S' \cdot S \cdot l}{E \cdot F}. \tag{26}$$

Haben wir es nicht mit einem Fachwerk, sondern mit einem vollwandigen Träger zu tun, bei dem die inneren Kräfte sowohl über jeden Querschnitt als auch über die Länge einer jeden Faser veränderlich sind, so behält die Gl. (26) ihre Gültigkeit, wobei die Arbeit der Scherkräfte jedoch vernachlässigt ist. Bezeichnen wir mit σ' die Normalspannung an irgendeinem Punkt eines Querschnitts infolge der Last Eins, die wieder an dem Ort und in der Richtung der gesuchten Verschiebung angreift, und mit σ die Normalspannung aus dem gegebenen Lastsystem, mit df ein Querschnittselement und mit dx den Abstand zweier unendlich benachbarter Querschnitte, so wird

$$\delta = \frac{1}{E}\iint \frac{(\sigma'\cdot df)(\sigma\cdot df)\cdot dx}{df} = \frac{1}{E}\int dx \int \sigma'\cdot\sigma\cdot df. \tag{27}$$

Das erste Integral erstreckt sich über die Länge, das zweite über den Querschnitt.

Wenden wir Gl. (27) auf einen Balken an, so kann man die Durchbiegung als Funktion von Momenten ausdrücken. Es sei

M' = Moment in irgendeinem Querschnitt aus der Last Eins in a in Richtung $a\,d$ wirkend,

M = Moment in irgendeinem Querschnitt aus dem gegebenen Lastsystem,

dann ist

$$\sigma' = \frac{M'\cdot y}{J}; \qquad \sigma = \frac{M\cdot y}{J}$$

$$\therefore\ \delta = \frac{1}{E}\int_0^l dx \int_{-y_2}^{+y_1} \frac{M'\,M\cdot y^2\,df}{J^2};$$

mit

$$y^2\cdot df = J$$

wird

$$\delta = \frac{1}{E}\int_0^l \frac{M'\cdot M\cdot dx}{J}. \tag{28}$$

Diese Formel für die Durchbiegungen eines Balkens ist zuerst von **Fränkel** im „Zivilingenieur" 1875 veröffentlicht worden.

Es könnte so aussehen, als ob die Gl. (25) bis (28) in ihren Dimensionen nicht homogen seien, da auf der linken Seite eine Länge, auf der rechten Seite Länge $\times$ Kraft steht. Dies ist jedoch ein Trugschluß, da die linke Seite mit der Einheit der Kraft zu multiplizieren ist, also auch die Dimension Länge $\times$ Kraft hat.

Die Neigung der Biegelinie kann ebenso wie die Durchbiegung mittels der Arbeitsgleichung gefunden werden. Die Änderung der Neigung soll nur insofern hier betrachtet werden, als sie von den Längenänderungen der einzelnen Fasern (bzw. Stäben bei Fachwerken), also von den Normalkräften, nicht aber von den Querkräften herrührt.

An dieser Stelle möge bloß der vollwandige Balken untersucht werden.

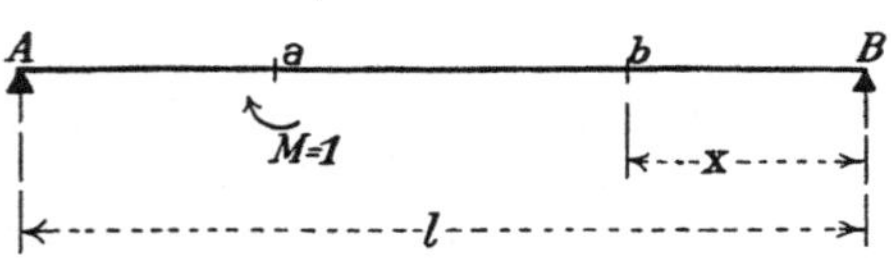

Abb. 185.

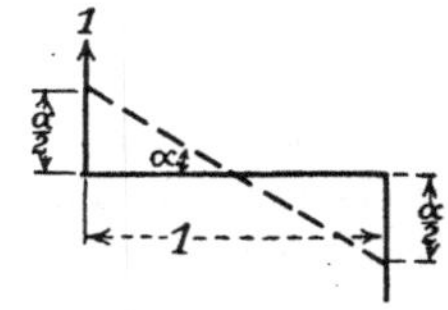

Abb. 186.

Gesucht sei die Neigung α der Biegelinie an irgendeinem Punkt a eines geraden Balkens unter gegebenen Lasten. Wir lassen in a ein

Kräftepaar von der Größe Eins angreifen (Abb. 185), das eine elastische Verdrehung von der Größe α' hervorrufen möge. Die Arbeit des — „allmählich“ aufgebrachten — Moments beträgt dann $\mathfrak{A} = \frac{1}{2}\cdot\alpha'$. (Man kann sich z. B. das Moment als ein Kräftepaar mit dem Hebelarm 1 und den Kräften 1 vorstellen, die dann nach Abb. 186 insgesamt die Arbeit $2\cdot\frac{1}{2}\cdot\alpha\cdot\frac{1}{2} = \frac{\alpha}{2}$ leisten.)

Diese äußere Arbeit muß der inneren Arbeit gleichwertig sein. Die innere Arbeit der Normalkräfte ist

$$\frac{1}{2}\cdot\alpha' = \mathfrak{A} = \frac{1}{2}\int\limits_0^l\int\limits_{-y_2}^{+y_1}\sigma'\cdot df \times (\text{Längenänderung}),$$

wobei die Längenänderung $\frac{\sigma'}{E}\cdot dx$ beträgt.

Die Neigung α wird nun in analogem Überlegungsgang wie oben dadurch gefunden, daß unter das Integral die Längenänderung nicht aus $M = 1$, sondern aus den gegebenen Lasten eingesetzt wird, also

$$\alpha = \int\limits_0^l\int\limits_{-y_2}^{+y_1}\sigma'\,df\cdot\frac{\sigma}{E}\cdot dx$$

(σ' sind die Spannungen aus $M = 1$, σ die Spannungen aus der gegebenen Belastung).

Es wird

$$\sigma' = \frac{M'\cdot y}{J},$$

$$\sigma = \frac{M\cdot y}{J},$$

wobei M' die Momentenfunktion aus $M = 1$, M die Momentenfunktion aus der gegebenen Belastung ist.

Damit

$$\alpha = \int\limits_0^l\frac{M'\cdot M\cdot dx}{E\cdot J}. \tag{29}$$

Die Gleichung entspricht genau der Gl. (28). Beide Male ist M' die Momentenfunktion aus einer Krafteinheit, die an dem Punkt der gesuchten Formänderung in deren Richtung wirkt; die Krafteinheit ist also eine Einzelkraft, wenn eine Verschiebung, sie ist ein Moment, wenn eine Verdrehung gesucht ist.

19. Die Gegenseitigkeit von Formänderungen.

Es sei die Verschiebung δ eines Punktes a in einer Richtung B infolge einer am Punkt c in Richtung D angreifenden Kraft P gesucht. Es ist

$$\delta = \sum\frac{S'\cdot S\cdot l}{E\cdot F}, \tag{26}$$

worin

S' die Stabkräfte infolge der Last Eins in a in Richtung B,
S die Stabkräfte infolge der Last P in c in Richtung D

bedeuten.

Weiterhin sei nun die Verschiebung δ_1 von c in der Richtung D infolge der in a in Richtung B wirkenden Kraft P gesucht. Es ist offenbar

$$\delta_1 = \sum \frac{P \cdot S' \cdot \frac{S}{P} \cdot l}{E \cdot F} = \sum \frac{S' \cdot S \cdot l}{E \cdot F} = \delta.$$

Dieses Ergebnis, das zwar hier nur für Fachwerke nachgewiesen ist, aber ganz allgemein gilt, kann so ausgesprochen werden:

Satz: Die Verschiebung eines Punktes a eines Körpers in einer Richtung B infolge einer an einem Punkt c in der Richtung D wirkenden Kraft P ist gleich der Verschiebung von c in der Richtung D durch die in a in Richtung B wirkende Last P.

Das Prinzip der Gegenseitigkeit der Formänderungen, angewendet auf Verdrehungen, würde lauten:

Die Verdrehung an irgendeinem Punkt a eines Balkens in dem Sinn B infolge eines Moments M, das in dem Punkte c im Sinn D wirkt, ist gleich der Verdrehung von c im Sinne D, wenn in a das Moment M im Sinne B wirkt.

Das Prinzip von der Gegenseitigkeit der Formänderungen ist zuerst von Clerke Maxwell in „Philosophical Magasine for April 1864“: „On the calculation of the equilibrium and stiffness of frames“ mitgeteilt worden. Eine etwas allgemeinere Fassung stammt von Betti. Darauf soll hier nicht eingegangen werden.

Anwendungsbeispiele finden sich in den Kapiteln XI und XII.

20. Zusammenfassung.

Aus dem Vorstehenden lassen sich drei Methoden zur Bestimmung der Biegelinie eines Balkens angeben:

a) Integration der Gl. (22).

b) Benutzung der Beziehungen zwischen Momentenfläche und Biegelinie (Mohrscher Satz, Hauptsatz I und Hauptsatz II).

c) Benutzung der Arbeitsgleichung Gl. (28) bzw. (29).

Jede dieser Methoden wird benutzt. Es kann nicht allgemein entschieden werden, welche jeweils den Vorzug verdient. Diese Entscheidung ist von Fall zu Fall zu treffen. Der Studierende sollte sie deshalb alle gründlich beherrschen. In Kapitel XII werden verschiedene Anwendungsbeispiele gezeigt werden.

21. Formänderungen eines Balkens durch Scherkräfte.

a) Allgemeine Überlegungen.

Die bisherigen Untersuchungen gingen von der Voraussetzung aus, daß die Form der Biegelinie lediglich durch Verlängerungen und Verkürzungen der Balkenfasern bestimmt sei, wobei vor der Biegung ebene Querschnitte auch nach der Biegung eben blieben; eine Scherkraft jedoch krümmt einen ursprünglich ebenen Querschnitt. Im folgenden soll der Einfluß der Scherkräfte auf die Gestaltung der Biegelinie untersucht werden.

Es möge einleitend auf einige Schwierigkeiten und Widersprüche hingewiesen werden. Wir haben schon betont, daß die Annahme linearer Verteilung der Normalspannungen über einen Querschnitt nicht gleichzeitig das Ebenbleiben des Querschnitts in sich schließt, sondern nur besagt, daß die Veränderung des Abstandes zweier betrachteter Querschnitte längs einer beliebigen Faser nach der Biegung proportional der Entfernung jener Faser von der Nullinie ist. Wird deshalb irgendein ursprünglich ebener Querschnitt gekrümmt, so muß bei Annahme linearer Verteilung der Normalspannungen der Nachbarquerschnitt ebenfalls gekrümmt werden; oder, wenn ein Querschnitt eben bleibt, so muß auch der Nachbarquerschnitt eben bleiben. Die übliche Balkentheorie, die bekanntlich lineare Spannungsverteilung annimmt, fordert damit die Verkrümmung sämtlicher Querschnitte, wenn einer verkrümmt wird, und das Ebenbleiben sämtlicher Querschnitte, wenn einer eben bleibt. Nun muß z. B. der Querschnitt in der Mitte eines symmetrisch zur Mitte belasteten Balkens aus Gründen der Symmetrie notwendig eben bleiben, da für eine etwaige Verkrümmung keine der beiden Seiten bevorzugt sein kann. Damit müßten dann — unter der üblichen Annahme linearer Verteilung der Normalspannungen — sämtliche Querschnitte dieses Balkens eben bleiben. Aber ein ursprünglich ebener Querschnitt, auf den eine Scherkraft wirkt, muß sich verkrümmen, da die Scherspannungen ungleichmäßig verteilt sind: Ein lediglich Scherkräften ausgesetztes Balkenelement in Abb. 187a muß sich nach Abb. 187b verformen, da ein ursprünglich rechtwinklig prismatisches Teilchen in der Umgebung der Nullinie, wo die Scherspannung am größten ist, sich in ein schiefwinklig prismatisches Teilchen verformt, während ein entsprechendes Teilchen am Balkenrand, wo die Scherspannung verschwindet, seine ursprüngliche Form beibehält. Dieses Ergebnis, wonach in einem und demselben Balken eben gebliebene und verkrümmte Querschnitte auftreten, widerspricht der Annahme einer linearen Verteilung der Normalspannungen über den Querschnitt. Vgl. hierüber Kap. IX. Ein experimenteller Nachweis über die Verteilung von Normalspannungen ist sehr schwer zu führen.

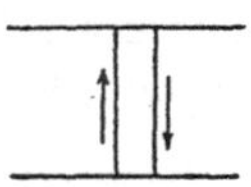

Abb. 187a.

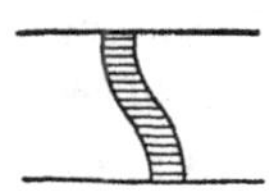

Abb. 187b.

Es sei nach der allein durch Scherkräfte erzeugten Biegelinie eines geraden Balkens gefragt, d. h. in bezug auf Längenänderungen seien die einzelnen Längsfasern starr, während eine Deformation durch Scherkräfte, also die Deformation eines rechtwinklig prismatischen Teilchens in ein schiefwinklig prismatisches möglich sein soll. Voraussetzung hierfür ist die Verkürzung der einen und Verlängerung der anderen Diagonale; diese Fasern dürfen also nicht starr in bezug auf Längenänderungen sein. Wir können uns den geforderten physikalischen Zustand des Balkens — starr in bezug auf Biegungsnormalkräfte, im übrigen elastisch deformierbar — so vorstellen, daß wir den Balken aus Stäben aufbauen, die gelenkig miteinander so verbunden sind, daß sie lauter kleine Quadrate mit je zwei Diagonalstäben bilden. Die Seitenstäbe der Quadrate sind als starr, die Diagonalstäbe als elastisch zu denken. Betrachten wir nun die Biegelinie eines solchen Balkens, der durch eine Einzellast in der Mitte belastet sei. Der Querschnitt in der Mitte muß, wie wir sahen, eben und senkrecht zur ursprünglichen Stabachse bleiben; da die parallel zur Balkenachse gelegenen Fasern starr sind, muß jeder Punkt eines beliebigen um d von der Mitte entfernten Querschnitts die Entfernung d beibehalten — wobei Bogen = Sehne oder $ds = dx$ gesetzt ist — d. h. also, der Querschnitt bleibt ebenfalls eben und senkrecht zur ursprünglichen Stabachse; daraus folgt eine gleichmäßige Verschiebung aller Querschnittselemente und damit eine gleichmäßige Verteilung der Scherkraft über den Querschnitt, was aber mit unseren Ergebnissen in Abschnitt 9 in Widerspruch steht.

Es sei kurz zusammengefaßt: Die Annahme linearer Verteilung der Normalspannungen über den Querschnitt scheint für die praktische Anwendung die beste zu sein; aus dieser Annahme folgt das Ebenbleiben sämtlicher Querschnitte, wenn einer eben bleibt. Aus der ungleichmäßigen Verteilung der Scherspannungen über einen Querschnitt (Abschn. 9) folgt jedoch, daß ein ebener Querschnitt nicht eben bleiben kann, wenn er durch eine Scherkraft beansprucht wird. Im Falle eines symmetrisch zur Mitte belasteten Balkens nun muß der Mittenquerschnitt eben bleiben, daraus würde sich das Ebenbleiben sämtlicher anderen Querschnitte zwangsläufig ergeben unter Annahme linearer Verteilung der Normalspannungen, während sich andrerseits aus der ungleichmäßigen Verteilung der Scherspannungen, die aus der gleichen Annahme über die Verteilung der Normalspannungen hervorgeht, eine Verkrümmung aller ursprünglich ebenen Querschnitte ergibt, die durch eine Scherkraft beansprucht sind.

Diese Widersprüche sind nicht leicht zu beheben; sie zeigen, daß die übliche Balkentheorie durchaus den Charakter einer Näherungsrechnung hat. Die strenge Theorie des Balkens nach den Methoden der mathematischen Elastizitätslehre ist namentlich von de St. Venant und Clebsch angestrebt worden; gegen die praktische Verwertung spricht jedoch die Schwierigkeit der Rechnung; außerdem sind auch diese Ergebnisse nicht unangreifbar.

b) Die Biegelinie durch Scherkräfte.

Im folgenden soll — näherungsweise — die Biegelinie eines Balkens durch Scherkräfte bestimmt werden. Wir können dabei verschiedene Methoden anwenden.

Vernachlässigen wir die ungleichmäßige Verteilung der Scherkraft über den Querschnitt und nehmen gleichmäßige Verteilung an, so können wir leicht die gegenseitige Verschiebung zweier Nachbarquerschnitte bestimmen und über die Balkenlänge integrieren. Abb. 188 stelle ein Balkenelement von der Länge dx, dem Querschnitt F dar, auf den eine Scherkraft Q wirke. Die mittlere Scherspannung ist dann

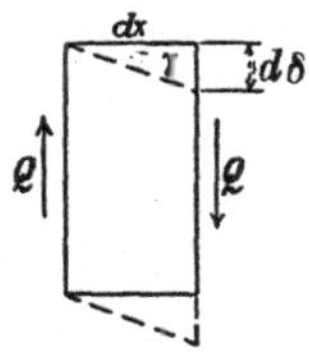

Abb. 188.

$$\tau = \frac{Q}{F},$$

unter deren Einwirkung eine Verschiebung erfolgt

$$\gamma = \frac{\tau}{G} = \frac{Q}{F \cdot G}.$$

Damit wird die gegenseitige Verschiebung der beiden Nachbarquerschnitte

$$d\delta = \gamma \cdot dx = \frac{Q}{F \cdot G} \cdot dx.$$

Bei der Integration müssen als Grenzen ein Balkenende und der Punkt der gesuchten Durchbiegung eingeführt werden, also

$$\delta = \int_0^a \frac{Q}{F \cdot G} \cdot dx.$$

Ist F über x konstant, so wird

$$\delta = \frac{1}{F \cdot G} \int_0^a Q \cdot dx = \frac{1}{F \cdot G} \times (\text{Scherkraftfläche zwischen einem} \tag{30}$$

freien Balkenende und dem Punkt der gesuchten Durchbiegung).

Die Neigung der Biegelinie infolge der Scherkräfte ist durch die Verschiebung α an jedem Punkt bestimmt, also

$$\alpha = \frac{Q}{F \cdot G}. \tag{31}$$

Eine allgemeinere Lösung liefert die Arbeitsgleichung. Der Gang entspricht ganz dem, wie wir ihn bei der Bestimmung der Durchbiegung durch Biegungsnormalkräfte gegangen sind.

Es sei τ' die Scherspannung an jedem Punkt des Balkens infolge einer Last Eins, die an dem Punkt und in der Richtung der gesuchten Durchbiegung angreift. Dann ist, wenn mit δ' die Durchbiegung infolge der Last Eins an dem fraglichen Punkt bezeichnet wird und die äußere Arbeit der inneren Arbeit gleichgesetzt wird,

$$\frac{1}{2}\delta' = \int \frac{1}{2} \cdot \tau' \cdot df \times (\text{Verschiebung in Richtung von } \tau').$$

Führen wir für die Verschiebung unter dem Integral die Verschiebung $\frac{\tau}{G} \cdot dx$ aus dem wirklichen Lastsystem ein, so erhalten wir

$$\frac{1}{2}\delta = \iint \frac{\tau \cdot \tau' \cdot df \cdot dx}{2G} = \frac{1}{2G}\int_0^l dx \int_{-y_2}^{+y_1} \tau \cdot \tau' \cdot df,$$

$$\delta = \frac{1}{G}\int_0^l dx \int_{-y_2}^{+y_1} \tau \cdot \tau' \cdot df. \tag{32}$$

Bezeichnen wir entsprechend mit

Q' — Querkraft aus der Last Eins an jeder Stelle des Balkens,

Q — Querkraft aus dem wirklichen Lastsystem an jeder Stelle des Balkens,

so ist

$$\frac{\tau'}{\tau} = \frac{Q'}{Q},$$

$$\tau' = \tau \cdot \frac{Q'}{Q}.$$

Daraus

$$\delta = \frac{1}{G}\int_0^l \frac{Q'}{Q} \cdot dx \int_{-y_2}^{+y_1} \tau^2 \cdot df. \tag{33}$$

Diese Methode unterscheidet sich grundsätzlich von der ersten [Gl. (30)], daß hier die Durchbiegungen an dem betreffenden Punkt aus den Formänderungen der einzelnen Balkenelemente bestimmt und summiert werden, während die erste Methode die gegenseitige Verschiebung zweier Nachbarquerschnitte, jeweils vom Balkenende anfangend bis zu dem betreffenden Punkte fortschreitend, bestimmt und summiert.

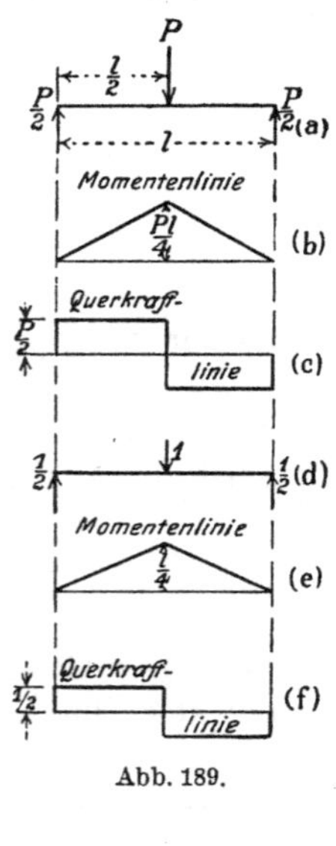

Abb. 189.

22. Beispiele.

Es sei nach der Durchbiegung der Mitte eines durch eine Einzellast in der Mitte belasteten Balkens gefragt (Abb. 189). Die Momentenlinie ist durch Abb. 189 b gegeben, und nach Satz II wird die Durchbiegung infolge der Biegungsnormalkräfte

$$\delta_N = \frac{P \cdot l^3}{48\, E \cdot J}. \tag{34}$$

Mittels der Arbeitsgleichung erhalten wir nach Gl. (28) und mit

$$M = \frac{P \cdot x}{2}; \quad M' = \frac{x}{2}$$

$$\delta_N = \frac{2}{E \cdot J}\int_0^{\frac{l}{2}} \frac{P \cdot x}{2} \cdot \frac{x}{2}\, dx = \frac{P l^3}{48\, E \cdot J}, \tag{34a}$$

das gleiche also wie nach Gl. (34).

Die Durchbiegung aus den Scherkräften wird nach Gl. (30)

$$\delta_Q = \frac{P \cdot l}{4\,F \cdot G}. \tag{35}$$

Benutzen wir Gl. (33), so haben wir mit

$$Q' = \pm\frac{1}{2}; \quad Q = \pm\frac{P}{2}$$

$$\delta_Q = \frac{1}{G \cdot P}\int_0^l dx \int_{-y_2}^{+y_1} \tau^2 \cdot df. \tag{36}$$

Die auf die Querschnittsbreite und Höheneinheit bezogene Scherkraft beträgt

$$T = \frac{Q \cdot \mathfrak{S}}{J};$$

nehmen wir gleichmäßige Verteilung von T über die Querschnittsbreite b an, also

$$\tau = \frac{Q \cdot \mathfrak{S}}{b \cdot J},$$

so wird unter der weiteren Annahme konstanten Querschnitts mit $df = b \cdot dy$

$$\delta_Q = \frac{P}{4\,G \cdot J^2}\int_0^l dx \int_{-y_2}^{+y_1} \frac{\mathfrak{S}^2 \cdot dy}{b} = \frac{P \cdot l}{4\,G \cdot J^2}\int_{-y_2}^{+y_1} \frac{\mathfrak{S}^2 \cdot dy}{b}. \tag{37}$$

Eine weitere Vereinfachung der Gl. (37) in allgemeiner Form ist nicht möglich, da $\mathfrak{S}$ von der Querschnittsform abhängig ist.

Für einen rechteckigen Querschnitt wird nach Gl. (35)

$$\delta_Q = \frac{P \cdot l}{4\,b \cdot h \cdot G}, \tag{38}$$

während Gl. (37)

$$\delta_Q = \frac{3\,P \cdot l}{10\,b \cdot h \cdot G} = \frac{P \cdot l}{3{,}33\,b \cdot h \cdot G} \tag{39}$$

liefert (vgl. auch Abschn. 9).

Mit $G = 0{,}4\,E$ wird

$$\delta_Q = \frac{5}{8} \cdot \frac{P \cdot l}{b \cdot h \cdot E} \tag{38 a}$$

bzw.

$$\delta_Q = \frac{3}{4} \cdot \frac{P \cdot l}{b \cdot h \cdot E}. \tag{39 a}$$

Die Durchbiegung aus den Biegungsnormalkräften wird nach Gl. (34 a)

$$\delta_N = \frac{1}{4} \cdot \frac{P \cdot l^3}{b \cdot E \cdot h^3}. \tag{34 a}$$

Die Durchbiegung infolge der Scherkräfte wird fast immer vernachlässigt. Es soll kurz untersucht werden, wie groß der dadurch entstehende Fehler bei Balken mit rechteckigem Querschnitte und einer Einzellast in der Mitte wird. Es wird nach Gl. (34) und (39 a)

$$\frac{\delta_Q}{\delta_N} = 3\,\frac{h^2}{l^2}. \tag{40}$$

Gl. (40) zeigt, daß der Anteil der Scherkräfte an der Durchbiegung mit abnehmendem Verhältnis $\frac{h}{l}$, also mit zunehmender Schlankheit des Balkens, abnimmt. Für verschiedene Verhältniszahlen $\frac{h}{l}$ wird

$\frac{h}{l}$	$\frac{\delta_Q}{\delta_N}$	
$\frac{1}{3}$	$\frac{1}{3}$	$\delta_Q = \frac{33^1/_3}{100} \cdot \delta_N$
$\frac{1}{5}$	$\frac{3}{25}$	$\delta_Q = \frac{12}{100} \cdot \delta_N$
$\frac{1}{8}$	$\frac{3}{64}$	$\delta_Q = \frac{4{,}7}{100} \cdot \delta_N$
$\frac{1}{10}$	$\frac{3}{100}$	$\delta_Q = \frac{3}{100} \cdot \delta_N$
$\frac{1}{20}$	$\frac{3}{400}$	$\delta_Q = \frac{0{,}75}{100} \cdot \delta_N$

(41)

Betrachten wir $\frac{h}{l} = \frac{1}{8}$ als gebräuchlichen Mittelwert, so kann man sagen, daß im allgemeinen der Anteil der Scherkräfte an den Durchbiegungen vernachlässigt werden kann.

Wegen des geringen Anteils der δ_Q-Werte an den Gesamtdurchbiegungen wird es in den meisten Fällen genügen, die einfachere Gleichung (30) zu benutzen.

23. Belastungslinie, Querkraftlinie, Momentenlinie, Neigungslinie, Biegelinie.

Aus den bisherigen Erörterungen über die Biegung geht hervor, daß wir fünf Kurven haben, die zueinander in wichtigen Beziehungen stehen.

a) Die Belastungslinie. (Die Ordinaten geben die auf die Längeneinheit bezogene Belastung an jedem Punkt an.)

b) Die Querkraftlinie. (Die Ordinaten geben die Querkraft an jedem Punkt an.)

c) Die Momentenlinie. (Die Ordinaten geben das Moment an jedem Punkt an.)

d) Die Neigungslinie. (Die Ordinaten geben die Neigung der Biegelinie an jedem Punkt an.)

e) Die Biegelinie. (Die Ordinaten geben die Durchbiegung an jedem Punkte an.)

a) Die Fläche zwischen Belastungslinie und Balkenachse innerhalb zweier Punkte gibt die Änderung der Querkraft zwischen jenen Punkten. Die Fläche von einem Auflager bis zu einem beliebigen Balkenpunkt ist die Querkraft an jenem Punkt. Die Fläche zwischen zwei Balkenpunkten, von denen der eine ein Querkraftnullpunkt ist, ist gleich der Querkraft an jenem zweiten Punkt. Das Moment der Fläche zwischen zwei Balkenpunkten, von denen der eine ein Momentennullpunkt ist (z. B. ein Auflager eines einfachen Balkens), bezogen auf den zweiten Punkt, stellt das Biegungsmoment an jenem zweiten Punkt dar.

Die Werte der Flächen sind algebraische Werte.

b) Die Querkraftsfläche zwischen zwei Balkenpunkten stellt die Änderung des Biegungsmomentes zwischen jenen Punkten vor. Die Querkraftfläche zwischen zwei Balkenpunkten, von denen der eine ein Momentennullpunkt ist, gibt den Wert des Momentes an dem zweiten Punkt an, ist also gleich dem Moment der entsprechenden Belastungsfläche in bezug auf den Punkt.

Auch hier ist stets der algebraische Wert der Querkraftfläche gemeint.

c) Die durch $E \cdot J$ dividierte Momentenfläche (reduzierte Momentenfläche) zwischen zwei Balkenpunkten gibt die Neigungsänderung innerhalb jener Punkte an. Verläuft die Biegelinie an einem der beiden Punkte horizontal, d. h. parallel zur ursprünglichen Balkenachse, so ist die durch $E \cdot J$ dividierte Momentenfläche gleich der Neigung an dem zweiten Punkt.

d) Die Fläche zwischen Neigungslinie und Balkenachse innerhalb zweier Punkte stellt die Änderung der Durchbiegung an jenen Punkten dar; die Fläche zwischen dem Punkt, an dem die Biegelinie horizontal verläuft, und dem Balkenende gibt die maximale Durchbiegung an und ist dem Moment der Momentenfläche zwischen jenen beiden Punkten, bezogen auf das Balkenende, gleich. Der Balkenpunkt, an dem die Biegelinie horizontal verläuft, kann aus der Momentenlinie durch die Bedingung gefunden werden, daß die Momente der Momentenflächen rechts und links von jenem Punkt bis zu den Auflagern, bezogen das entsprechende Auflager, gleich sein müssen.

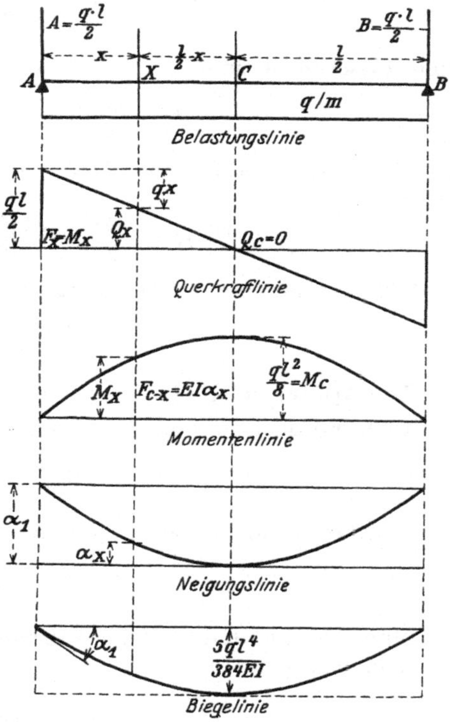

Abb. 190

e) Das Moment der Momentenfläche zwischen zwei Balkenpunkten, bezogen auf einen der Punkte, gibt den Abstand jenes Punktes von der Tangente an die Biegelinie in dem zweiten Punkt.

Nicht alle diese Beziehungen sind für den praktischen Gebrauch gleichmäßig geeignet. Der Studierende sollte sie aber beherrschen, um sie in jedem Fall, soweit es erforderlich ist, benutzen zu können. Namentlich die unter d) genannten Beziehungen werden wenig oder gar nicht praktisch verwendet. Abb. 190 bringt die fünf Kurven für den Fall gleichmäßig verteilter Belastung eines Balkens auf zwei Stützen. Der Leser konstruiere die entsprechenden Kurven für andere Belastungsfälle. Eine Anzahl Anwendungsbeispiele sind in Kap. XII zu finden.

Zur Erläuterung der Abb. 190 sei folgendes dargelegt:

Die Belastungslinie:

An jedem Ende muß man sich eine Fläche von unendlich kleiner Breite und unendlich großer Höhe denken, deren Betrag $F = \frac{q \cdot l}{2}$ ist.

Dann ist der algebraische Wert der Belastungsfläche zwischen A und x

$$F_x = \frac{q\,l}{2} - q \cdot x = Q_x,$$

und zwischen A und c

$$F_c = \frac{q\,l}{2} - \frac{q\,l}{2} = 0 = Q_c;$$

das Moment der Belastungsfläche zwischen A und x in bezug auf x beträgt

$$\frac{q \cdot l}{2} \cdot x - \frac{q\,x^2}{2} = \frac{q\,x\,(l-x)}{2} = M_x,$$

und das Moment der Belastungsfläche zwischen A und c in bezug auf c

$$\frac{q\,l^2}{8} = M_c.$$

Die Querkraftlinie.

Querkraftfläche zwischen A und x

$$F_x = \frac{q \cdot x\,(l-x)}{2} = M_x.$$

Querkraftfläche zwischen A und c

$$F_c = \frac{q\,l^2}{8} = M_c.$$

Moment der Querkraftfläche zwischen A und c, dividiert durch $E \cdot J$, in bezug auf c

$$\frac{1}{E \cdot J} \cdot \frac{q\,l^3}{24} = \alpha_1 \text{ (Neigung im Punkt } A).$$

Die Momentenlinie.

$\frac{1}{E \cdot J}$-fache Momentenfläche zwischen x und c gibt die Neigung der Biegelinie bei x.

$\frac{1}{E \cdot J}$-fache Momentenfläche zwischen A und c ist die Neigung bei A

$$\alpha_1 = \frac{q\,l^3}{24} \cdot \frac{1}{E \cdot J}.$$

Moment der $\frac{1}{E \cdot J}$-fachen Momentenfläche zwischen A und c in bezug auf A

$$\delta_c = \frac{5}{384} \cdot q\, l^4 \cdot \frac{1}{E \cdot J}.$$

Die Neigungslinie.

Die Biegelinie in Balkenmitte ist der ursprünglichen Balkenachse parallel. Neigung am Balkenende (Punkt A)

$$\alpha_1 = \frac{q\, l^3}{24 \cdot E \cdot J} \text{ (aus der Momentenlinie).}$$

Neigung am Punkt x

$\alpha_x = \frac{1}{E \cdot J}$-fache Momentenfläche zwischen c und x

$$\alpha_x = \frac{q}{E \cdot J}\left(\frac{x^3}{6} + \frac{l^3}{24} - \frac{l\, x^2}{4}\right).$$

Fläche der Neigungslinie zwischen A und c gibt die Durchbiegung δ_c in c

$$\delta_c = \int_0^{\frac{l}{2}} \alpha_x \cdot dx = \frac{5}{384} \cdot \frac{q\, l^4}{E \cdot J}.$$

24. Die Durchbiegung in Abhängigkeit von den Spannungen.

Wird ein Balken auf 2 Stützen mit konstantem Trägheitsmoment gleichmäßig mit q belastet, und ist σ die Normalspannung in der Entfernung y von der N. N. des Mittenquerschnittes, so wird

$$\delta_c = \frac{5}{384} \cdot \frac{q\, l^4}{E \cdot J} = \frac{5}{48} \frac{l^2 \cdot \sigma}{E \cdot y}. \tag{42}$$

da

$$\sigma = \frac{M_c \cdot y}{J} = \frac{q\, l^2 \cdot y}{8\, J},$$

und

$$J = \frac{q\, l^2 \cdot y}{8 \cdot \sigma}$$

ist. Damit wird

$$\frac{\delta_c}{l} = \frac{5}{48} \cdot \frac{l \cdot \sigma}{E \cdot y}. \tag{43}$$

Ist der Balken in der Mitte mit einer Einzellast P belastet, so wird

$$\delta_c = \frac{P \cdot l^3}{48\, E \cdot J} = \frac{l^2 \cdot \sigma}{12\, E \cdot y}. \tag{44}$$

$$\frac{\delta_c}{l} = \frac{l \cdot \sigma}{12\, E \cdot y}. \tag{45}$$

Ist der Querschnitt ein Rechteck mit der Höhe h und führen wir σ als die zulässige Randspannung und entsprechend y als die Randentfernung vom Schwerpunkt, in diesem Fall $\frac{h}{2}$, ein, so wird

für gleichmäßig verteilte Belastung

$$\frac{\delta_c}{l} = \frac{5\,l\cdot\sigma}{24\,E\cdot h}, \tag{46}$$

für eine Einzellast in der Mitte

$$\frac{\delta_c}{l} = \frac{l\cdot\sigma}{6\,E\cdot h}. \tag{47}$$

Ist für eine Konstruktion der höchstzulässige Wert des Verhältnisses $\frac{\delta_c}{l} = r$ vorgeschrieben, dann besteht für h die Ungleichung

bei gleichmäßig verteilter Belastung

$$\frac{h}{l} > \frac{5}{24}\cdot\frac{\sigma}{E\cdot r}, \tag{48a}$$

bei einer Einzellast in der Mitte

$$\frac{h}{l} > \frac{\sigma}{6\,E\cdot r}. \tag{48b}$$

Setzen wir für Flußeisen

$$E = 2100000 \text{ kg/cm}^2,$$
$$\sigma = 1000 \text{ kg/cm}^2,$$

so wird nach Gl. (48a)

$$\frac{h}{l} > \frac{1}{10080\cdot r}, \tag{49a}$$

und nach Gl. (48b)

$$\frac{h}{l} = \frac{1}{12600\cdot r}. \tag{49b}$$

Nehmen wir für Holz

$$E = 100000 \text{ kg/cm}^2, \qquad \sigma = 100 \text{ kg/cm}^2,$$

so wird nach Gl. (48a)

$$\frac{h}{l} = \frac{1}{4800\cdot r} \tag{50a}$$

und nach Gl. (48b)

$$\frac{h}{l} = \frac{1}{6000\cdot r}. \tag{50b}$$

Ein in Nordamerika gebräuchlicher Wert r für Decken ist

$$r = \frac{1}{360}.$$

Damit wird für die oben gegebenen Werte für E und σ bei Eisenträgern

$$\frac{h}{l} > \frac{1}{28} \text{ bzw. } \frac{1}{35}, \tag{51}$$

bei Holzbalken

$$\frac{h}{l} > \frac{1}{13} \quad \text{bzw.} \quad \frac{1}{17}. \tag{52}$$

Es sei darauf hingewiesen, daß die Durchbiegung eines Balkens direkt proportional zu σ und dem Quadrat von l und umgekehrt proportional zu E und y ist. Wir können also sagen, daß bei gleicher Länge, gleichem Material und gleicher Spannung die Steifigkeit eines Balkens der Höhe proportional ist, d. h. er wird z. B. bei der doppelten Höhe und gleichem l, E und σ sich nur halb so viel durchbiegen, unabhängig von der Breite. Die Steifigkeit hängt bei konstantem l und σ nur von der Balkenhöhe und dem Elastizitätsmodul, also dem Material, ab.

25. Höhe des Balkens in Abhängigkeit von der Belastung und der Durchbiegung.

Ein Balken sei für eine gewisse Belastung entworfen, seine Höhe sei bestimmt. Ergeben sich nun bei dieser Höhe größere Durchbiegungen, als man zulassen will, so ist eine größere Höhe erforderlich, die nach den Formeln des vorigen Abschnitts bestimmt werden möge; damit wird die Randspannung sinken, so daß die eben errechnete Höhe zu groß wird. Die notwendige Höhe für gegebene Belastung und gegebenes Verhältnis r ergibt sich aus den Formeln (42) und (44), nach einer kleinen Umformung

$$J > \frac{5\,Q\,l^2}{384\,E \cdot r} \tag{53}$$

für gleichmäßig verteilte Last q, wobei $Q = q \cdot l$,

$$J > \frac{P \cdot l^2}{48\,E \cdot r} \tag{54}$$

für eine Einzellast in der Mitte.

Hieraus ergibt sich für Balken mit rechteckigem Querschnitt

$$\frac{h}{l} > \frac{1}{1{,}86}\sqrt[3]{\frac{Q}{E \cdot b \cdot l \cdot r}} \tag{55a}$$

für gleichmäßig verteilte Last,

$$\frac{h}{l} > \frac{1}{1{,}59}\sqrt[3]{\frac{P}{E \cdot b \cdot l \cdot r}} \tag{55b}$$

für eine Einzellast in der Mitte.

Für $E = 100000$ kg/cm² und $r = \frac{1}{360}$ erhält man

$$\frac{h}{l} = \frac{1}{12{,}12}\sqrt[3]{\frac{Q}{b \cdot l}} \tag{56a}$$

für gleichmäßig verteilte Belastung,

$$\frac{h}{l} = \frac{1}{10{,}37}\sqrt[3]{\frac{P}{b \cdot l}} \tag{56b}$$

für eine Einzellast in der Mitte.

Im vorigen Abschnitt sahen wir, daß für gegebene Werte σ und r das Verhältnis $\frac{h}{l}$ für gleichmäßig verteilte Belastung größer ist als für eine Einzellast in der Mitte. Es zeigt sich, daß sich diese Verhältnisse umkehren, wenn Q und P gleich sind und r konstant bleibt.

26. Zusammenfassung der wichtigsten bisherigen Ergebnisse.

1. Die Normalspannung in einem beliebigen Punkt eines auf Biegung ohne Normalkraft beanspruchten Balkens ist durch die Gleichung gegeben (Abschn. 5)

$$\sigma = \frac{M_x \cdot y}{J_x} + \frac{M_y \cdot x}{J_y}.$$

2. Folgende Gleichungen geben die Beziehungen zwischen Scherkraft, Moment, Neigung und Durchbiegung:

$$\frac{dM}{dx} = Q,$$

$$\frac{d^2 y}{dx^2} = \frac{M}{E \cdot J} = \frac{\int Q \cdot dx}{E \cdot J},$$

$$\frac{dy}{dx} = \frac{\int M\,dx}{E \cdot J} + C.$$

3. Die auf die Längeneinheit bezogene Scherkraft in einem Längsschnitt des Balkens (parallel zur Achse) beträgt

$$T = \frac{Q \cdot \mathfrak{S}}{J}.$$

4. Die Arbeit einer Normalkraft P, die auf einen Stab mit konstantem Querschnitt F und der Länge l wirkt, hat den Wert

$$\mathfrak{A} = \frac{P^2 \cdot l}{2\,E \cdot F}.$$

5. Die auf ein rechtwinklig prismatisches Körperteil von dem Volumen V bezogene Arbeit einer Scherkraft von der Spannung τ beträgt

$$\mathfrak{A} = \frac{\tau^2\, V}{2\,G}.$$

6. Die Arbeit der Biegungsmomente in einem geraden Balken von konstantem Querschnitt beträgt

$$\mathfrak{A} = \frac{\int_0^l M^2\,dx}{2\,E \cdot J}.$$

7. Das Biegungsmoment erreicht an der Stelle des Balkens ein Maximum oder Minimum, wo die Scherkraft verschwindet oder im Falle einer Unstetigkeit ihr Vorzeichen wechselt.

8. Die Änderung des Moments zwischen zwei Balkenpunkten ist durch den algebraischen Wert der Differenz der Scherkraftflächen zwischen einem Auflager und jeweils einem der beiden Punkte dargestellt. Ist die Differenz positiv, so nimmt das Moment zu, und umgekehrt.

9. Der algebraische Wert der Scherkraftfläche verschwindet zwischen zwei Balkenpunkten, an denen das Moment gleich ist, z. B. den beiden Auflagern eines einfachen Balkens.

10. Die Neigung der Momentenlinie gibt an jedem Punkt den algebraischen Wert der Querkraft.

11. Das Moment an einem beliebigen Punkt wird durch die Querkraftfläche zwischen einem Momentennullpunkt und jenem Punkt dargestellt.

12a. Der algebraische Wert der Momentenfläche zwischen zwei Punkten, dividiert durch $E \cdot J$, gibt den Winkel zwischen den Tangenten an die Biegelinie in jenen beiden Punkten.

12b. Die Momentenfläche zwischen einem Punkt, an dem die Tangente an die Biegelinie parallel der ursprünglichen Stabachse verläuft, und einem beliebigen zweiten Balkenpunkt, dividiert durch $E \cdot J$, stellt die Neigung der Biegelinie in dem zweiten Balkenpunkt gegen die ursprüngliche Stabachse dar.

13. Das statische Moment der Querkraftfläche zwischen einem Auflager und einem beliebigen zweiten Punkt eines einfachen Balkens, bezogen auf jenen zweiten Punkt, dividiert durch $E \cdot J$, ergibt den Winkel der Tangenten an die Biegelinie in den beiden Punkten. Das gleiche Ergebnis liefert der durch $E \cdot J$ dividierte Wert der Momentenfläche zwischen den beiden Punkten.

14. Der Abstand eines beliebigen Punktes a der Biegelinie von der Tangente an einen beliebigen Punkt b der Biegelinie ist gleich dem statischen Moment der durch $E \cdot J$ dividierten Momentenfläche zwischen a und b, bezogen auf a.

15. Die Durchbiegung eines Punktes eines Balkens mit konstantem Trägheitsmoment infolge der Biegungsnormalkräfte beträgt (in irgendeiner Richtung)

$$\delta_N = \frac{1}{E \cdot J} \int_0^l M' \cdot M \cdot dx ,$$

(Über die Bedeutung von M' und M vgl. Abschn. 18.)

16. Die Durchbiegung eines Punktes a eines Balkens infolge der Scherkräfte beträgt (in irgendeiner Richtung)

$$\delta_Q = \frac{1}{F \cdot G} \int_0^a Q\, dx$$

bzw.

$$\delta_Q = \frac{1}{G} \int_0^l \frac{Q_1}{Q}\, dx \int_{-y_2}^{+y_1} \tau^2 \cdot df .$$

vgl. Abschn. 21b.

17. Die Neigung der Biegelinie an irgendeinem beliebigen Balkenpunkt infolge der Biegungsnormalkräfte beträgt

$$\alpha_N = \frac{1}{E \cdot J} \int_0^l M' \cdot M \cdot dx.$$

(Über die Bedeutung von M' und M vgl. Abschn. 18.)

27. Balken gleicher Festigkeit.

Bei ruhender Belastung wird an einer bestimmten Stelle (oder mehreren Stellen) das Biegungsmoment einen Größtwert haben. Hat der Balken konstanten Querschnitt, und ist er für das maximale Moment dimensioniert, so ist er in allen anderen Querschnitten in bezug auf das angreifende Biegungsmoment zu stark, so daß man theoretisch im Hinblick auf die Biegungsspannungen von einer Materialverschwendung sprechen könnte. Der Querschnitt kann nun über die Länge des Balkens verändert werden, derart, daß die Randspannungen in jedem Querschnitt den gleichen Wert erreichen. Solch ein Balken wird ein Balken gleicher Festigkeit genannt. An Material wird gespart; ob er auch wirtschaftlich vorteilhaft ist, hängt von den Bearbeitungsmethoden ab und muß von Fall zu Fall entschieden werden.

Die Änderung des Querschnitts muß also der Änderung des Moments entsprechen. Da

$$M = \frac{\sigma \cdot J}{y}$$

und $\sigma =$ konst. sein soll, wobei σ die Randspannung und y die Entfernung der Randfaser von der N.L. bedeutet, so muß die Bedingung erfüllt werden

$$\frac{M \cdot y}{J} = \text{konst.}$$

a) Kragbalken mit einer Einzellast am freien Ende.

Die Einzellast sei P, dann ist

$$M = P \cdot x;$$

das Trägheitsmoment als Funktion des Ortes muß also der Gleichung genügen

$$\frac{x \cdot y}{J} = \text{konst.} \qquad (57)$$

Bilden wir den Querschnitt rechteckig aus, so wird

$$\frac{x}{b\,h^2} = \text{konst.} \qquad (58)$$

Lassen wir die Höhe über die Länge gleich, so muß die Breite von dem freien Ende nach der Einspannstelle linear zunehmen (Abb. 191).

Lassen wir die Breite über die Länge gleich, so muß das Quadrat der Höhe mit x von dem freien Ende zunehmen, bzw. die Höhe proportional der Wurzel aus der Entfernung von dem freien Ende zunehmen (Abb. 192a und 192b). Die Querschnittshöhen sind also

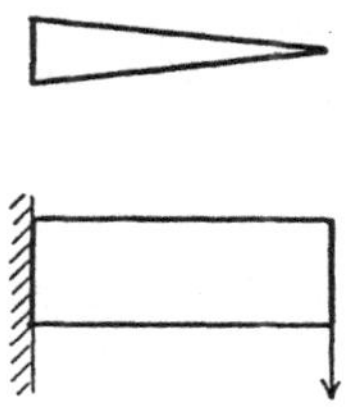

Abb. 191.

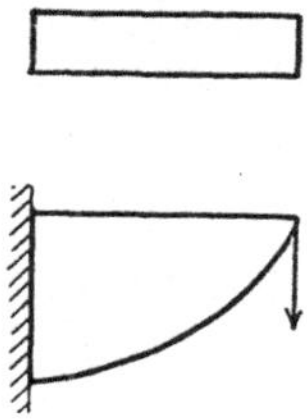

Abb. 192a.

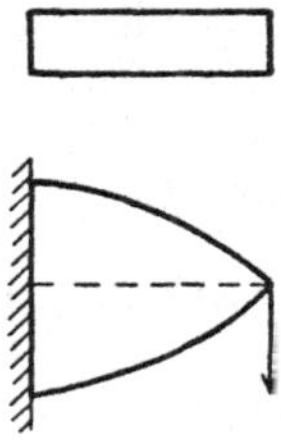

Abb. 192b.

durch eine quadratische Parabel bestimmt, deren Scheitel in dem freien Ende liegt.

Es können auch Höhe und Breite veränderlich sein. Geschieht dies derart, daß alle Querschnitte einander ähnlich sind, d. h. $\frac{b}{h} = \text{konst.}$, so läßt sich leicht nachweisen, daß h sowohl wie b proportional der dritten Wurzel von x, der Entfernung von dem freien Ende, veränderlich sind.

b) Kragbalken mit gleichmäßig verteilter Last.

Hier ist

$$M = q\frac{x^2}{2}$$

und die Bedingung für einen rechteckigen Querschnitt lautet

$$\frac{x^2}{b h^2} = \text{konst.}$$

Bei konstantem h verändert sich b mit der zweiten Potenz von x (Abb. 193).

Bei konstantem b verändert sich h linear mit x (Abb. 194).

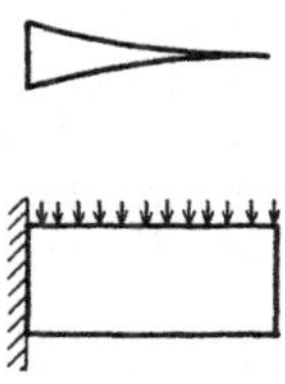

Abb. 193.

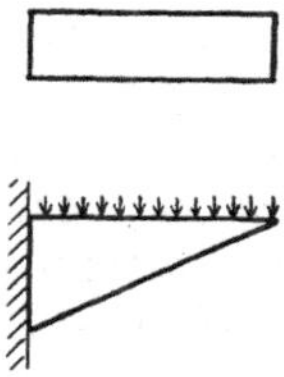

Abb. 194.

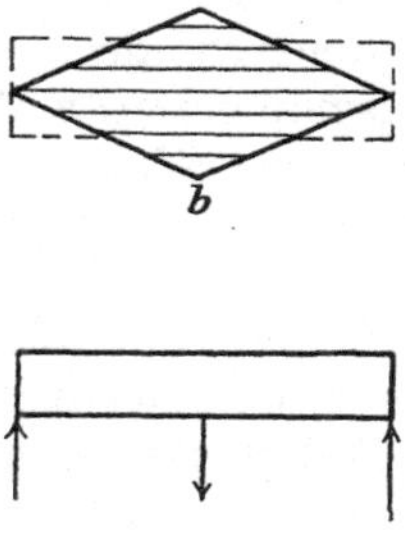

Abb. 195.

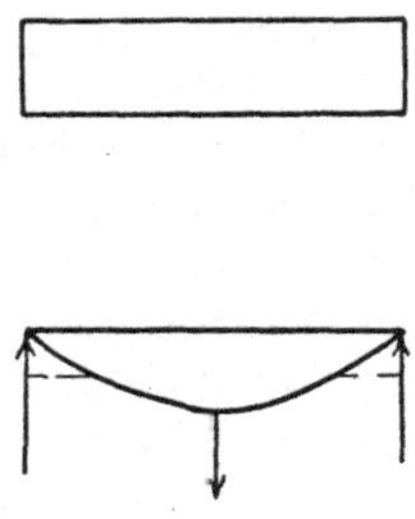

Abb. 196.

c) Balken auf zwei Stützen mit einer Einzellast in der Mitte.

Jede Hälfte eines solchen Balkens kann als ein in der Mitte des ganzen Balkens eingespannter Träger, mit einer Einzelkraft, der Reaktion, am freien Ende belastet, betrachtet werden. Mithin nimmt bei konstantem h die Breite b von beiden Auflagern nach der Mitte linear zu (Abb. 195), und bei konstantem b wächst die Höhe nach einem quadratischen Parabelgesetz von den beiden Auflagern nach der Mitte (Abb. 196). Die Parabeln haben jede ihren Scheitel in den Auflagerpunkten, sie schneiden sich unter einem gewissen Winkel in Balkenmitte.

d) Balken auf zwei Stützen mit gleichmäßig verteilter Belastung.

Es ist

$$M = q\,\frac{x\,(l-x)}{2}$$

und die Bedingung für gleiche Festigkeit bei rechteckigem Querschnitt

$$\frac{x\,(l-x)}{b\cdot h^2} = \text{konst.}$$

Damit ändert sich, wenn h konstant ist, b mit $x(l-x)$, d. h. nach einer quadratischen Parabel (Abb. 197).

Wenn b konstant ist, ändert sich h^2 mit $x(l-x)$, also h nach einem elliptischen Gesetz (Abb. 198).

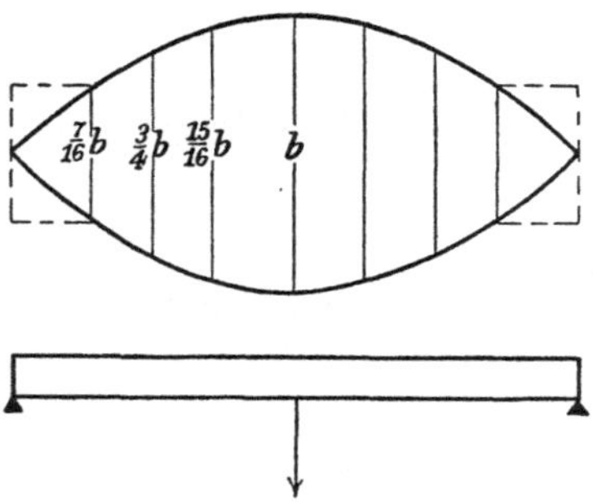

Abb. 197.

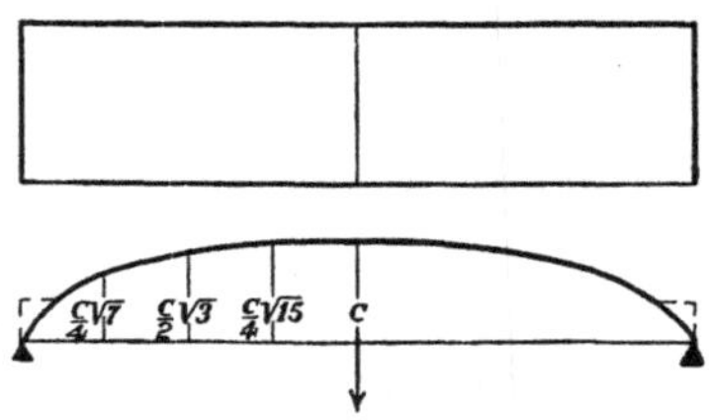

Abb. 198.

Diese Balkenformen sind jedoch im allgemeinen praktisch nicht brauchbar aus folgenden Gründen:

1. Außer Biegungsmomenten wirken in den angeführten Fällen auf die Querschnitte Querkräfte, so daß der Auflagerquerschnitt des Balkens auf zwei Stützen nicht gegen Null gehen kann, sondern er muß einen endlichen Wert zur Aufnahme der Querkraft haben. Die gestrichelten Linien in den Abb. 195, 196, 197, 198 geben ungefähr an, wie die Balkenformen in der Nähe der Auflager von den Formen „gleicher (Biegungs-)Festigkeit" abzuweichen hätten.

2. Es ist schon oben darauf hingewiesen, daß es von der Art der Bearbeitung abhängt, ob eine Formgebung nach dem Gesetz gleicher Festigkeit wirtschaftlich günstig ist.

Ein Holzbalken gleicher Festigkeit müßte z. B. im allgemeinen aus einem Balken herausgearbeitet werden, der durchgehends die größte Stärke besitzt, so daß kaum eine Materialersparnis, wohl aber eine Vergrößerung der Arbeit zu erwarten wäre. Ein gewalzter Profilträger muß notwendig konstanten Querschnitt haben. Gegossene Träger dagegen können in ihrer Form der Forderung „gleicher Festigkeit“ genügen, wobei die Querschnitte in der Nähe der Auflager zur Aufnahme der Querkräfte imstande sein müssen.

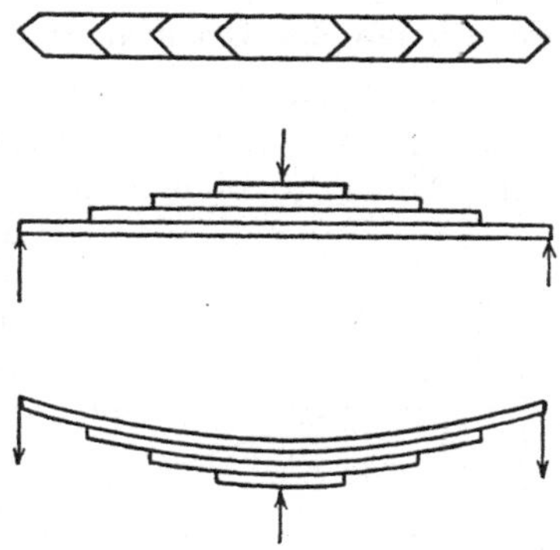

Abb. 199.

3. Die von uns verwendeten Formeln setzen voraus, daß sich die Biegungsnormalspannungen bei veränderlichem Querschnitt ebenso verteilen wie bei konstantem Querschnitt. Ist nun ein Knickpunkt vorhanden, z. B. in Abb. 196, so kann an jener Stelle keine Spannung wirken: es muß nach Kap. V an einem Oberflächenpunkt eines Körpers in jeder Ebene die resultierende Spannung parallel zur Oberfläche gerichtet sein; da die Spannung nicht gleichzeitig parallel zu verschiedenen Richtungen sein kann, so folgt daraus Spannungslosigkeit an der Knickstelle.

Der in Abb. 195 dargestellte Balken gleicher Festigkeit wird praktisch angewendet. Man denke sich den Balken aus einem Eisenblech hergestellt, in Längsstreifen zerschnitten und die Streifen aufeinandergesetzt, so daß ein Balken nach Abb. 199 entsteht. Da die einzelnen Schichten außer dem kleinen Betrag durch Reibung keine Scherkräfte aufeinander übertragen können, so sind die Balken nach Abb. 195 und 199 einander statisch gleichwertig. Es wird vielfach bei Eisenbahnwagen der in Abb. 199 dargestellte Balken als Feder benutzt.

Die Durchbiegung der Balken gleicher Festigkeit ist in Kap. XII behandelt.

28. Wirkliche Kraftverteilung und wirkliche Verzerrung über einen Querschnitt.

Die Verteilung einer Normalkraft über eine ebene Fläche ist in Kap. IX behandelt. Zum Schluß ist auf das Ende von Kap. X verwiesen, wo der Gegenstand nochmals erörtert werden soll. In Kap. IX sowie in den Formeln betr. Biegungsbeanspruchungen dieses Kapitels ist die grundlegende Annahme linearer Spannungsverteilung gemacht, das bedeutet: wenn in jedem Punkt der durch die Normalkraft beanspruchten ebenen Fläche ein Lot errichtet wird, dessen Länge proportional der in jenem Punkt wirkenden Normalspannung ist, dann liegen die Endpunkte sämtlicher Lote in einer Ebene.

Die Frage, die wir nun untersuchen wollen, ist, wieweit die Annahme linearer Spannungsverteilung in homogenen Körpern zutrifft bzw. wie weit man die wirkliche Spannungsverteilung erfassen kann.

Bei allen elastischen Untersuchungen nimmt man an, daß die Spannung in einem mechanischen Kontinuum von Punkt zu Nachbarpunkt einen kontinuierlichen Verlauf hat und nirgendwo springt. Trifft diese Annahme wirklich zu, und wie sind die Spannungen als Funktionen des Ortes auszudrücken?

Eine äußere, auf eine Ebene wirkende Kraft kann in der verschiedensten Weise verteilt sein. Sie ist entweder gleichmäßig verteilt (Abb. 200, Linie *a*) oder sie ist nicht gleichmäßig verteilt, wobei das Verteilungsgesetz linear (Linie *b*) oder irgendwie anders, aber stetig (Linie *c*) ist, oder die Belastungslinie hat eine Unstetigkeit (Linie *d*). Die Kraft kann jedoch nicht in einem Punkt oder einer Linie angreifen, da daraus eine unendlich große Flächenpressung an jenem Punkt bzw. der Linie folgen würde, was unmöglich ist. Für die Zwecke der Rechnung nehmen wir jedoch in einem solchen Fall konzentrierten Kraftangriff an, wobei sich in Wirklichkeit die Einzelkraft infolge der elastischen und plastischen Materialeigenschaften auf eine endliche Fläche verteilt und die Resultierende der Fläschenpressungen durch jenen Punkt bzw. Linie hindurchgeht. Als Beispiel nehme man ein Rad auf einer Schiene: bei völliger Unnachgiebigkeit des Materials würden Rad und Schiene nur in einer Linie aufeinander wirken; da das Material jedoch elastisch, u. U. auch plastisch nachgibt, haben wir tatsächlich eine Berührungsfläche.

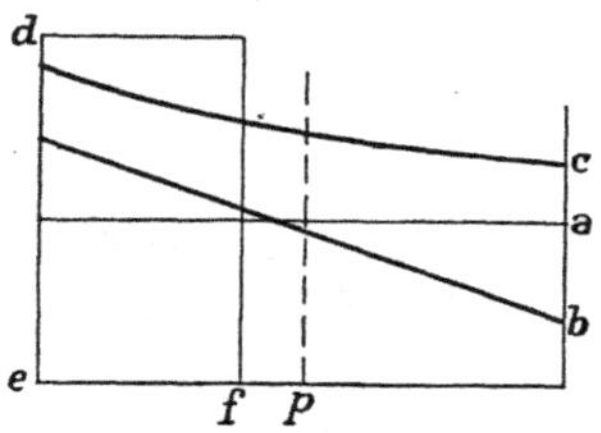

Abb. 200.

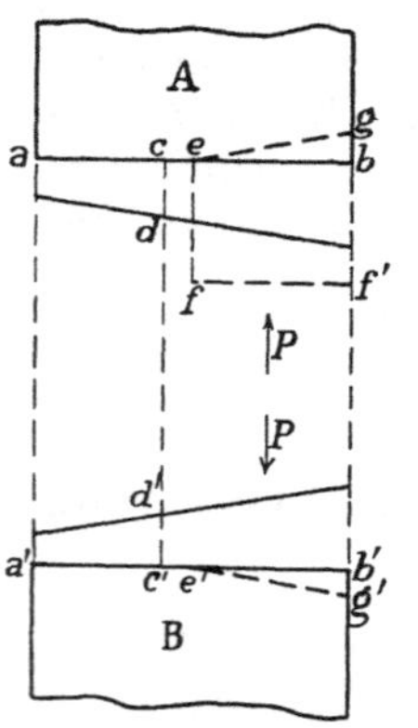

Abb. 200 a.

Kann auch eine innere Kraft in beliebiger Weise verteilt sein, abgesehen natürlich davon, daß sie nicht konzentriert angreifen kann? Kann die als Funktion des Ortes betrachtete Kurve der inneren Kraft Unstetigkeitspunkte haben? Kann die Kurve Knickpunkte, d. h. die erste Abgeleitete Unstetigkeitspunkte haben? Erinnern wir uns daran, daß die Resultierende der inneren Kräfte über einen Querschnitt der Kraft gleich ist, mit der der eine durch den Querschnitt abgetrennt gedachte Körperstumpf auf den andern einwirkt. Die Kraftverteilung muß also auf beiden Schnittflächen die gleiche sein. Die Resultierende der inneren Kräfte kann als eine äußere Kraft aufgefaßt werden, die der Resultierenden der auf den betrachteten Trägerstumpf einwirkenden Kräfte das Gleichgewicht hält. Es sei z. B. *ab* ein Querschnitt eines Trägers in Abb. 200a, *A* und *B* seien die beiden durch den Schnitt *ab* getrennt gedachten Körperteile, die Resultierende der inneren Kräfte sei jeweils *P*; die Verteilung von *P* auf beide Schnittflächen ist gleich, also die Spannung in einem beliebigen Punkt *c* und dem entsprechenden c' ist $\overline{cd} = \overline{c'd'}$. Die auf ab wirkenden inneren Kräfte werden die ursprüngliche Gestalt von ab verändern, ebenso wird die ursprüngliche Gestalt von $a'b'$ verändert; dabei muß die Bedingung erfüllt sein, daß nach der Formänderung ab und $a'b'$ aufeinanderpassen, wenn man sie aufeinanderlegt. Damit ist es klar, daß sich P nicht nur auf einen Teil von ab, etwa auf eb mit einem Spannungsdiagramm etwa $ebf'f$, verteilen kann: denn dann müßte sich auch die Formänderung nur auf den Teil eb bzw. $e'b'$ erstrecken, also die aufeinander gelegten Körperteile A und B würden nicht mehr aufeinander passen. Es muß sich also P über die ganze Querschnittsfläche verteilen. Aus der gleichen Überlegung folgt, daß die Spannung eine stetige Funktion des Ortes sein muß.

Es ist auch aus ähnlichen Überlegungen eine Unstetigkeit des ersten Differentialquotienten der Spannungsfunktion, also eine plötzliche Änderung der Neigung der Kurve, von der Hand zu weisen (vorausgesetzt, daß man den Elastizitätsmodul als eine Konstante oder eine stetige oder eine neigungsstetige Funktion der Spannung annimmt; der Übers.) Denn dann würde eine plötzliche Neigungsänderung der Spannungskurve einen Knickpunkt in der Deformationslinie bedingen. Man nehme eine geradlinige Spannungsverteilung von a bis e und ebenfalls von e bis b an, wobei aber die Neigungen der Spannungslinien über ae und über eb verschieden wären. Dann müßte — unter der obigen Annahme über E — die Deformationslinie in e einen Knickpunkt haben und damit würden die aufeinandergelegten Stücke A und B wiederum nicht aufeinander passen.

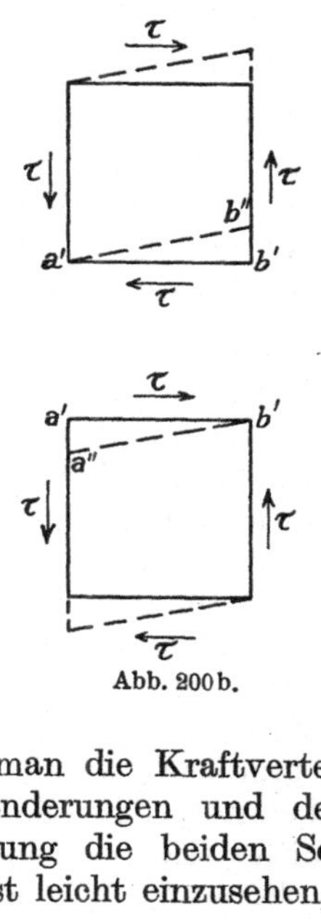

Abb. 200b.

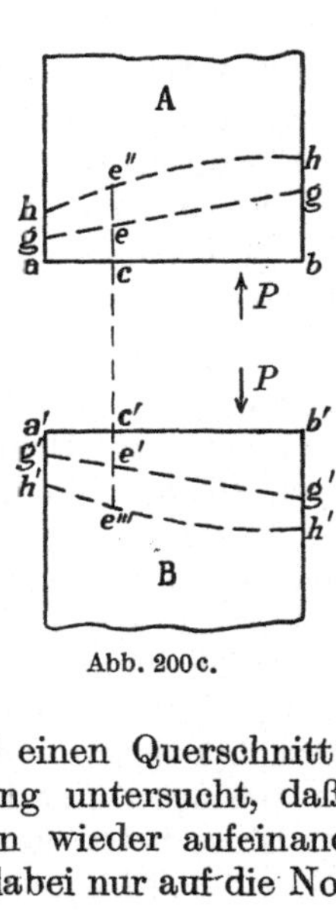

Abb. 200c.

Wenn man die Kraftverteilung über einen Querschnitt mit Hilfe der Formänderungen und der Bedingung untersucht, daß nach der Formänderung die beiden Schnittflächen wieder aufeinander passen sollen, so ist leicht einzusehen, daß man dabei nur auf die Normalkräfte zu achten hat. Es möge ein Querschnittselement nach der Formänderung durch Normalkräfte allein die Querschnittsfläche $a' b'$ (Abb. 200b) haben; die beiden Querschnittsflächen $a' b'$ passen also aufeinander. Nun wirke noch eine Scherkraft auf $a' b'$ mit der Spannung τ, unter deren Einwirkung die Quadrate oberhalb und unterhalb von $a' b'$ zu gleichen Rhomben verzerrt werden, wie dies mit den punktierten Linien in Abb. 200b angedeutet ist. Da jeweils über und unter beliebigen entsprechenden Querschnittselementen $a' b'$ zwei gleiche Rhomben entstehen, passen die Querschnittsflächen nach der Deformation durch Tangentialkräfte wieder zusammen, gleichgültig, wie jene Kräfte sich über den Querschnitt verteilen. Wir betrachten also nur die Verteilung der Normalkräfte.

Infolge der an irgendeinem Punkt c (Abb. 200c) wirkenden Normalspannung möge sich der Punkt c nach e und der Punkt c' nach e' verschieben. (Es ist natürlich durchaus nicht notwendig, daß $\overline{ce} = \overline{c'e'}$ ist, obwohl die in c und c' wirkenden Spannungen gleich sein müssen. Die Verschiebungen der Punkte c und c' werden nur dann einander gleich sein, wenn die Teile A und B einander gleich sind.) Jedenfalls wird die Verschiebung eines Punktes c von der Spannung in c abhängig sein in der Weise, daß sie mit wachsender Spannung zunimmt. Unter Annahme homogenen Materials muß, wenn die Gerade $a\,b$ des oberen Teils nach der Deformation in eine Gerade $g\,g$ übergegangen ist, die Gerade $a' b'$ des unteren Teils ebenfalls in einer Geraden, z. B. $g' g'$, liegen, d. h. die beiden Schnittflächen passen auch nach der Deformation aufeinander. Es erscheint dagegen unmöglich, daß $a\,b$ des oberen Körperteiles durch die Normalkräfte in eine Kurve $h\,h$ verzerrt werde: Denn da $\overline{ce''} > \overline{ah}$, so muß auch $\overline{ce'''} > \overline{a'h'}$ sein, also, wird $\overline{ab}$ des Teiles A in eine nach außen hohle Kurve verzerrt, so gilt das gleiche für $\overline{a'b'}$ des Teiles B, und die beiden Linien $h\,h$ und $h' h'$ passen nicht aufeinander. Eine Verzerrung zu einer krummen Linie bzw. Fläche ist physikalisch nur so möglich, daß einer konkaven Linie des oberen eine konvexe des unteren Körperteils entspricht. Dies ist aber, wie gezeigt, bei einer Verzerrung durch Normalkräfte undenkbar.

Diese Überlegungen zeigen offensichtlich, daß ein unter der Einwirkung von Normalkräften stehender ebener Querschnitt eines Körpers auch nach der Deformation eben bleibt. Dies gilt für Beanspruchungen sowohl oberhalb wie unterhalb der Elastizitäts- und Proportionalitätsgrenze, da für jede beliebige Spannung die beiden getrennt gedachten deformierten Teile wieder aufeinander passen müssen. In anderen Worten: Die Deformation durch Normalkräfte ist linear. Darin ist natürlich keineswegs die Linearität der zugehörigen Spannungsverteilung allgemein enthalten, sondern dies gilt nur unterhalb der Proportionalitätsgrenze, also für konstanten E-Modul. Es sei ein auf Biegung beanspruchter Balken so belastet, daß die Randspannungen irgendeines betrachteten Querschnittes sich noch soeben innerhalb der Proportionalitätsgrenze befinden. Nimmt das biegende Moment weiter zu, so bleibt zwar der Querschnitt eben, dem entspricht aber nicht ein lineares Anwachsen der Spannungen derjenigen Fasern, die nunmehr oberhalb der Proportionalitätsgrenze beansprucht werden, vielmehr bleibt deren Spannung zurück. Da jedoch das Moment der inneren Kräfte dem der äußeren das Gleichgewicht halten muß, so folgt daraus, daß die inneren noch innerhalb der Proportionalitätsgrenze beanspruchten Fasern zugunsten der äußeren Fasern mehrbelastet werden.

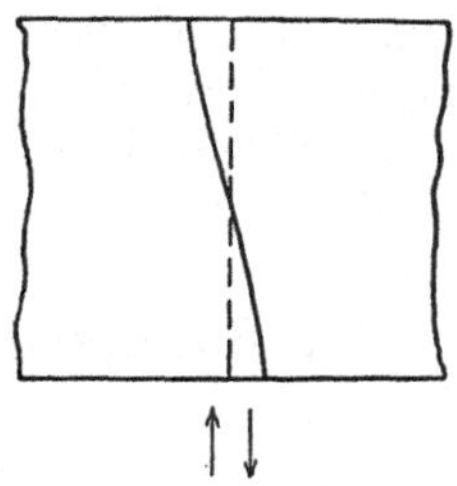

Abb. 200 d.

Unter der Einwirkung von Normalkräften bleiben also offenbar, um es zu wiederholen, ebene Querschnitte auch nach der Deformation eben.

Es ist schon oben kurz auf die Verzerrung eines Querschnitts durch Scherkräfte hingewiesen. Tritt zu der den Querschnitt beanspruchenden Normalkraft eine Tangentialkraft hinzu, und wäre diese gleichmäßig verteilt, so bliebe der Querschnitt eben. Ist die Tangentialkraft jedoch nicht gleichmäßig verteilt, so bleibt der Querschnitt nicht eben, sondern wird so gekrümmt, daß einem konkaven Teil B in Abb. 200c ein konvexer Teil A und umgekehrt entspricht. Abb. 200 d zeigt die Verkrümmung eines rechteckigen Balkenquerschnitts bei positiver Querkraft. (Vgl. Abschn. 22.)

In Kap. V war angenommen, daß die Normal- bzw. Tangentialspannungen in zwei um ein Differential benachbarten Ebenen sich nur um ein Differential voneinander unterscheiden können. Betrachten wir ein aus einem Körper herausgeschnittenes dreiseitiges Prisma, dessen Querschnitt in Abb. 201 dargestellt sei, und nehmen wir an, daß die Scherspannung in $\overline{ac}$ bei d unstetig sei, also um einen endlichen Betrag springe. Unmittelbar links von d sei sie τ, rechts von d sei sie τ'. Das hieße doch, daß in d auf $bd \perp ac$ gleichzeitig die Scherspannung τ und τ_1 wirken könnte, was offenbar unmöglich ist. Das gleiche gilt für Normalspannungen. Infolgedessen kann auch die Richtung der Resultierenden von einem zu einem um ein Differential benachbarten Querschnitt nicht springen.

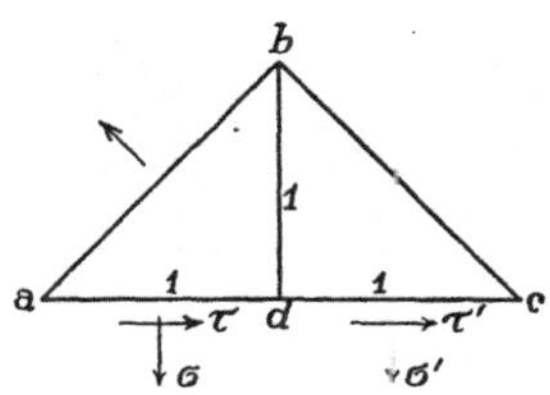

Abb. 201.

Die Ergebnisse der letzten Überlegungen sind für die Theorie der Biegung von Wichtigkeit. Sie zeigen die Nutzlosigkeit der Messungen an Balken, die das Ebenbleiben der Querschnitte nachweisen sollen. Es ist häufig aus solchen Versuchen auf ein Ebenbleiben von Querschnitten ganz allgemeingültig geschlossen worden. Unsere Überlegungen ergeben, daß das Ebenbleiben notwendig ist, wenn keine Scherkräfte wirken, und weiter, daß ein Ebenbleiben unmöglich ist, wenn — in einem rechteckigen Querschnitt — eine Scherkraft vorhanden ist. Derartige Messungen sind Schulbeispiele für nutzlose Versuche, die womöglich zu falschen, weil zu weitgehenden Schlußfolgerungen führen. In vielen Büchern ist zu lesen, daß die gewöhnliche Balkentheorie auf der Annahme des Ebenbleibens der Querschnitte aufgebaut ist. Dies ist nicht richtig. Die grundlegende Annahme fordert lineare Verteilung der Normalspannungen über die Querschnitte. Diese beiden Dinge sind aber, wie wir sehen, voneinander verschieden. Die lineare Spannungsverteilung bedeutet einen Schritt weiter gegenüber dem Ebenbleiben der Querschnitte und trifft nur für konstanten E-Modul zu.

29. Gültigkeitsgrenzen der Formel für die Berechnung von Biegungsspannungen.

Die Formel zur Berechnung der Biegungsnormalspannungen oder allgemein für alle jene Fälle, in denen die Normalspannungen nicht gleichmäßig über den Querschnitt verteilt sind, ist auf die Annahme linearer Spannungsverteilung gegründet, d. h. daß die Spannungen sich verhalten wie die Abstände von der Nullinie. Wir haben nun gesehen, daß die Verzerrung eines Querschnittes durch Normalkräfte mit großer Wahrscheinlichkeit linear ist, unabhängig von der Größe der Spannungen. Das würde besagen, die Annahme linearer Spannungsverteilung trifft zu, solange sich die Spannungen unterhalb der Proportionalitätsgrenze befinden. Ergibt jedoch die Spannungsberechnung eine Spannung oberhalb der Proportionalitätsgrenze, so trifft jene Annahme nicht mehr zu: die Spannungen, die oberhalb der Proportionalitätsgrenze liegen, werden dann zu hoch, die Spannungen unterhalb der Proportionalitätsgrenze zu niedrig errechnet.

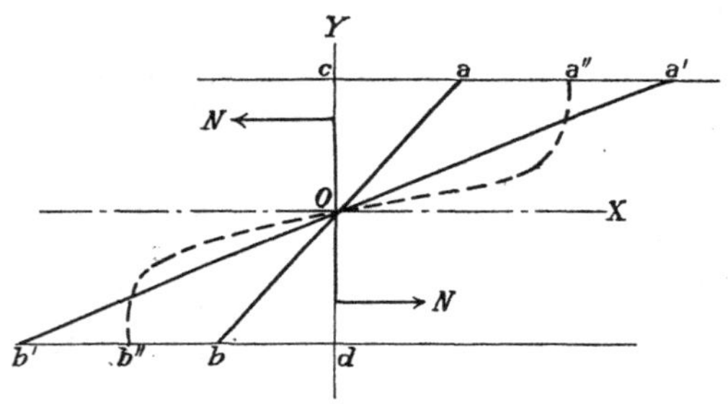

Abb. 202.

Man betrachte hierzu Abb. 202. Es liege reine Biegung vor. Die Spannungsberechnung ergebe eine Spannungsverteilung nach der Linie ab, wobei die Randspannungen ac und bd unterhalb der Proportionalitätsgrenze liegen mögen. Nun wachse das Biegungsmoment derart, daß die errechneten Randspannungen $a'c$ und $b'd$ oberhalb der Streckgrenze liegen, die durch $a''c$ und $b''d$ bestimmt sei. Dann wird die wirkliche Spannungsverteilung etwa nach der gestrichelten Linie $a''b''$ verlaufen. Das Moment der inneren Kräfte muß natürlich auch jetzt dem der äußeren Kräfte noch das Gleichgewicht halten; da die Schwerpunkte der Zug- und Druckflächen jedoch gegenüber dem Fall der geradlinigen Spannungsverteilung sich nach der Nullinie zu verschoben haben und damit der Hebelarm kleiner geworden ist, muß die gesamte innere Zug- bzw. Druckkraft, dargestellt durch die Flächen $\overline{Ob''d}$ bzw. $\overline{Oa''c}$, bei gleichem Moment gegenüber den bei geradliniger Spannungsverteilung sich ergebenden Flächen $\overline{Ob'd}$ und $\overline{Oa'c}$ größer sein. Die Randspannung wird bei größer werdendem Moment so lange nicht die Streckgrenze überschreiten, als das Moment durch die nach der Linie $a''b''$ verteilten inneren Kräfte aufgenommen werden kann.

Ähnlich liegen die Verhältnisse, wenn der Querschnitt außer durch Biegung noch durch eine Normalkraft beansprucht wird, oder allgemein dann, wenn sich eine Normalkraft ungleichmäßig über einen Querschnitt verteilt, z. B. bei einem gelochten oder gekerbten Zugstab (vgl. Kap. VI).

Die Formel, die stets ihre Gültigkeit behält, ist die für die Spannungsberechnung des geraden Zug- oder Druckstabes mit konstantem Querschnitt und gleichmäßig über die Endquerschnitte verteilter äußerer Kraft, also für einen Querschnitt mit gleichmäßig verteilter Spannung:

$$\sigma = \frac{P}{F}.$$

Die einzig nötige Einschränkung ist die, daß F, genau genommen, keine Konstante, sondern von σ infolge der Querdehnung abhängig ist. Berücksichtigt man diese Veränderlichkeit, so gibt die Gleichung unter den genannten Voraussetzungen die Normalspannung an, gleichgültig wie hoch die Spannungen sind. Die einzelnen Fasern werden gleichmäßig gedehnt bzw. verkürzt; bei homogenem Material, das vorauszusetzen ist, haben also alle Fasern die gleiche Spannung. Dies gilt so lange, bis — beim Zugstab aus zähem Eisen — die Einschnürung beginnt. Dann gilt für die Querschnitte in der Nähe der Einschnürung das über gekerbte Stäbe Gesagte.

30. Die Lage der Nullinie; wirkliche Spannungen.

Nehmen wir also nach den vorhergehenden Überlegungen ein lineares Gesetz für die Verzerrung eines durch Normalkräfte beanspruchten Querschnittes an, oder mit anderen Worten, daß ein ebener Querschnitt nach der Verzerrung durch Normalkräfte eben bleibt, dann wird die Spannung in jeder Faser durch das Spannungs-Dehnungsdiagramm gefunden, dessen Ursprung im Querschnittsschwerpunkt, dessen Spannungsachse senkrecht zum Querschnitt und dessen Dehnungsachse senkrecht zur Nullinie liegt. Denn in dem Spannungs-Dehnungsdiagramm (Abb. 65) sind die Dehnungen in irgendeinem beliebigen Maßstab als Abszissen aufgetragen; da die Dehnungen proportional der Entfernung von der Nullinie sind, so liegt hier die Achse der Spannungen horizontal, d. h. senkrecht zum Querschnitt. Der Querschnitt in Abb. 203 sei auf reine Biegung beansprucht, die N.L. geht durch O, den elastischen Schwerpunkt; legt man nun ober- bzw. unterhalb von OX das Druck- bzw. Zugspannungs-Dehnungsdiagramm mit OY als Dehnungsachse, so geben die Abszissen, also die x-Werte, die Spannungen in irgendeinem Maßstabe. Die Frage ist, welchen Teil des Spannungs-Dehnungsdiagramms man hineinzuzeichnen hat. Dies hängt natürlich bei gegebenem Querschnitt von der Größe des Moments ab. Ist das Moment so groß, daß der Balken zerstört wird, wobei die Materialfestigkeit entweder an der Zug- oder der Druckrandfaser erreicht sein kann, so muß man auf die entsprechende Seite der N.L. das ganze Spannungs-Dehnungsdiagramm einzeichnen.

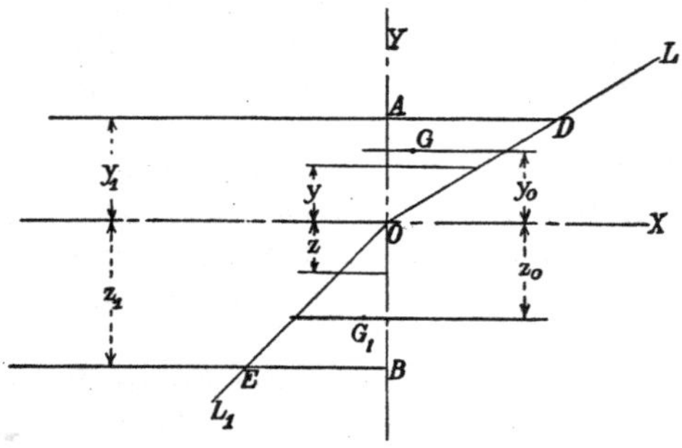

Abb. 203.

a) Die Proportionalitätsgrenze sei nicht überschritten, weder auf der Druck- noch auf der Zugseite, dabei sei E_d von E_z verschieden und $E_d > E_z$. In diesem Fall liegt der Querschnitt innerhalb der Punkte L und L_1 der Spannungs-Dehnungsdiagramme für Zug und Druck, wobei L und L_1 die Proportionalitätsgrenzen für Zug und Druck darstellen. Es seien A die Druck-, B die Zugrandfaser, $\overline{AD}$ die Randdruck-, $\overline{BE}$ die Randzugspannung. Die Druckspannung einer Faser im Abstand y beträgt $c \cdot y$, die Zugspannung einer Faser im Abstand z von der N.L. beträgt $c_1 \cdot z$, wobei c und c_1 Konstante sind, da die Spannungen laut Voraussetzung innerhalb der Proportionalitätsgrenzen liegen sollen. Ist b die (variable) Breite des Querschnitts, so ist die gesamte Druckkraft

$$D = \int_0^{y_1} c \cdot y \cdot b \cdot dy,$$

und die gesamte Zugkraft

$$Z = \int_0^{z_1} c_1 \cdot z \cdot b \cdot dz.$$

Bei reiner Biegung muß

$$D = Z$$

sein, mithin

$$c \int_0^{y_1} y \cdot b \cdot dy = c_1 \int_0^{z_1} z \cdot b \cdot dz. \tag{59}$$

G und G_1 seien die Schwerpunkte des Druck- bzw. Zugkraftkörpers in den Abständen y_0 und z_0 von der N.L.; die Gleichheit des inneren und des äußeren Moments fordert

$$M = c \int_0^{y_1} y^2 \cdot b \cdot dy + c_1 \int_0^{z_1} z^2 \cdot b \cdot dz. \tag{60}$$

Gl. (59) bestimmt die Lage der Nullinie und Gl. (60) die Randspannungen.

Aus Gl. (59) folgt:

1. Für $c = c_1$, d. h. $E_d = E_z$, geht die Nullinie durch den Querschnittsschwerpunkt.
2. Für $c > c_1$, d. h. $E_d > E_z$, liegt die N.L. oberhalb des Querschnittsschwerpunkts, nach der Druckseite hin.
3. Für $c_1 > c$, d. h. $E_z > E_d$, liegt die N.L. unterhalb des Querschnittsschwerpunkts, nach der Zugseite hin.

In Worten: Die N.L. liegt von dem Querschnittsschwerpunkt nach der Seite des größeren Elastizitätsmoduls zu, d. h. nach dem steiferen Querschnittsteil zu verschoben.

Aus Gl. (60) folgt:

1. Für $c = c_1$, d. h. $E_d = E_z$:

$$M = c \cdot J = \frac{\sigma_d \cdot J}{y_1} = \frac{\sigma_z \cdot J}{z_1},$$

worin σ_d und σ_z die Randspannungen auf Druck und Zug sind, oder

$$M = \frac{\sigma \cdot J}{v}; \qquad \sigma = \frac{M \cdot v}{J}. \tag{61}$$

D. i. also die übliche Formel der Biegungsspannungen, worin v der Abstand irgendeines Punktes von der Nullinie und σ die daselbst herrschende Normalspannung ist.

2. Für $c > c_1$, d. h. $E_d > E_z$, haben wir die Ungleichungen

$$M > c_1 \cdot J \left(= \frac{\sigma_z \cdot J}{z_1}\right); \qquad \sigma_z < \frac{M \cdot z_1}{J}, \tag{62}$$

$$M < c \cdot J \left(= \frac{\sigma_d \cdot J}{y_1}\right); \qquad \sigma_d > \frac{M \cdot y_1}{J}. \tag{63}$$

3. Für $c_1 > c$, d. h. $E_z > E_d$ wird

$$M < c_1 \cdot J \left(= \frac{\sigma_z \cdot J}{z_1}\right) \qquad \sigma_z > \frac{M \cdot z_1}{J}, \tag{64}$$

$$M > c \cdot J \left(= \frac{\sigma_d \cdot J}{y_1}\right); \qquad \sigma_d < \frac{M \cdot y_1}{J}. \tag{65}$$

In Worten: Die Formel $\sigma = \frac{M \cdot v}{J}$ trifft nur zu, wenn

$$E_d = E_z = \text{konst.};$$

ist diese Bedingung nicht erfüllt, so haben die Fasern auf der Seite des größeren E-Moduls größere Spannungen, als die Formel angibt, und umgekehrt.

Läßt man das Biegungsmoment zunehmen, so wird die Proportionalitätsgrenze, wenn $E_d \neq E_z$, auf der Seite des größeren E zuerst überschritten werden, falls die Proportionalitätsgrenzen auf Zug und Druck gleich sind. Für $E_d = E_z$ wird die Proportionalitätsgrenze in der Druck- und Zugfaser gleichzeitig überschritten (symmetrische Querschnittsausbildung vorausgesetzt). Es sind dann c und c_1 keine Konstanten mehr. Eine Berechnung wäre nur möglich, wenn man c und c_1 als Funktionen der Spannungen ausdrücken könnte. Dies ist jedoch nicht der Fall. Die übliche Formel versagt also, wo sie Spannungen oberhalb der Proportionalitätsgrenze ergibt. Es mögen jedoch noch einige Überlegungen angeschlossen werden.

Wir sahen, daß bei verschiedener Steifigkeit gegen Zug und Druck, also für $E_d \neq E_z$, die N.L. nach der Seite der größeren Steifigkeit verschoben wird, und daß die übliche Formel für die steiferen Fasern zu kleine, für die weicheren zu große Spannungswerte liefert. Erreicht die Randspannung auf einer Seite die Fließgrenze, so wird entsprechend die N.L. nach der andern Seite verschoben, und auf diese Weise liegt die Tendenz vor, eine Spannungserhöhung über die Fließgrenze hinaus zu verzögern.

Schmiedeeisen und Stahl haben sowohl für Druck wie für Zug mit genügender Genauigkeit Proportionalitätsgrenzen und gleiche Elastizitätsmoduli. Wird ein Balken mit T-Querschnitt gebogen, so erreicht die Spannung auf der dem Flansch entgegengesetzten Seite zuerst die Proportionalitäts- und die Fließgrenze, so daß dann durch Verschieben der N.L. eine Entlastung dieser Seite auf Kosten der Flanschseite eintritt. In jedem Fall, gleichgültig, um welches Material es sich handelt, muß bei reiner Biegung die Resultierende der Druckkräfte der der Zugkräfte gleich sein und das Moment der inneren Kräfte dem der äußeren Kräfte das Gleichgewicht halten.

Holz hat im allgemeinen eine größere Zug- als Druckfestigkeit, ebenso ist im allgemeinen der Elastizitätsmodul auf Zug größer als der auf Druck. Beim Bruch eines auf Biegung beanspruchten Holzbalkens ist deshalb die N.L. nach der Zugseite zu verschoben, die Zugspannungen werden größer, die Druckspannungen kleiner sein, als es die Rechnung nach der üblichen Formel ergibt.

Bei Gußeisen liegen die Verhältnisse umgekehrt. Dort ist $E_d > E_z$, und damit sind die wirklichen Druckspannungen größer und die wirklichen Zugspannungen kleiner als die rechnungsmäßigen.

Es mögen folgende Sätze nochmals ausgesprochen werden:

1. Die Bruchfestigkeit eines Materials kann durch einen Biegeversuch unter Anwendung der Formel $\sigma = \frac{M \cdot v}{J}$ nicht gefunden werden.

2. Diese Formel ist nur gültig für $E_d = E_z =$ konst.

3. Die Bestimmung von E aus der Durchbiegung eines Balkens ist nur unter der gleichen Voraussetzung wie unter 2. möglich ($E_d = E_z =$ konst.).

31. Unsymmetrische Balkenquerschnitte.

Um die absoluten Größen der Randspannungen des Zug- und Druckteils eines auf Biegung beanspruchten Querschnitts verschieden groß zu machen, wird der Querschnitt in bezug auf die horizontale Achse durch den Schwerpunkt unsymmetrisch gestaltet. Gußeisen z. B. hat eine wesentlich größere Druck- als Zugfestigkeit; da man gußeisernen Balken jede beliebige Form leicht geben kann, so wählt man oft unsymmetrische Formen, bei denen die Randfasern von dem Querschnittsschwerpunkt ungleich weit entfernt sind und beansprucht sie auf Biegung so, daß die näher gelegene Randfaser Zugspannung erhält. Z. B. würde der ⊥-Querschnitt nach Abb. 204 so zu beanspruchen sein, daß der Flansch gezogen wird. Manchmal wird wohl auch ein Druckflansch angeordnet, der dann aber schmaler als der Zugflansch bemessen wird (Abb. 204 a).

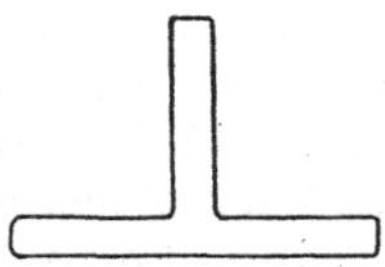

Abb. 204.

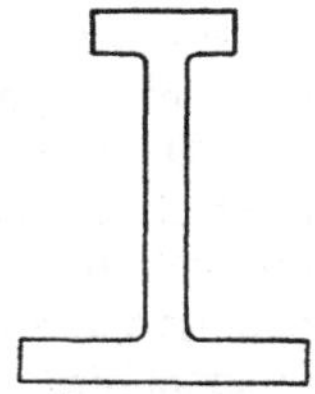

Abb. 204 a.

32. Balken mit verschiedenen Baustoffen.

Balken werden oft aus verschiedenen Baustoffen hergestellt derart, daß sie statisch als ein einheitliches Ganzes wirken sollen. So werden in Eisenbetonbalken (Verbundbalken) Eisen in den Beton eingebettet. Oder es wird ein Eisenblech zwischen zwei Holzbalken gelegt und diese drei Teile kräftig verbolzt.

Das Wesentliche dieser Konstruktionen besteht darin, daß die verschiedenen Teile nicht aufeinander gleiten können, d. h. daß die Verzerrung des Querschnitts erfolgt wie bei homogenem Material. Wenn man zwei Flächenelemente df_1 und df_2 aus verschiedenen Baustoffen eines Querschnitts in gleichem Abstand von der N.L. betrachtet, so müssen sie nach Voraussetzung die gleichen Formänderungen erleiden, also $\varepsilon_1 = \varepsilon_2$. Es ist mithin, wenn man den beiden Baustoffen die Elastizitätsmoduli E_1 und E_2 zuordnet:

$$\frac{\sigma_1}{E_1} \cdot ds = \frac{\sigma_2}{E_2} \cdot ds$$

oder

$$\frac{\sigma_1}{E_1} = \frac{\sigma_2}{E_2}, \tag{66}$$

d. h. die Spannungen verhalten sich wie die Elastizitätsmoduli. Die auf die Flächenelemente df_1 und df_2 wirkenden Kräfte sind

$$\sigma_1 \cdot df_1 \quad \text{und} \quad \sigma_2 \cdot df_2,$$

wobei

$$\sigma_2 \cdot df_2 = \sigma_1 \cdot \frac{E_2}{E_1} \cdot df_2 .$$

Der Balken kann also offenbar ersetzt werden durch einen gedachten — ideellen — Balken aus homogenem Material mit dem Elastizitätsmodul E_1, wobei die zu dem zweiten Material mit E_2 zugehörige Querschnittsfläche ersetzt wird durch die $\frac{E_2}{E_1}$-fache Fläche aus dem ersten Material. Betrachten wir den Querschnitt eines Eisenbetonbalkens nach Abb. 205. Der Querschnitt des Eisenstabes sei F_e; er muß in dem gedachten Balken von homogenem (Beton-)Material ersetzt werden durch einen Querschnitt $F_e \cdot \frac{E_e}{E_b}$. Nehmen wir

$$E_e = 2100000, \qquad F_b = 140000 \text{ kg/cm}^2,$$

so heißt das, daß wir die 15fache Eisenfläche mit dem Elastizitätsmodul des Betons einführen müssen. Wirken die biegenden Kräfte in der senkrechten Symmetrieebene, so kann man sich den ideellen Querschnitt etwa nach Abb. 205b vorstellen, worin die senkrecht aus dem Querschnitt heraustretenden Flanschen den (15 — 1)-fachen Eisenquerschnitt besitzen. Der Eisenbetonquerschnitt ist dann wie ein Betonquerschnitt nach Abb. 205b zu behandeln. Liegen die biegenden Kräfte geneigt zur senkrechten Symmetrieebene, so würde das Bild des ideellen Querschnitts nach Abb. 205b nicht zutreffen; wir müßten dann eine andere, allgemein gültige Vorstellung zu Hilfe nehmen, nämlich daß

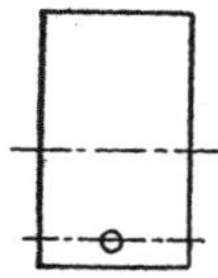

Abb. 205a.

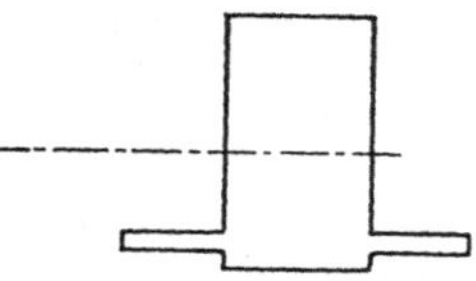

Abb. 205b.

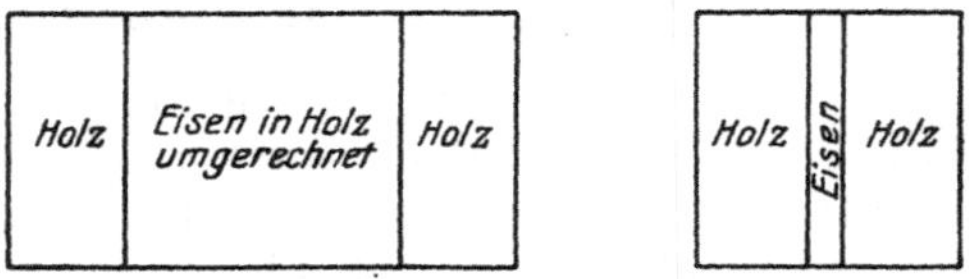

Abb. 206.

sich an der Stelle des Eisenquerschnitts ein konzentrierter 15facher Betonquerschnitt befindet. Es kann dann jeder Verbundquerschnitt für jede Kraftwirkung nach den gegebenen Formeln für homogenes Material berechnet werden. Die so auf den Eisenquerschnitt berechnete Spannung muß dann mit 15 multipliziert werden, um die tatsächliche Eisenspannung zu erhalten.

Für einen Holz-Eisenbalken (Abb. 206) gelten die gleichen Ausführungen. Es muß wieder der Eisenquerschnitt durch einen $\frac{E_e}{E_h}$-fachen Holzquerschnitt ersetzt werden (E_e = Elastizitätsmodul des Eisens, E_h = Elastizitätsmodul des Holzes).

Voraussetzung für die Anwendung der Methode ist natürlich, daß die einzelnen Querschnittsteile imstande sind, den auf sie entfallenden Kraftanteil zu übernehmen. Bei der Berechnung von Eisenbetonbalken wird im allgemeinen angenommen, daß der Beton keine Zugkräfte übernehmen kann. Die üblichen Formeln zur Spannungsberechnung müssen dann etwas abgeändert werden. Zunächst muß die Lage der Nullinie unter Ausschluß von Betonzugspannungen bestimmt werden. Der „wirksame“ Zugquerschnitt besteht dann nur aus dem Eisenquerschnitt; die Verbundkonstruktion muß derart sein, daß die Biegungszugspannungen auf die Eisen übertragen werden, d. h. es müssen von Beton auf Eisen Tangentialspannungen übertragen werden können. Bei Biegung ohne Normalkraft geht die N.L., wie bei einem homogenen Querschnitt, durch den Schwerpunkt des „wirksamen“ Querschnitts.

Als Beispiel diene ein Verbundquerschnitt nach Abb. 207 mit $b = 10$ cm, $d = 25$ cm, $F_e = 2\,\Phi\,8$ mm $= 1{,}0$ cm^2.

Die gesuchte Entfernung der N.L. von der äußersten Druckfaser werde mit x bezeichnet. Sie wird gefunden als Schwerlinie des „wirksamen“ Querschnitts, d. h. sie muß so liegen, daß das statische Moment der Druckfläche dem statischen Moment der Zugfläche in bezug auf die N.L. gleich ist, wobei die Eisenquerschnittsflächen auf Beton umzurechnen sind. Also

$$10 \cdot x \cdot \frac{x}{2} = \frac{E_e}{E_b} \cdot 1{,}00 \cdot (25 - x - 2).$$

Für $\frac{E_e}{E_b} = 15$ wird

$$5\,x^2 = 15\,(23 - x),$$
$$x = 6{,}93 \text{ cm}.$$

Als ein anderes Beispiel nehme man den T-förmigen Verbundquerschnitt nach Abb. 208, einen sogenannten Plattenbalken. Hier

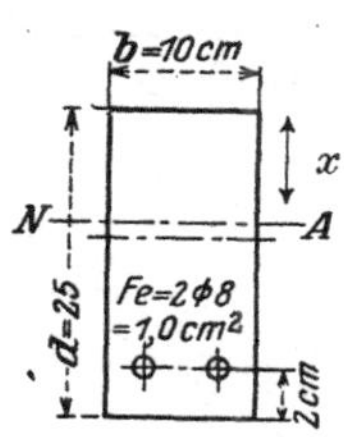

Abb. 207.

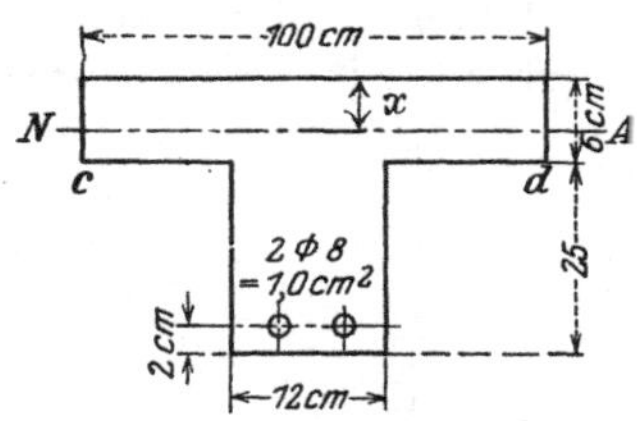

Abb. 208.

ist zunächst unbekannt, ob die N.L. in der Platte oder im Steg liegt, Dies kann leicht entschieden werden, indem man die statischen Momente der ober- und unterhalb cd liegenden Querschnittsflächen auf cd bezieht.

Moment der oberen Fläche: $100 \cdot 6 \cdot \frac{6}{2} = 1800$;

Moment der unteren Fläche: $\frac{E_e}{E_b} \cdot 1{,}0 \cdot (25 - 6 - 2) = 255$

$\left(\text{für } \frac{E_e}{E_b} = 15\right)$.

Die N.L. liegt also oberhalb cd in der Platte.

Mithin lautet die Bestimmungsgleichung für x:

$$100 \cdot x \cdot \frac{x}{2} = 15 \cdot 1{,}00\,(25 - x - 2),$$
$$50\,x^2 = 15\,(23 - x),$$
$$x = 2{,}48 \text{ cm}.$$

Ist die Nullinie bestimmt, so kann das Trägheitsmoment des wirksamen Querschnitts in bezug auf die N.L. und damit die Spannungen infolge eines Biegungsmomentes leicht gefunden werden.

Hat die (exzentrisch liegende) resultierende Normalkraft, die auf einen Verbundquerschnitt wirkt, einen endlichen Wert, so ist die Bestimmung der N.L. unter Ausschluß von Betonzugspannungen etwas schwieriger. Es ist dies leicht einzusehen, wenn man die Gl. (11) und (12), Kap. IX betrachtet. Sowohl F wie J_x und J_y sind von der

Lage der Normalkraft abhängig, so daß die N.L. durch Probierverfahren gefunden werden muß. Für den Fall, daß M_y oder M_x verschwindet, vereinfacht sich die Aufgabe. Man erhält dann zur Bestimmung von x eine kubische Gleichung, worauf hier jedoch nicht näher eingegangen werden kann.

33. Balken, deren Achsen unstetig oder neigungsunstetig sind.

Die Biegungstheorie hat, wie wir auseinandersetzten, mannigfache Widersprüche und Mängel, aber sie ist nach dem jetzigen Stand unserer Kenntnisse die praktisch brauchbarste. Zum Schluß wollen wir noch auf eine Lücke der Theorie hinweisen, nämlich wenn es sich um Balken handelt, deren Achsen nicht neigungsstetig sind.

Betrachten wir beispielsweise einen Balken nach Abb. 209 mit

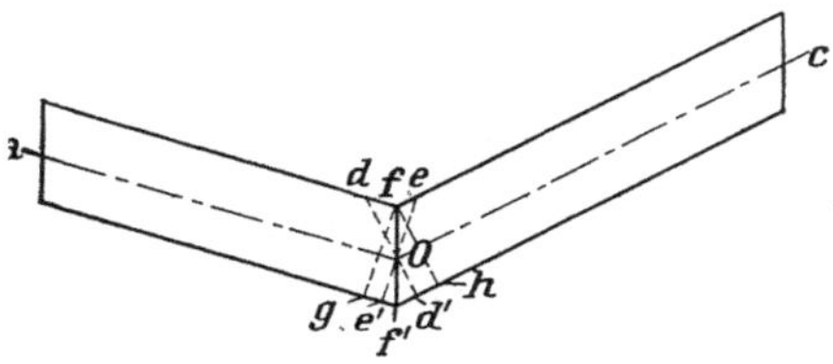

Abb. 209.

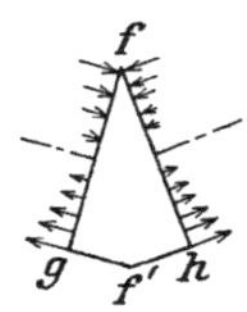

Abb. 209a.

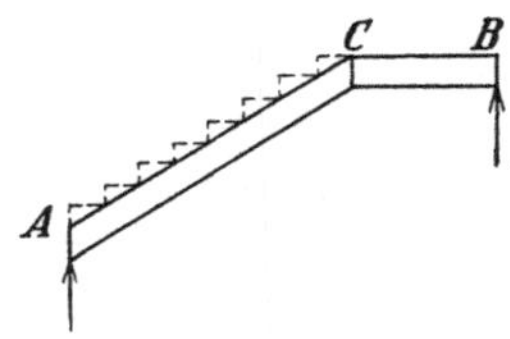

Abb. 210.

der Achse $\overline{aoc}$. Was soll man als Querschnitt bei o annehmen? $eoe' \perp ao$ oder $dod' \perp oc$? Nehmen wir ff', so erhalten wir bei f und f' nach der Biegungstheorie Normalspannungen, die senkrecht zu $\overline{ff'}$ gerichtet sind; es laufen indessen in dieser Richtung keine Fasern. Ein brauchbarer Vorschlag scheint uns zu sein, die Querschnitte $\overline{fg}$ und $\overline{fh}$ nach den üblichen Methoden zu berechnen und dann den Teil $\overline{fgf'h}$ für sich nach Abb. 209a zu betrachten. Dies ist, wohlbemerkt, eine Näherung; die wirkliche Kraftverteilung ist unbekannt, man rechne deshalb mit einer etwas größeren Sicherheit. Derartige Balkenformen kommen namentlich in den sogenannten Rahmenkonstruktionen des Massivbaus häufig vor, z. B. als Treppenträger in Abb. 212.

Oder man betrachte den Balken nach Abb. 211 mit der Achse $abcdef$. Für ein positives Biegungsmoment ergibt die übliche Theorie

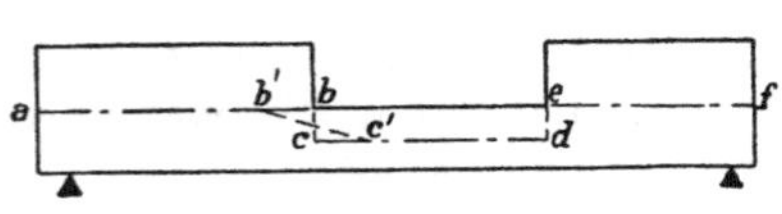

Abb. 211.

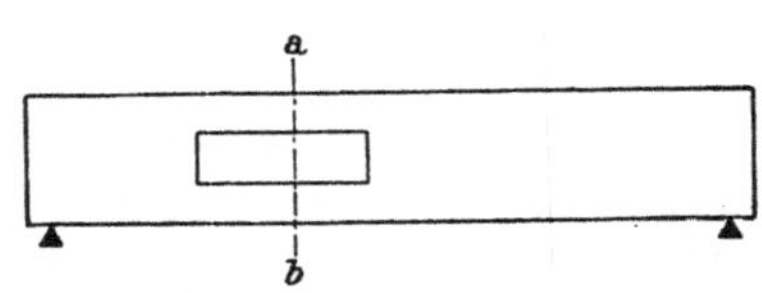

Abb. 212.

für einen Querschnitt unmittelbar links neben bc Druck für die Querschnittsfläche ober- und Zug unterhalb ab, während man für einen Querschnitt unmittelbar rechts von bc für die Querschnittsfläche oberhalb cb Druck erhalten würde. Dies ist ein Widerspruch, da die Spannungsfunktionen stetige Funktionen sind. Wahrscheinlich findet in Wirklichkeit ein allmählicher Übergang statt, so daß die Nullinie bzw. die Stabachse etwa nach der Linie $b'c'$ verlaufen wird. Eine genaue rechnerische Bestimmung der Spannungsverhältnisse ist jedoch nicht gefunden. Es empfiehlt sich auch hier, einen größeren Sicherheits- (bzw. Unkenntnis!-) Grad zu benutzen.

Ähnliche Verhältnisse liegen vor, wenn ein Balken Löcher besitzt, etwa nach Abb. 212. Ein Querschnitt $\overline{ab}$ kann nach der üblichen Formel berechnet werden. Liegt jedoch $\overline{ab}$ unmittelbar an der Ecke der Öffnung, so haben wir wieder den gleichen Widerspruch, da die Theorie mit der Unstetigkeit des Querschnitts auch Unstetigkeit der Spannungen ergibt. Das Problem ist zur Zeit theoretisch nicht lösbar; hier muß die Übung und Erfahrung des Konstrukteurs einsetzen (vgl. hierzu das in Kap. VI über einen gelochten Zugstab Gesagte).

XI. Querkräfte und Biegungsmomente des Balkens, Einflußlinien.

1. Vorzeichen. Querkraft- und Momentenlinie.

Wir haben eine Methode von allgemeiner Gültigkeit kennengelernt, die es gestattet, bei gegebenen äußeren Kräften die inneren Kräfte in einem Körper zu bestimmen. Es ist dies die Schnittmethode, die die gesuchten inneren Kräfte in äußere verwandelt. Sie müssen mit den auf den betrachteten Trägerstumpf wirkenden äußeren Kräften im Gleichgewicht stehen und sind so mittels der Gleichgewichtsbedingungen zu ermitteln. Ihre Verteilung über den Querschnitt ist nach den Sätzen von Kapitel IX zu bestimmen. Hierbei kommt man auf die Begriffe der Scherkraft und des Biegungsmoments, die wir bereits behandelt haben, und auf die wir noch näher eingehen wollen. Es soll hier besonders auf die Wichtigkeit dieser Dinge hingewiesen werden.

Die auf einen ebenen Querschnitt wirkende Querkraft ist die in der Querschnittsebene wirkende Komponente der Resultierenden aller auf einer Seite des Schnittes angreifenden Kräfte. Die Komponente normal zur Querschnittsebene heißt die Normalkraft. Wirken die äußeren Kräfte alle in der Zeichenebene, so liegen auch Normal- und Querkraft in der Zeichenebene. Es ist dann die Querkraft die algebraische Summe der parallel zum Querschnitt gerichteten Komponenten aller auf der einen Seite des Querschnittes wirkenden äußeren Kräfte; sie wird positiv bezeichnet, wenn sie auf der linken Seite des Schnittes nach oben und auf der rechten Seite des Schnittes nach unten gerichtet ist. Die Querkräfte links und rechts vom Querschnitt sind einander gleich und entgegengesetzt gerichtet, so daß nach der obigen Vorzeichenregel das Vorzeichen der Querkraft davon unberührt bleibt, ob man die Resultierende rechts oder links vom Schnitt betrachtet.

Das Biegungsmoment, das einen Querschnitt beansprucht, ist das Moment sämtlicher auf der einen Seite des Schnittes wirkenden Kräfte, bezogen auf den Querschnittsschwerpunkt. Es erhält das positive Vorzeichen, wenn es für den linken Trägerstumpf rechtsdrehend und für den rechten Trägerstumpf linksdrehend ist. Die Momente des linken und rechten Trägerstumpfes sind einander stets gleich und entgegengesetzt gerichtet, so daß auch das Vorzeichen des Moments davon unberührt bleibt, ob man den rechten oder linken Trägerteil betrachtet. Eine andere Vorzeichenfestsetzung besagt, daß durch ein positives Moment die oberen Balkenfasern gedrückt und die unteren gezogen werden, oder der Balken hohl nach oben gebogen wird.

Eine Querkraft ist bestrebt, die Balkenteile aneinander vorbeigleiten zu lassen, ein Moment ist bestrebt, den Balken zu biegen.

Im folgenden ist angenommen, daß die Kräfte, die Balkenachse und eine Symmetrieebene des Balkens in der Zeichenebene liegen. Wenn wir von Scherkraft und Moment an einem Punkt des Balkens sprechen, so ist damit Querkraft und Moment in dem Querschnitt senkrecht zur Balkenachse in jenem Punkt gemeint. Zur Bestimmung von Querkraft und Moment wähle man im allgemeinen den Trägerteil, auf den die kleinste Anzahl von äußeren Kräften wirkt.

Trägt man unter Berücktsichtigung des Vorzeichens senkrecht zur Stabachse die an jedem Punkt des Balkens wirkende Querkraft auf, so erhält man die Querkraftlinie. An den Balkenenden ist die Querkraft der Auflagerkraft gleich. Für eine Gruppe von Einzellasten verläuft die Querkraftlinie zwischen je zwei Lasten parallel der Balkenachse und springt an einer Einzellast um den Wert dieser Last. Mit anderen Worten: die Querkraftlinie ist an der Stelle einer Einzellast unstetig. Bei verteilter Belastung ist die Querkraftlinie eine stetige Kurve, deren Gestalt von der Belastungslinie abhängt. Für den Sonderfall einer gleichmäßig verteilten Belastung hat die Querkraftlinie an jedem Punkt die gleiche Neigung, ist also eine Gerade. Die trigonometrische Tangente des Neigungswinkels hat den Wert der Belastung pro Längeneinheit.

Die Momentenlinie erhält man, wenn man unter Berücksichtigung des Vorzeichens an jedem Punkt des Balkens senkrecht zur Achse den Wert des Moments abträgt. Offenbar besteht für eine Gruppe von Einzellasten die Momentenlinie aus einem Geradenzug, der an jeder Einzellast seine Neigung ändert. Eine Unstetigkeit in der Neigung kann nur an der Stelle einer Einzellast auftreten. Bei verteilter Last ist die Momentenlinie eine stetige Kurve von stetiger Neigung, deren Gestalt von der Belastung abhängt.

2. Die Momentenlinie kann keine Unstetigkeit haben; eine Last kann nicht in einem Punkt bzw. einer Linie angreifen.

An der Stelle einer Einzellast hat die Neigung der Momentenlinie eine Unstetigkeit. Dies muß sein, da an der gleichen Stelle die

Querkraftlinie springt und die Querkraft die erste Abgeleitete des Moments ist. Die Unstetigkeit der Querkraft soll weiter unten noch erörtert werden.

Nehmen wir an, das Moment änderte an einer Stelle plötzlich seinen Wert, so würde das besagen, daß sich die Normalkraft oder ihr Abstand vom Querschnittsschwerpunkt plötzlich, also um einen endlichen Betrag beim Fortschreiten um ein Differential dx, änderte. Daß dies unmöglich ist, ist jedoch im vorigen Kapitel gezeigt worden, sondern ein endlicher Zuwachs muß innerhalb einer endlichen, wenn auch kleinen Strecke erfolgen. Nehmen wir einen Balken auf zwei Stützen, an dem an einem mit ihm biegungssteif verbundenen Hebelarm ein Kräftepaar von der Größe $P \cdot b$ angreift (Abb. 213). Es scheint nun, daß an dem Punkt c in den Balken das Moment $M = P \cdot b$ eingeleitet wird, daß also bei c die Momentenlinie unstetig ist. Dies ist aber unmöglich. In Wirklichkeit muß der Hebelarm an seiner Anschlußstelle an den Balken endliche Abmessungen haben, und innerhalb dieser Abmessungen findet die Änderung des Momentes statt. Der wirkliche Momentenverlauf wird also nicht durch die Linie $A\,c\,c_1\,B$, sondern durch die Linie $A\,c'\,c_1'\,B$ dargestellt sein. Trotzdem kann bei theoretischen Untersuchungen angenommen werden, daß das Moment an einem Punkt eingeleitet wird.

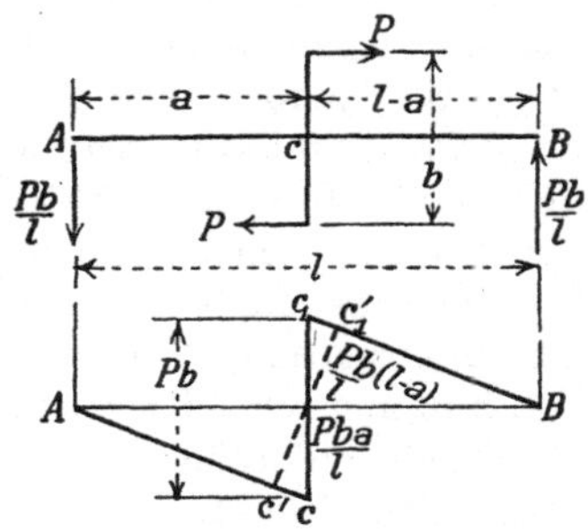

Abb. 213.

Dies sind grundsätzlich die gleichen Überlegungen, die wir bei der Erörterung eines konzentrierten Lastangriffs angestellt haben. Auch da haben wir gesehen, daß ein punkt- bzw. linienförmiger Kraftangriff unmöglich ist, daß vielmehr sich die Last immer auf eine, wenn auch noch so kleine Fläche verteilen muß. Das würde besagen, daß auch die Querkraftlinie keine Unstetigkeit haben kann.

3. Das Prinzip der Überlagerung von einzelnen Kraftwirkungen (Superpositionsprinzip).

Wirken mehrere Kräfte gleichzeitig auf ein Tragwerk, so kann man irgendeine gesuchte Wirkung dieser Kräfte dadurch finden, daß man die entsprechenden Wirkungen der Einzelkräfte einzeln bestimmt und summiert. (Daß dieser Grundsatz keine unbedingte Gültigkeit hat, soll unten erörtert werden.) Auf diese Weise kann also an irgendeiner Stelle z. B. die Querkraft, das Moment, die Durchbiegung oder irgendeine andere Wirkung einer Gruppe von Kräften bestimmt werden. Das gleiche gilt für eine verteilte Belastung, die als eine unendliche Anzahl von unendlich kleinen Einzellasten betrachtet werden kann. Die statische Untersuchung von Bauwerken läuft also darauf hinaus, die Wirkung einer Einzellast zu bestimmen.

Es ist zunächst offensichtlich, daß das Superpositionsprinzip nur für konst. E gelten kann, also solange die durch die ganze Lastengruppe hervorgerufene Größtspannung innerhalb der Proportionalitätsgrenze bleibt. Aber auch dann gilt das Prinzip streng genommen nur näherungsweise. Es kann offenbar nur richtig sein, wenn die betrachtete Kraftwirkung, die durch eine andere Kraft verursacht ist, die durch eine andere Kraft verursachte Wirkung nicht stört. Dies trifft jedoch eigentlich nie zu.

Jede einzelne Belastung deformiert das Tragwerk. Damit findet die zweite Last in Wirklichkeit bereits ein anderes System vor, ihre Kraftwirkung muß eine andere sein als die für das undeformierte System berechnete. In den meisten Fällen ist die Vernachlässigung der Deformation, also die Annahme eines starren Systems bei der Bestimmung von Kraftwirkungen zulässig, da die Größenordnung der hierdurch entstehenden Fehler innerhalb der Grenzen der Rechengenauigkeit bleibt.

Es gibt jedoch auch Fälle, wo die Deformationen im Verhältnis zu den Systemabmessungen so groß werden, daß man das System für die Bestimmung von weiteren Kraftwirkungen nicht mehr als starr bezeichnen kann. Dies ist z. B. der Fall bei langen, dünnen (schlanken) Stäben, die gleichzeitig durch ein Biegungsmoment und eine Normalkraft beansprucht sind. Das Biegungsmoment erzeugt eine Durchbiegung δ; die an den Enden des Stabes angreifende Kraft P übt auf den deformierten Stab ein Moment $P \cdot \delta$ aus. δ kann bei den oben vorausgesetzten Stäben so groß sein, daß die Spannungen durch das Moment $P \cdot \delta$ gegenüber denen aus der Normalkraft nicht mehr vernachlässigt werden darf.

4. Einflußlinien.

Wenn man irgendeine Wirkung einer äußeren Kraft, z. B. Querkraft, Moment, Durchbiegung usw. an einem bestimmten Balkenpunkt untersucht, so ist es häufig vorteilhaft, eine über das System wandernde Last von der Einheitsgröße anzunehmen. An jedem Punkt des Systems wird dann senkrecht zur Achse in irgendeinem Maßstab unter Berücksichtigung des Vorzeichens eine Strecke aufgetragen, die der Größe der betreffenden Kraftwirkung an jenem betrachteten Punkt entspricht, wenn die Einheitslast in dem Fußpunkt des Lotes angreift. Der geometrische Ort der Endpunkte der Lote ist die Einflußlinie für die untersuchte Kraftwirkung. (Eine Kraftwirkung — viele Kraftangriffsstellen.) So zeigt Abb. 214 die Einflußlinie für den linken Auflagerdruck eines Balkens auf zwei Stützen.

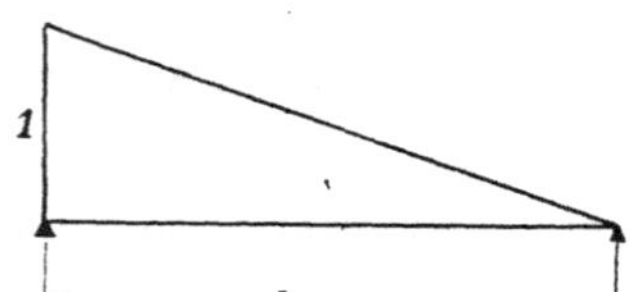

Abb. 214.

Einflußlinien gestatten eine sehr bequeme Durchführung vieler Untersuchungen und werden deshalb häufig benutzt:

1. Sie zeigen die Wirkung einer Einzellast und von verteilten Lasten von beliebiger Größe an einer bestimmten Stelle. Für die Last P

ist die gesuchte Wirkung $P \cdot y$, wenn y die Ordinate der Einflußlinie an der Stelle des Lastangriffs ist. Ist die Belastung gleichmäßig verteilt mit q/m, so ist die auf der Strecke dx angreifende Last $q \cdot dx$; mit y als Ordinate der Einflußlinie wird die Wirkung $q \cdot dx \cdot y$. Die Wirkung der gleichmäßig verteilten Belastung über ein Trägerstück also

$$\int q \cdot dx \cdot y = q \cdot F,$$

worin F die Fläche der Einflußlinie unter dem belasteten Trägerstück ist.

2. Sie zeigen die Stelle (bzw. die Stellen), wo eine Einzellast (bzw. eine Gruppe von Einzellasten) angreifen muß, um die größte oder kleinste Kraftwirkung auf einen bestimmten Punkt auszuüben. (Bei einer Gruppe von Einzellasten wird dies durch Probieren festgestellt.)

3. Sie zeigen die Abschnitte negativer, positiver und verschwindender Kraftwirkung und damit die Teile des Trägers, die bei beweglicher gleichmäßig verteilter Belastung zu belasten sind, um die größten positiven oder negativen Kraftwirkungen zu erzielen.

Als Beispiel für die Auswertung einer Einflußlinie errechnen wir den linken Auflagerdruck des Balkens nach Abb. 214, wenn der Balken auf seiner ganzen Länge mit q/m belastet ist. Es ist dann

$$A = q \cdot F = \frac{q \cdot l}{2}.$$

Es sei der Balken nur auf seiner rechten Hälfte belastet. Es ist dann

$$A = q \cdot F = q \cdot \frac{l}{2} \cdot \frac{1}{2} \cdot \frac{1}{2} = \frac{q \cdot l}{8}.$$

Das vorstehend über Einflußlinien Gesagte möge sich der Leser durchaus klar machen, bevor er mit dem Studium fortfährt.

Im folgenden werden verschiedene Formen des geraden Balkens unter verschiedenen Belastungsarten untersucht. Die Balkenachse ist hierbei immer horizontal, die Kraftrichtung vertikal angenommen.

Einflußlinie wird nachstehend mit E. L. abgekürzt.

5. Direkte und indirekte Belastung (Längs-, Quer- und Hauptträger).

Eine Last kann direkt einen Balken belasten, z. B. eine Wand, die unmittelbar auf einem Wandträger liegt.

Ruht dieser Wandträger auf zwei anderen Balken auf, so sind diese beiden Balken durch die Wand indirekt belastet.

Abb. 215 zeigt die Übertragung der Fahrbahnlasten einer Brücke auf die Widerlager. Direkt belastet werden die Längsträger L; die Querträger Q erhalten die Fahrbahnlasten indirekt und zwar durch die Stützendrücke der Längsträger. Die Querträger übertragen die Kräfte in den Punkten a, b, c, a', b', c' weiter auf die Hauptträger H; die Hauptträger schließlich übertragen die Kräfte auf die Widerlager, von wo sie in den Boden geleitet werden.

Die Längsträger sind, wie Abb. 215 zeigt, als über vier Felder durchlaufende Träger ausgebildet. Die Querträger sind Träger auf zwei Stützen; sie werden vielfach als einfache Balken, d. h. an den Enden als frei gelagert, gerechnet, obwohl in der Regel konstruktiv eine elastische Einspannung in den Hauptträger vorhanden ist.

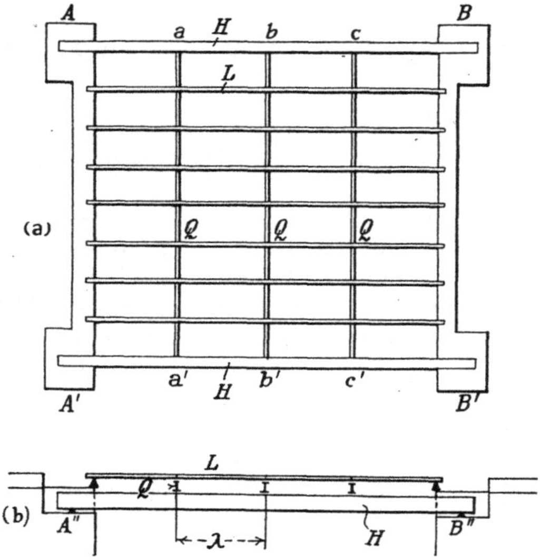

Abb. 215.

Die Spannweite eines Längsträgers ist durch den Abstand der Querträger, die Spannweite eines Querträgers durch den Abstand der Hauptträger bestimmt. Der Abstand der Querträger heißt auch die Feldweite λ des Hauptträgers.

6. Querkräfte und Momente bei indirekter Belastung.

Geschieht die Lastübertragung auf die Hauptträger durch Längs- und Querträger, so ist die einzige direkte Belastung der Hauptträger ihr Eigengewicht. Die Nutzlasten und das Eigengewicht der übrigen Fahrbahnkonstruktion werden als Einzellasten an den Stützpunkten der Querträger in die Hauptträger geleitet. In andern Worten besteht die äußere Belastung des Hauptträgers aus einer gleichmäßig verteilten Belastung, seinem Eigengewicht, und einer Gruppe von Einzellasten, die an den Stützpunkten der Querträger angreifen.

Entsprechend besteht die äußere Belastung eines Querträgers aus einer gleichmäßig verteilten Belastung und einer Gruppe von Einzellasten.

Die äußere Belastung der Längsträger besteht aus einer verteilten oder aus einer verteilten Belastung und einer oder mehrerer Einzellasten, je nach der Art der Nutzlast, die auf die Fahrbahn wirkt.

Querkraftlinien bei direkter und indirekter Belastung. Scheiden wir das Eigengewicht aus und betrachten wir nur die durch die Stützendrücke der Querträger übertragenen Einzellasten, so ist offenbar für einen Hauptträger die Querkraft zwischen zwei Querträgern konstant. Es mögen nach Abb. 216 auf die Gesamtkonstruktion zwei äußere Kräfte P_1 und P_2 wirken. Wir nehmen an, P_1 und P_2 wirken in der Ebene durch Stabachse und Hauptquerschnittsachse (vgl. Abschn. 1). Wirkten P_1 und P_2 direkt auf den Hauptträger, so würde dessen Querkraftlinie bei b um P_1 und bei d um P_2 springen (ausgezogene Linie). P_1 wirkt jedoch in Form von zwei Teilkräften P_1' und P_1'' bei a und c und P_2 in zwei Teilkräften P_2' und P_2'' bei c und e auf den Hauptträger. Die Querkraftlinie des Hauptträgers bei der vorliegenden indirekten Belastung (gestrichelte Linie) springt bei a um P_1', bei c um $P_1'' + P_2'$, bei e um P_2''.

Ist die äußere Belastung der Gesamtkonstruktion verteilt, so ist die Querkraftlinie des Hauptträgers bei direkter Belastung eine kontinuierliche Kurve, bei indirekter Belastung eine treppenförmige

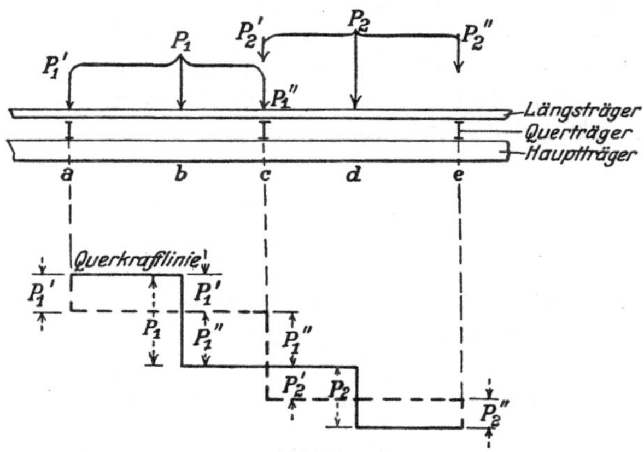

Abb. 216.

Kurve. Die indirekte Belastung hat also eine andere Verteilung der Querkräfte zur Folge, die teils größer teils kleiner werden als bei direkter Belastung.

Momentenlinien bei direkter und indirekter Belastung. Sehen wir wieder vom Eigengewicht ab und betrachten nur die durch die Querträger übertragenen Einzellasten, so besteht die Momentenlinie eines Hauptträgers aus einem Zug von Geraden, der an den Anschlußstellen der Querträger jeweils die Neigung ändert. Zwischen zwei Querträgern (Einzellasten) ändert sich also das Moment linear. Innerhalb zweier Querträger ist die Neigung der Momentenlinie gleich der Querkraft.

Weiterhin ist das Moment eines Hauptträgers an der Anschlußstelle eines Querträgers das gleiche, wie wenn die Belastung direkt wirkt. Das Moment eines Hauptträgers an einem Punkt zwischen zwei Querträgern ist aber nur dann das gleiche wie bei direkter Belastung, wenn innerhalb der Querträger keine Lasten angreifen.

Dieser Satz ist leicht einzusehen: Betrachten wir den Balken nach Abb. 216: Das Moment in c ist die algebraische Summe der Momente aller Kräfte links von c in bezug auf c, also für den Fall direkter Belastung die Momente aller Kräfte links von a + Moment von P_1, für den Fall indirekter Belastung die Momente aller Kräfte links von a + Moment von P_1', alle Momente bezogen auf c; es ist aber $P_1' \cdot \overline{ac} = P_1 \cdot \overline{bc}$. Betrachten wir das Moment in bezug auf einen beliebigen Punkt b' zwischen b und c, so erhalten wir die Ungleichung $P_1' \cdot \overline{ab'} \neq P_1 \cdot \overline{bb'}$ für jede Lage von b', außer wenn b' in c liegt. Liegt b' zwischen a und b, so wird

$$P_1' \cdot \overline{ab'} \neq 0 .$$

Es folgt daraus, daß man für die Konstruktion der Momentenlinie stets von der direkten Belastung ausgehen kann. Bei indirekter Belastung lotet man dann die Querträger auf die Momentenlinie und verbindet die so erhaltenen Punkte geradlinig miteinander. Es hängt somit von der Gestaltung der Momentenlinie für direkte Belastung ab, ob die Momente zwischen zwei Querträgern größer oder kleiner sind als bei direkter Belastung.

7. Eingespannter Balken ohne Querträger.

a) Einflußlinien.

Die Einflußlinien für Querkraft und Moment eines beliebigen Punktes a sind in Abb. 217 dargestellt.

b) Querkraft- und Momentenlinien.

Die Querkraft- und Momentenlinien für eine Einzellast am Trägerende sind aus Abb. 218, für eine Einzellast an einem beliebigen

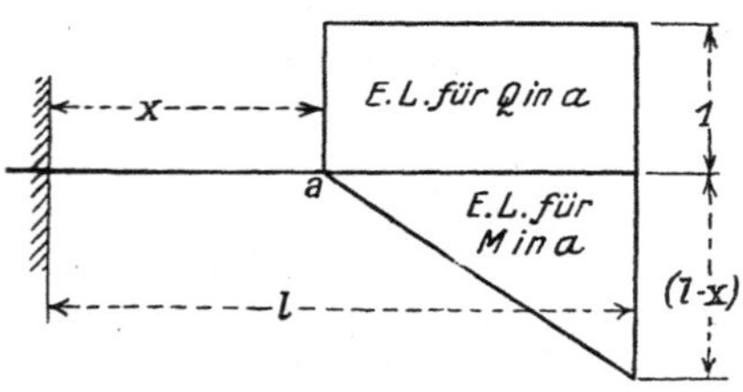

Abb. 217.

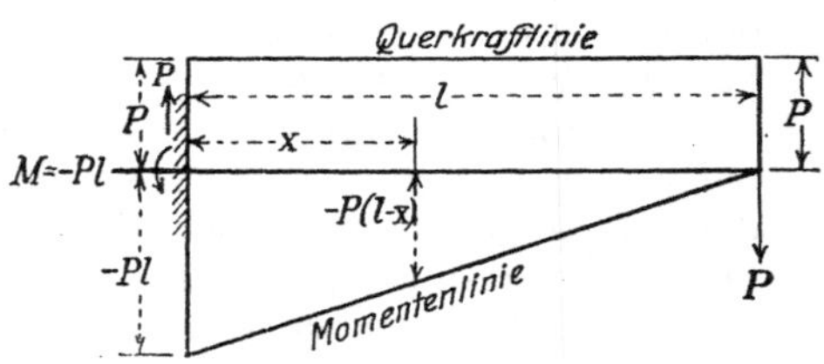

Abb. 218.

Trägerpunkt aus Abb. 219 und für eine gleichmäßig verteilte Belastung q/m aus Abb. 220 zu ersehen.

Es geht daraus hervor, daß bei abwärts gerichteten äußeren Kräften die Querkraft überall positiv, das Moment überall negativ ist (Zugspannungen in den oberen Fasern).

Bei Belastung durch eine Einzellast verschwindet die Querkraft und das Moment für alle Punkte zwischen dem freien Ende und der Last; zwischen der Last und dem Auflager ist die Querkraft konstant, das Moment nimmt in diesem Bereich linear von Null auf den Größtwert $M = -P \cdot a$ zu.

Für einen beliebigen Punkt hat die Querkraft den Größtwert, wenn sich die Last zwischen dem Punkt und dem freien Ende, das Moment hat den Größtwert, wenn sich die Last am freien Ende befindet. Sowohl Scherkraft und Moment verschwinden, wenn sich die Last zwischen dem betrachteten Punkt und dem Auflager befindet.

Bei Belastung durch eine Gruppe von Einzellasten ist Querkraft- und Momentenlinie nach dem Superpositionsgesetz zu ermitteln (vgl. Abb. 221).

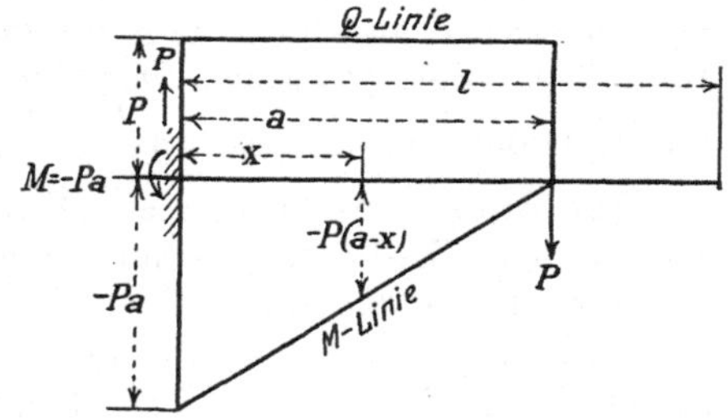

Abb. 219.

Die Querkraft ist an jedem Punkt positiv für abwärts gerichtete Lasten und der Größe nach durch die algebraische Summe aller zwischen dem freien Ende und dem Auflager wirkenden Kräfte bestimmt; für ein System von beweglichen Einzellasten wird also die Querkraft am größten, wenn die Einzellasten so an-

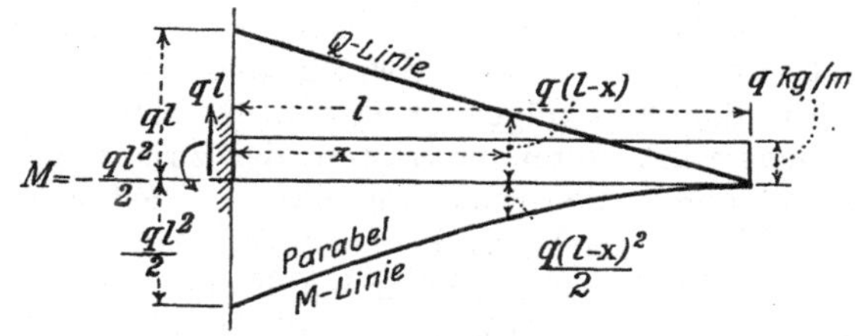

Abb. 220.

gebracht sind, daß jene Summe einen Größtwert erreicht, ist im übrigen aber von der Stellung der Lasten unabhängig. Für einen gegebenen Lastenzug tritt mithin für jeden Punkt des Trägers Q_{max} dann auf, wenn eine Einzellast am freien Ende angreift.

Bei abwärts gerichteten Lasten ist das Moment überall negativ und hat für jeden Punkt den Wert der Momente der zwischen dem freien Ende angreifenden Kräfte. Um Größtwerte von Momenten zu erhalten, ist es also notwendig, möglichst viele schwere Lasten in die Nähe des freien Endes zu bringen, wobei eine Last am Trägerende wirken muß.

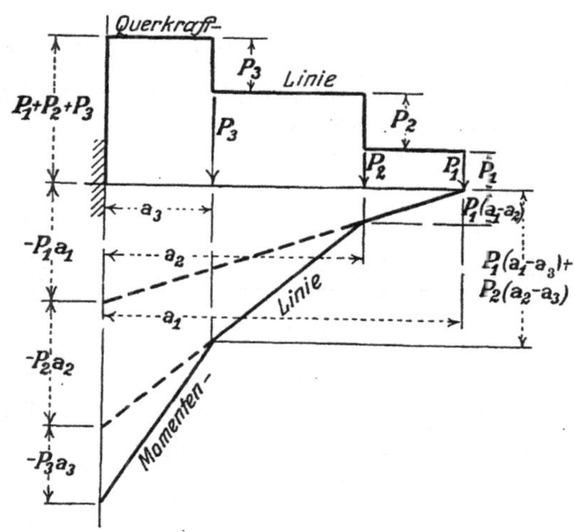

Abb. 221.

Bei gleichmäßig verteilter Belastung ist für einen gegebenen Punkt die Querkraft am größten, wenn die Last zwischen dem Punkt und dem freien Ende wirkt. Ihr Wert ist dann $Q = q(l - x)$. Die Belastung zwischen dem Punkt und dem Auflager hat keinen Einfluß auf die Querkraft. Das Moment hat für die gleiche Belastung seinen Größtwert mit $M = q\frac{(l-x)^2}{2}$.

Bei Belastung durch ein Kräftepaar mit dem Moment M am freien Ende tritt keine Querkraft auf, das Moment ist über den ganzen Balken konstant.

Stellung eines gegebenen Lastenzuges, um Größtwerte für die Querkraft und das Moment zu erhalten.

Es ist bereits oben dargelegt, unter welchen Bedingungen Querkraft und Moment für einen gegebenen Punkt Größtwerte erreichen.

Eine praktische, stets verwendbare Methode besteht darin, den gegebenen Lastenzug auf einen Papierstreifen aufzuzeichnen und so lange zu verschieben, bis man durch Probieren die gesuchte Stellung für den Größtwert gefunden hat. Zweckmäßig wird man dabei E.L. verwenden. Für den Kragträger ist dies nicht nötig, da wir wissen, daß $Q_{\max}$ erreicht wird, wenn die Summe der zwischen dem betrachteten Punkt und dem freien Ende angreifenden Lasten ein Maximum wird, und daß $M_{\max}$ erreicht wird, wenn die Summe der Momente der zwischen dem Punkt und dem freien Ende angreifenden Kräfte ein Maximum wird; eine notwendige Bedingung für beides ist, daß eine Last am Trägerende angreift.

8. Eingespannter Balken mit Querträgern.

a) Einflußlinien.

Die E.L. für Querkraft und Moment an einem beliebigen Punkt gehen aus Abb. 222 hervor.

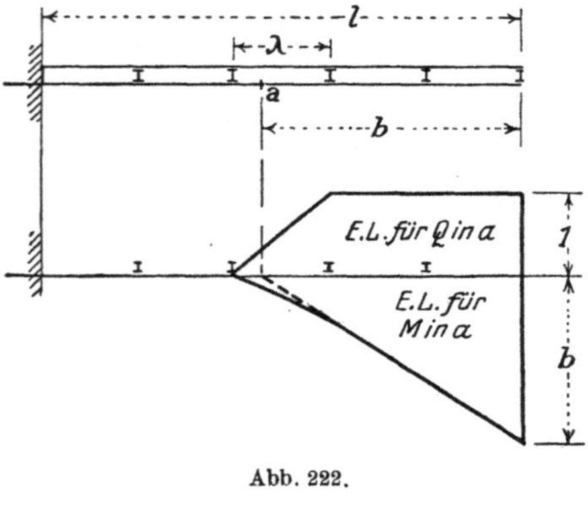

Abb. 222.

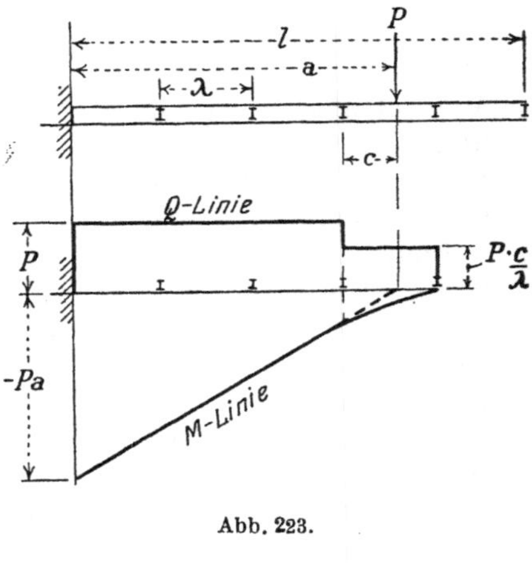

Abb. 223.

b) Querkraft- und Momentenlinien.

Greift eine Einzellast unmittelbar über einem Querträger an, so sind die Querkraft- und Momentenlinien die gleichen wie bei direkter Belastung. Abb. 223 zeigt Q- und M-Linie, wenn eine Einzellast zwischen zwei Querträgern angreift.

Innerhalb des Feldes, in dem die Einzellast angreift, ist die Querkraft von der Last nach dem freien Balkenende zu größer, nach dem Auflager zu kleiner als bei direkter Belastung.

Innerhalb des Feldes mit der Einzellast ist das Moment an jedem Punkt größer als bei direkter Belastung.

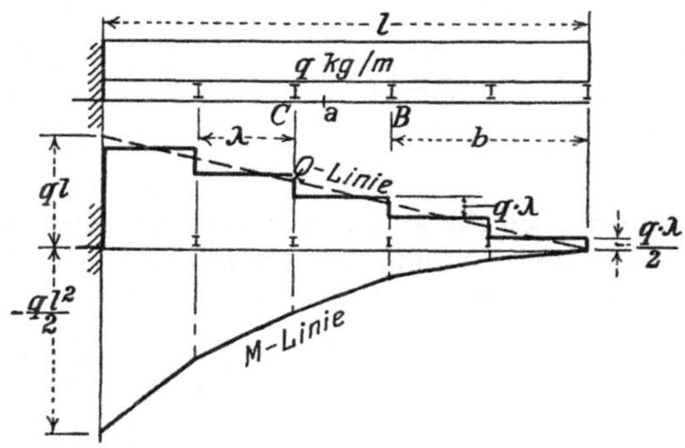

Abb. 224.

Es kann also eine Last in einem Balkenquerschnitt bei indirekter Belastung Querkraft und Moment erzeugen, der bei direkter Belastung spannungsfrei wäre; dies gilt z. B. in Abb. 223 für die rechts von der Last P gelegenen Punkte des Lastfeldes. Alle Lasten außerhalb eines bestimmten Feldes erzeugen in jenem Feld die gleichen Momente und Querkräfte bei direkter und indirekter Belastung.

Die Q- und M-Linien für gleichmäßig verteilte Belastung sind in Abb. 224 dargestellt. Die Querkraftlinie springt um $q \cdot \lambda$ an jedem Feldende mit Ausnahme der beiden Trägerenden. Das Moment ist an den Feldenden ebenso groß, an allen andern Punkten größer als bei direkter Belastung. Die punktierte Linie ist die Querkraftlinie für direkte Belastung. Für jeden beliebigen Punkt a erreicht Q ein Maximum, wenn der Balken zwischen C und dem freien Ende belastet ist mit dem Wert $Q_{\max} = q\left(b + \frac{1}{2}\lambda\right)$.

Die gleiche Belastung erzeugt $M_{\max}$.

9. Balken auf zwei Stützen mit direkter Belastung.

a) Einflußlinien.

Die E.L. von Querkraft und Moment für einen beliebigen Punkt des Balkens sind in Abb. 225 und 226 dargestellt.

b) Querkraft- und Momentenlinien.

Für eine Einzellast (Abb. 227). Die Auflagerkräfte erhält man aus Momentengleichungen in bezug auf die Auflagerpunkte. Die Scherkraft links von P beträgt $Q = A$, rechts von P ist $Q = -B$. Jede nach unten wirkende Last erzeugt links positive, rechts negative Querkräfte. Bei wandernder Last ist die Querkraft für einen

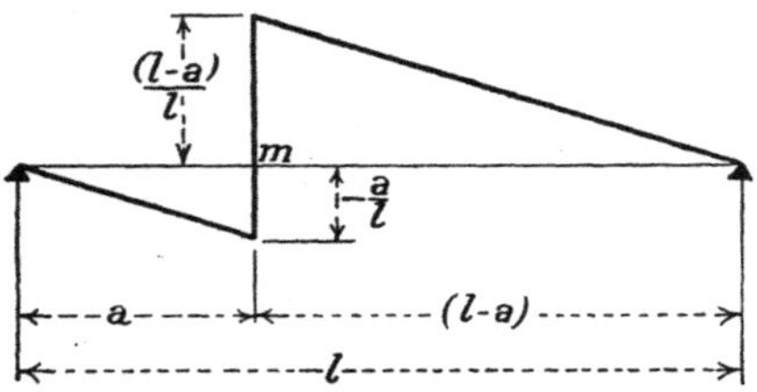

Abb. 225.

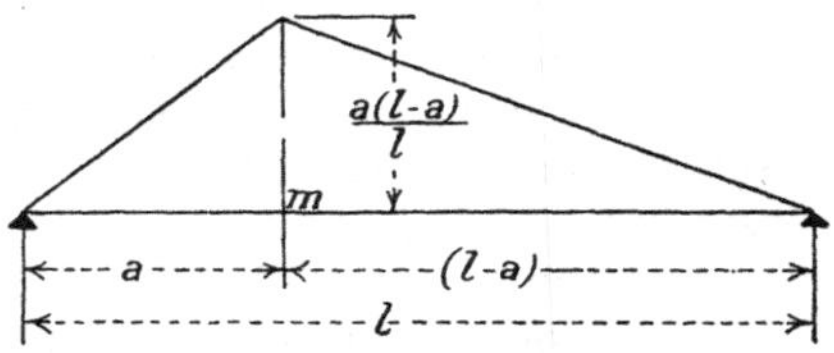

Abb. 226.

bestimmten Punkt um so größer, je näher die Last an den Punkt heranrückt, und erreicht das Maximum, wenn die Last in dem Punkt wirkt. In einem um a vom linken Auflager entfernten Querschnitt tritt auf

$$Q_{max} = \frac{P \cdot (l - a)}{l},$$

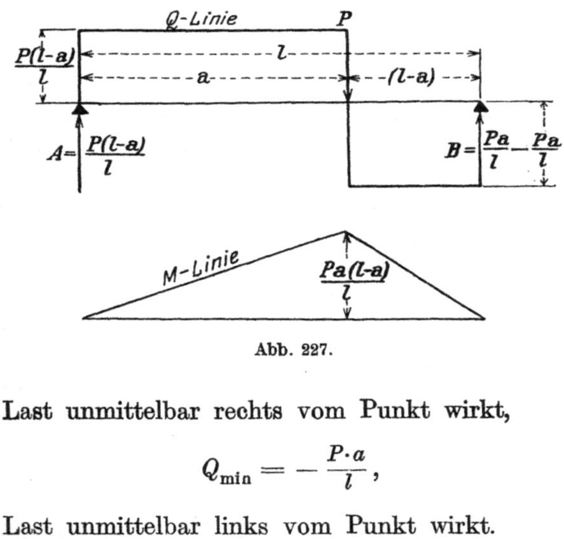

Abb. 227.

wenn die Last unmittelbar rechts vom Punkt wirkt,

$$Q_{min} = -\frac{P \cdot a}{l},$$

wenn die Last unmittelbar links vom Punkt wirkt.

Das Moment ist für jeden Punkt positiv, wenn die Last abwärts wirkt, und ist um so größer, je näher die Last an den Punkt heranrückt. In einem um a vom linken Auflager entfernten Punkt ist

$$M_{max} = \frac{P \cdot a \cdot (l - a)}{l},$$

wenn die Last in dem Punkt angreift.

Für eine über die ganze Länge gleichmäßig verteilte Belastung (Abb. 228).

Die Momentenlinie ist eine Parabel mit dem Scheitel in Balkenmitte und der Gleichung

$$M = \frac{q x (l - x)}{2}, \tag{1}$$

wenn man den Ursprung des Systems in das linke Auflager legt.

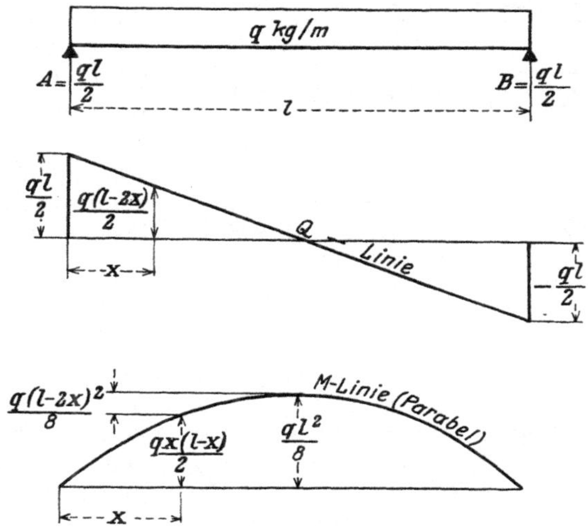

Abb. 228.

Das Moment in Balkenmitte ist

$$M_{\max} = \frac{q l^2}{8}. \tag{2}$$

Drückt man das Moment nach seiner Entfernung b von Balkenmitte aus, so wird

$$M = M_{\max} - \left(M_{\max} \cdot \frac{4 b^2}{l^2}\right). \tag{3}$$

Die Gleichung der Scherkraft ist

$$Q = \frac{q (l - 2 x)}{2}, \tag{4}$$

wobei x wieder vom linken Auflager gerechnet wird, stellt also eine Gerade dar. Am linken Auflager ist

$$Q_l = \frac{q l}{2},$$

am rechten Auflager

$$Q_r = -\frac{q l}{2},$$

in der Mitte verschwindet die Querkraft. Die Neigung der Geraden ist q.

Die gleichmäßig verteilte Last erstrecke sich nur über einen Teil des Balkens (Abb. 229).

(Man kann an einen Träger denken, der eine mit Öffnungen versehene Wand trägt, oder an eine teilweise mit Menschengedränge belastete Brücke.)

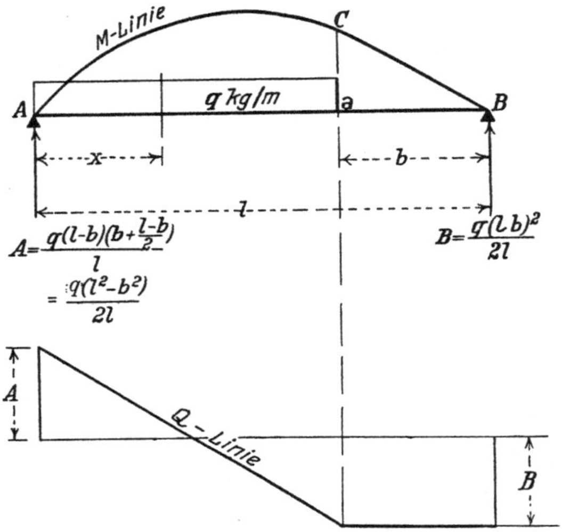

Abb. 229.

Für einen beliebigen Punkt in der Entfernung x vom linken Auflager erreicht die positive Querkraft einen Größtwert, wenn der Balken von jenem Punkt bis zum rechten Auflager belastet ist. Es ist

$$Q_{\max} = \frac{q\,(l-x)^2}{2\,l}. \tag{5}$$

Die negative Querkraft erhält einen Größtwert, wenn der Balken von jenem Punkt bis zum linken Auflager belastet ist. Es ist

$$Q_{\min} = -\frac{q\,x^2}{2\,l}. \tag{6}$$

Die Querkraft für volle Belastung muß sein

$$Q_{\max} + Q_{\min} = \frac{q\,(l-2\,x)}{2}.$$

Das Moment an irgendeinem Punkt in der Entfernung x vom linken Auflager wird bei voller Belastung ein Größtwert mit

$$_{\max}M_x = \frac{q\,x\,(l-x)}{2}.$$

Bei einer Teilbelastung nach Abb. 229 ist die Momentenlinie vom linken Auflager bis c eine quadratische Parabel

$$M = A\,x - \frac{q\,x^2}{2},$$

von c bis zum rechten Auflager eine Gerade. Es ist

$$\overline{a\,c} = \frac{q\cdot b\,(l-b)^2}{2\,l}.$$

$M_{\max}$ findet man aus der Beziehung

$$\frac{dM}{dx} = Q = 0,$$

$$Q = A - q\cdot x_0 = 0; \qquad x_0 = \frac{A}{q}.$$

Es sei die Teilbelastung nach Abb. 230 angeordnet.

Es ist dann aus der Momentengleichung in bezug auf B

$$A = \frac{q(l-a-b)\left[b + \frac{1}{2}(l-a-b)\right]}{l} = \frac{q(l-a-b)(l-a+b)}{2l},$$

$$B = \frac{q(l-a-b)(l-b+a)}{2l}.$$

Die Momentenlinie besteht von den Auflagern bis zu den Belastungsgrenzen aus zwei Geraden, innerhalb der belasteten Strecke aus einer Parabel.

$$\overline{cd} = A \cdot a,$$

$$\overline{ef} = B \cdot b.$$

Die Stelle des größten Moments erhält man wieder durch die Bedingung

$$\frac{dM}{dx} = 0.$$

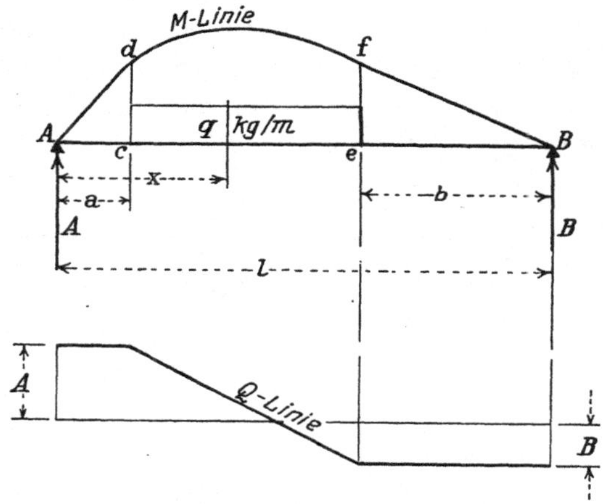

Abb. 230.

Legt man den Koordinatennullpunkt in die linke Lastgrenze, so wird

$$M = A(a+x) - \frac{q x^2}{2}\Bigg|_{x=0}^{x=l-a-b}$$

$$\frac{dM}{dx} = A - qx,$$

$$x_0 = \frac{A}{q}.$$

Ständige und bewegliche Last.

Alle Bauteile sind durch Eigengewicht beansprucht, das also eine ständige Last ist, ferner können auch Nutzlasten auf sie einwirken. Das Eigengewicht ist bei konstantem Querschnitt gleichmäßig verteilt. Selbst wenn dies nicht zutrifft, wird häufig mit dem Mittelwert des Eigengewichts als gleichmäßig verteilter Belastung gerechnet. Die Nutzlast ist oft als gleichmäßig verteilt anzunehmen, z. B. Menschengedränge auf einer Brücke. Die Belastung einer Eisenbahnbrücke durch einen Lastenzug wird häufig in einen Belastungsgleichwert umgewandelt, d. h. es wird auch hier mit gleichmäßig verteilter Belastung gerechnet. Aber die gleichmäßig verteilte Nutzlast braucht im Gegensatz zur Eigengewichtslast nicht über die ganze Länge des Trägers zu wirken, sondern ist bei der statischen Untersuchung jeweils so anzubringen, daß sie den Größtwert der betrachteten Kraftwirkung erzeugt. Die Gesamtkraftwirkung ergibt sich dann durch Superposition der Wirkungen aus Eigengewicht + Nutzlast. Wir bezeichnen die Nutzlast mit p/m, das Eigengewicht mit g/m. Es ist dann in Abb. 231 die Gerade aa' die Querkraftlinie aus g; die Linie bB gibt die Q_{max}-Werte, die Linie Ab' die Q_{min}-Werte aus p an [vgl. Gl. (5) und (6)]. Um die größten positiven Querkraftwerte aus $g+p$, also Q_{max}^{g+p}, zu finden, muß man aa' mit bB überlagern. Die Überlagerung ergibt positive Q-Werte innerhalb der Balkenstrecke $\overline{Ae}$ nach der Linie $cf'e$, die also die Q_{max}^{g+p}-Linie ist. In Balkenmitte ist $Q_g = 0$, es ist also dort $Q_{max}^{g+p} = Q_{max}^{p} = \overline{ff'}$; dies tritt ein, wenn die Nutzlast den Balken auf der Strecke fB bedeckt. Der Punkt e ist dadurch bestimmt, daß dort

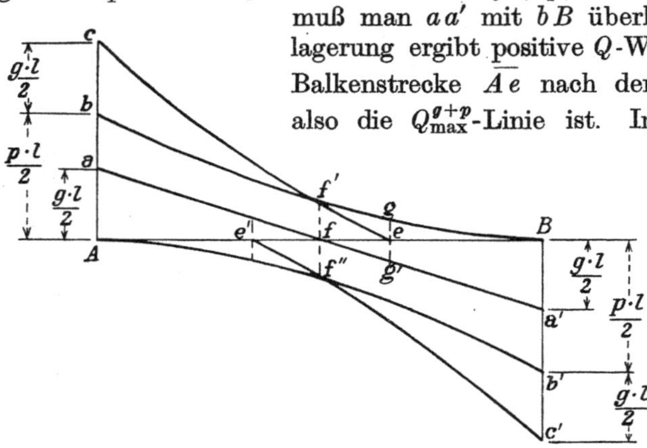

Abb. 231.

$$Q_{max}^{p} = -Q^{g}$$

ist, oder $\overline{eg} = eg'$. Entsprechend ist $e'f''c'$ die Q_{min}^{g+p}-Linie.

Die Gleichung für $cf'e$ ist [aus Gl. (4) und (5)]

$$Q_{max}^{g+p} = \frac{g(l-2x)}{2} + \frac{p(l-x)^2}{2l} \tag{7}$$

und für $c'f''e'$

$$Q_{min}^{g+p} = \frac{g(l-2x)}{2} - \frac{p \cdot x^2}{2l}. \tag{8}$$

Gl. (7) und (8) stellen also Parabeln dar, deren Achsen senkrecht zur Balkenachse stehen.

Es sei der Punkt e' gesucht. Es gilt für ihn (vgl. oben) $Q_{min}^{p} = -Q^{g}$ oder $Q_{min}^{g+p} = 0$.

Daraus

$$x = \overline{Ae'} = \frac{g \cdot l}{p}\left[\sqrt{1+\frac{p}{g}} - 1\right]. \tag{9}$$

Hinsichtlich des Vorzeichens der Querkraft kann man offenbar drei Bereiche des Balkens unterscheiden, nämlich $\overline{Ae'}$, $\overline{e'e}$ und $\overline{eB}$. Innerhalb $\overline{Ae'}$ ist die Querkraft stets positiv; es ist keine Stellung von p denkbar, die eine dem Absolutbetrag nach größere negative Querkraft erzeugt als die positive Querkraft aus Eigengewicht. Entsprechend ist die Querkraft in dem Bereich $\overline{eB}$ stets negativ. Innerhalb $\overline{ee'}$ kann die Querkraft sowohl das positive wie das negative Vorzeichen haben, je nach der Stellung von p. Innerhalb $\overline{e'f}$ ist $Q_{\max}^{g+p} > Q_{\min}^{g+p}$ (dem Absolutbetrag nach), innerhalb $\overline{ef}$ ist es umgekehrt. Die Strecke $\overline{ee'}$ ist um so größer, je größer das Verhältnis $\frac{p}{g}$ ist. Ist $g = 0$, so fallen die Punkte e und e' in die Auflager des Balkens, ist $p = 0$, so rücken sie in Balkenmitte.

Eine Gruppe von beweglichen Einzellasten.

Scherkräfte und Momente findet man durch Überlagerung der Einzelwirkungen. Bezeichnet man mit a die Entfernung einer Last P vom rechten Auflager, so ist Querkraft und Moment für einen Punkt im Abstand x vom linken Auflager

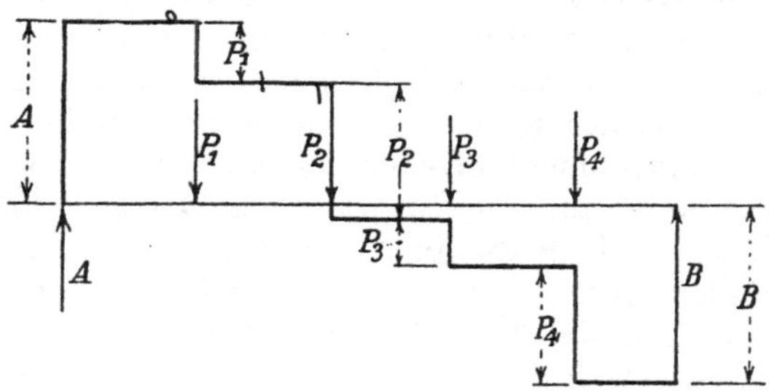

Abb. 232.

$$Q = \sum_x^l P \cdot \frac{a}{l} - \sum_0^x P \cdot \frac{l-a}{l}, \tag{10}$$

$$M = \sum_x^l P \cdot \frac{a}{l} \cdot x + \sum_0^x \frac{P(l-x)(l-a)}{l}. * \tag{11}$$

Die Querkraftlinie ist, wie bekannt, eine treppenförmige Linie nach Abb. 232. Die Ordinate am linken Auflager hat den Wert A, an der Stelle einer Einzellast springt sie jeweils um den Betrag der Last. Bei lauter abwärts gerichteten Lasten ist der algebraische Wert von Q unmittelbar links einer Last stets größer als unmittelbar rechts. Die Momentenlinie ist ein Geradenzug, der seine Neigung jeweils an der Stelle einer Einzellast ändert (Abb. 233). Von A bis P_1 nimmt das Moment linear zu, also $M = A \cdot \xi$. Verlängert man diese Gerade bis zum Schnitt *1* mit dem Lot in B, so ist $\overline{B\,1} = A \cdot l$. Zwischen P_1 und

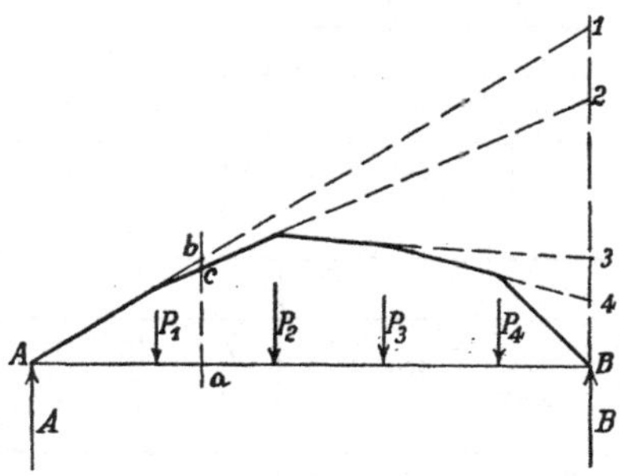

Abb. 233.

* Anmerkung d. Übersetzers: In der deutschen Literatur ist im allgemeinen die folgende Schreibweise üblich

$$Q = \sum_0^l P \cdot \frac{a}{l} - \sum_0^x P, \tag{10a}$$

$$M = \sum_0^l P \cdot \frac{a}{l} \cdot x - \sum_0^x P \cdot [a - (l - x)]. \tag{11a}$$

P_2 nimmt das Moment von A nach dem gleichen Gesetz zu, es muß jedoch nun jeweils das Moment von P_1 abgezogen werden, das ebenfalls einem linearen Gesetz folgt. Das Moment von P_1 in bezug auf B ist durch die Strecke $\overline{1\,2}$ dargestellt. Das entsprechende gilt für die andern Lasten. Daß die Strecke $\overline{B\,1}$ gleich ist der Summe der Teilstrecken $\overline{1\,2} + \overline{2\,3} + \cdots + \overline{4B}$ besagt nichts anderes, als daß das Moment von A in bezug auf B gleich ist dem Moment der Einzellasten in bezug auf den gleichen Punkt.

Das Moment erreicht einen Größtwert offenbar unter einer Einzellast (oder auf einer Strecke zwischen zwei Einzellasten; in diesem Fall ist die Momentenlinie zwischen jenen beiden Lasten parallel zur Balkenachse). Der Größtwert tritt da auf, wo die Querkraft durch Null geht (in Abb. 232 unter P_2) (bzw. auf der Strecke, wo die Querkraft verschwindet).

c) Tabelle zur Ermittlung von Querkräften und Biegungsmomenten von Balkenträgern bei beweglicher Belastung.

Besteht die Belastung aus einer beweglichen Gruppe von Lasten, deren gegenseitige Abstände jedoch unveränderlich sind, so kann

	Southern Pacific System								
$\mathfrak{S}_n$ = Momente in 1000 Fußpfund	0	75	250	550	975	1,965	2,590	3,430	4,205
$\mathfrak{P}_n$ = Summe der Achslasten in 1000 Pfund	10	35	60	85	110	125	140	155	170
Achslasten in 1000 Pfd.	10	25	25	25	25	15	15	15	15
Abstände der Achslasten in Fuß	(1)	7,5 (2)	5 (3)	5 (4)	5 (5)	9 (6)	5 (7)	6 (8)	5 (9) 8
e_1 = Summe der Abstände in Fuß		7.5	12.5	17.5	22.5	31.5	36.5	42.5	47.5

	Santa Maria R. R.									
Momente in 1000 Fußpfund	5.565	6.915	7.940	9.090	10.365	12.885	14.360	16.220	17.845	19.545 (4C)
Summe der Achslasten in 1000 Pfund	180	205	230	225	280	295	310	325	340	
Achslasten in 1000 Pfd.	10	25	25	25	25	15	15	15	15	
Abstände der Achslasten in Fuß	(10)	7,5 (11)	5 (12)	5 (13)	5 (14)	9 (15)	5 (16)	6 (17)	5 (18)	5 — 2500 Pfd. pr. Fuß
Summe der Abstände in Fuß	55.5	63.0	68.0	73.0	78.0	87.0	92.0	98.0	103.0	108.0

0 4 8 12 16 20 24 28 32

Abb. 234.

die Berechnung der Biegungsmomente und Querkräfte durch Tabellen sehr vereinfacht werden. Abb. 234 zeigt eine derartige Tabelle für einen Lastenzug aus Lokomotive, Tender, Lokomotive, Tender und anschließender gleichmäßig verteilter Nutzlast von 2500 Pfund pro Fuß. Die Tabelle kann zeichnerisch dargestellt werden (wobei die Längen im gleichen Maßstab wie der Balken aufzutragen sind), wodurch sich ihr Gebrauch noch vereinfacht[1].

In den Kreisen ist die Reihenfolge der Lasten von links nach rechts eingetragen; in der Reihe darüber sind die Entfernungen zwischen den einzelnen Lasten, in der Reihe darunter sind die Entfernungen der einzelnen Lasten von der ersten eingetragen. Weiterhin ersieht man die Größe der einzelnen Lasten, dann die Summe aller Lasten von der vordersten ab gerechnet, und schließlich sind in der obersten Reihe die Momente jeweils aller Lasten links von der betreffenden Last in bezug auf diese Last zusammengestellt. Z. B. ist Last 11 im Betrag von 25000 Pfund von der Last 1 um 63 Fuß entfernt; die Summe

---

[1] Anmerkung d. Übersetzers: Das gleiche Verfahren mit den entsprechenden Tabellen findet sich in den von der Deutschen Reichsbahngesellschaft herausgegebenen „Vorschriften für Eisenbauwerke“ (früher „Belastungsvorschriften für die preußischen Staatsbahnen“). Vgl. auch Hütte, Des Ingenieurs Taschenbuch, III. Es mögen an dieser Stelle kurz die der Tabelle zugrundeliegenden Beziehungen mit den in Dentschland üblichen Bezeichnungen dargelegt werden.

Bezeichnet

$\mathfrak{P}_n$ die Summe der Einzellasten von P_1 bis P_n

$\mathfrak{b}_n$ den Abstand der Last P_n vom rechten Auflager

$$\mathfrak{S}_n = \sum_1^n P\cdot c,$$

so ist

der Auflagerdruck $A\,\frac{1}{l}\,(\mathfrak{P}_n\cdot\mathfrak{b}_n + \mathfrak{S}_n)$.

Der neuste und schwerste in Deutschland vorgeschriebene Lastenzug ist der Lastenzug N, dessen Lastschema unten angegeben ist. Vor dessen Einführung war der 20 t-Zug der schwerste der Berechnung von Eisenbahnbrücken zugrunde gelegte Lastenzug. Näheres kann hierüber an dieser Stelle nicht ausgeführt werden. Vgl. hierzu die entsprechende deutsche Literatur, z. B. Hütte, III, u. a.

Lastenzug N.

2 Tenderlokomotiven von den in der Abb. 235 b wiedergegebenen Abmessungen und Achslasten und ein- oder zweiseitig angehängte Großgüterwagen von den in der Abb. wiedergegebenen Abmessungen und Achslasten in ungünstigster Stellung.

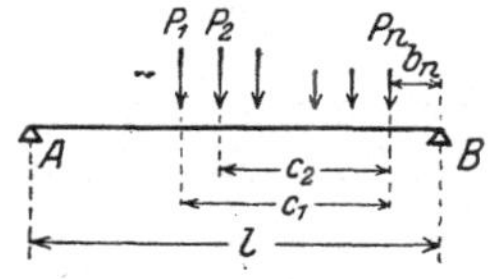

Abb. 235a.

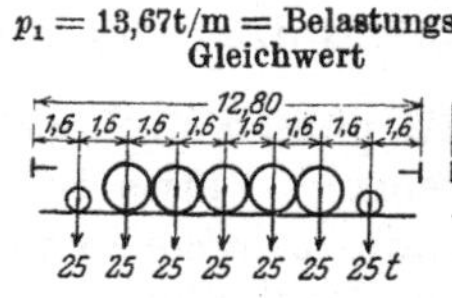

Abb. 235b.

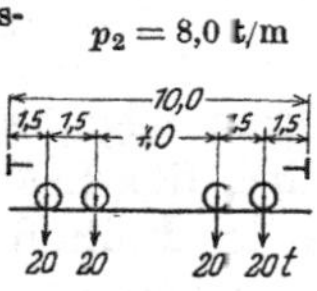

Abb. 235c.

20t-Zug.

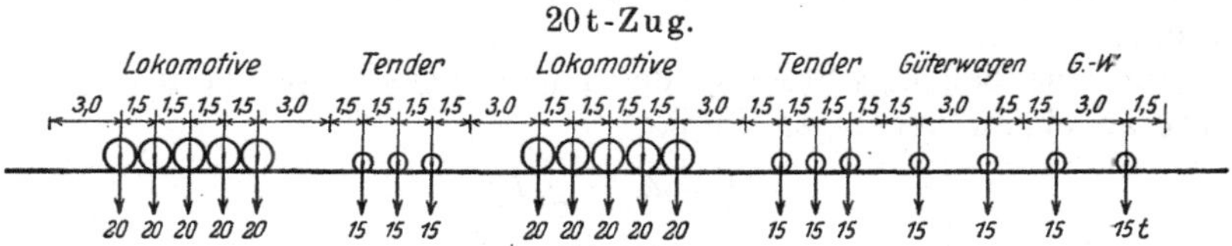

Abb. 235d.

der Lasten $1 \div 11$ beträgt 205000 Pfund; das Moment der Kräfte $1 \div 10$ in bezug auf die Kraft 11 beträgt 6915000 Fußpfund. Das Moment der Lasten $1 \div 14$ in bezug auf einen um 3 Fuß rechts von Last 14 gelegenen Punkt beträgt

$$10365000 + 280000 \cdot 3 = 11205000 \text{ Fußpfund.}$$

Das Moment aller links gelegenen Kräfte in bezug auf einen um 6 Fuß von dem Anfangspunkt der verteilten Belastung liegenden Punkt beträgt

$$19545000 + 340000 \cdot 6 + 2500 \cdot \frac{6^2}{2} = 21630000 \text{ Fußpfund.}$$

Das Moment in bezug auf den gleichen Punkt, aber ohne Berücksichtigung der Lasten $1 \div 10$ würde sein

$$21630000 - [5565000 + 180000 \cdot (108 + 6 - 55{,}5)] \text{ Fußpfund.}$$

Es sind auch weniger einfache Tabellen im Gebrauch. Der Verfasser bevorzugt die oben beschriebene; sie genügt allen billigen Anforderungen.

Beispiel: Ein Balken von 120 Fuß Spannweite sei durch den Lastenzug so belastet, daß die Last 4 in einer Entfernung von 30 Fuß vom linken Auflager steht. Gesucht ist das Moment für diesen Punkt.

Es ist zunächst festzustellen, welche Lasten sich auf dem Balken befinden. Das rechte Balkenende liegt 90 Fuß rechts von der Last 4, also 4,5 Fuß rechts von der Last 18. Das Moment aller Kräfte in bezug auf das rechte Auflager beträgt

$$17845000 + 340000 \cdot 4{,}5 = 19375000 \text{ Fußpfund.}$$

Der linke Auflagerdruck ist damit bestimmt zu

$$A = \frac{19375000}{120} = 161458{,}3 \text{ Pfund.}$$

Das gesuchte Moment in bezug auf den Punkt unter Last 4 wird also

$$161458{,}3 \cdot 30 - 550000 = 4293750 \text{ Fußpfund.}$$

Die Querkraft am gleichen Punkt (unmittelbar links) beträgt

$$161458 - 60000 = 101458 \text{ Pfund.}$$

d) Q_{max} für jeden Punkt eines Balkens auf 2 Stützen bei direkter Belastung durch einen Lastenzug.

Eine allgemein gültige Methode ist schon oben angedeutet worden, nämlich den Lastenzug — etwa auf einen Pappstreifen aufgezeichnet — über der Einflußlinie so lange zu verschieben, bis $\sum P \cdot \eta$ — wobei η die Ordinaten der Einflußlinie sind — ein Maximum erreicht hat. Im folgenden sollen nun die mechanischen Zusammenhänge diskutiert werden.

Für eine beliebige Stellung des Lastenzuges ist die positive Querkraft an einem beliebigen Punkt

$$Q = A - \sum P_l,$$

wobei $\sum P_l$ die Lasten links von jenem Punkt sind.

Aus der E.-L. für die Querkraft geht hervor, daß die positive Querkraft auf jeden Fall jeweils zunimmt, wenn der Lastzug von rechts nach links rollt, bis eine Last unmittelbar rechts von dem betrachteten Punkt steht. Die Frage ist, welche Last unmittelbar an jenem Punkt stehen muß. Man geht so vor, daß man den Zug von rechts anrollen läßt, bis die erste Last an dem betreffenden Punkt steht. Bewegt man ihn weiter, so nimmt A zu, gleichzeitig muß aber P_1 von A abgezogen werden, um Q zu erhalten. Es muß dann auf jeden Fall (vgl. oben) der Zug so weit geschoben werden, bis die Last P_2 unmittelbar rechts von dem Punkte steht. Ob diese Bewegung richtig war, hängt davon ab, ob sich während dessen A um mehr als P_1 vergrößert hat, da ja, um Q zu erhalten, bei dieser Laststellung P_1 von A abzuziehen ist, während bei der ersten Laststellung $A = Q$ war. Wird irgendeine Last P um d nach links verschoben, so nimmt A um den Betrag $\frac{P \cdot d}{l}$ zu. In Abb. 236 sei in bezug auf den Querschnitt C die erste Laststellung erreicht, da die erste Last gerade bei C steht. $R_1 = P_1 + P_2 + P_3 + P_4 + P_5$ sei die Gesamtbelastung des Balkens. Verschieben wir den Lastenzug um d nach links, so nimmt A um den Betrag $\frac{R_1 \cdot d}{l} + \delta$ zu, wobei δ der Beitrag zum linken Auflagerdruck von Lasten darstellt, die infolge der Verschiebung um d weiter auf den Balken gekommen sind. So kann z. B. P_6 noch auf den Balken rollen, bis P_2 den Punkt C erreicht hat, und δ ist dann der von P_6 erzeugte linke Auflagerdruck. Offenbar ist Q_{C_1} während der Verschiebung des Lastenzuges aus der Stellung nach Abb. 236 um d_1 größer geworden, wenn

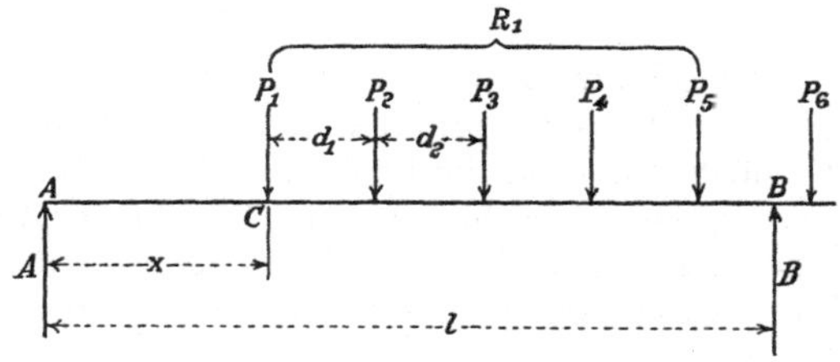

Abb. 236.

$$\frac{R_1 \cdot d_1}{l} + \delta_1 > P_1, \tag{12}$$

vorausgesetzt, daß $x > d_1$, d. h. P_1 den Balken nicht verläßt.

Entsprechend ist die Bedingung, daß die Scherkraft zugenommen hat, wenn P_3 bei C_1 steht:

$$R_2 \cdot \frac{d_2}{l} + \delta_2 > P_2, \tag{13}$$

vorausgesetzt wieder, daß P_1 den Balken nicht verläßt.

Es kann sehr wohl vorkommen, daß die Querkraft beim Verschieben des Lastenzuges aus der ersten Stellung nach Abb. 236 um d_1 abnimmt, beim weiteren Verschieben um d_2 aber zunimmt, derart, daß dieser Zuwachs größer als die Abnahme ist. Es ist also manchmal nötig, den Einfluß der Verschiebung um zwei Lastintervalle zu untersuchen. Eine allgemein gültige Formel läßt sich dafür nicht aufstellen.

Die oben mitgeteilten Ungleichungen gelten nur so lange, als $x > d_1$ bzw. $x > (d_1 + d_2)$. Ist $x < d_1$, so verläßt P_1 den Balken, wenn P_2 auf C verschoben wird; die Bedingung für eine Vergrößerung der Querkraft in C durch diese Verschiebung lautet dann

$$\left[(R_1 - P_1)\frac{d_1}{l} + \delta_1\right] > P_1 \frac{l-x}{l}. \tag{14}$$

Es sei nun $x > d_1$ und $x > d_2$, aber $x < (d_1 + d_2)$. Der Lastenzug sei so weit vorgeschoben, daß P_2 in C steht. Dann steht also P_1 noch auf dem Balken. Verschiebt man den Lastenzug weiter, so daß P_3 bei C steht, so hat P_1 den Balken verlassen, P_2 ist noch innerhalb des Balkens. Die Bedingung für einen Zuwachs der Querkraft durch die Verschiebung um d_2 ist

$$(R_2 - P_1)\frac{d_2}{l} + \delta_2 - P_2 + P_1 \cdot \frac{x - d_1}{l} > 0. \tag{15}$$

Das erste Glied ist der Zuwachs der linken Auflagerkraft, der durch das Vorschieben um d_2 aller Lasten mit Ausnahme von P_1 entsteht. Das zweite Glied ist der Teil der linken Auflagerkraft, herrührend von irgendwelchen Lasten, die durch die Verschiebung um d_2 neu auf den Balken kommen. Dann muß P_2 ganz abgezogen werden, das letzte Glied ist die von P_1 herrührende negative Querkraft in C, die nunmehr wegfällt. Die linke Seite der Ungleichung stellt also die Änderung der positiven Querkraft in C dar, wenn der Lastenzug um d_2 nach links verschoben wird, so daß P_3 in C wirkt.

In diesen Ausdrücken sind δ_1 und δ_2 im allgemeinen klein und zu vernachlässigen, wenn nicht die Ungleichung selbst einen kleinen Wert darstellt. Es läßt sich in den meisten Fällen auch ohne genaue Durchrechnung sehr schnell übersehen, welches Vorzeichen die Ungleichung annimmt. Der Rechnungsgang ist sehr einfach. Freilich ist es keine mathematische Lösung, die dem Ingenieur das mechanische Denken erläßt[1], sondern er muß jederzeit die mechanischen Zusammenhänge durchschauen.

Ist die Laststellung für Q_{max} gefunden, so erhält man Q_{max} nach Gl. (10).

e) Zahlenbeispiele.

Es sei die maximale Querkraft eines Balkens von 15 m Spannweite für einen 6 m vom linken Auflager entfernten Punkt C unter Zugrundelegen des deutschen 20-t-Lastenzuges gesucht.

---

[1] Im Original: This method does not reduce the process to a rigid mathematical problem, in which the intellect may go sleep over mathematical symbols, but the computer must at every step see what he is doing, and not merely substitute values in formulas.

Steht P_1 über C, so ist der Balken durch die Lasten P_1 bis P_5 belastet. Der Lastenzug muß nach links um $d_1 = 1{,}5$ m verschoben werden, wenn

$$100 \cdot \frac{1{,}5}{15} + \delta > 20 .$$

Dies ist offenbar nicht der Fall. Q_{max} tritt also in C bei der ersten Stellung des Lastenzuges auf.

$$Q_{max} = \frac{20}{15}(9 + 7{,}5 + 6 + 4{,}5 + 3) = 40 \text{ t} . \; *$$

Gesucht wird Q_{max} für einen Balken von 30 Fuß Spannweite an dem 10 Fuß vom linken Auflager entfernten Punkt C.

Bei der „ersten" Laststellung mit P_1 über C stehen die Lasten P_1 bis P_4 auf dem Balken (vgl. Zahlentafel Abb. 235). Mit P_2 über C wird

$$85 \cdot \frac{7{,}5}{30} + \delta > 10 .$$

Die „zweite" Laststellung liefert also ein größeres Q in C als die „erste". Es ist nun noch die „dritte" Laststellung zu untersuchen mit P_3 über C. Dabei verläßt P_1 den Balken. Es ist also das Kriterium zu benutzen nach Gl. (15):

$$100 \cdot \frac{5}{30} + \delta_2 - 25 + 10 \cdot \frac{2{,}5}{30} > 0 ,$$

$$17{,}5 - 25 + \delta_2 < 0 ,$$

da $\delta_2 = \frac{1}{30} \cdot 15$, d. h. die „zweite" Laststellung ergibt Q_{max} für C.

Das Verfahren führt also sehr einfach und rasch zum Ziel.

Es kann notwendig sein, für jeden Querschnitt die Größtwerte der positiven und negativen Querkraft, also Q_{max} und Q_{min}, zu ermitteln. Es genügt hierzu, nur die positiven Werte, diese allerdings für alle Punkte des Balkens zu bestimmen, da Q_{max} und Q_{min} für je zwei zur Balkenmitte symmetrisch gelegene Querschnitte einander absolut gleich sind und sich nur durch das Vorzeichen unterscheiden.

f) M_{max} für jeden Punkt eines Balkens auf 2 Stützen bei direkter Belastung durch einen Lastenzug.

Es sei M_{max} in C nach Abb. 237 gesucht. In C möge keine Last angreifen.

Es sei

$\sum P_l$ die Resultierende der links von C,

$\sum P_r$ „ „ „ rechts von C angreifenden Lasten,

* Anmerkung d. Übersetzers: Für den deutschen Lastenzug wird in den meisten Fällen die „erste" Laststellung für Q_{max} maßgebend sein. Beim amerikanischen Lastenzug, dessen erste Last weniger als halb so groß als die folgenden ist, wird jedoch häufig die „zweite" Laststellung Q_{max} ergeben. Hierfür sei ein Beispiel gegeben, das in den amerikanischen Maßen durchgerechnet ist.

x_l und x_r die Abstände von $\sum P_l$ und $\sum P_r$ vom linken bzw. rechten Auflager.

Mit diesen Bezeichnungen wird das Moment in C nach Gl. (11)

$$M_c = P_r \cdot \frac{x_r}{l} \cdot x + P_l \cdot \frac{x_l}{l} \cdot (l - x).$$

Wird das Lastensystem um einen kleinen Betrag Δ nach links verschoben, so wird

$$M + \Delta M = P_r \cdot \frac{x_r + \Delta}{l} \cdot x + P_l \cdot \frac{x_l - \Delta}{l} \cdot (l - x).$$

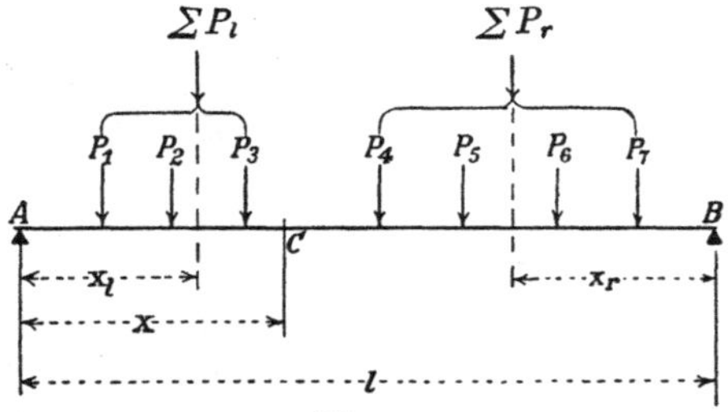

Abb. 237.

ΔM ist positiv, wenn

$$\frac{P_r}{l - x} > \frac{P_l}{x}. \qquad (16)$$

Für jede Laststellung nach Abb. 237 findet also durch eine Verschiebung des Lastensystems eine Vergrößerung von M_C statt, wenn $\frac{P_r}{l - x} \neq \frac{P_l}{x}$ ist, wobei die Richtung der Verschiebung festzustellen ist. Das Maximum tritt auf mit einer möglichst schweren Einzellast in C, und möglichst viel schweren Lasten in der Nähe von C. Ist $\frac{P_r}{l - x} = \frac{P_l}{x}$, so ist das Moment über eine Balkenstrecke konstant.

Die Ungleichung (16) besagt, daß das Moment durch eine Linksverschiebung des Lastensystems größer wird, wenn die auf die Längeneinheit gerechnete mittlere Belastung rechts von C größer ist als links von C und umgekehrt. Tritt also bei einer bestimmten Laststellung M_{max} in C ein, wobei die Einzellast P_c über C angreife, so muß für eine Stellung des Lastensystems mit P_c unmittelbar rechts von C die mittlere Belastung des Balkenteils rechts von C größer sein als links von C und umgekehrt.

Um das Maximalmoment an irgendeinem Balkenpunkt C_1 durch ein bewegliches System von Einzellasten (Lastenzug) zu finden, gehe man folgendermaßen vor:

Man stelle den Lastenzug derart, daß eine Schwerlast unmittelbar rechts von C steht und bestimme die mittlere Belastung beider Balkenteile; ist der rechte Teil im Mittel stärker belastet, so verschiebe man den Lastenzug nach links, daß die gleiche Schwerlast unmittelbar links von C wirkt. Ist nun der linke Balkenteil im Mittel stärker belastet, dann muß die betr. Schwerlast zur Erzeugung des Maximalmoments in C angreifen. Ist dagegen auch jetzt noch die mittlere Belastung rechts von C größer als links von C, so verschiebe man den Lastenzug nach links bis die nächste Einzellast bei C steht und verfahre wieder wie beschrieben.

Das so bestimmte Größtmoment entspricht den zugehörigen auf den Balken wirkenden Einzellasten des Lastenzuges. Es ist also durchaus nicht nötig, daß dies das größtmögliche Moment infolge des Lastenzuges überhaupt ist. Um das „maximum maximorum“ zu finden, wird es manchmal notwendig sein, mehrere Größtwerte zu errechnen und zu vergleichen.

Im übrigen gilt auch hier wie in Abschn. 9d, daß das Verfahren der Einflußlinien durch Probieren im allgemeinen sehr rasch zum Ziel führt.

g) Zahlenbeispiel.

Der Balken habe 20 m Spannweite; es wird $M_{\max}$ für den um 9,50 m vom linken Auflager entfernten Punkt C gesucht (20-t-Lastenzug).

Wir nehmen an, daß die über C zu stellende Last eine der Lokomotivachslasten ist, z. B. P_3.

	linke Balkenseite	rechte Balkenseite
P_3 rechts von C	$\frac{40}{9{,}5}$	$\frac{85}{11{,}5}$
∴ ←		
P_3 links von C	$\frac{60}{9{,}5}$	$\frac{85}{11{,}5}$
∴ ←		
P_4 links von C	$\frac{80}{9{,}5}$	$\frac{65}{11{,}5}$

P_4 über C liefert also einen Größtwert von M_C.

Es soll hier kurz auf einen Denkfehler hingewiesen werden, der sich leicht einschleichen kann. Man könnte auf den Gedanken kommen, daß die über dem Auflager stehende Last P_8 — bei der Laststellung P_3 über C — bei der Bestimmung der mittleren Belastung nicht berücksichtigt zu werden braucht, weil sie keinen Beitrag zum Moment liefert. Ein Blick auf die Ableitung der Gl. (16) lehrt indessen, daß auch eine unmittelbar auf dem Auflager stehende Last zur Berechnung der mittleren Belastung herangezogen werden muß.

h) Größtmoment infolge eines Lastenzuges aus zwei gleichen Einzellasten.

Es wird zuweilen das Maximalmoment für irgendeinen Punkt C eines Balkens infolge eines beweglichen Systems von zwei gleichen Einzellasten gesucht. Da eine der beiden Lasten in C wirken muß, so ist nur die Frage zu beantworten, auf welcher Seite von C die andere Last anzugreifen hat. In Abb. 238 möge C in der linken Balkenhälfte liegen. Es befinde sich die gleiche Last P einmal um d rechts, das andere Mal um d links von C. Die Momente in C betragen

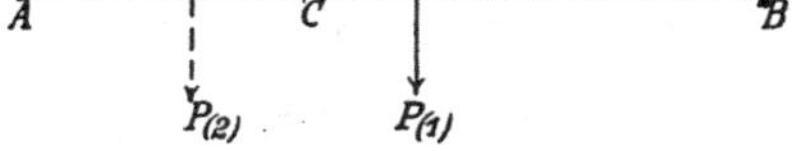

Abb. 238.

$$M_1 = P \cdot a \frac{l - a - d}{l},$$

$$M_2 = P \cdot \frac{(l - a)(a - d)}{l}.$$

Es ist leicht einzusehen, daß

$$M_1 > M_2.$$

Es muß also die zweite Last stets in dem größeren der beiden Abschnitte stehen, in die der Balken durch den betreffenden Punkt C geteilt wird (geht auch aus der E. L. hervor, da der Ast der E. L. in dem Bereich des größeren Balkenabschnitts flacher ist, $P_{(1)}$ also ein größeres η hat als $P_{(2)}$. Der Übers.).

10. Balken auf zwei Stützen mit indirekter Belastung.

a) Einflußlinien.

Abgesehen von seinem Eigengewicht wirken nur Einzellasten auf den Balken. Die Querkraft ist innerhalb eines Feldes konstant, das Moment linear veränderlich.

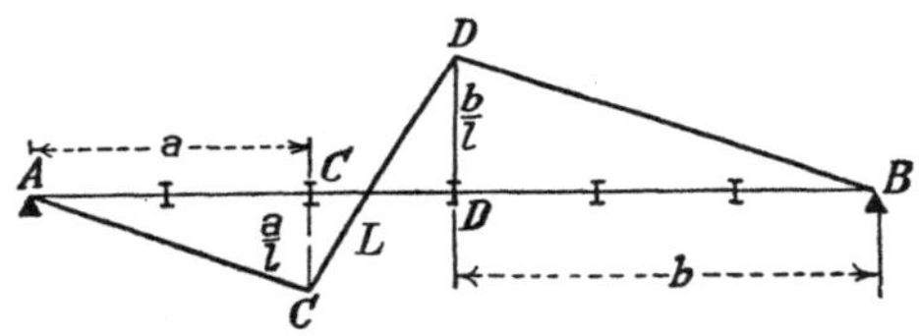

Abb. 239.

Die Einflußlinien für Querkraft und Moment in einem beliebigen Balkenpunkt sind in Abb. 239 und 240 dargestellt.

Aus den Einflußlinien lassen sich folgende Sätze ablesen (es sind dabei stets senkrecht nach unten gerichtete Kräfte vorausgesetzt):

1. Eine Last $\left\{\begin{matrix}\text{rechts}\\ \text{links}\end{matrix}\right\}$ von einem Felde erzeugt $\left\{\begin{matrix}\text{positive}\\ \text{negative}\end{matrix}\right\}$ Querkräfte in jenem Felde. Eine Last innerhalb des Feldes vermag daselbst sowohl positive wie negative Querkräfte hervorzurufen.

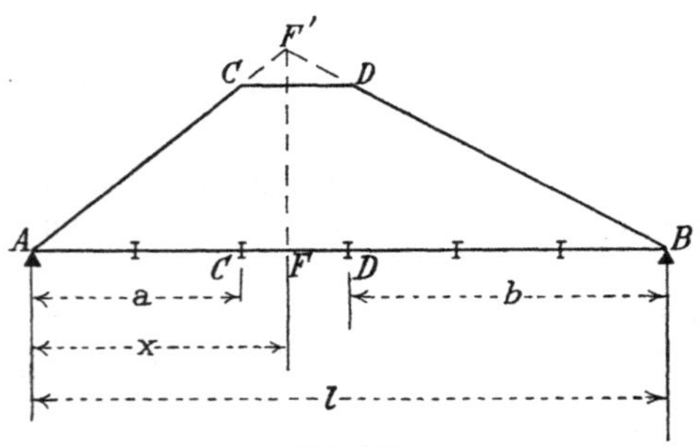

Abb. 240.

2. In jedem Feld befindet sich ein Punkt, der dadurch gekennzeichnet ist, daß eine daselbst angreifende Last in jenem Feld keine Querkräfte erzeugt. Dieser Punkt wird Lastscheide genannt (L in Abb. 239).

3. Eine Last $\left\{\begin{matrix}\text{rechts}\\ \text{links}\end{matrix}\right\}$ von der Lastscheide erzeugt im Felde der Lastscheide $\left\{\begin{matrix}\text{positive}\\ \text{negative}\end{matrix}\right\}$ Querkräfte.

4. Gleichmäßig verteilte Nutzlast erzeugt einen $\left\{\begin{matrix}\text{positiven}\\ \text{negativen}\end{matrix}\right\}$ Größtwert der Querkraft in einem Felde, wenn sie auf dem Balkenteil $\left\{\begin{matrix}\text{rechts}\\ \text{links}\end{matrix}\right\}$ neben der Lastscheide angreift.

5. Eine Einzellast erzeugt einen $\left\{\begin{matrix}\text{positiven}\\ \text{negativen}\end{matrix}\right\}$ Größtwert der Querkraft in einem Felde, wenn sie am $\left\{\begin{matrix}\text{rechten}\\ \text{linken}\end{matrix}\right\}$ Ende des Feldes angreift.

6. Eine Einzellast erzeugt stets an jedem Balkenpunkt ein positives Moment. Sie erzeugt das Größtmoment an einem beliebigen Punkt, wenn sie an dem Ende des betreffenden Feldes wirkt, das zu dem größeren der beiden durch das Feld herausgeschnittenen Balkenteile gehört ($\overline{DB}$ und $\overline{CA}$). Sind die beiden Balkenteile gleich, so ist das Moment für jeden Punkt des Feldes konstant.

7. Eine gleichförmig verteilte Belastung muß sich über den ganzen Balken erstrecken, um an irgendeinem Punkt das Größtmoment zu erzeugen.

8. Die Momente an den Feldenden sind für jede Belastung die gleichen wie die bei direkter Kraftübertragung. Das gleiche gilt für alle Punkte innerhalb eines unbelasteten Feldes.

Die Summe der Auflagerkräfte ist natürlich für direkte und indirekte Belastung die gleiche. Dabei ist es notwendig, wenn ein Endquerträger gerade über einem Auflager steht, die durch diesen übertragene Last in die Auflagerkraft miteinzurechnen. Da der Druck des Endquerträgers unmittelbar in das Widerlager geht, also weder Querkräfte noch Momente verursacht, so ist es am besten, sie bei der Berechnung des Trägers außer acht zu lassen, d. h. die „wirksame“ Auflagerkraft ist dann um diesen Betrag kleiner. Z. B. ist bei einem Balken mit gleichmäßig verteilter, indirekter Belastung q und gleicher Feldteilung λ die „wirksame“ Lagerreaktion $R = \frac{q(l-\lambda)}{2}$, wenn über den Lagern ein Querträger angeordnet ist.

b) Bestimmung der Lastscheide. Querkraft und Momentenlinien für Einzellasten und gleichmäßig verteilte Belastung.

Nach Abb. 241 ist Querkraft links von C:

$$Q = A = P \cdot \frac{d+a}{l}.$$

Querkraft rechts von D:

$$Q = -B = -P \cdot \frac{l-d-a}{l}.$$

Querkraft im Feld $\overline{CD}$

$$Q = P\left(\frac{d+a}{l} - \frac{a}{\lambda}\right).$$

Liegt die Einzellast so, daß

$$\frac{d+a}{l} = \frac{a}{\lambda},$$

oder

$$a = \frac{\lambda \cdot d}{l - \lambda}, \tag{17}$$

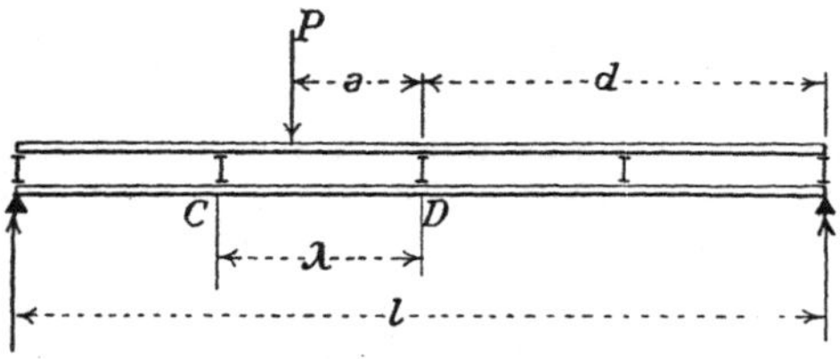

Abb. 241.

so verschwindet die Querkraft in dem Felde, d. h. Gl. (17) ist die Bestimmungsgleichung für die Lage der Lastscheide. Zeichnerisch läßt sich die Lastscheide wie folgt ermitteln: Man zieht zwei beliebig geneigte, parallele Geraden von beiden Balkenauflagern, errichtet in den Feldenden die Lote und zieht in den so entstehenden Parallelogrammen die Diagonalen, und zwar die rechtssteigenden Diagonalen, wenn die beiden parallelen Geraden links steigen, und umgekehrt. Es ist dann (Abb. 242)

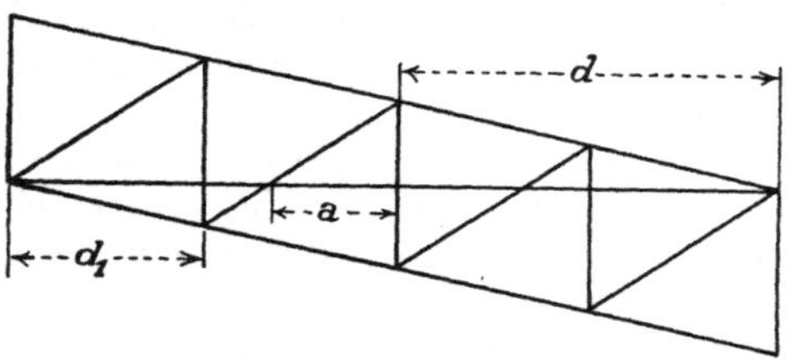

Abb. 242.

$$\frac{a}{\lambda - a} = \frac{d}{l - d - \lambda},$$

was mit Gl. (17) übereinstimmt.

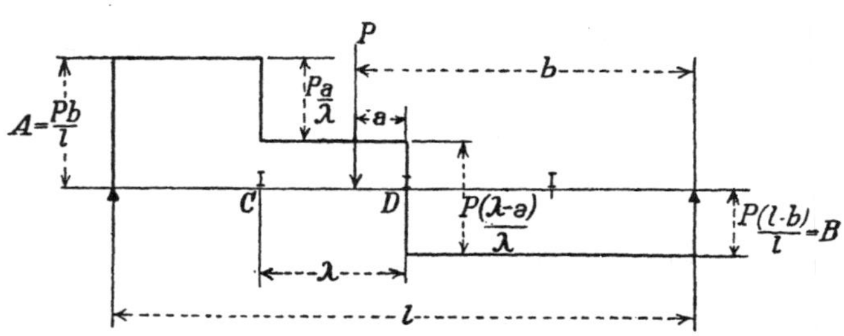

Abb. 243.

Die Querkraft- und Momentenlinien für eine Einzellast sind in Abb. 243 und 244 dargestellt.

Die in C auf den Balken wirkende Kraft beträgt $P\cdot\frac{a}{\lambda}$, in D $P\cdot\frac{\lambda-a}{\lambda}$. Bei mehreren Einzellasten springt die Querkraftlinie an jedem

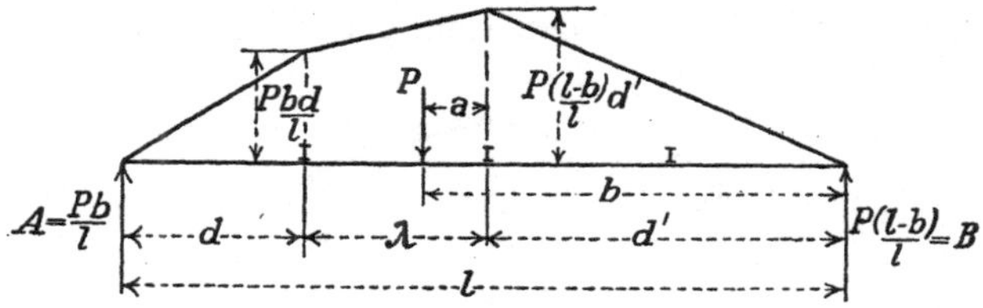

Abb. 244.

Feldende um den Betrag der dort auf den Balken wirkenden Kraft und verläuft innerhalb eines Feldes parallel zur Balkenachse.

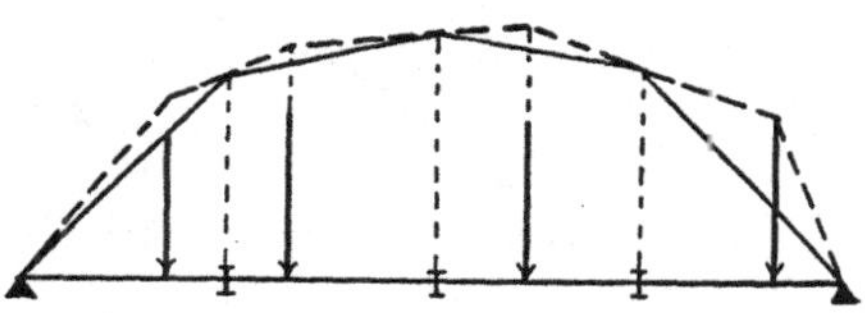

Abb. 245.

Die Momentenlinie findet man in der Weise, daß man die Momentenlinie für die gleiche direkte Belastung ermittelt und deren Punkte über den Feldenden geradlinig miteinander verbindet (Abb. 245).

Bei gleichmäßig verteilter Belastung ist bei gleicher Feldteilung λ die auf jedes Feld entfallende Belastung $q\cdot\lambda$. Die Querkraftlinie springt also nach Abb. 246 an jedem Feldende um $q\cdot\lambda$. Die Momentenlinie würde bei direkter Belastung eine Parabel mit der Ordinate in Balkenmitte $f=\frac{q\,l^2}{8}$ sein (gestrichelte Linie in Abb. 247). Bei indirekter Belastung verbindet man wieder die über den Feldenden liegenden Punkte dieser Kurve geradlinig miteinander. Diese Momentenlinie ist gleichzeitig die Kurve der Maximalmomente für gleichmäßig verteilte Belastung.

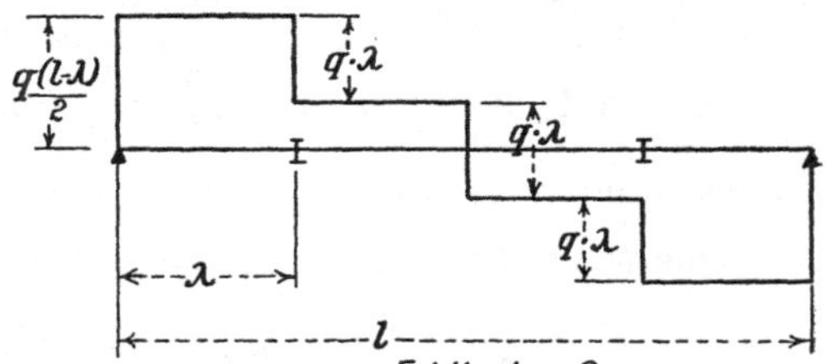

Abb. 246.

Der Größtwert der positiven Querkraft in jedem Feld tritt auf, wenn die Last den Balken rechts von der Lastscheide bedeckt. Ihr Wert ist (Abb. 242 und Gl. 17):

$$Q_{\max}=\frac{q\left(d+\frac{\lambda\cdot d}{l-\lambda}\right)^2}{2\,l}-\frac{q\left(\frac{\lambda\cdot d}{l-\lambda}\right)^2}{2\,\lambda}=\frac{q\cdot d^2}{2\,(l-\lambda)}. \qquad (18)$$

$$Q_{\min}=\frac{q\cdot d_1^2}{2\,(l-\lambda)}. \qquad (19)$$

Im $\left\{\begin{matrix}\text{rechten}\\ \text{linken}\end{matrix}\right\}$ Endfeld besteht keine $\left\{\begin{matrix}\text{positive}\\ \text{negative}\end{matrix}\right\}$ Querkraft.

Im linken Endfeld ist

$$Q_{max} = \frac{q\,(l-\lambda)}{2}$$

oder die halbe, um den von den Endquerträgern übernommenen Be-

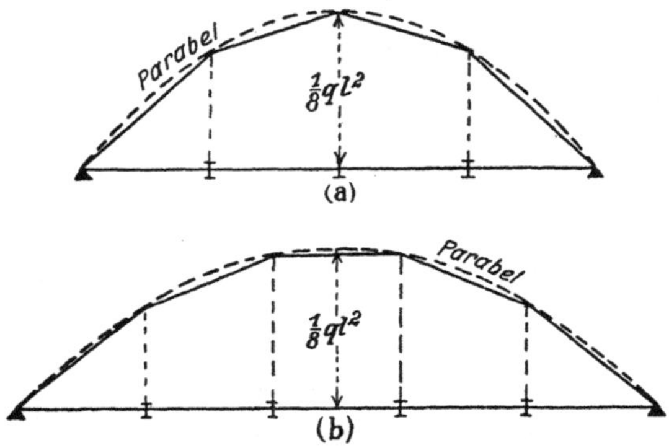

Abb. 247.

trag verminderten Gesamtlast. Dieser Größtwert sei Q'_{max}. Dann ist (Gl. 18)

$$\frac{Q_{max}}{Q'_{max}} = \frac{d^2}{(l-\lambda)^2}. \qquad 20)$$

Gl. (20) führt zu einer raschen Berechnung der Querkraft in einem Feld. Z. B. sei der Balken in 6 gleiche Felder geteilt, dann ist Q_{max} des zweiten Feldes von links $\frac{16}{25}$, Q_{max} des dritten Feldes $\frac{9}{25}$, des vierten $\frac{4}{25}$, des fünften $\frac{1}{25}$ von Q_{max} des linken Endfeldes, während die positive Querkraft des rechten Endfeldes verschwindet.

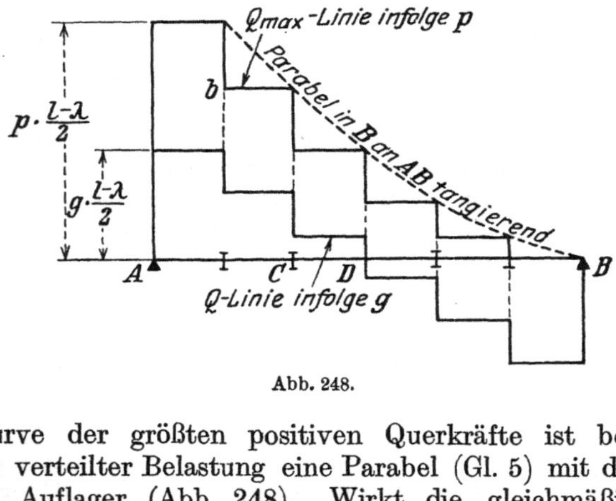

Abb. 248.

Die Kurve der größten positiven Querkräfte ist bei direkter, gleichmäßig verteilter Belastung eine Parabel (Gl. 5) mit dem Scheitel im rechten Auflager (Abb. 248). Wirkt die gleichmäßig verteilte

Belastung indirekt, so ist die Q_{max}-Linie ein getreppter Geradenzug; die umbeschriebene Kurve ist eine Parabel mit dem Scheitel in B, da Q_{max} in jedem Feld durch die Gleichung bestimmt ist

$$Q_{max} = Q'_{max} \cdot \frac{d^2}{(l-\lambda)^2}.$$

Die Querkraft bei indirekter gleichmäßig verteilter Belastung ist teils größer, teils kleiner als bei direkter Belastung.

Häufig wird die größte Querkraft eines Feldes bei gleichmäßig verteilter Belastung in der Weise vereinfachend errechnet, daß man sämtlichen Querträgern rechts von jenem Felde den Kraftbetrag $q \cdot \lambda$ zuordnet, an allen andern Querträgern jedoch keine Belastung annimmt. Diese Kraftverteilung ist unmöglich. Es möge z. B. für das Feld $\overline{CD}$ die größte Querkraft errechnet werden. Bei D (Abb. 248) kann nur dann die Last $q \cdot \lambda$ übertragen werden, wenn auch das Feld CD vollbelastet ist, d. h. in C würde dann die Kraft $\frac{q \cdot \lambda}{2}$ wirken, die aber nach dem obigen Rechnungsgang vernachlässigt würde. Es ergibt sich somit nach dieser Vereinfachung eine zu große positive Querkraft.

Als ein Beispiel nehmen wir einen Balken von 12 m Länge mit 6 Feldern von je 2 m und einer Belastung von 2000 kg/m. Eine Feldbelastung beträgt dann 4000 kg, die größte positive Querkraft im Endfelde $6 \cdot 2000 - 2000 = 10000$ kg. Q_{max} im 2. Felde von links ist $\frac{16}{25} \cdot 10000 = 6400$ kg, im 3. Felde $\frac{9}{25} \cdot 10000 = 3600$ kg. Rechnen wir dagegen die größten Querkräfte mit der oben mitgeteilten Vereinfachung, so ergibt sich für das Endfeld $Q_{max} = 10000$ kg, für das 2. Feld $\frac{1+2+3+4}{6} \cdot 4000 = 6667$ kg, für das 3. Feld $\frac{1+2+3}{6} \cdot 4000 = 4000$ kg. Wir erhalten also in diesem Fall einen Fehler von 11,1%. Diese Berechnungsart sollte nicht angewendet werden; es geschieht jedoch häufig; deshalb haben wir sie hier auch erwähnt.

Die Q_{max}-Linie in Abb. 248 ist genau ermittelt, die gleichmäßig verteilte Belastung wirkt jeweils bis zur Lastscheide.

11. Ungleichmäßig verteilte Belastung.

Es sei (Abb. 249) C die Ecke eines Gebäudes, die Fläche $EDGHCF$ eine gleichmäßig belastete Decke, die ihre Lasten auf die Träger $\overline{FE}$, $\overline{AD}$, $\overline{CD}$, $\overline{BD}$, $\overline{HG}$ überträgt. Die auf den Träger $\overline{CD}$ entfallende Last ist bei einer Kraftübertragung

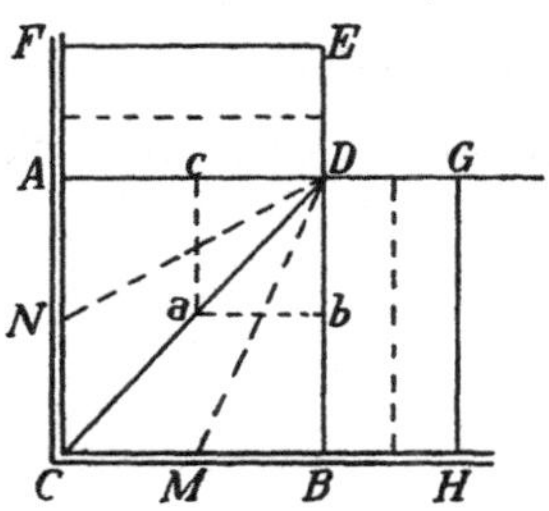

Abb. 249.

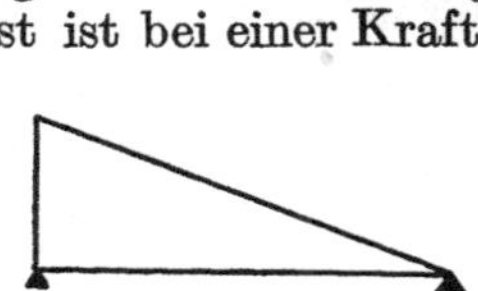

Abb. 250.

parallel zu $a\,b$ bzw. $a\,c$ durch die Fläche $\overline{NDM}$ dargestellt, d. h. sie wächst geradlinig von Null bei D auf ihren Größtwert bei C, sie ist also durch ein Dreieck nach Abb. 250 gegeben. Die auf die Längeneinheit bezogene Belastung hat bei C den Wert, wenn q die auf die Decke wirkende Last pro Flächeneinheit ist

$$q_C = \frac{q}{2}(\overline{CB} + \overline{AC}).$$

Würden die Deckenlasten im Bereich $\overline{DBC}$ durch Träger parallel zu DB auf $\overline{CD}$ und im Bereich $\overline{ADC}$ parallel zu AD auf $\overline{CD}$ übertragen, so wäre die Last in C Null und erreichte in D ein Maximum.

Die Belastung des Trägers $\overline{DB}$ hat bei einer Kraftübertragung in Richtung $a\,b$ bei D einen Kleinstwert mit $\frac{q}{2}\cdot\overline{DG}$ und einem Größtwert bei B mit $\frac{q}{2}\cdot(\overline{CB}+\overline{BH})$.

Dreieckförmige Belastung. (Abb. 251.)

Die mittlere Belastung pro Längeneinheit ist $\frac{q}{2}$, die gesamte Belastung $\frac{q\,l}{2}$, die Auflagerreaktionen $A = \frac{q\,l}{3}$ und $B = \frac{q\,l}{6}$. Die Stelle des Größtmomentes ist bestimmt durch

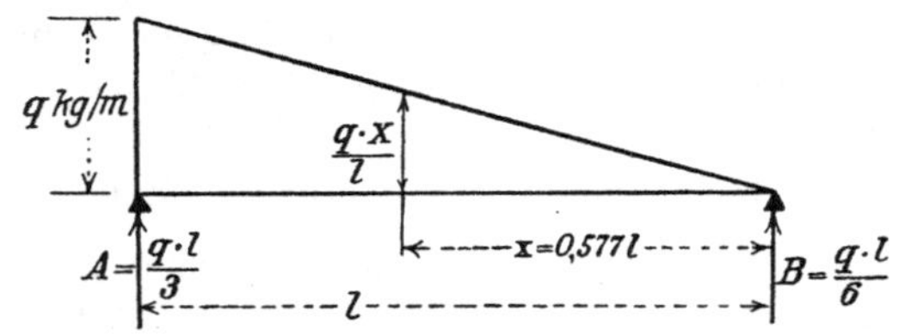

Abb. 251.

$$\frac{dM}{dx} = 0$$

$$M = \frac{q\,l}{6}\cdot x - \frac{q\,x}{l}\cdot\frac{x}{2}\cdot\frac{x}{3} = \frac{q\,l\cdot x}{6} - \frac{q\,x^3}{6\,l}$$

$$\frac{q\,l}{6} = \frac{q\,x^2}{2\,l}$$

$$x = \frac{l}{\sqrt{3}} = 0{,}577\,l$$

$$M_{\max} = \frac{q\,l}{6}\cdot\frac{l}{\sqrt{3}} - \frac{q}{6\,l}\cdot\frac{l^3}{3\cdot\sqrt{3}} = \frac{0{,}577\,l}{3}\cdot\frac{q\,l}{3} = 0{,}064\,q\,l^2. \qquad (21)$$

Trapezförmige Belastung. (Abb. 252.)

Man teilt die Belastung durch eine Diagonale in zwei Dreieckslasten. Damit wird

$$A = \frac{q_1\cdot l}{3} + \frac{q_2\cdot l}{6};$$

$$B = \frac{q_1\cdot l}{6} + \frac{q_2\cdot l}{3};$$

$$\frac{dM}{dx} = 0$$

liefert

$$\frac{q_1 \cdot l}{3} + \frac{q_2 \cdot l}{6} = \left[2\, q_1 + \frac{(q_2 - q_1)\, x}{l}\right] \frac{x}{2}$$

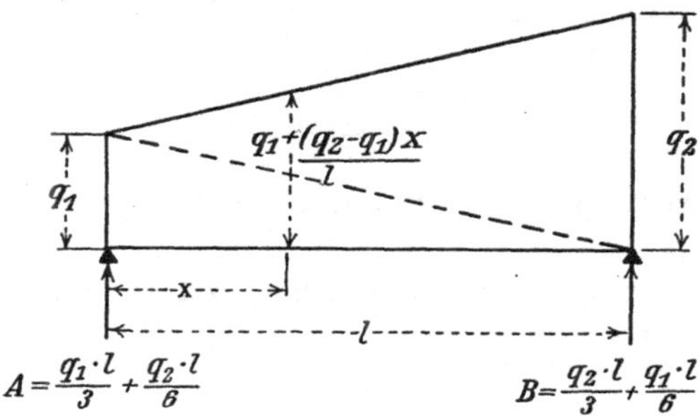

Abb. 252.

oder

$$x = \frac{l}{q_2 - q_1}\left[- q_1 + \sqrt{\frac{q_1^2 + q_1 \cdot q_2 + q_2^2}{3}}\right]. \tag{22}$$

Für $q_1 = 0$ liefert Gl. (22) den gleichen Wert für x wie Gl. (21)

12. Ein bewegliches System von Einzellasten

wirke zunächst so, daß die Enden irgendeines Feldes unbelastet seien. Wir betrachten die Querkraft in diesem Feld. Es sei

$\sum P$ die Summe der auf den Balken wirkenden Kräfte;
$\sum P_l$ die Summe der links von dem Felde angreifenden Kräfte;
$\sum P_\lambda$ die Summe der in dem Felde angreifenden Kräfte.

Der Lastenzug werde um dx nach links verschoben, wobei weder eine Last den Träger oder das Feld verläßt, noch neu hinzukommt. Dann ändert sich die Querkraft um

$$dQ = \sum P \cdot \frac{dx}{l} - \sum P_\lambda \frac{dx}{\lambda}.$$

Es ist dQ positiv, d. h. die Querkraft nimmt zu, wenn

$$\frac{\sum P}{l} > \frac{\sum P_\lambda}{\lambda}. \tag{23}$$

Ist dQ positiv, so muß zur Erzielung von $Q_{\max}$ in jenem Feld der Lastenzug nach links verschoben werden.

Es folgt als Bedingung für $Q_{\max}$ in einem Felde: Es muß eine Einzellast über dem rechten Feldende stehen derart, daß mit dieser Einzellast unmittelbar rechts von dem Felde $\sum P_\lambda < \frac{\lambda}{l} \sum P$ und mit dieser Einzellast unmittelbar links von dem rechten Feldende $\sum P_\lambda > \frac{\lambda}{l} \sum P$ gilt.

Dieses Kriterium ermöglicht eine leichte Bestimmung der Laststellung, die $Q_{\max}$ im Felde erzeugt.

13. Zahlenbeispiele für die Bestimmung von Q_{max} in jedem Feld. (Abb. 253.)

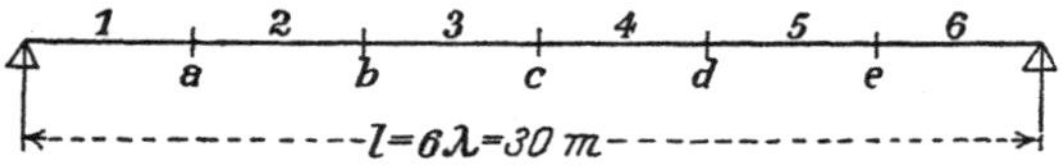

Abb. 253.

Die Spannweite betrage 30 m mit 6 Feldern von je 5 m. Lastenzug: 20 t = Zug.

Feld 1: P_1 befinde sich unmittelbar links von dem rechten Feldende, es ist dann

$$\sum P = 245^t$$

und

$$\sum P_\lambda = 20 < \frac{1}{6} \cdot 245.$$

Also wird der Lastenzug bewegt, bis P_2 unmittelbar links von dem rechten Feldende steht. Es ist dann

$$\sum P = 245^t$$

und

$$\sum P_\lambda = 40 < \frac{1}{6} \cdot 245.$$

Liegt P_3 bei a, so ist

$$\sum P = 245^t$$

und

$$\sum P_\lambda = 60 > \frac{1}{6} \cdot 245.$$

Es wirkt also in Feld 1 die größte positive Querkraft, wenn der Lastenzug von rechts so weit vorgeschoben wird, daß P_3 in a angreift. Es ist[1]

$$A = \frac{1}{30}(\mathfrak{S}_n + \mathfrak{P}_n \cdot b_n) = \frac{1}{30}(245 \cdot 4 + 2940) = 130{,}66^t$$

$$Q_{max} = 130{,}66 - 20 \cdot \frac{3}{5} - 20 \cdot \frac{1{,}5}{5} = 112{,}66^t.$$

Feld 2: Mit P_1 unmittelbar links von b ist

$$\sum P = 185^t$$

und

$$\sum P_\lambda = 20^t < \frac{1}{6} 185^t.$$

Also muß der Lastenzug vorgerückt werden; mit P_2 in b ist

$$\sum P = 205^t$$

$$\sum P_\lambda = 40^t > \frac{1}{6} 205^t.$$

[1] Anmerk. d. Übers.: Vgl. hierzu Anmerkung auf S. 315. Die der Berechnung von A zugrunde liegende Tabelle entspricht ganz der auf S. 314 angegebenen, konnte jedoch im Rahmen dieses Buches nicht gebracht werden. Der Leser sei auf die deutsche Literatur verwiesen, z. B. Hütte, III.

Es muß also P_2 in b angreifen.

$$A = \frac{1}{30}(205 \cdot 0{,}5 + 2295) = 79{,}93^t$$

$$Q_{max} = 79{,}93 - 20 \cdot \frac{1{,}5}{5} = 73{,}93^t.$$

Feld 3: Mit P_1 in c ist

$$\sum P = 145^t$$
$$\sum P_\lambda = 20^t < \frac{1}{6} \cdot 145^t.$$

Also Lastenzug vorrücken; mit P_2 in c ist

$$\sum P = 145^t$$

$$\sum P_\lambda = 40^t > \frac{1}{6} \cdot 145^t.$$

Es muß also P_2 in c angreifen. Wenn schon für Feld 2 die Last P_3 nicht auf b vorgerückt zu werden brauchte, so konnte man gleich sagen, daß für Feld 3 höchstens P_2 in c in Betracht kommen konnte.

$$A = \frac{1}{30}(145 \cdot 3 + 1117{,}5) = 51{,}75^t$$

$$Q_{max} = 51{,}75 - \frac{20 \cdot 1{,}5}{5} = 45{,}75^t.$$

Feld 4: Mit P_1 in d

$$\sum P = 100^t$$

$$\sum P_\lambda = 20^t > \frac{1}{6} \cdot 100^t.$$

Es muß also P_1 in d angreifen.

$$A = Q_{max} = \frac{1}{30}(100 \cdot 4 + 300) = 23{,}33^t.$$

Feld 5: Es muß auch bei der Ermittlung von Q_{max} in Feld 5 die erste Last des Lastenzuges am rechten Feldende stehen.

$$A = Q_{max} = \frac{1}{30}(80 \cdot 0{,}5 + 180) = 7{,}33^t.$$

Wir haben also für den behandelten Träger folgende Zusammenstellung:

Feld	Q_{max}	Q_{min}
1	112,66^t	0
2	73,93	− 7,33^t
3	45,75	− 23,33
4	23,33	− 45,75
5	7,33	− 73,93
6	0	− 112,66

Die Aufgabe, für jedes Feld eines Trägers Q_{max} und Q_{min} zu bestimmen, ist nun vollständig behandelt.

14. Größtmomente zwischen zwei Querträgern.

Wie bereits gezeigt, ist für jede Belastung das Moment unter einem Querträger das gleiche wie bei direkter Belastung. Es kann also das Größtmoment unter einem Querträger nach der in Abschn. 15 gezeigten Methode ermittelt werden. Es wird kaum vorkommen, daß der Größtwert des Momentes für einen Punkt innerhalb des Feldes gesucht wird. Es soll deshalb genügen, hier eine Näherungsmethode anzugeben (Abb. 254). Es sei aa' das Größtmoment in a, bb'' das dieser Laststellung entsprechende Moment in b, und ferner sei bb' das Größtmoment in b und aa'' das dieser Laststellung entsprechende Moment in a. Für die dem Größtmoment aa' entsprechende Laststellung ist dann $a'b''$ die Momentenlinie des Feldes $\overline{ab}$ und für die dem Größtmomente $b'b'$ entsprechende Laststellung ist $b'a''$ die Momentenlinie des Feldes. Näherungsweise möge die Linie $a'cb'$ als die Linie der Größtmomente des Feldes $\overline{ab}$ bezeichnet werden. Es ist natürlich möglich, daß sie zu kleine Werte ergibt. Soll diese Möglichkeit ausgeschlossen werden, so empfehlen wir, die Linie $a'b'$ zu benutzen.

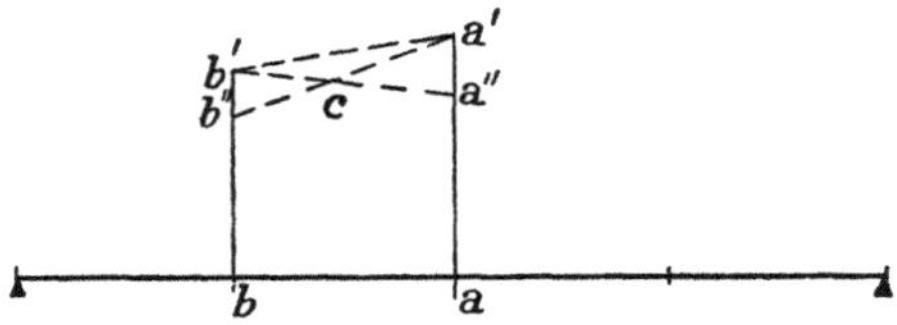

Abb. 254.

15. Das größtmögliche Moment.

Die bisherigen Erörterungen beschäftigen sich damit, für jeden Punkt eines Balkens das Größtmoment für eine gegebene bewegliche Nutzlast zu finden. Offenbar sind jedoch diese Methoden nicht imstande, über das überhaupt größtmögliche Moment Auskunft zu geben. Denn so eng man auch die Punkte aneinander legen mag, für die man nacheinander das Größtmoment bestimmt, es ist immer die Möglichkeit vorhanden, daß an einem zwischenliegenden Punkt das Moment größer wird als an allen andern untersuchten Punkten. Wir müssen also für den vorliegenden Zweck eine andere Methode als die wählen, die Punkt für Punkt des Balkens untersucht.

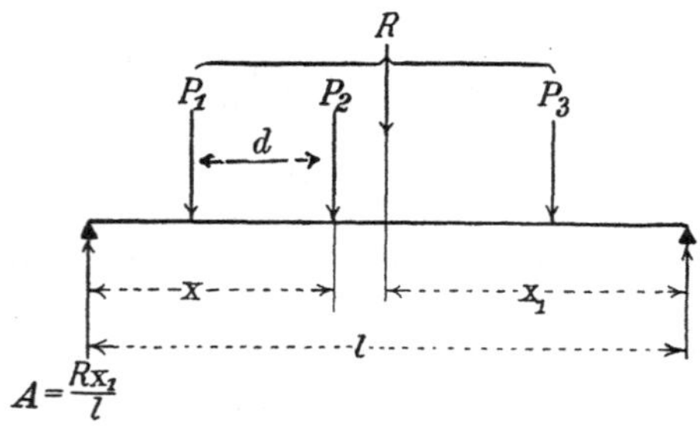

Abb. 255.

Wir wissen, daß auf jeden Fall an dem Punkt des größtmöglichen Moments eine der Schwerlasten des Lastenzuges stehen muß. Wir wollen also nun das Größtmoment nicht an einem gegebenen Punkt, sondern unter einer gegebenen Last bestimmen, und zwar müssen wir das für einige der Schwerlasten tun.

Wir betrachten den unter Einwirkung der beliebigen beweglichen Lastengruppe P_1, P_2, P_3 stehenden Balken der Abb. 255. Wir suchen die Funktion des Momentes z. B. unter P_2.

Es ist mit $R = \sum_1^3 P$

$$M_2 = \frac{R \cdot x_1 \cdot x}{l} - \sum P_1 \cdot d .$$

Wird nun das Kraftsystem um Δ nach links verschoben, wobei keine Last den Balken verlassen noch neu hinzukommen soll, so ist

$$M_2 + \Delta M_2 = \frac{R}{l} \cdot (x_1 + \Delta)(x - \Delta) - \sum P_1 \cdot d ,$$

$$\Delta M_2 = \frac{R}{l}(x \Delta - x_1 \cdot \Delta - \Delta^2),$$

Δ^2 kann als Größe zweiter Ordnung klein gegen die andern vernachlässigt werden:

$$\Delta M_2 = \frac{R \Delta}{l}(x - x_1) . \tag{24}$$

Ist $x \gtrless x_1$, so wird $M_2 \left\{ \begin{matrix} \text{größer} \\ \text{kleiner} \end{matrix} \right\}$ durch Verschieben des Lastenzuges nach links, und der Größtwert tritt ein, wenn $x = x_1$ ist. Also:

Das größtmögliche Moment unter einer Last tritt dann ein, wenn diese Last und die Resultierende aller auf den Träger wirkenden Lasten gleich weit von Trägermitte entfernt sind.

Nur für ein symmetrisches Lastensystem mit einer Last in der Mitte liegt also die Stelle des größtmöglichen Momentes in Balkenmitte.

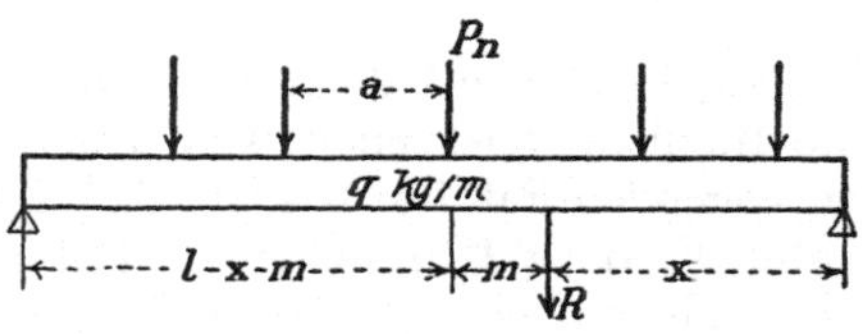

Abb. 256.

Ist der Balken durch eine gleichmäßig verteilte ständige Last und durch ein bewegliches System von Einzellasten belastet, so kann das Größtmoment unter einer Einzellast wie folgt gefunden werden. Es sei nach Abb. 256 R die Resultierende aller auf den Balken wirkenden Einzellasten, x ihre variable Enfernung vom rechten Auflager, m ihre (konstante) Entfernung von der Last P_n. Dann ist das Moment unter P_n

$$M_n = \left(\frac{R \cdot x}{l} + \frac{q \cdot l}{2}\right)(l - x - m) - \sum_0^n P \cdot a - \frac{q\,(l - x - m)^2}{2},$$

$$\frac{dM}{dx} = R - \frac{2\,R \cdot x}{l} - \frac{R \cdot m}{l} + \frac{q \cdot l}{2} - q\,m - q\,x = 0,$$

$$x = \frac{l - m}{2} - \frac{q \cdot m \cdot l}{2\,(2\,R + q\,l)} . \tag{24a}$$

Man hätte auf gleiche Weise durch Differentiieren auch den obengenannten Satz finden können.

Mit $q = 0$ wird

$$x = \frac{l - m}{2},$$

d. h. die Balkenmitte muß zwischen R und P_n liegen, wenn unter P_n das Größtmoment auftreten soll.

16. Zahlenbeispiel für die Berechnung eines größtmöglichen Momentes.

Es sei das größtmögliche Moment eines Balkens (unter Vernachlässigung des Eigengewichts) gesucht, über den ein vierachsiger Wagen mit je 5 t Achslast nach Abb. 257 führt.

Da die Stellung des Lastenzuges beim größtmöglichen Moment noch nicht bekannt ist, so muß man zunächst eine Annahme machen,

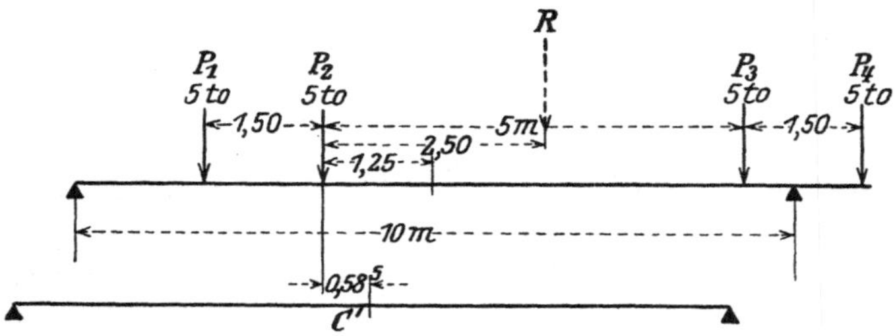

Abb. 257.

welche Lasten auf den Träger kommen. Dabei ist zu bedenken, daß die fragliche Last nicht weit von Balkenmitte liegen wird. In dem vorliegenden Fall ist es klar, daß das größtmögliche Moment entweder unter P_2 oder P_3 sein wird. Entscheiden wir uns zunächst für P_2, und nehmen wir an, daß das größtmögliche Moment auftritt, wenn alle Lasten auf dem Träger stehen. $R = \sum_1^4 P = 20\,\mathrm{t}$, in der Mitte zwischen P_2 und P_3 angreifend. Es muß also das Lastensystem so gestellt werden, daß die Balkenmitte den Abstand zwischen P_2 und P_3 viertelt. Dabei finden wir aber, daß P_4 nicht auf den Träger kommt. Wir müssen also nunmehr die Resultierende aus P_1, P_2, P_3 suchen. Die Momentengleichung in bezug auf P_2 liefert ihre Entfernung von P_2

$$5 \cdot 5 - 5 \cdot 1{,}5 = 15 \cdot x,$$

$$x = \frac{17{,}5}{15} = 1{,}17\ \mathrm{m}.$$

Es muß also die Kraft P_2 um 0,585 m links neben der Balkenmitte liegen. Überprüfen wir jetzt wieder, ob sich bei dieser Stellung auch alle in Rechnung gesetzten Lasten auf dem Träger befinden, so sehen wir, daß dies der Fall ist. Es ist dann das größtmögliche Moment unter der Last P_2

$$M_2 = \frac{3 \cdot 5\,(5 - 0{,}585)^2}{10} - 5 \cdot 1{,}5 = 21{,}67\ \mathrm{mt}.$$

Es ist jetzt zu untersuchen, ob nicht bei einer Stellung von nur zwei Lasten P_1 und P_2 ein größeres Maximalmoment auftritt. In diesem Fall müßte P_2 um 0,375 m rechts von der Balkenmitte wirken, oder

$$M_2 = \frac{10 \cdot 4{,}625^2}{10} = 21{,}34 \text{ mt},$$

also geringer als das oben gefundene.

Mit P_2 in Balkenmitte wird

$$M_2 = \frac{10 \cdot 4{,}25}{10} \cdot 5 = 21{,}25 \text{ mt},$$

so daß das größtmögliche Moment um rd. 2% größer ist.

Das Maximalmoment der Balkenmitte weicht also in diesem Falle nicht viel von dem größtmöglichen Moment ab, und wird es auch im allgemeinen nicht tun. Indessen ist bei genauen Berechnungen von schwerbelasteten Trägern doch in der gezeigten Weise das größtmögliche Moment jeweils zu ermitteln.

17. Balken, einerseits frei gelagert, andererseits eingespannt.

a) Belastung durch eine Einzellast.

Die Aufgabe ist einfach statisch unbestimmt, da vier Reaktionen unbekannt sind und zu ihrer Berechnung entsprechend den 3 Gleichgewichtsbedingungen nur 3 Gleichgewichtsgleichungen

$$\sum V = 0,$$
$$\sum H = 0,$$
$$\sum M = 0$$

zur Verfügung stehen. Als vierte Gleichung müssen wir eine Formänderungsgleichung zu Hilfe nehmen. Der elastische Sinn einer festen Einspannung ist der, daß die Neigung der Biegungslinie daselbst Null ist. Eine vollständige Behandlung der Aufgabe erfolgt in Kap. XII. In Abb. 258 ist die Linie AdB die Momentenlinie aus der Einzellast, AeB die Momentenlinie infolge eines in B eingeleiteten Moments $\overline{M_2}$, beide für den statisch bestimmten Träger (auf zwei Stützen). Die Momentenfläche des statisch unbestimmten Trägers findet man durch Überlagerung: Mit $\overline{Be} = \overline{Bc}$ ist die gesuchte Momentenfläche die schraf-

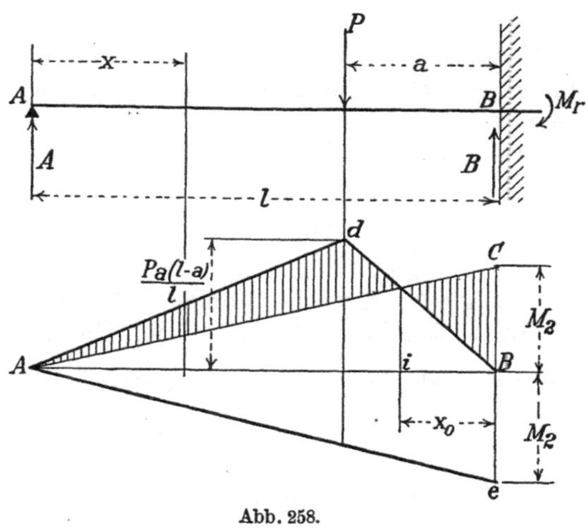

Abb. 258.

fierte Fläche, wobei noch die Größe $\overline{Be} = \overline{Bc}$ zu bestimmen ist. Da die Entfernung des Punktes A von der Tangente an die Biegelinie in B Null ist, so verschwindet das Moment der Momentenfläche zwischen A und B in bezug auf B:

$$\frac{P\cdot a\,(l-a)^3}{3\,l} + \frac{P\cdot a^2\,(l-a)}{2\,l}\left(l - a + \frac{a}{3}\right) = \frac{M_2\cdot l^2}{3},$$

woraus

$$M_2 = M_r = -\frac{P\cdot a\,(l-a)\,(2\,l-a)}{2\,l^2}. \qquad (25)$$

Aus $\sum M = 0$ folgt dann

$$M_2 = -P\cdot a + A\cdot l,$$

$$A = -\frac{P\cdot a\,(l-a)\,(2\,l-a)}{2\,l^3} + \frac{P\cdot a}{l} = \frac{P\cdot a^2\,(3\,l-a)}{2\,l^3}. \qquad (26)$$

Aus $\sum V = 0$ folgt

$$B = P - A = \frac{P\,(2\,l^3 - 3\,a^2\cdot l + a^3)}{2\,l^3}$$

$$= \frac{P\,(l-a)\,(2\,l^2 + 2\,a\,l - a^2)}{2\,l^3}. \qquad (27)$$

Der Momentennullpunkt liegt in einer Entfernung x_0 von B

$$x_0 = \frac{M_2}{B} = \frac{a\,l\,(2\,l-a)}{2\,l^2 + 2\,a\,l - a^2}. \qquad (28)$$

Zwischen B und dem Momentennullpunkt i sind die oberen Fasern gezogen, die unteren gedrückt; zwischen i und A ist es umgekehrt.

Das größte positive Moment tritt unter der Einzellast auf und beträgt

$$M_{\max} = \frac{P\cdot a\,(l-a)}{l} - \frac{M_2\,(l-a)}{l} = \frac{P\cdot a^2\,(l-a)\,(3\,l-a)}{2\,l^3}. \qquad (29)$$

Das größte negative Moment $M_{\min}$ tritt an der Einspannung auf.

An irgendeinem Punkt in der Entfernung x von A beträgt das Moment und die Querkraft innerhalb des Bereiches $x \Big|_0^{l-a}$

$$M = A\cdot x; \qquad Q = A$$

innerhalb des Bereiches $x \Big|_{l-a}^{l}$

$$M = A\cdot x - P(x - l + a); \qquad Q = A - P.$$

Um die Stelle zu finden, wo die Last P angreifen muß, um das größtmögliche positive Moment zu erzeugen, differentiieren wir Gl. (29) nach a und lassen die erste Abgeleitete verschwinden:

$$\frac{dM}{da} = 0$$

ergibt

$$a = \frac{l}{2}(3 - \sqrt{3}) = 0{,}634\, l \tag{30}$$

und daselbst tritt das größtmögliche positive Moment auf mit

$$M_{max} = 0{,}174\, P \cdot l\,. \tag{31}$$

Um den Größtwert des negativen Moments (Einspannmoments) zu finden, differentiiert man Gl. (25) nach a.

$$\frac{dM}{da} = 0$$

liefert

$$a = l\left(1 - \frac{1}{\sqrt{3}}\right) = 0{,}423\, l\,. \tag{32}$$

Damit wird das größte negative Moment

$$M_{min} = -\,0{,}192\, P \cdot l\,. \tag{33}$$

Für verschiedene Laststellungen, also verschiedene Werte $\frac{a}{l}$ sind in nachstehender Tabelle die Werte x_0, $+M$ (an der Laststelle), $-M$ (an der Einspannstelle) zusammengestellt:

$\frac{a}{l} =$	0,1	0,2	0,3	0,4	0,5	0,6	0,7	0,8	0,9
$\frac{x_0}{l} =$	0,087	0,15	0,20	0,24	0,27	0,30	0,31	0,32	0,33
$-\frac{M_2}{P \cdot l} =$	0,086	0,144	0,178	0,192	0,187	0,168	0,136	0,096	0,049
$+\frac{M}{P \cdot l} =$	0,013	0,045	0,085	0,125	0,156	0,173	0,169	0,141	0,085

1. Gegenüber einem einfachen Balken wird die (positive) Querkraft eines einerseits frei gelagerten, andrerseits fest eingespannten Balkens zwischen A und der Last kleiner, die (negative) Querkraft zwischen der Last und B größer.

Ferner, wenn wir uns erinnern, daß das größtmögliche positive Moment eines einfachen Balkens mit einer Einzellast in der Mitte mit $M = 0{,}25\, P \cdot l$ auftritt, so folgt:

2. Die positiven Momente eines einfachen Balkens werden durch die Einspannung eines Endes über die ganze Balkenlänge vermindert. Von einem bestimmten Punkt ab, dessen Lage von der Laststelle abhängt, bis zur Einspannungsstelle sind die Momente negativ. Die größte Entfernung dieses Punktes von der Einspannstelle beträgt im Grenzfall für $a = l$

$$x_0 = \frac{l}{3}\,.$$

3. Das größtmögliche positive Moment des mit einer (wandernden) Einzellast belasteten, einerseits frei gelagerten, andererseits eingespannten Balkens beträgt (für $a = 0{,}634\, l$) ungefähr das 0,7fache des einfachen Balkens $\left(\text{für } a = \frac{l}{2}\right)$.

4. Das größtmögliche negative Moment (tritt an der Einspannung auf) durch eine wandernde Einzellast beträgt (für $a = 0{,}423\,l$) ungefähr das 0,77fache des größtmöglichen positiven Moments des einfachen Balkens.

Die Aufnahme der negativen Momente muß (Eisenbetonbalken!) konstruktiv gesichert sein.

Die negativen Momente entstehen dadurch, daß sich der Balken an dem eingespannten Ende nicht frei drehen kann. Das Einspannmoment ist errechnet unter der Annahme starrer Einspannung. In Wirklichkeit gibt jedoch jedes Material infolge seiner elastischen (oder auch plastischen) Eigenschaften etwas nach, so daß die tatsächlichen negativen Momente etwas kleiner, die tatsächlichen positiven Momente etwas größer werden als die errechneten. Eine absolut starre Einspannung gibt es eben nicht, sondern jede Einspannung ist, wie man sagt, elastisch. Wie weit die elastische Einspannung von der starren abweicht, hängt jeweils von den besonderen Umständen ab. Ist der Balken z. B. durch eine Nietverbindung in einen andern Konstruktionsteil eingespannt, etwa in eine Säule, so kann das Maß der elastischen Einspannung vielfach unter gewissen Annahmen rechnerisch bestimmt werden; solche Fälle sollen noch behandelt werden. Eine Einspannung in ein massives Widerlager auf unnachgiebigem Baugrund kann sich der starren Einspannung in hohem Maße nähern. Nur durch eine reiche Erfahrung vermag der Ingenieur in zweifelhaften Fällen das Maß der Einspannung richtig einzuschätzen; im allgemeinen soll man die negativen Momente eher etwas kleiner, die positiven Momente eher etwas größer als die errechneten annehmen.

b) Gleichmäßig verteilte Belastung.

Die Lösungen gehen unmittelbar aus denen des Abschn. 17a her-

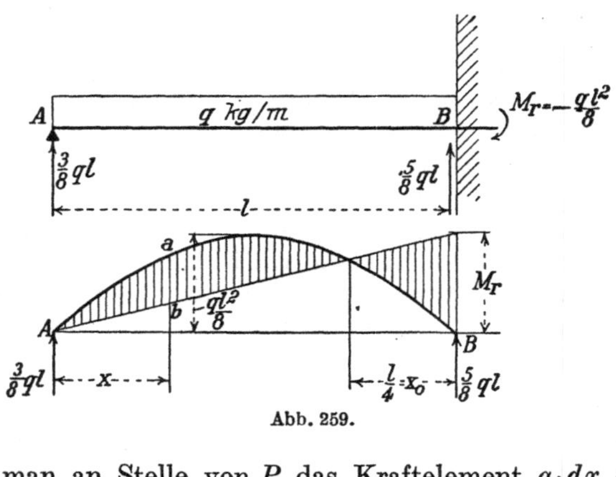

Abb. 259.

vor, wenn man an Stelle von P das Kraftelement $q \cdot dx$ einsetzt und über die Balkenlänge integriert (Abb. 259).

$$A = \frac{3}{8}\,q \cdot l, \tag{34}$$

$$B = \frac{5}{8} q \cdot l, \tag{35}$$

$$M_r = -\frac{q \cdot l^2}{8}. \tag{36}$$

$$x_0 = \frac{l}{4}. \tag{37}$$

In einer beliebigen Entfernung x von A ist

$$Q = \frac{3}{8} q \cdot l - q x = \frac{q}{8}(3l - 8x), \tag{38}$$

$$M = \frac{3}{8} q \cdot l x - \frac{q x^2}{2} = \frac{q x}{8}(3l - 4x), \tag{39}$$

$$Q = 0 \quad \text{für} \quad x = \frac{3}{8} l,$$

$$M = 0 \quad \text{für} \quad x = \frac{3}{4} l,$$

$$M_{\max} = \frac{9}{128} q l^2 \quad \text{für} \quad x = \frac{3}{8} l.$$

$$M_{\min} = -\frac{q l^2}{8} \quad \text{für} \quad x = l.$$

Der linke Teil des Balkens von A bis zum Momentennullpunkt hat die gleichen Querkräfte und Momente wie ein einfacher Balken von der Spannweite $l' = \frac{3}{4} l$ mit der Belastung q/m. Das Größtmoment tritt in der Mitte dieses Balkens auf mit

$$M_{\max} = \frac{q l'^2}{8} = \frac{9}{128} q l^2.$$

Es sei nochmals darauf hingewiesen, daß in der Wirklichkeit die positiven Momente im allgemeinen größer, die negativen Momente kleiner sein werden als die (unter der Annahme fester Einspannung) errechneten Werte.

Aufgaben:

Leite die Gleichungen für den Fall ab,

1. daß eine gleichmäßig verteilte Belastung die linke Hälfte des Balkens bedeckt,
2. daß die gleichmäßig verteilte Last den Balken von einer um b vom linken Auflager entfernten Stelle bis zur Einspannung bedeckt,
3. daß die gleichmäßig verteilte Belastung die mittlere Hälfte des Balkens bedeckt.

18. Beiderseits eingespannter Balken.

a) Belastung durch eine Einzellast (Abb. 260).

Auch dieser Fall ist in Kap. XII eingehend erörtert. Es soll hier nur das Wesentliche mit den gleichen Methoden behandelt werden wie in dem Abschn. 17.

Die schraffierte Fläche ist die Momentenfläche des Trägers, die wieder durch Überlagerung der Momentenfläche des statisch bestimmten Trägers und der Einspannmomente gewonnen wird. Die Größe der Einspannmomente finden wir aus der Überlegung, daß die Tangenten an die Punkte A und B der Biegelinie miteinander den Winkel 0 einschließen und daß der Punkt A von der Tangente an die Biegelinie in B die Entfernung 0 hat. Es muß also

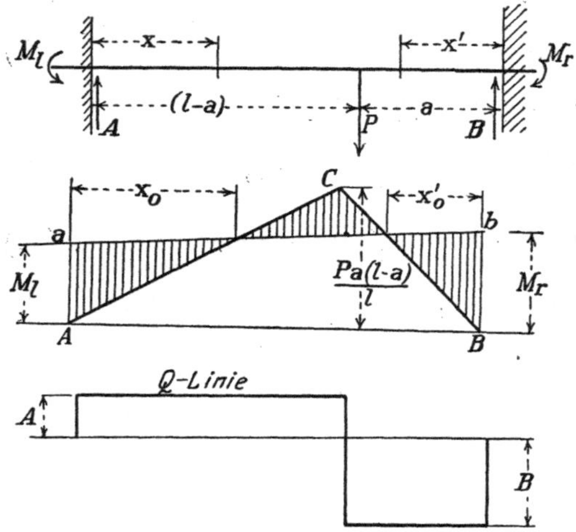

Abb. 260.

1. der algebraische Wert der schraffierten Momentenfläche nullwertig sein,
2. das Moment der (schraffierten) Momentenfläche in bezug auf A den Wert Null haben.

Aus 1:

$$\frac{P\cdot a\cdot l\,(l-a)}{2\,l} = \frac{(M_l+M_r)\,l}{2},$$

$$P\cdot a\,(l-a) = (M_l+M_r)\,l\,.$$

Aus 2:

$$\frac{P\cdot a\,(l-a)^3}{3\,l} + \frac{P\cdot a^2\,(l-a)}{6\,l}(3\,l-2\,a) = \left(\frac{M_l}{6}+\frac{M_r}{3}\right)l^2.$$

Die Anflösung dieser beiden Gleichungen nach M_l und M_r ergibt

$$M_l = -\frac{P\cdot a^2\,(l-a)}{l^2}, \tag{40}$$

$$M_r = -\frac{P\cdot a\,(l-a)^2}{l^2}. \tag{41}$$

Die Auflagerkräfte sind

$$A = \frac{P\cdot a}{l} + \frac{M_r}{l} - \frac{M_l}{l} = \frac{P\cdot a^2}{l^3}(3\,l-2\,a)\,. \tag{42}$$

$$B = \frac{P\,(l-a)}{l} - \frac{M_r}{l} + \frac{M_l}{l} = \frac{P\,(l-a)^2}{l^3}(l+2\,a)\,. \tag{43}$$

Gl. (43) muß aus Gl. (42) durch Vertauschen von a gegen $(l-a)$ hervorgehen. (Durch Ausnutzen solcher Beziehungen kommt man häufig sehr rasch zu den gesuchten Lösungen.)

Das Moment an irgendeinem Punkt ist

links von der Last

$$M = A\cdot x + M_l = \frac{P\cdot a^2}{l^2}\left[\frac{x\,(3\,l-2\,a)}{l} - (l-a)\right], \tag{44}$$

rechts von der Last

$$M = B \cdot x' + M_r = \frac{P(l-a)^2}{l^2}\left[\frac{x'(l+2a)}{l} - a\right]. \qquad (45)$$

Die Momente verschwinden, wenn

$$x = \frac{l(l-a)}{3l-2a} = x_0 \qquad (46)$$

bzw.

$$x' = \frac{a \cdot l}{l+2a} = x_0'. \qquad (47)$$

Das Moment unter der Last beträgt (durch Einsetzen von $a = x'$ in Gl. (45))

$$M_P = \frac{2P \cdot a^2 (l-a)^2}{l^3}. \qquad (48)$$

M_P ist stets absolut größer als das eine und kleiner als das andre Einspannmoment, mit der Ausnahme, wenn P in Balkenmitte steht. Dann sind alle drei Momente einander gleich.

In einem beiderseits eingespannten, mit einer (wandernden) Einzellast belasteten Balken ist das absolut größte Moment stets ein Einspannmoment. (Dies gilt nicht für ein System von mehreren Einzellasten.) Es tritt an dem Balkenende auf, das der Einzellast am nächsten liegt.

Die Querkraft an irgendeinem Punkt links von der Last ist $Q = A$, rechts von der Last $Q = -B$. Die Querkraft erreicht für irgendeinen Punkt einen positiven bzw. negativen Größtwert, wenn die Last unmittelbar rechts bzw. links von jenem Punkt steht.

Durch Differentiieren der Gl. (40) folgt, daß das Einspannmoment einen Größtwert erreicht, wenn sich die Last in der Entfernung $\frac{l}{3}$ von dem betreffenden Balkenende befindet. Der Wert des größtmöglichen negativen Momentes beträgt

$$M_{\min} = -\frac{4}{27} \cdot P \cdot l. \qquad (49)$$

Aus Gl. (48) ergibt sich, daß der größtmögliche Wert des positiven Momentes erreicht wird, wenn sich die Last in Balkenmitte befindet, mit

$$M_{\max} = \frac{1}{8} \cdot P \cdot l, \qquad (50)$$

d. h. es beträgt die Hälfte des für einen einfachen Balken geltenden Wertes. Dies Ergebnis folgt auch sofort aus der Bedingung, daß der algebraische Wert der Momentenfläche Null ist.

Das größtmögliche negative Moment ist (vgl. oben) bei einem durch eine Einzellast belasteten, beiderseits eingespannten Balken um 18,5% größer als das größtmögliche positive Moment. Man kann daher sagen, daß für solche Balken die negativen Momente von größerer Bedeutung sind als die positiven.

b) Gleichmäßig verteilte Belastung (Abb. 261).

Der algebraische Wert der Momentenfläche muß Null sein, d. h. die Fläche des Rechtecks und die der Parabel müssen mit entgegengesetztem Vorzeichen gleich sein:

$$M_r \cdot l = -\frac{2}{3} l \cdot \frac{q l^2}{8},$$

$$M_r = -\frac{q l^2}{12} = M_l = M_{\min}. \tag{51}$$

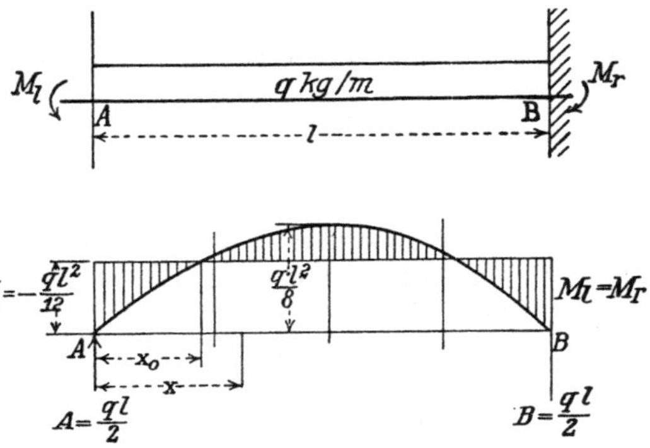

Abb. 261.

Das größte positive Moment tritt in Balkenmitte auf

$$M_{\max} = \frac{q l^2}{8} - \frac{q l^2}{12} = \frac{q l^2}{24}. \tag{52}$$

Das Moment in einer Entfernung x von einem Auflager beträgt

$$M = \frac{q \cdot x (l - x)}{2} - \frac{q l^2}{12}.$$

Es verschwindet für

$$x = x_0 = \frac{l}{2}\left(1 - \frac{1}{\sqrt{3}}\right) = 0{,}203\, l. \tag{53}$$

Der Balken ist auf eine Länge von etwa $\frac{6}{10}$ seiner Spannweite von positiven und auf eine Länge von etwa $\frac{4}{10}$ seiner Spannweite von negativen Momenten beansprucht.

Die Auflagerkräfte sind

$$A = B = \frac{q l}{2},$$

also die gleichen wie bei einem einfachen Balken.

c) Gleichmäßig verteilte Belastung wirkt nur auf einen Teil des Balkens (Abb. 262).

Ersetzen wir in Gl. (40) P durch $q \cdot dx'$ und a durch x', so erhalten wir den Wert von M_l infolge der im Abstand x' von B

wirkenden Last $q \cdot dx'$. Durch Integration innerhalb der Grenzen 0 und a erhalten wir den der Abb. 262 entsprechenden Wert von M_l. Also

$$dM_l = -\frac{q\,dx' \cdot x'^2 (l - x')}{l^2},$$

$$M_l = -\frac{q}{l^2}\int_0^a x'^2 (l - x')\,dx' = -\frac{q\,a^3}{12\,l^2}(4\,l - 3\,a). \qquad (54)$$

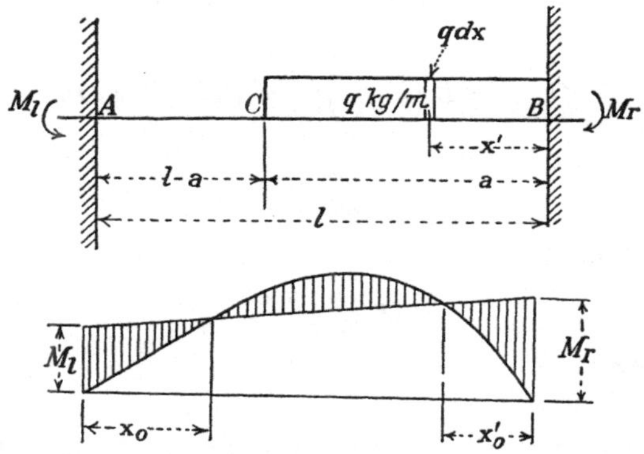

Abb. 262.

Entsprechend aus Gl. (41)

$$M_r = -\frac{q}{l^3}\int_0^a x'(l - x')^2\,dx' = -\frac{q\,a^2}{12\,l^2}(6\,l^2 - 8\,l\,a + 3\,a^2). \qquad (55)$$

Für $a = l$ gehen Gl. (54) und (55) in Gl. (51) über.

Um die größte positive Querkraft bei einem beliebigen Punkt C zu finden, belasten wir den Träger rechts von C bis zum Auflager (Abb. 262) und erhalten aus Gl. (42)

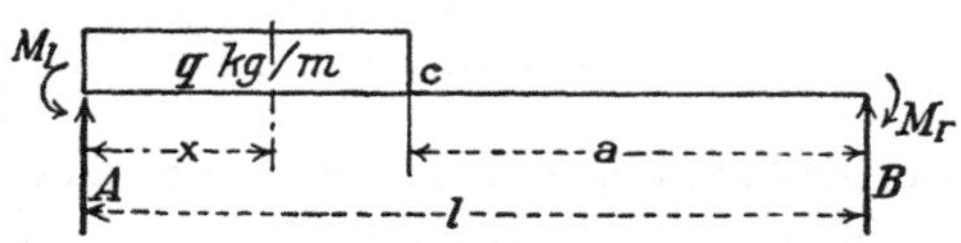

Abb. 263.

$$Q_{\max} = A = \frac{q}{l^3}\int_0^a (3\,l - 2\,x')\,x'^2\,dx' = \frac{q\,a^3}{2\,l^3}(2\,l - a). \qquad (56)$$

Für diese Belastung wird

$$B = \frac{q}{l^3}\int_0^a (l - x')^2 (l + 2\,x')\,dx' = \frac{q\,a}{2\,l^3}(2\,l^3 - 2\,l\,a^2 + a^3). \qquad (57)$$

Für $a = l$ wird

$$A = B = \frac{q\,l}{2},$$

wie zu erwarten.

Die Summe der Auflagerdrücke aus Gl. (56) und Gl. (57) ergibt

$$A + B = q \cdot a,$$

wie es das Gleichgewicht verlangt.

Um die größte negative Querkraft an einem beliebigen Punkt C zu finden (Abb. 263), belaste man den Balkenteil links von C. Mit $P = q \cdot dx$ finden wir aus Gl. (43)

$$dQ = -\frac{q x^2}{l^3}(3l - 2x)\,dx,$$

$$Q_{\min} = B = -\frac{q}{l^3}\int_0^{l-a} x^2(3l - 2x)\,dx$$

$$= \frac{q}{2l^3}(l^4 - 2l^3 a + 2 l a^3 - a^4). \tag{58}$$

Für $a = 0$ wird

$$Q_{\min} = \frac{q l}{2},$$

wie zu erwarten.

19. Gebrauch der Einflußlinien beim einfachen Balken für ein wanderndes System von Einzellasten.

Hat man die Einflußlinien für irgendeine Kraftwirkung (Querkraft, Moment, Auflagerdruck usw.) gefunden, so gibt die Ordinate an irgendeinem Punkt die Wirkung, die die an jenem Punkt angebrachte Einheitslast hervorruft. Wirkt eine Gruppe von Einzellasten auf den Träger, so kann die (betrachtete) Wirkung dadurch gefunden werden, daß man jede Last mit der zugehörigen Ordinate der Einflußlinie multipliziert und die Summe bildet. Angenommen, die Einflußlinie bestehe aus zwei Geraden nach Abb. 264 und sei z. B. die Einflußlinie des Momentes in C. Es sei weiterhin P_l der auf den Balkenteil links von C, P_r der auf den Balkenteil rechts von C wirkende Teil der Gesamtlast, so daß also in C selbst keine Kraft angreift. Wird nun das Lastensystem um dx nach links verschoben, so ändert sich die Kraftwirkung, also hier das Moment in C, um

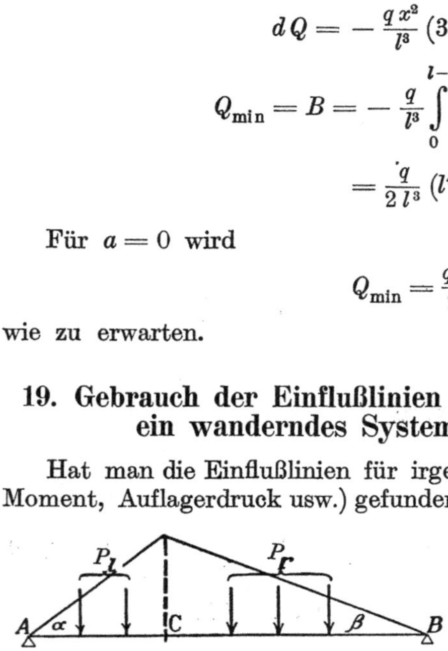

Abb. 264.

$$dM_C = P_r \cdot dx \cdot \tan\beta - P_l \cdot dx \cdot \tan\alpha.$$

Der Zuwachs ist positiv, wenn

$$P_r \cdot \tan\beta > P_l \cdot \tan\alpha$$

oder

$$\frac{P_r}{\overline{CB}} > \frac{P_l}{\overline{AC}}.$$

Dies ist das gleiche Ergebnis, das wir in Abschn. 9f, Gl. (12) erhielten. Die vorliegende Ableitung ist aber deshalb allgemeiner, weil wir das Ergebnis auf jede Kraftwirkung übertragen können, deren Einflußlinie aus zwei Geraden zusammengesetzt ist. Wir wollen das folgendermaßen aussprechen:

Ist die Einflußlinie eines Balkens $\overline{AB}$ für irgendeine Kraftwirkung an einem Balkenpunkt C so beschaffen, daß sie von Null bei A und B in zwei Geraden mit dem Schnittpunkt in C steigt bzw. fällt, so hat die Kraftwirkung für ein wanderndes System von Einzellasten bei der Laststellung den Größtwert, die für C das Größtmoment liefert. Es muß also eine Last in C angreifen derart, daß die mittlere Belastung des Teiles $\overline{BC}$ größer als die mittlere Belastung des Teiles $\overline{AB}$ ist, wenn jene Last unmittelbar neben C in dem Balkenteil $\overline{BC}$ und umgekehrt, wenn die Last unmittelbar neben C in dem Teil $\overline{AB}$ angreift.

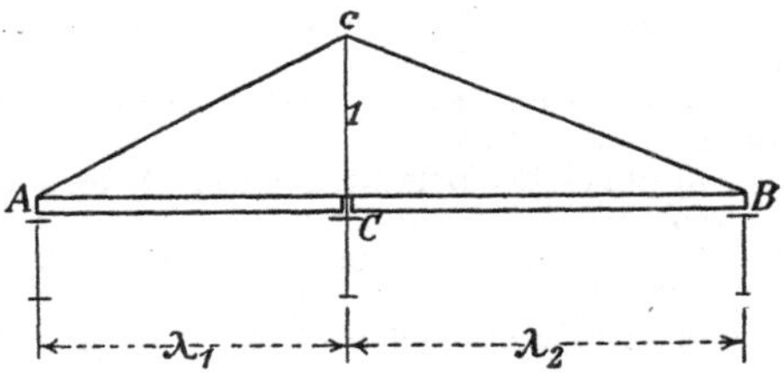

Abb. 265.

Als Beispiel sei der von zwei Nebenträgern auf einen Querträger übertragene Auflagerdruck genannt (Abb. 265). AC und CB seien zwei Nebenträger, die bei A, B und C auf Querträger gelagert sind. Die Einflußlinie der in C auf den Querträger übertragenen Kraft ist die Linie AcB. Sind die Nebenträger durch Nietverbindungen an den Steg des Querträgers angeschlossen, so hat auch, und zwar für die Berechnung der Nietverbindungen, die von einem Nebenträger übertragene Größtlast Interesse. Der größte Auflagerdruck C des Trägers BC tritt auf, wenn eine Schwerlast in C und möglichst viele schwere Lasten möglichst nahe bei C stehen. Entsprechendes gilt für den Auflagerdruck C des Balkens AC. Der größte Auflagerdruck P_{max}, der gleichzeitig von AC und CB auf C übertragen wird, ist nicht gleich der Summe der Einzelgrößtdrucke; er wird durch die gleiche Belastung erhalten, die für den Balken AB das Größtmoment in C liefert.

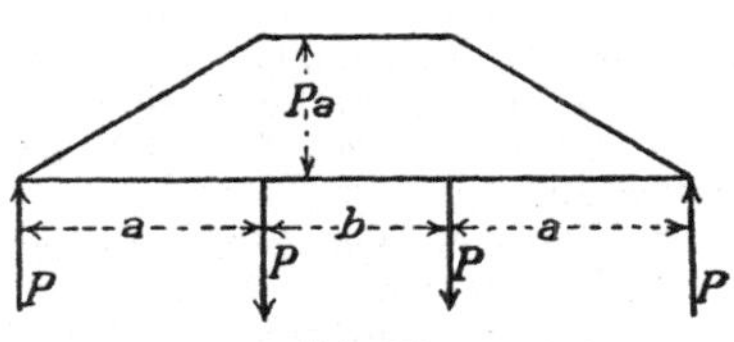

Abb. 266.

Handelt es sich z. B. um eine eingleisige Eisenbahnbrücke, deren Gleis symmetrisch zum Querträger liegt, so ist der Querträger für eine Belastung durch Eigengewicht und durch zwei symmetrische Lasten P_{max} zu berechnen. Die Momentenlinie durch die Einzellasten ist in Abb. 266 dargestellt. Zwischen den Einzellasten ist das Moment konstant und fällt von da geradlinig zu den Auflagern. Handelt es sich um eine zweigleisige Brücke, so ist der Querträger durch 4 Lasten P_{max} und durch sein Eigengewicht zu belasten.

Es ist sowohl hinsichtlich der statisch bestimmten als auch der statisch unbestimmten Systeme sehr wichtig, daß der Leser den Inhalt dieses Kapitels beherrscht. Der Berechnung von Spannungen sowohl wie von Formänderungen geht die Bestimmung von Querkräften und Momenten voraus.

Aufgaben.

1. Wann ist bei indirekter Belastung das Biegungsmoment für einen Punkt zwischen zwei Querträgern absolut und algebraisch geringer als für den gleichen Punkt bei direkter Belastung?

2. Bestimme Querkraft- und Momentenlinien eines einseitig fest eingespannten, andrerseits frei gelagerten Balkens mit gleichmäßig verteilter Belastung, wobei

a) diese von dem frei gelagerten Ende aus den Balken nur zum Teil bedeckt,

b) diese den Balken nur zum Teil derart bedeckt, daß von beiden Lagern aus der Balken eine gewisse Strecke lastfrei ist,

c) zu der Belastung unter a) und b) noch jeweils eine Einzelkraft hinzukommt,

d) diese den ganzen Balken bedeckt und an dem frei gelagerten Ende ein Moment angreift,

e) außer der Belastung unter a) noch ein Moment am frei gelagerten Ende angreift,

f) außer der Belastung unter b) noch ein Moment am frei gelagerten Ende angreift,

g) in den Lastfällen d), e), f) noch jeweils eine Einzelkraft hinzukommt.

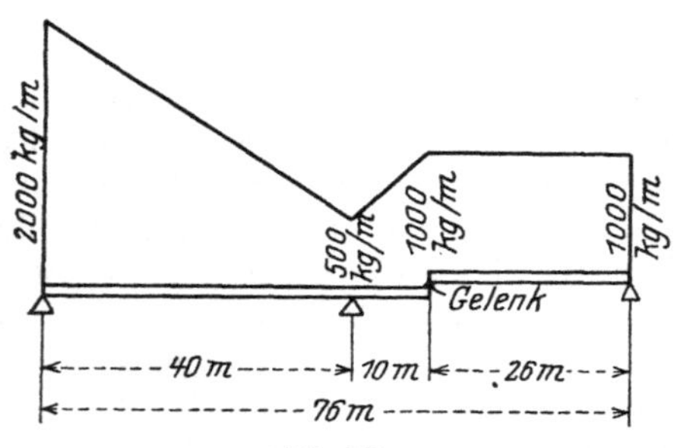

Abb. 267.

3. Leite Gl. (2) und (3) aus den Einflußlinien ab.

4. Das Größtmoment eines gleichmäßig belasteten Balkens betrage in der Mitte 10000 mkg. Wie groß sind die Größtmomente an den um $\frac{l}{4}$, $\frac{l}{6}$, $\frac{l}{8}$ vom Auflager entfernten Balkenpunkten? (Kopfrechnen!)

5. Das Größtmoment eines 20 m gespannten gleichmäßig belasteten Balkens betrage in einer Entfernung 6 m vom linken Auflager 12000 mkg. Wie groß sind die Größtmomente in Entfernungen 2 m und 4 m vom Auflager? (Kopfrechnen!)

6. Bestimme die Scheitelpunkte der Parabeln $c\,f'\,e$ und $e'\,f''\,c'$ in Abb. 231.

7. Leite Gl. (34), (35), (36) unmittelbar unter Benutzung der Momentenflächen ab.

8. Bestimme den geometrischen Ort aller Punkte b in Abb. 248.

9. Ein einfacher Balken von 30 m Spannweite sei ungleichmäßig belastet derart, daß die Lastlinie von Null in beiden Auflagern auf 2000 kg/m in dem um 10 m vom linken Auflager entfernten Punkt ansteigt. Bestimme das Größtmoment.

10. Bestimme Querkraft- und Momentenlinien und Q_{max} und M_{max} für den Lastfall nach Abb. 267.

XII. Formänderungen des einfachen geraden Balkens bei reiner Biegung.

1. Allgemeines.

Die grundlegenden Beziehungen sind in Kap. X erörtert. Wir hatten dort mehrere Methoden zur Bestimmung von Durchbiegung und Neigung der Biegelinie unterschieden:

a) Durchbiegungen.

α) Wir gehen von der Differentialgleichung der elastischen Linie aus

$$\frac{d^2 y}{d x^2} = \pm \frac{M}{E \cdot J}. \tag{1}$$

Die zweimalige Integration liefert die Durchbiegungen, wobei die Integrationskonstanten den Randbedingungen entsprechend zu bestimmen sind.

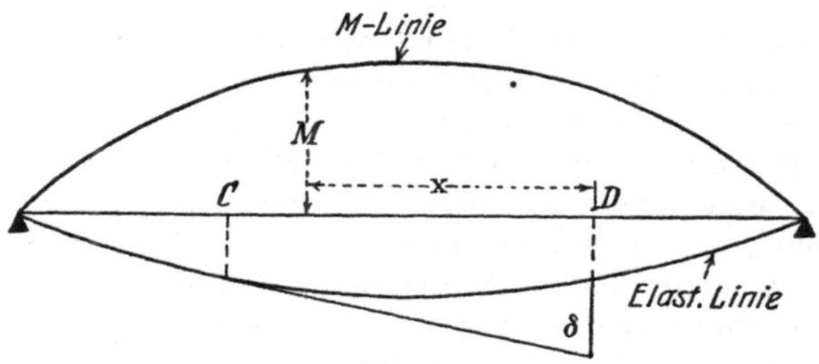

Abb. 268.

β) Bezeichnet man (Abb. 268) mit δ die Entfernung eines Punktes D der Biegelinie gegen die Tangente im Punkte C,

mit x die Entfernung eines beliebigen Punktes zwischen C und D von D,

mit M wie in Gl. (1) die Momentenfunktion für die Belastung, für die die Durchbiegung des Balkens gesucht wird, so ist

$$\delta = \int_D^C \frac{M \cdot x \cdot d x}{E \cdot J} \tag{2}$$

(vgl. Satz II, Kap. X, Abschn. 16).

γ) Die Arbeitsgleichung ergibt

$$\delta = \int_0^l \frac{M_0 \cdot M' \cdot d x}{E \cdot J}, \tag{3}$$

worin δ die gesuchte Durchbiegung an irgendeinem Punkt,

M_0 die Momentenfunktion infolge der Belastung, für die die Durchbiegung gesucht wird,

M' die Momentenfunktion infolge einer Last Eins, in Richtung und am Ort der gesuchten Durchbiegung wirkend, bedeutet.

b) Die Neigung der Biegungslinie kann gefunden werden

α) durch einmalige Integration der Gl. (1),

β) nach Satz I, Kap. X, Abschn. 16,

γ) durch die Arbeitsgleichung

$$\alpha = \int_0^l \frac{M_0 \cdot M' \cdot dx}{E \cdot J}, \tag{3a}$$

worin

M_0 die gleiche Bedeutung hat wie unter a, γ,

M' die Momentenfunktion infolge eines Kräftepaares Eins bedeutet, das in Richtung und am Ort der gesuchten Verdrehung wirkt.

Praktisch angewendet wird jede der hier angeführten Methoden. Welche Methode jeweils am bequemsten zum Ziele führt, kann nicht allgemein, sondern muß von Fall zu Fall entschieden werden.

Im folgenden sollen Verdrehung und Durchbiegung für die häufigsten Belastungs- und Lagerungsfälle des auf zwei Stützen gelagerten Balkens und des Freiträgers untersucht werden. Im allgemeinen werden wir erst die Methode anwenden, die mit der Momentenfläche als Belastung arbeitet, da diese meist zu einer sehr einfachen Rechnung führt. Die Biegungslinie soll immer zeichnerisch dargestellt werden, um bezüglich des Vorzeichens kein Mißverständnis aufkommen zu lassen.

Weiter werden dann die anderen Methoden gezeigt, um dem Leser die Möglichkeit des Vergleiches zu geben.

Für indirekte Belastung wird es vielfach genügen, die Ergebnisse der direkten Belastung zu übernehmen (in bezug auf die Formänderungen!). Die genaue Rechnung macht natürlich keine Schwierigkeiten, da der Einfluß von Einzellasten auch erörtert wird.

2. Freiträger.

a) Einzellast am freien Ende. (Abb. 269.)

Verdrehung in einer Entfernung x vom Auflager

$$\alpha = \frac{\text{Fläche } \overline{a\,b\,b'\,a'}}{E \cdot J} = \frac{P \cdot x\,(2\,l - x)}{2\,E \cdot J}. \tag{4}$$

Durchbiegung in einer Entfernung x vom Auflager

$$\delta = \frac{\text{Moment der Fläche } \overline{a\,b\,b'\,a'} \text{ in bezug auf } b}{E \cdot J} = \frac{P \cdot x^2\,(3\,l - x)}{6\,E \cdot J}. \tag{5}$$

Verdrehung des freien Endes

$$\alpha_1 = \frac{P \cdot l^2}{2\,E \cdot J}. \tag{6}$$

Durchbiegung des freien Endes

$$\delta_1 = \frac{P \cdot l^3}{3\,E \cdot J}. \tag{7}$$

Verwendet man die Gl. (3) und (3 a), so folgt für das freie Ende

$$M_0 = -P(l-x),$$
$$M' = -(l-x) \quad \text{in Gl. (3)},$$

bzw.

$$M' = -1 \quad \text{in Gl. (3a)}$$

$$\alpha_1 = \int_0^l \frac{P(l-x)\,dx}{E \cdot J} = \frac{P \cdot l^2}{2\,E \cdot J},$$

$$\delta_1 = \int_0^l \frac{P(l-x)^2 \cdot dx}{E \cdot J} = \frac{P \cdot l^3}{3\,E \cdot J}$$

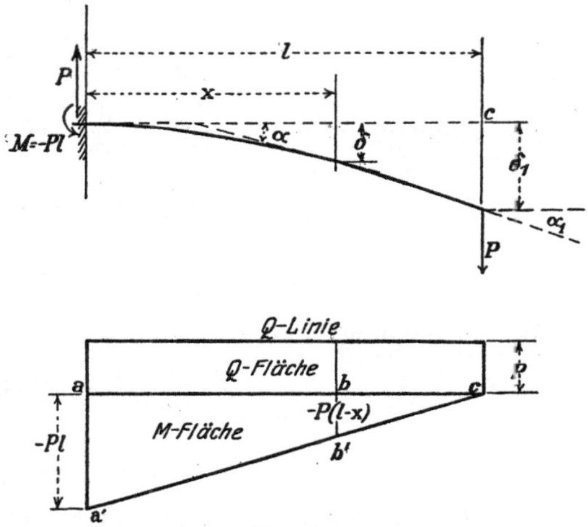

Abb. 269.

für einen beliebigen Punkt b_1 im Abstand x_1 vom Auflager

$$M_0 = -P(l-x),$$

$$\text{in Gl. (3)} \begin{cases} M' = -(x_1 - x)\Big|_a^b \\ M' = 0\Big|_{b_1}^c \end{cases}$$

$$\text{in Gl. (3a)} \begin{cases} M' = -1\Big|_a^{b_1} \\ M' = 0\Big|_{b_1}^c \end{cases}.$$

Damit wird

$$\text{(vgl. Gl. (4))} \qquad \alpha = \int_0^l = \int_0^{x_1} \frac{P(l-x)\,dx}{E \cdot J} = \frac{P \cdot x_1(2\,l - x_1)}{2\,E \cdot J},$$

$$\text{(vgl. Gl. (5))} \qquad \delta = \int_0^l = \int_0^{x_1} \frac{P(l-x)(x_1 - x)\,dx}{E \cdot J} = \frac{P \cdot x_1^2(3\,l - x_1)}{6\,E \cdot J}.$$

Nach Gl. (2) wird die Durchbiegung des freien Endes, wenn x die Entfernung von dem freien Ende bedeutet,

$$\delta_1 = \int_0^l \frac{M \cdot x \cdot dx}{E \cdot J} = \int_0^l \frac{P\,x^2\,dx}{E \cdot J} = \frac{P\,l^3}{3\,E \cdot J}.$$

Nach Gl. (1) wird mit dem Koordinatenursprung an der Einspannstelle, x positiv nach rechts, y positiv nach unten:

$$\frac{d^2 y}{dx^2} = -\frac{M}{E \cdot J} = \frac{P(l-x)}{E \cdot J},$$

$$\frac{dy}{dx} = \frac{P \cdot l x}{E \cdot J} - \frac{P x^2}{2 E \cdot J} + C_1.$$

Randbedingung: Für $x = 0$ ist $\frac{dy}{dx} = 0$, also $C_1 = 0$,

$$\frac{dy}{dx} = \frac{P \cdot x(2l - x)}{2 E \cdot J} \quad \text{(vgl. Gl. (4))}$$

$$y = \frac{P \cdot l x^2}{2 E \cdot J} - \frac{P \cdot x^3}{6 E \cdot J} + C_2.$$

Randbedingung: Für $x = 0$ ist $y = 0$, also $C_2 = 0$,

$$y = \frac{P x^2 (3l - x)}{6 E \cdot J} \quad \text{(vgl. Gl. (5))}.$$

b) Einzellast an beliebiger Stelle.

Die Verdrehung und die Durchbiegung an der Stelle des Kraftangriffs sind die gleichen wie für das freie Ende eines Ersatzbalkens, dessen Spannweite gleich der Entfernung der Last von der Einspannstelle ist. Von jenem Punkt ab verläuft die Biegungslinie geradlinig. Ist also a die Entfernung des Kraftangriffs von der Einspannstelle, so ist die

Verdrehung an der Laststelle und am freien Ende

$$\alpha = \alpha_1 = \frac{P \cdot a^2}{2 E \cdot J}, \tag{8}$$

Durchbiegung an der Laststelle

$$\delta = \frac{P \cdot a^3}{3 E \cdot J}, \tag{9}$$

Durchbiegung an dem freien Ende

$$\delta_1 = \delta + \alpha(l - a) = \frac{P \cdot a^2 (3l - a)}{6 E \cdot J}. \tag{10}$$

c) Eine Gruppe von Einzellasten.

Man summiert die Wirkungen jeder Einzelkraft (Superpositionsprinzip).

d) Gleichmäßig verteilte Belastung.

1. Die Belastung wirke über die ganze Länge des Trägers. (Abb. 270.) Die Momentenfläche bzw. das Moment der Momentenfläche ergibt

Verdrehung an irgendeinem Punkt

$$\alpha = \frac{q[l^3 - (l-x)^3]}{6 E \cdot J} = \frac{q(3l^2 x - 3 l x^2 + x^3)}{6 E \cdot J}, \tag{11}$$

Verdrehung an dem freien Ende

$$\alpha_1 = \frac{q\,l^3}{6\,E\cdot J}, \tag{12}$$

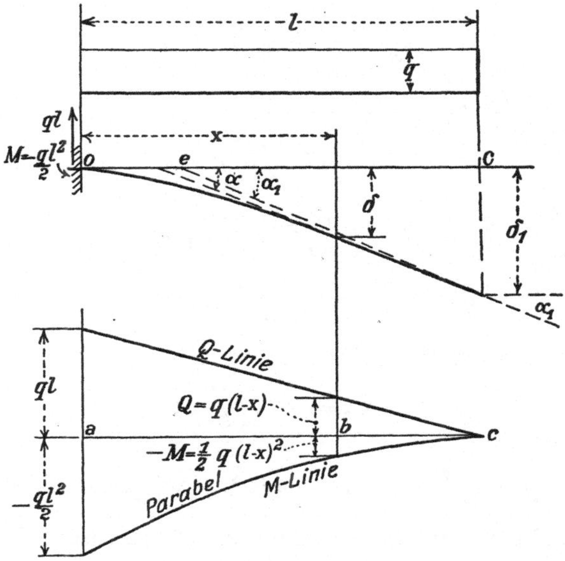

Abb. 270.

Durchbiegung an einem beliebigen Punkt

$$\delta = \frac{q}{6\,E\cdot J}\left[l^3\left(x-\frac{l}{4}\right)+(l-x)^3\left(\frac{l-x}{4}\right)\right]$$

$$= \frac{q}{24\,E\cdot J}(6\,l^2x^2 - 4\,l\,x^3 + x^4), \tag{13}$$

Durchbiegung am freien Ende

$$\delta_1 = \frac{q\,l^4}{8\,E\cdot J}. \tag{14}$$

Für das freie Ende aus Gl. (3) und (3 a):

$$M_0 = -\frac{q\,(l-x)^2}{2},$$

$$M' = -(l-x) \quad \text{(Gl. (3))},$$

$$M' = -1 \quad \text{(Gl. (3 a))},$$

$$\alpha_1 = \int_0^l \frac{q\,(l-x)^2\,dx}{2\,E\cdot J} = \frac{q\,l^3}{6\,E\cdot J} \quad \text{(vgl. Gl. (12))},$$

$$\delta_1 = \int_0^l \frac{q\,(l-x)^3\,dx}{2\,E\cdot J} = \frac{q\,l^4}{8\,E\cdot J} \quad \text{(vgl. Gl. (14))}.$$

Aus Gl. (1) mit dem Ursprung in dem Einspannende, x nach rechts und y nach unten positiv:

$$\frac{d^2 y}{dx^2} = -\frac{M}{E \cdot J} = \frac{q(l-x)^2}{2\, E \cdot J},$$

$$\frac{dy}{dx} = -\frac{q(l-x)^3}{6\, E \cdot J} + C_1.$$

Für $x = 0$ ist $\frac{dy}{dx} = 0$, also

$$C_1 = \frac{q\, l^3}{6\, E \cdot J}.$$

Damit wird

$$\frac{dy}{dx} = \frac{q\,[l^3 - (l-x)^3]}{6\, E \cdot J} \quad \text{(vgl. Gl. (11))},$$

$$y = \frac{q\, l^3 x}{6\, E \cdot J} + \frac{q(l-x)^4}{24\, E \cdot J} + C_2.$$

Für $x = 0$ ist $y = 0$, also

$$C_2 = -\frac{q\, l^4}{24\, E \cdot J}.$$

Damit wird

$$y = \frac{q}{24\, E \cdot J}[6\, l^2 x^2 - 4\, l\, x^3 + x^4] \quad \text{(vgl. Gl. (13))}.$$

Der Punkt e, wo die Tangente an die elastische Linie im Endpunkt die Balkenachse schneidet, ist bestimmt durch

$$\alpha_1 = \tan \alpha_1 = \frac{\delta_1}{\overline{e\,c}},$$

$$\overline{e\,c} = \frac{\delta_1}{\alpha_1} = \frac{3}{4}\, l. \tag{15}$$

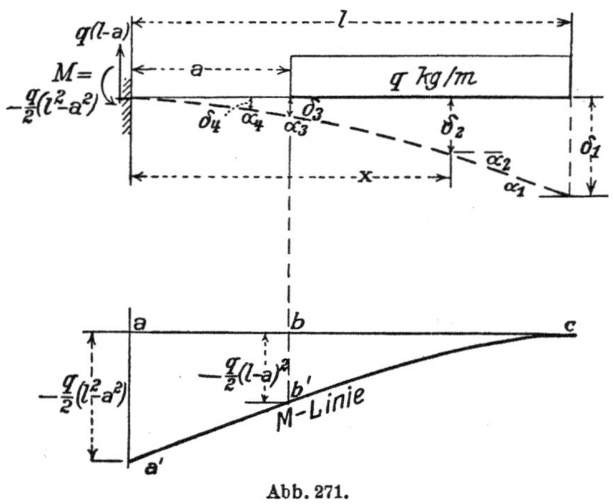

Abb. 271.

2. Die Belastung wirke nur auf einen Teil des Trägers, und zwar auf der Strecke $(l-a)$ vom freien Ende ab. (Abb. 271.)

Es ist dann das Einspannmoment $M = -\frac{q(l^2 - a^2)}{2}$ und das Moment an der linken Belastungsgrenze $M = -\frac{q(l-a)^2}{2}$.

Die Momentenlinie ist von dem freien Ende c bis zur linken Belastungsgrenze eine Parabel mit dem Scheitel in c, von b' bis a' eine Gerade.

Unter Benutzung der Sätze von der Momentenfläche und dem Momente der Momentenfläche wird

$$E \cdot J \cdot \alpha_3 = \frac{q \cdot a \cdot l(l-a)}{2}, \tag{16}$$

$$E \cdot J \cdot \alpha_1 = \frac{q(l^3 - a^3)}{6}, \tag{17}$$

$$E \cdot J \cdot \delta_3 = \frac{q a^2 (l-a)(3l+a)}{12}, \tag{18}$$

$$E \cdot J \cdot \delta_1 = \frac{q(3l^4 + a^4 - 4la^3)}{24}. \tag{19}$$

Aufgabe: Bestimme Verdrehung und Durchbiegung für einen beliebigen Punkt innerhalb $\overline{ab}$ und $\overline{bc}$ des Balkens der Abb. 271.

Bemerkung: Für $a = o$ ergeben Gl. (17) und (19) die Gl. (12) und (14), also den Fall gleichmäßig verteilter Belastung über den ganzen Träger; für $a = l - dx$, also für den Fall einer Einzellast $q \cdot dx$ am Ende, gehen die Gl. (16) und (18) in die Gl. (6) und (7) mit $P = q\,dx$ über, wobei die Glieder von der höheren Ordnung klein vernachlässigt werden.

Wirkt die gleichmäßig verteilte Belastung nicht bis zum freien Ende, so kann man wieder einen Ersatzbalken einführen, dessen Spannweite der Größe l in Abb. 271 entspricht und von der Einspannstelle bis zur äußeren Belastungsgrenze reicht; von diesem Punkt bis zum freien Ende verläuft die Biegelinie geradlinig.

e) Am freien Ende wirkt ein Kräftepaar mit dem Moment M_1.

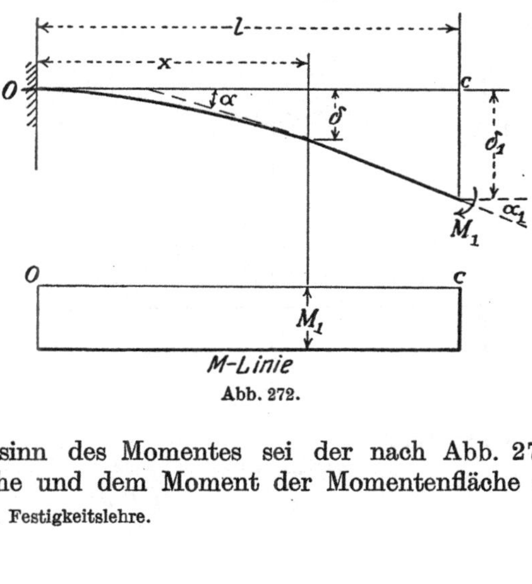

Abb. 272.

Der Drehsinn des Momentes sei der nach Abb. 272. Aus der Momentenfläche und dem Moment der Momentenfläche ergibt sich

$$\alpha = \frac{M_1 \cdot x}{E \cdot J}, \tag{20}$$

$$\alpha_1 = \frac{M_1 \cdot l}{E \cdot J}, \tag{21}$$

$$\delta = \frac{M_1 \cdot x^2}{2\,E \cdot J}, \tag{22}$$

$$\delta_1 = \frac{M_1 \cdot l^2}{2\,E \cdot J}. \tag{23}$$

Aus Gl. (1) folgt

$$\frac{d^2 y}{dx^2} = \frac{M_1}{E \cdot J},$$

$$\frac{dy}{dx} = \frac{M_1 \cdot x}{E \cdot J} + C_1;$$

$$C_1 = 0 \text{ (vgl. oben)},$$

$$y = \frac{M_1 \cdot x^2}{2\,E \cdot J} + C_2;$$

$$C_2 = 0 \text{ (vgl. oben)}.$$

f) Das Kräftepaar M_1 wirkt an einem beliebigen Trägerpunkt.

Vgl. hierzu Abschn. 2b. Von dem Angriffspunkt des Kräftepaares bis zum freien Ende verläuft die Biegelinie geradlinig.

Aufgaben: Bestimme Verdrehung und Durchbiegung des freien Endes für gleichmäßig verteilte, jedoch nicht über die ganze Länge wirkende Belastung und ein Moment an beliebigem Punkt angreifend.

Das gleiche für ein Moment und eine Einzellast, beide an beliebigen Punkten angreifend.

3. Balken auf zwei Stützen mit direkter Belastung.

a) Einzellast in der Mitte. (Abb. 273).

Aus den Sätzen von der Momentenfläche ergibt sich:

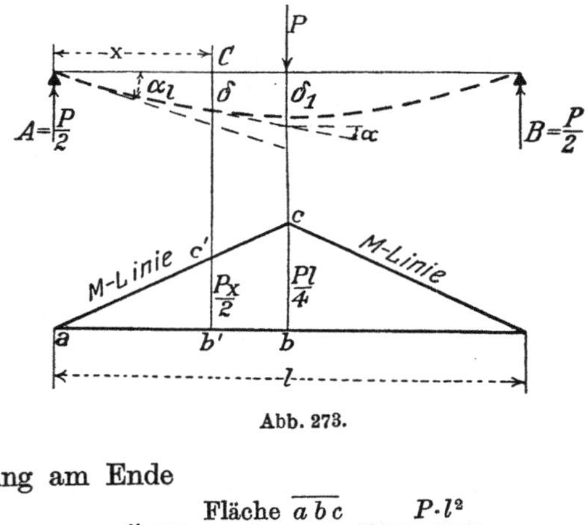

Abb. 273.

Verdrehung am Ende

$$\alpha_l = \frac{\text{Fläche } \overline{a\,b\,c}}{E \cdot J} = \frac{P \cdot l^2}{16\,E \cdot J}, \tag{24}$$

Verdrehung bei C

$$\alpha = \frac{\text{Fläche } \overline{b\,c\,c'\,b'}}{E \cdot J} = \frac{P(l^2 - 4x^2)}{16\,E \cdot J}, \tag{25}$$

Verdrehung in der Mitte

$$\alpha_1 = 0,$$

Durchbiegung in der Mitte

$$\delta_1 = \frac{\text{Moment der Fläche } \overline{a\,b\,c} \text{ in bezug auf } a}{E \cdot J} = \frac{P\,l^3}{48\,E \cdot J}, \tag{26}$$

Durchbiegung bei C

$$\delta = \delta_1 - \frac{\text{Mom. der Fläche } \overline{b\,c\,c'\,b'} \text{ in bezug auf } b'}{E \cdot J} = \frac{P \cdot x\,(3\,l^2 - 4\,x^2)}{48\,E \cdot J}. \tag{27}$$

Aufgabe: Leite die Gl. (24) bis (27) mit Hilfe der Arbeitsgleichung und der Differentialgleichung der Biegelinie her.

b) Mit einer Einzellast an beliebiger Stelle. (Abb. 274.)

Die Last greife rechts von Balkenmitte an. In diesem Fall verläuft die Tangente an die Biegelinie nicht in der Balkenmitte oder unter der Last horizontal zur ursprünglichen Balkenachse, sondern an einem Punkt D, der dadurch bestimmt ist, daß das Moment der Fläche $\overline{a\,d\,d'}$ in bezug auf a dem Moment der Fläche $\overline{b\,d\,d'\,g'}$ in bezug auf b gleich ist; da

$$\overline{d\,d'} = P \cdot a \cdot \frac{x_0}{l},$$

so findet man x_0 aus der Beziehung

$$\frac{x_0^3 \cdot a}{3\,l} = (\text{Mom. von Fl. } \overline{a\,e\,b} - \text{Mom. von Fl. } \overline{e\,g'\,b} - \text{Mom. von Fl. } \overline{a\,d\,d'}) \text{ in bezug auf } b$$

$$= \frac{a\,l^2}{6} - \frac{a^3}{6} - \frac{x_0^2 \cdot a}{2\,l}\left(l - \frac{2}{3}x_0\right),$$

woraus

$$x_0 = \sqrt{\frac{l^2 - a^2}{3}}. \tag{28}$$

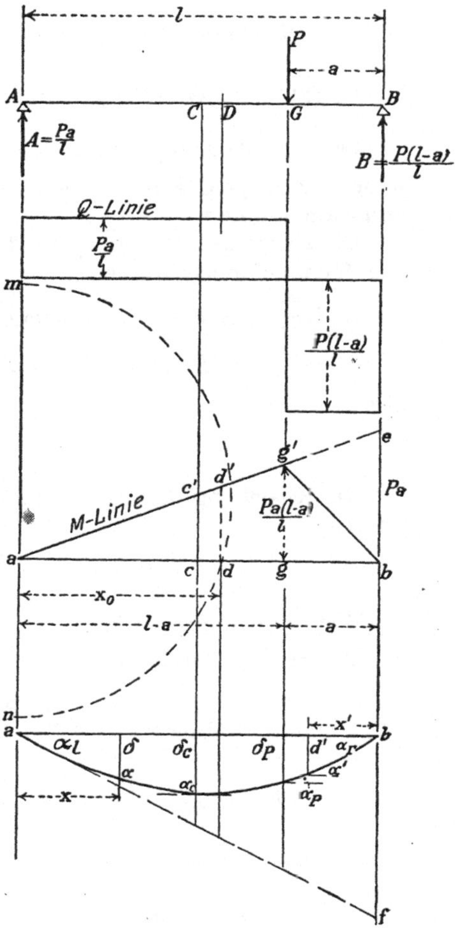

Abb. 274.

Diese Lösung kann zeichnerisch leicht wie folgt dargestellt werden:

Man mache

$$\overline{am} = l - a,$$

$$\overline{an} = \frac{l+a}{3},$$

schlage einen Halbkreis mit $\overline{mn}$ als Durchmesser, der die Balkenachse bei dem gesuchten Punkt d schneidet.

Mit $a = \frac{l}{2}$ wird $x_0 = \frac{l}{2}$, wie erforderlich.

Hat man den Punkt, an dem die Biegelinie eine horizontale Tangente hat, so erhält man leicht

$$E \cdot J \cdot \alpha_l = \text{Fläche } \overline{a\,d\,d'} = \frac{P \cdot x_0{}^2 \cdot a}{2\,l} = \frac{P \cdot a\,(l^2 - a^2)}{6\,l}, \tag{29}$$

$$E \cdot J \cdot \alpha_r = \text{Fläche } \overline{d\,d'\,g'\,b} = \frac{P \cdot a\,(l-a)\,(2\,l-a)}{6\,l}. \tag{30}$$

Gl. (29) und Gl. (30) gehen in Gl. (24) über mit $a = \frac{l}{2}$.

Ist, wie oben angenommen, $a < \frac{l}{2}$, dann ist $\alpha_r > \alpha_l$, d. h. die Neigung der Biegelinie ist an dem der Last zunächst gelegenen Balkenende am größten.

Die Neigungen α_l und α_r an den Balkenenden können auch leicht wie folgt gefunden werden:

$$E \cdot J \cdot \overline{b\,f} = E \cdot J \cdot \alpha_l \cdot l = \text{Moment der Fläche } \overline{a\,g'\,b} \text{ in bezug auf } b$$

$$= \text{Mom. von Fl. } \overline{a\,e\,b} - \text{Mom. von Fl. } \overline{g'\,e\,b},$$

also

$$E \cdot J \cdot \alpha_l = \frac{P \cdot a\,(l^2 - a^2)}{6\,l}. \tag{29}$$

Die Gleichung für α_r erhält man durch Einsetzen von $(l-a)$ für a:

$$E \cdot J \cdot \alpha_r = \frac{P\,(l-a)\,a\,(2\,l-a)}{6\,l}. \tag{30}$$

Weiterhin ergibt sich:

Die größte Durchbiegung bei d

$$\delta_{\max} = \frac{\text{Mom. von Fl. } \overline{a\,d\,d'} \text{ in bezug auf } a}{E \cdot J},$$

$$E \cdot J \cdot \delta_{\max} = \frac{P \cdot a \cdot x_0{}^3}{3\,l} = \frac{P \cdot a}{3\,l} \left(\frac{l^2 - a^2}{3}\right)^{\frac{3}{2}}. \tag{31}$$

Die Durchbiegung unter der Last

$$\delta_P = \alpha_r \cdot a - \frac{\text{Mom. von Fl. } \overline{g\,g'\,b} \text{ in bezug auf } g}{E \cdot J},$$

$$E \cdot J \cdot \delta_P = \frac{P \cdot a^2\,(l-a)^2}{3\,l}. \tag{32}$$

An einem beliebigen Punkt innerhalb a und g, um x von a entfernt, ist

die Verdrehung

$$\alpha = \alpha_l - \frac{\text{Momentenfläche von } a \text{ bis } x}{E \cdot J},$$

also

$$E \cdot J \cdot \alpha = \frac{P \cdot a}{6\,l}(l^2 - a^2 - 3\,x^2). \tag{33}$$

Durchbiegung

$$\delta = \alpha_l \cdot x - \frac{\text{Mom. der Momentenfläche von } a \text{ bis } x \text{ in bezug auf } x}{E \cdot J},$$

also

$$E \cdot J \cdot \delta = \frac{P \cdot a \cdot x}{6\,l}(l^2 - a^2 - x^2). \tag{34}$$

Für Balkenmitte gilt

$$E \cdot J \cdot \alpha_c = \frac{P \cdot a}{24\,l}(l^2 - 4\,a^2), \tag{35}$$

$$E \cdot J \cdot \delta_c = \frac{P \cdot a}{48}(3\,l^2 - 4\,a^2). \tag{36}$$

Für einen beliebigen Punkt zwischen b und g, um x' von b entfernt, ist

die Verdrehung

$$\alpha' = \alpha_r - \frac{\text{Momentenfläche von } b \text{ bis } x'}{E \cdot J},$$

also

$$E \cdot J \cdot \alpha' = \frac{P\,(l-a)}{6\,l}(2\,a\,l - a^2 - 3\,x'^2), \tag{37}$$

die Durchbiegung

$$\delta' = \alpha_r \cdot x' - \frac{\text{Mom. der Momentenfläche von } b \text{ bis } x' \text{ in bezug auf } x'}{E \cdot J},$$

also

$$E \cdot J \cdot \delta' = \frac{P \cdot x'\,(l-a)}{6\,l}(2\,a\,l - a^2 - x'^2). \tag{38}$$

Diese Gleichungen gelten also jeweils für den Balkenteil links bzw. rechts von der Last, wobei die Stellung der Last beliebig ist.

Für $x = l - a$ und $x' = a$ werden α und α' absolut gleich mit verschiedenem Vorzeichen, wie zu erwarten; ferner wird $\delta = \delta' = \delta_P$.

Am Punkt der größten Durchbiegung ist die Tangente an die Biegelinie horizontal, d. h. $\alpha = 0$. Dies geht auch aus Gl. (33) hervor, wenn darin der Wert von x_0 für x eingesetzt wird.

Die Verdrehung unter der Last findet man, wenn man in Gl. (33) $x = l - a$ oder in Gl. (37) $x' = a$ einsetzt. Die Ergebnisse sind wieder absolut gleich mit verschiedenem Vorzeichen. Die Tangente in jenem Punkt der Biegelinie ist stets so gerichtet, daß sie zur Balkenmitte zu fällt. Der Wert der Neigung ist bestimmt durch

$$E \cdot J \cdot \alpha_P = \frac{P \cdot a\,(l-a)(l-2\,a)}{3\,l}. \tag{39}$$

Wird Gl. (1) benutzt, so muß jeweils innerhalb zweier Intervalle integriert werden, nämlich innerhalb $\overline{AG}$ und $\overline{GB}$, weil in G die Neigung der Momentenfunktion unstetig ist. Die Integrationskonstanten sind durch die Randbedingungen bzw. Übergangsbedingungen bestimmt, daß y an den Auflagern Null ist, ferner daß Neigung und Durchbiegung in G für beide Balkenteile absolut gleich sind. (Im ganzen also 4 Bedingungen für 4 Integrationskonstanten.)

Der Leser führe die Rechnung aus und vergleiche die Ergebnisse mit den oben mitgeteilten.

Gl. (28) bestimmt den Punkt, wo die Biegelinie eine horizontale Tangente besitzt. Es ist von Interesse, das Verhältnis der Entfernung jenes Punktes von Balkenmitte zur halben Spannweite zu bestimmen. Es ist

$$v = \frac{x_0 - \frac{l}{2}}{\frac{l}{2}} = \frac{2\,x_0}{l} - 1 = \frac{2}{l}\sqrt{\frac{l^2 - a^2}{3}} - 1.$$

Für $a = 0$ erreicht das Verhältnis seinen Größtwert mit

$$v = \frac{2}{\sqrt{3}} - 1 = 0{,}153\,,$$

d. h. der Punkt der größten Durchbiegung kann nie weiter als $0{,}076\,l$ von Balkenmitte entfernt sein, so daß es im allgemeinen praktisch genügen wird, ihn in Balkenmitte anzunehmen.

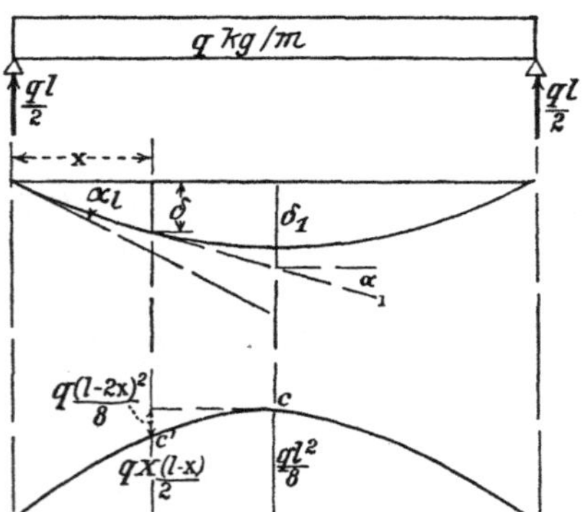

Abb. 275.

c) Gleichmäßig verteilte Belastung. (Abb. 275.)

Aus den Sätzen von der Momentenfläche ergibt sich

Verdrehung am Widerlager

$$\alpha_l = \frac{\text{Fläche } a\,b\,c}{E \cdot J},$$

$$E \cdot J \cdot \alpha_l = \frac{q\,l^2}{8} \cdot \frac{l}{2} \cdot \frac{2}{3} = \frac{q\,l^3}{24}. \tag{40}$$

Verdrehung in einer Entfernung x vom Auflager

$$\alpha = \frac{\text{Fläche } b\,c\,c'\,b'}{E \cdot J};$$

$$E \cdot J \cdot \alpha = \frac{q \cdot x\,(l-x)}{2}\left(\frac{l}{2} - x\right) + \frac{2}{3}\,\frac{q\,(l-2\,x)^2}{8}\left(\frac{l}{2} - x\right)$$

$$= \frac{q\,(l-2\,x)}{24}(l^2 + 2\,l\,x - 2\,x^2) = \frac{q}{24}(l^3 - 6\,l\,x^2 + 4\,x^3). \qquad (41)$$

Größte Durchbiegung (in der Mitte)

$$\delta_1 = \frac{\text{Mom. der Fläche } \overline{a\,b\,c} \text{ in bezug auf } a}{E \cdot J},$$

$$\therefore E \cdot J \cdot \delta_1 = \frac{5}{384} \cdot q\,l^4. \qquad (42)$$

Durchbiegung an irgendeinem Punkt in der Entfernung x von a

$$\delta = \delta_1 - \frac{\text{Mom. von Fl. } \overline{b\,c\,c'\,b'} \text{ in bezug auf } b'}{E \cdot J},$$

$$\therefore E \cdot J \cdot \delta = \frac{q \cdot x\,(l-x)}{24}(l^2 + l\,x - x^2). \qquad (43)$$

Bei Benutzung von Gl. (1) erhalten wir mit unsern üblichen Bezeichnungen

$$\frac{d^2 y}{dx^2} = -\frac{M}{E \cdot J} = -\frac{q\,x\,(l-x)}{2\,E \cdot J},$$

$$\frac{dy}{dx} = -\frac{q}{E \cdot J}\left(\frac{l\,x^2}{4} - \frac{x^3}{6}\right) + C_1.$$

Für $x = \frac{l}{2}$ wird $\frac{dy}{dx} = 0$, also

$$C_1 = \frac{q\,l^3}{24\,E \cdot J},$$

$$\therefore \frac{dy}{dx} = \frac{q}{24\,E \cdot J}(l - 2\,x)(l^2 + 2\,l\,x - 2\,x^2), \text{ vgl. Gl. (41)},$$

$$y = \frac{q}{24\,E \cdot J}(l^3\,x - 2\,l\,x^3 + x^4) + C_2.$$

Für $x = 0$ wird $y = 0$, damit $C_2 = 0$; also entspricht die Gleichung für y der Gl. (43).

d) Gleichmäßig verteilte Belastung, die nur auf einen Teil des Balkens wirkt. (Abb. 276.)

Die im folgenden benutzte Methode geht von den für eine Einzellast abgeleiteten Gleichungen aus, wobei $P = q \cdot dx$ gesetzt und integriert wird.

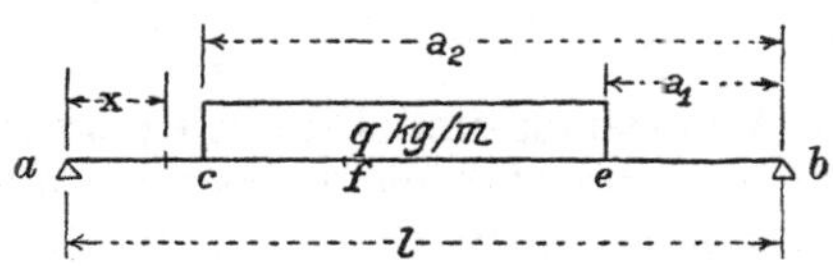

Abb. 276.

Gl. (33) liefert die Neigung an irgendeinem Punkt links von einer Einzellast, die im Abstand a vom rechten Auflager angreift. Um also für irgendeinen links von der Belastung gelegenen Punkt die Neigung der Biegelinie zu finden, führen wir a als Veränderliche ein und machen $P = q \cdot d a$:

$$E \cdot J \cdot d\alpha \Big|_a^c = \frac{q \cdot a \cdot d a}{6\, l} (l^2 - a^2 - 3\, x^2),$$

$$\therefore E \cdot J \cdot \alpha \Big|_a^c = \frac{q}{6\, l} \int_{a_1}^{a_2} (l^2\, a - a^3 - 3\, x^2\, a)\, d a$$

(x wird bei der Integration natürlich als Konstante behandelt)

$$= \frac{q\,(a_2^2 - a_1^2)}{12\, l} \left(l^2 - 3\, x^2 - \frac{a_2^2 + a_1^2}{2}\right). \tag{44}$$

Die Tangente an die Biegelinie ist innerhalb der Grenzen a und c zur Balkenmitte abwärts geneigt.

Für die Durchbiegung im gleichen Intervall gilt aus Gl. (34)

$$E \cdot J \cdot \delta = \frac{q\, x}{6\, l} \int_{a_1}^{a_2} (l^2\, a - a^3 - x^2 \cdot a)\, d a$$

$$= \frac{q\, x\,(a_2^2 - a_1^2)}{12\, l} \left(l^2 - x^2 - \frac{a_2^2 + a_1^2}{2}\right). \tag{45}$$

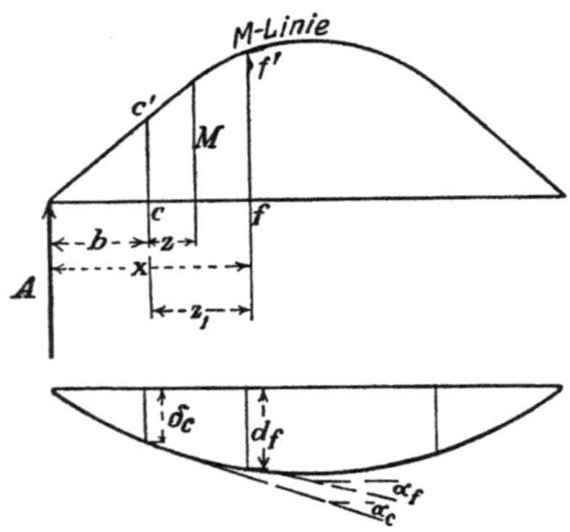

Abb. 277.

Für irgendeinen Punkt rechts von der Belastung ergibt Gl. (44) die Neigung der Biegelinie durch Vertauschen von a_2 und a_1 durch $(l - a_1)$ und $(l - a_2)$, wobei x die Entfernung des betrachteten Punktes vom rechten Auflager ist. Die Tangente ist in diesem Intervall ebenfalls zur Balkenmitte abwärts geneigt.

Gl. (45), in der gleichen Weise verändert, ergibt die Durchbiegung in jenem Intervall.

Verdrehung und Durchbiegung in c erhält man aus Gl. (44) und (45) mit $x = l - a_2$

$$E \cdot J \cdot \alpha_c = \frac{q \cdot (a_2^2 - a_1^2)}{24\, l} (12\, l \cdot a_2 - 4\, l^2 - 7\, a_2^2 - a_1^2), \tag{46}$$

$$E \cdot J \cdot \delta_c = \frac{q\,(l - a_2)\,(a_2^2 - a_1^2)}{24\, l} (4\, l \cdot a_2 - 3\, a_2^2 - a_1^2). \tag{47}$$

Verdrehung und Durchbiegung in e erhält man, wenn man in den Gl. (46) und (47) die Größen a_1 und a_2 durch $(l - a_2)$ und $(l - a_1)$ vertauscht; es wird

$$E \cdot J \cdot \alpha_e = \frac{q}{24\, l} (a_2 - a_1)(2\, l - a_2 - a_1)\,[2\, l\,(a_2 + a_1) - 7\, a_1^2 - a_2^2], \tag{48}$$

$$E \cdot J \cdot \delta_e = \frac{q \cdot a_1}{24\, l} (a_2 - a_1)(2\, l - a_2 - a_1)\,[2\, l\,(a_2 + a_1) - 3\, a_1^2 - a_2^2]. \tag{49}$$

Für irgendeinen Punkt f zwischen c und e erhält man nach Abb. 277

$$E \cdot J \cdot \alpha_f = E \cdot J \cdot \alpha_c - \text{Fläche } \overline{c\,c'\,f\,f'}\,.$$

Die Fläche kann durch Integration bestimmt werden, wobei z die Variable sei.

$$M = A\,(b+z) - \frac{q\,z^2}{2},$$

$$\therefore \text{ Fläche } \overline{c\,c'\,f\,f'} = \int_0^{z_1} \left[A\,(b+z) - \frac{q\,z^2}{2}\right] dz$$

$$= \frac{A\,(b+z_1)^2}{2} - \frac{A \cdot b^2}{2} - \frac{q \cdot z_1^3}{6}.$$

Setzen wir den Wert der linken Lagerreaktion ein

$$A = \frac{q\,(a_2^2 - a_1^2)}{2\,l},$$

so wird mit $z_1 = x - b = x - l + a_2$ unter Benutzung des Wertes für α_c aus Gl. (46)

$$E \cdot J \cdot \alpha_f = \frac{q\,(a_2^2 - a_1^2)}{24\,l}\,(2\,l^2 - a_2^2 - a_1^2 - 6\,x^2) + \frac{q}{6}\,(x - l + a_2)^3. \qquad (50)$$

Entsprechend findet man die Durchbiegung an irgendeinem Punkt f zwischen c und e

$$E \cdot J \cdot \delta_f = E \cdot J \cdot \delta_c + E \cdot J \cdot \alpha_c \cdot z_1 - \text{Mom. der Fläche } \overline{c\,c'\,f'\,f} \text{ in bezug } f.$$

Das letzte Glied lautet

$$\int_0^{z_1} M\,dz\,(z_1 - z) = \frac{A \cdot z_1^2}{6}\,(z_1 + 3\,b) - \frac{q\,z_1^4}{24}. \qquad (51)$$

Setzen wir für A, z_1, α_c und δ_c die entsprechenden Werte ein, so erhält man

$$E \cdot J \cdot \delta_f = \frac{q}{24}\left[(x - l + a_2)^4 + \frac{x\,(a_2^2 - a_1^2)}{l}\,(2\,l^2 - 2\,x^2 - a_2^2 - a_1^2)\right]. \qquad (52)$$

Für Vollbelastung, also für $a_2 = l$ und $a_1 = 0$ gehen die Gl. (50) und Gl. (52) in (41) und (43) über.

Die größte Durchbiegung erhalten wir durch Differentiieren der Gl. (52) nach x. Fällt der Punkt zwischen c und e, so ist die Rechnung gültig; fällt der Punkt links von c, so ist die Rechnung ungültig und muß unter Benützung von Gl. (45) wiederholt werden. Die Durchführung ist zeitraubend, man kommt häufig durch Probieren schneller zum Ziel.

Das Prinzip von der Gegenseitigkeit der Formänderungen (vgl. Kap. X, Abschn. 19) ist oft mit Vorteil zu benutzen. Die Durchbiegung in der Mitte infolge einer Einzellast P im Punkt G (Abb. 274) ist gleich der Durchbiegung im Punkte G durch die in der Mitte wirkende Einzellast P. Dies geht auch aus den Gl. (27) und (36) hervor.

e) Für mehrere Einzellasten.

Es werden die Wirkungen jeder Einzellast bestimmt und summiert. Häufig kann man hierbei mit Vorteil das Prinzip von der Gegenseitigkeit der Formänderungen anwenden.

f) Zwei symmetrische Einzellasten. (Abb. 278.)

Dieser Fall kommt sehr häufig vor, z. B. bei Querträgern einer eingleisigen Eisenbahnbrücke.

Aus den Sätzen von der Momentenfläche folgt sofort

Verdrehung bei C: $\alpha_c = 0$,

Durchbiegung bei C

$$\delta_c = \frac{1}{E \cdot J} \cdot (\text{Moment der Mom.-Fläche über } \overline{AC} \text{ in bezug auf } A).$$

$$\therefore \; E \cdot J \cdot \delta_c = P \cdot a \left[\frac{a^2}{3} + \frac{b}{2}\left(a + \frac{b}{4}\right)\right]. \qquad (53)$$

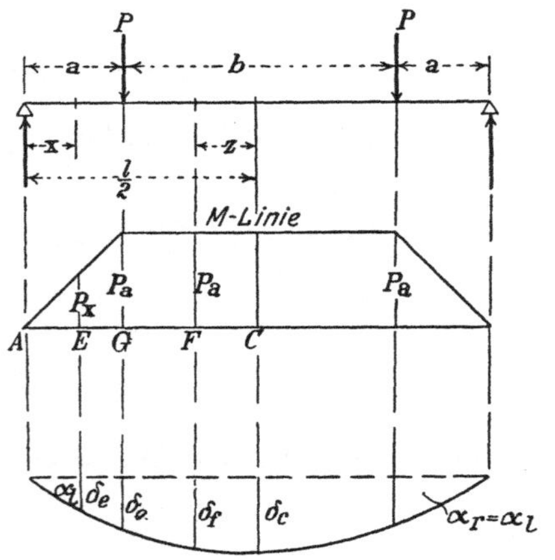

Abb. 278.

$E \cdot J$fache Verdrehung an einem Punkt F zwischen G und C

$$E \cdot J \cdot \alpha_f = P \cdot a \cdot z. \qquad (54)$$

$E \cdot J$fache Verdrehung an dem Punkt G

$$E \cdot J \cdot \alpha_g = \frac{P \cdot a \cdot b}{2}. \qquad (55)$$

$E \cdot J$fache Verdrehung am Auflager

$$E \cdot J \cdot \alpha_l = \frac{P \cdot a}{2}(b + a). \qquad (56)$$

$E \cdot J$fache Verdrehung an einem Punkt E zwischen A und G

$$E \cdot J \cdot \alpha_e = \frac{P}{2}\left[a(b + a) - x^2\right]. \qquad (57)$$

$$E \cdot J \cdot \delta_f = E \cdot J \cdot \delta_c - \frac{P \cdot a \cdot z^2}{2}. \qquad (58)$$

$$E \cdot J \cdot \delta_g = E \cdot J \cdot \delta_c - \frac{P \cdot a b^2}{8}. \qquad (59)$$

$$E \cdot J \cdot \delta_e = E \cdot J \cdot \alpha_l \cdot x - \frac{P \cdot x^3}{6}$$

$$= \frac{P \cdot x}{6}\left[3a(b + a) - x^2\right]. \qquad (60)$$

Aufgabe: Es sind die Gleichungen (53) bis (60) aus der Differentialgleichung der Biegelinie abzuleiten.

g) Belastung durch ein (negatives) Moment an einem Auflager. (Abb. 279.)

Das Moment wirkt am rechten Auflager.

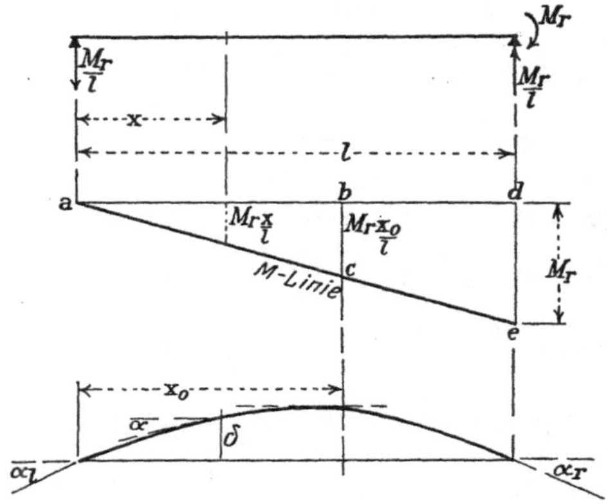

Abb. 279.

Die elastische Linie hat an einem Punkt b eine horizontale Tangente, dessen Lage dadurch bestimmt ist, daß das Moment der Momentenfläche $\overline{a\,b\,c}$ in bezug auf a gleich ist dem Moment der Fläche $\overline{b\,c\,e\,d}$ in bezug auf d, oder

$$\frac{M_r\cdot x_0^3}{3\,l} = \frac{M_r\cdot x_0}{l}\,\frac{(l-x_0)^2}{2} + \frac{M_r\,(l-x_0)^3}{6\,l};\; x_0 = \frac{l}{\sqrt{3}}, \tag{61}$$

$$E\cdot J\cdot \alpha_l = \frac{M_r\cdot x_0}{l}\cdot\frac{x_0}{2} = \frac{M_r\cdot l}{6} \tag{62}$$

wobei die Tangente von links nach rechts ansteigt, wie auch aus der Abbildung ersichtlich.

Für irgendeinen Punkt
gilt
$$x < x_0$$

$$E\cdot J\cdot\alpha = \frac{M_r\cdot l}{6} - \frac{M_r\cdot x^2}{2\,l} = \frac{M_r}{6\,l}\,(l^2 - 3\,x^2), \tag{63}$$

von links nach rechts steigend.

Für irgendeinen Punkt $x > x_0$ gilt Gl. (63) mit umgekehrtem Vorzeichen, oder

$$E\cdot J\cdot\alpha = \frac{M_r}{6\,l}\,(3\,x^2 - l^2). \tag{63a}$$

$$E\cdot J\cdot\alpha_r = \frac{M_r\cdot l}{3} \tag{64}$$

Die größte Durchbiegung tritt bei $x = x_0$ auf

$$E\cdot J\cdot\delta_{\max} = \frac{M_r\cdot x_0}{l}\cdot\frac{x_0}{2}\cdot\frac{2\,x_0}{3} = \frac{M_r\cdot l^2}{9\sqrt{3}}. \tag{65}$$

Für irgendeinen Punkt $x \gtrless x_0$

$$E\cdot J\cdot\delta = E\cdot J\cdot\alpha_l\cdot x - \frac{M_r\cdot x}{l}\cdot\frac{x\cdot x}{2\cdot 3} = \frac{M_r\cdot x}{6\,l}\,(l^2 - x^2). \tag{66}$$

Benutzt nun Gl. (1) mit dem Koordinatenursprung in a, wobei x positiv nach rechts, y positiv nach oben gerechnet wird, so erhält man

$$\frac{d^2 y}{d x^2} = \frac{M}{E \cdot J} = -\frac{M_r \cdot x}{l \cdot E \cdot J},$$

$$E \cdot J \cdot \frac{d y}{d x} = -\frac{M_r \cdot x^2}{2 l^2} + C_1,$$

$$E \cdot J \cdot y = -\frac{M_r \cdot x^3}{6 l} + C_1 \cdot x + C_2.$$

Für $x = 0$ ist $y = 0$, also $C_2 = 0$.

Für $x = l$ ist $y = 0$, also $C_1 = \frac{M_r \cdot l}{6}$.

$$\therefore E \cdot J \cdot \frac{d y}{d x} = \frac{M_r}{6 l}(l^2 - 3 x^2) \quad \text{vgl. Gl. (63)},$$

$$E \cdot J \cdot y = \frac{M_r \cdot x}{6 l}(l^2 - x^2) \quad \text{vgl. Gl. (66)},$$

$$\frac{d y}{d x} = 0 \quad \text{für} \quad x = \frac{l}{\sqrt{3}} \quad \text{vgl. Gl. (61)}.$$

Für $x < \frac{l}{\sqrt{3}}$ ist $\frac{d y}{d x}$ positiv.

Für $x > \frac{l}{\sqrt{3}}$ ist $\frac{d y}{d x}$ negativ.

$$y_{\max} \text{ tritt auf bei } x = \frac{l}{\sqrt{3}};$$

$$y_{\max} = \delta_{\max} = \frac{M_r \cdot l^2}{9 \sqrt{3}\, E \cdot J} \quad \text{vgl. Gl. (65)}.$$

Die Bestimmung der Formänderungen ist oft am einfachsten bei Benutzung von Gl. (1). Es haftet jedoch der Methode wie vielen mathematischen Prozessen der Nachteil der geringen mechanischen Anschaulichkeit an.

Das Moment wirkt am linken Auflager. (Abb. 280.)

Die Gleichungen gehen unmittelbar aus den Gl. (61) bis (66) hervor:

$$E \cdot J \cdot \alpha_l = \frac{M_l \cdot l}{3}. \quad (64\,\text{a})$$

$$E \cdot J \cdot \alpha_r = \frac{M_l \cdot l}{6}. \quad (62\,\text{a})$$

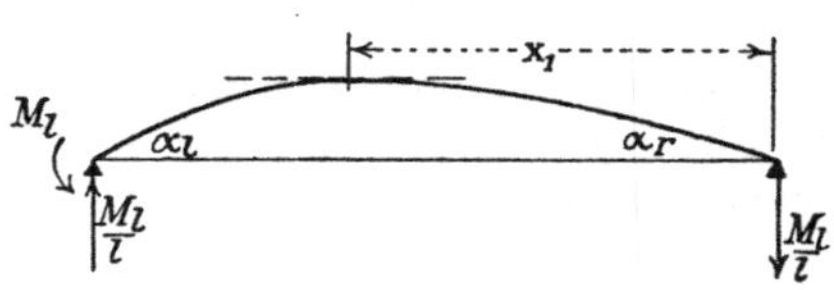

Abb. 280.

Die Tangente an die Biegelinie ist horizontal bei

$$x_1 = \frac{l}{\sqrt{3}}. \quad (61\,\text{a})$$

Unter Beachtung des Vorzeichens gilt, wenn x vom rechten Auflager ab gerechnet wird,

$$E \cdot J \cdot \alpha = \frac{M_l}{6 l}(l^2 - 3 x^2). \quad (63\,\text{b})$$

Mit $x > \frac{l}{\sqrt{3}}$ wird α negativ, d. h. die Tangente steigt von links nach rechts.

An irgendeinem Punkt des Balkens gilt

$$E \cdot J \cdot \delta = \frac{M_l \cdot x_1}{6\,l}(l^2 - x^2). \tag{66a}$$

h) Ein Kräftepaar (Moment) greift an einem beliebigen Punkt des Balkens an. (Abb. 281.)

Vgl. hierzu Kap. XI, Abschnitt 2. Im idealen Falle des punkt- bzw. linienförmigen Kraftangriffs hat die Momentenlinie an dem Punkt, wo das äußere Moment angreift, eine Unstetigkeit. Links von jenem Punkt wirken an dem Balken nach Abb. 281 negative (die oberen Fasern werden gezogen), rechts davon positive Momente (die oberen Fasern werden gedrückt).

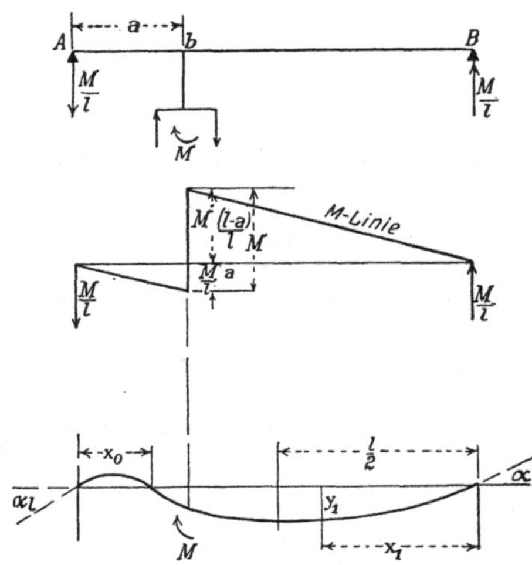

Abb. 281.

Die Aufgabe wird mit der Differentialgleichung der elastischen Linie behandelt. In A sei der Koordinatenursprung, x positiv nach rechts, y positiv nach oben. Dann ist links von b

$$E \cdot J \cdot \frac{d^2 y}{d x^2} = -\frac{M \cdot x}{l}.$$

Bei einem positiven Moment M nimmt mit zunehmenden x die Neigung der Biegelinie von A nach b ab:

$$E \cdot J \cdot \frac{d y}{d x} = -\frac{M x^2}{2\,l} + C_1,$$

$$E \cdot J \cdot y = -\frac{M \cdot x^3}{6\,l} + C_1 \cdot x + C_2.$$

Für $x = 0$ ist $y = 0$, also $C_2 = 0$.

Für den Balkenteil rechts von b lege man den Koordinatenursprung in B, x_1 positiv nach links, y_1 positiv nach unten. Die Biegelinie ist hohl nach oben gekrümmt, die Neigung nimmt mit wachsendem x_1 ab, also

$$\frac{E \cdot J \cdot d^2 y_1}{d x_1^2} = -\frac{M \cdot x_1}{l},$$

$$\frac{E \cdot J \cdot d y_1}{d x_1} = -\frac{M \cdot x_1^2}{2\,l} + C_1',$$

$$E \cdot J \cdot y_1 = -\frac{M \cdot x_1^3}{6\,l} + C_1' \cdot x_1 + C_2''.$$

Für $x_1 = 0$ ist $y_1 = 0$, $\therefore C_2'' = 0$.

Für $x = a$ und $x_1 = l - a$ ist $\frac{dy}{dx} = \frac{dy_1}{dx_1}$ und $y = -y_1$.

$$\therefore -\frac{M\cdot a^2}{2l} + C_1 = -\frac{M(l-a)^2}{2l} + C_1'$$

und

$$-\frac{M\cdot a^3}{6l} + C_1\cdot a = \frac{M(l-a)^3}{6l} - C_1'(l-a).$$

Daraus

$$C_1 = \frac{M}{6l}(6al - 2l^2 - 3a^2),$$

$$C_1' = \frac{M}{6l}(l^2 - 3a^2).$$

Damit wird

links von b (y positiv nach oben):

$$E\cdot J\cdot\frac{dy}{dx} = \frac{M}{6l}(6al - 2l^2 - 3a^2 - 3x^2). \tag{67}$$

Für positives $\frac{dy}{dx}$ steigt die Tangente von links nach rechts.

$$E\cdot J\cdot y = \frac{M\cdot x}{6l}(6al - 2l^2 - 3a^2 - x^2). \tag{68}$$

Rechts von b (y_1 positiv nach unten):

$$E\cdot J\cdot\frac{dy_1}{dx_1} = \frac{M}{6l}(l^2 - 3a^2 - 3x_1^2). \tag{69}$$

Für positives $\frac{dy_1}{dx_1}$ steigt die Tangente von links nach rechts.

$$E\cdot J\cdot y_1 = \frac{M\cdot x_1}{6l}(l^2 - 3a^2 - x_1^2). \tag{70}$$

An dem Punkt $x = a$ (Gl. (67) und (68)) wird

$$E\cdot J\cdot\frac{dy}{dx} = \frac{M}{6l}(6al - 2l^2 - 6a^2), \tag{71}$$

$$E\cdot J\cdot y = \frac{M\cdot a}{3l}(3al - l^2 - 2a^2). \tag{72}$$

Die rechte Seite der Gl. (71) hat stets das negative Vorzeichen, da $3a(l-a) < l^2$; dies ist leicht einzusehen: der Ausdruck $f(a) = 3a(l-a)$ wird ein Maximum für $a = \frac{l}{2}$, in diesem Fall ist $f(a)_{\max} = \frac{3}{4}l^2$, also $< l^2$. Die Tangente an die elastische Linie im Punkt des Momentenangriffs ist also von rechts nach links steigend, wenn das Moment rechtsdrehend ist, und umgekehrt. Das heißt nichts anderes als die selbstverständliche Tatsache, daß die Balkenachse in dem Punkt des Momentenangriffs im Sinne des Moments verdreht wird.

Aus Gl. (72) geht hervor, daß $y = 0$, wenn $a = l$ oder $a = \frac{l}{2}$; beide Ergebnisse sind augenscheinlich, letzteres aus Gründen der Symmetrie. Weiterhin, y ist negativ, wenn $a < \frac{l}{2}$, und positiv, wenn $a > \frac{l}{2}$, d. h. ein rechtsdrehendes Moment senkt seinen Angriffspunkt, wenn es links von der Mitte, und hebt seinen Angriffspunkt, wenn es rechts von der Mitte angreift. Bei einem linksdrehenden Moment ist es umgekehrt. Also gleichgültig, welchen Drehsinn das Moment M hat, wirkt es $\left\{\begin{matrix}\text{links}\\ \text{rechts}\end{matrix}\right\}$ von der Mitte, so liegt der Punkt der Balkenachse, der keine Durchbiegung erleidet, $\left\{\begin{matrix}\text{links}\\ \text{rechts}\end{matrix}\right\}$ von dem Momentenangriffspunkt, also stets in dem kürzeren der beiden Teile, in die der Balken durch den Momentenangriffspunkt geteilt wird.

In Balkenmitte $\left(x_1 = \frac{l}{2}\right.$ in Gl. (69) und (70) für $\left.a < \frac{l}{2}\right)$ wird

$$E \cdot J \cdot \alpha_c = E \cdot J \cdot \frac{d y_1}{d x_1} = \frac{M}{24\, l}\,(l^2 - 12\, a^2), \tag{73}$$

$$E \cdot J \cdot y_c = \frac{M}{48}\,(3\, l^2 - 12\, a^2); \tag{74}$$

für ein rechtsdrehendes Moment ist y_1 positiv, d. h. die Durchbiegung erfolgt nach unten. Dies stimmt mit dem eben gefundenen Ergebnis überein, wonach ein links von der Mitte angreifendes positives Moment seinen Angriffspunkt senkt, die Biegelinie liegt unter der ursprünglichen Achse von dem Momentenangriffspunkt bis zum rechten Auflager. Die Tangente an die Biegelinie in Balkenmitte kann sowohl rechts- wie linkssteigend sein; dies hängt von der Größe a ab; sie ist aber stets gleichgerichtet mit der Tangente an dem Momentenangriffspunkt.

Die Biegelinie hat rechts von dem angreifenden Moment eine horizontale Tangente (vgl. Gl. (69)), wenn

$$x_1 = \sqrt{\frac{l^2 - 3\, a^2}{3}}. \tag{75}$$

Die Durchbiegung (nach unten) an diesem Punkt beträgt (vgl Gl. (70))

$$E \cdot J \cdot y_{1\,\max} = \frac{M}{3\, l}\left(\frac{l^2 - 3\, a^2}{3}\right)^{3/2}. \tag{76}$$

Die Biegelinie hat links von dem angreifenden Moment eine horizontale Tangente (Gl. (67)), wenn

$$x = \sqrt{\frac{6\, a\, l - 2\, l^2 - 3\, a^2}{3}}. \tag{77}$$

Die Durchbiegung (nach oben) an diesem Punkt beträgt (Gl. (68))

$$E \cdot J \cdot y_{\max} = \frac{M}{3\, l}\left(\frac{6\, a\, l - 2\, l^2 - 3\, a^2}{3}\right)^{3/2} \tag{78}$$

Die Durchbiegung in dem kleineren Balkenteil $\left(\text{für } a < \frac{l}{2}\right)$ ist Null an dem Punkt, der bestimmt ist nach Gl. (68)

$$x = x_0 = \sqrt{6\,a\,l - 2\,l^2 - 3\,a^2}. \tag{79}$$

Die Neigung am linken Auflager α_l ($x = 0$ in Gl. (67)) ist bestimmt durch

$$E \cdot J \cdot \alpha_l = \frac{M}{6\,l}\,(6\,a\,l - 2\,l^2 - 3\,a^2), \tag{80}$$

also stets positiv, d. h. rechtssteigend, für rechtsdrehendes M.

Die Neigung am rechten Auflager α_r, Gl. (69), ist bestimmt durch

$$E \cdot J \cdot \alpha_r = \frac{M}{6\,l}\,(l^2 - 3\,a^2), \tag{81}$$

also stets positiv, d. h. rechtssteigend, für rechtsdrehendes M.

Die Neigung der elastischen Linie ist mithin stets an beiden Auflagern gleichgerichtet.

Wenn $a = l$, stimmen Gl. (64) und (81) überein, wie zu erwarten.

i) An beiden Balkenauflagern greift ein negatives Moment an. (Abb. 282.)

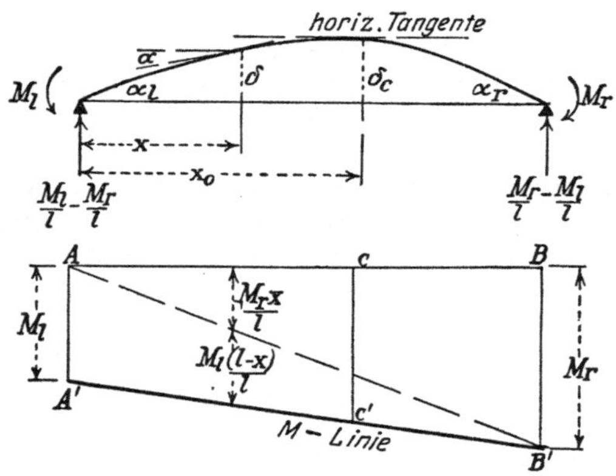

Abb. 282.

Dieser Belastungsfall kann nach Abschnitt 3 i) oder auch selbständig behandelt werden.

Die Biegungslinie verläuft horizontal an einem Punkt c in der Entfernung x_0 von A, der derart zu bestimmen ist, daß das Moment der Momentenfläche $A\,c\,c'\,A'$ in bezug auf A gleich dem Moment der Fläche $c\,B\,B'\,c'$ in bezug auf B ist, oder

$$\left.\begin{aligned} &\frac{M_r \cdot x_0^3}{3\,l} + \frac{M_l\,(l - x_0) \cdot x_0^2}{2\,l} + \frac{M_l \cdot x_0^3}{6\,l} \\ &= \frac{M_l\,(l - x_0)^3}{3\,l} + \frac{M_r \cdot x_0\,(l - x_0)^2}{2\,l} + \frac{M_r\,(l - x_0)^3}{6\,l} \end{aligned}\right\} \tag{82a}$$

$$3\,M_l \cdot x_0^2 - 3\,M_r \cdot x_0^2 - 6\,M_l \cdot l \cdot x_0 + 2\,M_l \cdot l^2 + M_r \cdot l^2 = 0.$$

Hieraus

$$x_0 = -\frac{M_l \cdot l}{M_r - M_l} + \sqrt{\frac{(2\,M_l + M_r)\,l^2}{3\,(M_r - M_l)} + \frac{M_l^2 \cdot l^2}{(M_r - M_l)^2}}. \tag{82}$$

Wird $M_l = 0$, so geht Gl. (82) in Gl. (61) über.

Wenn $M_l = M_r$, so wird Gl. (82) zu $x_0 = -\infty + \infty$, ist also unbestimmt, die Gl. (82a) ergibt jedoch $x_0 = \frac{l}{2}$, wie erforderlich.

Die folgenden Gleichungen ergeben sich leicht aus Abschnitt 3 i; M_r und M_l sind beide negativ, jedoch mit ihren absoluten Werten eingesetzt:

$$E \cdot J \cdot \alpha_l \text{ (rechts steigend)} = \frac{M_r \cdot l}{6} + \frac{M_l \cdot l}{3}. \tag{83}$$

$$E \cdot J \cdot \alpha_r \text{ (links steigend)} = \frac{M_r \cdot l}{3} + \frac{M_l \cdot l}{6}. \tag{84}$$

$$\left.\begin{aligned} &E \cdot J \cdot \alpha \;((+) = \text{rechts steig.}, (-) = \text{links steig.}) \\ &= \frac{M_r}{6\,l}(l^2 - 3\,x^2) + \frac{M_l}{6\,l}[3\,(l-x)^2 - l^2]. \end{aligned}\right\} \tag{85}$$

$$= \frac{M_r}{6\,l}(l^2 - 3\,x^2) + \frac{M_l}{6\,l}(2\,l^2 - 6\,l x + 3\,x^2). \tag{86}$$

$$\left.\begin{aligned} &E \cdot J \cdot \delta \;((+) = \text{nach oben gerichtet}) \\ &= \frac{M_r \cdot x\,(l^2 - x^2)}{6\,l} + \frac{M_l\,(l-x)}{6\,l}[l^2 - (l-x)^2] \\ &= \frac{M_r \cdot x\,(l^2 - x^2)}{6\,l} + \frac{M_l \cdot x\,(l-x)}{6\,l}(2\,l - x). \end{aligned}\right\} \tag{87}$$

Die größte Durchbiegung tritt bei dem Punkt $x = x_0$ auf, der durch Gl. (82) gegeben ist; durch Einsetzen von x_0 aus Gl. (82) in Gl. (87) erhält man dann $\delta_{\max}$.

k) Balken auf zwei Stützen mit einem überkragenden Ende. (Abb. 283a u. b.)

Der Balkenteil zwischen den Auflagern wird nach Abschnitt 3 g behandelt; das am rechten Auflager angreifende rechtsdrehende Moment ist

$$M_r = P_2 \cdot a_2.$$

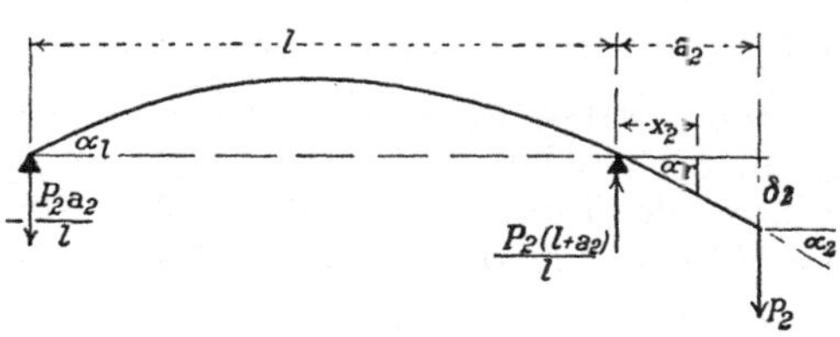

Abb. 283 a.

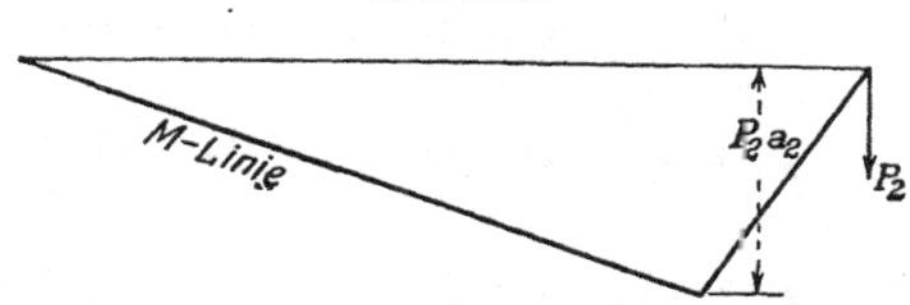

Abb. 283 b.

Der überkragende Teil ist grundsätzlich bereits in Abschnitt 2 behandelt. Dort war allerdings der Balken fest eingespannt, die Tangente an die Biegelinie in der Einspannung also horizontal, während hier die Neigung (links steigend) einen endlichen

Wert hat und bestimmt ist durch

$$E \cdot J \cdot \alpha_r = \frac{M_r \cdot l}{3} = \frac{P_2 \cdot a_2 \cdot l}{3}.$$

Die Werte für die Neigung, die durch die Gleichungen in Abschnitt 2 gegeben sind, sind also um α_2, die Werte für die Durch-

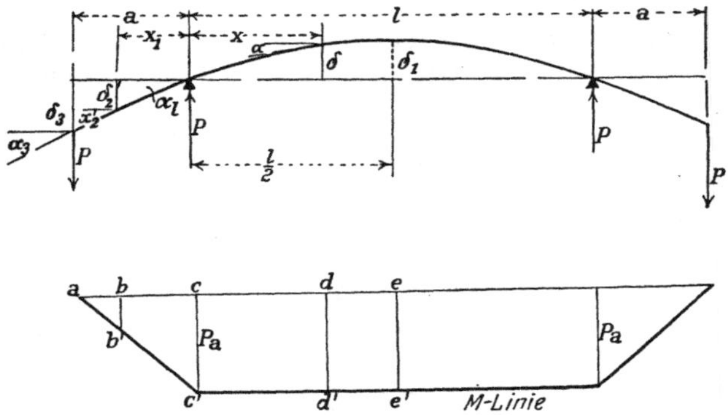

Abb. 284.

biegung um $\alpha_r \cdot x_2$ zu vergrößern. So wird die Neigung an dem freien Ende

$$\alpha_2 = \alpha_r + \frac{P_2 \cdot a_2^2}{2 E \cdot J}$$

oder

$$E \cdot J \cdot \alpha_2 = \frac{P_2 \cdot a_2}{6} (3\, a_2 + 2\, l) \tag{88}$$

und die Durchbiegung am gleichen Punkt

$$E \cdot J \cdot \delta_2 = \frac{P_2 \cdot a_2^2}{3} (a_2 + l). \tag{89}$$

l) Balken auf zwei Stützen mit zwei auskragenden Enden.

Die Auskragungen seien gleich lang, die Einzellasten an den Enden gleich groß (Abb. 285). Die Biegelinie hat dann in Balkenmitte eine horizontale Tangente, Verdrehungen und Durchbiegungen sind nach den Sätzen von der Momentenfläche leicht zu berechnen.

Es wird:

$$E \cdot J \cdot \alpha_l = \text{Fläche } \overline{c\,c'\,e'\,e} = \frac{P \cdot a \cdot l}{2}, \tag{90}$$

$$E \cdot J \cdot \alpha_2 = \text{Fläche } \overline{b\,b'\,c'\,e'\,e} = \frac{P \cdot a \cdot l}{2} + P \cdot a \cdot x_1 - \frac{P \cdot x_1^2}{2}, \tag{91}$$

$$E \cdot J \cdot \alpha_3 = \text{Fläche } \overline{a\,c'\,e'\,e} = \frac{P \cdot a \cdot l}{2} + \frac{P \cdot a^2}{2} = \frac{P \cdot a\,(l + a)}{2}, \tag{92}$$

$$E \cdot J \cdot \alpha = \text{Fläche } \overline{d\,d'\,e'\,e} = \frac{P \cdot a}{2} (l - 2\,x), \tag{93}$$

$$E \cdot J \cdot \delta_1 = \text{Moment der Fläche } \overline{c\,c'\,e'\,e} \text{ in bezug } c = \frac{P \cdot a \cdot l^2}{8}, \tag{94}$$

$$\left. \begin{aligned} E \cdot J \cdot \delta &= E \cdot J \cdot \delta_1 - \text{Moment der Fläche } \overline{d\,d'\,e'\,e} \text{ in bezug } d \\ &= \frac{P \cdot a \cdot x\,(l-x)}{2}, \end{aligned} \right\} \tag{95}$$

$$\left. \begin{aligned} E \cdot J \cdot \delta_2 &= E \cdot J \cdot \alpha_l \cdot x_1 + \text{Moment d. Fläche } \overline{b\,b'\,c'\,c} \text{ in bezug } b \\ &= \frac{P \cdot a \cdot l}{2} \cdot x_1 + \frac{P \cdot a\,x_1^2}{2} - \frac{P \cdot x_1^3}{6} = \frac{P \cdot x_1}{6}(3\,a l + 3\,a x_1 - x_1^2) \end{aligned} \right\} \tag{96}$$

$$E \cdot J \cdot \delta_3 = \frac{P \cdot a^2}{6}(3\,l + 2\,a). \tag{97}$$

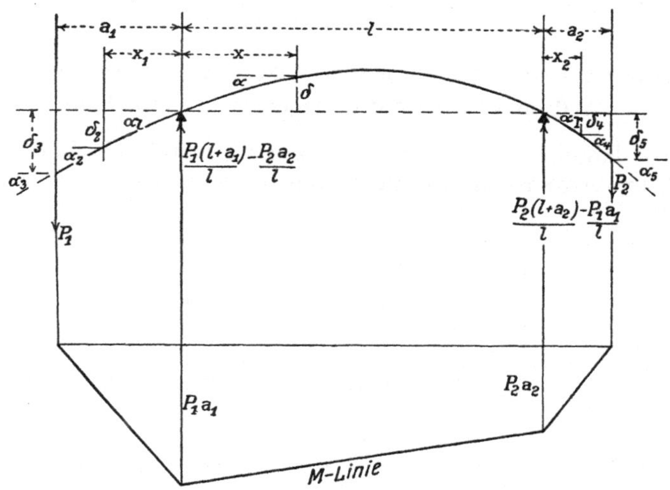

Abb. 285.

Sind die Auskragungen oder die Kräfte oder beides derart verschieden, daß $M_r \neq M_l$, so kann die Aufgabe nach Abschnitt 3 i und 3 h behandelt werden. Greift nur eine Last am rechten Ende an, so liegt der Fall nach Abschnitt 3 k vor, wobei der links überkragende Balkenteil gerade bleibt, mit der Horizontalen den Winkel $\alpha_l = \frac{P_2 \cdot a_2 \cdot l}{6\,E \cdot J}$ bildend.

Greifen an beiden Enden Lasten an, so ist nach Abschnitt 3 i:

Zwischen den beiden Stützen ((+) nach rechts steigend)

$$E \cdot J \cdot \alpha = \frac{P_2 \cdot a_2}{6\,l}(l^2 - 3\,x^2) - \frac{P_1 \cdot a_1}{6\,l}[l^2 - 3\,(l-x)^2]. \tag{98}$$

$$E \cdot J \cdot \delta \ ((+) \text{ nach unten}) = \frac{P_2 \cdot a_2 \cdot x}{6\,l}(l^2 - x^2) + \frac{P_1 \cdot a_1 \cdot x\,(l-x)}{6\,l}(2\,l - x). \tag{99}$$

Für das überkragende Ende neben dem linken Auflager:

$$E \cdot J \cdot \alpha_l = \frac{l}{6}(P_2 \cdot a_2 + 2\,P_1 \cdot a_1), \tag{100}$$

$$E \cdot J \cdot \alpha_2 = \frac{l}{6}(P_2 \cdot a_2 + 2 P_1 \cdot a_1) + \frac{P_1 \cdot x_1 (2 a_1 - x_1)}{2}, \tag{101}$$

$$E \cdot J \cdot \alpha_3 = \frac{l}{6}(P_2 \cdot a_2 + 2 P_1 \cdot a_1) + \frac{P_1 \cdot a_1^2}{2}, \tag{102}$$

$$E \cdot J \cdot \delta_2 = \frac{x_1}{6}[P_2 \cdot a_2 \cdot l + P_1 \cdot a_1 \cdot (2 l + 3 x_1) - P_1 \cdot x_1^2], \tag{103}$$

$$E \cdot J \cdot \delta_3 = \frac{a_1}{6}[P_2 \cdot a_2 \cdot l + 2 P_1 \cdot a_1 (l + a_1)]. \tag{104}$$

Die entsprechenden Gleichungen gelten für das rechte überkragende Ende.

m) Balken auf zwei Stützen mit einem überkragenden Ende, an dem ein Moment angreift. (Abb. 286.)

Der Balkenteil zwischen den Stützen wird nach Abschnitt 3 g behandelt, und der auskragende Balkenteil entspricht dem in Abschnitt 2e

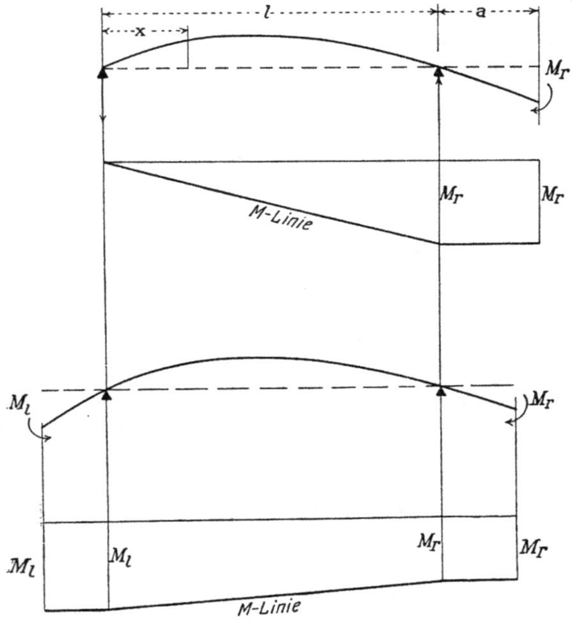

Abb. 286 und 287.

erörterten Fall, mit dem Unterschied, daß die Endtangente nicht horizontal, sondern um den Winkel $\alpha = \frac{M_r \cdot l}{3 E \cdot J}$ geneigt ist.

Liegt der Belastungsfall nach Abb. 287 vor, so ist es eine Überlagerung der Fälle nach Abschnitt 2e und Abschnitt 3i.

4. Balken einerseits fest eingespannt, andrerseits frei gelagert.

a) Allgemeines.

Man nennt ein Balkenende frei drehbar gelagert, falls es sich frei drehen kann, wenn der Balken irgendwie belastet ist, d. h. falls als Auflagerreaktionen keine Momente in Betracht kommen.

(Sollen weiterhin vertikale Kräfte keine horizontale Reaktionen erzeugen, so muß man auch horizontale Verschieblichkeit eines Auflagers fordern. Diese Forderung ist z. B. beim beiderseits eingespannten Träger nicht erfüllt. Trotzdem vernachlässigt man fast stets die horizontalen Reaktionen infolge vertikaler Kräfte. Vgl. hierzu auch: Dr.-Ing. Fukuhei Takabeya, Zur Berechnung des beiderseits eingemauerten Trägers unter besonderer Berücksichtigung der Längskraft. Springer, 1925. Der Übers.)

Tritt als Reaktion dagegen ein Moment auf, so daß die Drehung, die bei freier Auflagerung auftreten würde, ganz oder zum Teil verhindert wird, so sagt man: der Balken ist „ganz“ oder „teilweise“ (auch elastisch) eingespannt. Spricht man von einer Einspannung schlechthin, so ist die „ganze“ oder auch „feste“, „starre“ Einspannung gemeint, die also die Tangente der Biegelinie an der Einspannstelle stets in ihrer ursprünglichen Lage erhält.

Ein eingespannter Balken kann so betrachtet werden, daß er zunächst frei drehbar gelagert sei. Zu den unter dieser Annahme ermittelten Reaktionen wird dann ein Moment hinzugefügt, dessen Größe und Drehsinn durch die Bedingung bestimmt ist, daß es die unter Annahme freier Drehbarkeit erfolgte Verdrehung an dem Auflager wieder rückgängig macht.

Diese Fälle können also mit Hilfe der oben erörterten Methoden behandelt werden.

b) Eine Einzelkraft wirkt an beliebiger Stelle.

Es möge auf den Balken nach Abb. 288 eine Einzellast an beliebiger Stelle in der Entfernung a vom rechten, fest eingespannten Auflager wirken. Wären beide Auflager frei drehbar gelagert, so würde die Momentenlinie nach dem Geradenzug $b\,d\,a$ verlaufen. Die Linie für das (gesuchte) Einspannmoment hat die Gestalt $b\,e\,a$ und ist im ganzen Bereich des Balkens negativ. Trägt man $\overline{a\,c} = \overline{a\,e}$ auf, so ist die Linie $b\,c$ die Schlußlinie, auf die die Momentenlinie bezogen ist, d. h. die vertikalen Abstände der Linie $b\,d\,a$ von der Linie $b\,c$ stellen die algebraischen Momentenwerte dar. Der Momentennullpunkt liegt in i. Vorausgesetzt, daß die Linie $b\,c$ unterhalb $b\,d$ liegt, findet man den Momentennullpunkt aus der Bedingung $\overline{i\,g} = \overline{i'\,g}$ oder

$$\frac{P \cdot x'(l-a)}{l} = \frac{M_r\,(l-x')}{l}.$$

Mit $x' = x_0$ wird

$$x_0 = \frac{M_r \cdot l}{P(l-a) + M_r}.* \tag{105}$$

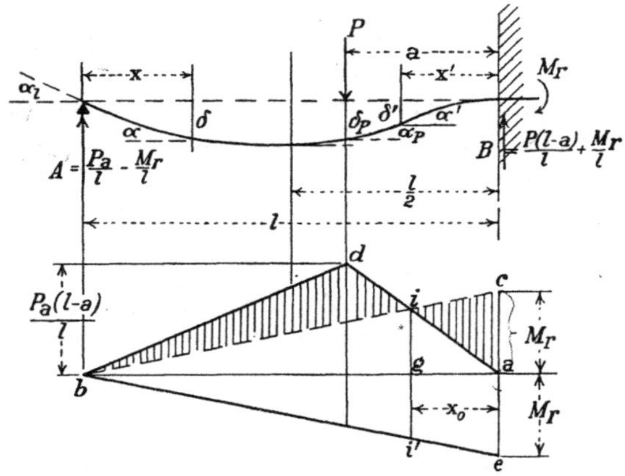

Abb. 288.

Gl. (30) gibt die Neigung am rechten Auflager eines einfachen, mit einer senkrecht nach unten wirkenden Einzellast belasteten Balkens zu

$$\alpha_r = \frac{P \cdot a(l-a)(2l-a)}{6l \cdot E \cdot J} \quad \text{(rechtssteigend).}$$

Gl. (64) gibt die Neigung an der gleichen Stelle des gleichen Balkens, der am rechten Auflager durch ein negatives Moment M_r belastet ist, zu

$$\alpha_r = \frac{M_r \cdot l}{3E \cdot J} \quad \text{(linkssteigend).}$$

Da die resultierende Neigung Null sein muß, ist

$$\frac{P \cdot a(l-a)(2l-a)}{6l} = \frac{M_r \cdot l}{3}$$

oder

$$M_r = \frac{P \cdot a(l-a)(2l-a)}{2l^2}. \tag{106}$$

Setzt man diesen Wert in Gl. (105) ein, so erhält man

$$x_0 = \frac{a \cdot l(2l-a)}{2l^2 + a(2l-a)}. \tag{107}$$

---

* Anmerkung: Eine oberhalb bd liegende Linie bc würde zur Voraussetzung haben, daß in A eine Zugkraft, also eine negative, nach unten gerichtete Reaktion wirkt. Dies ist bei abwärts gerichteten äußeren Kräften offenbar unmöglich, da das negative Einspannmoment nie so groß werden kann, daß eine resultierende Zugkraft am freien Auflager entsteht, weil eben das Einspannmoment nur als Reaktion durch den Widerstand gegen Verdrehen infolge der Wirkung der äußeren Kräfte entsteht.

Die Lagerreaktionen sind

$$A = \frac{P \cdot a^2 (3l - a)}{2l^3}, \tag{108}$$

$$B = \frac{P(l-a)(2l^2 + 2al - a^2)}{2l^3}. \tag{109}$$

An jedem Punkt links von P gibt Gl. (33) die Neigung des beiderseits freigelagerten, mit P belasteten Balkens zu

$$\alpha = \frac{P \cdot a (l^2 - a^2 - 3x^2)}{6l \cdot E \cdot J} \quad \text{(linkssteigend)}$$

und Gl. (63) gibt die Neigung im gleichen Bereich des gleichen Balkens, der mit M_r am rechten Auflager belastet ist, zu

$$\alpha = \frac{M_r (l^2 - 3x^2)}{6l \cdot E \cdot J} \quad \text{(rechtssteigend).}$$

Die resultierende Neigung (linkssteigend) ist also bestimmt durch

$$E \cdot J \cdot \alpha = \frac{P \cdot a (l^2 - a^2 - 3x^2) - M_r (l^2 - 3x^2)}{6l}.$$

Setzt man für M_r seinen Wert ein, so erhält man

$$E \cdot J \cdot \alpha = \frac{P \cdot a^2 [(l-a)(l^2 - x^2) - 2lx^2]}{4l^3}. \tag{110}$$

Die Neigung am linken (frei gelagerten) Ende beträgt $(x = 0)$

$$E \cdot J \cdot \alpha_l = \frac{P \cdot a^2 (l-a)}{4l}. \tag{111}$$

Zwischen P und der Einspannung ist für irgendeinen Punkt des frei gelagerten, durch P belasteten Balkens die Neigung (vgl. Gl. (37))

$$\alpha' = \frac{P(l-a)(2al - a^2 - 3x'^2)}{6l \cdot E \cdot J} \quad \text{(rechts steigend)}$$

In Verbindung mit Gl. (63) erhält man, wenn man statt x den Wert $(l - x')$ einsetzt,

$$E \cdot J \cdot \alpha' = \frac{P(l-a)(2al - a^2 - 3x_1^2) + M_r [l^2 - 3(l - x')^2]}{6l}.$$

Setzt man für M_r den Wert ein, so erhält man

$$E \cdot J \cdot \alpha' = \frac{P \cdot x' (l-a)}{4l^3} [a(2l - a)(2l - x') - 2l^2 \cdot x'] \quad \text{(rechts ansteigend).} \tag{112}$$

Die Neigung unter der Last erhält man, wenn man in Gl. (112) für x' den Wert a einsetzt, zu

$$E \cdot J \cdot \alpha_P = \frac{P a^2 (l-a)}{4 l^3} (2 l^2 + a^2 - 4 a l) = \frac{P \cdot a^2 (l-a)}{4 l^3} [2 l (l - 2 a) + a^2]. \tag{113}$$

Das gleiche Ergebnis mit umgekehrtem Vorzeichen ergibt sich, wenn man in Gl. (110) $x = l - a$ einsetzt. Die Tangente an die Biegelinie verläuft unter der Last horizontal, wenn

$$a = l(2 - \sqrt{2}) = 0{,}586\, l. \tag{114}$$

Ist a kleiner als dieser Wert, so befindet sich der Punkt der größten Durchbiegung links von der Last; ist a größer als 0,586 l, so liegt jener Punkt rechts von der Last.

Auf die gleiche Weise durch Superposition zweier Lastfälle erhält man für die Durchbiegungen

zwischen P und dem freien Lager aus Gl. (34) und (66)

$$\left.\begin{aligned} E \cdot J \cdot \delta &= \frac{P \cdot a \cdot x}{6 l} (l^2 - a^2 - x^2) - \frac{M_r \cdot x}{6 l} (l^2 - x^2) \\ &= \frac{P \cdot a \cdot x}{12 l^3} [3 a l (l^2 - a \cdot l - x^2) + a^2 x^2] \\ &= \frac{P \cdot a^2 \cdot x}{12 l^3} [3 l^2 (l - a) - x^2 (3 l - a)]. \end{aligned}\right\} \tag{115}$$

Zwischen P und dem eingespannten Ende folgt aus Gl. (38) und (66), wenn man $x = l - x'$ einsetzt,

$$E \cdot J \cdot \delta' = \frac{P x'^2 (l-a)}{12 l^3} [3 a l (2 l - a) - x' (2 l^2 + 2 a l - a^2)]. \tag{116}$$

Die Stelle der größten Durchbiegung erhält man durch Differentiieren von Gl. (115) nach x; es wird

$$x_0 = l \sqrt{\frac{l-a}{3l-a}} \tag{117}$$

und der Wert der größten Durchbiegung beträgt (aus Gl. (115) mit $x = x_0$)

$$\delta_{\max} = \frac{P \cdot a^2 (l-a)}{6 E \cdot J} \sqrt{\frac{l-a}{3l-a}}. \tag{118}$$

Die Durchbiegung unter der Last ($x = l - a$ in Gl. (115) und $x' = a$ in Gl. (116)) beträgt

$$\delta_P = \frac{P \cdot a^3 (l-a)^2}{E \cdot J \cdot 12 l^3} (4 l - a). \tag{119}$$

c) Gleichmäßig verteilte Belastung über die ganze Spannweite (Abb. 289.)

Wir bestimmen wieder Neigung und Durchbiegung durch Superposition zweier Belastungsfälle des beiderseits frei gelagerten Balkens.

Gl. (41) gibt ((+)-linkssteigend) die Neigung eines gleichmäßig belasteten einfachen Balkens in der Entfernung x vom linken Auflager

$$\alpha = \frac{q}{E \cdot J \cdot 24}(l^3 - 6\,l\,x^2 + 4\,x^3)$$

und Gl. (43) gibt für den gleichen Fall die Durchbiegung ((+) nach unten)]

$$\delta = \frac{q\,x\,(l - x)}{E \cdot J \cdot 24}(l^2 + l\,x - x^2).$$

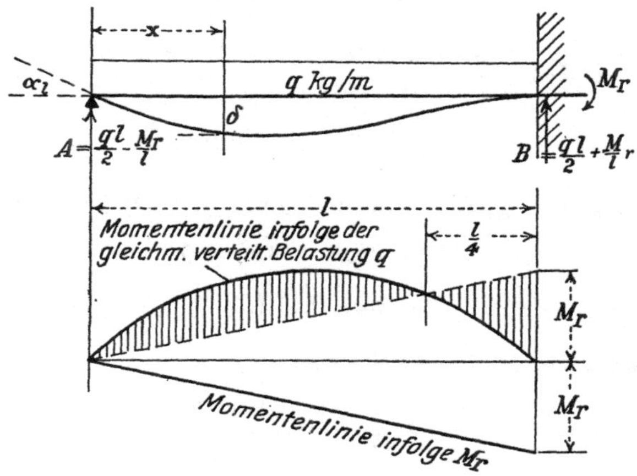

Abb. 289.

Das Moment M_r, allein am rechten Balkenende wirkend, erzeugt die Neigung ((+) rechts steigend) nach Gl. (63)

$$\alpha = \frac{M_r}{6\,l \cdot E \cdot J}(l^2 - 3\,x^2)$$

und die Durchbiegung ((+) nach oben) nach Gl. (66)

$$\delta = \frac{M_r \cdot x}{6\,l \cdot E \cdot J}(l^2 - x^2).$$

Die Neigung am eingespannten Balkenende ($x = l$) für die beiden Belastungsfälle beträgt:

Für den gleichmäßig belasteten Balken

$$\alpha = \frac{q\,l^3}{24\,E \cdot J} \text{ (rechts steigend).}$$

Für den durch M_r belasteten Balken

$$\alpha = \frac{M_r \cdot l}{3 \cdot E \cdot J} \text{ (links steigend).}$$

Die Überlagerung beider Belastungsfälle muß ein resultierendes $\alpha = 0$ ergeben, also

$$\frac{M_r \cdot l}{3} = \frac{q\,l^3}{24},$$

$$M_r = \frac{q\,l^2}{8}, \tag{120}$$

$$A = \frac{3}{8} q l, \tag{121}$$

$$B = \frac{5}{8} q l. \tag{122}$$

Für die resultierende (wirkliche) Neigung und Durchbiegung ergibt sich durch Überlagerung

$$E \cdot J \cdot \alpha = \frac{q(l^3 - 6lx^2 + 4x^3)}{24} - \frac{M_r(l^2 - 3x^2)}{6l} = \frac{q}{48}(l^3 - 9lx^2 + 8x^3), \tag{123}$$

$$\left.\begin{aligned} E \cdot J \cdot \delta &= \frac{q \cdot x(l-x)(l^2 + lx - x^2)}{24} - \frac{M_r \cdot x(l^2 - x^2)}{6l} \\ &= \frac{q \cdot x(l-x)}{48}(l^2 + lx - 2x^2). \end{aligned}\right\} \tag{124}$$

Der Punkt der größten Durchbiegung ($\alpha = 0$) ist bestimmt durch

$$l^3 - 9lx^2 + 8x^3 = 0$$

$$x \approx 0{,}41\, l. \tag{125}$$

Die größte Durchbiegung beträgt

$$\delta_{\max} = \frac{0{,}0054\, q l^4}{E \cdot J}. \tag{126}$$

d) Gleichmäßig verteilte Belastung nur auf einem Teil des Balkens wirkend.

Der Fall wird wieder durch Überlagerung mehrerer Belastungsfälle behandelt. So entsteht der in Abb. 290 dargestellte Belastungsfall durch Überlagerung der in den Abschnitten 2a u. d erörterten Belastungsfälle. Die Bedingung, daß die resultierende Durchbiegung am freien Ende Null sein muß, ergibt aus den Gleichungen (7), (12) und (14)

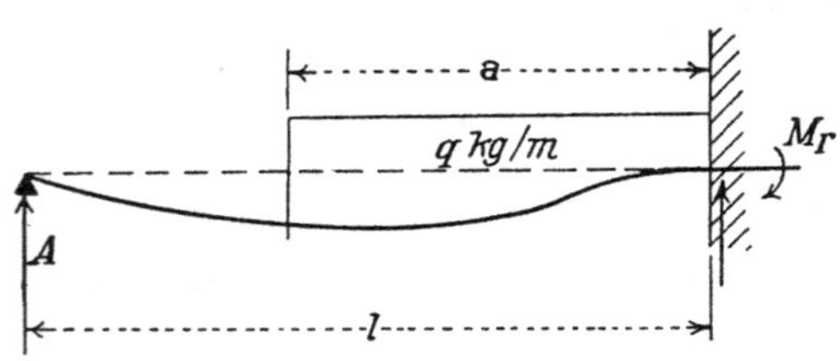

Abb. 290.

$$0 = \frac{q a^4}{8 E \cdot J} + \frac{q \cdot a^3}{6 E \cdot J}(l - a) - \frac{A \cdot l^3}{3 E \cdot J}$$

$$\therefore \quad A = \frac{q a^3 (4l - a)}{8 l^3} \tag{127}$$

$$M_r = \frac{q \cdot a^2}{2} - A \cdot l = \frac{q \cdot a^2}{8 l^2}(4l^2 - 4al + a^2). \tag{128}$$

In entsprechender Weise findet man die Gleichungen für die Verdrehungen und die Durchbiegungen.

5. Beiderseits eingespannter Balken.

Beide Enden sind fest eingespannt, so daß die Verdrehungen dort Null sind. Bei abwärts gerichteten Lasten sind die Einspannmomente negativ.

a) Eine Einzellast an beliebiger Stelle. (Abb. 291.)

Aus Gl. (29) und Gl. (83) folgt (M_r und M_l sind absolut eingesetzt)

$$\frac{P \cdot a\,(l^2 - a^2)}{6\,l} = \frac{M_r \cdot l}{6} + \frac{M_l \cdot l}{3}. \tag{129}$$

Aus Gl. (30) und Gl. (84)

$$\frac{P \cdot a\,(l-a)\,(2\,l-a)}{6\,l} = \frac{M_r \cdot l}{3} + \frac{M_l \cdot l}{6} \tag{130}$$

∴ (negativ) M_l

$$= \frac{P \cdot a^2\,(l-a)}{l^2} \tag{131}$$

(negativ) M_r

$$= \frac{P \cdot a\,(l-a)^2}{l^2}. \tag{132}$$

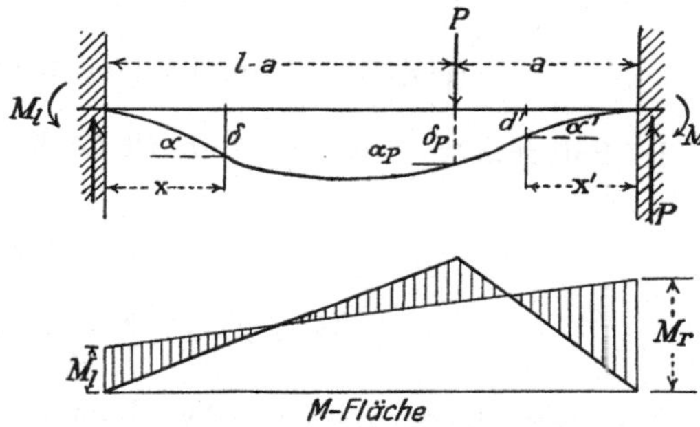

Abb. 291.

Der Wert von M_l folgt aus dem Ausdruck für M_r durch Vertauschen von $(l - a)$ gegen a.

Aus Gl. (33) und (86) folgt für die Neigung des Balkenteils links von P

$$E \cdot J \cdot \alpha = \frac{P \cdot a\,(l^2 - a^2 - 3\,x^2)}{6\,l} - \frac{M_r}{6\,l}(l^2 - 3\,x^2) - \frac{M_l}{6\,l}(2\,l^2 - 6\,l\,x + 3\,x^2)$$

$$= \frac{P \cdot a^2 \cdot x}{2\,l^3}\left[2\,l\,(l-a) - x\,(3\,l - 2\,a)\right] \tag{133}$$

(positiv = linkssteigend),

für den Balkenteil rechts von P wird

$$\left.\begin{aligned} E \cdot J \cdot \alpha' &= \frac{P\,(l-a)}{6\,l}(2\,a\,l - a^2 - 3\,x'^2) + \frac{M_r}{6\,l}(l^2 - 3\,x^2) - \frac{M_l}{6\,l}(l^2 - 3\,x'^2) \\ &= \frac{P\,(l-a)\,(2\,a\,l - a^2 - 3\,x'^2)}{6\,l} + \frac{M_r}{6\,l}\left[l^2 - 3\,(l - x')^2\right] \\ &\qquad - \frac{M_l}{6\,l}(l^2 - 3\,x'^2) \\ &= \frac{P\,(l-a)^2 \cdot x'}{2\,l^3}\left[2\,a\,l - x'\,(l + 2\,a)\right] \end{aligned}\right\} \tag{134}$$

(positiv = rechts steigend).

Gl. (134) geht auch aus Gl. (133) hervor, wenn man $(l-a)$ gegen a und x' gegen x vertauscht.

Die Durchbiegung für den Balkenteil links von P folgt aus den Gl. (34) und (87)

$$\left.\begin{aligned} E\cdot J\cdot\delta &= \frac{P\cdot a\cdot x\,(l^2-a^2-x^2)}{6l} - \frac{M_r\cdot x}{6l}(l^2-x^2) - \frac{M_l\cdot x}{6l}(l-x)(2l-x) \\ &= \frac{P\cdot a\cdot x}{6l}(l^2-a^2-x^2) - \frac{P\cdot a\,(l-a)^2}{l^2}\cdot\frac{x\,(l^2-x^2)}{6l} \\ &\qquad - \frac{P\,a^2\,(l-a)}{l^2}\cdot\frac{x\,(l-x)\,(2l-x)}{6l} \\ &= \frac{P\cdot a^2\cdot x^2}{6l^3}[3l(l-a)-x(3l-2a)] \end{aligned}\right\} \qquad (135)$$

(positiv = Durchbiegung nach unten).

In Balkenmitte mit $x=\frac{l}{2}$ in Gl. (133) und Gl. (135) wird

$$E\cdot J\cdot\alpha_c = \frac{P\cdot a^2}{8l}(l-2a)\,, \qquad (133\,a)$$

$$E\cdot J\cdot\delta_c = \frac{P\cdot a^2\,(3l-4a)}{48}\,. \qquad (135\,a)$$

Die Durchbiegungen für den Balkenteil rechts von P (positiv = Durchbiegung nach unten) erhält man, wenn man in Gl. (135) x' gegen x und $(l-a)$ gegen a vertauscht:

$$E\cdot J\cdot\delta' = \frac{P\,(l-a)^2\,x'^2}{6l^3}[3\,a\,l-x'(l+2a)]\,. \qquad (136)$$

Die Neigung unter der Last ergibt sich mit $x'=a$ in Gl. (134)

$$E\cdot J\cdot\alpha_P = \frac{P\,(l-a)^2\,a^2}{2l^3}(l-2a)\,. \qquad (137)$$

Die Durchbiegung δ_P unter der Last erhalten wir aus Gl. (136) zu

$$E\cdot J\cdot\delta_P = \frac{P\,(l-a)^3\cdot a^3}{3l^3}\,. \qquad (138)$$

bestimmt.

Der Ausdruck α_c (Gl. 133a) ist positiv mit $a<\frac{l}{2}$, die Tangente in Balkenmitte fällt also nach der Last zu. Daraus folgt, daß die größte Durchbiegung zwischen Last und Balkenmitte erfolgt. Ihre Lage findet man durch Nullsetzen der Gl. (133)

$$x = \frac{2l\,(l-a)}{3l-2a}\,. \qquad (139)$$

Durch Einsetzen dieses Wertes in Gl. (135) findet man

$$E\cdot J\cdot\delta_{\max} = \frac{2P\cdot a^2\,(l-a)^3}{3\,(3l-2a)^2}\,. \qquad (140)$$

Greift die Einzellast in Balkenmitte an $\left(a = \frac{l}{2}\right)$, so erhält man

$$E \cdot J \cdot \alpha = \frac{P \cdot x\,(l - 2x)}{8}, \tag{141}$$

$$E \cdot J \cdot \delta = \frac{P \cdot x^2\,(3l - 4x)}{48}, \tag{142}$$

$$E \cdot J \cdot \delta_P = \frac{P \cdot l^3}{192} \tag{143}$$

oder ein Viertel des für den einfachen Balken geltenden Wertes[1].

b) Gleichmäßig verteilte Belastung. (Abb. 292.)

Aus Gründen der Symmetrie muß

$$M_l = M_r = M_1$$

sein. Aus den Sätzen von der Momentenfläche läßt sich direkt ablesen:

Da die Neigung in Balkenmitte sowohl wie an den Enden Null ist, so muß der (algebraische) Wert der Momentenfläche zwischen einem Lager und Balkenmitte verschwinden, d. h.

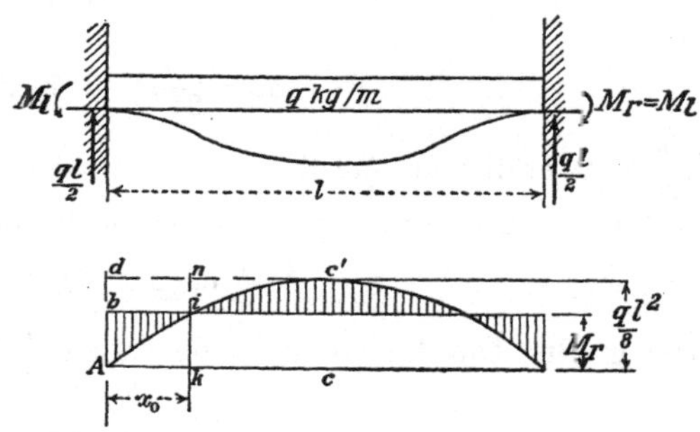

Abb. 292.

$$M_1 \cdot l = \frac{2}{3}\,l \cdot \frac{q\,l^2}{8},$$

$$\therefore\; M_1 = \frac{q\,l^2}{12}. \tag{144}$$

Die Momentennullpunkte und damit die Wendepunkte der Biegelinie k ergeben sich aus

$$\overline{ik} = \frac{2}{3}\,\overline{cc'}, \quad \therefore\; \overline{in} = \frac{1}{3}\,\overline{Ad},$$

$$\therefore\; \frac{\overline{in}}{\overline{Ad}} = \frac{1}{3} = \frac{\overline{nc'}^2}{\overline{Ac}^2},$$

$$\therefore\; \overline{nc'} = \frac{\overline{Ac}}{\sqrt{3}} = \frac{l}{2\sqrt{3}} = 0{,}289\,l \tag{145}$$

oder

$$x_0 = 0{,}211\,l. \tag{146}$$

[1] Anmerkung. Der Leser möge die vorstehend abgeleiteten Resultate mit Hilfe der Differentialgleichung der Biegelinie entwickeln. Er wird dann auch die größere mechanische Klarheit und Übersichtlichkeit der von dem Verfasser bevorzugten Methode erkennen, die auf den Sätzen von der Momentenfläche aufgebaut ist.

Die weiteren Gleichungen wollen wir nunmehr aus der Differentialgleichung der Biegelinie herleiten. Mit A als Koordinatenursprung, x positiv nach rechts, y positiv nach unten, wird

$$E \cdot J \cdot \frac{d^2 y}{d x^2} = \frac{q l^2}{12} - \frac{q l x}{2} + \frac{q x^2}{2},$$

$$E \cdot J \cdot \frac{d y}{d x} = \frac{q l^2 x}{12} - \frac{q l x^2}{4} + \frac{q x^3}{6} + [C_1 = 0],$$

$$E \cdot J \cdot y = \frac{q l^2 x^2}{24} - \frac{q l x^3}{12} + \frac{q x^4}{24} + [C_2 = 0].$$

Innerhalb A und der Balkenmitte ist die Tangente linkssteigend, rechts von Balkenmitte rechtssteigend; die Durchbiegung ist abwärts gerichtet.

$$E \cdot J \cdot \alpha = \frac{q x}{12}(l^2 - 3 l x + 2 x^2), \tag{147}$$

$$E \cdot J \cdot \delta = \frac{q x^2}{24}(l^2 - 2 l x + x^2). \tag{148}$$

$\frac{d^2 y}{d x^2} = 0$ ergibt Gl. (146).

Die größte Neigung bei k ist bestimmt durch

$$E \cdot J \cdot \alpha_{\max} = 0{,}008\, q l^3. \tag{149}$$

Die größte Durchbiegung in der Mitte $\left(x = \frac{l}{2} \text{ in } (148)\right)$

$$E \cdot J \cdot \delta_c = \frac{q l^4}{384} \tag{150}$$

oder ein Fünftel des für den einfachen Balken gültigen Wertes.

c) Zwei gleiche, symmetrisch liegende Einzellasten. (Abb. 293.)

Wie für den Belastungsfall in Abschnitt 5 b ist die Biegelinie in der Mitte und an den Enden des Balkens horizontal. Damit wird

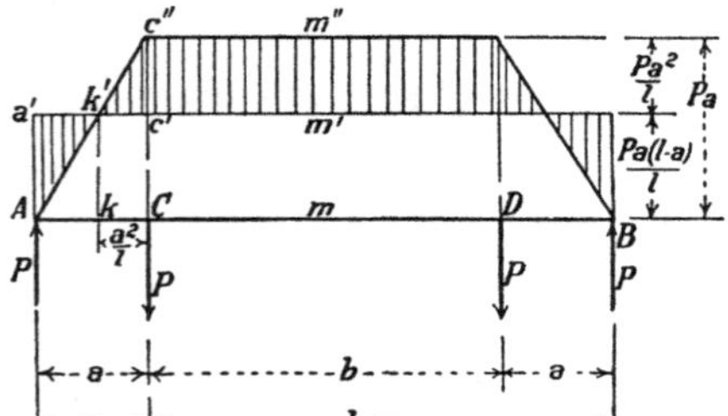

Abb. 293.

$$M_1 \cdot l = P \cdot a\,(a + b),$$

$$M_1 = \frac{P \cdot a\,(a + b)}{l}$$

$$= \frac{P \cdot a\,(l - a)}{l}. \tag{151}$$

Die Entfernung x_0 des Wendepunktes k von A findet man aus den ähnlichen Dreiecken

$$\frac{P \cdot a\,(l - a)}{l} : P \cdot a = x_0 : a,$$

$$x_0 = \frac{a\,(l - a)}{l}. \tag{152}$$

Die Entfernung von k bis C beträgt

$$a - x_0 = \frac{a^2}{l}.$$

Das positive Moment zwischen C und D beträgt

$$P \cdot a - M_1 = \frac{P \cdot a^2}{l}.$$

Die Neigung ist an allen Punkten zur Mitte fallend, die Durchbiegungen sind abwärts gerichtet.

Die Neigung an irgendeinem Punkt ist dargestellt durch die Momentenfläche zwischen A und jenem Punkt. In Balkenmitte m ist die Neigung Null, d. h. Fläche $\overline{A\,a'\,m'\,m}$ = Fläche $\overline{A\,c''\,m''\,m}$, oder Fläche $\overline{A\,a'\,k'}$ = Fläche $\overline{k'\,c''\,m''\,m'}$.

Es gilt

innerhalb der Strecke $\overline{AC}$

$$E \cdot J \cdot \alpha = M_1 \cdot x - \frac{P \cdot a\,x^2}{2a} = \frac{P \cdot x}{2l}(2\,a\,l - 2\,a^2 - l\,x), \tag{153}$$

innerhalb der Strecke $\overline{CD}$

$$E \cdot J \cdot \alpha = M_1 \cdot x - \frac{P \cdot a^2}{2} - P\,a\,(x - a) = \frac{P \cdot a^2}{2l}(l - 2\,x). \tag{154}$$

Die Durchbiegung erhält man aus dem statischen Moment der Momentenfläche zwischen dem Auflager und dem betrachteten Punkt in bezug auf letzteren, da die Tangente im Lager horizontal verläuft, also

innerhalb $\overline{AC}$

$$\left.\begin{aligned} E \cdot J \cdot \delta &= \frac{M_1 \cdot x \cdot x}{2} - P \cdot a \cdot \frac{x}{a} \cdot \frac{x}{2} \cdot \frac{x}{3} = \frac{M_r \cdot x^2}{2} - \frac{P \cdot x^3}{6} \\ &= P\left(\frac{a\,x^2}{2} - \frac{a^2 \cdot x^2}{2l} - \frac{x^3}{6}\right) = \frac{P \cdot x^2}{2}\left(a - \frac{a^2}{l} - \frac{x}{3}\right), \end{aligned}\right\} \tag{155}$$

innerhalb $\overline{CD}$

$$\left.\begin{aligned} E \cdot J \cdot \delta &= \frac{M_1 \cdot x^2}{2} - P \cdot a \cdot \frac{a}{2}\left(x - \frac{2a}{3}\right) - \frac{P \cdot a\,(x-a)^2}{2} \\ &= P \cdot a^2\left(\frac{x}{2} - \frac{x^2}{2l} - \frac{a}{6}\right). \end{aligned}\right\} \tag{156}$$

Die gleichen Ergebnisse liefert, wie erforderlich, Gl. (1). Mit dem Koordinatenursprung in A, x positiv nach rechts, y positiv nach unten, M_1 = negatives Moment in A und B, erhält man

innerhalb $\overline{AC}$

$$E \cdot J \cdot \frac{d^2 y}{d x^2} = M_1 - P \cdot x,$$

$$E \cdot J \cdot \frac{dy}{dx} = M_1 \cdot x - \frac{P \cdot x^2}{2} + [C_1 = 0], \text{ vgl. Gl. (153)}, \tag{157}$$

$$E \cdot J \cdot y = \frac{M_1 \cdot x^2}{2} - \frac{P\,x^3}{6} + [C_2 = 0] \text{ vgl. Gl. (155)}, \tag{158}$$

innerhalb $\overline{CD}$

$$E \cdot J \cdot \frac{d^2 y}{dx^2} = M_1 - P \cdot a,$$

$$E \cdot J \cdot \frac{dy}{dx} = M_1 \cdot x - P \cdot a x + C_1'. \tag{159}$$

Setzt man den weiter unten berechneten Wert der Integrationskonstante C_1 in Gl. (159) ein, so erhält man Gl. (154).

$$E \cdot J \cdot y = \frac{M_1 \cdot x^2}{2} - \frac{P \cdot a \cdot x^2}{2} + C_1' \cdot x_1 + C_2'. \tag{160}$$

C_1' und C_2' erhält man aus der Bedingung, daß für $x = a$ die Gl. (157) mit Gl. (159) und Gl. (158) mit Gl. (160) übereinstimmen muß. Für $x = \frac{l}{2}$ muß Gl. (159) den Wert Null ergeben, oder

$$M_1 \cdot \frac{l}{2} - \frac{P \cdot a l}{2} + C_1' = 0$$

$$C_1' = \frac{P \cdot a l}{2} - \frac{M_1 \cdot l}{2}.$$

Setzt man in Gl. (157) und (159) $x = a$ und die Integrationskonstanten mit ihren Werten ein, setzt die rechten Seiten gleich und löst nach M_1 auf, so erhält man den Wert von M_1 nach Gl. (151).

Aus (158) und (160) erhält man $C_2' = -\frac{P \cdot a^3}{6}$, damit wird Gl. (160)

$$E \cdot J \cdot y = P \cdot a^2 \left(\frac{x}{2} - \frac{x^2}{2l} - \frac{a}{6} \right),$$

oder den Wert nach Gl. (156).

Der vorstehend behandelte Fall ist ein gutes Beispiel für die beiden angewendeten Methoden.

Offenbar ist der beiderseits eingespannte oder auch der einerseits eingespannte, andrerseits freigelagerte Träger steifer als der beiderseits freigelagerte Träger, d. h. seine Formänderungen sind unter sonst gleichen Voraussetzungen geringer; er ist auch tragfähiger, d. h. die gleiche Belastung erzeugt ein geringeres $M_{\max}$. Der beiderseits eingespannte und der einerseits eingespannte, andrerseits freiaufliegende Träger haben bei gleichmäßig verteilter Belastung absolut das gleiche größte Moment: im ersten Falle ist es aber negativ und tritt an den Einspannstellen auf, im andern Fall ist es positiv und tritt in Balkenmitte auf. Die negativen Stützenmomente sind bei der Bemessung von Trägern sorgfältig zu beachten.

6. Zahlenbeispiel für die Berechnung der Verdrehungen und Durchbiegungen eines einfachen Balkens unter Einzellasten und verteilter Belastung. (Abb. 294.)

Wir können die Aufgabe mit Hilfe von verschiedenen Methoden behandeln. Wir könnten die Wirkung jeder einzelnen Last errechnen und dann superponieren. Diese Methode hat den Nachteil, daß sich nicht ohne weiteres die Größtwerte der Formänderungen erkennen lassen, ebensowenig zeigt sie die Gesetzmäßigkeiten, denen die Formänderungen über den Balken gehorchen.

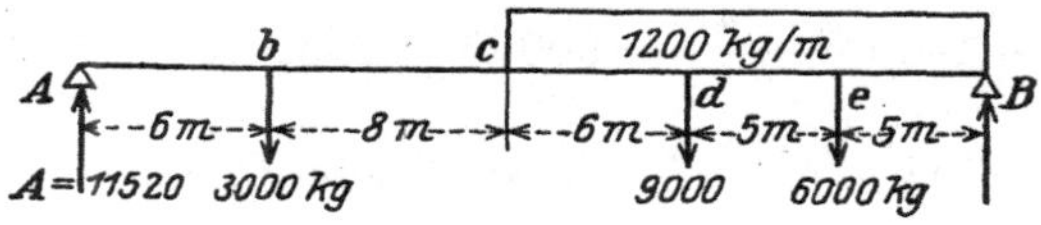

Abb. 294.

Wir können ferner so vorgehen, daß wir für die verschiedenen Abschnitte des Balkens, deren Grenzen dadurch gekennzeichnet sind, daß sich dort die Gleichung der Querkraft ändert, die Differentialgleichung der Biegelinie aufstellen und integrieren. Das vorliegende Beispiel soll nach dieser Methode behandelt werden.

Es sei in A der Koordinatenursprung, x und y positiv nach rechts bzw. nach unten, dann ist

innerhalb der Strecke $\overline{Ab}$

$$E \cdot J \cdot \frac{d^2y}{dx^2} = -M = -11520 \cdot x,$$

$$E \cdot J \cdot \frac{dy}{dx} = -5760\,x^2 + C_1,$$

$$E \cdot J \cdot y = -1920\,x^3 + C_1 \cdot x + [C_2 = 0];$$

innerhalb der Strecke $\overline{bc}$

$$E \cdot J \cdot \frac{d^2y}{dx^2} = -M = -11520\,x + 3000\,(x-6) = -8520\,x - 18000,$$

$$E \cdot J \cdot \frac{dy}{dx} = -4260\,x^2 - 18000\,x + C_3,$$

$$E \cdot J \cdot y = -1420\,x^3 - 9000 \cdot x^2 + C_3 \cdot x + C_4;$$

innerhalb der Strecke $\overline{cd}$

$$E \cdot J \cdot \frac{d^2y}{dx^2} = -11520 \cdot x + 3000\,(x-6) + \frac{1200\,(x-14)^2}{2}$$
$$= 600\,x^2 - 25320\,x + 99600,$$

$$E \cdot J \cdot \frac{dy}{dx} = 200\,x^3 - 12660\,x^2 + 99600\,x + C_5,$$

$$E \cdot J \cdot y = 50\,x^4 - 4220\,x^3 + 49800\,x^2 + C_5 \cdot x + C_6;$$

innerhalb der Strecke $\overline{de}$

$$E \cdot J \cdot \frac{dy^2}{dx^2} = -11520\,x + 3000\,(x-6) + 9000\,(x-20) + \frac{1200\,(x-14)^2}{2}$$
$$= 600\,x^2 - 16320\,x - 80400,$$

$$E \cdot J \cdot \frac{dy}{dx} = 200\,x^3 - 8160\,x^2 - 80400\,x + C_7,$$

$$E \cdot J \cdot y = 50\,x^4 - 2720\,x^3 - 40200\,x^2 + C_7 \cdot x + C_8;$$

innerhalb der Strecke $\overline{eB}$

$$E \cdot J \cdot \frac{d^2y}{dx^2} = -11520\,x + 3000\,(x-6) + 9000\,(x-20) + 6000\,(x-25)$$
$$+ 1200\,\frac{(x-14)^2}{2} = 600\,x^2 - 10320\,x - 230400\,,$$

$$E \cdot J \cdot \frac{dy}{dx} = 200\,x^3 - 5160\,x^2 - 230400\,x + C_9\,,$$

$$E \cdot J \cdot y = 50\,x^4 - 1720\,x^3 - 115200\,x^2 + C_9 \cdot x + C_{10}\,.$$

Es sind 10 Konstanten zu berechnen, wozu 10 Gleichungen erforderlich sind. Die Verdrehungen und Durchbiegungen an den Punkten b, c, d und e müssen, jeweils aus den beiden angrenzenden Balkenabschnitten bestimmt, gleich werden, wir haben also $4 \cdot 2 = 8$ Übergangs- (Kontinuitäts-, Stetigkeits-) Bedingungen. Dazu kommen die 2 Randbedingungen, daß die Durchbiegungen an den Auflagern verschwinden. Allgemein kann man sagen: Liegen n Berechnungsabschnitte des einfachen Balkens vor (im Falle nach Abb. 295 sind es 5 Abschnitte), so sind $2\,n$ Konstante zu bestimmen. $(n-1)$ Punkte liefern $2\,(n-1)$ Kontinuitätsbedingungen, die beiden Endpunkte liefern je 1 Randbedingung, insgesamt $2n$ Gleichungen mit $2\,n$ unbekannten, zu bestimmenden Konstanten. Ist der Balken unbestimmt gelagert, z. B. der beiderseits eingespannte Balken, so ergeben sich entsprechend mehr Randbedingungen, also im Beispiel des beiderseits eingespannten Balkens sind beide Endtangenten horizontal.

(Im allgemeinen bietet ein Simultansystem von 10 Gleichungen erhebliche rechnerische Schwierigkeiten; im vorliegenden Fall ist die Rechnung dadurch erleichtert, daß nie mehr als zwei Unbekannte gleichzeitig in einer Gleichung vorkommen und außerdem eine bestimmte Ordnung in der Verteilung der Unbekannten eingehalten ist. D. Übers.)

Die Rechnung ergibt:

$$\begin{aligned}
C_1 &= 1334207\,,\\
C_2 &= 0\,,\\
C_3 &= 1388207\,,\\
C_4 &= -108000\,,\\
C_5 &= 839407\,,\\
C_6 &= 1812800\,,\\
C_7 &= 2639407\\
C_8 &= -10187200\,,\\
C_9 &= 4514407\,,\\
C_{10} &= -25812200\,.
\end{aligned}$$

Setzen wir diese Werte ein, so erhalten wir die in jedem Balkenabschnitt geltenden Gleichungen für Verdrehung und Durchbiegung.

Der Leser führe die Rechnung zur Übung selbst durch und bestimme die Stelle der größten Durchbiegung.

7. Veränderliches Trägheitsmoment.

Wechselt das Trägheitsmoment sprunghaft, so kann grundsätzlich die gleiche Methode angewendet werden. Jede Unstetigkeitsstelle des Trägheitsmoments liefert dann auch die Grenze eines Berechnungsabschnittes, ebenso wie an den Angriffsstellen von Einzellasten usw.

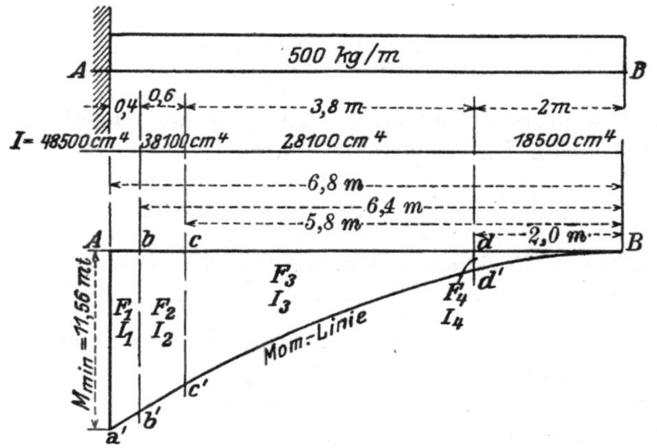

Abb. 295.

Es sei die Biegelinie des in Abb. 295 dargestellten Kragträgers gesucht. Es sei

$$J_1 = 48\,500 \text{ cm}^4,$$
$$J_2 = 38\,100 \quad ,, \quad ,$$
$$J_3 = 28\,100 \quad ,, \quad ,$$
$$J_4 = 18\,500 \quad ,, \quad .$$

Es ist das Moment

$$\text{in } A \ldots\ldots\ldots \frac{0{,}5\cdot 6{,}8^2}{2} = 11{,}56 \text{ mt},$$
$$,, \ b \ldots\ldots\ldots \frac{0{,}5\cdot 6{,}4^2}{2} = 10{,}24 \text{ mt},$$
$$,, \ c \ldots\ldots\ldots \frac{0{,}5\cdot 5{,}8^2}{2} = 8{,}41 \text{ mt},$$
$$,, \ d \ldots\ldots\ldots \frac{0{,}5\cdot 2{,}0^2}{2} = 1{,}00 \text{ mt}.$$

Es ist weiterhin

$$\text{Fläche } B A a' = \frac{1}{3}\cdot 11{,}56\cdot 6{,}8 = 26{,}202\,667 \text{ m}^2\text{t},$$
$$,, \quad B b b' = \frac{1}{3}\cdot 10{,}24\cdot 6{,}4 = 21{,}845\,333 \text{ m}^2\text{t},$$
$$,, \quad B c c' = \frac{1}{3}\cdot 8{,}41\cdot 5{,}8 = 16{,}259\,333 \text{ m}^2\text{t},$$
$$,, \quad B d d' = \frac{1}{3}\cdot 1{,}00\cdot 2{,}0 = 0{,}666\,667 \text{ m}^2\text{t},$$

Fläche $A a' b' b = 4{,}357\,334 = F_1$,

„ $b b' c' c = 5{,}586\,000 = F_2$,

„ $c c' d' d = 15{,}592\,666 = F_3$,

„ $d d' B = 0{,}666\,667 = F$

Da die Änderung der Neigung

$$d\alpha = \frac{M \cdot dx}{E \cdot J}$$

beträgt und E konstant angenommen wird, so ist offenbar die Verdrehung des freien Endes gegeben durch

$$E \cdot \alpha = \sum \frac{F}{J} = \frac{F_1}{J} + \frac{F_2}{J_2} + \frac{F_3}{J_3} + \frac{F_4}{J_4} \quad \text{(in cm und kg)}$$

$$= \frac{43\,573\,340}{48\,500} + \frac{55\,860\,000}{38\,100} + \frac{155\,926\,670}{28\,100} + \frac{6\,666\,670}{18\,500} = 8273{,}912 \text{ kg/cm}^2.$$

Da α als Verhältnis zweier Strecken dimensionslos ist, muß das Resultat die Dimension von E, also kg/cm², haben, was sich auch aus den Dimensionen von F und J ergibt.

Mit $E = 2\,100\,000$ kg/cm² wird

$$\alpha = \frac{8274}{2\,100\,000} = 0{,}003\,94\,.$$

Da es offenbar nur auf die Verhältniszahlen der Trägheitsmomente ankommt, so ist das im folgenden gezeigte Verfahren grundsätzlich das gleiche:

Es ist

$$E \cdot \alpha = \sum \frac{F}{J} = \frac{F_1}{J_1} + \frac{F_2}{J_1} \cdot \frac{J_1}{J_2} + \frac{F_3}{J_1} \cdot \frac{J_1}{J_3} + \frac{F_4}{J_1} \cdot \frac{J_1}{J_4},$$

d. h. wir rechnen durchweg mit einem konstanten Trägheitsmoment J_1 und setzen dafür die reduzierten Momentenflächen ein, nämlich statt

$$F_2 \;\ldots\; F_2 \cdot \frac{J_1}{J_2} = 7{,}110\,787$$

$$F_3 \;\ldots\; F_3 \cdot \frac{J_1}{J_3} = 26{,}912\,610$$

$$F_4 \;\ldots\; F_4 \cdot \frac{J_1}{J_4} = 1{,}747\,747$$

$$F_1 = 4{,}357\,333$$

$$\overline{40{,}128\,477 \text{ m}^2/\text{t}}$$

$$\alpha = \frac{401\,284\,770}{2\,100\,000 \cdot 48\,500} \; \frac{\text{cm}^2\,\text{kg}}{\text{kg/cm}^2 \cdot \text{cm}^4} = 0{,}003\,94$$

wie vorhin.

Um die Durchbiegungen zu finden, haben wir die statischen Momente der entsprechenden Momentenflächen in bezug auf B aufzustellen. Es seien hierzu zunächst die Abstände der Schwerpunkte jener Flächen von B errechnet.

Es ist

$$x_1 = \frac{\left(26{,}202\,667 \cdot \frac{3}{4}\, 6{,}8 - 21{,}845\,333 \cdot \frac{3}{4} \cdot 6{,}4\right)}{26{,}202\,667 - 21{,}845\,333}$$

$$= 6{,}60 \text{ m},$$

$$x_2 = 6{,}11 \text{ m},$$

$$x_3 = 4{,}53 \text{ m},$$

$$x_4 = \frac{3}{4} \cdot 2{,}0 = 1{,}5 \text{ m},$$

$$E \cdot J_1 \cdot \delta = 43\,573\,330 \cdot 660 + 71\,107\,870 \cdot 611 + 269\,126\,100 \cdot 453 + 17\,477\,470 \cdot 150,$$

$$\delta = 1{,}93 \text{ cm}.$$

Allgemein kann man also für die Behandlung von Trägern mit wechselndem Trägheitsmoment sagen:

Benutzt man eine Methode, die auf den Sätzen von der Momentenfläche beruht, wie dies im vorhergehenden Zahlenbeispiel geschehen ist, so teilt man die Momentenfläche in Streifen derart, daß das Trägheitsmoment in einem Streifen konstant ist. Der (n-te) Streifen erhält ein „Gewicht“, das durch Multiplikation mit der Verhältniszahl $\frac{J_c}{J_n}$ bestimmt ist, wobei J_c ein beliebiges, meist das größte im Träger vorkommende, J_n das Trägheitsmoment des betr. Streifens ist. Dann kann man mit diesen „reduzierten“ Flächen weiter so rechnen, als ob der Träger über die ganze Länge ein konstantes Trägheitsmoment hätte.

Wenn man die Differentialgleichung der Biegelinie benützt, so ist, falls J eine stetige integrable Funktion von x ist, die Integration innerhalb der Abschnitte durchzuführen, die (vgl. oben) durch die Lastverteilung gegeben sind. Verläuft J jeweils über gewisse Balkenabschnitte konstant, um dann sprungweise seinen Wert zu ändern, so sind dadurch ebenfalls Integrationsgrenzen gegeben. Hat also z. B. ein einfacher Balken mit den Endpunkten A und B von A bis C (wobei C ein beliebiger Balkenpunkt sei) das Trägheitsmoment J_1 und von C bis B das Trägheitsmoment J_2 und ist das Integral zu bilden $\int_A^B \frac{f(x)\,dx}{E \cdot J}$, so folgt

$$\int_A^B \frac{f(x)\,dx}{E \cdot J} = \int_A^C \frac{f(x)\,dx}{E \cdot J_1} + \int_B^C \frac{f(x)\,dx}{E \cdot J_2}.$$

8. Näherungsberechnung von Durchbiegungen bei variablem J. Elastische und unelastische Durchbiegung. Bemerkungen über die Genauigkeit.

Es ist häufig notwendig, sich durch eine schnelle, überschlägliche Rechnung über irgendeine Größe, z. B. eine Formänderung, Klarheit zu verschaffen. Nur ein geschulter Ingenieur wird allerdings die nötigen Annahmen machen können, die in der Näherungsrechnung zum Ziel führen. Als Beispiel nehmen wir wieder den Balken aus Abschn. 7. Der Mittelwert des Trägheitsmomentes ist rund 28000 cm^4. Da jedoch das Trägheitsmoment am Auflager beträchtlich größer ist als der Durchschnittswert, wodurch die Verdrehung in der Auflagernähe, die infolge des großen Halbmessers (die ganze Balkenlänge) eine große Durchbiegung am freien Ende zur Folge hat, sehr herabgemindert wird, so rechnen wir mit einem etwas größeren Mittelwert, z. B. 32500, und setzen diesen Wert in die Gleichung für die Durchbiegung ein

$$\delta = \frac{q\,l^4}{8\,E \cdot J} = \frac{5 \cdot 6{,}8^4 \cdot 10^8}{8 \cdot 2{,}1 \cdot 10^6 \cdot 3{,}25 \cdot 10^4} = 1{,}97 \text{ cm},$$

erreichen also mit guter Annäherung das genauere Resultat. Benutzen wir das arithmetische Mittel aller J-Werte, so wird die Durchbiegung des freien Endes um etwa 20% zu groß. Der Leser gebe sich Rechenschaft darüber, warum der mittlere J-Wert zu große Formänderungen ergibt!

Diese Bemerkungen dürfen nicht so aufgefaßt werden, als ob allgemein Näherungsrechnungen oder gar flüchtiger Rechnung das Wort geredet werden sollte. Es soll aber an dieser Stelle über die Genauigkeit von Berechnungen noch einiges gesagt werden. Eine absolute Genauigkeit ist in der angewandten Mathematik fast nirgends zu erreichen. Es gibt viele Ingenieure, die glauben, wenn sie nur genügend Formeln und Tabellen benutzen, ganz genaue Ergebnisse zu erzielen, und täuschen damit oft sich und andere. Sie vergessen nämlich häufig, daß die Genauigkeit einer Berechnung niemals größer sein kann als die der grundlegenden Annahmen. Dies gilt ganz allgemein, nicht nur für Berechnungen aus dem Gebiet der Technik, sondern auch für solche z. B. wirtschaftlicher oder finanzieller Art. Ein mathematischer Apparat in seiner unbedingten Richtigkeit hat leicht etwas Bestechendes an sich, so daß man die Fehler u. U. vergißt, die gemacht sind, bevor überhaupt irgendetwas gerechnet ist. Z. B. findet man wohl gelegentlich, daß eine Durchbiegung mit weitgehender rechnerischer Genauigkeit bestimmt wird, aber dabei nur die von den Biegungsmomenten herrührenden Formänderungen berücksichtigt und die von den Querkräften herrührenden vernachlässigt sind. Ferner wird oft vergessen, daß die übliche Berechnung nur die federnden Formänderungen liefert, und daß örtliche Überbeanspruchungen z. B. von einzelnen Nieten, Bolzen od. dgl. bleibende Formänderungen erzeugen, die sich der rechnerischen Bestimmung überhaupt mehr oder weniger entziehen, sowie daß die grundlegenden Annahmen — Ebenbleiben der Querschnitte, Hookesches Gesetz usw. — durchaus nicht strenge Gültigkeit haben. Es kann u. U. ein gut geschultes Gefühl mehr wert sein als die kompliziertesten Berechnungen. Der Studierende sollte eine gewisse Einseitigkeit vermeiden, die sich einstellen kann, wenn er nur mathematisch denkt, und sollte sich früh daran gewöhnen, der genauen Rechnung eine angenäherte vorangehen zu lassen. Dadurch erwirbt sich der Ingenieur auch ein sicheres Schätzungsvermögen. Wieviel Ingenieure z. B. können das Gewicht eines Kessels einigermaßen richtig schätzen, oder eine Bahnstrecke entlang fahren und angenähert den Wert der Strecke angeben? Ein gutes Schätzungsvermögen kann manchmal außerordentlich nützlich sein und kann bis zu einem staunenswerten Grade vervollkommnet werden.

9. Durchbiegungen von Balken gleicher Festigkeit.

Wir haben in Kap. X gezeigt, daß wir — für bestimmte Belastungsfälle — jeweils einen Balken so gestalten können, daß jeder Querschnitt die gleiche maximale Normalspannung, berechnet nach der Formel

$$\sigma = \frac{M \cdot v}{J},$$

hat. Gehen wir für die Berechnung der Durchbiegungen von der Gleichung der Biegelinie

$$\frac{d^2 y}{d x^2} = \frac{M}{E \cdot J} = \frac{\sigma}{E \cdot v}, \tag{161}$$

so wird für einen rechtwinkligen Querschnitt mit konstanter Höhe

$$\frac{d^2 y}{d x^2} = \frac{\sigma}{E \cdot v} = \frac{2 \cdot \sigma_{max}}{E \cdot h} = \text{konst.} = C,$$

$$\frac{dy}{dx} = C \cdot x + C_1,$$

$$y = \frac{C \cdot x^2}{2} + C_1 \cdot x + C_2. \tag{162}$$

Für bestimmte Fälle können die Konstanten leicht gefunden werden.

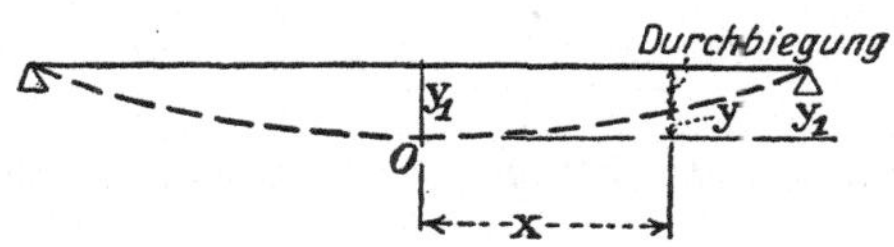

Abb. 296.

Es sei ein einfacher Balken in der Mitte durch eine Einzellast belastet. Legen wir den Koordinatenursprung in die Mitte des deformierten Balkens (Abb. 296), so erhalten wir

für $x = 0$ ist $\frac{dy}{dx} = 0$,

$$\therefore \ C_1 = 0,$$

für $x = 0$ ist $y = 0$,

$$\therefore \ C_2 = 0,$$

für $x = \frac{l}{2}$ ist $y = y_1 =$ Durchbiegung der Mitte $= \frac{C \cdot x^2}{2} = \frac{\sigma_{max} \cdot l^2}{4 E \cdot h}$,

für einen beliebigen Punkt x wird

$$y = \frac{\sigma_{max} \cdot x^2}{E \cdot h} = \frac{\sigma_{max} \cdot l^2}{4 E \cdot h} - \text{(Durchbiegung an jenem Punkt)}$$

oder

Durchbiegung an irgendeinem beliebigen Punkt

$$= \frac{\sigma_{max} \cdot l^2}{4\,E \cdot h} - \frac{\sigma_{max} \cdot x^2}{E \cdot h} = \frac{\sigma_{max}}{4\,E \cdot h}(l^2 - 4\,x^2). \qquad (163)$$

Ist die Breite des Balkens konstant, so ist $v = \frac{h}{2}$ variabel, wobei das Gesetz der Veränderlichkeit von Belastung und Lagerung abhängt. Für einen bestimmt gegebenen Fall kann $v = f(x)$ bestimmt und die Differentialgleichung der Biegelinie integriert werden. Untersuchen wir beispielsweise den gleichmäßig belasteten Freiträger (Abb. 297); legen wir den Koordinatenursprung in das freie Ende des deformierten Balkens, so wächst h linear mit x, oder $v = c \cdot x$; geben wir einem Moment das positive Vorzeichen, wenn es in der oberen Faser Zug erzeugt, so wird

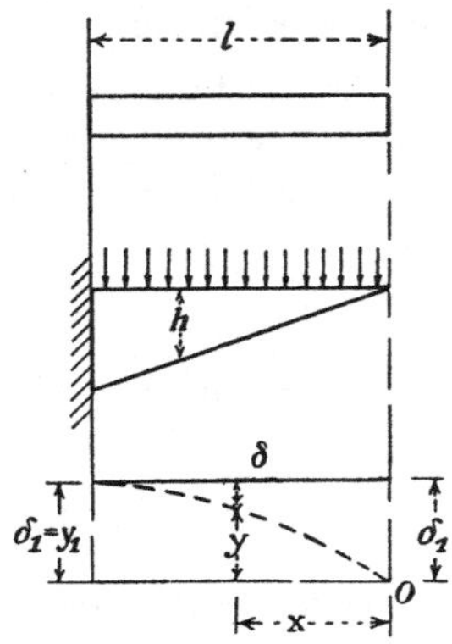

Abb. 297.

$$\frac{d^2 y}{dx^2} = -\frac{\sigma_{max}}{E \cdot v} = -\frac{\sigma_{max}}{E \cdot c \cdot x} = \frac{C}{x},$$

$$\frac{dy}{dx} = C \log x + C_1,$$

$$y = C \cdot x \cdot \log x - C \cdot x + C_1 \cdot x + C_2,$$

für $x = 0$ wird $y = 0$,

$$\therefore\; C_2 = 0,$$

für $x = l$ wird $\frac{dy}{dx} = 0$,

$$\therefore\; C_1 = -C \cdot \log l = \frac{\sigma \cdot \log l}{E \cdot c},$$

für $x = l$ wird $y = y_1 = \delta_1 = C \cdot l(\log l - 1) + C_1 \cdot l$,

für $x = x$ wird $\delta = \delta_1 - y = C \cdot l(\log l - 1) + C_1 \cdot l - C \cdot x(\log x - 1) - C_1 \cdot x$,

$$= C\,[l(\log l - 1) - x(\log x - 1)] + C_1(l - x)$$

$$= \frac{\sigma_{max}}{E \cdot c}\,[l - x - x(\log l - \log x)]. \qquad (164)$$

Da diese Untersuchungen jedoch keine große praktische Bedeutung haben, sollen sie nicht weiter fortgeführt werden.

10. Durchbiegungen des einfachen Balkens für einen allgemeinen Belastungsfall. (Abb. 298.)

Es sei im folgenden ein einfacher Balken untersucht, der durch eine gleichmäßig verteilte Belastung, durch Einzelkräfte sowie durch Momente an den Auflagern belastet sei. τ_1 und τ_2 seien die Verdrehungen an den Enden, das rechte Widerlager habe sich gegen das linke um d gesenkt, während der Balken ursprünglich horizontal war. Die Momentenflächen sind für die einzelnen Belastungen einzeln gezeichnet; man könnte natürlich auch die resultierende Momentenfläche benutzen, aber es hat manche Vorteile, die Flächen einzeln zu betrachten. Es wird nach den Sätzen von den Momentenflächen

$$D_2 \cdot E \cdot J = \frac{P \cdot a \cdot l}{2} \cdot \frac{l}{3} - \frac{P \cdot a \cdot a}{2} \cdot \frac{a}{3} + \frac{2}{3} l \cdot \frac{q l^2}{8} \cdot \frac{l}{2}$$

$$- M_r \cdot l \cdot \frac{l}{2} - \frac{(M_l - M_r) l}{2} \cdot \frac{l}{3}$$

$$= \frac{P \cdot a}{6}(l^2 - a^2) + \frac{q l^4}{24} - \frac{M_l \cdot l^2}{3} - \frac{M_r \cdot l^2}{6}, \qquad (165)$$

$$D_2 = \tau_1 \cdot l + d, \qquad (166)$$

$$D_1 \cdot E\ J = \frac{P a (l-a)(2 l - a)}{6} + \frac{q l^4}{24} - \frac{M_l \cdot l^2}{6} - \frac{M_r \cdot l^2}{3}, \qquad (167)$$

$$D_1 = \tau_2 \cdot l - d, \qquad (168)$$

$\tau_1 + \tau_2 =$ Änderung der Neigung über die Länge des Balkens

$$= \frac{P \cdot a (l - a)}{2} + \frac{q l^3}{12} + \frac{M_l \cdot l}{2} + \frac{M_r \cdot l}{2}. \qquad (169)$$

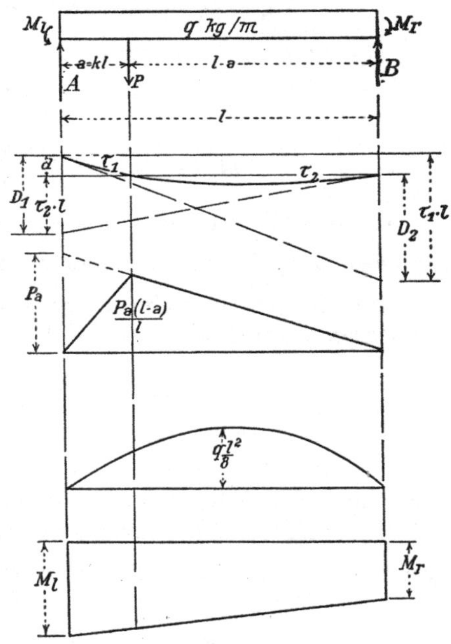

Abb. 298.

Sodann haben wir noch die drei Gleichgewichtsbedingungen

$$\sum H = 0,$$

$$\sum V = 0,$$

$$\sum M = 0;$$

diese ergeben

$$A + B = q l + P, \qquad (170)$$

$$M_r - M_l + P a - B \cdot l + \frac{q l^2}{2} = 0. \qquad (171)$$

Die neun Größen M_r, M_l, A, B, D_1, D_2, τ_1, τ_2 und d sind also durch die sieben Gleichungen (165) bis (171) miteinander verbunden.

Aus Gl. (165) und (167) folgt

$$\frac{6 E \cdot J}{l^2} \cdot D_2 = P\left(a - \frac{a^3}{l^2}\right) + \frac{q l^2}{4} - 2 M_r - M_l$$

$$= P \cdot l (k - k^3) + \frac{q l^2}{4} - 2 M_r - M_l, \qquad (172)$$

$$\frac{6\,E\cdot J}{l^2}\cdot D_1 = P\left(2\,a - \frac{3\,a^2}{l} + \frac{a^3}{l^2}\right) + \frac{q\,l^2}{4} - M_r - 2\,M_l$$

$$= P\cdot l\,(2\,k - 3\,k^2 + k^3) + \frac{q\,l^2}{4} - M_r - 2\,M_l, \qquad (173)$$

worin

$$k = \frac{a}{l};$$

mit

$$P\,(k - k^3)\,l + \frac{q\,l^2}{4} = C_2$$

und

$$P\,(2\,k - 3\,k^2 + k^3)\,l + \frac{q\,l^2}{4} = C_1$$

wird

$$\frac{6\,E\cdot J}{l^2}\cdot D_1 = C_1 - M_r - 2\,M_l = \frac{6\,E\cdot J}{l^2}(\tau_2\cdot l - d), \qquad (174)$$

$$\frac{6\,E\cdot J}{l^2}\cdot D_2^{\cdot} = C_2 - 2\,M_r - M_l = \frac{6\,E\cdot J}{l^2}(\tau_1\cdot l + d). \qquad (175)$$

Aus Gl. (174) und (175)

$$M_r = \frac{2\,C_2 - C_1}{3} - \frac{2\,E\cdot J}{l}\left(\frac{3\,d}{l} + 2\,\tau_1 - \tau_2\right). \qquad (176)$$

$$M_l = \frac{2\,C_1 - C_2}{3} + \frac{2\,E\cdot J}{l}\left(\frac{3\,d}{l} + \tau_1 - 2\,\tau_2\right). \qquad (177)$$

C_1 und C_2 sind nur von der Belastung und von den Balkenabmessungen, $\frac{3\,d}{l}$ ist von einer etwaigen Widerlagersenkung abhängig.

Für einen beiderseits eingespannten Balken mit unnachgiebigen Widerlagern wird $d = 0$, $\tau_1 = 0$, $\tau_2 = 0$ und somit

$$M_r = P\cdot l\,(k^2 - k^3) + \frac{q\,l^2}{12}, \qquad (178)$$

$$M_l = P\cdot l\,(k - 2\,k^2 + k^3) + \frac{q\,l^2}{12}, \qquad (179)$$

was mit den Ergebnissen aus Abschn. 5 dieses Kapitels übereinstimmt: Gl. (145) ergibt bei gleichmäßig verteilter Belastung ein Stützenmoment von $\frac{q\,l^2}{12}$ und Gl. (131) und (132) ergeben

$$M_l = \frac{P\cdot l^2\,(1-k)^2\cdot k\cdot l}{l^2} = P\cdot l\,(k - 2\,k^2 + k^3) \quad \text{(vgl. Gl. (179))},$$

$$M_r = \frac{P\cdot l\,(1-k)\,k^2\cdot l^2}{l^2} = P\cdot l\,(k^2 - k^3) \quad \text{(vgl. Gl. (178))}.$$

XIII. Zusammengesetzte Beanspruchungen.

1. Allgemeine Übersicht.

In den vorhergehenden Kapiteln sind Zug-, Druck-, Abscherungs-, Verdrehungs- und Biegungsbeanspruchungen behandelt worden. Bei allen diesen Beanspruchungen einzeln waren schon Normal- und Tangentialspannungen gleichzeitig aufgetreten. Wir wollen nunmehr folgende Kombinationen behandeln:

a) Zugbeanspruchung und Druckbeanspruchung in zwei zueinander senkrechten Ebenen,
b) Zug und Verdrehung,
c) Druck und Verdrehung,
d) Zug und Biegung,
e) Druck und Biegung,
f) Abscherung und Verdrehung,
g) Verdrehung und Biegung,
h) Verdrehung, Biegung und Zug.
i) Verdrehung, Biegung und Druck.

Abscherung und Biegung ist bereits erörtert.

Die Aufgaben dieses Kapitels stellen eine Anwendung und Erweiterung der in den Kapiteln V und IX abgeleiteten Sätze dar.

2. Zug und Druck in zwei zueinander senkrechten Ebenen.

Wenn in der einen Ebene reiner Zug und in der anderen Ebene reiner Druck herrscht, so sind dies die Hauptspannungen; der Fall ist in Kap. V erschöpfend behandelt. Größe und Richtung der Spannung in irgendeiner beliebigen anderen Ebene kann nach den dort abgeleiteten Sätzen bestimmt werden. Bezeichnen wir die Druck- bzw. die Zugspannung mit σ_d bzw. σ_z, so ist die bezogene Längenänderung (Dehnung) in der Richtung der Zugspannung

$$\varepsilon_z = \frac{\sigma_z}{E} + \frac{1}{m} \cdot \frac{\sigma_d}{E}$$

und in der Richtung der Druckspannung

$$\varepsilon_d = \frac{\sigma_d}{E} + \frac{1}{m} \cdot \frac{\sigma_z}{E},$$

wobei der Elastizitätsmodul E auf Druck und Zug gleich und unabhängig von der Spannung angenommen ist. Für konstantes, aber auf Druck und Zug verschiedenes E wird

$$\left.\begin{aligned} \varepsilon_z &= \frac{\sigma_z}{E_z} + \frac{1}{m} \cdot \frac{\sigma_d}{E_d}, \\ \varepsilon_d &= \frac{\sigma_d}{E_d} + \frac{1}{m} \cdot \frac{\sigma_z}{E_z}. \end{aligned}\right\} \tag{1}$$

Bezeichnet man mit σ_1 und σ_2 die Hauptspannungen, und führt man ihre algebraischen Werte ein, — d. h. Zug erhält das positive, Druck das negative Vorzeichen, entsprechendes gilt für die Formänderungen —, so erhält man mit konstantem, auf Zug und Druck gleichem E für die Längenänderungen in den Hauptspannungsrichtungen

$$\left.\begin{aligned} E \cdot \varepsilon_1 &= \sigma_1 - \frac{\sigma_2}{m}, \\ E \cdot \varepsilon_2 &= \sigma_2 - \frac{\sigma_1}{m}. \end{aligned}\right\} \tag{1a}$$

Die bezogene Längenänderung in der dritten senkrechten Ebene ist bestimmt durch

$$E \cdot \varepsilon_3 = -\frac{\sigma_1 + \sigma_2}{m}.$$

Haben wir einen dreiachsigen Spannungszustand, so erhält man für die bez. Längenänderungen eines isotropen Körpers in den drei Hauptspannungsrichtungen

$$\left.\begin{aligned} E \cdot \varepsilon_1 &= \sigma_1 - \frac{\sigma_2}{m} - \frac{\sigma_3}{m}, \\ E \cdot \varepsilon_2 &= \sigma_2 - \frac{\sigma_3}{m} - \frac{\sigma_1}{m}, \\ E \cdot \varepsilon_3 &= \sigma_3 - \frac{\sigma_1}{m} - \frac{\sigma_2}{m}. \end{aligned}\right\} \tag{1b}$$

3. Zug oder Druck und Verdrehung.

In Kap. VIII ist der Spannungszustand eines tordierten Stabes besprochen. Kommt zu der Verdrehung noch eine Normalbeanspruchung hinzu, so sind die Spannungen des einachsigen Spannungszustandes den Torsionsspannungen zu superponieren.

4. Zug und Biegung.

In Kap. IX ist die Spannungsverteilung über einen Querschnitt für jeden beliebigen Durchstoßpunkt und jede beliebige Richtung der Resultierenden gezeigt worden. Die Schwierigkeit bei Biegung verbunden mit Normalkraft besteht darin, jenen Durchstoßpunkt zu finden. Es sei ein einfacher Balken nach Abb. 299 auf Biegung durch Quer-

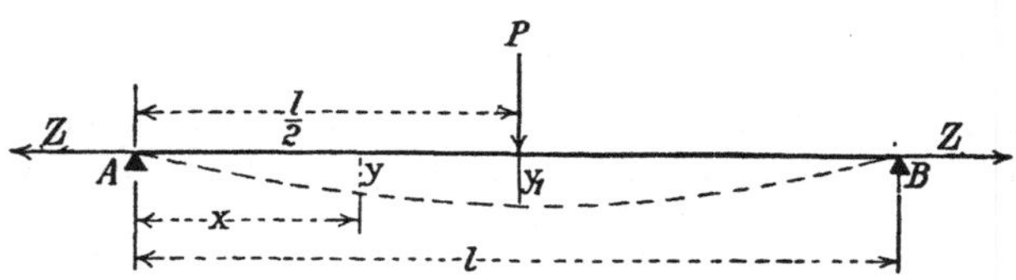

Abb. 299.

kräfte und durch eine Zugkraft beansprucht, die in der Balkenachse wirkt. Zunächst möge nur die Biegung durch die Querkräfte vorhanden sein und den Balken nach der gestrichelten Linie deformieren, was auf Grund der in Kap. XII abgeleiteten Gleichungen berechnet werden kann. Nun trete die Zugkraft Z auf; sie wirkt auf einen verbogenen Balken, der an jedem Punkt durch ein positives Moment beansprucht ist. Infolgedessen hat Z in bezug auf jeden Balkenpunkt einen Hebelarm und übt damit auf jeden Punkt ein negatives Moment aus (Zug in der oberen Faser) und vermindert damit die Durchbiegung. Die dem Gleichgewichtszustand entsprechende Biegelinie, die also flacher als die erste ist, ist nicht bekannt.

Gehen wir von der Differentialgleichung der Biegelinie aus

$$\frac{d^2y}{dx^2} = \pm \frac{M}{E \cdot J} \tag{2}$$

und setzen für M den Betrag ein aus der Biegung durch Querkräfte und durch die an den (unbekannten) Hebelarmen y wirkende Zugkraft Z, so erhalten wir, wenn wir den Koordinatenursprung nach A legen, x nach rechts und y nach unten positiv zählen:

$$\frac{d^2y}{dx^2} = -\frac{M}{E \cdot J},$$

$$\Big|_{x=0}^{x=\frac{l}{2}} M = \frac{P}{2} \cdot x - Z \cdot y, \tag{3}$$

$$E \cdot J \cdot \frac{d^2y}{dx^2} = -\left(\frac{P \cdot x}{2} - Z \cdot y\right). \tag{4}$$

Durch Integration der Gl. (4) wäre die durch die Zugkraft Z verflachte Biegelinie zu bestimmen.

Als eine exakte Lösung kann dies jedoch nicht bezeichnet werden. Es möge daran erinnert werden, daß Gl. (2) gewisse Annahmen in sich birgt, darunter $dx = ds$, d. h. in anderen Worten, daß die Durchbiegungen Null sind. Dies mag bei Biegung durch Querkräfte, wo also die Momente von den Durchbiegungen nicht beeinflußt werden, jedenfalls viel eher hingenommen werden, als in diesem Falle, wo ein Teil des Momentes eine Durchbiegung zur Voraussetzung hat. Es liegt hier in gewissem Sinn ein Selbsterregungsvorgang vor, indem erst durch Momente Durchbiegungen, dann durch die Durchbiegungen weitere Momente und damit wieder Durchbiegungen erzeugt werden u. s. f., bis ein Beharrungszustand eintritt; es ist also offenbar eine anfechtbare Methode, auf Grund der Gl. (4) die Biegelinie zu bestimmen. Trotzdem wollen wir die Entwicklung bringen und nachher eine andere Näherungslösung angeben.

Es ist für den einfachen Balken mit einer Einzellast in der Mitte (Abb. 299)

$$\Big|_{x=0}^{x=\frac{l}{2}} E \cdot J \cdot \frac{d^2y}{dx^2} = -\frac{P \cdot x}{2} + Z \cdot y. \tag{4}$$

Mit

$$q = \sqrt{\frac{Z}{E \cdot J}}$$

ist das allgemeine Integral

$$y = C_1 \cdot e^{q \cdot x} + C_2 \cdot e^{-q \cdot x} + \frac{P}{2Z} \cdot x, \tag{5}$$

worin C_1 und C_2 Integrationskonstanten sind.

Für $x = 0$ ist $y = 0$, also

$$C_1 + C_2 = 0,$$
$$C_1 = -C_2.$$

Für $x = \frac{l}{2}$ ist $\frac{dy}{dx} = 0$; wir müssen also $\frac{dy}{dx}$ bestimmen.

$$\frac{dy}{dx} = q \cdot C_1 \cdot e^{q \cdot x} - q \cdot C_2 \cdot e^{-q \cdot x} + \frac{P}{2Z}. \qquad (6)$$

Daraus

$$0 = q \cdot C_1 \cdot e^{\frac{q \cdot l}{2}} - q\, C_2 \cdot e^{-\frac{q l}{2}} + \frac{P}{2Z}$$

$$-\frac{P}{2Z} = q \cdot C_1 \left(e^{\frac{q l}{2}} + e^{-\frac{q l}{2}}\right).$$

Bezeichnen wir den Klammerausdruck mit u, so wird

$$C_1 = -\frac{P}{2Z} \cdot \frac{1}{q \cdot u} = -C_2,$$

$$y = \frac{P}{2Z}\left(x - \frac{e^{q \cdot x} - e^{-q \cdot x}}{q \cdot e^{\frac{q l}{2}} + q\, e^{-\frac{q l}{2}}}\right), \qquad (7)$$

womit die Gleichung der elastischen Linie auf Grund der genannten Annahmen gefunden ist.

Die größte Durchbiegung tritt in der Mitte, $x = \frac{l}{2}$, auf, mit

$$y_1 = \frac{P}{2Z}\left(\frac{l}{2} - \frac{1}{q} \cdot \frac{e^{\frac{q l}{2}} - e^{-\frac{q l}{2}}}{e^{\frac{q l}{2}} + e^{-\frac{q l}{2}}}\right). \qquad (8)$$

Die größte Randspannung folgt aus

$$\sigma = \frac{Z}{F} + \frac{M \cdot v}{J} - \frac{Z \cdot y_1 \cdot v}{J} \qquad (9)$$

(v hat unterhalb der Achse das positive Vorzeichen).

Einfacher Balken mit gleichmäßig verteilter Belastung (Abb. 300).

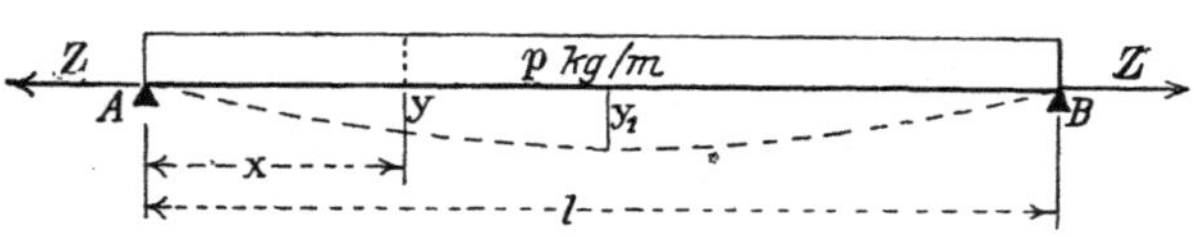

Abb. 300.

Die Ausgangsgleichung lautet

$$E \cdot J \cdot \frac{d^2 y}{d x^2} = -\frac{p\, x\,(l - x)}{2} + Z \cdot y. \qquad (10)$$

Mit $q = \sqrt{\frac{Z}{E \cdot J}}$ und $\frac{p \cdot l}{2} = P$ wird

$$y = C_1 \cdot e^{q \cdot x} + C_2 \cdot e^{-q x} + \frac{P \cdot x}{Z} - \frac{p \cdot x^2}{2Z} - \frac{p}{q^2 \cdot Z}, \qquad (11)$$

worin C_1 und C_2 Integrationskonstanten sind.

Für $x = 0$ ist $y = 0$, also

$$0 = C_1 + C_2 - \frac{p}{q^2 \cdot Z}.$$

$$C_2 = \frac{p}{q^2 \cdot Z} - C_1 .$$

Für $x = \frac{l}{2}$ wird $\frac{dy}{dx} = 0$; es ist

$$\frac{dy}{dx} = q \cdot C_1 \cdot e^{qx} - q\, C_2 \cdot e^{-qx} + \frac{P}{Z} - \frac{p \cdot x}{Z}, \tag{12}$$

damit

$$0 = q \cdot C_1 \cdot e^{\frac{q \cdot l}{2}} - q \cdot C_2 \cdot e^{-\frac{q \cdot l}{2}}$$

$$C_1 = C_2 \cdot \frac{1}{e^{q \cdot l}}$$

$$C_2 = \frac{p \cdot e^{q \cdot l}}{q^2 \cdot Z\,(1 + e^{q \cdot l})} \tag{12a}$$

$$C_1 = \frac{p}{q^2 \cdot Z\,(1 + e^{q \cdot l})} \tag{12b}$$

$$y = \frac{p}{q^2 \cdot Z}\left[\frac{e^{q \cdot x} + e^{ql - qx}}{1 + e^{ql}} - 1\right] + \frac{P \cdot x}{Z} - \frac{p \cdot x^2}{2\,Z}, \tag{13}$$

womit die Gleichung der elastischen Linie für diesen Belastungsfall gefunden ist.

Die größte Durchbiegung in der Mitte, $x = \frac{l}{2}$, beträgt

$$y_1 = \frac{p}{q^2 \cdot Z}\left[\frac{2\,e^{\frac{ql}{2}}}{1 + e^{ql}} - 1\right] + \frac{P \cdot l}{4\,Z}. \tag{14}$$

Die größte Randspannung ist durch Gl. (9) bestimmt.

Beiderseits eingespannter Balken mit Einzellast in der Mitte (Abb. 301).

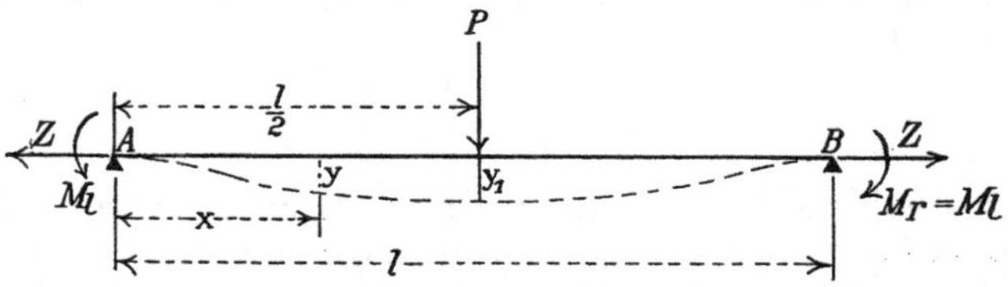

Abb. 301.

Die Differentialgleichung der Biegelinie lautet

$$\int\limits_{x=0}^{x=\frac{l}{2}} E \cdot J \cdot \frac{d^2 y}{dx^2} = -\frac{P \cdot x}{2} + Z\,y + M_l . \tag{15}$$

Mit $q = \sqrt{\frac{Z}{E \cdot J}}$ lautet das allgemeine Integral

$$y = C_1 \cdot e^{q \cdot x} + C_2 \cdot e^{-q \cdot x} - \frac{M_l}{Z} + \frac{P \cdot x}{2Z}. \tag{16}$$

Die Integrationskonstanten C_1 und C_2 bestimmen sich aus folgenden Randbedingungen:

Für $x = 0$ ist $y = 0$, daher

$$0 = C_1 + C_2 - \frac{M_l}{Z};$$

$$C_1 = \frac{M_l}{Z} - C_2.$$

Für $x = \frac{l}{2}$ ist $\frac{dy}{dx} = 0$

$$\frac{dy}{dx} = q \cdot C_1 \cdot e^{qx} - q\, C_2 \cdot e^{-qx} + \frac{P}{2Z}, \tag{17}$$

daraus

$$0 = q \cdot C_1 \cdot e^{\frac{q \cdot l}{2}} - q\, C_2 \cdot e^{-\frac{q \cdot l}{2}} + \frac{P}{2Z}.$$

Bestimmen wir mit diesen Gleichungen C_1 und C_2 und setzen die Werte in Gl. (16) ein, so erhalten wir

$$y = \frac{M_l}{Z}(e^{qx} - 1) + \frac{P \cdot x}{2Z} - (e^{qx} - e^{-qx}) \frac{\frac{P}{2Z} + \frac{q\, M_l}{Z} \cdot e^{\frac{q \cdot l}{2}}}{q\left(e^{\frac{ql}{2}} + e^{-\frac{ql}{2}}\right)}. \tag{18}$$

Die größte Durchbiegung tritt in Balkenmitte, $x = \frac{l}{2}$, auf und wird

$$y_1 = \frac{M_l}{Z}\left(e^{\frac{ql}{2}} - 1\right) + \frac{P \cdot l}{4Z} - \left(e^{\frac{ql}{2}} - e^{-\frac{ql}{2}}\right) \frac{\frac{P}{2Z} + \frac{q\, M_l}{Z} \cdot e^{\frac{ql}{2}}}{q\left(e^{\frac{ql}{2}} + e^{-\frac{ql}{2}}\right)}. \tag{19}$$

Die Randspannung in Balkenmitte wird nach Gl. (9) bestimmt; an den Enden ist

$$\sigma = \frac{Z}{F} - \frac{M_l \cdot v}{J}. \tag{20}$$

Für die zahlenmäßige Auswertung sei daran erinnert, daß M_l negativ ist, d. h. in den oberen Fasern Zugspannungen erzeugt (v ist positiv unter und negativ über der N.L.).

Eingespannter Balken mit gleichmäßig verteilter Belastung.

Die Gleichung der Biegelinie lautet

$$E \cdot J \cdot \frac{d^2 y}{dx^2} = -\frac{p \cdot x(l - x)}{2} + Z \cdot y + M_l. \tag{21}$$

Mit $q = \sqrt{\frac{Z}{E \cdot J}}$ und $P = \frac{p \cdot l}{2}$ lautet das allgemeine Integral

$$y = C_1 \cdot e^{qx} + C_2 \cdot e^{-qx} - \frac{M_l}{Z} + \frac{P \cdot x}{Z} - \frac{p \cdot x^2}{2Z} - \frac{p}{q^2 \cdot Z}. \tag{22}$$

Die Konstanten bestimmen sich wie folgt:

Für $x = 0$ ist $y = 0$, also

$$0 = C_1 + C_2 - \frac{M_l}{Z} - \frac{p}{q^2 \cdot Z}.$$

Für $x = \frac{l}{2}$ wird $\frac{dy}{dx} = 0$

$$\frac{dy}{dx} = q \cdot C_1 \cdot e^{qx} - q \cdot C_2 \cdot e^{-qx} + \frac{P}{Z} - \frac{px}{Z} \tag{23}$$

$$0 = q \cdot C_1 \cdot e^{\frac{ql}{2}} - q \cdot C_2 \cdot e^{-\frac{ql}{2}}.$$

Damit ist die Gleichung der Biegungslinie bestimmt

$$y = \left(\frac{M_l}{Z} + \frac{p}{q^2 \cdot Z}\right)\left(\frac{e^{qx} + e^{ql - qx}}{1 + e^{ql}} - 1\right) + \frac{P \cdot x}{Z} - \frac{p x^2}{2Z}. \tag{24}$$

Die größte Durchbiegung in der Mitte, $x = \frac{l}{2}$, ist

$$y_1 = \left(\frac{M_l}{Z} + \frac{p}{q^2 \cdot Z}\right)\left(\frac{2 e^{\frac{ql}{2}}}{1 + e^{ql}} - 1\right) + \frac{P \cdot l}{4Z}. \tag{25}$$

Die Randspannungen in Mitte und Balkenenden gehen dann aus den Gl. (9) und (20) hervor.

Näherungslösungen.

1. Es ist klar, daß der tatsächliche Hebelarm der Zugkraft Z in bezug auf die Balkenachse an jeder Stelle des Balkens kleiner ist, als die Durchbiegungen, die ohne Rücksicht auf Z errechnet sind. In bezug auf die Biegelinie hat Z die Wirkung, den Stab zu strecken und die Durchbiegungen zu vermindern. Die Normalspannungen aus Z erhöhen die aus der Biegung durch Querkräfte herrührenden Zugspannungen und vermindern die entsprechenden Druckspannungen. Das von Z ausgeübte Biegungsmoment dagegen vermindert (bei positivem Moment infolge von Querkräften) in Balkenmitte die Zugspannungen der unteren Faser aus der Biegung durch Querkräfte herrührenden Zugspannungen sowohl wie die Druckspannungen der oberen Faser. Man bewegt sich also stets nach der Seite der Sicherheit, wenn man das von Z herrührende Biegungsmoment vernachlässigt, für den Fall, daß die Z abgewandte Balkenfaser gezogen ist. Bezeichnet man mit M das Moment aus den Querkräften, so ist der Ausdruck

$$\sigma = \frac{Z}{F} + \frac{M \cdot v}{J} \tag{26}$$

zu groß, während der Ausdruck

$$\sigma = \frac{Z}{F} + \frac{M \cdot v}{J} - \frac{Z \cdot \delta_B \cdot v}{J} \tag{27}$$

(δ_B = Durchbiegungen ohne Berücksichtigung von Z) zu klein ist. Setzt man den wahren Wert von δ in Gl. (27) ein, so erhält man den wahren Wert von σ.

Im Bereich der negativen Momente, wo also die Z zugewandte Balkenfaser gezogen ist, liefert der Ausdruck

$$\sigma_z = \frac{Z}{F} + \frac{M \cdot v}{J} - \frac{Z \cdot \delta_B \cdot v}{J}$$

zu große Werte, und der Ausdruck

$$\sigma_z = \frac{Z}{F} + \frac{M \cdot v}{J}$$

zu kleine Werte.

2. a) Einfacher Balken.

Es sei zunächst die Beziehung zwischen der größten Randspannung und der größten Durchbiegung bei Biegung für zwei Belastungsfälle abgeleitet.

Mit einer Einzellast P in Balkenmitte wird

$$\delta_B = \frac{P l^3}{48 E \cdot J};$$

$$\sigma_B = \frac{P \cdot l}{4} \cdot \frac{v}{J}$$

$$\therefore \ \delta_B = \frac{\sigma_B \cdot l^2}{12 \cdot E \cdot v}.$$

Mit gleichmäßig verteilter Last p wird

$$\delta_B = \frac{5 \cdot p \cdot l^4}{384 \cdot E \cdot J}$$

$$\sigma_B = \frac{p \cdot l^2}{8} \cdot \frac{v}{J}$$

$$\therefore \ \delta_B = \frac{5 \sigma_B \cdot l^2}{48 \cdot E \cdot v}.$$

Für beide Belastungsfälle genüge die Näherungsformel

$$\delta_B = \frac{\sigma_B \cdot l^2}{10 \cdot E \cdot v}. \tag{28}$$

Obwohl Gl. (28) nur für zwei Belastungsfälle abgeleitet ist, möge sie für jeden Belastungsfall bei Biegung angewendet werden. Es soll aus Gl. (28) also allgemein gelten

$$\sigma_B = \frac{10 \cdot E \cdot v \cdot \delta_B}{l^2}.$$

Nun stellen in Gl. (27) die beiden letzten Ausdrücke die Biegungsrandspannung dar, da

$$\sigma = \frac{M \cdot v}{J} - \frac{Z \cdot \delta \cdot v}{J},$$

worin M das Moment durch Querkräfte ist, falls man unter δ die wahre Durchbiegung versteht; unter dieser Voraussetzung hat Gl. (27) strenge Gültigkeit.

Setzen wir für δ den Wert aus Gl. (28) ein, so wird

$$\sigma = \frac{M \cdot v}{J} - \frac{Z \cdot v}{J} \cdot \frac{\sigma_B \cdot l^2}{10 \cdot E \cdot v}$$

$$\sigma = \frac{M \cdot v}{J + \frac{Z \cdot l^2}{10\,E}}.$$

Unter Berücksichtigung der Spannungen durch die Normalkraft wird

$$\sigma = \frac{Z}{F} + \frac{M \cdot v}{J + \frac{Z \cdot l^2}{10\,E}}. \tag{29}$$

Beispiel[1]**:** Es möge ein horizontal an beiden Enden frei gelagerter Eisenstab mit einem Querschnitt 1×6 cm² und einer Länge von $l = 5$ m einen Normalzug von 6 t haben. Es ist

$$F = 6 \text{ cm}^2; \qquad Z = 6 \text{ t}; \qquad g = 4{,}5 \text{ kg/m}; \qquad J = \frac{1}{12} \cdot 6^3 = 18 \text{ cm}^4.$$

Nach Gl. (26) wird

$$\sigma = \frac{P}{F} + \frac{M \cdot v}{J} = 1000 + \frac{4{,}5 \cdot 25 \cdot 100 \cdot 3}{8 \cdot 18} = 1234 \text{ kg/cm}^2.$$

Dieser Wert ist, wie oben gezeigt wurde, zu groß.
Es wird

$$\delta_B = \frac{5}{384} \cdot \frac{4{,}5}{100} \cdot \frac{5 \cdot 5 \cdot 5 \cdot 5 \cdot 10^8}{2100000 \cdot 18} = 0{,}96 \text{ cm}.$$

Nach Gl. (27) wird

$$\sigma = 1000 + 234 - \frac{6000 \cdot 0{,}96 \cdot 3}{18} = 274 \text{ kg/cm}^2.$$

Dieser Wert ist, wie gezeigt, zu klein.
Unter Benutzung von Gl. (29) wird

$$\frac{Z \cdot l^2}{10 \cdot E \cdot J} = \frac{6000 \cdot 500 \cdot 500}{10 \cdot 2100000 \cdot 18} = 3{,}97$$

$$\sigma = 1000 + \frac{234}{1 + 3{,}97} = 1047 \text{ kg/cm}^2.$$

Gl. (27) hat in diesem Falle einen völlig unmöglichen Wert geliefert, da die Zugrandspannung nie kleiner werden kann als $\frac{P}{F} = 1000$ kg/cm². Der nach Gl. (29) errechnete Wert dürfte dem wirklichen nahe genug liegen.

Benutzen wir die Gl. (9) und (14), so erhalten wir

$$q = \sqrt{\frac{6000}{2100000 \cdot 18}} = \frac{1}{79{,}2}; \qquad \frac{q \cdot l}{2} = 3{,}15$$

[1] Mit Rechenschieber gerechnet. D. Übers.

$$e^{3,15} = 23{,}47\,; \qquad e^{6,30} = 550{,}8$$

$$P = \frac{p \cdot l}{2} = 4{,}5 \cdot 2{,}5 = 11{,}25 \text{ kg}$$

$$\delta = \frac{4.5}{100} \cdot \frac{79{,}2^2}{6000}\left[\frac{2 \cdot 23{,}47}{1 + 550{,}8} - 1\right] + \frac{11{,}25 \cdot 500}{4 \cdot 6000} = 0{,}191$$

$$\sigma = 1000 + 234 - \frac{6000 \cdot 0{,}19 \cdot 3}{18} = 1044 \text{ kg/cm}^2.$$

Man sieht, daß die Näherungsrechnung etwa zu dem gleichen Ergebnis führt wie Gl. (14). Dies wird im allgemeinen, von bestimmten Fällen abgesehen, zutreffen.

b) Beiderseits eingespannter Balken.

Für eine Einzellast P in der Mitte wird

$$\delta_B = \frac{P \cdot l^3}{192\, E \cdot J},$$

$$\sigma_B = \frac{P \cdot l}{8} \cdot \frac{v}{J},$$

$$\therefore\ \delta_B = \frac{\sigma_B \cdot l^2}{24\, E \cdot v}.$$

Für gleichmäßig verteilte Belastung p wird

$$\delta_B = \frac{p \cdot l^4}{384\, E \cdot J},$$

$$\sigma_B = \frac{p \cdot l^2}{24} \cdot \frac{v}{J},$$

$$\therefore\ \delta_B = \frac{\sigma_B \cdot l^2}{16\, E \cdot v}.$$

Als einen guten Durchschnittswert benutze man

$$\delta_B = \frac{\sigma_B \cdot l^2}{20\, E \cdot v} \tag{30}$$

und

$$\sigma_B = \frac{20\, \delta_B \cdot v \cdot E}{l^2}.$$

Unter Benutzung der Gl. (27) erhalten wir

$$\sigma = \frac{M \cdot v}{J} - \frac{Z \cdot \delta \cdot v}{J},$$

$$\sigma = \frac{M \cdot v}{J} - \frac{Z \cdot \sigma_B \cdot l^2}{20\, E \cdot J},$$

$$\sigma = \frac{M \cdot v}{J + \dfrac{Z \cdot l^2}{20\, E}}.$$

Unter Berücksichtigung der Spannungen durch die Normalkraft wird

$$\sigma = \frac{Z}{F} + \frac{M \cdot v}{J + \dfrac{Z \cdot l^2}{20\, E}}. \tag{31}$$

Beispiel: Man betrachte den gleichen Stab wie vorhin, jedoch beiderseits eingespannt, etwa in ein steifes Blech od. dgl.

Es wird nach Gl. (26)

$$\sigma = \frac{Z}{F} + \frac{M \cdot v}{J} = 1000 + \frac{4{,}5 \cdot 0{,}01 \cdot 500 \cdot 500}{24} \cdot \frac{3}{18} = 1078 \text{ kg/cm}^2 \text{ (in Balkenmitte)}.$$

Dieser Wert ist, wie gezeigt, zu groß

$$\delta_B = \frac{1}{5} \cdot 0{,}96 = 0{,}192 \text{ cm}.$$

Es wird nach Gl. (27)

$$\sigma = 1113 - \frac{960}{5} = 921 \text{ kg/cm}^2.$$

Dieser Wert ist zu klein.

Bei Benutzung von Gl. (31) erhalten wir

$$\frac{Z \cdot l^2}{20\, E \cdot J} = 1{,}98$$

$$\sigma = 1000 + \frac{78}{1 + 1{,}98} = 1026 \text{ kg/cm}^2.$$

Dieser Wert liegt zwischen den beiden ersten und $\sigma > \frac{Z}{F}$; er wird ziemlich in der Nähe des wahren Wertes liegen.

Nach den genaueren Gleichungen (25), (9) und (20) ergibt sich

$$q = \frac{1}{79{,}2}; \qquad \frac{q \cdot l}{2} = 3{,}15,$$

$$e^{\frac{ql}{2}} = 23{,}47; \qquad e^{ql} = 550{,}8; \qquad P = 11{,}25.$$

$$M_l = M_r \text{ (aus Querkräften)} = \frac{p\, l^2}{12}$$

$$\delta = \left[\frac{4{,}5 \cdot 500 \cdot 500}{100 \cdot 6000 \cdot 12} + \frac{4{,}5}{100} \cdot \left(\frac{1}{79{,}2}\right)^2 \cdot \frac{1}{6000}\right] \cdot \left(\frac{2 \cdot 23{,}47}{1 + 550{,}8} - 1\right) + \frac{11{,}25 \cdot 500}{4 \cdot 6000} = 0{,}089 \text{ cm}.$$

$$\sigma = 1113 - \frac{6000 \cdot 0{,}089 \cdot 3}{18} = 1024 \text{ kg/cm}^2.$$

Wir sehen, daß auch in diesem Fall die Anwendung der umständlicheren Rechnung unnötig war.

Die Randspannungen am Balkenende sind $(Z \cdot \delta = 0)$

$$\sigma = 1000 + \frac{p\, l^2}{12} \cdot \frac{3}{18} = 1226 \text{ kg/cm}^2.$$

In diesem Beispiel steckt eine weitere Ungenauigkeit. Das Einspannmoment $M_r = M_l$ ist nicht unbeeinflußt davon, ob in der Richtung der ursprünglichen Stabachse eine Zugkraft wirkt. Die Zugkraft strebt, den Stab gerade zu biegen, und vermindert damit die Einspannmomente. Es möge versucht werden, diesen Einfluß rechnerisch zu erfassen. Die Neigung am Ende des bestimmt gelagerten Balkens beträgt ($x = 0$ in Gl. (12)):

$$\frac{dy}{dx} = q \cdot C_1 - q \cdot C_2 + \frac{P}{Z}.$$

C_1 und C_2 sind durch die Gl. (12a) und (12b) bestimmt, damit wird

$$\alpha_l = \frac{dy}{dx} = \frac{p}{q \cdot Z}\left(\frac{1-e^{ql}}{1+e^{ql}}\right) + \frac{P}{Z}.$$

Das Moment $M_l = M_r$, das nötig ist, um das Balkenende wieder in die ursprüngliche Lage zurückzudrehen, ist bestimmt durch

$$\alpha_1 = \frac{M_l \cdot l}{E \cdot J} \cdot \frac{1}{2}.$$

Damit wird

$$M_l = M_r = \frac{2\,E \cdot J}{l} \cdot \frac{p}{q \cdot Z}\left(\frac{1-e^{ql}}{1+e^{ql}}\right) + \frac{2\,P \cdot E \cdot J}{l \cdot Z} = \frac{2\,p}{l \cdot q^3}\left(\frac{1-e^{ql}}{1+e^{ql}}\right) + \frac{2\,P}{l \cdot q^2}$$

$$= \frac{2 \cdot 4{,}5 \cdot 79{,}2^3}{500 \cdot 100}\left(-\frac{549{,}8}{551{,}8}\right) + \frac{22{,}50 \cdot 79{,}2^2}{500}$$

$$= -\,89{,}0 + 283 = 194 \text{ cmkg}.$$

Setzen wir diesen Wert in Gl. (25) ein, so erhalten wir

$$\delta = 0{,}188 \text{ cm},$$

also, wie zu erwarten, einen höheren Wert.

Damit ergibt sich aus Gl. (9) die Randspannung in Balkenmitte

$$\sigma = \frac{Z}{F} + \frac{\left(\frac{p\,l^2}{8} - M_l\right) \cdot v}{J} - \frac{Z \cdot \delta \cdot v}{J}$$

$$= 1000 + (1402 - 194) \cdot \frac{3}{18} - 6000 \cdot 0{,}188 \cdot \frac{3}{18}$$

$$= 1000 + 201 - 188 = 1013 \text{ kg/cm}^2.$$

Die Randspannungen am Balkenende sind

$$\sigma = 1000 + \frac{194}{6} = 1032 \text{ kg/cm}^2.$$

Mit den korrigierten Momenten erhalten wir also etwas andere Werte. Am Balkenende muß die Randspannung unter allen Umständen kleiner werden; in der Mitte sind zwei gegenläufige Einflüsse festzustellen: das Moment durch Querkräfte wird größer, während gleichzeitig das entlastende Moment durch die Zugkraft ebenfalls größer wird.

5. Druck und Biegung.

Dieser Fall ist entsprechend dem letzten zu behandeln. Während der axiale Zug die Durchbiegung vermindert, vergrößert sie der axiale Druck. Bezeichnet man wieder mit δ_B die durch die Biegung aus Querkräften hervorgerufene Durchbiegung, so ist offenbar, daß

$$\sigma = \frac{D}{F} + \frac{M \cdot v}{J} \text{ zu klein}, \tag{32}$$

$$\sigma = \frac{D}{F} + \frac{M \cdot v}{J} + \frac{D \cdot \delta_B \cdot v}{J} \text{ zu klein}. \tag{33}$$

Die wirkliche Durchbiegung δ wird größer sein als δ_B, und

$$\sigma = \frac{D}{F} + \frac{M \cdot v}{J} + \frac{D \cdot \delta \cdot v}{J} \tag{34}$$

stellt den richtigen Wert der Spannung dar.

Benutzen wir die in den Gl. (28) und (30) dargestellten Zusammenhänge, so erhalten wir

für den einfachen Balken

$$\sigma = \frac{D}{F} + \frac{M \cdot v}{J} + \frac{D \cdot \delta \cdot v}{J} = \frac{D}{F} + \frac{10\,E \cdot \delta \cdot v}{l^2},$$

woraus

$$\delta = \frac{\frac{M \cdot v}{J}}{\frac{10\,E \cdot v}{l^2} - \frac{D \cdot v}{J}}$$

und

$$\sigma = \frac{D}{F} + \frac{M \cdot v}{J - \frac{D \cdot l^2}{10\,E}} \tag{35}$$

folgt.

Für den beiderseits eingespannten Balken wird in Balkenmitte

$$\sigma = \frac{D}{F} + \frac{M \cdot v}{J - \frac{D \cdot l^2}{20\,E}}. \tag{36}$$

Aus Gl. (35) ist zu ersehen, daß σ unendlich wird, wenn

$$J = \frac{D \cdot l^2}{10\,E}$$

oder wenn

$$D = \frac{10\,E \cdot J}{l^2};$$

dieser Wert entspricht dem Eulerschen

$$D = \frac{\pi^2 \cdot E \cdot J}{l^2}, \qquad (\pi^2 = 9{,}87).$$

Unsere Gleichung zeigt also — entsprechend der Eulerschen Gleichung —, daß eine Druckkraft von dieser Größe ein solches Moment erzeugt, daß der Stab bricht.

Im folgenden mögen die genaueren Gleichungen abgeleitet werden.

Balken auf zwei Stützen; Einzellast in der Mitte.

Unsere Ausgangsgleichung lautet (Abb. 302)

$$\int_{x=0}^{x=\frac{l}{2}} E \cdot J \cdot \frac{d^2y}{dx^2} = -\frac{P \cdot x}{2} - D \cdot y. \tag{37}$$

Mit

$$q^2 = \frac{D}{E \cdot J}$$

lautet das allgemeine Integral

$$y = C_1 \sin q x + C_2 \cdot \cos q x - \frac{P \cdot x}{2 D}, \tag{38}$$

worin C_1 und C_2 Integrationskonstanten sind.

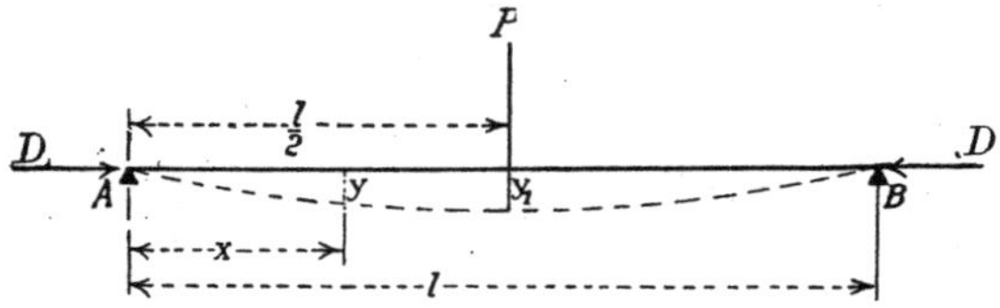

Abb. 302.

Für $x = 0$ ist $y = 0$, also

$$C_2 = 0.$$

Für $x = \frac{l}{2}$ ist $\frac{dy}{dx} = 0$

$$\frac{dy}{dx} = q C_1 \cdot \cos q x - q C_2 \cdot \sin q x - \frac{P}{2 D}, \tag{39}$$

$$0 = q \cdot C_1 \cdot \cos \frac{q l}{2} - q \cdot C_2 \cdot \sin \frac{q l}{2} - \frac{P}{2 D},$$

$$C_1 = \frac{P}{2 D \cdot q \cdot \cos \frac{q l}{2}}.$$

Daraus folgt die Gleichung der elastischen Linie

$$y = \frac{P \cdot \sin q x}{2 D \cdot q \cdot \cos \frac{q l}{2}} - \frac{P \cdot x}{2 D}. \tag{40}$$

Die größte Durchbiegung in der Mitte für $x = \frac{l}{2}$ ist

$$y_1 = \frac{P}{2 D} \left(\frac{\tan \frac{q \cdot l}{2}}{q} - x \right), \tag{41}$$

und die größte Randspannung folgt aus

$$\sigma = \frac{D}{F} + \frac{P \cdot l}{4} \cdot \frac{v}{J} + \frac{D \cdot y_1 \cdot v}{J}. \tag{42}$$

Balken auf 2 Stützen mit gleichmäßig verteilter Belastung.

Unsere Ausgangsgleichung lautet

$$E \cdot J \cdot \frac{d^2 y}{d x^2} = - \frac{p x (l - x)}{2} - D \cdot y. \tag{43}$$

Mit

$$q^2 = \frac{D}{E \cdot J}$$

lautet das allgemeine Integral

$$y = C_1 \cdot \sin q x + C_2 \cdot \cos q x - \frac{p \cdot l \cdot x}{2D} + \frac{p \cdot x^2}{2D} - \frac{p}{q^2 \cdot D}. \tag{44}$$

Für $x = 0$ ist $y = 0$, also

$$0 = C_2 - \frac{p}{q^2} \cdot \frac{1}{D}; \quad C_2 = \frac{p}{q^2 \cdot D}.$$

Für $x = 0$ ist $\frac{dy}{dx} = 0$, also

$$\frac{dy}{dx} = q \cdot C_1 \cdot \cos q x - q \cdot C_2 \cdot \sin q x - \frac{p l}{2D} + \frac{p \cdot x}{D}, \tag{45}$$

$$0 = q \cdot C_1 \cdot \cos \frac{q l}{2} - q \cdot C_2 \cdot \sin \frac{q l}{2},$$

$$C_1 = C_2 \cdot \tan \frac{q l}{2} = \frac{p}{q^2 \cdot D} \cdot \tan \frac{q l}{2}.$$

Damit wird die Gleichung der elastischen Linie

$$y = \frac{p}{q^2 \cdot C} \left(\tan \frac{q \cdot l}{2} \cdot \sin q \cdot x + \cos q x \right) - \frac{p x (l - x)}{2D} - \frac{p}{q^2 \cdot C}. \tag{46}$$

Die größte Durchbiegung in der Mitte ist $\left(x = \frac{l}{2} \right)$

$$y_1 = \frac{p}{q^2 \cdot D} \left(\frac{1}{\cos \frac{q l}{2}} - 1 \right) - \frac{p l^2}{8D}. \tag{47}$$

Die größte Randspannung in der Mitte folgt aus

$$\sigma = \frac{D}{F} + \frac{p \cdot l^2}{8} \cdot \frac{v}{J} + \frac{D \cdot y_1 \cdot v}{J}. \tag{48}$$

Beiderseits eingespannter Balken; Einzellast in der Mitte.

Die Ausgangsgleichung lautet (Abb. 303)

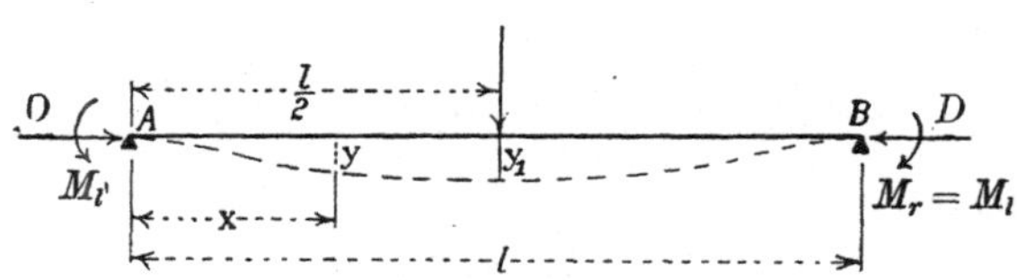

Abb. 303.

$$\int\limits_{x=0}^{x=\frac{l}{2}} E \cdot J \cdot \frac{d^2 y}{dx^2} = -\frac{P}{2} \cdot x - D \cdot y + M_l. \tag{49}$$

Mit $q^2 = \frac{D}{E \cdot J}$ lautet das allgemeine Integral dieser Differentialgleichung

$$y = C_1 \cdot \sin q x + C_2 \cdot \cos q x + \frac{M_l}{N} - \frac{P \cdot x}{2D}. \tag{50}$$

Die Integrationskonstanten bestimmen sich wie folgt:

Für $x = 0$ ist $y = 0$:

$$0 = C_2 + \frac{M_l}{D},$$

$$C_2 = -\frac{M_l}{D}.$$

Für $x = \frac{l}{2}$ ist $\frac{dy}{dx} = 0$:

$$\frac{dy}{dx} = q \cdot C_1 \cdot \cos q x - q C_2 \cdot \sin q x - \frac{P}{2D}, \tag{51}$$

$$0 = q \cdot C_1 \cdot \cos \frac{q \cdot l}{2} - q \cdot C_2 \cdot \sin \frac{q \cdot l}{2} - \frac{P}{2D},$$

$$C_1 = \frac{M_l \cdot \tan \frac{q \cdot l}{2}}{D} + \frac{P}{2 q \cdot D \cdot \cos \frac{q \cdot l}{2}}.$$

Damit ist die Gleichung der elastischen Linie bestimmt:

$$y = -\frac{M_l \cdot \tan \frac{q \cdot l}{2} \cdot \sin q x}{D} + \frac{P \cdot \sin q x}{2 q \cdot D \cdot \cos \frac{q \cdot l}{2}} - \frac{M_l}{D} \cdot \cos q x + \frac{M_l}{D} - \frac{P \cdot x}{2D}. \tag{52}$$

Die größte Durchbiegung (in der Mitte) beträgt $\left(x = \frac{l}{2}\right)$:

$$y_1 = -\frac{M_l}{D}\left(\frac{1}{\cos \frac{q \cdot l}{2}} - 1\right) + \frac{P \cdot \tan \frac{q \cdot l}{2}}{2 q \cdot D} - \frac{P \cdot l}{4D}. \tag{53}$$

Die Randspannung folgt aus
in der Mitte:

$$\sigma = \frac{D}{F} + \left(\frac{P \cdot l}{4} - M_l\right) \cdot \frac{v}{J} + \frac{D \cdot y_1 \cdot v}{J}, \tag{54}$$

am Balkenende:

$$\sigma = \frac{D}{F} + \frac{M_l \cdot v}{J}. \tag{55}$$

Eingespannte Balken mit gleichmäßig verteilter Belastung.

Die Ausgangsgleichung lautet:

$$E \cdot J \cdot \frac{d^2 y}{d x^2} = -\frac{p \cdot x (l - x)}{2} - D \cdot y + M_l. \tag{56}$$

Mit $q^2 = \frac{D}{E \cdot J}$ wird das allgemeine Integral:

$$y = C_1 \cdot \sin q x + C_2 \cdot \cos q x + \frac{M_l}{D} - \frac{p l x}{2D} + \frac{p \cdot x^2}{2D} - \frac{p}{q^2 \cdot D}. \tag{57}$$

Die Integrationskonstanten bestimmen sich wie folgt:

Für $x = 0$ ist $y = 0$, also

$$0 = C_2 + \frac{M_l}{D} - \frac{p}{q^2 \cdot C},$$

$$C_2 = \frac{p}{q^2 \cdot D} - \frac{M_l}{D}.$$

Für $x = \frac{l}{2}$ wird $\frac{dy}{dx} = 0$:

$$\frac{dy}{dx} = q \cdot C_1 \cdot \cos q x - q \cdot C_2 \cdot \sin q x - \frac{p \cdot l}{2D} + \frac{p \cdot x}{D}, \tag{58}$$

$$0 = q \cdot C_1 \cdot \cos \frac{q \cdot l}{2} - q \cdot C_2 \cdot \sin \frac{q \cdot l}{2},$$

$$C_1 = C_2 \cdot \tan \frac{q \cdot l}{2} = \left(\frac{p}{q^2 \cdot D} - \frac{M_l}{D}\right) \tan \frac{q \cdot l}{2}.$$

Damit erhalten wir die Gleichung der elastischen Linie:

$$y = \frac{p}{q^2 \cdot D}\left(\tan \frac{q \cdot l}{2} \cdot \sin q x + \cos q x - 1\right)$$
$$- \frac{M_l}{D}\left(\tan \frac{q \cdot l}{2} \cdot \sin q x + \cos q x - 1\right) - \frac{p x (l - x)}{2D}. \tag{59}$$

Die größte Durchbiegung $\left(\text{in Balkenmitte, } x = \frac{l}{2}\right)$ ist

$$y_1 = \left(\frac{p}{q^2 \cdot D} - \frac{M_l}{D}\right)\left(\frac{1 - \cos \frac{q \cdot l}{2}}{\cos \frac{q \cdot l}{2}}\right) - \frac{p \cdot l^2}{8D}. \tag{60}$$

Die Randspannung folgt aus

in Balkenmitte:

$$\sigma = \frac{D}{F} + \left(\frac{p l^2}{8} - M_l\right)\frac{v}{J} + \frac{D \cdot y_1 \cdot v}{J}, \tag{61}$$

am Balkenende:

$$\sigma = \frac{D}{F} + \frac{M_l \cdot v}{J}. \tag{55}$$

6. Zahlenbeispiel.

Ein horizontaler Stab, dessen Querschnittsprofil N.P. I 34 mit $F = 86{,}7$ cm², $J = 15\,695$ cm⁴ sei, habe eine Länge von 10 m, sei senkrecht zur Längsachse mit 500 kg/m und in der Richtung der Längsachse mit 45 t belastet. Der Stab soll als beiderseits gelenkig gelagert betrachtet werden.

Es ist nach Gl. (32):

$$\sigma = \frac{45\,000}{86{,}7} + \frac{500}{100} \cdot \frac{1000 \cdot 1000}{8} \cdot \frac{17}{15\,695} = 520 + 678 = 1198 \text{ kg/cm}^2.$$

Die Durchbiegung aus der Biegung durch die Querkräfte wird

$$\delta_B = \frac{5}{384} \cdot \frac{500}{100} \cdot \frac{10^{12}}{2{,}1 \cdot 10^6 \cdot 1{,}5695 \cdot 10^4} = 1{,}975 \text{ cm}.$$

Nach Gl. (33) wird

$$\sigma = 1198 + \frac{45000 \cdot 1{,}975 \cdot 17}{15695} = 1294 \text{ kg/cm}^2.$$

Beide Werte sind zu klein. Gl. (35) ergibt

$$\frac{D \cdot l^2}{10 E} = \frac{4{,}5 \cdot 10^4 \cdot 10^6}{2{,}1 \cdot 10^7} = 2140,$$

$$\sigma = 520 + \frac{5 \cdot 10^6 \cdot 17}{8 \cdot 1{,}5695 \cdot 10^4} = 1300 \text{ kg/cm}^2.$$

Gl. (47) und (48) ergeben folgendes:

$$q = \sqrt{\frac{45000}{2100000 \cdot 15695}} = \frac{1}{853},$$

$$\frac{ql}{2} = 0{,}587,$$

$$\cos\frac{ql}{2} = 0{,}8328.$$

$$y_1 = \frac{5 \cdot 853 \cdot 853}{45000}\left(\frac{1}{0{,}8328} - 1\right) - \frac{5 \cdot 10^6}{8 \cdot 4{,}5 \cdot 10^4} = 16{,}28 - 13{,}89 = 2{,}39 \text{ cm},$$

$$\sigma = 520 + 678 + \frac{45000 \cdot 2{,}39 \cdot 17}{15695} = 1198 + 116 = 1314 \text{ kg/cm}^2.$$

Auch dieses Beispiel zeigt, daß die angegebenen Näherungsformeln praktisch hinreichende Genauigkeit ergeben.

7. Verdrehung und Biegung.

Dieses ist der praktisch häufigste Fall von allen Möglichkeiten, wo Verdrehung gleichzeitig mit einer andern Beanspruchung auftritt. Jede horizontale Welle beispielsweise ist auf Verdrehung und Biegung beansprucht. Wird eine Welle mittels eines Riementriebs angetrieben, so ist der Seilzug in den beiden

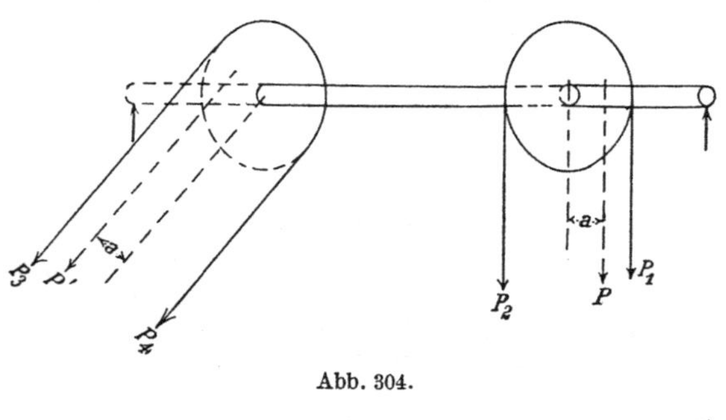

Abb. 304.

Riementeilen verschieden groß. Es sei $P_1 > P_2$ (Abb. 304). Die Resultierende P von P_1 und P_2 wirke in einer Entfernung a von der Achse, sie sucht der Welle eine gleichmäßig beschleunigte Rotation zu verleihen. Die Welle gebe die indizierte Arbeit über einen zweiten Riementrieb an eine Arbeitsmaschine ab. Ist die Bewegung gleichförmig, so üben die beiden Riementriebe gleichgroße, entgegengesetzt gerichtete Torsionsmomente auf die Welle aus. Werden N Pferdekräfte übertragen, so ist, wenn man mit n die Drehzahl pro Minute bezeichnet, die Kräfte in kg, die Längen in m mißt,

$$\frac{2\pi \cdot n \cdot a \cdot P}{60 \cdot 75} = N \quad \text{(in P.S.)},$$

$$M_T = P \cdot a = \frac{60 \cdot 75 \cdot N}{2\pi \cdot n}. \tag{62}$$

Die beiden Kräfte P und P' wirken zusammen mit den Auflagerkräften quer zur Stabachse; die Kräfte liegen nicht in einer Ebene. Als weitere Kräfte quer zur Achse kommen in Betracht das Gewicht der Welle und der Riemenscheiben usw. Jedenfalls wirken im allgemeinen in einem Querschnitt Biegungsmomente in zwei aufeinander senkrechten Ebenen, deren Schnittlinie die Stabachse ist. Das resultierende Moment M_R kann nach Größe und Richtung leicht bestimmt werden. In Abb. 305 sei der Wellenquerschnitt dargestellt, die Wirkungsebene des resultierenden Moments sei AA'. Das Moment M_R erzeugt Biegungsnormalspannungen von der Größe

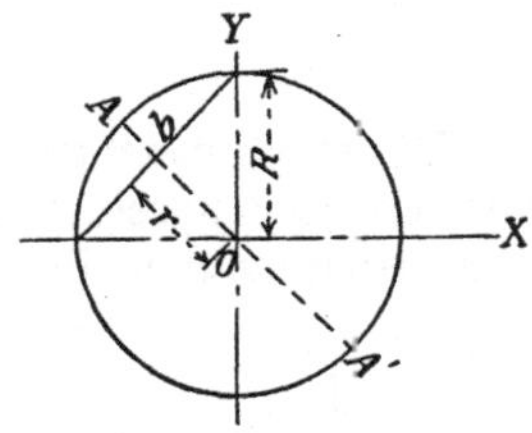

Abb. 305.

$$\sigma = \frac{M_R \cdot r}{J}, \tag{63}$$

worin r die Entfernung des betrachteten Punktes von der (durch den Mittelpunkt gehenden) Nullinie ist, und das Verdrehungsmoment Scherspannungen normal zum Radius erzeugt von der Größe

$$\tau_1 = \frac{2 r \cdot M_T}{\pi \cdot R^4} = \frac{r \cdot M_T}{J_p} = \frac{r \cdot M_T}{2 \cdot J} \tag{64}$$

(vgl. Kap. VIII), wobei J_p das polare Trägheitsmoment bedeutet, das für einen kreisförmigen Querschnitt den doppelten Wert des äquatorialen Trägheitsmoments besitzt. Betrachten wir einen Punkt auf AA', so wirkt in der Querschnittsebene in Richtung AA' eine Scherspannung infolge der Scherkräfte, deren Größe, wie in Kap. X nachgewiesen ist, nicht genau bestimmt, aber näherungsweise zu

$$\tau_2 = \frac{Q \cdot \mathfrak{S}}{b \cdot J} \tag{65}$$

angenommen werden kann. b ist die Querschnittsbreite, senkrecht zu AA' gemessen.

In A, am Wellenumfang, ist

$$\sigma = \frac{M_R \cdot R}{J},$$

$$\tau_1 = \frac{M_T \cdot R}{2 \cdot J} = \frac{2 \cdot M_T}{\pi \cdot R^3} = \frac{2 \cdot M_T}{F \cdot R},$$

$$\tau_2 = 0.$$

Schneiden wir nun in bekannter Weise am Wellenumfang ein Tetraeder aus der Welle heraus, so zeigt Abb. 306 die an dem Körperelement wirkenden Spannungen. Die Hauptspannungen sind

$$\left.\begin{matrix}\sigma_1\\ \sigma_2\end{matrix}\right\} = \frac{\sigma}{2} \pm \frac{1}{2}\sqrt{\sigma^2 + 4\tau^2} = \frac{R}{2J}\left(M_R \pm \sqrt{M_R^2 + M_T^2}\right)$$
$$= \frac{2}{\pi \cdot R^3}\left(M_R \pm \sqrt{M_R^2 + M_T^2}\right). \tag{66}$$

Es bestimmt sich (vgl. Kap. V) der Winkel α_0, den eine Hauptspannungsebene mit der AX-Ebene (Abb. 306) einschließt, durch die Beziehung

$$\tan 2\alpha = \frac{2\tau_x}{\sigma} = \frac{M_T}{M_R}. \tag{67}$$

Es ist offensichtlich, daß σ_1 das gleiche Vorzeichen wie σ und σ_2 das entgegengesetzte Vorzeichen haben muß. Abb. 307 zeigt die Hauptspannungen für den Fall, daß σ_x in A eine Zugspannung ist.

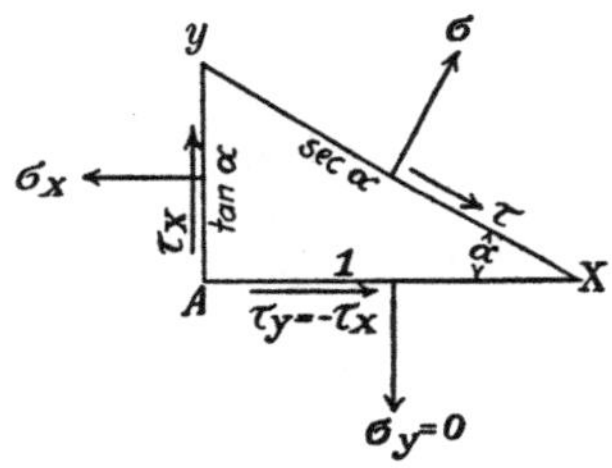

Abb. 306.

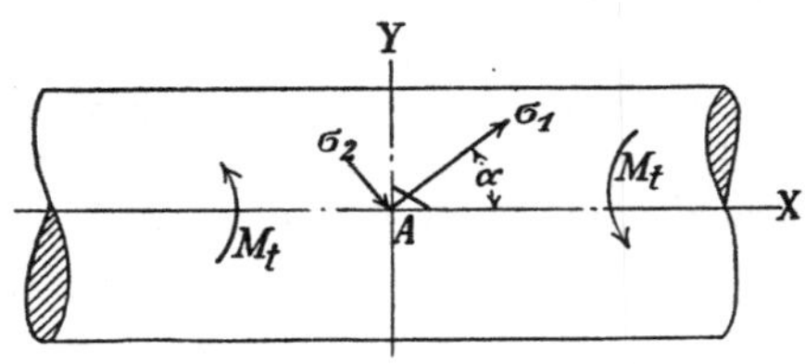

Abb. 307.

Auf der entgegengesetzten Seite, wo σ_x eine Druckspannung ist, wirkt σ_1 als Druck und σ_2 als Zug. Einer der beiden α-Werte liegt stets zwischen $+45^0$ und -45^0. Für $M_T = 0$ werden AX und AY die Hauptspannungsebenen; für $M_R = 0$ sind die Hauptspannungsebenen um 45^0 gegen AX geneigt.

Der größte Wert der Normalspannung tritt am Wellenumfang des Querschnittes auf, für den

$$M_R + \sqrt{M_R^2 + M_T^2} = \text{Max.}$$

einen Größtwert erreicht.

Die größte Scherspannung ist gegen die Hauptspannung um 45^0 geneigt und beträgt (vgl. Kap. V)

$$\tau_{\max} = \frac{\sigma_1 - \sigma_2}{2} = \frac{2}{\pi \cdot R^3}\sqrt{M_R^2 + M_T^2}. \tag{68}$$

Hauptdehnungen: Diese sind durch Gl. (1a) gegeben, wenn man darin die Werte für σ_1 und σ_2 einsetzt. Mit $m = 4$ wird

$$E \cdot \varepsilon_1 = \frac{R}{2J}\left(\frac{m-1}{m} \cdot M_R + \frac{m+1}{m}\sqrt{M_R^2 + M_T^2}\right)$$
$$= \frac{R}{8J}\left(3\,M_R + 5\sqrt{M_R^2 + M_T^2}\right), \tag{69}$$

$$E\cdot\varepsilon_2 = \frac{R}{2J}\left(\frac{m-1}{m}\cdot M_R - \frac{m+1}{m}\sqrt{M_R^2+M_T^2}\right)$$

$$= \frac{R}{8J}\left(3\,M_R - 5\,\sqrt{M_R^2+M_T^2}\right). \qquad (70)$$

$E\cdot\varepsilon_1$ und $E\cdot\varepsilon_2$ sind keine tatsächlich wirkenden Spannungen; wir haben sie in Kap. IV Ersatzspannungen genannt. Sie sind von Bedeutung, wenn man als Maß der Anstrengung des Materials nicht die Spannungen, sondern die Formänderungen betrachtet (vgl. Kap. XXIII).

8. Zug und Verdrehung.

Wird eine auf Verdrehung beanspruchte Welle gleichzeitig in der Richtung ihrer Achse mit der Kraft Z gezogen, so ist in Abb. 306:

$$\sigma_x = \sigma = \frac{Z}{F},$$

und wir erhalten die Gleichungen:

$$\left.\begin{matrix}\sigma_1\\ \sigma_2\end{matrix}\right\} = \frac{\sigma}{2} \pm \frac{1}{2}\sqrt{\sigma^2+4\tau^2} = \frac{Z}{2F} \pm \frac{1}{2}\sqrt{\frac{Z^2}{F^2}+\frac{16\,M_T^2}{F^2\cdot R^2}}$$

$$= \frac{1}{2F}\left(Z \pm \sqrt{Z^2+\frac{16\,M_T^2}{R^2}}\right), \qquad (71)$$

$$\tan 2\,\alpha = \frac{2\,\tau_x}{\sigma} = \frac{4\,M_T}{Z\cdot R}, \qquad (72)$$

$$\tau_{\max} = \frac{1}{2F}\sqrt{Z^2+\frac{16\,M_T^2}{R^2}}, \qquad (73)$$

$$\left.\begin{matrix}E\cdot\varepsilon_1\\ E\cdot\varepsilon_2\end{matrix}\right\} = \frac{1}{2F}\left(\frac{m-1}{m}\cdot Z \pm \frac{m+1}{m}\sqrt{Z^2+\frac{16\,M_T^2}{R^2}}\right); \qquad (74)$$

für $m = 4$:

$$\left.\begin{matrix}E\cdot\varepsilon_1\\ E\cdot\varepsilon_2\end{matrix}\right\} = \frac{1}{8F}\left(3\,Z \pm 5\sqrt{Z^2+\frac{16\,M_T^2}{R^2}}\right). \qquad (75)$$

9. Druck und Verdrehung.

Man erhält die gesuchten Beziehungen, wenn man in den Gleichungen des letzten Abschnitts der Größe Z das negative Vorzeichen gibt.

In Gl. (71) ist Z positiv und σ_1 und σ_2 sind die algebraischen Werte der Hauptspannungen, wobei die Zugspannungen das positive Vorzeichen erhalten. Es ist dann σ_1 positiv und σ_2 negativ. Entsprechend stellt ein positives ε eine Verlängerung, ein negatives ε eine Verkürzung dar.

Ist Z negativ, d. h. eine Druckkraft, so wird σ_1 negativ und σ_2 positiv.

10. Verdrehung, Biegung und Zug.

Dieser Spannungszustand läßt sich mit den vorher abgeleiteten Gleichungen unmittelbar behandeln. Es wird (Abb. 307)

$$\tau_x = \frac{R \cdot M_T}{2J}, \tag{64}$$

$$\sigma_x = \frac{Z}{F} + \frac{M_B \cdot R}{J}. \tag{76}$$

Durch Einsetzen dieser Werte in Gl. (66) erhält man σ_1 und σ_2, und die Werte ε_1 und ε_2 analog den Gl. (69) und (70).

Wirkt eine axiale Druckkraft anstatt einer Zugkraft, so wird Z negativ.

11. Verdrehung und Abscherung.

Es wirkt an jedem Punkt eines Querschnitts eine Scherspannung infolge der Verdrehung und eine solche infolge der Abscherung. Die Resultierende dieser beiden Scherspannungen ist zu bestimmen.

12. Verdrehung in Verbindung mit andern Beanspruchungen bei nicht kreisförmigen Querschnitten.

Die Scherspannungen müssen irgendwie angenommen werden (vgl. Kap. VIII. Die Normalspannungen durch Biegung und Axialkräfte können errechnet werden. Der weitere Rechnungsgang ist nach den Ausführungen der vorhergehenden Abschnitte dann klar (Abb. 307). Auf die Herleitung geschlossener Ausdrücke für einzelne Querschnittsformen sei hier verzichtet.

13. Versuche.

Professor Hancock[1] berichtet über Versuche an Stäben mit kreiskundem Querschnitt, die er tordierte und dann in der Richtung ihrer Längsachse auf Zug beanspruchte. Die Torsionsbeanspruchung betrug $33^1/_3$%, $66^2/_3$% und 100% der Torsionselastizitätsgrenze. Dadurch wurde die Zugelelastizitätsgrenze wie folgt herabgesetzt: Bei Nickelstahl mit einem $\sigma_P = 3940$ kg/cm² um 7% bzw. 21% bzw. 63%; bei Kohlenstoffstahl mit $\sigma_P = 2390$ kg/cm² waren die entsprechenden Werte 6%, 30%, 54%. Diese Ergebnisse decken sich mit dem, was zu erwarten war. Es sei z. B. die Torsionselastizitätsgrenze das 0,8fache der Zugelastizitätsgrenze, also für den untersuchten Kohlenstoffstahl etwa 1910 kg/cm². Eine Verdrehungsscherspannung von dieser Größe (am Querschnittsumfang) hat in einer um 45° gegen die Längsachse geneigten Ebene eine Zugspannung gleicher Größe zur Folge. Einer von der Axialkraft herrührenden Zugspannung von (100 — 54)% = 46% von 2390 kg/cm², also von 1100 kg/cm² in

[1] Trans. A. S. T. M. 1905.

einer senkrechten Querschnittsebene würde in der um 45^0 geneigten Ebene eine Zugspannung von 550 kg entsprechen. Insgesamt würde also in jener Ebene am Rande eine Zugspannung von $\sigma = 1910 + 550 = 2460\ \text{kg/cm}^2$, d. h. $\sigma \approx \sigma_P'$, wirken. Wäre der genaue Wert der Torsionselastizitätsgrenze eingesetzt, so würde die Übereinstimmung der Resultate vermutlich noch besser sein.

14. Der Haken.

Ein bekanntes Beispiel für Zug und Biegung ist der Haken (Abb. 308). Wenn man die Krümmung des Hakens vernachlässigt, d. h. geradlinige Spannungsverteilung annimmt, so tritt die absolut größte Spannung als Zugspannung an der Innenseite des Hakens auf und beträgt

$$\sigma_{\max} = \frac{P}{F} + \frac{P \cdot d \cdot v_1}{J}. \qquad (77)$$

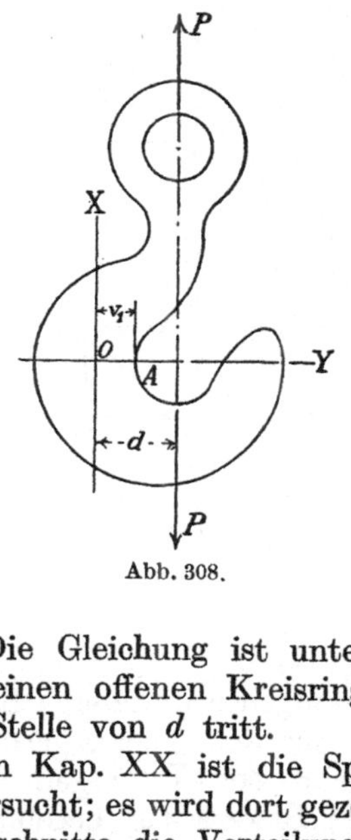

Abb. 308.

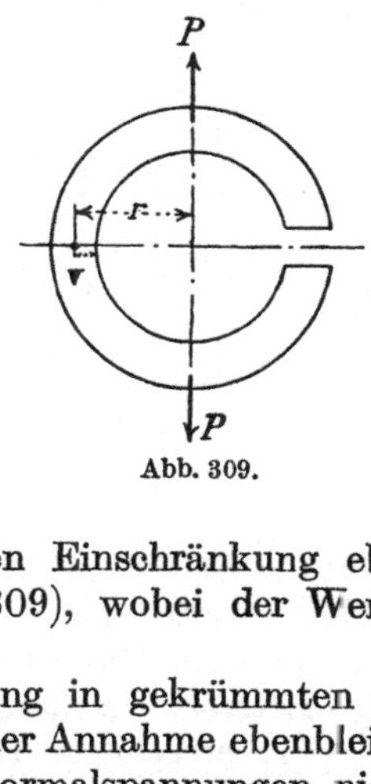

Abb. 309.

Die Gleichung ist unter der genannten Einschränkung ebenfalls für einen offenen Kreisring gültig (Abb. 309), wobei der Wert r an die Stelle von d tritt.

In Kap. XX ist die Spannungsverteilung in gekrümmten Stäben untersucht; es wird dort gezeigt, daß unter der Annahme ebenbleibender Querschnitte die Verteilung der Biegungsnormalspannungen nicht geradlinig erfolgt, sondern daß die Spannung in einer Entfernung v_1 von dem Schwerpunkt durch die Gleichung bestimmt ist:

$$\sigma_{\max} = \frac{P}{F} + \frac{P \cdot d}{F \cdot r} + \frac{P \cdot d \cdot v_1 \cdot r}{J_0 (r + v_1)}, \qquad (78)$$

worin

$$J_0 = \int \frac{v^2 \cdot r \cdot dF}{r + v}.$$

Für $r = \infty$ stimmen Gl. (77) und (78) überein. Bei Haken ist r meistens klein, und Gl. (78) bringt wesentlich verschiedene Resultate als Gl. (77). Ob aber diese Ergebnisse genauer sind, erscheint sehr fraglich, da bei gekrümmten Stäben die Annahme des Ebenbleibens der Querschnitte weniger zutreffen mag als die Annahme geradliniger Spannungsverteilung.

15. Die Hängestangen der Bussey-Brücke.

Im Jahre 1887 stürzte eine Eisenbahnbrücke bei Boston, Mass., die Bussey-Brücke unter einem Personenzuge ein. 23 Menschen kamen dabei ums Leben, über 100 wurden verletzt. Der Einsturz wurde durch den Bruch von Hängestangen verursacht, deren Enden als Haken ausgebildet waren.

Das System der Brücke war ein Bogen mit angehängter Fahrbahn. Der Bogen hatte einen Hohlquerschnitt, gebildet aus 3 I-Profilen, die durch gekrümmte Bleche nach Abb. 310 miteinander verbunden

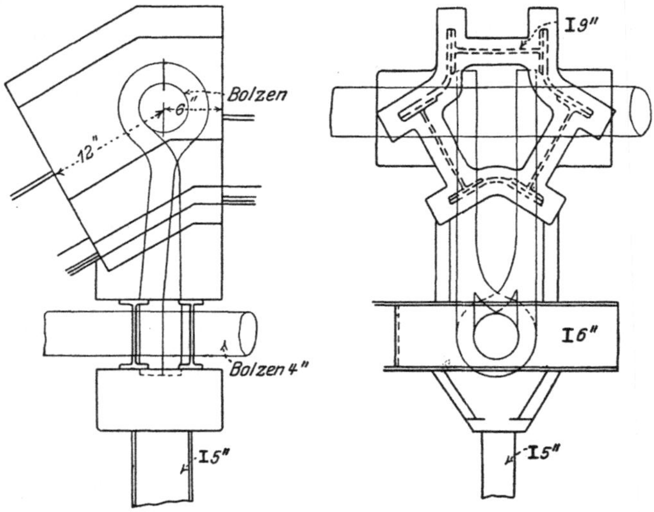

Abb. 310.

waren. Die zweiteilig ausgebildeten Hängestangen waren durch Bolzen gelenkig mit dem Hauptträger sowohl wie mit den Querträgern verbunden. Letztere bestanden je aus zwei 6-Zoll-I-Trägern. Die nach Gl. (77) errechnete Randspannung des Hakens lag beträchtlich über der Elastizitätsgrenze des Materials. Die Zerstörung trat vermutlich infolge der häufig wiederholten Belastungen nach elfjährigem Betrieb ein. Das Unglück ist also auf mangelhafte Berechnung und Konstruktion zurückzuführen und hätte mit Sicherheit vorausgesagt werden können.

Zu der Zeit, als der Unglücksfall geschah, hatte die Eisenbahngesellschaft von Massachusetts sowenig wie die der andern Staaten eine regelmäßige Überwachung ihrer Brücken durch erfahrene Ingenieure. Der Einsturz gab Veranlassung zu einem Gesetz, wonach die Eisenbahngesellschaften eine regelmäßige Kontrolle unter staatlicher Aufsicht (Board of Railroad Commissioners) durchzuführen haben. Der Verfasser war 27 Jahre lang als behördlicher Sachverständiger für Brückenbauten tätig und hat in dieser Zeit den Neubau oder Umbau vieler Brücken veranlaßt.

Ein Bericht über den Einsturz ist in einer besonderen Schrift von der „Railroad Commission" im Jahre 1887 veröffentlicht.

16. Die elastische Arbeit bei zusammengesetzter Beanspruchung.

Bei Biegung mit Axialkraft ist die auf ein Flächenelemnt df wirkende Normalkraft

$$\sigma \cdot df = \frac{N}{F} \cdot df + \frac{M \cdot v}{J} \cdot df.$$

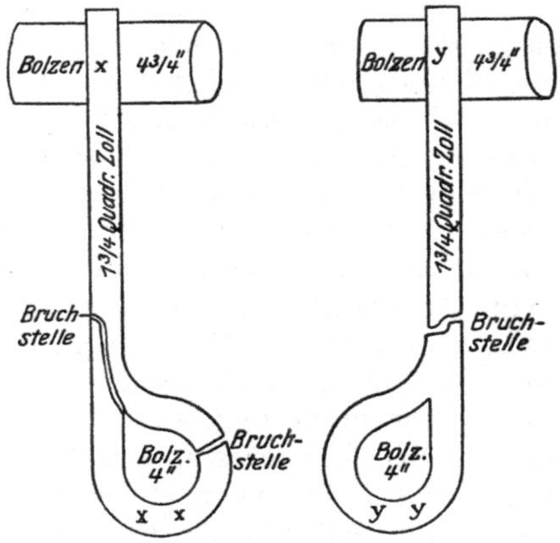

Abb. 311.

Diese Kraft leistet bei einer Längenänderung Arbeit. Betrachten wir eine Faser von der Länge dx, und integrieren wir über den Querschnitt und über die Länge des Balkens, so erhalten wir die gesamte elastische Arbeit, oder

$$\mathfrak{A} = \iint \frac{\sigma \cdot df \cdot \sigma}{2E} \cdot dx$$

$$= \frac{1}{2E} \int_0^l dx \int_{-v_1}^{+v_2} df \left(\frac{N^2}{F^2} + \frac{M^2 \cdot v^2}{J^2} + \frac{2N \cdot M \cdot v}{F \cdot J} \right)$$

$$= \frac{1}{2E} \int_0^l \left(\frac{N^2}{F} + \frac{M^2}{J} \right) dx = \int_0^l \frac{M^2 dx}{2E \cdot J} + \frac{N^2 \cdot l}{2E \cdot F}. \quad (79)$$

Es ergibt sich also die Gesamtarbeit als die Summe der Einzelarbeiten. Dies gilt für alle Fälle von zusammengesetzten Beanspruchungen.

17. Praktische Fälle zusammengesetzter Beanspruchungen.

Praktische Fälle zusammengesetzter Beanspruchungen sind außerordentlich häufig. Unter senkrechten Kräften kommt Biegung mit

Axialkraft z. B. stets vor, wenn der Balken nicht wagerecht ist, oder in Säulen, die quer zur Längsachse gebogen oder in Richtung der Längsachse exzentrisch belastet werden, ferner bei allen Rahmen- und den meisten Bogenkonstruktionen. Verdrehung kommt selten allein vor, sondern ist meistens mit Biegung und oft auch mit Beanspruchung durch Axialkraft verbunden. Die in diesem Kapitel behandelten Zusammenhänge sind also für den Ingenieur sehr wichtig.

18. Einige Bemerkungen über die zulässigen Spannungen bei Biegung mit Axialkraft.

Im allgemeinen fordern die amtlichen Bestimmungen, daß die größte Spannung aus Biegung und Axialkraft die für Beanspruchungen durch Axialkraft allein zulässigen Spannungen nicht überschreitet. Dies ist eine eindeutige Festsetzung, wenn die Voraussetzungen, unter denen die Momente und Normalkräfte bestimmt werden, klar festgelegt sind. In den Bestimmungen, die der Verfasser für die „Massachusetts Railroad Commission" ausarbeitete, ist darüber folgendes vorgesehen:

Für Tragteile von Eisenkonstruktionen, die durch Biegung und Axialkraft beansprucht sind, sollen die Spannungen durch Superposition der aus der Biegung und der Normalkraft herrührenden Spannungen errechnet werden, und zwar unter folgenden Annahmen:

a) Das Maximalmoment eines Zugstabes soll zu 75% des Wertes angenommen werden, der sich für einen einfachen Balken ergibt.

b) Bei einem Druckstab soll die aus der Axialkraft herrührende Normalspannung nach der Formel bestimmt werden:

$$\sigma = \frac{N}{F}\left(1 + \frac{1}{15000}\frac{l^2}{i^2}\right),$$

worin N die Normalkraft, F den Querschnitt, l die Länge, i den Trägheitshalbmesser bedeutet.

Bei durchlaufenden Trägerkonstruktionen sollen die Stützenmomente ebenso groß mit dem entgegengesetzten Vorzeichen angenommen werden, wie die oben bestimmten Feldmomente.

Diese Bestimmungen können natürlich auf Genauigkeit keinen Anspruch erheben, aber sie sind eindeutig: Es ist besser, eindeutige, wenn auch falsche, als unklare Bestimmungen herauszugeben; ein Fehler kann auf Grund späterer, besserer Einsichten behoben werden. Eine Unklarheit wirkt sich indessen häufig so aus, daß die stärkere der Vertragsparteien sie willkürlich auslegt. Man kann jedoch die Beobachtung machen, daß manche Ingenieure aus Mangel an Kenntnissen eine verschwommene Ausdrucksweise bevorzugen.

XIV. Balken über mehr als zwei Stützen.

1. Lagerungsbedingungen.

Bisher sind Balken besprochen worden, die einfach, d. h. beiderseits gelenkig[1], oder die einerseits eingespannt, andrerseits gelenkig oder die beiderseits eingespannt oder die nur einseitig eingespannt (Freiträger) gelagert waren. Wie man sich das Einspannmoment entstanden denkt, ist gleichgültig: ob durch Einzelkräfte oder durch verteilte Kräfte innerhalb des Wandauflagers etwa; jedenfalls muß an der Einspannstelle ein Kräftepaar und eine Kraft wirken, die z. B. für einen Kragträger die Werte $M = P \cdot l$ und $A = Q = P$ haben (Abb. 312).

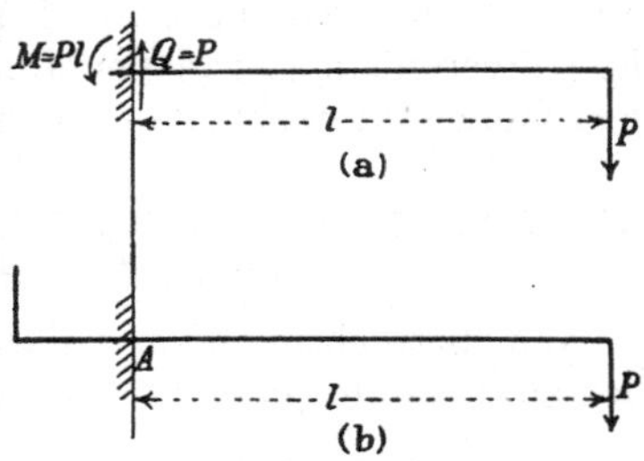

Abb. 312.

Häufig kommen jedoch auch Träger vor, die auf mehr als zwei Stützen gelagert sind. Wenn ein gerader Balken auf mehreren Stützen von gleicher Höhe gelagert ist, so entstehen, wenn er unbelastet ist — abgesehen vom Eigengewicht —, natürlich auch keine Reaktionskräfte. Das gleiche gilt für einen gekrümmten Balken auf mehreren Stützen, wenn die Höhen der Stützen der Balkenform angepaßt sind. Wird jedoch ein gerader Balken auf mehreren ungleich hohen Stützen gelagert, so entstehen auch bei unbelastetem Balken Auflagerkräfte und Momente (d. h. ich muß äußere Kräfte an den Auflagerpunkten anbringen, um die Lagerbedingungen zu erfüllen).

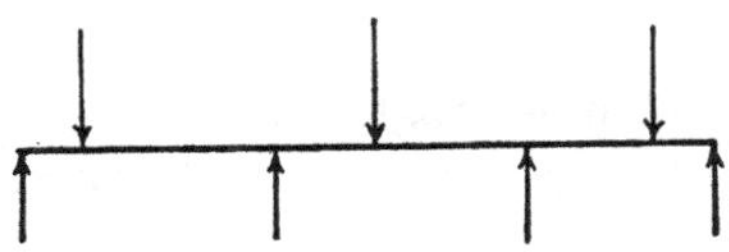
Abb. 313.

Der gebräuchlichste Fall ist der, daß ein gerader Balken auf gleich hohen Stützen lagert, wobei Balken, Lager und Kräfte alle in der gleichen Ebene liegen (Abb. 313). Das System ist äußerlich statisch unbestimmt, d. h. die Auflagerkräfte können nicht allein mit Hilfe der Gleichgewichtsbedingungen ermittelt werden. Es wird angenommen, daß die Auflager sowohl Druck- wie Zugkräfte aufnehmen können. Es seien n Auflager und $n - 1$ Felder vorhanden. Im allgemeinen Falle liefert jedes Lager 3 Unbekannte, nämlich Angriffspunkt, Größe und Richtung der Kraft, also insgesamt $3\,n$ Unbekannte. Unter der Voraussetzung, daß alle Lager gelenkig und weiterhin alle Lager außer einem horizontal verschieblich (Rollenlager) sind, reduziert sich die Zahl der Unbekannten auf $n + 1$. Da 3 Gleichgewichtsbedingungen zur Verfügung stehen, ist das System statisch bestimmt nur für $n = 2$, d. h. für den Fall des einfachen Balkens. Ist $n > 2$, so müssen $n - 2$ Lagerkräfte mit Hilfe von Elastizitätsgleichungen gefunden werden, also mit

[1] Vgl. Anmerkung auf S. 373.

Hilfe von Bedingungen über Neigung und Durchbiegung. Dieser Gedankengang führt zu verschiedenen Methoden. Im folgenden wollen wir zunächst so vorgehen, daß wir dem Träger alle Zwischenstützen nehmen, ihn also als einfachen Balken betrachten, der auf den beiden Endstützen gelagert ist. Wir belasten diesen Balken dann mit der gegebenen äußeren Belastung, ferner mit Einzelkräften an den Zwischenlagern derart, daß dort die Durchbiegungen verschwinden, bzw. wenn die Stützen nicht in gleicher Höhe liegen, daß die Durchbiegungen jeweils dem Höhenunterschied der Lager entsprechen.

2. Beispiel für zwei gleiche Spannweiten und gleichmäßig verteilte Belastung. (Abb. 314.)

Wir betrachten einen einfachen Balken von der Spannweite $l' = 2l$. Dessen Durchbiegung in der Mitte beträgt

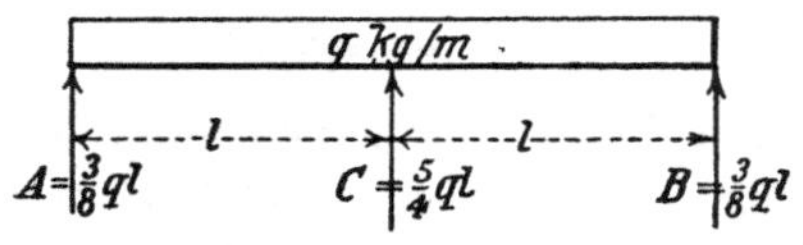

Abb. 314.

$$\delta_0 = \frac{5}{384}\cdot\frac{q\cdot l'^4}{E\cdot J} = \frac{5}{24}\cdot\frac{q\cdot l^4}{E\cdot J},$$

während die (nach oben gerichtete) Durchbiegung infolge einer Einzellast X_a beträgt:

$$\delta_a = \frac{1}{48}\cdot\frac{X_a\cdot l'^3}{E\cdot J} = \frac{1}{6}\cdot\frac{X_a\cdot l^3}{E\cdot J}.$$

Damit die Auflagerbedingung des Systems erfüllt, also $\delta = 0$ wird, muß sein:

$$\delta_0 = \delta_a.$$

Daraus folgt

$$X_a = C = \frac{5}{4}q\cdot l, \tag{1}$$

$$A = B = \frac{3}{8}q\cdot l.$$

Das Moment über der Mittelstütze ist

$$M_c = \frac{3}{8}q\cdot l^2 - \frac{1}{2}q\cdot l^2 = -\frac{q l^2}{8}. \tag{1a}$$

Wir finden also die Momentenfläche in der Weise, daß wir (Abb. 315) über die beiden Momentenflächen der einfachen Balken (Parabeln)

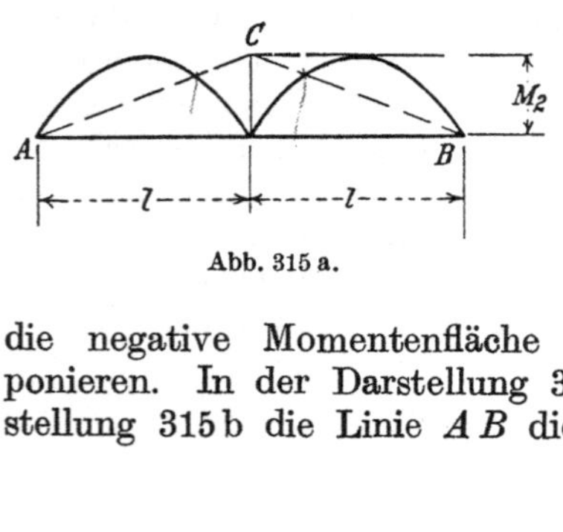

Abb. 315 a.

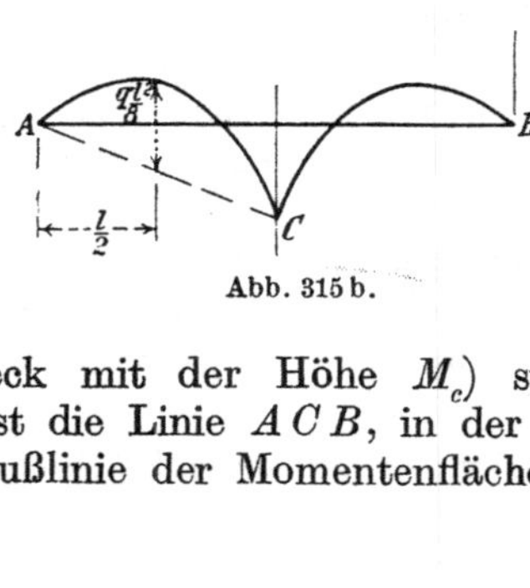

Abb. 315 b.

die negative Momentenfläche (Dreieck mit der Höhe M_c) superponieren. In der Darstellung 315a ist die Linie ACB, in der Darstellung 315b die Linie AB die Schlußlinie der Momentenfläche.

In der halben Feldweite wirkt das Moment

$$\frac{3}{8} q l \cdot \frac{l}{2} - \frac{q l}{2} \cdot \frac{l}{4} = \frac{q l^2}{16}. \tag{2}$$

Der Momentennullpunkt ergibt sich aus der Gleichung

$$\frac{3}{8} q \cdot l \cdot x_0 - \frac{q x_0^2}{2} = 0,$$

$$x_0 = \frac{3}{4} l. \tag{3}$$

Das Moment in irgendeinem um x von A entfernten Punkt des linken Feldes ist

$$M = \frac{3}{8} q l \cdot x - \frac{q x^2}{2}. \tag{4}$$

Es wird zu einem Maximum, wenn

$$\frac{dM}{dx} = 0,$$

oder für

$$x = \frac{3}{8} l$$

mit

$$M_{\max} = \frac{9}{128} \cdot q \cdot l^2. \tag{5}$$

Ist nur ein Feld gleichmäßig belastet, so wird

$$M_c = -\frac{q l^2}{16}$$

und die Reaktion des Endlagers des unbelasteten Feldes wird

$$B = -\frac{q l}{16}.$$

Die Reaktion des Endlagers des belasteten Feldes findet man aus der Gleichung

$$-\frac{q l^2}{16} = A \cdot l - \frac{q l^2}{2},$$

woraus

$$A = \frac{7}{16} q \cdot l.$$

Mit diesem Wert ergibt sich der Wert der mittleren Lagerreaktion

$$C = q l + \frac{q l}{16} - \frac{7}{16} q l = \frac{5}{8} q \cdot l.$$

3. Zwei gleiche Spannweiten mit einer Einzellast. (Abb. 316.)

Die Durchbiegung in der Mitte des einfachen Balkens von der Stützweite $2\,l$ (Mittelstütze entfernt gedacht) infolge der Last P (Abb. 316 b) beträgt nach Gl. (36) Kap. XII

$$\delta_0 = \frac{P \cdot a}{12\,E \cdot J} (3\,l^2 - a^2). \tag{6}$$

Dies Ergebnis sei nochmals mittels der Sätze von der Momentenfläche kurz hergeleitet. Abb. 316c gibt die Momentenfläche eines Balkens von der Spannweite $2l$ mit der Einzellast P in der Mitte. Die Durchbiegung in der Mitte beträgt

$E \cdot J \cdot \delta_c =$ Moment der Momentenfläche links von P in bezug auf ein Balkenende.

$$\delta_c = \frac{1}{E \cdot J} \cdot \frac{P \cdot l}{2} \cdot \frac{l}{2} \cdot \frac{2}{3} \cdot l = \frac{P \cdot l^3}{6 E \cdot J}.$$

Die Entfernung des Punktes D der Biegelinie von der Tangente an die Mitte der Biegelinie ist das Moment der $E \cdot J$-fachen Momentenfläche zwischen D und Balkenmitte in bezug auf D, also

$$\delta_d' = \frac{P \cdot a}{2 E \cdot J}(l-a)\frac{(l-a)}{2} + \frac{(l-a)}{2 E \cdot J} \cdot \frac{P \cdot (l-a)}{2} \cdot \frac{2}{3}(l-a).$$

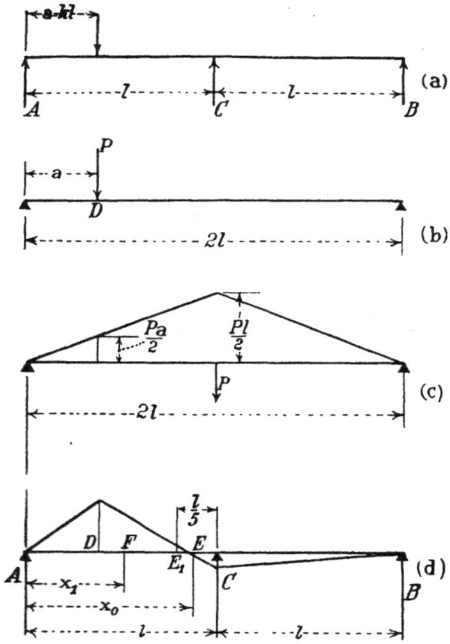

Abb. 316.

Die Durchbiegung δ_d ist die Differenz

$$\delta_d = \delta_c - \delta_d$$

oder

$$\delta_d = \frac{P \cdot a}{12 E \cdot J}(3l^2 - a^2)$$

(vgl. oben).

Dies ist nach dem Satz von der Gegenseitigkeit der Formänderungen gleich der Durchbiegung in der Mitte, wenn P in der Entfernung a von dem linken Auflager wirkt.

Die (nach oben gerichtete) Durchbiegung der Balkenmitte infolge C beträgt

$$\delta_c = \frac{C \cdot l^3}{6 E \cdot J}.$$

Mit $\delta_d = \delta_c$ wird

$$\frac{C \cdot l^3}{6 E \cdot J} = \frac{P \cdot a}{12 E \cdot J}(3l^2 - a^2),$$

$$C = \frac{P \cdot a(3l^2 - a^2)}{2 l^3} = \frac{P \cdot k(3-k^2)}{2} \quad \text{für } k = \frac{a}{l}. \tag{7}$$

Aus den Gleichgewichtsgleichungen folgt dann

$$A = P - \frac{P \cdot k(5-k^2)}{4}, \tag{8}$$

$$B = -\frac{P \cdot k(1-k^2)}{4}, \tag{9}$$

$$M_c = -\frac{P \cdot k \cdot l(1-k^2)}{4}. \tag{10}$$

Bei Belastung durch eine abwärts gerichtete Einzellast ist also das Stützmoment negativ (Zug in der oberen Faser); B muß abwärts, A und C aufwärts gerichtet sein. Dieses qualitative Ergebnis folgt auch leicht aus einer geometrischen Betrachtung: Die im linken Felde angreifende Last erzeugt eine Biegelinie, die in C von links nach rechts ansteigt, so daß der Balken in B von einer abwärts gerichteten Kraft gehalten werden muß, um nicht vom Auflager B abgehoben zu werden. Die Momentenfläche ist in Abb. 316d dargestellt. Der Wendepunkt der elastischen Linie wird als Momentennullpunkt gefunden

$$M = 0 = A \cdot x_0 - P(x_0 - k \cdot l)$$

$$\therefore x_0 = \frac{4\,l}{5 - k^2}. \tag{11}$$

Dieser Wert wird zu einem Minimum, wenn k ein Minimum ist, also für $k = 0$; dann ist

$$_{\min}x_0 = \frac{4\,l}{5}.$$

Es folgt also, daß bei einer Einzellast und weiterhin für ein System von Einzellasten in einem Balkenfelde der Momentennullpunkt stets in dem Intervall $\frac{l}{5}$ von der Mittelstütze in dem belasteten Felde, also zwischen den Punkten E_1 und C der Abb. 316d liegt.

Soll bei beweglicher, gleichmäßig verteilter Nutzlast die Laststellung bestimmt werden, die in einem beliebigen Punkt F des linken Feldes um x_1 von A entfernt die größte positive Querkraft erzeugt, so muß offensichtlich das rechte Feld $\overline{BC}$ unbelastet sein, da jeder Belastung daselbst eine negative Auflagerkraft A entspricht; es ist also nur $\overline{FC}$ zu belasten. Um in F die größte negative Querkraft zu erhalten, ist $\overline{AF}$ und $\overline{BC}$ zu belasten.

Die größte positive Querkraft kann aus Gl. (8) gefunden werden, wenn man $P = q \cdot dx$, $k = \frac{x}{l}$ einsetzt und innerhalb der Grenzen x_1 und l integriert.

$$Q_{\max} = \frac{q}{16\,l^3}(7\,l^4 - 16\,l^3\,x_1 + 10\,l^2\,x_1^2 - x_1^4). \tag{12}$$

Entsprechend wird

$$Q_{\min} = \frac{q}{16\,l^3}(l^4 + 10\,l^2\,x_1^2 - x_1^4) \quad \text{(Absolutwert).} \tag{13}$$

Um das größte positive Moment in irgendeinem Punkt F des linken Feldes zu erzeugen, muß $\overline{BC}$ unbelastet bleiben; es muß aber nicht notwendigerweise das ganze Feld $\overline{AC}$ belastet sein, da, wie eben gezeigt, eine Last innerhalb $\overline{AC}$ negative Momente in C erzeugt. Wir sahen, daß für alle Punkte innerhalb der Strecke $\overline{AE_1} = \frac{4}{5} \cdot l$ eine innerhalb $\overline{AC}$ wirkende Last positive Momente erzeugt, während Lasten innerhalb des Feldes $\overline{BC}$ in jedem Punkte des linken Feldes $\overline{AC}$ negative Momente hervorrufen. Es gilt also für jeden Punkt innerhalb $\overline{AE_1}$, daß für das größte positive Moment das linke, für das größte negative Moment das rechte Feld zu belasten ist.

Es ist leicht nachzuweisen, daß, wenn der betrachtete Punkt um x_1 von A entfernt ist, die Größtmomente den Wert haben

$$M_{\max} = \frac{7}{16} \cdot q \cdot l \cdot x_1 - \frac{q\,x_1^2}{2} = \frac{q\,x_1}{16}(7\,l - 8\,x_1), \tag{14}$$

$$M_{\min} = -\frac{q\,l\,x_1}{16}. \tag{15}$$

Für irgendeinen Punkt auf $\overline{E_1\,C}$, für den also $x_1 > \frac{4}{5} \cdot l$, muß erst der zugehörige Punkt $a = k \cdot l$ gefunden werden, in dem eine Einzelkraft angreifen muß, damit das Moment in x_1 den Wert 0 hat. Dies findet man aus Gl. (11), in der x_0 durch x_1 zu ersetzen, und die dann nach k aufzulösen ist. Es wird

$$k_1 = \sqrt{5 - \frac{4\,l}{x_1}}. \tag{16}$$

Eine Einzellast, deren k_1 kleiner als jener Wert ist, erzeugt negative, deren k_1 größer ist, erzeugt positive Momente in x_1.

Es folgt daraus für die Größtmomente von Punkten, deren $x_1 > \frac{4}{5}\,l$ ist: für $M_{\max}$ ist zwischen C und einem Punkt, um $k_1 \cdot l = l\sqrt{5 - \frac{4\,l}{x_1}}$ von A entfernt, zu belasten, für $M_{\min}$ ist der übrige Teil von $\overline{AB}$ und $\overline{BC}$ zu belasten. Man findet dann

$$M_{\max} = \frac{q}{2\,x_1}(2\,l^3 + 4\,l \cdot x_1^2 - 5\,l^2 \cdot x_1 - x_1^3), \tag{17}$$

$$M_{\min} = -\frac{q \cdot l}{8\,x_1}(13\,x_1^2 + 8\,l^2 - 20\,l \cdot x_1). \tag{18}$$

Man setze in die Gl. (14), (15), (17) und (18) für x_1 die Werte 0, l und $\frac{4}{5}\,l$ ein, und vergleiche die Ergebnisse!

4. Der Dreimomentensatz.

Die soeben angewendete Methode, die die notwendigen Elastizitätsgleichungen durch die Systembedingung liefert, daß die Durchbiegungen an den statisch überzähligen Lagern Null sind, ist für durchlaufende Balken über drei Stützen verhältnismäßig einfach, ergibt aber für Träger auf mehr als drei Stützen, namentlich wenn die Feldweiten ungleich sind, langwierige Rechenarbeiten.

Es kann da mit Vorteil eine Beziehung angewendet werden, die jeweils die Momente über drei aufeinanderfolgenden Stützen umfaßt, bekannt als sogen. Dreimomentensatz. Hat der betrachtete Träger n Stützen und betrachtet man der Reihe nach (von links nach rechts oder umgekehrt) jeweils zwei Felder, so erhält man die erforderlichen $n - 2$ Elastizitätsgleichungen.

Der Dreimomentensatz kann auf verschiedene Arten abgeleitet werden. Die gebräuchlichste Methode schneidet den Balken über jeder Stütze auf und findet die gesuchte Beziehung zwischen Stützmomenten, Belastung und Trägersystem durch eine Kontinuitätsbedingung, nämlich daß die Neigungsänderungen beider Balkenenden an der Stütze gleich sein müssen.

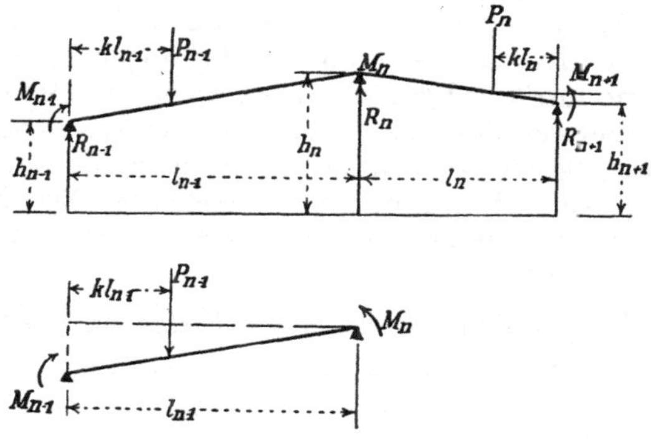

Abb. 317.

Abb. 317 zeigt zwei Balkenfelder. Betrachtet man das linke Feld, so hängt die Neigung der Biegelinie ab von 1. dem Moment M_{n-1}, 2. dem Moment M_n, 3. der Last P_{n-1}, 4. dem Höhenunterschied der Widerlager. Diese einzelnen Einflußfaktoren sollen gesondert untersucht und ihre Wirkungen überlagert werden. Die Neigung des linken Trägers an der Stütze n wird

$$\text{infolge } M_{n-1} \ldots\ldots \alpha_1 = \frac{M_{n-1} \cdot l_{n-1}}{6\,E \cdot J}, \tag{19}$$

$$\text{infolge } M_n \ldots\ldots \alpha_2 = \frac{M_n \cdot l_{n-1}}{3\,E \cdot J}, \tag{20}$$

$$\text{infolge } P_{n-1} \ldots\ldots \alpha_3 = \sum \frac{P_{n-1} \cdot k \cdot l_{n-1}^2 (1-k^2)}{6\,E \cdot J} \tag{21}$$

(man beachte, daß k keine Konstante ist, sondern daß jeder Last P_{n-1} ein k zugeordnet ist),

infolge des Höhenunterschiedes

$$\text{der Widerlager} \ldots\ldots \alpha_4 = \frac{h_n - h_{n-1}}{l_{n-1}}.$$

Die Neigung $\alpha_n = \sum_1^4 \alpha$, also

$$\alpha_n = \frac{1}{6\,E \cdot J}\left[M_{n-1} \cdot l_{n-1} + 2\,M_n \cdot l_{n-1} + \sum P_{n-1} \cdot k \cdot l_{n-1}^2 (1 - k^2)\right] + \frac{h_n - h_{n-1}}{l_{n-1}}. \tag{22}$$

Entsprechend gilt für die Neigung des rechten Feldes an der n-ten Stütze (von rechts nach links steigend)

$$\alpha_n' = \frac{1}{6\,E \cdot J}\left[M_{n+1} \cdot l_n + 2\,M_n \cdot l_n + \sum P_n \cdot k \cdot l_n^2 (1 - k^2)\right] + \frac{h_n - h_{n+1}}{l_n}. \tag{23}$$

Mit $\alpha_n = -\alpha_n'$ ergibt sich

$$\left.\begin{aligned} M_{n-1}\cdot l_{n-1} + 2\,M_n(l_{n-1}+l_n) + M_{n+1}\cdot l_n = -\sum P_{n-1}\cdot k\cdot l_{n-1}^2(1-k^2) \\ -\sum P_n\cdot k\cdot l_n^{\,2}(1-k^2) - 6\,E\cdot J\left(\frac{h_n-h_{n+1}}{l_n}\right) + \left(\frac{h_n-h_{n-1}}{l_{n-1}}\right). \end{aligned}\right\} \quad (24)$$

Dies ist die Form der Dreimomentengleichung für konstantes Trägheitsmoment, homogenes Material und Belastung durch Einzellasten. Konstantes J wird häufig angenommen, auch wenn es nicht genau zutrifft. Positiv werden wieder die Momente bezeichnet, die in den unteren Fasern Zug erzeugen. Sind alle Stützen in gleicher Höhe, bzw. liegt der Balken in unbelastetem Zustand auf allen Stützen auf, ohne daß bei der Belastung ungleichmäßige Stützensenkungen stattfinden, so verschwindet der letzte Ausdruck auf der rechten Seite der Gleichung.

Bei gleichmäßig verteilter Belastung q ist $q\cdot dx$ statt P und $\frac{x}{l}$ statt k einzusetzen, so daß das Glied mit P_{n-1} die Form erhält

$$-\frac{q}{l_{n-1}}\int_0^{l_{n-1}}(l_{n-1}^2 - x^2)\cdot x\cdot dx = -\frac{q\cdot l_{n-1}^3}{4}$$

und entsprechend das Glied mit P_n. Die Dreimomentengleichung wird also bei gleichmäßig verteilter Belastung über beide Felder zu

$$M_{n-1}\cdot l_{n-1} + 2\,M_n(l_{n-1}+l_n) + M_{n+1}\cdot l_n = -\frac{q}{4}(l_{n-1}^3 + l_n^3). \quad (25)$$

Der Dreimomentensatz ist ein schönes Anwendungsbeispiel aus dem Gebiet der technischen Mechanik, und er zeigt, welche einfachen Zusammenhänge oft in scheinbar schwierigen Verhältnissen vorliegen. Der Satz wurde zuerst von dem französischen Ingenieur Clapeyron im Jahre 1857 abgeleitet (Clapeyron'sche Gleichung) und ist wohl als die meist angewendete Methode für die Behandlung von durchlaufenden Trägern anzusehen.

Die Methode liefert zunächst die Momente über den Stützen. Mit Hilfe der Gleichgewichtsbedingungen findet man dann leicht die Auflagerdrücke und sämtliche andern gesuchten statischen Größen.

5. Beispiele.

a) Zwei gleiche Felder.

Für gleichmäßig verteilte Belastung wird bei konstantem Trägheitsmoment

$$4\,M_C\cdot l = -\frac{q\,l^3}{2},$$

$$M_C = -\frac{q\,l^2}{8} \quad \text{[vgl. Gl. (1a)]}.$$

Zur Bestimmung von A dient die Momentengleichung in bezug auf C,

$$M_C = -\frac{q\,l^2}{8} = A\cdot l - \frac{q\,l^2}{2},$$

$$A = \frac{3}{8}\,q\cdot l \quad \text{(vgl. oben)}.$$

b) Drei gleiche Felder (Abb. 318)

$$4\,M_C\cdot l + M_D\cdot l = -\frac{q\,l^3}{2},$$

$$M_C\cdot l + 4\,M_D\cdot l = -\frac{q\,l^3}{2},$$

$$\therefore\ 15\,M_C\cdot l = -\frac{3}{2}\,q\,l^3,$$

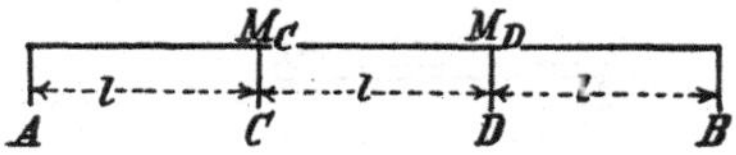

Abb. 318.

$$M_C = -\frac{q\,l^2}{10}.$$

Aus Gründen der Symmetrie wird

$$M_C = M_D.$$

Die Lagerkräfte sind leicht zu bestimmen.

Aufgaben.

1. Es ist nachzuweisen, daß für einen Balken über drei Stützen mit gleichen Feldweiten bei Belastung eines Feldes mit gleichmäßig verteilter Last q das Stützmoment $M_C = -\frac{q\,l^2}{16}$ und das größte positive Moment $M_{\max} = \frac{49}{512}\,q\,l^2$ beträgt.

2. Behandle den gleichen Fall sowie den, daß beide Felder belastet sind, nach der Methode, über der Mittelstütze durchzuschneiden und, von den beiden einfachen Balken ausgehend, dann das Stützmoment zu bestimmen. Vergleiche die Ergebnisse!

3. Weise für den Belastungsfall nach Abschnitt 4 dieses Kapitels nach, daß bei ungleichen Feldweiten l_1 und l_2 und mit $a = k_1\cdot l_1$ die Beziehung besteht

$$M_C = -\frac{P\cdot k_1\cdot l_1^2\,(1-k_1^2)}{2\,(l_1+l_2)}.$$

4. Bestimme für den Balken auf drei Stützen mit einfeldriger, gleichmäßig verteilter Belastung die Lagerkräfte und das Stützenmoment, wobei von den Gleichungen in Abschnitt 4 ausgegangen werden soll ($P = q\cdot dx$!).

5. Leite die Gl. (14), (15), (16), (17) und (18) nach dem Dreimomentensatz ab.

6. Leite den Dreimomentensatz mit Hilfe der Differentialgleichung der Biegelinie ab.

7. Bestimme die Lagerkräfte eines Balkens auf vier Stützen für
a) gleichmäßig verteilte Belastung über alle Felder,
b) gleichmäßig verteilte Belastung über ein Endfeld,
c) gleichmäßig verteilte Belastung über das Mittelfeld,
d) eine Einzellast in der Mitte eines Endfeldes,
e) eine Einzellast in der Mitte des Mittelfeldes.

6. Durchlaufende Träger mit Gelenken (Gerber-Träger).

Unter einem Kragträger versteht man einen Träger, der frei über eine Stütze hinausragt. Ein Kragträger kann an einem Ende eingespannt sein, oder ein Balken auf zwei Stützen kann über eine oder über beide Stützen auskragen, womit man einen oder zwei Kragträger erhält. Es kann ein Freiträger auch so betrachtet werden, daß die beiden Auflager innerhalb der Einspannung dicht beieinander liegen.

Wir sahen, daß bei einem Balken auf mehreren Stützen positive mit negativen Momenten abwechseln, daß also Momentennullpunkte innerhalb des Trägers vorhanden sein müssen. Ein Träger über n

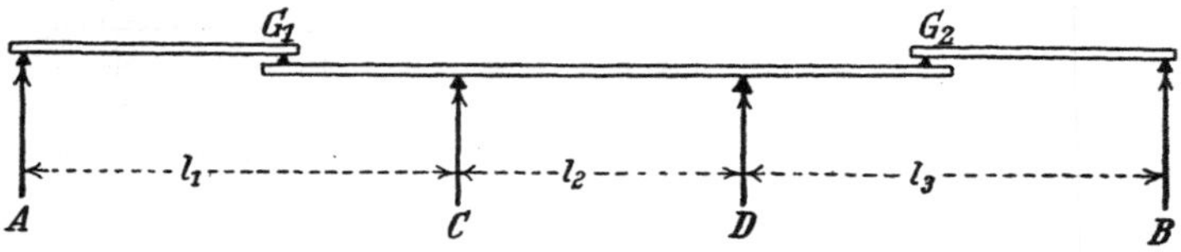

Abb. 319.

Stützen braucht $n-2$ Bestimmungsgleichungen außer den drei bekannten Gleichgewichtsbedingungen. Eine derartige Bestimmungsglei-

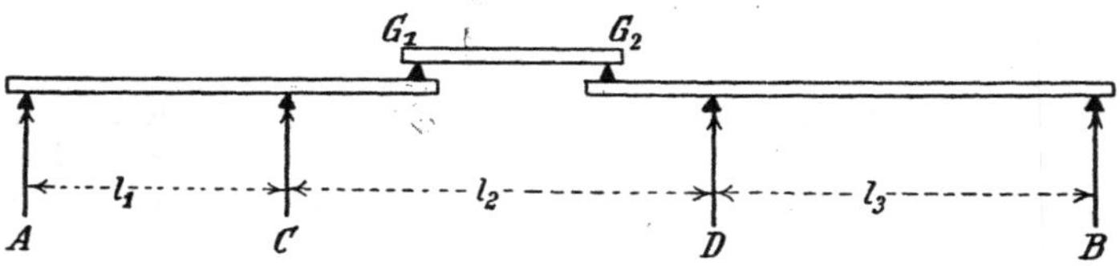

Abb. 320.

chung ist z. B. dadurch gegeben, wenn man einen Momentennullpunkt des Trägers konstruktiv festlegt. Dies geschieht in der Weise, daß

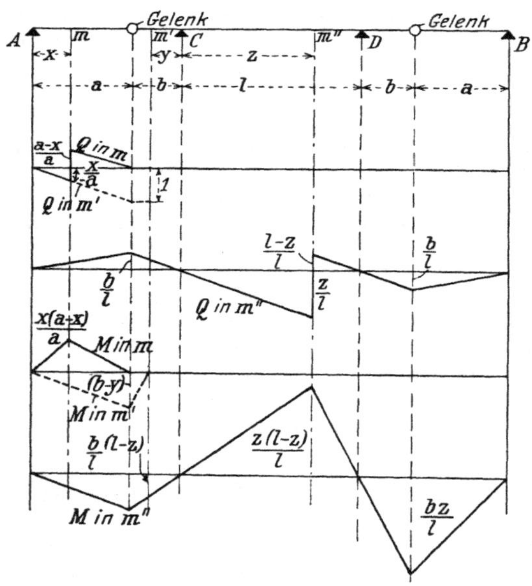

Abb. 321.

man den Träger an jener Stelle in seinem Zusammenhang unterbricht und die unterbrochenen Enden so wieder miteinander verbindet, daß daselbst wohl Normal- und Scherkräfte, nicht aber Biegungsmomente übertragen werden können, diese letzteren vielmehr eine Drehbewegung zur Folge hätten. Man kann sich den Punkt entweder als Gelenk ausgebildet oder die Balken nach Abb. 319 und 320 aufeinandergelagert denken. Der Träger in Abb. 319 ist auf vier Stützen gelagert; der mittlere Träger kragt über seine beiden Lager aus und nimmt mit

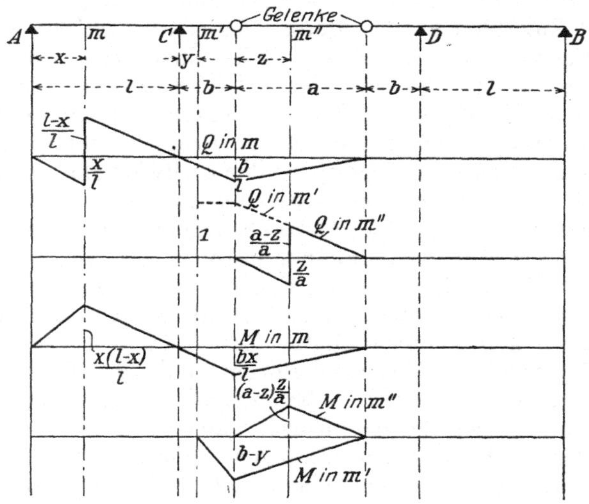

Abb. 322.

den beiden Kragenden die Lagerreaktionen G_1 und G_2 von zwei einfachen Trägern auf. Die Punkte G_1 und G_2 sind Gelenkpunkte oder Momentennullpunkte. Da im vorliegenden Falle $n - 2 = 2$ ist, ist der Träger durch die beiden Gelenke statisch bestimmt gemacht.

Eine andere Trägerteilung mit vier Auflagern und zwei Gelenken ist in Abb. 320 dargestellt. Die beiden Gelenke sind dort so angeordnet, daß zwei Auslegerträger und ein einfacher Träger entstehen.

Die Gelenkträger (in Deutschland nach dem Ingenieur Gerber auch Gerber-Träger genannt) weiter zu besprechen, erscheint unnötig, da die Elemente, aus denen sie sich zusammensetzen, genügend besprochen sind.

Die Abb. 321 und 322 zeigen Einflußlinien für Querkräfte und Momente für die Träger der Abb. 319 und 320 (die Gelenke sind durch kleine Kreise angedeutet). Da dies die weitaus häufigsten Systeme sind, so werden sie dem eingehenden Studium des Lesers empfohlen.

XV. Eisenbetonbalken.

1. Allgemeines.

Es ist bereits in den vorhergehenden Kapiteln gelegentlich darauf hingewiesen worden, wie Balken, die aus verschiedenen Materialien hergestellt sind, zu behandeln sind. In dem vorliegenden Kapitel soll der Eisenbetonbalken besprochen werden, wobei sich einige Wiederholungen nicht werden vermeiden lassen.

Unter Eisenbetonbalken versteht man Betonbalken, in die Eisen derart eingelegt sind, daß sie die auftretenden Zugkräfte übernehmen, während die Druckkräfte durch den Beton aufgenommen werden. Denn die Zugfestigkeit des Betons ist wesentlich geringer als seine Druckfestigkeit. Andrerseits stellt die Zugbeanspruchung die wirtschaftlichste Art der Beanspruchung des Eisens dar. Die Eisenbewehrung wird in der Form von Rund-, Vierkant- oder besonderen Profileisen eingebracht; letztere haben vielfach besondere Knoten oder Spiralwindungen oder dergleichen, um den Gleitwiderstand zwischen Eisen und Beton zu erhöhen. Die Eiseneinlagen sind „schlaff", d. h. sie können wegen ihres großen Schlankheitsgrades keine nennenswerten Druck-, sondern nur Zugkräfte übernehmen. Es wird also im Eisenbetonbalken jedes Material so ausgenutzt, wie es am besten seiner Eigenart entspricht. Außerdem gibt der Beton dem Eisen einen ausgezeichneten Rost- und Feuerschutz.

Entsprechend den Formänderungen und den Elastizitätsmoduln wird der Beton in einem Eisenbetonbalken Zugspannungen erhalten. Die Fasern, in denen die Betonzugfestigkeit überschritten wird, reißen. Es ist Aufgabe des Konstrukteurs, den Balken so zu dimensionieren, daß die Betonzugspannungen möglichst klein bleiben, oder daß, wenn Risse eintreten, dadurch kein Schaden entsteht. Es wird für Dimensionierung und Spannungsnachweis von Eisenbetonkonstruktionen im allgemeinen angenommen, daß der Beton gar keine Zugkräfte aufnimmt.

Eisenbetonbauglieder werden meist auf Biegung (Deckenplatten, Träger, Unterzüge) und auf Druck (Stützen, Bögen, Gewölbe), selten auf reinen Zug beansprucht. Häufig tritt Biegung mit Normalkraft auf.

Ist ein Eisenstab von Beton umhüllt, so muß, wenn die Verbundkonstruktion in Spannung gesetzt wird, die Längenänderung irgendeines Eisenteilchens die gleiche sein wie die Längenänderung des anliegenden Betonteilchens, falls kein Gleiten zwischen Eisen und Beton stattfindet. Die Spannungen dieser beiden Elemente müssen sich dann verhalten wie die Elastizitätsmoduli, nach gebräuchlicher Annahme wie 15 : 1 (2100000 : 140000). Ist das Eisen auf Zug beansprucht und liegt seine Spannung über der 15fachen Zugfestigkeit des Betons, so muß dieser reißen. (Dies gilt unter den üblichen Voraussetzungen konstanten E-Moduls bis zum Bruch usw.)

Wenn die Eisenbewehrung in einer auf Biegung beanspruchten Verbundkonstruktion gleiten würde, so würde dies, wenn der „Zugbeton" bereits gerissen ist, den Bruch des Balkens nach sich ziehen. Schaltet man die Haftung, also Tangentialspannungen, zwischen Beton und Eisen aus, gibt aber den Eisen an ihren Enden Verankerungen, so würden die Eisen auf ihre ganze Länge die gleiche Zugspannung haben, und die Zugkräfte würden an den Enden durch die Haken auf den Beton übertragen werden. Die Eisen würden also nur ähnlich wie ein Zugband in einem Bogen wirken. Dieses wäre aber keine

Verbundwirkung. Die besteht eben darin, daß sich die Spannungen in dem Eisen in dem gleichen Verhältnis ändern wie in dem umgebenden Beton; dieses ist nur möglich, wenn Tangentialspannungen auftreten, also Haftspannungen zwischen Eisen und Beton.

Eine einfache, gebräuchliche Betrachtungsweise ersetzt den Eisenquerschnitt durch den 15fachen Betonquerschnitt; auf die Mitwirkung des Betons bei Übertragung von Zugspannungen wird verzichtet. Auf diese Weise entsteht ein „ideeller“, ein gedachter Querschnitt. Dieser kann dann nach den gleichen Regeln behandelt werden wie irgendein anderer homogener Querschnitt.

Außer den Biegungsnormalspannungen treten i. A. noch Scherspannungen auf und damit in der Neutralfaser schräg (45°) gerichtete Zugspannungen, die ebenfalls von Eisen aufzunehmen sind.

2. Die vom Deutschen Ausschuß für Eisenbeton empfohlenen einheitlichen Bezeichnungen im Eisenbetonbau[1].

(Bestimmungen für Ausführung von Bauwerken aus Eisenbeton. Aufgestellt September 1925.)

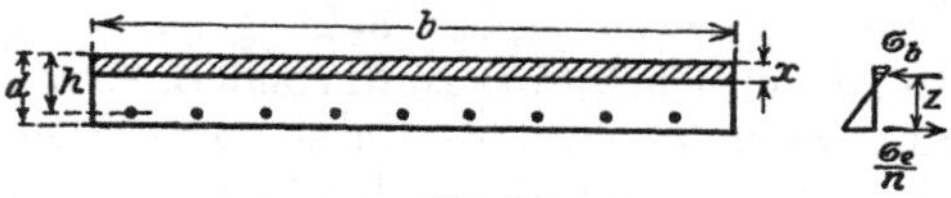

Abb. 323.

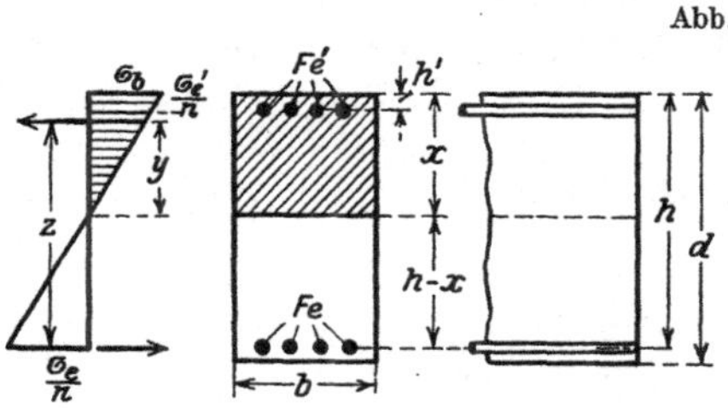

Abb. 324.

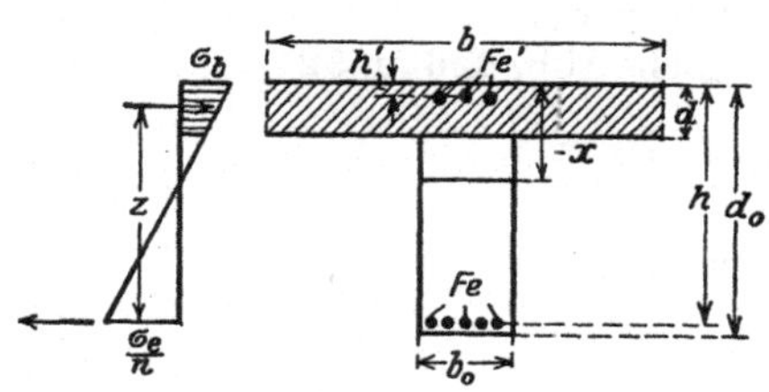

Abb. 325.

- y = Abstand des Druckmittelpunktes von der Nullinie.
- x = Abstand der Nullinie vom gedrückten Rand.
- z = Abstand des Druckmittelpunktes vom Zugmittelpunkt.
- F_b = Betonquerschnitt ohne Abzug der Eiseneinlagen, geometrischer Querschnitt.
- F_e = Gesamtquerschnitt der Eisen eines Druckgliedes, insbesondere der Längseisen mittig belasteter Säulen.
- F_k = Querschnitt des umschnürten Betonkerns bei umschnürten Säulen.
- F_s = Querschnitt der in Längseisen umgewandelten Umschnürung.
- E_b = Elastizitätsmaß des Betons.
- E_e = Elastizitätsmaß des Eisens.
- n = $\frac{E_e}{E_b}$ = Verhältnis der beiden Elastizitätsmaße.
- F_e = Querschnitt der Zugeisen bei Biegung.
- $F_{e'}$ = Querschnitt der Druckeisen bei Biegung.
- σ_b = Druckspannung des Betons bei Biegung und in Säulen.
- σ_e = Zugspannung des Eisens bei Biegung } Zustand II (Ausschluß der Betonzugspannungen).
- $\sigma_{e'}$ = Druckspannung des Eisens bei Biegung } Zustand II (Ausschluß der Betonzugspannungen).
- σ_{bz} = Zugspannung des Betons } im Zustand I (Mitwirkung d. Betonzugspannung).
- σ_{bd} = Druckspannung des Betons } im Zustand I
- σ_{ez} = Zugspannung des Eisens } im Zustand I
- σ_{ed} = Druckspannung des Eisens } im Zustand I
- τ_0 = Schubspannung des Betons im Zustand II.
- τ_1 = Haftspannung des Betons am Eisen.
- d = Gesamthöhe bei Rechteckbalken und Platten.
- d_0 = Gesamthöhe bei Plattenbalken.
- h = Abstand des Schwerpunktes der gezogenen Eisen vom gedrückten Rand, Nutzhöhe.
- h' = Abstand des Schwerpunktes der gedrückten Eisen vom gedrückten Rand.
- b = nutzbare Druckgurtbreite bei Plattenbalken, Breite von Rechteckquerschnitten.
- b_0 = Rippenbreite bei Plattenbalken.
- u = Umfang der Eisen.
- f_e = $\frac{F_e}{b}$ = Zugeisenquerschnitt auf die Breiteneinheit.
- f_e' = $\frac{F_e'}{b}$ = Druckeisenquerschnitt auf die Breiteneinheit.

[1] Im Swainschen Original nicht enthalten. D. Übers.

3. Verbundbalken mit rechteckigem Querschnitt.

Es werden die bekannten Annahmen und Gesetzmäßigkeiten wie bei der Biegung homogener Körper angewendet. Die Spannungen nehmen linear mit der Entfernung von der N.L. zu. Die Eisenspannung ist die n-fache Spannung der in Beton umgewandelten Eisenfaser. Die gesamte Druck- und Zugkraft sind einander gleich, die neutrale Faser geht durch den Querschnittsschwerpunkt. Da jedoch

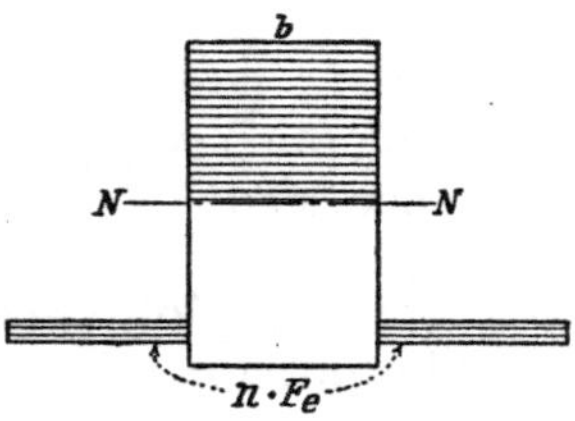

Abb. 326.

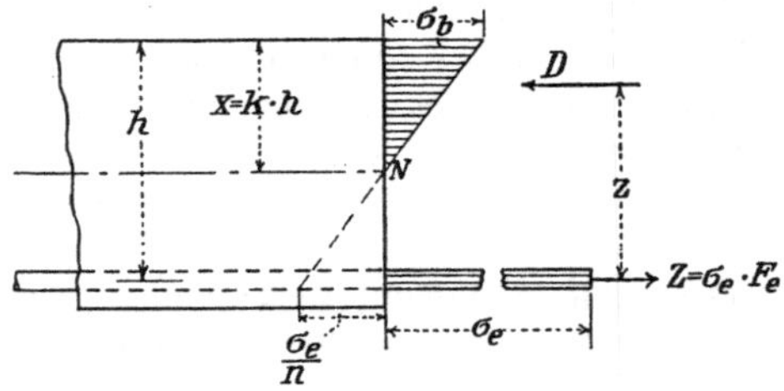

Abb. 327.

die Mitwirkung des Zugbetons außer acht gelassen wird, so ist der ideelle Querschnitt zunächst nicht bekannt, sondern es muß erst die Lage der N.L. bestimmt werden. Sie ist durch den Querschnittsschwerpunkt gegeben, d. h. das Moment der gedrückten und das der gezogenen Querschnittsfläche in bezug auf die N.L. sind einander gleich, oder nach Abb. 326 u. 327.

$$\frac{x^2 \cdot b}{2} = n \cdot F_e (h - x), \tag{1}$$

woraus

$$x = \frac{n \cdot F_e}{b}\left(\sqrt{1 + \frac{2\,b\,h}{n \cdot F_e}} - 1\right). \tag{2}$$

Bezeichnet man $\frac{x}{h} = k$ und

$$\frac{F_e}{b \cdot h} = \mu \quad \text{(Bewehrungsziffer)},$$

so wird

$$\frac{k^2 \cdot h^2 \cdot b}{2} = n \cdot F_e \cdot h\,(1 - k), \tag{1a}$$

woraus

$$\frac{k^2}{2\,\mu \cdot n} = 1 - k, \tag{1b}$$

$$k = \sqrt{2\,\mu \cdot n + \mu^2 \cdot n^2} - \mu \cdot n. \tag{2a}$$

Die Druck- und die Zugkraft sind durch das äußere Moment und den Hebelarm gegeben

$$Z = D = \frac{M}{z}, \tag{3}$$

$$\sigma_e = \frac{M}{F_e\left(h - \frac{x}{3}\right)} = \frac{M}{\mu \cdot b \cdot h\left(h - \frac{x}{3}\right)}, \tag{4}$$

$$\sigma_b = \frac{2\,D}{x \cdot b} = \frac{2\,M}{b \cdot x \cdot \left(h - \frac{x}{3}\right)} = \frac{2\,M}{h \cdot k \cdot b \cdot \left(h - \frac{x}{3}\right)} = \frac{2\,\sigma_e \cdot \mu}{k}, \tag{5}$$

$$y = \frac{2}{3} \cdot x. \tag{6}$$

Für

$$\sigma_e = 1200, \qquad \sigma_b = 40, \qquad \frac{\sigma_e}{n} = 80$$

folgt aus ähnlichen Dreiecken

$$\frac{120}{h} = \frac{40}{x},$$

$$x = \frac{1}{3}h$$

$$y = \frac{2}{9} \cdot h; \qquad z = \frac{8}{9}h.$$

In Amerika gebräuchliche Werte für zulässige Spannungen sind

$$\sigma_e = 1000 \text{ bis } 1150 \text{ kg/cm}^2,$$

$$\sigma_b = 35 \text{ bis } 55 \text{ kg/cm}^2.$$

Betr. der in Deutschland zugelassenen Spannungen muß auf die bereits zitierten „Bestimmungen für Ausführung von Bauwerken aus Eisenbeton, 1925“ verwiesen werden.

Aus Abb. 327 geht klar hervor, daß der Hebelarm z um so größer wird, je kleiner σ_b und je größer σ_e wird und umgekehrt. Für den Größtwert von z nehmen wir

$$\sigma_e = 1200 \text{ kg/cm}^2,$$

$$\sigma_b = 35 \text{ kg/cm}^2.$$

Dann wird für $n = 15$

$$\frac{115}{h} = \frac{35}{x},$$

$$x = 0{,}304\,h,$$

$$z = 0{,}899\,h.$$

Für den Kleinstwert von z nehmen wir

$$\sigma_e = 1000 \text{ kg/cm}^2,$$

$$\sigma_b = 50 \text{ kg/cm}^2.$$

$$\frac{116{,}7}{h} = \frac{50}{x}.$$

$$x = 0{,}428\,h,$$

$$z = 0{,}857\,h.$$

$z = 0{,}9\,h$ ist also ein brauchbarer Näherungswert.

Mit diesem Näherungswert gestaltet sich die Spannungsermittlung sehr einfach nach Gl. 3, bzw. (4) und (5).

Die Lage der N.L. hängt bei sonst gleichen Balkenabmessungen nur von dem Eisenquerschnitt ab. Der bestimmten Spannungen σ_e und σ_b entsprechende Bewehrungsprozentsatz μ kann aus Gl. (1b) bestimmt werden

$$\frac{1}{\mu} = \frac{k}{\mu}\left(\frac{k}{2\,\mu\cdot n} + 1\right),$$

woraus sich mit Gl. (5) ergibt

$$\mu = \frac{1}{\frac{k}{\mu}\left(\frac{k}{2\,\mu\cdot n}+1\right)} = \frac{1}{2}\cdot\frac{1}{\frac{\sigma_e}{\sigma_b}\left(\frac{\sigma_e}{n\cdot\sigma_b}+1\right)}. \qquad (7)$$

4. T-Balken bei Biegung. (Abb. 328 und 329.)

Es ist zunächst nicht möglich, zu sagen, ob die N.L. in der Platte oder im Steg liegt. Im ersten Falle ist die Rechnung wie für einen rechteckigen Balken von der Breite b durchzuführen, da der Beton unterhalb der N.L. für die Kraftübertragung nicht in Betracht kommt.

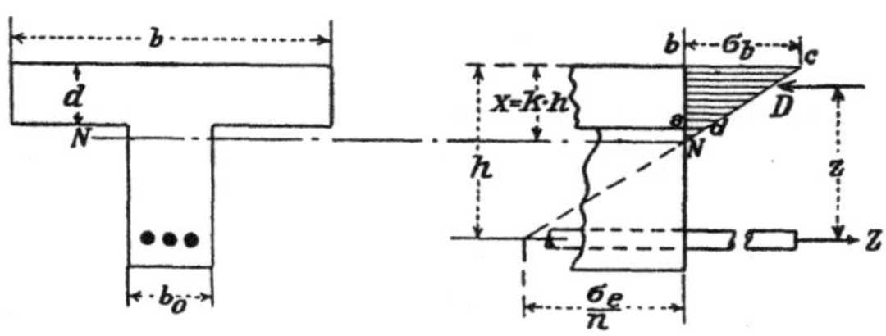

Abb. 328. Abb. 329.

Wir wollen zunächst annehmen, daß die N.L. in den Steg fällt, und untersuchen, ob die Annahme zutrifft; ist dies nicht der Fall, liegt also die N.L. in der Platte, so stehen uns die bereits abgeleiteten Formeln zur Verfügung. Liegt die N.L. im Steg, so müssen neue Formeln entwickelt werden. Es ist vielfach üblich, die durch den Steg übertragenen Druckkräfte zu vernachlässigen, da die Fläche im Verhältnis zu der der Platte gering ist und in der Nähe der N.L. liegt. Aus diesen beiden Gründen ist ihr Beitrag zum Trägheitsmoment in der Regel nur gering. Bei der angegebenen Vernachlässigung finden wir also die N.L. aus der Bedingung, daß das statische Moment der Platte in bezug auf die N.L. gleich dem der Eisen sein muß, also

$$n\cdot F_e(h-x) = b\cdot d\left(x-\frac{d}{2}\right),$$

$$x = \frac{n\cdot h\cdot F_e + \frac{b\cdot d^2}{2}}{n\cdot F_e + b\cdot d}. \qquad (8)$$

Der nächste Schritt besteht darin, den inneren Hebelarm z zu finden. Es ist also die Lage der resultierenden Druckkraft zu bestimmen. Ihre Größe ist durch den Inhalt des Spannungstrapezes, multipliziert mit der Breite b, gegeben, also

$$D = \left(\sigma_b + \sigma_b \frac{(x-d)}{x}\right) \frac{1}{2} \cdot d \cdot b = \sigma_b \cdot d \cdot b \left(1 - \frac{1}{2} \cdot \frac{d}{x}\right).$$

Ihr Abstand $x - y$ von der oberen Faser bestimmt sich zu

$$\frac{\text{Moment von } D \text{ in bezug auf die obere Faser}}{D} = \frac{\frac{\sigma_b \cdot b \cdot d^2}{2}\left(1 - \frac{2 d}{3 x}\right)}{D} = \frac{d}{3} \cdot \frac{3x - 2d}{2x - d}. \quad (9)$$

Damit wird

$$z = h - \frac{d}{3} \cdot \frac{3x - 2d}{2x - d}. \quad (10)$$

Die Biegungszugkraft erhält man wieder zu

$$Z = \sigma_e \cdot F_e = \frac{M}{z} \quad (11)$$

und

$$\sigma_e = \frac{M}{F_e \cdot z}. \quad (12)$$

Die Druckrandspannung erhält man aus der Beziehung

$$D = \frac{M}{z},$$

wenn man darin die oben abgeleiteten Werte einsetzt, zu

$$\sigma_b = \frac{M}{d b \left(1 - \frac{1}{2} \cdot \frac{d}{x}\right)\left(h - \frac{d}{3} \cdot \frac{3x - 2d}{2x - d}\right)}$$

$$= \frac{M \cdot x}{z \cdot b \cdot d \left(x - \frac{d}{2}\right)} = \frac{\sigma_e}{n} \cdot \frac{\frac{x}{h}}{1 - \frac{x}{h}} = \frac{\sigma_e}{n} \cdot \frac{k}{1 - k}. \quad (13)$$

Bei großer Druckplatte fällt die N.L. entweder in die Platte oder dicht unter die Platte, so daß auch im zweiten Fall die Formeln des Rechteckquerschnitts mit genügender Genauigkeit benutzt werden können.

Ist die Druckplatte klein im Verhältnis zum Steg, so daß die Vernachlässigung der durch den Steg übertragenen Biegungsdruckkräfte eine erhebliche Einbuße an Genauigkeit bedeuten würde, so gelten die im folgenden abgeleiteten Beziehungen:

Durch Gleichsetzen der Momente der wirksamen Querschnittsflächen in bezug auf die N.L. erhält man

$$n \cdot F_e (h - x) = d \cdot b \left(x - \frac{d}{2}\right) + b_0 \frac{(x-d)^2}{2},$$

woraus

$$x = \sqrt{\frac{2\,n\,h \cdot F_e + (b - b_0)\,d^2}{b_0} + \left(\frac{n \cdot F_e + (b - b_0)\,d}{b_0}\right)^2} - \frac{n \cdot F_e + (b - b_0)\,d}{b_0}.$$

Die Biegungsdruckkraft D nimmt den Wert an

$$D = \sigma_b \cdot b \cdot d\left(1 - \frac{d}{2\,x}\right) + \frac{\sigma_b\, b_0\,(x - d)^2}{2\,x}.$$

Das Moment von D in bezug auf die oberste Faser wird

$$\frac{\sigma_b \cdot b \cdot d^2}{2}\left(1 - \frac{2\,d}{3\,x}\right) + \frac{\sigma_b \cdot b_0\,(x - d)^2}{6\,x} \cdot (x + 2\,d).$$

Die Entfernung der Kraft D von dem oberen Rande erhält man durch Division mit D zu

$$x - y = \frac{b \cdot d^2\,(3\,x - 2\,d) + b_0\,(x - d)^2\,(x + 2\,d)}{3\,b \cdot d\,(2\,x - d) + 3\,b_0\,(x - t)^2}. \tag{9 a}$$

Damit hat man den inneren Hebelarm

$$z = h - x + y. \tag{10 a}$$

Die Gl. (11) und (12) behalten ihre Gültigkeit. Die Druckrandspannung des Betons erhält man aus der Beziehung

$$D = \sigma_b \cdot b \cdot d\left(1 - \frac{d}{2\,x}\right) + \frac{\sigma_b \cdot b_0\,(x - d)^2}{2\,x} = Z = \frac{M}{z},$$

$$\therefore\ \sigma_b = \frac{2\,M \cdot x}{z\,[b \cdot d\,(2\,x - d) + b_0\,(x - d)^2]}. \tag{13 a}$$

5. Eisenbetonbalken rechteckigen Querschnitts mit doppelter Bewehrung.

Die bisherigen Betrachtungen nehmen eine Eisenbewehrung nur in der Zugzone an. Es soll nunmehr der Fall behandelt werden, daß ebenfalls in der Druckzone Eisen eingelegt sind (Abb. 330). Abb. 331

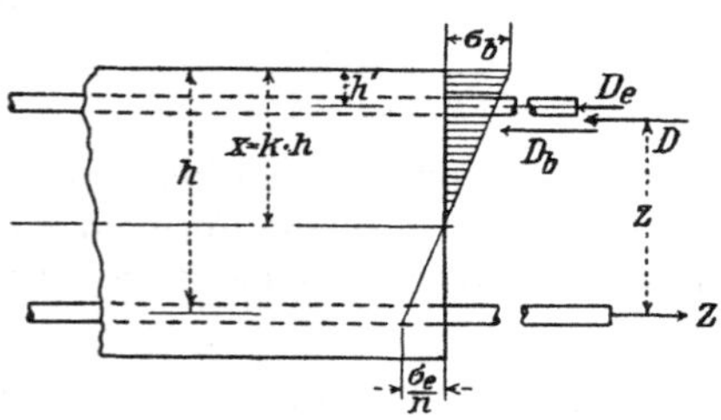

Abb. 330.

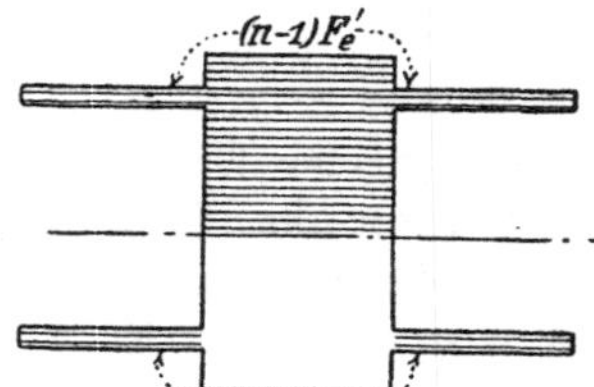

Abb. 331.

zeigt den ideellen Querschnitt. (Der den Druckeisenquerschnitt ersetzende ideelle Betonquerschnitt wird in der deutschen Literatur meist mit $n \cdot F_e'$, also um $1 \cdot F_e'$ zu groß, eingeführt. Eine ähnliche Ungenauigkeit liegt bei der Berechnung von Trägheitsmomenten vor, wenn, wie das in der Regel geschieht, das Trägheitsmoment der Eisen in bezug auf die eigene Schwerlinie vernachlässigt wird. D. Übers.). Zur Bestimmung des Abstandes der N.L. dient wieder die Momentengleichung in bezug auf die gesuchte N.L., also

$$n \cdot F_e \cdot (h - x) = \frac{b \cdot x^2}{2} + (n - 1) F_e' (x - h'), \tag{14}$$

woraus

$$x = h \left[\sqrt{2 n \mu + 2 (n - 1) \mu' \frac{h'}{h} + (n \cdot \mu + (n - 1) \mu')^2} - (n \cdot \mu + (n - 1) \cdot \mu') \right]. \tag{15}$$

Die Betonspannung an der Stelle der Druckeisen beträgt

$$\sigma = \sigma_b \frac{x - h'}{x}. \tag{16}$$

Die gesamte Druckkraft beträgt

$$D = \frac{\sigma_b \cdot b \cdot x}{2} + \sigma_b \frac{x - h'}{x} (n - 1) F_e'. \tag{17}$$

Um die Lage von D zu finden, bestimmen wir wieder das Moment der Druckkräfte in bezug auf die obere Druckfaser zu

$$\frac{\sigma_b \cdot b \cdot x^2}{6} + \sigma_b \cdot \frac{x - h'}{x} (n - 1) F_e' \cdot h'. \tag{18}$$

Durch Division mit D erhält man

$$x - y = \frac{x^2 + 6 (n - 1) \mu' \cdot h' (x - h')}{\frac{3 x^2}{h} + 6 (n - 1) (x - h') \mu'}. \tag{19}$$

Der innere Hebelarm wird wieder

$$z = h - x + y. \tag{10}$$

Die Rand- bzw. Eisenspannungen sind

$$\sigma_b = \frac{M \cdot x}{n \cdot \mu \cdot z \cdot b \cdot h^2 \left(1 - \frac{x}{h}\right)}, \tag{20}$$

$$\sigma_e = \frac{M}{\mu \cdot b \cdot z \cdot h} = n \cdot \sigma_b \left(\frac{h}{x} - 1\right), \tag{21}$$

$$\sigma_e' = n \cdot \sigma_b \frac{x - h'}{x}. \tag{22}$$

6. Biegung und Normalkraft.

Ist ein Balken durch Biegung und Normalkraft beansprucht, so lassen sich die oben abgeleiteten Beziehungen nicht anwenden. Bekannt ist die den Querschnitt beanspruchende Normalkraft nach Größe, Richtung und Angriffspunkt. Die NL. fällt nicht mit der Schwerlinie des Querschnitts zusammen. Für einen rechteckigen Querschnitt ergibt sich der Abstand der NL. vom gedrückten Rand durch eine Gleichung 3. Grades.

Die gesamte innere Druckkraft ist nicht gleich der gesamten inneren Zugkraft.

Der Fall soll erst in einem späteren Bande behandelt werden.

Als letzter, stets anwendbarer Weg zur Bestimmung von x bleibt das Probierverfahren (vgl. Kap. X).

7. Scher- und Haftspannungen in Eisenbetonbalken.

Wenn in irgendeinem Querschnitt eine Querkraft Q wirkt, so ist die Zunahme des Biegungsmomentes in einem um dx entfernten Querschnitt

$$dM = Q \cdot dx.$$

Die auf die Längeneinheit bezogene Zunahme der Eisenzugkraft beträgt damit

$$\Delta Z = \frac{Q}{z}.$$

Diese Zunahme ΔZ muß ihre Reaktion in einer (horizontalen) Tangentialkraft, auf die Breite des Balkens verteilt, finden, also

$$\Delta Z = \mathfrak{T}$$

und

$$\tau = \frac{\mathfrak{T}}{b} = \frac{Q}{b \cdot z}. \tag{23}$$

Bei T-Querschnitten ist die Stegbreite b_0 zu einzusetzen.

Eine gleich große Scherspannung muß in der senkrechten Ebene herrschen, ferner in den beiden unter 45^0 geneigten Ebenen eine gleich große Druck- bzw. Zugspannung (vorausgesetzt ist Biegung ohne Normalkraft).

Am Rande der Eisen tritt die Tangentialkraft als Haftspannung zwischen Eisen und Beton auf, also, wenn man unter u den Umfang der Zugeiseneinlagen versteht:

$$\tau_0 = \frac{\mathfrak{T}}{u} = \frac{Q}{z \cdot u}. \tag{24}$$

Es möge an dieser Stelle nochmals an die Annahmen erinnert werden, unter denen die Formeln dieses Kapitels abgeleitet sind. In Wirklichkeit wird der Beton sich an der Aufnahme der Biegungszugspannungen mehr oder weniger beteiligen. Weiterhin werden fast immer Druckspannungen zwischen den Horizontalschichten vorhanden sein, die entsprechend der üblichen Balkentheorie ebenfalls vernachlässigt sind.

Das „Joint Committee on Concrete and Reinforced Concrete", also etwa der dem Deutschen Ausschuß für Eisenbeton entsprechende amerikanische Ausschuß, empfiehlt, zwei Drittel der in einem Querschnitt wirkenden Scherkraft durch die Bewehrung aufzunehmen, also $Q_e = \frac{2}{3} Q$ anzunehmen. Soll die horizontale Scherkraft durch Bügel aufgenommen werden, die den Abstand c voneinander haben mögen, so ist die Kraft eines Bügels bestimmt zu

$$B = \frac{Q_e \cdot c}{z} = \frac{2}{3} \frac{Q \cdot c}{z}. \tag{25}$$

Zur Dimensionierung der schrägen Eisen wird, sofern diese in einem Winkel zwischen 20 und 45° gegen die NL. aufgebogen sind, die Beziehung angegeben

$$Z = \frac{3}{4} \cdot \frac{Q_e \cdot c}{z} = \frac{1}{2} \frac{Q \cdot c}{z}\ ^{1)}. \tag{26}$$

(In der Frage der Schubbewehrung dürfte, auch in Deutschland, noch nicht das letzte Wort gesprochen sein. Die in den Bestimmungen des Deutschen Ausschusses für Eisenbeton vom September 1925 hierüber getroffenen Vereinbarungen sind z. T. auf wohlbegründeten Widerstand gestoßen. D. Übers.).

Da in diesem Band nur die Grundzüge des Eisenbetons gebracht werden sollen, möge diese Frage hier nicht weiter erörtert werden.

8. Säulen.

Führt man bei axialer Druckbeanspruchung wieder den ideellen Querschnitt ein, d. h. ersetzt man den Eisenquerschnitt durch den n-fachen $\left(n = \frac{E_e}{E_b}\right)$ Betonquerschnitt, so gelangt man zu folgenden Beziehungen

$$P = \sigma_b (F_b - F_e + n \cdot F_e) = \sigma_b \cdot F_b [1 + (n - 1)\mu], \tag{27}$$

$$\sigma_b = \frac{P}{F_b [1 + (n - 1)\mu]}, \tag{28}$$

$$\sigma_e = n \cdot \sigma_b. \tag{29}$$

9. Die Durchbiegung von Eisenbetonbalken.

Man ziehe Radien durch zwei um die Längeneinheit voneinander entfernte Punkte der elastischen Linie (Abbildungen 332). Es verhält sich dann

$$\frac{\varepsilon_e}{h - x} = \frac{1}{r},$$

ferner

$$\varepsilon_e = \frac{\sigma_e}{E_e} = \frac{M}{z \cdot F_e \cdot E_e},$$

$$\therefore \quad \frac{1}{r} = \frac{d^2 y}{dx^2} = \frac{M}{z \cdot F_e \cdot E_e (h - x)}. \tag{30}$$

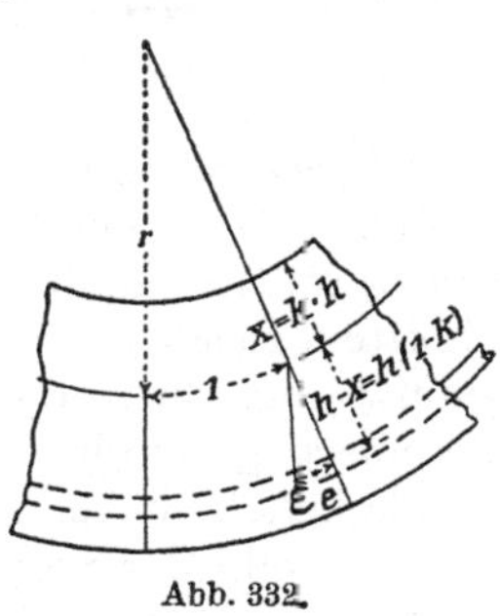

Abb. 332.

Es ist also in der üblichen Biegungsgleichung für das Trägheitsmoment J der Wert $z \cdot (h - x) \cdot F_e$ und für den Elastizitätsmodul E der des Eisens einzusetzen.

[1] Diese Behandlung der Schubspannungen durch das „Joint Committee . . .“ kann nicht befriedigen. Swain sagt selbst: This part of the report is not very clear, and the theory and facts of the subject are obscure and uncertain . . .“. D. Übers.

XVI. Nietverbindungen.

1. Nieten und Bolzen.

Wenn Bauteile aus Eisen oder anderen Metallen miteinander ohne Schweißung verbunden werden sollen, so kann dies durch Schraubenbolzen oder Nieten erfolgen.

So können die Stäbe *a* in Abb. 333 mit den Stäben *b* durch einen Bolzen verbunden werden, der entweder an beiden Enden ein Gewinde mit

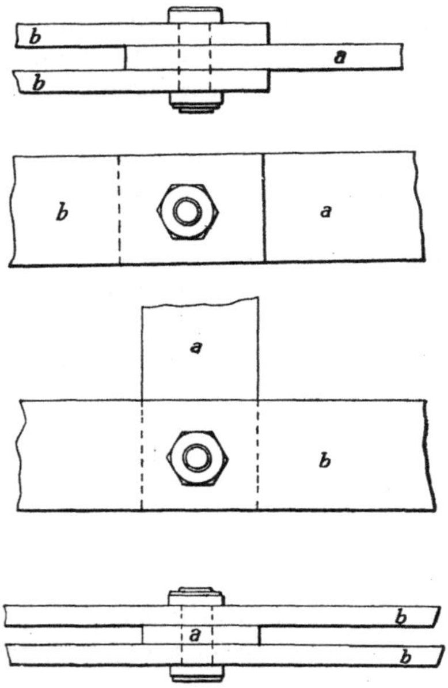

Abb. 333.

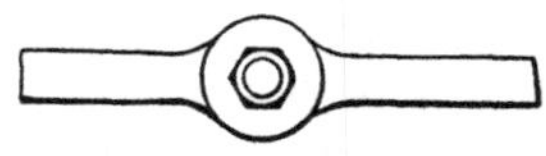

Abb. 334.

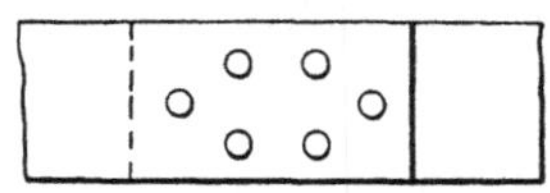

Abb. 335.

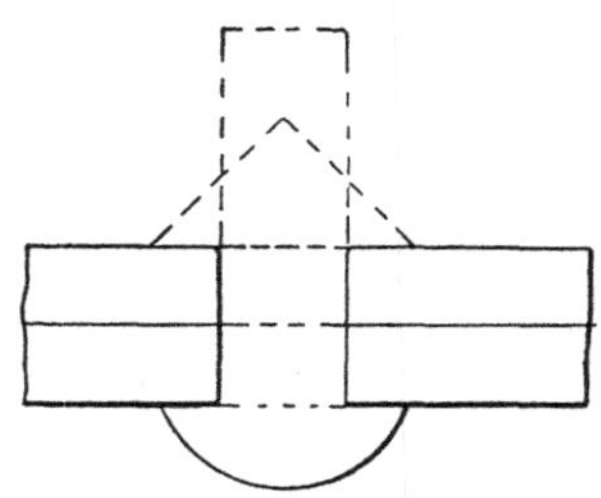

Abb. 336.

einer Schraubenmutter oder an einem Ende einen festen Kopf und an dem andern ein Gewinde mit Schraubenmutter hat. Das Bolzenloch schwächt die betreffenden Stabquerschnitte; um Stäbe mit Querschnitten gleicher Stärke zu erhalten, werden Augenstäbe (Abb. 334) benutzt (vgl. auch Kap. VI). Jeder Stab würde, abgesehen von der Behinderung durch die Reibungskraft, sich um den Schraubenbolzen frei drehen können.

An Stelle der Schraubenbolzen können, wie bemerkt, auch Nieten verwendet werden (Abb. 335). Ein Niet ist ein Bolzen mit einem festen Kopf an dem einen Ende (Setzkopf); mit dem andern Ende wird er in rotglühendem Zustand durch die Nietlöcher der miteinander zu verbindenden Bleche gesteckt. Der Nietschaft muß dabei so lang sein, daß nunmehr aus dem Nietschaftende der zweite Nietenkopf (Schließkopf) gebildet werden kann. Dies geschieht durch wiederholte Schläge oder durch stetigen Druck, wobei im ersten Falle die Hämmer entweder durch Menschenkraft oder heute meist maschinell durch Preßluft bedient werden und im zweiten Fall der Druck entweder hydraulisch oder durch Preßluft erzeugt wird. Die gewünschte Form des Schließkopfes erhält man durch den Döpper, der eine entsprechende Höhlung besitzt. (Abb. 336 zeigt z. B. einen kegelförmigen Schließkopf.) Gegen den fertigen Nietkopf muß während des Nietens eine

Abb. 337. Hydraulische Nietpresse.

Gegenkraft ausgeübt werden. Man unterscheidet Montagenieten und Werkstattnieten, je nachdem ob die Nieten auf der Baustelle bei der Montage oder bereits in der Werkstatt eingebracht werden. Im allgemeinen sind die Werkstattnieten vorzuziehen.

Das Nietloch muß einen etwas größeren Durchmesser haben als der erkaltete Nietschaft, damit dieser im warmen Zustand durchgesteckt werden kann. Dann kommt es vor, daß die Nietlöcher einander nicht genau gegenüber liegen oder nicht genau kreisförmigen Querschnitt besitzen. Von einer guten Nietarbeit wird verlangt, daß der aus diesen verschiedenen Ursachen entstehende Hohlraum zwischen Schaft und Lochwand auch nach der Erkaltung des Niets vollständig ausgefüllt ist. Maschinelle Nietung ist besser als Handnietung, da die ausgeübten Kräfte größer und die einzelnen Stöße der Hämmer schneller und regelmäßiger erfolgen. Die einzelnen Bleche müssen während des Nietens fest gegeneinander angepreßt werden, damit sich das gestauchte Material der Niete nicht zwischen die Bleche drängt.

Abb. 338. Nietarbeit mit Preßlufthämmern.

Früher glaubte man die Niete im Interesse eines weichen und zähen Materials aus Schmiedeeisen machen zu müssen; bei Stahl befürchtete man durch das Glühen nachteilige Folgen für das Material. Heute werden die Niete durchweg aus Stahl, im allgemeinen aus einem Spezialstahl, in Amerika rivet steel genannt, hergestellt.

Eine Schraubenbolzenverbindung kann verhältnismäßig einfach gelöst werden, indem die Mutter abgeschraubt und der Bolzen herausgeschlagen wird. Eine Nietverbindung bietet dagegen viel mehr Widerstand, da man vorher das Materialgefüge zwischen Kopf und Schaft zerstören muß.

2. Nietmaschinen.

Die Abb. 337, 338, 339 und 340 zeigen Nietpressen und Niethämmer. Jeder Ingenieur muß das typische schnelle „rat-tat“ des Niethammers bei der Montage von Eisenkonstruktionen gehört haben.

3. Herstellung der Nietlöcher.

Im allgemeinen werden die Nietlöcher gestanzt. Dies Verfahren liefert rauhe Lochwandungen und konische Löcher derart, daß der Durchmesser von oben nach unten zunimmt (Abb. 341). Das Loch zur Aufnahme des Stanzhammers (Stempels) im Stanzamboß (Matrize) muß dementsprechend einen größeren Querschnitt als der Hammer besitzen. Es ist praktisch unmöglich, ein zylindrisches Loch zu stanzen. Häufig ist die Lochkante auf dem Blech an der Austrittseite des Stanzhammers rauh und uneben. Die Kraft, mit der der Stanzhammer arbeitet, ist sehr groß; die Fließgrenze des dem Loch benachbarten Materials wird notwendig überschritten, was sehr oft Risse in dem Material zur Folge hat, namentlich bei starken Blechen und sprödem Material. Ferner ist es sehr schwer, die Lochabstände genau zu stanzen, also aufeinander passende Löcher der einzelnen Bleche zu erhalten. Es war früher vielfach üblich, vor dem Nieten, nachdem man die gelochten Bleche passend zusammengelegt hatte, kegelförmige Bolzen aus hartem Stahl hindurchzutreiben und so die Nietlöcher vorzubereiten. Aber es ist offenbar, daß das Material durch eine solche Behandlung sehr angestrengt wird.

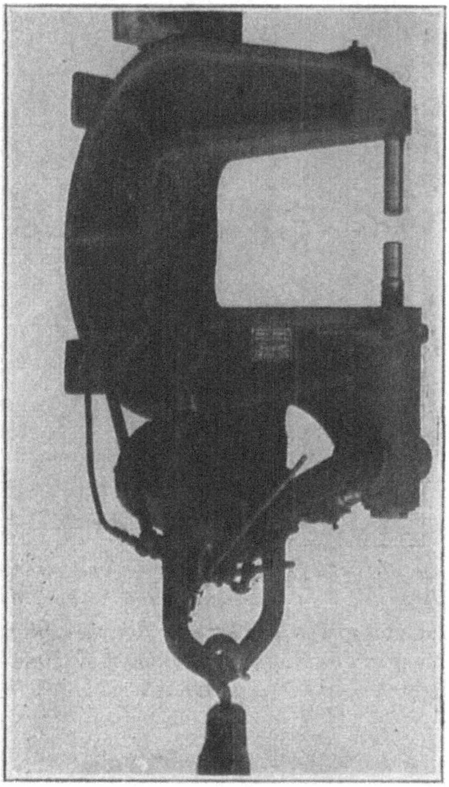

Abb. 339. Preßluftniethammer.

Im wesentlichen können wir drei Verfahren unterscheiden, die den oben geschilderten, mit dem Stanzen verbundenen Nachteilen entgegenwirken sollen: Das gestanzte Loch wird entweder ausgeglüht oder mit der sogen. Reibahle ausgefeilt, oder aber das Loch wird nicht gestanzt, sondern gebohrt. Das Ausglühen verbessert wohl wieder die Qualität des das (kalt) gestanzte Loch umgebenden Materials, aber die Risse verschwinden nicht, und die Ungenauigkeiten in den Abmessungen und Abständen der Löcher bleiben ebenfalls bestehen. Das Ausfeilen kann das durch das Stanzen beschädigte Material gänzlich entfernen und das Loch zylindrisch machen. Das Loch muß dann natürlich mit einem kleineren Durchmesser gestanzt werden, als dem später einzubringenden Niet entspricht, und wird derart ausgefeilt, daß sein Durchmesser etwas größer als der des Niets ist, so daß der wirkliche Durchmesser des Niets nach dem Stauchen etwas größer als der rechnerische ist. Am besten geschieht das Ausfeilen, nachdem die Bleche über-

Abb. 340. Tragbare Preßluftniethammer.

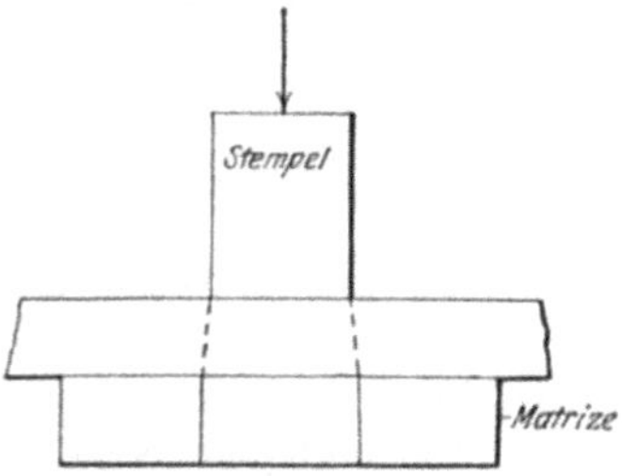

Abb. 341.

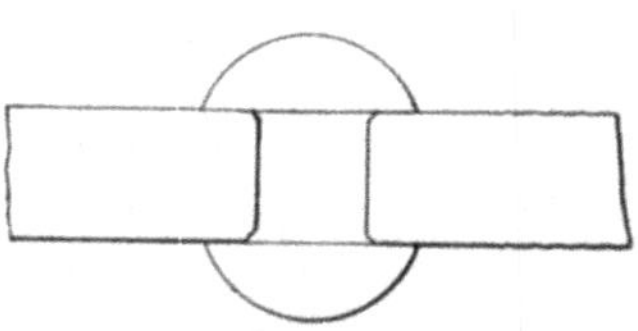

Abb. 342.

einander gelegt sind, um so auch die Nietabstände zu regeln. Die an der Austrittsfläche des Bleches beim Stanzen entstehende unregelmäßige Kante wird am besten so weggefeilt, daß eine kleine Voute entsteht, wodurch der Nietkopf verstärkt wird. (Abb. 342.)

Die einwandfreieste Methode, die Nietlöcher herzustellen, ist offenbar das Bohren, wenn möglich so, daß sich die zu vernietenden Bleche dabei in ihrer späteren relativen Lage befinden. Es ist jedoch nicht immer angängig, auf diese Weise die Löcher herzustellen, und im allgemeinen genügen die gestanzten und später ausgefeilten Löcher durchaus, oft auch Löcher, die nur gestanzt sind. Letzteres ist namentlich dann unbedenklich, wenn das Blech aus zähem Material besteht und nicht zu dick ist. Die große Mehrzahl der bestehenden Eisenbauwerke hat sicherlich Nietlöcher, die ohne Nachbearbeitung bloß gestanzt sind. Bei wichtigen, hoch beanspruchten Konstruktionsteilen sollten jedoch die Löcher stets gebohrt werden. Es ist heute gebräuchlich, gestanzte und nachbearbeitete oder gebohrte Löcher zu verlangen, wenn die Bleche eine gewisse Stärke überschreiten, und Bleche zurückzuweisen, bei denen die Nietlöcher nicht aufeinanderpassen. So enthalten die Vorschriften der „Massachusetts Public Service Commission“ folgende Bestimmungen:

Die Nietlöcher in Blechen von geringerer Stärke als $^3/_4$ Zoll dürfen gestanzt werden. Ihr Durchmesser soll um $^1/_{16}$ Zoll größer sein als der des zugehörigen Niets. Die Lochabstände müssen so genau innegehalten werden, daß beim Zusammensetzen der Bleche die Löcher aufeinanderpassen; eine Nachhilfe durch eingetriebene kegelförmige Bolzen wird nicht zugelassen, sondern muß durch Ausfeilen geschehen.

In Blechen, die stärker als $^3/_4$ Zoll sind, sollen die Nietlöcher gebohrt oder gestanzt und nachbearbeitet werden, wobei ihr Durchmesser um $^1/_8$ Zoll größer sein soll als der des Nietschaftes. Die gestanzten Löcher müssen vor der Nachbearbeitung einen um $^1/_{16}$ Zoll geringeren Durchmesser haben als der zugehörige Nietschaft; die Kanten der Löcher von Zuggliedern müssen ausgefeilt sein.

Die Bestimmungen der „American Railway Engineering Association“ über den Bau eiserner Brücken aus dem Jahre 1920 fordern:

§ 206: Es wird unterschieden „Punched Work“ und „Reamed Work“. (Einfache Stanzarbeit und Stanzarbeit mit nachfolgendem Ausfeilen)[1].

§ 210. „Punched Work“: Die Stanzarbeit ist zulässig, wenn die Blechstärke den Durchmesser des Nietes höchstens um $^1/_8$ Zoll übersteigt und nicht größer ist als $^3/_4$ Zoll. Bei größeren Blechstärken müssen die Löcher gebohrt werden. (Praktisch bedeutet diese Bestimmung in den meisten Fällen, daß Stanzarbeit zugelassen wird.)

§ 211. „Reamed Work“: Bei Blechstärken unter $^7/_8$ Zoll können die Nietlöcher auf den vollen Nietdurchmesser gestanzt werden (full punched), wenn es sich um Konstruktionsteile von untergeordneter Bedeutung handelt (Versteifungsglieder u. dgl.). Im allgemeinen sollen die Löcher bei Blechstärken von über $^3/_4$ Zoll gebohrt werden.

§ 212: In wichtigeren Konstruktionsteilen müssen die Nietlöcher kleiner als der Nietquerschnitt gestanzt werden (sub-punched holes).

§ 214. Gestanzte Löcher: Auf den vollen Nietquerschnitt (full punched holes) gestanzte Nietlöcher sollen einen um $^1/_{16}$ Zoll größeren Durchmesser haben als der nicht geschlagene Nietschaft. Sollte es einmal nötig sein, ein Nietloch auszuweiten, so muß es ausgefeilt werden. Die Lochränder dürfen nicht zackig sein oder Risse aufweisen. Konstruktionsteile mit schlecht aufeinander passenden Nietlöchern sind zurückzuweisen.

§ 215. Sub-punched and Reamed Holes: Die Nietlöcher, die kleiner als der Nietquerschnitt gestanzt werden, sind um $^3/_{16}$ Zoll im Durchmesser kleiner

[1] Es geht aus den Bestimmungen nicht genau hervor, wann „punched work“ und wann „reamed work“ vorgeschrieben ist. D. Übers.

zu stanzen und nach dem Zusammenlegen der Bleche um $^1/_{16}$ Zoll weiter zu feilen, als der Durchmesser des nicht gestauchten Nietes beträgt.

§ 216. **Genauigkeit der Stanzarbeit bei „Sub-punched Work“:** Nietlöcher, die kleiner als der Nietquerschnitt gestanzt und dann ausgefeilt werden, sollen so genau gestanzt sein, daß nach dem Zusammenlegen der Bleche und vor dem Ausfeilen ein zylindrischer Bolzen, dessen Durchmesser um $^1/_8$ Zoll kleiner ist als der des Nietloches, durch 75 von 100 aufeinanderfolgenden Löchern der Bleche leicht hindurchgeschoben werden kann. Dabei muß der Bolzen senkrecht zur Ebene des Bleches stehen. Bleche, die dieser Bedingung nicht genügen, sind zurückzuweisen. Findet sich ein Nietloch, durch das ein derartiger Probebolzen mit einem um $^3/_{16}$ Zoll kleineren Durchmesser nicht hindurchgeht, so ist das Blech ebenfalls zurückzuweisen.

§ 217. **Ausfeilen der Nietlöcher:** Die Nietlöcher sollen ausgefeilt werden, nachdem die zu einem Konstruktionsglied zu verbindenden Bleche zusammengelegt und fest aneinander gepreßt sind. Vor dem Nieten sollen die Bleche wieder voneinander getrennt und alle Feilspäne sorgfältig entfernt werden. Die Bleche müssen in der gleichen gegenseitigen Lage vernietet werden, wie sie ausgefeilt wurden. Ein Vertauschen nach dem Ausfeilen ist nicht gestattet.

§ 218. **Genauigkeit der Feil- und Bohrarbeit:** Sind die Nietlöcher ausgefeilt oder gebohrt, so sollen in 85 von 100 aufeinanderfolgenden Löchern eines Konstruktionsgliedes die Absätze an den einzelnen Blechen weniger als $^1/_{32}$ Zoll betragen.

§ 219. **Ausgefeilte Nietlöcher:** Die Nietlöcher sollen zylindrisch sein und senkrecht zur Ebene des Bleches stehen. Ihr Durchmesser soll um nicht mehr als um $^3/_{32}$ Zoll größer sein als der des nicht geschlagenen Nietes. Die Feilarbeit soll, wenn möglich, maschinell ausgeführt werden.

§ 220. **Gebohrte Löcher** sollen im Durchmesser um $^1/_{16}$ Zoll größer sein als der zugehörige nicht gestauchte Nietschaft.

§ 221. **Die Nietlöcher eines Konstruktionsgliedes sollen so gebohrt werden,** daß die einzelnen Bleche in ihrer endgültigen relativen Lage fest aufeinander gepreßt werden.

4. Reibung zwischen den genieteten Blechen.

Ein Niet wird in rotglühendem Zustand geschlagen; beim Erkalten zieht er sich zusammen und preßt die genieteten Bleche zusammen. Die Größe der so erzeugten Reibung zwischen den Blechen hängt natürlich von den Abmessungen des Nietes und der Bleche, dem Nietabstand, den bei der Bearbeitung erreichten Temperaturen u. a. m. ab. Diese Reibung wird jedoch bei der Übertragung der Kräfte stets vernachlässigt, da man nicht sicher mit ihr rechnen und sie durch Erschütterungen und andere Ursachen u. U. aufgehoben werden kann. Der Nachweis der Reibungskräfte kann durch Zugversuche mit Nietverbindungen nach Abb. 343 geführt werden. Abb. 343a zeigt eine übliche Konstruktion, 343b einen Niet ohne Köpfe und 343c ein größeres, auch durch den gestauchten Niet nicht ausgefülltes Nietloch des mittleren Bleches. Der Leser gebe sich

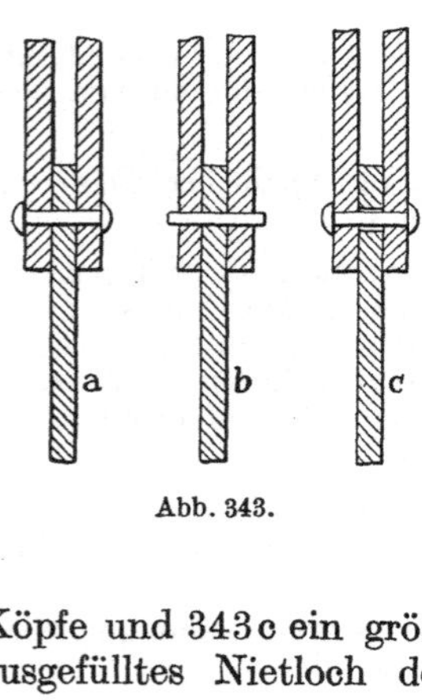

Abb. 343.

Rechenschaft darüber, was durch Versuche mit diesen drei Nietverbindungen gezeigt werden kann! Es war in Deutschland eine Zeitlang üblich, die Reibung bei der Berechnung von Nietverbindungen zu berücksichtigen; französische Ingenieure nahmen früher ausschließlich die Reibung für die Kraftübertragung in einer Nietverbindung zu Hilfe, wobei sie von folgendem Gedanken ausgingen: angenommen, der gestauchte rotglühende Niet füllt das Nietloch völlig aus, dann muß nach dem Erkalten zwischen Nietschaft und Nietlochwandung ein kleiner Zwischenraum sein, der eine Scherbeanspruchung des Nietes ausschließt; dabei ist vorausgesetzt, daß auf den glühenden gestauchten Niet von der Lochwandung keine Druckkräfte ausgeübt werden, die nach dem Erkalten noch in einer gewissen Größe wirken oder gerade bis auf Null zurückgegangen sind. Tatsächlich läßt sich jedoch bei einem gut geschlagenen Niet zwischen Nietschaft und Lochwand kein Zwischenraum nachweisen.

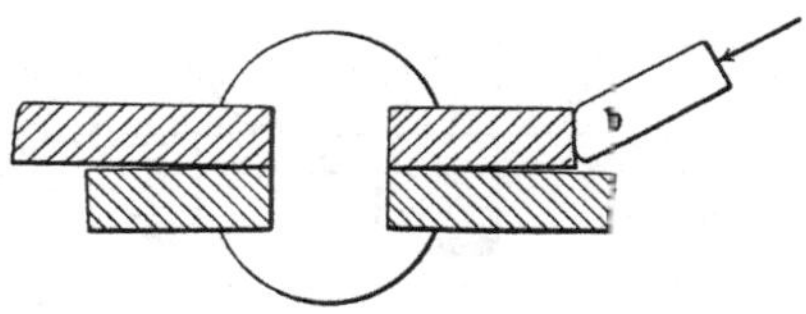

Abb. 344

Eine Dampf- oder Wasserdruck ausgesetzte Nietverbindung kann aus verschiedenen Gründen undicht sein: Sind die Abmessungen ungenügend, so treten Deformationen und damit möglicherweise Undichtigkeiten auf; oder es hat sich Rost zwischen den Blechen gebildet u. a. m.

Nach dem Nieten klaffen die Bleche um den Niet manchmal nach Abb. 344. Diesem Übelstand kann durch Nachbearbeitung mittels eines stumpfen Stößels abgeholfen werden. Die Kanten des Stößels dürfen keine Schärfen aufweisen, da man sonst leicht das Blech verletzt, sondern müssen gut gerundet sein. Der Kantenwinkel soll nicht spitzer als 70° sein. Rost und Hammerschlag sollen abgekratzt oder mit einer Lösung von Ammoniaksalz abgewaschen werden.

Niete lockern sich hauptsächlich infolge von Erschütterungen oder von wiederholten Beanspruchungen, namentlich wenn diese wechselndes Vorzeichen haben. Lose Niete müssen entfernt und durch neue ersetzt werden. Ein gutes Mittel, locker sitzende Niete festzustellen, besteht darin, mit einem Hammer gegen den einen Nietkopf zu schlagen und gleichzeitig den andern Kopf mit einem Finger zu berühren.

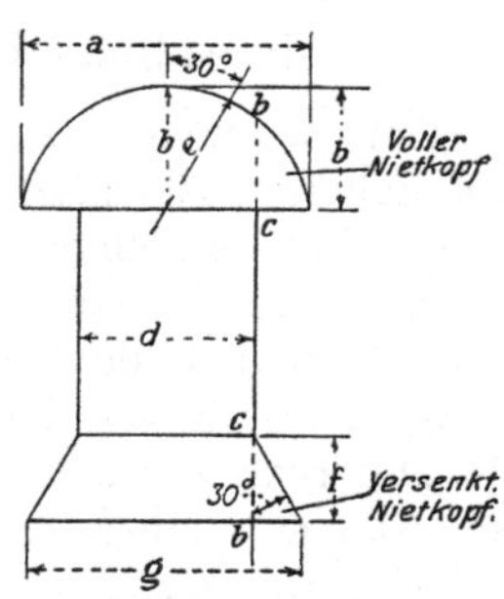

Abb. 345.

Abmessungen:

Voller Nietkopf: $a = 1{,}5\,d + \frac{1}{8}''$

$b = 0{,}425\,a$

$e = 1{,}5\,b$

Versenkter Nietkopf: $f = 0{,}5\,d$

$g = 1{,}577\,d$

5. Ausbildung des Nietkopfes.

Handgeschlagene, mit einem einfachen Hammer ohne Döpper bearbeitete Nieten haben konische Köpfe. Diese primitive Methode kommt jedoch für Ingenieurbauten kaum noch in Frage. Abb. 345

zeigt die Abmessungen der Normalniete der American Bridge Co. Abb. 346 gibt die Normalniete der Dampfkesselabteilung der A. S. M. E. an. Da der Niet häufig auf Zug beansprucht ist (durch die oben erwähnten Temperaturspannungen oder auch durch den Einfluß der Belastung), so sollte die aus dem Nietkopf herausgeschnittene Zylinderfläche *a b* eine Scherkraft aufnehmen können, die der Zugkraft gleichkommt, die von dem Nietquerschnitt übertragen werden kann.

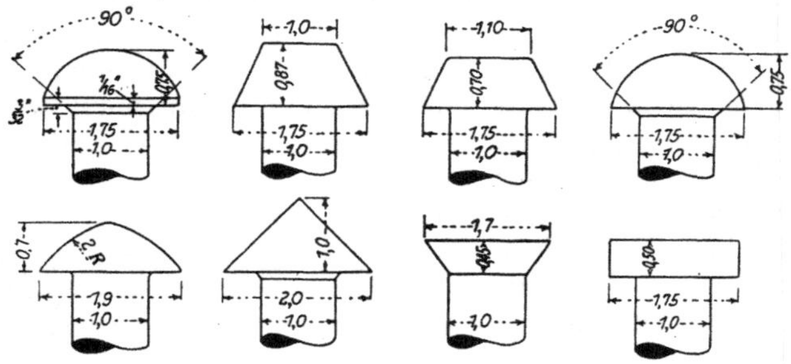

Abb. 346.

Versenkte Niete sind Niete, deren Kopf mit der Ebene des Bleches abschließt. Sie sind dann notwendig, wenn man eine glatte ebene Fläche ohne hervortretende Nietköpfe braucht. Die versenkten Köpfe sind konisch geformt. Außer den Nieten mit ganz versenkten Köpfen stellt man auch Niete mit halbversenkten Köpfen her, wenn die Höhe des über das Blech hinausragenden Nietkopfes aus irgendeinem Grunde beschränkt ist. Versenkte Nietköpfe schwächen das Blech mehr als nicht versenkte Köpfe.

6. Gebräuchliche Abmessungen eines Nietes.

Den zwischen den Köpfen befindlichen Teil des Nietes nennt man den Schaft. (Bei Nieten mit versenkten Köpfen schließt der Amerikaner die Kopflänge mit in die Schaftlänge ein.) Die Länge des kalten ungeschlagenen Nietes muß so bemessen werden, daß der Schließkopf gebildet und das Nietloch durch das gestauchte Material völlig ausgefüllt werden kann. Mit zunehmender Schaftlänge muß also die Differenz zwischen der Länge des ungeschlagenen Nietes und der Schaftlänge wachsen, weil zum völligen Ausfüllen des größeren Nietloches mehr Material gebraucht wird. In den Handbüchern, z. B. im „Carnegie Pocket Companion“ sind für verschiedene Lochdurchmesser und Schaftlängen, für nicht, halb- und ganzversenkte Nietköpfe die erforderlichen Längen des ungeschlagenen Nietes angegeben.

Je größer die Schaftlängen sind, um so schwerer sind die Nieten einwandfrei zu stauchen; die größtzulässige Schaftlänge wird im allgemeinen in Abhängigkeit vom Schaftdurchmesser, als ein Vielfaches davon, festgesetzt. Es ist wünschenswert, das das Verhältnis $\frac{\text{Schaftlänge}}{\text{Schaftdurchmesser}}$ den Wert $4 \div 4{,}5$ nicht übersteigt; bei langen Nieten muß u. U. entsprechend der Nietdurchmesser vergrößert werden. Die Bestimmungen der „A. R. E. A.“ sehen bei langen Nieten eine geringere Beanspruchung vor:

Überschreitet bei Kraftnieten das Verhältnis $\frac{\text{Schaftlänge}}{\text{Schaftdurchmesser}}$ den Wert 4,5, so soll für jedes $^1/_{16}$ Zoll Schaftlänge mehr die Anzahl der Nieten um 1% vermehrt werden. Übersteigt jenes Verhältnis den Wert 6, so sind besonders konstruierte Nieten zu verwenden.

In Deutschland werden Niete mit nicht versenkten Köpfen bis zu einem Wert $\frac{l}{d} = 4{,}5$, für $4{,}5 < \frac{l}{d} < 6$ werden Niete mit versenkten Köpfen angewendet; darüber hinaus sollen dann Schrauben verwendet werden. (Vgl. über die in Deutschland geltenden Bestimmungen z. B. „Normalbedingungen für die Lieferung von Eisenkonstruktionen für Brücken- und Hochbau, aufgestellt vom Verbande deutscher Architekten- und Ingenieurvereine. O. Meißner, Hamburg.)

Die gebräuchlichen Nietdurchmesser schwanken zwischen $^3/_8$ Zoll und $1^1/_8$ oder auch $1^1/_4$ Zoll. Die meist verwendeten Niete sind im Durchmesser $^3/_4$ und $^7/_8$ Zoll stark (1,91 cm und 2,22 cm) mit Querschnittsflächen von 0,44 und 0,6 Quadratzoll (2,83 cm² und 3,87 cm²). Nieten mit einem Durchmesser von mehr als $1^1/_4$ Zoll werden selten verwendet. Man gebraucht dann lieber Schraubenbolzen; aber im allgemeinen kann man so konstruieren, daß man auf Schraubenbolzen verzichtet. Selbst wenn man die Schraubenbolzen und die Bolzenlöcher sorgfältig dreht, so daß der Bolzen genau in das Loch paßt, so sitzt der Bolzen doch nie so gut im Loch wie ein gestauchter Niet.

7. Grundsätzliches über Nietbeanspruchungen.

In Abb. 347 sind verschiedene genietete Stöße von Eisenblechen dargestellt. Die Bleche der Abb. 347a liegen in zwei Ebenen; der

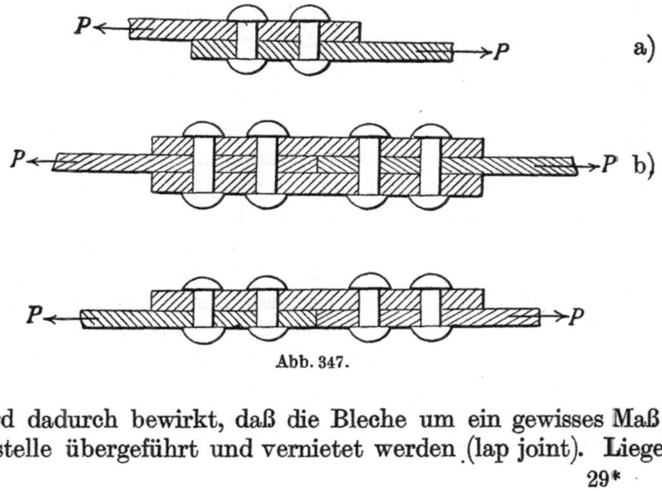

Abb. 347.

Stoß wird dadurch bewirkt, daß die Bleche um ein gewisses Maß über die Stoßstelle übergeführt und vernietet werden (lap joint). Liegen die beiden zu stoßenden Bleche in der gleichen Ebene, so muß der Stoß durch eine oder zwei Stoßlaschen gedeckt werden (butt joint) (Abb. 347b u. c).

Die Bleche der Nietverbindung nach Abb. 347a sind außer der Zugkraft auch einem Biegungsmoment ausgesetzt, das das Bestreben hat, die Bleche in dem in Abb. 348 dargestellten Sinn zu verbiegen.

Abb. 348.

Die Niete erfahren dadurch eine zusätzliche Zugbeanspruchung, die die Nietköpfe abzureißen sucht. Das gleiche gilt von dem Stoß mit einfacher Verlaschung (Abb. 347c), während die Bleche der Abb. 347b zentrisch, also ohne zusätzliches Biegungsmoment, beansprucht sind.

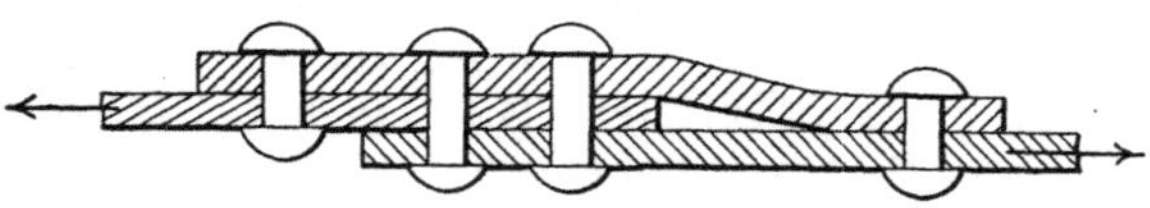

Abb. 349.

Abb. 349 zeigt einen Stoß, der durch Überlappen der Bleche sowie durch eine Lasche gedeckt ist.

Die Niete sollen vorwiegend auf Abscherung beansprucht werden. Niete, die ausschließlich Zugkräfte aufzunehmen haben, sind zu vermeiden. (Es ist hierbei natürlich nicht an die durch das Erkalten der Nieten hervorgerufenen Zugkräfte gedacht, sondern nur an jene Kräfte, die von der Belastung erzeugt werden. Der Übers.)

Ganz lassen sich indessen Zugkräfte nicht immer vermeiden. In Abb. 350 sei der Anschluß eines Längsträgers an einen Querträger darstellt. Da die Konstruktion eine gewisse Steifigkeit besitzt, so ist der Längsträger an der Anschlußstelle teilweise eingespannt, d. h. es tritt ein Biegungsmoment auf, das die oberen Niete der Nietreihe a auf Zug beansprucht. Es wiegt jedoch die Beanspruchung auf Abscheren vor, die von der zu übertragenden Auflagerkraft des Längsträgers herrührt. Der gleichen (senkrecht wirkenden) Scherkraft sind auch die Niete der Reihe b ausgesetzt; auch diese Niete werden durch das Einspannmoment beansprucht; sie nehmen das Moment jedoch durch wagerechte Scherkräfte auf, wobei der Sinn der Scherkraft bei den unteren und den oberen Nieten entgegengesetzt ist. Die Niete der Reihe b sind also jeweils durch zwei Scherkräfte in der Querschnittsebene beansprucht, deren Rich-

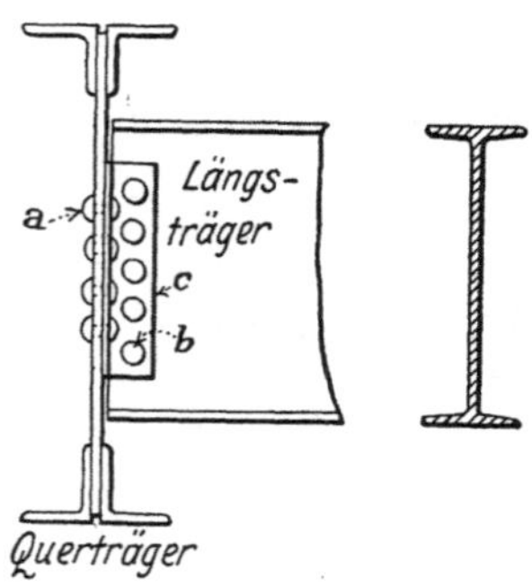

Abb. 350.

tungssinne aufeinander senkrecht stehen. Die unteren Niete der Reihe *a* übertragen übrigens keine Biegungsdruckkräfte, da diese unmittelbar von dem Winkel in den Steg des Hauptträgers übergehen.

Niete können also beansprucht sein entweder auf Abscherung oder auf Abscherung und Zug. Wirken in der Querschnittsebene zwei Scherkräfte (Nietreihe *b* in Abb. 350), so ist die resultierende Scherkraft zu bestimmen.

Man kann dies auch so ausdrücken:

Eine (in einer Ebene liegende) Nietgruppe kann wie folgt beansprucht werden:

1. Die Kraft greift im Schwerpunkt der Nieten senkrecht zu deren Längsachsen an. Die Nieten erleiden eine Scherbeanspruchung in Richtung der Kraft.

2. Es wirkt eine Kraft wie unter 1. zusammen mit einem Moment, dessen Wirkungsebene senkrecht zu den Nietenlängsachsen steht. Die Niete erleiden eine Scherbeanspruchung, deren Richtung jedoch bei jedem Niet verschieden ist, da sie durch das Verhältnis der Größen der beiden auf jeden Niet wirkenden Scherkräfte abhängig ist.

3. Es wirkt nur ein Moment wie unter 2., d. h. die auf die Nietgruppe wirkende resultierende Kraft hat den Wert Null. Die Niete sind durch Scherkräfte beansprucht, deren Wirkungslinien alle parallel sind, deren Richtungssinne jedoch bei den oberen und bei den unteren Nieten umgekehrt sind.

4. Es wirkt eine Kraft wie unter 1. zusammen mit einem Moment, dessen Wirkungsebene parallel zu den Nietenlängsachsen liegt. Die Niete werden auf Abscheren in Richtung der wirkenden Kraft und ein Teil der Niete wird auf Zug beansprucht.

Manche (amerikanische) Bestimmungen verlangen, daß Niete überhaupt nicht auf Zug beansprucht werden. Tatsächlich werden jedoch Niete häufig zur Übertragung von Zugkräften verwendet, obzwar diese oft so gering sind, daß man sie vernachlässigen kann. Dieses ist meist der Fall bei den Nieten der Anschlußwinkel (Abb. 350). Die Vorschriften der A. R. E. A. sehen für diese Niete eine um 25% herabgesetzte zulässige Spannung vor. Der Verfasser hat indes viele Nietverbindungen von Anschlußwinkeln gesehen, wo die oberen Niete abgesprengt waren, und er kennt auch zahlreiche, namentlich ältere Eisenkonstruktionen, die durch reine Zugniete verstärkt wurden. Der Grund, warum wesentliche Zugkräfte von Nieten nicht übertragen werden sollen, ist in der berechtigten Befürchtung zu suchen, daß das Material beim Erhitzen und beim Stauchen Schaden erleidet.

8. Scherbeanspruchungen der Niete.

Wir betrachten die Nietverbindung nach Abb. 351. Der Niet überträgt die Kraft P aus dem einzelnen Blech in die beiden anderen Bleche und wird in den beiden Ebenen a und b mit der halben Kraft P geschert. Solch ein Niet heißt ein zweischnittiger Niet. Die Niete der Abb. 347a sind einschnittige Niete. Ebenso ist der Niet in Abb. 352 ein einschnittiger Niet, weil er in beiden Ebenen a und b die ganze Kraft P überträgt. Wenn in Abb. 351 die beiden linken Bleche nicht gleichen Querschnitt hätten, sondern das eine doppelt so stark wäre wie das andere, so würden zwei Drittel von P durch das stärkere, ein Drittel von P durch das schwächere Blech übertragen werden (vorausgesetzt, daß die Formänderungen beider Bleche gleich sind).

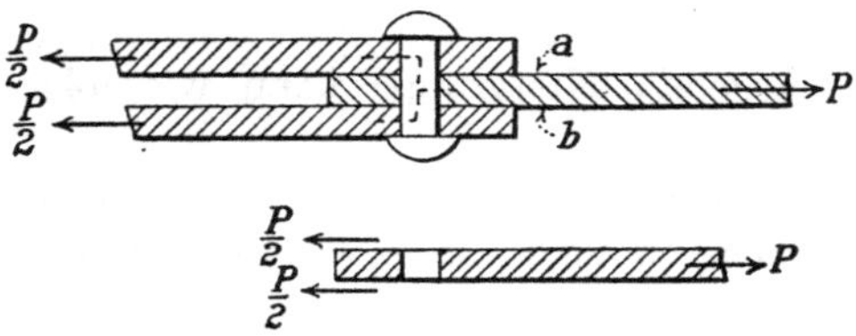

Abb. 351.

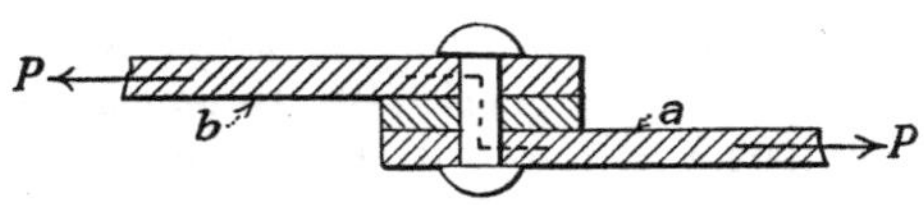

Abb. 352.

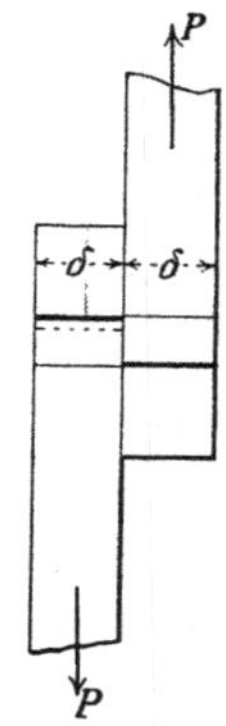

Abb. 353.

Der Niet würde dann also nicht in dem üblichen Sinne (vgl. oben) zweischnittig sein. Wir wollen so definieren: Ein Niet wird dann als einschnittig bezeichnet, wenn die ganze zu übertragende Kraft in jedem auf Abscheren beanspruchten Querschnitt des Niets wirksam ist; ein Niet ist zweischnittig, wenn die zu übertragende Kraft in zwei, im allgemeinen gleiche Teile geteilt ist, die je durch einen oder mehrere gescherte Querschnitte geleitet wird.

Der Niet in Abb. 353 wird in dem zwischen den Blechen gelegenen Querschnitt auf Abscheren beansprucht, gleichzeitig wirken auf die durch stark ausgezogene Linien angedeuteten Flächen Druckkräfte, die indessen (über eine Zylindererzeugende) nicht gleichmäßig verteilt sind, sondern ihren Größtwert an der Berührungsstelle der Bleche haben und von dort nach außen abnehmen. Es wirkt also außer der Scherkraft noch ein der Größe nach unbekanntes Moment auf die gescherte Nietfläche. Trotzdem wird im allgemeinen reine Abscherung angenommen und ferner, daß sich die Scherkraft gleichmäßig über den Querschnitt verteilt; ist also d der Durchmesser des Niets und τ die Scherspannung, so hat die durch den Niet übertragene Kraft den Wert

$$P = \frac{\pi d^2}{4} \cdot \tau ,$$

oder es ist

$$\tau = \frac{4 \cdot P}{\pi d^2} . \tag{1}$$

Die Oberflächenkräfte verteilen sich auch über abc (Abb. 354) nicht gleichmäßig, sondern haben offenbar in c ihren Größtwert und in a und b den Wert Null. Man nimmt jedoch auch hier gleichmäßige Kraftverteilung, und zwar über die Projektion $\overline{a\,b}$, an, so daß die gesamte sogenannte Lochleibungskraft ausgedrückt ist durch

$$P = \sigma_l \cdot d \cdot \delta,$$

worin σ_l den Lochleibungsdruck, d den Nietdurchmesser und δ die Blechstärke bedeutet:

$$\sigma_l = \frac{P}{d \cdot \delta}. \qquad (2)$$

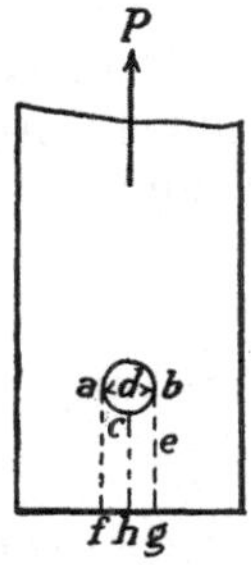

Abb. 354.

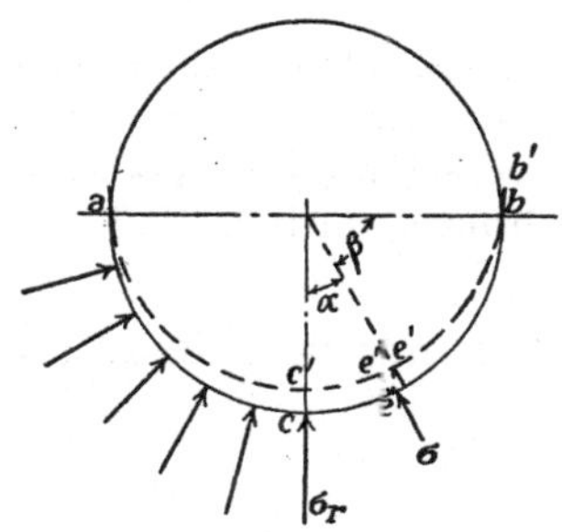

Abb. 355.

Eine etwas genauere Bestimmung des Lochleibungsdruckes möge im folgenden unter Berücksichtigung der Formänderungen versucht werden (Abb. 355). Die Nietoberfläche $a\,c\,b$ wird offenbar nach einer Fläche $a\,c'\,b$ verformt. Wir nehmen nun an, daß der Lochleibungsdruck an jedem Punkt der Nietoberfläche radial wirkt, und ferner daß sich jeder Punkt um den gleichen Betrag in der Richtung der Kraft P verschiebt, c nach c', e nach e', b nach b', also $\overline{c\,c'} = \overline{e\,e'} = \overline{b\,b'}$. Bezeichnet man mit σ den (radial gerichteten) Lochleibungsdruck, mit σ_r dessen Größtwert bei c, so ist innerhalb der Proportionalitätsgrenze bei Gültigkeit des Hookeschen Gesetzes:

$$\overline{e\,e''} = k \cdot \sigma,$$

wobei k eine Materialkonstante ist. Da

$$\overline{e\,e'} = \frac{\overline{e\,e''}}{\cos\alpha},$$

so ist

$$\overline{c\,c'} = k \cdot \sigma_r = \overline{e\,e'} = \frac{k \cdot \sigma}{\cos\alpha},$$

$$\therefore\ \sigma = \sigma_r \cdot \cos\alpha.$$

Die in die Richtung von P fallenden Komponenten der Kräfte $\sigma \cdot ds$ müssen P das Gleichgewicht halten, also

$$P = 2\int_0^{\frac{\pi}{2}} \sigma \cdot ds \cdot \cos\alpha \cdot \delta = 2\,\delta \int_0^{\frac{\pi}{2}} \sigma \cdot \cos\alpha \cdot ds$$

$$= 2\,\delta \cdot \sigma_r \cdot r \int_0^{\frac{\pi}{2}} \cos^2\alpha \cdot d\alpha = \frac{\pi \cdot r \cdot \sigma_r \cdot \delta}{2},$$

$$\therefore\ \sigma_r = \frac{P}{\frac{\pi \cdot r}{2} \cdot \delta}. \qquad (3)$$

Gl. (3) sagt aus, daß der maximale Lochleibungsdruck ebenso groß ist wie jener, der entsteht, wenn P sich auf eine Fläche von der Größe $0{,}78\,d\cdot\delta$ (anstatt von der Größe $d\cdot\delta$) gleichmäßig verteilt, oder

$$\sigma_r = 1{,}28\,\sigma\,. \tag{3a}$$

Gl. (3) und (3a) haben zur Voraussetzung, daß sich σ linear mit $\cos\alpha$ oder $\sin\beta$ ändert. Die übliche Annahme gleichmäßig verteilten Lochleibungsdruckes würde, ebenfalls unter Annahme radial gerichteter Drücke, fordern, daß

$$\sigma = \sigma_r = \text{const}\,,$$

denn nur dann besteht die Gleichung

$$P = 2\,\delta\cdot\sigma_r\cdot r\int_0^{\frac{\pi}{2}}\cos\alpha\cdot d\alpha = \sigma_r\cdot d\cdot\delta\,.$$

Ein konstantes radial gerichtetes σ ist jedoch offenbar unmöglich. Gl. (3) und (3a) kommen also den tatsächlichen Verhältnissen näher als die übliche Annahme gleichmäßig verteilten Lochleibungsdruckes.

Da die Scherspannungen über den Nietquerschnitt nicht gleichmäßig verteilt sind, fast durchweg aber die Mittelwerte der Spannungen der Rechnung zugrunde gelegt werden, so folgt daraus, daß die Größtwerte der Scherspannungen und Lochleibungsdrücke größer sind als die errechneten Werte. Da jedoch diese Größtwerte nur örtlich begrenzt auftreten, so kann bei der Dimensionierung ruhig ein geringerer Sicherheitsgrad gegenüber den bei Materialprüfung gewonnenen Festigkeitswerten angewendet werden, da diese selbst auch Mittelwerte darstellen.

Außer den Scherspannungen, denen der Niet, und den Lochleibungsdrücken, denen Niet und Blech ausgesetzt sind, treten in einer Nietverbindung auch noch andere Spannungen auf. Die übertragene Kraft hat das Bestreben, das Blech längs der Linien af und bg in Abb. 354 abzuscheren. Es sei $\overline{af} = e = \overline{bg}$, dann muß sein, gleichmäßige Scherkraftverteilung wieder angenommen,

$$2\,\sigma_{a\,\text{zul.}}\cdot e\cdot\delta \geqq \sigma_{a\,\text{zul.}}\cdot\frac{\pi\,d^2}{4}\,,$$

($\sigma_{a\,\text{zul.}}$ = zul. Scherspannung des Bleches und des Nietes),

$$e \geqq \frac{1}{8}\,\frac{\pi\cdot d^2}{\delta} \geqq \frac{0{,}39\cdot d^2}{\delta}\,.$$

Ferner liegt das Bestreben vor, das Blech in der Linie ch aufzureißen.

Gewöhnlich wird e nicht kleiner als $1{,}5\,d$ gemacht, womit meist die oben abgeleitete Forderung erfüllt ist. Besser ist es allerdings, wie auch aus Versuchen Tetmajers hervorgeht, $e = 2\,d$ zu machen. (Diesen Wert empfiehlt auch Schaper. Der Übers.[1]).

[1] Schaper, Eiserne Brücken. Berlin: Wilh. Ernst & Sohn.

Beim Entwerfen oder bei dem Untersuchen von Nietverbindungen, z. B. bei der Beurteilung eines Unfalles, ist offenbar für d der Lochdurchmesser bzw. der Durchmesser des gestauchten Nietes einzusetzen, eine gute Staucharbeit vorausgesetzt, so daß der Niet auch tatsächlich nach dem Erkalten das Loch völlig ausfüllt. Vielfach wird jedoch in die Rechnung der Durchmesser des ungeschlagenen Nietes eingeführt. Die Sicherheit der Nietberechnung wird dadurch zwar erhöht; falls man aber den gleichen Durchmesser als Lochdurchmesser für die Querschnittsbestimmung eines Zugstabes in Abzug bringt (vgl. unten), so ist hier die Sicherheit gemindert. Zieht man dagegen den richtigen Lochquerschnitt ab und berechnet gleichzeitig den Niet mit dem Durchmesser vor dem Stauchen, so bleibt man beide Male auf der Seite der Sicherheit, aber konsequent ist das Verfahren nicht.

9. Wirkungsgrad einer Nietverbindung.

In welcher Weise wirken die Nietlöcher auf die Tragfähigkeit eines Bleches ein? Ist der Stab auf Druck beansprucht, so geschieht die Kraftübertragung in den Nietlöchern durch den Lochleibungsdruck auf der der Kraft zugewandten Nietschaftseite. Der Blechquerschnitt ist also durch das Nietloch nicht geschwächt. Anders ist es jedoch bei Zugstäben. Die Kraftübertragung geschieht durch Lochleibung auf der der Kraft abgewandten Seite, so daß der Blechquerschnitt um das Maß des Nietlochdurchmessers vermindert ist. Das Verhältnis der Tragfähigkeit einer Nietverbindung zu der Tragfähigkeit des ungeschwächten Bleches wird in Amerika als „Wirkungsgrad einer Nietverbindung“ bezeichnet (efficiency of the joint); dieses Verhältnis ist stets kleiner als Eins. Je größer es ist, um so günstiger ist die Verbindung. Es mögen folgende Bezeichnungen vereinbart werden:

σ_a = Scherspannung (des Nietes, manchmal auch die Scherfestigkeit),

σ_z = Zugspannung (manchmal auch die Zugfestigkeit),

σ_l = Lochleibungsdruck (manchmal auch die Lochleibungsfestigkeit).

σ_d = Druckspannung (manchmal auch die Druckfestigkeit),

δ = Blechstärke,

d = Nietdurchmesser.

σ_a und σ_l haben nicht den gleichen Wert, sondern $\sigma_l > \sigma_a$, da die Lochleibung eine örtlich begrenzte Spannung ist. In den einschlägigen Bestimmungen (Boiler Code) der A. S. M. E. werden für Flußeisen folgende Festigkeiten verlangt:

$$\begin{aligned}\sigma_z &= 55000\,\text{pds/in}^2\ (\approx 3870\ \text{kg/cm}^2),\\ \sigma_a &= 44000\quad "\quad (\approx 3090\quad "\quad),\\ \sigma_l &= 95000\quad "\quad (\approx 6680\quad "\quad).\end{aligned}$$

Die genannten Bestimmungen sehen eine fünffache Sicherheit vor.

10. Nietabstände.

Werden die Nietlöcher zu nahe aneinander oder zu nahe am Blechende gestanzt, so besteht die Gefahr — und zwar um so mehr, je weniger zähe das Material ist —, entweder beim Stanzen oder beim Stauchen des Nietes das Material zu beschädigen, so daß sogar Risse auftreten können. Der kleinste Abstand zwischen zwei Nietlöchern, von Mitte zu Mitte gemessen, sollte mindestens drei Nietdurchmesser betragen. Die Bestimmungen der „A. R. E. A.“ schreiben vor, daß die Nietlochabstände im allgemeinen nicht geringer sein sollen als $3\,^1/_2$ Zoll für einzöllige, als 3″ für $^7/_8$zöllige und $2\,^1/_2$″ für $^3/_4$zöllige Nieten. Das Richtmaß für Nietabstände der „American Bridge Company“ beträgt ebenfalls drei Nietdurchmesser, im einzelnen schreibt die A. B. C. im wesentlichen die gleichen Maße vor wie die „A. R. E. A.“ und weiterhin einen Nietabstand von 2″ für $^5/_8$zöllige, von $1\,^3/_4$″ für halbzöllige Nieten. Der „Pocket Companion“ der „Carnegie Steel Co.“ gibt folgende Mindestmaße an:

Nietdurchmesser in Zoll	$^1/_4$	$^3/_8$	$^1/_2$	$^5/_8$	$^3/_4$	$^7/_8$	1	$1\,^1/_8$
Mindestabstand in Zoll	1	$1\,^1/_4$	$1\,^3/_4$	2	$2\,^1/_4$	$2\,^5/_8$	3	$3\,^3/_8$

Die oben angeführten Nietabstände gelten auch für mehrreihige Nietverbindungen mit versetzten Nieten, so daß also in diesem Falle die (senkrechten) Abstände der Nietreihen geringer werden. Die geringsten Abstände der Nietmitten von dem Blechrand in der Kraftrichtung soll nach den Bestimmungen der A. R. E. A. betragen: $1\,^3/_4$″ für einzöllige, $1\,^1/_2$″ für $^7/_8$zöllige, $1\,^1/_4$″ für $^3/_4$zöllige Nieten.

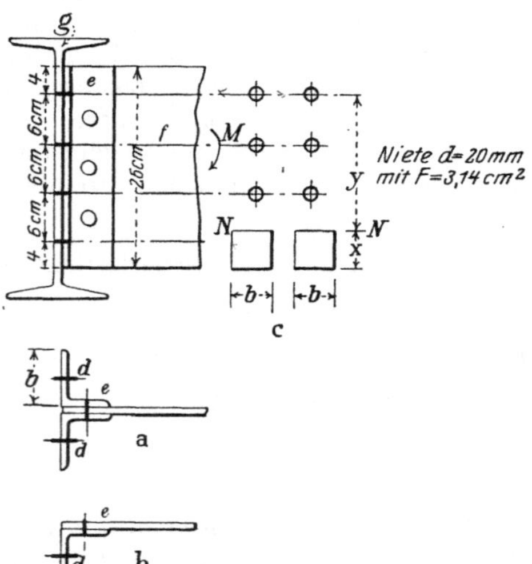

Abb. 356.

Der Nietabstand ist auch nach oben begrenzt. Bei Kesseln u. dgl. ist die obere Grenze durch die Forderung der Dichtigkeit, bei Druckgliedern durch die Forderung der Knicksicherheit der einzelnen Teile gegeben.

11. Kraftverteilung in einer durch ein Moment beanspruchten Nietverbindung.

Wir sahen, in welcher Weise eine Nietverbindung durch ein Moment beansprucht werden kann. Liegt die Wirkungsebene des Moments senkrecht zu den Nietlängsachsen, so werden die Niete auf Abscheren beansprucht, z. B. die Nietreihe der Abb. 356, die nach der Anordnung 356a zweischnittig, nach 356b einschnittig sind. Die Ausbildung nach 356b ist nicht empfehlenswert. Liegt die Wirkungsebene parallel zu den Nietlängsachsen, so wird ein Teil der Nieten (der Reihe d in Abb. 356) auf Zug beansprucht, und ein Teil der durch die Nieten verbundenen Bleche wird aneinander gepreßt.

Betrachten wir die Nietreihe e; wir nehmen an, daß die Nietkraft der Entfernung des Nietes von der Schwerlinie der Verbindung linear proportional ist. Bezeichnen wir diese Entfernung mit v, so ist die Kraft irgendeines Nietes $S = k \cdot v$, worin k eine Konstante und durch die Nietkraft in der Entfernung Eins von der Schwerlinie definiert ist. Die Summe der Momente sämtlicher Nietkräfte in bezug auf die Schwerlinie muß dem äußeren Moment das Gleichgewicht halten, oder (ohne Berücksichtigung des Vorzeichens)

$$M = \sum k \cdot v^2 . \tag{4}$$

Zur Bestimmung der Kraft des äußersten, also des meist beanspruchten Nietes, kann man wie folgt gelangen:

Es ist

$$k = \frac{S}{v} = \frac{S_{\max}}{v_{\max}},$$

$$M = \frac{S_{\max}}{v_{\max}} \sum v^2,$$

$$S_{\max} = \frac{M \cdot v_{\max}}{\sum v^2}. \tag{5}$$

Beispiel (Abb. 357). Die Schwerlinie des eine Kraft von 10 t übertragenden Zugstabes möge die Nietlinie des durch das Knotenblech a angeschlossenen Trägers 10 cm oberhalb des obersten Nietes schneiden. Dann wirken an diesem Punkt eine Horizontalkraft von $10000 \cdot \sin 30^0 = 5000$ kg und eine Vertikalkraft von $10000 \cdot \cos 30^0 = 8660$ kg. Das Moment in bezug auf den Schwerpunkt der Nietreihe beträgt

$$M = 5000 \cdot 17{,}5 = 87500 \text{ cm kg}.$$

Diesem Moment muß durch die Kräfte der beiden äußeren Niete das Gleichgewicht gehalten werden, da der mittlere durch die Biegung keine Spannungen erhält. Es ist also

$$S_B = \frac{87500}{15} = 5833 \text{ kg}.$$

Das gleiche Ergebnis erhält man nach Gl. (5), mit $v_{\max} = 7{,}5$ cm, $\sum v^2 = 112{,}50$ cm²

$$S_B = \frac{87500 \cdot 7{,}5}{112{,}50} = 5833 \text{ kg}.$$

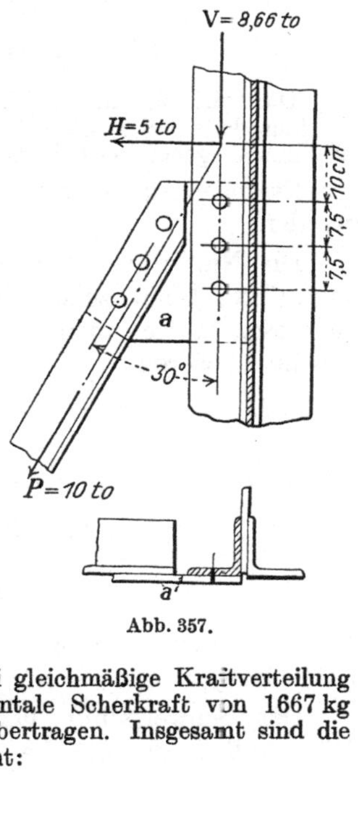

Abb. 357.

S_B ist eine horizontal gerichtete Scherkraft. Außer dem Moment haben die drei Niete noch die Horizontalkraft $H = 5$ t und die Vertikalkraft $V = 8{,}660$ t aufzunehmen. Nehmen wir hierbei gleichmäßige Kraftverteilung auf die Niete an, so hat jeder Niet eine horizontale Scherkraft von 1667 kg und eine vertikale Scherkraft von 2887 kg zu übertragen. Insgesamt sind die einzelnen Niete durch folgende Kräfte beansprucht:

Der oberste Niet:

$$S_H = 5833 + 1667 = 7500 \text{ kg},$$
$$S_V = 2887 \text{ kg},$$
$$S = \sqrt{7500^2 + 2887^2} = 8025 \text{ kg}.$$

Der mittlere Niet:

$$S_H = 1667 \text{ kg},$$
$$S_V = 2887 \text{ kg},$$
$$S = \sqrt{1667^2 + 2887^2} = 3335 \text{ kg}.$$

Der unterste Niet:

$$S_H = 5833 - 1667,$$
$$= 4166 \text{ kg},$$
$$S_V = 2887 \text{ kg},$$
$$S = \sqrt{4166^2 + 2887^2} = 5070 \text{ kg}.$$

Die angegebenen S-Werte sind Absolutwerte.

Bestände die untersuchte Nietreihe aus sechs anstatt aus drei Nieten, wobei die Lage des obersten Nietes und die Nietabstände die gleichen bleiben sollen, so wäre das Moment

$$M = 5000 \cdot (10 + 18{,}75) = 143\,750 \text{ cm kg},$$

und die durch das Moment erzeugte Kraft des äußersten Nietes

$$S_{\max} = \frac{143750 \cdot 18{,}75}{2 \cdot (3{,}75^2 + 11{,}25^2 + 18{,}75^2)} = 2740 \text{ kg}.$$

Die resultierende Nietkraft betrüge

$$S = \sqrt{S_H^2 + S_V^2} = \sqrt{\left(2740 + \frac{5000}{6}\right)^2 + \left(\frac{8660}{6}\right)^2} = 3855 \text{ kg}.$$

Die Durchbildung des Knotenpunktes nach Abb. 357 ist sehr schlecht. Die Wirkungslinie der Kraft P sollte durch den Schwerpunkt der Gruppe der Anschlußniete gehen, so daß dann kein Moment entstände.

Es möge die in Abb. 358 dargestellte Nietverbindung untersucht werden.

Die Nietkräfte können sofort nach Gl. (5) bestimmt werden; die punktierte Linie zeigt die (lineare) Kraftverteilung an. Es könnten in diesem Falle auch die Nietkräfte etwas umständlicher wie folgt bestimmt werden:

$$M = S_1 \cdot 2\, v_1 + 2\, S_1 \cdot 4\, v_1 + 3\, S_1 \cdot 6\, v_1 + 4\, S_1 \cdot 8\, v_1 = 60\, S_1 \cdot v_1,$$

$$S_1 = \frac{M}{60\, v_1}; \qquad S_{\max} = 4\, S_1 = \frac{M}{15 \cdot v_1}.$$

Gl. (5) ergäbe ebenfalls

$$S_{\max} = \frac{M \cdot 4\, v_1}{60\, v_1^2} = \frac{M}{15 \cdot v_1}.$$

Ein Moment möge durch 2 Nietreihen aufgenommen werden (Abb. 359).

Der Schwerpunkt liegt in 0 zwischen den beiden Nietreihen. Wir stellen die gleiche Überlegung an wie oben. Das Moment wirkt in einer Ebene senkrecht zu den Nietlängsachsen, beansprucht also die Niete auf Abscherung. Die Entfernung eines Nietes vom Schwerpunkt der Nietgruppe werde wieder mit v bezeichnet; dann ist

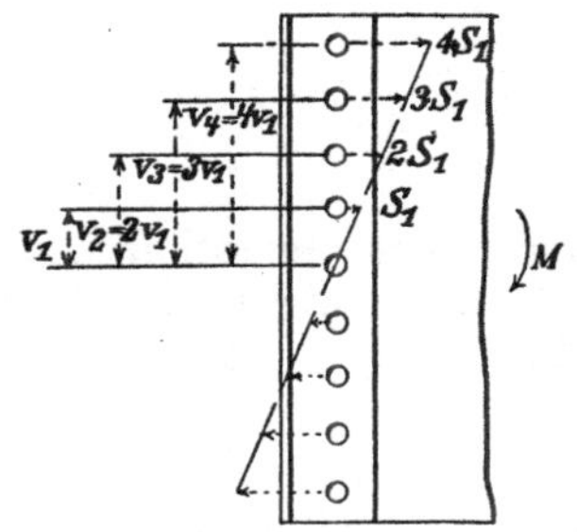

Abb. 358.

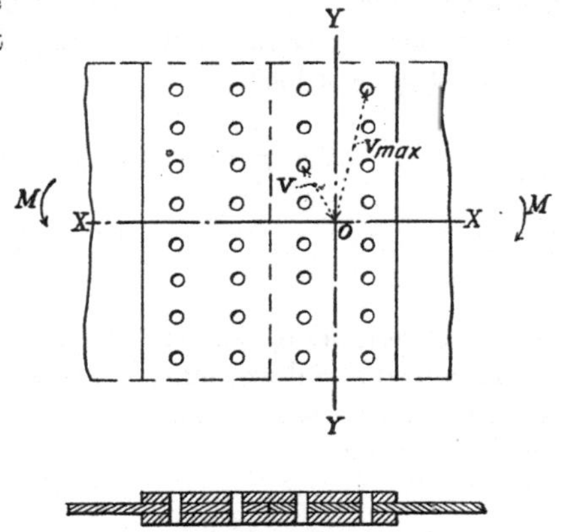

Abb. 359.

die Nietkraft $S = k \cdot v$, worin k die Nietkraft in der Entfernung Eins von 0 bedeutet. Es ist

$$S = k \cdot v = \frac{S_{max}}{v_{max}} \cdot v,$$

$$M = \sum k \cdot v^2 = \frac{S_{max}}{v_{max}} \cdot \sum v^2,$$

$$S_{max} = \frac{M \cdot v_{max}}{\sum v^2}. \qquad (5)$$

12. Das Moment wirkt in Richtung der Nietlängsachsen.

Ein Teil der Nieten der Nietreihe d in Abb. 356 würde auf Zug beansprucht sein, die darunter befindlichen Flächen der beiden Winkelschenkel würden gegen den Steg des I-Eisens angedrückt werden. Die Endfläche des Bleches f möge mit dem Steg des I-Trägers nicht in Berührung stehen.

Liegt Biegung ohne Normalkraft vor, d. h. hat die vom Blech f auf den Träger g übertragene resultierende Normalkraft den Wert Null, so hat der das Moment übertragende Querschnitt der Nietverbindung die in Abb. 356c dargestellte Form, und die Lage der Nullinie $N-N$ ist durch die Bedingung bestimmt, daß sie durch den Schwerpunkt des Querschnitts hindurchgeht. Sie kann durch Probieren gefunden werden. Man nimmt z. B. an, daß die N.L. zwischen dem ersten und zweiten Niet von unten liegt; nennt man die Entfernung der N.L. vom unteren Winkelrand x und vernachlässigt die Verringerung der Druckfläche durch die beiden Nietlöcher, so erhält man

$$2\,b \cdot \frac{x^2}{2} = 2 \cdot 3{,}14\,[(10 - x) + (16 - x) + (22 - x)] = 6{,}28\,(48 - 3\,x),$$

$$\therefore x = -\frac{9{,}42}{b} + \sqrt{\frac{301{,}44}{b} + \frac{88{,}74}{b^2}}.$$

Liegt dieser Wert zwischen 4 und 10, so war die Annahme richtig, und die N. L. ist gefunden; wenn nicht, so bedeutet das, daß über die Lage der N.L. eine andere Annahme zu machen ist. Die Verminderung der Druckfläche durch die Nietlöcher kann wie folgt berücksichtigt werden:

$$2\,b\cdot\frac{x^2}{2}-2\cdot 3{,}14\,(x-4)=6{,}28\,(48-3\,x),$$

$$=-\frac{6{,}28}{b}+\sqrt{\frac{276{,}32}{b}+\frac{39{,}44}{b^2}}.$$

Ist x gefunden, so ist das Trägheitsmoment des Querschnitts in bezug auf die Schwerachse zu bestimmen; dann ist die Kraft eines Nietes von der Querschnittsfläche F in der Entfernung v von der N.L. gegeben durch

$$S=F\cdot\frac{M\cdot v}{J}.$$

Wirkt außer dem Moment noch eine Normalkraft, so ist die Bestimmung der N.L. schwieriger (vgl. Kap. XV, Abschn. 8). Die Lösung dieser Aufgabe soll andern Orts gegeben werden.

13. Drei Grundsätze bei der Betrachtung von Nietverbindungen.

Man kann Nietverbindungen von folgenden drei Gesichtspunkten aus betrachten. Man geht aus von

a) dem Zustand beim Bruch,

b) den übertragenen Kräften,

c) Kraftlinien oder Kraftstreifen.

Jede der drei Betrachtungsweisen hat ihre Vorteile und soll dort angewendet werden, wo sie am Platz ist. Die unter b) genannte erweist sich am häufigsten als nützlich. Ein Niet überträgt stets Kräfte von einem Konstruktionsteil A auf einen Teil B. Es muß also immer Klarheit darüber bestehen, welche Kraft der Niet überträgt, wie und von wo und wohin er sie überträgt. Es möge folgendes gedankliche Schema empfohlen werden: Dieser betrachtete Niet überträgt von A nach B eine Kraft von ..... t, wobei er auf Abscheren .... schnittig beansprucht wird; der Lochreibungsdruck auf das schwächste Blech (eins von zwei Einzelblechen bei einschnittigen, ein Einzelblech oder die Summe zweier Einzelbleche bei zweischnittigen Nieten) liegt ..... dort vor.

Zunächst sollen Nietverbindungen des Behälterbaus betrachtet werden, wo zwei Bleche miteinander auf ihre ganze Länge vernietet sind (continuous joints); dann mögen die Nietverbindungen des Eisenhoch- und Brückenbaus besprochen werden.

14. Nietverbindungen des Behälterbaus.

In solchen Nietverbindungen, die aus einer oder mehreren Nietreihen längs der ganzen Blechbreite bestehen, suche man zunächst die Grundform der Verbindung, d. h. den Streifen, der, genügend oft nebeneinandergesetzt, die ganze Nietverbindung ergibt. Es genügt dann, „die Grundform“ allein zu untersuchen. (Der amerikanische Ausdruck für die „Grundform“ lautet „repeating section“.)

15. Einreihige Nietverbindung zweier übereinander greifender Bleche. (Abb. 360.)

In diesem einfachsten Falle ist die Grundform offenbar ein Streifen, dessen Breite gleich dem Nietabstand e ist; er habe einen Kraftanteil P zu übertragen.

a) Vom Bruchzustand ausgehende Betrachtung.

Die Verbindung kann zerstört werden:

1. durch Überschreitung der Tragfähigkeit

$$\sigma_z(e-d)\cdot\delta$$

des durch das Nietloch geschwächten Querschnitts,

2. durch Überschreitung der Tragfähigkeit $\sigma_a \cdot \frac{\pi d^2}{4}$ des gescherten Nietquerschnitts,

3. durch Überschreiten der Tragfähigkeit der Lochleibung $\sigma_l \cdot \delta \cdot d$.

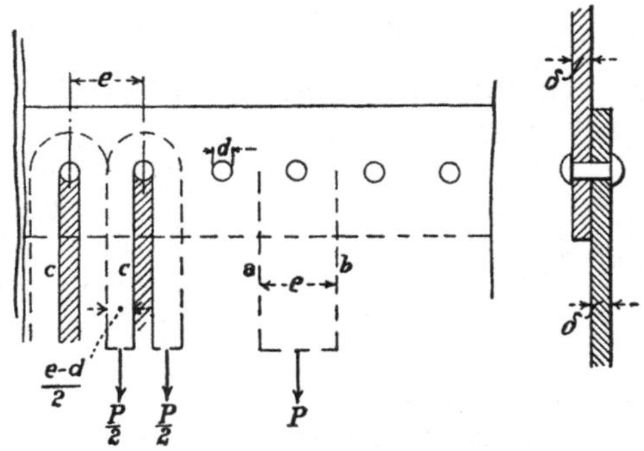

Abb. 360.

Es wird dabei angenommen, daß die Tragfähigkeit des längs der Linien $\overline{af}$ und $\overline{bg}$ (Abb. 354) gescherten Bleches größer ist als die unter 1 bis 3 genannten Tragfähigkeiten, deren kleinste die Tragfähigkeit der Nietverbindung bestimmt. Die kleinere der unter 2. und 3. genannten möge der unter 1. genannten gleich sein. Scher- und Lochleibungstragfähigkeit werden einander gleich, wenn

$$\frac{d}{\delta} = \frac{4\,\sigma_l}{\pi\cdot\sigma_a} = 2{,}75\,,$$

wenn man die in Abschnitt 9 geforderten Festigkeitszahlen einsetzt. Wollen wir nunmehr noch den Nietabstand e so bestimmen, daß die Zugtragfähigkeit des geschwächten Blechquerschnitts den beiden andern, also z. B. der dritten, gleich sei, so muß sein

$$e = \frac{\sigma_l + \sigma_z}{\sigma_z}\cdot d = 2{,}73\,d.$$

Die danach gewählten Abmessungen der Blechstärke, des Nietquerschnitts und Nietabstands ergeben den günstigsten „Wirkungsgrad" (vgl. Abschn. 9) dieser Nietverbindung oder, da

$$\sigma_z (e - d)\,\delta = \sigma_l \cdot \delta \cdot d,$$

so ist der größtmögliche „Wirkungsgrad"

$$\frac{e-d}{e} = \frac{\sigma_l}{\sigma_l + \sigma_z} = 0{,}63\,.$$

In jedem Falle ist der „Wirkungsgrad" bestimmt durch das Verhältnis der kleinsten der unter 1 bis 3 genannten Tragfähigkeiten zu dem Wert $\sigma_z \cdot e \cdot \delta$.

Ist die Schertragfähigkeit des Niets geringer als die Lochleibungstragfähigkeit — dies ist der Fall, wenn, wieder unter Anwendung der in Abschnitt 9 geforderten Festigkeiten, $\delta > 0{,}36\,d$ —, und wird die Zugtragfähigkeit des (geschwächten) Bleches gleich der Trägfähigkeit des gescherten Niets gemacht, so wird

$$e = d + \frac{\sigma_a}{\sigma_z} \cdot \frac{\pi d^2}{4\,\delta} = d\left(1 + 0{,}63\,\frac{d}{\delta}\right), \tag{6}$$

der erforderliche Nietabstand e wächst also mit d; der „Wirkungsgrad" würde

$$\frac{\sigma_z \cdot (e-d) \cdot \delta}{\sigma_z \cdot e \cdot \delta} = \frac{\sigma_a \cdot \pi\, d^2}{4 \cdot \sigma_z \cdot e \cdot \delta}\,.$$

Daraus

$$\frac{e-d}{e} = \frac{\sigma_a}{\sigma_z} \cdot \frac{\pi d^2}{4} \cdot \frac{1}{e \cdot \delta} = \frac{1}{1 + \dfrac{4\,\sigma_z \cdot \delta}{\sigma_a \cdot \pi \cdot d}},$$

wächst also mit d.

Sind die Niete auf Lochleibung schwächer als auf Abscherung ($\delta < 0{,}36\,d$, immer unter Voraussetzung der in Abschnitt 9 geforderten Materialfestigkeiten) und die Zugtragfähigkeit des (geschwächten) Bleches der Lochleibungstragfähigkeit gleich gemacht, so wird

$$e = d\left(1 + \frac{\sigma_l}{\sigma_z}\right) = 2{,}73\,d, \tag{6a}$$

nimmt also mit d zu. Der „Wirkungsgrad" wird

$$\frac{e-d}{e} = \frac{\sigma_l}{\sigma_l + \sigma_z},$$

ist mithin von den Abmessungen der Nietverbindung unabhängig.

Solange also die Nietverbindung durch Überschreiten der Schertragfähigkeit zerstört wird, wird der „Wirkungsgrad" durch Erhöhung des Nietdurchmessers verbessert; wird dagegen die Nietverbindung durch Überschreiten der Lochleibungstragfähigkeit zerstört, so ist der „Wirkungsgrad" nur abhängig von den Festigkeitswerten.

Es ließen sich, allerdings mit einer gewissen rechnerischen Spielerei, noch folgende Zusammenhänge herleiten: es sei die mittlere Kraft $\mathfrak{S}$ des Bleches auf die Breiteneinheit bekannt; es seien die oben behandelten Tragfähigkeiten auf Abscherung, Zug und Lochleibungsdruck einander gleich, dann ist

$$e \cdot \mathfrak{S} = \delta\,(e-d)\,\sigma_z = \sigma_a \frac{\pi d^2}{4} = \sigma_l \cdot \delta \cdot d\,.$$

Hieraus ergibt sich bei bekanntem σ_a, σ_z und σ_l

$$\delta = \mathfrak{S} \cdot \frac{\sigma_l + \sigma_z}{\sigma_l \cdot \sigma_z}$$

$$e = 4 \cdot \mathfrak{S} \frac{(\sigma_l + \sigma_z)^2}{\pi\, \sigma_a \cdot \sigma_z^2}$$

$$d = 4\,\mathfrak{S} \frac{\sigma_l + \sigma_z}{\pi \cdot \sigma_a \cdot \sigma_z}$$

Die für den besten „Wirkungsgrad“ notwendigen Abmessungen einer Nietverbindung können in der Regel nicht eingehalten werden. Z. B. verstößt häufig der hierzu erforderliche Nietabstand gegen die in Abschnitt 10 gegebenen Mindestabstände. Ein guter Entwurf erfordert die Verwendung von möglichst wenigen verschiedenen Nietdurchmessern an einem Bauwerk. Im allgemeinen wird so verfahren: der Nietdurchmesser wird angenommen, darauf wird die Tragfähigkeit eines Niets auf Abscherung und Lochleibung errechnet und dann der Nietabstand so bestimmt, daß die Tragfähigkeit des geschwächten Blechquerschnitts dem kleineren jener beiden oben genannten Werte gleich wird.

b) Von den übertragenen Kräften ausgehende Betrachtung.

Es ist die Kraft P durch den gezogenen Blechquerschnitt $\delta\,(e-d)$, sowie durch einen Niet zu übertragen. Man erhält die sinngemäß gleichen Resultate wie unter a); es sind statt der Materialfestigkeiten die zulässigen Spannungen einzusetzen.

c) Von „Kraftstreifen“ ausgehende Betrachtung (Abb. 360).

Man denkt sich die auf die Blechbreite e entfallende Zugkraft P in zwei Hälften in der in Abb. 360 dargestellten Weise wirkend; die Kraft $\frac{P}{2}$ geht dann durch einen Streifen von der Breite $\frac{e-d}{2}$, der Niet hat die Reaktion P zu übernehmen. Die Entfernung des letzten Niets vom Blechrande muß dann mindestens $\frac{e}{2}$ sein (von Lochmitte gemessen), ist aber im allgemeinen (vgl. Abschn. 10) größer. Das Blech ist um den Betrag der schraffierten Streifen überdimensioniert. Die „Kraftstreifen“ stellen natürlich nicht den wirklichen Kraftverlauf dar; es kann also z. B. nicht etwa daraus geschlossen werden, daß die erforderliche Breite in der Kraftrichtung des hinter dem Niet gelegenen Blechstreifens nur der Breite der Kraftstreifen gleich sein müßte.

16. Zweireihige Nietverbindung. (Abb. 361.)

Die Nieten der beiden Reihen können in der Kraftrichtung hintereinander oder versetzt angeordnet sein. In beiden Fällen ist e die Breite der „Grundform", die Kraft P wird durch zwei Niete übertragen. Macht man die Tragfähigkeit $(e-d)\,\delta\cdot\sigma_z$ des geschwächten Blechquerschnitts, die Schertragfähigkeit $2\cdot\frac{\pi\cdot d^2}{4}\cdot\sigma_a$ beider Niete und ihre Lochleibungstragfähigkeit $2\,d\,\delta\cdot\sigma_l$ einander gleich, so findet man folgende Beziehungen (wieder unter Anwendung der in Abschnitt 9 geforderten Festigkeitswerte)

$$d = 2{,}75\,\delta,$$

$$e = d\cdot\frac{2\,\sigma_l+\sigma_z}{\sigma_z} = 4{,}46\,d.$$

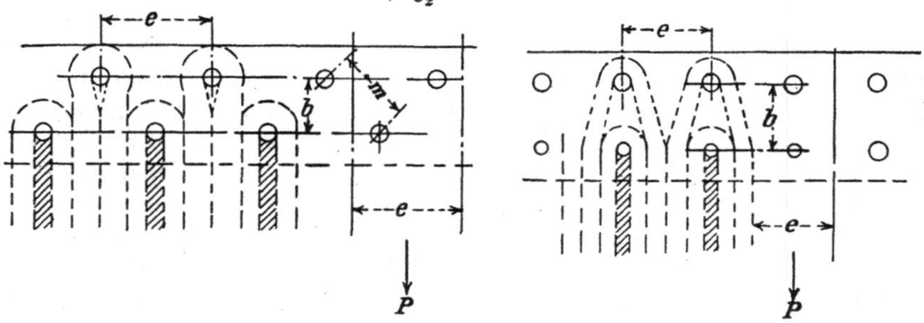

Abb. 361.

Der günstigste Wirkungsgrad ist

$$\frac{e-d}{e} = \frac{2\,\sigma_l}{2\,\sigma_l+\sigma_z} = 0{,}775,$$

wird jedoch praktisch kaum erreicht werden, da sich die Voraussetzung — Gleichheit der drei Tragfähigkeiten — i. A. nicht verwirklichen läßt.

Die Kraftstreifen sind in Abb. 361 dargestellt. Die versetzte Nietung ist vorzuziehen, da der Kraftstreifenverlauf einfacher ist. Die Breite eines Kraftstreifens bei n Nieten in der Grundform beträgt

$$\frac{e-d}{2\,n}.$$

Der „Boiler Code" der A. S. M. E. fordert bei versetzter Nietteilung zwischen den Nietreihen einen Abstand b,

$$\text{für } \frac{e}{d} \leqq 4 \;\ldots\ldots\; b_{\min} = 2\,d,$$

$$\text{für } \frac{e}{d} > 4 \;\ldots\ldots\; b_{\min} = 2\,d + 0{,}1(e-4\,d).$$

Der geringste (schräg zur Kraftrichtung gemessene) Nietabstand ist in Abschnitt 10 angegeben; er muß, wenn man die Breite der Kraftstreifen beachtet, offenbar größer sein als $d + 2\cdot\frac{e-d}{4} = \frac{e+d}{2}$ sein.

17. Drei Nietreihen.

In der Nietverbindung nach Abb. 362 wird die auf die Blechbreite e entfallende Kraft P von vier Nieten übertragen. Der Bruch kann eintreten durch Überwinden der

a) Tragfähigkeit des Blechs in der vorderen Nietreihe

$$= (e - d)\,\delta\cdot\sigma_z,$$

b) Tragfähigkeit des Blechs in der mittleren Nietreihe und der Schertragfähigkeit bzw. der Lochleibungstragfähigkeit des Niets der vorderen Reihe

$$(e - 2\,d)\,\delta\cdot\sigma_z + \frac{\pi\,d^2}{4}\cdot\sigma_a$$

bzw.

$$(e - 2\,d)\,\delta\cdot\sigma_z + \sigma_l\cdot\delta\cdot d;$$

c) bei Überschreitung der Schertragfähigkeit der vier Nieten; Tragfähigkeit $= \pi\,d^2\cdot\sigma_a$.

d) Bei Überschreitung der Lochleibungstragfähigkeit; Tragfähigkeit $= 4\,d\cdot\delta\cdot\sigma_l$.

Der durch die erste Lochreihe gelegte (auf Zug beanspruchte) Querschnitt des Bleches ist schwächer als der durch die zweite Lochreihe gelegte, wenn

$$d\cdot\delta\cdot\sigma_z < \frac{\pi\,d^2}{4}\cdot\sigma_a$$

oder wenn (vgl. die zulässige Beanspruchung, Abschnitt 9)

$$d > 1{,}59\,\delta.$$

Nehmen wir an, der Blechquerschnitt der ersten Lochreihe sei der schwächere; machen wir seine Zugtragfähigkeit der Niettragfähigkeit (d. h. dem kleineren der beiden Werte Lochleibungs- und Schertragfähigkeit) gleich, so ist der „Wirkungsgrad" $\frac{e-d}{e}$. Können Lochleibungs- und Schertragfähigkeit einander gleich gemacht werden, so finden wir

$$d = 2{,}75\,\delta;$$

$$e = d\left(1 + \frac{4\,\sigma_l}{\sigma_z}\right) = 7{,}91\,d$$

und

größter „Wirkungsgrad" $= 0{,}86$.

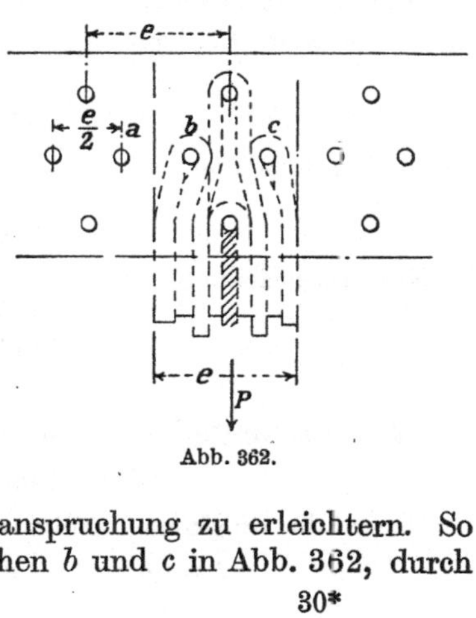

Abb. 362.

Bei Stößen ohne Laschen findet man häufig auch eine Nietanordnung nach Abb. 363.

18. Die Methode der Kraftstreifen

ist häufig geeignet, die Einsicht in den Kräfteverlauf und die Materialbeanspruchung zu erleichtern. So ist offenbar der Blechquerschnitt zwischen b und c in Abb. 362, durch den vier Kraftstreifen durchgeleitet werden, stärker beansprucht als der Querschnitt zwischen a und b, durch den nur zwei Kraftstreifen hindurchgehen. Bei Betrachtung der Bruchsicherheit jedoch wird im allgemeinen gleichmäßige Kraftverteilung angenommen, eine Annahme, die wohl nur in den seltensten Fällen zutrifft. In dem vorliegenden Fall würde die Tragfähigkeit der Nietverbindung zweifellos erhöht werden, wenn der Abstand $\overline{ab}$ verkleinert und der Abstand $\overline{bc}$ vergrößert würde.

19. Zahlenbeispiel für eine zweireihige Nietverbindung ohne Laschen mit versetzten Nieten. (Abb. 361.)

Ein Kessel habe auf die Höheneinheit (1 cm) eine Ringkraft von 1000 kg. Das Blech sei 1,2 cm stark, der Nietdurchmesser $d = 20$ mm, $e = 7$ cm. Die Ringspannung des ungeschwächten Blechquerschnitts beträgt dann

$$\sigma_z \approx 840 \text{ kg/cm}^2.$$

Die Tragfähigkeiten nehmen folgende Werte an (vgl. Abschnitt 9, abgerundete Werte):

geschwächter Blechquerschnitt (auf Zug)

$$5 \cdot 1{,}2 \cdot 3900 = 23400 \text{ kg},$$

ungeschwächter Blechquerschnitt (auf Zug)

$$7 \cdot 1{,}2 \cdot 3900 = 32800 \text{ kg},$$

2 Nietquerschnitte (auf Abscherung)

$$2 \cdot \frac{\pi \cdot 4}{4} \cdot 3100 = 19450 \text{ kg},$$

2 Niete (auf Lochleibungsdruck)

$$2 \cdot 2{,}0 \cdot 1{,}2 \cdot 6700 = 32200 \text{ kg}.$$

Die Nietverbindung ist am schwächsten in bezug auf Abscheren

$$\text{„Wirkungsgrad“} = \frac{19450}{32800} = 0{,}59.$$

Die größten Spannungen betragen

im geschwächten Blechquerschnitt (Zug)

$$\sigma_z = \frac{1000 \cdot 7}{5 \cdot 1{,}2} = 1167 \text{ kg/cm}^2,$$

im Niet (Abscherung)

$$\sigma_a = \frac{1000 \cdot 7}{2 \cdot \pi} = 1110 \text{ kg/cm}^2,$$

im Niet (Lochleibung)

$$\sigma_l = \frac{1000 \cdot 7}{2 \cdot 1{,}2 \cdot 2{,}0} = 1460 \text{ kg/cm}^2.$$

20. Zahlenbeispiel einer dreireihigen Nietverbindung ohne Laschen. (Abb. 363.)

Es sei die Ringkraft 1400 kg, auf die Höheneinheit (1 cm) bezogen.

$$\delta = 1{,}6 \text{ cm}, \quad d = 26 \text{ mm}, \quad e = 10 \text{ cm}.$$

Die Ringspannung des ungeschwächten Bleches beträgt dann

$$\sigma_z = \frac{1400}{1,6} = 875 \text{ kg/cm}^2.$$

Die Tragfähigkeiten nehmen folgende Werte an:

geschwächter Blechquerschnitt (Zug)

$$7,4 \cdot 1,6 \cdot 3900 = 46100 \text{ kg},$$

ungeschwächter Blechquerschnitt (Zug)

$$10 \cdot 1,6 \cdot 3900 = 62400 \text{ kg},$$

3 Nietquerschnitte (Abscherung)

$$3 \cdot 5,31 \cdot 3100 = 49400 \text{ kg},$$

3 Niete (Lochleibung)

$$3 \cdot 1,6 \cdot 2,6 \cdot 6700 = 83000 \text{ kg}.$$

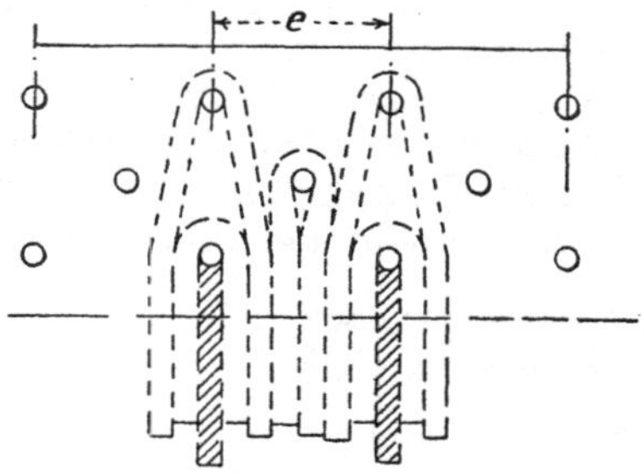

Abb. 363.

Die Schertragfähigkeit eines Niets = 16470.

Die Zugtragfähigkeit eines Querschnitts $d \cdot \delta = 2,6 \cdot 1,6 \cdot 3900 = 16200$.

Es ist also die Zugtragfähigkeit des durch die mittlere Lochreihe gelegten Blechquerschnitts größer als die des durch die erste Lochreihe gelegten Querschnitts. Die Nietverbindung ist am schwächsten in bezug auf die Zugtragfähigkeit dieses Querschnitts. Der „Wirkungsgrad" beträgt $\frac{46100}{62400} = 0,74$. Die größten Spannungen betragen

im geschwächten Blechquerschnitt

$$\sigma_z = \frac{1400 \cdot 10}{1,6 \cdot 7,4} = 1180 \text{ kg/cm}^2,$$

im Niet (Abscherung)

$$\sigma_a = \frac{1400 \cdot 10}{3 \cdot 5,31} = 880 \text{ kg/cm}^2,$$

im Niet (Lochleibung)

$$\sigma_l = \frac{1400 \cdot 10}{3 \cdot 2,6 \cdot 1,6} = 1120 \text{ kg/cm}^2.$$

21. Nietverbindungen mit Laschen.

Die Bleche werden im allgemeinen stumpf gestoßen (liegen also in einer Ebene) und durch zwei Laschen, auf jeder Seite eine, gedeckt, die gleiche oder auch verschiedene Stärke besitzen. Bei dem Stoß ohne Laschen wird die Kraft aus dem einen Blech durch die Niete unmittelbar in das andere Blech übertragen. Ist der Stoß zweier Bleche durch Laschen gedeckt, so wird die Kraft aus dem einen Blech durch die Nieten in die beiden Laschen und von dort durch die Nieten wieder in das zweite Blech geleitet. Die Nieten sind dabei zweischnittig auf Scheren beansprucht, der Lochleibungsdruck ist gegen die Leibung des gestoßenen Blechs sowie gegen die der beiden Laschen gerichtet. Die Tragfähigkeit der beiden Laschen muß also ebenso groß sein wie die eines Blechs, d. h. der geschwächte Querschnitt beider Laschen muß ebenso groß sein wie der des Blechs. Oder der Querschnitt des Blechs, der durch die dem Stoß entfernteste Nietreihe gelegt ist, darf in der Regel nicht stärker sein als die Summe der Laschenquerschnitte, die durch die dem Stoß nächstgelegenen Nietreihen gelegt sind; dabei ist angenommen, daß die genannten Querschnitte die schwächsten des Blechs bzw. der Laschen sind. Sind die beiden Laschen also gleich stark, so müssen sie mindestens die halbe Stärke des gestoßenen Bleches haben, oft etwas mehr, da die äußerste Nietreihe häufig weniger Nieten besitzt als die dem Stoß nächstgelegene. Im allgemeinen werden die Laschen stärker ausgebildet als der Forderung gleicher Tragfähigkeit entspricht.

So schreibt der „Boiler Code“ der A.S.M.E. folgende Stärken vor:

Stärke des gestoßenen Blechs (in Zoll):	$^1/_4$	$^9/_{32}$	$^5/_{16}$	$^{11}/_{32}$	$^3/_8$	$^{13}/_{32}$	$^7/_{16}$	$^{15}/_{32}$	$^1/_2$
Stärke der Lasche (in Zoll):	$^1/_4$	$^1/_4$	$^1/_4$	$^1/_4$	$^5/_{16}$	$^5/_{16}$	$^3/_8$	$^3/_8$	$^7/_{16}$
Stärke des gestoßenen Blechs (in Zoll):	$^{17}/_{32}$	$^9/_{16}$	$^5/_8$	$^3/_4$	$^7/_8$	1	$1^1/_8$	$1^1/_4$	
Stärke der Lasche (in Zoll):	$^7/_{16}$	$^7/_{16}$	$^1/_2$	$^1/_2$	$^5/_8$	$^{11}/_{16}$	$^3/_4$	$^7/_8$	

Übersteigt die Blechstärke den Wert von $1^1/_4$ Zoll, so sollen die Laschen nicht schwächer als $^2/_3$ der Blechstärke sein.

Es kommt gelegentlich vor, daß die Laschen aus konstruktiven Gründen verschieden stark gemacht werden. Man beteiligt sie dann im Verhältnis ihrer Stärken an der Lastübertragung. Das gleiche gilt für die Beanspruchung der beiden gescherten Querschnitte der zweischnittigen Niete.

22. Einreihige Nietverbindung mit Laschen. (Abb. 364.)

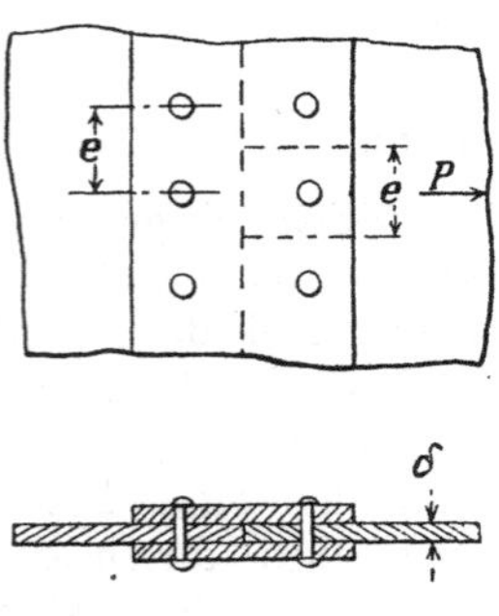

Abb. 364.

Die Tragfähigkeiten sind

auf Zug . . . . . $(e - d)\cdot\delta\cdot\sigma_z$,

auf Abscheren . . $\frac{\pi d^2}{2}\cdot\sigma_a$,

auf Lochleibung . . $d\cdot\delta\cdot\sigma_l$.

Macht man die beiden letzten gleich, so erhält man

$$\frac{d}{\delta} = \frac{2\,\sigma_l}{\pi\cdot\sigma_a}$$

oder den halben Wert der gleichen Verbindung ohne Laschen.

Macht man die erste und die letzte gleich, so erhält man

$$e = \frac{d\,(\sigma_l + \sigma_z)}{\sigma_z},$$

oder den gleichen Wert der Verbindung ohne Laschen.

Der günstigste „Wirkungsgrad“ ist ebenfalls der gleiche, nämlich

$$\frac{e-d}{e} = \frac{\sigma_l}{\sigma_l + \sigma_z} = 0{,}633,$$

ist also wieder unabhängig von d.

23. Andere Laschenverbindungen.

Die Verbindungen werden zwei-, drei-, auch vierreihig, mit Laschen gleicher oder ungleicher Länge ausgeführt (Abb. 365). Kompliziertere Verbindungen sind im „Boiler Code“ des A. S. M. E. behandelt.

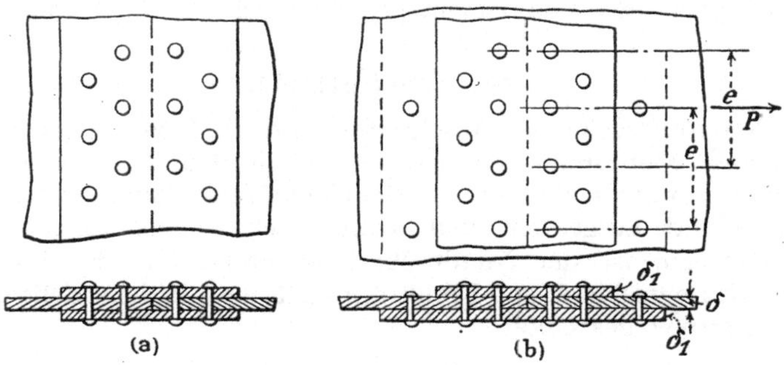

Abb. 365.

Man betrachte Abb. 365b. Der „Boiler Code“ gibt dafür folgendes Zahlenbeispiel:

$$\delta = 0{,}95 \text{ cm } (^3/_8{}''); \qquad \delta_1 = 0{,}79 \text{ cm } (^5/_{16}{}''),$$
$$e = 16{,}52 \text{ cm } (6{,}5''); \qquad d = 2{,}06 \text{ cm } (^{13}/_{16}{}''),$$

Nietquerschnitt 3,35 cm².

Der zu untersuchende Querschnitt von der Breite e liegt dann zwischen je zwei Nieten der größeren Lasche; in diesem Querschnitt sind 4 Niete zweischnittig, 1 Niet einschnittig beansprucht.

Die Tragfähigkeiten sind

des ungeschwächten Blechs (auf Zug)

$$16{,}52 \cdot 0{,}95 \cdot 3900 = 61250 \text{ kg},$$

des geschwächten Blechs (auf Zug)

$$(16{,}52 - 2{,}06) \cdot 0{,}95 \cdot 3900 = 53500 \text{ kg},$$

der Niete (auf Abscheren)

$$3{,}35 \cdot 3100 \cdot 9 = 93500 \text{ kg},$$

der Niete (auf Lochleibung)

$$6700\,(4 \cdot 2{,}06 \cdot 0{,}95 + 1 \cdot 2{,}06 \cdot 0{,}79) = 63400 \text{ kg},$$

von 4 Nieten auf Lochleibung + 1 Niet auf Abscheren

$$6700 \cdot 4 \cdot 2{,}06 \cdot 0{,}95 + 1 \cdot 3100 \cdot 3{,}35 = 63250 \text{ kg},$$

des geschwächten Bleches in der zweiten Nietreihe + 1 Niet auf Abscheren

$$(16{,}52 - 2 \cdot 2{,}06)\,0{,}95 \cdot 3900 + 3100 \cdot 3{,}35 = 56650 \text{ kg},$$

des geschwächten Bleches in der zweiten Nietreihe + 1 Niet auf Lochleibung

$$(16{,}52 - 2 \cdot 2{,}06) \cdot 0{,}95 \cdot 3900 + 700 \cdot 2{,}06 \cdot 0{,}79 = 56800 \text{ kg}.$$

Der kleinste dieser Werte ist 53500 kg, der „Wirkungsgrad" beträgt

$$\frac{53500}{61250} = 0{,}874.$$

Die Laschenverbindung mit zwei ungleich langen Laschen ist schlecht und sollte vermieden werden. Sind die beiden Laschen gleich stark, so können sie gleiche Kräfte übertragen, benötigen dazu aber auch die gleiche Anzahl von Nieten, woraus sich — bei gleicher Blechstärke — die gleiche erforderliche Länge ergibt. Übertragen sie keine gleichen Kraftanteile, so entsteht ein Biegungsmoment ähnlich wie bei der Nietverbindung ohne Laschen. Um das zu vermeiden, sollen die Laschen gleich stark und dementsprechend gleich lang gemacht werden.

24. Faustformeln.

In den vorhergehenden Abschnitten sind die Beziehungen zwischen Nietabstand, Nietdurchmesser usw. für verschiedene Formen von Nietverbindungen untersucht worden. Bei einem Kessel kann der passendste Nietquerschnitt ausgesucht und dann durchweg angewendet werden. Im allgemeinen ist der Nietdurchmesser größer als die Stärke des Blechs. In Deutschland und Frankreich hat man früher vielfach nach der Faustformel gearbeitet

$$d\,(\text{in Zoll}) = 1{,}5\,\delta + 0{,}16\,.$$

In England ist nach Unwin viel nach der Faustformel

$$d = 1{,}2\,\sqrt{\delta} \div 1{,}4\,\sqrt{\delta}$$

gearbeitet worden. Wir sahen, daß meist der „Wirkungsgrad" mit dem Nietdurchmesser zunimmt. Größere Nietdurchmesser bedingen größere Nietköpfe und — unter sonst gleichen Verhältnissen — größere Dichtigkeit der Behälter. Weitere Einzelheiten sind in der einschlägigen Literatur über Kessel- und Behälterbau nachzulesen.

25. Nietverbindungen mit und ohne Laschen.

Die Bleche einer laschenlosen Nietverbindung sind, da sie nicht in einer Ebene liegen, jedes einem Biegungsmoment $M = \frac{P \cdot \delta}{2}$ (Abb. 366) ausgesetzt, wobei die (den Hebelarm verkürzende) Deformation außer acht geblieben ist. Dieses Moment würde eine Randspannung erzeugen von der Größe

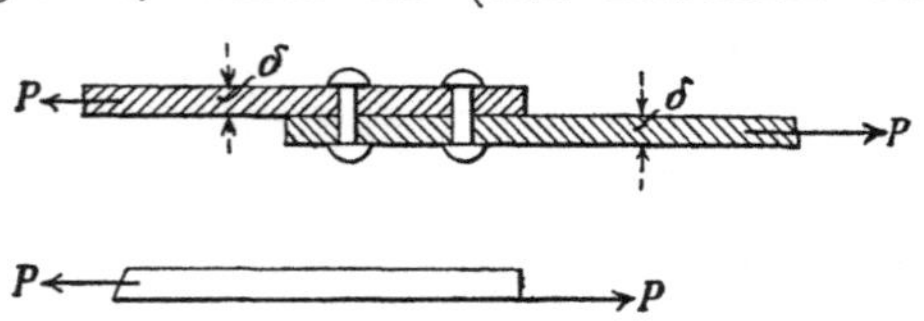

Abb. 366.

$$\sigma = \frac{P \cdot \delta}{2} \cdot \frac{\delta}{2 \cdot J} = \frac{3\,P}{b \cdot \delta},$$

d. h. die größte Randspannung erreicht den vierfachen Betrag der durch die Normalkraft allein erzeugten Normalspannung. Das Biegungsmoment verbiegt die Bleche derart, daß der Hebelarm und damit das Moment und die Randspannung vermindert wird; wenn die auftretenden Spannungen unterhalb der Elastizitätsgrenze bleiben, so ist die Deformation rein elastisch und die Nietverbindung nimmt nach dem Entfernen der Kraft wieder ihre ursprüngliche Gestalt an. Wird die Elastizitätsgrenze überschritten, so treten plastische Formänderungen auf. Die wiederholten Biegungsbeanspruchungen werden von manchen Ingenieuren für sehr schädlich gehalten, und sie verurteilen die laschenlosen Nietverbindungen. Risse, die gelegentlich parallel einer Nietreihe auftreten, werden oft auf diese Beanspruchungen zurückgeführt. Der „Boiler Code" läßt laschenlose Verbindungen nur bis zu einem Kesseldurchmesser von rund 90 cm zu und auch dann nur, wenn die Innendrücke den Wert von rund 7 kg/cm² nicht überschreiten. Bei einem Kessel von 90 cm Durchmesser würde dies eine Ringkraft auf die Höheneinheit von 315 kg und bei einer Blechmindeststärke von $^1/_4''$ (0,64 cm) eine Spannung von rund 490 kg/cm² (beim ungeschwächten Querschnitt) bedeuten. Nimmt man die volle Exzentrizität $e = \frac{\delta}{2}$ als wirksam an, so erreicht die Randspannung den Wert $\sigma_{\max} = 1960$ kg/cm².

In einer Nietverbindung mit Laschen liegen die einzelnen Bleche je in einer Ebene, und diese sind infolgedessen nicht auf Biegung beansprucht. Wohl ist dies aber in den Laschen der Fall, die bei Zuggliedern das Bestreben haben, sich an ihren Enden von den Blechen weg zu biegen (vgl. Abb. 367). Diesem Bestreben wirken die Nietköpfe, das Moment verringernd, entgegen, die zugehörigen Nietschäfte (äußere Niete) werden auf Zug beansprucht. Die Laschen werden also mit gutem Grund stärker als $\frac{\delta}{2}$ gemacht und die Nieten in mehr als einer Reihe angeordnet. Eine ähnliche entlastende Wirkung durch die Nieten findet bei der laschenlosen Verbindung statt, so daß auch aus diesem Grund die errechneten Spannungen zu hoch erscheinen.

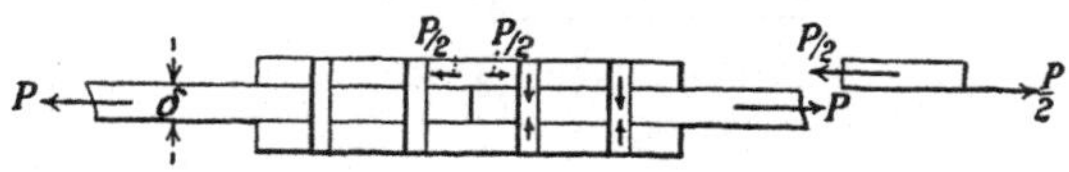

Abb. 367.

Insgesamt ist der Verfasser der Ansicht, daß bei zähem Material die laschenlose Nietverbindung nicht gar so schlecht ist wie vielfach angenommen wird, obwohl auch er die Verbindung mit Laschen für besser hält. Versuche mit Nietverbindungen (vgl. Abschn. 27) zeigen keinen wesentlichen Unterschied in der Tragfähigkeit beider Formen. Eine Hauptforderung für die Ausgestaltung von laschenlosen Nietverbindungen ist die Verwendung von gutem, zähem Material, das sich ohne Risse kalt biegen läßt.

Weiterhin ist in diesem Zusammenhang die Frage der Anfangsspannungen (vgl. Kap. XIX) von Bedeutung. Wenn die Bleche einer laschenlosen Verbindung kalt so gebogen werden, daß der Hebelarm verkürzt wird, so wird nicht nur das Moment verringert, sondern das Kaltbiegen, das das Material oberhalb der Streckgrenze beansprucht, läßt Anfangsspannungen in der Weise zurück, daß sich an den Stellen, wo Biegungsdruckspannungen entstehen, diesen Anfangszugspannungen und dort, wo Biegungszugspannungen entstehen, diesen Anfangsdruckspannungen überlagern, so daß die Biegungspannungen durch die Anfangsspannungen verringert werden.

Eiserne Behälter für Öl, Gas, Wasser od. dgl. werden aus einzelnen Ringen zusammengesetzt; die Ringe sind aus einem Blechstreifen gebogen, dessen beide Enden miteinander vernietet sind. Diese Nietreihen sind in den einzelnen Ringen in der Regel um 180° gegeneinander versetzt. Die einzelnen Ringe werden dann wieder untereinander vernietet. Werden die Stöße laschenlos ausgeführt, so muß jeweils an der Stoßstelle eines Ringes ein Blech spitz auslaufen (vgl. Abb. 368).

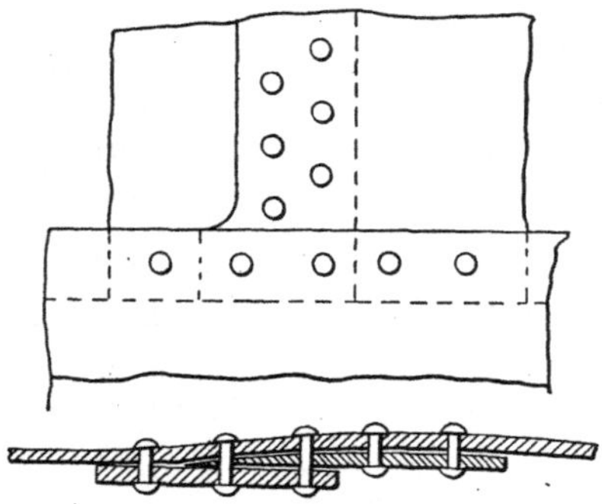

Abb. 368.

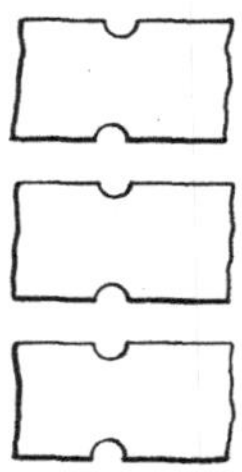

Abb. 369.

26. Einfluß der Nietlöcher auf die Tragfähigkeit der Bleche.

Wir haben gesehen, daß bei der Berechnung von Nietverbindungen die Kräfte gleichmäßig auf die Niete und auf die Lochleibungen verteilt werden. In Kap. VI wurde der Einfluß einer Kerbe in einem Zugstabe erörtert. Nun besteht in Wirklichkeit eine Nietverbindung aus einer Anzahl von Blechstreifen mit halbkreisförmigen Einkerbungen auf jeder Seite (Abb. 369). Es ist unzweifelhaft, daß an den Einkerbungen eine Spannungserhöhung stattfindet, der jedoch die größere Steifigkeit des Materials daselbst gegenübersteht, weil das Material in der Formänderung behindert ist. Theoretische Untersuchungen und Versuche, von denen die von Prof. Coker ausgeführten erwähnt seien (vgl. Kap. VI), haben nachgewiesen, daß die Spannung an der Kerbstelle unter gewissen Voraussetzungen das Dreifache der Spannung des nicht geschwächten Querschnitts beträgt, ein Ergebnis, das manche Ingenieure beunruhigt hat; wenn dieser Spannungserhöhung nicht eine vergrößerte Widerstandsfähigkeit des Materials gegenüberstände, so müßten schon viele Konstruktionsteile zerstört sein, die heute noch unversehrt sind. Versuche mit Nietverbindungen zeigen tatsächlich, daß der durch eine Reihe von Nietlöchern gelegte Blechquerschnitt eine um etwa 10 bis 12% erhöhte Festigkeit gegenüber der eines prismatischen Stabes von gleicher Querschnittsfläche aufweist.

27. Versuche mit Nietverbindungen.

Die besten und ausführlichsten Versuche mit Nietverbindungen, die dem Verfasser bekannt sind, wurden in dem Watertown Arsenal gemacht und sind in der Zeitschrift „Tests of Metals", Jahrg. 1882 und 1891, beschrieben. Weiter findet sich eine Beschreibung dieser Versuche in Lanza's „Applied Mechanics"; es sollte jedoch hier wie überall das Original studiert werden. Insgesamt wurden 112 Nietverbindungen geprüft, in 91 Fällen war die Bruchfestigkeit des Materials im geschwächten Querschnitt größer befunden als die an Vergleichsstäben. Dies geht aus der Zusammenstellung auf S. 476 hervor.

Es ist überall das Verhältnis der Zugspannung des geschwächten Querschnittes beim Bruch zu der Festigkeit des Materials, die durch einen besonderen Versuch festgestellt wurde, bestimmt. (Die Zerstörung der Nietverbindungen erfolgte durchaus nicht immer durch Überwindung der Zugfestigkeit.)

In der ersten Versuchsserie, die 11 Versuche umfaßte, war die Zugfestigkeit des Materials im geschwächten Querschnitt in 7 Fällen geringer und in 4 Fällen höher als die des ungeschwächten Querschnittes. Die Summe der oben erwähnten Verhältniszahlen für die 7 ersten Fälle (jede Verhältniszahl kleiner als 1) betrug 6,265, und die Summe der Verhältniszahlen für die 4 anderen Versuche (jede Verhältniszahl größer als 1) betrug 4,295. Addiert man die sich aus sämtlichen Versuchen ergebenden Verhältniszahlen und dividiert sie durch die Anzahl der Versuche, so findet man, daß die Zugfestigkeit des Materials des geschwächten Querschnittes gegenüber der im nicht geschwächten Querschnitt um 12,3% erhöht ist.

Für die entsprechenden Versuche mit gelaschten Nietverbindungen ergibt sich eine Festigkeitserhöhung von 8,3%. Dies Ergebnis ist eigentlich überraschend und nicht geeignet, von der Minderwertigkeit der laschenlosen Verbindungen zu überzeugen.

Diese Versuche erhärten die Ansicht des Verfassers, daß bei der Anwendung von laschenlosen Verbindungen es im wesentlichen darauf ankommt, zähes Material zu verwenden; geschieht dies, so sind diese Verbindungen durchaus nicht so schlecht, wie viele Ingenieure glauben.

28. Nietverbindungen in Baugliedern.

Im Gegensatz zu den im Kessel- und Behälterbau vorkommenden Nietverbindungen haben die Nietverbindungen der Bauglieder verhältnismäßig schmale Querschnitte miteinander zu verbinden. Die näheren Einzelheiten sollen in einem anderen Bande besprochen werden; an dieser Stelle sollen nur einige Grundsätze erörtert werden.

Versuche mit Nietverbindungen des „Watertown Arsenal".

Art der Nietverbindung	Die Zugspannung des geschwächten Querschnitt beim Bruche lag a) oberhalb der normalen Zugfestigkeit	b) unterhalb der normalen Zugfestigkeit	Summe der Verhältniszahlen Zugspannung beim Bruch Zugfestigkeit a	b	Vgl. „Tests of Metals" Jahrg. 1882	Jahrg. 1891
1. Laschenlose Nietverbindungen.						
$^{1}/_{4}$-zöll. Eisenblech, 1 Nietreihe . .	4	7	4,295	6,265	S. 125 ÷ 126	
$^{1}/_{4}$-zöll. Stahlblech, 1 Nietreihe . .	23	0	29,245	0,000	S. 127 ÷ 128	S. 564 ÷ 568
$^{1}/_{4}$-zöll. Eisenblech, 2 Nietreihen . .	2	1	3,095	0,823	S. 128 ÷ 129	
$^{1}/_{4}$-zöll Stahlblech, 2 Nietreihen . .	10	0	11,200	0,000	S. 128 ÷ 129	S. 564
$^{5}/_{16}$-zöll. Stahlblech, 2 Nietreihen . .	7	1	7,793	0,973		S. 572
$^{3}/_{8}$-zöll. Eisenblech, 1 Nietreihe . .	2	3	2,545	2,525	S. 131	
$^{3}/_{8}$-zöll. Stahlblech, 1 Nietreihe . .	8	0	9,660	0,000	S. 132 ÷ 133	
$^{3}/_{8}$-zöll. Eisenblech, 2 Nietreihen . .	3	2	3,165	1,955	S. 133 ÷ 134	
$^{3}/_{8}$-zöll. Stahlblech, 2 Nietreihen . .	8	0	9,390	0,000	S. 133 ÷ 134	S. 578 ÷ 580
$^{7}/_{16}$-zöll. Stahlblech, 1 Nietreihe . .	7	0	8,390	0,000		S. 582 ÷ 588
$^{7}/_{16}$-zöll. Stahlblech, 2 Nietreihen . .	6	0	7,055	0,000		S. 584
$^{7}/_{16}$-zöll. Stahlblech, 3 Nietreihen . .	4	0	4,625	0,000		S. 586
$^{1}/_{2}$-zöll. Eisenblech, 1 Nietreihe . .	0	3	0,000	2,315	S. 136 ÷ 137	
$^{1}/_{2}$-zöll. Stahlblech, 1 Nietreihe . .	1	1	1,055	0,865	S. 136 ÷ 137	
$^{1}/_{2}$-zöll. Stahlblech, 2 Nietreihen . .	2	0	2,358	0,000	S. 137	
$^{5}/_{8}$-zöll. Eisenblech, 1 Nietreihe . .	1	2	1,050	1,548	S. 138 ÷ 139	
$^{5}/_{8}$-zöll. Eisenblech, 2 Nietreihen . .	3	1	3,635	0,975	S. 138 ÷ 139	
	91	21	107,556	18,244		
			18,244			
			125,800	: (91 + 21) = **1,123**		
2. Nietverbindungen mit Laschen.						
$^{1}/_{4}$-zöll. Eisenblech, 1 Nietreihe . .	2	0	2,180	0,000	S. 130	
$^{1}/_{4}$-zöll. Stahlblech, 1 Nietreihe . .	6	0	6,570	0,000		S. 550 ÷ 562
$^{1}/_{4}$-zöll. Stahlblech, 2 Nietreihen . .	15	1	16,485	0,990		S. 560 ÷ 564
$^{5}/_{16}$-zöll. Stahlblech, 1 Nietreihe . .	2	0	2,280	0,000		S. 568 ÷ 570
$^{5}/_{16}$-zöll. Stahlblech, 2 Nietreihen . .	6	0	6,625	0,000		S. 568 ÷ 572
$^{3}/_{8}$-zöll. Stahlblech, 2 Nietreihen . .	12	2	13,200	1,955		S. 574 ÷ 578
$^{7}/_{16}$-zöll. Stahlblech, 1 Nietreihe . .	5	2	5,495	1,627		S. 580 ÷ 582
$^{7}/_{16}$-zöll. Stahlblech, 2 Nietreihen . .	2	0	2,155	0,000		S. 580 ÷ 582
	50	5	54,990	4,572		
			4,572			
			59,562	: 55 = 1,083		

Es möge nach Abb. 370 der Stab A mit dem Blech B vernietet werden. Die gesamte Kraft in A muß durch die Nieten in B übergeleitet werden; es ist die Anzahl und die Anordnung der Niete zu bestimmen. Unter Annahme gleicher Kraftverteilung auf die einzelnen Niete erhält man die notwendige Anzahl als den Quotienten aus der gesamten Kraft und der Tragfähigkeit eines Nietes. In Abb. 370 mögen 6 Niete notwendig sein.

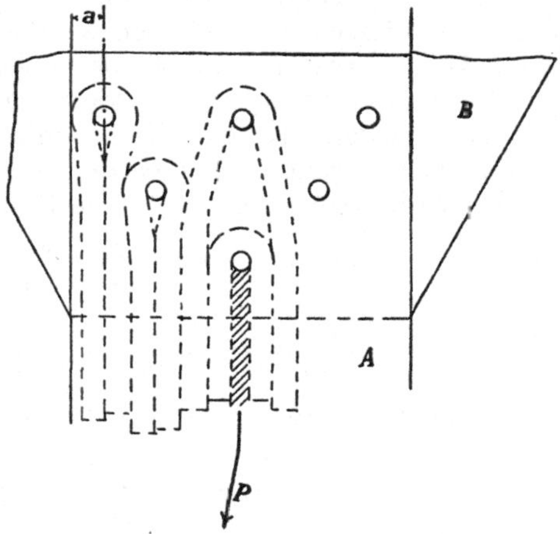

Abb. 370.

Um den Stab möglichst wenig zu schwächen, ist in der ersten Reihe nur ein Niet angeordnet. Wenn die Zugtragfähigkeit eines Blechquerschnittes $d \cdot \delta$ geringer ist als die Tragfähigkeit des Nietes, so ist der durch die zweite Nietreihe gelegte Querschnitt stärker als der erste.

Die Abb. 370 zeigt die Kraftstreifen. Wenn noch eine weitere Reihe Nieten angeordnet wäre, so müßte der Abstand a breit genug für die Aufnahme von zwei Kraftstreifen sein. Die Kraft wird um so gleichmäßiger verteilt sein, je einfacher die Kraftstreifen geleitet sind.

29. Kraftverteilung in den Nieten parallel zur Kraftrichtung.

In einer parallel zur Kraftrichtung gelegenen Nietreihe ist von einer gleichmäßigen Kraftverteilung auf die Niete zunächst nicht die Rede, die Endniete tragen am meisten und die mittleren Niete am wenigsten. Es mögen 2 Stäbe durch eine laschenlose Nietverbindung, bestehend aus 3 Nieten in einer Linie, parallel der Kraftrichtung miteinander verbunden sein (vgl. Abb. 371). Es sei N_1 die Kraft des ersten Nietes, N_2 die des zweiten, $N_3 = N_1$ die Kraft des dritten Nietes; E_z sei der Elastizitätsmodul auf Zug, G der Elastizitätsmodul auf Abscherung. Nehmen wir nun an, daß alle Niete gleichmäßig tragen, also jeder $\frac{P}{3}$, dann werden die Verzerrungen der Niete gleich und damit auch e_1' gleich e_1'' sein; nun muß die Kraft in dem Stabteil a laut Voraussetzung $^2/_3\,P$ und die Kraft in dem Stab-

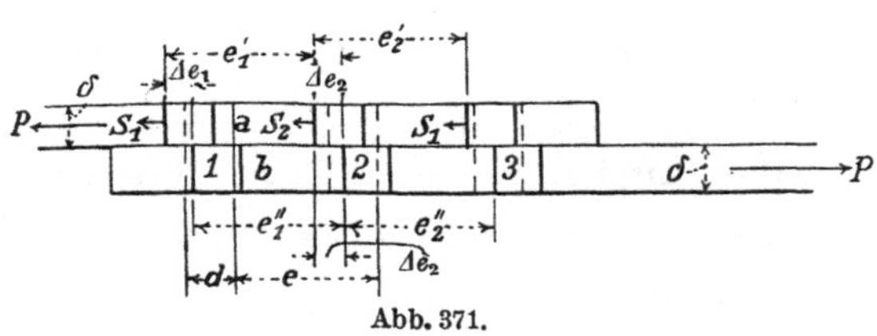

Abb. 371.

teil $b\ ^1/_3\ P$ betragen. Die Entfernung e_1' ist die deformierte Strecke von der ursprünglichen Länge p und entsprechend e_1''; da jedoch in diesen Stabteilen ungleiche Kräfte herrschen, muß sein $e_1' \neq e_1''$. Die Gleichheit dieser beiden Größen ist aber die Voraussetzung für gleiche Nietkräfte N_1 und N_2; es ist also ebenfalls $N_1 \neq N_2$.

Die Verteilung der Kraft kann gefunden werden, wenn man annimmt, daß die Spannungen in dem Stabquerschnitt zwischen den beiden Nieten gleichmäßig verteilt sind (was übrigens nicht zutrifft).

So wird, wenn man mit b die Stabbreite bezeichnet,

$$e_1' = e + (P - N_1)\frac{e}{b\cdot\delta\cdot E_z} = e + k(P - N_1),$$

$$e_1'' = e + \frac{N_1\cdot e}{b\cdot\delta\cdot E_z} = e + kN_1.$$

Bezeichnet man mit F den Nietquerschnitt, so wird

$$\varDelta e_1 = \frac{N_1\cdot d}{F\cdot G} = c\cdot N_1; \qquad \varDelta e_2 = \frac{N_2\cdot d}{F\cdot G} = cN_2,$$

$$e_1' + \varDelta e_2 = e_1'' + \varDelta e_1,$$

$$\therefore\ e_1' - e_1'' = \varDelta e_1 - \varDelta e_2,$$

$$\therefore\ e + k(P - N_1) - e - kN_1 = c(N_1 - N_2),$$

$$\therefore\ k(P - 2N_1) = c(N_1 - N_2). \tag{7}$$

Entsprechend

$$k[P - 2(N_1 + N_2)] = c(N_2 - N_3) = c(N_2 - N_1). \tag{8}$$

Löst man (7) und (8) nach N_1 und N_2 auf, so erhält man

$$N_1 = P\frac{k+c}{3c+2k}, \tag{9}$$

$$N_2 = P\frac{c}{3c+2k}, \tag{10}$$

$$\frac{N_1}{N_2} = 1 + \frac{k}{c} = 1 + \frac{e\cdot G\cdot F}{b\cdot\delta\cdot d\cdot E_z},$$

es ist also $N_1 > N_2$.

Zahlenbeispiel: Es seien 2 Bleche miteinander nach Abb. 371 verbunden; $b = 10$ cm, $\delta = 1$ cm, $e = 6$ cm, $d = 20$ mm, $\frac{G}{E_z} = 0{,}4$.

Damit wird

$$\frac{N_1}{N_2} = 1{,}38,$$

daraus

$$N_1 = N_3 = 0{,}37\,P,$$

$$N_2 = 0{,}26\,P.$$

Die Ungleichmäßigkeit in der Kraftverteilung nimmt mit der Zahl der Niete in der Kraftrichtung zu. Bei Anordnung von 2 Nieten überträgt jeder Niet die gleiche Kraft, die Kraftverteilung bei 3 Nieten ist im vorigen Abschnitt auseinandergesetzt. Bei 6 Nieten erhält man folgende Gleichungen (Abb. 372):

$$k(P - 2N_1) = c(N_1 - N_2),$$
$$k[P - 2(N_1 + N_2)] = c(N_2 - N_3),$$
$$k[P - 2(N_1 + N_2 + N_3)] = c(N_3 - N_4) = 0.$$

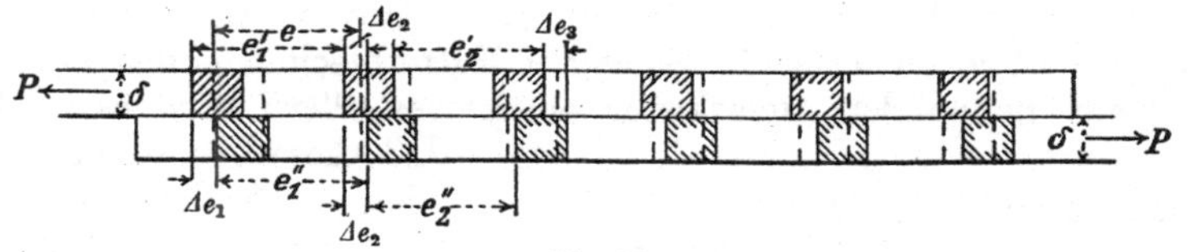

Abb. 372.

Die Auflösung nach N_1, N_2 und N_3 ergibt:

$$N_1 = P \cdot \frac{c^2 + 6ck + 4k^2}{2(3c + 2k)(c + 2k)},$$

$$N_2 = P \cdot \frac{c}{2(3c + 2k)},$$

$$N_3 = P \cdot \frac{c^2}{2(3c + 2k)(c + 2k)}.$$

Als Probe diene

$$N_1 + N_2 + N_3 = \frac{P}{2}.$$

Nehmen wir als Beispiel die Bleche das Zahlenbeispiels auf S. 478 an, so erhalten wir:

$$\frac{N_2}{N_3} = 1 + 2\frac{k}{c} = 1{,}76,$$

$$\frac{N_1}{N_3} = 1 + 6\frac{k}{c} + 4\frac{k^2}{c^2} = 1 + 2{,}28 + 0{,}58 = 3{,}86,$$

$$N_1 = 0{,}292\,P,$$
$$N_2 = 0{,}133\,P,$$
$$N_3 = 0{,}075\,P.$$

Daß infolge der Plastizität des Materials ein gewisser Ausgleich der übertragenen Kräfte stattfindet, ist an andrer Stelle gezeigt worden; deshalb sind die wirklichen Verhältnisse günstiger, als nach der oben mitgeteilten Rechnung zu erwarten wäre. Immerhin sollte das Ergebnis insofern zu denken geben, daß nicht kritiklos überall mit gleichmäßiger Kraftverteilung ohne weiteres gerechnet werde.

30. Nietverbindungen mit Futterblechen.

In den bisher betrachteten Fällen wurden die Kräfte aus einem Blech in ein anderes Blech übertragen, wobei die beiden Bleche einander unmittelbar berührten. Manchmal jedoch befindet sich zwischen den beiden Blechen ein sog. Futterblech; dann liegt indirekte Kraftübertragung vor. Die Frage ist, ob die Kraftübertragung durch das Futterblech verändert wird. Offenbar ja! Der Niet wird in zwei Ebenen mit der gleichen Kraft abgeschert, wie sie in dem entsprechenden Falle ohne Futterstücke nur in einer Ebene auftreten würde; selbst wenn das Nietloch vollständig von gestauchtem Material ausgefüllt ist, so ist die zusätzliche Biegung, die in dem Niet wirkt, größer als in dem Falle ohne Futterblech. Solch ein Futterblech, wie das eben besprochene, nennt der Amerikaner ein „loose filler", und es ist klar, daß diese Anordnung mehr Niete erfordert als eine solche ohne Futterblech. Man kann auch ein „tight filler" anordnen, wie die punktierten Linien der Abb. 373 andeuten. In diesem Falle dienen die Niete A dazu, einen Teil der Kraft P aus dem Blech *1* in das Futterstück überzuleiten, und die Nieten B sollen die Kraft in das Blech *2* übertragen. Bei einem tight filler sind doppelt so viele Nieten notwendig, als bei einem loose filler, vorausgesetzt, daß das Futterstück die gleichen Querschnittsabmessungen hat, wie jedes der beiden Bleche; die eine Hälfte dieser Nieten (A) soll die Kraft aus *1* in das Futterstück, und die andere Hälfte (B) aus dem Futterstück in das Blech *2* übertragen. Dies setzt voraus, daß die Nieten B aus dem Blech *1* keine Kraft übertragen. Oft sind jedoch die Futterstücke dünn, und der Fall ist verwickelter. Die Versuche von Tetmajer mit Blechen von gleicher Stärke führten zu dem Schluß, daß Nietverbindungen mit einem Futterstück mindestens die doppelte Anzahl von Nieten erfordern, als solche ohne Futterstück.

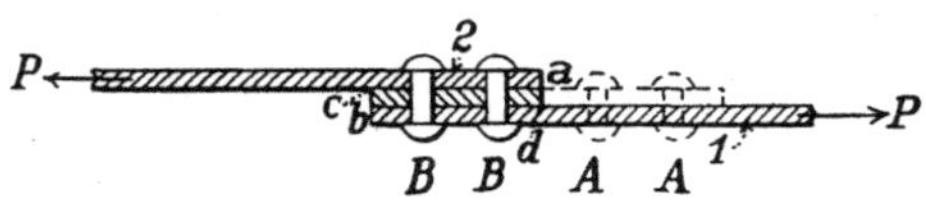

Abb. 373.

Ist mehr als ein Futterstück zwischen die tragenden Bleche eingeschoben, so wird die Einsicht in den Kraftverlauf noch schwieriger, und es sind noch mehr Nieten erforderlich. Die Frage ist offenbar die, ob und bis zu welchem Betrage ein Niet aus dem einen Blech durch die Futterstücke hindurch Kraft in das andere Blech übertragen kann, oder ob ein Niet nur Kraft aus einem Blech in ein anderes, diesem unmittelbar benachbartes Blech leitet. Letztere Annahme ist die sicherere, geht aber ohne Zweifel über das notwendige Maß an Sicherheit hinaus.

XVII. Druckstäbe.

1. Definitionen.

Unter einem Druckstab sei ein Stab mit gerader Achse verstanden, auf den in seinen Endflächen zwei gleiche Kräfte P aufeinander zu wirken, deren Wirkungslinien in der Stabachse liegen. Der Querschnitt des Druckstabes kann über die ganze Länge konstant oder auch veränderlich sein. Wenn die Kräfte P in den Schwerpunkten der Endflächen wirken und der Stab kurz ist, so wird angenommen, daß er seitwärts nicht ausbiegt, so daß die resultierende Kraft in jedem Querschnitt im Schwerpunkte angreift. Es ist also dann die Kraft in jedem Querschnitt gleichmäßig verteilt, die größte Spannung ist mit der mittleren Spannung identisch und hat den Wert $\sigma = \frac{P}{F}$. Ein solcher Stab heißt ein gedrungener Stab.

Als Schlankheitsgrad eines Stabes wird das Verhältnis zwischen der Stablänge und dem kleinsten Trägheitsradius seines Querschnittes bezeichnet. Ist diese Verhältniszahl genügend groß, so kann der Stab seitwärts ausbiegen, auch wenn die Kräfte in den Schwerpunkten der Endquerschnittsflächen angreifen; es besteht dann nur in jenen beiden Querschnitten gleichmäßige Spannungsverteilung, während in allen anderen Querschnitten von einer gleichmäßigen Spannungsverteilung nicht die Rede sein kann. Vielmehr überlagern sich die Spannungen aus dem Biegungsmoment über die gleichmäßig verteilten Spannungen $\sigma = \frac{P}{F}$, so daß die größte Spannung größer als die mittlere Spannung ist. Solch einen Stab nennt man einen schlanken Stab. Ist σ die zulässige Druckspannung, so wird die Gleichung $\sigma = \frac{P}{F}$ häufig bis zu einer ziemlich willkürlichen Grenze $\frac{l}{i}$ benützt, und oberhalb dieser Grenze wird dann eine Gleichung angewendet, die die Biegung berücksichtigt. Eine theoretisch einwandfreie Formel müßte alle Schlankheitsgrade umfassen und für $\frac{l}{i} = 0$ den Wert $\sigma = \frac{P}{F}$ ergeben. Es ist jedoch bisher noch nicht gelungen, eine diesen Anforderungen entsprechende Gleichung aufzustellen.

2. Beiderseits gelenkig gelagerte Stützen.

Es ist schon gesagt, daß an den Enden eines Druckstabes, in dessen Endquerschnitten die Druckkräfte zentrisch angreifen, Biegungsmomente nicht entstehen können. Man kommt dieser Voraussetzung am nächsten, wenn man die Stabenden gelenkig lagert, derart, daß das Stabende sich verdrehen kann, ohne daß dieser Drehung ein Widerstand entgegengesetzt würde (vgl. Abb. 374). Tatsächlich jedoch kann diese Voraussetzung in ganzer Schärfe nie zutreffen. Wenn der Gelenkbolzen das Gelenkloch ausfüllt, so entsteht Reibung, und diese leistet einer Verdrehung einen gewissen Widerstand, so daß ein Biegungsmoment an dem Stabende auftreten kann, selbst wenn der Gelenkbolzen im Schwerpunkt des Querschnitts angeordnet ist. Die Größe der Reibung hängt von der Last und von dem Reibungswinkel ab; der Hebelarm des Momentes ist durch den Halbmesser des Gelenkbolzens nach oben begrenzt.

Praktisch füllt ein Gelenkbolzen das Gelenkloch niemals aus. In diesem Falle ist die Kraft auf eine Fläche verteilt, die geringer ist als die halbe abgewickelte Zylinderfläche des Bolzenloches. Einer Drehbewegung des Stabes wirkt wiederum ein Moment entgegen, das der Reibung zwischen Bolzen und Bolzenloch seine Entstehung verdankt.

Unter einem gelenkig gelagerten Druckstabe versteht man deshalb nicht einen wirklichen Stab mit irgendwie ausgearbeiteten Gelenken, sondern einen idealen Stab, an dessen Enden absolut kein Biegungsmoment auftritt.

Abb. 374.

Wie wir noch sehen werden, sind die Lagerungsbedingungen von Druckstäben außerordentlich mannigfaltig. Der Name Druckstab ist ein Sammelname, der jeweils einer Erläuterung in bezug auf die Lagerungsbedingungen bedarf.

Es ist natürlich möglich, sich einen Druckstab vorzustellen, der unter der Einwirkung von zwei gleichgroßen, einander entgegengesetzt gerichteten Druckkräften vollkommen gerade bleibt, gleichgültig wie lang er ist, so daß für alle Querschnitte die Formel gelten würde

$$\sigma = \frac{P}{F}.$$

Jedoch kann in der Wirklichkeit ein solcher Stab nicht vorkommen: Einmal ist die Herstellung eines mathematisch geraden Stabes unmöglich, die Achse wird sich stets an einem oder mehreren Punkten von der Geraden entfernen; damit ist für die angreifenden Kräfte ein Hebelarm gegeben, und es entsteht ein Moment; durch die dadurch eintretende Deformation vergrößert sich wieder der Hebelarm, damit das Biegungsmoment, damit wieder die Deformation bzw. der Hebelarm usf., bis ein Gleichgewichtszustand eintritt. Weiterhin sind Unhomogenitäten des Materials unvermeidlich, die, selbst bei einer mathematisch geraden Stabachse, Biegungsmomente zur Folge hätten. Drittens würde irgendeine noch so kleine quer zur Stabachse gerichtete Kraft eine Durchbiegung und damit einen Hebelarm erzeugen, an dem angreifend die Druckkräfte ein Biegungsmoment bedingen, das zu dem durch die Querkräfte erzeugten Biegungsmoment hinzutritt. Viertens würde ein Biegungsmoment entstehen infolge des eigenen Gewichtes, wenn der Stab nicht genau senkrecht steht.

Um die Einwirkung einer mangelnden Homogenität zu zeigen, nehme man beispielsweise an, ein Säulenquerschnitt bestehe aus zwei U-Profilen, wie in Abb. 388, und man nehme weiterhin an, daß in Säulenmitte das rechte U-Profil auf eine kurze Strecke einen geringeren Elastizitätsmodul habe, als das linke Profil; dann wird der rechte Stab mehr zusammengedrückt als der andere, das bedeutet eine Biegung, mithin eine Durchbiegung, die sofort zum Hebelarm für die Druckkraft wird, dadurch das erste Moment und Durchbiegung vergrößernd usf. (vgl. oben), bis entweder Gleichgewicht oder Bruch eingetreten ist.

Es muß deshalb unter allen Umständen angenommen werden, daß ein Druckstab seitlich ausbiegt, selbst wenn die Druckkräfte in den Schwerpunkten der beiden Endquerschnitte angreifen. Die Aufgabe ist, die größten Spannungen zu finden.

3. Biegungsmomente infolge der Reibung im Gelenk.

Wenn der Druckstab an seinem Ende ein Gelenk hat, durch das die Kraft in den Stab eingeleitet wird (Abb. 375), und wenn der Gelenkbolzen das Loch völlig ausfüllt, so verteilt sich die Kraft P über die Zylinderfläche $\overline{abc}$. Man mag annehmen, daß an jedem Punkte dieser Fläche eine Normalspannung σ wirkt, welche von Null an den Punkten a und c bis zu einem Größtwert σ_1 am Punkte b wächst. Die Gestalt der Berührungsfläche nach der Deformation ist nicht bekannt. Es erscheint jedoch berechtigt, anzunehmen, daß jeder Punkt g sich um dasselbe Maß $\overline{gf} = \overline{de}$ parallel zu der Wirkungslinie von P bewegt. Die radiale Zusammendrückung $\overline{gh}$ ist, die Gültigkeit des Hookeschen Gesetzes vorausgesetzt, $c \cdot \sigma$, worin c eine Materialkonstante ist. Es wird

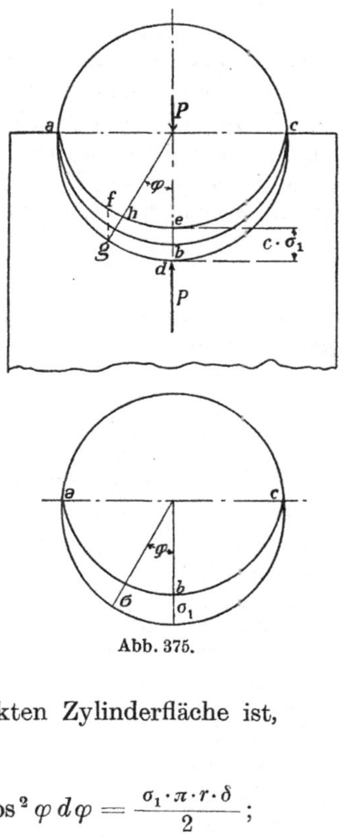

Abb. 375.

$$\frac{\overline{gh}}{\overline{gf}} = \frac{c \cdot \sigma}{c \cdot \sigma_1} = \frac{\sigma}{\sigma_1} = \cos\varphi$$

$$\sigma = \sigma_1 \cos\varphi .$$

Dann wird, wenn δ die Tiefe der gedrückten Zylinderfläche ist,

$$P = \int_0^{\frac{\pi}{2}} 2 \cdot \delta \cdot r\, d\varphi \cdot \sigma \cdot \cos\varphi = 2\, r \cdot \delta\, \sigma_1 \int_0^{\frac{\pi}{2}} \cos^2\varphi\, d\varphi = \frac{\sigma_1 \cdot \pi \cdot r \cdot \delta}{2};$$

$$\sigma_1 = \frac{2\,P}{\pi \cdot r \cdot \delta} . \tag{1}$$

Die größte Spannung ist also ausgedrückt durch den Quotienten aus der Kraft P und der Fläche eines Zylinderquadranten. (Vgl. im vorigen Kapitel das über den Lochleibungsdruck Gesagte.)

Wenn nun der Stab sich zu verbiegen trachtet und um den Gelenkbolzen eine Drehung ausführt, so entsteht auf jedem Flächenelement $r \cdot \delta \cdot d\varphi$ eine tangential gerichtete Reibungskraft von der Größe $r \cdot \delta \cdot d\varphi \cdot \mu \cdot \sigma$, worin μ der Reibungskoeffizient ist. Die gesamte Reibungskraft beträgt dann

$$T = 2\int_0^{\frac{\pi}{2}} r\cdot\delta\cdot d\varphi\cdot\mu\cdot\sigma = 2\,r\cdot\delta\cdot\mu\,\frac{2\,P}{\pi\cdot r\cdot\delta}\int_0^{\frac{\pi}{2}}\cos\varphi\cdot d\varphi$$

$$= \frac{4\,\mu\cdot P}{\pi} = 1{,}27\,\mu\cdot P. \tag{1a}$$

Das Moment dieser Kraft in bezug auf Bolzenmitte ist

$$M = T\cdot r = 1{,}27\,P\cdot\mu\cdot r. \tag{2}$$

Dies ist also das an dem Stabende auftretende Moment, das der Tendenz des Stabes, sich zu verdrehen, widersteht.

Die oben gegebene Ableitung hat nur Gültigkeit, wenn der Bolzen das Bolzenloch völlig ausfüllt, ebenso wie bei der Verwendung von Gl. (1) im vorigen Kapitel angenommen war, daß der Niet gut gestaucht war und das Nietloch vollständig ausfüllte. Allgemeiner Brauch ist es jedoch, die Größtspannung nach der Formel zu berechnen

$$\sigma_1 = \frac{P}{d\cdot\delta},$$

dieser Wert ist kleiner als der nach Gl. (1) errechnete. Ein Bolzen paßt nie genau in das Loch; wäre es der Fall, so würde es infolge der unvermeidbaren Ungenauigkeiten der Ausführung wahrscheinlich schwierig sein, ihn einzumontieren. Die Löcher in den verschiedenen, durch den Bolzen verbundenen Stäben liegen einander oft nicht genau gegenüber. Deshalb ist ein gewisses Spiel vorgeschrieben, im allgemeinen $^1/_{50}$ Zoll für Bolzen bis zu 5 Zoll Durchmesser und $^1/_{32}$ Zoll für größere Durchmesser (Bestimmungen der A. R. E. A. 1920). Es können also, wenn das Stabende sich verdrehen will, zwei Fälle eintreten: Entweder hat der Stab das Bestreben, auf dem Bolzen zu gleiten, wobei eine Reibungskraft entsteht, die der beabsichtigten Drehung entgegenwirkt, oder der Stab rollt auf dem Bolzen ab.

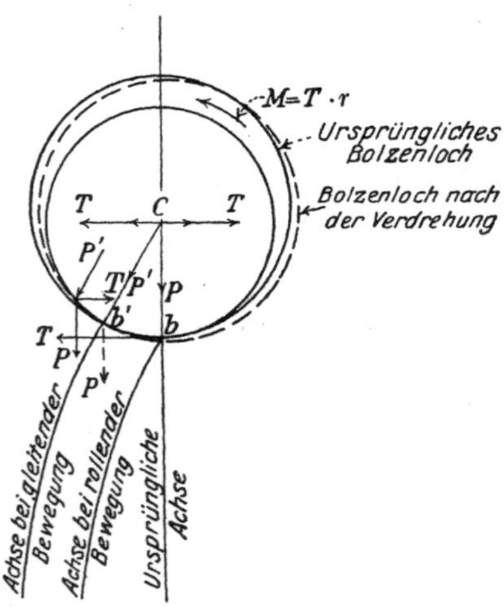

Abb. 376.

Wenn ein Gleiten stattfindet (Abb. 376), so bewegt sich der Punkt b der Stabachse nach b', und es entsteht eine Tangentialkraft T, die praktisch horizontal gerichtet ist und von dem Stabe auf den Bolzen ausgeübt wird. Bringt man in C zwei einander entgegengesetzt gerichtete Kräfte T an — was man tun kann, ohne an dem Gleichgewichtszustand etwas zu ändern — und vereinigt P mit einer dieser beiden Kräfte zu P', so verbleibt daneben noch ein rechtsdrehendes Moment, dem ein anderes links drehendes Moment $M = T \cdot r$, das irgendwo an dem Bolzen ausgeübt wird, widerstehen muß, um das Gleichgewicht zu erhalten. Die von dem Bolzen auf den Stab ausgeübte Kraft ist die Resultierende von P' und M, die man sich als eine in einem links von b' gelegenem Punkte angreifende Kraft P' und T mit der Resultierenden P denken kann, wobei der Richtungssinn von T dem der in b wirkenden Kraft T entgegengesetzt ist. Der Druck auf den Bolzen ist über eine Fläche rechts und links von b' verteilt; die Resultierende dieser Flächendrücke geht jedoch nicht durch b', dem Ende der Stabachse, hindurch, sondern durch einen Punkt, der links davon gelegen ist.

Wenn das Stabende auf dem Bolzen abrollt, dann bleibt der Endpunkt der Achse in b, die resultierende Kraft P liegt links von b (in Abb. 376 gestrichelt) und wirkt der Drehbewegung des Stabes entgegen, wie vorhin.

In beiden Fällen entstehen also Momente, die der von dem Stabe gewollten Drehbewegung widerstehen.

Wenn der Bolzen das Loch nicht ausfüllt, wie es wohl immer der Fall ist, dann würden sich, völlige Starrheit des Materials vorausgesetzt, Stab und Bolzen nur in einem Punkte berühren. Infolge elastischer oder plastischer Deformationen bildet sich in Wirklichkeit eine Berührungsfläche, die jedoch kleiner ist als eine halbe Zylinderfläche. (Die Berührung der beiden Flächen in nur einem Punkte ist unmöglich, weil dann an jenem Punkte eine unendlich große Druckspannung wirken würde.) Dadurch, daß die Berührungsfläche kleiner ist als die halbe Zylinderfläche, wie oben angenommen, wird das der Stabdrehung widerstehende Moment größer: Es verteile sich P über einen kleinen Teil der Zylinderfläche mit dem Zentriwinkel $2\varphi_1$, so würde wie vorher sein

$$\sigma = \sigma_1 \cos \varphi$$

und

$$P = 2\int_0^{\varphi_1} \delta \cdot r \cdot d\varphi \cdot \sigma \cdot \cos\varphi = 2\,\delta \cdot r \cdot \sigma_1 \int_0^{\varphi_1} \cos^2\varphi\, d\varphi$$
$$= \delta \cdot r \cdot \sigma_1 \left(\varphi_1 + \frac{\sin 2\varphi_1}{2}\right).$$

Dieser Ausdruck geht über in Gl. (1), wenn

$$\varphi_1 = 90^0 = \frac{\pi}{2},$$

sonst wird

$$\sigma_1 = \frac{2P}{\delta \cdot r} \cdot \frac{1}{2\varphi_1 + \sin 2\varphi_1},$$

$$T = 2\int_0^{\varphi_1} \mu \cdot \sigma \cdot \delta \cdot r \cdot d\varphi = 2\,\delta \cdot r \cdot \mu \cdot \sigma_1 \int_0^{\varphi_1} \cos\varphi \cdot d\varphi$$
$$= 4\,\mu \cdot P \frac{\sin\varphi_1}{2\varphi_1 + \sin 2\varphi_1}.$$

Dieser Ausdruck ist stets größer als der aus Gl. (1a).

4. Verschiedene Gesichtspunkte bei Betrachtung von Druckstäben.

Druckstäbe können voneinander grundsätzlich verschieden sein

1. In Hinsicht auf die Lagerungsbedingungen der Stabenden, also z. B. in Hinsicht auf den Widerstand, den das Stabende bei einer beabsichtigten Drehung findet.

2. In Hinsicht auf den Angriffspunkt der äußeren Kraft, der zentrisch oder exzentrisch gelegen sein kann.

3. In Hinsicht auf die Querschnittsausbildung (konstanter oder veränderlicher Querschnitt), allgemein, in Hinsicht auf die geometrischen Verhältnisse (Schlankheitsgrad usw.).

Die meisten Druckstäbe haben praktisch konstanten Querschnitt über die ganze Länge, wenn man von den Enden absieht, wo oft auf eine kurze Strecke eine andere Querschnittsausbildung gewählt wird in Rücksicht auf die konstruktive Durchbildung des Anschlusses an andere Stäbe.

5. Lagerungsbedingungen.

Zum Zwecke der Einteilung sollen mehrere ideale Lagerungsbedingungen aufgeführt werden, ideal deshalb, weil sie niemals praktisch so auftreten können. Es sind dies

a) beide Enden gelenkig gelagert,
b) beide Enden fest eingespannt,
c) ein Stabende fest eingespannt, das andere gelenkig gelagert,
d) beide Stabenden rund.

Ein Stab mit ebenen Endquerschnitten, auf die ohne Gelenke die Kraft durch ebene Druckplatten übertragen wird, ist eine Modifikation von *b* (vgl. S. 488, Zeile 15 u. ff.). Wie wir noch sehen werden, gibt es eine ganze Anzahl Modifikationen in allen oben angeführten Systemen.

6. Der ideale gelenkig gelagerte Druckstab
(Abb. 377a und a′)

soll wie folgt gekennzeichnet werden:

1. Er hat ursprünglich eine mathematisch gerade Stabachse.
2. Er ist ursprünglich homogen (E ist überall gleich).
3. Der Querschnitt ist über die ganze Länge konstant.
4. Die äußeren Kräfte wirken in den Schwerpunkten der Endquerschnittsflächen, ihre Wirkungslinien fallen mit der Stabachse zusammen.
5. Die Enden des Stabes können sich absolut frei verdrehen.
6. Die Enden dürfen sich nicht seitlich verschieben.
7. Es wirken keine Querkräfte (bei Berücksichtigung des Eigengewichts muß also der Stab vertikal stehen).

Ein solcher Stab kann theoretisch gerade bleiben; in diesem Falle hat jeder Querschnitt eine gleichmäßig verteilte Spannung von der Größe

$$\sigma = \frac{P}{F}.$$

Wenn sich der Stab verbiegt, so kann er sich nach Abb. 377a oder a′ deformieren, oder die Biegungslinie kann noch mehr Wendepunkte haben. Das Biegungsmoment an den Enden und an den

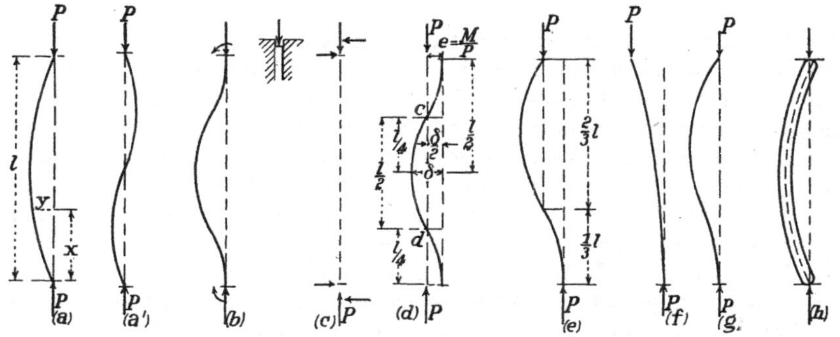

Abb. 377.

Wendepunkten der Biegungslinie hat den Wert Null. An irgendeinem beliebigen Punkte beträgt das Moment $M = P \cdot y$.

7. Der ideale beiderseits fest eingespannte Druckstab.

(Abb. 377 b, c und d.)

Seine Kennzeichen sind die gleichen wie die des beiderseits gelenkig gelagerten Stabes mit Ausnahme der Lagerungsbedingung: Die Stabenden können sich nicht verdrehen.

Die Lasten müssen also an den Stabenden in der Richtung der Stabachse angreifen; wenn das Stabende die Tendenz hat, sich zu verdrehen, so tritt noch ein Moment auf (Abb. 377b). Dieses widerstehende Moment kann praktisch so erzielt werden, daß die Enden des Stabes in dicht schließenden Hohlkörpern laufen, die nur eine Vertikalbewegung des Stabes, nicht aber eine seitliche oder eine Drehbewegung an den Enden zulassen. Entsteht nun ein Einspannungsmoment M, und wirkt gleichzeitig eine Normalkraft P, so ist die Resultierende aus P und M der Größe nach der Kraft P gleich, ihre Wirkungslinie liegt parallel der Stabachse in einer Entfernung $e = \frac{M}{P}$ (vgl. 377d).

Der Stab der Abb. 377d besitzt zwei symetrische Hälften; es müssen also die Tangenten an den Enden und in Stabmitte einander parallel sein. Wenn der Stab sich in der angedeuteten Weise durchbiegt, so erleidet er Biegungszugspannungen an den Stabenden auf der rechten und in der Mitte auf der linken Seite. Das Moment an den Enden hat den Wert $M = P \cdot e$, an den Wendepunkten c und d verschwindet das Moment. Aus Symmetriegründen folgt, daß das Moment seinem absoluten Wert nach in Stabmitte gleich dem an den Stabenden ist; ferner daß die Exzentrizität $e = \frac{\delta}{2}$ ist ($\delta =$ Durchbiegung in Stabmitte), und daß $\overline{cd} = \frac{l}{2}$ ist. Es wird also

$$M = \frac{P \cdot \delta}{2} = P \cdot e.$$

Die zur Stabmitte symmetrisch gelegene Stabhälfte $\overline{cd}$ ist ein idealer gelenkig gelagerter Stab. Es hat also der ideale beiderseits fest eingespannte Druckstab dieselbe Tragfähigkeit wie der ideale gelenkig gelagerte Druckstab von der halben Länge, gleichen Querschnitt und gleiches Material vorausgesetzt. Dieses wichtige Resultat ist gänzlich unabhängig von der Methode der Berechnung. Hat man demnach die Tragfähigkeit eines der beiden Stäbe gefunden, so kann die des anderen daraus bestimmt werden.

Häufig werden Druckstäbe in horizontaler Lage geprüft; geschieht dies, so sollte jedoch dem Eigengewicht durch Gegengewichte, die in Stabmitte oder besser noch an mehreren Punkten angreifen, das Gleichgewicht gehalten werden.

Ein „Druckstab mit ebenen Endquerschnitten" ist ein Stab, dessen Endquerschnitte eben sind, rechtwinklig zur Stabachse liegen und gegen ebene Druckplatten wirken. Verhindern die so gepreßten Endquerschnitte eine seitliche Bewegung und eine Verdrehung der Endtangenten des Stabes, so ist ein solcher Stab praktisch beiderseits eingespannt. Häufig jedoch wirkt sich die Tendenz des Stabes, sich zu verdrehen, in der Weise aus, daß die Endquerschnitte nicht mehr auf der ganzen Fläche die Druckplatte berühren, sondern mehr oder weniger klaffen. Um dies zu verhindern, müßten auf den klaffenden Querschnittsteil Zugkräfte ausgeübt werden, und dieses ist nicht möglich. Das Klaffen tritt ein, wenn die Kraft P außerhalb des Querschnittskernes, d. h. bei rechteckigem Querschnitt außerhalb des mittleren Drittels angreift[1]; sehr häufig fällt die Resultierende außerhalb des Kernes, wenn der Stab bis zur Zerstörung belastet wird. Unglücklicherweise ist dieser Punkt nicht immer bei Versuchen genügend beachtet worden. (Vgl. Abschn. 22 und 29 dieses Kapitels.) Säulen mit ebenen Endquerschnitten kommen als Bauteile häufig vor. In der Materialprüfung werden im allgemeinen Stäbe mit ebenen Endquerschnitten oder Stäbe mit Gelenken an den Enden verwendet, wobei erstere als beiderseits fest eingespannt betrachtet werden.

---

[1] In dem Belastungsfall nach Abb. 378 tritt an der rechten Ecke so lange keine Zugspannung bzw. Klaffen auf, als $\frac{P}{F} - \frac{P \cdot e \cdot v_1}{F \cdot i^2} \geqq 0$, worin i der Trägheitshalbmesser ist, d. h. so lange $e \leqq \frac{i^2}{v_1}$ $\left(\leqq \frac{h}{6}\right.$ für rechteckigen Querschnitt$\left.\right)$. Es kann demnach die größte Durchbiegung in Stabmitte ohne Klaffen des Endquerschnittes werden

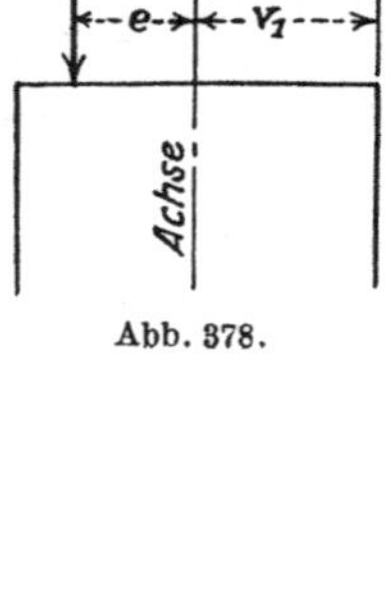

Abb. 378.

$$\delta = 2e = \frac{2i^2}{v_1}.$$

Man beachte, daß es sich bei diesen Überlegungen stets um gerade Stäbe handelt. Ein Stab, der nach Abb. 379 geformt ist, ist kein beiderseits eingespannter Druckstab im Sinne unserer Ausführungen. Seine Tragfähigkeit ist beträchtlich geringer, da die beiden äußeren Kräfte P ein Kräftepaar bilden. Die in Abb. 379 dargestellte gegenseitige Verschiebung der Stabenden kann bei Druckstäben eiserner Fachwerke infolge der Deformationen sehr wohl eintreten; die zusätzlichen Spannungen, d. h. die Spannungen, die durch die Deformation des Tragwerkes auftreten, und die denen zu superponieren sind, die auf Grund der Annahme eines starren Systems errechnet sind, können unter Umständen eine recht erhebliche Größe erreichen.

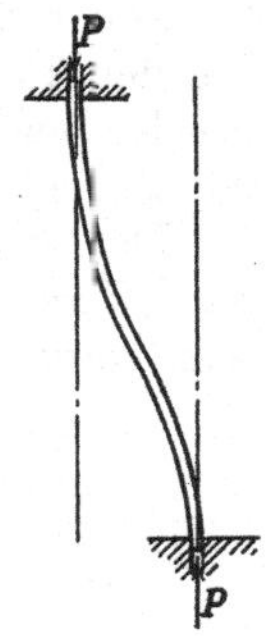

Abb. 379.

8. Der ideale Druckstab mit einem gelenkig gelagerten und einem fest eingespannten Ende.

Die Deformation kann nach Abb. 377e oder 377f erfolgen; es sind dies zwei durchaus voneinander verschiedene Fälle. Beide setzen eine seitliche Verschiebung des frei drehbaren Endes voraus, im ersteren Falle ist jedoch diese Bewegung gehemmt, während im zweiten Falle die Bewegung nicht gehemmt ist und das Stabende jede seitliche Bewegung ausführen kann.

Offenbar hat der Druckstab nach Abb. 377e die gleiche Tragfähigkeit wie ein beiderseits gelenkig gelagerter Stab von gleichem Querschnitt, gleichem Material und einer Länge, die $^2/_3$ der seinigen beträgt.

Im zweiten Falle, wo also die seitliche Bewegung des gelenkig gelagerten Stabendes ungehindert erfolgen kann, ist die Tragfähigkeit des Stabes gleich der eines doppelt so langen beiderseits gelenkig gelagerten Druckstabes von gleichem Querschnitt und gleichem Material. Diese Ergebnisse sind zwangläufig und unabhängig von einer besonderen Untersuchungsmethode. Die physikalischen Konstanten eines gelenkig gelagerten Druckstabes lassen sich aus den entsprechenden bekannten Werten eines einerseits eingespannten, andrerseits gelenkig gelagerten Stabes somit errechnen.

Der in Abb. 377f dargestellte Stab ist für einen bestimmten gegebenen Querschnitt und eine bestimmte gegebene Länge der schwächste, dann kommt der beiderseits gelenkig gelagerte Stab, dann der Stab nach Abb. 377e, die größte Tragfähigkeit besitzt der beiderseits eingespannte Stab.

Die Biegelinie des einseitig eingespannten, andrerseits gelenkig gelagerten Druckstabes wird häufig nach Abb. 377g dargestellt. Diese Darstellung ist offenbar falsch, da hierbei ein Moment an einem Stabende nicht auftreten kann; wird der Stab aber verbogen, so muß der Einspannquerschnitt durch ein Einspannungsmoment beansprucht sein. Es muß also unbedingt eine, wenn auch noch so geringe, seitliche Verschiebung des Gelenklagers angenommen werden.

9. Der Druckstab mit zwei runden Stabenden. (Abb. 377h.)

Die Stabenden können auf den ebenen Druckflächen frei abrollen. Ist der Radius der Rundenden r, so verhält sich der Stab wie ein idealer beiderseits gelenkig gelagerter Druckstab von der Länge $l - 2r$, ist also etwas tragkräftiger als ein Gelenkstab gleicher Länge.

Der Stab mit zwei runden Enden kommt praktisch nicht vor, wird aber in der Materialprüfung manchmal benutzt, da er die beste Annäherung an den idealen gelenkig gelagerten Stab darstellt.

Theorie des idealen Druckstabes.

10. Formel von Gordon.

Der englische Ingenieur Lewis Gordon schlägt die Formel vor

$$\sigma_K = \frac{P_K}{F} = \frac{\sigma_B}{1 + a\frac{l^2}{d^2}},$$

worin P_K die Knicklast, F die Querschnittsfläche, σ_B die Bruchfestigkeit des Materials, σ_K die Schwerpunktsspannung im Augenblick des Ausknickens (Knickspannung), l die Länge, d der kleinste Querschnittsdurchmesser und a ein Beiwert ist. Für fest eingespannte Stabenden gibt er folgende Werte für σ_K und a an:

	σ	a
Schmiedeeisen, rechteckiger Vollquerschnitt	2530 kg/cm²	$\frac{1}{3000}$,
Flußstahl, kreisförmiger Vollquerschnitt . .	5625 „	$\frac{1}{400}$,
Flußstahl, Kreisringquerschnitt	5625 „	$\frac{1}{800}$,
Steine und Ziegelsteine		$\frac{1}{600}$.

Die Gordon'sche Formel, die nur noch selten angewendet wird, erinnert an die Rankine'sche Formel; diese soll im folgenden Abschnitt besprochen werden.

11. Formel von Rankine.

Jeder Querschnitt hat die Kraft P zu übertragen; es hat also jeder Querschnitt die gleiche mittlere Spannung $\sigma = \frac{P}{F}$.

Der Gelenkstab nach Abb. 380 ist in jedem Querschnitt durch ein Moment $M = P \cdot y$ beansprucht; das größte Moment tritt in Stabmitte auf und hat den Wert $M_{\max} = P \cdot y_1$; dem entspricht eine Biegungs-Randspannung von

$$\sigma = \frac{P \cdot y_1 \cdot v_1}{J}$$

und eine Größtpannung von

$$\sigma_{\max} = \frac{P}{F}\left(1 + \frac{y_1 \cdot v_1}{i^2}\right), \tag{3}$$

worin wie üblich i den Trägheitshalbmesser, v_1 den Abstand des Querschnittsschwerpunktes von der äußersten Faser bedeutet.

Gleichung (3) ist streng richtig, wenn die Biegungsgleichung $M = \frac{\sigma \cdot J}{v}$ zutrifft, was mit genügender Genauigkeit bekanntlich nur im elastischen Bereich der Fall ist.

Um die Gl. (3) praktisch benutzen zu können, muß y_1 in bekannten Größen ausgedrückt werden. Der Ausdruck $\frac{y_1 \cdot v_1}{i^2}$ ist dimensionslos, der Zähler hat die Dimension einer ins Quadrat erhobenen Länge. Wir drücken nun $y_1 \cdot v_1$ als Funktion von l aus und zwar

$$y_1 \cdot v_1 = f(l) = c\,l^2, \tag{4}$$

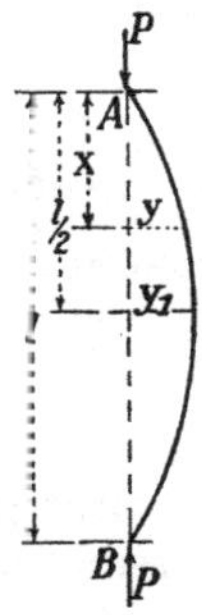

Abb. 380.

worin c eine unbenannte Zahl sein muß. Das besagt, daß für Druckstäbe gleichen Querschnitts die Durchbiegungen proportional dem Quadrat der Länge zunehmen, was plausibel erscheint. Die gewählte quadratische Funktion ist natürlich nur eine von vielen Möglichkeiten, man könnte auch an eine kubische denken, etwa

$$y_1 v_1 = c\,l^3,$$

oder an eine Sinusfunktion od. dgl., die einfachste nächst der linearen ist aber offenbar die gewählte quadratische.

Setzen wir Gl. (4) in Gl. (3) ein, so erhält man

$$\left.\begin{aligned} \sigma &= \frac{P}{F}\left(1 + c \cdot \frac{l^2}{i^2}\right), \\ \frac{P_K}{F} &= \frac{\sigma_B}{1 + c\,\frac{l^2}{i^2}}; \end{aligned}\right\} \tag{5}$$

Gl. (5) ist die Rankinesche Formel[1].

Die physikalische Konstante c ist durch den Versuch zu bestimmen. Ihr Wert hängt offenbar von dem verwendeten Material und der Querschnittsform ab.

Wenn der Stab die Möglichkeit hat, nach jeder Richtung auszubiegen, so wird er den Weg des geringsten Widerstandes wählen, d. h. er wird sich um die Achse verbiegen, deren i am kleinsten ist. Es ist dann in Gl. (5) das kleinste i einzusetzen. Wenn die Ebene der Verbiegung zwangläufig bestimmt ist, so ist das entsprechende i für Gl. (5) zu benutzen.

[1] Wm. J. Macquorn Rankine, geb. 1820, gest. 1872, ein bedeutender Ingenieur schottischer Abstammung; er war lange Professor an der Hochschule zu Glasgow.

Es möge ferner darauf hingewiesen werden, daß die Funktion $y_1 \cdot v_1 = f(l) = c \cdot l^2$ zunächst nur für variables l, also für konstantes P gewählt wurde, daß also bei zunehmendem P auch c zunehmen müßte; es wird jedoch c als eine physikalische Konstante betrachtet.

In der Gordon'schen Formel steht d^2 an Stelle von i^2. Da für rechteckige Querschnitte

$$h^2 = d^2 = 12\, i^2,$$

so würde mit $a = \frac{1}{3000}$ die Formel für fest eingespannte Stabenden lauten

$$\frac{P_K}{F} = \frac{\sigma_B}{1 + \frac{l^2}{36\,000 \cdot i^2}}$$

Entsprechend den in den Abschnitten 6, 7, 8 gefundenen Ergebnissen würde diese Beziehung lauten:

für Gelenkstäbe

$$\frac{P_K}{F} = \frac{\sigma_B}{1 + \frac{1}{9000} \cdot \frac{l^2}{i^2}},$$

für den einerseits fest eingespannten, andrerseits gelenkig gelagerten Druckstab

$$\frac{P_K}{F} = \frac{\sigma_B}{1 + \frac{l^2}{20\,250\, i^2}},$$

falls die horizontale Verschieblichkeit des gelenkig gelagerten Endes gehemmt ist, und

$$\frac{P_K}{F} = \frac{\sigma_B}{1 + \frac{l^2}{2250\, i^2}},$$

falls die horizontale Verschieblichkeit nicht gehemmt ist.

12. Die Formel von Euler.

Es liegt nahe, bei dem Knickproblem von der elastischen Linie auszugehen, deren Gleichung bekanntlich lautet

$$\frac{d^2 y}{d x^2} = -\frac{M}{E \cdot J} = -\frac{P \cdot y}{E \cdot J} = -m^2 \cdot y. \tag{6}$$

Das negative Vorzeichen erklärt sich aus der Wahl des Koordinatensystems, in dem y positiv nach rechts, x positiv nach unten gezählt wird. Die Neigung $\frac{dy}{dx}$ nimmt numerisch bei der Wanderung im Bereich der positiven x mit abnehmendem x ab.

Das allgemeine Integral der Gl. (6) lautet

$$y = A \cdot \cos m x + B \cdot \sin m x, \tag{7}$$

worin A und B Integrationskonstanten und durch die Randbedingungen bestimmt sind

$$\text{für } x = 0 \text{ und } x = l \quad \text{wird} \quad y = 0,$$

$$\text{für } x = \frac{l}{2} \quad \text{wird} \quad y = y_1 \text{ und } \frac{dy}{dx} = 0.$$

Für $x = 0$ wird Gl. (7) zu

$$y = 0 = A;$$

es vereinfacht sich also die Gleichung der Biegelinie zu

$$y = B \cdot \sin m x. \tag{7a}$$

Für

$$x = l \text{ wird } y = 0,$$

also

$$y = 0 = B \cdot \sin m \cdot l.$$

Die Werte $A = 0$ und $B = 0$ würden also offenbar befriedigen; dies würde aber bedeuten $y = 0$, d. h. der Stab verbiegt sich gar nicht, was wohl denkbar, aber praktisch nicht möglich ist.

Die andere Möglichkeit wäre

$$\sin m \cdot l = 0, \quad \text{oder} \quad m l = n \cdot \pi,$$

wobei n eine beliebige ganze Zahl ist. Hieraus folgt

$$m = \frac{n \cdot \pi}{l},$$

$$m^2 = \frac{n^2 \cdot \pi^2}{l^2} = \frac{P}{E \cdot J},$$

$$P = \frac{n^2 \cdot \pi^2 \cdot E \cdot J}{l^2}. \tag{8}$$

$P = P_K$, d. h. sowie eine wenn auch kleine Durchbiegung entstanden ist, wächst sie plötzlich bis zum völligen Bruch des Stabes (vgl. S. 500).

Den kleinsten Wert P_K erhält man für $n = 1$, nämlich

$$P_K = \frac{E \cdot J \cdot \pi^2}{l^2} = \frac{9{,}87 \cdot E \cdot J}{l^2} = \frac{9{,}87 \cdot E \cdot F \cdot i^2}{l^2}$$

oder

$$\sigma_K = \frac{P_K}{F} = \frac{\pi^2 \cdot E}{\frac{l^2}{i^2}} = \frac{9{,}87\, E}{\frac{l^2}{i^2}}, \tag{9}$$

worin i der Trägheitsradius in bezug auf die zur Biegungsebene senkrecht stehende Schwerachse bedeutet.

Differentiiert man Gl. (7a), so wird

$$\frac{dy}{dx} = B \cdot m \cdot \cos(m x). \tag{10}$$

Für $x = \frac{l}{2}$ ist $\frac{dy}{dx} = 0$, also wird entweder $B = 0$, was bedeutet, daß keine Biegung auftritt, oder $\cos\left(\frac{m \cdot l}{2}\right) = 0$, was wieder zu Gl. (8) führt.

Für $x = \frac{l}{2}$ ist $y = y_1$; also nach (7a)

$$y_1 = B \cdot \sin \frac{m \cdot l}{2}.$$

$$B = \frac{y_1}{\sin \frac{m \cdot l}{2}},$$

und die Gleichung der elastischen Linie lautet

$$y = y_1 \cdot \frac{\sin m x}{\sin \frac{m \cdot l}{2}}.$$

Da $\cos \frac{m \cdot l}{2} = 0$, so folgt, daß $\sin \frac{m \cdot l}{2} = 1$; also mit $n = 1$ (Biegung nach Abb. 380) lautet die Gleichung der elastischen Linie

$$y = y_1 \cdot \sin m x, \tag{7b}$$

oder mit $m \cdot l = \pi \cdot n$ (vgl. oben) $= \pi$ (für $n = 1$) folgt

$$m = \frac{\pi}{l}$$

und

$$y = y_1 \cdot \sin \frac{\pi}{l} \cdot x. \tag{7c}$$

Die Gleichungen (8) und (9) sind die Eulerschen[1] Knickformeln. Sie sind korrekt, solange Gl. (6) gilt, also mit genügender Genauigkeit im elastischen Bereich.

Abb. 381.

Ist $n = 2$, so wird

$$P_K = \frac{4 \pi^2 \cdot E \cdot J}{l^2},$$

$$y = y_1 \cdot \sin \frac{2 \pi \cdot x}{l}. \tag{11}$$

y verschwindet für $x = 0$, $x = \frac{l}{2}$ und $x = l$, der Fall ist in Abb. 381 dargestellt.

Ist $n = 3$, so wird $y = 0$ für $x = 0$, $\frac{l}{3}$, $\frac{2}{3} l$ und l; die Biegelinie hat also zwei Wendepunkte zwischen den Stabenden. Gl. (9) gilt stets, wenn unter l der Abstand zwischen zwei Wendepunkten verstanden wird.

Bezeichnet man in Gl. (9) $\frac{P_K}{F} = y$, $\frac{l}{i} = x$, so erhält man

$$y = \frac{\pi^2 \cdot E}{x^2};$$

diese Gleichung ist in Abb. 382 graphisch dargestellt.

[1] Leonhard Euler, geb. 1707 in Basel, gest. 1783 in St. Petersburg; Schüler von J. Bernouilli.

Die erste Ableitung nach x wird

$$\frac{dy}{dx} = -\frac{2\pi^2 \cdot E}{x^3} = -\frac{2y}{x}.$$

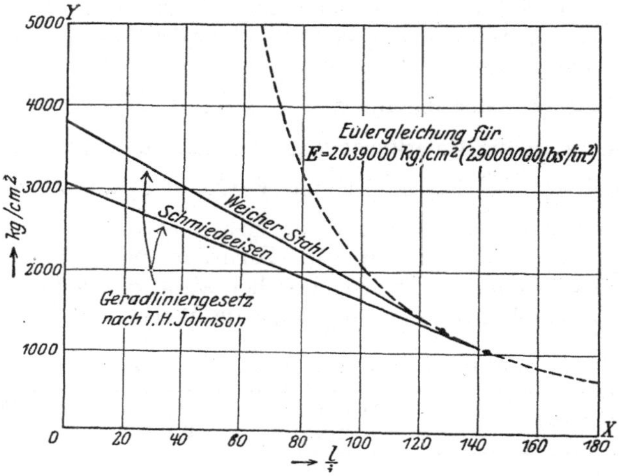

Abb. 382.

Die an einen Punkt (x_1, y_1) gezogene Tangente schneidet auf der Y-Achse den Abschnitt ab

$$y_0 = y_1 - x_1 \cdot \frac{dy}{dx} = 3\,y_1.$$

Diese Beziehung wird in Abschnitt 13 benützt werden.

13. Das Geradlinien-Gesetz.

Wird ein Druckstab gebogen, so muß notwendig in jedem Querschnitt die mittlere Spannung P/F geringer sein als die Größtspannung $\sigma_{\max}$. In der Rankine'schen Formel erhält man die mittlere Spannung gleich der Höchstspannung, dividiert durch eine Zahl, die etwas größer ist als Eins. Statt dessen könnte man die Höchstspannung der mittleren Spannung + einem Zuschlag gleich setzen, der mit wachsendem l/i zunimmt. Der einfachste Ausdruck wäre

$$\frac{P}{F} = \sigma_{\max} - c \cdot \frac{l}{i}, \qquad (12)$$

$$\sigma_{\max} = \frac{P}{F} + c \cdot \frac{l}{i}, \qquad (13)$$

bezw.

$$\frac{P_K}{F} = \sigma_K = \sigma_B - c \cdot \frac{l}{i}, \qquad (12\,a)$$

$$\sigma_B = \sigma_K + c \cdot \frac{l}{i}, \qquad (13\,a)$$

worin c eine durch den Versuch zu bestimmende Materialkonstante bedeutet[1].

[1] Professor Merriman wandte das Geradliniengesetz im Jahre 1882 an, wobei er statt i den kleinsten Querschnittsdurchmesser d einsetzte.

Trägt man $\frac{P_K}{F}$ in Abhängigkeit von $\frac{l}{i}$ auf, so erhält man eine gerade Linie. Die gleiche Abhängigkeit nach der Rankine'schen Formel aufgetragen, ergibt eine nach oben hohle, gekrümmte Kurve.

Thos. H. Johnson[1] schlug die Verbindung der Eulergleichung mit dem Geradliniengesetz vor in der Weise, daß er von dem Punkte $(x = 0, y = y_0)$ auf der Y-Achse, der die für $x = \frac{l}{i} = 0$ zulässige Spannung angibt, die Tangente an die Eulerkurve zog. Da nach den oben angegebenen Ableitungen $y_1 = \frac{y_0}{3}$ ist, so ist der Punkt der Eulerkurve leicht zu bestimmen, an den die Tangente zu ziehen ist. Johnson nahm den Wert σ_{zul}, also die Ordinate im Koordinatenursprung, zu ³/₄ der Druckfestigkeit kurzer Prismen, also bei Eisen oberhalb der Elastizitätsgrenze, an. Johnson schlug folgende Werte vor:

P. H. Johnsons Geradliniengesetz.

Material	Schmiedeeisen	Stahl mit 0,12 % C	Stahl mit 0,36 % C
σ_{zul}-Werte in kg/cm² . .	2970	3710	5660
c-Werte (vgl. Gl. 12) für			
a) ebene Endquerschnitte	9,0	12,6	23,7
b) Gelenkstäbe	11,2	15,5	29,2
c) runde Stabenden . .	14,3	20,0	37,7

Die von Johnson für die verschiedenen Lagerungsbedingungen der Druckstäbe angegebenen Konstanten stimmen nicht mit den für ideale Druckstäbe notwendigen Werten überein (vgl. Abschn. 21). Johnsons Formeln sind also nur als praktische Gebrauchsformeln zu werten. Dies zeigt sich auch an den Formeln, die Johnson im „Eulerbereich" benutzt. Für runde Stabenden, die der idealen Gelenklagerung am nächsten kommen, benutzt er die Gleichung

$$\sigma_K = \frac{\pi^2 \cdot E}{\frac{l^2}{i^2}}.$$

Für Gelenkstäbe gibt Johnson an

$$\sigma_K = \frac{\frac{5}{3}\pi^2 \cdot E}{\frac{l^2}{i^2}},$$

also von der erstgenannten Formel wesentlich verschieden.

Für Druckstäbe mit ebenen Endquerschnitten, denen im Idealfall die Gleichung genügen würde

$$\sigma_K = \frac{4\pi^2 E}{\frac{l^2}{i^2}},$$

[1] Trans. Am. Soc. C. E. 1886, p. 517.

gibt Johnson an

$$\sigma_K = \frac{\frac{5}{2}\pi^2 \cdot E}{\frac{l^2}{i^2}} \quad \text{(vgl. Abschn. 20).}$$

Der Wert c hängt von dem Wert E in der Eulergleichung ab. (Die Linienzüge der Abb. 382 entsprechen nicht genau den in der Zusammenstellung gegebenen c-Werten, da ihnen ein kleineres E zugrunde liegt.)

14. Das Parabel-Gesetz.

Die von σ_B in Gl. (12a) abzuziehende Größe kann statt in der linearen, in der quadratischen oder sonst einer andern Abhängigkeit von $\frac{l}{i}$ stehen. So schlug J. B. Johnson die Gleichung vor

$$\frac{P_K}{F} = \sigma_B - k \cdot \frac{l^2}{i^2}. \tag{14}$$

Die durch Gl. (14) darzustellende Kurve soll tangential an die Eulerkurve verlaufen.

Gl. (14) möge geschrieben werden

$$y = \sigma_B - k \cdot x^2 \tag{14a}$$

und

$$\frac{dy}{dx} = -2k \cdot x.$$

Die Neigung der Tangente an einen Punkt x, y der Eulerkurve beträgt

$$\frac{dy}{dx} = -\frac{2y}{x} = -\frac{2\pi^2 E}{x^3}.$$

Setzt man die Neigungen beider Kurven einander gleich, so wird

$$2k \cdot x = \frac{2y}{x}; \quad x = \sqrt{\frac{y}{k}}.$$

An dem Berührungspunkt müssen beide Kurven das gleiche y haben, also aus Gl. (14a):

$$y = \sigma_B - k \cdot x^2 = \sigma_B - y,$$

$$\therefore\ y = \frac{\sigma_B}{2};$$

$$x = \sqrt{\frac{\sigma_B}{2k}};$$

aus Gl. (9):

$$y = \frac{\pi^2 \cdot E}{x^2} = \frac{b}{x^2} = \frac{2b \cdot k}{\sigma_B} = \frac{\sigma_B}{2},$$

$$\therefore\ \sigma = \sqrt{4bk}; \quad b = \frac{\sigma^2}{4k}; \quad k = \frac{\sigma^2}{4b}.$$

Daraus folgen die Gleichungen der beiden Kurven.

Parabel: $$y = \frac{P_K}{F} = \sigma_B - \frac{\sigma_B^2}{4b} \cdot \frac{l^2}{i^2} = \sigma_B - \frac{\sigma_B^2}{4\pi^2 E} \cdot \frac{l^2}{i^2}$$

von $\frac{l}{i} = 0$ bis $\frac{l}{i} = \sqrt{\frac{\sigma_B}{2k}} = \sqrt{\frac{2b}{\sigma_B}} = \sqrt{\frac{2\pi^2 \cdot E}{\sigma_B}}$;

Eulerkurve:

$$y = \frac{P_K}{F} = \frac{\pi^2 \cdot E}{\frac{l^2}{i^2}}$$

für

$$\frac{l}{i} > \sqrt{\frac{2\pi^2 \cdot E}{\sigma_B}}.$$

15. Ableitung der Eulergleichung aus den Sätzen von der Momentenfläche.

Die Eulergleichung kann man aus den Sätzen von der Momentenfläche erhalten. Der in Abb. 383 dargestellte Druckstab habe in der Mitte die Durchbiegung y_1 und daselbst das Biegungsmoment $M = P \cdot y_1$. Die Biegelinie, im entsprechenden Maßstab gemessen, stellt also die Momentenfläche dar (jede Ordinate mit P zu multiplizieren). Die Fläche $\overline{CDEF}$ (mit $\frac{P}{E \cdot J}$ multipliziert) stellt die Neigung der Biegelinie in F in bezug auf AB dar. Das Moment dieser (mit $\frac{P}{E \cdot J}$ multiplizierten) Fläche in bezug auf EF stellt die Strecke $\overline{FG}$ dar; Fläche $\overline{ADC}$, mit $\frac{P}{E \cdot J}$ multipliziert, stellt den Winkel α_l, ihr Moment in bezug auf A die Durchbiegung y_1 dar.

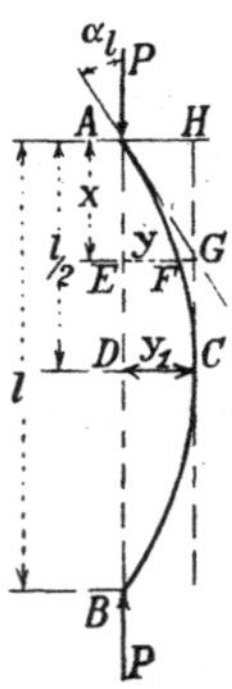

Abb. 383.

Die Gleichung der elastischen Linie laute (Sinuskurve)

$$y = y_1 \cdot \sin \frac{\pi \cdot x}{l}.$$

Fläche $\overline{ADC} = \frac{y_1 \cdot l}{\pi}$.

Moment von Fläche $\overline{ADC}$ in bezug auf $A = \frac{y_1 \cdot l^2}{\pi^2}$.

Daraus

$$\alpha_l \cdot E \cdot J = \frac{P \cdot y_1 \cdot l}{\pi},$$

$$\alpha_l = \frac{P \cdot y_1 \cdot l}{\pi \cdot E \cdot J},$$

$$y_1 = \frac{P \cdot y_1 \cdot l^2}{\pi^2 \cdot E \cdot J};$$

$$P = \frac{\pi^2 \cdot E \cdot J}{l^2} = 9{,}87 \frac{E \cdot J}{l^2}.$$

Nimmt man an, daß die Biegelinie eine Parabel sei, so wird

$$\text{Fläche } \overline{ADC} = \frac{y_1 \cdot l}{3}.$$

Moment von Fläche $\overline{ADC}$ in bezug auf A

$$\frac{5}{48} y_1 \cdot l^2.$$

Daraus

$$\alpha_l \cdot E \cdot J = \frac{P \cdot y_1 \cdot l}{3}; \quad \alpha_l = \frac{P \cdot y_1 \cdot l}{3 E \cdot J},$$

$$y_1 = \frac{5 P \cdot y_1 \cdot l^2}{48 E \cdot J}; \quad P = \frac{9{,}6 \cdot E \cdot J}{l^2}. \tag{9a}$$

Gl. (9a) stimmt also ziemlich genau mit der Eulergleichung überein.

16. Diskussion der Eulergleichung.

Die Eulergleichung besagt, daß die Knicklast P_K unabhängig von der Durchbiegung y_1 ist. P_K ist die Last, unter deren Einwirkung sich der gebogene Stab gerade noch im Gleichgewicht befindet, es würde aber auch bei irgendeiner anderen Durchbiegung unter der gleichen Last gerade noch Gleichgewicht bestehen. Die grundlegenden Annahmen, auf denen sich die Gleichung aufbaut, sind:

1. die Spannungen bleiben innerhalb der Elastizitätsgrenze,
2. die Spannungsverteilung über einen Querschnitt ist linear,
3. die Wirkung der Scherkräfte ist vernachlässigt,
4. $\frac{dy}{dx} = 0$, oder $dx = ds$, d. h. die Durchbiegungen verschwinden.

Von diesen Annahmen ist nur die vierte imstande, den Wert der Eulergleichung ernsthaft zu gefährden. Diese Annahme findet sich in allen Formänderungsberechnungen von Balken und wird allgemein als zulässig betrachtet; dies geschieht nicht nur deshalb, weil die Durchbiegungen sehr klein sind, sondern weil die Momente durch Kräfte, quer zur Längsachse gerichtet, hervorgerufen werden. Bei Balken sowohl wie bei Druckstäben wird die Durchbiegung durch Biegungsmomente verursacht; die Biegungsmomente des Balkens sind jedoch praktisch unabhängig von den Durchbiegungen, sie sind bestimmt unter der Annahme, daß der Balken starr ist. Die Biegungsmomente des Druckstabes haben jedoch eine elastische Durchbiegung des Stabes zur Voraussetzung. Ohne elastische Durchbiegung wäre kein Biegungsmoment denkbar (wenn man von ursprünglich vorhandenen Abweichungen der Stabachse von der Form einer Geraden absieht); man kann also das Paradoxon aufstellen: Die Durchbiegung entsteht durch die Durchbiegung. Damit muß aber die unter 4. genannte Annahme bedenklich erscheinen.

Es ist wohl möglich, den genauen Wert des Krümmungshalbmessers einzuführen, so daß $ds \neq dx$. Dies führt auf elliptische

Funktionen. Schneider[1] leitet für $n = 1$ einen genaueren Ausdruck der Knicklast ab:

$$P_K = \frac{\pi^2 \cdot E \cdot J}{l^2}\left(1 + \frac{\pi \cdot y_1^2}{8\, l^2}\right). \tag{15}$$

Man geht diesen Schwierigkeiten aus dem Wege, wenn man übereinkommt, daß die Eulergleichung den Wert der Druckkraft P ergibt, die der Stab gerade noch erträgt, ohne überhaupt in einer gegebenen Ebene auszubiegen, die durch das in der Gleichung verwendete J bestimmt ist. Nimmt man jene Ebene derart an, daß der Wert J zu einem Kleinstwert wird, so erhält man den Kleinstwert von P, die Knicklast. Jedes größere P muß dann den Druckstab plötzlich und beträchtlich verbiegen, jedenfalls so, daß die Spannungen aus dem elastischen Bereich heraustreten, wahrscheinlich jedoch bis zum Bruch. Wird die Eulergleichung als richtig unterstellt, so ergibt sie die Höchstlast, die der Stab tragen kann.

Nun ist es eine unbestreitbare Erfahrungstatsache, daß sich häufig ein Druckstab in der Prüfmaschine plötzlich und beträchtlich verbiegt, ohne jedoch unbedingt dabei zu brechen. Oft jedoch kann man auch beobachten, daß die Durchbiegungen allmählich mit der Belastung zunehmen. Diese Erscheinung läßt sich so erklären, daß die ursprüngliche Stabachse nicht gerade oder das Material nicht homogen war. Nimmt man eine vor der Belastung gerade Stabachse und homogenes Material an, so muß sich ein Druckstab nach der Euler'schen Theorie folgendermaßen verhalten:

1. Solange P unterhalb des in Gl. (9) gegebenen Wertes bleibt, verbiegt sich der Stab überhaupt nicht. Wirken auf den gleichen Stab außer der Längskraft P noch Biegungsmomente (reine Biegung oder Biegung durch Querkräfte), so sind die Durchbiegungen natürlich größer als wenn jene Biegungsmomente allein, ohne P, wirkten. Hören aber die Biegungsmomente auf zu wirken, so wird der Stab wieder gerade. Je größer P ist, um so geringer wird das Biegungsmoment, um eine bestimmte Durchbiegung unter sonst gleichen Bedingungen zu erzielen.

2. Ist P genau gleich dem durch Gl. (9) bestimmten Wert, so tritt noch keine Durchbiegung auf; der Stab befindet sich jedoch in einer Art labilen oder zum mindesten indifferenten Gleichgewichts. Unter der Einwirkung einer beliebig kleinen Querkraft wird er endliche Durchbiegungen erleiden; ist die Durchbiegung so groß, daß die Elastizitätsgrenze des Materials überschritten wird, so kann Zerstörung eintreten. Eine derartig große Durchbiegung kann aber bei sehr kleinen Querkräften erfolgen.

3. Überschreitet P den durch Gl. (9) gegebenen Wert um einen noch so geringen Betrag, so wird der Stab unter Einwirkung der kleinsten Querkraft brechen (während es theoretisch denkbar ist, daß bei alleiniger Wirkung der Kraft P der Stab gerade bleibt und nicht ausknickt).

---

[1] Z. d. Österr. Ing. u. Arch. Vereins 1901, S. 649.

Gl. (9) gibt also die Knicklast an. Da die Gleichung die Gültigkeit des Hooke'schen Gesetzes zur Voraussetzung hat, so darf sie nicht verwendet werden, wenn die Spannungen infolge der mit ihrer Hilfe errechneten Knicklast die Elastizitätsgrenze überschreiten.

Es sei darauf hingewiesen, daß die Euler'sche Knicklast wohl von dem Elastizitätsmodul, nicht aber von der Bruchfestigkeit des Materials abhängt. Demnach ist die Tragfähigkeit eines schlanken Druckstabes die gleiche, ob das Material sehr fester Stahl oder Schmiedeeisen ist, da E praktisch für beide Materialien gleich ist. Je größer die Bruchfestigkeit, um so größer muß wohl die Durchbiegung sein, damit die Randspannung die Bruchfestigkeit überschreitet; die Größe der Knicklast P bleibt aber davon unbeeinflußt, da, wie wir gesehen haben, die durch Gl. (9) bestimmte Kraft jede beliebige Durchbiegung erzeugen kann.

Für das Schlankheitsverhältnis $\frac{l}{i} = 0$ ergibt die Eulergleichung nicht $\frac{P_K}{F} = \sigma_B$ (Bruchfestigkeit), sondern $\frac{P_K}{F} = \infty$. Dies bedeutet, daß ein Druckstab von unendlich kleiner Länge sich nicht durchbiegt, auch wenn die Kraft P unendlich groß wird, was offenbar zutrifft.

Für kleine Werte $\frac{l}{i}$ liefert die Eulergleichung $\frac{P_K}{F}$-Werte, die weit jenseits des im allgemeinen als Druckfestigkeit angenommenen Werkes liegen $\left(\text{für } \frac{l}{i} = 50 \text{ wird } \frac{P_K}{F} \cong 8400\right)$; die Formel ist eben nur so lange gültig, als die Spannung unterhalb der Elastizitätsgrenze bleibt. Die Eulergleichung darf deshalb nur für solche $\frac{l}{i}$-Werte benutzt werden, wo sie Knicklasten liefert, infolge deren die Spannungen im elastischen Bereich bleiben. Für hölzerne Druckstäbe kommt sie also i. A. nicht in Betracht. ??

Bezeichnet man mit σ' die mittlere Druckspannung des Eulerstabes, so kann man schreiben

$$P_K = \sigma' \cdot F = \frac{\pi^2 \cdot E \cdot J}{l^2},$$

woraus die Verkürzung des Stabes folgt

$$\Delta l = \frac{\sigma' \cdot l}{E} = \frac{\pi^2 \cdot i^2}{l},$$

was besagt, daß die elastische Verkürzung des Eulerstabes unabhängig von dem Material und abhängig nur von den Abmessungen ist, was zweifellos unmöglich ist.

Trotz dieser unleugbaren Widersprüche hat die Eulergleichung viele Anhänger, namentlich in Europa, gefunden. Tetmajer sagte von ihr, daß ihre Anwendbarkeit unwiderlegbar bei zentrischer Belastung innerhalb des elastischen Bereiches erwiesen sei. Auf der anderen Seite hat die Eulergleichung auch in Europa Widerspruch gefunden.

Professor Vierendeel von der Löwener Universität weist hauptsächlich auf den Widerspruch hin, wonach ein Druckstab von einer Kraft verbogen wird, ohne sich zu verbiegen, und sagt dann weiter, daß die Eulergleichung stets die Ingenieure wenig befriedigt habe, und zwar hauptsächlich entwerfende Ingenieure, die auch die Verantwortung für ihre Konstruktionen tragen müssen. Denjenigen, die die Gleichung unter der Begründung halten, daß irgendwelche Material- oder Konstruktionsfehler von vornherein eine Biegung verursachen, zeigt er, daß sie nur einen anderen logischen Fehler begehen, indem sie annehmen, daß irgendeine, irgendwelchen Gesetzmäßigkeiten nicht unterworfene Ursache (jene oben genannten Fehler) einem Gesetz gehorchen könne, das mathematisch formuliert ist. Vierendeel kritisiert ebenfalls die Rankine'sche Formel, schlägt aber letzten Endes eine Knickformel vor, die sich der Rankineschen Form sehr nähert. Die Eulergleichung ist in Amerika für große $\frac{l}{i}$-Werte im allgemeinen in Anwendung, jedoch nicht für die praktisch häufig vorkommenden Schlankheitsverhältnisse.

17. Die Formeln von Euler und Rankine.

Die Eulergleichung kann in einer anderen Weise verwendet werden, so daß sie schließlich zu einem der Rankine'schen Formel ähnlichen Ausdruck führt. Man geht von dem Gedanken aus, daß die Größtspannung in irgendeinem Querschnitt eines gebogenen Druckstabes sich aus der Biegungsrandspannung und der gleichmäßig verteilten Normalspannung durch die Normalkraft zusammensetzt, oder

$$\sigma_p + \sigma_b = \frac{P}{F} + \sigma_b\,.$$

Die Aufgabe ist, σ_b zu finden. Gl. (9) ist lediglich mit Rücksicht auf die Biegung abgeleitet und nimmt auf die Gesamtspannungen keine Rücksicht, sondern liefert nur die größte Druckkraft, die der Druckstab erträgt, ohne sich zu verbiegen, bzw. die er erträgt, wenn er durch eine nachher wieder zu entfernende Querkraft verbogen wird. Setzt man ein

$$E = \frac{\sigma_b}{\varepsilon}\,,$$

worin ε die der Biegungsspannung σ_b zugeordnete spezifische Längenänderung bedeutet, so wird Gl. (9) zu

$$P_K = \frac{\pi^2 \cdot E \cdot J}{l^2} = \pi^2 \cdot \frac{\sigma_b \cdot J}{\varepsilon \cdot l^2}\,,$$

$$\sigma_b = \frac{P_K \cdot \varepsilon \cdot l^2}{\pi^2 \cdot J}\,,$$

$$\therefore \sigma_{\max} = \sigma_B = \frac{P_K}{F} + \frac{P_K}{F}\,\frac{\varepsilon \cdot l^2}{\pi^2 \cdot i^2} = \frac{P_K}{F}\left(1 + \frac{\varepsilon \cdot l^2}{\pi^2 \cdot i^2}\right)$$

oder

$$\frac{P_K}{F} = \frac{\sigma_B}{1 + \frac{\sigma_b}{\pi^2 \cdot E} \cdot \frac{l^2}{i^2}}. \tag{16}$$

Gl. (16) hat die gleiche Form wie die Rankine'sche Gleichung mit dem Unterschiede, daß der Koeffizient von $\frac{l^2}{i^2}$ variabel und zwar eine Funktion von σ_b, also von P, ist. Dieses Ergebnis stimmt mit den Ausführungen des Abschn. 11 dieses Kapitels überein und würde unseres Ermessens eine den wirklichen Verhältnissen mehr entsprechende Form der Euler-Gleichung für gebogene Druckstäbe darstellen. Eine Möglichkeit, σ_b zu errechnen, gibt die Gleichung allerdings auch nicht.

18. Knickgleichung von Merriman.

Professor Merriman leitet in der Zeitschrift „Engineering News" Juli 1894 eine Knickgleichung ab, die der Gl. (16) im Aufbau entspricht.

Bezeichnet man $\frac{P_K}{F} = y$, $\frac{l}{i} = x$, so nimmt die Rankine'sche Gleichung die Form an

$$c = \frac{\sigma_B}{1 + y \cdot x^2},$$

und die Eulergleichung

$$y = \frac{n \cdot \pi^2 \cdot E}{x^2}.$$

Berühren sich die beiden Kurven in irgendeinem Punkte (x, y), so muß der Differentialquotient $\frac{dy}{dx}$ an jenem Punkte für beide Kurven den gleichen Wert haben.

Für die Rankine'sche Gleichung:

$$\frac{dy}{dx} = -\frac{2\,\sigma_B \cdot c \cdot x}{(1 + c \cdot x^2)^2}.$$

Für die Eulergleichung:

$$\frac{dy}{dx} = -\frac{2\,n\,\pi^2 \cdot E}{x^3}.$$

Setzt man die beiden rechten Seiten gleich, so erhält man $x = \infty$ und $c = \frac{\sigma_B}{n \cdot \pi^2 \cdot E}$; es folgt daraus, daß die Eulerkurve und die Rankine'sche Kurve sich im Unendlichen berühren, und daß die Gleichung dieser Rankine'schen Kurve lautet

$$\frac{P_K}{F} = \frac{\sigma_B}{1 + \frac{\sigma_B}{n \cdot \pi^2 \cdot E} \cdot \frac{l^2}{i^2}},$$

für den idealen Gelenkstab ist $n = 1$,
für den idealen beiderseits eingespannten Stab ist $n = 4$,
für den idealen einerseits gelenkig gelagerten, andererseits fest eingespannten Stab ist $n = \frac{4}{9}$.

19. Vergleich der wichtigsten Knickgleichungen.

Die wichtigsten Knickgleichungen sind:

Rankine: $$\frac{P_K}{F} = \frac{\sigma_B}{1 + c\frac{l^2}{i^2}}, \tag{5}$$

Eulergleichung: $$\frac{P_K}{F} = \frac{\pi^2 \cdot E}{\frac{l^2}{i^2}}, \tag{9}$$

Geradliniengesetz: $$\frac{P_K}{F} = \sigma_B - k \cdot \frac{l}{i}, \tag{12}$$

Parabelgesetz: $$\frac{P_K}{F} = \sigma_B - k \cdot \frac{l^2}{i^2}. \tag{14}$$

Die Rankine'sche Gleichung hat wie alle auf der Biegungstheorie aufgebauten Gleichungen die Gültigkeit des Hooke'schen Gesetzes und lineare Spannungsverteilung zur Voraussetzung. Außerdem hat sie nur noch die Voraussetzung, daß $y \cdot v = c \cdot l^2$ ist. Wir haben gesehen, daß c keine Konstante sein kann, sondern mit P veränderlich sein muß. Es ist schwierig, dieses Gesetz mathematisch einzuführen, aber diese Abhängigkeit des Wertes c von P muß im Auge behalten werden. In den üblichen Formen (Gl. (5)) mit $c =$ konst. oder y unabhängig von P liegt ihr der gleiche Denkfehler zugrunde, wie er bei der Eulergleichung besprochen ist. Die Gleichung ist nur innerhalb des elastischen Bereiches brauchbar.

Wie bereits besprochen, gilt die Eulergleichung nur innerhalb des elastischen Bereiches und ergibt den Höchstwert von P, bei dem der Druckstab noch gerade bleibt. Sie sagt nichts aus über die Verhältnisse in einem gebogenen Druckstab und über die größte Randspannung, ist also nicht verwendbar bei der Untersuchung eines der Einwirkung einer Normalkraft und eines Biegungsmomentes ausgesetzten Stabes. Die Rankine'sche Gleichung ergibt dagegen die größte Randspannung als Abhängige von zwei Einflüssen, dem der Normalkraft und dem des Biegungsmomentes; für $\frac{l}{i} = 0$ wird $\frac{P}{F} = \sigma_B$, sie hat daher einen größeren Geltungsbereich.

Das Geradliniengesetz liefert die größte Spannung wie die Rankine'sche Formel in zwei Ausdrücken; der den Einfluß des Biegungsmomentes angebende Ausdruck, $\frac{k \cdot l}{i}$, ist jedoch unabhängig von P, was offensichtlich falsch ist. Zweifellos kann ein Druckstab nach dieser Formel sicher dimensioniert werden, aber infolge dieses Fehlers ist die Formel nicht geeignet, Spannungsuntersuchungen unter Berücksichtigung des Biegungsmomentes durchzuführen. Es könnte eingewandt werden, daß der Ausdruck $\frac{k \cdot l}{i}$ sich mit P ändert, weil i um so größer wird, je größer P ist; dieses führt zu dem

Ergebnis, daß mit zunehmendem P der Ausdruck $\frac{k \cdot l}{i}$ abnimmt. Diese Beziehung findet sich in der Rankine'schen Gleichung ebenfalls und sagt nur aus, daß ein für eine größere Druckkraft berechneter Druckstab widerstandsfähiger gegen zusätzliche Biegung ist als ein für eine geringere Last berechneter Druckstab.

Die gleichen Bemerkungen gelten auch für das Parabelgesetz.

Weitere Schwierigkeiten ergeben sich, wenn wir die Werte σ, c und k untersuchen, was später geschehen soll. Offenbar jedoch kann keine der genannten Gleichungen voll befriedigen; alle wurden und werden benutzt: die Euler'sche Gleichung hauptsächlich im festländischen Europa und z. T. in England, die Rankine'sche Formel in England und in Amerika, während das Geradliniengesetz hauptsächlich in Amerika eine große Verbreitung gefunden hat, besonders nachdem es von der „American Railway Engineering Association" angenommen war. Das Parabelgesetz ist wenig verwendet worden, obwohl es auf Grund von Versuchen von dem „Committee of the A. R. E. A." empfohlen wurde.

Das Knickproblem gehört zu den strittigsten Fragen der Festigkeitslehre, und der Verfasser ist der Ansicht, daß die schwachen Stellen in Ingenieurbauwerken in der Regel die Druckstäbe sind.

20. Der Verfasser bevorzugt die Rankine'sche Formel,

und zwar aus folgenden Gründen:

1. Die Formel bringt getrennt den Einfluß der Normalkraft und den Einfluß des Biegungsmomentes.

2. Für das Schlankheitsverhältnis $\frac{l}{i} = 0$ ergibt sich $P = \sigma \cdot F$ (dieser Zusammenhang erscheint auch in dem Geradliniengesetz und in dem Parabelgesetz, während die Eulersche Formel für diesen Fall $P = \infty$ ergibt.)

3. Die Formel erscheint außerordentlich brauchbar für praktisch vorkommende, nicht ideale Fälle, wie z. B. Stege oder Gurtplatten oder Winkel von Blechträgern.

Die Euler'sche Formel erklärt die Knicklast P_K unabhängig von der Durchbiegung. Das Geradlinien- und das Parabelgesetz ergeben den Ausdruck für σ_b nur insoweit abhängig von P, als mit größer werdendem i der die Biegungsrandspannung darstellende Ausdruck $\frac{k \cdot l}{i}$ bzw. $\frac{k \cdot l^2}{i^2}$ kleiner wird, was offenbar nicht richtig sein kann. Der wesentliche der Rankine'schen Formel anhaftende Fehler erscheint dem Verfasser der zu sein, daß der Faktor c unabhängig von P ist.

Als sich der Verfasser im Jahre 1923 im Auftrage des „American Institute of Steel Construction" an der Aufstellung von Richtlinien für Eisenbauten beteiligte, begründete er den Vorschlag, die Rankine'sche Formel zu benutzen, wie folgt:

An eine Gleichung für Druckstäbe muß man die Anforderung stellen, daß sie die größte Randspannung durch Druck und Biegung liefert; eine Formel für Druckstäbe darf nicht an der Tatsache vorübergehen, daß sich der Stab verbiegt. Der allgemeine Aufbau muß sein

$$\sigma_B = \frac{P_K}{F} + \frac{P_K \cdot y_1 \cdot v_1}{J} = \frac{P_K}{F} + \frac{P_K \cdot y_1 \cdot v_1}{F \cdot i^2},$$

oder

$$\frac{P_K}{F} = \frac{\sigma_B}{1 + \frac{y_1 \cdot v_1}{i^2}}.$$

Diese Gleichung ist innerhalb des elastischen Bereiches unbedingt korrekt, sofern die Biegungstheorie gültig ist. Ihrer Anwendung steht jedoch entgegen, daß y_1 unbekannt ist.

Rankine nimmt folgenden Zusammenhang an:

$$y_1 \cdot v_1 = c \cdot l^2,$$

worin c eine Materialkonstante ist. Die Bedingung der Homogenität der Gleichung ist erfüllt. Wir wollen diese Gleichung diskutieren: Es ist plausibel, daß mit wachsendem v_1, alle anderen Abmessungen konstant vorausgesetzt, y_1 abnimmt; es ist weiterhin plausibel, daß mit zunehmender Länge, alle übrigen Abmessungen wieder konstant angenommen, der Wert y_1 schneller wachsen muß als l. Rankine nimmt den Exponenten von l mit 2 an: Es erscheint müßig, diesen Zahlenwert zum Gegenstand eines wissenschaftlichen Streites zu machen.

Hiermit nimmt die Rankine'sche Formel die Gestalt an

$$\frac{P_K}{F} = \frac{\sigma_B}{l + c\,\frac{l^2}{i^2}}.$$

Die Gleichung enthält eine offenbare Unstimmigkeit: Es muß nämlich y_1 mit P wachsen, d. h. c kann keine Konstante sein, sondern muß mit zunehmendem P ebenfalls zunehmen. Für den praktischen Gebrauch erscheint die Vernachlässigung der Abhängigkeit des Wertes c von P zulässig, zumal das Gesetz der Abhängigkeit unbekannt ist.

Das Geradliniengesetz lautet:

$$\frac{P_K}{F} = \sigma_B - k \cdot \frac{l}{i}$$

oder

$$\sigma_B = \frac{P_K}{F} + k \cdot \frac{l}{i}.$$

Der Ausdruck $k \cdot \frac{l}{i}$ ist der durch die Biegung hervorgerufene Spannungsanteil der Randfaser oder

$$k \cdot \frac{l}{i} = \frac{P_K \cdot y_1 \cdot v_1}{F \cdot i^2}.$$

Diese Gleichung ist nicht homogen. Die linke Seite ist dimensionslos, die rechte Seite hat die Dimension kg/cm².

Ferner ergibt sich

$$y_1 = \frac{k \cdot l \cdot F \cdot i}{P_K \cdot v_1}.$$

Danach wächst y_1 mit F und i und nimmt mit P ab, Ergebnisse, deren Unrichtigkeit auf der Hand liegt.

Das Geradliniengesetz ist also rein empirischer Natur und kann nicht den Anspruch erheben, eine physikalische Gesetzmäßigkeit auszusprechen. Das gleiche gilt von dem Parabelgesetz.

Die Rankine'sche Formel scheint den tatsächlichen Verhältnissen am besten gerecht zu werden. Die Biegungsspannungen werden berücksichtigt.

Das Geradliniengesetz und das Parabelgesetz sind vielfach durch Versuche bestätigt worden so gut wie die Rankine'sche Formel; das beweist jedoch noch nichts, da viele Versuche ungenau angelegt und durchgeführt sind und die Ergebnisse einander oft widersprechen. Wir müssen eine Formel verlangen, deren Aufbau wissenschaftlich befriedigt.

Das Geradliniengesetz und das Parabelgesetz können aus den oben genannten Gründen nicht für wissenschaftliche Untersuchungen benützt werden, die dem Verhalten von Druckgliedern allgemein nachgehen wollen, z. B. von Flanschen von Walzprofilen oder von Stegen von Blechträgern usw. Die Rankine'sche Gleichung ist indessen sehr wohl für derartige Untersuchungen brauchbar.

Es wird aus allen diesen Erwägungen empfohlen, die Rankine'sche Gleichung zu verwenden, zumal ihre Anwendung nicht schwieriger ist als die irgendeiner andern Formel.

Für große Schlankheitsgrade $\frac{l}{i}$ ist die Euler-Gleichung zu empfehlen; diese großen Schlankheitsgrade kommen indes praktisch selten vor.

21. Beziehungen zwischen den Konstanten in den einzelnen Knickgleichungen.

Für ideal gelagerte Druckstäbe sind die Konstanten, d. h. die Faktoren der Ausdrücke $\frac{l}{i}$ bzw. $\frac{l^2}{i^2}$ bzw. $\frac{\pi^2 \cdot E}{\frac{l^2}{i^2}}$ (Euler) der verschiedenen Knickgleichungen in der folgenden Tabelle zusammengestellt, wobei die gleiche zulässige Spannung für alle Gleichungen zugrunde gelegt ist.

Art des Druckstabes	Rankine	Geradliniengesetz	Parabelgesetz	Koeffizient des Wertes $\frac{\pi^2 \cdot E}{\frac{l^2}{i^2}}$ in der Euler-Gleichung
a) Idealer Gelenkstab	c	k	k	1
b) Idealer beiders. eingesp. Druckstab	$\frac{c}{4}$	$\frac{k}{2}$	$\frac{k}{4}$	4
c) Idealer einerseits fest eingesp., anders. gel. gelag. Stab; das Stabende kann seitlich nicht ausweichen	$\frac{4}{9}c$	$\frac{2}{3}k$	$\frac{4}{9}k$	2,25
d) Wie unter c), jedoch mit seitlich verschieblichem Stabende .	$4c$	$2k$	$4k$	0,25

22. Der ideal gelagerte Druckstab kommt praktisch nicht vor.

Bei dem Gelenkstab leistet die Reibung zwischen Bolzen und Bolzenloch der Verdrehung der Stabenden Widerstand, so daß hierdurch der Stab teilweise eingespannt ist. Das durch die Reibung erzeugte Moment nimmt mit fehlender oder mangelhafter Schmierung und mit zunehmendem Bolzendurchmesser zu. Ein Druckstab mit ebenen Endquerschnitten kann als ein Gelenkstab mit unendlich großem Bolzendurchmesser betrachtet werden. Wir haben in Abschn. 3 den Mindestwert des Reibungsmomentes zu $M = 1{,}27\, P \cdot \mu \cdot r$ bestimmt unter der Voraussetzung gleitender Reibung. Nehmen wir für eine ungeschmierte Gelenkverbindung ein $\mu = 0{,}25$ an, so wird $M = 0{,}32\, P \cdot r$. Es bietet ein gewisses Interesse, zu untersuchen, wie groß der Bolzendurchmesser eines Gelenkstabes sein muß, um praktisch eine Drehung der Stabenden zu verhindern:

Nach der Rankine'schen Formel ist die Durchbiegung eines gelenkig gelagerten Druckstabes von der Länge l

$$y_1 = \frac{c \cdot l^2}{v_1},$$

und nach Abb. 377d ist die Durchbiegung eines beiderseits fest eingespannten Druckstabes von der Länge l doppelt so groß als die Durchbiegung eines Gelenkstabes von der Länge $\frac{l}{2}$. Es wird damit das Einspannmoment eines fest eingespannten Druckstabes

$$P \cdot \frac{y_1}{2} = \frac{P \cdot c \cdot l^2}{4 \cdot v_1}.$$

Setzt man diesen Wert dem Reibungsmoment mit $\mu = 0{,}25$ gleich, so erhält man

$$0{,}32\, P \cdot r = \frac{P \cdot c \cdot l^2}{4 \cdot v_1},$$

oder unter Verwendung des Wertes $\frac{1}{3}$ anstatt 0,32

$$r = \frac{3}{4} \cdot \frac{c \cdot l^2}{v_1}. \tag{17}$$

Nimmt man für Gelenkstäbe an

$$c = \frac{1}{9000},$$

so erhält man

$$r = \frac{l^2}{12000 \cdot v_1}.$$

Für einen 10 m langen Druckstab z. B. wird mit $v_1 = 15$ cm

$$r = \frac{1000 \cdot 1000}{12000 \cdot 15} \approx 5{,}6 \text{ cm}.$$

Danach würde also mit den obigen Annahmen ein Bolzen mit einem Durchmesser von 11,2 cm genügen, um diesen Stab an beiden Enden fest einzuspannen. Es ist eben notwendig, das Gelenk gut zu schmieren, falls man praktisch eine Gelenkwirkung erzielen will. Im allgemeinen werden Bolzen und Bolzenloch vor der Montage mit Talg eingefettet, um die Montage zu erleichtern und einen gewissen Rostschutz zu erreichen; in den weitaus meisten Fällen ist jedoch später eine Schmierung nicht mehr möglich. Die Stöße, die Erschütterungen und die Lastwiederholungen eines fahrenden Eisenbahnzuges können trotzdem eine gewisse Drehung der Stabenden einer Eisenbahnbrücke bewirken; es wird jedoch ein Teil dieser Verdrehung zurückbleiben, nachdem der Zug die Brücke verlassen hat, wodurch in das unbelastete Bauwerk Spannungen hineinkommen, die das entgegengesetzte Vorzeichen der Spannungen haben, die die gleiche Brücke mit steifen Knotenpunkten bei Belastung aufzunehmen hätte.

Ebenso unmöglich ist es, den idealen beiderseits eingespannten Druckstab praktisch zu konstruieren. Selbst die steifste Einspannung wird etwas nachgeben und eine gewisse Verdrehung in den Stabenden zulassen. Hinzu kommt, daß die Enden eines belasteten Druckstabes in den meisten praktischen Fällen Verdrehungen und Verschiebungen derart erfahren, daß die Stabachse zu einer räumlichen Kurve deformiert wird, und schließlich greifen die Kräfte fast immer mit einer gewissen Exzentrizität an, wodurch die Unsicherheit der Rechnung vergrößert wird.

Man kann also zusammenfassend sagen, daß selbst eine theoretisch streng richtige Knickformel für die praktisch vorkommenden Druckstäbe unrichtige Resultate liefern muß. Es ist eben unmöglich, die tatsächlichen Lagerungsbedingungen richtig zu erfassen. Es muß weiter darauf hingewiesen werden, um die Knickversuche im Laboratorium richtig zu beurteilen, daß der Versuch stets unter anderen Bedingungen durchgeführt wird, als die sind, denen der im Zusammenhang eines Bauwerks befindliche Druckstab ausgesetzt ist: In der Prüfmaschine sind die Druckkräfte P die einzigen auf den Stab wirkenden äußeren Kräfte, während infolge der Deformationen des Bauwerkes an den Enden eines eingebauten Druckstabes zusätzliche Biegungsmomente eingeleitet werden.

Man kann deshalb sagen, daß ein eingebauter, gelenkig gelagerter Druckstab im allgemeinen eine größere Knicksicherheit aufweisen wird, als ein idealer gelenkig gelagerter Stab.

Das gleiche gilt von dem Druckstab mit ebenen Stabenden.

23. Druckstab mit schwach gekrümmter Achse[1].

Ein wesentlicher Unterschied des praktisch vorkommenden Druckstabes gegenüber dem idealen Druckstab ist der, daß die Stabachse von vornherein eine gewisse Krümmung aufweist. Die gekrümmte Stabachse möge die Form ABC (Abb. 384) haben. Das Verhalten des Stabes unter der Einwirkung der beiden Druckkräfte P wird dadurch wesentlich beeinflußt. Er wird, auch abgesehen von der Verkürzung, seine ursprüngliche Gestalt nicht beibehalten, bis P den in Gl. (9) bestimmten Wert erreicht, sondern jede noch so kleine Last erzeugt

[1] „A practical Treatise on Bridge Construction“ by T. Claxton Fidler, London, Charles Griffin & Co.

an jedem Punkt das Biegungsmoment $P \cdot y$, wodurch die Durchbiegung und damit das Biegungsmoment wieder vergrößert werden. Angenommen eine Last P verbiegt den Stab zu der Form $A\,C'\,B$, die ursprünglich vorhandene Durchbiegung y' sei also um den Betrag y'' gewachsen, das Biegungsmoment in der Mitte beträgt dann $P \cdot (y_1' + y_1)''$, und die Linie $A\,C'\,B$ stellt, im richtigen Maßstabe gemessen, die Momentenlinie dar. Diese Momente erzeugen die elastischen Durchbiegungen y''.

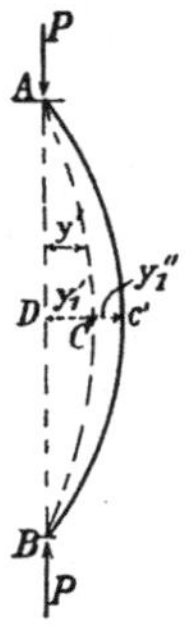

Abb. 384.

Das Moment der Fläche $\overline{A\,D\,C'}$ in bezug auf A stellt nun die elastische Durchbiegung y_1'' dar, oder unter der Annahme, daß die Kurve eine Parabel ist, erhalten wir

$$y_1'' = \frac{5}{48} P \cdot (y_1' + y_1'') \frac{l^2}{E \cdot J},$$

$$P = \frac{48}{5} \cdot \frac{y_1''}{y_1' + y_1''} \cdot \frac{E \cdot J}{l^2} = P' \frac{y_1''}{y_1' + y_1''}, \qquad (18)$$

worin P' der durch Gl. (9a) in Abschn. 15 angegebene Wert ist.

Ferner wird

$$y_1'' = y_1' \frac{P}{P' - P}. \qquad (19)$$

Hieraus geht hervor, daß die elastische Durchbiegung von der Last P abhängt; es ist ferner ersichtlich, daß, wenn sich der Wert P dem Werte P' nähert, das Verhältnis $\frac{y_1''}{y_1'}$ sehr groß wird, oder mit anderen Worten, schon ein kleines y_1' den Wert y_1'' sehr ungünstig zu beeinflussen vermag.

Es leuchtet damit ein, daß ein praktisch vorkommender Druckstab, der keine mathematisch gerade Achse und auch nicht völlig homogenes Material haben wird, nicht der Euler'schen Gleichung folgen kann, wonach er völlig gerade bleiben sollte, bis die Druckkraft einen gewissen Wert erreicht hat, um sich dann plötzlich sehr stark bis zur Zerstörung zu verbiegen; vielmehr wird er sich allmählich durchbiegen.

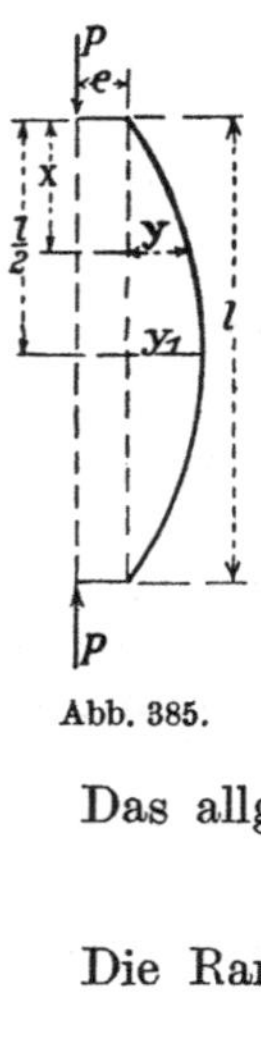

Abb. 385.

24. Knickfestigkeit bei exzentrisch wirkender Belastung.

An einem idealen Gelenkstab mögen die beiden Druckkräfte P parallel zur Stabachse, um das Maß e von ihr entfernt, angreifen (Abb. 385). Dann ist nach Euler

$$\frac{d^2 y}{d x^2} = -\frac{P}{E \cdot J}(e + y) = -m^2 (e + y). \qquad (20)$$

Das allgemeine Integral dieser Differentialgleichung lautet

$$y = A \cdot \cos m x + B \cdot \sin m x - e. \qquad (21)$$

Die Randbedingungen lauten:

Für

$$x = 0 \quad \text{und} \quad x = l$$

wird

$$y = 0;$$

für

$$x = \frac{l}{2}$$

wird

$$\frac{dy}{dx} = 0 \quad \text{und} \quad y = y_1;$$

$$x = 0, \quad y = 0$$

ergibt

$$A = e;$$

$$x = l, \quad y = 0$$

ergibt

$$e = e \cdot \cos m l + B \cdot \sin m l;$$

$$\therefore \; B = \frac{e\,(1 - \cos m l)}{\sin m l} = e \tan \frac{m l}{2};$$

$$x = \frac{l}{2}, \quad \frac{dy}{dx} = 0$$

ergibt ebenfalls die Konstanten A und B;

$$x = \frac{l}{2}, \quad y = y_1$$

ergibt

$$y_1 = e\left(\sec \frac{m l}{2} - 1\right);$$

damit wird

$$\sigma = \sigma_p + \sigma_b = \frac{P}{F} + \frac{P\,(y_1 + e)\,v_1}{F \cdot i^2} = \frac{P}{F}\left(1 + \frac{e\,v_1}{i^2} \sec \frac{l}{2}\sqrt{\frac{P}{E \cdot J}}\right). \quad (22)$$

Diese Formel wird von namhaften Fachgelehrten als die brauchbarste bezeichnet. Sie berücksichtigt die Spannungen aus Normaldruck und Biegung; sie kann nur innerhalb der Elastizitätsgrenze gelten, da der Ausdruck für σ_b auf dem Hookeschen Gesetz aufgebaut ist. Mit der Exzentrizität $e = 0$ wird $\sigma = \frac{P}{F}$, mit andern Werten sieht die Formel bei zentrisch angreifender Druckkaft ein Ausbiegen des Stabes nicht vor. Wird der Ausdruck

$$\frac{l}{2}\sqrt{\frac{P}{E \cdot J}} = \frac{\pi}{2},$$

das bedeutet, daß

$$P = \frac{\pi^2 \cdot E \cdot J}{l^2} = \text{Euler'sche Knicklast}$$

wird, so erhält man für σ einen unbestimmten Ausdruck, wenn $e = 0$, und $\sigma = \infty$, wenn $e \neq 0$. Die praktische Benutzung der Formel setzt die Kenntnis des Wertes e voraus, was aber in praktischen Fällen kaum zutreffen wird. Die Verteidiger dieser oder ähnlich aufgebauter Formeln bemühen sich, die Exzentrizität zu bestimmen, bei der die Versuchsresultate mit den errechneten Ergebnissen übereinstimmen, oder sie wollen untere und obere Grenzwerte finden. Ein Druckstab vermag wohl mit einer Kraft belastet sein, deren Exzentrizität bekannt ist; hierzu können aber zufällige und unbekannte Exzentrizitäten kommen, wie im nächsten Abschnitt auseinandergesetzt werden soll. Wird nun ein Druckstab mit einer bekannten Exzentrizität geprüft (die Exzentrizität kann auch den Wert Null haben), und werden die Durchbiegungen sorgfältig beobachtet, so vermöchte die Formel die zufällige Exzentrizität ergeben, indem man den Wert e errechnet, der die beobachteten Durchbiegungen verursachen mußte. Systematische Untersuchungen dieser Art könnten vielleicht dahin führen, daß man für den praktischen Gebrauch dieser Formel einen einzuführenden Größtwert für e erhält. Dies ist der Gedankengang, mit dem diese Formel verfochten wird[1].

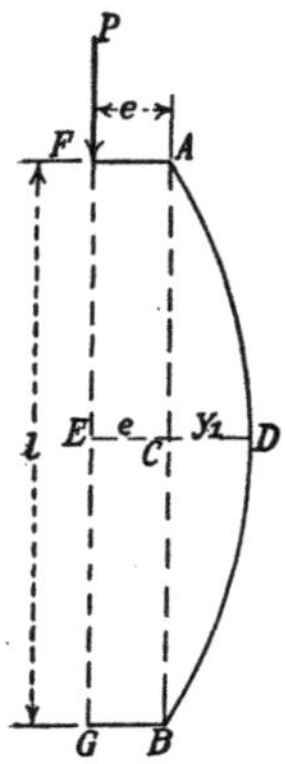

Abb. 386.

In einer wertvollen Abhandlung[2] gibt J. M. Moncrieff eine Knickformel, die mit einer ursprünglich vorhandenen, zufälligen Exzentrizität arbeitet. Moncrieff benutzt dann die Methode der Momentenflächen, wobei er annimmt, daß die Biegelinie eine Parabel ist. Der Schwerpunkt der Fläche $\overline{ACD}$ (Abb. 386) liegt im Abstand $\frac{5}{8}\cdot\frac{l}{2}$ von A. Das Biegungsmoment an irgendeinem Punkt ist $P(e+y)$. Die Durchbiegung y_1 ist dargestellt durch das mit P multiplizierte Moment der Fläche $\overline{FADE}$ in bezug auf A, dividiert durch $E\cdot J$, oder

$$E\cdot J\cdot y_1 = \frac{P\cdot e\cdot l}{2}\cdot\frac{l}{4} + \frac{2}{3}\frac{l}{2}\cdot P\cdot y_1\cdot\frac{5l}{16},$$

$$\therefore\; y_1 = \frac{P\cdot l^2\cdot e}{8E\cdot J - \frac{5}{6}Pl^2}. \tag{23}$$

Die größte Druckspannung wird

$$\sigma_{\max} = \frac{P}{F} + \frac{P(e+y_1)\cdot v_1}{F\cdot i^2} = \sigma_p\left[1 + \frac{v_1\cdot e}{i^2}\left(1 + \frac{\sigma_p\cdot\left(\frac{l}{i}\right)^2}{8E - \frac{5}{6}\sigma_p\cdot\left(\frac{l}{i}\right)^2}\right)\right]$$

$$= \sigma_p\left[1 + \frac{v_1\cdot e}{i^2}\left(\frac{48E + \sigma_p\cdot\left(\frac{l}{i}\right)^2}{48E - 5\sigma_p\cdot\left(\frac{l}{i}\right)^2}\right)\right]. \tag{24}$$

[1] Basquin, O. H.: Journ. West. Soc. of Eng. 1912; Morris, C. T.: Eng. News, Nov. 1911.

[2] „The Practical Column under Central or Eccentric Loads", Trans. Amer. Soc. C. E., vol. XLV, 1901.

Hieraus erhält man den einem bestimmten Wert σ_{max} entsprechenden Wert $\frac{l}{i}$ zu

$$\frac{l}{i} = \sqrt{\frac{48\,E}{5\,\sigma_{max} + \sigma_p\left(\frac{v_1 \cdot e}{i^2} - 5\right)}\left(\frac{\sigma_{max}}{\sigma_p} - 1 - \frac{v_1 \cdot e}{i^2}\right)}. \qquad (25)$$

Werden für E, σ_{max} und $\frac{v_1 \cdot e}{i^2}$ bestimmte Werte angenommen, so liefert Gl. (25) den Wert $\frac{l}{i}$, der einer gegebenen Spannung $\sigma_p = \frac{P}{F}$ entspricht. Man kann dann eine Kurve aufzeichnen, die die $\frac{P}{F}$-Werte in Abhängigkeit von $\frac{l}{i}$ angibt, die irgendeinem bestimmten σ_{max} und einer gegebenen Exzentrizität entsprechen.

Die Werte für σ_{max} und E können in befriedigender Weise angenommen werden, wobei σ_{max} die Festigkeit gedrungener Stäbe darstellt, jedoch kann der Wert $\frac{v_1 \cdot e}{i^2}$ der Willkür nicht entbehren. Trotzdem können sehr wohl für bestimmte Versuchsserien Werte $\frac{v_1 \cdot e}{i^2}$ gefunden werden, die eine obere und eine untere Grenze angeben. Moncrieff kommt zu dem Ergebnis, daß die untere Grenze der Festigkeit eines Druckstabes gegeben ist, wenn $\frac{v_1 \cdot e}{i^2} = 0{,}6$ und die obere Grenze bei $\frac{v_1 \cdot e}{i^2} = 0{,}15$ erreicht wird; er beansprucht die Gültigkeit seiner Versuchswerte für Schmiedeeisen, Gußstahl und verschiedene Holzarten[1].

Exzentrische Kraftübertragung wird vielfach auch näherungsweise derart berücksichtigt, daß man die Druckkraft mit einem Faktor, der größer ist als Eins, multipliziert und dann mit zentrischem Kraftangriff rechnet. (In ähnlicher Weise wird vielfach in Deutschland auch ein Druckstab bei zentrischem Kraftangriff auf Knicken berechnet. Vgl. z. B. Vorschriften für Eisenbauwerke der Deutschen Reichsbahnges. vom Jahre 1925. D. Ü.) Es möge ein Stab mit exzentrischem Kraftanschluß nach Abb. 386a nach dieser Methode untersucht werden.

Es sei

P die von dem Träger auf die Stütze übertragene Kraft,

e die Exzentrizität $= v_1$,

P' die zentrisch wirkende Ersatzkraft.

---

[1] Über Versuche mit Druckstäben aus Winkeleisen, und zwar gelenkig gelagerten und solchen mit ebenen Endquerschnitten, vgl. A. H. Stang und L. R. Strickenberg: Tech. Paper 218, U. S. Bureau of Standards, 1922.

Die Randspannung beträgt

$$\sigma = \frac{P}{F} + \frac{P}{F} \cdot \frac{l^2}{c \cdot i^2} + P \cdot m + \frac{P \cdot v_1^2}{F \cdot i^2}.$$

Der erste und zweite Ausdruck auf der rechten Seite stellt die Rankine'sche Formel dar. Der dritte Ausdruck, $P \cdot m$, ist die zusätzliche Spannung, die daher rührt, daß durch den exzentrischen Kraftangriff die Durchbiegung und damit das Biegungsmoment vergrößert werden.

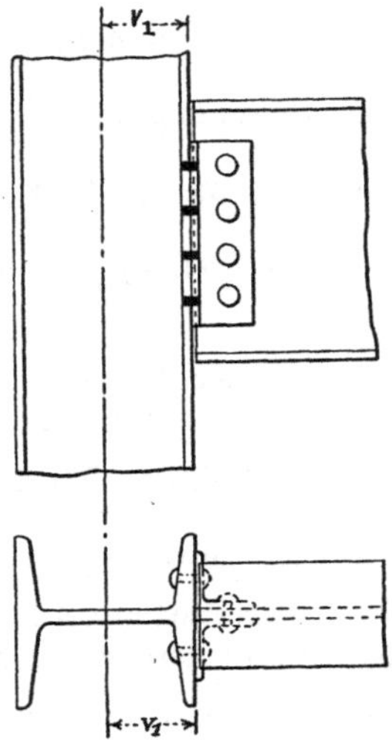

Abb. 386 a.

Die durch die Ersatzkraft P' erzeugte Randspannung muß der oben ausgedrückten gleich sein:

$$\sigma = \frac{P'}{F} + \frac{P'}{F} \cdot \frac{l^2}{c \cdot i^2}.$$

Setzen wir die beiden rechten Seiten einander gleich, so finden wir

$$P' = P\left(1 + \frac{F \cdot m \cdot i^2 + v_1^2}{i^2 + \frac{l^2}{c}}\right).$$

Lassen wir die Glieder $F \cdot m \cdot i^2$ und $\frac{l^2}{c}$ weg, wodurch sich der Wert des Bruches in der Klammer wenig ändern möge, so erhalten wir

$$P' = P\left(1 + \frac{v_1^2}{i^2}\right).$$

Nehmen wir z. B. an, die Stütze der Abb. 386a sei ein NP. I-Profil mit $v_1 = 15$ und $i = 11{,}9$, so wird

$$P' = 2{,}58\, P.$$

Solche Koeffizienten von P sind z. B. in dem englischen Handbuch „Handbook for Structural Steel" von R. A. Skelton and Co. zusammengestellt und offenbar nach dieser oder einer ähnlichen Formel ausgerechnet.

Ist die Exzentrizität nicht v_1, sondern e, so wird

$$P' = P\left(1 + \frac{e \cdot v_1}{i^2}\right).$$

25. Vergitterte Druckstäbe.

Ein Druckstab mit einem genieteten Querschnitt, etwa nach Abb. 387b, wird wie ein einheitlich gewalzter Querschnitt wirken. Besteht der Säulenquerschnitt jedoch aus mehreren Teilen, die nicht mittels durchgehender Bleche, sondern nur mittels einzelner Blechstreifen oder einzelner Winkel vergittert, d. h. verbunden sind, so wird im allgemeinen die Knicksicherheit geringer sein als die eines entsprechenden einteiligen Querschnitts. Außerdem muß jeder der Einzelstäbe für sich auf die Länge l_1 (vgl. Abb. 388 und 389) knicksicher sein.

Es ist bei dem Entwerfen von vergitterten Druckstäben der Grundsatz zu befolgen, daß jeder Einzelstab mit der

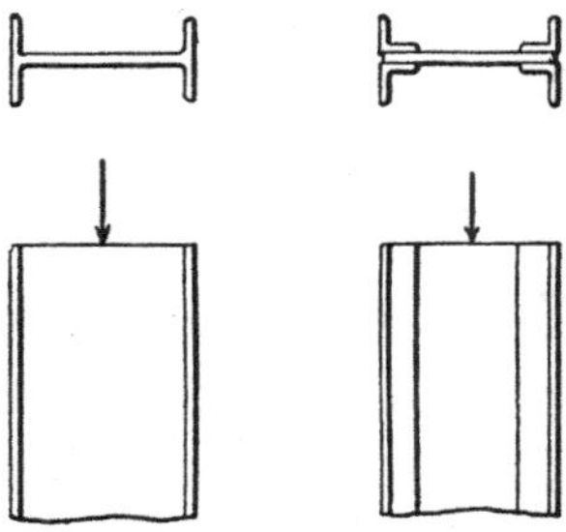

a b

Abb. 387.

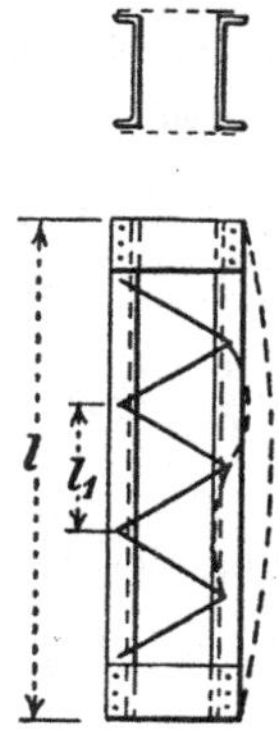

Abb. 388.

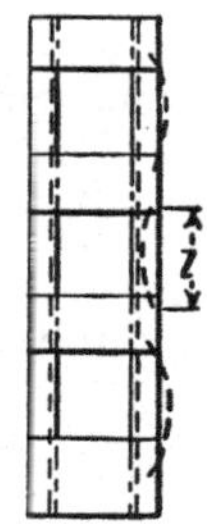

Abb. 389.

Knicklänge l_1 die gleiche Knicksicherheit bietet wie der Gesamtquerschnitt mit der Knicklänge l.

Häufig wird diese Regel so befolgt, daß der Wert $\frac{l_1}{i_1}$ jedes Einzelstabes mindestens gleich dem Werte $\frac{l}{i}$ gemacht wird. Es wäre indessen verfehlt zu glauben, daß damit dem oben ausgesprochenen Grundsatz immer genügt wäre, da die Lagerungsbedingungen der Einzelstäbe mit der Knicklänge l_1 von denen des Gesamtstabes mit der Knicklänge l sehr verschieden sein können. Nimmt man an, daß sich die Einzelstäbe nach den in Abb. 388 und 389 gezeichneten Linien verbiegen, so kann man sagen, daß sich jeder Einzelstab l_1 wie ein Gelenkstab verhält, auch wenn der gesamte Stab etwa beiderseits fest eingespannt ist. Es muß dann sein:

$$\frac{l^2}{c \cdot i^2} = \frac{l_1^2}{c_1 \cdot i_1^2}, \tag{26}$$

worin c und c_1 die den Lagerungsbedingungen des gesamten Stabes bzw. des Einzelstabes entsprechenden Konstanten sind.

Es möge noch eine weitere Betrachtung über mehrteilige Druckstäbe angestellt werden.

In der Rankine'schen Formel (Gl. (5)) ist $\frac{P}{F}$ die mittlere Druckspannung und die Randspannung beträgt

$$\sigma = \frac{P}{F}\left(1 + \frac{l^2}{c \cdot i^2}\right).$$

Dies gilt für einteilige Druckstäbe. Es muß jedoch beachtet werden, daß bei einem mehrteiligen Stabe diese Gleichung keinen Aufschluß geben kann über die Spannungen innerhalb zweier durch Bindebleche gefaßten Stellen eines Einzelstabes.

Wir betrachten z. B. einen aus 2 **U**-Profilen bestehenden Druckstab; es möge näherungsweise σ' die mittlere Spannung über dem einen **U**-Querschnitt sein, es ist dann die Größtspannung dieses Querschnittes, wenn man die Knicklänge l_1, also eine zwischen 2 Bindeblechen bzw. Diagonalstäben liegende Stablänge betrachtet,

$$\sigma = \frac{P}{F}\left(1 + \frac{l^2}{c \cdot i^2}\right)\left(1 + \frac{l_1^2}{c_1 \cdot i_1^2}\right);$$

somit wird

$$\frac{P}{F} = \frac{\sigma}{\left(1 + \frac{l^2}{c \cdot i^2}\right)\left(1 + \frac{l_1^2}{c_1 \cdot i_1^2}\right)}, \tag{27}$$

und unter Befriedigung der Gl. (26) wird

$$\frac{P}{F} = \frac{\sigma}{\left(1 + \frac{l^2}{c \cdot i^2}\right)^2}. \tag{27a}$$

Entsprechend erhält man, wenn man in diesem Gedankengang das Geradliniengesetz benutzt,

$$\frac{P}{F} = \sigma - k \cdot \frac{l}{i} - \frac{k' \cdot l'}{i'}. \tag{27b}$$

Es werden jedoch diese Knickformeln für vergitterte Druckstäbe kaum benutzt. Es möge zum Schluß lediglich qualitativ hierüber ausgesagt sein, daß auf jeden Fall die Knicksicherheit eines vergitterten

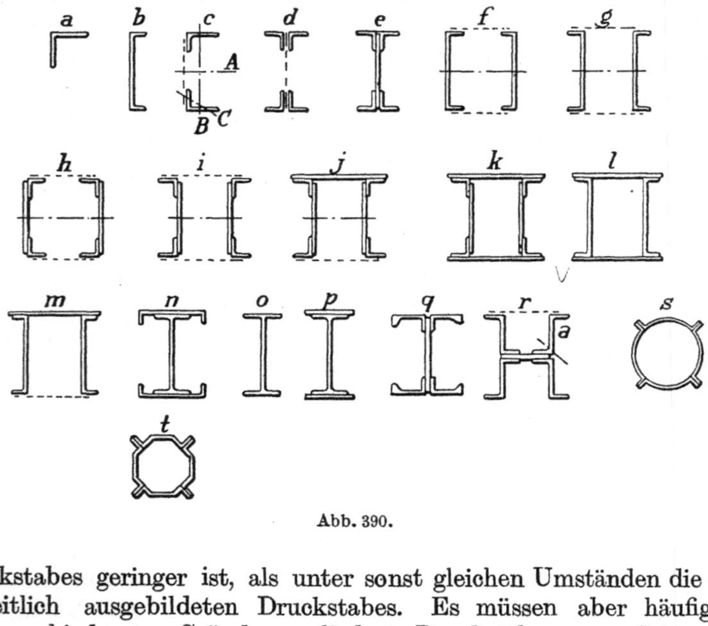

Abb. 390.

Druckstabes geringer ist, als unter sonst gleichen Umständen die eines einheitlich ausgebildeten Druckstabes. Es müssen aber häufig aus den verschiedensten Gründen gegliederte Druckstäbe verwendet werden.

26. Querschnittsausbildungen.

Abb. 390 zeigt die am häufigsten angewendeten Querschnitte von Druckstäben; Vergitterungen sind durch gestrichelte Linien angedeutet. Sehr große Querschnitte sind nicht wiedergegeben, diese werden in einem späteren Bande behandelt.

Abb. 391 zeigt einen gegliederten Druckstab von der Querschnittsform *g* mit Bolzengelenk.

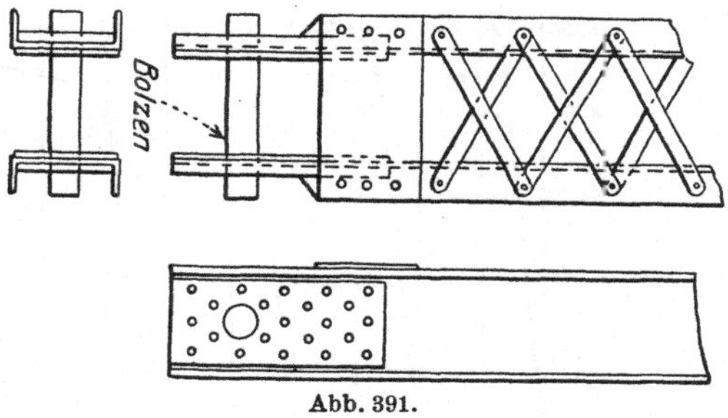

Abb. 391.

Ein U-Eisen allein ist als Druckstab nicht zu empfehlen, da das Verhältnis des größten zum kleinsten Trägheitsradius sehr groß ist. Das Profil *c*, zwei miteinander vergitterte Winkel, wird häufig benutzt; die Querschnittsausbildung nach *d* ist jedoch vorzuziehen. Die T-Form nach *e* oder *o* wird häufig benutzt. Die Querschnittsausbildungen *f*, *g*, *h* und *i* stellen schon schwerere Konstruktionen dar. Der Nachteil der Kastenquerschnitte nach *k* und *l* ist der, daß die Innenseiten unzugänglich sind (Rostgefahr!). Der Querschnitt *s* wurde vor etwa 50 Jahren häufig angewendet, namentlich bei der „Phönix Bridge Co.“. Rein mechanisch betrachtet, ist dieses zweifellos der beste Querschnitt, da jedes Querschnittselement weitmöglichst von der Achse entfernt ist; seine Nachteile waren einmal die Unzugänglichkeit der Innenseiten, und weiterhin die Schwierigkeit, die Knotenpunkte gut auszubilden. Ähnliches ließe sich von der Querschnittsform *t* sagen, die ebenfalls jetzt kaum mehr verwendet wird.

Verwendet man die Gl. (26) für einen nach *c* ausgebildeten Druckstab, so ist der Wert i auf eine Achse A oder B, der Wert i_1 auf eine Achse C zu beziehen.

27. Bruchfestigkeit bei Druckstäben.

Der Wert σ_B in allen Knickformeln ist auf ein Schlankheitsverhältnis $\frac{l}{i} = 0$ bezogen.

Es besteht nun bei Stahl und Schmiedeeisen, weil es zähe Materialien sind, die Schwierigkeit, eindeutig einen Wert für die Bruchfestigkeit anzugeben, wenn die Länge des Druckstabes bei endlichem Querschnitt gegen Null geht; jedenfalls ist er sehr groß. Dies ist schon in Kapitel IV auseinandergesetzt. Ein zylindrischer Druckstab, dessen Länge etwa der kleinsten Querschnittsabmessung gleich ist, kann durch Überwindung der Scherfestigkeit in einer etwa um 45^0 gegen die Achse geneigten Ebene zerstört werden.

Hat der Stab von vornherein eine leichte örtliche Krümmung seiner Achse, wie dieses wohl fast stets der Fall sein wird, so tritt die größte Spannung an der hohlen Seite der Krümmung auf; bei

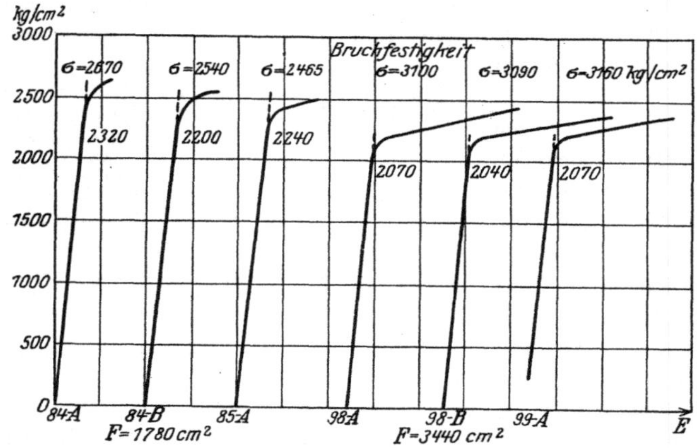

Abb. 392.

der Überschreitung der Fließgrenze vergrößert sich die Durchbiegung, wodurch dann sehr häufig die Zerstörung des Stabes erfolgt.

Ein gedrungener Druckstab, beispielsweise mit $\frac{l}{i}$ unter 20, wird eine Bruchfestigkeit erreichen, die durch Ausknicken kaum oder gar nicht beeinträchtigt ist. Für schlanke Stäbe ist jedoch offensichtlich bei einem

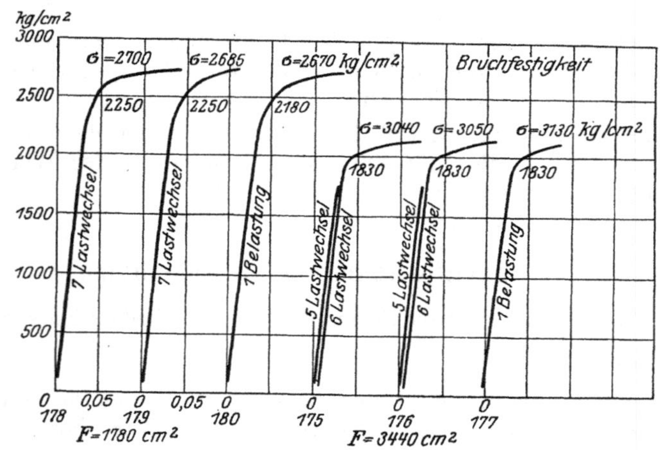

Abb. 393.

zähen Material die „wirkliche Bruchfestigkeit“ (useful limit point) etwa der Streckgrenze gleichzusetzen, jedenfalls nur wenig darüber. Dieser Standpunkt hat sich nunmehr fast allgemein durchgesetzt.

Das Fließen des Materials im Druckversuch ist nicht so charakteristisch, wie das Strecken im Zugversuch. Das $\sigma - \varepsilon$-Diagramm des Druckversuches hat im allgemeinen die in Abb. 392 und 393 dargestellte Form. Das „Committee on Steel Columns of the A. S. C. E." bestimmte in seinem Bericht im Jahre 1918, daß die „wirkliche Bruchfestigkeit" etwa dort anzunehmen sei, wo die Neigung der $\sigma - \varepsilon$-Linie (die ε-Werte auf der Abszisse aufgetragen) den halben Wert der des geraden Teils der Kurve hat, daß also die wirkliche Bruchfestigkeit etwa durch diesen so bestimmten σ-Wert gegeben sei. Diese Spannung liegt etwas oberhalb der Elastizitätsgrenze.

28. Die Knickfestigkeit in Abhängigkeit von verschiedenen Einflußkomponenten.

Die Knickformeln nehmen alle an, daß, abgesehen von der Materialfestigkeit, nur noch der Schlankheitsgrad eines Druckstabes seine Knicksicherheit beeinflußt. Dieses ist unrichtig, es sollen im folgenden die wichtigsten anderen Einflußfaktoren besprochen werden:

a) Querschnittsform:

Abb. 390 zeigt eine ganze Anzahl verschiedener Querschnittsausbildungen, und jeder Querschnitt kann Teile verschiedener Stärke besitzen. Der Bruch geht nun vielfach von örtlichen Ausbeulungen irgendwelcher dünner, weit nach außen liegender Querschnittsteile aus; so können 2 Druckstäbe mit gleichen Trägheitsradien, gleichen Längen und von gleichem Material sehr verschiedene Tragfähigkeiten besitzen. Man betrachte z. B. den Querschnitt der Abb. 390e; man behalte die gleiche Querschnittsfläche bei, mache jedoch alle Blechstärken dünner, wodurch notwendigerweise die Abstände der Querschnittselemente von der Stabachse vergrößert und folgerichtig der Schlankheitsgrad verringert wird. Trotzdem kann, wenn die Schwächung der einzelnen Blechstärken sehr weit getrieben wird, die Tragfähigkeit des Druckstabes kleiner statt größer werden. Es ist also die Querschnittsausbildung und die Stärke der einzelnen Querschnittsteile für die Knicksicherheit sehr wichtig. Bei den Versuchen des „Committee of the A. S. C. E." wurden Querschnitte jeder Form geprüft, die sich jeweils nur durch die verschiedenen Blechstärken der Querschnittsteile unterschieden. In der überwiegenden Mehrzahl der Fälle wurden bei gleichem Schlankheitsverhältnis die Querschnitte mit dickeren Wandungen als die weniger tragfähigen befunden. Das entgegengesetzte Ergebnis war erwartet worden. Man hatte sich bemüht, alle Versuchsstäbe aus dem gleichem Material herzustellen; es war dieses anscheinend auch gelungen, da das dünn und dick gewalzte Material beim Zugversuch gute Übereinstimmungen zeigte. Als man jedoch danach Druckversuche anstellte, fand man, daß die Quetschgrenze des dicken Materials beträchtlich niedriger lag, als die des dünnen Materials, und dies war im Einklang mit den Ausführungen des Abschnitts 27 offenbar der Grund für die geringere Widerstandsfähigkeit der stärkeren Querschnitte. Für einen Querschnittstyp

$\frac{l}{i} = 50$ lag die durchschnittliche „wirkliche Bruchfestigkeit" für den dünnwandigen Querschnitt etwa bei 2440 kg/cm², für den dickwandigen Querschnitt aber nur bei 1390 kg/cm², war also um rd. 43% geringer. Die Unterschiede waren in dieser Größe vielleicht noch durch andere unerfaßte Einflüsse bedingt. Es wird jedoch betont, daß es sich um ausgesuchtes Material gehandelt hat. Abb. 392 zeigt die $\sigma - \varepsilon$-Diagramme von Druckstäben mit $\frac{l}{i} = 20$, die aus längeren, vorher geprüften Druckstäben herausgeschnitten worden waren. Abb. 393 zeigt die gleichen Versuche mit dem gleichen Material, das jedoch vorher noch nicht geprüft war. Die Erhöhung der Quetschgrenze infolge der vorangegangenen Belastungsversuche ist unverkennbar. Die schweren Querschnitte erwiesen sich bei diesen gedrungenen Stäben als widerstandsfähiger als die leichten Querschnitte; sie waren eben zu gedrungen, als daß sie hätten ausbiegen können. Die Quetschgrenze war jedoch

Abb. 394. Lokale Zerstörungen eines Druckstabes.

niedriger, und dies ist die Spannung, die bei schlanken Druckstäben für die Höhe der Knicksicherheit ausschlaggebend ist, wie die Versuche ganz klar ergeben, und die wir oben deshalb die „wirkliche Bruchfestigkeit" genannt haben. Der Unterschied zwischen dünn und dick gewalztem Material ist ohne Zweifel auf die stärkere mechanische Durcharbeitung des dünnen Materials während des Walzprozesses zurückzuführen; es ist jedoch schwierig einzusehen, warum die Zugversuche nicht die gleichen Unterschiede ergaben wie die Druckversuche. Tatsächlich ergaben jene in den meisten Fällen für das dick gewalzte Material höhere Streckgrenzen. Der Schluß erscheint evident, daß die üblichen Zugversuche keinen sicheren Maßstab für die Druckfestigkeit des Materials geben, und daß die zur Zeit üblichen Walzprozesse kein gleichmäßiges Material erzeugen.

Es ist sehr wichtig, zu unterscheiden, ob ein Druckstab als ganzer zerstört wurde, oder ob es sich lediglich um eine lokale Zerstörung, von einer lokalen Ausbeulung ausgehend, handelt, wiewohl von einer solchen Stelle ausgehend sehr wohl ein völliger Bruch eintreten kann. Die Knickgleichungen vermögen nur über die Überschreitung der Tragfähigkeit des ganzen Querschnittes etwas auszusagen. Dieses ist bei vielen Versuchen übersehen worden. Jeder Versuch muß genau beobachtet und studiert werden; wenn der Bruch von einer örtlichen Zerstörung, sei es infolge einer Ausbeulung oder einer örtlichen dünnen Querschnittsausbildung, erfolgt, so kann der Versuch nichts über die Gültigkeit einer Knickgleichung aussagen. Ein zu Prüfungszwecken hergestellter Druckstab sollte, wenn möglich, so ausgebildet sein, daß die Tragfähigkeit des ganzen Querschnitts überschritten wird ohne vorherige örtlich begrenzte Zerstörungen. Man

Abb. 395. Zerstörung eines Druckstabes (Z-Eisen).

geht in dieser Hinsicht ziemlich sicher, wenn man gewisse minimale Blechstärken einhält, obwohl durch die verschiedenen physikalischen Eigenschaften von dick und dünn gewalztem Material eine neue Unsicherheit hineingetragen wird.

Bei manchen zusammengesetzten Druckstabquerschnitten liegt der Schwerpunkt eines Querschnittsteils in einem gewissen Abstande von

Abb. 396. Lokale Zerstörungen eines Druckstabes

dem Stegblech entfernt; biegt der Steg aus, so nimmt er den exzentrisch gelegenen Querschnittsteil mit; die Folge ist, daß dessen Tragfähigkeit bald erschöpft ist. Der Schwerpunkt des Teiles *a* bei dem Querschnitt 390r liegt nicht auf dem Stege; der Querschnitt kann nun dadurch zerstört werden, daß der Steg nach der bei *a* gestrichelten Linie ausbiegt, das Z-Eisen mitnimmt und dieses dann ausknickt. Dies wird namentlich dann erleichtert, wenn die Vergitterung nach der gestrichelten Linie der Abb. 390r fehlt. In den Abb. 394—396 sind zerstörte Druckstäbe dargestellt.

Es ist offensichtlich, daß jeder Querschnittsform eine besondere Knickgleichung entsprechen müßte. Es ist undenkbar, daß eine Gleichung allen Querschnittsformeln gerecht wird. Dies ist bereits oben ausgeführt. In der praktischen Rechnung jedoch nimmt man die Knicklast als unabhängig von der Querschnittsform an.

b) Eigenschaften des verwendeten Materials; Streckgrenze; Unhomogenität.

Es ist bereits oben darüber gesprochen, daß die Lage der Streckgrenze und damit der „wirklichen Bruchfestigkeit" vielfach ungewiß ist. Unhomogenitäten in einem Querschnitt bewirken exzentrische Kraftangriffe und dadurch Biegungsmomente.

c) Krümmungen der ursprünglichen Stabachse.

Man kann sagen, daß eine gerade Stabachse überhaupt nicht vorkommt. Die stets vorhandenen Krümmungen jedoch zu berücksichtigen, wäre nur durch willkürliche Annahmen möglich.

d) Anfangsspannungen

können durch ungleichmäßiges Abkühlen oder durch die mechanischen Einflüsse des Walzens, Stanzens oder Kaltreckens entstanden sein. Die meisten Winkel und U-Eisen müssen kalt gereckt werden. Wird eine Nietreihe in einen Winkelschenkel oder in einen Winkelflansch eines U-Eisens hineingestanzt, so wird das Material dieses Flansches durch den seitlichen Druck in der Richtung der Nietreihe gedehnt, d. h. der Stab erhält eine gekrümmte Achse.

Beim Kaltrecken wird das Material über die Streckgrenze hinaus beansprucht, und zwar auf Druck sowohl wie auf Zug, so daß es nach dem Streckprozeß unter der Einwirkung von Anfangsspannungen steht: in den gestreckten Fasern bleiben Druckspannungen, in den gestauchten Fasern bleiben Zugspannungen zurück. Beachtet man ferner, daß durch das Kaltstrecken die Druckelastizitätsgrenze gesenkt wird, so ist die Widerstandfähigkeit der kaltgestreckten Fasern außer durch die Anfangsdruckspannungen auch noch durch diese Veränderung der elastischen Eigenschaften geschwächt. Dies ist freilich rechnerisch sehr schwer zu erfassen.

e) Lagerungsbedingungen.

Auf die Unsicherheiten betr. die Annahme der Lagerungsbedingungen ist schon wiederholt hingewiesen. In den Gelenken können Reibungskräfte auftreten, die ebenen Endquerschnitte können nicht genau senkrecht zur Stabachse geschnitten sein, die angreifenden Druckkräfte können unbeabsichtigt exzentrisch angreifen, alles dies bedingt exzentrische Kraftwirkungen, über die man nichts Sicheres weiß.

f) Ausführung.

Die Ausführung kann gut oder schlecht sein. Die Nieten können z. B. die Nietlöcher nicht genau ausfüllen, durch ungenaue Arbeit können bei der Montage erhebliche Montagespannungen auftreten u. a. m.

29. Knickversuche.

Der Anfänger, der einwandfreie Gesetzmäßigkeiten sucht, wird also nicht ohne Enttäuschung Berichte über Knickversuche lesen. Im folgenden möge ein Auszug aus einem lehrreichen Bericht von James Christie[1] wiedergegeben werden. Christie machte umfangreiche Versuche mit Druckstäben unter verschiedenen Lagerungsbedingungen (gelenkig gelagert, beiderseits fest eingespannt, ebene Endquerschnitte und runde Stabenden).

„... Es wurde jede nur denkbare Vorsicht und Sorgfalt angewendet, und die Streuung in den Versuchsergebnissen scheint ihren Grund in unvermeidlichen und unkontrollierbaren Unregelmäßigkeiten in dem Kraftangriff, in der Lagerung und Ausbildung der Stäbe zu haben. Ganz geringe Verschiebungen des Kraftangriffspunktes hatten größeren Einfluß auf die Widerstandsfähigkeit der Stäbe, als wir erwarteten.

Die Erfahrung hatte gelehrt, daß die Ergebnisse von einigen wenigen Versuchen nicht zu sicheren Schlußfolgerungen berechtigen; es wurde deshalb beschlossen, so viele Versuche zu machen, daß man mit hinreichender Sicherheit obere und untere Grenzen feststellen und brauchbare Mittelwerte erhalten konnte. Aus nicht immer durchsichtigen Gründen streuten einzelne Versuche manchmal abnorm nach oben oder nach unten; es kann jedoch kaum bezweifelt werden, daß die Ursache geringer Tragfähigkeit meist im exzentrischen Kraftangriff zu suchen war ....."

Es mögen in diesem Zusammenhang einige bemerkenswerte Beobachtungen mitgeteilt werden. Die größte Tragfähigkeit wurde durchaus nicht immer erreicht, wenn die Kräfte genau in der geometrischen Stabachse angriffen, eine Versuchsbedingung, die sich bei gut ausgeführten Gelenkstäben verhältnismäßig sicher feststellen läßt. Diese auffallende Erscheinung war offenbar so zu erklären, daß die Stabachse eine andere als die angenommene gerade Form hatte, oder daß infolge von Unhomogenitäten im Material die wirkliche Lage der Stabachse von der rechnerischen abwich. Die betreffenden Versuchswerte finden sich in dem oben bezeichneten Bericht.

Druckstäbe mit großem Schlankheitsgrad konnten bis an die Grenze ihrer Tragfähigkeit belastet werden, ohne daß die Tragfähigkeit bei späteren Versuchen darum geringer gewesen wäre. Sie konnten beliebig oft bis zu jener Grenze beansprucht werden, ohne daß eine Verminderung ihrer Widerstandsfähigkeit festzustellen gewesen wäre.

---

[1] Trans. Amer. Soc. Civ. Eng. vol. VIII, p. 85. 1884.

Das Verhalten der Gelenkstäbe bei Überschreitung der Knicklast war bemerkenswert. Griff die Kraft zentrisch an, so verbog sich der Stab bis kurz vor der Knicklast nur wenig, so daß die Deformation im wesentlichen nur in der Mitte, eine Verdrehung an den Auflagern jedoch kaum zu beobachten war. Die Verdrehung erfolgte aber plötzlich und stark, wenn die Knicklast erreicht war. Je kleiner der Gelenkbolzen, um so beweglicher war schon vor der Knicklast das Stabende. Die Größe des Bolzens war von großer Bedeutung auf die Knicklast, ebenso war es wichtig, daß er genau paßte. (Ein Zeichen, daß stets Reibung zwischen Loch und Bolzen wirkte.)

Das Verhalten des Gelenkstabes, was seine Deformationen angeht, ähnelte nicht selten mehr dem eines eingespannten Stabes, während sich die Enden des Stabes mit ebenen Endquerschnitten nur dann bis zum Bruch nicht verdrehten, wenn der Stab gedrungen war. Die Enden eines schlanken Stabes mit ebenen Endquerschnitten verdrehten sich schon bei Belastungen, die wesentlich unterhalb der Knicklast lagen. Am sichersten waren Einspannmomente ausgeschaltet bei Stäben mit runden Enden, und folgerichtig war ihre Tragfähigkeit am geringsten.

Wenn die Stabachse genau gerade war und die Kräfte zentrisch angriffen, erwiesen sich Gelenkstäbe gleich knicksicher wie Stäbe mit ebenen Endquerschnitten. Die Höchstwerte der Tragfähigkeit lagen sogar bei Gelenkstäben höher als bei Stäben mit ebenen Endquerschnitten. Dieses Ergebnis kehrte so regelmäßig wieder, daß eine Gesetzmäßigkeit unverkennbar ist.

Der niederste Wert für die Tragfähigkeit von Gelenkstäben lag ungefähr bei dem Mittelwert der Stäbe mit runden Enden.

Folgende Versuchsergebnisse sollen diese Überlegungen beleuchten:

Es wurden zwei Stäbe, Winkelquerschnitte $2^1/_2''/2^1/_2''/^9/_{32}''$, jeder $5'\,4^1/_{16}''$ lang, aus dem gleichen Träger herausgeschnitten und geprüft. Die Druckbacken der Maschine waren gelenkig gelagert, und zwar betrug der Durchmesser der Kugelgelenke einmal 2″, das andere Mal 1″. Im ersten Fall betrug die Knicklast 36560 lbs, das andere Mal 24010 lbs.

Die gleichen Stäbe wurden dann kalt wieder gerade gebogen und wieder geprüft derart, daß sie jeder in der andern Maschine eingespannt wurden. Man erhielt bei dem 2-zölligen Kugelgelenk eine Knicklast von 36500 lbs, bei dem einzölligen Gelenk eine solche von 17500, womit der Beweis erbracht war, daß lediglich die Verschiedenheit der Durchmesser der Kugelgelenke die Knicklasten beider Stäbe beeinflußt hatte.

Ferner wurde ein Stab $\llcorner\, 2''/2''/^5/_{16}''$, $8'\,3^1/_8''$ lang geprüft. Knicklast bei 1-zölligen Gelenk und zentrischer Belastung 4500 lbs, bei gleichem Gelenk und einer Exzentrizität von 0,08″ betrug die Knicklast 8100 lbs.

Weiter findet sich z. B. folgende Versuchsserie mit widerspruchsvollen Ergebnissen

$$\frac{l}{i} = 103, \text{ 1''-Gelenk; Knickspannung } 38600 \text{ lbs/in}^2,$$

$$\frac{l}{i} = 105, \text{ 1''-Gelenk; Knickspannung } 36250 \text{ lbs/in}^2,$$

$$\frac{l}{i} = 110, \text{ 1''-Gelenk; Knickspannung } 15826 \text{ lbs/in}^2,$$

$$\frac{l}{i} = 119, \text{ 1''-Gelenk; Knickspannung } 38600 \text{ lbs/in}^2.$$

Am geringsten war die Streuung der Versuchsergebnisse bei ∟-Stäben mit runden Enden; häufig jedoch wurden diese so abgeplattet, daß hierdurch die Knickfestigkeit wahrscheinlich gehoben wurde.

Ältere amerikanische Untersuchungen (1881) sind die von T. C. Clarke[1], die sich hauptsächlich auf die Querschnittsform Abb. 390s erstreckten. Durchmesser $d = 8{,}04''$, $F = 12$ in², Blechstärke $\delta = {}^5/_{16}''$. Die Länge variierte von 8″ bis zu 28′. Lagerungsbedingung: ebene Endquerschnitte. Bouscaren fand, daß sich die Versuchsergebnisse gut durch die Formel darstellen ließen

$$\frac{P_K}{F} = \frac{38000}{1 + \frac{1}{100000} \cdot \frac{l^2}{i^2}} \quad \text{(in lbs/in}^2\text{)}. \tag{28}$$

Merriman fand für Kreisprofile mit $l > 12d$ die Formel

$$\frac{P_K}{F} = \frac{37200}{1 + \frac{1}{158000} \cdot \frac{l^2}{i^2}}. \tag{29}$$

Clarke sagt dann weiter:

„— — — Bemerkenswert war das Verhalten der Stäbe, als Durchbiegungen aufzutreten begannen. Die Tragfähigkeit nahm allmählich ab; selbst als die Durchbiegung mehrere Zoll betrug, war noch immer eine beträchtliche Tragfähigkeit vorhanden. Gänzlich verschieden hiervon war das Verhalten von vergitterten Druckstäben. Diese knickten plötzlich ohne bemerkenswerte vorherige Durchbiegungen aus, womit dann ihre Tragfähigkeit beinahe gänzlich erschöpft war — — —.“

Ferner sei hingewiesen auf die sorgfältig durchgeführten und klar beschriebenen Versuche von Bouscaren[2], die er in Verbindung mit der Cincinnati Southern Railway an 43 schmiedeeisernen Druckstäben durchführte. Er kommt zu dem Schluß, daß die Rankine'sche Formel der Gordon'schen vorzuziehen sei.

Die Versuche von Christie[3] (vgl. oben) erstreckten sich auf Druckstäbe aus Schmiedeeisen und Stahl; die Lagerungsbedingungen waren: beiderseits gelenkig gelagert, beiderseits fest eingespannt,

---

[1] Trans. Amer. Soc. C. E., vol. XI, p. 1—120. 1882.
[2] Trans. Amer. Soc. C. E., vol. IX. p. 447. 1880.
[3] Trans. Amer. Soc. C. E., vol. XIII. 1884.

ebene und runde Endquerschnitte. Bei Schlankheitsverhältnissen von $\frac{l}{i} \leqq 20$ zeigte sich die Knickfestigkeit von der Lagerungsbedingung unabhängig. Mit steigendem $\frac{l}{i}$ nahm die Tragfähigkeit der Gelenkstäbe gegenüber der der Stäbe mit ebenen Endquerschnitten ab und betrug bei $\frac{l}{i} = 250$ etwa $\frac{2}{3}$ der letzteren. Bei weiter steigendem $\frac{l}{i}$ nahm die Differenz ab; bei $\frac{l}{i} = 500$ waren die Tragfähigkeiten beider Stabarten wieder gleich, d. h. entweder drehte sich der Stab nicht in den Gelenken, oder aber das Ende des Stabes mit ebenen Endquerschnitten konnte sich ebenso gut verdrehen wie das des gelenkig gelagerten Stabes. Die Tragfähigkeit der beiderseits eingespannten Druckstäbe nahm von $\frac{l}{i} = 20$ ab gegenüber der der beiden anderen Stabarten zu und betrug bei $\frac{l}{i} \approx 500$ etwa das Doppelte. Die Stäbe mit runden Enden hatten bei $\frac{l}{i} = 160$ die halbe Tragfähigkeit jener mit ebenen Endquerschnitten und bei $\frac{l}{i} = 450$ die halbe Tragfähigkeit der Gelenkstäbe.

Der mittlere Wert für E_z des verwendeten Stahles wird mit 2150000, für E_d mit 1440000 kg/cm² angegeben! Dies Ergebnis läßt begründete Zweifel in die Meßgenauigkeit zu.

Christie gibt folgende Zusammenstellung für die Knickfestigkeit von schmiedeeisernen Druckstäben an:

Knickfestigkeit schmiedeeiserner Druckstäbe nach Christie.

$\frac{l}{i}$	Ebene Stabenden kg/cm²	Beiderseits fest eingespannte Stabenden kg/cm²	Beiderseits gelenkig gelagerte Stabenden kg/cm²	Runde Stabenden kg/cm²
20	3240	3240	3240	3100
40	2810	2810	2810	2570
60	2530	2530	2530	2150
80	2250	2250	2220	1760
100	2090	2110	1970	1440
120	1850	1970	1710	1160
140	1650	1790	1480	900
160	1410	1620	1160	670
180	1180	1410	900	530
200	1020	1230	760	420
220	890	1050	620	350
240	790	915	530	300
260	690	775	455	265
280	600	705	400	225
300	510	635	350	195
320	420	560	320	175
340	360	490	280	150
360	300	455	245	135
380	250	410	210	120
400	210	365	175	105
420	175	340	160	90
440	155	300	150	80
460	140	270	135	70
480	135	—	125	—

Prof. L. Tetmajer aus Zürich, später in Wien, machte umfangreiche, systematische Knickversuche, wobei er Winkeleisen, T-Eisen, U-Eisen, I-Eisen, 2-Winkeleisen, 4-Winkeleisen, 2 T-Eisen, 2 U-Eisen und Stäbe mit kreisrunden Profilen untersuchte[1].

Gelenkstäbe wurden in der Weise hergestellt, daß die Stäbe mit ebenen Endquerschnitten gegen die gelenkig gelagerten Druckbacken der Prüfmaschine angepreßt wurden. Er fand keinen Einfluß der Querschnittsform auf die Knickfestigkeit, obwohl ein solcher Einfluß zweifellos vorhanden sein muß. Er fand, daß genietete Querschnitte wie einheitliche Querschnitte wirken, wenn die Nietentfernung geringer war als 56 cm, wenn die Niete die Nietlöcher gut ausfüllen, und schließlich wenn die Nietlöcher in einem Querschnitt weniger als 12% des Gesamtquerschnittes betrugen. Er fand weiter, daß Stahl empfindlicher gegenüber der Querschnittsschwächung durch Nietlöcher ist als Schmiedeeisen, und folgerte aus seinen Versuchen, daß Nietlöcher von dem gesamten Querschnitt abzuziehen seien, wenn sie mehr als 10% der Querschnittsfläche ausmachten. Er beobachtete, daß die Durchbiegung allmählich erfolgt, wenn der Schlankheitsgrad über 100 lag, daß die Ausknickung plötzlich erfolgt bei geringeren Schlankheitsgraden, also im Widerspruch zur Euler'schen Theorie. Er folgerte aus seinen Versuchen, daß Gelenkstäbe der Euler-Gleichung gehorchten unter folgenden Voraussetzungen:

für Flußeisen, wenn

$$\frac{l}{i} > 105, \tag{30}$$

für Schweißeisen, wenn

$$\frac{l}{i} > 112{,}5. \tag{31}$$

Unterhalb dieser Schlankheitsgrade folgten die Stäbe nicht der Euler-Gleichung, sondern zeigten folgende Beziehungen:

für Flußeisen, wenn $20{,}4 < \frac{l}{i} < 105$

$$\frac{P_K}{F} = 3207 - 11{,}5 \cdot \frac{l}{i} \ (\mathrm{kg/cm^2}), \tag{32}$$

für Schweißeisen, wenn $18{,}5 < \frac{l}{i} < 112{,}5$

$$\frac{P_K}{F} = 3030 - 13{,}0 \cdot \frac{l}{i} \ (\mathrm{kg/cm^2}). \tag{33}$$

Im wesentlichen ließen sich seine Ergebnisse mit hinreichender Genauigkeit durch die Rankine'sche Formel ausdrücken:

---

[1] Mitteilungen der Anstalt zur Prüfung von Baumaterialien. Heft IV Zürich 1890.

für Stahl

$$\frac{P_K}{F} = \frac{2970}{1 + \frac{l^2}{14500\, i^2}} \quad (\mathrm{kg/cm^2})\,; \tag{34}$$

für Schmiedeeisen

$$\frac{P_K}{F} = \frac{2780}{1 + \frac{l^2}{16667\, i^2}} \quad (\mathrm{kg/cm^2})\,. \tag{35}$$

In den letzten Jahren sind in Amerika viele Knickversuche gemacht worden. Über einige soll hier kurz berichtet werden: Die in

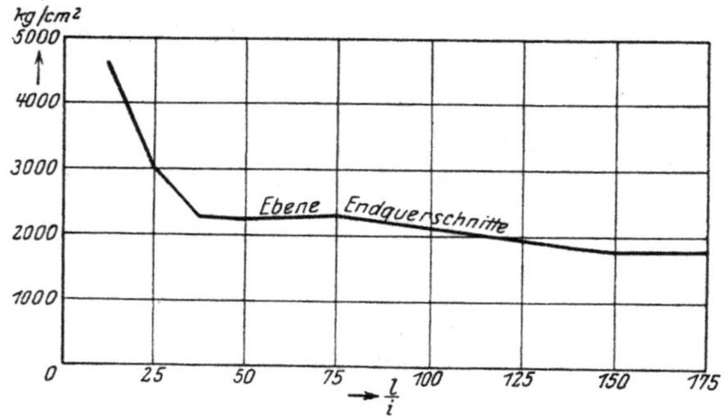

Abb. 397.

dem Watertown-Arsenal in den Jahren 1881 und 1884 durchgeführten vielen Versuche sind in der Zeitschrift „Tests of Metals" und in

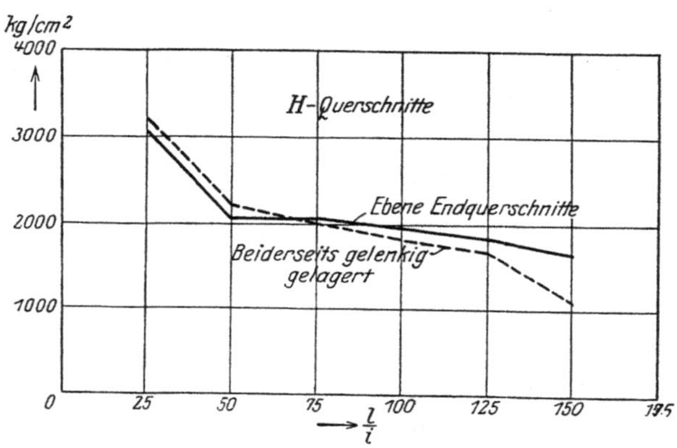

Abb. 398.

Lanzas „Applied Mechanics" beschrieben. Im Jahre 1907 wurden Versuche mit Stäben aus Walzeisen mit kreisförmigem und H-Querschnitt durchgeführt; dem Untersuchungsausschuß gehörte auch der Verfasser an.

Abb. 397 zeigt die Versuchsergebnisse mit den kreisförmigen Querschnitten, Abb. 398 zeigt die Versuchsergebnisse für H-Querschnitte; man ersieht daraus, daß Stäbe mit ebenen Endquerschnitten durchaus nicht immer tragfähiger waren als Gelenkstäbe.

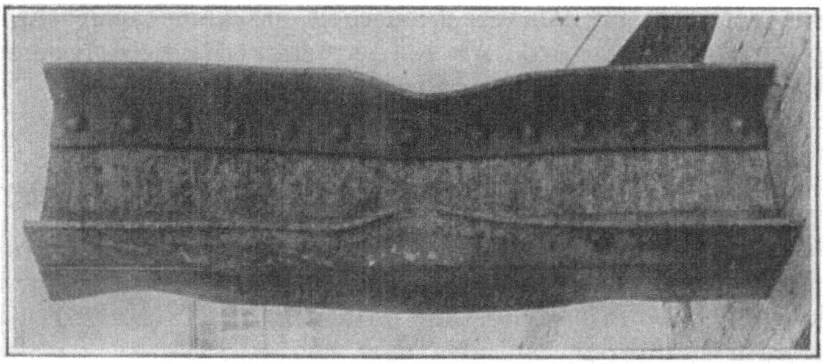

Abb. 399. Zerstörter Druckstab

Abb. 399 zeigt einen durch Ausknicken zerstörten Druckstab.

Heft 101, Technologic Paper of the U. St. Bureau of Standards beschreibt Knickversuche an großen Druckstäben von Brückenkonstruktionen mit einer interessanten Besprechung.

Die Amer. Soc. C. E. bildete im Jahre 1909 einen Arbeitsausschuß, der Knickversuche an Druckstäben verschiedener Querschnittsformen (Abb. 390e, l, k, n, p, q, r und Bethlehem H) jeweils mit großer und geringer Blechstärke, und mit den Schlankheitsgraden 50, 85, 120 durchführen sollte. Die Versuchsberichte erschienen in den Jahren 1910, 1915, 1916, 1917 und 1920. Die Amer. Railway Eng. Ass. bildete im Jahre 1912 mit dem oben genannten Verein eine Arbeitsgemeinschaft, die den Zweck hatte, das oben genannte Arbeitsprogramm auszubauen. Es wurden untersucht die Querschnitte nach Abb. 390f, g, h, i, j, d und c. Die Versuche wurden in den Räumen des Bureau of Standards in Washington durchgeführt unter Mitarbeit dieses Instituts. Es wurden jeweils 3 Parallelversuche durchgeführt, so daß z. B. eine Querschnittsform in 3 Schlankheitsgraden mit insgesamt 9 leichten und 9 schweren Ausführungen geprüft wurde. Die A. R. E. A.-Versuche erschienen in den Mitteilungen dieses Vereins, Bd. 16 und 19. Das verwendete Material hatte eine Zugfestigkeit von 4210 ± 105 kg/cm^2 und eine Elastizitätsgrenze von 2670 ± 70 kg/cm^2.

Diese Versuche waren in einem zu beschränkten Rahmen durchgeführt, da sie nur 3 Schlankheitsgrade umfaßten, als daß sie über die Wahl einer geeigneten Knickformel hätten Aufschluß geben können. Es ergab sich, daß die Tragfähigkeit des Stabes erschöpft war, wenn die Spannung noch unterhalb der Streckgrenze lag. Der Arbeitsausschuß legte als kritische Spannung die Spannung fest, für die im $\sigma - \varepsilon$-Diagramm der Neigungswinkel der Kurve halb so groß war wie die Neigung des geraden Kurvenastes (im elastischen Bereich). Die so definierte Spannung nannte er die „wirkliche Bruchfestigkeit“ (Useful

Limit Point). (Vergleiche Abschn. 27.) Der Mittelwert der „wirklichen Bruchfestigkeiten“ lag bei den A. S. C. E.-Versuchen für die Schlankheitsgrade 50 und 85 bei 1900 kg/cm²; der niedrigste gefundene Wert wurde bei einem Querschnitt mit besonders großer Blechstärke zu 1380 kg/cm² gefunden. Nimmt man einen Wert von 1680 kg/cm² an und rechnet mit 2facher Sicherheit, so käme man auf eine zulässige Druckspannung von $\sigma = 840$ kg/cm². Beide Arbeitsausschüsse einigten sich darauf, die Formel zu empfehlen

$$\frac{P}{F} = 1050 - 3{,}5 \cdot \frac{l}{i}, \tag{36}$$

mit einem Maximalwert $\sigma_{max} = 880$ kg/cm².

Die Versuche zeigten das unerwartete Ergebnis, daß bis auf einen Fall sämtliche Querschnitte mit großer Blechstärke eine niedrigere Knickfestigkeit aufwiesen als die mit kleiner Blechstärke. Das war darauf zurückzuführen, daß das dick gewalzte Material während des Walzprozesses weniger durchgearbeitet war als das dünnere Material und sowohl seine Elastizitäts- als auch Streckgrenze dadurch niedriger waren. Zu dem gleichen Ergebnis war Dagron[1] im Jahre 1889 gekommen (vgl. Abschn. 28).

Insgesamt ergaben die Versuche, daß die Bruchspannung zwischen der Elastizitäts- und der Streckgrenze lag, wobei wahrscheinlich die maximale (Rand-) Spannung in der Nähe der Streckgrenze lag, daß die Knickfestigkeit bei Verwendung dick gewalzten Materials niedriger lag als bei Verwendung dünn gewalzten Materials, weil es eine niedrigere Streckgrenze besitzt, und daß Zugversuche keinen Aufschluß geben können über die Knickfestigkeit eines Druckstabes. (Vgl. Abschn. 28.)

30. Allgemeine Bemerkungen über Knickversuche.

Es wird dem Leser einleuchten, daß man mittels Knickversuche nicht imstande ist, theoretisch abgeleitete Knickformeln nachzuprüfen. Die Gründe hierfür sind:

1. Die Enden der Druckstäbe sind nicht genau eben und parallel, so daß sich die Kraft nicht gleichmäßig überträgt.

2. Das Material kann vor der Verarbeitung zum Druckstab kalt gereckt sein (Überschreitung der Streckgrenze auf Zug). Das würde eine Senkung der Druck-Elastizitäts- und Stauchgrenze bedingen und damit die Knickfestigkeit herabsetzen.

3. Anfangsspannungen können die Knickfestigkeit herabsetzen.

4. Krümmungen der ursprünglichen Stabachse können ebenfalls die Knickfestigkeit vermindern.

5. Ungenauigkeiten in der Versuchsdurchführung.

6. Unhomogenitäten des Materials; die Schwerachse kann dadurch aus ihrer unter Annahme homogenen Materials errechneten Lage ver-

---

[1] Trans. Am. Soc. C. E. vol. XX, p. 254, 1889.

schoben werden, so daß eine rechnerische Exzentrizität (unter Annahme homogenen Materials) günstig auf die Knickfestigkeit wirkt.

7. Die genaue Querschnittsfläche kann durch Längenmessungen und selbst durch Flächenmessungen mittels Planimeter nicht genügend genau gefunden werden. Die genaueste Methode erscheint die indirekte, die Stäbe zu wiegen.

8. Messungen von Längenänderungen erwiesen sich in der Regel als unbefriedigend. In dem Bericht des A. R. E. A.-Arbeitsausschusses wird z. B. an einer Stelle erwähnt, daß unter Zugrundelegung von

$$E = 2\,080\,000 \text{ kg/cm}^2$$

die auf Grund der Längenänderungen errechneten Spannungen durchweg oberhalb der errechneten mittleren Spannung lagen, wobei die Meßstellen auf den ganzen Stabumfang verteilt waren. Dies ist natürlich ein unmögliches Resultat. Eine große Anzahl von Versuchen an gegliederten Druckstäben vermochte ebensowenig zu befriedigen. Meistens zeigten zwei gegenüberliegende Teilstäbe während des Ausknickens beide Druckspannungen, nur selten wies der eine Druck-, der andere Zugspannungen auf, wie zu erwarten. Es könnten nur dann in beiden Teilstäben gleichzeitig Druckspannungen wirken, wenn der Gitterstab sich nicht als Ganzes, sondern seine einzelnen Teile sich einzeln verbiegen, und zwar entweder beide nach innen, oder beide nach außen; dies ist aber unmöglich, solange die Vergitterung wirksam ist.

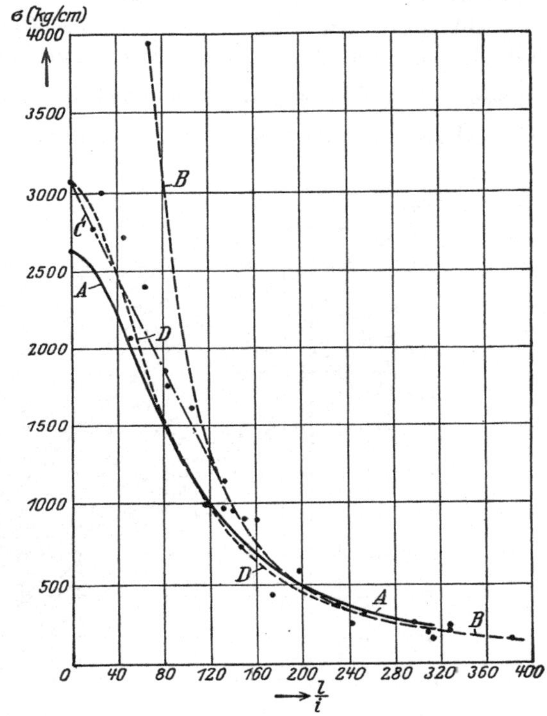

Abb. 400.

Kurve A: $\frac{P_K}{F} = \frac{2530}{1 + \frac{l^2}{9000\, i^2}}$; Kurve B: $\frac{P_K}{F} = \frac{1\,900\,000 \cdot \pi^2 \cdot i^2}{l^2}$

Kurve D: $\frac{P_K}{F} = \frac{2950}{1 + \frac{l^2}{6667\, i^2}}$

Die Gerade C tangiert die Eulerkurven und geht durch den Punkt $\frac{l}{i} \mid \sigma = 0 \mid 3050$.

Knickversuche müssen außerordentlich sorgfältig durchgeführt werden; die obigen Bemerkungen mögen das Mißtrauen rechtfertigen, das der Verfasser gegen viele Knickversuche hegt.

31. Weitere Versuchsergebnisse.

Es ist natürlich unmöglich, die Versuchsliteratur auch nur annähernd erschöpfend zu behandeln. Der Studierende muß auf die Spezialliteratur hingewiesen werden.

Abb. 400 zeigt die Ergebnisse der Christie'schen Versuche an schmiedeeisernen Druckstäben mit runden Enden in der üblichen Weise, daß die Knickspannungen als Ordinaten, die Schlankheitsgrade $\frac{l}{i}$ als Abszissen aufgetragen sind. Ferner ist die Eulerkurve für

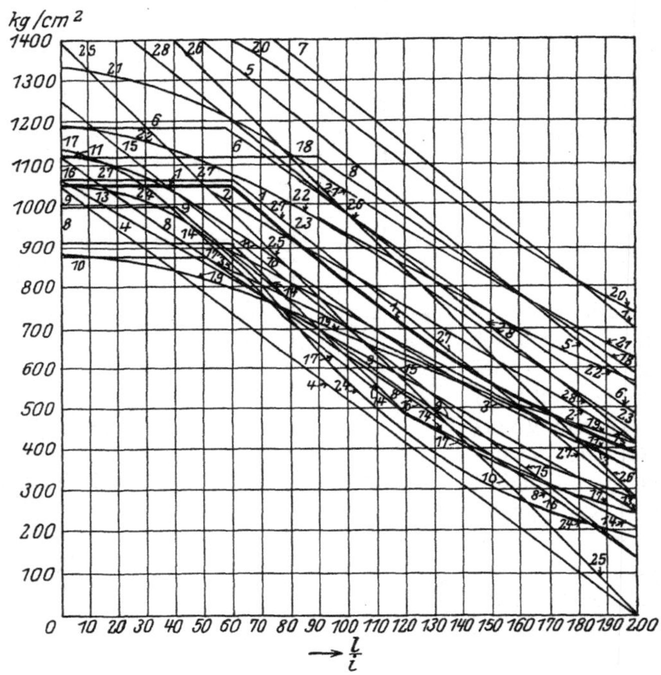

Abb. 401.

$E = 1900000$ kg/cm² aufgetragen (Kurve B). Für die höheren Schlankheitsgrade gibt die Eulergleichung die Versuchsergebnisse gut wieder, für die niedrigen jedoch nicht. Ferner sind zwei Rankine'sche Kurven (Kurven A und D) sowie die Johnson'sche Gerade (Gerade C), tangierend an die Eulergleichung, eingetragen. Es möge aus der Abb. 400 entnommen werden, daß man eine Rankine'sche Kurve finden kann, die mit den Versuchsergebnissen befriedigend übereinstimmt.

Abb. 401 zeigt eine Zusammenstellung von Knickgleichungen. (Spannungen in kg/cm².)

1. A. J. S. C.: $\sigma_{\text{zul.}} = 1050\ \text{kg/cm}^2$ für $\frac{l}{i} \leqq 60$

$$\sigma_{\text{zul.}} = \frac{1260}{1 + \frac{l^2}{18000\, i^2}} \quad \text{für } \frac{l}{i} \geqq 60.$$

2. Am. Bridge 1922: $\sigma_{\text{zul.}} = 1265 - 4{,}2\,\frac{l}{i}$,

wobei $\sigma_{\text{zul.}} < 1055\ \text{kg/cm}^2$.

3. A. R. E. design Ry. Bridge: $\sigma_{\text{zul.}} = 1055 - 3{,}5 \cdot \frac{l}{i}$

$\sigma_{\text{zul. max}} = 890\ \text{kg/cm}^2$.

4. A. R. E. electrical spec.: $\sigma_{\text{zul.}} = 1055 - 5{,}3\,\frac{l}{i}$.

5. A. R. E. existing Ry. Bridge, O. H. Steel:

$\sigma_{\text{zul.}} = 1690 - 5{,}6\,\frac{l}{i}$

$\sigma_{\text{zul. max}} = 1405\ \text{kg/cm}^2$.

6. A. R. E. existing Ry. Bridge Bsmr. Steel:

$\sigma_{\text{zul.}} = 1480 - 50 \cdot \frac{l}{i}$

$\sigma_{\text{zul. max}} = 1195\ \text{kg/cm}^2$.

7. A. R. E. existing Buildings:

$\sigma_{\text{zul.}} = 1830 - 5{,}6\,\frac{l}{i}$;

$\sigma_{\text{zul. max}} = 1405\ \text{kg/cm}^2$.

8. A. R. E. 1920 Ry. Bridges:

$\sigma_{\text{zul.}} = 1125 - 50 \cdot \frac{l}{i}$;

$\sigma_{\text{zul. max}} = 985\ \text{kg/cm}^2$.

9. A. S. C. E. Highway Bridge:

$$\sigma_{\text{zul.}} = \frac{1125}{1 + \frac{l^2}{13500\, i^2}};$$

$$\sigma_{\text{zul. max}} = \sigma_{\frac{l}{i} = 40}.$$

10. Boston 1919:

für $\frac{l}{i} < 80$ ist $\sigma_{\text{zul.}} = 845\ \text{kg/cm}^2$,

für $\frac{l}{i} > 80$ ist $\sigma_{\text{zul.}} = 1405 - 7\,\frac{l}{i}$.

11. Boston 1918:

$$\sigma_{\text{zul.}} = \frac{1125}{1 + \frac{l^2}{20000\, i^2}}.$$

12. Bethlehem Steel:

$$\sigma_{\text{zul.}} = 1125 - 3{,}9 \cdot \frac{l}{i},$$

$$\sigma_{\text{zul. max}} = 915 \text{ kg/cm}^2.$$

13. N. Y. City:

$$\sigma_{\text{zul.}} = 1070 - 4{,}1 \cdot \frac{l}{i}.$$

14. Carnegie:

$$\sigma_{\text{zul.}} = 915 \text{ für } \frac{l}{i} < 60,$$

$$\sigma_{\text{zul.}} = 490 \text{ für } \frac{l}{i} = 120,$$

$$\sigma_{\text{zul.}} = 210 \text{ für } \frac{l}{i} = 200.$$

Zwischen diesen Werten ist geradlinig zu interpolieren.

15. Omaha:

$$\sigma_{\text{zul.}} = 1265 - 5{,}6 \cdot \frac{l}{i}.$$

16. N. Y. C. Ry.:

$$\sigma_{\text{zul.}} = 1125 - 5 \frac{l}{i},$$

$$\sigma_{\text{zul. max}} = 1055 \text{ kg/cm}^2.$$

17. Philadelphia:

$$\sigma_{\text{zul.}} = \frac{1125}{1 + \frac{l^2}{11000\, i^2}}.$$

18. Canton Boiler:

$$\text{für } \frac{l}{i} < 90 \quad - \quad \sigma_{\text{zul.}} = 1125 \text{ kg/cm}^2,$$

$$\text{für } \frac{l}{i} > 90 \quad - \quad \sigma_{\text{zul.}} = 1505 - 4{,}2 \frac{l}{i}.$$

19. Cambria — Gordon:

$$\sigma_{\text{zul.}} = \frac{845}{1 + \frac{l^2}{36000 \cdot i^2}}.$$

20. Osborn Highway:

$$\sigma_{\text{zul.}} = \frac{1550}{1 + \frac{l^2}{36000\, i^2}}.$$

21. Osborn El. Ry.:

$$\sigma_{\text{zul.}} = \frac{1340}{1 + \frac{l^2}{36000\, i^2}}.$$

22. Osborn Steam Ry.:

$$\sigma_{\text{zul.}} = \frac{1200}{1 + \frac{l^2}{36000\, i^2}}.$$

23. Chicago Br. and Iron:

$$\sigma_{\text{zul.}} = 1425 - 5 \cdot \frac{l}{i},$$

$$\sigma_{\text{zul.max}} = 985 \text{ kg/cm}^2.$$

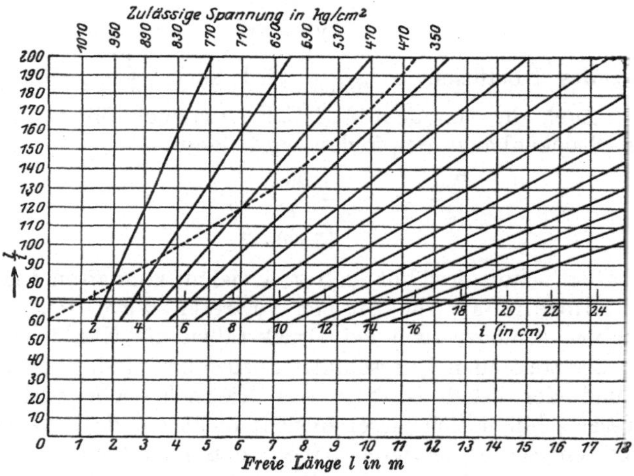

Abb. 402.

Abb. 402 zeigt eine graphische Darstellung für den praktischen Gebrauch der Rankine'schen Formel, wie sie von dem American Institute of Steel Construction verwendet wird.

Jedem i ist eine Gerade zugeordnet, die durch den Nullpunkt des $l/\frac{l}{i}$-Systems geht. Durch den Schnittpunkt einer solchen Geraden mit der Senkrechten durch die betreffende l-Abszisse ist die Horizontale zu ziehen; deren Schnittpunkt mit der gestrichelten Kurve ergibt die zulässige Spannung.

Beispiel: Der $\sigma_{\text{zul.}}$-Wert eines Druckstabes mit $i = 8$ cm und $l = 9$ m ist zu bestimmen. Die zu $i = 8$ zugehörige Gerade wird mit der Senkrechten durch $l = 9$ zum Schnitt gebracht; die Horizontale durch den Schnittpunkt trifft die gestrichelte Kurve in dem Wert $\sigma = 890$ kg/cm².

Gebräuchliche Knickformeln.

32. Eiserne Druckstäbe.

Von der A. I. S. C. ist für den Eisenhochbau die Knickformel angenommen

$$\frac{P_{\text{zul.}}}{F} = \frac{1625}{1 + \dfrac{l^2}{18000 \cdot i^2}}, \tag{37}$$

wobei die Höchstspannung auf 1055 kg/cm² festgelegt ist.

Es war früher üblich, die Konstanten in den Formeln von der Lagerungsart des Stabes abhängig zu machen; neuerdings wird die Auffassung vertreten, daß es genügt, unabhängig von der Lagerungsart einheitliche Konstanten zu benutzen.

Im Brückenbau wird vielfach das Geradliniengesetz nach Gl. (36) benützt (A. R. E. A.) oder die Rankine-Formel

$$\frac{P_{\text{zul.}}}{F} = \frac{1055}{1 + \dfrac{l^2}{20000 \cdot i^2}}. \tag{38}$$

An Stelle des Koeffizienten $\frac{1}{20000}$ wird auch $\frac{1}{18000}$ genommen. Die Rankine-Formel, die von dem A. S. C. E.-Ausschuß für Bestimmungen des Eisen-Brückenbaues empfohlen wird, lautet

$$\frac{P_{\text{zul.}}}{F} = \frac{1125}{1 + \dfrac{l^2}{13500 \cdot i^2}}. \tag{39}$$

Wir haben schon erwähnt, daß von vielen namhaften Ingenieuren, z. B. von Lindenthal, die Ansicht vertreten wird, daß nicht nur bei Zugstäben, sondern auch bei Druckstäben die Nietlöcher zur Bestimmung des tragenden Querschnitts abzuziehen sind, weil die Gefahr besteht, daß der erkaltete Niet das Nietloch nicht völlig ausfüllt. Der Verfasser schließt sich dieser Ansicht nicht an, da Untersuchungen von genieteten Stäben erwiesen haben, daß im allgemeinen der Niet das Nietloch vollständig ausfüllt. Es ist dies, wie andernorts erwähnt, dadurch sehr wohl möglich, daß der heiße Niet so stark gestaucht wird, daß er einen seitlichen Druck auf die Lochwand ausübt. Beim Erkalten nimmt dieser Druck ab, ohne jedoch ganz zu verschwinden.

33. Hölzerne Druckstäbe

sind meistens von rechteckigem oder kreisrundem Querschnitt und entweder mit ebenen Endquerschnitten oder beiderseits eingespannt gelagert. Die Möglichkeit der exzentrischen Kraftübertragung ist durch die Eigenart der Holzverbindungen außerordentlich viel größer als bei eisernen Stäben, wodurch die Unsicherheit des Rechnungsganges vergrößert wird. Diese Unsicherheit wird noch vermehrt dadurch, daß von einem homogenen, qualitätsgleichen Material nicht gesprochen werden kann.

In Anbetracht dieser Unsicherheiten wäre es bei der Berechnung von hölzernen Druckstäben zu rechtfertigen, wenn man sich einer vollständig empirischen Gleichung bediente, z. B. des Geradliniengesetzes, zumal hölzerne Stäbe kaum sehr große Schlankheitsgrade aufweisen werden. Der Verfasser bevorzugt jedoch auch hier die Rankine-Formel.

Nach der Gordon'schen Formel ist die Knickfestigkeit bestimmt durch

$$\frac{P_K}{F} = \frac{\sigma_B}{1 + \frac{l^2}{250 \cdot d^2}} = \frac{\sigma_B}{1 + c_1 \cdot \frac{l^2}{d^2}}, \qquad (40)$$

worin d die kleinste Querschnittsabmessung, σ_B die Druckfestigkeit des Materials bedeutet. Setzt man hierin $i^2 = \frac{d^2}{12}$ für rechteckigen Querschnitt, so erhält man die Rankinesche Formel

$$\frac{P_K}{F} = \frac{\sigma_B}{1 + \frac{l^2}{3000 \cdot i^2}} = \frac{\sigma_B}{1 + c \cdot \frac{l^2}{i^2}}. \qquad (41)$$

Die Werte für die Konstanten in diesen Gleichungen waren ursprünglich für fest eingespannte Stäbe gegeben. Um für größere Schlankheitsgrade in Übereinstimmung mit der Euler-Formel zu kommen, muß (vgl. Abschn. 17) sein

$$c = \frac{\sigma_b}{E \cdot \pi^2}$$

und mit $\sigma_b = 350$

und $E = 105\,000$

wird $c = \frac{1}{2960}$,

so daß die oben angegebenen Konstanten für gelenkig gelagerte Stäbe gelten; für eingespannte Stäbe hätte man 12000 statt 3000 einzusetzen.

Die Versuche von Boyd[1] zeigten die Brauchbarkeit der oben angegebenen Konstanten für Spruce-Holz mit

$$\sigma_B = 365 \text{ kg/cm}^2.$$

Die Bestimmungen für Brückenbauten des „Canadian Departement of Railways and Canals 1908" bringen folgende Formeln für zulässige Spannungen (in kg/cm²):

$$\frac{P_{\text{zul.}}}{F} = \frac{84}{1 + \frac{l^2}{1000 \cdot d^2}}, \qquad (42)$$

(für southern yellow pine und Douglas fir);

$$\frac{P_{\text{zul.}}}{F} = \frac{70}{1 + \frac{l^2}{1000 \cdot d^2}} \qquad (43)$$

(für white Oak);

$$\frac{P_{\text{zul.}}}{F} = \frac{56}{1 + \frac{l^2}{1000 \cdot d^2}} \qquad (44)$$

(für white pine und spruce).

[1] J. B. Boyd, on „Strength of spruce struts", Technologic Paper 152, U. S. Bureau of Standards.

Das Massachusetts Department of Public Utilities bestimmt

$$\frac{P_{\text{zul.}}}{F} = 70 - 0{,}7 \cdot \frac{l}{d} \tag{45}$$

(für longleaf yellow pine).

Die A. R. E. A. bestimmt

$$\frac{P_{\text{zul.}}}{F} = \sigma_{d\,\text{zul.}} \cdot \left(1 - \frac{l}{60\,d}\right). \tag{46}$$

Der Wert $\sigma_{d\,\text{zul.}}$ wird mit 90 kg/cm² für longleaf pine und mit 60 kg/cm² für Norway pine angegeben.

Die oben angegebenen Formeln gelten für ruhige Belastung; bei stoßweise wirkender Belastung ist zu der ruhigen Belastung ein angemessener Zuschlag zu machen.

Die Division of Forestry of the Department of Agriculture gab im Jahre 1896 die Formel

$$\frac{P_K}{F} = \frac{\sigma_B}{1 + \frac{l^2}{d^2}\left(\frac{1}{700 + 15\,\frac{l}{d}}\right)} \tag{47}$$

Formel (47) erscheint noch heute häufig in den Handbüchern.

34. Gußeiserne Druckstäbe.

Die ersten ernsthaften Versuche mit gußeisernen Druckstäben wurden von dem englischen Ingenieur Eaton Hodgkinson durchgeführt und sind in den Philosophical Transactions of the Royal Society of London, 1840 und 1857, beschrieben. Die Formel, die er aus seinen Versuchen ableitete, sind rein empirisch; sie haben heute keine Bedeutung mehr. Zur Zeit werden hauptsächlich die Rankine-Formel und das Geradliniengesetz angewendet.

Gußeisen wird für wichtige Konstruktionsteile heute nicht mehr benützt, insbesondere, wenn diese Stoßbeanspruchungen ausgesetzt sind, da es spröde ist und infolgedessen ein geringes Arbeitsvermögen besitzt, ferner kein Material gleichbleibender Qualität ist. In Bauwerken mit vorwiegend ruhender Belastung wird Gußeisen jedoch noch zuweilen angewandt.

Man muß aus den obengenannten Gründen mit einem großen Sicherheitsfaktor rechnen; gegenüber Holz sowohl wie Stahl hat es den Vorzug der größeren Feuersicherheit, es ist billiger als Stahl, die Querschnitte werden kleiner als bei Verwendung von Holz. Es werden folgende Knickformeln benützt (in kg und cm):

$$\frac{P_{\text{zul.}}}{F} = 795 - \frac{2{,}1\,l}{i}$$

(Bridgeport, District of Columbia, New Orleans, Portland),

$$\frac{P_{\text{zul.}}}{F} = 630 - \frac{2{,}8\,l}{i}$$

Boston, Minneapolis, New York, New Haven, National Fire Underwriters),

$$\frac{P_{\text{zul.}}}{F} = 700 - \frac{4{,}2\,l}{i}$$

(Chicago, Milwaukee, Omaha, St. Louis).

Die Rankine'sche Formel wird in folgender Form benützt (d = kleinste Querschnittsabmessung):

$$\frac{P_{\text{zul.}}}{F} = \frac{985}{2 + \frac{l^2}{600\,d^2}} \quad \text{(Buffalo)},$$

$$\frac{P_{\text{zul.}}}{F} = \frac{700}{1 + \frac{l^2}{800 \cdot d^2}} \quad \text{(Detroit)},$$

$$\frac{P_{\text{zul.}}}{F} = \frac{600}{1 + \frac{l^2}{11000\,i^2}} \quad \text{(Providence)}$$

u. a. m. Die geringste Wandstärke der Stäbe mit Kreisringquerschnitt ist im Allgemeinen auf $^3/_4'' \approx 19$ mm festgelegt, $\frac{l}{i} \leqq 60 \div 70$.

XVIII. Kreisringförmige und kugelförmige Behälter.

1. Allgemeine Übersicht.

Es sollen im folgenden Behälter betrachtet werden, auf deren Wandungen entweder von innen oder von außen gesetzmäßig, meist gleichmäßig, verteilte Kräfte ausgeübt werden. Ist die Wandstärke so gering, daß man die Veränderlichkeit der Spannung über den Querschnitt vernachlässigen kann, so ist die Berechnung meistens verhältnismäßig einfach. Schwieriger wird die Berechnung, wenn die Wandung so stark ist, daß die Veränderlichkeit der Spannung über den Querschnitt zu berücksichtigen ist.

Dünne Wandungen.

2. Richtung und Größe des hydrostatischen Druckes.

Der Behälter möge einem inneren hydrostatischen Druck ausgesetzt sein, also hervorgerufen durch Flüssigkeitsdruck oder Gasdruck; es sind dabei folgende grundlegenden Sätze zu beachten:

a) Der hydrostatische Druck wirkt stets senkrecht zu dem betrachteten Oberflächenteil.

b) Zerlegt man einen hydrostatischen Druck in zwei Komponenten, die senkrecht aufeinander gerichtet sind, so ist die Größe dieser Komponenten bestimmt durch das Produkt der spezifischen hydrostatischen Flächenpressung und der Projektion des betrachteten Oberflächenteils senkrecht zu der betreffenden Kraftrichtung. Es sei dieses kurz nachgewiesen:

In Abb. 403 sei ab eine Oberfläche von der Größe F, die einer hydrostatischen Flächenpressung p ausgesetzt ist. Der gesamte angreifende Druck beträgt dann $p \cdot F$. Dieser möge in zwei beliebige, aber senkrecht aufeinanderstehende Komponenten zerlegt werden. Diese sind dann

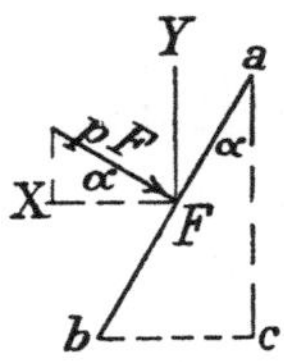

Abb. 403.

$$X = p \cdot F \cdot \cos\alpha = p \cdot \overline{ac},$$

$$Y = p \cdot F \cdot \sin\alpha = p \cdot \overline{bc},$$

was zu beweisen war.

3. Ring- und Längsspannungen in dünnwandigen Hohlzylindern.

Der in Abb. 404 dargestellte Hohlzylinder, dessen Ausdehnung normal zur Bildebene Eins sei, sei einem hydrostatischen Innendruck von der Größe p ausgesetzt. Betrachtet man den Druck auf die Oberfläche eines Halbzylinders, so ist dessen Komponente senkrecht zu dem zugehörigen Durchmesser

$$V = p \cdot d$$

und die Ringkraft

$$P = \frac{p \cdot d}{2} = p \cdot r, \tag{1}$$

da $V = 2P$ ist.

Die Ringkraft wirkt in jedem Querschnitt. Die Querschnittsfläche beträgt

$$F = 1 \cdot \delta.$$

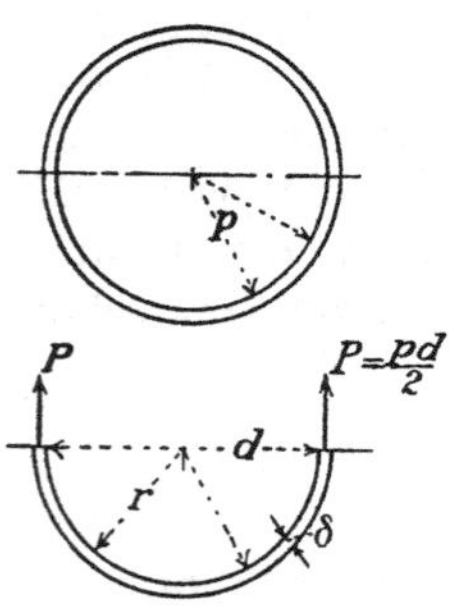

Abb. 404.

Es ist also die Ringspannung

$$\sigma_z = \frac{p \cdot r}{\delta} \tag{2}$$

oder es wird bestimmt

$$\delta = \frac{p \cdot r}{\sigma_{zul.}},$$

wenn man unter $\sigma_{zul.}$ die zulässige Zugspannung des verwendeten Materials versteht.

In einem beliebig gekrümmten Behälter ist die Ringkraft an jeder Stelle ebenfalls

$$P = p \cdot r,$$

wobei r der Krümmungsradius an der betrachteten Stelle ist.

Diese einfachen Beziehungen genügen zur Berechnung dünnwandiger Rohre mit gleichmäßigem Innen- oder Außendruck.

Das den Hohlzylinder abschließende Bodenstück erhält einen Druck von $P = p \cdot \pi \cdot r^2$, der von der Zylinderwand aufzunehmen ist, wobei diese durch Normalkräfte parallel zur Zylinderlängsachse beansprucht wird. Diese Längsspannung, senkrecht zur Ringspannung gerichtet, beträgt

$$\sigma = \frac{p \cdot \pi \cdot r^2}{2\,\pi \cdot r \cdot \delta} = \frac{p \cdot r}{2 \cdot \delta}, \tag{3}$$

ist mithin halb so groß wie die Ringspannung.

Die Berechnung der Spannungen der Bodenplatte ist schwieriger und soll a. O. behandelt werden.

Behälter für Wasser, Öl und andere Flüssigkeiten sind einem von oben nach unten zunehmenden hydrostatischen Druck ausgesetzt. Sie bestehen deshalb i. A. aus einzelnen Ringen, deren Stärke nach unten wächst. In einer Tiefe h ist der spezifische Druck $\gamma \cdot h$, worin γ das Raumgewicht der betreffenden Flüssigkeit ist. Die nötige Wandstärke beträgt dann

$$\delta = \frac{\gamma \cdot h \cdot r}{\sigma_{\text{zul.}}}. \tag{4}$$

Die einzelnen Ringe sind durch (horizontale) Nietverbindungen miteinander zu verbinden; ferner bestehen die einzelnen Ringe aus mehreren Blechen, so daß auch senkrechte Nietverbindungen notwendig werden. Letztere sind ebenso zu berechnen wie bei geraden Blechen, da die das gekrümmte Blech beanspruchenden Kräfte jeweils senkrecht zum Krümmungsradius gerichtet sind.

Es sei noch erwähnt, daß die nach den oben angegebenen Formeln errechneten Blechstärken auf die Schwächung des Querschnitts durch die Nietlöcher keine Rücksicht nehmen, daß also die auszuführende Blechstärke größer sein wird.

4. Dünnwandige Hohlkugeln.

Schneidet man eine dünnwandige Hohlkugel mit dem inneren Radius r und gleichmäßig verteiltem Innendruck p in zwei Halbkugeln, so wirkt senkrecht zur Schnittfläche auf jede Halbkugel der Druck

$$V = \pi \cdot r^2 \cdot p,$$

die Normalspannung an jeder Stelle der Wandung hieraus ist

$$\sigma = \frac{\pi \cdot r^2 \cdot p}{2\,\pi \cdot r \cdot \delta} = \frac{p \cdot r}{2\,\delta}. \tag{5}$$

(Vgl. hierzu Gl. (3).)

5. Äußerer hydrostatischer Druck.

Für gleichmäßigen Außendruck gelten die gleichen Formeln wie für gleichmäßigen Innendruck, wobei r und d auf den äußeren Kreis zu beziehen sind. Die Zerstörung erfolgt in den meisten Fällen durch Ausknicken.

Der praktisch häufigste Fall gleichmäßigen äußeren Drucks tritt bei Kesselrohren auf. Es möge für die Tragfähigkeit eine empirische Formel angegeben werden, da die Knickberechnung wesentlich schwieriger ist als beim geraden Druckstab. Fairbairn gibt für Schmiedeeisen an

$$\sigma_K = \frac{9600000 \cdot \delta^{2,18}}{l \cdot d}, \tag{6}$$

worin σ in pounds/square inch

δ, l und d in Zoll

einzuführen sind.

Fairbairns Versuche[1] an schmiedeeisernen Röhren ergaben folgende Resultate:

Länge (in)	37	60	61
Durchmesser (in)	9	24,5	18,75
Wandstärke (in)	0,14	0,125	0,25
σ_K = maximaler Druck (pounds/sq. in) .	378	125	420

Die Fairbairn'sche Formel deckt sich, wie zu erwarten, durchaus nicht immer mit den wirklichen Verhältnissen.

Eine andere empirische Formel ist die von Hutton, die mancherorts vorgezogen wird,

$$\sigma_K = \frac{C \cdot (32\,\delta)^2}{d \cdot \sqrt{l}}, \tag{6a}$$

worin d, δ, l die bekannten Bezeichnungen in Zoll sind, C eine vom Material abhängige Konstante ist, die Hutton für Schmiedeeisen mit 600, für Stahl mit 660 angibt. Damit wird

$$\sigma_K = \frac{614000 \cdot \delta^2}{d \cdot \sqrt{l}}, \tag{6b}$$

$$\sigma_K = \frac{675840 \cdot \delta^2}{d \cdot \sqrt{l}} \text{ (in pounds/square inches).} \tag{6c}$$

Für Hohlzylinder mit andern als kreisförmigen Querschnitten gelten natürlich andere Gesetze.

6. Hauptspannungen und Hauptdehnungen in dünnwandigen Zylindern.

In dünnwandigen, verschlossenen Hohlzylindern mit dem Innendruck p fanden wir die Normalspannungen

(Ringspannung)

$$\sigma_x = \frac{p \cdot r}{\delta},$$

(Normalspannung in Richtung der Längsachse)

$$\sigma_y = \frac{p \cdot r}{2\,\delta}.$$

[1] Vgl. hierzu auch Peabody and Miller: Steam Boilers (Wiley 1913); Haven and Swett: Design of Boilers and Pressure Vessels (Wiley 1915).

σ_x wirkt auf eine durch die Zylinderlängsachse, σ_y auf eine senkrecht zur Zylinderachse gelegte Ebene. Es wirken außerdem noch Spannungen σ_z, die bei Innendruck von innen nach außen von einem endlichen Wert auf Null abnehmen. Diese mögen jedoch außer Betracht bleiben.

In den oben genannten Ebenen wirken keine Scherspannungen, σ_x und σ_y sind also Hauptspannungen.

Die Ringdehnung ist

$$\varepsilon_x = \frac{\sigma_x}{E} - \frac{\sigma_y}{m \cdot E}.$$

Die Dehnung in Richtung der Längsachse ist

$$\varepsilon_y = \frac{\sigma_y}{E} - \frac{\sigma_x}{m \cdot E}.$$

7. Dünnwandige Hohlzylinder mit zusammengesetzter Beanspruchung.

Es werde ein Hohlzylinder ausgesetzt

1. einem gleichmäßigen inneren oder äußeren Druck,
2. einem Normaldruck oder -zug in Richtung der Längsachse,
3. einem Torsionsmoment.

Zu den bisher betrachteten Spannungen treten dann hinzu:

a) Normalspannungen in Richtung der Längsachse,

b) Scherspannungen in den Ebenen senkrecht und damit auch parallel zur Längsachse.

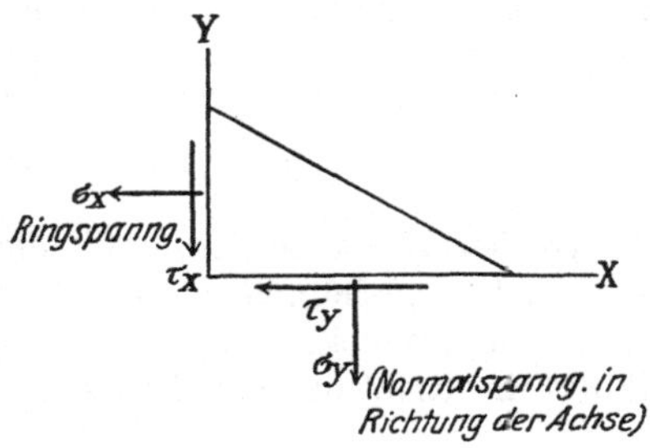

Abb. 405.

Die Hauptspannungen sind also nach der Gleichung zu bestimmen

$$\left.\begin{matrix}\sigma_1\\ \sigma_2\end{matrix}\right\} = \frac{\sigma_x + \sigma_y}{2} \pm \frac{1}{2}\sqrt{(\sigma_y - \sigma_x)^2 + 4\tau^2}.$$

(Vgl. Abb. 405.)

Dickwandige Hohlzylinder.

Die Ringspannungen sind nicht gleichmäßig über den Querschnitt verteilt, sind vielmehr an der inneren und äußeren Faser voneinander verschieden. Von praktischer Bedeutung wird dieser Fall z. B. bei Geschützrohren.

8. Lamés Theorie dickwandiger Hohlzylinder[1].

In Abb. 406 ist der Querschnitt durch einen dickwandigen Hohlzylinder dargestellt. Die Ausdehnung normal zur Bildebene sei Eins. Man betrachte einen Kreisring von der Wandstärke dx in radialer

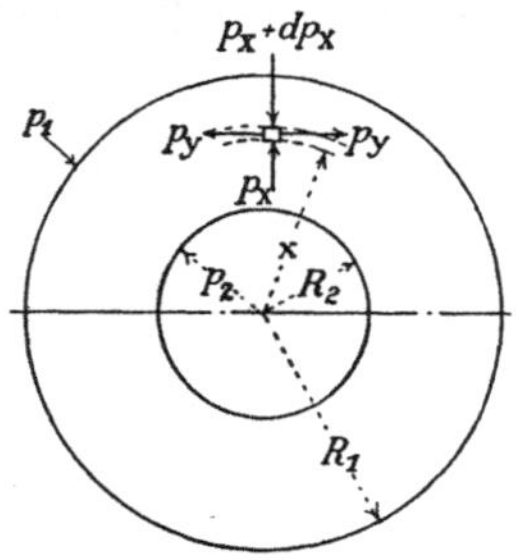

Abb. 406.

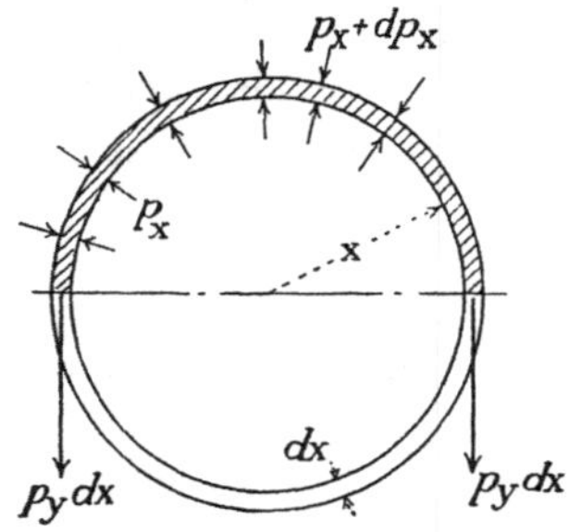

Abb. 407.

Richtung (Abb. 407). Auf der Innenseite dieses Kreisringes wirkt die Spannung p_x, auf der Außenseite $p_x + d\,p_x$. Die Ringspannungen p_y sind an jeder Stelle des Ringes gleich, die Ringkraft ist $p_y \cdot dx$.

Nach Gl. (1) ist

$$2\,p_y \cdot dx = 2\,x \cdot p_x - 2\,(x + dx)(p_x + d\,p_x),$$

oder unter Vernachlässigung unendlich kleiner Größen zweiter Ordnung

$$p_y \cdot dx = -\,p_x \cdot dx - x \cdot d\,p_x, \tag{7}$$

$$p_y = -\,p_x - x\,\frac{d\,p_x}{dx} = -\,\frac{d\,(x \cdot p_x)}{dx}. \tag{8}$$

Es sei angenommen, daß die Normalspannungen σ_1 parallel zur Längsachse gleichmäßig über den Querschnitt verteilt seien. Diese Annahme erscheint erlaubt. Es wird die Dehnung an dem betrachteten Punkt in Richtung der Längsachse

$$\varepsilon_1 = \frac{\sigma_1}{E} - \frac{p_x}{m \cdot E} - \frac{p_y}{m \cdot E} = \frac{1}{E}\left(\sigma_1 - \frac{p_x + p_y}{m}\right). \tag{9}$$

Es sei ferner angenommen, daß die Querschnitte eben bleiben und sich gegeneinander nicht verdrehen. Dies ist eine Annahme, die durchaus willkürlich erscheint; sie bedeutet, daß in den Querschnitten senkrecht zur Längsachse keine Scherspannungen wirken. Ist der Zylinder durch Bodenplatten abgeschlossen, so treten radial gerichtete Zugspannungen in den Bodenplatten auf, da der Ringdurchmesser sich elastisch verlängert. In der Umgebung der Endquerschnitte können also sehr wohl Scherspannungen wirken, obwohl natürlich die Summe der Tangentialkräfte über einen Querschnitt in beliebiger Richtung verschwinden muß.

Es folgt

$$p_y - p_x = \text{konst.} = 2\,a. \tag{10}$$

[1] Vgl. Morley: Strength of Materials.

Aus (8)

$$-2\,p_x - x\frac{d p_x}{dx} = 2\,a,$$

$$\therefore\; -\frac{2\,dx}{x} = \frac{d\,p_x}{p_x + a}.$$

Die Integration ergibt

$$-\log x^2 + C = \log(p_x + a),$$

$$p_x + a = \frac{b}{x^2}, \tag{11}$$

worin b eine Konstante ist, oder

$$p_x = \frac{b}{x^2} - a. \tag{12}$$

Aus (10) folgt

$$p_y - p_x = p_y - \frac{b}{x^2} + a = 2\,a,$$

$$p_y = \frac{b}{x^2} + a. \tag{13}$$

Aus (12) und (13) können p_x und p_y gefunden werden. Die hierzu nötigen Randbedingungen sind

für $x = R_1$: $p_x = p_1$ = äußerer Druck,

für $x = R_2$: $p_x = p_2$ = innerer Druck,

oder

$$p_1 = \frac{b}{R_1^2} - a; \qquad p_2 = \frac{b}{R_2^2} - a,$$

hieraus

$$\left.\begin{aligned} b &= \frac{R_1^2 \cdot R_2^2\,(p_2 - p_1)}{R_1^2 - R_2^2}, \\ a &= \frac{p_2 \cdot R_2^2 - p_1 \cdot R_1^2}{R_1^2 - R_2^2}. \end{aligned}\right\} \tag{14}$$

Diese Werte sind in (12) und (13) eingesetzt.

1. Fall: Es wirkt nur Innendruck.

$$p_1 = 0,$$

$$p_x\,(\text{Druck}) = \frac{p_2 \cdot R_2^2}{R_1^2 - R_2^2}\left(\frac{R_1^2}{x^2} - 1\right), \tag{15}$$

$$p_y\,(\text{Zug}) = \frac{p_2 \cdot R_2^2}{R_1^2 - R_2^2}\left(\frac{R_1^2}{x^2} + 1\right). \tag{16}$$

Sowohl p_x wie p_y haben ihren Größtwert für $x = R_2$, also an der Innenwand

$$\left.\begin{aligned} \max p_x &= p_2, \\ \max p &= p_2\,\frac{R_1^2 + R_2^2}{R_1^2 - R_2^2}. \end{aligned}\right\} \tag{17}$$

Die größte Dehnung beträgt

$$\varepsilon = \frac{p_y}{E} + \frac{p_x}{m \cdot E},$$

und die zugehörige Ersatzspannung

$$\varepsilon \cdot E = p_y + \frac{p_x}{m}. \tag{18}$$

Nimmt man z. B. einen Hohlzylinderquerschnitt mit $R_1 = 20$ cm, $R_2 = 10$ cm an, so erhält man folgende Verhältniswerte $\frac{p_x}{p_2}$ und $\frac{p_y}{p_2}$ in Abhängigkeit von x.

x	10	11	12	13	14	15	16	17	18	19	20
$\frac{p_x}{p_2}$	1,0	0,768	0,592	0,456	0,347	0,259	0,187	0,128	0,078	0,036	0,000
$\frac{p_y}{p_2}$	1,667	1,434	1,259	1,122	1,014	0,926	0,854	0,795	0,745	0,703	0,667
$\frac{\varepsilon \cdot E}{p_2}$	1,917	1,626	1,407	1,236	1,101	0,991	0,901	0,827	0,764	0,712	0,667

Die Werte $\frac{\varepsilon \cdot E}{p_2}$ sind mit $m = 4$ in der Tabelle angegeben.

Abb. 408 zeigt die Kurven der $\frac{p_y}{p_2}$- und $\frac{p_x}{p_2}$-Werte für das oben ausgeführte Zahlenbeispiel. Wirken auch noch Normalspannungen parallel zur Längsachse, sei es infolge äußerer Kräfte, sei es, weil der Hohlzylinder an beiden Enden verschlossen ist, so ist diese Normalspannung die dritte Hauptspannung.

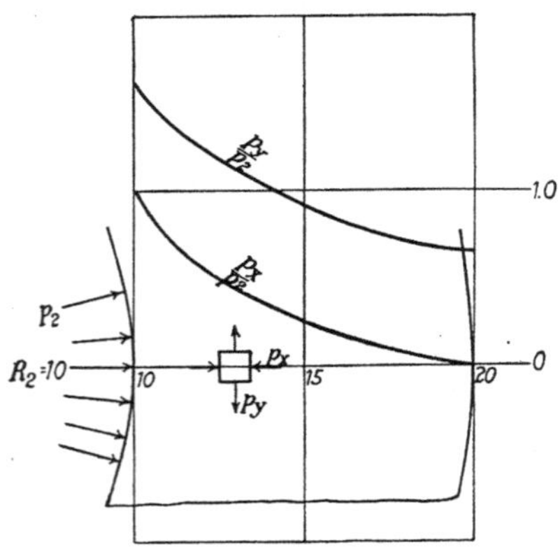

Abb. 408.

Nach dieser Theorie ist die Differenz $p_y - p_x$ konstant und zwar

$$p_y - p_x = \frac{2\, p_2 \cdot R_2^2}{R_1^2 - R_2^2}$$

für jeden Wert x.

2. Fall: Es wirkt nur Außendruck.

Es ist dann

$$p_2 = 0$$

und

$$p_x = \frac{p_1 \cdot R_1^2}{R_1^2 - R_2^2}\left(1 - \frac{R_2^2}{x^2}\right), \tag{19}$$

$$p_u = \frac{p_1 \cdot R_1^2}{R_1^2 - R_2^2}\left(1 + \frac{R_2^2}{x^2}\right). \tag{20}$$

Die Ringspannung ist diesmal eine Druckspannung und erreicht bei $x = R_2$ ihren Größwert mit

$$\max p_y = -\frac{2\,p_1 \cdot R_1^2}{R_1^2 - R_2^2}. \tag{21}$$

9. Anwendungen.

Eines der wichtigsten Anwendungsgebiete dickwandiger Hohlzylinder ist das Gebiet des Geschützrohrbaues. Es ist anzustreben, die großen Zugspannungen an der Innenwandung zu vermindern. Dies kann man so erreichen, daß man das Rohr Anfangsspannungen aussetzt, und zwar Druckspannungen auf der Innen- und Zugspannungen auf der Außenwandung. Diese Anfangsspannungen kann man auf verschiedene Art erzeugen. Früher wurde das Rohr in einem Guß gegossen; sofort nach dem Guß kühlte man die Innenwand schneller ab als die Außenwand, so daß letztere bei dem späteren Erkalten auf die inneren Ringschichten Ringdruckkräfte ausübte. Grundsätzlich gleich ist das neuere Verfahren, wonach das Rohr in zwei Teilen gegossen ist derart, daß erst das innere Rohr hergestellt wird; nach dessen Erkalten wird das zweite Rohr, das erste umhüllend, gegossen und übt wiederum auf das innere Rohr Ringdruckkräfte aus. Einzelheiten sind in der einschlägigen Fachliteratur nachzulesen.

10. Rotierende Hohlzylinder und Kreisringscheiben.

Wenn ein Hohlzylinder (bzw. eine Kreisringscheibe) um die Längsachse rotiert, so wirkt auf jedes Massenteilchen $\frac{\gamma}{g} \cdot dV$ eine zum Mittelpunkt gerichtete Kraft

$$dP = \frac{\gamma}{g} \cdot dV \cdot \frac{v^2}{x},$$

worin bedeuten

- γ das spezifische Gewicht,
- g die Erdbeschleunigung,
- dV das Volumen eines Körperelements,
- v die Geschwindigkeit,
- x die Entfernung von der Achse.

Mittels des d'Alembertschen Prinzips kann dieser Fall auf die Behandlung eines im Gleichgewicht befindlichen Systems zurückgeführt werden, indem man jedes Körperelement mit der ihm zugehörigen Massenkraft, der Beschleunigung entgegengesetzt wirkend, belastet. Nehmen wir an, der Hohlzylinder sei dünnwandig, es habe also jeder Querschnittsteil die gleiche Umdrehungsgeschwindigkeit. Die Wandstärke sei δ, der Radius sei r, die Länge des Zylinders sei Eins; ferner betrachten wir einen Querschnittsteil, dessen Bogenlänge 1 sei, das Volumen des zugehörigen Zylinderelements ist dann δ. Die Winkelgeschwindigkeit sei ω, die Umdrehungsgeschwindigkeit also $v = \omega \cdot r$.

Die Massenkraft beträgt dann

$$P = \frac{\gamma}{g} \cdot \delta \cdot \omega^2 \cdot r\,,$$

diese Kraft wirkt wie ein innerer hydrostatischer Druck; die zugehörige Ringspannung beträgt also

$$\sigma = P \cdot r = \frac{\gamma}{g} \cdot \omega^2 \cdot r^2\,.$$

Es ist z. B. ein Treibriemen von einer Zentrifugalkraft beansprucht; die daraus entstehende Spannung ist nach diesen Gleichungen zu errechnen.

Ist der Hohlzylinder dickwandig, so ist die Annahme gleicher Geschwindigkeit aller Querschnittsteile nicht mehr genügend genau, vielmehr muß dann die lineare Abhängigkeit der Geschwindigkeit eines Querschnittselements von dem zugehörigen Radius eingeführt werden. Darauf soll hier jedoch nicht näher eingegangen werden.

11. Beispiele.

1. Das Standrohr einer Wasserversorgungsanlage ist 60 m hoch und besitzt einen Durchmesser von 6 m. Welche Stärke muß der unterste Ring erhalten, wenn der „Wirkungsgrad“ der (vertikalen) Nietverbindung 75 % beträgt?

2. Die größte Wandstärke eines Wasserbehälters beträgt 15 mm. Wie hoch darf der Wasserdruck werden, wenn der Durchmesser 6 m, die zulässige Materialbeanspruchung 1400 kg/cm² und der „Wirkungsgrad“ der Nietverbindungen 80 % beträgt?

XIX. Anfangsspannungen in Metallen.

1. Allgemeines.

Metalle sind häufig Anfangsspannungen unterworfen, d. h. sie sind Spannungen ausgesetzt, ohne daß äußere Kräfte einwirkten. Es müssen deshalb in jedem Querschnitt die inneren Kräfte untereinander im Gleichgewicht stehen; es können also z. B. je zwei Druck- und Zugflächen vorhanden sein, die zwei einander aufhebende Kräftepaare bilden, oder es sind zwei Zug- und eine Druckfläche (oder umgekehrt) vorhanden derart, daß die resultierende Zug- und die Druckkraft gleich groß sind und in der gleichen Wirkungslinie angreifen.

Die Anfangsspannungen vermögen die Widerstandsfähigkeit des Materials herabzusetzen. Sie können von besonderer Bedeutung bei Druckstäben werden. Solange die Spannungen unterhalb der Elastizitätsgrenze bleiben, ist es für das elastische Verhalten des Stabes gleichgültig, ob er Anfangsspannungen hat; es ist jedoch zu beachten, daß die Elastizitätsgrenze einzelner Fasern schneller erreicht wird, wenn das Material Anfangsspannungen ausgesetzt war. Wie wir oben sahen, ist für die Knickfestigkeit eines Stabes die Elastizitätsgrenze von großer Bedeutung, d. h. die Knickfestigkeit wird durch Anfangsspannungen herabgesetzt.

2. Entstehung der Anfangsspannungen.

Anfangsspannungen werden verursacht durch die mechanische oder durch die thermische Behandlung des Materials.

Ein Gußstück kühlt sich zunächst an der Oberfläche ab, die Oberfläche wird fest, während das Innere noch flüssig ist. Wenn nun der Kern ebenfalls abkühlt und erstarrt, so geht er eine Volumenverminderung ein, wodurch die vorher erstarrten äußeren Schichten Druck-, der Kern selbst Zugspannungen erhält. Allgemein gesprochen, sind die Anfangsspannungen derart verteilt, daß die zuerst erhärteten Teile des Materials gedrückt und die zuletzt erhärteten gezogen sind. Bis zu einem gewissen Grade können jedoch die beim Erstarren des Materials erzeugten Anfangsspannungen durch die infolge mechanischer Behandlung entstehenden Anfangsspannungen kompensiert werden.

Letztere entstehen durch Walzen, Schmieden, Hämmern, Kaltrecken u. dgl.; ihre Größe ist wesentlich bedingt durch die Temperatur des Materials während der Bearbeitung. Die Anfangsspannungen entstehen dadurch, daß die mechanische Arbeit nicht gleichmäßig auf jedes Element des bearbeiteten Stückes ausgeübt werden kann. Kalte Bearbeitung erzeugt naturgemäß höhere Anfangsspannungen als warme Bearbeitung. Selbst wenn die mechanische Arbeit gleichmäßig ausgeübt werden könnte, so würden Anfangsspannungen durch unvermeidbare Materialunhomogenitäten bedingt sein.

Während des Walzprozesses wird die Stärke des Materials durch die Walzrollen verringert, das ausgequetschte Material muß sich einen Ausweg suchen, bleibt also zurück. Die Reibung zwischen Materialoberfläche und Walzrollen behindert das Rückwärtsfließen des an der Oberfläche liegenden Materials, so daß die Bewegung des Rückwärtsfließens am stärksten in der mittleren Faser ist und nach der Oberfläche zu abnimmt. Die mittleren Fasern des gewalzten Materials müssen deshalb Druckspannungen haben, die nach außen zu abnehmen, und in der Nähe der Oberflächen sind Zugspannungen vorhanden. Die Anfangsspannungen sind um so größer, je größer die durch einen Walzvorgang hervorgerufene Querschnittsverminderung ist. Howe und Groesbeck[1] haben zwei Bleche übereinander gelegt und durch eine Walze laufen lassen; nach dem Walzprozeß waren die Bleche gebogen, jedes in entgegengesetzter Richtung.

Über die Verteilung der Anfangsspannungen läßt sich (vergleiche oben) Genaueres nicht aussagen.

Die durch Kaltrecken erzeugten Anfangsspannungen sollen später erörtert werden.

3. Messung von Anfangsspannungen.

Die Anfangsspannungen werden auf indirektem Wege gemessen, nämlich durch die Messung von Längenänderungen. Dieses kann beispielsweise so geschehen, daß man eine Meßlänge genau festlegt, dieses

[1] Proc. A. S. T. M. 1920, p. 31 u. Techn. Pap. 163, Bureau of Standards.

Stück sodann ausschneidet und wieder mißt. Diese dabei festgestellte Längenänderung ergibt nach der Gleichung

$$\Delta l = \frac{P \cdot l}{E \cdot F} = \frac{\sigma \cdot l}{E}$$

die gesuchte Spannung in Richtung der Meßstrecke, wobei angenommen ist, daß der Spannungszustand infolge der Anfangsspannungen linear ist.

Die Anfangsspannungen eines Stabes mit rundem Querschnitt z. B. können auch wie folgt untersucht werden: Man schneidet einen äußeren Kreisring des Querschnittes aus und stellt fest, ob der Durchmesser des verbleibenden Teiles eine Längenänderung eingegangen ist. Hat er sich gedehnt, so waren in dem abgeschnittenen Kreisring Ringzugspannungen. Schneidet man auf diese Weise einen Ring nach dem anderen ab, so kann man die Verteilung der Anfangsspannungen über den ganzen Querschnitt feststellen. Ein dünnes Blech kann in folgender Weise untersucht werden: Man schneidet ein Stück aus, bestreicht eine Oberfläche mit Paraffin und taucht das Stück in eine Säure, bis die Blechstärke um einen gewissen Betrag, etwa ein Viertel, geschwächt ist. Die Schwächung ist dabei nur von einer Blechseite ausgegangen, da das Paraffin vor dem Angriff durch die Säure schützt. Waren in dem Blech vorher Anfangsspannungen, so muß das Blech nach dem Säurebad gekrümmt sein, und die Größe der Krümmung gibt einen Anhalt über Größe und Verteilung der Anfangsspannungen[1].

4. Anfangsspannungen hervorgerufen durch Kaltrecken.

Ein großer Teil der in den Bauwerken verwendeten Eisenstäbe ist vor der Verwendung kalt bearbeitet und während dieser Bearbeitung über die Elastizitätsgrenze hinaus beansprucht worden, da bei der Kaltbearbeitung bleibende Formänderungen eintraten.

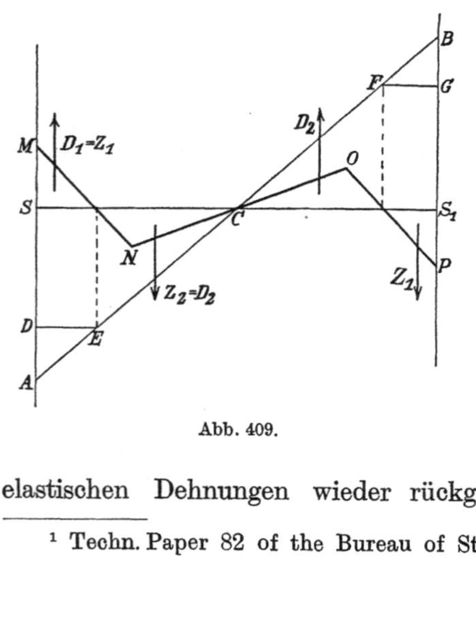

Abb. 409.

Betrachten wir einen kalt gebogenen Stab: Die äußeren Fasern an der gebogenen Stelle sind oberhalb der Fließgrenze bzw. der Stauchgrenze beansprucht worden. Ein Teil der inneren Fasern ist dabei unterhalb der Elastizitätsgrenze beansprucht, wird jedoch durch die Nachbarfasern verhindert, die frühere Gestalt einzunehmen, so daß sie in Spannung sein müssen. Die gezogenen Fasern, welche versuchen, die elastischen Dehnungen wieder rückgängig zu machen, daran aber

[1] Techn. Paper 82 of the Bureau of Standards.

gehindert werden, haben also Anfangszugspannungen; die Fasern, die sich diesem Bestreben ihrer Nachbarfasern entgegensetzen, haben Druckspannungen. Analoges gilt von den gedrückten Fasern. Hält man sich das in Abschn. 1 Gesagte vor Augen, so muß offenbar die Verteilung der durch Kaltrecken erzeugten Anfangsspannungen etwa nach Abb. 409 erfolgen. Die um die Mitte C gelegenen Fasern erfahren nur elastische Längenänderungen während des Kaltbiegens, sie bleiben also nach dem Kaltrecken in Spannung, wobei die Spannung das gleiche Vorzeichen behält. Die am Rande gelegenen Fasern, die über die Streckbzw. Stauchgrenze beansprucht waren, erhalten Anfangsspannungen mit dem entgegengesetzten Vorzeichen, als sie während des Kaltreckens hatten. Die Kräfte D_1 und Z_1 und die Kräfte D_2 und Z_2 bilden je ein Kräftepaar gleicher Größe und sind einander entgegengesetzt gerichtet. Die genaue Kraftverteilung ist unbekannt, die Linie $MNOP$ ist nur eine mögliche Lösung.

5. Die Größe der Anfangsspannungen.

Anfangsspannungen können, wie Messungen ergeben haben, so hoch werden, daß sie von der gleichen Größenordnung sind, wie die Spannungen aus der Gebrauchslast. Merica und Woodward fanden in Messingstäben Anfangsspannungen von 1250 und 1750 kg/cm². Howard fand in dem Flansch eines 8″-I-Trägers eine Druckspannung von 860 kg/cm² und an einer anderen Stelle des gleichen Trägers eine Zugspannung von 230 kg/cm², also einen größten Spannungsunterschied von 1090 kg/cm². In einem Blech stellte er in einer Randfaser eine Anfangszugspannung von 610 kg/cm² und in der entgegengesetzten Faser eine Anfangsdruckspannung von 740 kg/cm² fest, mithin eine von der in Abb. 409 dargestellten wesentlich verschiedene Spannungsverteilung. Bei einem U-Eisen stellte er einen Spannungsunterschied von 1700 kg/cm² fest. Offensichtlich können Überlagerungen von Anfangsspannungen aus thermischer und mechanischer Behandlung zu den verschiedensten Spannungsverteilungen führen. Bleibende Spannungen können weiterhin auftreten durch die mechanische Beanspruchung des Konstruktionsteiles während des Gebrauches, z. B. bei einer Eisenbahnschiene durch die Bearbeitung infolge der rollenden Lasten. Diese bleibenden Spannungen sind wesensgleich mit den Anfangsspannungen. Howard fand eine bleibende Druckspannung von 3100 kg/cm² an der oberen und eine bleibende Zugspannung von 1080 kg/cm² an der unteren Faser einer Schiene, also ein Spannungsgefälle von 4180 kg/qm².*

Ein Messingstab wurde auf 450° erwärmt und dann plötzlich in kaltem Wasser abgekühlt. Es wurden danach an der Oberfläche Anfangsdruckspannungen von 1020 kg/cm² festgestellt.

---

* Howard: The internal strains in steel rails. Proc. N. E. Railroad Club, Jan. 8. 1918.

6. Beseitigung von Anfangsspannungen.

Anfangsspannungen können grundsätzlich mit den gleichen Methoden beseitigt werden, wie sie auch entstanden sind, d. h. durch thermische oder mechanische Behandlung. Die Walzspannungen werden durch Erwärmung auf eine geeignete Temperatur und durch langsames Abkühlen beseitigt bzw. vermindert. Ein Bronzestab wurde eine halbe Stunde lang auf einer Temperatur von 200^0 gehalten und dann langsam abgekühlt; die Anfangsspannungen gingen von 2600 kg/cm² auf 420 kg/cm² herunter. Die gleiche Behandlung mit einer Temperatur von 300^0 erniedrigte die Anfangsspannungen auf 210 kg/cm².* Es ist durchaus möglich, die Erwärmung in solchen Grenzen zu halten, daß die Festigkeit von Stahl dabei unbeeinflußt bleibt und trotzdem die Anfangsspannungen zum größten Teil beseitigt werden.

7. Eigentümliche Brucherscheinungen

finden sich bei Messing und anderen Legierungen ohne Einwirkung von äußeren Lasten. Die Ursache des Bruches sind zweifellos Anfangsspannungen; in der Regel tritt dieser Bruch aber nur ein, wenn die Oberfläche durch Korrosion angegriffen ist. Bleibt die Oberfläche fehlerfrei, so treten diese Art Brüche im allgemeinen nicht ein, obwohl es auch schon beobachtet worden ist, daß Temperaturwechsel in Verbindung mit Anfangsspannungen ebenfalls zum Bruch führten. Bei Messing sind Anfangsspannungen bis zu 1750 kg/cm² beobachtet worden, ohne daß eine Zerstörung eingetreten wäre[1], vorausgesetzt, daß die Oberfläche keine chemischen Zersetzungen erfahren hatte. Bei dem Bau des „Catskill Aquaduct" (Wasserversorgungsanlage der Stadt New York) sind viele derartige „Corrosion Crackings" beobachtet worden. Die Materialprüfung benutzt für diese Fälle im wesentlichen eine gewöhnliche Quecksilbersalzlösung. Die Bestimmungen des „New York Board of Water Supply 1915" schreiben vor, daß Platten und Röhren aus Messing eine Stunde lang in eine gesättigte Lösung von Chlorquecksilber zu tauchen und danach zwei Wochen lang zu beobachten sind. Die „International Aircraft Standards Board Specification for Naval Brass" verlangt, daß die Messingröhre 15 Minuten lang in eine Quecksilbernitratlösung zu tauchen ist, die 100 g Quecksilbernitrat auf 13 cm³ Salpetersäure enthält (spezifisches Gewicht der Lösung 1,43), ohne Brucherscheinungen zu zeigen. Die Grenze, bei der „Corrosion Cracking" eintreten kann, gibt (vgl. oben) Merica und Woodward mit 1750 kg/cm² an. Selbst wenn das Material die oben geschilderten Prüfungen aushält, so können die Anfangsspannungen doch so groß sein, daß die Tragfähigkeit erheblich herabgesetzt ist und unterhalb der dem betr. Konstruktionsteil zugedachten Spannungen liegt. Es scheint deshalb diese Prüfung geeignet zu sein, wenn das Metall in Konstruktionsteilen verwendet wird, die keiner äußeren Belastung ausgesetzt sind. Polierte Oberflächen sind der Rißgefahr weniger ausgesetzt.

---

* Proc. A. S. T. M., p. 174. 1918.

[1] Proc. A. S. T. M. p. 171.

8. Anfangsspannungen in I-Balken.

Ein I-Profil hat einen verhältnismäßig dünnen Steg und dicke Flanschen. Der dünne Steg mit seiner verhältnismäßig großen Oberfläche erkaltet schneller als die Flanschen, bzw. als das Innere der Flanschen. Die hierdurch erzeugten Spannungen sind wahrscheinlich dort am größten, wo der Steg in den Flansch übergeht. Würde man einen I-Träger vor dem Erkalten durch einen Längsschnitt mitten durch den Steg in 2 Balken teilen, so würden diese Trägerhälften sich während des Erkaltens so verbiegen, daß sie sich von der Längsachse weg entfernen. Es müssen deshalb auch Zugspannungen im Stege vorhanden sein, die senkrecht zu der genannten Schnittfläche wirken. Die älteren I-Profile mit dickeren Flanschen waren größeren Anfangsspannungen ausgesetzt als die neueren Profile mit verhältnismäßig dünnen Flanschen [1].

Abb. 410. Träger aus Bessemer-Stahl, der durch einen leichten Hammerschlag zerstört wurde.

9. Anfangsspannungen und Tragfähigkeit.

Der Einfluß der Anfangsspannungen auf die Sicherheit ist offensichtlich. Zweifellos sind manche Unfälle darauf zurückzuführen. Ebenso zweifellos aber kann die Tragfähigkeit eines Konstruktionsgliedes durch die Anfangsspannungen erhöht werden: man denke an einen Querschnitt, der nach Abb. 409 Anfangsspannungen ausgesetzt sei und nun in der Weise auf Biegung beansprucht wird, daß die Anfangsdruckspannungen den Biegungszugspannungen entgegenwirken, und umgekehrt. Abb. 410 zeigt einen Träger aus Bessemer-Stahl, der durch einen leichten Schlag mit einem Hammer zerstört wurde. Diese mangelnde Widerstandsfähigkeit mag auch auf einen Materialfehler zurückzuführen sein; indessen sollte der Ingenieur bei unerwarteten Brüchen stets sein Augenmerk auf Anfangsspannungen richten und seine Sicherheitskoeffizienten ebenfalls in Rücksicht auf die Anfangsspannungen bemessen.

---

[1] Pritchard: Faults in the theory of flexure. Trans. Am. Soc. C. E., vol. 75, 895—981. 1912.

XX. Die Biegung gekrümmter Stäbe.

1. Lineare Spannungsverteilung und ebenbleibende Querschnitte.

Ist die in jedem Querschnitt wirkende Normalkraft nach Größe, Richtung und Angriffspunkt bekannt, so ergibt sich unter Annahme linearer Spannungsverteilung die Normalspannung an jedem Punkt nach den in Kap. IX entwickelten Gleichungen. Bleiben die Spannungen innerhalb der Proportionalitätsgrenze, so schließt die Annahme linearer Spannungsverteilung die des Ebenbleibens der Querschnitte in sich ein unter der Voraussetzung, daß ein ursprünglich ebener Querschnitt eben bleibt, und ferner daß alle Querschnitte vor der Deformation einander parallel sind, d. h. daß die Stabachse gerade ist:

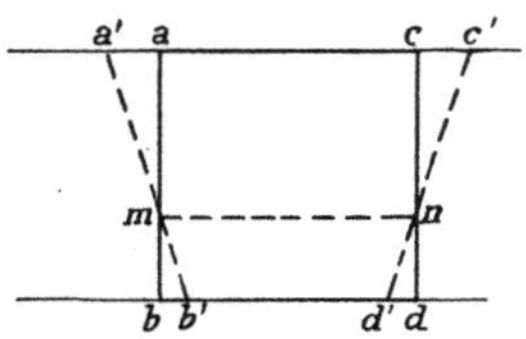

Abb. 411.

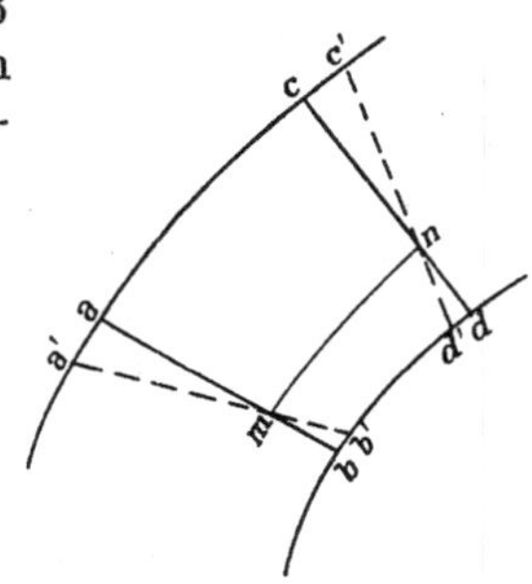

Abb. 412.

In Abb. 411 stelle $abcd$ das Stück eines geraden, auf Biegung beanspruchten Balkens dar. Die Querschnitte $\overline{ab}$ und $\overline{cd}$ mögen nach der Deformation eben bleiben und in $\overline{a'b'}$ und $\overline{c'd'}$ übergehen. Die Längenänderungen der einzelnen Fasern verhalten sich wie die Faserabstände von der Nullinie; da nun nach Voraussetzung (gerade Stabachse) die einzelnen Fasern gleiche Länge haben, so nehmen auch die auf die Längeneinheit bezogenen Längenänderungen linear mit dem Abstand von der N.L. zu. Ist die Stabachse gekrümmt (Abb. 412), so sind die Faserlängen zwischen zwei Querschnitten $\overline{ab}$ und $\overline{cd}$ nicht gleich. Nimmt man nun nach der Deformation wieder ebene Querschnitte an, so sind wohl die Längenänderungen der Fasern linear proportional dem Abstand von der N.L., nicht aber die bezogenen Längenänderungen. Bei einem auf Biegung beanspruchten gekrümmten Stab ist also die Voraussetzung ebenbleibender Querschnitte unvereinbar mit der linearer Spannungsverteilung.

2. Spannungsverteilung unter Annahme ebenbleibender Querschnitte.

Es sei ED (Abb. 413) die Querschnittsebene, D der Durchstoßpunkt der Schwerachse, E der Durchstoßpunkt der resultierenden inneren Kraft R durch den Querschnitt. Man zerlege R in eine Normalkraft N und eine Querkraft Q. Das biegende Moment ist $M = N \cdot \overline{ED}$. Als Wirkungsebene der Kräfte sei die Bildebene angenommen, in der

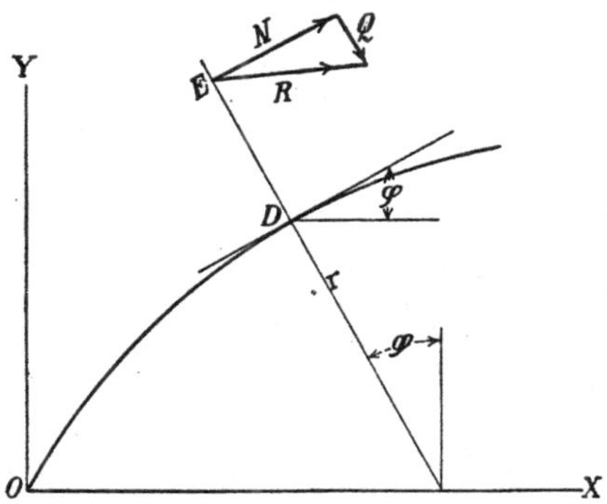

Abb. 413.

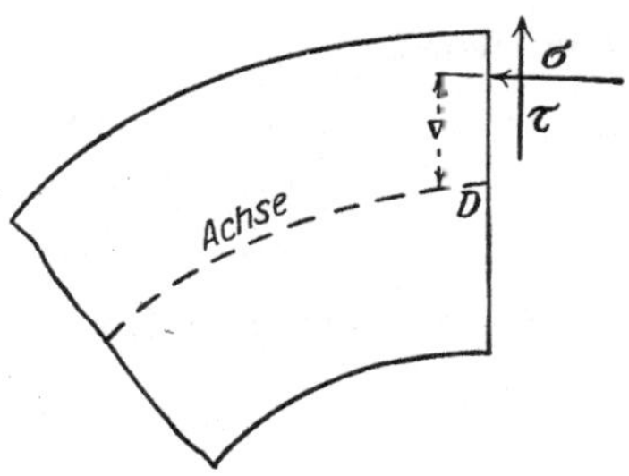

Abb. 414.

auch die eine Hauptachse liege. Die Tangente an die Stabachse in D bilde mit der Horizontalen den Winkel φ, der von der Horizontalen aus gegen den Sinn des Urzeigers gemessen werde.

Die Normalkraft N erhalte das positive Vorzeichen, wenn sie eine Druckkraft ist. Das Biegungsmoment M ist positiv, wenn es am linken Trägerstumpf rechtsdrehend ist, d. h. oberhalb der N.L. Druckspannungen erzeugt.

Die Gleichgewichtsbedingungen liefern folgende Gleichungen (Abb. 414):

$$\left.\begin{aligned} \int \sigma \cdot df &= N, \\ \int \tau \cdot df &= Q, \\ \int \tau' \cdot df &= 0, \\ \int \sigma \cdot df \cdot v &= M, \end{aligned}\right\} \tag{1}$$

worin τ' die Tangentialspannungen senkrecht zur Bildebene bedeuten, die übrigen Bezeichnungen die übliche Bedeutung haben. Die Integration hat über den ganzen Querschnitt zu erfolgen.

Diese Gleichungen genügen nicht, wie früher dargelegt (vgl. Kap. X), um die Spannungsverteilung eindeutig zu bestimmen. Wir müssen außer dem Gleichgewicht noch die Formänderungen untersuchen.

Wir betrachten zwei Querschnitte, deren Schwerpunkte vor der Deformation um den Betrag ds voneinander entfernt waren. Bezeichnen wir den Winkel, den beide Querschnitte miteinander einschließen, mit $d\varphi$, so sind zwei einer und derselben Faser angehörende, um den Betrag v von der Stabachse entfernte Punkte der beiden Querschnitte um den Betrag

$$ds_v = ds - v \cdot d\varphi$$

voneinander entfernt. Bei der unter der Einwirkung der äußeren Kräfte eintretenden Deformation mögen die Querschnitte eben bleiben.

Aus ds wird $ds + \Delta ds$,

" $d\varphi$ " $d\varphi + \Delta d\varphi$,

" ds_v " $ds_v + \Delta ds_v = ds - v \cdot d\varphi + \Delta ds - v \cdot \Delta d\varphi$.

Und damit

$$\Delta ds_v = \Delta ds - v \cdot \Delta d\varphi,$$

$$\frac{\Delta ds_v}{ds_v} = \frac{\Delta ds - v \cdot \Delta d\varphi}{ds - v \cdot d\varphi} = \frac{\Delta ds - v \cdot \Delta d\varphi}{ds} \cdot \frac{r}{r+v}.$$

Es ist nach dem Hookeschen Gesetz

$$\sigma = -E\left(\frac{\Delta ds}{ds} - \frac{v \cdot \Delta d\varphi}{ds}\right)\frac{r}{r+v}. \tag{2}$$

Das negative Vorzeichen rührt daher, daß die Druckspannungen das positive Vorzeichen haben.

Die erste und die letzte der Gleichungen (1) ergeben zusammen mit (2):

$$\frac{N}{E} = \frac{\int \sigma \cdot df}{E} = -r\frac{\Delta ds}{ds}\int \frac{df}{r+v} + \frac{r \cdot \Delta d\varphi}{ds}\int \frac{v \cdot df}{r+v},$$

$$\frac{M}{E} = \frac{\int \sigma \cdot v \cdot df}{E} = -r\frac{\Delta ds}{ds}\int \frac{v \cdot df}{r+v} + \frac{r \cdot \Delta d\varphi}{ds}\int \frac{v^2 \cdot df}{r+v}.$$

Mit

$$\int df = F, \qquad \int v \cdot df = 0$$

und

$$\int \frac{v^2 \cdot r \cdot df}{r+v} = J'$$

wird

$$r\int \frac{df}{r+v} = \int df - \int \frac{v \cdot df}{r+v} = \int df - \int \frac{v \cdot df}{r} + \frac{1}{r}\int \frac{v^2 \cdot df}{r+v} = F + \frac{J'}{r^2}.$$

Ferner ist

$$r\int \frac{v \cdot df}{r+v} = \int v \cdot df - \int \frac{v^2 \cdot df}{r+v} = -\frac{J'}{r}.$$

Damit wird

$$\frac{N}{E} = -F\frac{\Delta ds}{ds} - \left(\frac{\Delta ds}{r \cdot ds} + \frac{\Delta d\varphi}{ds}\right)\frac{J'}{r}, \tag{3}$$

$$\frac{M}{E \cdot r} = \left(\frac{\Delta ds}{r \cdot ds} + \frac{\Delta d\varphi}{ds}\right)\frac{J'}{r}. \tag{4}$$

Hieraus findet man

$$\frac{\Delta\, ds}{ds} = -\frac{N}{E \cdot F} - \frac{M}{F \cdot E \cdot r}, \tag{5}$$

$$\frac{\Delta\, d\varphi}{ds} = \frac{M}{E \cdot J'} + \frac{M}{F \cdot E \cdot r^2} + \frac{N}{F \cdot E \cdot r}. \tag{6}$$

Setzen wir diese Werte in Gl. (2) ein, so erhält man

$$\sigma = \frac{N}{F} + \frac{M}{F \cdot r} + \frac{M \cdot r \cdot v}{J'(r+v)}, \tag{7}$$

d. h. die Normalspannung an jedem Punkt des Querschnitts unter der Annahme eben bleibender Querschnitte.

Ist der Stab gerade ($r = \infty$), $J' = J$, so wird

$$\frac{\Delta\, ds}{ds} = \frac{N}{E \cdot F},$$

$$\frac{\Delta\, d\varphi}{ds} = \frac{M}{E \cdot J},$$

$$\sigma = \frac{N}{F} + \frac{M \cdot v}{J}.$$

Gl. (7) zeigt, daß die auf der Annahme ebenbleibender Querschnitte errechnete Spannungsverteilung nicht linear ist. Trägt man senkrecht zur Querschnittsebene in jedem Punkt die Spannung in einem beliebigen aber konstanten Maßstab auf, so erhält man eine Hyperbel, deren eine Asymptote durch den Krümmungsmittelpunkt hindurchgeht und parallel zur Neigung der Achse in D liegt. Es stimmt bei Biegung ohne Axialkraft die Schwerachse nicht mit der N.L. überein.

Es ist $\sigma = 0$, wenn

$$v = \frac{-J' \cdot r\,(M + N \cdot r)}{J'(M + N \cdot r) + M \cdot F \cdot r^2}$$

oder bei Biegung ohne Axialkraft ($N = 0$)

$$v = \frac{-J' \cdot r}{J' + F \cdot r^2}$$

d. h. die N.L. rückt von der Schwerlinie nach dem Krümmungsmittelpunkt zu ab. Es erscheint nun auch verständlich, warum der zweite Term auf der rechten Seite von Gl. (5) negativ ist; es haben nämlich die Querschnittselemente der Schwerachse Druckspannungen.

3. Der Wert J'.

Man forme um:

$$J' = r^3 \int \frac{df}{r+v} - F \cdot r^2. \tag{8}$$

Für einen rechteckigen Querschnitt von der Breite b und der Höhe h wird mit $df = b \cdot dv$:

$$J' = b \cdot r^3 \int_{-\frac{h}{2}}^{+\frac{h}{2}} \frac{dv}{r+v} - F \cdot r^2 = b \cdot r^3 \ln \frac{2r+h}{2r-h} - F \cdot r^2. \qquad (9)$$

Für einen kreisförmigen Querschnitt mit dem Radius R wird

$$J' = 2\,r^3 \cdot R^2 \int_{-\frac{\pi}{2}}^{+\frac{\pi}{2}} \frac{\cos^2 \alpha \, d\alpha}{r - R \sin \alpha} - F \cdot r^2$$

$$= \pi \cdot r^2 \left(2\,r^2 - 2\,r\sqrt{r^2 - R^2} - R^2\right). \qquad (10)$$

In den meisten praktischen Fällen ist r groß im Verhältnis zu den Querschnittsabmessungen. Ist der Querschnitt symmetrisch zur Querschnittsachse, so entspricht jedem Flächenelement df im Abstand $+v$ auf der einen ein gleiches Element df im Abstand $-v$ auf der andern Seite von der Achse. Das erste Element trägt zu dem Wert J' bei mit

$$(dJ')_1 = v^2 \cdot df \cdot \frac{r}{r+v},$$

das zweite mit

$$(dJ')_2 = v^2 \cdot df \cdot \frac{r}{r-v}.$$

Die Summe beträgt näherungsweise

$$(dJ')_1 + (dJ')_2 = 2\,v^2 \cdot df,$$

und damit näherungsweise

$$J' \approx J,$$

der wahre Wert J' ist jedoch stets etwas größer als J.

Z. B. wähle man einen verhältnismäßig kleinen Krümmungsradius mit $r = 15$ cm, $h = 6$ cm, so wird für ein Querschnittselement der äußersten Faser

$$(dJ')_1 = v^2 \cdot df \cdot \frac{15}{18} = v^2 \cdot df \cdot \frac{5}{6}$$

bzw.

$$(dJ')_2 = v^2 \cdot df \cdot \frac{5}{4}$$

$$(dJ')_1 + (dJ')_2 = \frac{25}{12} v^2 \cdot df.$$

4. Spannungsermittlung unter Annahme linearer Spannungsverteilung.

Die Gl. (1) bleiben bestehen, Gl. (7) wird

$$\sigma = \frac{P}{F} + \frac{M \cdot v}{J}. \tag{7a}$$

Die Gl. (7) ist aus den Formänderungen entwickelt, indem wir die relativen Bewegungen zweier benachbarter Querschnitte betrachteten, die bezogenen Formänderungen aus Normalkraft und Moment $\frac{\Delta\, ds}{ds}$ und $\frac{\Delta\, d\varphi}{d\varphi}$ errechneten und dann Gl. (1) und (2) benutzten.

Nunmehr wird über die Spannungsverteilung eine Annahme gemacht, nämlich daß die Spannung eine lineare Funktion des Ortes ist. Hierdurch kommt man sofort zu Gl. (7a), und es wird erst jetzt die gegenseitige Verschiebung der beiden Querschnitte festgestellt, um $\frac{\Delta\, ds}{ds}$ und $\frac{\Delta\, d\varphi}{d\varphi}$ zu finden. Man betrachte zwei in Richtung der Achse, die nun gleichzeitig N. N. ist, um ds entfernte Querschnitte eines gekrümmten Stabes; diese Entfernung hat nach der Deformation den Zuwachs $\frac{N}{F \cdot E} \cdot ds$, da die Spannung der neutralen Faser ($v = 0$) die mittlere Spannung ist. Damit wird

$$\frac{\Delta\, ds}{ds} = -\frac{N}{E \cdot F}. \tag{5a}$$

In einer Entfernung v von der N.L. ist die Spannung gegeben durch Gl. (7a); es wird also die Faser von der ursprünglichen Länge $ds - v \cdot d\varphi$ verkürzt um

$$\Delta\, ds_v = \left(\frac{N}{E \cdot F} + \frac{M \cdot v}{E \cdot J}\right)(ds - v \cdot d\varphi),$$

$$v \cdot \Delta\, d\varphi = \left(\frac{N}{E \cdot F} + \frac{M \cdot v}{E \cdot J}\right)(ds - v \cdot d\varphi) - \frac{N \cdot ds}{E \cdot F},$$

$$\Delta\, d\varphi = -\frac{N \cdot d\varphi}{E \cdot F} + \frac{M \cdot ds}{E \cdot J} - \frac{M \cdot v \cdot d\varphi}{E \cdot J}.$$

Mit

$$r \cdot d\varphi = -\, ds$$

wird

$$\frac{\Delta\, d\varphi}{ds} = \frac{N}{E \cdot F \cdot r} + \frac{M}{E \cdot J} + \frac{M \cdot v}{E \cdot J \cdot r} = \frac{N}{E \cdot F \cdot r} + \frac{M}{E \cdot J}\left(\frac{r + v}{r}\right). \tag{6a}$$

Für $r = \infty$ (gerade Stabachse) wird

$$\frac{\Delta\, d\varphi}{ds} = \frac{d^2 y}{dx^2} = \frac{M}{E \cdot J}.$$

5. Querschnittskern (ebene Querschnitte bleiben eben).

Wie beim geraden Balken erscheinen die Spannungsgrenzwerte an den Querschnittsrändern. Nach Abb. 415 tritt in der oberen um v_1 von der Achse entfernten Rundfaser die größte Druckspannung auf

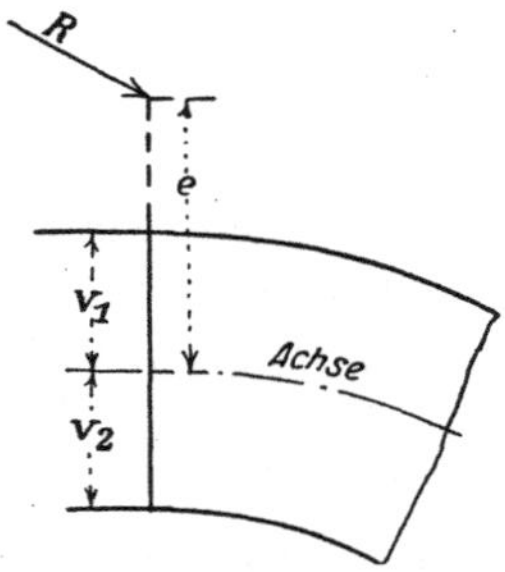

Abb. 415.

(Druck)

$$\sigma_{\max} = \frac{N}{F} + \frac{M}{F \cdot r} + \frac{M \cdot r \cdot v_1}{J'(r + v_1)}. \tag{11}$$

An der inneren Randfaser tritt die größte Zugspannung auf

(Zug)

$$\sigma_{\max} = -\frac{N}{F} - \frac{M}{F \cdot r} + \frac{M \cdot r \cdot v_2}{J'(r - v_2)}, \tag{12}$$

wobei v_1 und v_2 beide mit positiven Vorzeichen einzuführen sind.

Führt man die Entfernung e des Durchstoßpunktes der Kraft durch die Querschnittsebene von der Balkenachse ein, so werden die Gl. (11) und (12) zu

$$\text{(Druck)}\ \sigma_{\max} = \frac{N}{F}\left(1 + \frac{e}{r}\right) + \frac{N \cdot e \cdot r \cdot v_1}{J'(r + v_1)}, \tag{13}$$

$$\text{(Zug)}\quad \sigma_{\max} = -\frac{N}{F}\left(1 + \frac{e}{r}\right) + \frac{N \cdot e \cdot r \cdot v_2}{J'(r - v_2)}. \tag{14}$$

N sei eine Druckkraft; die Spannung hat dann über den ganzen Querschnitt das gleiche Vorzeichen, wenn

$$e_1 \leqq \frac{J'}{\dfrac{F \cdot r \cdot v_2}{r - v_2} - \dfrac{J'}{r}} \tag{15}$$

bzw.

$$e_2 \geqq -\frac{J'}{\dfrac{F \cdot r \cdot v_1}{r + v_1} + \dfrac{J'}{r}}. \tag{16}$$

Stellen die Ungleichungen (15) und (16) Gleichungen dar, so ist die Zugspannung der unteren bzw. der oberen Faser gerade Null. In beiden Fällen herrscht gerade über den ganzen Querschnitt Druck, d. h. solange der Wert e innerhalb der durch die Gl. (15) und (16) gegebenen Grenzen liegt, solange haben die Spannungen über den ganzen Querschnitt das gleiche Vorzeichen. Diese beiden Werte e sind also die Kernweiten des Querschnitts.

Für einen geraden Balken mit $r = \infty$ werden die Gl. (11) bis (16) zu

$$\text{(Druck)}\quad \sigma_{\max} = \frac{N}{F} + \frac{M \cdot v_1}{J} \tag{11a}$$

$$= \frac{N}{F} + \frac{N \cdot e \cdot v_1}{J} \tag{13a}$$

$$(\text{Zug})\ \sigma_{max} = -\frac{N}{F} + \frac{M \cdot v_2}{J} \tag{12a}$$

$$= -\frac{N}{F} + \frac{N \cdot e \cdot v_2}{J}. \tag{14a}$$

Die Kernweiten sind bestimmt durch

$$e_1 = \frac{J}{F \cdot v_2},$$

$$e_2 = \frac{J}{F \cdot v_1} \tag{15a, 16a}$$

oder

$$\left. \begin{aligned} e_1 &= \frac{i^2}{v_2} \\ e_2 &= \frac{i^2}{v_1} \end{aligned} \right\} \text{(wie beim geraden Balken).}$$

Den geometrischen Ort der Durchstoßpunkte der Kraft durch jeden Querschnitt (für einen bestimmten gegebenen Belastungsfall) nennt man die Stützlinie. Solange die Stützlinie innerhalb des Kernes für sämtliche Querschnitte liegt, hat jeder Querschnitt — falls P eine Druckkraft ist — nur Druckspannungen. Fällt die Stützlinie außerhalb des Kerns, so hat die der Kraft zugewendete Seite Spannungen mit dem gleichen, die andere Seite Spannungen mit dem entgegengesetzten Vorzeichen.

Um die Spannung an dem oberen Kernpunkt zu ermitteln, setzen wir den Wert e aus Gl. (15) für v in Gl. (7) ein und erhalten

$$\sigma = \frac{N}{F} + \frac{M}{F \cdot v_2} = \frac{N(e + v_2)}{F \cdot v_2}. \tag{17}$$

Entsprechend finden wir die Spannung an dem unteren Kernpunkt.

6. Scherspannungen.

Wie beim geraden Balken so hat auch beim Balken mit gekrümmter Achse die Scherspannung in der neutralen Faser jeden Querschnitts ihren Höchstwert und nimmt von der N.L. nach den Querschnittsrändern bis auf Null ab. Das Verfahren zur Bestimmung der Scherspannungen ist das gleiche und soll hier nicht wiederholt werden. Die Scherspannungen spielen i. A. bei gekrümmten Stäben eine geringere Rolle als bei geraden Stäben.

7. Elastische Untersuchungen.

Die elastischen Untersuchungen gekrümmter Stäbe sind einem späteren Bande vorbehalten.

8. Beispiel.

Wir untersuchen den in Abb. 416 dargestellten Haken, und zwar den Querschnitt a—a. Es sei an dieser Stelle der Krümmungsradius $r = 2$ cm, der

Querschnitt ein Kreis mit dem Durchmesser $d = 2$ cm.

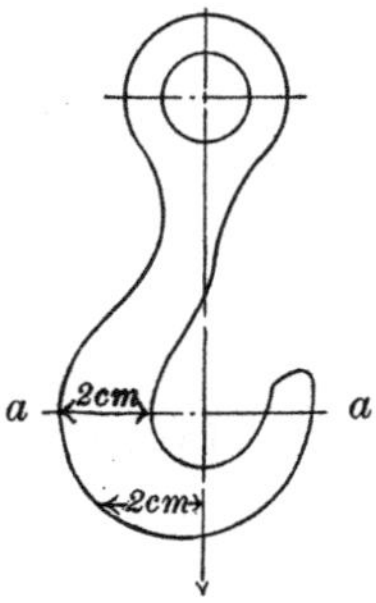

Abb. 416.

$$J = \frac{\pi \cdot d^4}{64} = 0{,}7854 \text{ cm}^4,$$

$$F = \frac{\pi \cdot d^2}{4} = 3{,}14 \text{ cm}^2,$$

$$P = 300 \text{ kg}.$$

Es wird dann nach der üblichen Methode unter Annahme linearer Spannungsverteilung

$$\sigma_{\max} = \frac{P}{F} + \frac{M \cdot v_1}{J} = \frac{300}{3{,}14} + \frac{300 \cdot 2 \cdot 1}{0{,}7854}$$

$$= 94 + 761 = 855 \text{ kg/cm}^2 \text{ (Zug)}.$$

Nach Gl. (7) (Annahme ebenbleibender Querschnitte) haben wir zunächst J' aus Gl. (10) zu ermitteln; es wird

$$J' = 0{,}2864\, \pi \text{ (gegen } J = 0{,}25\, \pi),$$

dann wird

$$\sigma_{\max} = \frac{P}{F} + \frac{M}{F \cdot r} + \frac{M \cdot r \cdot v_1}{J'(r + v_1)}$$

$$= \frac{300}{3{,}14} - \frac{600}{3{,}14 \cdot 2} + \frac{600 \cdot 2 \cdot 1}{0{,}2864\, \pi} = 1333 \text{ kg/cm}^2 \text{ (Zug)}.$$

Der große Unterschied zwischen beiden errechneten Werten zeigt, daß entweder die Annahme linearer Spannungsverteilung oder die ebenbleibender Querschnitte unzutreffend ist. Es ist indessen zu beachten, daß es sich bei dem Beispiel um einen stark gekrümmten Stab handelte. Es scheint jedoch dem Verfasser ein gutes Beispiel dafür zu sein, daß man sich vor einer scheinbaren mathematischen Genauigkeit hüten und stets das größte Interesse den Grundlagen zuwenden soll, auf denen die Rechnung aufgebaut ist.

Der Verfasser neigt zu der Ansicht, daß die auf der Annahme linearer Spannungsverteilung aufgebaute Rechnung den tatsächlichen Verhältnissen näher kommt, da dabei das Prinzip der geringsten Formänderungsarbeit am besten gewahrt ist. Darauf soll in einem späteren Bande eingegangen werden.

XXI. Materialprüfung.

1. Allgemeines.

Die Materialprüfung kann in diesem Buche nicht erschöpfend behandelt werden; es ist dieses ein Spezialgebiet, das für den Ingenieur von höchster Wichtigkeit ist[1].

---

[1] Es mögen folgende Werke hierüber empfohlen sein:
Unwin: „The Testing of Materials of Construction." Longmanns, Green & Co., 3rd edition 1910. — Martens: Handbuch des Material-Prüfungswesens. — Johnson: „Materials of Constructions": rewritten by Withey and Aston, Wiley 1919. — The Proceedings of the Am. Soc. for Testing Materials (A. S. T. M.) Yearly volumes since 1901.

Einige kurze Bemerkungen über dieses Gebiet sind jedoch hier notwendig, damit der Leser den Stoff dieses Bandes versteht.

Die Materialprüfung dient entweder wissenschaftlicher Erkenntnis, d. h. sie sucht Gesetzmäßigkeiten zu finden, oder sie dient Handels- bzw. Kontrollzwecken. Nachdem die grundlegenden Eigenschaften und die physikalischen Gesetzmäßigkeiten gefunden sind, ist der Ingenieur in der Lage, zu entscheiden, welche Eigenschaften ein Material für seine Zwecke besitzen muß, und welches Material er verwenden muß. Er hat dann Kontrollversuche mit dem erhaltenen Material auszuführen, um sich zu vergewissern, ob das Material die von ihm gewünschten Eigenschaften hat. Diese beiden Arten von Materialprüfungen sind grundsätzlich voneinander verschieden, in Hinsicht auf den Zweck, vielfach auch in Hinsicht auf die Methoden, die Apparate und den anzustrebenden Genauigkeitsgrad.

Die wissenschaftliche Materialprüfung sucht physikalische Gesetzmäßigkeiten auf dem Versuchswege zu erhalten; Zusammenhänge, die deduktiv, also auf Grund von bekannten anderen Gesetzmäßigkeiten zu gewinnen sind, sollten nicht Gegenstände der wissenschaftlichen Materialprüfung sein. Grundsätzlich sollte bei den Untersuchungen stets nur der Einfluß einer Veränderlichen beobachtet werden. Z. B. sei der Einfluß des Kohlenstoffgehaltes auf Zähigkeit oder Festigkeit von Stahl zu untersuchen; es müssen dann sämtliche Versuchsbedingungen sowie die übrige Zusammensetzung des Stahles bei allen Versuchen unverändert bleiben. Nur so kann man einen Einfluß rein erfassen. Man macht häufig die Beobachtung, daß gegen diesen einfachen, selbstverständlichen Grundsatz verstoßen wird, daß viele Größen gleichzeitig variiert werden, so daß ein Vergleich der verschiedenen Versuche außerordentlich schwierig, wenn nicht unmöglich ist. Der Zweck der Untersuchung sei stets, die grundlegenden Gesetzmäßigkeiten zu finden, gewissermaßen die Elemente der Erkenntnis. Die induktive Überlegung wird aus diesen Elementen sodann das Gebäude der Erkenntnis aufbauen. Häufig jedoch hat man den Eindruck, als ob die Materialprüfung das Denken ersetzen soll. Wenn wir ein Bauglied prüfen, z. B. das Modell eines Dachbalkens, so werden wir beispielsweise finden, welche Last der Balken trägt und wie und wo er bricht. Ist die Untersuchung so durchgeführt, daß sich eine exakte Überlegung und Berechnung darauf aufbauen läßt — wenn wir z. B. finden können, welche Spannung an der Bruchstelle vorhanden war —, so wird uns der Versuch unter Umständen in die Lage versetzen, wertvolle Schlüsse daraus zu ziehen; sonst wird das Resultat des Versuches lediglich sein, daß dieser betreffende Balken in der besonderen, beobachteten Weise zu Bruch gekommen ist.

Diese Überlegungen führen zwangläufig zur Normierung. Es müssen normiert werden: die Gestalt der Probekörper, die Untersuchungsmethoden, die Belastungsgeschwindigkeit und anderes mehr. Von großer Wichtigkeit ist die Beobachtung des Ähnlichkeitsgesetzes (vgl. Kap. IV, Abschn. 19), da die Abmessungen der Probekörper im Verhältnis zu denen der Bauwerksglieder im allgemeinen sehr klein sind. Eine absolute Ähnlichkeit kann nie erreicht werden. Diese Überlegung hat manchmal zu dem Bestreben geführt, Probekörper von den Abmessungen zu benutzen, wie man sie auch in der Praxis anwendet, beispielsweise also Druckstäbe des Brückenbaues. An Stelle der einen Schwierigkeit tritt aber dann eine andere, nämlich die, die Versuchsbedingungen so zu gestalten, daß sie den im Bauwerk vorliegenden Bedingungen nahe kommen, so daß die Ergebnisse ebenfalls falsch sein können.

Bei der Kontrollzwecken dienenden Materialprüfung muß man sich vor Augen halten, daß die Versuche nicht an den Materialien ausgeführt werden, die später benutzt werden, sondern daß man die Annahme machen muß, daß das untersuchte Material dem verwendeten Material vollkommen gleich ist. Es ist also darauf zu achten, ob diese Annahme auch zu Recht besteht. Man denke an ein kleines Probestück aus Holz, das mit ziemlicher Sicherheit keine offensichtlichen Mängel, wie Astlöcher und dgl., aufweisen wird, wie sie bei dem zum Bauwerk verwendeten Holz doch leicht vorkommen können. Eine ganze Anzahl von Versuchen schließt es aus, daß man das später verwendete Material selber prüft, wie z. B. sämtliche Festigkeitsversuche. Andere Eigenschaften können jedoch sehr wohl an dem verwendeten Material selber untersucht werden. Elektrische oder magnetische Prüfungsmethoden scheinen berufen zu sein, Materialfehler bei Eisen aufzudecken.

Versuche an Bauwerken, wie Brückenbauten oder dgl., werden zuweilen ausgeführt, um das elastische Verhalten zu studieren; solche Versuche können wichtige Erkenntnisse vermitteln.

Die Materialprüfung erfordert in sehr vielen Fällen peinlich genaue Messungen; die Ergebnisse unterliegen Irrtümern, die persönlich oder sachlich begründet sein können: Nachlässigkeit in der Durchführung und Fehler an den Beobachtungsinstrumenten können die Ergebnisse leicht wertlos machen.

Die Beschäftigung mit der Materialprüfung erfordert ganz besonders geschulte Kräfte. Der Prüfingenieur steht dem Wesen seiner Tätigkeit nach zwischen dem Produzenten und dem Konsumenten, indem er sowohl die Produktion zu verbessern sucht als dem Verbrauch Ratschläge für die Anwendung der bestqualifizierten Materialien gibt.

Die untersuchten Materialeigenschaften sind zahlreich. Eine Zusammenstellung findet sich in den „Proceedings of Am. Soc. Test. Mat. 1923, Report of Committee E — 1 on Methods of Testings", S. 481. Von diesen seien hier folgende herausgegriffen:

Die Bruchfestigkeit: auf Zug, Druck, Abscherung, Verdrehung und Biegung.

Elastizität: Elastizitätsgrenze, Fließgrenze, Elastizitätsmoduli.

Dehnungsfähigkeit: Bruchdehnung, Querschnittverminderung. Kaltbiegeprobe.

Härte: Widerstand gegen Abnützung oder Einkerben.

Zähigkeit: Dämpfungsfähigkeit, Arbeitsvermögen, Widerstandsfähigkeit gegen Stoßbeanspruchungen.

Ermüdungsfestigkeit: Widerstandsfähigkeit gegen wiederholte Belastungen.

Chemische Untersuchungen stellen fest, ob die chemische Zusammensetzung der Baustoffe einwandfrei ist.

Mikroskopische Untersuchungen untersuchen die Struktur (hauptsächlich an Metallen).

Weiterhin sind zu nennen Versuche über Porosität, Verwitterung, spezifisches und Raumgewicht; bei Beton und Mörtel speziell Untersuchungen über Volumenbeständigkeit, Abbindezeit, Erhärtung usw.

Die beste Materialprüfung ist in vielen Fällen der praktische Gebrauch; dies ist aber aus leicht einzusehenden Gründen nur selten möglich und erfordert häufig viel Zeit. Kontrollversuche sollen aber möglichst kurze Zeit dauern.

Die Festigkeitsprüfungen lassen sich in drei Abteilungen gliedern: 1. Untersuchungen „statischer“ Art mit dem Zweck, die verschiedenen Festigkeiten festzustellen. Die Last wird dabei nur einmal aufgebracht (statische Festigkeit). 2. Untersuchungen mit wiederholten Belastungen (Ermüdungsfestigkeit). 3. Stoßversuche (Arbeitsvermögen).

2. Maschinen und Apparate für Festigkeitsversuche. Normen.

Die Maschinen müssen eine Kraft ausüben; ferner muß diese Kraft gemessen werden. Die gebräuchliche stehende Presse (Abb. 417) faßt bei Zugversuchen den Probekörper mit zangenartig wirkenden Greifvorrichtungen, die in einem festen Ober- und einem beweglichen Unterhaupt angebracht sind. Das Oberhaupt ruht auf vier Hohlsäulen, die in der Platte *E* (Abb. 418) endigen; das Unterhaupt wird ebenfalls von vier Säulen getragen, die in den erstgenannten vier Säulen laufen und durch die Grundplatte hindurchgehen. Daselbst hat jede ein Schraubengewinde; mittels einer Schraubenmutter, die ihre Reaktion an der Grundplatte findet, kann die Säule und damit das Unterhaupt nach unten gezogen werden, wodurch die Kraft auf den Probekörper übertragen wird. Die Umdrehungsgeschwindigkeit der Schraubenmuttern, die im allgemeinen elektromotorisch angetrieben werden, kann genau reguliert werden. Es wird also die Kraft wachsend in der Weise ausgeübt, daß die Zunahme der Dehnung in der Zeiteinheit oder die Formänderungsgeschwindigkeit beliebig eingestellt werden kann. Die Meßvorrichtung geht aus Abb. 418 klar hervor. Sie besteht aus einem System von Hebeln. Es sei darauf hingewiesen, daß nur die von der Maschine auf den Probekörper ausgeübte Kraft, nicht aber das Gewicht des Probekörpers gemessen wird.

In vielen Maschinen wird die Kraft hydraulisch ausgeübt und gemessen. Eine Fehlerquelle schleicht sich leicht durch die Reibung des Kolbens an der Zylinderwand ein.

Abb. 417. Prüfmaschine System Olsen.

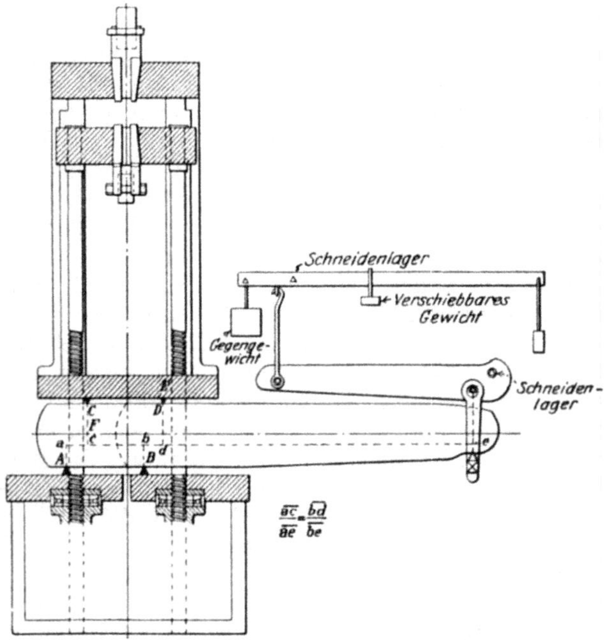

Abb. 418. Schematische Darstellung zu Abb. 417

Die Vorrichtungen, die die Zugkörper greifen, können sehr verschieden ausgebildet sein. Eine gebräuchliche Konstruktion ist die aus zwei Keilen bestehende, wobei die parallelen Innenseiten häufig aufgerauht sind, um die Reibungskräfte zu vergrößern (Abb. 419). Die Probekörper werden zweckmäßig an beiden Enden verstärkt, so daß der Bruch auf keinen Fall zwischen den Greifzangen eintritt. An Stelle der Keile tritt auch Schraubengewinde und Schraubenmutter (Abb. 426). Von besonderer Wichtigkeit ist eine zentrische Kraftübertragung; es darf der Probekörper keinem biegenden Moment ausgesetzt sein, wie dies z. B. in Abb. 419 b der Fall ist.

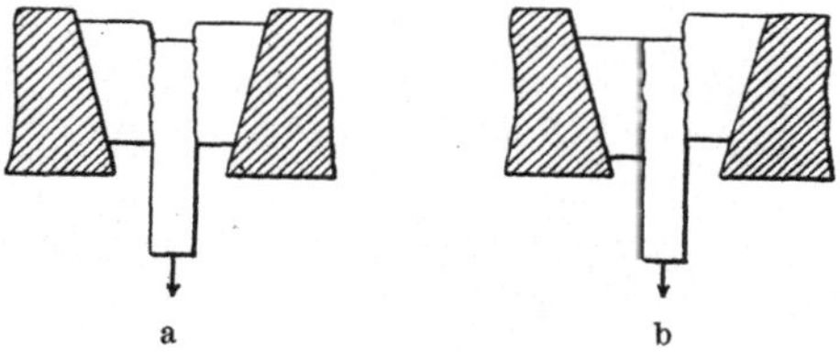

Abb. 419.

Zur Bestimmung der Scherfestigkeit werden am häufigsten Versuchsanordnungen nach Abb. 420 und 421 benutzt. Voraussetzung für den

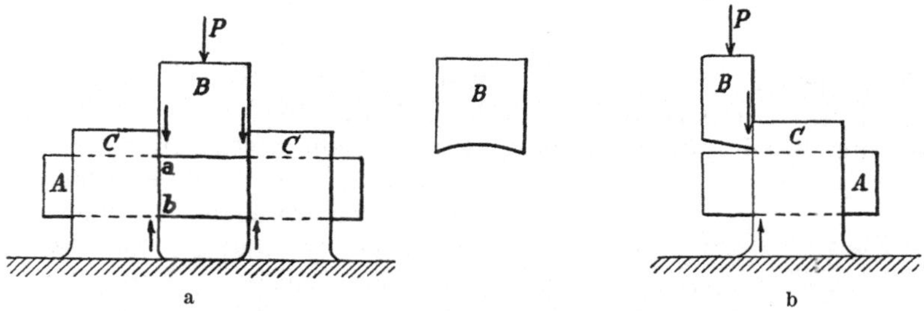

Abb. 420.

Fall reiner Abscherung in den Ebenen zwischen B und C (Abb. 420) ist, daß die Kraft schneidenförmig übertragen wird. Dies ist aber offenbar unmöglich, da eine unendlich große Flächenpressung die Folge wäre. Es wird sich vielmehr die Kraft auf eine endliche Fläche sowohl in B wie in C verteilen, d. h. es liegt keine reine Scherung mehr vor, sondern die Kräfte bilden Kräftepaare. Wir haben also Scherung und Biegung. Das gleiche gilt für die Versuchsanordnung nach Abb. 421. Die Scherkraft ist, wie wir sahen, nicht gleichmäßig verteilt, nimmt vielmehr von Null in den Randfasern auf ihren größten Wert in der neutralen Faser zu, während im allgemeinen als Scherfestigkeit der mittlere Wert $\frac{Q}{F}$ bezeichnet wird.

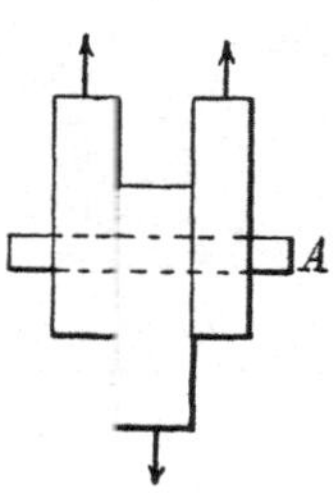

Abb. 421.

Aus diesem Grunde und wegen der unvermeidlichen zusätzlichen Biegung ist die wirkliche Scherfestigkeit im allgemeinen größer als die experimentell bestimmte. Es ist besonders bei Abscherungsversuchen wichtig, die Versuchseinrichtung kritisch zu betrachten, ehe man zu den Versuchsergebnissen Stellung nimmt.

Die beste Art, die Scherfestigkeit zu bestimmen, ist die mittels Torsionsversuche. Die nach Gl. (2), Kap. VIII errechnete Scherfestig-

Abb. 422. System „Olsen“.

keit ist jedoch größer als die wirkliche, wie in Kap. X auseinandergesetzt ist. (Der Grund liegt darin, daß das Hooke'sche Gesetz nicht bis zum Bruch gilt.) Upton gibt in seinem Werk „Materials“ an, daß das Verhältnis der wirklichen zur rechnerischen Scherfestigkeit zwischen $^3/_4$ und 1 schwankt, wobei die niedrigen Werte für die plastischen Stoffe gelten und mit zunehmender Sprödigkeit zunehmen. Im allgemeinen brechen zähe Materialien bei Verdrehungsbeanspruchung mit der Bruchfläche senkrecht zur Achse, spröde Materialien mit geringer Zugfestigkeit nach Spiralflächen, die an der Oberfläche gegen die Stabachse unter 45^0 geneigt sind, d. h. bei spröden Materialien liegt im allgemeinen die Scherfestigkeit über der Zugfestigkeit, bei zähen Materialien ist es umgekehrt.

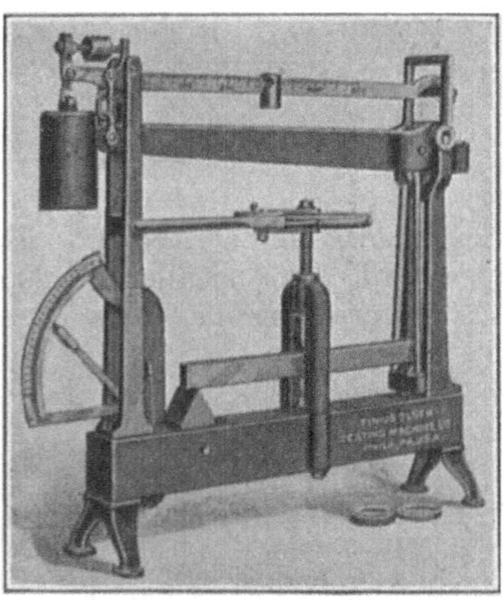

Abb. 423. System „Olsen“.

Es ist nach Vorstehendem klar, daß es für die Beurteilung der experimentell gefundenen Scherfestigkeit wesentlich ist, ob sie aus der Verdrehung oder aus reiner Abscherung bestimmt ist, ferner um welches Material es sich handelt, und schließlich, wie der Versuch durchgeführt wurde.

Abb. 422 und 423 zeigen Prüfmaschinen für Biegeversuche; eine nähere Beschreibung erübrigt sich, da es sich grundsätzlich um die gleichen Maschinen handelt wie für Zug- und Druckversuche.

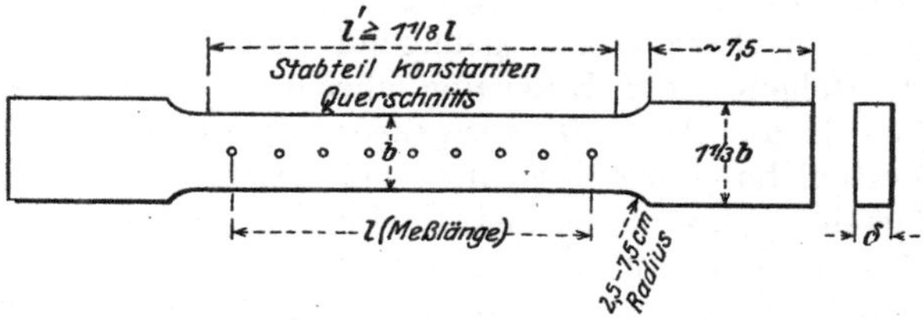

Abb. 424.

Abb. 424—426 zeigen normierte Zugkörper der Am. Soc. Test. Mat. Abb. 424 zeigt einen Probekörper mit rechteckigem Querschnitt. Die Stärke δ richtet sich nach der Blechstärke des zu prüfenden Materials. Die Länge l soll zwischen 5,1 cm und 20,3 cm (2″ und 8″) liegen. Der normale Probekörper für Zugversuche hat kreisförmigen Querschnitt und ist in Abb. 425 dargestellt. Je spröder das Material ist, um so allmählicher soll der Übergang zwischen Stabmitte und Stabende erfolgen (vgl. Abb. 426).

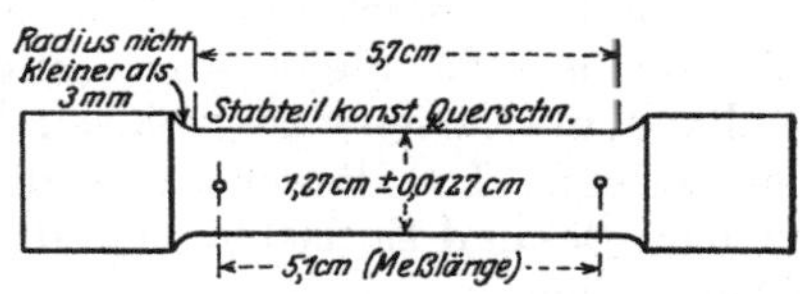

Abb. 425.

Mit der Belastungsgeschwindigkeit erhöht sich die Streckgrenze

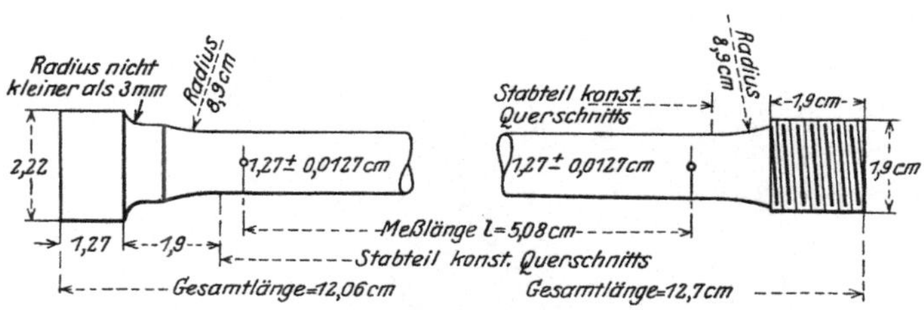

Abb. 426.

und die Bruchfestigkeit. Die A. S. T. M. empfiehlt folgende Deformationsgeschwindigkeiten bei der Prüfung von Stahl und Eisen:

Zugfestigkeit des Materials	Meßlänge des Probekörpes	Maximale Geschwindigkeit bei Bestimmung der			
		El.-Grenze	Prop.-Grenze	Streckgr.	Bruchfest.
< 5600 kg/cm²	2″ 8″	0,125″/min	0,025″/″/min	0,50″/min 2,00″/min	2,0″/min 6,0″/min
> 5600 kg/cm²	2″ 8″	0,125″/min	0,025″/″/min	0,25″/min 0,50″/min	1,0″/min 2,0″/min

3. Bestimmung der Streck-, Proportionalitäts- und Elastizitätsgrenze.

Die Bestimmung der Streckgrenze kann bei zähem Eisen mit charakteristischer Streckgrenze genügend genau durch den „drop of the beam“ erfolgen. Zur Erklärung dieses amerikanischen terminus technicus werde auf Abb. 418 verwiesen: Unterhalb der Streckgrenze wird die Verschiebung des Gewichtes bei gleichmäßiger Deformationsgeschwindigkeit auch ziemlich gleichmäßig erfolgen (unterhalb der Proportionalitätsgrenze genau gleichmäßig) müssen, um stets Gleichgewicht und damit eine korrekte Kraftanzeige zu haben. Diese Gleichmäßigkeit in der Bewegung des Gewichtes wird der Prüfende auch beibehalten, wenn die Streckgrenze erreicht ist. Da nun aber einer verhältnismäßig großen Deformationszunahme nahezu keine Kraftzunahme entspricht, wird der Balken mit dem verschieblichen Gewicht plötzlich herunterfallen (drop). Die genaue Feststellung der Proportionalitätsgrenze ist schwieriger und erfordert die genaue Festlegung des Spannungs-Dehnungsdiagramms. Es bleibt aber immer innerhalb gewisser Grenzen der Willkür überlassen, an welchen Punkt man den Beginn der Krümmung legt. Die Bestimmung der Elastizitätsgrenze erfordert mehrmaliges Be- und Entlasten, um die ersten plastischen Formänderungen festzustellen.

4. Dehnungsmesser.

Im Prinzip erbeiten alle Dehnungsmesser in der Weise, daß sie eine bestimmte Meßstrecke auf dem Probekörper vor der Deformation

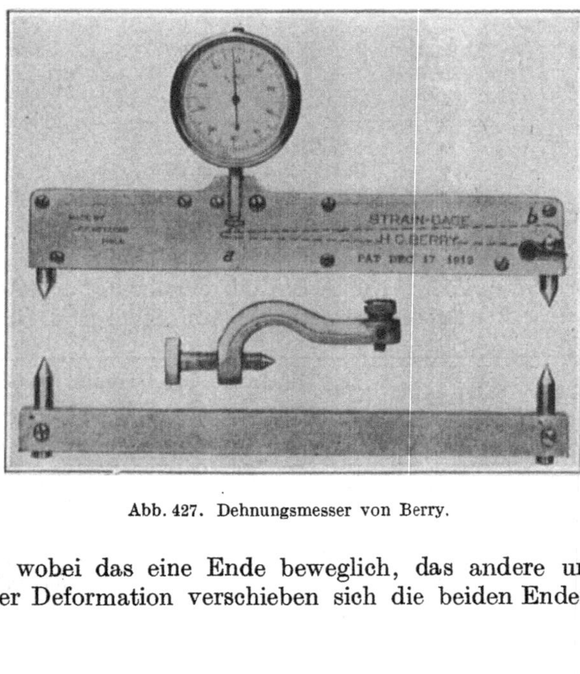

Abb. 427. Dehnungsmesser von Berry.

abstecken, wobei das eine Ende beweglich, das andere unbeweglich ist. Bei der Deformation verschieben sich die beiden Enden des Dehnungsmessers um das gleiche Maß gegeneinander, wie die Längenänderung der Meßstrecke beträgt.

Die Meßstrecke beträgt entweder 2″, 8″ oder 20″.

Man kann zwei Arten von Dehnungsmessern unterscheiden:

Die einen arbeiten mit Hebeln, die die Bewegung des beweglichen Punktes auf ein Zeigerwerk übersetzen; die anderen arbeiten mit optischen Methoden.

Ein einfacher Dehnungsmesser der ersten Art ist der von Berry (Abb. 427). Die Bewegung des beweglichen Punktes b wird durch einen Hebel vergrößert nach a und von da wieder durch einen Hebel vergrößert auf das Zeigerwerk übertragen.

Die Genauigkeit der üblichen mechanisch wirkenden Dehnungsmesser liegt zwischen

$$\pm\frac{1}{5000} \div \pm\frac{1}{10000}\,\text{Zoll}\left(\approx \pm\frac{1}{1970} \div \pm\frac{1}{3940}\,\text{cm}\right)\text{oder} \approx \pm\frac{1}{200} \div \pm\frac{1}{400}\,\text{mm}.$$

Das bedeutet bei einer Meßlänge von 20 cm eine Genauigkeit von $\Delta\varepsilon = \pm\frac{1}{40000} \div \pm\frac{1}{80000}$; rechnet man mit $E = 2100000$ kg/cm², so ergibt das eine Genauigkeit der Spannungsermittlung von

$$\Delta\sigma = \pm\frac{2100000}{40000} \div \pm\frac{2100000}{80000} = \pm 52{,}5 \div \pm 26{,}25 \approx \pm 50 \div \pm 25\,\text{kg/cm}^2.$$

Betrachten wir eine Dehnungsmessung in der Nähe der Elastizitätsgrenze, die mit $\sigma = 2100$ kg/cm² angegeben sei. Bei $E = 2100000$ kg/cm² haben wir dann ein $\varepsilon = \frac{1}{1000}$, bei einer Meßlänge von 20 cm also ein $\Delta l = 0{,}2$ mm. Wird eine Meßgenauigkeit von 1% verlangt, so muß der Dehnungsmesser auf $\frac{1}{500}$ mm genau anzeigen. Um einen so genauen Verlauf des $\sigma - \varepsilon$-Diagramms zu erhalten, daß man daraus mit Sicherheit die Lage der Proportionalitätsgrenze entnehmen kann, sind noch erheblich höhere Genauigkeiten erforderlich. Selbst wenn hohe Genauigkeiten objektiv zu erreichen sind, so ist zu beachten, daß die in der Person des Beobachters liegenden Fehlerquellen sehr mannigfach sind. Derartige Feinmessungen erfordern große Geschicklichkeit und Sorgfalt.

Die Längenänderungen sind stets an zwei einander gegenüberliegenden, symmetrisch zur Schwerachse gelegenen Fasern zu messen, um den Einfluß eines zusätzlichen Biegungsmomentes durch einen exzentrischen Kraftangriff oder eine Stabkrümmung auszuschalten.

In Abb. 428 sei ein gekrümmter Stab dargestellt; die Länge des Bogens $\overline{a\,b}$ sei $2c$, die der Sehne sei $2e$, h sei der Stich des Bogens. Dann ist näherungsweise

$$c = \frac{4\sqrt{e^2 + h^2} - e}{3}.$$

Werden die Spitzen des Meßinstruments in den Punkten a und b aufgesetzt, so ist der bei der Bestimmung der Meßstrecke entstehende Fehler, wenn der Stab gestreckt wird,

$$\Delta = 2c - 2e.$$

Beträgt z. B. $\overline{ab} = 10$ cm, $h = \frac{1}{50}$ cm, so ist der Fehler nur $\Delta = \frac{1}{18868}$ cm, d. h. er ist zu vernachlässigen. Häufig jedoch werden die Dehnungsmesser nicht innerhalb, sondern außerhalb der Achse aufgesetzt, so daß sie in einer Linie $a_2 b_2$ messen, wobei $\overline{a_2 a} = x$ sei. Streckt sich der Stab, so verlängert sich die Strecke $\overline{a_2 b_2}$ zu der Bogenlänge $\overline{ab}$. Nun ist

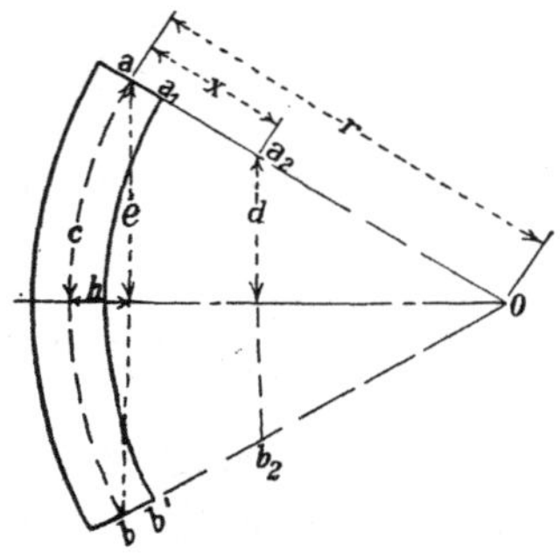

Abb. 428.

$$\frac{d}{e} = \frac{r - x}{r} = 1 - \frac{x}{r}$$

und da

$$\frac{2r - h}{e} = \frac{e}{h}$$

so wird

$$e^2 + h^2 = 2rh,$$

und

$$1 - \frac{x}{r} = 1 - \frac{2xh}{e^2 + h^2} = \frac{\overline{a_2 b_2}}{\text{Sehne } \overline{ab}}.$$

Ist, wie oben, $\overline{ab} = 10$ cm, $h = \frac{1}{50}$ cm, $x = 2$ cm, so ist der durch Geradestrecken des Stabes entstehende Fehler beim Messen von $\overline{a_2 b_2}$

$$\Delta = 0{,}032 \text{ cm (auf die Länge von 10 cm)}$$

oder $\Delta\varepsilon = 0{,}0032$, d. h. ein nicht mehr zu vernachlässigender Fehler.

Das Beispiel zeigt deutlich die Notwendigkeit, auf zwei entgegengesetzten, symmetrisch zur Achse gelegenen Fasern zu messen.

Es ist eine unbedingt notwendige Voraussetzung für einwandfreie Messungen, daß die Spitzen der Dehnungsmesser nicht gleiten. Häufig werden die Einsatzstellen eingekerbt. Es ist dann darauf zu achten, daß eine scharfe Kerbe, etwa ein Winkel von 110^0 (vgl. Abb. 428a), entsteht. Erfahrene und geübte Versuchsingenieure wollen mit dem Berry'schen Dehnungsmesser innerhalb der Grenzen

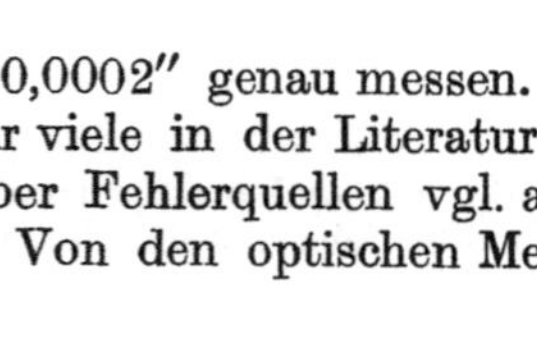
Abb. 428a.

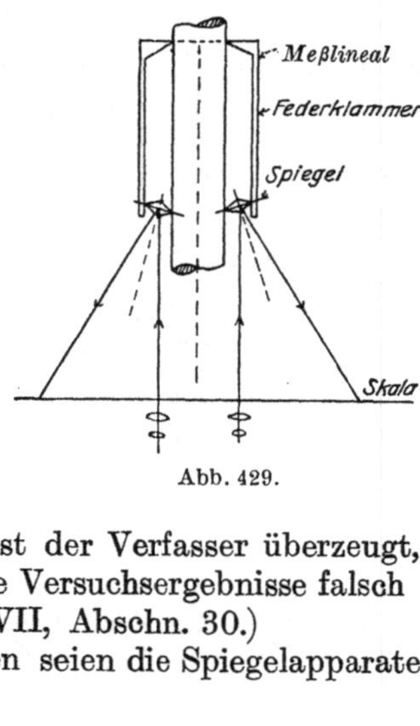

Abb. 429.

$\pm 0{,}0002''$ genau messen. Jedenfalls ist der Verfasser überzeugt, daß sehr viele in der Literatur niedergelegte Versuchsergebnisse falsch sind. (Über Fehlerquellen vgl. auch Kap. XVII, Abschn. 30.)

Von den optischen Meßinstrumenten seien die Spiegelapparate von

Martens (Abb. 429) und Bauschinger genannt. Das bewegliche Ende des Meßlineals ruht nicht unmittelbar auf dem Probekörper auf, sondern zwischen Lineal und Probekörper ist eine Rolle (Bauschinger) oder eine Schneide (Martens) zwischengelagert. Mit der Rolle bzw. der Schneide dreht sich ein Spiegel. In einer bestimmten Entfernung von dem Spiegel steht ein Maßstab; ein Fernrohr ist so aufgestellt, daß die von dem Maßstab ausgehenden, auf den Spiegel auftreffenden Lichtstrahlen in die Achse des Fernrohrs reflektiert werden. Ändert die Meßstrecke des Probekörpers ihre Länge, so ändert sich die Lage des Meßlineals gegenüber dem Probekörper und der Spiegel verdreht sich, d. h. der durch das Fernrohr schauende Beobachter stellt eine Verschiebung des Maßstabs fest. Die Beobachtungsgenauigkeit hängt von der Entfernung zwischen Spiegel und Skala ab. Sie ist im Vergleich zu der der mechanisch arbeitenden Meßapparate sehr hoch. Einzelheiten mögen ersehen werden in Martens „Materialprüfung" und in den von Bauschinger herausgegebenen „Mitteilungen aus dem mechanisch-technischen Institut der Technischen Hochschule München, 1886".

Zum Schluß seien noch Apparate erwähnt, die das Spannungs-Dehnungsdiagramm zeichnerisch aufnehmen. Auch diese Apparate arbeiten teils mechanisch, teils optisch (mit photographischen Aufnahmen).

5. Zähigkeit.

Die Bruchdehnung wird in der Weise gemessen, daß die beiden Bruchstücke dicht aneinander gelegt und der Abstand der beiden Endstellen der ursprünglichen Meßstrecke gemessen wird. Es muß also die ganze Einschnürungsstelle in den Bereich der ursprünglichen Meßstrecke fallen. Die auf die ursprüngliche Länge der Meßstrecke bezogene (bleibende) Längenänderung, in Prozenten ausgedrückt, wird als Bruchdehnung bezeichnet. Es ist deshalb notwendig, bei Angabe der Bruchdehnung die Größe der Meßstrecke zu nennen.

Die Querschnittskontraktion wird von vielen Fachleuten als besserer Maßstab für die Zähigkeit angesehen.

Weiterhin wird die Zähigkeit durch die Kaltbiegeprobe untersucht. Der Probestab wird zu einem vollen Kreis gebogen, dessen Durchmesser dem Querschnittsdurchmesser gleich ist. Auf der Zugseite dürfen dabei keine Risse eintreten.

Ein Material, das auf Zug Zähigkeit besitzt, hat auch Torsionszähigkeit, d. h. es wird bei einem Torsionsversuch eine große Bruchverdrehung zeigen.

6. Härte.

Die verschiedenen Deutungen des Wertes Härte sind schon besprochen worden: Widerstandsfähigkeit gegen Ritzen, gegen Einkerben, gegen Abnutzung oder Abschürfung, gegen Anbohren, Höhe der Elastizitätsgrenze und des Elastizitätsmoduls. Es bestehen zwischen diesen Begriffen nicht notwendig gesetzmäßige Zusammenhänge: ordnet man eine Anzahl Materialien der Härte nach entsprechend einer der obengenannten Definitionen, so ist es durchaus nicht notwendig, daß diese dabei erhaltene Reihenfolge für eine andere Definition bestehen bleibt.

Die gebräuchlichste Härteprobe ist die Brinell-Probe auf Einkerbewiderstand. Es wird dabei eine Kugel aus gehärtetem Stahl mit einem Durchmesser von 10 mm gegen eine polierte Oberfläche des untersuchten Materials gedrückt, und zwar bei Eisen bzw. Stahl mit einem Druck von 3000 kg. Bei weicheren Metallen und Legierungen beträgt die Druckkraft 500 kg. Die Härte wird durch den spezifischen Druck pro qmm Einkerbfläche, die sogenannte Brinell-Zahl, bezeichnet. Je härter das Material, um so höher ist die Brinell-Zahl. Ist t die Kerbtiefe bzw. der Verschiebungsweg der Kugel unter der Annahme, daß sie vollkommen starr ist, d der Durchmesser des Kerbkreises, D der Durchmesser der Kugel, so wird danach die Brinell-Zahl

$$\frac{P}{\pi \cdot D \cdot t} = \frac{2P}{\pi \cdot D\,(D - \sqrt{D^2 - d^2})}. \qquad (1)$$

Folgende Brinell-Zahlen seien angegeben:

Weiches Eisen	. . . .	100
sorbit. Eisen	(je nach dem Gehalt an C)	250—350
troostitisch. Eisen	„ „	350—400
martens. Eisen	„ „	400—650

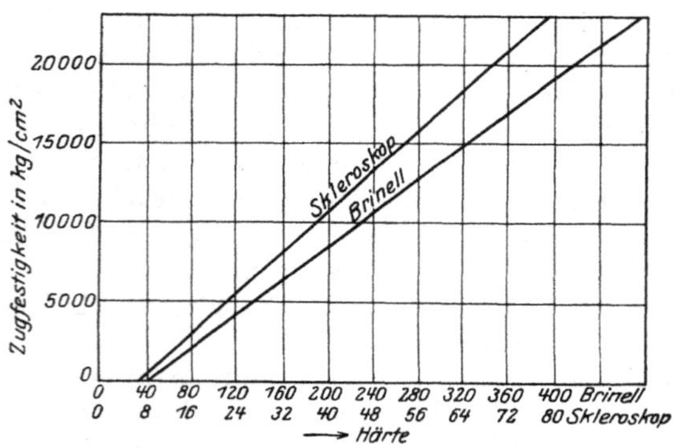

Abb. 430.

Zwischen den Brinell-Zahlen und den Zugfestigkeiten von Materialien gleicher Art besteht häufig eine annähernd lineare Gesetzmäßigkeit. Abb. 430 zeigt diese Gesetzmäßigkeit für kohlenstoffhaltige Stähle[1]. Abbott untersuchte insgesamt 300 Stahlsorten und führte 3932 Versuche aus. Für Kohlenstoffstähle erhielt Abbott die Gleichung

$$M = 0{,}73\,B - 28,$$

worin M die Zugfestigkeit in 1000 lbs/in², B die Brinellzahl bedeutet. Die entsprechenden Gleichungen für andere Stähle lauten ähnlich. Bemerkenswert ist, daß die beiden Geraden der Abb. 430 nicht durch

[1] Abbott: Strength and Hardness of Steels, A. S. T. M. 1915, p. 42. — Devries: A Comparison of Five Methods of Hardness Measurement, A. S. T. M. 1911, p. 709.

den Nullpunkt gehen. (Das bedeutet, daß ein Stoff der untersuchten Art auch dann der Brinell-Kugel einen meßbaren Widerstand leistet, wenn er keine Zugfestigkeit besitzt. Die Werte in der Nähe des Nullpunktes sind natürlich extrapoliert. Der Übers.)

Die Brinell-Zahl hängt von der Größe der Kugel, ihrer Härte, der Kraft und der zeitlichen Dauer ihrer Wirkung ab; diese Versuchsdaten müssen also normiert werden, um vergleichbare Werte zu erhalten.

Die Hauptfehlerquelle bei der Brinell-Probe liegt in der richtigen Messung des Kerbdurchmessers, da sich das Material am Rande aufwirft und die äußere Umrandung durchaus nicht immer scharfkantig ist. Aus den gleichen Gründen ist die Messung der Kerbtiefe unzuverlässig. Vielfach wird, um der letztgenannten Fehlerquelle aus dem Weg zu gehen, der Weg der Kugel gemessen, d. h. die Kerbtiefe von der ursprünglichen Oberfläche aus gemessen.

Der Mittelpunkt der Einkerbung sollte um das $2^1/_2$fache des Kerbdurchmessers vom Rande des Probestückes entfernt sein.

In Abb. 431 ist eine Brinell-Maschine dargestellt. Die Maschine arbeitet mit hydraulischem Druck, der durch die beiden seitlichen Gewichte verursacht wird.

Eine andere Kerbprobe, die von Ludwik empfohlen wird, benutzt anstatt einer Kugel einen Kegel aus gehärtetem Stahl, dessen Erzeugende mit der Achse einen Winkel von 90^0 einschließen. Der Vorteil der Kegelprobe soll darin bestehen, daß die sich ergebende Härtezahl unabhängig von der Belastung sei, d. h. die Belastung pro Flächeneinheit der Einkerbung für jede Last konstant sei; dies scheint jedoch nicht zuzutreffen.

Die Ritzprobe wird von den Mineralogen angewendet. Die Mineralien sind in einer Skala so eingeordnet, daß das weichste an erster Stelle steht und jeweils ein Mineral das über ihm stehende ritzt, aber von dem darunter stehenden geritzt wird. An letzter Stelle steht der Diamant, das härteste bekannte Mineral. Bei Metallen wird eine Ritzprobe so ausgeführt, daß ein Diamant unter einem solchen Druck über die polierte Oberfläche des untersuchten Metalls geführt wird, daß eine soeben sichtbare Einritzung entsteht. Der aufgewendete Druck dient als Maß für die Härte des geprüften Metalls.

Mittels des in Abb. 432 dargestellten Apparates (Scleroscope) wird die Härte in folgender Weise gemessen: ein kleiner Hammer aus gehärtetem Stahl fällt aus einer bestimmten Höhe auf das Probestück nieder und wird zurückgeschleudert. Das letztere Maß gilt unmittelbar als Härtezahl. Es ist demnach ein reiner Vergleichswert, der nur dann Bedeutung hat, wenn sämtliche Versuchsdaten konstant sind. Gemessen wird eigentlich die in Form von elastischer Spannungsenergie in dem Probestück aufgespeicherte kinetische Energie des niederfallenden Hammers, wenn man von Reibungsverlusten absieht. Es liegt auf der Hand, daß die Spannungsverteilung, die außer von der kinetischen Energie von der Ausbildung der Oberfläche des niederfallenden Hammers abhängt, für die Größe der aufgespeicherten elastischen Spannungsenergie von Bedeutung ist, sobald an einzelnen Stellen die Elastizitätsgrenze überschritten wird.

Der „Rockwell"-Härtemesser mißt den Widerstand gegen Einkerben in der Weise, daß die Differenz zweier Einkerbtiefen festgestellt wird; und zwar wird eine Kugel oder ein Kegel erst mit einem

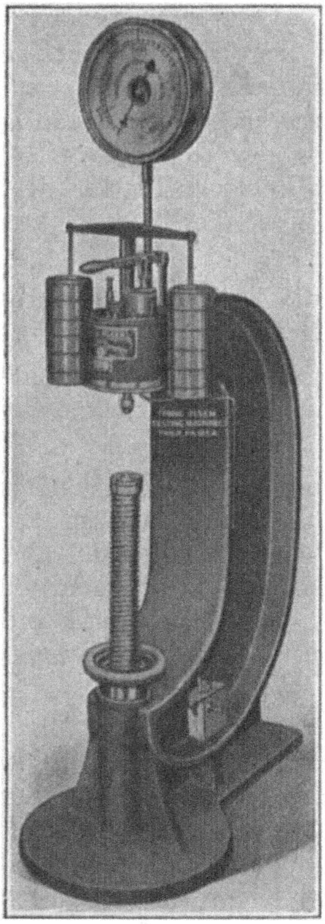

Abb. 431. Brinell-Maschine.

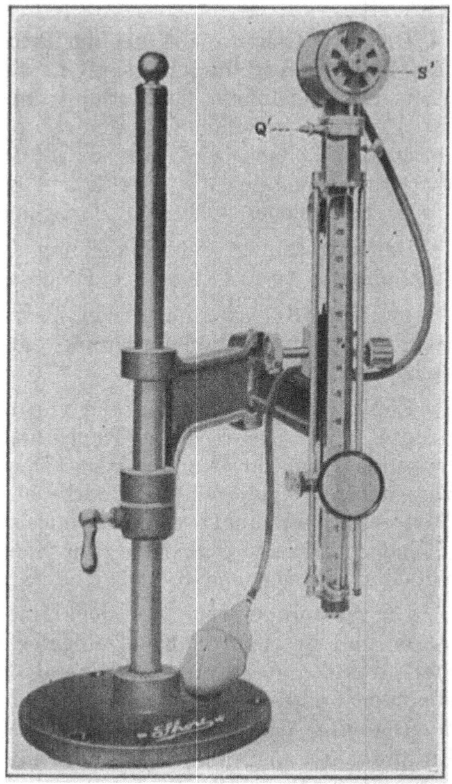

Abb. 432. Skleroskop.

geringen, dann mit einem stärkeren Druck eingepreßt. Die Differenz wird als Maß der Härte betrachtet.

Da die Untersuchungen mit dem Skleroskop auf anderen physikalischen Grundlagen aufgebaut sind als die mit dem Brinell-Apparat, so kann füglich nicht erwartet werden, daß die Ergebnisse übereinstimmen, obwohl die beiden Methoden eine Reihe von Stählen in bezug auf die Härte in gleicher Weise ordnen. Es ergibt sich nach der Skleroskop-Prüfung ebenfalls eine lineare Beziehung zwischen der Härte und der Zugfestigkeit, die Abbott mit

$$M = 4{,}4\,S - 28$$

angibt. (M = Zugfestigkeit in 1000 lbs/in², S = Härte nach der Skleroskop-Prüfung.)

Mit einem normierten Bohrer, der mit normierter Umdrehungszahl, Druck und Zeit bohrt, stellt man eine Härte fest, die den Widerstand gegen mechanische Bearbeitung bedeutet.

Der Widerstand gegen Abnutzung wird durch den Materialverlust des untersuchten Körpers festgestellt, den dieser erleidet, wenn er — wieder mit normierten Versuchsdaten — einer abschleifenden oder abschürfenden Kraftwirkung ausgesetzt wird (rotierende Karborundscheibe oder dgl.).

Der Widerstand gegen Abnutzung zusammen mit der Zähigkeit wird auch so gemessen, daß eine Anzahl von Probestücken in eine rotierende Trommel gefüllt wird. Die Menge des abgeschürften oder abgestoßenen Materials ist das Maß für die obengenannten Materialeigenschaften.

Der Widerstand gegen Abnutzung ist nicht mit der Brinell-Härte zu verwechseln. Ein Material mit niedriger Brinell-Zahl kann gegen Abnutzung sehr widerstandsfähig sein und umgekehrt. (Man denke an die pneumatische Bereifung!)

Kaltrecken erhöht die Elastizitäts- und die Streckgrenze. Es ist offensichtlich, daß Kaltrecken auch auf die Härteuntersuchungen von Einfluß sein muß, die auf der Elastizität des Materials aufgebaut sind. Devries[1] fand z. B., daß der Hammer des Skleroscop, der in die gleiche Einkerbung einer vorher stattgefundenen Brinell-Probe schlug, höher zurückgeschleudert wurde. Das gleiche war der Fall, wenn der Hammer zweimal in die gleiche Kerbe schlug. Weiter fand er, daß die Ergebnisse der Skleroscop-Probe von einer Vorbelastung des Materials unbeeinflußt waren, solange die Spannungen aus der Vorbelastung unterhalb der Elastizitätsgrenze blieben, daß sie aber bis zu 18 % höhere Werte ergaben, wenn das Material vorher kaltgereckt worden war, wie folgende Zusammenstellung zeigt. Das Material war ein Stahl mit einer Streckgrenze von 5460 kg/cm².

Vorspannung kg/cm²	Skleroskop-Härte
0	36,5
703	36,8
1406	36,8
2460	37,0
4218	37,0
5435	40,0
6890	43,0

Ob die Erhöhung der Brinell-Zahl durch Kaltrecken experimentell nachgewiesen ist, ist dem Verfasser nicht bekannt. Es ist jedoch wahrscheinlich.

[1] Devries: Hardness in its Relation to Other Physical Properties, A. S. T. M. 1911, p. 725.

Es möge nochmals darauf hingewiesen werden, daß die Ergebnisse verschiedener Härteproben nicht unmittelbar miteinander vergleichbar sind. Es werden voneinander sehr verschiedene physikalische Eigenschaften untersucht. Selbst eine und dieselbe Untersuchungsmethode liefert Ergebnisse, die nur in bezug auf die gleiche Stoffart zu vergleichen sind.

Härteproben sind leicht anzustellen und sind deshalb weit verbreitet. Sie können auch innerhalb gewisser Grenzen Aufschluß über die Zugfestigkeit geben (vgl. oben).

Härte ist nicht mit Steifigkeit oder Sprödigkeit zu verwechseln, obwohl namentlich letztere Eigenschaft mit Härte nahe verwandt ist.

7. Zähigkeit, Widerstandsfähigkeit gegen Stoßbeanspruchungen.

Eine große Widerstandsfähigkeit gegen stoßende Beanspruchungen ist sicherlich eine für Baustoffe sehr wertvolle Eigenschaft. Häufig werden aus dem Spannungs-Dehnungsdiagramm des Zugversuches hier-

Abb. 433. Charpy-Maschine.

auf Rückschlüsse gezogen. Da jedoch das Diagramm bei Stoßbeanspruchung ganz anders verlaufen mag, so sind derartige Rückschlüsse nicht unbedenklich.

Ein wichtiges Ziel der Stoßversuche besteht darin, die (bezogene) Energie zu messen, die unter bestimmten Voraussetzungen zum Bruch führt. Stoßversuche werden in neuerer Zeit immer häufiger ausgeführt. Namhafte Fachleute halten sie für die aufschlußreichsten der Materialprüfung.

Eisenbahnschienen werden vor der Abnahme schon lange von den meisten amerikanischen Eisenbahngesellschaften durch Stoßversuche geprüft. Ein Schienenstück wird hierbei als Balken auf zwei Stützen mit der Stützweite von ungefähr 1 m gelagert. Eine Last von etwa 900 kg fällt aus einer Höhe von 5—7 m, je nach der Schwere des Schienenprofils, auf die Schiene herab. Gemessen wird die Dehnung der Randfaser. Einzelheiten sind nachzulesen in den „Standards, A. S. T. M.“, 1921, pp. 20—26.

Abb. 434. Charpy-Maschine.

Die Widerstandsfähigkeit gegen Stoßbeanspruchungen hängt offenbar von der Zug- bzw. Druckfestigkeit sowie der Zähigkeit ab.

Abgesehen von der obenbeschriebenen Probe wird die Stoßfestigkeit nach der Charpy- oder Izod-Probe geprüft. Für beide Apparate charakteristisch ist ein schwingendes Pendel, das in dem tiefsten Punkte seiner Bahn gegen das Probestück schlägt.

Abb. 433 und 434 zeigen eine Charpy-Maschine. Das Probestück ist ein kurzer Balken, der senkrecht zur Schwingungsebene des Pendels angebracht wird. Um den Bruch sicher an einer bestimmten Stelle, nämlich in der Mitte des Balkens, zu erhalten, ist das Probestück in der Mitte eingekerbt. In den Abbildungen 435 und 436 sind zwei (normierte) Probestücke dargestellt. Der Schlag erfolgt an der der Kerbe gegenüberliegenden Stelle. Das Pendel wird bis zu einem bestimmten (normierten) Winkel gegen die Senkrechte hochgehoben und dann losgelassen: wenn es den Probestab zerbricht, schwingt es noch nach

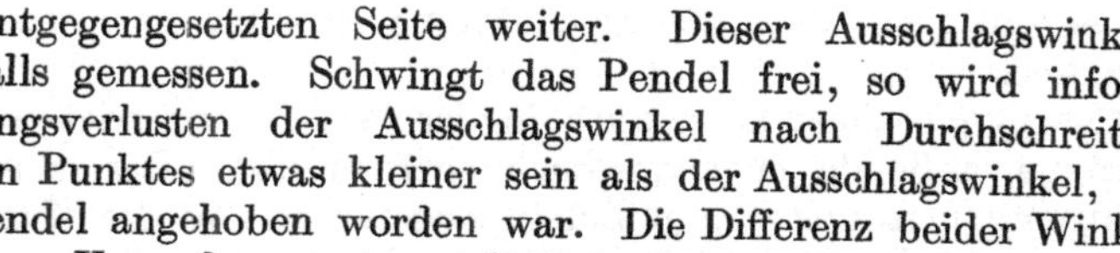

Abb. 435. Probekörper für Charpy-Biegeversuche.

der entgegengesetzten Seite weiter. Dieser Ausschlagswinkel wird ebenfalls gemessen. Schwingt das Pendel frei, so wird infolge von Reibungsverlusten der Ausschlagswinkel nach Durchschreiten des tiefsten Punktes etwas kleiner sein als der Ausschlagswinkel, um den das Pendel angehoben worden war. Die Differenz beider Winkel wird vor dem Versuch experimentell festgelegt und auf diese Weise der Energieverlust durch Reibung bestimmt. Bei einem Stoßversuch kann man die kinetische Energie, die das Pendel bei Erreichen des tiefsten Punktes hat, in folgender Weise aufteilen:

1. Die gesuchte Energie, die nötig ist, um den Probekörper zu zerstören.

2. Die Energie, die durch Reibungsverluste verzehrt wird.

3. Die Energie, die durch die Deformationen der Maschinenteile verzehrt wird.

4. Die Energie, die dem Pendel als kinetische Energie verbleibt, und infolge deren es nach der Zerstörung des Probekörpers noch um einen gewissen Winkel ausschlägt.

Die unter 2. und 4. bezeichneten Energien können rechnerisch erfaßt werden; die unter 3. genannte Energie entzieht sich der exakten Rechnung. Es folgt also daraus, daß die zum Bruch des Körpers

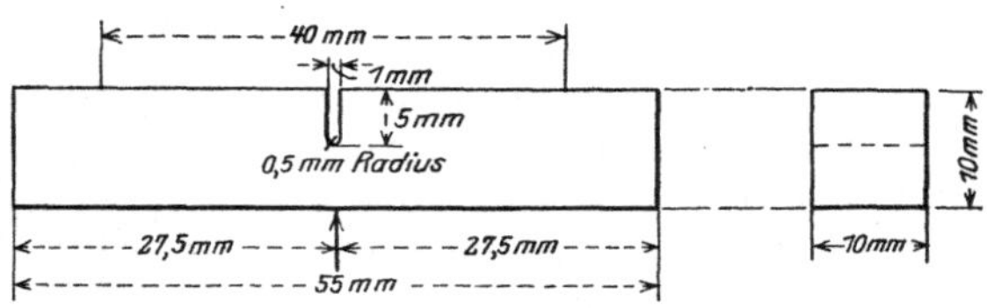

Abb. 436. Probekörper für Charpy-Biegeversuche.

aufgewendete Energie nicht genau bestimmt werden kann. Gewöhnlich wird der unter 3. genannte Teil der Energie vernachlässigt und die unter 1. genannte gesuchte Energie als Differenz der gesamten auf der einen und der unter 2. und 4. genannten Energie auf der anderen Seite bestimmt. Läßt man das Pendel immer um den gleichen Winkel ausschlagen, so lassen sich Tabellen aufstellen, aus denen die gesuchte Bruchenergie in Abhängigkeit von dem Ausschlagwinkel des Pendels nach dem Bruch abgelesen werden kann. Die Spannungsverteilung in der Nähe der Kerbe ist (vgl. Kap. VI) nicht mit Sicherheit zu bestimmen; zudem trifft die rechnerische Voraussetzung der Homogenität des Materials nie zu; dann ist die unter 3. genannte Energie vollständig vernachlässigt, und schließlich ist die Form des Spannungs-Dehnungsdiagramms für den Fall einer stoßweisen Belastung unbekannt. Aus allen diesen Gründen wird man nicht erwarten können, daß die experimentell bestimmte Bruchenergie mit der auf Grund der Elastizitätstheorie errechneten übereinstimmt. Der Wert dieser Materialprüfung ist mehr praktischer Natur. Der Betrag der Bruchenergie, die ein Probestab aus irgendeinem Material imstande sein muß aufzunehmen, muß durch die Erfahrung bestimmt werden und richtet sich sowohl nach der Art des Materials als auch nach dem Verwendungszweck.

Die Charpy-Maschine kann auch in der Weise verwendet werden, daß sie reine stoßende Zugbeanspruchungen ausübt. Der meist mit kreisförmigem Querschnitt ausgebildete Zugstab hat in der Mitte eine ringsherum laufende Einkerbung. Seine Längsachse liegt in der Schwingungsebene des Pendels senkrecht zum Pendel. Das eine Ende ist in das untere Ende des Pendels eingeschraubt, das andere Ende läuft in einen Anker aus, der beim Abwärtsschwingen des Pendels gegen einen gabelförmigen Amboß stößt, so daß der Stab in der Mitte reißt und das Pendel mit der einen Hälfte noch um einen gewissen Winkel weiter ausschlägt. Im übrigen gelten die bei dem Biegungsversuch der Charpy-Maschine angestellten Überlegungen. Abb. 437 zeigt einen Zugprobestab mit dem ungefähren Verlauf der Kraftlinien.

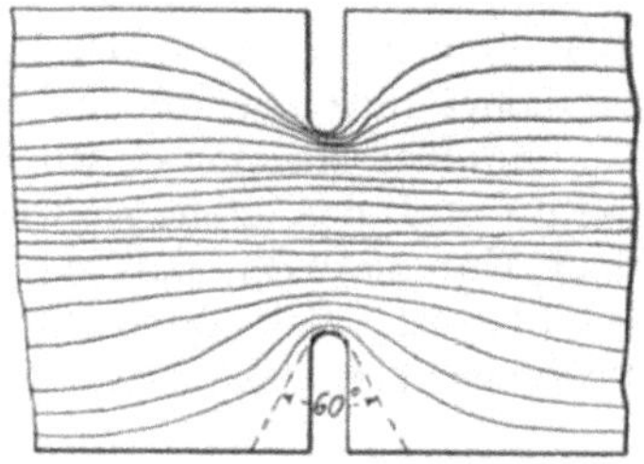

Abb. 437. Probekörper für Charpy-Zugversuche.

Um die bei der Berechnung der Bruchenergie vernachlässigte Deformationsenergie der Maschine wenigstens näherungsweise erfassen zu können, sind verschiedene Vorschläge gemacht. Man könnte daran denken, das Widerlager, auf das die beim Stoß

Abb. 438. Izod-Maschine.

auf den Probekörper ausgeübten Kräfte übertragen werden, ebenfalls in Form eines Pendels auszubilden, und dessen Ausschlagwinkel zu messen. An dieser Stelle kann jedoch hierauf nicht weiter eingegangen werden, und wir verweisen auf einen Aufsatz „A Symposium on Impact Testings", Proc. A. S. T. M. pp. 5—150. 1922. Bei den Zug-Stoßversuchen ist darauf zu achten, daß die Oberfläche des Ambosses, der den Stoß auffängt, senkrecht zur Stabachse gerichtet ist, mit anderen Worten, daß die Wirkungslinie der Reaktion in die Stabachse fällt, um ein zusätzliches Biegungsmoment zu vermeiden.

Die Izod-Maschine (Abb. 438) wird viel in England benützt, sie beruht auf den gleichen Grundsätzen wie die Charpy-Maschine, mit dem Unterschiede, daß der Probestab als eingespannter Träger ausgebildet ist. Betreffend Einzelheiten ebenso wie betreffend ähnliche Prüfmaschinen muß auf die einschlägige Literatur verwiesen werden.

8. Untersuchungen über die Einwirkung wiederholter Belastungen.

Dieses Gebiet wird in Kap. XXII behandelt. Es möge hier nur soviel bemerkt werden, daß ein Material, auch wenn es unterhalb seiner Bruchfestigkeit beansprucht ist, u. U. zerstört werden kann, wenn die Beanspruchung häufig genug wiederholt wird. Die Spannung des Materials während der Lastwiederholungen kann stets in demselben Sinne erfolgen, also bei Be- und Entlastung das gleiche Vorzeichen haben, oder aber das Vorzeichen kann wechseln.

9. Chemische Untersuchungen.

Die chemischen Untersuchungen erstrecken sich im allgemeinen darauf, ob ein Material schädliche Bestandteile in einem Maße enthält, das die Verwendbarkeit beeinträchtigt, oder das eine durch Bestimmungen festgelegte Grenze überschreitet; beispielsweise wird der Schwefel- und Phosphorgehalt des Eisens festgestellt.

Eine Frage von grundsätzlicher Bedeutung für den Ingenieur ist die, ob die das Material betreffenden Bestimmungen gewisse physikalische Eigenschaften oder die chemische Zusammensetzung vorschreiben sollen. Es wird vielfach die Ansicht vertreten, daß der Ingenieur lediglich die physikalischen Eigenschaften fordern soll, die er für seine Zwecke für nötig erachtet, und er es dem Fabrikanten überlassen soll, dieses Material herzustellen. Die notwendige Folge würde sein, daß der Ingenieur jede physikalische Eigenschaft in seinen Forderungen einschließen müßte, von der man eine Schädigung durch irgendwelche chemischen Zusätze erwarten könnte, wobei es außerordentlich schwierig erscheint, alle möglichen Schädigungen in Betracht zu ziehen. Andererseits wird die Forderung geltend gemacht, daß zu einer genauen Bestimmung des gewünschten Materials nicht nur die Bestimmung der physikalischen Eigenschaften, sondern auch die der chemischen Zusammensetzung gehört. Offensichtlich liegt hierbei die Gefahr nahe, daß man bei der Bestimmung der chemischen Zusammensetzung zu weit gehen kann, ja daß unter Umständen die geforderten physikalischen Eigenschaften mit der geforderten chemischen Zusammensetzung nur schwer in Einklang zu bringen sind. Man sollte dem

Fabrikanten in der chemischen Zusammensetzung der Baustoffe möglichst freie Hand lassen, desto schärfer die erwünschten physikalischen Eigenschaften bestimmen, und sich darauf beschränken, anerkannt schädliche Bestandteile auszuschließen, oder auf ein Mindestmaß zu begrenzen.

10. Mikroskopische Untersuchungen.

Das Mikroskop gewinnt in der Materialprüfung immer mehr an Bedeutung. Es bietet oft die einzige Möglichkeit, eine Bruchursache einwandfrei festzustellen, oder die Geeignetheit eines Materials für einen bestimmten Zweck zu erkennen.

Es ist bereits eingangs dieses Kapitels bemerkt worden, daß es nicht Aufgabe dieses Buches sein kann, einen umfassenden Überblick über das Gebiet der Materialprüfung zu gewähren. Es wird dieserhalb auf die einschlägige Literatur verwiesen, von der das „Book of Standards A. S. T. M." besonders erwähnt sei[1].

XXII. Wiederholte Beanspruchungen.

1. Allgemeines. Geschichtliches.

Es ist eine bekannte Tatsache, daß man zur Zerstörung eines Materials eine geringere Kraft braucht, wenn man sie häufiger wirken läßt, als wenn man den Körper mit einer einmaligen Kraftwirkung brechen will. Besonders wirksam sind die Lastwiederholungen, wenn jeweils die Richtung der Beanspruchung, also z. B. Zug und Druck, miteinander wechselt. Man denke an einen eisernen Draht, der durch wiederholtes Hin- und Herbiegen zerstört wird. Ein Beispiel für einen Konstruktionsteil, der unter Spannungsumkehr wiederholten Beanspruchungen ausgesetzt ist, ist eine Wagenachse: betrachtet man eine Faser während einer Umdrehung, so findet man, daß die Spannung von dem betrachteten Ausgangswert über einen positiven Größtwert durch Null über einen negativen gleich großen Größtwert zu dem Ausgangswert zurückkehrt.

Die ersten systematischen Untersuchungen wurden von dem preußischen Eisenbahningenieur A. Wöhler unternommen in den Jahren 1859—1870. Seine Untersuchungen wurden veröffentlicht in der „Zeitschrift für Bauwesen" in den Jahren 1860, 1863, 1866 und 1870.

Die in der deutschen Literatur üblichen Bezeichnungen mögen wie folgt definiert werden:

Wechselt die Spannung zwischen einem unteren Wert $\sigma_u = 0$ und einem oberen Wert σ_0, der derart gewählt ist, daß gerade kein Bruch

---

[1] Der deutsche Leser sei verwiesen u. a. auf A. Martens, Handbuch der Materialienkunde für den Maschinenbau, Teil 1, Materialprüfungswesen, Probiermaschinen und Meßinstrumente, Berlin: Julius Springer. Otto Wawrziniok, Handbuch des Materialprüfungswesens für Maschinen- und Bauingenieure, Berlin: Julius Springer.

eintritt, so nennt man $\sigma_0 = \sigma_U$ die Ursprungsfestigkeit. Ist

$$\sigma_u = -\sigma_0 = \sigma_S$$

derart gewählt, daß gerade kein Bruch eintritt, so spricht man von der Schwingungsfestigkeit. Ist $\sigma_u = \sigma_0$, d. h. wirkt dauernde ruhende Belastung, so spricht man von der Dauerfestigkeit. Der allgemeine Ausdruck bei einem beliebigen Verhältnis $\frac{\sigma_u}{\sigma_0}$ ist Arbeits- oder auch Ermüdungsfestigkeit, wobei also das Verhältnis $\frac{\sigma_u}{\sigma_0}$ stets angegeben werden muß.

Bezeichnet man mit σ_u stets die absolut kleinere Spannung, so sind innerhalb der Grenzen $\frac{\sigma_u}{\sigma_0} = -1$ und $\frac{\sigma_u}{\sigma_0} = +1$ sämtliche möglichen Fälle der Arbeitsfestigkeit eingeschlossen.

Wöhlers Versuche wurden in den Jahren 1871—73 von L. Spangenberg fortgeführt, der seine Ergebnisse bei Ernst und Korn 1875 veröffentlichte: „Über das Verhalten der Metalle bei wiederholten Anstrengungen".

Weitere Untersuchungen wurden von J. Bauschinger durchgeführt (13. Heft der Mitteilungen des Mechanisch-Technischen Laboratoriums der T. H. München 1886.) Ferner arbeitete A. Föppl auf diesem Gebiet (25. Heft der Mitteilungen des Mechanisch-Technischen Laboratoriums der T. H. München 1897.) Dies waren noch bis vor kurzer Zeit die einzigen größeren Untersuchungen auf diesem Gebiete.

Seit einigen Jahren ist die Forschung von dem „National Resurch Council," „Engineering Foundation" und der „General Electric Co." aufgenommen worden; Prof. H. F. Moore leitet die Arbeiten an der Universität von Illinois. Die Berichte 124, 136, 142 aus den Jahren 1921, 1923, 1924 erstatten Bericht über die Arbeiten, die jedoch noch keineswegs beendet sind.

Diese Literaturangaben mögen für den Leser genügen, der sich in dieses Sondergebiet tiefer einarbeiten will. Eine gute Zusammenstellung hauptsächlich der Wöhler'schen und Bauschinger'schen Arbeiten findet man in Unwin: „Testings of Materials of Constructions", third edition, chapt. 16 (Longmans, Green & Co. 1910)[1].

2. Die Wöhlerschen Versuche.

Wöhler untersuchte folgende Spannungszustände: Statische Zug-, Verdrehungs- und Biegungsbeanspruchungen; Biegung von rotierenden Wellen; wiederholte Biegung in einer Richtung (die Lastwiederholungen verursachen in jeder Faser nur gleichgerichtete Spannung) wiederholte Zugbeanspruchungen, wiederholte Verdrehungsbeanspruchungen.

Die von Wöhler gefundenen Gesetzmäßigkeiten mögen wie folgt dargestellt werden:

[1] Der deutsche Leser findet eine gute Zusammenstellung der bisherigen Forschungsergebnisse nebst ausführlichen Literaturangaben bei Mailänder, Ermüdungserscheinungen und Dauerversuche. Stahleisen 1924.

a) Eine Beanspruchung unterhalb der Bruchfestigkeit kann, häufig genug aufgebracht, den Bruch herbeiführen.

b) Behält man die untere Spannung, d. h. die Spannung der Entlastung, bei, so nimmt die zum Bruch erforderliche Zahl der Spannungswechsel zu, je kleiner die obere Spannung ist.

Einige Zahlenangaben sollen die unter a) und b) gegebenen Sätze beleuchten. Es wurde eine Eisenbahnachse wiederholt in der gleichen Richtung gebogen, d. h. $\sigma_u = 0$, $\sigma_0 = \sigma_{max}$. Die zum Bruch notwendige Anzahl der Wiederholungen N betrug für

$\sigma_{max} = 4020$	kg/qcm	$N = 169750$
$\sigma_{max} = 3650$	„ „	$N = 420000$
$\sigma_{max} = 2920$	„ „	$N = 1320000$
$\sigma_{max} = 2190$	„ „	$N > 48200000$

c) Bei unveränderter oberer Spannung σ_0 nimmt die Zahl der zum Bruch notwendigen Lastwiederholungen mit der unteren Spannung σ_u zu.

Als Beispiel möge folgende Zahlenreihe dienen, die aus Versuchen mit Federn aus Gußstahl stammen:

σ_u	σ_0	N
1210 kg/qcm	7300 kg/qcm	62000
2430 „	7300 „	149800
3650 „	7300 „	400050
4260 „	7300 „	376700
4820 „	7300 „	> 19673000

d) Liegt die obere Spannung σ_0 unterhalb einer gewissen Grenze, so tritt auch bei einer beliebig großen Zahl von Lastwiederholungen kein Bruch mehr ein. Ihre Höhe hängt von der unteren Spannung σ_u ab.

e) Die Arbeitsfestigkeit ist um so größer, je größer σ_u ist. Als ein Beispiel mögen folgende Versuchsergebnisse mit Schmiedeeisen angegeben sein, wobei unter σ_A die Arbeitsfestigkeit verstanden sei:

σ_u	σ_A
− 1167 kg/qcm	+ 1167 kg/qcm
0 „	+ 2190 „
+ 1750 „	+ 3210 „
+ 3280 „	+ 3280 „

Wöhler schloß, daß für Biegungs- bzw. Zugbeanspruchungen die gleiche Sicherheit bestände, wenn sich die Spannungen innerhalb folgender Grenzen bewegen:

Schmiedeeisen	$\sigma_0 = +1170$ kg/qcm;	$\sigma_u = -1170$ kg/qcm
	$\sigma_0 = +2190$ „	$\sigma_u = 0$ „
	$\sigma_0 = +3210$ „	$\sigma_u = 1750$ „
Gußstahl für Eisenbahnwagenachsen	$\sigma_0 = +2050$ „	$\sigma_u = -2050$ „
	$\sigma_0 = +3500$ „	$\sigma_u = 0$ „
	$\sigma_0 = +5840$ „	$\sigma_u = 2550$ „
Ungehärteter Gußstahl für Eisenbahnwagenfedern	$\sigma_0 = +3650$ „	$\sigma_u = 0$ „
	$\sigma_0 = +5120$ „	$\sigma_u = 1825$ „
	$\sigma_0 = +5840$ „	$\sigma_u = 2920$ „
	$\sigma_0 = +6570$ „	$\sigma_u = 4380$ „

Für Scherbeanspruchungen fand Wöhler bei Achsengußstahl die entsprechenden Zahlen:

$$\sigma_0 = +1610 \text{ kg/qcm} \qquad \sigma_u = -1610 \text{ kg/qcm}$$
$$\sigma_0 = 2780 \quad " \qquad \sigma_u = 0 \quad "$$

Mit $m = 4$ erzeugt reine Scherung die gleiche Dehnung wie reine Zugbeanspruchung, wenn

$$\tau = \frac{4}{5}\sigma.$$

Nimmt man an, daß die Dehnung unter sonst gleichen Verhältnissen für die Anstrengung eines Materials bestimmend ist, so müssen sich die Ursprungsfestigkeiten auf Zug und auf Abscherung wie 5 : 4 verhalten; damit stimmen die Versuchswerte gut überein, denn es ist $3500 \approx \frac{5}{4} \cdot 27\,80$.

3. Bauschingers Untersuchungen.

Professor J. Bauschinger veröffentlichte im Jahre 1886 seine Untersuchungen, die er im Laboratorium der Technischen Hochschule zu München durchgeführt hatte[1]. Diese Veröffentlichung kann als epochemachend bezeichnet werden, und es ist bis auf den heutigen Tag wohl die bedeutendste Abhandlung auf diesem Gebiete. Bauschinger zog aus seinen Versuchen wichtige Schlüsse; obwohl diese sich häufig nicht unmittelbar auf das Problem der Ermüdung beziehen, sollen sie trotzdem an dieser Stelle behandelt werden.

Bauschinger maß Längenänderungen mit seinem Spiegelapparat (vgl. Kap. XXI), dessen Meßgenauigkeit er auf etwa 1/100000 cm angibt; er fand, daß eine Beanspruchung über die Elastizitätsgrenze hinaus die Wirkung hatte, daß die Elastizitätsgrenze nach einer gewissen Zeit bis zur Höhe der voraufgegangenen Belastung oder selbst höher stieg. Dieses Ergebnis war nicht neu, denn es war bereits von Wöhler, Thurston und Baerdsele gefunden, aber doch nicht von einer solchen Fülle von Beweismaterial belegt worden wie von Bauschinger.

Bauschinger ließ zu Zwecken der praktischen Bestimmung die Begriffe der Elastizitätsgrenze und der Proportionalitätsgrenze zusammenfallen, da die Spannung, bei der erstmalig bleibende Formänderungen zurückbleiben, praktisch sehr schwierig zu bestimmen sei in Hinsicht auf die erforderliche Meßgenauigkeit der Instrumente, während die Bestimmung der Proportionalitätsgrenze geringere Schwierigkeiten mache, und zwar aus folgenden Gründen:

a) Die bleibenden Formänderungen innerhalb der Proportionalitätsgrenze — es ist dabei vorausgesetzt, daß die Elastizitätsgrenze unterhalb der Proportionalitätsgrenze liegt — sind sehr klein. Sie wachsen aber plötzlich bei Überschreitung der Proportionalitätsgrenze.

---

[1] 13. Heft der Mitteilungen des mechanisch-technischen Laboratoriums der Technischen Hochschule München: Über die Veränderungen der Elastizitätsgrenze und der Festigkeit des Eisens und Stahls durch Strecken, Quetschen, Erwärmen, Abkühlen und durch oftmals wiederholte Belastung.

b) Wiederholte Belastungen innerhalb der Proportionalitätsgrenze ergeben keine Vermehrung der gesamten und bleibenden Formänderungen; die Formänderungen wachsen jedoch, zunächst wenigstens, mit jeder Spannungswiederholung oberhalb der Proportionalitätsgrenze.

c) Das gleiche gilt sinngemäß für Dauerbelastungen. Unter einer Dauerbelastung innerhalb der Proportionalitätsgrenze bleiben die Formänderungen konstant, während sie bei einer Dauerbelastung oberhalb der Proportionalitätsgrenze innerhalb gewisser Grenzen zunehmen.

Bauschingers Schlußfolgerungen mögen wie folgt zusammengefaßt werden:

1. Eine Beanspruchung oberhalb der Streckgrenze hebt die Streckgrenze unmittelbar bis auf ihre Höhe. Gibt man dem Stab nach der Beanspruchung genügend Zeit zur Erholung, so steigt die Streckgrenze über die Höhe der Beanspruchung hinaus; dieser Anstieg dauert Tage, Wochen, Monate und sogar Jahre.

2. Unmittelbar nach der Beanspruchung über die Streckgrenze hinaus ist die Elastizitätsgrenze oft bis auf Null zurückgeworfen; in einer darauffolgenden Ruhezeit hebt sich die Elastizitätsgrenze wieder bis zu der Höhe der voraufgegangenen Beanspruchung und übersteigt jene Spannung nach einer genügenden Zeit, sicherlich aber nach Jahren. Die zur Wiederherstellung der Elastizitätsgrenze nötige Ruhezeit kann dadurch wesentlich abgekürzt werden, daß man den Stab mäßig erhitzt, etwa in kochendem Wasser.

Liegt die Beanspruchung sehr hoch, nahe der Bruchfestigkeit, so erfolgt die Hebung der Elastizitätsgrenze während der Ruhepause sehr langsam, ist jedoch nicht verhindert.

Wiederholte Beanspruchungen zwischen Null und einer unterhalb der ursprünglichen Elastizitätsgrenze liegenden Spannung verändern die Lage der Elastizitätsgrenze nicht.

3. Eine Beanspruchung oberhalb der Streckgrenze erniedrigt auch die Größe des Elastizitätsmoduls; in einer darauffolgenden Ruhezeit nimmt der Elastizitätsmodul zu; diese Zunahme geschieht aber wahrscheinlich langsamer als das Ansteigen der Elastizitätsgrenze; nach mehreren Jahren jedoch ist eine Versteifung des Materials eingetreten, der Elastizitätsmodul liegt der Größe nach über seinem ursprünglichen Wert.

4. Eine Beanspruchung zwischen Elastizitätsgrenze und Streckgrenze hebt unmittelbar die Elastizitätsgrenze, und zwar um so höher, je höher die Beanspruchung war bis zu einem Maximum, wenn die Beanspruchung unmittelbar unterhalb der Streckgrenze liegt.

5. Stoßbeanspruchungen erniedrigen eine durch Überbeanspruchung erzielte gehobene Elastizitätsgrenze; das gleiche gilt für eine gehobene Streckgrenze, jedoch nicht in dem gleichen Maße.

6. Erhitzen und darauffolgendes Abkühlen, auch mehrere Male wiederholt, beeinflussen nicht die Lage der Elastizitätsgrenze und der Streckgrenze, falls die Temperaturen nicht über 350° mit anschließendem schnellen Abkühlen oder 450° mit anschließendem langsamen Abkühlen überschreiten.

7. Oberhalb dieser angegebenen Grenzen hat Erhitzen oder Abkühlen eine Erniedrigung der Elastizitäts- und der Streckgrenze zur Folge, und zwar dieses um so stärker, je höher die Temperaturen lagen. Die Einwirkung auf die Elastizitätsgrenze ist stärker als die auf die Streckgrenze. (Es können sich natürlich mehrere der eben beschriebenen Vorgänge überlagern; es wäre beispielsweise denkbar, daß trotz der Einwirkung von Erhitzen und Abkühlen die Elastizitätsgrenze steigt, weil der Stab vorher einer Beanspruchung über die Streckgrenze hinaus unterworfen worden war.)

8. Wie unter 6. bemerkt, wird die Elastizitätsgrenze und die Streckgrenze stärker gesenkt bei schnellem als bei langsamem Abkühlen. Dieses gilt namentlich für die Elastizitätsgrenze. Rasches Abkühlen etwa von 500^0 herunter, sicherlich aber von der der Rotglut entsprechenden Temperatur wirft die Elastizitätsgrenze von Schmiedeeisen und Stahl bis auf Null oder in die Gegend von Null hinab. Eine durch Temperatureinwirkungen erniedrigte Elastizitätsgrenze und Streckgrenze steigt jedoch im Gegensatz zu den unter 1. und 2. beschriebenen Erscheinungen in einer darauffolgenden Ruhezeit nicht wieder.

9. Eine Beanspruchung über die Elastizitätsgrenze auf Zug oder Druck erniedrigt die Elastizitätsgrenze in bezug auf Druck bzw. Zug, d. h. in bezug auf die entgegengesetzte Beanspruchung, und zwar dieses um so mehr, je höher die Beanspruchung war. Eine so erniedrigte Elastizitätsgrenze steigt in einer darauffolgenden Ruheperiode kaum oder gar nicht, also im Gegensatz zu den unter 1. und 2. erwähnten Fällen. Sie kann durch langsam wachsende wiederholte Beanspruchungen mit wechselnden Vorzeichen gehoben werden, jedoch nur bis zu einer Spannung, die beträchtlich unterhalb der ursprünglichen Elastizitätsgrenze liegt.

10. Bauschinger führt den Begriff der natürlichen Elastizitätsgrenze ein. Er versteht unter der natürlichen Elastizitätsgrenze jenen Spannungsgrößtwert, bei dem sich unter wiederholten Beanspruchungen mit wechselndem Vorzeichen, jedoch gleicher absoluter Größe, die Elastizitätsgrenze einstellt.

11. Beanspruchungen zwischen Null und einer oberen Grenze unterhalb der Elastizitätsgrenze haben auch bei Wiederholungen bis zu 16 Millionen keinen Bruch herbeigeführt, vorausgesetzt, daß das Probestück keinen Materialfehler hatte. Der geringste Fehler kann die zum Bruch notwendige Zahl der Wiederholungen außerordentlich herabsetzen. Dieses gilt namentlich für homogene Materialien wie Stahl. Schmiedeeisen ist weniger empfindlich, da es eine mehr faserige Struktur hat. Namentlich sind es Verletzungen der Oberfläche, selbst wenn sie so klein sind, daß sie mit dem bloßen Auge kaum erkennbar sind, die die Widerstandsfähigkeit gegen wiederholte Beanspruchungen herabsetzen.

(Es möge in diesem Zusammenhang darauf hingewiesen werden, daß die ursprüngliche Elastizitätsgrenze keine physikalische Konstante ist, da sie von der vorhergehenden Behandlung des Materials abhängig ist und durch kalte Bearbeitung bzw. geeignete Beanspruchungen, wie oben gezeigt, gehoben werden und andrerseits durch Beanspruchungen in dem Spannungsbereich mit entgegengesetztem Vorzeichen erniedrigt werden kann. Das unter 11. genannte Versuchsergebnis bezieht sich auf die „natürliche Elastizitätsgrenze“ der Übers.).

12. Wiederholte Beanspruchungen zwischen Null und einer mehr oder weniger oberhalb der Elastizitätsgrenze liegenden Spannung heben die Elastizitätsgrenze bis zu oder auch noch über jene Spannung hinaus, und zwar dieses um so mehr, je größer die Anzahl der Lastwiederholungen war, nicht aber über eine bestimmte Grenze hinaus.

13. Wird unter dem Einfluß von wiederholten Beanspruchungen zwischen Null und einer Maximalspannung die Elastizitätsgrenze über die Maximalspannung hinausgehoben, so kann niemals Bruch eintreten; ist jedoch jene Maximalspannung so hoch, daß die Elastizitätsgrenze nicht bis wenigstens an diesen Wert hinansteigen kann, so muß auf die Dauer der Körper zerstört werden.

14. Die Bruchfestigkeit für statische Beanspruchungen wird durch Millionen von Lastwiederholungen nicht erniedrigt, sondern eher erhöht.

15. Lastwiederholungen rufen keine Veränderung im Gefüge hervor. (Die Bruchbilder der sogenannten Dauerbrüche zeigen im Gegensatz zu statischen Brüchen keine Querkontraktion und keine Bruchdehnung, vielmehr erweckt das Gefüge den Eindruck kristallinischer Struktur. Es gilt jedoch als erwiesen, daß von einer Strukturveränderung keine Rede sein kann.)

Es möge wiederholt werden:

a) Eine durch Beanspruchung über die Streckgrenze hinaus erniedrigte Elastizitätsgrenze hebt sich in einer darauffolgenden Ruhezeit.

b) Wiederholte Beanspruchungen oberhalb der Elastizitätsgrenze können die Elastizitätsgrenze bis zur Spannung σ_0 oder sogar darüber hinaus heben.

c) Beanspruchungen oberhalb der Elastizitätsgrenze erniedrigen die Elastizitätsgrenze für die Spannung mit entgegengesetzten Vorzeichen, ohne daß eine Hebung dieser Grenze in einer darauffolgenden Ruhezeit eintritt.

d) Eine so erniedrigte Elastizitätsgrenze kann durch langsam zunehmende wiederholte Beanspruchungen mit verschiedenem Vorzeichen wieder bis zu einer gewissen Höhe gehoben werden, jedoch nicht über eine bestimmte Grenze hinaus. Diese Grenze nennt Bauschinger die „natürliche Elastizitätsgrenze“.

16. Bauschinger schließt weiter: Wird ein Stab wiederholten Beanspruchungen unterworfen, die über Null ihr Vorzeichen jeweils wechseln und deren Maximalwerte absolut gleich sind, so müssen die Maximalwerte unterhalb der natürlichen Elastizitätsgrenze bleiben, falls der Stab eine unendliche Anzahl von Beanspruchungen aushalten soll. (Ein derartiger Beweis ist streng genommen nie zu führen, da die Ausführung einer unendlichen Zahl von Wiederholungen unmöglich ist und, wie bereits bemerkt, die kleinsten Materialfehler eine empfindliche Schwächung des Probestabes gegenüber Lastwiederholungen zur Folge haben.)

4. Anwendung der Wöhlerschen Ergebnisse. (Abb. 439.)

Tragen wir auf der Abszisse die σ_u-Werte und als Ordinaten die diesen σ_u-Werten zugehörigen Beanspruchungen auf, die der Körper gerade noch unendlich oft erträgt, so erhalten wir die Kurve der Arbeits- oder Ermüdungsfestigkeiten eines bestimmten Materials in Abhängigkeit von σ_u. Die Punkte werden naturgemäß um ein gewisses Maß streuen, und es wird sich häufig nicht eine Kurve, sondern vielmehr nur ein Kurvenstreifen einzeichnen lassen. Die Vorzeichen des Koordinatensystems mögen so angenommen werden, daß Zugspannungen rechts von OY und oberhalb OX, Druckspannungen links von OY und unter-

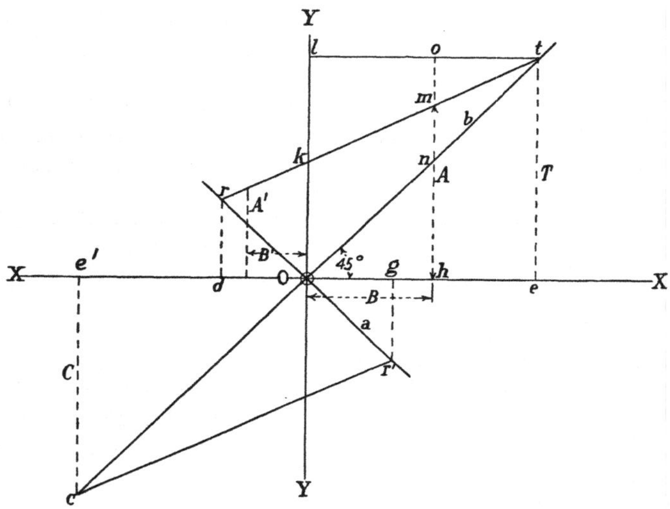

Abb. 439.

halb von OX aufgetragen werden. Sind σ_0 und σ_u beides Zugspannungen, so liegen die Kurvenpunkte im ersten Quadranten. Wenn unter σ_u stets der absolute kleinere Wert verstanden wird, so erhellt folgendes: Zieht man durch den Koordinatenursprung O ein gegen XY um 45^0 gedrehtes rechtwinkliges Achsenkreuz mit den beiden Achsen a und b, so kommen die Kurvenpunkte nur innerhalb der Flächen $\overline{rOt}$ und $\overline{r'Oc}$ zu liegen. Die Ordinate $\overline{et}$ stellt den Wert der Dauerzugfestigkeit des Materials dar, da σ_u und σ_0 einander algebraisch gleich sind. Entsprechend stellt $\overline{e'c}$ den Wert der Dauerdruckfestigkeit dar. $\overline{Ok}$ stellt den Wert der Ursprungszugfestigkeit dar. $\overline{rd} = \overline{r'g}$ stellen den Wert der Schwingungsfestigkeit dar. Für die Kurve der Arbeitsfestigkeiten sind, auf den Wöhlerschen Gesetzen aufbauend, verschiedene Fassungen vorgeschlagen worden.

Winkler nahm im Jahre 1877 zwei gerade Linien rt und $r'c$ an mit folgenden Gleichungen für rt (Abb. 439):

Schmiedeeisen:

$$\sigma_A = 0{,}55\,\sigma_{Bz} + 0{,}45\,\sigma_u, \tag{1}$$

Gußstahl:

$$\sigma_A = 0{,}44\,\sigma_{Bz} + 0{,}56\,\sigma_u$$

für $r'c$.

Schmiedeeisen:

$$\sigma_A = 0{,}60\,\sigma_{Bd} + 0{,}40\,\sigma_u, \tag{2}$$

Gußstahl:

$$\sigma_A = 0{,}37\,\sigma_{Bd} + 0{,}63\,\sigma_u.$$

σ_{Bd} und σ_{Bz} bedeuten in diesen Gleichungen die Werte für statische Zug- bzw. Druckfestigkeit, σ_A die Ermüdungsfestigkeit.

Diskutieren wir die beiden Gleichungen (1) und (2) für Schmiedeeisen, so finden wir folgendes: Es sei die Schwingungsfestigkeit $\overline{dr} = \overline{gr'}$ ermittelt, damit wird

$$\sigma_A = \sigma_0 = -\,\sigma_u = \sigma_S$$

also aus (1):

$$\sigma_S = 0{,}38\,\sigma_{Bz}$$

und aus (2):

$$\sigma_S = 0{,}43\,\sigma_{Bd},$$

daraus:

$$\sigma_{Bd} = 0{,}88\,\sigma_{Bz}.$$

Es braucht nicht besonders betont zu werden, daß derartige Gedankengänge mathematisch natürlich korrekt sind, physikalisch jedoch zu unbrauchbaren Ergebnissen führen müssen.

Launhardt[1] stellte die Gleichung auf:

$$\sigma_A - \sigma_u = \frac{\sigma_{Bz} - \sigma_A}{\sigma_{Bz} - \sigma_U} \cdot \sigma_A \tag{3}$$

wobei σ_A und σ_u gleiche Vorzeichen haben.

Für $\sigma_u = O$ ergibt die Gleichung $\sigma_A = \sigma_U$, und für $\sigma_u = \sigma_A$ erhält man $\sigma_A = \sigma_{Bz}$; diese Grenzbedingungen werden also erfüllt. (Für $\sigma_u = \sigma_A = \sigma_0$ müßte streng genommen σ_A den Wert der Dauerfestigkeit und nicht den der statischen Bruchfestigkeit annehmen, d. Übers).

Unter Benutzung der Versuchsergebnisse für Schmiedeeisen

$$\sigma_U = \frac{6}{11} \cdot \sigma_{Bz},$$

für Stahl

$$\sigma_U = \frac{5}{11} \cdot \sigma_{Bz}$$

erhielt Launhardt aus (3)

$$\sigma_A = \frac{6}{11}\,\sigma_{Bz}\left(1 + \frac{5\,\sigma_u}{6\,\sigma_A}\right)$$

bzw.

$$\sigma_A = \frac{5}{11}\,\sigma_{Bz}\left(1 + \frac{6\,\sigma_u}{5\,\sigma_A}\right).$$

[1] Zeitschr. Hann. Arch. Ing. Ver. 1873.

Unter Berücksichtigung etwaiger Stoßbeanspruchungen schlägt Launhardt vor

$$\sigma_A = \frac{6}{11}\sigma_{Bz}\left(1 + \frac{1}{2}\frac{\sigma_u}{\sigma_A}\right)$$

und

$$\sigma_A = \frac{5}{11}\sigma_{Bz}\left(1 + \frac{3}{4}\frac{\sigma_u}{\sigma_A}\right).$$

Weyrauch änderte diese Gleichungen um und berücksichtigte auch den Fall, daß σ_0 und σ_u verschiedene Vorzeichen haben.

σ_0 und σ_u sind Zugspannungen:

$$\sigma_A = \frac{6}{11}\sigma_{Bz}\left(1 + \frac{1}{2}\frac{\sigma_u}{\sigma_A}\right)$$

und

$$\sigma_A = \frac{5}{11}\sigma_{Bz}\left(1 + \frac{9}{11}\frac{\sigma_u}{\sigma_A}\right).$$

σ_0 und σ_u sind Druckspannungen:

σ_{Bz} wird durch σ_{Bd} ersetzt.

σ_u und σ_0 haben verschiedene Vorzeichen:

$$\sigma_A = \frac{6}{11}\sigma_B\left(1 + \frac{1}{2}\frac{\sigma_u}{\sigma_A}\right)$$

und

$$\sigma_A = \frac{5}{11}\sigma_B\left(1 + \frac{5}{11}\frac{\sigma_u}{\sigma_A}\right).$$

Für σ_B ist σ_{Bz} oder σ_{Bd} einzusetzen, je nach dem Vorzeichen von σ_0. Z. B. würde für Schmiedeeisen die Formel lauten, wenn σ_0 eine Zugspannung ist,

$$\sigma_A = \frac{6}{11}\sigma_{Bz}\left(1 - \frac{1}{2}\frac{\sigma_u}{\sigma_A}\right),$$

wobei für σ_u und σ_0 die Absolutwerte einzusetzen sind.

Gerber nahm ein parabolisches Gesetz an, das sich jedoch mit den Bauschinger'schen Ergebnissen nur schlecht in Einklang bringen läßt.

Unwin gibt folgende Gleichung:

$$\sigma_A = \frac{\delta}{2} + \sqrt{\sigma_{Bz}^2 - n \cdot \delta \cdot \sigma_{Bz}},$$

worin $\delta = \sigma_0 - \sigma_u$ und n eine durch den Versuch zu bestimmende Materialkonstante bedeutet. Für Schmiedeeisen gibt Unwin $n = 1{,}5$, für harten Stahl $n = 2$ an.

Es mögen 3 Fälle diskutiert werden:

a) Statische Beanspruchung

$$\delta = 0$$

$$\sigma_A = \sigma_B.$$

b) Wiederholte Beanspruchungen zwischen 0 und σ_0.

$$\delta = \sigma_0 = \sigma_A$$

$$\sigma_A = \sigma_U$$

$$\sigma_U = 2\,\sigma_{Bz}(\sqrt{1+n^2} - n),$$

was mit $n = 1{,}5$ ergibt:

$$\sigma_U = 0{,}6\,\sigma_{Bz}.$$

c) Wiederholte Beanspruchungen mit $\sigma_u = -\sigma_0$.

$$\delta = 2\,\sigma_0$$

$$\sigma_S = \frac{\sigma_{Bz}}{2n};$$

oder für $n = 1{,}5$

$$\sigma_S = \frac{\sigma_{Bz}}{3}.$$

Die Illinois-Untersuchungen ergaben für Eisen und Stahl eine größere Schwingungsfestigkeit, nämlich $0{,}38\,\sigma_{Bz} < \sigma_S < 0{,}6\,\sigma_{Bz}$, mit einem mittleren Wert also $\sigma_{Sm} = 0{,}5\,\sigma_{Bz}$. Moore empfiehlt einen Mittelwert $\sigma_{Sm} = 0{,}45\,\sigma_{Bz}$.

In den Illinois-Untersuchungen ergab sich die Schwingungsfestigkeit fast durchweg unterhalb der ursprünglichen (Zug-) Streckgrenze und, ebenfalls mit Ausnahme weniger Fälle, unterhalb der ursprünglichen Elastizitätsgrenze; diese wenigen Ausnahmen erscheinen dadurch plausibel, daß es sich um besondere Stahlsorten handelte (z. B. 0,02% C, also nahezu reines Ferrit).

Der niedrigste in den Illinois-Untersuchungen festgestellte σ_S-Wert betrug $0{,}36\,\sigma_{Bz}$.

Betrachten wir nochmals das Diagramm der Abb. 439. Da voraussetzungsgemäß das Achsenkreuz a, b gegen das Kreuz X, Y um 45° verdreht ist, so ist jeweils $\overline{Oh} = \overline{hn} = \sigma_u$, und es ist $\overline{mn} = \sigma_0 - \sigma_u$. Man kann also die Linien rO und tO als die σ_u-Linien, tr und cr' als die σ_0-Linien bezeichnen. Nach den Winkler'schen Gleichungen wird $\overline{Ok} = 0{,}55\,\sigma_{Bz}$ für Schmiedeeisen und $0{,}44\,\sigma_{Bz}$ für Gußstahl.

Goodmann[1] schlägt ein Diagramm nach Abb. 439 vor mit $\overline{Ok} = 0{,}5\,\sigma_{Bz}$, so daß $\overline{kl} = \overline{Ok} = 0{,}5\,\sigma_{Bz}$. (Goodmann'sches Diagramm). Damit wird $\overline{dr} = \frac{\sigma_{Bz}}{3}$, $\overline{mo} = \overline{mn}$, d. h. σ_0 halbiert den Zwischenraum zwischen σ_u und σ_{Bz}. Goodmann begründet dies in etwas eigenartiger Weise: Die Spannung σ_u entspricht einer Spannung durch ständige Belastung, $\sigma_0 - \sigma_u$ jedoch einer Spannung durch bewegliche Belastung; der letztere Einfluß ist bei Lastwiederholung doppelt so groß anzunehmen als der erstere, also etwa wie bei plötzlich wirkender Belastung.

Mit $\overline{Ok} = \frac{\sigma_{Bz}}{2}$ erhält man

$$\sigma_A = \sigma_0 = 0{,}5\,\sigma_{Bz} + 0{,}5\,\sigma_u.$$

[1] Goodmann, Mechanics applied to Engineering. 1903.

Die Gleichung soll für alle Werte des Verhältnisses $\frac{\sigma_u}{\sigma_0}$ gelten, d. h. es sind σ_u und σ_0 mit ihren algebraischen Werten einzuführen.

Setzt man $\sigma_S = \frac{\sigma_{Bz}}{3}$ in obige Gleichung ein, so erhält man

$$\sigma_A = \sigma_0 = \frac{3\,\sigma_S}{2 - \frac{\sigma_u}{\sigma_0}}.$$

Abb. 440 zeigt die graphische Darstellung mit einigen Versuchswerten.

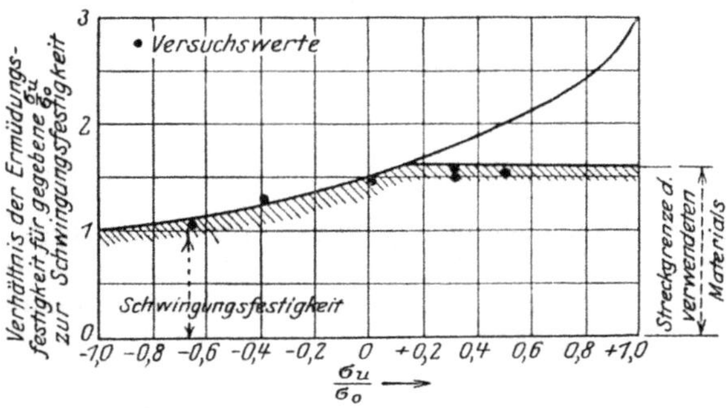

Abb. 440.

5. Neuere Untersuchungen.

An dieser Stelle müssen die außerordentlich umfangreichen Untersuchungen erwähnt werden, die an der Universität von Illinois durch-

Abb. 441. Maschine für wiederholte Biegungungsbeanspruchungen (Farmer-Maschine).

geführt worden sind[1]. Die hauptsächlichen Versuche wurden an rotierenden Balken durchgeführt, die mit zwei gleichen, zur Balkenmitte

[1] Bull. 124 von H. F. Moore und J. B. Kommers, Bull. 136 und 142 von H. F. Moore und T. M. Jasper.

symmetrisch liegenden Kräften belastet waren, wobei die Spannungen nach den üblichen Biegungsgleichungen berechnet wurden. Die Spannung jeder Faser wechselte also von einem positiven Größtwert durch Null zu einem negativen Größtwert. Die Umdrehungsgeschwindigkeit war ziemlich hoch, im Mittel 1500 Umdrehungen pro Minute. Die meistbenutzte Maschine war die Farmer-Maschine (vgl. Abb. 441 und 442). Die Form der Probekörper ist aus Abb. 443 ersichtlich. Außer den Dauerbiegeversuchen[1] sind auch Dauertorsionsbeanspruchungen zur

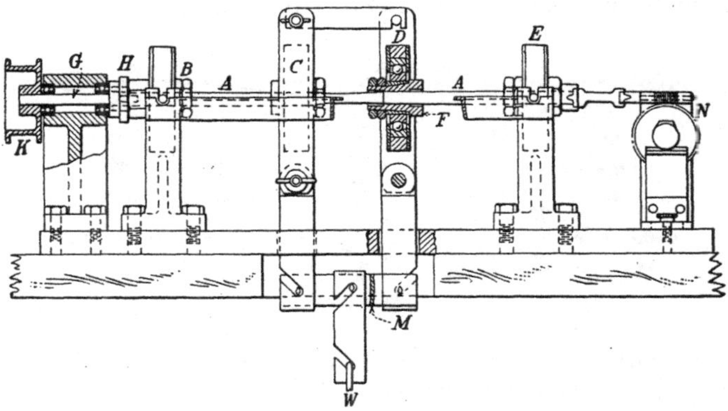

Abb. 442. Farmer-Maschine.

Feststellung der Torsionsermüdungsfestigkeiten gemacht worden (Olsen-Foster-Maschine). Ferner sind zu nennen: Dauerstoßversuche (Izod-Maschine).

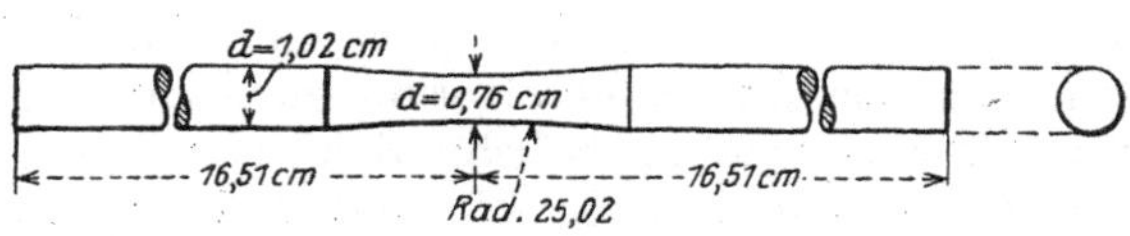

Abb. 443.

Um bei den Ermüdungsversuchen ein Verhältnis $\frac{\sigma_u}{\sigma_0} \neq -1$ zu erzielen, hat man auf den gebogenen rotierenden Balken eine zusätzliche axiale Zugkraft mittels einer Feder ausgeübt; um das Maß der über den Querschnitt gleichmäßig verteilten Spannung $\sigma = \frac{P}{F}$ wird die Zugspannung der gezogenen Randfaser vermehrt und die Druckkraft der gedrückten Randfaser vermindert.

Die Abb. 444 zeigt einen weiteren Typ von Maschinen für Versuche mit wiederholten Beanspruchungen. Das Prinzip der Maschine geht aus der Systemskizze klar hervor. Zwei Massen werden derart hin- und herbewegt, daß ihre Bewegungsrichtungen in einer Geraden liegen. In derselben Geraden liegen die Achsen der Probestäbe, die

[1] Unter „Dauerversuchen" sind im folgenden, wie ja auch aus der beschriebenen Versuchsanordnung hervorgeht, Versuche mit wiederholten Beanspruchungen und nicht etwa Versuche mit dauernder ruhender Belastung zu verstehen. D. Ü.

durch die Massenkraft abwechselnd auf Zug und auf Druck beansprucht werden. Die Massenkraft ist linear proportional der sich bewegenden Masse und wächst im Quadrat mit der Geschwindigkeit. Es ist also eine sorgfältige Regulierung der Geschwindigkeit notwendig. Auf diesem Prinzip aufgebaute Maschinen sind für Versuche zur Bestimmung der Torsionsschwingungsfestigkeit benutzt worden[1]. Bei den obenerwähnten Untersuchungen in Illinois sind diese Maschinen wegen der Schwierigkeit, eine genaue Geschwindigkeit einzuhalten, nicht benutzt worden; sie sind hauptsächlich in England im Gebrauch.

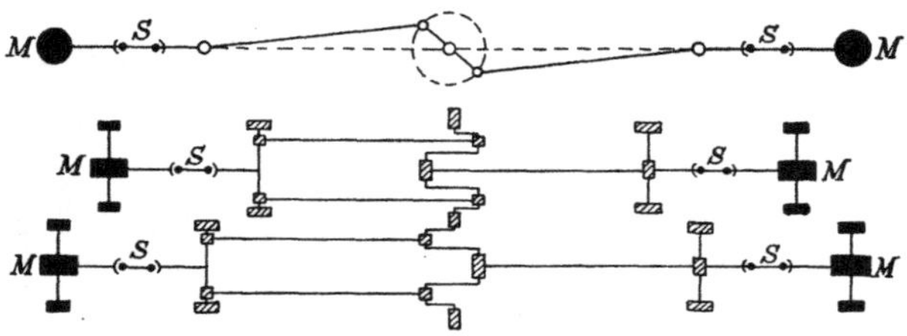

Abb. 444.

Im wesentlichen kann man zwei grundsätzliche Aufgaben bei Ermüdungsuntersuchungen unterscheiden:

1. Bei gegebenem σ_u ist die zugehörige Ermüdungsfestigkeit σ_A gesucht, mit anderen Worten die Linie $r\,t$ in Abb. 439.

2. Bei gegebenem σ_u wird die Beziehung gesucht zwischen einem variablen $\sigma_0 > \sigma_A$ und der dabei zum Bruch erforderlichen Anzahl Lastwiederholungen.

Es ergibt sich also die Frage: Wie groß muß die Zahl der Lastwiederholungen sein, um die Schlußfolgerung zu rechtfertigen, daß der Körper darüber hinaus eine unendliche Zahl von Beanspruchungen noch aushalten kann; mit anderen Worten: Bei welcher Zahl von Lastwiederholungen darf man einen Versuch zur Bestimmung der Ermüdungsfestigkeit abbrechen? Ein Körper mag 10 oder 100 Millionen Lastwiederholungen ertragen, er könnte aber sehr wohl bei der nächsten Beanspruchung brechen. Dieses ist eine grundsätzliche Schwierigkeit bei den unter 1. erwähnten Untersuchungen, eine Schwierigkeit, die zur Skepsis in alle mitgeteilten Untersuchungsergebnisse berechtigt. Irgendeine Annahme muß jedoch in der Hinsicht gemacht werden. Bauschinger begnügt sich mit einer Lastwiederholungszahl von 5 bis 10 Millionen. Goodmann hielt 4 Millionen Wiederholungen für genügend. Neuerdings steht man auf dem Standpunkt, daß es bei der Anwendung großer Belastungsgeschwindigkeiten — einer großen Zahl Lastwiederholungen in der Zeiteinheit — notwendig sei, die Zahl der Lastwiederholungen zu erhöhen; bei den Illinois-Versuchen z. B. mit der Farmer-Maschine ging man bis zu 100000000. Die Höchstzahl der Lastwiederholungen betrug bei Bauschinger 17286000, bei Wöhler

[1] D. J. Mc Adam Jr.: A. High Speed Alternating Torsion Testing Machine, A. S. T. M. p. 366.

132250000. Aber man hat natürlich nie die Sicherheit, daß nicht etwa bei weiterer Fortführung der Versuche der Körper schließlich doch brechen würde. Mit solchen hohen Zahlen von Lastwiederholungen werden die Versuche außerordentlich zeitraubend. Legt man eine Belastungsgeschwindigkeit z. B. in der Wöhlerschen Maschine mit 100 Belastungen pro Minute zugrunde, so würde bei $N = 14$ Millionen und einer achtstündigen Versuchsdauer pro Tag ein Versuch 300 Tage dauern. Derartige Versuche haben jedoch häufig nur akademischen Wert. Man darf bei derartigen Überlegungen die spätere konstruktive Verwendung des Materials nicht aus dem Auge lassen. Es kann z. B. sehr wohl sein, daß der betreffende Maschinenteil während der ganzen Lebens-

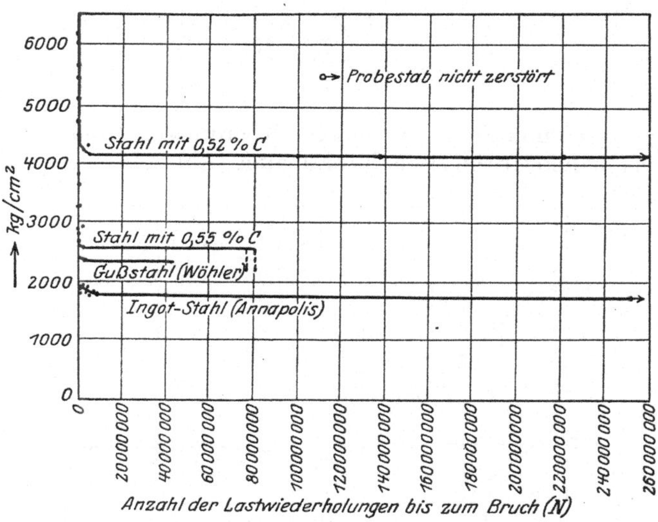

Abb. 445.

dauer der Maschinen keine so hohe Zahl von Beanspruchungen zu erleiden haben wird. Wird nun ein Versuch aus praktischen Gründen durchgeführt, um etwa die Dimensionierung eines ganz bestimmten Bauteils auf eine exakte Grundlage zu stellen, so wird man die Zahl und Art der Lastwiederholungen mit der späteren Beanspruchung des Bauteils in Einklang zu bringen haben.

Die Illinois-Versuche haben gezeigt, daß man sich bei Eisen und Stahl durchweg mit 10 Millionen Wiederholungen begnügen kann. Bei anderen Baustoffen jedoch hat sich eine Belastungszahl von mehr als 100 Millionen zur sicheren Feststellung der Ermüdungsfestigkeit als notwendig erwiesen.

Geht man bei der Bestimmung der Schwingungsfestigkeit $\left(\frac{\sigma_u}{\sigma_0} = -1\right)$ in der Weise vor, daß man die Spannung bei den einzelnen Versuchen allmählich erniedrigt und die zum Bruch jeweils notwendige Zahl der Wiederholungen N feststellt, so erhält man den Zusammenhang zwischen N und σ. Trägt man diese Funktion in gewöhnlichen Koordinaten auf, wie in Abb. 445[1], so erhällt man nur ein schlechtes Bild über den Verlauf der Kurve in dem Bereich der kleinen N-Werte. Um dieser Schwierigkeit zu begegnen, hat man zur graphischen Dar-

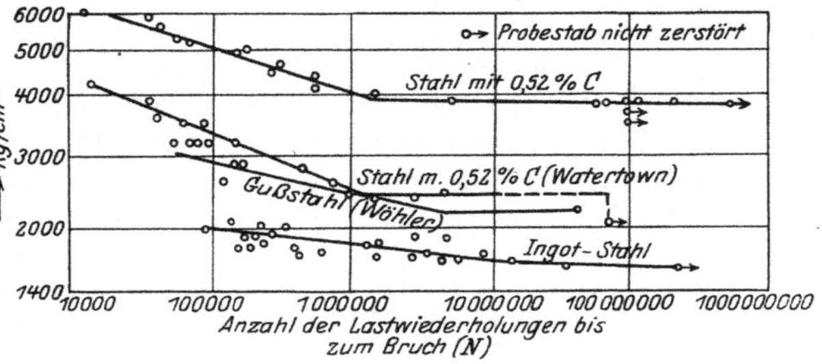

Abb. 446.

stellung dieser Funktion logarithmische Koordinaten benutzt (Abb. 446) oder auch halblogarithmische Koordinaten (Abb. 447).

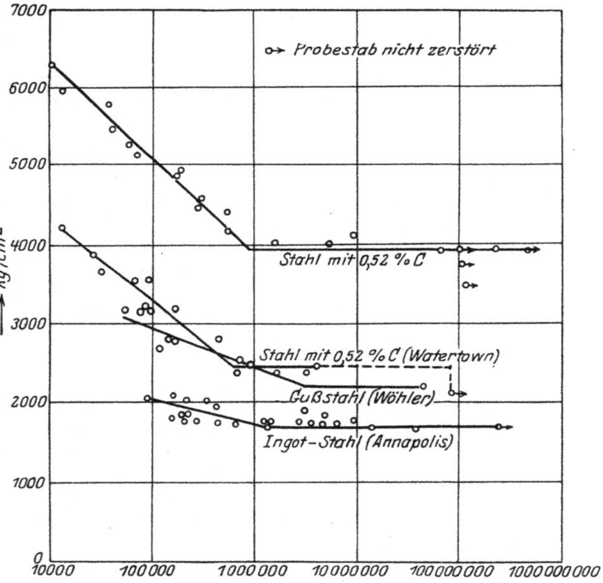

Abb. 447.

O. H. Basquin[2] schlug im Jahre 1910 ein Exponentialgesetz vor in der Form

$$\sigma = c \cdot N^n \left(\text{für } \frac{\sigma_u}{\sigma_0} = -1\right),$$

[1] Vgl. Moore, Kommers und Jasper: Fatigue of Metals 1922, A. S. T. M p. 266.

[2] Vgl. A. S. T. M. p. 625, Jahrgang 1910.

worin c und n physikalische Konstanten sind, die durch den Versuch zu bestimmen sind (n ist negativ) (vgl. Abb. 446 und 447). Diese Gleichung logarithmiert, ergibt

$$\log \sigma = \log c + n \log N,$$

d. h. die $\sigma - N$-Kurve wird im logarithmischen Koordinatensystem eine gerade Linie. Dieses Gesetz würde besagen, daß bei einer noch so kleinen Beanspruchung ein Körper schließlich bei genügender Zahl von Lastwiederholungen brechen muß, und daß es eine Schwingungsfestigkeit nicht gibt. Diese Ansicht wird von namhaften Fachleuten vertreten. Der Verfasser jedoch kann dieser Schlußfolgerung nicht beitreten. Moore glaubt, einen beschränkten Gültigkeitsbereich des Exponentialgesetzes feststellen zu können: Die $\sigma - N$-Kurve hat an einem bestimmten Punkt einen Knick, von wo aus sie parallel zur N-Achse verläuft. Die Ordinate dieses Knickpunktes würde dann die Schwingungsfestigkeit darstellen. Es ist für diese Auffassung bedeutungslos, ob die Kurve aus zwei Geraden-Zügen besteht, oder ob sie ohne ausgesprochenen Knick asymptotisch an irgendeinen σ_S-Wert verläuft. (Vgl. McAdam, A. S. T. M. 1922, p. 288). Eine genaue Beantwortung dieser Frage erscheint infolge der Streuung der Versuche namentlich bei hohen N-Werten unmöglich. Es ist jedenfalls ziemlich sicher, daß das Exponentialgesetz innerhalb eines großen Spannungsbereiches Gültigkeit besitzt.

Führt man den Exponenten n in der Basquin'schen Formel positiv ein, so erhält sie die Form

$$\sigma = \frac{c}{N^n}.$$

Moore und Seely[1] schlugen eine allgemeinere Form der Gleichung für Werte $\frac{\sigma_u}{\sigma_0} \neq -1$ vor.

$$\sigma = \frac{b}{\left(1 - \frac{\sigma_u}{\sigma_0}\right) \cdot N^{0,125}}$$

Für die Konstante b geben sie folgende Werte an (der Wert σ hat dabei die Dimension lbs/sq. in.):

Für Schmiedeeisen	$b = 250000$
für Stahl mit 0,45 % C	350000
für getemperten Federstahl . .	600000—800000
für graues Gußeisen	100000
für gegossenes Aluminium	80000
für gezogenen Kupferdraht	140000

Führt man die Spannungsdifferenz $\sigma_0 - \sigma_u$ in die Gleichung ein

[1] Vgl. A. S. T. M. 1915, p. 437; Trans Am. Soc. C. E. 1916, p. 1474; A. S. T. M. 1916, p. 470.

(algebraischer Wert), so erhält man

$$\sigma_0 - \sigma_u = \frac{b}{N^{0,125}}.$$

Bezeichnet man mit σ_A die Ermüdungsfestigkeit für ein bestimmtes Verhältnis $\frac{\sigma_A}{\sigma_u}$, so erhält man nach den Illinoisversuchen (Illinois Bull. 134) folgenden Zusammenhang:

$$\sigma_A = \sigma_S \cdot \frac{\frac{\sigma_A}{\sigma_u} + 3}{2}.$$

Der Verfasser ist der Ansicht, daß es bei dem jetzigen Stande der Untersuchungen verfrüht ist, diese Zusammenhänge in gesetzmäßige Form zu kleiden.

6. Beziehungen der Schwingungsfestigkeit zu anderen physikalischen Konstanten.

Die Illinois-Untersuchungen zeigen innerhalb gewisser Grenzen nahezu eine lineare Proportionalität zwischen der Schwingungsfestigkeit und der Brinell-Zahl; ein unmittelbarer Zusammenhang zwischen der Schwingungsfestigkeit einerseits und der statischen Bruchfestigkeit, Streckgrenze und Proportionalitätsgrenze andererseits besteht nicht in gleichem Maße. Ein Material mit einer niedrigen Elastizitätsgrenze kann eine verhältnismäßig hohe Schwingungsfestigkeit haben; ebensowenig besteht ein gesetzmäßiger Zusammenhang zwischen der Schwingungsfestigkeit und der Widerstandsfähigkeit gegenüber wiederholten Stößen. Das Britische Nationale Physikalische Laboratorium (British National Physical Laboratory) verschafft sich vor der Bestimmung der Schwingungsfestigkeit einen ungefähren Anhalt über ihre Größe stets durch einen Brinell-Versuch.

7. Andere Einflüsse auf die Höhe von Ermüdungsfestigkeiten.

Aus den Illinois-Versuchen geht hervor, daß die Belastungsgeschwindigkeit auf die Schwingungsfestigkeit nur geringen Einfluß hat, sofern die Zahl der Belastungswechsel 2000 pro Minute nicht überschreitet. Zu einem ähnlichen Ergebnis kommt Stanton. (Stanton, Resistance of Materials to Alternate Stress, 1912.) Er fand bei Belastungsgeschwindigkeiten zwischen 200 und 2200 keinen Einfluß auf die Schwingungsfestigkeit.

Es ist bei derartigen Untersuchungen darauf zu achten, daß die Probekörper durch Vibrationen der Maschinen keine zusätzlichen Beanspruchungen erleiden. Die Stärke der Erschütterungen ist naturgemäß abhängig von der Umdrehungsgeschwindigkeit, so daß dann der Einfluß der Belastungsgeschwindigkeit auf die Schwingungsfestigkeit nicht mehr rein erfaßt wird.

Es ist bereits oben darauf hingewiesen, daß die Ermüdungsfestigkeiten von Eisen und Stahl erheblich beeinflußt werden durch winzige Oberflächenbeschädigungen der Probekörper, selbst wenn diese mikroskopisch klein sind. Bauschinger hat zuerst auf diese Erscheinung aufmerksam gemacht. Diese Stellen können bei wieder-

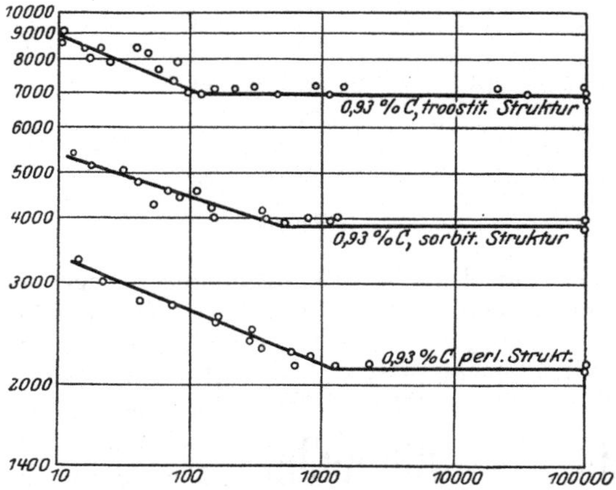

Abb. 448.

holten Beanspruchungen zum Ausgangspunkt von Rissen werden, die sich schnell erweitern und bei verhältnismäßig geringen Spannungen den Bruch herbeiführen. Die Illionis-Untersuchungen zeigen, daß sogar Verschiedenheiten in der Oberflächenbehandlung einen erheblichen Einfluß ausüben. Probestähle aus Bessemer-Stahl mit einfach abgedrehter Oberfläche wiesen eine um 10 % geringere Schwingungsfestigkeit auf als gedrehte und polierte Stäbe.

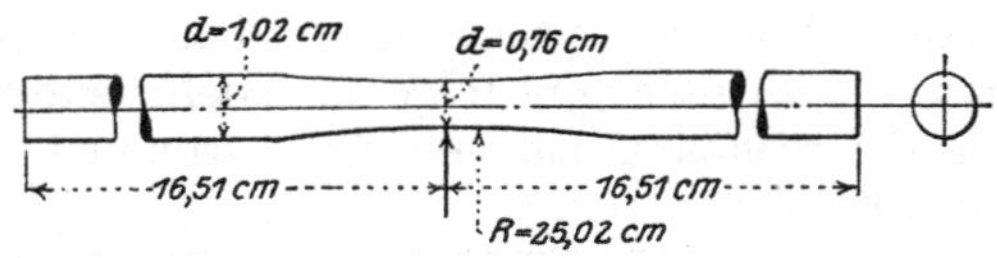

Abb. 449.

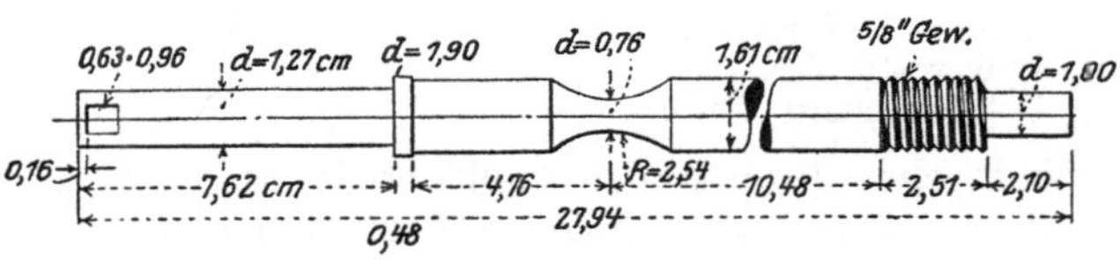

Abb. 450.

Es ist noch eine große Zahl von Einflußkomponenten auf die Schwingungsfestigkeit festzustellen, wobei die Größe des Einflusses im allgemeinen schwierig zu erfassen ist.

Die thermische Behandlung ist sehr wichtig. (Vgl. Abb. 448.) Sie kann die Schwingungsfestigkeit ebenso wie die statische Festigkeit erhöhen, ohne große Einbuße an Zähigkeit.

Plötzliche Querschnittsänderungen beeinflussen, offenbar durch örtliche Spannungserhöhungen, die Schwingungsfestigkeit in hohem

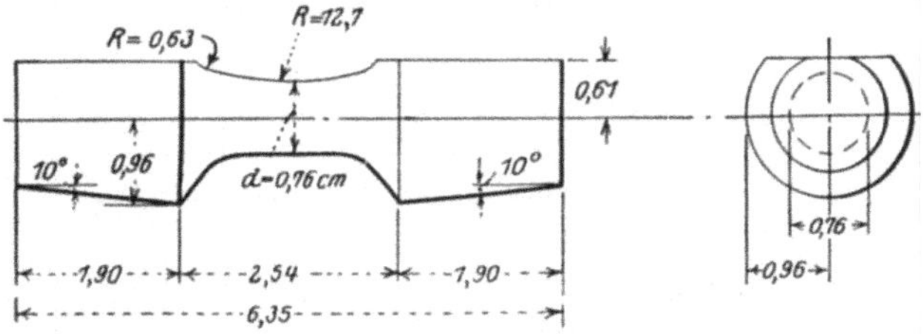

Abb. 451.

Maße. Das in den Illinois-Untersuchungen (Biegeversuche) für die Farmer-Maschine verwandte Probestück ist in Abb. 449 dargestellt. Eine andere Form zeigt Abb. 450. Unter sonst gleichen Versuchsbedingungen ergeben verschieden geformte Probestäbe durchaus verschiedene Resultate. Die Abbildungen 451 und 452 stellen Probekörper für Dauerzugversuche dar. Fehler in der Homogenität des Materials können in bezug auf lokale Überbeanspruchungen ebenso wirken wie Querschnittsänderungen. Moore gibt folgende Koeffizienten an, um bei Biegeversuchen aus der rechnungsmäßigen Randspannung die wirkliche Randspannung zu erhalten.

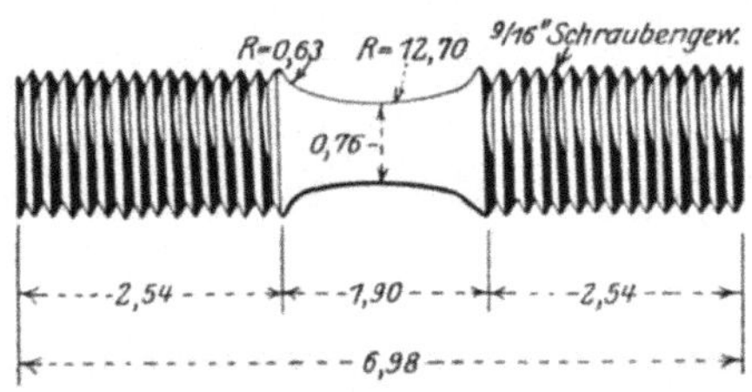

Abb. 452.

Verhältnis $\frac{R_{\min}}{d}$	Multiplikator
0,1	2
0,5	1,6
1	1,2
2	1,1
Scharfe V-Kerbe	3
Whitworth V-Kerbe	2
U. S. Standard V-Kerbe	2,5

Bei zylindrischen Probestäben stellt er je nach der Bearbeitung eine gegenüber der rechnungsmäßigen Beanspruchung erhöhte wirkliche Beanspruchung fest. So soll bei Stäben, die nur auf der Drehbank bearbeitet sind, die wirkliche Beanspruchung dem 1,2-fachen, bei Stäben, die auf dem Schleifstein bearbeitet sind, dem 1,06-fachen und bei sorgfältig polierten Stäben dem gleichen Betrag entsprechen wie aus der rechnungsmäßigen Beanspruchung geschlossen werden sollte. Dieses gilt, wohlgemerkt, nur in bezug auf Ermüdungsfestigkeiten. Für die statische Festigkeit spielt die Bearbeitung der Oberfläche und kleine Beschädigungen der Oberfläche kaum eine Rolle. Alle derartigen Zahlenwerte sind natürlich äußerst anfechtbar und unsicher.

Kaltrecken (vgl. Kap. IV) hebt die Streckgrenze, der Einfluß auf die Schwingungsfestigkeit dagegen ist sehr mannigfach und von der Höhe der Beanspruchung während des Kaltreckens abhängig; es wird stets das Verhältnis von Schwingungsfestigkeit zu Streckgrenze erniedrigt.

Hat bei dem Kaltrecken die Spannung nur wenig über der ursprünglichen Schwingungsfestigkeit gelegen, so kann die Schwingungsfestigkeit um ein Weniges erhöht werden. Nimmt die Spannung des Kaltreckens zu, so nimmt der dadurch bedingte Zuwachs der Schwingungsfestigkeit ab. Lag die Spannung etwa 30% über der ursprünglichen Schwingungsfestigkeit, so ist der Zuwachs schon negativ, die Schwingungsfestigkeit ist etwas erniedrigt. Sehr wohl kann hierbei auch die durch das Kaltrecken eintretende Verrauhung der Oberfläche eine Rolle spielen. Lag die Beanspruchung 50—70% über der ursprünglichen Schwingungsfestigkeit, so erniedrigt sich die Schwingungsfestigkeit um 20—23%. Daraus geht hervor, daß kalt bearbeitetes Material wiederholten Beanspruchungen gegenüber empfindlicher ist als warm bearbeitetes. (Nach den Illinois-Untersuchungen.)

Im einzelnen kann auf die Ergebnisse der Illinois-Untersuchungen nicht näher eingegangen werden. Es möge nur noch eine interessante Erscheinung erwähnt werden, nämlich die Erhöhung der Schwingungsfestigkeit durch wiederholte Beanspruchungen. Die Schwingungsfestigkeit eines Stahles war zu 2320 kg/cm^2 bestimmt worden. Ein Probestab dieses Stahles wurde 107-millionenmal mit $\pm$ 2385 kg/cm^2 beansprucht und dann mit weiteren 50 Millionen Lastwiederholungen in fünf Stufen bis auf $\pm$ 2925 kg/cm^2 belastet. Diese sonderbare Erscheinung kann ihre Begründung haben in einer Ungleichmäßigkeit des untersuchten Stahles. Es würde jedoch nicht überraschend sein, wenn Lastwiederholungen in der Nähe der Schwingungsfestigkeit eben diese Grenze heben sollten, genau wie eine statische Beanspruchung gerade unterhalb der Bruchfestigkeit auch die Festigkeit des Materials zu erhöhen vermag.

Bei den Illinois-Untersuchungen wurde beobachtet, daß sich die Schwingungsfestigkeit eines Materials geringer ergab, wenn sie mittels axialer Beanspruchung des Probestabes, als wenn sie mittels Biegungsversuchen ermittelt wurde. Das Verhältnis dieser beiden Schwingungsfestigkeiten wurde zu 0,64 ermittelt. (Vgl. Bull. 142, p. 42.) Nach Ansicht der Versuchsbeobachter sollte die Schwingungsfestigkeit eines normal beanspruchten Stabes nicht höher als 60% der Schwingungsfestigkeit eines gebogenen Stabes angenommen werden. Der Verfasser ist jedoch der Ansicht, daß diese Differenz der beiden Schwingungsfestigkeiten eine rein rechnerische ist, insofern, als die errechnete Biegungsspannung falsch ist. Es ist in Kap. X auseinandergesetzt, daß die wirklichen Randspannungen eines gebogenen Balkens, sobald die Elastizitätsgrenze überschritten ist, geringer sind als die rechnerischen. Es ist an sich nicht einzusehen, warum die Schwingungsfestigkeit der Randfaser eines gebogenen Balkens höher sein soll als die einer beliebigen Faser eines normal beanspruchten Querschnittes. Die Berichterstatter der Illinois-Untersuchungen stellen es jedoch als plausibel hin, daß die Schwingungsfestigkeit geringer wird, wenn sämtliche Fasern des Querschnittes der gleich hohen Beanspruchung unterworfen sind, als wenn nur die Randfaser die höchste Beanspruchung erleidet.

In den Illinois-Untersuchungen ist als Mittelwert für die Torsions-Schwingungsfestigkeit das 0,53-fache der Biegungsschwingungsfestigkeit ermittelt worden.

8. Bruchbilder der Ermüdungsbrüche.

Das Aussehen von Ermüdungsbrüchen (Dauerbrüchen) ist unverkennbar. Es findet weder Einschnürung noch Bruchdehnung statt; der Bruch tritt plötzlich und ohne warnende Anzeichen, wie bei einem spröden Material, ein. Die Bruchfläche hat kristallinisches Aussehen, oft mit einem dunklen Fleck an der Kante, von wo die Zerstörung ihren Ausgang genommen haben mag.

9. Bairstows Versuche[1].

Bairstow bezeichnet als das Wesentliche der Bauschinger'schen Ergebnisse, daß nur dann Ermüdung eintritt, wenn die durch die Lastwiederholungen erzeugten Formänderungen schließlich nicht rein elastisch werden, d. h. wenn jede Lastwiederholung einen wenn auch noch so kleinen Zuwachs der unelastischen Formänderungen bringt. Bairstow glaubt mit seinen Versuchen diese Erkenntnis Bauschingers neu bestätigt zu haben.

10. Abgekürzte Methoden zur Bestimmung der Schwingungsfestigkeit.

Die Bestimmung der Schwingungsfestigkeit mittels mehrerer Millionen Spannungswiederholungen oder noch mehr ist so zeitraubend, daß diese Methode nur für wissenschaftliche Zwecke in Betracht kommt. Man hat die Erscheinung beobachtet, daß bei Überschreitung der Schwingungsfestigkeit ein plötzlicher Temperaturanstieg des Probekörpers stattfindet. Diese Zunahme an Wärme ist nur möglich, wenn ein Teil der dem Körper zugeführten Arbeit nicht in Form von Spannungsenergie aufgespeichert wird, sondern in unelastische Formänderungsarbeit, d. h. in Wärme, verwandelt wird oder auch infolge der Hysteresis-Schleife ebenfalls in Wärme umgesetzt wird. Ist die Hysteresis-Schleife geschlossen, so erwärmt sich der Körper, ohne daß eine Vermehrung der plastischen Formänderung stattfindet; es könnte also ein Temperaturanstieg erfolgen, ohne daß damit notwendig (vgl. Abschn. 9) ein kommender Bruch angezeigt würde.

Die Illinois-Untersuchungen haben ergeben, daß die Schwingungsfestigkeit häufig mit der Spannung zusammenfällt, bei der bei zu-

---

[1] Phil. Trans. 1909, series A. vol. 210, p. 35—55.

nehmender Beanspruchung des Körpers plötzlich ein Temperaturanstieg erfolgt. (Vgl. hierzu Abb. 453.) Daß bereits vor Erreichung der Schwingungsfestigkeit ein allmählicher Anstieg der Temperatur stattgefunden hatte, ist deutlich ersichtlich und beweist, daß eine geschlossene Hysteresis-Schleife vorhanden war, und daß diese ohne Einfluß auf die Haltbarkeit des Materials ist. Der plötzliche Temperaturanstieg ist ohne Zweifel jedoch auf den Eintritt bleibender Formänderungen zurückzuführen. Als erster wies Strohmeyer[1] auf den

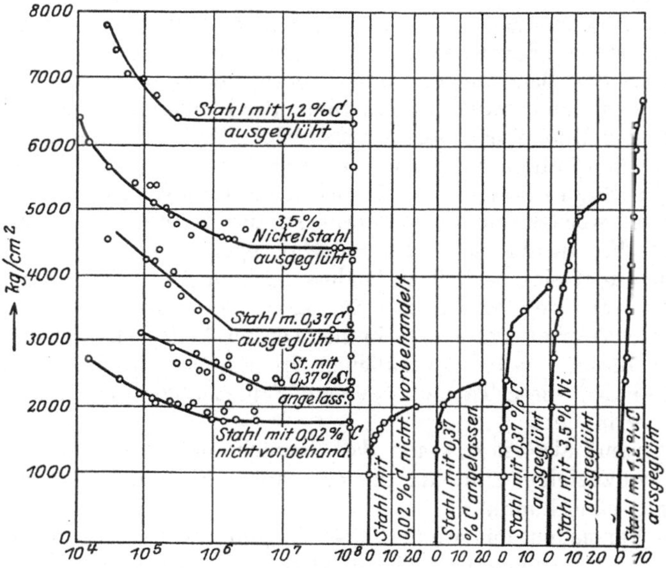

Abb. 453.

Wert der Temperaturmessungen bezüglich der Bestimmung von Ermüdungsfestigkeiten hin. Es soll jedoch ausdrücklich betont werden, daß dieses abgekürzte Verfahren nur für gewisse Materialien brauchbare Resultate liefert.

Auf der plötzlichen Zunahme der bleibenden Formänderungen beruht ein anderes Verfahren, das von H. J. Gough[2] mitgeteilt wird. Mittels eines Spiegels und eines Lichtstrahles werden ähnlich wie bei dem Martensschen Spiegelapparat die Längenänderungen auf einen Schirm geworfen. Bei Überschreitung der Schwingungsfestigkeit wird dieses Band plötzlich breiter.

11. Schlußbetrachtungen über Ermüdungsversuche.

Die $\sigma = N$-Diagramme verschiedener Materialien vermögen sich sehr wohl zu kreuzen. Man vergleiche hierzu Abb. 446. Jedenfalls können

[1] Proc. Royal Soc. 1914.
[2] The Engineer 1921, 12. August.

Schlußfolgerungen über die Ermüdungsfestigkeit nicht auf Grund weniger, aber hoher Beanspruchungen erfolgen. Es ist schon darauf hingewiesen, daß die Biegeversuche unzuverlässiger sind als die Versuche mit normal beanspruchten Stäben, da sich die der Auswertung der Versuche zugrunde zu legenden rechnungsmäßigen Spannungen bei Biegeproben sicherlich mehr von den wirklichen Verhältnissen entfernen werden, sobald sich die Randspannungen oberhalb der Elastizitätsgrenze bewegen. Gewiß wird vielfach die Elastizitätsgrenze durch die Lastwiederholungen gehoben werden, so daß sich die rechnungsmäßigen Spannungen im Laufe der Untersuchungen mehr und mehr den wirklichen nähern; in einem solchen Falle jedoch wird der Probestab nach der Bauschinger'schen Theorie nicht brechen. Dieses tut er nur, wenn eine dauernde Zunahme der bleibenden Formänderungen eintritt, das Hooke'sche Gesetz also nicht gilt. Wir sehen also, daß danach in allen Fällen, in denen ein Bruch des häufig auf Biegung beanspruchten Stabes stattfindet, die wirkliche Randspannung nicht genau angegeben werden kann, und zwar ist der Irrtum um so größer, je geringer die Anzahl der Lastwiederholungen gewesen ist. Der Verfasser befindet sich deshalb in Widerspruch zu dem Satz in dem Illinois-Bericht, worin es heißt, daß die Höhe der Spannungen mit einem hohen Genauigkeitsgrade bestimmt werden kann. Er ist im Gegenteil der Ansicht, daß die wirklichen Spannungen durchaus unbekannt sind, und daß diese Tatsache genaue Schlußfolgerungen aus den Versuchen verhindert.

Insgesamt also ist zu sagen, daß Versuche mit normal beanspruchten Stäben vorzuziehen sind, da die errechnete Spannung der wirklichen Spannung näherkommt.

Den Versuchen mit wiederholten Biegungsbeanspruchungen vermag der Verfasser nur einen vergleichenden Wert zuzuschreiben, d. h., wenn zwei Probestäbe von verschiedenen Materialien unter sonst gleichen Umständen geprüft werden, so läßt sich relativ über die Schwingungsfestigkeit beider Materialien etwas aussagen, aber auch nicht mehr.

Ein weiterer Umstand, der die Ergebnisse der Biegeversuche in ihrem Wert beeinträchtigen kann, ist in der möglichen Einspannung der Stabenden zu sehen, so daß nicht nur die Spannungsberechnung, sondern auch die Berechnung des Momentes von fraglicher Genauigkeit wird. Aus allen diesen Gründen glaubt der Verfasser an die Ergebnisse der Biegeversuche nur mit Vorsicht herantreten zu dürfen. Tatsächlich streuen auch die Ergebnisse in außerordentlich weitem Maße. Wenn wir lesen, daß ein Probestab, der mit $\pm$ 4200 kg/cm^2 beansprucht war, nach 495400 Lastwiederholungen brach, während ein anderer gleicher Stab aus dem gleichen Material unter genau den gleichen Verhältnissen 11479100 Wiederholungen aushielt, so wirft das ein seltsames Licht auf die Glaubwürdigkeit der Versuche.

Als weitere Fehlerquellen seien genannt unbeabsichtigte Stoßwirkungen, Vibrationen der Maschinen, Massenkräfte der bewegten Teile usw.

Die $\sigma = N$-Diagramme haben, abgesehen von der Bestimmung des

σ_S-Wertes, offenbar keinen praktischen Nutzen, sondern nur wissenschaftlichen Wert, es sei denn, daß man bei der Dimensionierung eines Bauteiles davon ausgeht, wie oft er voraussichtlich beansprucht werden wird. Es ließe sich denken, daß ein derartiges Verfahren bei Automobilmaschinenteilen z. B. angewandt würde, also bei Maschinen, denen ohnedies nur eine beschränkte Lebensdauer aus anderen Gründen von vornherein zugeschrieben wird. In der Regel aber baut man nicht auf eine beschränkte Zeit, sondern sozusagen für ewig, und da interessiert lediglich die Ermüdungsfestigkeit, d. h. die Beanspruchung, die der Körper ohne Schaden unter den obwaltenden Umständen unendlich oft ertragen kann, nicht aber die höchst ertragbare Spannung für irgendeine beschränkte Anzahl von Lastwiederholungen. Liegt die Ermüdungsfestigkeit oberhalb der Streckgrenze, und ist die dieser Spannung zugeordnete Deformation so erheblich, daß sie sich mit dem Zweck des vorliegenden Bauzwecks nicht vereinigen läßt, so verliert auch die Ermüdungsfestigkeit ihren praktischen Wert; es muß dann die Spannung unterhalb der Streckgrenze bleiben, mit anderen Worten, es muß der einzuhaltende Sicherheitsfaktor dann nicht auf die Ermüdungsfestigkeit, sondern auf die Streckgrenze bezogen werden.

Bedenklich bei diesen Überlegungen ist die Tatsache, daß die geringsten Oberflächenbeschädigungen bei wiederholten Beanspruchungen verhängnisvoll werden können. Es ist undenkbar, eine Kontrolle durchzuführen, die dem Konstrukteur die nötige Sicherheit betreffend der Oberflächenbeschaffenheit für alle wichtigen Maschinenteile gibt.

Diese Überlegungen haben den Verfasser zu der Überzeugung gebracht, daß allgemein der praktische Wert der Ermüdungsuntersuchungen nicht allzu groß ist, und daß ihnen nur Vergleichswert (vgl. oben) zuzuschreiben ist, während die Benutzung qualitativer Gesetzmäßigkeiten, die aus derartigen Versuchen abgeleitet sind, wertvoll werden kann. Für hochwertige, sorgfältig bearbeitete und polierte Maschinenteile sind sie noch am ehesten anwendbar. Zur Zeit allerdings sind diese Untersuchungen modern. Wie alle neuen Dinge werden sie wahrscheinlich übertrieben und nicht immer mit der nötigen Kritik angewendet werden. Ähnliches trat nach den Wöhler'schen Versuchen ein, wo eine Flut von neuen Dimensionierungsformeln den Konstrukteur überschwemmte, um alsbald der Vergessenheit anheimzufallen. Als alleinige Ausnahme möge die praktische Bedeutung der Schwingungsfestigkeit betont werden, die unter allen Umständen von einem im Maschinenbau verwandten Material festgestellt werden sollte.

XXIII. Ursachen und Voraussetzungen für den Bruch eines Materials.

1. Allgemeines.

Bei der Dimensionierung eines Bauteils ist die übliche Voraussetzung, daß das Material zerstört oder jedenfalls so deformiert wird, daß der betreffende Bauteil unbrauchbar wird, wenn eine Beanspruchung (Zug, Druck oder Abscherung) eine gewisse Grenze überschreitet. Wenn das Problem damit gänzlich erfaßt wäre, so hätte man nichts weiter zu tun, als die einzelnen Bauteile so zu bemessen, daß die größten Spannungen genügend weit unterhalb einer gewissen Grenze bleiben.

Wie noch weiter ausgeführt werden wird, geht es jedoch nicht an, eine bestimmte Beanspruchung für sich allein zu betrachten, sondern die Beanspruchungen, die an einem Punkte in verschiedenen Ebenen wirken, und die zugehörigen Deformationen müssen gemeinsam betrachtet werden. Einige gesetzmäßige Zusammenhänge der Spannungen in verschiedenen Ebenen und der Deformationen sollen deshalb noch einmal kurz wiederholt werden.

Scherspannungen treten an einem Punkte niemals nur in einer Ebene auf, sondern es wirken stets Scherspannungen gleicher Größe in zwei aufeinander senkrechten Ebenen, normal zu ihrer Schnittlinie. In Verbindung mit Scherspannungen treten stets Normalspannungen auf. Die Hauptspannungen wirken im Sonderfalle reiner Scherbeanspruchung in Ebenen, die gegen die Ebenen der größten Scherspannungen um 45^0 geneigt sind.

Im einachsigen Spannungszustande reiner Zug- oder Druckbeanspruchung wirken in allen Ebenen Scherspannungen mit Ausnahme jener Ebenen, auf denen die Resultierende senkrecht steht.

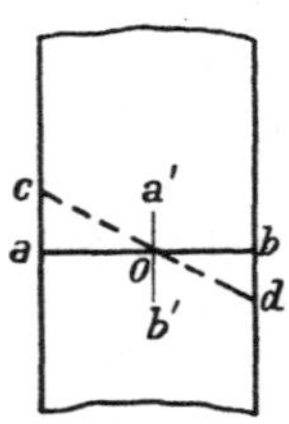

Abb. 454.

Im Falle hydrostatischen Zuges oder Druckes, d. h. wenn in drei aufeinander senkrechten Ebenen durch einen Punkt gleiche Zug- oder Druckspannungen wirken, verschwinden die Scherspannungen. Das Entsprechende gilt für den zweiachsigen Spannungszustand, wenn (vgl. Abb. 454) in zwei aufeinander senkrecht stehenden Ebenen *ab* und *a'b'* gleiche Zug- bzw. gleiche Druckspannungen wirken. Es ist dann in keiner durch *O* gelegten beliebigen Ebene *cd* Abscherung vorhanden. Bezüglich der Deformation sei kurz folgendes gesagt:

Eine Zugbeanspruchung verursacht eine Verlängerung in ihrer Richtung *a* und eine Verkürzung in der Richtung *b* senkrecht dazu; wirkt dazu in Richtung *b* ebenfalls eine Zugspannung, so bewirkt diese eine Verminderung der Verlängerung in der Richtung *a*. Es ist also der Fall denkbar, daß eine Normalkraft wirkt, ohne daß in Richtung dieser Normalkraft eine Längenänderung stattfindet.

Diese Überlegungen ergeben zwei Fragestellungen:

1. Tritt der Bruch eines Materials ein, wenn die Spannung oder wenn die Deformation einen bestimmten Wert überschreitet?

2. Da Normalspannungen und Scherspannungen voneinander abhängig sind, welche von beiden Spannungsarten (bzw. der zugehörigen Deformationen) bedingt den Bruch? Tritt der Bruch ein, wenn die Scherspannung eine gewisse Grenze erreicht, so daß letzten Endes die Zug- und die Druckfestigkeit von der Scherfestigkeit abhängt, oder hängt umgekehrt die Scherfestigkeit von der Normalfestigkeit ab?

Damit kommen wir zu folgenden Bruchhypothesen:

a) Die Bruchgefahr hängt von der größten der drei Hauptspannungen, also Normalspannungen, ab.

b) Die Bruchgefahr hängt von der größten Scherspannung ab.

c) Die Bruchgefahr hängt von der größten Dehnung ε, die bei der Verzerrung erreicht wird, ab.

Bevor wir in die Erörterung der einzelnen Hypothesen eintreten, sollen einige Überlegungen noch vorangestellt werden.

Unter einem Bruch versteht man die Aufhebung des Materialzusammenhangs, also den Zerfall eines Teiles in mehrere Teile. Zerstörung braucht jedoch nicht identisch zu sein mit einer Trennung des Gefüges (Bruch); man denke an ein hölzernes Tragglied, das auf Druck beansprucht ist und dadurch zerstört wird, daß die einzelnen Fasern ausknicken; das gleiche gilt sinngemäß z. B. für einen auf Druck beanspruchtes I-Profil, dessen Flanschen oder dessen Steg ausknicken.

Die genaue Einsicht in diese Verhältnisse ist notwendig, um einen Konstruktionsteil so auszubilden, daß er die ihm zugedachten Kräfte sicher übertragen kann. Sollte diese genaue Einsicht nicht zu verschaffen sein, so muß man zum mindesten eine brauchbare Hypothese finden bezüglich der Bedingungen, unter der die Zerstörung eintritt, und diese Hypothese der Konstruktion zugrunde legen.

Die Einstellung, mit der der Ingenieur an das Studium eines erfolgten Bruches herantritt, muß gänzlich verschieden sein von der, mit der er eine konstruktive Aufgabe behandelt. Es kann ein Konstruktionsglied Spannungen unterworfen sein, die weit über denen liegen, die rechnerisch bei einer Neukonstruktion zugelassen sind, und doch vollkommen sicher die Kräfte übertragen; wenn der Bruch eintritt, so sind unter Umständen die Gründe dafür woanders zu suchen (nicht übersehbare äußere Einwirkungen, wie Stöße, Überbelastungen oder dgl.).

Dem Bauingenieur, der mit der Überwachung von Brücken beauftragt ist, tritt dauernd die Frage entgegen, in welchem Umfange er eine Überschreitung der zulässigen Spannungen gestatten darf, bevor er einer Konstruktion die Lebensfähigkeit abspricht, d. h. wie weit er den Sicherheitsgrad erniedrigen darf. Der bei dem Entwurf vorgesehene Sicherheitsgrad ist bis zu einem gewissen Grade dazu bestimmt, eine Zunahme der Verkehrslasten während des Bestandes der Brücke auszugleichen, und somit ist seine Erniedrigung innerhalb gewisser Grenzen durchaus vernünftig. Es kann jedoch im Einzelfalle sehr schwierig zu entscheiden sein, wieweit man da gehen darf.

Ein Materialbruch nur auf zweierlei Weise eintreten kann: entweder wird der Zusammenhang des Materials durch Zugkräfte gelöst, oder die einzelnen Teilchen gleiten infolge der Wirkung der Scherkräfte übereinander. Dabei ist es dann strittig, ob diese Veränderungen im Gefüge unmittelbar den Kräften oder den durch die Kräfte erfolgten Deformationen zuzuschreiben sind. Ein Bruch infolge der direkten Wirkung von Druckspannungen ist nicht denkbar, da diese die einzelnen Volumenelemente aneinanderpressen. (Vgl. auch Abschn. 3, Hauptnormalspannungshypothese, Absatz 1.)

Eine wichtige Überlegung ist die, auf welche Spannung der Sicherheitsgrad bezogen werden soll, auf die Elastizitätsgrenze, auf die Streckgrenze oder auf die Bruchfestigkeit. Es wird die Ansicht vertreten, daß diese Grenzspannung die Streckgrenze sein muß, weil bei Überschreitung dieser Spannung die Deformationen so groß werden, daß der Konstruktionsteil unbrauchbar wird. Andere Ingenieure wieder wollen den Sicherheitsfaktor auf die Elastizitätsgrenze beziehen, weil eine dauernd wiederholte Spannung oberhalb dieses Punktes eine dauernde Zunahme der bleibenden Formänderungen und damit den Bruch herbeiführe (also besser Ermüdungsfestigkeit statt Elastizitätsgrenze. D. Üb.). Diese Betrachtungen gelten natürlich nicht allgemein, sondern nur für Materialien, die eine Elastizitätsgrenze und eine Streckgrenze besitzen.

Es soll darauf hingewiesen werden, daß spröde und zähe Materialien eine unterschiedliche Beurteilung verlangen hinsichtlich der anzunehmenden Sicherheit, da sie voneinander grundsätzlich verschiedene Spannungs-Dehnungs-Diagramme aufweisen. Ferner sollte man wohl darauf achten, unter welchen Voraussetzungen irgendein Ergebnis gewonnen wird: Liegt z. B. das Hooke'sche Gesetz irgendwelchen Betrachtungen zugrunde, so gelten die Ergebnisse nur im Elastizitätsbereich und müssen entsprechend geändert werden, wenn die Kräfte jenen Bereich überschreiten. Die wirklichen beim Bruch auftretenden Verhältnisse können sehr verschieden von denen sein, wie sie vor Überschreitung der Streckgrenze bestehen. Nach Überschreitung der Streckgrenze findet häufig zunächst eine veränderte Übertragung der Kräfte statt, indem die weniger beanspruchten Fasern einen Teil der Last übernehmen und so die Tragfähigkeit des ganzen Gliedes noch sehr wohl gewahrt bleiben kann.

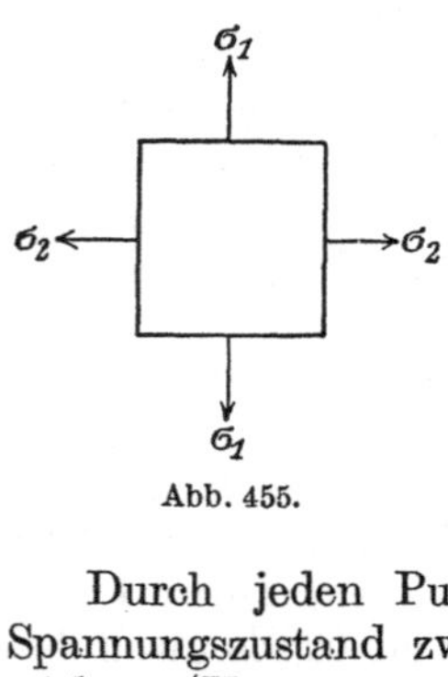

Abb. 455.

Brüche von ganzen Baugliedern sollen später behandelt werden. Zunächst sollen nur die Verhältnisse untersucht werden, unter denen das Material als solches zerstört wird.

Durch jeden Punkt eines Körpers lassen sich im zweiachsigen Spannungszustand zwei Ebenen legen, in denen nur Normalspannungen wirken (Hauptspannungen). Die Hauptspannungen können gleiches oder entgegengesetztes Vorzeichen haben. Sind beides Zugspannungen (vgl. Abb. 455), so ist die Dehnung in der Richtung von σ_1 mit $m = 4$

$$\varepsilon_1 = \frac{\sigma_1}{E} - \frac{\sigma_2}{4E} = \frac{1}{E}\left(\sigma_1 - \frac{\sigma_2}{4}\right).$$

Für $\sigma_1 = \sigma_2$ wird

$$\varepsilon_1 = \varepsilon_2 = \frac{3}{4} \cdot \frac{\sigma_1}{E}.$$

Ist σ_1 eine Zug- und σ_2 eine Druckspannung, so wird

$$\varepsilon_1 = \frac{1}{E}\left(\sigma_1 + \frac{\sigma_2}{4}\right),$$

mit $\sigma_1 = -\sigma_2$ wird

$$\varepsilon_1 = \frac{5}{4} \cdot \frac{\sigma_1}{E}.$$

(Es sind die Absolutwerte für σ_1 und σ_2 einzusetzen).

Für den dreiachsigen Spannungszustand gelten die Gleichungen

$$\varepsilon_1 = \frac{\sigma_1}{E} - \frac{\sigma_2 + \sigma_3}{m \cdot E} \tag{1}$$

und entsprechend für ε_2 und ε_3.

Handelt es sich also um ein Material, das nur geringe Verlängerungen ertragen kann, so wird eine kleine Druckkraft genügen, um das Material in Ebenen parallel zur Richtung der Druckkraft zu spalten.

Im zweiachsigen Spannungszustand tritt die größte Scherspannung in Ebenen auf, die unter 45^0 gegen die Hauptebenen geneigt sind, ihre Größe beträgt $\frac{\sigma_1 - \sigma_2}{2}$ (algebraischer σ-Wert). Mit $\sigma_2 = 0$ wird die größte Scherspannung $\frac{\sigma_1}{2}$ (einachsiger Spannungszustand).

Im dreiachsigen Spannungszustand treten Größtwerte der Scherspannungen in sechs Ebenen jeweils paarweise in zwei aufeinander senkrechten Ebenen auf. Diese beiden Ebenen enthalten eine Hauptachse und halbieren den Winkel zwischen den beiden anderen Hauptachsen. Der Größe nach sind die Scherspannungen, die auf die Ebenen eines derartigen Ebenenpaares wirken, gleich der halben Differenz der beiden anderen Hauptspannungen.

2. Versuche.

Die experimentelle Untersuchung dieser Fragen für den dreiachsigen Spannungszustand ist nicht einfach und ist bis heute noch nicht befriedigend durchgeführt worden. Voraussetzung hierfür wäre die einwandfreie Möglichkeit, ein Körperelement drei veränderlichen Hauptspannungen auszusetzen. Die experimentelle Untersuchung des zweiachsigen Spannungszustandes ist dagegen leichter. Man benutzt zu diesem Zwecke einen Hohlzylinder mit variablem, innerem, hydrostatischem Druck, wobei man gleichzeitig den Zylinder Torsions- und Normalspannungen unterwirft. Der hydrostatische Druck erzeugt eine Ringspannung von beliebiger Größe σ'. Die Normalspannung in der

Richtung der Zylinderachse erzeugt eine Normalspannung σ''. Die Verdrehung erzeugt eine Tangentialspannung τ in allen Querschnitten senkrecht zur Zylinderachse. Alle drei Spannungen können willkürlich verändert werden. Voraussetzung hierfür ist, daß ein dünnwandiger Zylinder gewählt wird, damit die Ringspannungen über den Querschnitt konstant sind.

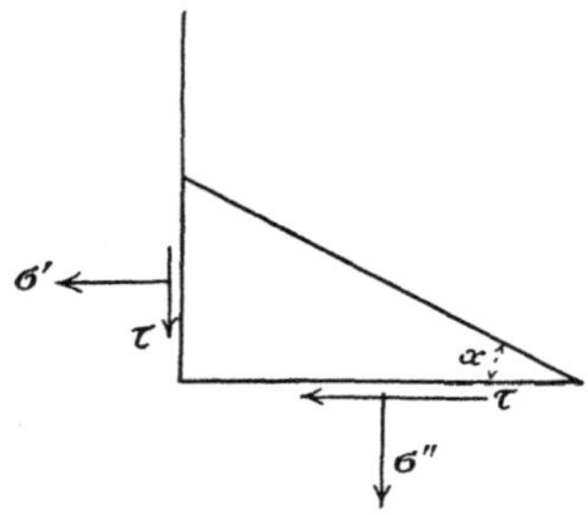

Abb. 456.

Im einachsigen Spannungszustand sind die Hauptspannungen 0 und $\pm\sigma$. Bei einem reinen Verdrehungsversuch erhalten wir die Normalspannungen $+\sigma$ und $-\sigma$ in Ebenen um 45^0 gegen die Achse geneigt. Bei beiden Versuchen ist es unmöglich, zwei gleiche Hauptspannungen zu erzielen. In dem oben beschriebenen Versuche mit dem Hohlzylinder jedoch sind andere Kombinationen möglich. Die Hauptspannungen sind (vgl. Abb. 456)

$$\left.\begin{matrix}\sigma_1\\ \sigma_2\end{matrix}\right\} = \frac{\sigma' + \sigma''}{2} \pm \frac{1}{2}\sqrt{(\sigma'' - \sigma')^2 + 4\tau^2}\,. \tag{2}$$

Macht man $\sigma' = 0$, so kann man für die Hauptspannungen sämtliche Werte erhalten innerhalb der Grenzen

$$\sigma_1 \left|\begin{matrix}0\\ \pm p\end{matrix}\right. \quad \text{und} \quad \sigma_2 \left|\begin{matrix}-p\\ +p\end{matrix}\right. .$$

Dies ist leicht nachzuweisen: Mit $\sigma' = 0$ wird

$$\left.\begin{matrix}\sigma_1\\ \sigma_2\end{matrix}\right\} = \frac{\sigma''}{2} \pm \frac{1}{2}\sqrt{\sigma''^2 + 4\tau^2}\,.$$

Macht man nun $\tau = 0$, so ist

$$\sigma_1 = \sigma'',$$
$$\sigma_2 = 0.$$

Macht man nun $\sigma'' = 0$, so ist

$$\sigma_1 = +\tau,$$
$$\sigma_2 = -\tau.$$

Verwendet man Normalkräfte in Richtung der Achse mit hydrostatischem Druck ohne Verdrehung, so wird

$$\left.\begin{matrix}\sigma_1\\ \sigma_2\end{matrix}\right\} = \frac{\sigma' + \sigma''}{2} \pm \frac{1}{2}\sqrt{(\sigma'' - \sigma')^2}$$

oder

$$\sigma_1 = \sigma'',$$
$$\sigma_2 = \sigma';$$

die Werte dieser beiden Spannungen können nun beliebig bestimmt werden.

Man kann also jede beliebige Zusammenstellung von Hauptspannungen erreichen. Die dritte Hauptspannung ist eine radial wirkende Druckspannung, die gegenüber den anderen Spannungen vernachlässigt werden kann.

3. Hauptnormalspannungshypothese.

Diese einfachste Bruchhypothese besagt, daß ein Material bricht, wenn eine Hauptnormalspannung eine gewisse Grenze, die sogenannte Bruchfestigkeit erreicht Ein eigentlicher Bruch infolge der Überschreitung der Druckfestigkeit ist nicht denkbar, da die Druckspannung die Wirkung hat, die einzelnen Volumenelemente aneinander zu drücken, also nicht das Bestreben hat, den Zusammenhang aufzulösen. Bricht ein Körper unter der Wirkung von Druckkräften, so handelt es sich um einen Gleitbruch, also um die Wirkung der gleichzeitig auftretenden Scherspannungen. Für die praktische Beurteilung eines Druckversuches spielt diese Überlegung indes keine Rolle. Die Druckfestigkeit wird eben als die Druckspannung bestimmt, bei der der Gleitbruch auftritt. (Druckversuch im linearen Spannungszustand.) Die Ergebnisse der Festigkeitsversuche des linearen Spannungszustandes werden ganz allgemein benutzt, um die Bruchfestigkeiten zu bestimmen. Man beschränkt sich bei Anwendung der Hauptnormalspannungshypothese darauf, auch im zwei- und dreiachsigen Spannungszustand die größten rechnerischen Normalspannungen bis zu einem gewissen Bruchteil der im üblichen Festigkeitsversuch nachgewiesenen Bruchfestigkeiten zuzulassen. Wenn man auch dieser Hyothese eine gewisse Berechtigung bei nicht homogenen Materialien einräumen kann, z. B. bei Holz, wo die Festigkeiten in bezug auf die gleiche Spannungsart nach verschiedenen Richtungen verschieden sind, so kann sie doch nur als grobe Näherungstheorie angesprochen werden, da sie das Zusammenwirken der verschiedenen Kräfte an einem Punkt vernachlässigt und sich darauf beschränkt, den Bruch von der Größe *einer* Spannung abhängig zu machen.

Eine weitere Schwäche der Hypothese liegt darin, daß sie keine Rücksicht auf die Deformationen nimmt. Diese sind jedoch eine Funktion *aller* auf ein Element wirkenden Kräfte.

4. Die Versuche von Bridgman[1].

Bridgman steckte Rundeisenstäbe durch einen Hohlzylinder hindurch und dichtete sorgfältig die Durchstoßstellen. Dann setzte er das Innere des Hohlzylinders unter einen starken hydrostatischen Druck. Die Stäbe brachen in einer zu der Stabachse senkrechten Ebene, teilweise mit solcher Gewalt, daß die Bruchstücke mit Wucht fortgeschleudert wurden. Infolge der Querdehnung hatte der auf die Stäbe wirkende hydrostatische Druck die Wirkung, daß sich die Stäbe verlängerten. Durch die Reibung an den Austrittstellen des Hohlzylinders waren die Stabquerschnitte im Innern des Hohlzylinders

[1] *Bridgman*, Professor of Harvard University: „Breaking Tests unter Hydrostatic Pressure and Conditions of Rupture“. 1912 Phil. Mag., July.

auf Druck beansprucht, freilich in geringem Maße. Der Versuch zeigt also ganz deutlich, daß es möglich ist, einen Trennungsbruch zu erzielen, ohne die entsprechende Zugkraft auszuüben, daß also nicht die Spannungen, sondern die Formänderungen den Bruch verursachten.

Es ist auch an einem anderen Beispiel in bezug auf Druckspannungen leicht einzusehen, daß die Theorie der größten Spannungen unhaltbar ist. Man stelle sich eine massive Kugel vor, die hydrostatischem Druck ausgesetzt ist. Es ist undenkbar, daß diese Kugel selbst unter Anwendung der höchsten Spannungen bricht. Als weiteres Beispiel betrachte man einen Belastungsfall nach Abb. 457 und 458, und man wird erkennen, daß die gedrückten Elemente der Oberfläche E anders beansprucht sein müssen als die der Oberfläche E', obwohl die Flächenpressungen p die gleichen sein mögen.

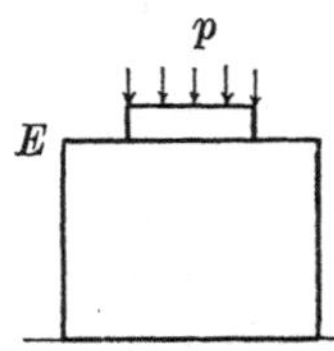

Abb. 457.

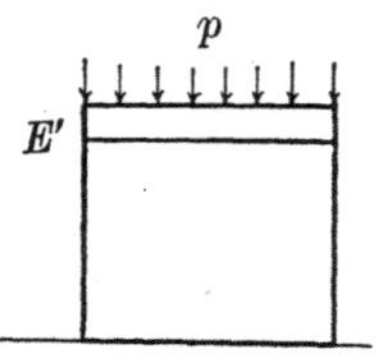

Abb. 458.

5. Hauptschubspannungshypothese.

Diese Hypothese besagt, daß die Differenz zweier Hauptspannungen von entscheidender Bedeutung für den Bruch eines Materials sei, und erhebt Anspruch, für alle Spannungszustände Gültigkeit zu besitzen. Sind die Hauptspannungen gleich gerichtet, so ist die Differenz kleiner als die maximale Hauptspannung; sind die Hauptspannungen entgegengesetzt gerichtet, so ist die Differenz die numerische Summe beider Spannungen. Wir haben gesehen, daß die größte Scherspannung gleich der Hälfte der algebraischen Differenz der beiden Hauptspannungen ist, so daß diese Hypothese die Bruchgefahr von der maximalen Scherspannung abhängig macht, d. h. der Bruch tritt ein, wenn die Scherfestigkeit in irgendeiner Ebene überschritten wird. Normalspannungen können daher unmittelbar keinen Bruch hervorrufen.

Wenn die Hypothese der größten Scherspannungen richtig ist, so muß im einachsigem Spannungszustand ein Gleitbruch längs einer um 45^0 gegen die Achse geneigten Ebene eintreten. Während derartige Brüche bei zähen Materialien tatsächlich oft eintreten, so sehen wir doch andererseits häufig reine Trennungsbrüche quer zur Längsachse. Ein derartiger Trennungsbruch müßte sich dann zurückführen lassen auf eine große Zahl von gezahnten Bruchstellen (vgl. Abb. 459) über die Querschnittebene, d. h. die Scherfestigkeit beträgt die Hälfte der Zugfestigkeit, bezogen auf den Bruchquerschnitt.

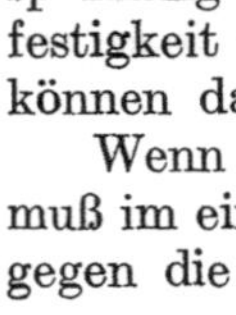
Abb. 459.

Diese Auslegung verträgt sich jedoch nicht mit dem Bruchbilde eines Zugstabes aus zähem Eisen. Beträgt die prozentuale Verringerung des Bruchquerschnitts gegenüber dem ursprünglichen Querschnitt μ %, so hat der tatsächliche Bruchquerschnitt die Größe

$$F_B = F\left(1 - \frac{\mu}{100}\right).$$

Damit wird die tatsächliche mittlere Zugspannung beim Bruch

$$\sigma_B = \frac{P}{F\left(1 - \frac{\mu}{100}\right)},$$

während die rechnerische mittlere Spannung beträgt

$$\sigma_B' = \frac{P}{F}.$$

Damit wird die wirkliche Scherspannung beim Bruch

$$\tau_B = \frac{P}{2F\left(1 - \frac{\mu}{100}\right)}.$$

Bei Baustahl wird allgemein die Scherfestigkeit τ_B zu dem 0,8fachen der Zugfestigkeit $\sigma_B' = \frac{P}{F}$ angenommen. Führt man das Verhältnis $\frac{\tau_B}{\sigma_B'} = r$ ein, so wird nach obigem

$$r = \frac{1}{2\left(1 - \frac{\mu}{100}\right)}, \tag{3}$$

danach wird μ mit $r = 0{,}8$ bestimmt zu 37,5%. Häufig ist jedoch $\mu = 50$, danach wird $r = 1$ und $\tau_B = \sigma_B'$.

Man würde der Lösung der Frage sehr viel näher kommen, wenn man die wirkliche Zug- und Scherspannung, also die Spannungen unter Berücksichtigung der Querschnittsverminderung bestimmen könnte. Es erscheint jedoch kaum möglich, die Scherspannung genau zu bestimmen, da sich zusätzliche Biegung nicht vermeiden läßt. Eine weitere Schwierigkeit besteht darin, daß sich nach der Einschnürung die Normalspannungen nicht gleichmäßig über den Bruchquerschnitt verteilen, so daß, selbst wenn der wirkliche Querschnitt F_1 in jedem Belastungsstadium bekannt wäre, der Quotient $\frac{P}{F_1}$ nur die mittlere Spannung lieferte. Der Stab ähnelt nach der Einschnürung einem eingekerbten Zugstab (vgl. Kapitel VI). Die Maximalspannung tritt wahrscheinlich an den äußeren Fasern auf. Gleichung (3) müßte demnach abgeändert werden zu

$$r = \frac{c}{2\left(1 - \frac{\mu}{100}\right)}, \tag{4}$$

worin c eine Konstante ist, deren Wert größer als 1 ist.

Die Hypothese der größten Scherspannung müßte, um den wirklichen Verhältnissen näher zu kommen, die innere Reibung mit berücksichtigen. Nach Abb. 460a (vgl. hierzu Kapitel VI) wird die Tangentialspannung in einer um α gegen die Querschnittebene geneigten Ebene

$$\tau = \frac{P}{2F} \cdot \sin 2\alpha$$

und die Normalspannung in der gleichen Ebene

$$\sigma = \frac{P}{F} \cdot \cos^2 \alpha.$$

Der Widerstand gegen Gleiten in jener Ebene wird aber durch die Reibung erhöht, und zwar um das Maß $\sigma \cdot \tan \varphi$, worin φ der Winkel der inneren Reibung ist. Der Wert τ'_B, bei dem in der Gleitebene Gleiten eintritt, stellt nicht die Scherfestigkeit τ_B dar, sondern hat den Wert

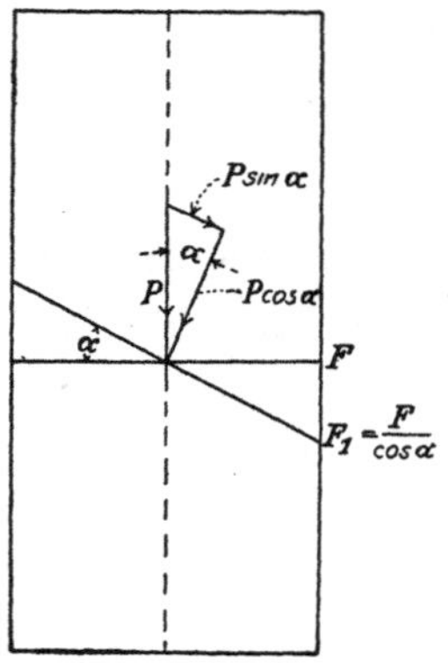

Abb. 460a.

$$\tau'_B = \tau_B + \sigma \cdot \tan \varphi. \tag{5}$$

Der Größtwert von $\tau'_B - \sigma \cdot \tan \varphi$ tritt auf bei $\alpha = 45 + \frac{\varphi}{2}$. Damit erhalten wir

$$\tau_B = \tau'_B - \sigma \cdot \tan \varphi = \frac{P(1 - \sin \varphi)}{2\,F \cos \varphi} = \sigma_{B_d} \frac{(1 - \sin \varphi)}{2 \cdot \cos \varphi} \quad (6);$$

entsprechend erhalten wir im Zugversuch die Scherspannung, bei der Gleiten eintritt

$$\tau'_B = \tau_B - \sigma \cdot \tan \varphi, \tag{7}$$

wobei $\alpha = 45 - \frac{\varphi}{2}$ ist. Daraus erhält man

$$\tau_B = \sigma_{B_z} \frac{(1 + \sin \varphi)}{2 \cdot \cos \varphi}. \tag{8}$$

Wir wiederholen: Im dreiachsigen Spannungszustand können wir drei Ebenenpaare jeweils feststellen, wobei jedes Ebenenpaar aus zwei zueinander senkrechten Ebenen besteht, und deren drei Schnittgeraden die drei Hauptachsen darstellen; jedes Ebenenpaar halbiert den Winkel, den die beiden andern Hauptachsen miteinander einschließen. Die Scherspannungen auf den beiden Ebenen jedes Ebenenpaares sind einander gleich, größer als die Scherspannungen irgendeiner durch die gleiche Hauptachse gelegten Ebene und zahlenmäßig gleich der halben algebraischen Differenz der beiden anderen Hauptspannungen. Sind alle drei Hauptspannungen Zugspannungen, so tritt die größte Scherspannung in dem zur mittleren Hauptspannung zugehörigen Ebenenpaar auf. In Abb. 460b sei σ_1 die größte, σ_3 die kleinste Hauptspannung, die mittlere σ_2 wirkt dann senkrecht zur Bildebene durch den Punkt 0. Alle drei seien Zugspannungen; es ist dann die größte Scherspannung $\tau_{\max} = \frac{\sigma_1 - \sigma_3}{2}$, in zwei Ebenen wirkend, die unter 45^0 gegen die Wirkungsebenen von σ_1 und σ_3 geneigt sind. Die Ebene ab, in der unter Berücksichtigung der inneren Reibung der Widerstand gegen Gleiten überwunden werden wird, schließt mit der Wirkungsebene von σ_1 einen Winkel von $45^0 - \frac{\varphi}{2}$ und mit der Wir-

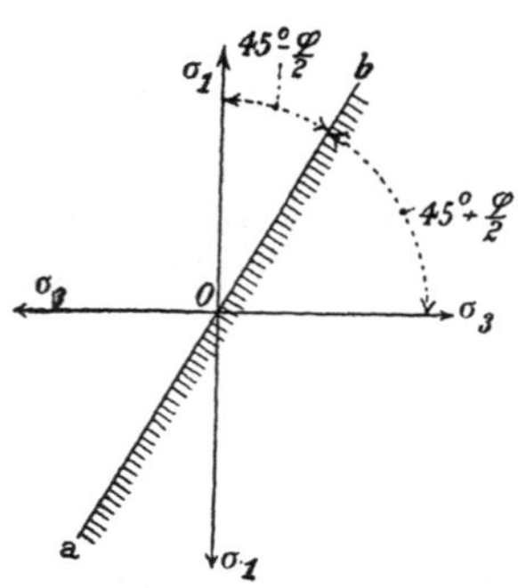

Abb. 460b.

kungsebene von σ_3 einen Winkel von $45^0 + \frac{\varphi}{2}$ ein. Es wird die Scherspannung in der Ebene ab

$$
\begin{aligned}
\tau_{ab} &= \frac{\sigma_1 (1 + \sin\varphi)}{2 \cdot \cos\varphi} - \frac{\sigma_3 (1 - \sin\varphi)}{2 \cdot \cos\varphi} \\
&= \frac{1}{2\cos\varphi} [\sigma_1 - \sigma_3 + (\sigma_1 + \sigma_3)\sin\varphi] .
\end{aligned} \tag{9}
$$

Liegt reine Torsionsbeanspruchung vor mit einer Scherspannung τ, so haben wir nur zwei Hauptspannungen mit entgegengesetztem Vorzeichen und einem Absolutwert $\sigma = \tau$. Es wird dann die Scherspannung in der kritischen Ebene ab

$$\tau_{ab} = \frac{\tau}{\cos \cdot \varphi} . \tag{10}$$

Chido Sunatani[1] hat durch Versuche bei Baustahl den Winkel der inneren Reibung zu $\varphi = 20^0$ gefunden. Gilbert Cook[2] fand bei seinen Untesuchungen ähnliche Werte. Der Wert φ ist natürlich für verschiedene Materialien verschieden und kann auch für Zug- und Druckspannungen verschieden sein. Sunatani schloß aus seinen Versuchen, daß φ für alle Stahlsorten ungefähr den gleichen Wert hat.

Falls die Bruchhypothese der größten Scherspannung zutrifft, ist es unmöglich, einen Körper im Falle dreier gleicher Hauptspannungen zu zerstören. Dieses Ergebnis scheint plausibel für den Fall des hydrostatischen Drucks, also für den Fall, daß sämtliche drei Hauptspannungen Druckspannungen sind, weil dem Material kein Weg zum Ausweichen gegeben ist. Größere, wenn nicht unüberwindliche Schwierigkeiten jedoch bereitet die Vorstellung, daß auch für den Fall des hydrostatischen Zuges, also für den Fall, daß alle drei Hauptspannungen gleich große Zugspannungen sind, ein Bruch des Körpers unmöglich sein sollte.

Betrachten wir nun einen durch reine Torsion beanspruchten Stab! In jedem Querschnitt herrscht reine Abscherung, und in Ebenen, die unter 45^0 gegen die Stabachse geneigt sind, herrscht Zug bzw. Druck von der gleichen Größe wie die Scherspannung. Ist dieser Stab aus Gußeisen, also einem spröden Material, so bricht er in schraubenförmig ansteigenden Ebenen, also in den Ebenen der größten Zugspannungen, und nicht in Ebenen der größten Scherspannungen. Besteht der Stab aus zähem Stahl, so bricht er unter der oben genannten Beanspruchung in einer Querschnittsebene, also durch Überwindung der Scherfestigkeit. In diesem Falle ist demnach die Scherfestigkeit bzw. der Widerstand gegen Gleiten geringer als die Zugfestigkeit bzw. der Widerstand gegen Trennung. Dieses Ergebnis zeigt zum mindesten, daß die Bruchhypothese der größten Scherspannung auf sprödes Material nicht angewandt werden darf.

---

[1] Reports of the Tohuku Imperial University 1922, Vol. III, Nr. 1.
[2] Engineering 1911, Dec. 15.

Die Bruchhypothese der größten Scherspannungen hat viele Anhänger unter den Ingenieuren; zur Zeit neigt man dazu, sie in erster Linie für zähe Materialien anzuwenden, während man für spröde Materialien der Hypothese der größten Spannungen den Vorzug gibt. Die Ergebnisse der Bridgman'schen Untersuchungen widersprechen dieser Auffassung. Professor Boyd[1] ist ein unbedingter Anhänger der Bruchhypothese der größten Scherspannungen. Er sagt, die Richtigkeit dieser Hypothese unterliege keinem Zweifel. J. J. Guest[2] hält ebenfalls die Richtigkeit der Hypothese für zähe Materialien als erwiesen. In der Metallurgie führt man häufig die Zerstörung des Gefüges von Stahl auf die Überwindung des Gleitwiderstandes in Gleitebenen der Krystalle zurück.

6. Hauptdehnungshypothese.

Die Hypothese besagt, daß der Bruch eintritt, wenn die Dehnung einen bestimmten Wert erreicht hat, gleichgültig wie die Dehnung zustande gekommen ist. Dieser kritische Wert der Dehnung ist natürlich für jedes Material verschieden und bei nicht homogenem Material für ein und dasselbe Material für verschiedene Richtungen der Beanspruchung verschieden. Der Wert der Dehnung in Richtung der Hauptspannung σ_1 beträgt

$$\varepsilon_1 = \frac{\sigma_1}{E} - \frac{\sigma_2}{m \cdot E} - \frac{\sigma_3}{m \cdot E},$$

worin σ_2 und σ_3 die beiden anderen Hauptspannungen sind.

Wir sahen bei dem Versuch von Bridgman, daß ein Rundeisenstab zerriß, wiewohl senkrecht zur Bruchfläche Druckspannungen wirkten. In diesem Falle war der Stab infolge der Querdehnung eine starke Verlängerung eingegangen, die offenbar den Trennungsbruch verursachte. Bridgman hat jedoch auch Versuche durchgeführt, wo der Trennungsbruch eintrat, obwohl das Material Verkürzungen erlitten hatte. Bridgman setzte einen Rundeisenstab, auf den er einen dicht schließenden Hartgummiring aufgezogen hatte, starkem hydrostatischen Druck aus. Der Ring zerriß, obwohl er zweifellos Verkürzungen eingegangen war. Die Erklärung ist offenbar darin zu suchen, daß der Ring, da Hartgummi einen niedrigeren Elastizitätsmodul besitzt als Eisen, durch den Rundeisenstab teilweise an der Verkürzung seiner Fasern gehindert wurde; er zerriß also, weil er sich nicht so stark verkürzen durfte, wie er wollte. Wenn man die wirkliche Formänderung mit der von dem Material gewollten Formänderung vergleicht, so kann man von einer relativen Verlängerung der Fasern des Gummiringes sprechen, und es läßt sich somit dieses Versuchsergebnis in die Hypothese der größten Dehnungen einordnen.

Bridgman führte weiterhin Versuche durch mit dickwandigen Hohlzylindern, die einem inneren hydrostatischen Druck ausgesetzt

---

[1] Strength of Materials, 3d ed. p. 326.

[2] Phil. May 1900, p. 69—132.

waren. In diesem Falle liegen die Größtwerte der Hauptspannung, Hauptdehnung, Hauptspannungs- und Hauptdehnungsdifferenzen sämtlich an der inneren Oberfläche, mit der Einschränkung, daß diese Werte nach der üblichen Formel (vgl. Kapitel XVIII) berechnet sind, die jedoch bei Spannungen oberhalb der Proportionalitätsgrenze sicherlich keine strenge Gültigkeit mehr haben. Nun ging der Bruch, falls der Zylinder aus zähem Material bestand, von der äußeren Oberfläche aus. War der Zylinder aus einem spröden Material, etwa Glas, gefertigt, so ging der Bruch von der inneren Oberfläche aus. Bridgman zieht aus seinen Versuchen den Schluß, daß keine der drei Bruchhypothesen allgemeine Gültigkeit besitzt.

7. Vergleiche der drei Bruchhypothesen für den zweiachsigen Spannungszustand.

Die Hauptspannungen seien $\sigma_1 = p_1$, $\sigma_2 = p_2$, $\sigma_3 = 0$. p_1 sei eine Zugspannung, p_2 sei numerisch kleiner als p_1, jedoch von beliebigem Vorzeichen. Die Zugfestigkeit des Materials sei $\sigma_B = p'$ (im Zugversuch des linearen Spannungszustandes gemessen). Die in den Abbildungen 461a bis c senkrecht zur Achse $x-x$ aufgetragenen Ordinaten geben die zum Bruch des Materials erforderliche Spannung p_1 als Funktion des Wertes p_2 nach den drei Theorien an.

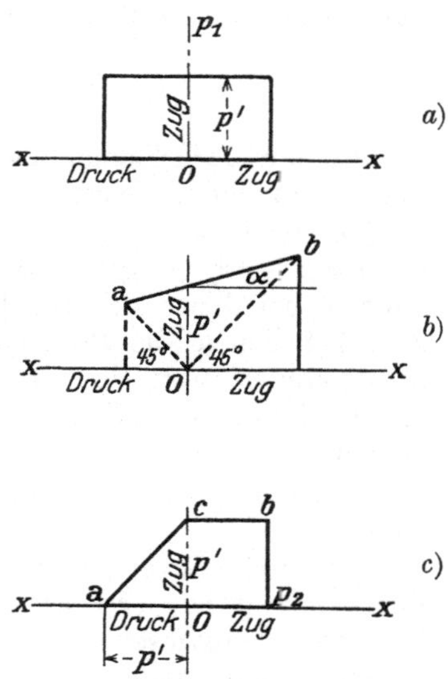

Abb. 461.

Nach der Hypothese der **größten Hauptspannungen** ist der zum Bruch erforderliche Wert von p_1 unabhängig von p_2, und zwar ist $p_1 = p'$ für alle Werte

$$p_2 \left| \begin{array}{l} -p' \\ +p' \end{array} \right. \quad \text{(Abbildung 461a).}$$

Die Dehnung beim Bruch des Materials im Zugversuch des einachsigen Spannungszustandes beträgt $\frac{p'}{E}$ unter der Annahme konstanten E-Moduls bis zum Bruch. Nach der Hypothese der **größten Dehnungen** muß für jeden anderen Spannungszustand der Bruch eintreten, wenn die gleiche Dehnung $\frac{p'}{E}$ erreicht ist. Es ist also für den zweiachsigen Spannungszustand

$$\frac{p'}{E} = \frac{p_1}{E} - \frac{p_2}{m \cdot E}. \tag{11}$$

Für $p_2 = 0$ wird $p_1 = p'$. Nimmt p_2 im Gebiet der Zugspannungen zu, so nimmt p_1 ebenfalls zu, und zwar nach einer Geraden, deren Neigungswinkel gegen die Horizontale bestimmt ist durch $\tan\alpha = \frac{1}{m}$. Nach dem gleichen Gesetz nimmt p_1 mit wachsendem p_2 ab, wenn p_2 eine Druckspannung ist. Durch die Wertepaare $p_{1\min}$, $p_2 = -p_1$ und $p_{1\max}$, $p_2 = +p_1$, mithin durch die Schnittpunkte der zwei unter 45^0 durch den Punkt O der Abbildung 461b gezogenen Strahlen mit der unter dem Winkel α durch den Punkt o, p' gezogenen Geraden sind die beiden Grenzwerte $p_{1\max}$ und $p_{1\min}$ bestimmt, die den Körper zum Bruch bringen.

Der praktische Gebrauch der Hypothese der größten Dehnungen setzt also die Kenntnis der Hauptspannungen voraus. Für den zweiachsigen Spannungszustand liefert Gleichung (11) den kritischen Wert p_1. Sind beide Hauptspannungen gleich, und zwar Zugspannungen, also $p_1 = p_2$, so wird mit $\frac{1}{m} = 0{,}3$ die kritische Spannung, bei der der Bruch erfolgt, zu

$$p_1 = p' \cdot \frac{m}{m-1} = 1{,}43\, p',$$

ist also um 43% höher als der nach der Hypothese der größten Spannungen errechnete Wert. Ist $p_1 = -p_2$, so wird

$$p_1 = p' \cdot \frac{m}{m+1} = 0{,}77\, p',$$

ist also um 23% kleiner als der nach der Hypothese der größten Spannungen errechnete Wert.

(Da alle diese Ergebnisse unter der Voraussetzung konstanten E-Moduls errechnet sind, so geben sie nicht so sehr Aufschluß über die Spannungen, bei denen der Bruch eintritt, als vielmehr über die Spannungen, bei denen die Proportionalitätsgrenze überschritten wird, wenn man unter p' statt der Bruchfestigkeit σ_B die Proportionalitätsgrenze σ_P, beide für den Zugversuch des einachsigen Spannungszustandes, versteht. D. Übers.)

Betrachten wir die Hypothese der größten Scherspannungen, so erhellt folgendes:

Die größte Scherspannung ist unabhängig von p_2, solange p_2 eine Zugspannung ist. (Es sei daran erinnert, daß bei allen diesen Ableitungen vorausgesetzt ist, daß p_1 eine Zugspannung ist.) Die größte Scherspannung wirkt in einer Ebene, die die Wirkungsgerade von p_2 enthält und die den Winkel zwischen p_1 und p_3 halbiert; ihre Größe beträgt $\frac{p_1}{2}$. Solange also p_2 eine Zugspannung ist, ist der kritische Wert von p_1 gleich dem Wert p' oder gleich dem nach der Theorie der größten Spannungen errechneten kritischen Wert. Ist p_2 eine Druckspannung, so tritt die größte Scherspannung in einer Ebene auf, die senkrecht zur Bildebene steht, die Wirkungslinie von p_3 enthält und den Winkel zwischen p_1 und p_2 halbiert. Ihre Größe beträgt $\frac{p_1 + p_2}{2}$. Der kritische Wert p_1 nimmt demnach, wenn p_2 eine Druckspannung ist, nach der Linie ac mit wachsendem p_2 ab und hat den Wert 0, wenn $p_2 = -p'$, denn im Zugversuche des linearen Spannungszustandes mit $p_2 = 0$ und $p_1 = p'$ ist die größte Scherspannung $\frac{p_1}{2} = \frac{p'}{2}$, und dieses muß nach der Theorie der größten Scherspannungen ihr Wert beim Bruch des Materials sein, unabhängig von dem Wert p_2.

8. Weitere Versuche.

Becker[1] arbeitet mit dünnen Hohlzylindern, deren äußerer Durchmesser 5,56″, deren Wandstärke $\frac{3''}{32}$ betrug, und die einem inneren hydrostatischen Druck und gleichzeitig einem axialen Zug oder Druck ausgesetzt wurden. Beobachtet wurde der kritische Spannungszustand, bei dem die Proportionalitätsgrenze erreicht wurde. Definiert wurde als Proportionalitätsgrenze der Punkt der $\sigma - \varepsilon$-Kurve, in dem die trigonometrische Tangente um 50% größer war als am Ursprungspunkt der $\sigma - \varepsilon$-Kurve. (Hierbei sind die σ-Werte als Abszissen, die ε-Werte als Ordinaten aufgetragen.) Die Meßlänge betrug 4″. Die Ergebnisse sind in der folgenden Tabelle zusammengestellt:

Verhältnis der Ringspannung p_2 zur Spannung in Richtung der Achse p_1	Gemessene Spannung der Proportionalitätsgrenze (pounds/square inch)	Spannung der Proportionalitätsgrenze, errechnet nach der Theorie der größten Dehnung	Spannung der Proportionalitätsgrenze, errechnet nach der Theorie der größten Scherspannung
	1. Versuchsserie (axialer Zug).		
0	45000		
0,24	48000		
0,475	50000		
0,69	50000		
0,92	50000		
	2. Versuchsserie (axialer Zug).		
0	22000		
0,475	26500		
0,92	26500		
0,92	27000		
	3. Versuchsserie (axialer Druck).		
0,0	25500	24300	21250
0,2	24000	23700	19600
0,3	22500	22200	16000
0,6	19000	20800	13400
0,9	16500		

Aus den Versuchen geht hervor, daß für Verhältnisse $\frac{p_2}{p_1} > 0{,}5$ (beide Hauptspannungen sind Zugspannungen) die Spannung der Proportionalitätsgrenze konstant blieb. Becker zieht den Schluß, daß

[1] Becker: The Strength and Stiffness of Steel under Biaxial Loading. Bull. Univ. of Illinois No. 85. 1916.

die Hypothese der größten Dehnung für Verhältnisse $\frac{p_2}{p_1} < 0{,}5$, dagegen für Verhältnisse $\frac{p_2}{p_1} > 0{,}5$ die Hypothose der größten Scherspannung Gültigkeit hat. Dieser Schluß in seiner allgemeinen Fassung erscheint nicht zwingend, da für den Fall, daß beide Hauptspannungen Zugspannungen sind, die Hypothese der größten Scherspannung mit der Hypothese der größten Hauptspannung übereinstimmt. Für Hauptspannungen mit entgegengesetztem Vorzeichen liefert die Hypothese der größten Dehnungen Resultate, die mit den Versuchsergebnissen besser übereinstimmen als die Hypothese der größten Scherspannungen, freilich ohne daß man überhaupt von einer eigentlichen Übereinstimmung reden kann.

Sehr beachtliche Untersuchungen hat J. J. Guest angestellt; er kam zu dem Ergebnis, daß die Hypothese der größten Scherspannung den wirklichen Verhältnissen am nächsten komme. Vielfach wird in Amerika diese Hypothese auch Guest'sches Gesetz (Guest's law) genannt. Seine Versuchskörper waren kleine Hohlzylinder aus Stahl, Messing und Kupfer von einem Fuß Länge mit einem äußeren Durchmesser von etwa 1¼″ und einer Wandstärke von 0,025 bis 0,036″. Die Körper wurden einem inneren hydrostatischen Druck, einer axialen Kraft und einem Verdrehungsmoment unterworfen. Die Verdrehungen und die Längenänderungen in Richtung der Achse wurden auf einer Meßstrecke von 8″ beobachtet. Die Ausmaße der Körper müssen als reichlich klein bezeichnet werden. Becker hebt richtig hervor, daß die wiederholten Beanspruchungen eines und desselben Körpers unter Überschreitung der P.- und der Streckgrenze für die Versuchsauswertung bedenklich sei, da bekanntlich die Höhe der P.- und der Streckgrenze eine Funktion der Vorbehandlung des Materials ist. Bei den meisten der Versuche war das Verhältnis der Ring- zur Längsspannung zwischen 0,5 und 1,0, also innerhalb der Grenzen, wo nach Becker die Hypothese der größten Scherspannung Gültigkeit besitzt. Es ist schon oben darauf hingewiesen, daß dieser Schluß nicht zwingend ist. Der Bereich, in dem der Versuch überzeugendere Ergebnisse liefern würde, wäre der zwischen *a* und *o* in Abb. 461c. Solche Versuche sind jedoch dem Verfasser nicht bekannt.

Zusammenfassend möchte der Verfasser seine Meinung dahingehend aussprechen, daß er die Hypothese der größten Dehnungen — die auch in Deutschland die gebräuchlichste Hypothese ist — für die Bruchhypothese hält, die den wirklichen Verhältnissen am nächsten kommt.

Die vorliegenden Betrachtungen haben nicht nur Bedeutung für den Entwurf, sondern ebenfalls für Untersuchungen. die nach etwaigen Brüchen von Konstruktionsgliedern, Zusammenstürzen od. dgl. angestellt werden. Die Einstellung des Ingenieurs bei einer derartigen Untersuchung ist gänzlich verschieden von der bei einem Entwurf. Im letzteren Falle arbeitet der Ingenieur mit einem Sicherheitsfaktor, mittels dessen eine ganze Anzahl unvorhergesehener Einflußfaktoren auf die Sicherheit des Bauwerks erfaßt werden sollen. Es sei z. B.

nur an eine mögliche Lastensteigerung für eine Brücke erinnert. Man sei sich darüber klar, daß die wirklichen Spannungen in einem Konstruktionsglied wesentlich höher als die dem Entwurf zugrunde gelegten sein können, und daß trotzdem u. U. die Konstruktion durchaus den Anforderungen der Sicherheit genügen kann. Ein Untersuchungsausschuß der A. R. E. A. empfahl noch kürzlich, Eisenbahnbrücken erst dann zu verstärken, wenn die Zugspannungen den Wert von 26000 pds/sq. in. überschritten, während die neuen Entwürfen zugrunde zu legende Spannung nur 16000 pds./sq. in. beträgt.

Erreicht die Spannung in einem Bauteile die Streckgrenze, so kann eine so große Deformation eintreten, daß die für die Berechnung grundlegende Annahme eines starren Systems auch annäherungsweise nicht mehr zutrifft und unzulässig große zusätzliche Spannungen die Folge sind. In anderen Fällen wieder kann es völlig unbedenklich sein, wenn die Spannung in einem Konstruktionsteil die Streckgrenze erreicht (Nietverbindungen!).

Bei der Beurteilung des nötigen Sicherheitsfaktors ist stets die Eigenart der Beanspruchung zu beachten. Ein auf Biegung und Axialzug beanspruchter Stab darf mit einem geringeren Sicherheitsgrad dimensioniert werden als ein auf Biegung und Axialdruck beanspruchter Stab. Im ersten Falle wird die Durchbiegung durch die Zugkraft verringert, im zweiten Falle durch die Druckkraft vermehrt. (Vgl. Kap. XVII.) Es ist weiter zu beachten, daß die üblichen Biegungsformeln keinen Aufschluß über die Höhe und Verteilung der Spannungen geben können, sobald die Rechnung Spannungen ergibt, die über der P.-Grenze liegen.

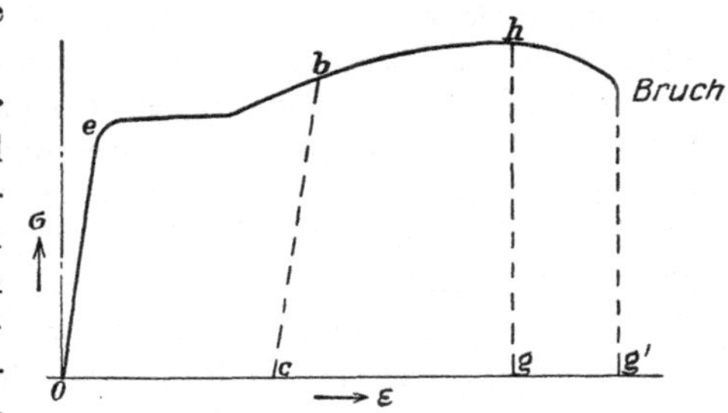

Abb. 462.

Sehr wichtig hinsichtlich der Beurteilung der Bruchgefahr sind ferner häufig wiederholte Belastungen. Es möge in diesem Zusammenhang einiges, was in den Kapiteln IV und XXII ausführlicher behandelt ist, wiederholt werden. Eine Beanspruchung über die E.- und P.-Grenze hinaus vermag unter gewissen Umständen diese Grenzen zu heben, und zwar bis auf die Höhe der vorangegangenen Beanspruchung oder selbst noch darüber hinaus. Abb. 462 stellt die $\sigma - \varepsilon$-Kurve eines Stahles dar, dessen E.-, P.- und Streckgrenze ziemlich dicht beisammen liegen, und zwar bei dem Punkte *e*. Das Material erleide eine Beanspruchung, die durch den Punkt *b* des Diagramms bestimmt sei. Die Entlastungskurve ist jedoch von der Belastungskurve wesentlich verschieden; sie ist näherungsweise durch die Gerade *bc* bestimmt, die parallel zu *Oe* läuft. Die bleibende Dehnung entspricht also der Strecke $\overline{Oc}$. Bei einer erneuten Belastung, u. U. nach einer gewissen Ruhezeit, bis *b* möge sich herausstellen, daß die P.-Grenze bis oder nahe bis b gehoben ist. Einige weitere Lastwiederholungen oder eine weitere Ruhezeit wird die P.-Grenze im allgemeinen noch über b hinausheben. Ferner möge man die Beobachtung machen, daß eine weitere Zunahme der bleibenden Dehnung nun nicht mehr stattfindet, daß also mit der P.- auch die E.-Grenze bis zur Vorbeanspruchung gestiegen ist. Betrachtet man nun die Bruchgefahr von dem Standpunkt der Hypothese der größten Dehnungen, so erhellt, daß eine noch so häufig aufgebrachte Belastung in der angegebenen Höhe den Bruch nicht herbeiführen kann, da die zum Bruch erforderliche Dehnung den Betrag $\overline{O g'}$ hat und laut Voraussetzung die bleibende Dehnung den Wert $\overline{O c}$ in dem betrachteten Fall nicht überschreiten kann.

Anmerkung. Diese Überlegung steht im Widerspruch mit den Erfahrungstatsachen. Wie auch in Kap. XXII ausgeführt, zeigt der Ermüdungsbruch nicht die große Bruchdehnung des statischen Zugversuches, vielmehr bricht das zähe Eisen im Ermüdungsversuch wie sprödes Material. D. Übers.

Nach Bauschinger tritt ein Ermüdungsbruch dann ein, wenn jede Belastung eine Vermehrung der bleibenden Formänderungen bedingt. Diese Ansicht wird von fast allen Fachleuten heute anerkannt. Sie erscheint evident und braucht eigentlich nicht durch Versuche bewiesen zu werden. Die Umkehrung ist jedoch weniger evident, wonach also eine beliebig häufige Wiederholung der Beanspruchung ohne Einfluß auf die Bruchgefahr ist, falls die Lastwiederholungen keine Vermehrung der bleibenden Formänderungen erzeugen. Die Umkehrung entspricht der Hypothese der größten Dehnungen.

Ist, wie oben bemerkt, die Beanspruchung so hoch, daß die E.-Grenze nicht bis auf die Höhe der Beanspruchung gehoben wird, so bringt jede Belastung eine Vermehrung der bleibenden Formänderungen und damit offensichtlich früher oder später den Bruch. Im Sinne dieser Ausführungen könnte man also die Ermüdungsfestigkeit als die Beanspruchung definieren, die nicht imstande ist, selbst nicht bei unendlich häufiger Wiederholung, die E.-Grenze auf die Höhe der Beanspruchung zu heben.

Es ist in diesem Zusammenhange auf die Hysteresisschleife hinzuweisen. Häufig ist die Belastungs- und Entlastungslinie nicht durch Gerade gegeben, sondern diese beiden Linien bilden zusammen eine Schleife, die, falls keine Vermehrung der bleibenden Dehnung stattfindet, geschlossen ist. (Abb. 463, $b\,g\,c$ = Entlastungslinie, $c\,h\,b$ = Belastungslinie.) Es wird also bei der Entlastung weniger Arbeit frei, als bei der Belastung in dem Körper aufgespeichert wurde, und zwar ist die Differenz der beiden Arbeitsbeträge dargestellt durch den Inhalt der Fläche der Schleife. Die Arbeit ist natürlich nicht verloren gegangen, sondern ist in eine andere Energieform, in Wärme, übergeführt worden. Es ist bei Vorhandensein einer Hysteresisschleife die Möglichkeit nicht von der Hand zu weisen, daß bei häufiger Lastwiederholung selbst bei vollkommener Elastizität, also ohne Zunahme

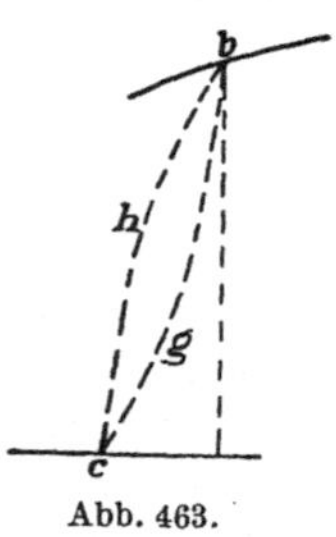

Abb. 463.

der bleibenden Dehnungen, der Bruch eintritt, wenn der bei jeder Belastung sich vermehrende Betrag der von dem Körper in Form von Wärme aufgenommenen Energie einen gewissen Wert erreicht hat. Die vorhandenen Versuchsergebnisse legen jedoch den Schluß nahe, daß die Hysteresisschleife auf die Ermüdungsfestigkeit, wenn überhaupt, nur von untergeordneter Bedeutung sein kann.

Die hinsichtlich der Bruchgefahr ungünstigste Ermüdungsbeanspruchung ist die Schwingungsbeanspruchung, bei der jeweils die Spannung von einem positiven Wert über *0* zu einem absolut gleich großen Wert mit negativem Vorzeichen und umgekehrt wechselt.

Untersuchungen über die Ursache von irgendwelchen Zerstörungen von Konstruktionsteilen sind weiterhin häufig dadurch erschwert, daß es unter Umständen nicht möglich ist, Ursache und Wirkung zu unterscheiden: Irgendeine Zerstörungserscheinung kann sowohl Ursache als auch Wirkung des Zusammenbruchs der gesamten Konstruktion sein.

Anmerkung des Übersetzers.

Es möge im folgenden eine kurze Zusammenstellung der wichtigsten Bruch- und Fließhypothesen gegeben werden, worin einige im vorstehenden nicht erwähnte Hypothesen berücksichtigt sind.

K. von Sanden[1] ordnet die verschiedenen Hypothesen in 3 Gruppen ein:

a) Hypothesen der Spannungsgrenzen: 1. Hauptnormalspannungshypothese, 2. Hauptschubspannungshypothese;

b) Hypothese der Verzerrungsgrenzen: 1. Hauptdehnungshypothese, 2. Hauptschiebungshypothese;

c) Hypothesen der Energiegrenzen: Hypothesen von 1. Beltrami, 2. Huber, 3. v. Mises, Hencky, 4. Schleicher[2].

Zu a, 1: Vgl. XXXIII, Abschn. 3.

Zu a, 2: Die allgemeinste Form der Schubspannungshypothese stammt von Mohr[2]. Danach hängt die Bruch- bzw. Fließgefahr nicht nur von der Schubspannung, sondern auch von der auf die Gleitfläche wirkenden Normalspannung ab. Von Bedeutung sind nur die algebraisch größte und kleinste Hauptspannung, wobei die Gesetzmäßigkeit jeweils durch Versuche zu bestimmen ist. Die mittlere Hauptspannung ist ohne Einfluß. Vgl. auch XXIII, Abschn. 5. Nach neueren Versuchen ist jedoch ein Einfluß der mittleren Hauptspannung vorhanden.

Zu b, 1: Vgl. XXIII, Abschn. 6.

Zu b, 2: Sandel[3] schlägt eine Beziehung zwischen der noch möglichen größten Gleitung und der Volumdehnung (statt der Normalspannung wie bei Mohr) vor: „Die größte im elastischen Bereich mögliche Gleitung nimmt mit der gleichzeitig stattfindenden positiven Volumenänderung linear ab.“ Da $\varepsilon_v = \varepsilon_x + \varepsilon_y + \varepsilon_z$, so bedeutet diese Hypothese, daß auch die mittlere Hauptspannung einen Einfluß ausübt.

Zu c, 1: Beltrami[4] benutzte als erster die gesamte von einem Volumenelement aufgespeicherte Formänderungsarbeit als Maß der Beanspruchung.

---

[1] K. von Sanden: Die Energiegrenze der Elastizität nach Huber und Haigh im Vergleich zu den älteren Dehnungs- und Schubspannungstheorien. Werft Reederei Hafen, H. 8. 1921.

[2] Mohr: Abhandlungen auf dem Gebiet der technischen Mechanik; Abh. V: Welche Umstände bedingen die Elastizitätsgrenzen und den Bruch eines Materials?

[3] Sandel: Über die Festigkeitsbedingungen. Dissertation T. H. Stuttgart 1919.

[4] Beltrami, Sulle conditione di resistenza dei corpi elastici. Opere matematiche IV, t. 1920.

Da der Ausdruck für die Formänderungsarbeit lautet

$$\mathfrak{A} = \frac{1}{2E}(\sigma_x^2 + \sigma_y^2 + \sigma_z^2) - \frac{1}{m \cdot E}(\sigma_y \cdot \sigma_z + \sigma_z \cdot \sigma_x + \sigma_x \cdot \sigma_y) + \frac{1}{2G}(\tau_{yz}^2 + \tau_{zx}^2 + \tau_{xy}^2),$$

so ist sowohl den elastischen Konstanten E, m, G (also allen Konstanten, die für das elastische Verhalten des Materials bestimmend sind) als auch sämtlichen den Spannungszustand kennzeichnenden Spannungen ein Einfluß zugesprochen.

Zu c, 2: Nach der Elastizitätstheorie ist die Formänderungsarbeit für jeden beliebigen Verzerrungszustand gleich der Summe der Arbeiten, die für die Verdichtung bzw. die Dichteänderung einer- und für die Gestaltsänderung andererseits zu leisten sind. Es ist die Verdichtungsarbeit = Formänderungsarbeit unter hydrostatischem Zug oder Druck ($\sigma_1 = \sigma_2 = \sigma_3 = p$)

$$\mathfrak{A}_p = \frac{3\,(m-2)}{2\,m \cdot E} \cdot p^2$$

und die Gestaltänderungsarbeit = Formänderungsarbeit mit unverändertem Volumen bei der reinen Gestaltänderung

$$\mathfrak{A}_g = \frac{1}{12\,G}\left[(\sigma_x - \sigma_y)^2 + (\sigma_y - \sigma_z)^2 + (\sigma_z - \sigma_x)^2\right] + \frac{1}{2\,G}(\tau_{yz}^2 + \tau_{zx}^2 + \tau_{xy}^2).$$

Nach der Huber'schen[1] Hypothese ist bei Verzerrungszuständen, die mit einer Volumenverminderung verbunden sind, also für $\varepsilon_v < 0$, nur der der Gestaltänderung entsprechende Teil der Formänderungsarbeit zu berücksichtigen; ist dagegen $\varepsilon_v > 0$, so ist, wie von Beltrami vorgeschlagen, die gesamte Formänderungsarbeit als Maß für die Materialanstrengung anzusehen. Die Huber'sche Hypothese stellt also eine Erweiterung der Beltrami'schen Hypothese dar, wobei sie (vgl. XXIII, Abschn. 4) annimmt, daß ein hydrostatischer Druck ohne Einfluß auf die Erreichung des Bruch- bzw. Fließzustandes ist.

Zu c, 3: v. Mises und Hencky benutzen die Gleichung Gestaltänderung = constant für $\varepsilon \lesseqgtr 0$ als Fließbedingung.

Zu c, 4: Schleicher[2] nimmt wie Beltrami die gesamte (bezogene) Formänderungsarbeit als Maß für die Materialanstrengung. Die der Elastizitäts- bzw. Fließgrenze entsprechende Formänderungsarbeit hat jedoch erfahrungsgemäß keinen konstanten Wert für alle Spannungszustände, sondern ist eine Funktion der mittleren Normalspannung $p = \frac{1}{3}(\sigma_x + \sigma_y + \sigma_z)$. Die Funktion $\mathfrak{A}(p)$ ist für jeden Stoff durch Versuche zu bestimmen. Wegen des oben angedeuteten Zusammenhangs zwischen der Verdichtungsarbeit $\mathfrak{A}_p$, der Gestaltänderungsarbeit $\mathfrak{A}_g$ und der gesamten Formänderungsarbeit $\mathfrak{A} = \mathfrak{A}_g + \mathfrak{A}_p$ kann man nach Schleicher auch die Gestaltänderungsarbeit $\mathfrak{A}_g$ als Maß der Beanspruchung benutzen, was für die praktische Anwendung noch bequemer ist. Die Funktion $\mathfrak{A}_g = \mathfrak{A}_g(p)$ für die Fließgrenze kann unmittelbar aus Versuchen bestimmt oder aus $\mathfrak{A}(p)$ berechnet werden.

Schleicher prüft seine Hypothese auf Grund der neueren Versuche von Kármán, Böker u. a. nach und stellt gute Übereinstimmung fest.

---

[1] Huber, Czasopismo technize, Lemberg 1904.

[2] Schleicher: Der Spannungszustand an der Fließgrenze. Z. ang. Math. u. Mech. 1926. Ebenda findet man eine gute Zusamenstellung mit vielen Literaturangaben. Derselbe: Über die Sicherheit gegen Überschreiten der Fließgrenze bei statischer Beanspruchung. Bauing. 1928, H. 15.

Sachverzeichnis.

GPSR Compliance

The European Union's (EU) General Product Safety Regulation (GPSR) is a set of rules that requires consumer products to be safe and our obligations to ensure this.

If you have any concerns about our products, you can contact us on ProductSafety@springernature.com

In case Publisher is established outside the EU, the EU authorized representative is:

Springer Nature Customer Service Center GmbH
Europaplatz 3
69115 Heidelberg, Germany

Batch number: 10640296

Printed by Printforce, the Netherlands